토목구조기술사 합격 바이블 제3판 5권

교량계획 및 설계

이 책은 기본서 위주의 이론과 최신의 KDS 설계기준과 편람, 학회지 등의 주요 내용을 정리하고 있으며,
기존의 기출 문제를 분석하여 최대한 이론을 바탕으로 작성하였다.

토목구조기술사 합격 바이블 제3판 5권

교량계획 및 설계

안시준, 최성진 저

에이퍼브

머리말

인류의 수명이 지금처럼 길어진 10대 요인 중 가장 중요한 요인이 의학의 발전과 더불어 사회기반시설의 발전이라고 합니다. 상하수도가 놓이면서 오염으로 인한 전염병 등 질병의 전파가 늦어지고, 험한 지형에 교량과 터널을 이용한 도로가 만들어지면서 사람의 이동이 수월해졌습니다. 인류는 모르는 사이에 인류복지를 실현하는 중요한 역할을 토목기술자가 최일선에서 수행하고 있다는 사실을 잊고 있었는지도 모릅니다.

기술은 빠르게 변하고 있습니다. 그 변화의 중심에는 바로 AI(Artificial Intelligence)가 있습니다. 과거에 인간이 만든 모든 피조물은 인간의 명령에 따라 움직였는데 이 AI는 스스로 생각하고 판단한다고 합니다(유발 하라리). 어떻게 하면 구조기술자가 이 변화하는 흐름 속에서 주도적인 역할을 할까? 업종의 경계가 없어지고 업종 간 융복합되고, 심지어 기획-설계(디자인)-홍보-판매-피드백 순의 시간적 흐름도 순서가 없어지는 시대의 한복판에 서 있습니다. 빅데이터, 사물인터넷(Iot), 인공지능, 공간정보 등을 이용하여 기존의 요소기술을 조합한 새로운 업역을 창출해서 우리 구조기술자가 그것들의 플랫폼 역할을 해야 합니다. 부화뇌동할 필요는 없지만 시작은 하여야 하는 시점입니다.

토목구조기술사는 수치적인 감이 있어야 하고 과목도 다양해서 시험 준비가 만만치 않습니다. 과거와 달리 지금은 학원이 있기는 하나 학원에 다닌다고 공부를 잘하는 것이 아니라는 사실은 잘 알고 계실 것입니다. 최소 하루에 4시간 집중해서 6개월은 하셔야 시험을 볼 수 있습니다. 기술사를 취득한다고 해서 많은 것이 달라지지는 않지만, 자기만족이라는 성취감과 자신감이라는 귀한 선물을 얻어 세상을 사는 데 힘이 될 것입니다.

기술사가 되시면 헬기를 타고 아래를 내려보듯 과업 전체를 보시기 바랍니다. 그리고 복잡하다고 생각되시면 목적물의 기능성, 안전성, 미관, 경제성을 차례로 생각하십시오.

개정판을 준비하면서 안시준 님께서 바쁜 가운데에도 장시간에 걸쳐 자료를 수집하고, 바뀐 기준을 정리하는 등 힘든 과정을 거쳐 애써 주신 덕분에 좋은 책이 세상에 나오게 되었습니다. 이 책이 많은 분에게 도움이 되리라 확신합니다.

기술사가 되는 날까지
Never, Never, Never, Give up

2025년 12월
최 성 진 올림

개정판을 준비하면서

'토목구조기술사'라는 길을 함께 걸어가고자 하는 분들에게 조금이나마 도움이 되고자 하는 마음으로 『토목구조기술사 합격 바이블』을 처음 세상에 선보인 지 벌써 10년이 흘렀습니다.

이 책을 처음 집필하게 된 계기는 방대한 기술사 시험 범위와 자료를 체계적으로 정리한 책이 필요하다는 생각에서 시작되었습니다. 저 또한 수험생 시절, 정리되지 않은 자료 속에서 어려움을 겪으며 '누군가 이 내용을 일목요연하게 정리해 두었더라면 얼마나 좋았을까'라는 생각을 늘 해왔습니다.

이번 3판을 준비하면서 과목별로 정리하다 보니, 과거와 현재의 설계기준이 혼재되어 출제되고 있어 수험생들에게 많은 혼란을 주고 있다는 생각이 들었습니다. 그나마 다행스러운 것은 과거 설계기준 변경에 따른 혼선과 허용응력설계법, 강도설계법, 한계상태설계법의 혼용 문제들이 KDS 기준 체계로 정비되면서 체계적이고 명확하게 정리되어 가고 있다는 점입니다.

이론에서부터 실무에 이르기까지, 전문 기술사를 준비하는 수험생들에게 요구되는 지식과 역량은 더욱 폭넓어지고 있습니다. 단순한 공학적 문제뿐만 아니라, 관계 법령과 기술기준, 신기술, 그리고 제도 변화까지도 폭넓은 이해를 필요로 합니다. 실제 최근 기출문제를 분석해 보면, 구조역학 19%, 철근 콘크리트 17%, 프리스트레스트 9%, 강구조 13%, 교량공학 27%, 동역학 및 내진 6%, 가시설 및 지하시설물 등 3%로 구성되어 있으며, 건설기술진흥법, 중대재해처벌법, BIM, CM, 건설사업관리 등 다양한 관계 법령·제도와 관련된 문제도 약 6% 정도 출제되고 있습니다. 특히, 계산문제의 비중은 1교시에서 점차 낮아지고 있으며, 2~4교시 선택 문제로 이동하는 경향을 보이고 있습니다. 또한, KDS 기준의 개정과 새로운 제도 도입에 관련된 문제들도 꾸준히 출제되고 있어, 수험생 여러분께서는 과목별 학습 비중을 잘 조절하여 대비하시기 바랍니다.

기술사라는 길은 언제나 그렇듯 많은 시간과 노력이 필요한 과정입니다. 바쁜 일상과 어려운 환경 속에서도 꿈을 향해 도전하는 모든 수험생께 진심 어린 응원과 찬사를 보냅니다. 지금 흘리고 있는 땀과 노력이 반드시 값진 결실로 돌아오리라 믿습니다. 처음 품었던 목표와 꿈을 끝까지 잊지 마시고, 포기하지 마시기를 바랍니다.

최근의 설계기준에 대한 이론과 출제경향을 반영해 개정한 본 수험서가 부족하나마 수험생 여러분에게 도움이 되기를 바랍니다.

마지막으로, 언제나 저를 인도해주시는 하나님께 감사드리며, 사랑하는 가족의 변함없는 응원에도 이 자리를 빌려 깊은 감사의 마음을 전합니다.

2025년 12월
안시준 올림

차 례

Chapter 01

설계기준과 교량계획

설계기준과 교량계획

01 교량의 설계기준

1. 구조물의 설계법

구조물은 적절할 신뢰도와 경제성을 확보하면서 요구되는 구조물의 수명 동안에 발생되는 하중과 환경에 안전성이 확보되어야 한다. 충분한 구조적 안전성과 사용성, 내구성을 확보하기 위해서는 적합한 재료의 선정, 적절한 설계, 엄격한 시공관리가 중요하다. 실제 구조물에서는 구조물의 시공과 사용 중에 발생 가능한 구조적 불확실성으로 작용하는 하중에 대한 불확실성, 사용하는 재료의 강도와 성질의 불확실성, 시공품질에 대한 불확실성, 거동을 예측하는 이론에 대한 불확실성에 대해 어떻게 합리적인 설계방법을 적용해 필요한 안전성을 확보하느냐가 중요하다. 설계법의 기본적인 이론은 추정하는 구조물의 저항강도가 작용하중에 비해 크게 두는 것으로 한다. 작용하중에 불확실성은 안전계수를 고려해 여유 강도를 확보하도록 한다. 국내 교량설계기준은 2023년 KDS 24 10 00에 따른 설계기준으로 통합되면서 철도교 등에 적용하는 일반설계법(KDS 24 10 10)과 도로교에 적용하는 한계상태설계법(KDS 24 10 11), 케이블 교량에 적용하는 한계상태설계법(KDS 24 10 12)로 구분되어 있으며 각각의 기준 내에서도 허용응력설계법과 강도설계법, 한계상태설계법을 발주처 등에서 선택적으로 활용할 수 있도록 구성하고 있다.

1) 허용응력설계법

탄성이론에 따른 설계법으로, 다만 파괴강도를 평가하지 않기 때문에 재료의 최대응력을 안전계수로 나눈 허용응력(allowable stress)을 구해 하중에 의해 부재에 유발되는 응력이 허용응력 이내에 있는지 검증하는 설계법이다.

$$f_a = \frac{f_R}{S.F} \geq f_Q$$

2) 강도설계법

허용응력설계법은 각 재료가 서로 다른 불확실성을 갖는다는 점을 인식했지만 각기 다른 형태의 하중과 관련된 불확실성을 반영하지 못했다는 단점이 있다. 또한 탄성이론으로 계산된 응력과 파괴 응력 사이에 선형 관계가 성립되지 않는다는 점에서 설계법에서 추구하는 안전율이 실제적인 안전율과 괴리가 발생하는 단점이 있다. 이를 보완하기 위해서 설계변수마다 부분 안전계수를 별도로 설정하도록 하는 설계법이 개발되었으며 하중의 기본적인 크기를 표준값으로 정의하고 구조물의 설계수명 동안 특정한 발생확률에 상응하는 하중 크기를 정해 보다 합리적으로 접근하고자 하였다. 표준하중을 정의하는 방법과 동일하게 구조재료의 강도를 정의하고, 이때 재료의 기준강도는 이 값보다 낮은 강도가 발생할 수 있는 확률이 어떤 특정한 값에 상응하는 강도 크기로 정의하였다. 표준하중과 기준강도를 보다 엄밀하게 정의함으로써 발생확률이 훨씬 낮게 설정된 설계값인 설계강도와 설계하중을 결정하도록 하는 방법이 강도 설계법 또는 부분안전계수 설계법이라고 한다.

	불확실성의 원인	안전계수	
하중	하중 표준값의 불확실성	γ_f ↘	$\gamma_F(\gamma)$
	하중영향 해석방법의 불확실성	γ_a ↗	
저항	구조 저항성능 산정방법의 불확실성	γ_r ↘	$\gamma_M(\phi)$
	재료 성질 기준값의 불확실성	γ_m ↗	

실제 설계에서는 하중 영향 해석방법에 대한 안전계수 γ_a를 별도로 분리하지 않고 하중 크기(표준값)에 대한 안전계수와 곱하여 $\gamma_F = \gamma_f \times \gamma_a$로 산정해 하중계수(load factor)라 하고 γ로 표현한다. 마찬가지로 저항 강도 산정방법도 $\gamma_M = \gamma_r \times \gamma_m$으로 산정되며, 이 값을 역수로 나타내면 1.0보다 작은 값으로 설계에서는 저항계수 혹은 강도감소계수(strength reduction factor) ϕ로 적용한다. 이 저항계수를 부재에 적용하면 부재계수, 재료에 적용하면 재료계수가 된다.

하중계수 γ에 고려된 불확실성	저항계수 ϕ에 고려된 불확실성
(1) 하중 크기에 대한 불확실성	(1) 실험한 재료 강도의 불확실성
(2) 하중 분포에 대한 불확실성	(2) 실험한 재료와 구조물에 사용되는 재료 사이의 차이에 대한 불확실성
(3) 하중 영향의 구조 해석법에 대한 불확실성	(3) 저항 계산에 영향을 주는 구조 치수에 대한 불확실성
(4) 하중 영향 추정에 영향을 주는 구조 치수에 대한 불확실성	(4) 강도 예측법에 대한 불확실성

3) 한계상태설계법

　강도설계법에서 설계 기본변수로 구분한 하중, 재료, 기하적 치수에 대해 확률론적으로 안전계수를 결정하도록 한 설계방법으로 한계상태를 정의해 각 한계상태에 대해 초과하지 않는지 검증한다. 한계상태설계법은 기존의 명확하지 못한 파괴확률을 확률론적 신뢰도를 이용해 일정 기간에 지정된 한계상태에 도달하지 않을 확률을 확률과 통계이론을 통해 정립해 신뢰성을 향상시킨다. 신뢰도 해석의 과정은 다음의 4단계를 거쳐 확립된다.

① 각 기본 변수의 불확실성을 하나의 특성값으로 표현한다. 예) 고정하중계수 1.4 활하중계수 1.0
② 각각의 기본변수가 갖는 불확실성을 두 개의 특성값(평균과 변동계수)으로 표현한다. 예) 특정 하중에 대해 확률적으로 0.9이고 변동계수는 0.1로 표현
③ 각각의 불확실 변수의 분포 함수를 이용해 파괴 확률을 계산
④ 각 변수들의 상호분포함수, 경제성을 고려해 구조물의 신뢰도 계산

비고 | 철근콘크리트의 한계상태 |

1. 극한한계상태(ultimate limit state)

붕괴 또는 구조적 파괴와 같은 한계상태로 일반적으로 구조물의 최대하중 저항능력에 해당하는 상태이다. 사용자의 안전을 위험하게 하는 구조적 손상 또는 붕괴에 관련된 것으로 구조물의 안전에 관련된 극한한계상태는 현실적 단순화를 위해 구조물의 붕괴상황보다는 붕괴 직전의 상태로 간주하며 다음과 같은 상태를 포함한다.

① 구조계나 부재의 정역학적 평형손실 : 구조물의 외적 안전성과 연계되어 전도, 킵히, 부싱, 활동 등의 한계상태
② 구조계나 부재의 파괴 또는 과도한 변형
③ 지반의 파괴 또는 과도한 변위
④ 구조계나 부재의 피로 파괴

2. 사용한계상태(serviceability limit state)

정상적 사용 중의 구조물 또는 부재의 기능과 사용자의 안녕 그리고 구조물의 외관에 관련된 사항으로 구조물 외관이나 효율적 기능 발휘에 영향을 미치는 변형, 변위, 진동, 내구성 저하 등을 포함한다. 사용한계상태는 구조물에 나타나는 현상의 크기와 관련되기 때문에 정확한 사용한곗값의 정의는 작용하중의 크기와 연관된다. 이를 위해 구조물의 수명동안 계속해서 나타나는 현상을 기준으로 한곗값을 정하기 위해 지속하중(sustained load) 크기에 대한 검증이 필요하다. 잔류변형과 같은 복원 불가능한 변형으로 규정된 한곗값의 경우에는 수명 동안 흔하게 발생하지 않는 큰 하중에 대해서도 검증해야 한다.

2. 하중계수와 강도감소계수의 안전성 확보 ^{74회/103회}

74회/103회

【 기출유형 ① 】 하중계수와 강도감소계수의 값을 결정할 때 고려하는 요소
【 기출유형 ② 】 교량설계 시 초과하중에 대한 검토방법

1) 하중계수(γ_i) : 구조물에 작용하는 하중은 크게 고정하중, 활하중, 기타하중으로 구분되며, 활하중
은 수명기간 동안의 최대하중을 명확히 알 수 없으며 기타하중도 환경조건에 따른 풍하중, 적설하중
토압 등 크기와 분포가 명확하지 않다. 구조물의 수명 동안의 최대하중은 불확실하므로 최대하중을
확률변수로 본다. 최대하중은 통계자료를 통해서 확률모델을 통해 도수곡선을 통해서 결정한다.

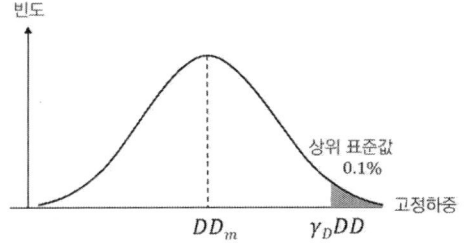 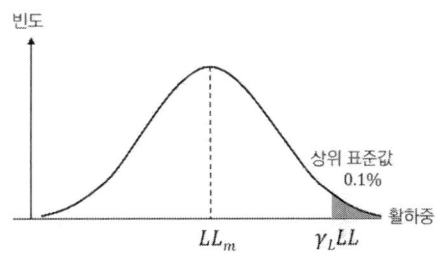

① 하중계수 적용사유 : 과재하 발생가능성 대비
  (1) 부재의 크기 변화, 재료 밀도 변화, 구조 및 비구조재의 변경 등에 의한 고정하중 변경
  (2) 하중 영향 계산 시 강성 및 지간길이 가정, 해석 시 모델링의 부정확성 등의 불확실성
  (3) 파괴형태, 파괴경고, 부재수명의 잠재적 감소, 구조물의 구조부재의 중요성, 구조물 교체
     에 따른 비용 등의 요인을 고려하기 위해서 적용

2) 강도감소계수(ϕ_i) : 실제 강도를 정확히 알 수 없으므로 변수로 가정하며 주요 변수는 부재의 치수,
   시공정도, 구조적 거동 등으로 실측된 재료와 부재 강도의 통계자료를 이용해 결정한다.

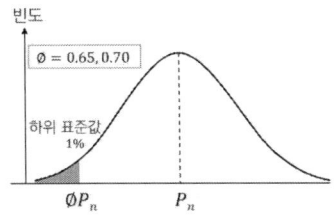 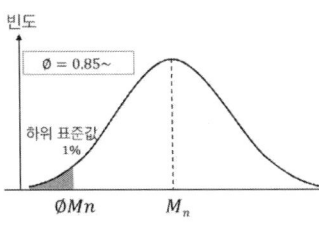 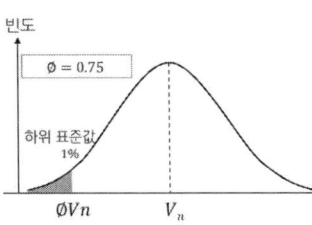

【 강도설계법 강도감소계수(KDS 14 20 10, 2021) 】

부재, 단면, 하중의 종류		ϕ
인장지배단면		0.85
압축 지배 단면	나선철근부재	0.70
	띠철근 부재	0.65
	변화구간(인장과 압축 사이) 단면	0.85~0.65(0.70)에서 보정
전단과 비틀림		0.75
콘크리트 지압력		0.65
STM		0.75
무근콘크리트		0.55

【 한계상태설계법 강도감소(재료)계수(KDS 24 14 21, 2021) 】

한계상태	하중조합(설계 상황)	콘크리트 ϕ_c	철근, 프리스트레스트 강재 ϕ_s
극한한계상태	극한하중조합 I~V(정상 및 임시 설계상황)	0.65	0.90
	극단하중조합 I~II(극단 및 지진설계상황)	1.0	1.0
사용한계상태	사용하중조합 I~V, 피로하중조합	1.0	1.0

① 강도감소계수 적용 사유 : 재료, 부재의 강도가 예상보다 작을 수 있다.

    (1) 재료강도의 가변성, 시험재하 속도의 영향, 현장강도와 공시체 강도의 차이, 건조수축의 영향에 따른 설계 시 예상값과의 차이

    (2) 철근의 위치, 철근의 휘어짐, 부재의 치수의 오차 등과 같은 제작 시의 오차로 예상과 실제 부재의 차이

    (3) 직사각형 응력블록, 최대변형률 0.003 등과 같은 가정과 식의 단순화에 의한 오차

3) 하중계수와 강도감소계수 같은 안전계수를 각각 다르게 적용하는 이유

    ① 저항성능의 변동성(Variability of resistance) : 보와 기둥과 같은 구조요소의 실제적인 강도(저항능력)는 설계자의 계산값과 상이할 수 있다.

        (1) 콘크리트와 보강철근의 강도 변동성

        (2) 설계도면 상의 단면과 시공된 단면과의 차이 발생

        (3) 단면 저항능력 계산식의 단순화와 가정사항

    ② 작용하는 하중의 변동성(Variability of Loading) : 작용하는 모든 하중의 크기는 변동이 가능하며, 특히 환경적인 하중인 활하중, 적설하중, 풍하중, 지진하중 등은 변동가능성이 크다. 따라서 극한상황에서의 파괴확률을 낮출 수 있도록 하중계수 및 저항계수 산정이 필요하다.

    ③ 파괴의 결과(Consequence of Failure) : 특정 구조물의 안전도 결정 시에는 다음과 같은 주관적인 요소가 포함되어야 한다.

        (1) 구조물 파괴 시 철거 후 새로 건설하는 비용

(2) 인명피해 가능성(창고보다 강당의 안전율이 더 높게 설정)

(3) 구조물의 파괴로 인한 사회적 시간손실, 세입손실, 인명 및 재산의 간접손실

(4) 파괴의 종류, 파괴에 대한 경고, 대체 하중경로 존재 여부(기둥이 보보다 더 높은 안전율 요구)

4) 파괴확률 ^{105회/112회/116회/118회/119회/136회}

【 기출유형 ① 】 케이블 교량의 목표신뢰도지수
【 기출유형 ② 】 파괴확률과 안전지수의 상관관계
【 기출유형 ③ 】 신뢰성 지수, 파괴확률 산정방법

RC의 USD(Ultimate Strength Design)와 강구조물의 PD(Plastic Design)는 설계기준형식면에서는 유사하다. 한계상태설계법(LRFD 또는 LSD)은 USD와 PD와 다르게 하중계수(γ_i)와 강도감소계수(ϕ_i)를 경험에 의해서 확정적으로 결정하는 것이 아니라 하중과 구조저항과 관련된 불확실성을 확률통계적으로 처리하는 구조 신뢰성 이론에 따라 다중 하중계수와 저항계수를 보정함으로써 구조물의 일관성 있는 적정수준의 안전율을 갖도록 하고 있다.

기존 USD 파괴확률 = 초과하중 작용확률(0.1%) × 설계강도 이하일 확률(1%) = 1/100,000

① 한계상태설계법의 파괴확률

$$\phi R_n \geq \sum \gamma_i Q_i$$

파괴확률(P_f) = $P(R \leq S) = P(R - S \leq 0)$ 또는 $P_f = P(R/S \leq 1) = P(\ln R - \ln S \leq 0)$

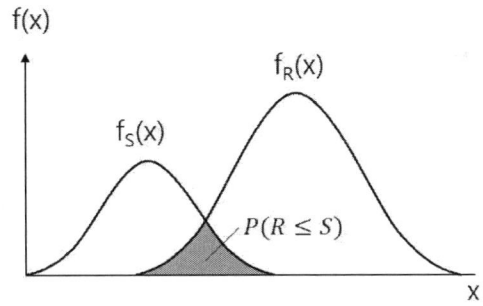

② 신뢰성 지수(Reliability Index, 안전도 지수 Safety Index, β)

기지의 작용외력 확률밀도함수($f_S(x)$)와 구조물 저항 확률밀도함수($f_R(x)$)에 대하여 각각의 함수의 평균과 분산을 μ_S, μ_R, σ_S, σ_R이라 할 때 신뢰도(안전도) 지수의 정의는 다음과 같다.

$$\beta = \frac{\mu_z}{\sigma_z} = \frac{\mu_R - \mu_S}{\sqrt{\sigma_R^2 + \sigma_S^2}}$$

안전도 $Z = \phi R_n - \sum \gamma_i Q_i \geq \beta \sigma_{\ln(R/S)}$

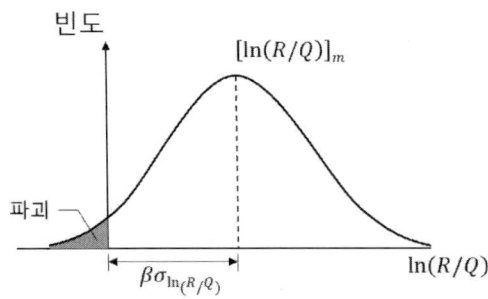

강도설계법에서의 신뢰성 지수는
일반적으로 주요부재에서 β는 3.0
연결부에서는 β는 4.0~5.0

여기서 β=4.0~5.0 정도면

파괴확률은 1% ×0.1%, 즉 $\dfrac{1}{100,000}$ 이다.

③ 한계상태설계법에서 목표신뢰도지수와 한계상태 도달 확률

철근 콘크리트 구조물에서 한계상태는 극한한계상태와 사용성에 관련된 사용한계상태로 구분
하며, 구조물 안전성에 대한 신뢰도는 수명 동안 한계상태 도달 확률, 즉 파괴확률로 표현한다.
이 기준에 따라 50년 사용기간 동안 구조물이 극한한계상태로 파괴될 확률은 1/20,000이며, 이
는 구조물이 50년 동안 붕괴되지 않을 확률이 99.995%라는 의미를 갖는다.

구분	목표신뢰도지수	
	1년	50년
극한한계상태	4.7	3.8
사용한계상태	2.9	1.5

파괴확률	10^{-1}	10^{-2}	10^{-3}	10^{-4}	10^{-5}	10^{-6}	10^{-7}
신뢰도지수	1.28	2.32	3.09	3.72	4.27	4.75	5.20

하중계수와 강도저감계수 : 초과하중

교량설계 시 초과하중에 대한 검토

풀 이

▶ 개요

교량설계 시 하중의 고려는 발생가능한 하중에 대해서는 모든 경우의 수를 고려하는 것이 바람직하다. 그러나 하중의 변동성과 같이 구조물에 작용되는 최대하중의 불확실성에 대한 고려를 위해 최대하중에 대한 통계자료를 바탕으로 확률모델을 설정하고 도수곡선을 통해 하중계수(γ_i)를 결정하여 고려하며, 구조물이 저항하는 강도가 실제강도와 다를 수 있는 상황을 마찬가지로 확률모델을 통해 강도감소계수(ϕ_i)로 고려하고 있다.

▶ 초과하중과 강도저하에 대한 고려방법 : 하중계수와 강도저감계수

1) 하중계수 적용 사유 : 과재하 발생 가능성 대비

① 부재의 크기 변화, 재료 밀도 변화, 구조 및 비구조재의 변경 등에 의한 고정하중 변경
② 하중 영향 계산 시 강성 및 지간길이 가정, 해석 시 모델링의 부정확성 등의 불확실성
③ 파괴형태, 파괴경고, 부재수명의 잠재적 감소, 구조물의 구조부재의 중요성, 구조물 교체에 따른 비용 등의 요인을 고려하기 위해서 적용

2) 강도감소계수 적용 사유 : 재료, 부재의 강도가 예상보다 작을 수 있다.

① 재료강도의 가변성, 시험재하 속도의 영향, 현장강도와 공시체 강도의 차이, 건조수축의 영향에 따른 설계 시 예상값과의 차이
② RC구조물에서 철근의 위치, 철근의 휘어짐, 부재의 치수의 오차 등과 같은 제작 시의 오차로 예상과 실제 부재의 차이
③ RC구조물에서 콘크리트 직사각형 응력블록, 최대변형률 0.003 등과 같은 가정과 식의 단순화에 의한 오차

3) 하중계수와 강도감소계수 같은 안전계수를 각각 다르게 적용하는 이유

① 저항성능의 변동성(Variability of resistance) : 보와 기둥과 같은 구조요소의 실제적인 강도(저항능력)는 설계자의 계산값과 상이할 수 있다.
(1) 콘크리트와 보강철근의 강도 변동성
(2) 설계도면상의 단면과 시공된 단면과의 차이 발생
(3) 단면 저항능력 계산식의 단순화와 가정사항

② 작용하는 하중의 변동성(Variability of Loading) : 작용하는 모든 하중의 크기는 변동이 가능하며, 특히 환경적인 하중인 활하중, 적설하중, 풍하중, 지진하중 등은 변동가능성이 크다. 따라서 극한상황에서의 파괴확률을 낮출 수 있도록 하중계수 및 저항계수 산정이 필요하다.

③ 파괴의 결과(Consequence of Failure) : 특정 구조물의 안전도 결정 시에는 다음과 같은 주관적인 요소가 포함되어야 한다.
  (1) 구조물 파괴 시 철거 후 새로 건설하는 비용
  (2) 인명피해 가능성(창고보다 강당의 안전율이 더 높게 설정)
  (3) 구조물의 파괴로 인한 사회적 시간손실, 세입손실, 인명 및 재산의 간접손실
  (4) 파괴의 종류, 파괴에 대한 경고, 대체 하중경로의 존재여부(기둥이 보보다 더 높은 안전율 요구)

▶ 초과하중이나 강도저하에 대한 안정성 고려 : 파괴확률

1) 파괴확률의 결정

RC의 USD(Ultimate Strength Design)와 강구조물의 PD(Plastic Design)는 설계기준 형식면에서는 유사하다. LRFD(또는 LSD)는 USD와 PD와 다르게 하중계수(γ_i)와 강도감소계수(ϕ_i)를 경험에 의해서 확정적으로 결정하는 것이 아니라 하중과 구조저항과 관련된 불확실성을 확률통계적으로 처리하는 구조 신뢰성 이론에 따라 다중 하중계수와 저항계수를 보정함으로써 구조물의 일관성 있는 적정수준의 안전율을 갖도록 하고 있다.

「기존 USD 파괴확률 = 초과하중 작용확률(0.1%) × 설계강도 이하일 확률(1%) = 1/100,000」

① LRFD의 파괴확률

$$\phi R_n \geq \sum \gamma_i Q_i$$

$$P_f = P(R \leq S) = P(R - S \leq 0) \quad \text{또는} \quad P_f = P(R/S \leq 1) = P(\ln R - \ln S \leq 0)$$

$$P_f = P(R - S \leq 0) = \iint_D f_{R,S}(r,s) dr ds$$

$f_{R,S}(r,s) dr ds$: R, S의 결합밀도 함수, D는 파괴영역

R과 S가 독립일 때 $f_{R,S}(r,s) dr ds = f_R(r) f_S(s)$

$$P_f = P(R - S \leq 0) = \int_{-\infty}^{\infty} \int_{-\infty}^{s \geq r} f_R(r) f_S(s) dr ds = \int_{-\infty}^{\infty} f_R(x) f_S(x) dx$$

② 신뢰성 지수(Reliability Index, 안전도 지수 Safety Index, β)

확률적인 안전도의 정의로 전술한 파괴확률 대신에 상대적인 안전여유를 나타내는 신뢰성 지수(reliability index), 즉 안전도 지수(safety index)를 사용하는데 기본적인 정의는 다음과 같

다. R과 S의 각각의 평균 μ_R, μ_S, 분산을 σ_R^2, σ_S^2을 갖는 정규분포일 경우 안전여유 Z =R-S 는 다음과 같은 평균과 분산을 가진다.

$$\mu_Z = \mu_R - \mu_S, \quad \sigma_Z^2 = \sigma_R^2 + \sigma_S^2, \quad \beta = \frac{\mu_Z}{\sigma_Z} = \frac{(\mu_R - \mu_S)}{\sqrt{\sigma_R^2 + \sigma_S^2}}$$

$$P_f = P(R - S \le 0) = P(Z \le 0) = \phi\left[\frac{-(\mu_R - \mu_S)}{\sqrt{\sigma_R^2 + \sigma_S^2}}\right] = \phi(-\beta), \quad \beta : \text{신뢰성 지수}$$

또는 $Z = \ln(R/Q)$ 확률분포도에서 $\ln(R/Q)$의 평균으로부터 한계상태점은 $Z = 0$까지의 거리를 표준편차 $\sigma_{\ln R/Q}$의 β배로 나타내는 경우 β를 신뢰성 지수로 정의한다.

$$P_f = P[Z \le 0] = P[\ln R/Q \le 0] \quad \text{이때 } \beta = \frac{\ln R_m - \ln Q_m}{\sqrt{V_R^2 + V_Q^2}}$$

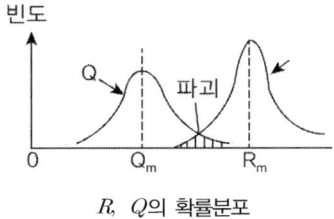

R, Q의 확률분포

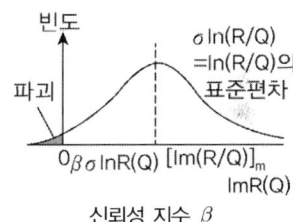

신뢰성 지수 β

2) 목표신뢰성지수(β)

강구조 부재의 신뢰성 지수 β는 부재 형식별로 상이하지만 통상적으로 전형적인 강재보의 β는 3 내외이며, 전형적인 연결부의 β는 4~5의 범위에 있다. LRFD 설계기준의 보정에 사용된 신뢰성 방법에 기초한 보정방법의 특징은 구 설계기준에 의해 설계된 전형적인 강구조물의 신뢰성 지수에 기초를 두고 부재별로 합리적인 대표치를 사용하여 목표신뢰성지수를 선정함으로써 이들 목표 신뢰성 지수에 맞는 다중하중 및 저항계수를 2차 모멘트 신뢰성 방법에 의해 결정한다.

하중조합	목표신뢰성지수 β_0	비고
고정하중 + 활하중	3.0	부재
	4.5	연결부
고정하중 + 활하중 + 풍하중	2.5	부재
고정하중 + 활하중 + 지진	1.75	부재

일반적으로 주요부재에서 β는 3.0, 연결부에서는 β는 4.0~5.0

여기서 β=3.0~4.0 정도면 파괴확률은 1% ×0.1%, 즉 $\dfrac{1}{100,000}$ 이다.

케이블교량의 목표신뢰도지수

교량설계 일반사항(KDS 24 10 12)에 따른 케이블 교량의 영구부재(주부재)에 대한 한계상태별 목표신뢰도지수에 대하여 설명하시오.

풀 이

▶ 개요

목표신뢰도지수는 구조물이 목표로 하는 안정성을 결정하는 신뢰도지수로서, 일반적으로 기존 구조물들의 안전성(신뢰도지수)과 사회, 경제적 측면을 고려하여 결정한다. 또한, 케이블 교량의 영구부재는 통상적인 유지관리를 통하여 교량의 설계수명과 동일한 100년 또는 200년의 사용수명을 갖는 부재를 일컬으며, 현수교 주 케이블, 주탑, 주탑기초, 주탑새들, 스프레이새들 등을 포함한다.

▶ 한계상태별 목표신뢰도지수

신뢰성 지수는 파괴확률 P_f를 대신하여 신뢰도를 나타내기 위하여 사용하는 지수로 β로 표현한다. 이때 $\beta = -\Phi^{-1}(P_f)$로 정의하며, 여기서 Φ^{-1}은 표준정규분포 누적분포함수의 역함수이다. 케이블교량은 기본적으로 1등급의 중요도등급을 가지며, 해당하는 대표신뢰도지수와 목표파괴확률에 근거하여 설계한다. 그러나 발주자가 특별히 지정하는 경우에는 특등급의 중요도등급을 기준으로 설계할 수 있다. 케이블부재를 제외한 주부재에 대한 목표신뢰도지수를 중력방향 하중조합인 극한한계상태 하중조합I에 대해 3.7로 정의한다. 그러나 발주자가 특별히 지정한 특등급의 중요도를 가지는 케이블교량에 대해서는 목표신뢰도지수를 4.0으로 정의한다. KDS 24 10 12에서 제시하는 영구부재의 한계상태별 목표신뢰도지수는 3.0~4.0을 가지며, 그에 따른 목표파괴확률은 1/1000 ~ 3.16/100,000로 아래와 같다.

중요도등급	한계상태(하중조합)	목표신뢰도지수	목표파괴확률
1등급 (중요)	극한한계상태 하중조합 I, II, IV, V, VII	3.7	1.00×10^4
	극한한계상태 하중조합 III, VI	3.1	1.00×10^3
특등급 (매우 중요)	극한한계상태 하중조합 I, II, IV, V, VII	4.0	3.16×10^5
	극한한계상태 하중조합 III, VI	3.4	3.16×10^4

케이블부재에 대한 목표신뢰도지수는 현수교 주 케이블에 대하여 6.7 ($p_f = 10^{-11}$) 수준으로 설정하고, 현수교 행어로프와 사장교 케이블에 대하여 5.6 ($p_f = 10^{-8}$) 수준으로 설정한다. 발주자의 동의가 있을 경우 설계자는 케이블의 2차응력 및 시공관리, 재료의 품질 등을 고려하여 현수교 주 케이블에 대하여 6.4 ~ 7.0 사이의 값을, 현수교 행어로프와 사장교 케이블에 대하여 5.2 ~ 6.0 사이의 값을 선택할 수 있다. 여기서 케이블부재에 대해서는 교량의 중요도를 별도로 고려하지 않는다.

파괴확률과 신뢰성 지수

파괴확률 P_f(probability of failure)과 안전지수 β(safety index)의 상관관계를 설명하고 다음 조건의 교량에 대한 안전지수 β를 구하시오

대표거더의 휨모멘트 통계자료(지간 30m, 거더간격 2.4m의 단순 PSC교)			
하중영향(정규분포)		저항모멘트(대수정규분포)	
계수모멘트의 평균값 $\overline{Q}$	5,000 kNm	공칭저항모멘트 R_m	7,000 kNm
계수모멘트의 표준편차 σ_Q	400 kNm	저항모멘트에 대한 편심계수 λ_R	1.05
		저항모멘트의 변동계수 V_R	0.075

풀 이

> **개요**

LRFD에서는 하중계수(γ_i)와 강도감소계수(ϕ_i)를 경험에 의해서 확정적으로 결정하는 것이 아니라 하중과 구조저항과 관련된 불확실성을 확률통계적으로 처리하는 구조 신뢰성 이론에 따라 다중 하중계수와 저항계수를 보정함으로써 구조물의 일관성 있는 적정수준의 안전율을 갖도록 하고 있다. 또한 구조물의 신뢰도는 하중, 재료성질, 해석이론 등의 설계변수가 갖는 불확실성을 확률과 통계이론을 사용하여 구하며, 기본자료의 정확도, 해석의 복잡성 등에 따라 4가지 단계로 나뉜다. 통상적으로 아래의 2단계의 신뢰도 해석방법을 사용하여 설계법에 적용하고 있다.

① 각 기본변수의 불확실성을 하나의 특성값(Characteristic value)으로 표현(예: 하중계수 $D = 1.25$)

② 각각의 기본변수가 갖는 불확실성을 두 개의 특성값(평균과 변동계수)으로 표현(예: 하중발생의 확률이 90%, 변동계수가 0.1인 변수로 표현하여 신뢰도 해석하는 단계)

③ 각각의 불확실 변수의 분포함수를 이용하여 파괴확률을 계산

④ 각 변수들의 상호분포함수, 경제성을 고려

> **파괴확률과 안전지수(신뢰성 지수, 안전도 지수)의 정의**

1) 구조물의 파괴확률(probability of failure)

확률적인 개념에 의한 구조안전도는 구조물의 신뢰도 P_r 또는 한계상태확률 또는 파괴확률 P_f에 의해 정의된다. 작용외력 S와 저항 R은 기지의 확률밀도 함수 $f_S(x)$와 $f_R(x)$라 하면 구조부재의 안전도는 랜덤변량인 안전여유 $Z = R - S$에 의해 좌우되며 $Z \leq 0$일 때 안전성을 상실

한 파손 또는 파괴 상태가 된다.

$$P_f = P(R \le S) = P(R - S \le 0) \quad \text{또는} \quad P_f = P(R/S \le 1) = P(\ln R - \ln S \le 0)$$

$$P_f = P(R - S \le 0) = \iint_D f_{R,S}(r,s)drds$$

$f_{R,S}(r,s)drds$: R, S의 결합밀도 함수, D는 파괴영역

R과 S가 독립일 때 $f_{R,S}(r,s)drds = f_R(r)f_S(s)$

$$P_f = P(R - S \le 0) = \int_{-\infty}^{\infty} \int_{-\infty}^{s \ge r} f_R(r)f_S(s)drds = \int_{-\infty}^{\infty} f_R(x)f_S(x)dx$$

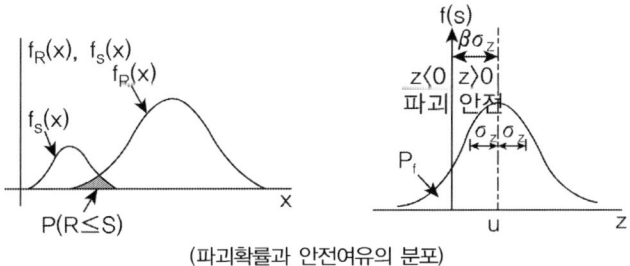

(파괴확률과 안전여유의 분포)

2) 신뢰성 지수(safety index)

확률적인 안전도의 정의로 전술한 파괴확률 대신에 상대적인 안전여유를 나타내는 신뢰성 지수 (reliability index), 즉 안전도 지수(safety index)를 사용하는데 기본적인 정의는 다음과 같다. R 과 S의 각각의 평균 μ_R, μ_S, 분산을 σ_R^2, σ_S^2을 갖는 정규분포일 경우 안전여유 Z =R-S는 다음과 같은 평균과 분산을 가진다.

$$\mu_Z = \mu_R - \mu_S, \ \sigma_Z^2 = \sigma_R^2 + \sigma_S^2, \quad \beta = \frac{\mu_Z}{\sigma_Z} = \frac{(\mu_R - \mu_S)}{\sqrt{\sigma_R^2 + \sigma_S^2}}$$

$$P_f = P(R - S \le 0) = P(Z \le 0) = \phi\left[\frac{-(\mu_R - \mu_S)}{\sqrt{\sigma_R^2 + \sigma_S^2}}\right] = \phi(-\beta), \quad \beta : \text{신뢰성 지수}$$

또는 $Z = \ln(R/Q)$ 확률분포도에서 $\ln(R/Q)$의 평균으로부터 한계상태점은 $Z = 0$까지의 거리를 표준편차 $\sigma_{\ln R/Q}$의 β배로 나타내는 경우 β를 신뢰성 지수로 정의한다.

$$P_f = P[Z \le 0] = P[\ln R/Q \le 0] \quad \text{이때} \ \beta = \frac{\ln R_m - \ln Q_m}{\sqrt{V_R^2 + V_Q^2}}$$

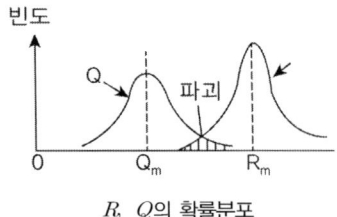

R, Q의 확률분포

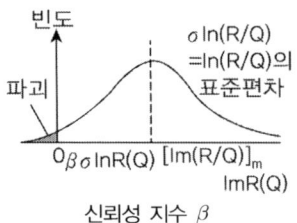

신뢰성 지수 β

3) 목표신뢰성지수(β)

강구조 부재의 신뢰성 지수 β는 부재 형식별로 상이하지만 통상적으로 전형적인 강재보의 β는 3 내외이며, 전형적인 연결부의 β는 4~5의 범위에 있다. LRFD 설계기준의 보정에 사용된 신뢰성 방법에 기초한 보정방법의 특징은 구 설계기준에 의해 설계된 전형적인 강구조물의 신뢰성 지수에 기초를 두고 부재별로 합리적인 대표치를 사용하여 목표신뢰성지수를 선정함으로써 이들 목표 신뢰성 지수에 맞는 다중하중 및 저항계수를 2차 모멘트 신뢰성 방법에 의해 결정한다.

하중조합	목표신뢰성지수 β_0	비고
고정하중 + 활하중	3.0	부재
	4.5	연결부
고정하중 + 활하중 + 풍하중	2.5	부재
고정하중 + 활하중 + 지진	1.75	부재

➤ 안선시수(신뢰성 지수, 안전도 지수, β) 산정

대표거더의 휨모멘트 통계자료(지간 30m, 거더간격 2.4m의 단순 PSC교)			
하중영향(정규분포)		저항모멘트(대수정규분포)	
계수모멘트의 평균값 $\overline{Q}$	5,000 kNm	공칭저항모멘트 R_m	7,000 kNm
계수모멘트의 표준편차 σ_Q	400 kNm	저항모멘트에 대한 편심계수 λ_R	1.05
		저항모멘트의 변동계수 V_R	0.075

$Q_m = 5000$ kNm, $R_m = 7000$ kNm

$\sigma_Q = 400$ kNm

변동계수 = 표준편차/평균 $\therefore \sigma_R = 0.075 \times 7000 = 525$ kNm

$$\therefore \beta = \frac{\mu_z}{\sigma_z} = \frac{\mu_R - \mu_S}{\sqrt{\sigma_R^2 + \sigma_Q^2}} = \frac{7000 - 5000}{\sqrt{400^2 + 525^2}} = 3.03$$

한계상태와 신뢰성 지수

도로교설계기준(한계상태설계법)에 관하여 다음의 사항을 설명하시오.

1) 한계상태(Limit State)

2) 신뢰성 지수(Reliability Index, β)

3) 강재의 평균항복강도와 변동계수가 각각 400MPa, 3%이고, 평균부재응력과 응력의 변동계수가 각각 360MPa, 2.5%일 때 신뢰성 지수(β)를 구하시오.
   (단, 재료의 항복강도와 부재응력은 독립적이고 정규분포임)

풀 이

▶ 한계상태 개요

한계상태(Limit State)란 설계수명 동안 하중을 안전하게 지지할 수 있으면서도 시공이 가능하고 그 기능을 발휘할 수 있는 상태를 말하며, 도로교 설계기준에서는 확률론적 신뢰성이론에 따라 다음과 같이 한계상태를 구분하여 각각의 한계상태에 대하여 만족하도록 규정하고 있다.

① 사용한계상태 : 정상적인 사용조건하에서 응력, 변형 및 균열 폭을 제한하는 것을 규정

② 피로와 파단한계상태 : 피로한계상태는 기대응력범위의 반복횟수에서 발생하는 단일 피로설계트럭에 의한 응력범위를 제한하는 것으로 규정하며, 파단한계상태는 재료인성 요구사항으로 규정

③ 극한한계상태 : 교량의 설계수명 이내에 발생할 것으로 기대되는 통계적으로 중요하다고 규정한 하중조합에 대하여 국부적/전체적 강도와 안정성을 확보하는 것으로 규정

④ 극단상황한계상태 : 지진 또는 홍수 발생 시 또는 세굴된 상황에서 선박, 차량 또는 유빙에 의한 충돌 시의 상황에서 교량의 붕괴를 방지하는 것으로 규정

▶ 신뢰성 지수(Reliability Index, 안전도 지수 Safety Index, β)

확률적인 안전도의 정의로 전술한 파괴확률 대신에 상대적인 안전여유를 나타내는 신뢰성 지수(reliability index), 즉 안전도 지수(safety index)를 사용하는데 기본적인 정의는 다음과 같다. R과 S의 각각의 평균 μ_R, μ_S, 분산을 σ_R^2, σ_S^2을 갖는 정규분포일 경우 안전여유 Z =R-S는 다음과 같은 평균과 분산을 가진다.

$$\mu_Z = \mu_R - \mu_S, \ \sigma_Z^2 = \sigma_R^2 + \sigma_S^2, \quad \beta = \frac{\mu_Z}{\sigma_Z} = \frac{(\mu_R - \mu_S)}{\sqrt{\sigma_R^2 + \sigma_S^2}}$$

$$P_f = P(R - S \leq 0) = P(Z \leq 0) = \phi\left[\frac{-(\mu_R - \mu_S)}{\sqrt{\sigma_R^2 + \sigma_S^2}}\right] = \phi(-\beta), \quad \beta : \text{신뢰성 지수}$$

또는 $Z = \ln(R/Q)$ 확률분포도에서 $\ln(R/Q)$의 평균으로부터 한계상태점은 $Z = 0$까지의 거리를 표준편차 $\sigma_{\ln R/Q}$의 β배로 나타내는 경우 β를 신뢰성 지수로 정의한다.

$$P_f = P[Z \leq 0] = P[\ln R/Q \leq 0] \quad \text{이때 } \beta = \frac{\ln R_m - \ln Q_m}{\sqrt{V_R^2 + V_Q^2}}$$

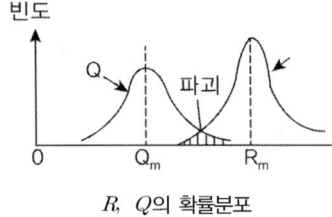

R, Q의 확률분포

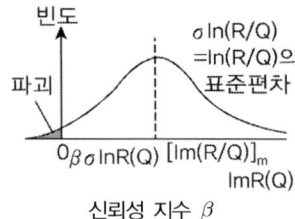

신뢰성 지수 β

➤ 신뢰성 지수 산정

변동계수 = 표준편차/평균 $\quad \therefore \sigma_R = 0.03 \times 400 = 12\text{MPa}$, $\sigma_Q = 0.025 \times 360 = 9\text{MPa}$

$$\therefore \beta = \frac{\mu_z}{\sigma_z} = \frac{\mu_R - \mu_S}{\sqrt{\sigma_R^2 + \sigma_Q^2}} = \frac{400 - 360}{\sqrt{12^2 + 9^2}} = 2.67$$

신뢰성 지수

지간 10 m 단순보에 고정하중으로 등분포하중(w=1 kN/m)이 작용하고 활하중으로 집중하중(P=10 kN)이 작용하고 있다. 보의 중앙부(B)에서 고정하중모멘트(D), 활하중모멘트(L)가 발생할 때 목표신뢰성지수 3.0 (β_T=3.0)을 만족하는 최소 저항모멘트(R)를 구하시오. 단, 파괴모드는 보의 중앙에서 발생하는 최대모멘트가 저항모멘트를 초과하면 파괴된다고 가정한다.

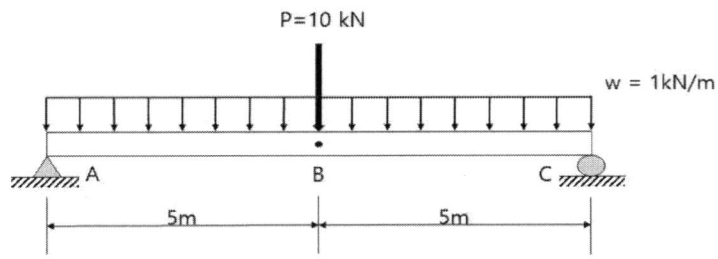

확률변수	고정하중모멘트(D)	활하중모멘트(L)	저항모멘트(R)
분포특성	표준정규분포	표준정규분포	표준정규분포
불확실량(C.O.V)	0.1	0.25	0.15
평균 공칭비	1.0	1.0	1.0

풀 이

▶ 계수모멘트 산정

활하중에 의한 계수모멘트는 $M_L = \dfrac{wL^2}{8} = 12.5 \text{kNm}$

고정하중에 의한 계수모멘트는 $M_D = \dfrac{PL}{4} = 25 \text{kNm}$

불확실량(변동계수, Coefficient of Variation)는 CoV=$\dfrac{\sigma_X}{\mu_X}$ 로 정의되므로,

활하중 분산 $\sigma_L = 0.1 \times 12.5 = 1.25$ kNm, 고정하중 분산 $\sigma_D = 0.25 \times 25 = 6.25$ kNm

▶ 저항모멘트(R)의 평균(μ_R) 산정

$$\beta = \frac{\mu_z}{\sigma_z} = \frac{\mu_R - \mu_S}{\sqrt{\sigma_R^2 + \sigma_Q^2}} = \frac{\mu_R - 37.5}{\sqrt{(0.15\mu_R)^2 + 1.25^2 + 6.25^2}} = 3.0 \quad \therefore \mu_R = 77.13 \text{ kNm}$$

신뢰성 지수

그림과 같은 지간 10m 단순보에서 고정하중은 등분포하중(w1=1kN/m)으로 작용하고 있고 활하중은 집중하중(P=10kN)으로 작용하고 있다. 보의 중앙부(B)에서 고정하중모멘트(D), 활하중모멘트(L)가 발생할 때 다음 물음에 답하시오(단, 보의 중앙에서 발생하는 최대모멘트가 저항모멘트를 초과하면 파괴된다고 가정한다).

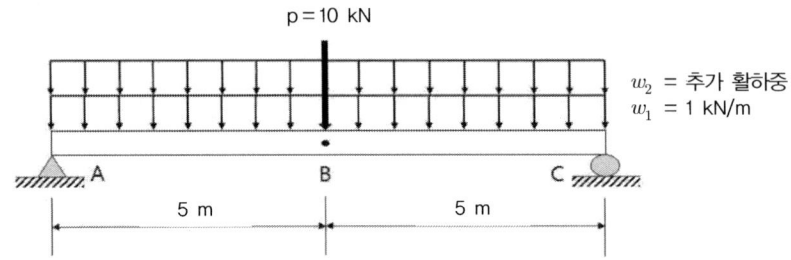

확률변수	고정하중모멘트(D)	활하중모멘트(L)	저항모멘트(R)
분포특성	표준정규분포	표준정규분포	표준정규분포
불확실량(C.O.V)	0.11	0.25	0.15
평균공칭비	1.05	1.15	1.05

파괴확률(P_f)	신뢰성 지수(β)
1/100	2.33
1/1,000	3.10
1/10,000	3.75
1/100,000	4.25

(1) 보 중앙에서 고정하중모멘트의 평균값과 활하중모멘트의 평균값을 각각 구하시오.

(2) 고정하중모멘트와 활하중모멘트의 표준편차를 각각 구하시오.

(3) 저항모멘트1(R_1)이 80kN·m일 때 신뢰성 지수(β)를 구하시오.(단, w_2=0)

(4) 구조물의 파괴확률(P_f)이 10^{-4}이 되기 위한 저항모멘트2(R_2)를 구하시오.(단, w_2=0)

(5) 저항모멘트2(R_2)로 설계된 보에서 파괴확률(P_f)이 10^{-3}을 만족하는 추가활하중(w_2)을 구하시오.

➤ 개요

불확실량(변동계수, Coefficient of Variation) : $\text{CoV} = \dfrac{\sigma_X}{\mu_X}$

신뢰성 지수(β) : $\beta = \dfrac{\mu_z}{\sigma_z} = \dfrac{\mu_R - \mu_Q}{\sqrt{\sigma_R^2 + \sigma_Q^2}}$

평균공칭비 : 공칭값과 평균값의 비

➤ 보 중앙의 고정하중모멘트와 활하중모멘트의 평균값

활하중에 의한 계수 모멘트는 $M_L = \dfrac{w_2 L^2}{8} + \dfrac{PL}{4} = 12.5w_2 + 25$ kNm

고정하중에 의한 계수 모멘트는 $M_D = \dfrac{w_1 L^2}{8} = 12.5$ kNm

활하중모멘트의 평균값 $\mu_L = 1.15 \times (12.5w_2 + 25) = 14.375w_2 + 28.75$ kNm
고정하중모멘트의 평균값 $\mu_D = 1.05 \times 12.5 = 13.125$ kNm

➤ 고정하중모멘트와 활하중모멘트의 표준편차

$\sigma_X = \text{COV} \times \mu_X$

$\sigma_L = 0.25 \times (14.375w_2 + 28.75) = 3.594w_2 + 7.188$

$\sigma_D = 0.11 \times 13.125 = 1.444$

➤ 저항모멘트1(R_1)이 80kN·m일 때 신뢰성 지수(β), w_2=0

$\mu_Q = \mu_L + \mu_D = 14.375w_2 + 28.75 + 13.125 = 14.375w_2 + 41.875 = 41.875$ kNm ($\because w_2 = 0$)

$\mu_R = 1.05 \times 80 = 84$ kNm

$\sigma_Q = \sqrt{\sigma_L^2 + \sigma_D^2} = 7.331$ ($\because w_2 = 0$)

$\therefore \beta = \dfrac{\mu_z}{\sigma_z} = \dfrac{\mu_R - \mu_Q}{\sqrt{\sigma_R^2 + \sigma_Q^2}} = \dfrac{84 - 41.875}{\sqrt{(0.15 \times 84)^2 + 7.331^2}} = 2.89$

➤ 구조물의 파괴확률(P_f)이 10^{-4}이 되기 위한 저항모멘트2(R_2), w_2=0

P_f가 1/10,000일 때 신뢰성 지수(β)는 3.75 이므로

$$\beta = \frac{\mu_z}{\sigma_z} = \frac{\mu_{R2} - \mu_Q}{\sqrt{\sigma_{R2}^2 + \sigma_Q^2}} = \frac{\mu_{R2} - 41.875}{\sqrt{(0.15 \times \mu_{R2})^2 + 7.331^2}} = 3.75 \quad \therefore \mu_{R2} = 109.141 \text{ kNm}$$

$$\therefore R_2 = \mu_{R2}/1.05 = 103.94 \text{ kNm}$$

➤ 저항모멘트2(R₂)로 설계된 보에서 파괴확률(Pf)이 10⁻³을 만족하는 추가활하중(w₂)

P_f가 1/1,000일 때 신뢰성 지수(β)는 3.10 이므로

$$\sigma_Q = \sqrt{\sigma_L^2 + \sigma_D^2} = \sqrt{(3.594w_2 + 7.188)^2 + 1.444^2}$$

$$\mu_Q = \mu_L + \mu_D = 14.375w_2 + 41.875$$

$$\beta = \frac{\mu_z}{\sigma_z} = \frac{\mu_{R2} - \mu_Q}{\sqrt{\sigma_{R2}^2 + \sigma_Q^2}} = \frac{109.141 - 41.875}{\sqrt{(0.15 \times 109.141)^2 + \sigma_Q^2}} = 3.10 \quad \therefore \sigma_Q^2 = 202.819$$

$$\therefore w_2 = 1.942 \text{ kN/m}$$

파괴확률과 신뢰성 지수

공항진입교량 설계에 있어 적용할 파괴확률 P_f(probability of failure)와 안전지수 β(safety index)와의 상관관계를 설명하고 아래 교량의 안전지수 β를 구하시오.

대표거더의 휨모멘트 통계자료(지간 30m, 간격 2.4m의 단순 PSC거더)			
하중영향(정규분포로 가정)		저항모멘트(대수정규분포로 가정)	
계수모멘트의 평균값 $\overline{S}$	5000kNm	공칭저항모멘트 R_n	8000kNm
계수모멘트의 표준편차 σ_S	400kNm	저항모멘트에 대한 편심계수 λ_R	1.05
		저항모멘트의 변동계수 V_R	0.075

풀 이

> **개요**

LRFD에서는 하중계수(γ_i)와 강도감소계수(ϕ_i)를 경험에 의해서 확정적으로 결정하는 것이 아니라 하중과 구조저항과 관련된 불확실성을 확률통계적으로 처리하는 구조 신뢰성 이론에 따라 다중 하중계수와 저항계수를 보정함으로써 구조물의 일관성 있는 적정수준의 안전율을 갖도록 하고 있다. 또한 구조물의 신뢰도는 하중, 재료성질, 해석이론 등의 설계변수가 갖는 불확실성을 확률과 통계이론을 사용하여 구하며, 기본자료의 정확도, 해석의 복잡성 등에 따라 4가지 단계로 나뉜다. 통상적으로 아래의 2단계의 신뢰도 해석방법을 사용하여 설계법에 적용하고 있다.

① 각 기본변수의 불확실성을 하나의 특성값(Characteristic value)으로 표현(예, 하중계수 $D = 1.25$)

② 각각의 기본변수가 갖는 불확실성을 두 개의 특성값(평균과 변동계수)으로 표현(예, 하중발생의 확률이 90%, 변동계수가 0.1인 변수로 표현하여 신뢰도 해석하는 단계)

③ 각각의 불확실 변수의 분포함수를 이용하여 파괴확률을 계산

④ 각 변수들의 상호분포함수, 경제성을 고려

> **파괴확률과 안전지수(신뢰성 지수, 안전도 지수)의 정의**

1) 구조물의 파괴확률(probability of failure)

확률적인 개념에 의한 구조안전도는 구조물의 신뢰도 P_r 또는 한계상태확률 또는 파괴확률 P_f에 의해 정의된다. 작용외력 S와 저항 R은 기지의 확률밀도 함수 $f_S(x)$와 $f_R(x)$라 하면 구조부재의 안전도는 랜덤변량인 안전여유 $Z = R - S$에 의해 좌우되며 $Z \le 0$일 때 안전성을 상실한 파손 또는 파괴 상태가 된다.

$$P_f = P(R \leq S) = P(R - S \leq 0) \quad \text{또는} \quad P_f = P(R/S \leq 1) = P(\ln R - \ln S \leq 0)$$

$$P_f = P(R - S \leq 0) = \iint_D f_{R,S}(r,s) drds$$

$f_{R,S}(r,s)drds$: R, S의 결합밀도 함수, D는 파괴영역

R과 S가 독립일 때 $f_{R,S}(r,s)drds = f_R(r)f_S(s)$

$$P_f = P(R - S \leq 0) = \int_{-\infty}^{\infty} \int_{-\infty}^{s \geq r} f_R(r) f_S(s) drds = \int_{-\infty}^{\infty} f_R(x) f_S(x) dx$$

2) 신뢰성 지수(safety index)

확률적인 안전도의 정의로 전술한 파괴확률 대신에 상대적인 안전여유를 나타내는 신뢰성 지수(reliability index), 즉 안전도 지수(safety index)를 사용하는데 기본적인 정의는 다음과 같다. R과 S의 각각의 평균 μ_R, μ_S, 분산을 σ_R^2, σ_S^2을 갖는 정규분포일 경우 안전여유 Z = R−S는 다음과 같은 평균과 분산을 가진다.

$$\mu_Z = \mu_R - \mu_S, \ \sigma_Z^2 = \sigma_R^2 + \sigma_S^2, \quad \beta = \frac{\mu_Z}{\sigma_Z} = \frac{(\mu_R - \mu_S)}{\sqrt{\sigma_R^2 + \sigma_S^2}}$$

$$P_f = P(R - S \leq 0) = P(Z \leq 0) = \phi\left[\frac{-(\mu_R - \mu_S)}{\sqrt{\sigma_R^2 + \sigma_S^2}}\right] = \phi(-\beta), \quad \beta : 신뢰성 지수$$

또는 $Z = \ln(R/Q)$ 확률분포도에서 $\ln(R/Q)$의 평균으로부터 한계상태점은 $Z = 0$까지의 거리를 표준편차 $\sigma_{\ln R/Q}$의 β배로 나타내는 경우 β를 신뢰성 지수로 정의한다.

$$P_f = P[Z \leq 0] = P[\ln R/Q \leq 0] \quad \text{이때} \ \beta = \frac{\ln R_m - \ln Q_m}{\sqrt{V_R^2 + V_Q^2}}$$

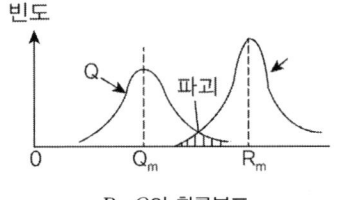

R, Q의 확률분포

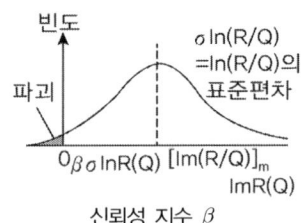

신뢰성 지수 β

3) 목표신뢰성지수(β)

강구조 부재의 신뢰성 지수 β는 부재 형식별로 상이하지만 통상적으로 전형적인 강재보의 β는 3 내외이며, 전형적인 연결부의 β는 4~5의 범위에 있다. LRFD 설계기준의 보정에 사용된 신뢰성

방법에 기초한 보정방법의 특징은 구 설계기준에 의해 설계된 전형적인 강구조물의 신뢰성 지수에 기초를 두고 부재별로 합리적인 대표치를 사용하여 목표신뢰성지수를 선정함으로써 이들 목표 신뢰성지수에 맞는 다중하중 및 저항계수를 2차 모멘트 신뢰성 방법에 의해 결정한다.

하중조합	목표신뢰성지수 β_0	비고
고정하중 + 활하중	3.0	부재
	4.5	연결부
고정하중 + 활하중 + 풍하중	2.5	부재
고정하중 + 활하중 + 지진	1.75	부재

➤ 안전지수(신뢰성 지수, 안전도 지수, β) 산정

저항모멘트의 평균값 $\mu_R = \lambda_R \times R_n = 1.05 \times 8000 = 8400$ kNm

저항모멘트의 표준편차 $\sigma_R = COV(\text{변동계수}) \times \mu_R = 0.075 \times 8400 = 630$ kNm

$$\therefore \beta = \frac{\mu_z}{\sigma_z} = \frac{\mu_R - \mu_S}{\sqrt{\sigma_R^2 + \sigma_Q^2}} = \frac{8400 - 5000}{\sqrt{630^2 + 400^2}} = 4.56$$

1. 한계상태설계법의 하중과 하중조합 108회/109회/120회/122회/123회/124회/130회/132회/134회

1) 한계상태설계법(2012)은 확률론적 신뢰성이론에 따라 다음과 같이 한계상태를 구분하여 각각의 한계상태에 대하여 만족할 수 있다.

$$\sum \eta_i \gamma_i Q_i \leq R_r$$

① 최대하중계수가 적용되는 하중의 경우, $\eta_i = \eta_D \eta_R \eta_I \geq 0.95$

② 최소하중계수가 적용되는 하중의 경우, $\eta_i = \dfrac{1}{\eta_D \eta_R \eta_I} \leq 1.0$

η_i : 하중수정계수(연성, 여용성, 구조물의 중요도에 관련된 계수)

η_D (Damping) : 연성에 관련된 계수

$\quad \eta_D \geq 1.05$: 비연성 구조요소 및 연결부

$\quad \eta_D = 1.00$: 통상적인 설계 및 상세

$\quad \eta_D \geq 0.95$: 추가 연성보강장치가 규정되어 있는 구성요소 및 연결부

η_R (Redundancy) : 여용성에 관련된 계수

$\quad \eta_R \geq 1.05$: 비여용 부재

$\quad \eta_R = 1.00$: 통상적 여용수준

$\quad \eta_R \geq 0.95$: 특별한 여용수준

η_I (Importance) : 중요도에 관련된 계수

$\quad \eta_I \geq 1.05$: 중요교량

$\quad \eta_I = 1.00$: 일반교량

$\quad \eta_I \geq 0.95$: 상대적으로 중요도가 낮은 교량

2) 한계상태

① 사용한계상태 : 정상적인 사용조건 하에서 응력, 변형 및 균열 폭을 제한하는 것을 규정

② 피로와 파단한계상태 : 피로한계상태는 기대응력범위의 반복횟수에서 발생하는 단일 피로설계트럭에 의한 응력범위를 제한하는 것으로 규정하며, 파단한계상태는 재료인성 요구사항으로 규정

③ 극한한계상태 : 교량의 설계수명 이내에 발생할 것으로 기대되는 통계적으로 중요하다고 규정한 하중조합에 대하여 국부적/전체적 강도와 안정성을 확보하는 것으로 규정

④ 극단상황한계상태 : 지진 또는 홍수 발생 시 또는 세굴된 상황에서 선박, 차량 또는 유빙에 의한 충돌 시의 상황에서 교량의 붕괴를 방지하는 것으로 규정한다.

3) 하중조합

하중계수를 고려한 총 설계하중은 $Q = \sum \eta_i \gamma_i q_i$로 결정된다($q_i$: 하중 또는 하중효과).

① 극한한계상태 하중조합 I : 일반적인 차량통행을 고려한 기본하중조합. 이때 풍하중은 고려하지 않는다.

② 극한한계상태 하중조합 II : 발주자가 규정하는 특수차량이나 통행허가차량을 고려한 하중조합. 이때 풍하중은 고려하지 않는다.

③ 극한한계상태 하중조합 III : 풍속 90km/hr(25m/sec)를 초과하는 풍하중을 고려한 하중조합

④ 극한한계상태 하중조합 IV : 활하중에 비해서 고정하중이 매우 큰 경우에 적용하는 하중조합

⑤ 극한한계상태 하중조합 V : 90km/hr의 풍속과 일상적인 차량통행에 의한 하중효과를 고려한 하중조합

⑥ 극단상황한계상태 하중조합 I : 지진하중을 고려하는 하중조합

⑦ 극단상황한계상태 하중조합 II : 빙하중, 선박 또는 차량의 충돌하중 및 감소된 활하중을 포함한 수리학적 사건에 관계된 하중조합. 이때 차량충돌하중 CT의 일부분인 활하중은 제외된다.

⑧ 사용한계상태 하중조합 I : 교량의 정상운용상태에서 발생 가능한 모든 하중의 표준 값과 25m/s의 풍하중을 조합한 하중상태, 교량의 설계수명 동안 발생확률이 매우 적은 하중조합으로 RC의 사용성 검증에 사용할 수 있으며 옹벽과 사면의 안정성 검증, 매설된 금속구조물, 터널라이닝판과 열가소성 파이프에서의 변형제어에도 사용한다.

⑨ 사용한계상태 하중조합 II : 차량하중에 의한 강구조물의 항복과 마찰이음부의 미끄러짐에 대한 하중조합

⑩ 사용한계상태 하중조합 III : 교량의 정상운용상태에서 설계수명 동안 종종 발생 가능한 하중조합으로 부착된 프리스트레스 강재가 배치된 상부구조의 균열 폭과 인장응력 크기를 검증하는 데 사용한다.

⑪ 사용한계상태 하중조합 IV : 설계수명 동안 종종 발생 가능한 하중조합으로 교량 특성상 하부구조는 연직하중보다 수평하중에 노출될 때 더 위험하기 때문에 연직 활하중 대신에 수평 풍하중을 고려한 하중조합이다. 따라서 이 조합은 부착된 프리스트레스 강재가 배치된 하부구조의 사용성 검증에 사용해야 한다. 물론 하부구조는 사용하중조합 III에서의 사용성 요구조건도 동시에 만족하여야 한다.

⑫ 피로한계상태 하중조합 : 피로 설계 트럭하중을 이용하여 반복적인 차량하중과 동적응답에 의한 피로파괴를 검토하기 위한 하중조합

4) 도로교 설계기준의 하중 종류 [126회]

【 기출유형 ① 】 교량설계시 고려할 하중의 종류

① 지속하는 하중
  (1) 고정하중 : 구조부재와 비구조적 부착물의 중량(DC), 포장과 설비의 고정하중(DW)
  (2) 프리스트레스힘(PS) : 포스트텐션의 2차하중 효과를 포함, 시공과정 중 발생한 누적하중
  (3) 시공 중 발생하는 구속응력(EL)
  (4) 콘크리트 크리프의 영향(CR)
  (5) 콘크리트 건조수축의 영향(SH)
  (6) 토압 : 수평토압(EH), 상재토하중(ES), 수직토압(EV), 말뚝부마찰력(DD)

② 변동하는 하중
  (7) 활하중 : 차량활하중(LL), 상재활하중(LS), 보도하중(PL)
  (8) 충격하중(IM)
  (9) 풍하중 : 차량에 작용하는 풍하중(WL), 구조물에 작용하는 풍하중(WS)
  (10) 온도변화의 영향 : 단면평균온도(TU), 온도경사(TG)
  (11) 지진의 영향(EQ)   (12) 정수압과 유수압(WA)
  (13) 부력 또는 양압력(BP)   (14) 설하중 및 빙하중(IC)
  (15) 지반변동의 영향(GD)   (16) 지점이동의 영향(SD)
  (17) 파압(WP)   (18) 원심하중(CF)
  (19) 제동하중(BR)   (20) 가설 시 하중(ER)
  (21) 충돌하중 : 차량충돌하중(CT), 선박충돌하중(CV)
  (22) 마찰력(FR)

2. 한계상태설계법의 주요하중

1) 설계차량 활하중 [101회/120회/136회]

【 기출유형 ① 】 한계상태설계법의 차량 활하중, 표준트럭하중
【 기출유형 ② 】 DB24하중과 KL-510하중의 설계 시 유불리를 비교 설명

한계상태 설계법에서는 이전의 DB하중 대신에 한국형 차량하중인 KL-510하중을 도입하였으며, DL하중에 대신하여 일괄적으로 적용하던 방식과 달리 교량의 지간을 고려하도록 하였다. 또한 이전의 설계법과 달리 활하중의 동시재하에 대하여 세분화하여 재하차로별로 다차로 재하계수를 적용하여 비교, 검토하도록 하였다.

① 표준트럭하중(KL-510)

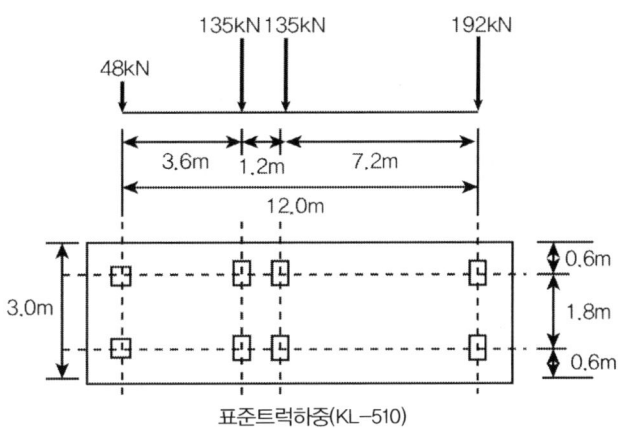

표준트럭하중(KL-510)

② 표준차로하중

(1) $L \leq 60\,\mathrm{m} : \omega = 12.7\ \mathrm{kN/m}$

(2) $L > 60\,\mathrm{m} : \omega = 12.7 \times \left(\dfrac{60}{L}\right)^{0.10} \mathrm{kN/m}$ L : 표준차로하중이 재하되는 부분의 지간

③ 활하중의 동시재하활하중의 최대 영향을 다차로재하계수(m)를 곱한 재하차로의 모든 가능한 조합에 의한 영향을 비교하여 결정한다.

재하차로수	1	2	3	4	5 이상
KL510 재하계수(m)	1.0	0.9	0.8	0.7	0.65
DB24 재하계수(m)	1.0		0.9	0.75	

① 1등급 : KL-510 차량 활하중 설계

② 2등급 : 1등급 활하중의 75% 적용

③ 3등급 : 2등급 활하중의 75% 적용

④ 차량 활하중 재하차로 수 $N = \dfrac{W_C}{W_P} = \dfrac{\text{교폭}}{\text{정해진 계획차로 폭}}$

⑤ 재하차로의 폭 $W = \dfrac{W_c}{N} \leq 3.6\,\mathrm{m}$

두 부분이 임시적인 시설로 분리되어 있는 경우에는 전체 차도의 폭을 고려하여 재하차로의 수와 폭을 정하여야 한다.

⑥ 바닥판과 바닥틀을 설계하는 경우 차량 활하중

(1) 바닥판과 바닥틀을 설계하는 경우 차도부분에 표준트럭하중을 재하한다. 표준트럭하중은 종방향으로는 차로당 1대를 재하하고, 횡방향으로는 재하 가능한 대수를 재하하되 동시재하계수를 고려하여 설계부재에 최대응력이 일어나도록 재하한다. 교축직각방향으로 볼 때, 표준트럭하중의 최외측 차륜중심의 재하위치는 차도부분의 단부로부터 300 mm로 한다.

(2) 차륜의 접지면은 표준트럭하중의 각 차륜에 대해 면적이 $(12,500/9) P (\text{mm}^2)$인 하나의 직사각형으로 간주하며 이 직사각형의 폭과 길이의 비는 2.5 : 1 로 한다. 여기서, P는 차륜의 중량(kN)이다.

TIP | KL-510하중과 DB하중 | 도로교 설계기준(한계상태설계법) 하중편 소개, 한국강구조학회지, 황의승

1. KL-510 하중 개발 배경

국내 도로교 설계기준에서 적용되었던 DB하중은 1944년에 제정된 미국의 HS하중을 기본으로 하여 제정되었다. 미국의 HS하중은 AASHTO 연구에서는 교량지간이 약 30m(100ft)까지의 교량을 대상으로 차량하중의 효과를 연구하여 개발된 모델이다. 따라서 현재의 중장지간 교량에서는 적합하지 않아 AASHTO에서도 1994년에 LRFD를 제정하면서 기존의 HS20하중모델을 HL-93하중모형으로 수정하였다. 중경간에서는 기존보다 증가된 하중을 사용하며 국내에서도 차량의 대형화와 물동량 증가를 고려하여 DB하중의 불합리성을 개선하기 위해서 새로운 활하중모형을 개발하였다.

2. KL-510 하중의 특징

① 합리성 : 국내 통계자료의 반영, 가능한 목표수준에 근접하도록 과다 설계 방지

기존의 DB하중은 교량형식별, 지간별로 상이한 안전수준을 제공하므로 이를 합리적으로 보완할 필요가 있었다. KL-510하중은 국내의 통계자료를 활용하여 기존의 DB하중에 비해 중경간(30~80m)에서 하중이 다소 증가되고 장경간(약 80m 이상)에서는 하중이 감소되는 합리적인 모델을 제시하였다.

(통계자료 분석결과) 약 30m까지는 1축의 중량 또는 1대의 중차량의 효과가 크며, 30~80m에서는 2대의 연행차량이 80m 이상에서는 3대의 연행차량의 효과가 지배적임

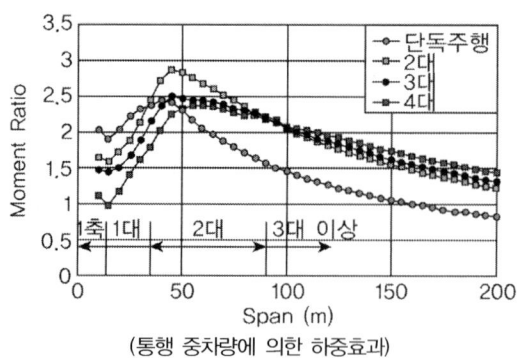

(통행 중차량에 의한 하중효과)

② 연속성 : 가능한 기존 모형과 유사, 가능한 기존 횡방향 설계수준 유지

③ 설계편의성 : 일관된 재하방법, 재하방법의 간편성

국내 통계자료를 통해 분석된 하중효과를 만족하면서 기존의 횡방향 설계수준을 유지하고 재하방법이 간편하고 일관된 모형으로 KL-510 하중이 제안되었으며, 표준트럭하중은 실제 트럭의 모형에 가깝도록 축간거리를 정하고 단지간 교량의 설계를 위한 탠덤축을 가운데 축에 비치하여 AASHTO LRFD HL-93하중의 트럭하중과 탠덤하중을 조합한 형태이다. 표준차로하중은 지간이 길어질수록 등분포하중의 크기를 감소시키는 것이 합리적이지만 설계의 편의를 위해 지간 60m 이하에서는 동일한 값을 사용하도록 하였다.

④ 신뢰도 분석 결과 반영

신뢰도분석에 의해 결정된 활하중에 대한 하중계수는 기본 하중조합에 대해 1.80이며 다차로 재하계수는 국내외 재하계수와 비교하여 산정되었다.

재하차로	도로교(한계상태)	도로교(2010)	AASHTO LRFD	CSA	Eurocode
1	1.00	1.00	1.20(1.00)	1.00	1.0
2	0.90		1.00(0.83)	0.90	0.80
3	0.80	0.90	0.85(0.71)	0.80	0.66
4	0.70	0.75	0.65(0.54)	0.70	0.55
5	0.65			0.60	0.55
6 이상				0.55	–

3. KL-510 하중모형의 하중효과

① KL-510의 하중효과

교량설계 핵심기술단의 결과 단순보 및 2경간 연속교의 1차로 재하에 대해서 KL-510의 하중효과를 보면, 연속보의 내부지점 부모멘트는 다소 안전 측으로 나타난다.

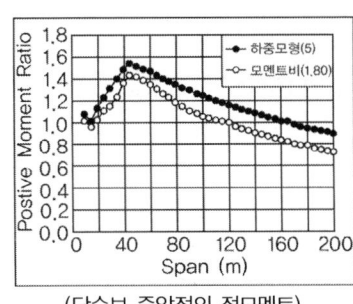

(단순보 중앙점의 정모멘트)　　(단순보의 지점 전단력)

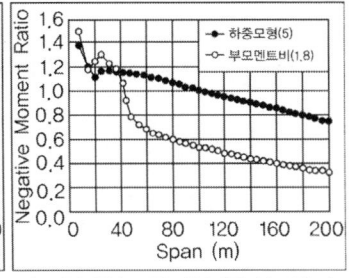

(2경간 연속보의 내부지점 부모멘트)

② DB/DL24 하중과 KL-510 하중효과 비교

사용하중이 지간별로 그 비율이 다르게 나타나며 40~45m 지간에서 정모멘트는 약 55%, 전단력은 약 42%, 부모멘트는 약 38% 정도 더 큰 값을 나타내고 다른 지간에서는 약간 증가하거나 오히려 감소한다. 반면에 계수하중을 비교하면 활하중계수의 감소로 인하여 정모멘트는 지간

40~45m에서 기존 DB하중대비 약 32%, 전단력은 22%, 부모멘트는 19% 정도 증가하며 지간 20m 이하, 또는 120m 이상에서는 기존 DB하중대비 오히려 감소한다. 2차로로 재하하는 경우 다차로 재하계수가 1.0에서 0.9로 감소하므로 기존 DB하중대비 정모멘트는 40~45m지간에서 20%, 전단력은 10%, 부모멘트는 8% 정도 증가하며 정모멘트의 경우 지간 30m 이하 또는 100m 이상에서는 기존 DB하중대비 오히려 감소하고 부모멘트의 경우 대부분 기존대비 감소하는 경향을 나타낸다. 고정하중과 활하중 효과의 합을 비교하면 고정하중에 의한 영향이 같다고 가정할 경우 활하중 대비 고정하중의 비가 4~5 정도(중간지간의 경우)이므로 총하중효과의 증감은 ±10% 이내이다.

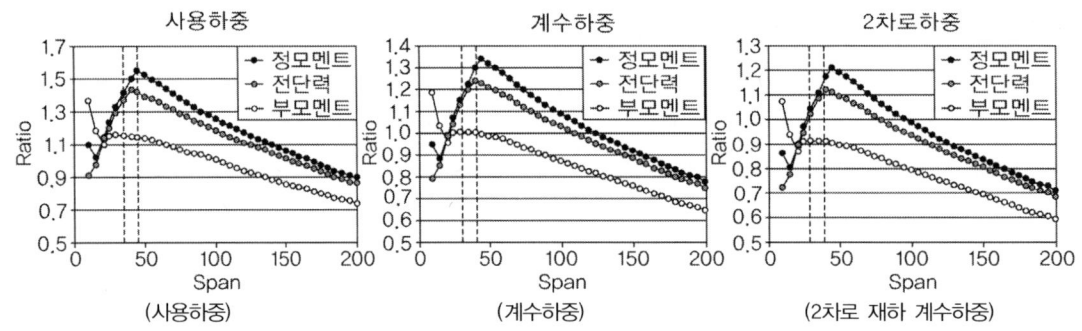

(사용하중)   (계수하중)   (2차로 재하 계수하중)

$$Ratio = \frac{DB/DL24하중효과}{KL510하중효과}$$

③ KL-510하중과 국외설계기준의 비교

KL-510모형은 기존의 DB-24트럭모형에 탠덤하중을 결합한 형태로 표준차로하중은 미국, 캐나다, 일본의 값보다는 다소 크나, 하중계수를 고려하더라도 Eurocode보다는 작다. 재하방법도 기존의 DB하중은 표준트럭하중 또는 표준차로하중을 사용하였으나 대부분의 국외기준 및 도로교설계기준 한계상태법에서는 표준트럭하중과 표준차로하중을 조합하여 사용하며 캐나다와 도로교설계기준 한계상태법에서는 조합을 하는 경우 표준트럭하중의 크기를 약간씩 줄이고 있다.

바닥판 설계 시	표준트럭하중 재하

거더 설계 시	표준트럭하중의 효과 ┐ 두 값 중 큰 값
	표준트럭하중의 75% + 표준차로하중의 효과 ┘

기존 하중보다는 크며, 캐나다의 기준과 유사하나 지간이 길어질수록 더 작아진다. 하중계수를 고려한 계수활하중의 크기는 단지간과 장대지간에서는 캐나다 기준보다는 크고 AASHTO LRFD에 비해 조금 작고, 중지간에서는 조금 크다. 2차로 재하를 고려하는 경우에는 단지간, 장대지간에서 AASHTO LRFD와 캐나다 기준과 유사하며 중지간에서 유로코드 기준과 유사하다. KL-510하중의 활하중 모형은 국외기준과 비교하여 일부지간에서 조금 크거나 작은 정도이며 대체적으로 유사한 영향을 주도록 제안되었다.

(사용하중)

(1차로재하 계수하중)

(2차로재하 계수하중)

(각국의 활하중 모형)

설계기준	표준트럭하중(T)	표준차로하중(L)	재하방법
한국(DB 24하중)	48kN 192kN 192kN 4.2m 4.2m−9.0m 8.4m−13.2m	12.7 kN/m + 1 axle	T or L
한국(KL 510하중)	135kN 48kN 135kN 192kN 3.6m 7.2m 1.2m	12.7kN/m $L \le 60$ $12.7(60/L)^{0.18}$ kN/m $60<L<200$	T or 0.75T+L
미국(AASHTO LRFD)	35kN 1145kN 1145kN 125kN 125kN 4.3m 4.3m−9.1m or 8.6 m−13.4m 1.2m	9.3 kN/m	T+L
캐나다(CSA)	125kN 50kN 125kN 175kN 150kN 3.6m 1.2m 6.6m 6.6m 18m	9.0 kN/m	T or 0.8T+L
Eurocode	300kN 300kN 1.2m	27.0 kN/m	T+L
일본	10kN/m 10.0m	9.625~8.25 kN/m (지간에 따라 감소)	T+L
영국(BS 5400)	$KEL = 120kN/lane$	$336(1/L)^{0.67}$ kN/m, L<50 $36(1/L)^{0.1}$ kN/m, 50<L<1600	T+L

2) 보도하중(PL, KDS 24 12 22 케이블 교량 설계기준)

자전거길을 포함한 보도 등에는 다음의 등분포하중을 재하한다. 이때 자전거길을 포함한 전체 보도의 폭이 2.0 m를 초과하는 경우에는, 2.0 m를 초과하는 부분에 표의 값의 85%, 3.0 m를 초과하는 부분에는 표의 값의 70%를 적용한다. 구조해석 시에는 전체폭에 대한 평균 등분포하중값을 계산하여 적용할 수 있다.

지간길이(m)	$L \leq 80$	$80 < L \leq 130$	$130 < L \leq 200$	$L > 200$
하중(MPa)	3.5×10^{-3}	$(4.3 - 0.01\,L) \times 10^{-3}$	3.0×10^{-3}	$\dfrac{0.6}{L}$

L : 거더 등 지간(m). 중앙지간길이가 200 m 이상인 교량에 대해서는 원칙적으로 중앙 지간길이를 취한다.

3) 충격하중(IM) [112회]

원심력과 제동력 이외의 표준트럭하중에 의한 정적효과는 충격하중의 비율에 따라 증가시키도록 하고 있으며, 이전의 일괄적인 충격계수와 달리 구조물과 트럭하중과의 직접 저촉으로 인하여 파손 등을 유발시키는 부재에 대하여 강화하여 적용토록 하고 있다.

구분		IM
바닥판, 신축이음장치의 모든 한계상태		70%
모든 다른 부재	피로한계상태 제외한 모든 한계상태	25%
	피로한계상태	15%

예외 규정 1. 상부구조물로부터 수직반력을 받지 않는 옹벽
　　　　2. 전체가 지표면 이하인 기초부재

① 매설된 부재(암거나 매설된 구조물에 대한 충격하중)

$$IM = 40(1.0 - 4.1 \times 10^{-4} D_E) \geq 0\%, \quad D_E : 구조물을 덮고 있는 최소 깊이(mm)$$

② 목재 부재 : 1)에서 제시된 충격하중을 50%로 줄일 수 있다.

4) 피로하중 [124회/125회]

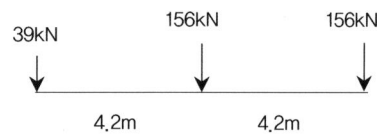

$ADTT_{SL}$(피로하중빈도) $= p \times ADTT$
① $ADTT$: 단일차로 일평균트럭 교통량
② p : 1차로(1.0), 2차로(0.85), 3차로(0.80)

5) 풍하중

$$p = \frac{1}{2} \rho V_d^2 C_d G \quad (Pa)$$

$$G = \begin{cases} G_r : \ \text{강체구조물}(\text{1차모드 고유진동수가 } 1Hz \text{ 이상 } \quad f_1 > 1Hz) \\ G_f : \ \text{유연구조물}(\text{1차모드 고유진동수가 } 1Hz \text{ 이하 } \quad f_1 \leq 1Hz) \end{cases}$$

$$G_r = K_p \frac{1 + 5.78 I_z Q}{1 + 5.78 I_z}, \quad G_f = K_p \frac{1 + 1.7 I_z \sqrt{11.56 Q^2 + g_R^2 R^2}}{1 + 5.78 I_z}$$

6) 온도변화 [105회/118회/130회]

【 기출유형 ① 】 도로교 한계상태설계법에서의 온도경사
【 기출유형 ② 】 온도에 의한 변형효과를 고려하기 위해 설계 시 기준으로 사용하는 온도

교량의 수직온도의 분포를 실측한 결과 콘크리트 박스거더의 경우 다음과 같이 분포됨을 확인하고, 이때 단면 내에 발생하는 변형 또는 응력의 분포를 축방향변형, 곡률변형, 자기평형응력으로 구분할 수 있다.

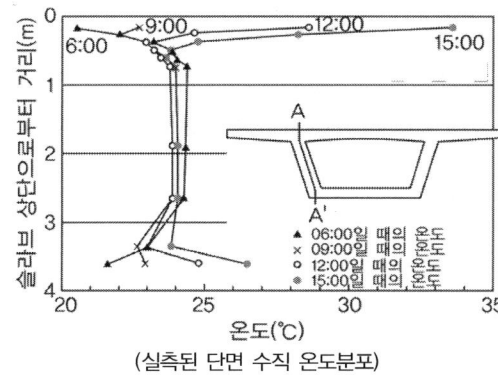

(실측된 단면 수직 온도분포)

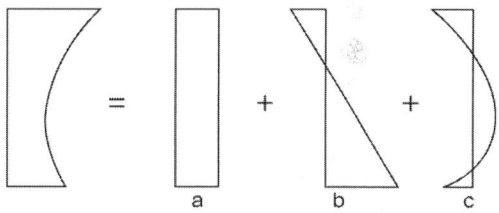

a : Axial deformation (축방향변형)
b : Vertical (or horizontal) curvature (곡률변형)
c : Self-equilibrating stresses (자기평형응력)

(수직온도분포에 의한 단면변형 또는 응력의 구분)

(단면평균온도로 인한 축방향 변형) $\quad T_0 = \dfrac{\int T(y) dA}{A} = \dfrac{\sum\limits_i T_i A_i}{A}$

(수직방향선형온도차로 인한 곡률변형) $\quad \Delta T_v = - D \dfrac{\int T(y) y dA}{I_h} = - D \dfrac{\sum\limits_i T_i \overline{y_i} A_i}{I_h}$

여기서 T_i, A_i : 절점i에서의 온도와 영향단면적

$\quad\quad I_h$: 중립축에 대한 단면2차모멘트

$\quad\quad D$: 단면의 높이

$\quad\quad y$: 중립축으로부터 거리

온도하중은 크게 단면 평균온도와 온도경사(수직온도분포)하중으로 구분되며, 국내외 연구결과를 반영하여 단면평균온도(TU, ① 온도의 범위)는 기존 도로교 설계기준과 동일하게 유지하되 온도

경사하중(TG, ② 온도경사)은 다음과 같이 적용토록 하였다.

① 온도의 범위 : 가설기준온도는 가설직전 24시간 평균값을 적용하고 온도에 대한 정확한 자료가 없을 때 다음을 적용

기후	강교(바닥판)	합성교(강거더와 콘크리트 바닥판)	콘크리트교
보통	−10~50°C	−10~40°C	−5~35°C
한랭	−30~50°C	−20~40°C	−15~35°C

② 콘크리트 구조의 온도경사 : 바닥판이 콘크리트인 강재나 콘크리트 상부구조

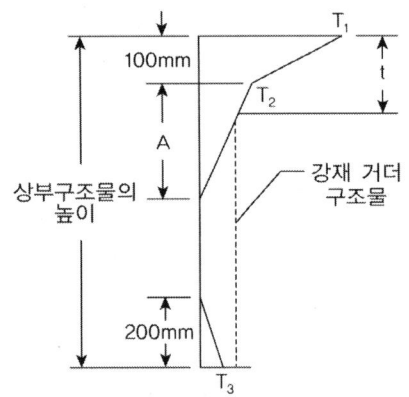

(1) 두께 400mm 이상 콘크리트 상부구조물
   A=300mm
(2) 두께 400mm 이하 콘크리트 상부구조물
   A=실 두께보다 100mm 작은 값
(3) 강재로 된 상부구조물
   A=300mm

여기서,
$T_1(°C) = 23$, $T_2(°C) = 6$, $T_3(°C) = $ 실측 또는 0

③ 강바닥판의 수직온도 분포(KDS 24 12 22 케이블 교량)

상부구조형식	수직온도분포(ΔT)	
	(a) 상부가 높은 경우	(b) 하부가 높은 경우
40mm 포장 거더가 박스인 경우	$\Delta T_1 = 24°C$ $\Delta T_2 = 14°C$ $h_1 = 0.1m$ $\Delta T_3 = 8°C$ $h_2 = 0.2m$ $\Delta T_4 = 4°C$ $h_3 = 0.3m$	$\Delta T_1 = -6°C$ $h_1 = 0.5m$
40mm 포장 강트러스와 플레이트 거더인 경우	$\Delta T_1 = 21°C$ $h_1 = 0.5m$	$\Delta T_1 = -5°C$ $h_1 = 0.1m$

3. 해상 교량의 특수하중 : 선박충돌하중 ^{131회/133회/135회}

【 기출유형 ① 】 해상교량과 선박 충돌 시 교량 안정성 확보 및 붕괴 방지대책
【 기출유형 ② 】 해상교량에 적용하는 선박 충돌방지시설의 종류

항로상 또는 항로 근처에 교각이 설치하여 선박과 충돌할 우려가 있는 경우에는 이를 설계에 고려하여야 한다. 선박충돌에 대한 설계법은 주로 AASHTO의 설계법으로 이루어지며, 국내의 설계기준(KDS 24 12 21 한계상태설계법, KDS 24 12 22 케이블 교량)에 준용되고 있다.

1) 일반사항

설계수심이 600mm 이상 되는 곳에 위치하며 배가 통행할 수 있는 수로에 건설되는 교량에 고려되어야 할 하중으로 선박과 충돌이 예상될 때에는

① 충돌하중에 견디도록 설계하거나, ② 방호물, 계선말뚝 등으로 적절히 보호해야 한다.

충돌에 의한 충격하중은 다음의 사항을 고려해 결정해야 한다.

① 수로의 기하학적 형상

② 수로 이용 선박크기, 형태, 하중조건, 통과 빈도

③ 가용수심

④ 선박속도와 방향

⑤ 충돌에 의한 교량의 구조적 거동

케이블 교량의 경우 선박 충돌 시 교량 구성부재에 다소의 피해를 허용하나 복구가 가능하여야 하며 교량 전체 또는 일부의 붕괴가 발생되지 않는 붕괴방지수준으로 하여야 하며, 붕괴방지수준을 만족하기 위해 극단상황한계상태 하중조합에 대해 만족하도록 설계하고 교량의 연간 파괴빈도를 0.0001 이하로 하여야 한다.

2) 선박 충돌로 인한 파괴확률(KDS 24 12 21 한계상태설계법 기준)

KDS 24 12 21(한계상태설계법)은 AASHTO 설계기준의 Method II를 참조해 확률론적 방법을 적용해 고려하도록 규정하고 있다.

① 설계선박 : 설계선박은 교량의 중요도 등급, 선박, 교량 및 항로의 특성에 의해 결정되며, 각 교각과 경간 구조부재에 대한 설계선박을 선택하여야 한다. 설계선박보다 더 큰 선박에 대해서는 연간파괴빈도가 그 구조부재의 허용기준보다 작도록 해야 한다.

② 연간 파괴빈도(AF) : 각 교량구조부재와 선박 등급별로 계산하고 교량 전체는 모든 부재의 파괴빈도를 합하여 구한다. 중요교량의 파괴빈도는 0.0001, 보통교량은 0.001을 사용한다.

AF = N × PA × PG × PC (= 교량 충돌할 수 있는 선박수 × 항로이탈 확률 × 선박이 충돌할 기하학적 확률 × 교량이 충돌로 붕괴될 확률)

③ 항로이탈확률(PA) : 통계학적 방법이나 근사적 방법으로 결정한다.

  (1) 통계학적 방법 : 해당 수로에서의 선박충돌, 추돌, 좌초에 대한 역사적 자료와 사고가 보고된 기간 동안 해당 수로를 통과한 선박 수에 대한 자료를 활용하여 통계분석 함으로써 항로이탈확률을 계산한다.

  (2) 근사적 방법 : PA = BR $\times$ R_B $\times$ R_C $\times$ R_{XC} $\times$ R_D

    - BR : 항로이탈 기본율

      (a) 선박 0.6×10^{-4}, (b) 바지선 1.2×10^{-4}

    - R_B : 교량위치에 따른 보정계수

      (a) 직선영역 1.0,   (b) 전이영역 $1 + \theta/90°$,   (c) 곡선영역 $1 + \theta/45°$

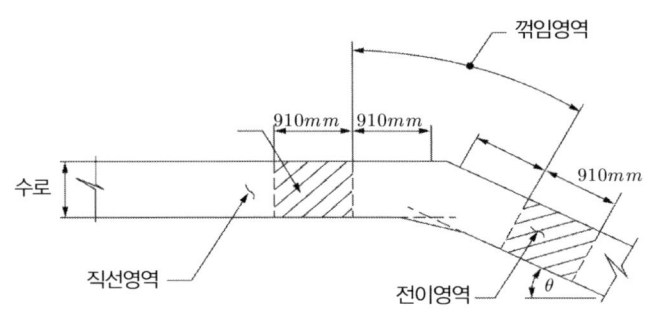

a. 수로의 꺾임부

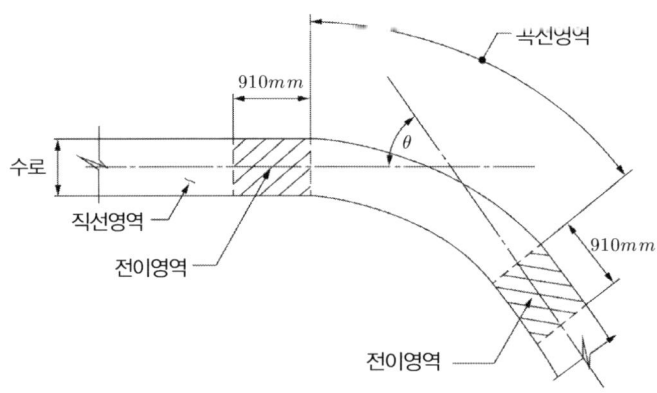

b. 수로의 곡선부

    - R_C : 선박 통과경로에 평행한 유속 보정계수 $R_C = 1 + V_c/19$ (속도 km/h)

    - R_{XC} : 선박 통과경로에 직각방향 유속 보정계수 $R_{XC} = 1.0 + 0.54 V_{XC}$ (속도 km/h)

    - R_D : 통행선박 밀도에 대한 보정계수

      (a) 저밀도 1.0,   (b) 평균밀도 1.3,   (c) 고밀도 1.6

④ 충돌할 기하학적 확률(PG) : 교량부근에서 항로를 이탈한 선박의 항로를 모형화하는 데 정규분포를 이용할 수 있다. 기하학적 확률분포(PG)는 그림과 같이 교각의 양 측면에 놓인 두 선박의 중심선 사이의 범위에서 정규분포곡선을 적분한 면적이다. 이 정규분포의 표준편차(σ)는 선택된 설계선박의 총길이(LOA)와 같다고 가정한다. 정규분포의 평균위치는 선박통과경로의 중심선으로 잡아야 한다. PG는 각 선박분류등급에 대한 선폭(B_M)에 근거하여 결정되거나 모든 분류간격에 대해 선택된 설계선박의 선폭(B_M)을 이용하여 결정될 수 있다.

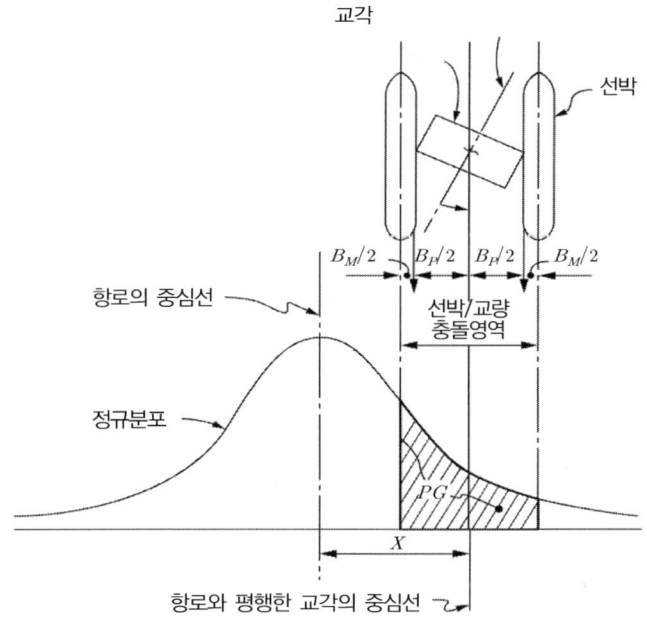

⑤ 파괴 확률(PC) : 선박의 충격하중(P)에 대한 교각의 횡방향 내하력(H_p)과 경간의 횡방향 내하력(H_S)의 비율에 따라 결정된다.

(1) $0.0 \leq H/P < 0.1$ $\quad PC = 0.1 + 9\left(0.1 - \dfrac{H}{P}\right)$

(2) $0.1 \leq H/P < 1.0$ $\quad PC = \dfrac{1}{9}\left(1.0 - \dfrac{H}{P}\right)$

(3) $H/P \geq 1.0$ $\quad\quad\quad PC = 0.0$

여기서, H : 교각내하력(H_P)이 상부구조물의 횡방향 내하력(H_S)으로 표현되는 수평하중에 대한 교량구조물의 강도(단위: N)

$\quad\quad\quad P$: 선박충격하중, P_S, P_{BH}, P_{DH}, 또는 P_{MT}

3) 선박의 충돌력

① 설계 충돌 속도

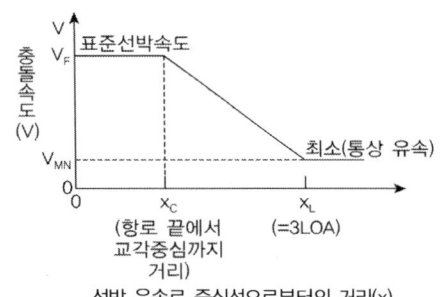

(충돌속도)

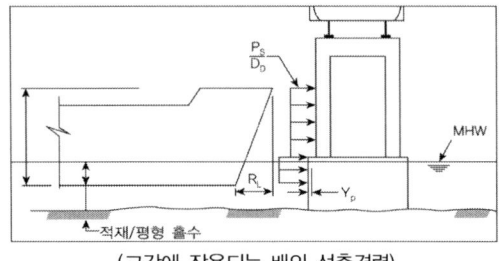

(교각에 작용되는 배의 선충격력)

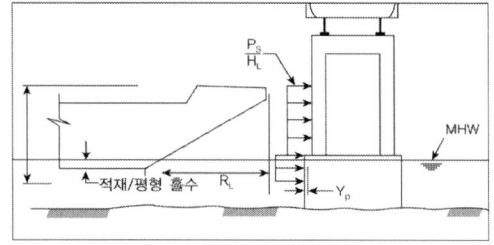

(교각에 작용되는 배의 집중충격력)

(교각에 작용되는 바지선의 충격력)

② 선박충돌에너지　　　　　　　　$KE = 500\,C_H MV^2\ (J)$　　　　C_H : 수리동적질량계수

③ 교각에 작용하는 선박 충격력　$P_S = 1.2 \times 10^5\, V\sqrt{DWT}$　　　DWT : 선박 적재중량톤수

④ 상부구조물 작용하는 선박의 충격력

　(1) 이물의 충돌　$P_{BH} = (R_{BH})(P_S)$

　　R_{BH} 노출된 상부구조부의 전체이물 깊이에 대한 비

　(2) 갑판실과의 충돌　$P_{DH} = (R_{DH})(P_S)$

　　R_{DH} 100,000DWT 이상 선박 0.1, 이하 선박 0.2 − (DWT/10,000)×0.10

　(3) 돛대와의 충돌　$P_{MT} = 0.10 P_{DH}$

⑤ 바지선의 충격력 : 표준호퍼바지선을 기준으로 한다.

　폭 = 10,700 mm, 길이 = 60,000 mm, 깊이 = 3,700 mm, 비적재 흘수 = 520 mm, 적재 흘수 = 2,700 mm, 질량 = 1,730 미터톤

4) 충돌력의 작용

① 하부구조

　(1) 항해수로의 중앙선과 평행한 방향(100%), 수직인 방향(50%) 적용

　(2) 전체적인 안정 검토 : 수로의 평균수위 높이에서 하부구조물에 집중하중으로 작용

　(3) 국부적인 충돌하중 : 이물 깊이에 대하여 등분포된 수직선상의 하중

② 상부구조 : 상부구조물의 설계 시에 설계충격하중은 항행항로 중심선에 평행한 방향을 따라 상부구조 부재에 횡방향으로 재하한다. 이때 설계충격하중은 등가정적하중으로 재하한다.

5) 충돌 방호공

구분	직접구조		
에너지 흡수	탄성변형형	파괴변형형	변위형
종류	Fender 방식	강재다실형 방식(버퍼 방식)	중력 방식
적용례	–	일본 아카시대교	–
형태	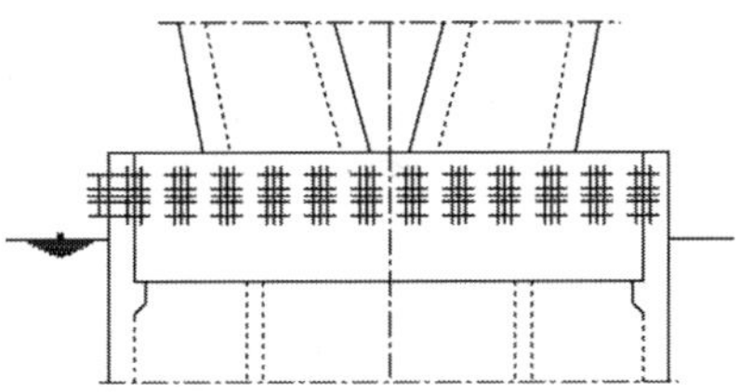 (Fender 방식)	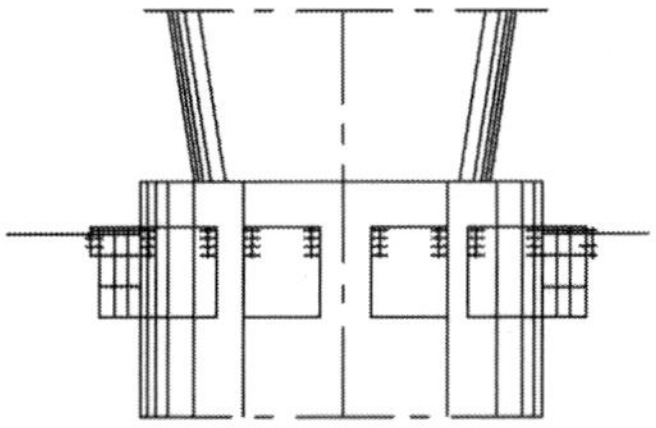 (강재다실형 방식)	

구분	간접구조		
에너지흡수	탄성변형형	파괴변형형	변위형
종류	Dolphine 방식, Pile 방식	축도, 케이슨	Barrier 방식
적용례	인천대교	여수산단	–
형태	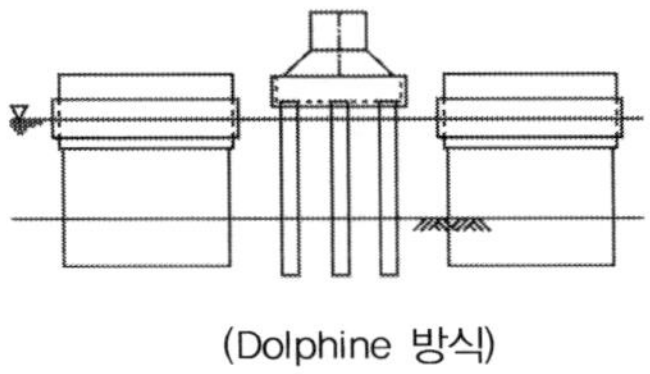 (Dolphine 방식)	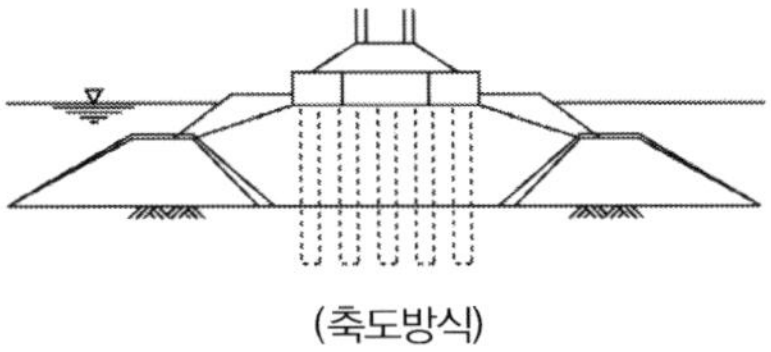 (축도방식)	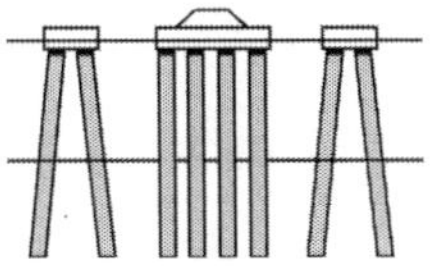 (Barrier 방식)

① Method I : 교량설치 여건이 복잡하지 않은 경우에 적용되며 Method II, III에 의한 해석이 없을 경우 설계 선박을 결정하기 쉽다.

- 위험교량(Critical bridge) : 충돌가능성이 큰 교량, 설계 선박은 연간 최대 50회 이상 통행하는 선박보다 크거나, 화물선 전체 통행량의 5% 이내 포함되는 선박
- 일반교량(Regular bridge) : 연간 최대 200번 이상 통행하는 선박보다 크거나 통행량의 10% 이내에 포함되는 선박

② Method II : 설계 선박을 결정하는 데 확률론적 방법을 선박, 교량, 항로 등에 대한 많은 데이터가 필요하다.

- 위험교량(Critical bridge) : 연 붕괴 빈도수(AF)는 100년 내 0.01 이하(AF=0.0001)
- 일반교량(Regular bridge) : 연 붕괴 빈도수(AF)는 100년 내 0.1 이하(AF=0.001)

  $$AF = N \times PA \times PG \times PC$$

  $$= 교량\ 충돌할\ 수\ 있는\ 선박수 \times 항로이탈\ 확률 \times 선박충돌확률 \times 교량붕괴확률$$

③ Method III : 설계 선박 결정 시 비용-유효성 해석을 이용하는 방법으로 교량부재의 설계 강도를 결정하거나 교량에 대한 방호공의 등급을 지정하는 데 이용된다.

선박과 교량의 충돌확률 평가	항로폭 점유율 평가	선박-주탑 근접도 평가
선박과 주탑의 충돌확률 허용기준치 0.001	선박과 항과면적 평가 (값이 크면 여유로운 선박조종이 가능)	선박과 주탑의 이격거리 평가 (값이 클수록 유리)
• 경간장 800m 이상에서 허용기준치 이하로 안전성 확보 가능	• 주경간장 800m 이상에서 모든 대상 선박에 대해 선박조종 여유수역이 확보됨	• 경간장 800m 이상에서 평균 이격거리가 양호하게 평가됨

충돌하중 산정 　　　　　　　　　　　　　　　　　　　　　도로설계편람 509-335

	선박톤급별(GT)	20XX년 연간 입항 선박합계	누적률(%)	DWT(Mg)	전장(LOA, m)	만재흘수(m)
1	100,000톤 이상	38	0.37	111,600	332	14.5
2	90,000~100,000톤	106	1.42	106,200	326	14.4
3	80,000~90,000톤	92	2.32	95,400	314	14.1
4	70,000~80,000톤	158	3.88	84,600	300	13.9
5	60,000~70,000톤	453	8.33	73,700	285	13.5
6	50,000~60,000톤	492	13.17	62,800	269	13.1
	······ (중간 생략)					
14	500~3,000톤	1,009	99.04	2,600	42	3.0
15	500톤 미만	98	100.00	400	28	3.0
	합계	10,164				

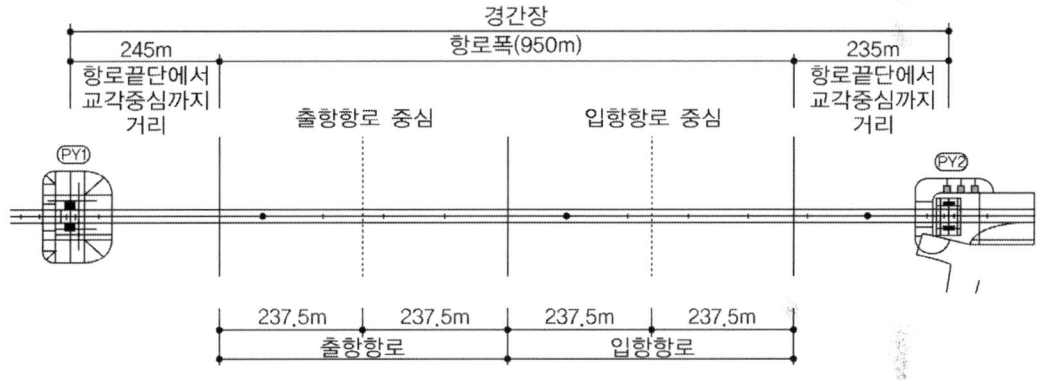

➤ Method I에 의한 충돌력 산정

1) 설계대상 선박 선정

　① 51번째 큰 선박의 범위 : 90,000~100,000톤

　② 연간 전체 선박 통행수의 5% 이내 선박범위 : 60,000~70,000톤

　　두 조건 중 작은 값의 중간값 적용 65,000톤(73,700DWT, LOA 285m)

2) 설계대상 선박의 충돌 속도 산정

　① 주항로폭(입항항로 또는 출항항로, $2X_c$) : 475m

　② 주탑(PY1 또는 PY2)에서 주항로폭 중심까지의 거리(X) : 245+237.5=482.5m

③ 최저속도는 엔진정지 시 조류속도인 0.93m/sec(1.8knot)로 가정

최대속도는 주탑으로부터 주항로폭의 반폭인 X_c만큼 선박이 떨어져 있을 때 선박의 운항속도 (4.63m/sec)를 최대 속도로 하고, 3LOA일 때를 최대거리로 보고 최소 속도인 조류속도 0.93m/sec를 적용하여 직선보간법을 이용하여 주탑으로부터 주항로폭 중심까지의 거리 X일 때의 선박충돌속도를 산출하면,

$$V = 4.63 - \frac{4.63 - 0.93}{3LOA - X_c} \times (X - X_c) = 4.63 - \frac{4.63 - 0.93}{3 \times 285 - 237.5} \times (482.5 - 237.5)$$
$$= 3.16m/\sec$$

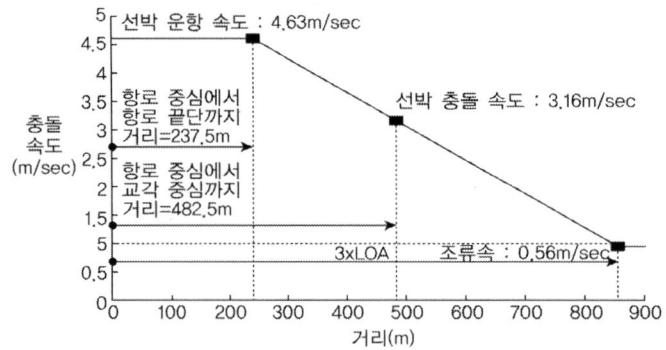

3) 설계대상 선박의 충돌력 산정

$$P_S = 1.2 \times 10^5 V \sqrt{DWT} = 1.2 \times 10^5 \times 3.16 \times \sqrt{73,700} = 102.9 MN$$

4) 충돌력의 재하

산정된 충돌력은 항로와 평행하게 구조물에 작용하도록 적용한다. 또한 충돌력의 50%를 직각방향에 별도로 재하하여 교량의 안정성을 검토하도록 한다. 다만 두 하중을 동시에 재하시키지는 않는다.

➤ Method II에 의한 충돌력 산정

$$AF = n \times PA \times PG \times PC$$

1) 항로이탈확률(PA)

$$PA = BR(R_B)(R_C)(R_{XC})(R_D)$$

① 기준이탈확률(BR)

- 선박 : $BR = 0.6 \times 10^{-4}$,   • 바지선 : $BR = 1.2 \times 10^{-4}$

② 교량위치 보정계수(R_B)

- 직선항로 $R_B = 1.0$

- 전이영역 $R_B = 1 + \dfrac{\theta}{90°}$ • 직선 또는 곡선 만고부 $R_B = 1 + \dfrac{\theta}{45°}$

③ 항로에 평행한 조류속 계수(R_C)

$$R_C = 1 + \frac{V_C}{19} \qquad [\,V_C : \text{항로에 수평 방향 성분 조류속(km/hr)}\,]$$

④ 항로를 횡단하는 조류속 계수(R_{XC})

$$R_{XC} = 1 + 0.54\,V_{XC} \quad [\,V_{XC} : \text{항로를 횡단하는 방향 성분 조류속(km/hr)}\,]$$

⑤ 선박 교통밀도에 따른 보정계수(R_D)

- 교량 인접 부근에서 선박이 서로 만나거니 추월하는 것이 드문 경우(Low Density) : 1.0
- 교량 인접 부근에서 선박이 서로 만나거나 추월하는 것이 간혹 있는 경우(Average Density) : 1.3
- 교량 인접 부근에서 선박이 서로 만나거나 추월하는 것이 자주 있는 경우(High Density) : 1.6

∴ 주어진 조건에서 선박이고, 직선항로이며, 평행조류속도가 3.35km/hr, 횡단 조류속이 0km/hr
이며 선박의 밀도가 High Density라고 가정하면,

$$PA = BR(R_B)(R_C)(R_{XC})(R_D) = 0.6 \times 10^{-4} \times 1.0 \times \left(1 + \frac{V_C}{19}\right)(1 + 0.54\,V_{XC}) \times 1.6$$

$$= 0.6 \times 10^{-4} \times 1.0 \times \left(1 + \frac{3.35}{19}\right)(1 + 0.54 \times 0) \times 1.6 = 1.13 \times 10^{-4}$$

2) 기하학적 충돌확률(PG)

기하학적 충돌확률은 교량인근을 통행하는 선박이 여러 요인으로 인해 제어불능의 상태가 되었을
경우 교량과 충돌할 확률을 나타내며 과거 사고사례 분석결과 기하학적 충돌확률분포는 다음과
같은 정규 분포곡선으로 나타낸다.

설계대상 선박 전장(LOA)의 표준편차 함수로 선박의 이상 통행 가능성을 나타내며, 항로중심으
로부터 교량의 최근접 지점까지 표준편차거리를 각 항로에 대하여 계산하고 이를 기하학적 충돌
위험도에 나타내게 된다. 여기서 교각의 기초 폭을 38m로 선폭(Beam)을 32.3m로 가정하면,

$$X_1 = \frac{\left(X - \dfrac{38}{2} - \dfrac{\text{선폭}}{2}\right)}{LOA} = \frac{\left(482.5 - \dfrac{38}{2} - \dfrac{32.3}{2}\right)}{285} = 1.569$$

$$X_2 = \frac{\left(X + \frac{38}{2} + \frac{\text{선폭}}{2}\right)}{LOA} = \frac{\left(482.5 + \frac{38}{2} + \frac{32.3}{2}\right)}{285} = 1.816$$

정규분포 식으로부터 $PG = \displaystyle\int_{X_1}^{X_2} \frac{1}{\sqrt{2\pi}} e^{-\frac{1}{2}x^2} dx = 0.02286$

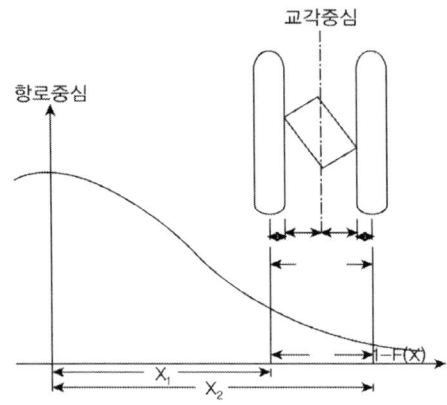

3) 이탈된 선박에 의한 교량붕괴 확률(PC)

횡방향 극한강도(H)와 선박의 충돌하중(P) 간의 비율에 따라서 분류한다.

① $0 \leq H/P \leq 0.1$ $PC = 0.1 + 9\left(0.1 - \dfrac{H}{P}\right)$

② $0.1 \leq H/P \leq 1.0$ $PC = 0.111\left(1 - \dfrac{H}{P}\right)$

③ $H/P \geq 1.0$ $PC = 0$

Method I에서 산정한 충돌력 $P = 102.9MN$과 주탑의 기초의 극한강도를 50MN으로 가정하면,

$$\frac{H}{P} = \frac{50}{102.9} = 0.486 \qquad \therefore PC = 0.111\left(1 - \frac{H}{P}\right) = 0.0571$$

4) Method II에 의한 충돌력 산정 및 적정성 검토

    $AF = n \times PA \times PG \times PC$

60,000~70,000톤급의 연간 운행횟수 $n = 453$이므로

    $AF = 453 \times 2^{\text{입출항}} \times (1.13 \times 10^{-4}) \times (0.02286) \times (0.0571) = 0.000134 > 0.0001$

    ※ 위험교량(Critical bridge) : 연 붕괴 빈도수(AF)는 100년 내 0.01 이하(AF=0.0001)

본 설계교량이 일반교량(AF≤0.001)이 아닌 위험교량일 경우 연 붕괴 빈도수(AF=0.0001) 이상이므로 교량의 극한강도 재산정을 수반하거나 충돌방지공의 설계가 필요하다.

4. 해상 교량의 특수하중 : 파압

해상교량의 파일기초 및 교각에는 파랑에 의한 압력이 발생되며 파압은 정수압과 동수압으로 분류되고 파의 상태에 따라 중복파압과 쇄파압으로 구분된다. 중복파압은 직립제로서 앞면의 수심이 매우 깊어 쇄파되지 않고 완전히 반사되는 경우의 압력이며, 쇄파압은 구조물 직전에서 수심이 얕은 파가 부서지면서 작용하는 파압이다. 파압은 파일기초의 파일캡과 교각에 작용하는 하중과 파일기초의 지지파일에 작용하는 하중으로 구분하여 산정한다.

1) 설계 파고

① 중복파 : 구조물 전면수심이 유의파고의 2배 초과할 때 중복파로 구분한다. 이때의 최대 파고는 개별파의 상의 1/3을 평균한 유의파고의 1.8배를 취한다.

$$\frac{h}{H_s} = \frac{구조물의\ 전면수심}{유의파고} > 2, \quad H_{\max} = 1.8H_s$$

② 쇄파 : 구조물 전면수심이 유의파고의 2배 이하일 때 쇄파로 구분한다.

$$\frac{h}{H_s} = \frac{구조물의\ 전면수심}{유의파고} \le 2$$

$$H_{\max} = \begin{cases} 1.8H & : h/L_0 \ge 0.2 \\ \min\{(\beta_0^* H_0 + \beta_1^* h), \beta_{\max}^* H_0, 1.8H_s\} : h/L_0 < 0.2 \end{cases}$$

2) 기초 및 상부교각의 파력

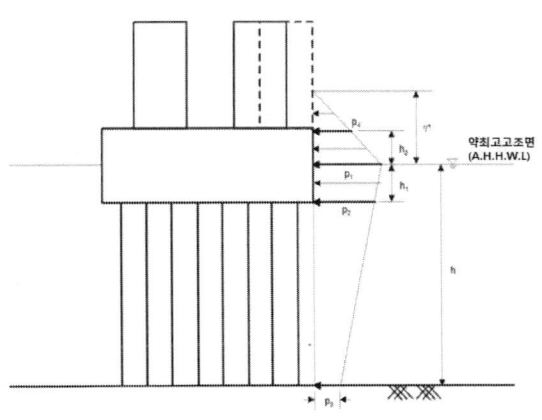

(파일기초의 파일캡과 교각하부 작용 파압)

① 파압 작용 높이

$$\eta^* = 0.75(1 + \cos\beta)H_{\max}$$

② 상부교각에 작업하는 파압

$$p_1 = \frac{1}{2}(1 + \cos\beta)\alpha_1 pg H_{\max}$$

$$p_2 = p_3 + \frac{h - h_1}{h}(p_1 - p_3)$$

$$p_3 = \frac{p_1}{\cosh(2\pi h/L)}$$

$$p_4 = \begin{cases} \dfrac{\eta^* - h_2}{\eta^*} p_1 : \eta^* > h_2 \\ 0 : \qquad\quad \eta^* \le h_2 \end{cases}$$

여기서, β : 파향이 구조물의 법선과 이루는 각(angle), $\alpha_1 : 0.6 + \dfrac{1}{2}\left[\dfrac{4\pi h/L}{\sinh(4\pi h/L)}\right]^2$

3) 파일기초의 지지파일에 작용하는 파력

① Morison 파력산정 : Morison의 파력산정식은 단위길이당 항력(drag force, f_D)과 관성력(inertia force, f_I)의 합으로 다음과 같이 표현된다.

$$f_P = f_D + f_I = \frac{1}{2}\rho C_D A |u|u + \rho C_I V \frac{du}{dt}$$

여기서, ρ : 물의 밀도, C_D : 항력계수(원형파일인 경우 : 1.0),

C_I : 관성계수(원형파일인 경우 : 2.0)

A : 흐름방향으로 구조물이 투영된 단위길이당 면적(원형파일인 경우 : 파일직경 D)

V : 직각방향으로 구조물의 단위길이당 체적(원형파일인 경우 : $V = \pi D^2/4$)

u : 물입자의 속도

$\dfrac{du}{dt}$: 물입자의 가속도

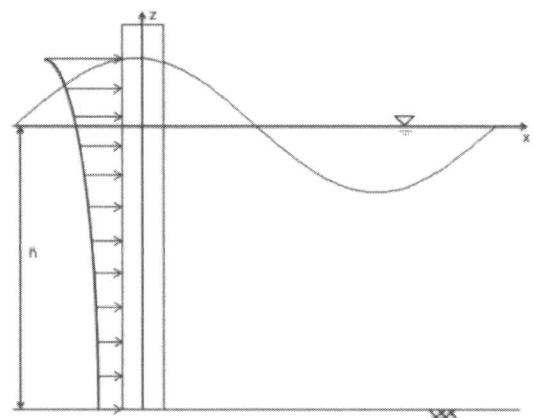

(파일기초 지지파일에 작용하는 파력분포)

파일 전체에 작용하는 파력은 수면 높이에 따른 파력분포를 적분하면,

$$F_P = \int_{-h}^{\eta} f_D dz + \int_{-h}^{\eta} f_I dz = F_D + F_I$$

② Airy파 이론에 기초한 파력산정 : 항력과 관성력을 각각 구해서 두 힘이 90°의 위상차를 갖는 점을 감안해 최대파력을 두 힘이 최대가 되는 시점으로 보고 산정한다.

(1) 단위길이당 항력(Drag force) $f_D = \dfrac{1}{2}\rho C_D D\left(\dfrac{H\sigma}{2}\right)^2 \dfrac{\cosh^2 k(h+z)}{\sinh^2 kh} |\cos\sigma t|\cos\sigma t$

바닥($z = -h$)에서 $z = h_1$까지 적분한 전체 항력은

$$F_D = \frac{1}{32k}\rho C_D D (H\sigma)^2 \left[\frac{\sinh 2k(h-h_1) + 2k(h-h_1)}{\sinh^2 kh}\right] |\cos\sigma t|\cos\sigma t$$

여기서, $\sigma = 2\pi/T$ (각 주파수)

(2) 단위길이당 관성력(Inertia force) $f_I = \rho C_I \dfrac{\pi D^2}{4} \dfrac{H}{2} \sigma^2 \dfrac{\cosh k(h+z)}{\sinh kh} \sin(-\sigma t)$

바닥$(z = -h)$에서 $z = h_1$까지 적분한 전체 관성력은

$$F_I = -\frac{\rho C_I}{2k} \frac{\pi D^2}{4} \sigma^2 H \frac{\sinh k(h - h_1)}{\sinh kh} \sin \sigma t$$

(3) 항력과 관성력 합력으로 인한 모멘트

$$M = M_D + M_I = \int_h^{h_1} (h+z)(f_D + f_I) dz$$

여기서, $M_D = \dfrac{\rho C_D D}{64 k^2} (\sigma H)^2 Q_1 |\cos \sigma t| \cos \sigma t$

$\qquad M_I = \dfrac{\rho C_I}{2k^2} \dfrac{\pi D^2}{4} \sigma^2 H Q_2 \sin \sigma t$

$\qquad Q_1 = \dfrac{2k(h - h_1) \sinh 2k(h - h_1) - \cosh 2k(h - h_1) + 2k(h - h_1) + 1}{\sinh^2 kh}$

$\qquad Q_2 = \dfrac{k(h - h_1) \sinh k(h - h_1) - \cosh k(h - h_1) + 1}{\sinh k(h - h_1)}$

5. 풍하중

1) 풍속

① 기본풍속(V_{10}) : 재현기간 100년 동안 개활지에서 지상 10m의 10분 평균풍속

  [V_{10} : 내륙(30), 서해안(35), 남해안(40), 동해 및 제주(45), 울릉도(50)]

② 설계기준풍속(V_D)

  (1) 일반 중소지간 교량의 설계기준풍속은 40m/s로 한다.

  (2) 태풍이나 돌풍이 취약한 지역의 중대지간 교량의 설계기준풍속은 풍속기록, 구조물 주변의 지형과 환경, 구조물 높이 등을 고려하여 합리적으로 결정한 10분 평균 풍속이다.

  (3) 가용자료가 없는 경우

$$V_D = 1.723 \left(\frac{z_D}{z_G} \right)^\alpha V_{10}$$

  α : 지표조도계수

  z_G : 해안(200), 고층건물이나 기복이 심한 구릉지(500)

  z_D : 수평구조물의 수평평균높이, 수직구조물의 총높이의 65%와 z_b 중 큰 값

③ 시공기준풍속(V_C) : 태풍에 취약한 지역에 위치한 중장대 지간 교량의 시공중 검토를 위한 풍속으로 공사기간에 대한 최대풍속 비초과확률 80%에 해당하는 10분 평균 풍속

$$R = \frac{1}{1 - (P_{NE})^{1/N}} \qquad R(재현기간), \ P_{NE}(비초과확률), \ N(공사기간)$$

2) 설계풍압(일반 중소지간교량)

① 박스거더교, 플레이트 거더교, 슬래브교

$1 \leq B/D < 8 \qquad\qquad P(kPa) = 4.0 - 0.2(B/D)$

$B/D \geq 8 \qquad\qquad\quad P(kPa) = 2.4$

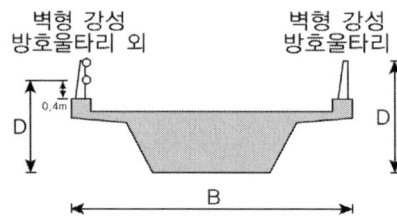

② 풍상측 트러스 활화중 비재하 시 $2.4/\sqrt{\phi}$, 풍하측 트러스는 $0.5 \times 2.4/\sqrt{\phi}$ (ϕ : 충실률)

③ 기타 교량부재 원형[풍상측(1.5), 풍하측(1.5)], 각형[풍상측(3.0), 풍하측(1.5)]

④ 병렬거더는 영향을 고려하여 보정(2008. 보정계수 1.3, $S_V \leq 2.5D$, $S_h \leq 15R$)

⑤ 활하중 재하 시는 풍압을 절반만 재하할 수 있다.

3) 설계풍압(태풍이나 돌풍에 취약한 지역 중대지간)

① $p(Pa) = \dfrac{1}{2}\rho V_D^2 C_d G$

강체구조물($G = G_r, \ f_1 > 1Hz$) $\qquad G_r = K_p \dfrac{1 + 5.78 I_z Q}{1 + 5.78 I_z}$

유연구조물($G = G_f, \ f_1 \leq 1Hz$) $\qquad G_r = K_p \dfrac{1 + 1.7 I_z \sqrt{11.56 Q^2 + g_R^2 R^2}}{1 + 5.78 I_z}$

f_1 : 구조물의 바람방향 1차 모드 고유진동수

C_d : 항력계수, 기존문헌, 실험, 해석 등의 합리적인 방법으로 산정

G : 거스트계수, 풍속의 순간적인 변동의 영향을 보정하기 위한 계수

$$I_z = c\left(\frac{10}{z_D}\right)^{1/6} : \text{난류강도} \qquad L_z = l\left(\frac{z_D}{10}\right)^c : \text{난류길이}$$

$$z_5 : z\text{와 5m 중 큰 값} \qquad K_p = 2.01\beta^2\left(\frac{10z_5}{z_D z_G}\right)_2^\alpha : \text{풍압보정계수}$$

$$Q = \sqrt{\frac{1}{1 + 0.63\left(\dfrac{L+D}{L_z}\right)^{0.63}}}$$

② 하부구조에 작용하는 풍압

하부구조에 직접 작용하는 풍압은 교축직각방향 및 교축방향에 작용하는 수평하중으로 하며, 동시에 작용하지 않는 것으로 한다.

$$p(Pa) = \frac{1}{2}\rho V_D^2 C_d G, \quad C_d[\text{원형}(0.6),\ \text{각형}(1.2)]$$

4) 공기역학적 안정성

주경간 200m 이상인 장대특수교량이나 주경간 길이와 폭의 비율이 30 이상인 교량이나 부재는 바람에 의한 진동이 발생하기 쉬우므로, 풍압에 의한 정적설계 결과에 대하여 동적해석과 풍동실험을 통하여 풍하중의 동적효과에 대한 제반 공기역학적 안정성을 검토하여야 한다.

TIP | 플레이트 거더교의 병렬효과 | (2008 도로교설계기준 해설)

1. 2012 한계상태설계법 : 병렬로 인하여 상호 영향이 있는 경우 적절히 반영한다.
2. 2008 도로교 설계기준 해설

   ① 병렬로 된 경우에 상류층과 하류층에 작용하는 풍하중은 단일교량일 때와 다르다. 병렬교의 보정은 $S_h \leq 1.5B_1$, $S_v \leq 2.5D_1$ 인 경우에 고려한다.

   ② 병렬효과는 위치관계에 따라 변하지만 일반적으로 계산된 풍하중에 보정계수 1.3(상부구조의 경우)을 곱하여 얻는다.

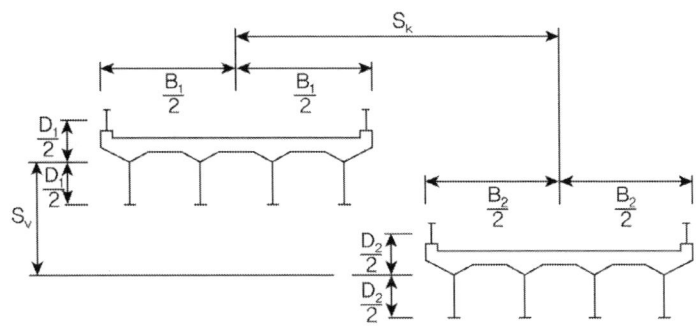

최적설계

교량의 단면 최적설계(optimum design)에서 설계변수, 목적함수, 제약조건에 대하여 설명하시오.

풀 이

▶ 최적설계 개요

최적설계는 주어진 설계요구조건을 만족시키면서 성능을 최대화 또는 원하지 않는 성능을 최소화 시킬 수 있는 설계를 찾는 것으로 최적설계를 찾아가는 과정에서 설계의 파라미터, 즉 설계변수 의 구체적인 크기의 결정이 중요하다. 주어진 설계요구조건은 수학적으로 표현이 가능해야 하며, 설계변수의 함수이어야 한다. 수학적으로 표현하는 과정을 최적설계에서 문제의 정식화라고 하 며, 정식화가 잘 될 경우 구체적인 설계치수를 얻을 수 있거나 좋은 설계방향을 제시할 수 있다.

▶ 문제의 정식화

구조물 설계 시의 최적설계는 구조물의 치수(Size)와 형상(Shape)에 대한 최적설계를 고려할 수 있으며, 치수최적설계의 설계변수는 구조형식, 단면의 크기, 성질, 두께 등을 변수로 고려할 수 있다. 전형적인 문제의 정식화는 변위, 응력, 고유진동수 등 역학적인 성능을 만족시키면서도 중 량을 최소화할 수 있는 함수로 볼 수 있다. 형상 최적설계에서도 마찬가지로 구조의 형상과 절점 의 위치를 변수로 하여 역학적 성능을 만족하는 범위에서 중량을 최소화시키는 문제를 정식화할 수 있을 것이다. 예를 들어 강 아치교의 최적설계의 과정에서 최적화 문제의 정식화는 목적함수 와 제약조건식으로 구분할 수 있으며, 목적함수는 전체중량으로 보고, 제약조건식은 구조시스템 의 하중저항능력에 대한 제약조건과 처짐에 대한 제약조건으로 구분해서 정식화할 수 있다.

(1) 목적함수　　$OBJ = \rho \sum_{i=1}^{N} V_i$　여기서 V_i는 i번째 부재의 체적이며, ρ는 단위체적당 중량

(2) 제약조건식

　– 하중저항능력　　$G(1) = \phi R_n - \eta \Sigma \gamma_i Q_i \geq 0$

　– 처짐　　　　　　$G(2) = \dfrac{L}{800} - (\Delta_{\max})_l \geq 0$　　여기서 $(\Delta_{\max})_l$ 차량하중에 의한 최대처짐

　– 처짐　　　　　　$G(3) = \dfrac{L}{1000} - (\Delta_{\max})_d \geq 0$　　여기서 $(\Delta_{\max})_d$ 보도하중에 의한 최대처짐

정식화된 함수에 대해 단면점증법 등과 같이 부재의 단면을 가장 가벼운 단면을 초기단면으로 선 택한 후 해석을 수행하면서 단면을 하나씩 증가시켜 구조시스템 강도를 만족시키는 과정을 반복 하는 등의 최적화 알고리즘을 통해 원하는 구조물의 최적설계를 수행하여야 한다.

대변위 이론

도로교설계기준(한계상태설계법, 2016)에 따라 구조해석 시 대변위 이론에 대하여 설명하시오.

풀 이

▶ 개요

케이블 교량과 같이 선형해석만으로 구조물의 안정성을 확인하기 어려운 경우에는 비선형성 (Nonlinear) 등을 고려해야 한다. 비선형의 경우는 선형재료와 달리 힘의 크기와 그에 따른 변위의 변화량은 비례한다는 선형관계가 성립되지 않는 경우이며 그 원인은 기하학적 원인, 재료적인 원인, 경계조건 등이 있다. 구조물의 해석에서는 선형해석의 경우와 달리 하중에 따라 중첩의 원리가 성립되지 않기 때문에 주의가 필요하다.

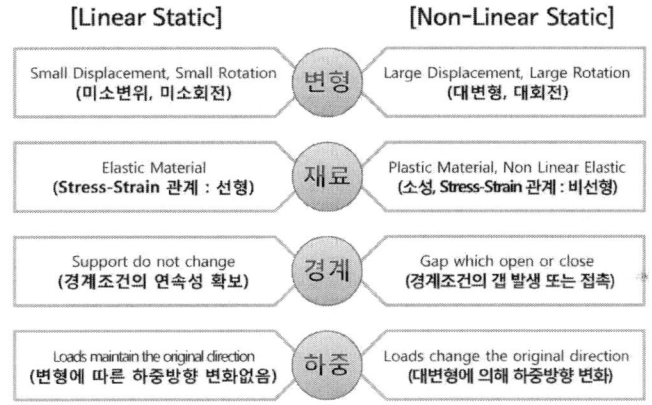

▶ 도로교설계기준(한계상태설계법, 2016) 대변위 이론

도로교설계기준에서는 구조물의 변형으로 인해 하중 영향이 크게 변할 경우 평형방정식에 변형효과를 고려하도록 대변위 이론에 대해 규정하고 있다. 대변위 해석은 안정성해석과 함께 변형효과와 부재의 초기처짐 문제도 고려하도록 하고 있는데 콘크리트 장주 해석 시 구조형상이 크게 변화시킬 수 있는 이력 의존적 재료의 특성이나, 프레임구조나 트러스에서 인접한 부재에 발생하는 인장과 압축력의 상호작용 효과 등에 대해 고려하도록 언급하고 있다. 비선형 영역에서는 설계하중만 사용하며 하중영향의 중첩은 허용되지 않는다. 비선형 해석 시 하중을 가하는 순서에 따라 해석 결과가 달라지기 때문에 실제 교량의 하중조건에 부합하도록 하중을 재하하여야 한다.

콘크리트 장주의 경우 적절하게 정식화된 대변위 해석을 수행하면 설계에 필요한 모든 하중효과를 산정할 수 있다. 이 경우 모멘트 확대계수법을 사용할 필요가 없게 된다. 압축력은 부재의 초기처짐과 하중으로 인한 변형을 증가시키고 이와 함께 부재의 중심선에 대한 축방혁의 편심을 증가시킨다. 이러한 상호작용으로 인한 상승효과는 부재의 강성 저하를 야기시킨다. 일반적으로 이러한 현상을 이차 비선형 효과(second-order effect)라 부른다.

인장을 받는 경우는 압축의 반대 현상이 발생한다. 압축응력이 오일러 좌굴 응력값에 접근함에 따라 이 효과는 더욱 커진다. 이차 비선형 효과는 하중 작용점을 이동시키기 때문에 하중 편심량이 증가된다. 이러한 효과는 기하학적 비선형 거동을 나타내며 일반적으로 수렴조건을 만족시킬 때까지 평형방정식을 반복적으로 풀어서 해석할 수 있다. 설계자는 사용하는 유한요소의 특성, 사용한 가정, 그리고 프로그램에서 사용할 수 있는 수치해석법 등을 충분히 알고 있어야 한다.

대변위 이론은 본질적으로 비선형이기 때문에 변위는 하중에 비례하지 않고 중첩의 원리는 사용될 수 없다. 그러므로 비선형해석의 경우 하중을 가하는 순서가 중요하다. 고정하중 다음에 활하중을 재하하는 것과 같이 실제 재하순서를 고려하여 구조물에 하중을 재하시켜야 한다. 구조물에 대변위가 발생하는 경우 하중크기에 따른 강성변화를 고려하기 위하여 하중을 단계적으로 재하시켜야 한다.

비선형해석을 수행할 경우 선형해석을 통해 기본 값을 구해두고 주어진 문제해석에 사용할 계산 절차를 수 계산이 가능한 단순 구조물에 적용해 보는 것이 바람직하다. 이러한 과정을 통해 설계자는 복잡한 비선형해석에서는 쉽게 파악되지 않는 구조물 전체 거동을 쉽게 이해할 수 있다.

변형형상에서 모멘트에 의한 휨 평형조건은 연립방정식을 반복적으로 풀거나 변형형상을 사용하여 정식화된 엄밀 해를 사용하여 만족시킬 수 있다.

FEM 국부해석

교량 설계 일반사항(한계상태설계법, KDS 24 10 11)에서 규정된 FEM 국부해석법에 대하여 설명하시오.

풀 이

▶ 개요

국부해석은 전체 해석에서 얻어지는 부재 단면력을 사용하여 국부 요소의 하중 영향을 정밀하게 구하기 위한 해석으로 교량에서 FEM 국부해석은 일반적인 뼈대(프레임) 구조 해석법에 의하여 정확한 응력을 산정할 수 없는 응력집중부나 부재연결부 등의 정밀 해석에 사용된다.

▶ FEM 국부해석법

유한요소법(FEM)을 통한 전산해석은 프레임 해석뿐만 아니라 쉘이나 솔리드 요소 등을 이용한 3D 해석을 통해 정밀한 해석이 가능하다. 그러나 해석을 위한 컴퓨터 사양의 요구사항이 높아지고, 해석의 시간, 간편성 등을 고려할 때 프레임 해석을 통해 전체적인 거동을 파악하는 것이 효율적이다. 전체적인 거동을 프레임 해석을 통해 도출하고 응력이 집중되거나 단면의 변화가 급격히 변화하는 구간 등 정밀한 해석이 필요한 구간에서는 부분적으로 정밀한 모델을 통해 국부해석을 수행하는 것이 합리적이다. 이러한 이유로 국내설계기준(한계상태설계법)에서는 국부해석이 필요한 구간에서는 다음과 같이 해석모델을 구성하도록 요구하고 있다.

① 정밀해석이 필요한 영역을 포함하도록 해석 영역을 전체 구조물에서 분리하여 정의하고, 전체 구조물과 분리된 해석 영역의 경계면에서 경계 조건으로서 뼈대 구조물의 해석에서 구한 변위나 부재력을 적용한다.

② 정밀해석 대상 영역에서 응력 분포 특성이 충분히 소산되어 일반적인 뼈대 해석법과 상세해석법의 응력분포가 동일하게 되는 곳으로 상세 해석을 위한 해석 영역의 경계면을 설정한다. 일반적으로 정밀해석이 필요한 관심 영역의 최대 치수의 적어도 2배 이상의 해석 영역을 설정하여야 한다.

③ 변위법에 기초한 해석법에서는 일반적으로 변위가 부재력에 비하여 보다 정확하기 때문에 변위 경계 조건을 적용하는 것이 바람직하다.

도로교설계기준 하중

교량을 설계할 때 고려하여야 할 하중의 종류(고정하중, 활하중 포함)를 도로교설계기준에 의거하여 12개를 쓰시오.

풀 이

➤ 개요

도로교설계기준에서 설계 시 고려할 하중은 고정하중과 같이 지속되는 하중과 활하중과 같이 변동되는 하중으로 구분된다.

➤ 도로교설계기준의 하중 종류

1) 지속하는 하중

① 고정하중 : 구조부재와 비구조적 부착물의 중량(DC), 포장과 설비의 고정하중(DW)
② 프리스트레스힘(PS) : 포스트텐션에 의한 2차하중 효과를 포함한 시공과정 중 발생한 누적하중
③ 시공 중 발생하는 구속응력(EL)
④ 콘크리트 크리프의 영향(CR)
⑤ 콘크리트 건조수축의 영향(SH)
⑥ 토압 : 수평토압(EH), 상재토하중(ES), 수직토압(EV), 말뚝부마찰력(DD)

2) 변동하는 하중

⑦ 활하중 : 차량활하중(LL), 상재활하중(LS), 보도하중(PL)
⑧ 충격하중(IM)
⑨ 풍하중 : 차량에 작용하는 풍하중(WL), 구조물에 작용하는 풍하중(WS)
⑩ 온도변화의 영향 : 단면평균온도(TU), 온도경사(TG)
⑪ 지진의 영향(EQ)　　　　　　　　　⑫ 정수압과 유수압(WA)
⑬ 부력 또는 양압력(BP)　　　　　　　⑭ 설하중 및 빙하중(IC)
⑮ 지반변동의 영향(GD)　　　　　　　⑯지점이동의 영향(SD)
⑰ 파압(WP)　　　　　　　　　　　　⑱ 원심하중(CF)
⑲ 제동하중(BR)　　　　　　　　　　⑳ 가설 시 하중(ER)
㉑ 충돌하중 : 차량충돌하중(CT), 선박충돌하중(CV)
㉒ 마찰력(FR)

구조물 여용성, 중요도, 교량 등급

도로교 설계기준(한계상태설계법, 2016)에서 구조물의 여용성, 중요도, 교량의 등급

풀 이

> **개요**

한계상태설계법은 신뢰성 이론에 근거하여 안전성과 사용성을 하나의 개념으로 보고 각각의 한계상태에서 확률론적으로 안전성을 확보하는 설계이다. 각각의 한계상태를 구분할 때 검토되는 요인으로 여용성(Redundancy), 연성(Ductility), 구조물의 중요도(Operational Importance)를 고려하도록 하고 있다.

$$\sum \eta_i \gamma_i Q_i \le R_r$$

여기서, η_i = 하중수정계수 : 연성, 여용성, 구조물의 중요도에 관련된 계수

γ_i = 하중계수 : 하중효과에 적용하는 통계적 산출계수

Q_i = 하중효과

R_r = 계수저항 : 콘크리트부재는 $R_r = R\{\phi_i X_i\}$, 그 이외 $R_r = \phi R_n$

① 최대하중계수가 적용되는 하중의 경우, $\eta_i = \eta_D \eta_R \eta_I \ge 0.95$

② 최소하중계수가 적용되는 하중의 경우, $\eta_i = \dfrac{1}{\eta_D \eta_R \eta_I} \le 1.0$

> **여용성, 중요도와 교량의 등급**

1) 여용성(Redundancy)

부재나 구성요소의 파괴가 교량의 붕괴를 초래하지 않는 성능을 여용성이라고 정의하며, 특별한 이유가 없는 한 다재하경로구조와 연속구조로 하는 것이 바람직하다. 설계기준에서 각 부재의 여용성 분류는 한계상태별로 다음과 같이 분류하도록 규정하고 있다.

① 극한한계상태의 경우 $\eta_R \ge 1.05$ 비여용부재

$= 1.00$ 통상적 여용수준

≥ 0.95 특별한 여용수준

② 기타 다른 한계상태의 경우 $\eta_R = 1.00$

2) 중요도(Operational Importance)

도로 기능상 교량의 중요한 정도를 나타내는 것을 중요도라고 정의하며, 극한한계상태와 극단상황한계상태에만 적용한다. 발주자가 특정 교량이나 그 교량의 구조요소 및 접합부를 중요한 구조로 별도로 지정해 설계할 수 있도록 하였다.

① 극한한계상태 　　　　　　　 $\eta_I \geq 1.05$: 중요 교량

　　　　　　　　　　　　　　　 $= 1.00$: 일반 교량

　　　　　　　　　　　　　　　 ≥ 0.95 : 상대적으로 중요도가 낮은 교량

② 기타 한계상태 　　　　　　　 $\eta_I = 1.00$

3) 교량의 등급

교량의 중요도에 따라 등급을 3가지로 구분해서 적용하도록 하고 있으며, 한국형 설계 차량활하중(KL-510)을 기준으로 설계하는 교량을 1등급 교량으로 한다. 1등급 교량은 교통량이 많거나 국도, 지방도 등 주간선도로 등의 중요한 도로에 적용된다. 2등급교량은 교통량이 적거나 상대적으로 1등급 교량에 비해 중요도가 덜한 집산도로 등의 교량으로 1등급 교량 활하중에 75%를 적용한다. 3등급 교량은 농업용 도로, 보행용 교량 등 차량 통행이 거의 없는 교량에 적용되며 2등급 교량 활하중의 75%를 적용한다.

① 1등급 : KL-510 차량 활하중 설계
② 2등급 : 1등급 활하중의 75% 적용
③ 3등급 : 2등급 활하중의 75% 적용

연성

한계상태설계법(KDS 24 10 11) 설계원칙에 기술된 연성에 대하여 설명하시오.

풀 이

▶ 개요

연성(Ductility)은 재료가 하중을 받아 항복 후 파괴에 이르기까지 소성변형을 할 수 있는 능력으로 파괴까지의 영구변형량을 기준으로 정의한다. 한계상태설계법에서의 연성은 비탄성응답을 허용하는 구성요소 또는 접합부의 특성으로 정의된다.

▶ 한계상태설계법의 연성

한계상태설계법(KDS 24 10 11)에서는 별도의 규정이 없는 한 교량의 각 구성요소와 연결부는 각 한계상태에 대하여 다음의 식을 만족하여야 한다.

$$\sum \eta_i \gamma_i Q_i \leq R_r$$

① 최대하중계수가 적용되는 하중의 경우 $\eta_i = \eta_D \eta_R \eta_I \geq 0.95$

② 최소하중계수가 적용되는 하중의 경우 $\eta_i = \dfrac{1}{\eta_D \eta_R \eta_I} \leq 1.0$

여기서 η_D는 연성을 나타내는 계수로 다음과 같이 정의된다.

① 교량구조계는 극한한계상태 및 극단상황한계상태에서 파괴 이전에 현저하게 육안으로 관찰될 정도의 비탄성 변형이 발생할 수 있도록 형상화 및 상세화되어야 한다.

② 콘크리트 구조의 경우 연결부의 저항이 인접구성요소의 비탄성 거동에 의해 발생하는 최대 하중효과의 1.3배 이상이면 연성요구조건을 만족하는 것으로 간주할 수 있다.

③ 에너지 소산장치는 연성을 제공하는 방법으로 인정될 수 있다.

    (1) 극한한계상태에 대해서는

       $\eta_D \geq 1.05$, 비연성 구성요소 및 연결부

          $= 1.00$, 통상적인 설계 및 상세

          ≥ 0.95, 이외의 추가 연성보강장치가 규정되어 있는 구성요소 및 연결부

    (2) 기타 한계상태의 경우

       $\eta_D = 1.00$

하중수정계수

한계상태설계법에서의 하중수정계수 η_i에 대하여 설명하시오.

풀 이

▶ 하중수정계수

한계상태설계법은 확률론적 신뢰성 이론에 따라 한계상태를 구분하여 각각의 한계상태에 대해서 만족할 수 있도록 하고 있으며, 이때에 하중에 대해서는 하중효과(Q_i)와 하중효과에 적용되는 통계적 산출계수(γ_i)과 구조물의 연성(η_D), 여용성(η_R), 구조물의 중요도(η_I)를 고려한 하중수정계수를 고려하여 구조물의 부재의 저항계수와 비교토록 하고 있다. 하중계수(γ_i)와 저항계수(ϕ)는 기존 강도설계법의 하중계수와 동일한 개념이며, 하중수정계수(η_i)는 재료, 부재의 연결성, 구조물의 중요도를 세부적으로 고려한 개념으로 성능중심의 세부항목이 반영되었다.

$$\sum \eta_i \gamma_i Q_i \leq R_r$$

여기서, γ_i는 하중계수, η_i는 하중수정계수, ϕ는 저항계수, X_i는 재료의 기준강도

R_r은 계수저항으로 콘크리트 부재는 $R\{\phi_i X_i\}$, 그 외는 ϕR_n을 적용

▶ 하중수정계수

한계상태설계법(2016)은 확률론적 신뢰성이론에 따라 다음과 같이 한계상태를 구분하여 각각의 한계상태에 대하여 만족하도록 규정하고 있다. 사용한계상태에서의 저항계수는 1.0이며, 극단상황한계상태에서는 규정에 따라 다르게 적용한다. 모든 한계상태는 동등한 중요도를 갖는 것으로 고려되어야 한다.

① 최대하중계수가 적용되는 하중의 경우, $\eta_i = \eta_D \eta_R \eta_I \geq 0.95$

② 최소하중계수가 적용되는 하중의 경우, $\eta_i = \dfrac{1}{\eta_D \eta_R \eta_I} \leq 1.0$

   η_i : 하중수정계수(연성, 여용성, 구조물의 중요도에 관련된 계수)

1) 연성 고려 : 극한한계상태 및 극단상황한계상태에서 파괴 이전에 현저하게 육안으로 관찰될 정도의 비탄성 변형이 발생될 수 있도록 연성이 요구된다. 콘크리트 구조의 경우 연결부의 저항이 인접구성요소의 비탄성 거동에 의해 발생하는 최대 하중효과의 1.3배 이상이면 연성요구조

건을 만족하는 것으로 간주하며, 에너지 소산장치와 같은 연성을 제공하는 방법도 적용될 수 있다. 발주자가 결정하는 사항으로 일반적으로 1.0이 적용된다.

η_D (Ductility) : 연성에 관련된 계수

    $\eta_D \geq 1.05$: 비연성 구조요소 및 연결부, $\eta_D = 1.00$: 통상적인 설계 및 상세,

    $\eta_D \geq 0.95$: 추가 연성보강장치가 규정되어 있는 구성요소 및 연결부

2) 여용성 고려 : 여용성은 부재나 구성요소의 파괴가 교량의 붕괴를 초래하지 않는 성능을 의미하며 다재하 경로구조와 연속구조로 하는 것이 바람직하다. 여용성 계수는 상부구조뿐만 아니라 하부구조에도 적용할 수 있다. 발주자가 결정하는 사항으로 일반적인 상부구조는 1.0 주거더가 2개인 단재하 구조인 상부구조는 1.05로 구분해서 적용할 수 있다.

η_R (Redundancy) : 여용성에 관련된 계수

    $\eta_R \geq 1.05$: 비여용 부재, $\eta_R = 1.00$: 통상적 여용수준, $\eta_R \geq 0.95$: 특별한 여용수준

3) 중요도 고려 : 교량의 형식이나 설치 위치 등을 고려하여 정하는 계수로 발주자가 결정할 수 있도록 하였다. 고속도로의 경우 중요도 계수 1.0과 1.05 적용 시의 교량형식별 영향을 분석한 결과 큰 변화가 없는 것을 감안하여 고속도로 교량의 통상 중요도 계수는 1.0을 적용하고 있다.

η_I (Importance) : 중요도에 관련된 계수

    $\eta_I \geq 1.05$: 중요교량, $\eta_I = 1.00$: 일반교량, $\eta_I \geq 0.95$: 상대적으로 중요도가 낮은 교량

TIP | 교량형식별 중요도 계수 η_I(1.0과 1.05)에 따른 영향 |

- 라멘교 : 하중계수 증가로 인하여 부재력이 증가, 저항력/부재력 비율이 다소 저감, 사용철근 변화는 크지 않음.
- PSC 거더교 : PSC 거더는 사용한계상태에서 부재단면이 결정되어 하중수정계수의 영향이 없음
- 강합성 거더교 : 강재거더의 경우 극한한계상태에서 부재단면이 결정됨, 플랜지의 두께가 최적설계된 경우에 내부지점부 하부플랜지의 두께 증가가 발생할 수 있음
- 거더교 바닥판 : 경험적설계법 구간은 하중수정계수의 영향이 없음, 캔틸레버 구간은 하중 증가에 따라 저항력/부재력 비율이 다소 저감되나 사용철근의 변화는 크지 않음

콘크리트교 한계상태

도로교설계기준(한계상태설계법, 2016)에 제시된 콘크리트교에서의 한계상태를 정의하고, 각각의 한계상태에서 검토해야 할 사항에 대하여 설명하시오.

풀 이

▶ 개요

개정된 KDS 24 14 21 콘크리트교 설계기준(한계상태설계법, 2021)을 기준으로 정의하고 검토할 사항에 대해 설명한다. 한계상태는 설계에서 요구하는 성능을 더 이상 발휘할 수 없는 한계이다. 이 한계상태는 극한한계상태, 사용한계상태와 피로한계상태의 세 종류로 구분하여 검증하여야 한다.

▶ 콘크리트교의 한계상태

1) 극한한계상태 : 휨, 전단, 비틀림 등 부재의 강도 검토

극한한계상태는 붕괴, 사용자의 안전을 위험하게 하는 구조적 손상 또는 파괴에 관련된 것으로, 현실적 단순화를 위하여 붕괴 자체 대신에 붕괴 직전 상태를 극한한계상태로 간주할 수 있다. 극한한계상태에서는 다음의 사항을 검증하여야 한다.

(1) 극한한계상태는 구조계의 정력학적 평형 한계상태를 검토할 때, 안정화 하중영향 값이 불안정화 하중영향 값보다 크다는 것을 검증하여야 한다.

(2) 구조물의 단면 또는 연결부의 파괴나 과도한 변형에 대한 한계상태를 검토할 때, 실제지항강도가 계수하중영향보다 크다는 것을 검증하여야 한다.

(3) 2차영향에 의해 유발되는 안정성 한계상태를 검토할 때, 작용 하중이 계수하중을 초과하지 않는 한, 불안정이 발생하지 않는다는 것을 검증하여야 한다.

(4) 콘크리트교량을 설계할 때, 부재저항계수는 특별한 규정이 없는 한 항상 1.0을 적용한다.

TIP | 극한한계상태 하중조합 |

① 극한한계상태 I: 일반적인 차량통행을 고려한 기본하중조합. 이때 풍하중은 고려하지 않는다.

② 극한한계상태 II: 발주자가 규정하는 특수차량이나 통행허가차량을 고려한 하중조합. 풍하중은 고려하지 않는다.

③ 극한한계상태 III: 거더 높이에서의 풍속 25 m/s를 초과하는 설계. 풍하중을 고려하는 하중조합

④ 극한한계상태 IV: 활하중에 비하여 고정하중이 매우 큰 경우에 적용하는 하중조합

⑤ 극한한계상태 V: 차량 통행이 가능한 최대 풍속과 일상적인 차량통행에 의한 하중효과를 고려한 하중조합

⑥ 극단상황한계상태 I: 지진하중을 고려하는 하중조합

⑦ 극단상황한계상태 II: 빙하중, 선박 또는 차량의 충돌하중 및 감소된 활하중을 포함한 수리학적 사건에 관계된 하중조합. 이때 차량충돌하중 CT의 일부분인 활하중은 제외된다.

2) 사용한계상태 : 균열, 처짐, 내구성 등 부재의 사용성 검토

사용한계상태는 정상적 사용 중에 구조적 기능과 사용자의 안녕 그리고 구조물의 외관에 관련된 특정한 사용성 요구 성능을 더 이상 만족시키지 않는 한계상태이다. 사용한계상태에서는 다음의 사항을 검증하여야 한다.

(1) 사용성 요구조건을 만족시키기 위해서는 규정된 사용하중조합에 의한 하중영향이 적합한 사용한계기준을 초과하지 않는다는 것을 검증하여야 한다.

(2) 사용한계기준은 구조물의 형태와 현장 주변 환경에 따른 사용성 요구조건을 고려하여 정하여야 한다.

(3) 적합한 사용하중조합에서 콘크리트 압축응력의 한곗값을 설정하여 콘크리트의 손상이나 과도한 크리프 변형을 방지해야 한다.

(4) 적합한 사용하중조합에서 철근의 인장응력 한곗값을 설정하여 비탄성 변형과 과도한 균열을 제한하여야 한다.

(5) 사용한계상태를 검증하기 위한 간단한 보조 방법이 주어진 경우에는 여러 조합하중에 대한 상세한 계산을 생략할 수 있다.

(6) 사용한계상태를 검토할 때, 특별히 지정하지 않는 한, 재료계수값은 1.0을 취해야 한다.

TIP | 사용한계상태 하중조합 |

① 사용한계상태 하중조합 I: 교량의 정상 운용 상태에서 발생 가능한 모든 하중의 표준값과 25 m/s의 풍하중을 조합한 하중상태이며, 교량의 설계 수명 동안 발생 확률이 매우 낮은 하중조합이다. 이 하중조합은 철근콘크리트의 사용성 검증에 사용할 수 있다. 또한 옹벽과 사면의 안정성 검증, 매설된 금속 구조물, 터널라이닝판과 열가소성 파이프에서의 변형제어에도 적용한다.

② 사용한계상태 하중조합 II: 차량하중에 의한 강구조물의 항복과 마찰이음부의 미끄러짐에 대한 하중조합

③ 사용한계상태 하중조합 III: 교량의 정상 운용 상태에서 설계 수명 동안 종종 발생 가능한 하중조합이다. 이 조합은 부착된 프리스트레스 강재가 배치된 상부구조의 균열폭과 인장응력 크기를 검증하는데 사용한다.

④ 사용한계상태 하중조합 IV: 설계수명 동안 종종 발생 가능한 하중조합으로 교량 특성상 하부구조는 연직하중보다 수평하중에 노출될 때 더 위험하기 때문에 연직 활하중 대신에 수평 풍하중을 고려한 하중조합이다. 따라서 이 조합은 부착된 프리스트레스 강재가 배치된 하부구조의 사용성 검증에 사용해야 한다. 물론 하부구조는 사용하중조합III에서의 사용성 요구조건도 동시에 만족하도록 설계하여야 한다.

⑤ 사용한계상태 하중조합 V: 설계수명 동안 작용하는 고정하중과 수명의 약 50% 기간 동안 지속하여 작용하는 하중을 고려한 하중조합이다.

3) 피로한계상태 : PS강재, 철근 등 피로 검토

피로한계상태는 규칙적으로 반복되는 하중이 작용하는 부재를 구성하고 있는 철근과 콘크리트에 대해서 각각 수행하여야 한다. 피로한계상태에서는 다음의 사항을 검증하여야 한다.
　(1) 규칙적인 교번 하중이 작용하는 구조 요소와 부재에 대하여 피로한계상태를 검증하여야 한다.
　(2) 콘크리트 교량의 피로한계상태의 검증은 설계기준의 규정에 따라 수행하여야 하며 교번 응력이 없거나 현저하지 않은 경우는 피로를 검토하지 않아도 된다.

TIP ┃ **피로한계상태 하중조합**┃

① 피로한계상태 하중조합: 피로설계트럭하중을 이용하여 반복적인 차량하중과 동적응답에 의한 피로 파괴를 검토하기 위한 하중조합

➤ 콘크리트교의 한계상태별 재료계수

하중조합	콘크리트 ϕ_c	철근 또는 프리스트레싱 강재 ϕ_s
극한하중조합-I, -II, -III, -IV, -V	0.65	0.90
극단상황하중조합-I, -II	1.0	1.0
사용하중조합-I, -III, -IV, -V	1.0	1.0
피로하중조합	1.0	1.0

한계상태의 하중조합

교량설계기준(국토교통부) 중 교량 설계하중조합(한계상태설계법, KDS 24 12 11)에서는 다음과 같이 한계상태 하중조합(도로교)을 규정하고 있다. 극한 I~극한 V 하중조합의 각 특성에 대하여 설명하시오.

한계상태 하중조합 / 하중	DC DD DW EH EV ES EL PS CR SH	LL IM BR PL LS CF	WA BP WP	WS	WL	FR	TU	TG	GD SD	이 하중들은 한 번에 한 가지만 고려			
										EQ	IC	CT	CV
극한 I	γ_p	1.80	1.00	–	–	1.00	0.50/1.20	γ_{TG}	γ_{SD}	–	–	–	–
극한 II	γ_p	1.40	1.00	–	–	1.00	0.50/1.20	γ_{TG}	γ_{SD}	–	–	–	–
극한 III	γ_p	–	1.00	1.40	–	1.00	0.50/1.20	γ_{TG}	γ_{SD}	–	–	–	–
극한 IV – EH, EV, ES, DW, DC만 고려	γ_p	–	1.00	–	–	1.00	0.50/1.20	–	–	–	–	–	–
극한 V	γ_p	1.40	1.00	0.40	1.0	1.00	0.50/1.20	γ_{TG}	γ_{SD}	–	–	–	–

풀 이

▶ 개요

극한한계상태에 대한 하중조합으로 극한한계상태는 극한한계상태는 교량의 설계수명 이내에 발생할 것으로 기대되는, 통계적으로 중요하다고 규정한 하중조합에 대하여 국부적/전체적 강도와 안정성을 확보하는 것으로 규정한다.

▶ 각 하중 조합별 특성

① 극한한계상태 하중조합 I : 일반적인 차량통행을 고려한 기본하중조합. 이때 풍하중은 고려하지 않는다.

② 극한한계상태 하중조합 II : 발주자가 규정하는 특수차량이나 통행허가차량을 고려한 하중조

합. 풍하중은 고려하지 않는다.

③ 극한한계상태 하중조합 III : 거더 높이에서의 풍속 25 m/s를 초과하는 설계. 풍하중을 고려하는 하중조합

④ 극한한계상태 하중조합 IV : 활하중에 비하여 고정하중이 매우 큰 경우에 적용하는 하중조합

⑤ 극한한계상태 하중조합 V : 차량 통행이 가능한 최대 풍속과 일상적인 차량통행에 의한 하중효과를 고려한 하중조합

⑥ 극단상황한계상태 하중조합 I : 지진하중을 고려하는 하중조합

⑦ 극단상황한계상태 하중조합 II : 빙하중, 선박 또는 차량의 충돌하중 및 감소된 활하중을 포함한 수리학적 사건에 관계된 하중조합. 이때 차량충돌하중 CT의 일부분인 활하중은 제외된다.

KL-510 차량활하중

교량 설계에 적용되는 차량활하중(KL-510)에 대하여 설명하시오.

풀 이

➤ **개요**

도로교 설계기준에 한계상태설계법을 도입하면서 이전의 DB하중 대신에 한국형 차량 하중인 KL-510하중이 도입되었다. DL하중에 대신하여 일괄적으로 적용하던 방식과 달리 교량의 지간을 고려하도록 하였으며, 이전의 설계법과 달리 활하중의 동시 재하에 대하여 세분화하여 재하차로 별로 다차로 재하계수를 적용하여 비교, 검토하도록 하였다.

➤ **활하중의 종류**

1) 표준트럭하중(KL-510)

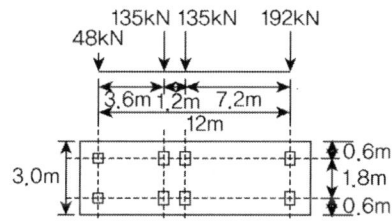

2) 표준차로하중

   (1) $L \leq 60^m$: $\omega = 12.7^{kN/m}$

   (2) $L > 60^m$: $\omega = 12.7 \times \left(\dfrac{60}{L}\right)^{0.18kN/m}$ L : 표준차로하중이 재하되는 부분의 지간

   ☞ $w = 12.7 \times (60/L)^{0.1}$ 로 변경 검토 중

3) 활하중의 동시재하활하중의 최대 영향을 다차로재하계수(m)를 곱한 재하차로의 모든 가능한 조합에 의한 영향을 비교하여 결정한다.

재하차로수	1	2	3	4	5 이상
KL510 재하계수(m)	1.0	0.9	0.8	0.7	0.65
DB24 재하계수(m)	1.0		0.9	0.75	

도로교설계기준 피로하중

도로교설계기준(한계상태설계법, 2016)의 피로하중에 대하여 설명하시오.

풀 이

> **개요**

도로교설계기준에서 정의하는 피로하중은 표준트럭하중(KL-510)의 80%를 적용하며 이때 적용하는 충격계수는 (1+IM/100)를 적용하도록 규정하고 있다.

> **피로하중의 크기와 형태, 빈도산정**

1) 피로하중

피로의 영향을 검토하는 경우의 활하중은 표준트럭하중의 80%를 적용한다. 이때 적용하는 충격계수는 (1+IM/100)를 적용한다.

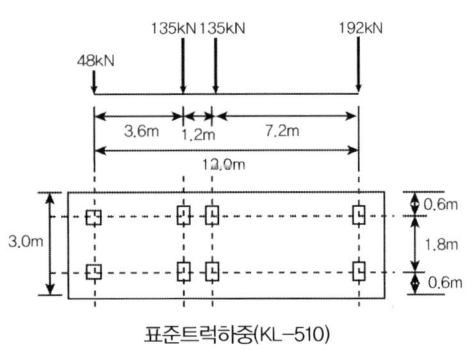

표준트럭하중(KL-510)

성 분		IM
바닥판 신축이음장치를 제외한 모든 다른 부재	피로한계상태를 제외한 모든 한계상태	25%
	피로한계상태	15%

2) 피로하중의 빈도산정

피로하중의 빈도는 단일차로 일평균트럭교통량 $ADTT_{SL}$를 사용한다. 이 빈도는 교량의 모든 부재에 적용하며 통행차량수가 적은 차로에도 적용한다. 단일차로의 일평균 트럭교통량에 대한 확실한 정보가 없을 때는 아래의 식의 차로당 통행비율을 적용하여 산정할 수 있다.

$ADTT_{SL}$(피로하중빈도) $= p \times ADTT$
   ① $ADTT$: 한 방향 일일트럭교통량의 설계수명기간 동안 평균값
   ② p : 1차로(1.0), 2차로(0.85), 3차로(0.80)

충격하중

도로교설계기준(한계상태설계법)에 규정된 충격하중에 대하여 설명하시오.

풀 이

> ▶ 개요

충격하중(IM)은 움직이는 차량에 의해 생기는 바퀴하중의 충격을 감안하여 정적 바퀴하중에 적용하는 증분값이다. 움직이는 바퀴하중에 의해 생기는 동적하중에는 다음의 두 가지 원인이 있다.

1) 바닥판 연결부, 균열, 함몰, 들뜸 등의 불연속면을 일련의 바퀴가 달릴 때 일어나는 동적응답인 햄머링 효과

2) 긴 파장의 노면요철에 기인하는 통행하중에 대한 교량의 전체적인 동적응답, 흙채움의 침하에 의한 노면요철이나 교량과 차량의 진동주파수가 유사하여 생기는 공진현상

> ▶ 충격하중

도로교설계기준(한계상태설계법, 2015)은 원심력과 제동력 이외의 표준트럭하중에 의한 정적효과는 충격하중의 비율에 따라 증가시키도록 하고 있으며, 이전의 일괄적인 충격계수와 달리 구조물과 트럭하중과의 직접 저촉으로 인하여 파손 등을 유발시키는 부재에 대하여 강화하여 적용토록 하고 있다. 다만, 충격하중은 보도하중이나 표준차로하중에는 적용되지 않는다.

1) 모든 부재(신축이음장치 제외)

구분		IM
모든 다른 부재 (신축이음제외)	피로한계상태 제외한 모든 한계상태	25%
	피로한계상태	15%

예외규정 1. 상부구조물로부터 수직반력을 받지 않는 옹벽, 2. 전체가 지표면 이하인 기초부재

2) 신축이음장치 IM : 모듈러형식 0.3, 핑거형 1.0

3) 매설된 부재(암거나 매설된 구조물에 대한 충격하중)

$IM = 40(1.0 - 4.1 \times 10^{-4} D_E) \geq 0\%$, D_E : 구조물을 덮고 있는 최소 깊이(mm)

4) 목재 부재 : 3)에서 제시된 충격하중을 50%로 줄일 수 있다.

사용수명과 설계수명

도로교설계기준(한계상태설계법)에 규정된 사용수명과 설계수명을 설명하시오.

풀 이

▶ **개요**

도로교설계기준(한계상태설계법)에 규정된 사용수명은 교량을 구성하는 구조부재가 사용될 것으로 기대되는 기간을 의미하며, 설계수명은 풍하중, 지진하중 등 변동하중의 통계적 산출 근거 기간을 의미하며 도로교설계기준(한계상태설계법)의 경우 100년 또는 200년을 기준으로 하고 있다.

▶ **부재별 사용수명**

1) 교체가능부재 : 교체 가능성이 있으므로 교량의 설계수명보다 작은 20년, 30년 또는 50년의 사용수명으로 설계할 수 있는 부재를 일컬으며, 현수교 행어로프, 사장교 케이블, 케이블 밴드, 신축이음장치, 포장 및 도장 등이 이에 속한다.

2) 보수가능부재 : 보수, 보강을 통하여 강도를 개선시킬 수 있는 교량의 설계수명보다 작은 20년, 30년 또는 50년의 사용수명으로 설계할 수 있는 부재를 일컬으며, 케이블 교량의 경우 거더, 앵커리지 등이 이에 속한다.

3) 영구부재 : 통상적인 유지관리를 통하여 교량의 실제수명과 동일한 100년 또는 200년의 사용수명을 갖는 부재를 일컬으며, 케이블 교량의 경우 현수교 주 케이블, 주탑, 주탑기초, 주탑새들, 스프레이 새들 등이 이에 속한다.

▶ **교량별 설계수명**

도로교 설계기준에서의 기본 설계수명은 100년 혹은 200년으로 설정되어 있다. 설계수명은 교량의 공학적, 사회적, 경제적 역할을 고려하여 발주자가 결정한다.

1) 특등급 교량 : 발주자의 지정으로 매우 높은 중요도 수준을 가지도록 설계되는 교량이며, 도로교설계기준의 하중계수 및 구조별로 주어진 저항계수를 적용하여 만족하도록 설계한다. 특등급 교량의 설계수명은 100년 혹은 200년으로 설정할 수 있으며, 설계수명에 따라 정의되는 풍하중 및 지진하중을 적용한다.

2) 1등급 교량 : 도로교 설계기준의 기본적인 중요도 수준을 가지는 교량이며, 설계기준에서 정의하는 하중계수 및 구조별로 주어진 저항계수를 적용하여 만족하도록 설계한다. 교량의 설계수명은 100년 혹은 200년으로 설정할 수 있으며, 설계수명에 따라 정의되는 풍하중 및 지진하중을 적용한다.

➤ 도로교설계기준(한계상태설계법, 케이블교량편) 부재별 설계수명, 목표신뢰도지수, 저항수정계수

〈1등급 케이블 교량〉

한계상태 (하중조합)	부재 종류		부재 사용수명	목표신뢰도지수			저항수정계수(ϕ_{rm})	
				사용수명 기준	설계수명 100년 기준	설계수명 200년 기준	설계수명 100년 기준	설계수명 200년 기준
극한한계상태 하중조합 I, II, IV, V, VII	주부재 부부재	영구부재	설계수명	3.7	3.7	3.7	1.0	1.0
		보수가능부재	20년		3.29	3.09	1.07	1.07
			30년		3.40	3.21	1.05	1.05
		교체가능부재	50년		3.54	3.35	1.03	1.03
극한한계상태 하중조합 III, VI	주부재 부부재	영구부재	설계수명	3.1	3.1	3.1	1.0	1.0
		보수가능부재	20년		2.58	2.33	1.15	1.23
			30년		2.71	2.48	1.11	1.18
		교체가능부재	50년		2.88	2.65	1.06	1.13

도로교 온도하중

도로교설계기준(한계상태설계법, 2016)에 근거하여, 온도에 의한 변형효과를 고려하기 위하여 설계 시 기준으로 사용하는 온도를 기후 및 교량별로 설명하시오(단, 온도에 관한 정확한 자료가 없을 경우).

풀 이

> ## 개요

도로교설계기준(한계상태설계법, 2016)에서는 온도에 대한 정확한 자료가 없을 때에는 동결일수(평균기온이 0°C 이하인 날)를 기준으로 한랭한 지역과 보통인 지역으로 기후를 구분하고 강교, 콘크리트교, 합성형교의 교량별에 대한 온도변화 범위를 제시하고 있다. 설계기준에서 제시된 온도의 범위는 온도에 의한 변형효과를 고려하기 위하여 설계 시 기준으로 택했던 온도와 최저 혹은 최고온도와의 차이 값이 사용되어야 한다.

> ## 설계기준 온도

교량의 수직온도의 분포를 실측한 결과 콘크리트 박스거더의 경우 다음과 같이 분포됨을 확인하고 이때 단면 내에 발생하는 변형 또는 응력의 분포를 축방향변형, 곡률변형, 자기평형응력으로 구분할 수 있다.

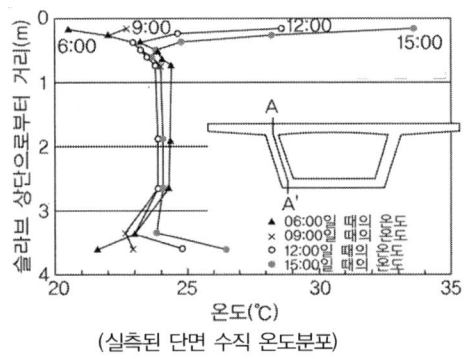

(실측된 단면 수직 온도분포)

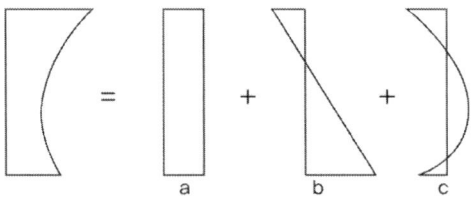

a : Axial deformation (축방향변형)
b : Vertical (or horizontal) curvature (곡률변형)
c : Self-equilibrating stresses (자기평형응력)

(수직온도분포에 의한 단면변형 또는 응력의 구분)

(단면평균온도로 인한 축방향 변형)

$$T_0 = \frac{\int T(y)dA}{A} = \frac{\sum_i T_i A_i}{A}$$

(수직방향선형온도차로 인한 곡률 변형)

$$\Delta T_v = -D\frac{\int T(y)y dA}{I_h} = -D\frac{\sum_i T_i \overline{y_i} A_i}{I_h}$$

여기서 T_i, A_i : 절점i에서의 온도와 영향단면적, I_h : 중립축에 대한 단면2차모멘트

D : 단면의 높이, y: 중립축으로부터 거리

온도하중은 크게 단면 평균온도와 온도경사(수직온도분포)하중으로 구분되며, 국내외 연구결과를 반영하여 단면평균온도(TU, ① 온도의 범위)는 기존 도로교 설계기준과 동일하게 유지하되 온도경사하중(TG, ② 온도경사)은 다음과 같이 적용토록 하였다.

1) 온도범위(온도에 관한 정확한 자료가 없는 경우)

기후	강교(강바닥판)	합성교(강거더와 콘크리트 바닥판)	콘크리트교
보통	−10~50°C	−10~40°C	−5~35°C
한랭	−30~50°C	−20~40°C	−15~35°C

2) 가설 기준온도 : 교량이나 교량부재의 가설 직전 24시간 평균값을 사용한다.

3) 온도경사 : : 바닥판이 콘크리트인 강재나 콘크리트 상부구조

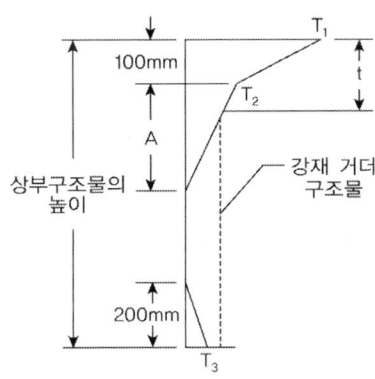

$T_1(°C) = 23$, $T_2(°C) = 6$, $T_3(°C) = $ 실측 또는 0

(1) 두께 400mm 이상 콘크리트 상부구조물 : A=300mm

(2) 두께 400mm 이하 콘크리트 상부구조물 : A=실 두께보다 100mm 작은 값

(3) 강재로 된 상부구조물 : A=300mm

온도 경사 하중

그림과 같이 12m 단순보가 상연 측과 하연 측에 온도 경사 하중을 받고 있다. 보는 폭이 600mm, 높이 1,200mm로 직사각형 형상인 콘크리트 구조이며, 상연 측 300mm 깊이에 24℃의 온도경사가, 하연 측 200mm 깊이에 10℃의 온도경사가 분포한다. 보의 일단은 힌지로 지지되어 축방향으로 구속되어 있으며, 타단은 롤러로 지지되어 축방향으로 비구속되어 있다. 이때 온도경사 하중에 의해 보 단면에 발생하는 응력을 보의 깊이에 따라 산정하고 도시하시오.
(단, 보의 온도선팽창계수 α=1.2×10⁻⁵/℃, 탄성계수 E=35GPa이다.)

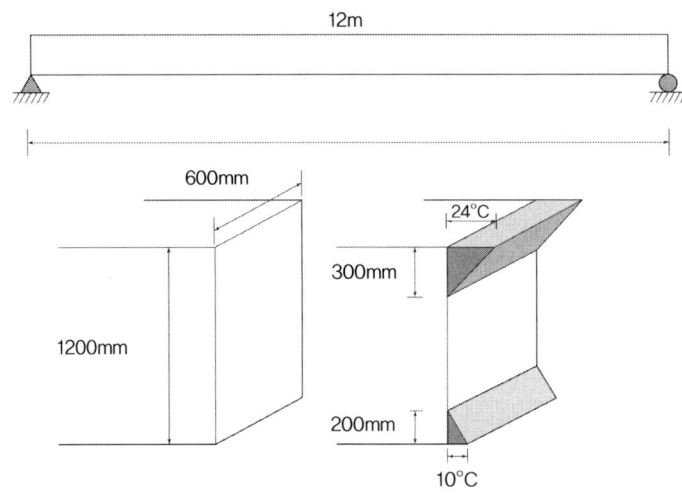

풀 이

> ▶ 개요

온도하중으로 인해 발생하는 거더의 축력과 모멘트를 산정한다. 이때 주어진 조건에서 일단 자유단으로 축방향으로의 변위를 구속하지 않으므로 축력으로 인한 응력은 없다고 본다.

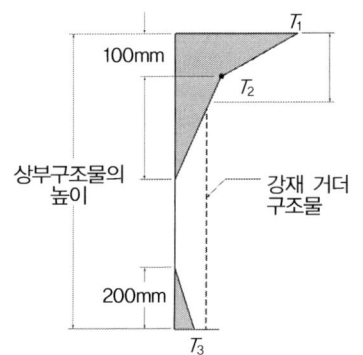

도로교 설계기준에서 제시하는 온도 수직변화 곡선과 이로 인해 발생하는 축력과 모멘트

$$P = \alpha \Delta T_U EA$$
$$M = \alpha \Delta T_G EI / h$$

ΔT_U 기준으로 택한 온도와 최저 혹은 최고온도와의 차
ΔT_G 상하연 온도 차

➤ 보의 깊이에 따른 응력 산정

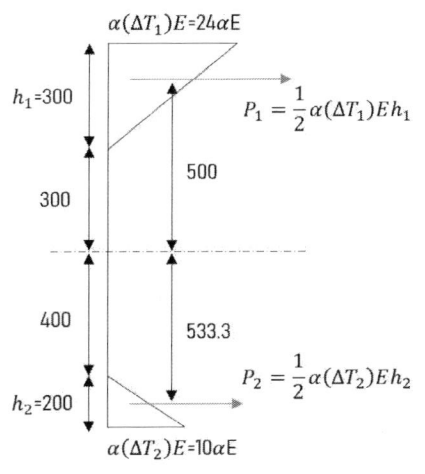

1) 온도하중으로 인한 축력

$$P = \alpha E \int T(z)b(z)dz$$

$$= \left[\frac{1}{2}\alpha(\Delta T_1)Eh_1 + \frac{1}{2}\alpha(\Delta T_2)Eh_2 \right]b$$

$$= 2,760,000\alpha E$$

2) 온도하중으로 인한 모멘트

$$M = \alpha E \int T(z)b(z)zdz$$

$$= \frac{1}{2}\alpha(\Delta T_1)Ebh_1 \times 500 - \frac{1}{2}\alpha(\Delta T_2)Ebh_2 \times \frac{1600}{3}$$

$$= 760,000,000\alpha E = 319.2 \text{ kNm}$$

축방향으로 구속되어 있지 않으므로, 온도 하중으로 인해 발생되는 축력의 영향은 없으며, 다만, 상하부 온도차로 인해 부재 전 구간에 모멘트 319.2kNm가 발생된다.

따라서 모멘트로 인한 응력의 크기를 산정하면,

$$I = \frac{bh^3}{12} = 8.64 \times 10^{10} \text{ mm}^4 \qquad \therefore f = \frac{M}{I}y = \frac{319.2 \times 10^6}{8.64 \times 10^{10}}y = 0.003694\text{y}$$

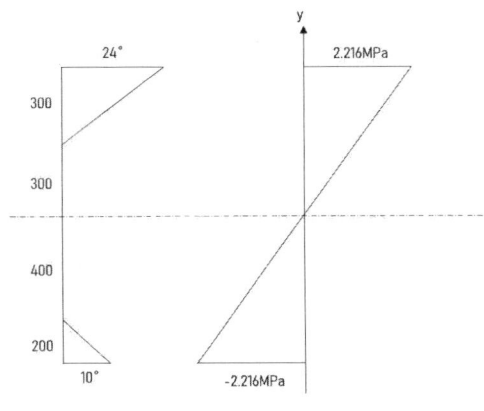

거더 상부 $f_t = 2.216 \text{ MPa}$(인장)

거더 하부 $f_b = -2.216 \text{ MPa}$(압축)

보도하중

도로교설계기준(한계상태설계법, 2016년)에서 보도하중

풀 이

▶ 개요

도로교 설계기준(한계상태설계법, 2016년)에서는 보도하중을 등분포하중으로 고려하여 설계하도록 규정하고 있다. 특히, 이전 설계와는 달리 주거더를 설계하는 경우에는 지간장의 길이에 따라 다르게 적용하도록 구분하였다.

▶ 도로교설계기준(한계상태설계법, 2016년) 보도하중

1) 바닥판과 바닥틀 설계 시 보도에 5×10^{-3}MPa 보도하중을 설계차량 활하중과 동시에 적용한다.

2) 주 거더를 설계하는 경우 보도하중은 지간장의 길이에 따라 등분포하중으로 재하한다.

지간장 L(m)	L≤80	80<L≤130	L>130
등분포하중(MPa)	3.5×10^{-3}	$(4.3-0.01L) \times 10^{-3}$	3.0×10^{-3}

3) 보도나 보행자 또는 자전거 교량에서 유지관리용 또는 이에 부수되는 차량통행이 예상되는 경우 이 하중을 설계에 고려하고, 이때 이 차량에 대해서는 충격하중은 고려하지 않는다.

▶ 설계 사항

일반적으로 보도교는 도로교설계기준에 의해 설계되며, 통상적으로 2등급 혹은 3등급 교량 수준으로 적용된다. 이때 응급차량이나 유지관리용 차량 통행을 목적으로 차량통행을 감안하여 차량하중을 적용하기도 한다. 보도교의 경우 통상 세장한 구조로 진동 등에 취약할 수 있으므로 사용성에 문제가 없도록 주의가 필요하다.

충돌하중

교량 설계하중(한계상태설계법, KDS 24 12 21)에 규정된 충돌하중에 대하여 설명하시오.

풀 이

➤ 개요

한계상태설계법(KDS 24 12 21)에서 규정하는 하중은 지속되는 하중과 변동하는 하중으로 구분되며, 충돌하중(CT)은 변동하는 하중으로 구분된다. 교량에 적용되는 충돌하중은 차량이나 열차가 충돌되는 하중(CT)과 선박충돌하중(CV)으로 구분해서 고려하고 있다.

➤ 교량설계하중에 규정된 충돌하중

1) 차량충돌하중(CT) : 제방이나 방호울타리와 같이 교량 구조물을 충돌로부터 보호할 수 있는 시설물이 설치된 경우에는 차량충돌하중을 적용시킬 필요가 없다. 이때 보호 구조물은 다음의 구조적, 기하적 규정을 충족해야 한다.

　【 차량충돌하중을 고려하지 않아도 되는 경우 】
　① 제방 ② 충돌에 강한 높이 1,370mm 이상의 방호울타리가 보호받아야 할 구조물로부터 3,000mm 이내에 있는 경우, ③ 높이 1,070mm 이상의 방호울타리가 보호받아야 할 구조물로부터 3,000mm 이내에 있는 경우

　【 차량충돌하중을 고려하여야 하는 경우 】
　보호시설이 설치되어 있지 않고 도로의 가장자리(9,000mm 이내)나 궤도의 중심(1,5000mm 이내)으로부터 일정 거리에 교대나 교각이 설치된 경우에는 일정한 크기의 등가정적하중(1,800kN)을 노면에서 1,200mm 높이에서 수평으로 임의의 방향으로 작용하도록 고려하여야 한다.

2) 선박충돌하중(CV) : 일정 수심 이상에 위치하며 배가 통행할 수 있는 수로에 건설되는 교량의 모든 부재는 설계 시 선박 충돌의 영향을 고려하여야 한다. 이때 구조물은 선박에 의한 충돌하중에 견딜 수 있게 설계되거나 방호물, 계선말뚝, 통로 등 충돌방지시설을 설치해 보호하여야 한다.

　【 선박충돌하중을 고려하여야 하는 경우 】
　수로에서 연평균 유속과 같은 속도로 내려가는 빈 호퍼바지선을 기준으로 최소 설계충돌하중을 고려하여야 하며, 특별한 규정이 없는 경우 설계 바지선은 화물을 싣지 않은 경우 중량이

200ton이고 10,700mm×60,000mm의 크기로 고려한다. 이와 함께 교량의 상부구조물이 배와 부딪힐 수 있는 경우에는 돛대의 충돌에 의한 충격하중을 상부구조물에 가해지는 충격의 최소 설곗값으로 고려할 수 있다. 선박과 충돌에 의한 충격하중은 ① 수로의 기하학적 형상, ② 수로를 이용하는 선박의 크기, 형태, 하중조건, 통과빈도, ③ 가용 수심, ④ 선박의 속도와 방향, ⑤ 충돌에 의한 교량의 구조적 거동을 고려하여 결정하여야 한다.

참고 | 선박 충돌방호공 분류 |

구분	직접구조		
에너지 흡수	탄성변형형	파괴변형형	변위형
종류	Fender 방식	강재다실형 방식(버퍼방식)	중력방식
적용례	–	일본 아카시대교	–
형태	(Fender 방식)	(강재다실형 방식)	

선박충돌하중과 방지대책

최근 해외에서 발생한 해상교량(프랜시스 스콧 키 대교, 미국/볼티모어) 붕괴사고의 원인을 분석하고, 선박이 해상교량과 충돌 시의 교량 안정성 확보방안 및 붕괴 방지대책에 대하여 설명하시오.

풀 이

▶ 개요

'24.3 미국 볼트머어 3경간 연속 트러스 아치교량이 화물선과의 충돌로 인해 주경간 교량이 붕괴되어 인명피해가 발생했으며, 일부 교량에 충돌방지공이 설치되어 있었음에도 기능을 발휘하지 못하고 붕괴되었다.

▶ 붕괴사고 원인

사고 당시 116천 톤급 화물선이 우측 교각과 충돌하면서 교각이 붕괴되고 이로 인해 상부구조도 연속으로 붕괴되었다. 붕괴의 직접적인 원인은 화물선의 충돌이며, ① 부적절한 선박충돌방지공 ② 교각 강성의 부족, ③ 좁은 교량 경간장 등이 간접적인 영향을 미친 것으로 사료된다.

1) 선박충돌방지공 : 1977년 개통된 교량의 교각 보호를 위해서 설치된 선박충돌방지공은 최근의 대형화된 화물선에 비해 그 크기와 규모가 교각을 보호하기에 적정하지 않았고 이로 인해 사전에 화물선의 차단이나 충돌에너지 감소 등의 역할을 수행하지 못했다.

2) 교각 강성 : 풍하중과 온도하중에 효과적으로 저항하기 위해 4개의 얇은 기둥으로 이루어진 교각은 하부로 갈수록 단면이 커지는 형상으로 선박과의 접촉 가능성이 커졌으며, 강성의 부족으로 충돌과 함께 붕괴되었다.

3) 좁은 교량 경간장 : 통상 최근의 기준들은 항로의 폭은 선박 길이의 1.5~2.0배를 적용하도록 하

고 있으나 볼트모어 교량의 경간장은 366m로 충돌한 선박의 길이가 300m인 점을 감안하면 매우 좁은 경간장으로 구성되어 있었다.

▶ 해상교량과 충돌 시의 교량 안정성 확보방안 및 붕괴 방지대책

해상교량이 선박과 충돌이 예상될 때에는 충돌하중에 견디도록 설계하거나, 방호물, 계산말뚝, 안전시설 등으로 적절히 보호해야 하며, 충돌에 의한 충격하중 고려 시에는 수로의 기하학적 형상, 수로이용 선박의 크기, 형태, 하중조건, 통과빈도, 가용수심, 선박의 속도와 방향, 충돌에 의한 교량의 구조적 거동 등을 고려해야 한다.

1) 선박의 충돌력 산정을 통한 강성 확보 설계

① 충돌에너지 $KE = 500\,C_H M V^2\ (J)$ C_H : 수리동적질량계수

② 충돌력(기초) $P_S = 1.2 \times 10^5\, V \sqrt{DWT}$ DWT : 선박의 적재중량톤수

③ 충돌속도

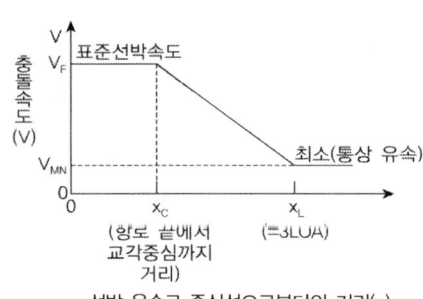

선박 운송로 중심선으로부터의 거리(x)

④ 충돌력과 작용위치
- 항해수로의 중앙선과 평행한 방향(100%), 수직인 방향(50%) 적용
- 전체적인 안정 검토 : 수로의 평균수위 높이에서 하부구조물에 집중하중으로 작용
- 국부적인 충돌하중 : 이물 깊이에 대하여 등분포된 수직선상의 하중

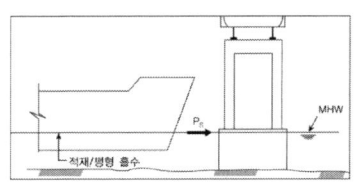

(교각에 작용되는 배의 집중충격력)

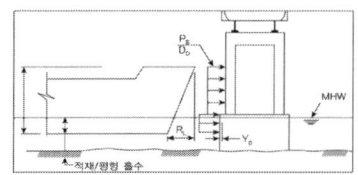

(교각에 작용되는 배의 선충격력)

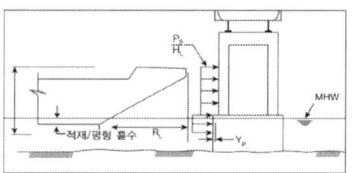

(교각에 작용되는 바지선의 충격력)

2) 충돌방호공 설치를 통해 충격에너지 흡수 또는 충돌 선박 방향 전환

구분	직접구조		
에너지 흡수	탄성변형형	파괴변형형	변위형
종류	Fender 방식	강재다실형 방식(버퍼방식)	중력방식
적용례	–	일본 아카시대교	–
형태	(Fender 방식)	(강재다실형 방식)	

구분	간접구조		
에너지흡수	탄성변형형	파괴변형형	변위형
종류	Dolphine 방식, Pile 방식	축도, 케이슨	Barrier 방식
적용례	인천대교	여수산단	–
형태	(Dolphine 방식)	(축도방식)	
	(Barrier 방식)		

선박충돌방지시설

해상교량에 적용하는 선박 충돌방지시설의 종류에 대하여 설명하시오.

풀 이

➤ 개요

해상교량이 선박과 충돌이 예상될 때에는 충돌하중에 견디도록 설계하거나, 방호물, 계산말뚝, 안전시설 등으로 적절히 보호해야 하며, 충돌에 의한 충격하중 고려 시에는 수로의 기하학적 형상, 수로이용 선박의 크기, 형태, 하중조건, 통과빈도, 가용수심, 선박의 속도와 방향, 충돌에 의한 교량의 구조적 거동 등을 고려해야 한다.

➤ 선박충돌방지시설의 종류

1) 직접구조 방식 : Fender 방식

교각에 부착된 형식으로, 부착된 구조물의 재료에 따라 목재, 고무, 강재, 콘크리트 등을 사용하며 충돌 시 탄성변형, 파괴 변형 등을 통해 충격을 흡수하는 시설을 말한다. 목재의 경우 수직재와 수평재를 망 형태로 구성하여 사용되며 고무는 성형 또는 조립에 의해 다양한 형태로 사용된다. 콘크리트의 경우 두껍지 않은 중공박스의 형태로 강재의 경우에는 박스 형태로 배열, 조립된 프레임과 브레이싱에 얇은 판을 부착하여 사용된다.

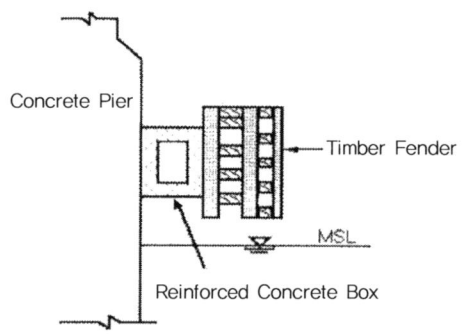
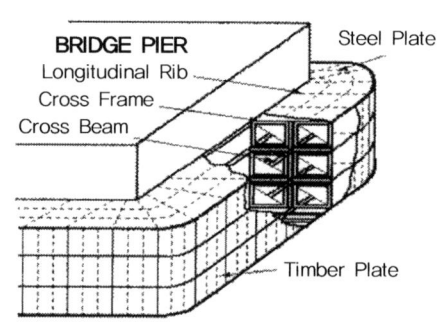

2) 간접구조 방식 : 돌핀·파일 방식, 축도, 케이슨 방식, 베리어 방식 등

교각 등에 직접 부착하지 않고 보호시설을 교각 주변에 배치하는 방식으로 에너지흡수를 탄성변형을 통해 흡수하도록 설치하는 Dolphin 방식과 Pile 방식이 있다. 인천대교에 설치한 사례가 있다. 축도나 케이슨의 경우 파괴 변형형의 간접구조로 인공섬 등을 건설해 접근을 못하게 하는 방

식이다. 베리어 방식도 탄성변형형과 유사하며 충돌 시 변위가 유발되어 에너지를 흡수하는 방식이다.

구분	간접구조		
에너지흡수	탄성변형형	파괴변형형	변위형
종류	Dolphine 방식, Pile 방식	축도, 케이슨	Barrier 방식
적용례	인천대교	여수산단	−
형태	(Dolphine 방식)	(축도방식)	
	(Barrier 방식)		

03 철도교 설계기준

1. 철도교와 도로교 하중의 비교

1) 도로교와 철도교의 차이

① 연속교와 단순교 : 도로교는 연속교로 구조효율성 극대화, 철도교는 단순교로 사고로 인한 교량 붕괴 시 복구 신속성을 감안

② 하중 : 철도교가 도로교의 약 5배가량 크며, 철도교는 레일의 위로 하중 위치가 고정되어 있다. 철도교는 하중의 연속성과 속도로 인하여 공진성 검토가 중요한 인자(동적안정성 검토 필요)

③ 고속열차의 특수한 검토 : 궤도의 틀림(면틀림, 궤간틀림 등), 승차감, 공진 등 검토

④ 장대레일의 연속화로 인한 하중 검토 : 교량과 장대레일 간의 인터액션(interaction), 좌굴 등에 대한 검토 필요

⑤ 철도교는 유지관리, 피로문제로 인하여 케이블 교량 지양

2) 도로교와 철도교의 하중 비교

① 도로교와 철도교는 크게 주하중, 부하중, 부하중 또는 부하중에 상당하는 특수하중으로 구분되고 있으며 도로교에서는 총 21개의 설계하중이 철도교에서는 장대레일 종하중, 차량횡하중, 시동 및 제동하중, 탈선하중 등이 추가로 고려되어 24개의 설계하중이 존재

② 도로교와 철도교의 가장 큰 차이는 횡하중의 차이에 있으며, 도로교에 비해 철도교의 횡하중이 더 크기 때문에 동적거동에 의한 영향이 더 크게 작용

③ 도로교의 경우 활하중의 등급을 1~3등급으로 구분하며, 기존의 DB하중과 2012 도로교 설계기준에서 변경된 KL-510하중을 적용하며, 철도교 하중의 경우 철도차량에 따라 HL-25, LS-22, EL-18하중으로 분류

④ 고정하중의 경우 도로교의 경우에는 포장하중이 추가되며, 철도교의 경우 레일, 침목, 도상 등의 2차 고정하중이 추가

⑤ 충격계수의 경우 도로교에서는 하나의 공식으로 적용되는 반면 철도교의 경우 교량의 형식별로 충격계수를 산정

⑥ 추가적으로 철도교에서 고려하는 주하중은 원심하중과 장대레일 종하중이 있으며, 도로교의 경우 원심하중의 영향이 작아 곡선교에서 특수하중으로 구분하나 철도교의 경우 선로 캔트 등의 영향으로 원심하중이 매우 커서 슈뿐만 아니라 교각의 단면력 산정 시에도 활용. 장대레일 종하중은 온도 등의 변화에 따른 레일 신축이 교량 상부에 전달하는 수평력으로 1궤도당 10kN/m의 하중이 레일면상에 작용하는 것을 고려

⑦ 부하중의 경우 풍하중, 설하중 등은 도로교와 비슷하나 철도교에서는 철도의 사행운동을 고려

하기 위해 차량횡하중과 탈선하중을 추가로 적용

⑧ 도로의 경우에는 등급에 따른 차선하중과 차량하중을 적용하며, 철도의 경우에는 추가적인 고정하중(도상/레일/침목)을 고려하고 차선하중과 차량하중 대신에 LS-22 하중 등을 등급에 관계없이 적용. 철도차량의 이동 시 발생하는 차량횡하중, 시제동하중 및 원심하중이 도로교에 비해서 비중 있게 다뤄지고 있으며, 레일 특성에 따른 장대레일의 종방향 하중에 추가적으로 고려되는 점이 두 하중의 큰 차이점임. 즉, 고정하중에 비해 활하중이 철도 하중에서는 훨씬 크게 작용하고 있으며 이러한 설계하중의 차이로 도로교와 철도교는 상부구조 형식별로 적용 지간장이 다르게 적용된다. 도로교에서는 PSC 빔 교량은 지간장이 최대 35m까지 적용되고, 50m 구간에는 PSC Box교나 강교를 적용하나 철도교에서는 PSC Beam 지간장이 최대 25m 정도까지 적용하고 PSC BOX교나 강교는 40m 이상인 경우에 사용하며, 최근에는 IPC, Precom, PPC교 등의 개량된 거더교들이 주로 적용되고 있음. 닐센아치교를 제외한 케이블 교량은 철도차량의 진동에 취약점을 보이기 때문에 그 적용성을 지양하는 추세임

2. 철도교 하중

1) 철도교 하중의 종류(KDS 24 12 10 교량 설계하중조합, 일반설계법)

영구하중	운행하중
① 고정하중(자중) ② 2차 고정하중(레일, 침목, 도상, 콘크리트 도상) ③ 환경적인 작용하중(토압, 수압, 파압, 설하중) ④ 간접적인 작용하중(PS하중, 크리프, 건조수축, 지점변위)	① 표준열차하중 ② 충격하중 ③ 수평하중(차량횡하중, 캔트효과, 원심하중, 시동하중, 제동하중)
기타하중	특수하중
① 풍하중 ② 온도변화의 영향 : 교량 설계 시 온도변화, 단면에서의 온도변화율, 궤도-구조물 상호작용 ③ 장대레일 종하중 ④ 2차 구조부분, 장비, 설비 하중 ⑤ 기타하중 : 마찰저항하중 등	① 충돌하중 ② 탈선하중 ③ 가설 시의 하중 ④ 지진의 영향

2) 하중조합(KDS 24 12 10 교량 설계하중조합, 일반설계법)

강교는 허용응력설계법, 콘크리트는 강도설계법에 따르되 허용응력설계법도 사용할 수 있다.

① 변형 검토를 위한 하중조합 : D(고정) + L(활하중) + [I(충격)] + CF(원심) + ■

여기서, ■ 는 Q + WL 또는 E와 같음.

[ ] : 필요한 경우 고려해야 하는 하중

② 강교 허용응력설계법 하중조합 및 허용응력 증가계수

	하중 조합		허용응력증가
1	주하중+주하중에 해당하는 특수하중+온도변화의 영향	P+PP+T	1.15
2	주하중+주하중에 해당하는 특수하중+차량횡하중	P+PP+LF	1.25
3	주하중+주하중에 해당하는 특수하중+시동하중 또는 제동하중	P+PP+SB	1.25
4	주하중+주하중에 해당하는 특수하중+풍하중	P+PP+W	1.25
5	주하중+주하중에 해당하는 특수하중+차량횡하중+풍하중	P+PP+LF+W	1.35
6	주하중+주하중에 해당하는 특수하중+시동하중 또는 제동하중+풍하중	P+PP+SB+W	1.35
7	차량횡하중+주하중에 해당하는 특수하중+풍하중	LF+PP+W	1.25
8	풍하중+시동하중 또는 제동하중	W+SB	1.25
9	주하중*+지진의 영향	P+E	1.55
10	주하중+충돌하중	P+CO	1.60
11	가설하중	ER	1.25

주) 주하중* : 이 경우에는 주하중에 충격하중과 원심하중을 포함시키지 않고, 단선 활하중을 포함시킨다.
가설하중, 특히 가설기간이 길거나 신공법으로 가설되는 교량에 대해서는 허용응력을 증가시키지 않는다.

③ 콘크리트교 강도설계법 하중조합

$$U = 1.35\,D + 1.85\,(L + I) + 1.35\,CF(LF) + 1.6\,H + 1.4\,Q$$

$$U = 1.6\,(D + L + I + CF(LF) + H + Q)$$

$$U = 1.35\,D + 1.4\,(L + I) + 1.35\,CF(LF) + 1.6\,H + 1.35\,Q + 1.35\,G$$

$$U = 1.35\,D + 1.6\,H + 1.35\,Q + 1.35\,W + 1.35\,G$$

$$U = 1.35\,D + 1.4\,(L + I) + 1.35\,CF(LF) + 1.6\,H + 1.35\,Q$$
$$+ 1.35\,(0.5\,W + WL) + 1.4\,(SB + LR) + 1.35\,G$$

$$U = 1.0\,D + 1.0\,(L/2) + 1.0\,H + 1.0\,Q + 1.0\,E \quad \text{여기서, L/2는 단선 활하중}$$

$$U = 1.35\,D + 1.4\,(L + I) + 1.6\,H + 1.35\,Q + 1.35\,CO$$

$$U = 1.2\,D + 1.5\,H + 1.2\,Q + 1.2\,W + 1.2\,CO$$

여기서, 원심(CF)과 횡하중(LF)이 동시 작용하는 경우 큰 쪽의 하중이 작용하는 것으로 가정

3) 운행하중(KDS 24 12 20 교량 설계하중, 일반설계법)

① 표준열차하중은 여객화물 혼용선, 여객전용선, 전동차 전용선으로 구분하고 KRL-2012 표준
열차하중과 EL-18 표준열차하중을 이용한다.

(1) KRL-2012 표준열차하중 : 여객화물 혼용선(여객 전용선과 도시철도 제외한 철도노선)

(2) 0.75 KRL-2012 표준열차하중 : 여객 전용선(고속열차)

(3) EL-18 표준열차하중 : 전동차 전용선(도시철도)

KRL-2012 (여객, 화물 혼용)	0.75 KRL-2012 (여객 전용선, 고속열차)
P=220kN D=3m W=80kN/m	P=165kN D=3m W=60kN/m

하나 혹은 두개의 궤도를 가지는 구조물은 각각의 궤도에 KRL-2012 표준열차하중이 적용하고, 두 개 이상의 궤도를 가지는 구조물은 다음 중 불리한 조건을 적용한다.

(1) 두 개의 궤도에는 KRL-2012 표준열차하중을 전부 재하하고 세 번째 궤도에는 KRL-2012 표준열차하중 50%, 나머지 궤도에는 비 재하

(2) 모든 궤도에 KRL-2012 표준열차하중의 75 %를 재하

② 구조물에 대한 표준열차하중의 전달 : 수직하중의 편심을 고려하여야 하며, 도상 또는 비도상 구조물 모두 침목과 레일로 인한 하중의 분산이 아래와 같이 고려되어야 한다.

$$P = \frac{250}{1.6 \times a1} \text{ (kN)}, \quad P = \frac{250}{1.6 \times 2 \times a2} \text{ (kN)}$$

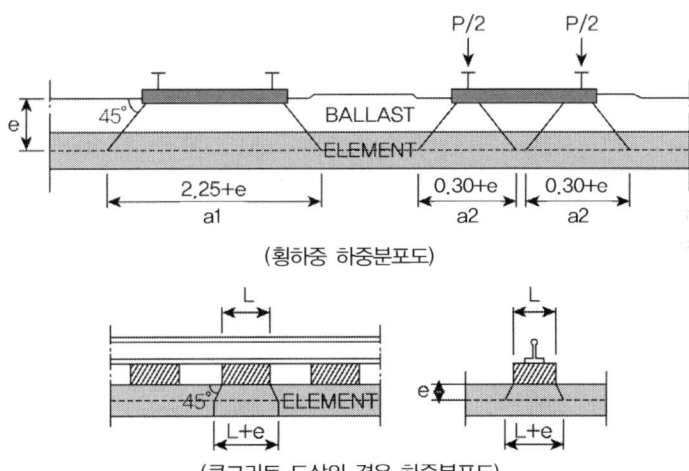

(횡하중 하중분포도)

(콘크리트 도상의 경우 하중분포도)

③ 피로 검토 시에는 단선을 지지하는 부재는 단선 재하응력으로 복선은 단선재하의 상태에서 검토하며, 동시재하 가능성이 높은 경우에는 동시재하 확률을 고려해 검토한다.

④ 바람의 의한 교량의 전도에 대한 검토에서 공차하중을 사용할 때는 1궤도당 16kN/m의 등분포하중으로 하고 충격은 가산하지 않는다.

⑤ EL 표준열차하중 재하도

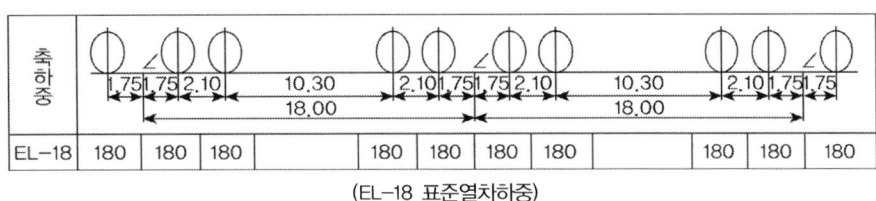

축하중												
EL-18	180	180	180		180	180	180	180		180	180	180

(EL-18 표준열차하중)

4) 충격하중 : 구조물 길이 특성치 L_c에 따라 산정, 바닥부재, 주거더 부재 특성에 따라 산정한다.

$$I_m = \frac{1.44}{\sqrt{L_c} - 0.2} - 0.18 \quad \text{여기서, } 0 < I_m \leq 0.67$$

바닥 부재	
교량 부재, 교량 유형	L_c
레일베어러(Rail Bearer)	가로거더 간격+ 3.0 m
단순 지지된 레일베어러에 의해 재하된 가로거더	가로거더 간격의 2배+ 3.0 m
연속 상판 부재에 의해 재하된 가로거더	주거더의 지간 또는 가로거더 지간의 2배 중 작은 값
단부 가로거더	4.0 m
상판 슬라브	각각의 주 지간 방향에 대하여 번호 1-4에 해당하는 값
캔틸레버로 된 가로거더	가로 거더에 해당하는 값(번호 2-4)
캔틸레버로 된 레일베어러	0.50m
오직 가로거더에 의해서만 재하된 서스펜션 바 또는 지지	가로 거더에 해당하는 값(번호 2-4)
박스거더 돌출(Box Girder Overhang)	2× 돌출 폭
박스거더 슬라브	복부 사이 거리

주거더						
교량 부재, 교량 유형		L_c				
거더	2개 지지점 위에서	주거더의 지간				
	n개 지간에 걸쳐서 연속 $L_m = \frac{1}{n}(L_1 + L_2 \cdots + L_n)$	Lc	2 / 1.2	3 / 1.3	4 / 1.4	5 / 1.5	지간 × Lm (최소 Lmax)
캔틸레버/ 현수(Suspended) 지간 교량	캔틸레버 거더	거더의 지간				
	현수 거더	현수 거더의 지간				
아치		지간 절반				
수거더 위에 침목을 바로 놓는 경우, 보와 이음매에 대하여		주거더의 Lc				

5) 차량횡하중 : 차량의 횡하중은 운행열차에 따라 달리 적용하며 다음과 같이 구분하여 적용한다.

① KRL-2012 표준열차하중의 차량횡하중 : KRL-2012 표준열차하중에 대한 차량횡하중의 크기는 Q=100 kN이며, 충격계수 및 원심력 감소계수와 곱해서 적용하지 않는다. 복선 이상의 선로를 지지하는 구조물인 경우, 차량 횡하중은 1궤도에 대한 것만을 고려하는 것으로 한다. 차량횡하중은 레일 체결구와 직접적으로 접촉하는 구조 부재(자갈도상이 없는 궤도가 사용될 때)에 고려하며, 자갈도상을 가지는 교량상부의 설계에는 고려하지 않는다. 그러나 슬래브 궤도구조(콘크리트도상)인 경우에는 고려되어야 한다.

② EL 표준열차하중의 차량횡하중 : 그림과 같이 연행집중이동하중으로 하고, 레일면의 높이에서 교축에 직각이고 수평으로 작용하는 것으로 한다. 그 크기 Q는 EL 표준열차하중 축중의 20 %로 값으로 한다. 복선 이상의 선로를 지지하는 구조물인 경우, 차량횡하중은 1궤도에 대한 것만을 고려하는 것으로 하고, 레일 체결구와 직접적으로 접촉하는 구조 부재(자갈도상이 없는 궤도가 사용될 때)에 고려하며, 자갈도상을 가지는 교량상부의 설계에는 고려하지 않는다. 그러나 슬래브 궤도구조(콘크리트도상)인 경우에는 고려되어야 한다.

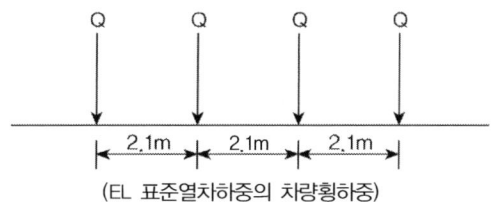

(EL 표준열차하중의 차량횡하중)

6) 캔트(cant)효과

곡선궤도를 가지는 구조물에서는 캔트효과를 고려해야 한다. 이 효과는 횡방향으로 열차의 중심을 이동시키는 것으로 한다. 캔트효과 적용은 다음의 두 가지 경우가 고려되어야 한다.
① 정지상태 열차
② 운행 중인 열차: 이 경우는 원심하중이 고려되어야 한다.

7) 원심하중

교량상의 궤도가 일부 또는 전 구간에 걸쳐 곡선부를 갖는 경우에는 원심력을 고려한다. 원심력은 표준열차하중에 계수 α를 곱한 값을 수평하중으로 계산해야 한다. 원심하중은 레일상면에서 KRL-2012 표준열차하중은 1.8m, EL하중은 1.5m 높이에 수평방향으로 곡선 바깥쪽으로 작용하도록 하고, 충격계수를 고려하지 않는다.

자갈도상이 없는 직결식 궤도 등에 있어서와 같은 레일 체결구와 직접적으로 접하는 구조부재에서는 원심하중과 차량횡하중 100kN이 동시에 작용한다고 본다. 원심하중과 횡하중이 동시에 작용하는 경우 큰 쪽의 하중이 작용하는 것으로 가정한다.

$$\alpha = \frac{V^2 f}{127 R}$$

여기서, V : 설계속도, R : 곡률반경 (m), L: 지간 (m)

f: 곡선 궤도에서의 L과 V에 따라 고려되는 감소계수

$$f = 1 - (\frac{V-120}{1000}) \times (\frac{814}{V} + 1.75) \times (1 - \sqrt{\frac{2.88}{L}})$$

원심하중으로 인해 발생된 하중은 연직하중과 하중조합을 한다. 이때 최고속도가 120 km/h 이상인 경우는 다음과 같은 2가지를 고려해야 한다.
① 총 연직하중+원심하중(V=120 km/h)
② 감소 연직하중(f와 동일비례 감소)+원심하중(V=설계속도)

8) 시동하중과 제동하중

① 시동 및 제동하중은 레일의 윗면에 레일방향인 교량 종방향 하중으로 작용하여야 한다. KRL-2012 표준열차하중은 1.8m, EL표준열차하중은 1.5m 높이에서 교축방향으로 수평으로

작용하는 것으로 하고 구조물에 고려되어진 하중의 작용 영향길이 L_f 위에 일정하게 분포되어야 한다. 복선이상의 경우에는 복선재하 상태에서 검토한다. 충격은 고려하지 않는다.

② KRL-2012 표준열차하중

  (1) KRL-2012(여객화물 혼용선)

    – 시동하중 : 25 kN/m×L(m) ≤ 1000 kN (L≤30 m)

    – 제동하중 : 15 kN/m×L(m) ≤ 6000 kN (L≤400 m)   여기서 L : 하중 재하된 길이

  (2) 0.75 KRL-2012(여객 전용선)

    – 시동하중 : 0.75×25 kN/m×L(m) ≤ 600 kN (L≤30 m)

    – 제동하중 : 0.75×15 kN/m×L(m) ≤ 4800 kN (L≤400 m)

③ EL 표준열차하중

    – 시동하중 : $(0.27 + 0.95 \times L/L_V) \times T$

    – 제동하중 : $(0.27 + 1.00 \times L/L_V) \times T$

  (L_V : 차량장(1차량길이), L : 부재에 최대영향을 주는 하중재하 길이, T : EL하중의 축중)

⑤ 시동 및 제동하중은 표준열차하중과 조합하여 검토되어야 한다.

⑥ 교량에 의한 시동/제동하중의 저항 : 궤도가 교량 구조의 양쪽 또는 한쪽 끝에서 끊어지지 않고 연속으로 이어지는 장대레일이 적용되어 있을 때, 시동하중 또는 제동하중의 그중 일부는 궤도를 통해 연속된 부분으로 전달되고 그 나머지가 상부구조를 통해 받침에 전달된다. 궤도를 통해 전달되어지는 그 일부 하중은 교대 뒤에서 저항되는 힘으로 고려해야 한다. 상부구조를 통해 받침에 전달되는 하중의 비는 아래 표와 같으며, 이 값은 궤도-구조물 상대변위 검토 시의 변위검토에만 적용한다.

단위교량의 연장	연속 장대레일	한쪽 끝이 REJ가 있는 장대레일
	단선 또는 복선의 경우	단선 또는 복선의 경우
30	0.50	/
60	0.50	0.60
90	0.60	0.65
120	0.70	0.70
150	0.75	0.75
180	/	0.80
210	/	0.85
≥240	/	0.90

9) 풍하중

① 교량상 열차가 없을 때

(1) 교량의 연직투사면: 3.0 kN/㎡

(2) 트러스의 바닥틀과 겹쳐지지 않는 바람맞이 반대편 주트러스의 연직투사면: 2.0 kN/㎡

② 교량상 열차가 있을 때

(1) 교량의 연직투사면: 1.5 kN/㎡

(2) 트러스의 바닥틀과 겹쳐지지 않는 바람맞이 반대편 주트러스의 연직투사면: 1.0 kN/㎡

(3) 통과 열차에 대하여 연직투사면 : 1.5 kN/㎡

③ 지간 80m까지의 하로트러스에 대하여는 전항의 규정에 관계없이 바람맞이 쪽과 바람맞이 반대쪽을 합계하여 표의 값을 사용한다.

구분	상현재	하현재
교량상에 열차가 없는 경우	5.0	6.0
교량상에 열차가 있는 경우	3.0	8.0*

주 * : 열차에 대한 풍하중을 포함한 값이다.

10) 온도변화의 영향

① 강교 : 가설 시 온도를 기준으로 온도변화의 범위는 −20°C에서 +50°C로 하되, 특히 추운 지방에서는 −30°C에서 +50°C까지로 한다. 가설 시 온도의 예상이 어려운 경우 온도의 승강은 기후가 보통인 지방에서는 ±35°C, 기후가 특히 한냉한 지반에서는 ±45°C로 한다. 타이드 아치나 보강거더가 있는 아치 및 라멘, 강바닥판교 등에서 아치 부분이나 행거 등과 같이 태양광선의 직사를 받는 부분과 타이(Tie)나 보강거더와 같이 그늘이 있는 곳이 있으며, 이런 부재는 여름철에 두 부분의 온도차가 크므로 이를 고려해야 한다. 이 경우의 온도차는 15°C로 한다.

② 합성보 : 콘크리트 슬래브와 강재 주거더와 온도차는 10°C℃로 하고 슬래브쪽이 고온일 때와 강재 주거더 쪽이 고온일 때의 각각에 대해 조사한다. 온도의 분포에 대해서는 그림에 보인 상태들 중에서 양자의 경계에서의 온도차가 다른 (a)의 상태를 고려한다.

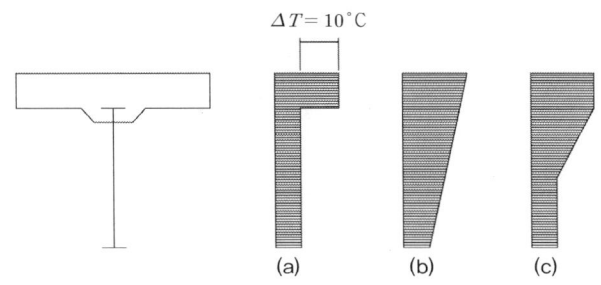

③ 콘크리트교 : 지역별 평균기온을 고려하여 정한다. 보통의 경우 온도의 승강은 각각 15°C로 하고, 단면의 최소 치수가 700mm 이상인 경우에는 10°C로 한다. 바닥판과 기타 부분의 온도차에 의

해 생기는 단면력을 산출하는 경우의 온도차는 5°C로 하고 온도분포는 바닥판과 기타부분에 있어서 균일하다고 본다. 실측에 의하면 바닥판의 상면과 하면에서는 5~15°C의 온도차가 그림에 보인 바와 같이 발생하고, 복부부의 온도분포는 거의 일정하다. 따라서 계산의 편의상 온도분포를 그림과 같이 온도차를 5°C라고 가정한다. 이 값은 실측된 온도분포에서 산출된 응력과 큰 차이가 없는 응력이 발생하도록 환산한 것이다.

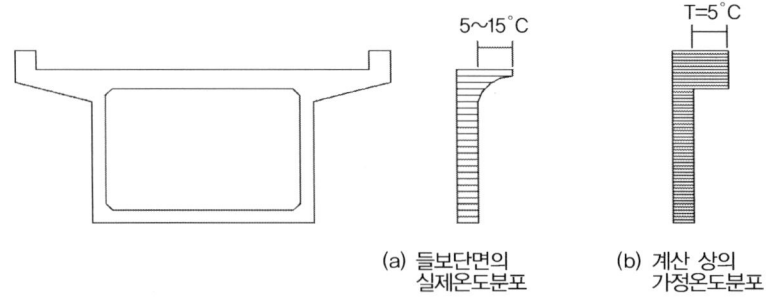

(a) 들보단면의 실제온도분포 (b) 계산 상의 가정온도분포

부재 해석을 위한 수직방향의 거더의 온도변화에 대한 검토에는 거더의 가장 위쪽과 가장 아래쪽 면 사이의 온도 변화를 적용하며 다음의 값을 적용할 수 있다.

(1) 무도상 교량: 10°C   (2) 운행면을 보호하는 도상을 가지는 교량: 5°C

④ 선팽창계수

(1) 강교 : 강재의 선팽창계수 12 ×10⁻⁶

(2) 콘크리트교 : 철근 및 콘크리트의 선팽창계수 10 ×10⁻⁶

(3) 합성거더교 : 강재 및 콘크리트이 선팽창계수는 12 ×10⁻⁶

11) 장래레일의 종하중

교량상의 궤도에 장대레일을 적용하는 경우 궤도에 있어서 궤도와 슬래브 각각에서의 신축이음 적용여부에 따라 종방향 응력 결과가 다르며 이러한 응력은 궤도에서부터 슬래브 위쪽 면으로 마찰 등에 의해 전달되거나 상호 작용하게 된다.

① 한쪽 끝단에 고정받침을 가지는 자갈도상

(1) 레일 신축이음장치가 없는 경우 : $f_{v0} = \pm 3L \ (kN)$ 1레일당

   (여기서, L은 슬래브의 팽창이 고려될 수 있는 길이)

(2) 구조물의 가동끝단에서 레일 신축이음이 있을 경우 $f_{v0} = \pm 500 \ (kN)$ 1레일당

② 한쪽 끝단에 고정받침을 가지는 콘크리트 도상

(1) 레일 신축이음장치가 없는 경우 : $f_{v0} = \pm 6L \ (kN)$ 1레일당

   (여기서, L은 슬래브의 팽창이 고려될 수 있는 길이)

(2) 구조물의 가동끝단에서 레일 신축이음이 있을 경우 $f_{v0} = \pm 1000 \ (kN)$ 1레일당

TIP | 지하 BOX 구조물에서 장대레일 종하중 고려방법 |

① 일반적으로 지하 BOX구조물은 해석 가능한 모델로 이상화하여 해석 모델을 통해서 고려된다. 지하 구조물의 경우 지점의 경계조건은 기초지반의 종류에 관계없이 저판의 모든 부위에 지반반력계수와 설치간격으로부터 환산된 스프링을 설치(간격 1.0m 이내)한 모델로 계산하고 부력 등에 의해서 스프링에 인장이 발생한 경우 인장받는 스프링을 제외시켜 최종적으로 압축만 받는 스프링만 남겨 둔 상태의 모델해석 결과를 취하여야 한다.

② 지하 BOX구조물의 궤도는 통상적으로 콘크리트 도상을 많이 적용하므로 레일의 신축이음 유무에 따라서 제시된 장대레일 종하중을 적용한다.

- 한쪽 끝단에 고정받침을 가지는 콘크리트 도상
  - 레일 신축이음장치가 없는 경우 : $f_{v0} = \pm 6L \ (kN)$ 1레일당
  - 구조물의 가동끝단에서 레일 신축이음이 있을 경우 $f_{v0} = \pm 1000 \ (kN)$ 1레일당

12) 탈선하중

① KRL-2012 표준열차하중 : 탈선 사고로 인한 교량 손상이 최소가 되도록 설계해야 하고 특히 교량의 전복이나 구조물의 파괴가 방지되도록 다음과 같은 두 가지 탈선상태의 하중이 고려되어야 하며 탈선상황 I과 II는 각각 따로 계산한다. 두 상황은 조합하지 않으며, 충격계수를 고려하지 않는다.

(1) 탈선상황 I : 탈선된 열차가 교량상 궤도구조 안에 존재할 때, 1.4×KRL-2012(집중하중과 등분포하중 모두 재하, 여객전용선의 경우 0.75 KRL-2012)의 하중이 궤도중심으로부터 궤간의 1.5배 이내에서 궤도와 평행하게 가장 불리한 위치에 재하되도록 한다.

(2) 탈선상황 II : 탈선된 열차가 궤도구조를 벗어나 교량 상판 끝 부분에 걸쳐있을 때, 1.4×KRL-2012(등분포하중만 재하, 여객전용선의 경우 0.75 KRL-2012)의 하중이 최대 20m 길이로 보도와 같은 비구조부재를 제외한 교량 상판 끝에 재하되도록 한다.

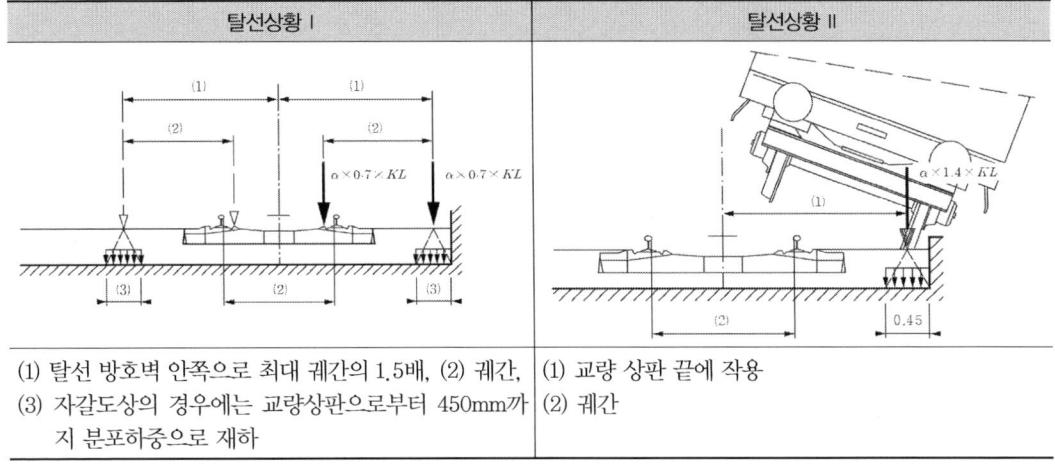

탈선상황 I	탈선상황 II
(1) 탈선 방호벽 안쪽으로 최대 궤간의 1.5배, (2) 궤간, (3) 자갈도상의 경우에는 교량상판으로부터 450mm까지 분포하중으로 재하	(1) 교량 상판 끝에 작용 (2) 궤간

② 교축직각방향 탈선 이동을 막아주는 장치적인 역할로서 케이블 홈통(Ditch) 등에 설치하게 되어있는 탈선 방호벽 등의 교량 상부면 돌출구조에는 150kN의 교축직각방향 수평하중을 적용하여 탈선 시 열차의 수평 이탈을 제어할 수 있도록 해야 한다.

③ EL 표준열차하중의 탈선하중 : EL 표준열차하중의 집중하중을 선로중심에서 1.5m씩 편기하여 작용시켜 단면 검토한다. 상대편 선로에는 EL 표준열차하중의 등분포하중을 불리한 경우로 재하한다.

철도교와 도로교의 차이

고속철도교 설계 시 도로교와 상이하게 적용하는 설계하중을 구분하여 설명하고, 주행 안전성, 동특성 및 궤도 안전성과 관련한 특수 검토항목을 설명하시오.

풀 이

▶ 개요

철도교는 도로교와 달리 활하중이 더 크기 때문에 동적 하중에 의한 영향이 더 크게 받는다. 뿐만 아니라 도로교와는 달리 궤도를 통해서 차량이 이동하기 때문에 궤도와 교량간의 상호 영향관계가 중요한 인자로 고려되어져야 한다. 일반적으로 도로교와 철도교 차이는 다음과 같다.

① 연속교와 단순교 : 도로교는 연속교로 구조효율성 극대화, 철도교는 단순교로 사고로 인한 교량 붕괴 시 복구 신속성을 감안

② 하중 : 철도교가 도로교의 약 5배 가량 크며, 철도교는 레일의 위로 하중 위치가 고정되어 있다. 철도교는 하중의 연속성과 속도로 인하여 공진성 검토가 중요한 인자(동적안정성 검토 필요)

③ 고속열차의 특수한 검토 : 궤도의 틀림(면틀림, 궤간틀림 등), 승차감, 공진 등 검토

④ 장대레일의 연속화로 인한 하중 검토 : 교량과 장대레일간의 인터액션(interaction), 좌굴 등에 대한 검토 필요

⑤ 철도교는 유지관리, 피로문제로 인하여 케이블 교량 지양

▶ 철도교와 도로교 설계하중 비교

① 도로교와 철도교는 크게 주하중, 부하중, 부하중 또는 부하중에 상당하는 특수하중으로 구분되고 있으며 도로교에서는 총 21개의 설계하중이 철도교에서는 장대레일 종하중, 차량 횡하중, 시동 및 제동하중, 탈선하중 등이 추가로 고려되어 24개의 설계하중이 존재한다.

② 도로교와 철도교의 가장 큰 차이는 활하중의 차이에 있으며, 도로교에 비해 철도교의 활하중이 더 크기 때문에 동적거동에 의한 영향이 더 크게 작용한다.

③ 도로교의 경우 활하중의 등급을 1~3등급으로 구분하여 기존의 DB하중과 2015 도로교 설계기준에서 변경된 KL-510 하중을 적용하며, 철도교 하중의 경우 철도차량에 따라 HL-25, LS-22, EL-18하중으로 분류한다.

④ 고정하중의 경우 도로교의 경우에는 포장하중이 추가되며, 철도교의 경우 레일, 침목, 도상 등의 2차 고정하중이 추가된다.

⑤ 충격계수의 경우 도로교에서는 하나의 공식으로 적용되는 반면 철도교의 경우 교량의 형식별로 충격계수를 산정하도록 하고 있다.

⑥ 추가적으로 철도교에서 고려하는 주 하중은 원심하중과 장대레일 종하중이 있으며, 도로교의 경우 원심하중의 영향이 작아 곡선교에서 특수하중으로 구분하나 철도교의 경우 선로 캔트 등의 영향으로 원심하중이 매우 커서 슈 뿐만 아니라 교각의 단면력 산정 시에도 활용한다. 장대레일 종하중은 온도 등의 변화에 따른 레일 신축이 교량 상부에 전달하는 수평력으로 1궤도당 10kN/m의 하중이 레일면상에 작용하는 것을 고려한다.

⑦ 부하중의 경우 풍하중, 설하중 등은 도로교와 비슷하나 철도교에서는 철도의 사행운동을 고려하기 위해 차량 횡 하중과 탈선하중을 추가로 적용한다.

⑧ 도로의 경우에는 등급에 따른 차선하중과 차량하중을 적용하며, 철도의 경우에는 추가적인 고정하중(도상/레일/침목)을 고려하고 차선하중과 차량하중 대신에 LS-22 하중 등을 등급에 관계없이 적용한다. 철도차량의 이동 시 발생하는 차량 횡하중, 시제동하중 및 원심하중이 도로교에 비해서 비중 있게 다뤄지고 있으며, 레일 특성에 따른 장대레일의 종 방향 하중에 추가적으로 고려되는 점이 두 하중의 큰 차이점이다. 즉, 고정하중에 비해 활하중이 철도하중에서는 훨씬 크게 작용하고 있으며 이러한 설계하중의 차이로 도로교와 철도교는 상부구조 형식별로 적용지간장이 다르게 적용된다.

(2011 철도시설기준 철도교 하중)

영구하중	운행하중
① 고정하중(자중) ② 2차 고정하중(레일, 침목, 도상, 콘크리트 도상) ③ 환경적인 작용하중(토압, 수압, 파압, 설하중) ④ 간접적인 작용하중(PS하중, 크리프, 건조수축, 지점변위)	① 표준열차하중(HL하중, LS22, EL18) ② 충격하중 ③ 수평하중(차량횡하중, 캔트, 원심하중, 시동하중, 제동하중)
기타하중	특수하중
① 풍하중 ② 온도변화의 영향 ③ 장대레일 종하중 ④ 2차 구조부분, 장비, 설비 하중 ⑤ 기타하중 : 마찰저항하중 등	① 충돌하중 ② 탈선하중 ③ 가설 시의 하중 ④ 지진의 영향

➤ 주행 안전성, 동특성 및 궤도 안전성과 관련한 특수 검토항목

철도교는 도로교와 달리 주행열차에 의한 동적하중이 궤도를 통하여 교량으로 전달되고, 이때 궤도구조의 동적거동 특성에 따라 하부구조물에 전달되는 하중의 크기가 달라진다. 현행 철도교 설계 시에는 궤도구조를 합리적으로 모형화하기에 번거로움이 있어 2차 고정하중으로 고려하여 반영하고 있다. 철도교에서는 주행열차에 대한 철도교량의 동적 안정성 검토 시 공진발생 여부, 동적거동에 따른 승차감의 불안정성, 궤도구조 사용성과의 인터페이스 등에 대한 검토가 수반되어야 한다. 철도시설기준에서는 충격계수, 연직처짐, 단부회전각, 상판의 면틀림, 연직처짐, 객차의 연직가속도 등을 통해 주행안전성과 동특성을 검증하도록 하고 있다.

(철도교 주행안전성과 동특성 검증항목)

종류	검증항목
정적 구조 안전성	주부재 응력(충격계수)
설계변수 관련	고유진동수, 감쇠비
주행안전성과 구조적 안정성	연직처짐, 상판의 연직가속도, 단부회전각, 상판의 면틀림
승차감(진동 사용성)	연직처짐, 객차 연직가속도

고속철도의 장대레일은 교량 상에 부설하면 온도변화에 따라 거더가 신축하기 때문에 교량 상판의 변형으로 장대레일에 부가응력이 발생하며, 교량 상의 장대레일은 횡 저항력을 확보하기가 어렵기 때문에 이에 대해 철도교에서는 차량 종하중과 횡하중을 고려하도록 하고 있다.

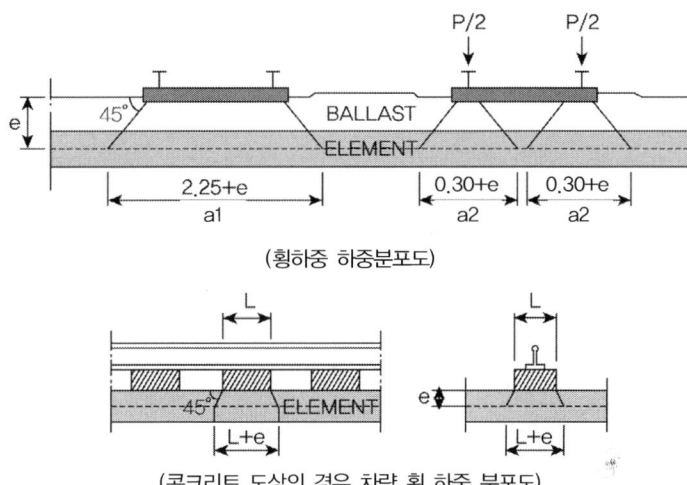

(횡하중 하중분포도)

(콘크리트 도상의 경우 차량 횡 하중 분포도)

철도교 횡하중

철도교 설계에서 차량 횡하중의 발생원인과 적용방법을 설명하시오.

풀 이

➤ **개요**

철도는 도로와 달리 궤도상에서만 차량이 이동하기 때문에 궤도에 대한 안정성이 매우 중요하다. 때문에 궤도의 장출(좌굴, Buckling)로 인해 차량이 탈선되는 사고방지를 위해서 철도교에서는 부하중으로 차량 횡하중과 탈선하중을 추가로 고려하도록 하고 있다.

➤ **철도교 차량 횡하중**

1) 차량 횡하중 발생원인 : 철도교의 차량 횡하중은 철도차량의 이동시 발생되는 사행운동을 고려하기 위해 적용되며, 도로교에서 등급에 따른 차선하중과 차량하중을 적용되는 것과 달리 철도차량 이동 시 발생하는 시제동하중 및 원심하중과 레일 특성에 따른 장대레일의 종방향 하중 등이 추가적으로 고려된다.

2) 적용방법 : 철도교의 하중 중 차량 횡하중은 운행하중으로 분류되며, 부하중으로 구분되어 적용된다. 일반적으로 철도설계기준에서 운행하중은 열차의 운행속도(시속 200km)에 따라 표준열차하중을 구분하며 차량 횡하중도 시속 200km의 HL하중과 시속 200km 이하의 차량에 대한 횡하중을 구분하여 적용하도록 하고 있다.

〈철도교 하중의 종류(철도설계기준, 2011)〉

영구하중	운행하중
① 고정하중(자중) ② 2차 고정하중(레일, 침목, 도상, 콘크리트 도상) ③ 환경적인 작용하중(토압, 수압, 파압, 설하중) ④ 간접적인 작용하중(PS하중, 크리프, 건조수축, 지점변위)	① 표준열차하중(HL하중, LS22, EL18) ② 충격하중 ③ 수평하중(차량횡하중, 캔트, 원심하중, 시동하중, 제동하중)
기타하중	**특수하중**
① 풍하중 ② 온도변화의 영향 ③ 장대레일 종하중 ④ 2차 구조부분, 장비, 설비 하중 ⑤ 기타하중 : 마찰저항하중 등	① 충돌하중 ② 탈선하중 ③ 가설 시의 하중 ④ 지진의 영향

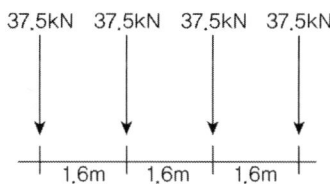

(횡하중의 하중분포도)

(콘크리트 도상의 경우 횡하중분포도)

① HL차량의 차량횡하중

차축으로부터 레일로 전달되는 차량횡하중은 연행집중이동 하중으로 적용하며, 이 하중은 가장 불리한 위치에서 궤도 중심선과 직각을 이룬 레일의 윗면에 수평하게 작용하는 것으로 한다.

차량횡하중은 레일 체결구와 직접적으로 접촉하는 구조부재(자갈도상이 없는 궤도가 사용될 때)에 고려하며, 자갈도상이 있는 교량상부 설계에는 적용하지 않는다. 그러나 슬래브 궤도구 조(콘크리트 도상)인 경우에는 고려한다.

② 시속 200km이하 차량의 차량횡하중

횡하중은 연행집중이동하중으로 하고 레일면의 높이에서 교축에 직각이고 수평으로 작용하는 것으로 한다. 그 크기 Q는 L하중의 1동륜축중의 15%와 EL하중 축중의 20%로 한다. 복선이상 의 선로지지 구조물은 차량횡하중은 1궤도에 대한 것만 고려한다.

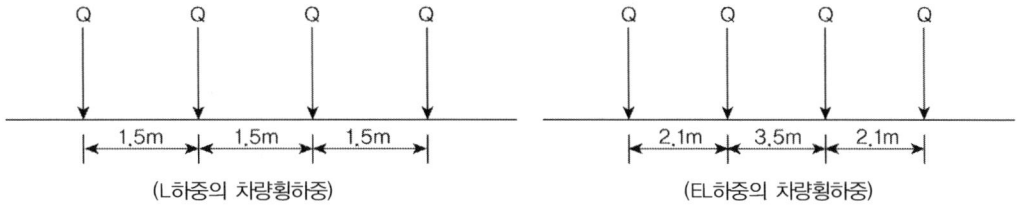

(L하중의 차량횡하중)   (EL하중의 차량횡하중)

철도교량 장대레일 종하중

교량 설계하중(KDS 24 12 21, 한계상태설계법)에서의 장대레일 종하중(LR)에 대한 검토사항과
장대레일이 설치되는 교량에 발생되는 문제점 및 대책에 대하여 설명하시오.

풀 이

> **개요**

도로교와 철도교는 크게 주하중, 부하중, 부하중 또는 부하중에 상당하는 특수하중으로 구분되고
있으며 특히 철도교에서는 장대레일 종하중, 차량횡하중, 시동 및 제동하중, 탈선하중 등이 추가
로 고려되어 24개의 설계하중이 존재한다.

> **철도교의 하중 특징**

도로의 경우에는 등급에 따른 차선하중과 차량하중을 적용하지만, 철도의 경우에는 추가적인 고
정하중(도상/레일/침목)을 고려하고 차선하중과 차량하중 대신에 LS-22 하중 등을 등급에 관계
없이 적용한다. 철도차량의 이동 시 발생하는 차량횡하중, 시제동하중 및 원심하중이 도로교에
비해서 비중 있게 다뤄지고 있으며, 레일 특성에 따른 장대레일의 종방향 하중에 추가적으로 고
려되는 점이 두 하중의 큰 차이점이다. 즉, 고정하중에 비해 활하중이 철도 하중에서는 훨씬 크게
작용하고 있으며 이러한 설계하중의 차이로 도로교와 철도교는 상부구조 형식별로 적용 시산상이
다르게 적용된다. 도로교에서는 PSC 빔 교량은 지간장이 최대 35m까지 적용되고, 50m 구간에는
PSC Box교나 강교를 적용하나 철도교에서는 PSC Beam 지간장이 최대 25m정도까지 적용하고
PSC BOX교나 강교는 40m 이상인 경우에 사용하며, 최근에는 IPC, Precom, PPC교 등의 개량된
거더교들이 주로 적용되고 있다. 닐센아치교를 제외한 케이블 교량은 철도차량의 진동에 취약점
을 보이기 때문에 그 적용성을 지양하는 추세다.

> **철도교의 장대레일 종하중**

교량상의 궤도에 장대레일을 적용하는 경우 궤도에 있어서 궤도와 슬래브 각각에서의 신축이음
적용여부에 따라 종방향 응력 결과가 다르며 이러한 응력은 궤도에서부터 슬래브 위쪽 면으로 마
찰 등에 의해 전달되거나 상호 작용하게 된다.
① 한쪽 끝단에 고정받침을 가지는 자갈도상
  (1) 레일 신축이음장치가 없는 경우 : $f_{v0} = \pm 3L$ (kN) 1레일당
    (여기서, L은 슬래브의 팽창이 고려될 수 있는 길이)
  (2) 구조물의 가동끝단에서 레일 신축이음이 있을 경우 $f_{v0} = \pm 500$ (kN) 1레일당

② 한쪽 끝단에 고정받침을 가지는 콘크리트 도상

    (1) 레일 신축이음장치가 없는 경우 : $f_{v0} = \pm 6L$ (kN) 1레일당

      (여기서, L은 슬래브의 팽창이 고려될 수 있는 길이)

    (2) 구조물의 가동끝단에서 레일 신축이음이 있을 경우 $f_{v0} = \pm 1000$ (kN) 1레일당

▶ 장대레일이 설치되는 교량에 발생되는 문제점 및 대책

변위가 거의 없는 토공구간과 달리 교량구간에서는 교량의 신축거동으로 인해 궤도에 변위가 발생하게 되고 이로 인해서 변화가 억제된 구간에서는 부가적인 응력의 변화가 발생하게 된다. 특히 이음부를 최소화한 장대레일은 200m까지 연속화시키기 때문에 교량부에서의 온도로 인한 변위나 시제동하중 등으로 유발되는 응력은 교량과 레일간 상호 영향을 미치게 된다. 교량에서는 추가적인 축력을 유발하게 되고, 장대레일에서는 축력으로 인한 좌굴을 유발할 수 있어 설계 시에는 신축이음의 위치와 고정단의 위치에 대한 검토가 필요하다.

① 궤도-교량의 종방향 상호작용 검토 : 궤도의 극한 한계상태와 교량의 사용성 한계상태의 대한 해석을 목적으로 수행하며, 장대레일 좌굴, 파단 등을 방지하고 축력에 대한 안정성을 평가한다.
② 상호작용에 미치는 영향요소로는 궤도의 경우 궤도의 종저항력, 레일의 제원과 물성치이며, 교량의 경우에는 신축이음, 교좌장치 등 교량의 배열형태, 수평지지 강도, 교량상부의 휨거동 등이 영향을 미친다.
③ 온도하중, 시제동하중, 열차수직하중의 하중조합으로 검토한다.
④ 안전성 검토
    (1) 부가응력 한계 : 자갈궤도 인장 92 kN/mm², 압축 72 kN/mm², 콘크리트 궤도는 92 kN/mm²
    (2) 레일과 교량 상대변위의 한계 4mm
    (3) 바닥판 종방향 상대변위 5mm
    (4) 단부꺽임에 의한 끝단 종방향 변위 8mm
    (5) 열차 수직하중 작용 시 바닥판 단부 단차
    (6) 레일 파단 시 개구량 한도
⑤ 장대레일 축력이 초과할 경우 REJ(Rail Expansion Joint) 부설 검토

장대레일축력

철도교의 상로 트러스 및 하로 트러스 형식에 따른 장대레일축력에 대하여 비교 설명하시오.

풀 이

➤ 개요

장대레일은 레일간 이음매를 용접 등을 통해 200m 이상 연속화 시킨 철도 레일로 이음매에서 발생하는 차륜과 레일간의 충격으로 인한 레일의 마모현상, 소음과 진동, 승차감의 약화 등 궤도 파괴의 주된 요인을 제거한 레일 방식이다. 장대레일은 열차진동 저감과 무진동, 승차감 향상뿐만 아니라 궤도의 보수비 절감 등 효과가 있으나, 장대화됨에 따라 온도변화로 인한 축력이 증가되어 좌굴 안정성에는 취약한 특성이 있다.

특히 교량구간에 설치되는 장대레일의 경우 일반 토공구간에 비해 온도변화의 폭이 크기 때문에 레일에서 발생하는 온도하중으로 인한 축력과 함께 교량과 레일간의 상대변위로 인해 발생하는 레일의 축력이 증가할 수 있어 이에 대한 세밀한 검토가 필요하다.

➤ 트러스의 장대레일 축력

1) 교량상에서의 장대레일의 축력

공학적으로 레일의 길이가 200m 이상이 되면 좌굴장이 수렴되기 때문에 무한대의 길이로 간주되며, 신축이 발생하는 신축이음매 구간과 달리 장대레일의 중앙부에서는 신축하려는 힘이 체결장치와 침목에 의해 축력에 저항하기 때문에 균형을 이루며 이동이 상쇄되므로 부동 구간이 형성된다.

부동구간의 레일의 축력 = $EA\beta\Delta t$

그러나 장대레일을 교량에 부설하면 온도변화에 따라 거더가 신축하기 때문에 교량 상판의 변형으로 장대레일에 부가응력이 발생하며, 교량 상의 장대레일은 횡 저항력을 확보하기가 어렵기 때문에 무도상 교량의 경우는 특히 장대레일을 적용하기가 곤란한 실정이다.

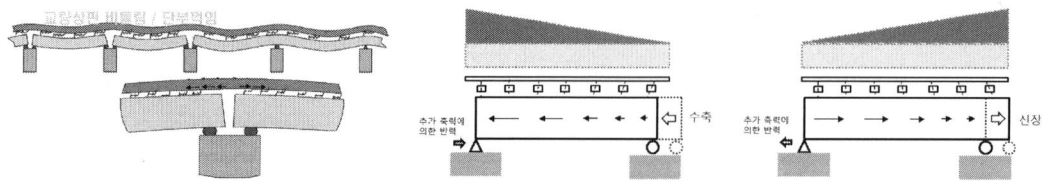

〈교량에서 발생되는 장대레일 축력〉

교량상에서 장대레일화시 레일과 거더의 온도 신축에 의해 레일 축력과 교량받침에서 종방향력이 발생된다. 초기상태는 거더의 신축을 고려하지 않고 장대레일에 온도축력만 발생되며 거더의 온도가 상승되면 신장되면서 거더와 침목, 침목과 레일 사이의 체결력에 의해 레일을 오른쪽으로 압축하게 된다. 이 때 레일에 발생된 온도축력에 거더에서 발생된 추가 축력이 발생되며 동시에 고정단 교량받침에 종방향력이 반력으로 작용된다. 온도가 하강할 때는 반대로 작용된다.

2) 상·하로 트러스 교량의 장대레일 축력

트러스 형식 교량에서 발생하는 장대레일의 축력은 장대레일의 온도하중과 교량의 신축에서 기인한 레일 축력과 동일하나 상로와 하로 형식에 따라 차이가 있는 상판의 휨에 의해서 발생하는 레일의 축력이 구분된다. 하로 트러스에 비해 상로 트러스의 경우 상판 휨으로 인한 영향을 더 받게 되며, 이로 인해 상로 트러스의 경우 온도가 상승될 때에는 축력을 감소시키는 역할을 하지만 온도가 하강될 경우에는 축력을 증가시키는 요인으로 작용될 수 있다.

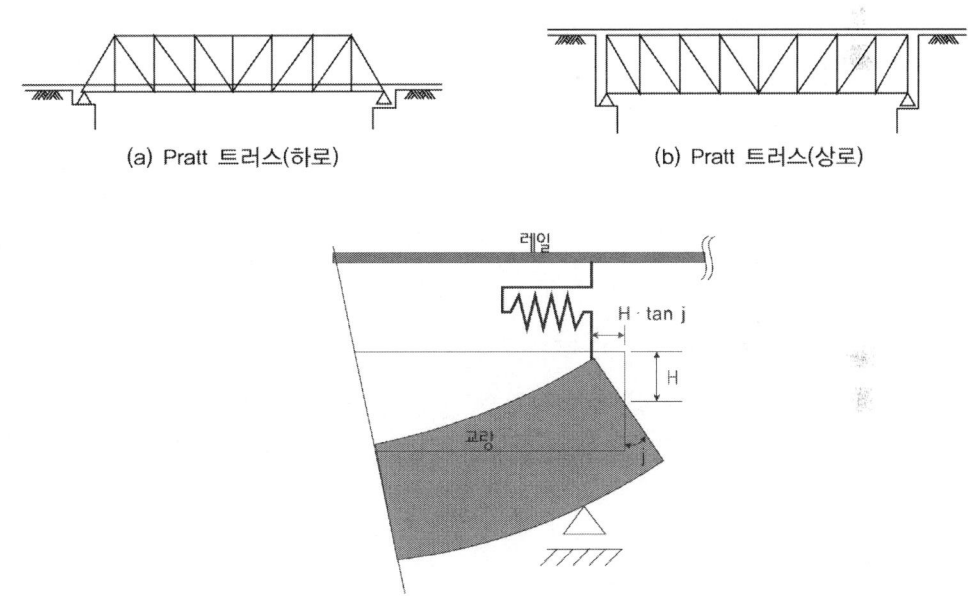

(a) Pratt 트러스(하로)　　　　　　(b) Pratt 트러스(상로)

〈트러스 형태 및 상판 휨에 따른 레일 축력 발생 모형도〉

04 교량계획

1. 교량형식의 구분

1) 사용재료에 의한 분류

목교, 석교, 강교, 철근콘크리트교, 프리스트레스트 콘크리트교, 경량골재 콘크리트교, 합성교

2) 노면위치에 따른 분류

상로교, 중로교, 하로교, 이층교

3) 교량평면 형상에 따른 분류

직교, 사교, 곡선교, 제형교, 헌치(Haunch)교

4) 가설위치에 따른 분류

하천교, 횡단교(over bridge), 고가교(elevated bridge), 연육교, 연도교, 잠수교(submerged bridge), 부교(flooting bridge), 잔교(landing pier), 부잔교(floating pier)

5) 교량의 가동여부에 따른 분류

도개교, 승개교(lift bridge), 선개교(swing bridge), 전개교(rolling bridge)

6) 구조형식에 따른 분류

거더(beam)교, 슬래브교, 격자교, 라멘교, 트러스교, 아치교, 현수교, 사장교

7) 지점조건에 따른 분류

단순교, 연속교, 게르버교, 2힌지교, 3힌지교, 고정교

8) 상부구조 횡단면 형상에 따른 분류

슬라브교, 속빈 슬라브교, 박스형교, T형교, I형교, 박스거더교

2. 교량계획의 설계과정

1) 계획조사

가교지점, 교장, 교폭, 형하공간, 구조형식 결정을 위한 조사로 다음과 같은 사항을 조사한다.
① 지형조사 : 지형도 작성
② 기상조사 : 기온, 습도, 강우량, 적설량, 풍향, 풍속, 지진 등에 대한 조사
③ 하천조사 : 이수상황 조사, 유량, 유속, 하천구배, 연간 수위변화
④ 지질 및 토질조사
⑤ 교통량조사
⑥ 상위계획 및 연관 개발계획 조사

2) 기본계획 및 타당성조사(Feasibility Study) : 교량형식, 경제성 검토, VE, B/C(IRR, NPV)

계획조사 결과를 이용하여 교량설치 위치와 교폭을 결정한 후 적용 가능한 구조형식을 선정 비교 검토한다. 예비 타당성조사의 경우에는 관련지침(예비타당성조사 운영지침, 기획예산처)에 따라 경제성 분석, 정책성 분석, 지역균형발전 분석에 대한 평가결과를 종합적으로 고려하도록 하고 있다.
① 경제성 분석 : 편익-비용 분석(B/C), 순현재가치(NPV), 내부수익률(IRR) 등 평가
② 정책성 분석 : 정책 일치성, 지역주민 갈등 등 사업추진 여건, 일자리·환경·안전 등 정책효과
③ 지역균형발전 : 지역 낙후도, 지역경제 파급효과 등 평가

3) 기본설계(Basic Design)

기본계획 및 타당성 조사에 작성된 자료를 이용하여 안전성, 사용성, 경제성, 미관 등을 고려한 최적 안을 결정하고 경간장, 주요부재 단면 및 시공법, 사용재료 등을 결정한다.

4) 설계조사

① 지질 및 지반조사 : 토질 성형상태 파악, 지지층 결정, 기초형식 결정에 필요한 제반조사, 보링, 샘플링, 원위치 시험, 토질시험, 재하시험, 물리탐사, 표준관입시험 등
② 골재원 조사
③ 지장물 조사 및 용지조사
④ 설계기준의 각종 규정에 대한 검토

5) 상세설계(Detail Design)

설계도면, 구조계산서, 수량산출서, 단가산출서, 내역서, 시방서, 설계보고서 등의 작성

3. 교량의 경제성 검토 ^{126회/133회}

126회/133회

【기출유형 ①】 비용 데이터 적용방법에 따른 교량의 LCC 경제성 분석 방법 및 절차

1) 타당성 조사 시 경제성 분석방법

편익비용법(B/C), 내부수익율법(IRR), 순현재가치법(NPV)이 주로 사용된다.

① 편익비용법(B/C Ratio) : 편익/비용비는 장래에 발생할 편익과 비용을 현재가치로 환산하여 편익을 비용으로 나눈 비율. 일반적으로 B/C≥1이면 경제성이 있는 것으로 본다.

$$B/C\ ratio = \frac{\sum_{t=0}^{n}\dfrac{B_t}{(1+r)^t}}{\sum_{t=0}^{n}\dfrac{C_t}{(1+r)^t}}$$

B_t : 편익의 현재가치　　C_t : 비용의 현재가치

r : 할인율(이자율)　　　n : 교통사업의 분석연도

② 내부수익률법(IRR) : 내부수익률은 편익과 비용을 현재가치로 환산한 값이 같아지는 할인율을 구하는 방법으로서 사업시행에 의한 순현재가치를 0으로 만드는 할인율이다. 일반적으로 IRR ≥ r(%, 5.5%)이면 경제성이 있는 것으로 본다.

$$IRR\ ;\quad \sum_{t=0}^{n}\frac{B_t}{(1+r)^t} = \sum_{t=0}^{n}\frac{C_t}{(1+r)^t}$$

③ 순현재가치법(NPV) : 순현재가치는 사업에 수반된 모든 비용과 편익을 기준연도의 현재가치로 할인하여 총편익에서 총비용을 제한 값이다. 일반적으로 NPV ≥ 0이면 경제성이 있는 것으로 본다.

$$NPV\ = \sum_{t=0}^{n}\frac{B_t}{(1+r)^t} - \sum_{t=0}^{n}\frac{C_t}{(1+r)^t}$$

2) 경제성 산정방법의 비교

구분	판단기준	장점	단점
B/C	$B/C \geq 1$	이해가 용이하고 사업규모를 고려할 수 있으며 비용과 편익의 발생시기를 고려할 수 있음	편익과 비용의 명확한 구분이 어렵고 상호 배타적 대안선택의 오류가 발생할 수 있음
IRR	$IRR \geq r$	사업의 수익성 파악이 가능하며 타대안과 비교가 용이하고 평가과정과 결과에 대한 이해가 용이	사업의 절대적 규모를 고려하지 못하며 다수의 내부수익율이 동시에 도출될 가능성이 있음
NPV	$NPV \geq 0$	대안 선택 시 명확한 기준을 제시할 수 있으며 장재 발생편익의 현재가치를 제시할 수 있음	할인율의 분명한 파악이 필요하며 대안 우선순위 결정 시 오류를 발생할 수 있음

3) 교량의 생애주기비용(LCC) 고려한 경제성 검토방법

LCC란 초기투자비용(공사비, 설계비, 감리비, 보상비 등), 유지관리비용(점검 및 진단비, 관리비, 에너지비용, 보수비, 교체비, 보강비 등), 이용자비용, 사회·경제적 손실비용, 해체·폐기비용, 잔존가치 등 시설물의 생애주기 동안 발생하는 모든 비용을 말하며, "LCC 분석"은 초기투자비와 유지관리비 등 시설물의 내용연수 동안 발생하는 생애주기비용의 일부 또는 전부를 산출하는 것을 말한다. LCC 경제성 분석방법은 확정적 분석방법과 확률적 분석방법으로 크게 구분되며, 국내에서는 확정적 분성방법을 기본으로 적용하도록 규정하고 있다.

① 확정적 분석방법 : 유지보수 주기나 비용 등 LCC 분석의 기초자료의 변동성이나 불확실성을 고려하지 않고 특정한 값을 확정하여 적용하는 방법으로 특정한 값을 확정하여 적용할 경우 적용이 간편하고 분석결과를 직관적으로 인식하기 쉽다는 장점이 있다. 다만, 기초자료를 특정함에 따라 불확실성을 처리하지 못한다는 단점이 있다. 확정적 분석방법의 단점을 보완하기 위해 일부 기초자료를 변화할 경우 LCC 분석결과의 차이를 부석해 보는 민감도 분석을 병행해야 한다.

② 확률적 분석방법 : LCC 분석 기초자료에 대한 특정한 값이 아닌 일정한 분포를 따르는 확률특성값을 적용하고 시뮬레이션을 통해 LCC 분석결과를 확률특성값으로 제시하고 LCC가 각각의 값이 될 수 있는 확률을 함께 제시하는 분석방법이다. LCC 분석 기초자료 각각의 확률적 특성치를 설정하고 이를 토대로 LCC를 시뮬레이션하며, LCC에 영향을 미치는 변수의 불확실성을 고려할 수 있으므로 확정적 분석방법보다 진보된 방법론이나 LCC 분석 기초자료의 확률적 특성치에 관한 신뢰할 수 있는 자료의 확보가 전제되어야 한다. LCC 분석 기초자료에 대한 확률적 특성치의 충분한 통계자료가 없는 경우 전문가 의견을 토대로 입력변수를 가정하여 적용할 수도 있다. 확률적 접근방법은 LCC를 확정값이 아닌 확률밀도함수와 누적분포함수의 형태로 표현할 수 있으며 기댓값과 위험도를 같이 고려할 수 있는 특징을 가진다.

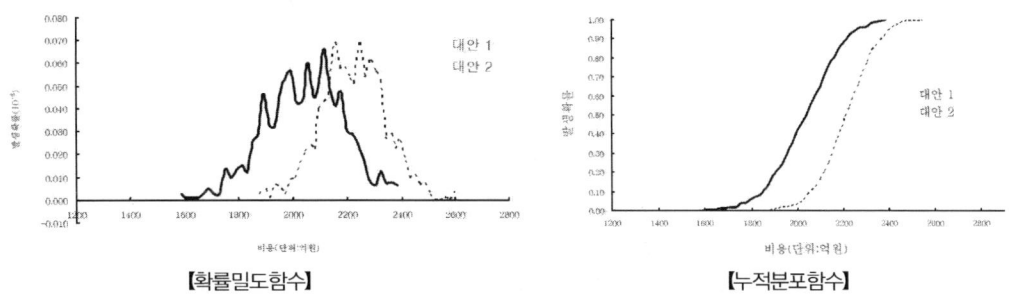

【확률밀도함수】　　　　　　　　　　　【누적분포함수】

③ LCC 경제성 분석 절차 : 초기투자비용(공사비, 설계비, 감리비, 보상비 등), 유지관리비용(점검 및 진단비, 관리비, 에너지비용, 보수비, 교체비, 보강비 등), 이용자비용, 사회·경제적 손실비용, 해체·폐기비용, 잔존가치 등 시설물의 생애주기 동안 발생하는 모든 비용을 분석하고

시간의 흐름에 따라 발생하는 비용을 모두 현재가치로 환산해 비용을 집계한다. 집계된 비용을 분석해 유리한 방식을 선정하고 산정시 고려된 데이터와 방법에 대한 검증 절차를 갖는다.

④ LCC 가치환산방법

(1) 현재가치 환산법 : 현시점으로부터 미래의 비용발생 시점까지의 기간과 할인율을 기초로 하는 다음 현재가치환산계수(Present Worth Factor; PWF)를 곱하여 미래시점의 비용을 현재시점 가치의 비용으로 환산하는 방법이다. 매년 동일하게 발생하는 비용의 경우는 매년 발생하는 비용에 다음 연등가액현재가치환산계수(Present Worth of Anuity Factor; PWAF)를 곱하여 일괄적으로 현재가치로 환산할 수 있다.

(2) 연등가액환산법 : 연등가액과 연등가액현재가치환산계수(PWAF)를 곱하여 현재가치를 계산할 수 있으므로, 현재가치를 연등가액현재가치환산계수(PWAF)로 나누면, 즉 현재가치에 PWA의 역수를 곱하면 연등가액으로 환산할 수 있다. PWA의 역수가 현재가치연등가액환산계수(Periodic Payment Factor; PPF)가 된다.

4. 가설위치 및 교량계획

1) 교량계획 시 고려사항

교량계획에서는 노선의 선형과 지형, 지질, 기상, 교차물 등의 외부적인 제조건, 시공성, 유지관리, 경제성 및 환경과의 미적인 조화를 고려하여 가설위치 및 교량형식을 선정하여야 한다.

① 가설위치와 노선 선형
② 외적 제반조건
③ 구조적 안정성과 경제성
④ 주행안정성과 쾌적성
⑤ 시공성과 유지관리성
⑥ 미관 및 지역주민의 의견

2) 교량형식의 선정

설계기준 범위에서 교량의 가설목적과 기능을 만족하면서 생애주기 비용이 최소화될 수 있도록 하고, 시공성, 유지관리성, 주변경관과의 조화를 고려하여 선정한다.

① 설계, 시공, 경제적으로 유리한 선형에 적합한 형식
② 교량의 가설목적에 부합하는 형식(교장, 지간, 교대, 교각의 위치와 방향에 적합한 형식)
③ 구조적 안전성과 시공성이 우수하고 계획된 도로선형에 적합한 형식
④ 생애주기비용이 최소화될 수 있는 형식
⑤ 공사비가 유리할 경우에는 시공성과 조형미, 경관미가 우수한 형식

5. 경간분할

1) 미관을 고려한 경간분할

① 연속교는 중앙경간을 측경간보다 크게 분할하면 안정감이 크다

② 3경간 연속구조일 때는 경간의 개략적인 비율이 3:5:3, 4경간 연속구조일 때는 3:4:4:3이 비례적으로 우수하다.

③ 교량길이가 길고 지형이 평탄할 때는 등경간이 좋다.

④ 접속교와의 연결은 경간이 점점 변하여 조화되도록 분할하는 것이 좋다.

2) 하천통과구간의 경간분할

① 유속이 급변하거나 하상이 급변하는 지역에는 교각을 설치하지 않는다.

② 지수로 지역에서는 경간을 크게 분할한다.

③ 하천단면을 줄이지 않도록 하고 교각설치로 인한 수위상승과 배수를 검토한다.

④ 유로가 일정하지 않은 하천에서는 가급적 장경간을 선택한다.

⑤ 기존 교량에 근접하여 신설 교량을 건설할 때는 경간분할을 같게 하거나 하나씩 건너뛰는 교각배치를 하는 것이 좋다.

3) 경제성을 고려한 경간분할

① 상부구조와 하부구조의 단위길이당 건설비가 같거나 상부구조 공사비가 하부구조보다 약간 크게 하는 것이 적절하다.

② 기초지반이 불량할 때 장경간이 유리, 기초지반이 양호할 때 짧은 경간이 유리하다.

③ 하저지반이 불균일할 때는 각 구간별로 나누어 경제성을 검토한 후 경간을 분할한다.

6. 상부구조 형식의 선정

교량의 상부구조 형식을 선정할 때에는 구조적으로 안전하고 기능성, 시공성, 경제성, 장래 유지관리성, 편의성 등을 고려하여 주변경관과 조화되도록 경관미를 고려하여 선정하여야 한다. 교량형식의 선정을 위한 기본적인 검토사항은 도로의 평면선형, 종단선형, 교차시설의 교차각, 다리밑 공간, 교량가설 여건을 고려해야 하며 가설 목적과 주변 여건에 따라 경제성을 우선직으로 고려할 것인지, 경관미를 고려할 것인지를 검토하여야 한다. 최근의 교량설계에서는 상부구조의 형식 선정 과정에서 VE에서 도입되는 AHP 기법이나 가중치 매트릭스 등을 고려하여 구조안전성, 기능성, 시공성, 경제성, 유지관리 편의성, 경관 등의 개별요소에 가중치를 반영하여 종합적인 검토를 통해 선정하는 사례가 늘고 있다.

상부구조 형식 선정 시 주된 검토사항은 다음과 같다.

1) 구조적 측면

    ① 교량가설의 최적위치 선정
    ② 구조상 안전성 및 경제성
    ③ 구조물의 표준화 도모

2) 미적 측면

    ① 주변 경관 및 구조물과의 조화
    ② 구조의 형식미(소음 진동 등의 환경요인으로 강교보다 철근콘크리트, PSC교량이 유리, 내진성
       에서는 강교가 유리)

3) 경제성

    공사비, 공사기간, 유지관리 측면에서의 LCC 분석 검토

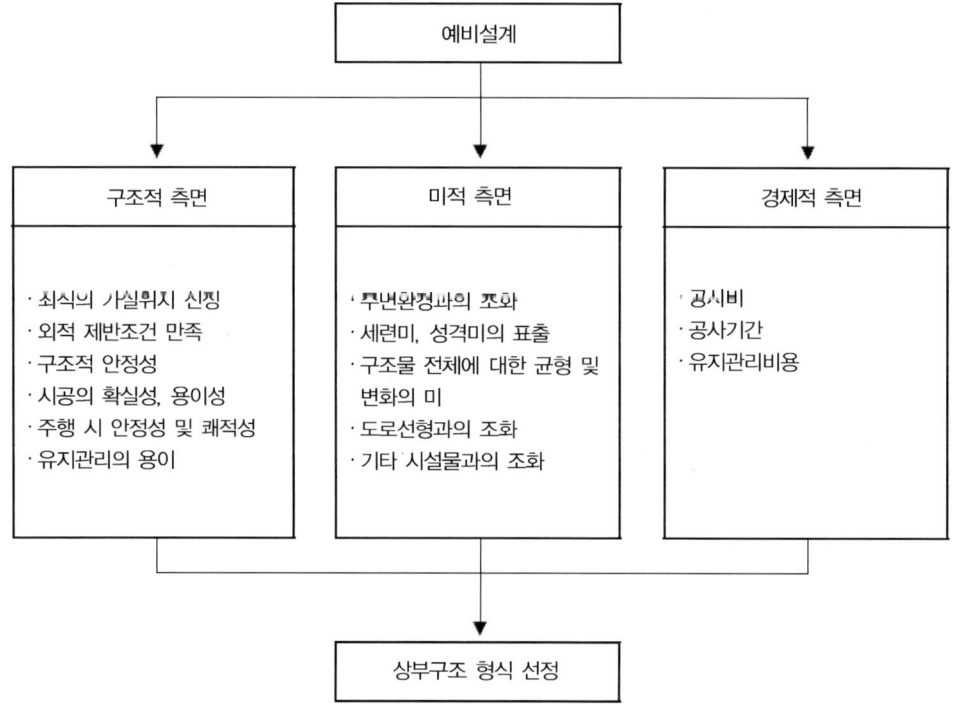

7. 하부구조 형식의 선정

하부구조 형식은 상부구조 형식의 특징, 상부공의 가설공법 등 상부구조 계획과 연관시켜 다음의
사항을 고려하여 선정한다.
① 상부구조와의 조화
② 구조적 안전성, 간편성
③ 미관, 유지관리 고려
④ 하부구조 설치에 따른 수위상승 영향, 유수저항계수가 작은 단면 채택

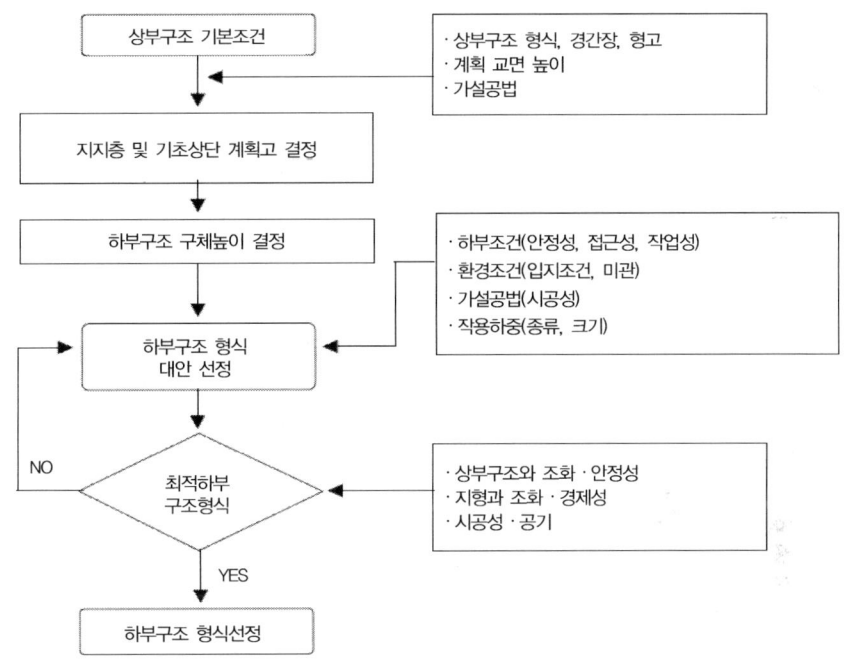

8. 기초구조형식의 선정

기초형식은 기초지반의 지질조건, 수심, 유속, 상부구조의 형식 등과 다음의 사항을 고려하여 선정
① 하부공간(하천, 도로 등) 제반여건 고려, 시공성, 안전성 확보
② 지진 수평저항력, 세굴영향 고려
③ 측방유동에 대한 검토

구분		선정기준	적용성	비고
직접기초		• 기초심도(Df) : 5.0 이내 • 연직하중 : 제한 없음 • 터파기 영향권 내 장애물이 없고 시공 중 배수처리가 곤란하지 않을 것	• Df ≤ 5.0m • 주변에 장애물이 없으며 시공 중 배수처리가 용이한 지역	터파기 영향권 내에 장애물이 있거나 시공 중 배수처리가 곤란할 경우에는 특수 가시설 설치 또는 기초형식 변경
말뚝 기초	기설말뚝 기초	• 기초심도(Df) : 5.0~60.0m • 연직하중 : 500t 이내 • 자갈, 호박돌, 전석층이 없고 소음, 진동에 무관한 지역	• 5.0m < Df < 60.0m • 연직하중 : 500t 이내	자갈, 호박돌, 전석층 등이 존재하거나 소음, 진동이 문제가 될 경우 프리보링, 매입 공법 등으로 보완하거나 기초형식 변경
	현장타설 말뚝기초	• 기초심도(Df) : 10.0~60.0m • 연직하중 : 1,500t 이내 • 인접 구조물에 대한 영향이 큰 지역	• 5.0m < Df < 60.0m • 연직하중 : 15,00t 이내	유심부의 경우 강관+현장 타설 말뚝기초 형식 검토
케이슨 기초	Open 케이슨 기초	• 기초심도(Df) : 제한 없음 • 연직하중 : 1,500t 이상 • 지하수의 영향이 큰 지역	• Df > 5.0m • 연직하중 : 15,00t 이상	대구경 현장 타설 말뚝 기초와 경제성, 시공성 비교, 검토 후 형식 선정
	공기 케이슨 기초	• 기초심도(Df) : 20.0m 이내 • 연직하중 : 1,500t 이상 • 하상, 수상 등 특수지역	• 5.0m < Df < 20.0m • 연직하중 : 15,00t 이내	시공성 복잡, 전문 기능공 부족 등으로 특수한 경우를 제외하고는 적용 배제
특수기초		지간장 100m 이상의 대형특수 교량기초 또는 특수한 현장 여건일 경우 적용	–	–

9. 하천횡단 교량계획 ^{100회/107회/110회/112회/119회/122회/125회/127회/132회/134회}

【기출유형 ①】 하천교량의 여유고 및 경간장 결정기준을 하천설계기준에 준용해 설명
【기출유형 ②】 하천에 계획하는 교량의 고려사항, 교량의 계획고와 경간장
【기출유형 ③】 해협 횡단교량(연륙교량) 교량계획 시 고려사항

하천교량의 경우 되도록 하천상에 교각 등의 설치를 최소화하여 시설물 설치로 인한 수위상승 등의 효과가 발생되지 않도록 하고, 하천설계기준에 따라 계획홍수량에 따라 홍수위로부터 교각이나 교대 중 가장 낮은 교각에서 교량 상부구조를 받치고 있는 받침장치 하단부까지의 높이인 여유고를 확보하도록 규정하고 있다.

1) 하천횡단 교량의 경간분할

   ① 유속이 급변하거나 하상이 급변하는 지역에는 교각설치 배제
   ② 저수로 지역에서는 경간을 크게 분할
   ③ 하천 단면을 줄이지 않도록 하고 교각설치로 인한 수위상승과 배수를 검토

④ 유목, 유빙이 있는 하천, 하천 협소부에서는 교각수를 최소화

⑤ 유로가 일정하지 않은 하천에서는 가급적 장경간 선택

⑥ 기존 교량에 근접해 교량을 신설할 때는 경간분할은 같거나 하나 건너 교각 배치를 검토

2) 교량 다리밑 공간 확보(하천설계기준)

하천설계기준에 따라 하천을 횡단하는 경우 계획홍수량에 따라 홍수위로부터 교각이나 교대 중 가장 낮은 교각에서 교량상부구조를 받치고 있는 받침장치 하단부까지의 높이인 여유고를 확보하여야 한다.

계획홍수량(m³/sec)	여유고(m)
200 미만	0.6 이상
200~500	0.8 이상
500~2,000	1.0 이상
2,000~5,000	1.2 이상
5,000~10,000	1.5 이상
10,000 이상	2.0 이상

3) 경간장(하천설계기준)

하천을 횡단하는 교량의 경간분할은 유속이 급변하거나 하상이 급변하는 지역에는 교각설치를 배제하고, 저수로 지역에서는 경간을 크게 분할하며, 하천 단면을 줄이지 않도록 하고 교각설치로 인한 수위상승과 배수를 검토하고, 유목, 유빙이 있는 하천, 하천 협소부에서는 교각수를 최소화하고, 유로가 일정하지 않은 하천에서는 가급적 장경간을 선택해야 한다. 기존 교량에 근접하여 신설 교량을 건설할 때는 경간분할을 같게 하거나 하나씩 건너뛰는 교각배치를 검토해야 한다. 하천설계기준에 따른 경간장 결정기준은 다음과 같다.

① 교량의 길이는 하천폭 이상으로 한다.

② 경간장은 치수상 지장이 없다고 인정되는 특별한 경우를 제외하고 다음의 값 이상으로 한다. 다만 70m 이상인 경우는 70m로 한다.

$L = 20 + 0.005Q$ (Q : 계획홍수량 m³/sec)

③ 다음 항목에 해당하는 교량의 경간장은 하천관리상 큰 지장이 없을 경우 ②와 관계없이 다음의 값 이상으로 할 수 있다.

- $Q < 500m^3/\sec$, B(하천폭)$< 30.0^m$ 인 경우 : $L \geq 12.5^m$
- $Q < 500m^3/\sec$, B(하천폭)$\geq 30.0^m$ 인 경우 : $L \geq 15.0^m$
- $Q = 500 \sim 3,000m^3/\sec$ 인 경우 : $L \geq 20.0^m$

④ 하천의 상황 및 지형학적 특성상 위의 경간장 확보가 어려운 경우 치수에 지장이 없다면 교각 설치에 따른 하천폭 감소율(교각 폭의 합계/설계홍수위 시 수면의 폭)이 5%를 초과하지 않는

범위 내에서 경간장을 조정할 수 있다.

4) 교대 및 교각 설치의 위치

교대, 교각은 부득이한 경우를 제외하고 제체 내에 설치하지 않아야 한다. 제방 정규단면에 설치 시에는 제체 접속부의 누수발생으로 인한 제방 안정성을 저해할 수 있으며 통수능이 감소로 치수의 어려움이 발생할 수 있다. 따라서 교대, 교각의 위치는 제방의 제외지측 비탈끝으로부터 10m 이상 떨어져야 하며, 계획홍수량이 500m³/sec 미만인 경우 5m 이상 이격하도록 하고 있다.

10. 도심지 내 교량계획 ^{75회/97회/120회/133회}

【 **기출유형 ①** 】 기존도로 선형을 고려한 도심지 교량계획시 교량형식과 설계, 시공 시 고려사항
【 **기출유형 ②** 】 도심지 교량계획 시 고려사항 및 급속시공이 가능한 공법을 제시하고 설명
【 **기출유형 ③** 】 교통량이 많은 차도 상부 신설 교량 계획 시 가설공법과 고려사항

1) 도심지 내 교량계획 시 주변여건에 대한 검토사항

① 교차지점의 도로의 폭원 및 폭원구성요소 : 도로와 교차하는 지점에서 교차하는 도로의 폭원 감안 경간장을 결정하여야 하며, 운전자의 시야 확보를 위한 경간장 고려, 교차부 중앙에 교각 설치를 지양하고 부득이한 경우 좌우회전 차량에 대한 안전대책 검토(Fender System, 상하행 선 분리 등) 필요

② 교차도로의 장래 확장계획을 감안한 경간장 결정 필요

③ 시설한계에 대한 검토 : 도로의 시설한계는 4.7m 이상을 원칙으로 하며, 장래 포장계획을 고려하여 150mm를 추가하도록 하고 있다. 철도를 횡단하는 경우 철도과선교의 경우에는 7.01m 이상으로 규정하고 있다. 기타 철도교의 경우 직선구간 및 곡선구간의 건축한계를 고려하도록 하고 있으므로 이에 대한 검토가 필요하다.

④ 고가도로 공용 시 교차로부 교통처리계획 검토

⑤ 지하구조물 매설위치 및 규모 검토 : 통신구, 전력구, 공동구, 지하차도, 지하보도 등을 감안하여 교량경간검토 필요하다.

⑥ 장래의 지하시설 계획

⑦ 교량기초 시공 시 인접 건물과의 관계 : 근접시공으로 인한 인접 구조물 안정성 및 가시설 계획 등으로 인한 근접시공영향에 대한 검토가 필요하다.

⑧ 도시 소하천 횡단교량 또는 복개교 검토

2) 도심지 내 교량형식(설계 시)에 대한 검토사항

도심지 내 도로의 선형은 기 설치된 지장물이 과다함으로 인해서 이를 고려한 도로선형설계상 곡

선부가 많이 상존하게 된다. 이러한 도로 선형 상에서의 교량형식은 곡선교나 사교 형식의 교량형식이 많이 발생할 수밖에 없으며, 또한 하부여건에 따라 장지간의 교량의 건설이 필요한 경우가 많다. 도로의 선형상 내에 지장물이 상존하는 경우 하부 교각의 형식 또한 T형 교각 이외에도 라멘형 교각이 요구되는 경우도 빈번하며, 라멘형 교각의 경우 콘크리트교각 이외에도 강재나 합성형으로 이루어진 교각이 사용되는 경우도 빈번히 발생된다. 또한 하부 교통흐름에 영향을 최소화하고 공기를 단축하기 위해서 프리캐스트를 이용한 교각도 연구진행 중에 있다.

① 곡선교 적용 시 검토사항

곡선교는 구조물의 특성상 비틀림 모멘트가 발생하고 편심으로 인한 부반력이 발생할 수 있어 이를 고려한 검토가 수반되어야 한다. 또한 곡선교에서는 받침의 배치가 일반 직선교와 달리 적용되기 때문에 주의가 필요하다.

- 비틀림 모멘트에 대한 저항성능 확보 : 비틀림 모멘트 산정 후 단면형식의 결정(I형에 비해 박스형이 유리), 충분한 격벽과 가로보의 설치하여 비틀림 모멘트에 대한 저항성능을 확보한다.
- 부반력 고려, 전도방지대책 수립 : 부반력 발생 시 1개의 박스거더에 1개의 받침을 설치하거나 Counter-weight, Out-rigger 등에 대한 검토나 하중의 적정한 분배를 위해 충분한 가로보와 격벽 설치하여 부반력과 전도방지대책을 수립한다.

② 사교 적용 시 검토사항

사교는 편심재하뿐만 아니라 교축중심에 실린 하중에 의해서도 주거더에 비틀림이 발생한다. 이로 인해서 가로보의 휨모멘트 증가 및 둔각부의 응력집중 현상, 예각부의 부반력 등이 발생하므로 이에 대한 대책 마련 검토가 필요하다.

- 비틀림 모멘트, 가로보 휨모멘트 증가, 휨모멘트 비대칭(둔각부), 단부응력 증가에 대한 검토
- 사교의 영향을 충분히 반영할 수 있도록 격자해석을 적용

③ 시간적, 공간적 제약사항 검토

- 공간적 제약 : 도심지 내 고가교는 그 공간적 제약으로 인해 지장물 등의 위치를 피하기 위해서 강재나 개량된 PSC빔(e-beam, UD beam, IPC, PF 등)을 이용하여 슬림한 단면이 요구되거나 라멘형 교각(슈높이 배제)이 요구되는 경우가 있다. 또한 이러한 경우 단면의 크기의 축소를 위해 강합성 교각을 설치하기도 한다.
- 시간적 제약 : 도심지 내 교통흐름 유지를 위해서 일정시간 내에 공기를 완료해야 하는 긴급한 공사가 필요한 지역이 있으며 이러한 경우 공장에서 제작된 프리캐스트 부재를 이용하여 현장에서 조립하는 방법으로 공기를 단축시킬 수 있다. 프리캐스트형 교각이나 프리캐스트 바닥판도 그 한 예로 볼 수 있으며, 이 경우 일체거동을 위한 합성부에 대한 검토가 수반되어야 한다.

3) 도심지 내 고가교 시공 시 고려사항

① 공간적 제약 확보 : 하부공간 활용을 위한 MSS, PSM, ILM 공법, 형하고 및 지장물 제약에 따

른 강합성부재나 개량된 PSC빔(e-beam, UD beam, IPC, PF 등) 이용

도심지 내 설치할 경우 하부공간의 활용이 필요한 경우가 많으며 이러한 경우 MSS, PSM, ILM 등의 하부공간 이용이 가능하도록 하는 공법을 선정할 수 있으며, 강교의 경우 크레인 일괄거치 등을 적용할 수 있다. 형하고의 문제나 지장물 저촉을 피하기 위해서는 강합성부재나 개량된 PSC빔(e-beam, UD beam, IPC, PF 등), 라멘형교각 등을 적용할 수 있다.

② 시간적 제약 확보 : 도심지 내 고가교의 교통 체증 해소 및 민원 최소화를 위하여 급속시공이 필요한 구간이 발생할 수 있으며, 이러한 경우 급속한 시공을 통해 시간적 제약을 최소화하도록 현장타설보다는 운송이 허락하는 범위에서 공장제작 부재를 사용하는 프리캐스트 부재(프리캐스트 교각, 프리캐스트 바닥판 등)나 공장 제작된 강교 등을 통해서 시공기간 단축 등을 할 수가 있다.

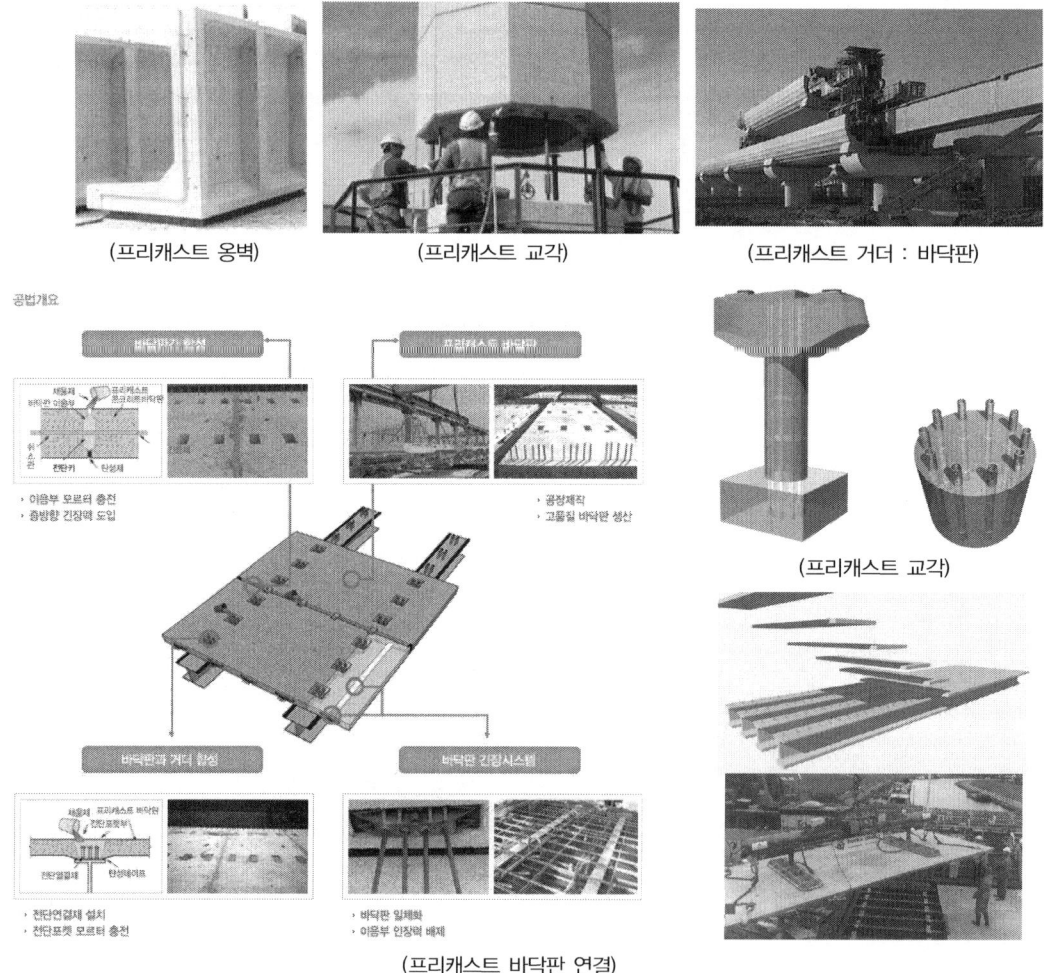

(프리캐스트 옹벽)　　(프리캐스트 교각)　　(프리캐스트 거더 : 바닥판)

(프리캐스트 교각)

(프리캐스트 바닥판 연결)

교량계획시 협의사항 (LH공사 도로매뉴얼)

▶ 관할기관(유관기관)과의 협의사항

법률에 의한 허가가 필요한 공공지역	연관 시설
• 하천보전지역, 하천 예정지 • 사방 지정지 • 해안 보전지역 • 자연환경 보전지역, 국립공원 • 문화재 매장지역 • 국가 주요시설 지역 • 군사작전 시설 지역	• 공항 • 항만 • 송전선 • 전파시설 • 도시계획

▶ 교차시설에 따른 조사, 협의사항

1) 교량이 도로와 교차하는 경우

관련기관 협의 전 사전 확인사항	주요 협의 사항
a. 도로의 현황 b. 도로의 장래 계획 c. 지하 매설물	a. 교량의 길이, 경간 길이, 교량형식 b. 교대, 교각의 우치 c. 다리밑 공간(시설한계) d. 부체도로, 우회도로 e. 시공방법(안전시설 포함), 가시설 및 교통처리 계획 f. 지하매설물 이설가능 여부(관리 기관과의 협의) 및 시공 중 보호공 g. Over Bridge의 경우 첨가물(상수도, 전기, 통신 Cable 등)

2) 교량이 철도와 교차하는 경우

관련기관 협의 전 사전 확인사항	주요 협의 사항

a. 철도의 현황(노선종별, 선로 등급, 궤도 폭, 건축한계, 차량한계, 전철화 여부)
b. 장래 노선 개량 및 증선 계획
c. 지하 매설물
d. 국유철도 건설규칙
	a. 교량의 길이, 경간길이, 교량형식
	b. 교대, 교각의 위치, 교대형상 및 교각형상
	c. 다리밑 공간(시설한계)
	d. 지하매설물, 지하구조물(관할 기관)
	e. 시공계획
	   – 기존철로 보호방안(방호책)
	   – 상부구조 가설공법, 지하매설물 보호공
	   – 철도시설 이설 등
	g. 교량 위에서 낙하물 방지공 설치 범위
	h. 공사위탁의 가능 유무
	i. 공사 중 감독원 파견 유무

3) 교량이 하천에 평행으로 가설되거나 횡단하는 경우

관련기관 협의 전 사전 확인사항	주요 협의 사항
a. 하천의 현황(하천횡단면의 치수, 수심, 홍수량, 홍수위 등) b. 하천 개수 계획 유무 및 유로변경여부 c. 유수의 방향, 계획 단면 치수, 제방고, 제방형상 및 구성, 계획 홍수량, 계획 홍수위, 하천 관리용 도로, 하상경사, 저수부 및 고수부(둔치부) 길이, 농업용수용 보 규모 d. 주운 사용여부 및 장래 계획(유람선, 화물선 운행 여부) e. 수원 사용 여부(상수원 보호구역, 농업용수) f. 가설지점 및 하류측 양식장 유무(어업권 권리자와 협의) g. 매설물 조사(차집관로, 상수도관로, 한전 및 통신관로, 가스관 등)	a. 교량의 길이, 경간길이(지간장) b. 교대, 교각의 위치 c. 교각의 형상 및 기초 근입 깊이 d. 세굴심도 및 세굴 방지공 설치 유무 e. 하천 관리용 도로와 교차방안 f. 교각에 의한 유수단면 감소율(하폭 감소율) g. 호안공 h. 교각 설치에 따른 상류 수위 상승 높이 i. 시공 중 하천 오염 등 환경대책

4) 도시 고가교(Over Bridge)의 경우

관련기관 협의 전 사전 확인사항	주요 협의 사항
a. 도로의 현황 　(도로의 폭원, 교차로 간격, 차로폭, 주변 도로현황, 횡단보도의 위치 및 간격) b. 교통 처리 현황 c. 인접건물 규모 현황(구조형상, 지하·지상 층수, 건물의 상태, 건물의 용도) d. 보도교(육교), 고가교 위치 및 규모 e. 지하 매설물 및 지하 구조물 현황 　(노시철노, 시아사노, 송농수, 선력·통신 케이블, 상수도, 도시 가스관, 지하상가, 지하도 도시철도, 지하터널 등) f. 도로의 장래 계획(장래 확장유무, 도시계획 확장 고시 여부) g. 주요 문화재 위치	a. 교량의 길이(교량의 시점·종점 위치), 경간길이 b. 교량 상부구조 형식 및 교각 형식/위치 c. 다리밑 공간, 하부구조 이용방안 d. 시공 중 교통처리 방안 및 장래 교통처리 방안 e. 교각·교대 기초 시공방법 　− 안전시설 　− 인접 건물 및 지하구조물의 근접시공 안전성 확보 　− 기초 시공 중 지하수 처리 방안 등 f. 지하매설불 보호공 및 이설대책 g. 교량 상부구조 시공방안(공법) h. 교량의 미관설계에 대한 사항 i. 방음벽 설치 규모(높이, 연장, 형식) j. 건설자재 적치장소 및 가공 장소 k. 환경대책(공사중 소음, 진동, 공사용 하수처리 등) l. 주요 문화재 보호 및 보존대책

5) 저수지, 호수, 댐 등을 횡단하는 교량의 경우

관련기관 협의 전 사전 확인사항	주요 협의 사항
a. 수자원 사용용도(다목적 댐, 상수원, 공업용수, 담수·농업용수) b. 관할 기관 c. 어업권 설정여부(담수어 양식장의 담수 어종) d. 교량가설 지점의 수심(담수 최대수위, 평균수위, 최저수위)	a. 교량의 길이(교량의 시점, 종점이 담수지역 침범 가능여부), 경간길이 b. 교각 및 교각기초 시공방법(수중공사 가능공법) c. 교량 상부공 형식 및 시공공법(가설공법) d. 기초공사 중 오탁수 처리방안 e. 어업권 보상방안 f. 건설가능 공기(배수 후 기초공사 시) g. 교각기초와 댐의 언제(제방)와의 근접시공 사항

6) 항만, 해안, 해협을 횡단하는 교량의 경우

관련기관 협의 전 사전 확인사항	주요 협의 사항
a. 박 톤수(G/T : Gross Tonnage) b. 마스트 높이(공선 시의 수면 위의 높이) c. 항로 현황(항로폭) d. 교량가설 위치의 조위 e. 해상 국립공원, 자연환경 보전지역 및 해안 보전지역 지정 여부 f. 양식장 등 어업권 설정 지역 g. 태풍의 경로, 방향, 풍속	a. 교량의 형식, 교량의 길이, 경간길이(항로부 주경간 길이, 접속 교량 경간길이) b. 교대, 교각의 위치 및 교각 형상 c. 다리밑 공간 d. 교각 기초의 형상 및 근입 깊이 e. 교각에 선박 충돌에 대한 보호시설 설치 유무 및 충돌 하중의 크기 f. 시공계획 　– 기초공사 방법 　– 상부구조 가설공법 　– 시공 중 항로 저해 여부 　– 선박 안전운행을 위한 안전표시 설치방안 등 g. 어업권 보상대책 h. 고량 첨가물(상수도, 전력, 통신 등)

7) 계곡, 산지에 가설하는 교량의 경우

관련기관 협의 전 사전 확인사항	주요 협의 사항
a. 임야의 소유주 조사(국유림, 사유림, 공동단체 소유림 등) b. 국립공원, 자연경관 보전지역, 관광지 지정여부 c. 주요 문화재 또는 고분 위치 d. 공동묘지(국립묘지, 도립·시립 공동묘지, 각종 이익단체 공동묘지 등) e. 국지도로 현황조사 f. 공사용 임시도로 개설 가능 여부	a. 교량의 형식, 교량길이, 경간길이 b. 교각의 위치 　– 교각에 의한 계곡의 유수에 대한 지장 초래 여부 　– 수로 변경 가능 여부 c. 임야 훼손 과다 여부(자연경관 훼손에 따른 환경 침해) d. 고교각의 시공방법 　– 대형 패널 공법 　– Climbing Form 공법 　– Sliding Form 공법 등 e. 상부구조 가설 공법 f. 자재 운반용 도로(공사용 가도) g. 공사용 기, 자재 적치 장소 확보 방안

8) 기타 교량 계획 시 협의 사항

　– 교량 건설공기

　– 교량의 받침 형식(면진 교량 받침 사용 여부)

　– 신축이음 장치 형식

　– 난간, 교명주 형상, 방호벽 및 중앙분리대, 배수시설, 방음벽 및 방호벽 등

　– 점검시설(고정방식, 이동방식, 점검 등, 점검통로), 교각 보호공(충돌 방지공)

　– 가로등 설치 여부

11. 경관설계 64회/98회/101회/110회/112회/124회

【 **기출유형 ①** 】 경관을 고려한 도로상 구조물 설계개념
【 **기출유형 ②** 】 미관설계의 설계원리와 기본요소 및 고려사항
【 **기출유형 ③** 】 경관설계 시 검토해야 할 미적 조형원리

교량은 기능성, 구조적 안정성, 유지관리의 편의성, 경제성, 시공성 등을 종합적으로 고려하여 설계 및 시공되어져야 하며, 교량의 기능적, 구조적 요구조건 이외에 지역주민과 도로이용자에게 시각적으로 안정감을 주고 환경과 조화를 이룰 수 있도록 아름답게 설계되어져야 하는데 이를 교량의 경관설계(Aesthetic Design)라고 한다.

1. 미관설계 시 주요 고려사항

교량경관설계는 교량자체의 미학적 가치를 중시하는 내적 요구와 교량 주변 환경과의 관계를 중시하는 외적요구를 고려하여야 한다. 경관설계에서는 기본적으로 미적 조형원리와 상징성이 주요 고려사항이며 대상물이 갖는 상징성을 제외하고 아름다움의 조건을 설명하는 것을 미적 조형원리라고 한다.

① 조형미 : 비례(Proportion), 내부 및 외부 조화(Harmony), 대칭(Symmetry), 균형(Balance)
② 기능미 : 간결성(Simplicity), 명료성(Clearance)
③ 조 화 : 내적, 외적 조화, 교량의 색채

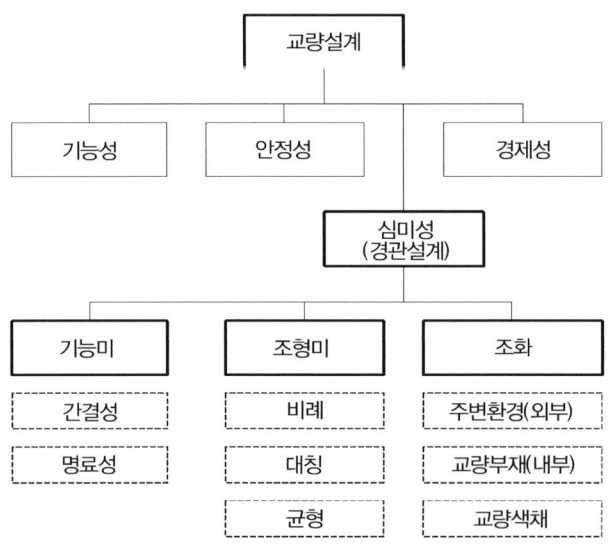

1) 비례(Proportion)

사물의 부분과 부분 또는 전체의 수치적 관계로서 길이나 면적의 비례관계를 의미하며 구조물의 비례는 구조적 안정감은 물론 시각적 아름다움을 주는 조형원리로 작용한다.

① 경간분할

교량설계에서의 경간분할은 중앙경간과 측경간의 분할, 교장에 따른 교고 또는 거더의 높이, 교각과 교각 간격 설정 등에 활용될 수 있다.

일반적으로 미관설계 시 3경간 교량의 경우 3:5:3, 4경간 교량의 경우 3:4:4:3으로 계획하거나 평지지대에 장경간교량의 경우 등분포로 경간분할하는 것이 조형원리에 적합하다. 교고가 비교적 낮은 하천횡단 교량의 경우 경간수는 홀수가 적합하며, 특히 경간장의 구성은 중앙경간장에서 측경간으로 갈수록 경간장을 감소시키는 것이 시각적으로 안정감을 주는 것으로 알려져 있다.

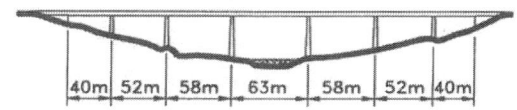

2) 균형(Balance)과 대칭(Symmetry)

균형은 구조물에 작용하는 힘이 평형상태를 이루는 역학적 개념으로서 역학적인 균형이 시각적인 균형으로 인지되는 조형원리의 기본개념으로 비례와 관계가 있다.

대칭은 좌우대칭의 정적균형(Static Symmetry)과 비대칭의 동적균형(Dynamic Symmetry)으로 구분되며, 정적균형은 단순하고 명확하며 안정감 있는 조형미로서 구조물의 대칭 축을 중심으로 등거리에 동일한 형상이 좌우에 위치한다.

비대칭의 동적균형은 운동과 성장의 역동적이고 현대적인 조형미를 이룬다. 일반적인 교량형식의 설계단계에서는 좌우대칭의 정적균형을 고려하고 있으나 단조로움을 줄 수 있다. 상징성을 부여하고 세련된 교량의 설계를 위해서는 비대칭 사장교와 같은 동적 균형미를 고려할 수도 있다.

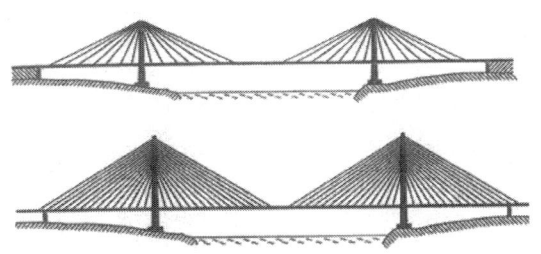

3) 조화(Harmony)

교량은 내적조화와 외적조화가 이루어지는 것이 바람직하며, 내적조화란 교량을 구성하는 부재가 교량의 다른 구성요소와 조화를 이루는 것을 의미하며, 외적조화는 교량의 주변을 구성하는 다양한 요소들과의 조화를 이루는 것을 말한다.

교량구조물은 경간장, 거더의 높이, 교각의 크기 등을 적절하게 설정하여 시각 및 공간적인 조화를 확보하는 것이 좋다. 교량과 주변 환경과의 조화는 주변 환경대비 구조물의 규모나 크기가 좌우한다.

도심지에서는 날렵한(Slender) 단면으로 구성하는 것이 조화 측면에서 바람직하나 상부와 하부구조는 조화와 균형을 이루어야 한다.

2. 미관을 고려한 교량계획

교량경관설계에서 교량 상부구조 형식의 선정은 교량 자체의 경관은 물론 전체 경관을 좌우하는 요소이다. 경관을 고려한 교량설계에서 교량형식의 선정은 다음의 두 가지 요인을 참고하여 결정하는 것이 좋다.

① 교량의 전체 경관(자연경관 포함)의 한 요소로 가정하여 교량이 강조되지 않도록 하는 교량형식을 선정하는 방법. 이 경우 교량의 구조형식은 비교적 단순한 형식이 적합하다.

② 교량의 전체 경관에서 강조할 수 있도록 교량형식을 선정하는 방법. 이 경우 교량 자체의 경관미를 강조하게 되므로 교량의 형식은 다소 복잡하게 되며 교량의 가설지역의 상징적인 구조물로 계획하거나 랜드마크화 하고자 할 때 적합하다.

3. 미관을 고려하여 교량계획을 하여야 할 지형

일반적으로 미관을 고려한 교량의 계획은 도심지 내의 유동인구가 많은 지역이거나 자연경관을 보호하여야 하는 지역에 위치하는 특수교량의 경우에 많이 적용되고 있다.

자연경관 보호가 필요한 산림지 등에서는 주변 여건에 순응하는 형식의 경관설계가 주를 이루며, 도심지 내의 중소규모 교량의 경우에도 교량구조물로 인한 경관 저해를 최소화할 수 있는 지역여건에 맞는 형식의 교량형태가 주를 이룬다.

4. 경관을 고려한 교량계획 실례

① 다리밑 공간의 높이가 경간장보다 큰 경우는 경간장(L)과 거더높이(h)의 비율을 작게 할 수 있으나 경간장이 긴 연속교량의 경우에는 그 비율을 높게 하는 것이 경관 측면에서 유리하다. 비율이 높을수록 교량의 미적 측면에서 날렵하게 보이지만 진동과 처짐에 불리할 수 있으므로 비율 선정 시 사용성 측면에 대한 검토가 필요하다.

② 교량의 구조적인 특성으로 인하여 거더의 경간장과 높이의 비율을 높게 할 수 없는 경우 바닥판 캔틸레버의 지간장을 조절하여 경관을 좋게 할 수 있다. 거더의 높이가 같더라도 거더 측면에 그림자가 발생하도록 바닥판 캔틸레버 단면을 설계하는 경우 교량은 날렵하게 보이는 시각적 효과가 발생한다.

③ 도로를 가로지르는 횡단육교는 가능하면 하부도로에 교각을 설치하지 않는 것이 경관 면에서 좋다. 횡단육교의 거더높이나 교각단면이 크면 운전자의 시야를 좁게 하고 병목으로 빠져들어가는 느낌을 줄 수 있다.

(a)   (b)

④ 도심지에 가설되는 교량의 경우 경관을 좋게 하기 위해서는 육중하게 보이는 교각보다는 교각의 단면을 세장하게 설계하는 것이 바람직하다. 거더교에 대해서는 교각의 두부(Pier Cap)를 없애거나 상부구조 내부에 격벽을 두는 방안을 검토하는 것이 적합하다.

⑤ 부대시설 설치 시에도 배수관을 외부에 설치하는 것보다 내부에 설치함으로써 단순성을 강조한 교량계획 등을 검토할 수 있다. 다만 내부로 배수관을 설치할 때에는 강교의 경우 누수로 인한 부식의 문제가 발생할 수 있으므로 신중한 검토가 필요하다.

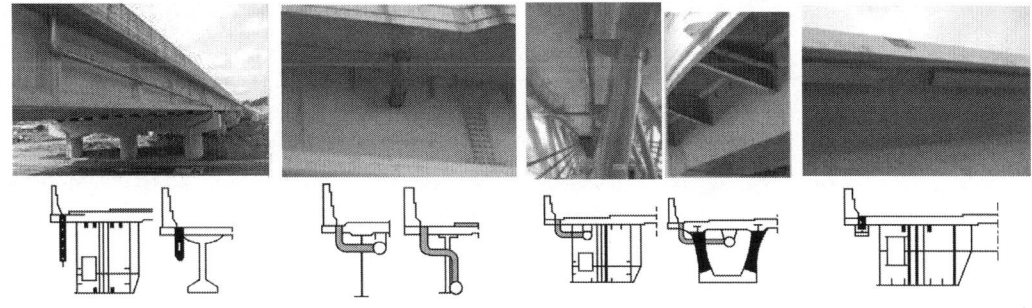

교량의 분류와 특징

교량의 지지형식별 분류 및 특징에 대하여 설명하시오.

풀 이

▶ 개요

교량은 상부구조의 사용재료, 지지형태, 교면위치, 구조형태, 가설공법 등에 따라 구분될 수 있으며, 교량의 지지형태에 따른 분류로는 크게 단순교와 연속교, 게르버보로 구분할 수 있다.

▶ 교량의 지지형식별 분류 및 특징

1) 단순교

주거더를 단순보로 지지하는 형식으로 지지형식이 고정단과 가동단으로 구성된다.

2) 연속교

거더간 연결로 연속화하거나 장경간 거더 사이에 지점을 두어서 지지하는 형식으로 최대 휨모멘트가 단순교에 비해 작아 단면을 줄일 수 있는 특징을 가진다. 휨모멘트가 작으므로 단면을 줄일 수 있고 거더의 높이를 작게 할 수 있는 특징을 가진다 중간에 지점을 두게 되므로 지지 시 낙교의 위험이 낮아지고 거더의 강결로 신축이음이 적어 유지보수 및 주행성이 필요하다. 다만, 부모멘트 부에 대한 보강과 지점 침하시에 응력이 발생할 수 있는 단점이 있다.

3) 게르버교

연속교의 부모멘트 보강이나 지점 침하 시에 응력이 발생할 수 있는 단점을 보완할 수 있는 형태로 연속교의 중간에 힌지를 삽입해 정정구조의 형태로 한 교량형식이다. 휨모멘트는 연속교와 유사하나 지점의 부등 침하 시 응력이 발생하지 않는 장점이 있다. 다만 중간 힌지 부가 구조적으로 취약하고 진동하기 쉬운 구조라는 점이 단점이다.

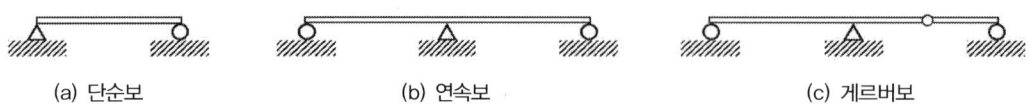

(a) 단순보   (b) 연속보   (c) 게르버보

교량 형식의 비교

교량(플레이트 거더교, 강박스 거더교, 트러스교, 아치교, 사장교, 현수교)의 부재 구성을 도식하고, 특징 및 설계 시 고려사항에 대하여 설명하시오.

풀 이

➤ 개요

교량은 지간장에 따라 재료적 한계나 구조형식의 한계로 인해 적용가능한 형식이나 재료를 선택한다. 거더교 형식의 경우 시설한계로 인해 보의 높이의 제약이 있어 보다 긴 연장 교량의 경우에는 트러스나 아치교 형식을 사용하고, 사장교나 현수교는 케이블을 이용한 구조로 초장대교량에 주로 사용된다.

➤ 교량 형식별 부재 구성과 특징, 설계 시 고려사항

1) 플레이트 거더교

① 특징

플레이트 거더교는 강교에 비교 강재량이 적게 소요되면서 재료를 효율적으로 사용할 수 있는 장점이 있는 반면 강교에 비해 곡선교에 적용성이 떨어지며 브레이싱, 가로보 등 부부재가 많아 용접 등으로 인한 시공성 저하, 유지관리 불리 등으로 현재는 많이 사용되고 있지 않은 형식이다. 근래에는 소수주형교 형식으로 고강도 강재를 이용하여 부부재를 최소화하는 형식으로 교량형식의 합리화하는 공법의 도입에 따라 재 주목받고 있다.

(1) 중량이 가볍고 제작이 용이하며 경제적이다.

(2) 응력의 상태가 간단하다.

(3) 현장이음 등의 시공이 용이하다.

(4) 가설 중 횡전도를 일으키기 쉽다.

(5) 비틀림에 대한 저항성이 약하다.

(6) 단일부재로는 강성이 작기 때문에 부재 길이가 길면 수송 중 및 가설 중 주의가 필요하다.

② 부재 구성

메인거더인 주형과 바닥판, 수직브레이싱과 수평브레이싱으로 이루어져 있다. 거더의 좌굴방지를 위해서 메인거더에 수직, 수평보강재를 설치하기도 한다. 바닥판과 주형과의 결합을 위해 주형 상부플랜지에 전단연결재(스터드)를 이용해 합성한다.

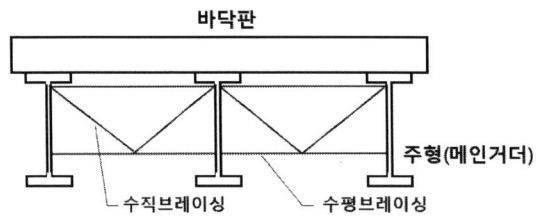
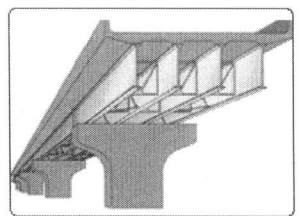

③ 설계 시 고려사항

(1) 평면선형 : 비틀림 강성이 작으므로 가급적 직선구간에 설치하는 것이 좋다.

(2) 종단선형 : 종단선형의 제약이 거의 없기 때문에 종곡선 구간에도 적용이 가능하다.

(3) 사각 : 사각이 크면 부반력이 발생, 보의 부등 휨에 의한 비틀림 발생으로 슬래브 파손이 우려되므로 30° 이하로 계획하는 것이 바람직하다.

2) 강박스 거더교

① 특징

강박스 거더교(Steel box girder bridge)는 얇은 강판을 상자형 또는 U형 단면으로 결합하여 상부에 철근 콘크리트 바닥판이나 강상판을 설치한 합성, 비합성교를 총칭한다. 강박스 거더는 폐합단면을 이루고 있어 비틀림 강성이 크고 연속교의 지점상의 부 모멘트에 저항하는 압축 플랜지 폭이 커서 경제적인 단면 구성이 가능하다. 일반적인 다른 교량 형식에 비해 거더 높이가 낮고 곡선교와 같은 큰 비틀림 강성이 요구되는 교량이나 노도 평면선형의 제약이 많은 고가도로, IC, JC에 주로 채택된다.

② 부재 구성

강박스 거더교는 강박스와 함께 가로보, 세로보, 종방향 리브, 횡방향 리브, 수평보강재, 수직보강재, 다이아프램 등의 보강재로 구성되어 있다.

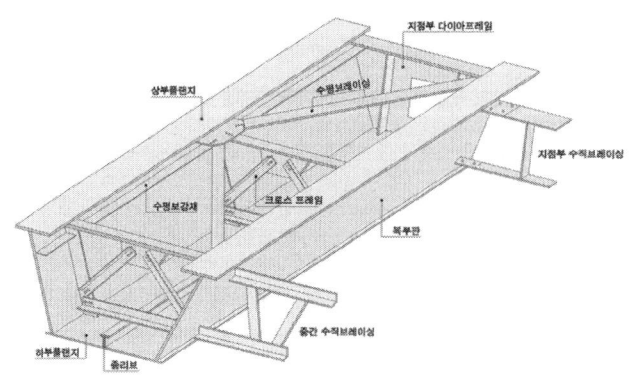

③ 설계 시 고려사항

(1) 통상 1개 혹은 2개의 주형을 사용하며 이로 인하여 무여유도 부재로 한 부재의 파괴로 인해 전체 구조물이 파괴되거나 교량의 설계 기능을 발휘할 수 없을 수 있다. 붕괴조절계획과 내적 여유도를 확보하도록 고려해야 한다.

(2) 강재를 사용하므로 피로에 취약하다. 피로설계를 통해 내구성 확보를 고려해야 한다.

(3) 환경적/전류/박테리아/과대응력/마모/제설작업 염화칼슘, 황산염 등이 원인으로 부식에 취약하다. 도장 등을 통해 내구성 확보를 고려해야 한다.

(4) 박판의 구조물로 좌굴에 취약하다. 국부좌굴 방지를 위해 보강재 등으로 보강하거나 설계 시 좌굴에 대한 검토를 수행해야 한다.

3) 트러스교

① 특징

몇 개의 직선 부재를 한 평면 내에서 마찰 없는 힌지로 연속된 삼각형의 뼈대구조로 조립한 구조로 이론적으로는 부재에서 축력만 발생되는 구조형식이다. 그러나 실제 트러스에서는 휨비틀림 등의 2차 부재력이 발생될 수 있다.

(1) 단일부재의 크기 중량이 거더교 형식에 비해 작기 때문에 제작, 운반, 가설 등의 취급이 용이하다.

(2) 부재의 모든 격점은 마찰이 없는 핀결합으로 가정하므로 부재력은 축방향력만 발생한다. 그러나 실제는 리벳, 볼트, 용접 등 강결구조이므로 2차 응력이 발생하나 그 영향력이 미미한 것이 보통이다.

(3) 타 형식의 교량에 비해 비교적 가벼운 강재 중량으로 큰 내하력을 얻을 수 있으며 트러스교의 높이를 임의로 정할 수 있어 상당히 큰 휨모멘트에 저항할 수 있다.

(4) 상현재의 위에 노면을 설치할 수 있어 Double deck 구조의 적용이 용이하다.

(5) 내풍성이 좋고 강성확보가 용이하여 장대교량의 보강형으로 적합하다.

(6) 부재구성이 복잡하고 현장작업량이 많으므로 가설비가 비싸며 유지관리비가 고가다.

(7) 비교적 작은 중량의 부재를 순차적으로 조립하여 큰 강성을 얻는 것이 가능하기 때문에 F.C.M공법의 채용이 다른 교량형식보다 유리하다.

② 부재 구성

하중을 주로 지지하는 주 트러스는 현재(상·하현재), 복부재(수직재, 사재)로 구성되어 있으며, 수평브레이싱, 수직브레이싱, 바닥틀 등으로 구성되어 있다.

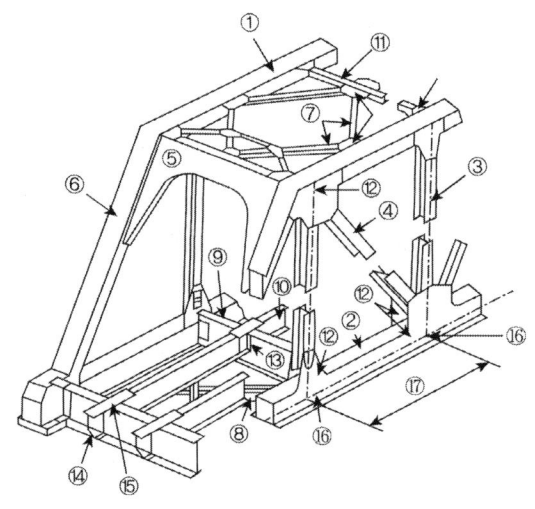

① 상현재 : Upper chord
② 하현재 : Lower chord
③ 수직재 : Vertical member
④ 사재 : Diagonal member
⑤ 교문브레이싱 : Portal Bracing
⑥ 단주(끝기둥) : End post
⑦ 상부 수평브레이싱
⑧ 하부 수평브레이싱
⑨ 횡형(가로보) : Floor beam
⑩ 종형(세로보) : Stringer
⑪ 스트러트 : Strut
⑫ 거세트판 : Gusset plate
⑬ 연결앵글
⑭ 브래킷 : Bracket
⑮ 모멘트 연결판
⑯ 격점
⑰ 격간길이

③ 설계 시 고려사항

(1) 부재의 부재력이 인장력에서 압축력 교체되는 교번응력에 대한 검토가 필요하다. 교번응력이 발생되는 부재는 각 응력에 대하 소요단면적을 산정해서 큰 쪽의 단면적을 사용하여야 하며 압축응력에 대해서는 좌굴검토도 수반되어져야 한다.

(2) 트러스의 실제 구조물은 이상적인 핀결합 가정과 달리 트러스 격점에서 Eye Bar의 이완 및 결손, 마모 등으로 마찰이 발생하고, 연결판(Gusset Plate) 사용으로 부재가 강결합되어 있어 부재 신축 시 부재 간의 각 변화가 발생되며 이로 인한 2차 응력이 유발된다. 편심과 격점의 강성영향을 최소화하고 처짐을 억제해 2차 응력에 대처할 수 있도록 검토해야 한다.

4) 아치교

① 특징

아치교는 지점을 고정시켜 수직 외부하중에 대해서 지점 수평력이 발생하여 아치의 단면에서 휨모멘트를 감소시키는 특성을 가지는 구조로, 단면을 결정하는 주 요인이 수평력에 의한 축방향 압축력이 되도록 한 구조체이다. 이러한 특성으로 아치교는 일반 거더교에 비해 강성이 커서 내풍 및 내진 안정성에 우수하며 미적으로도 수려한 특징을 가진다.

(1) 수평력에 견딜 수 있는 지반조건이 필요하다.
(2) 현수교, 사장교 다음으로 적용지간이 길다.
(3) 주위 환경과 조화를 이룬다.
(4) 90~100m 정도의 지간에 많이 사용된다.
(5) 아치지간이 장대화에 따른 비선형성의 불리한 거동을 한다.

② 부재 구성

아치교는 아치리브와 보강형과 아치리브를 연결하는 지재, 보강형으로 구성되어 있다.

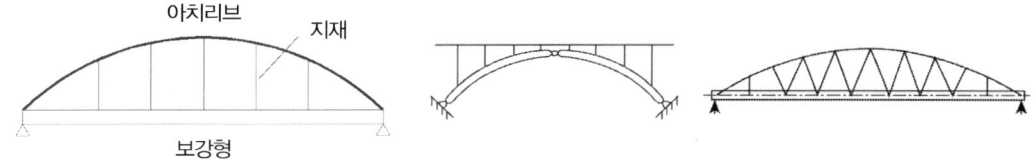

아치리브 / 지재 / 보강형

③ 설계 시 고려사항

(1) 아치는 이론적으로 부재 내에 압축력만 받도록 설계되는 구조체이므로 압축력에 의한 좌굴에 대한 검토가 가장 중요하다. 아치의 좌굴은 크게 면내좌굴과 면외좌굴로 구분되며 면내좌굴의 경우 Snap-Through Buckling, Bifurcation Buckling으로 구분되며 면외좌굴의 경우 기준식에 대한 검토를 수행한다.

(2) 아치교량의 미관과 경제성을 고려할 때 가장 중요한 요소는 라이즈 비이며 통상 아치의 기본설계 시에는 아치의 라이즈비를 매개변수로 하여 자중의 영향을 고려하여 설계하는 것이 통상적인 설계의 방법이다. 사하중과 활하중의 비, 강재중량 등을 고려하여 라이즈 비를 설정한다. 통상적인 아치의 설계에서는 1/5~1/10 범위에서 사용되고 있다.

5) 사장교

① 특징

사장교는 사장케이블(stay cable)의 인장강도와 주탑(pylon) 및 보강형(stiffened girder)의 휨압축강도를 효과적으로 결합시켜 구조적 효율을 높인 교량형식으로 케이블의 강성과 장력을 조절함으로써 보강형에 발생되는 휨모멘트를 현저하게 감소시킬 수 있어 경제적인 설계가 가능한 구조 형식이다. 구조적인 효율성, 외관 수려, 주행 시 개방감, 주변 환경에 따라 변형 용이한 장점이 있는 반면, 높은 부정정차수로 구조해석의 어렵다는 단점도 있다.

(1) 보구조에 비해 사용 재료 양이 최소화된다.

(2) 교량바닥 상부에 케이블이 하중을 지지한다.

(3) 하중전달을 위한 높은 주탑이 필요하다.

(4) 케이블 지점은 탄성스프링으로 지지되는 형식과 동일한 거동을 보인다.

② 부재 구성

사장교는 크게 사장케이블(stay cable)과 주탑(pylon), 보강형(stiffened girder)으로 구성되어 있다.

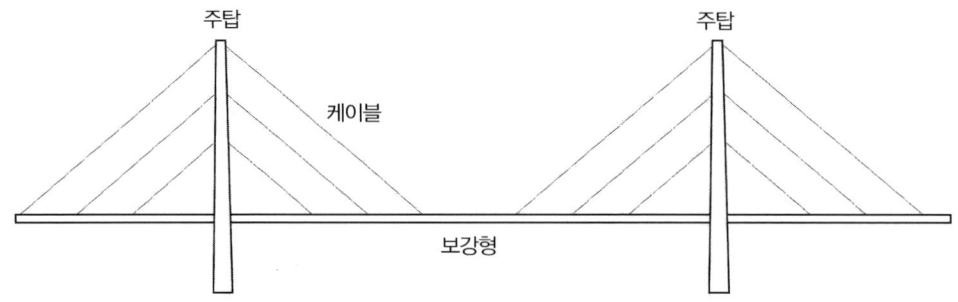

주탑 주탑
케이블
보강형

③ 설계 시 고려사항

(1) 주요 설계변수(① 지간의 결정(중간 교각의 유무, 지간비), ② 주형단면결정, ③ 주탑의 높이
및 단면결정, ④ 케이블의 배열(종, 횡방향), ⑤ 케이블의 수 ,⑥ 케이블과 주탑의 결합조건
과 위치, ⑦ 주형과 주탑의 연결조건, ⑧ 주탑과 기초부위 연결조건, ⑨ 인접지간과의 연결
상태 , ⑩ 기초형식)에 대한 검토가 필요하다.

(2) 부재의 케이블 프리스트레스가 균등하게 도입하기 위해 초기치 해석을 수반해야 한다.

(3) 좌굴 해석뿐만 아니라, 풍우진동 등 바람에 의한 영향이 크기 때문에 진동에 대한 검토가 수
반되어야 한다.

(4) 주부재인 케이블은 붕괴유발부재이기 때문에 파단과 교체에 대한 검토가 수반되어야 한다.

6) 현수교

① 특징

주부재인 주케이블이 현수재를 포함한 케이블과 보강형 등 고정하중을 지지하는 구조로 고정하
중 작용 시 주케이블이 전체하중을 지지하여 보강형은 무응력 상태가 되며 추가 고정하중과 활
하중 등의 부가하중은 보강형과 주케이블 시스템이 부담하도록 한 교량형식이다.

(1) 주요 부재인 주케이블이 현수재를 포함한 케이블의 자중과 보강형의 자중, 이에 지지되는
상판, 포장 등의 자중을 주탑, 앵커리지에 전달하며 완성 후에 작용하는 외력을 보강형과 함
께 분담 지지하여 하중을 앵커리지로 전달한다.

(2) 보강형은 케이블과 함께 교체에 연직 및 수평방향 강성을 부여하고 완성 후 보강형에 작용
하는 하중을 분산시키며 그 하중을 행어를 통해 주케이블로 전달시키는 역할을 한다.

(3) 현수교는 주로 케이블에 의해 강성이 확보되는 구조물로 타형식의 교량에 비해 변위 및 유
연성이 큰 교량형식이다.

② 부재 구성

현수교는 크게 주케이블과 주탑, 보강거더, 앵커리지로 구성되어 있다.

구분	정의 및 특징	개요도
보강거더	• 차량 하중을 지지하거나 분산시키는 종방향 구조로서 횡방향 시스템의 코드로 작용하고, 구조물의 공기 역학적 안정성 필요	
주케이블	• 소선의 다발로써 행어를 통해 보강 거더를 지지하는 역할을 하고, 케이블에 전달된 하중을 주탑으로 전달하는 구조 시스템	
주탑	• 중간의 수직 구조로서 주케이블을 지지하고, 케이블로부터 전달된 하중을 기초로 전달하는 구조물	
앵커리지	• 매스콘크리트 블록으로 주케이블의 하중을 교량의 단부 지점으로 전달하는 구조물	

③ 설계 시 고려사항

(1) 앵커리지 지지기반 : 앵커블록은 케이블 수평력을 받아 지반의 크리프 변형에 의해 공사 완료 후에도 주탑측으로 이동하게 되므로 이에 대한 오차를 보정하도록 설계에 반영해야 한다. 또한 앵커리지의 안정계산에 있어서 활동에 대한 안정이 지배적인 경우가 많으므로 연직하중에 대해 간극수압에 의한 양압력 등의 존재여부를 고려해야 한다.

(2) 주경간장 : 장지간의 교량일수록 내진보다는 내풍에 의한 영향이 더 커지므로 현수교에서 주경간장은 내풍안정성이 확보되도록 변장비를 만족해야 하며 일반적으로 현수교는 65 이하의 변장비를 적용하고 있다. 또한 주경간장은 항로폭의 확보, 적정한 기초규모 및 최적공사비 확보가 가능하도록 충분히 검토하여야 한다.

(3) 측경간비 : 측경간비는 주탑 새들에서의 케이블 활동안전율의 확보, 적정 앵커리지 규모 확보, 경관적 요소 등을 고려하여 결정하며 일반적으로 타정식 현수교는 0.24~0.27, 자정식 현수교는 0.35~0.45 범위에서 선택되고 있다.

(4) 새그비 : 현수교의 역학적 특성을 좌우하는 지배요소로 케이블 물량, 앵커리지 규모에 직접적인 영향을 준다. 일반적으로 새그비가 증가할수록 케이블 장력이 감소하나 보강형 휨모멘트가 증가하고 내풍안정성이 감소하므로 새그비에 따른 공사비 검토를 수행하여야 한다.

(5) 사장교와 마찬가지로 진동에 대한 검토가 수반되어야 한다.

모듈러 교량

모듈러 교량(Modular Bridge, 표준모듈을 활용한 조립식 교량, Prefab Bridge)에 대하여 설명하시오.

풀 이

▶ 개요

모듈러 교량은 최소의 표준화된 교량 모듈을 공장에서 미리 제작한 후 조합하여 다양한 현장조건에 대응할 수 있는 교량 시스템으로 사업 발주에서부터 최소기간에 완공할 수 있는 특징을 가진다. 모듈러 교량은 표준모듈로 구성되어 표준화된 제작과 제작 최적화로 형고가 일정하고 단면의 변화가 최소화된다. 따라서 모듈 조합설계에 따른 설계시간 단축, 소재의 선 구매, 모듈의 선 제작 등 대기시간 등의 낭비 요소를 제거하여 사업기간의 최소화에 기여할 수 있다.

▶ 모듈러 교량의 특징

다양한 현장조건을 반영할 수 있는 표준 모듈의 조합으로 구조적 안전성, 기능성, 요구수명 등을 확보할 수 있는 영구 교량을 목표로 하며 다음의 4가지 특징을 가진다.
① (선 제작) 다양한 현장조건에 대응할 수 있도록 단면, 폭, 길이방향으로 자유 확장되는 표준 모듈(상부, 하부, 부대시설 모듈)들을 사전에 제작
② (후 설계) 표준 모듈 DB 및 시뮬레이션 프로그램을 이용한 모듈 조합설계
③ (제품 유통) 표준 모듈 유통망(Supply chain)을 통한 공급체계
④ (영구교량화) 모듈 간 현장 간편조립을 통한 일체화 시공

▶ 모듈러 유형별 개발 목표

연구를 통해 실용화 목표로 개발 중이며, 프리캐스트 바닥판, 가설교량 등은 활용 중에 있다. 상부구조와 하부구조, 기타 부대시설로 구분될 수 있으며 각 유형별 개발 목표는 다음과 같다.

구분	기술의 정의	구성도	개발 목표 성능
강재 모듈러 상부구조	표준모듈의 조합을 통해 단면, 폭, 길이방향으로 확장이 가능하여 다양한 현장조건을 만족할 수 있는 강재 모듈 제품		㉠ 등급 : 1등급 교량 ㉡ 폭 확장 : 4차선 ㉢ 적용 지간 : 20~60m ㉣ 내구수명 : 75년 이상 ㉤ 공기단축 등(60m, 4차로) 　-기간 : 5 → 1개월(△80%) 　-인력 : 162 → 68명(△58%)

구분	기술의 정의	구성도	개발 목표 성능
프리캐스트 모듈러 상부구조	표준모듈의 조합을 통해 단면, 폭, 길이방향으로 확장이 가능하여 다양한 현장조건을 만족할 수 있는 프리캐스트 모듈 제품		㉠ 등급 : 1등급 교량 ㉡ 폭 확장 : 4차선 ㉢ 적용 지간 : 20~60m ㉣ 내구수명 : 75년 이상 ㉤ 공기단축 등(40m, 4차로) 　-기간 : 4.5 → 2개월(△55%) 　-인력 : 172 → 44명(△70%)
모듈러 하부구조	표준모듈의 조합을 통해 다양한 차선, 높이에 대응할 수 있는 교각 모듈 제품 벽체-교대 복합기능을 구현하면서 표준 모듈로 현장조건을 대응할 수 있는 널말뚝식 복합교대 제품		㉠ 등급 : 1등급 교량 ㉡ 폭 확장 : 4차선 ㉢ 적용 지간 : 20~60m ㉣ 내구수명 : 75년 이상 ㉤ 공기단축 등(현장타설 15m) 　-기간 : 2.5 → 0.7개월(△72%) 　-인력 : 112 → 60명(△46%)

부체교

부체교(Floating Bridge)의 주행안정성에 대해 설명하시오.

풀 이

▶ 개요

부체교는 교량의 하부구조가 직접 지면에 접촉되지 않고 수면에 설치되어 있는 폰툰(ponton)의 부력에 의해 지지되는 교량이다. 하부구조 시공이 곤란한 깊은 수심이나 연약지반층이 깊은 지역에 적합한 형식으로 자연현경 보존을 위한 늪지, 습지에 적합한 형식으로 기존의 사장교나 현수교를 대체할 수 있는 형식이다.

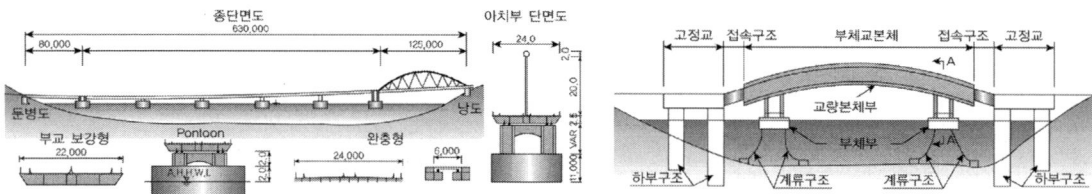

▶ 부체교의 구조

부체교는 교량 부체교 본체부, 부체부, 계류구조, 하부구조, 접속구조로 이루어지며, 각 구조별 역할은 다음의 표와 같다.

구분	구조체의 역활
교량 본체부	차도부가 있는 구조체로 교량거더 부분 및 폰툰 위의 교각 부분을 포함하며 폰툰 상판이 그대로 차도부로 이용되는 경우도 있다.
부체부	수몰부분이 있어 부력을 받는 구조체로 폰툰부를 말한다.
계류구조	장기간 교량본체부를 일정한 장소에 유지시켜 표류하지 않게 하는 장치로 케이블, 체인 및 이를 지지하는 싱커, 계류용 돌핀의 펜더, 말뚝 등을 말한다.
하부구조	부체교 본체에 작용하는 하중을 기초지반에 전달하는 구조부분으로 교대를 포함한 고정교 및 기 기초를 말한다.
접속구조	부체교 본체와 고정교 사이에 설치되어 부체교 본체의 동요에 대해 고정교와의 접속을 원할히 하기 위해서 설치되는 차도부를 가지는 구조체로 완충거더를 포함한다.

▶ 부체교 특유의 하중

① 파랑하중 : 평상시, 폭풍 시에 해당하는 파랑의 영향
② 지진하중 : 동수압의 영향

③ 조석, 조위 : 조류의 영향과 조위의 변동의 영향

④ 부 하중 : 지향적인 특성에 따른 수면의 자유진동으로 인한 영향

⑤ 항적파 : 선박에 의한 파도의 영향

⑥ 얼음 영향 : 유빙이나 착빙의 영향

⑦ 생물 부착 : 조개류와 따개비류와 같은 부착생물이 부체교에 미치는 영향

> **부체교의 요구성능**

일반적인 교량에서 요구하는 성능과 유사하며 부체교 고유의 특성을 고려하는 안정성, 사용성, 복구성, 시공성, 유지관리성으로 구분할 수 있다.

1) 안정성 : 예상되는 모든 하중에 대해 구조적으로 안정성 확보하는 성능

① 정적안정성 : 횡가상중심 M이 중심위치 G보다 위에 있는 것을 필요조건으로 규정하며 GM의 거리가 클수록 부체 복원력이 커져서 안정성이 높아진다. 바람, 파랑과 같은 외력에 의한 변위나 동요를 고려하여 동적 안정성 평가와 함께 GM거리를 어느 정도 크게 고려하는 것이 필요하다.

② 동적안정성 : 부체교에 풍하중과 활하중이 재하될 때 경사모멘트와 복원모멘트를 비교하여 하중재하 시의 동적안정성을 확보하여야 한다.

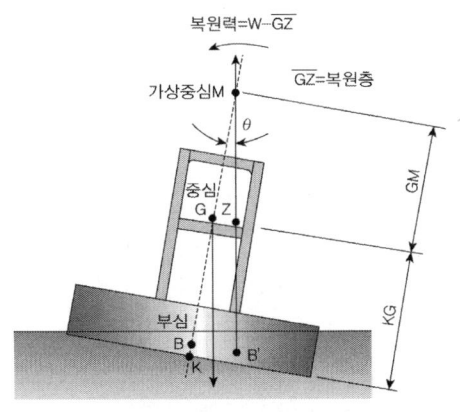

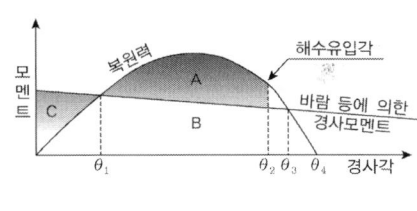

(a) 정적안정성 : 거리GM > 0   (b) 동적안정성 : A+B(면적) > B+C(면적)

2) 사용성 : 주행안정성에 관한 성능, 승차감, 외관, 진동, 소음과 같은 부체교의 사용성에 관한 성능

3) 복구성 : 손상을 받았을 때 기능 회복에 관한 성능

4) 시공성 : 공사 중 시공의 안전성과 품질 확보를 위한 성능

5) 유지관리성 : 공용기간 중에 기능을 확보하는 성능

➤ 부체교에서의 주행안정성 확보

부체교에서의 주행안정성 확보를 위해서는 계류구조, 접속구조를 통해서 안정성을 확보하도록 하여야 한다.

1) 계류구조 : 부체교의 수평하중에 저항하는 구조로 아래의 그림과 같은 형식으로 구분된다.

   ① 돌핀 계류 구조 : 해저에 지지된 돌핀 및 부체교량과의 설치된 고무펜더 등에 의해 부체를 계류하는 방법으로 고정식 구조이기 때문에 비교적 얕은 수심에 적용되므로 변위 억제에 유효하다. 돌핀형식으로는 중력, 조항식, 자켓식이 있다.

   ② 카테나리 계류 구조 : 체인계류와 같이 카테나리 형상으로 기하학적 변형에 따르는 복원력에 의해 계류하는 방법으로 수심 10m 이상의 수심에 적용되는 사례가 많으며, 깊은 수심에 대해서는 경제적이나 수평이동이 커서 계류구조의 수역 점유면적이 크게 된다.

   ③ TLP(Tension Leg Platform) 방식 계류 구조 : 체인, 강관 테더(tether), 와이어 등의 텐던에 의해 부체를 정적 평형 상태보다도 하부로 끌어 당겨 이것에 의해 발생되는 과잉 부력과 초기 장력에 의해 부체를 계류하는 방법이다.

   ④ 양단고정 계류 구조 : 폰툰 등의 부체부를 직접 계류하는 것이 아니라 부체교에 작용하는 하중을 교량 단부에서 지지하는 계류방법이다.

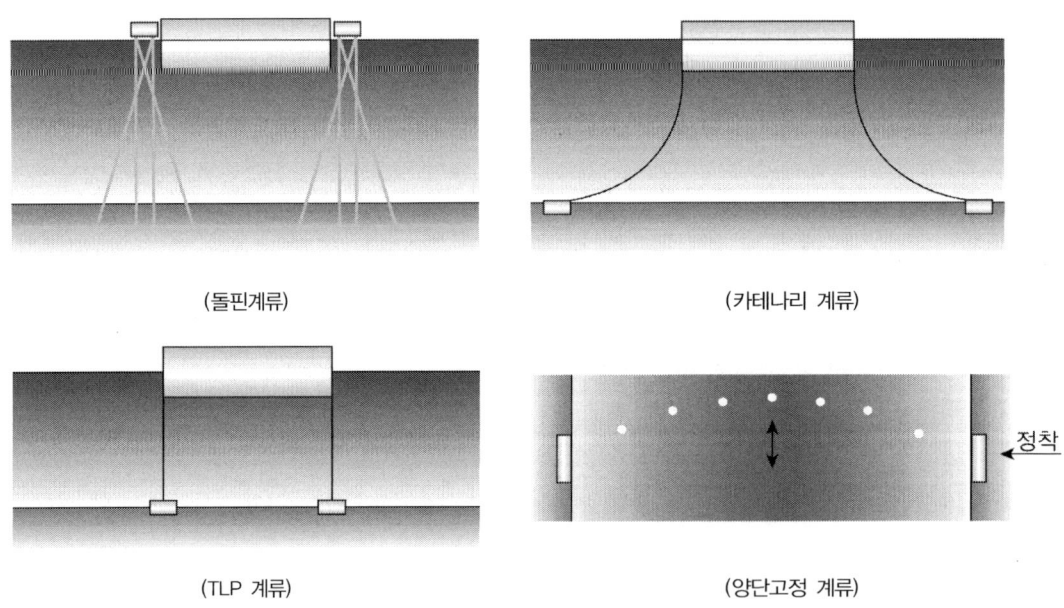

(돌핀계류)   (카테나리 계류)

(TLP 계류)   (양단고정 계류)

2) 접속구조

부체교에서는 고정교와 같이 접속구조, 받침, 신축이음 장치 등의 부대설비가 있으며 부체교에서 발생하는 진동에 의한 영향 및 지반변동에 대한 영향으로부터 주행안정성을 확보할 수 있어야 한다.

접속구조는 수면의 변동에 따라 끊임없이 동요하므로 주행차량의 허용경사, 절곡부의 곡률을 고려하여 설계하여 하며, 이동량(고정교와 부체교의 상대변위)은 계류구조와도 밀접한 관계가 있으므로 계류구조에서 부체교의 구속도를 높이면 동요에 의한 신축량이 작아져 접속구조를 보다 간단하고 쉬운 구조로 할 수 있는 반면에 계류구조의 반력이 증대하는 단점이 있다.

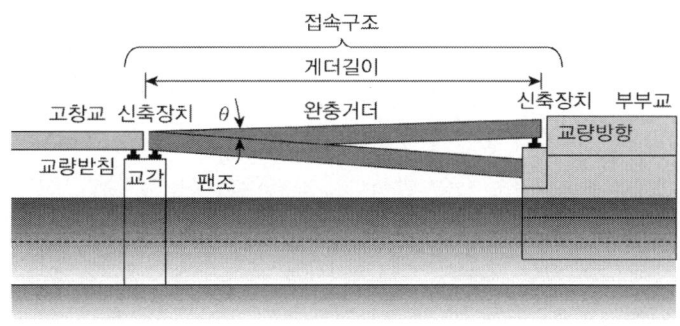

(접속구조의 개념)

▶ **국외의 대표적인 부체교**

(Dubai Flating Bridge, 2007)

(Yumemai교, Japan, 2000)

LCC 경제성 분석

비용 데이터 적용방법에 따른 교량의 LCC 경제성 분석 방법 및 절차에 대하여 설명하시오.

풀 이

▶ 개요

LCC란 초기투자비용(공사비, 설계비, 감리비, 보상비 등), 유지관리비용(점검 및 진단비, 관리비, 에너지비용, 보수비, 교체비, 보강비 등), 이용자비용, 사회·경제적 손실비용, 해체·폐기비용, 잔존가치 등 시설물의 생애주기 동안 발생하는 모든 비용을 말하며, "LCC 분석"은 초기투자비와 유지관리비 등 시설물의 내용연수 동안 발생하는 생애주기비용의 일부 또는 전부를 산출하는 것을 말한다.

▶ LCC 경제성 분석방법

LCC 경제성 분석방법은 확정적 분석방법과 확률적 분석방법으로 크게 구분되며, 국내에서는 확정적 분석방법을 기본으로 적용하도록 규정하고 있다.

1) 확정적 분석방법

유지보수 주기나 비용 등 LCC 분석의 기초자료의 변동성이나 불확실성을 고려하지 않고 특정한 값을 확정하여 적용하는 방법으로, 특정한 값을 확정하여 적용할 경우 적용이 간편하고 분석결과를 직관적으로 인식하기 쉽다는 장점이 있다. 다만, 기초자료를 특정함에 따라 불확실성을 처리하지 못한다는 단점이 있다. 확정적 분석방법의 단점을 보완하기 위해 일부 기초자료를 변화할 경우 LCC 분석결과의 차이를 분석해 보는 민감도 분석을 병행해야 한다.

2) 확률적 분석방법

LCC 분석 기초자료에 대한 특정한 값이 아닌 일정한 분포를 따르는 확률특성값을 적용하고 시뮬레이션을 통해 LCC 분석결과를 확률특성값으로 제시하고 LCC가 각각의 값이 될 수 있는 확률을 함께 제시하는 분석방법이다. LCC 분석 기초자료 각각의 확률적 특성치를 설정하고 이를 토대로 LCC를 시뮬레이션하며, LCC에 영향을 미치는 변수의 불확실성을 고려할 수 있으므로 확정적 분석방법보다 진보된 방법론이나 LCC 분석 기초자료의 확률적 특성치에 관한 신뢰할 수 있는 자료의 확보가 전제되어야 한다. LCC 분석 기초자료에 대한 확률적 특성치의 충분한 통계자료가 없는 경우 전문가 의견을 토대로 입력변수를 가정하여 적용할 수도 있다. 확률적 접근방법은 LCC를 확정값이 아닌 확률밀도함수와 누적분포함수의 형태로 표현할 수 있으며 기댓값과 위험도를 같이 고려할 수 있는 특징을 가진다.

【 확률 특성 가정 시 사용되는 분포 유형 】

	모형	조건
삼각형 (Triangular)		• 곡선의 꼬리 수치가 없을 경우 사용
삼각정규형 (Trigen)		• 곡선의 꼬리 수치가 있는 경우 사용
정규형 (Normal)		• 만일 데이터가 정규분포일 것이라고 판단되면 최확기대치, 최대/최솟값을 이용하여 표현 가능 • 표준편차 ±2는 데이터의 95%에 접근한다고 가정
표준형 (General)		• 전문가 융통성에 의해 곡선 모양을 조절하여 표현
균등형 (Uniform)		• 최대/최소 사이의 데이터가 균일하게 발생되며, 최대/최소 밖에서는 데이터의 발생이 없다고 판단되는 경우
이산형 (Discrete)		• 전문가의 의견에 의해 가중치를 주어 확률 분포를 표현하는 경우

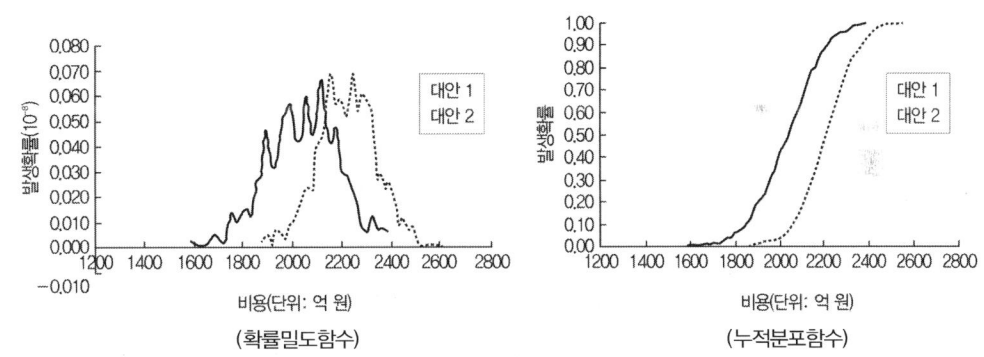

(확률밀도함수)   (누적분포함수)

➤ LCC 경제성 분석 절차

초기투자비용(공사비, 설계비, 감리비, 보상비 등), 유지관리비용(점검 및 진단비, 관리비, 에너지비용, 보수비, 교체비, 보강비 등), 이용자비용, 사회·경제적 손실비용, 해체·폐기비용, 잔존가치 등 시설물의 생애주기 동안 발생하는 모든 비용을 분석하고 시간의 흐름에 따라 발생하는 비용을 모두 현재가치로 환산해 비용을 집계한다. 집계된 비용을 분석해 LCC에 유리한 방식을 선정하고 산정 시 고려된 데이터와 방법에 대한 검증 절차를 갖는다.

➤ LCC 가치환산방법

1) 현재가치 환산법

현시점으로부터 미래의 비용발생 시점까지의 기간과 할인율을 기초로 하는 다음 현재가치환산계수(Present Worth Factor; PWF)를 곱하여 미래시점의 비용을 현재 시점 가치의 비용으로 환산하는 방법이다. 매년 동일하게 발생하는 비용의 경우는 매년 발생하는 비용에 다음 연등가액현재가치환산계수(Present Worth of Anuity Factor; PWAF)를 곱하여 일괄적으로 현재가치로 환산할 수 있다.

2) 연등가액환산법

연등가액과 연등가액현재가치환산계수(PWAF)를 곱하여 현재가치를 계산할 수 있으므로, 현재가치를 연등가액현재가치환산계수(PWAF)로 나누면, 즉 현재가치에 PWA의 역수를 곱하면 연등가액으로 환산할 수 있다. PWA의 역수가 현재가치연등가액환산계수(Periodic Payment Factor; PPF)가 된다.

경제성 분석

어느 지방교량 신설사업에 대한 예비타당성조사 결과가 아래와 같을 때 다음에 대하여 설명하시오.

경제성 분석 자료	정책성·지역균형발전 평가 결과
총사업비의 현재가치 : 1,800억원 연간 사회적 편익 : 75억원 분석기간 : 20년	정책성 : 매우 우수 지역균형발전 기여도 : 우수

1) B/C(Benefit-Cost Ratio, 비용편익비) 및 NPV(Net Present Value, 순현재가치)를 산정하시오.
2) 예비타당성조사 관점에서 사업의 통과 여부를 종합적으로 판단하시오. (단, 할인율은 이미 반영된 현재가치 기준이며, 잔존가치는 고려하지 않는다.)

풀 이

➤ **개요**

예비타당성 조사 단계에서 사업의 경제성을 세부적으로 평가 방법으로는 편익·비용 비율(Benefit Cost Ratio, B/C), 순현재가치(Net Present Value, NPV), 내부수익률(Internal Rate of Return, IRR) 등이 있다.

분석기법	판단	장점	단점
편익/비용분석 B/C	B/C≥1	• 이해 용이, 사업규모 고려 가능 • 비용·편익 발생시간의 고려	• 편익과 비용의 명확한 구분이 곤란 • 상호 배타적 대안선택의 오류 발생 가능 • 사회적 할인율의 파악
순현재가치 NPV	NPV≥0	• 대안선택 시 명확한 기준 제시 • 장래발생편익의 현재가치 제시 • 한계 순현재가치 고려 • 타 분석에 이용 가능	• 할인율의 분명한 파악 • 이해의 어려움 • 대안 우선순위 결정 시 오류 발생 가능
내부수익률 IRR	IRR≥r	• 사업의 수익성 측정 가능 • 타 대안과 비교가 용이 • 평가과정과 결과 이해 용이	• 사업의 절대적 규모 고려하지 않음 • 몇 개의 내부수익률이 동시에 도출될 가능성 내재

➤ **B/C(Benefit-Cost Ratio, 비용편익비)**

비용·편익 분석법은 총편익과 총 비용의 할인된 금액의 비율로 나타낸다. 장래에 발생할 비용과 편익을 현재가치로 환산해서 편익을 비용으로 나누어 산정하며, 편익/비용 비율이 1보다 같거나 큰 경우 경제적 타당성이 있는 것으로 판단한다.

주어진 조건과 같이 할인율이 반영된 현재가치라고 가정하면,

$$\sum_{t=0}^{n} \frac{B_t}{(1+r)^t} = 75 \times 20 = 1,500억원, \quad \sum_{t=0}^{n} \frac{C_t}{(1+r)^t} = 1,800억원$$

$$편익 \cdot 비용비율(B/C) \quad = \quad \sum_{t=0}^{n} \frac{B_t}{(1+r)^t} / \sum_{t=0}^{n} \frac{C_t}{(1+r)^t} \quad = \quad 1,500/1,800 = 0.83$$

➤ NPV(Net Present Value, 순현재가치)

순현재가치는 사업에 수반된 모든 비용과 편익을 기준연도의 현재가치로 환산하여 총 편익에서 총 비용을 제한 값이다. 이 값이 0보다 크거나 같을 경우 경제성이 있는 것으로 판단한다.

$$순현재가치(NPV) \quad = \quad \sum_{t=0}^{n} \frac{B_t}{(1+r)^t} \quad - \quad \sum_{t=0}^{n} \frac{C_t}{(1+r)^t} \quad = \quad 1,500-1,800 = -300억원$$

➤ 예비타당성 관점에서 사업의 타당성

비수도권 지역의 사업이라고 가정한다. 예비타당성조사 운용지침에 따라 여러 명의 평가를 기반으로 한 AHP기법을 통해 적용 비율을 정하고 그 범주를 평가하여야 하나, 주어진 조건에서 운용지침에 제시한 값의 범위에서 중간값으로 임의로 고려해 평가한다.

구분	경제성	정책성	지역균형발전
적용비율 범위(%)	30~45%	25~40%	30~40%
적용 비율(%)	35	30	35
평가 결과	0.83/1.00	매우우수(5/5)	우수(4/5)
결과 값	0.29	0.30	0.28

AHP 평가결과 = 0.29 + 0.30 + 0.28 = 0.87 > 0.5   ∴ 사업이 타당한 것으로 판단된다.

장대 해협횡단 교량의 형식과 설계

해협을 횡단하는 연장 1km 이상의 교량을 설계하는 설계 책임자로서 교량형식 선정 시 고려해야 할 사항과 설계 시 반영해야 할 유의사항에 대하여 설명하시오.

풀 이

▶ **개요**

해협을 횡단하는 교량을 사장교나 현수교 혹은 사장현수교와 같은 하이브리드 형식의 장경간의 형식을 우선적으로 검토하는 것은 수심이 깊은 바다에서 교각의 기초 공사비로 인해 공사비가 기하급수적으로 상승할 수 있고, 해협을 운행하는 선박의 교행을 원활히 하기 위해서는 장경간의 교량 형식이 적합하기 때문일 것이다.

▶ **교량 형식 선정 시 고려해야 할 사항**

1) 교량의 적정 지간장 결정을 위한 조사

기본적으로 교량 시설물의 규모, 배치, 형태, 개략공사방법 및 기간, 개략 공사비 등에 관한 조사와 관련된 내용을 선 수행해야 한다. 일반적으로 교량의 계획조사를 위해 포함되어야 할 내용은 가교지점, 교장, 교폭, 형하공간, 구조형식을 결정하기 위한 조사로 다음과 같은 사항을 조사에 포함되어야 한다.
① 지형조사 : 지형도 작성
② 기상조사 : 기온, 습도, 강우량, 적설량, 풍향, 풍속, 지진 등에 대한 조사
③ 하천조사 : 이수상황 조사, 유량, 유속, 하천구배, 연간 수위변화
④ 지질 및 토질조사
⑤ 운행되거나 장래 운행예정인 선박의 규모, 크기, 이동량 등 조사
⑥ 상위계획 및 연관 개발계획 조사

2) 교량계획 시 고려사항

교량계획에서는 노선의 선형과 지형, 지질, 기상, 교차물 등의 외부적인 제조건, 시공성, 유지관리, 경제성 및 환경과의 미적인 조화를 고려하여 가설위치 및 교량형식을 선정하여야 한다. 특히 해협에서 수심과 조위차가 크고 조속이 빠른 해상에서는 교각의 설치 위치와 공사방법이 제한될 수 있으며, 해상의 통과 선박의 크기나 인근 어업 지역 보호가 교량계획에 제한요소로 작용할 수 있다. 이러한 제한요소는 계획 교량의 시종점 변경이나 교량형식 선정에 주요 요소로 작용할 수 있으므로 교량계획 시 세심한 고려가 필요하다.

① 가설위치와 노선 선형

② 외적 제반조건

③ 구조적 안정성과 경제성

관련기관 협의 전 사전 확인사항	주요 협의 사항
(1) 박 톤수(G/T : Gross Tonnage) (2) 마스트 높이(공선 시의 수면 위의 높이) (3) 항로 현황(항로폭) (4) 교량가설 위치의 조위 (5) 해상 국립공원, 자연환경 보전지역 및 해안 보전지역 지정 여부 (6) 양식장 등 어업권 설정 지역 (7) 태풍의 경로, 방향, 풍속	(1) 교량의 형식, 교량의 길이, 경간길이(항로부 주경간 길이, 접속 교량 경간길이) (2) 교대, 교각의 위치 및 교각 형상 (3) 다리밑 공간 (4) 교각 기초의 형상 및 근입 깊이 (5) 교각에 선박 충돌에 대한 보호시설 설치 유무 및 충돌 하중의 크기 (6) 시공계획 　1. 기초공사 방법 　2. 상부구조 가설공법 　3. 시공 중 항로 저해 여부 　4. 선박 안전운행을 위한 안전표시 설치방안 등 (7) 어업권 보상대책 (8) 상수도, 전력, 통신 등 관로 설치 계획

➤ 설계 시 반영해야 할 유의사항

1) 구조물의 내구성

바다에 설치되는 구조물은 염해의 영향을 받을 수밖에 없으며, 염해는 구조물의 내구성에 지대한 영향을 미친다. 따라서 구조물의 내구성능 목표에 맞게 내구성 설계를 수행해야 한다.

2) 케이블 교량 설치 시 안정성 검토

① 내풍설계 : 장경간의 지간을 가질 수 있도록 사장교, 현수교, 사장현수교와 같은 구조물을 설치할 경우 풍하중으로 인한 진동의 의한 영향이 매우 크기 때문에 풍동해석이나 CFD해석 등을 통해 사전 점검하고 영향이 적은 유선형 단면 등을 적용 검토한다.

② 주탑 안정성 : 다주탑 사장교와 같은 구조 형식을 채택할 경우 지지점 부재로 인한 처짐 등의 문제에 대한 거동 안전성과 거대 주탑에 대한 안전성 검토 등을 수행해야 한다.

③ 보강거더 : 초장대교량으로 설계될수록 보강형 구조형식은 경량화되기 때문에 진동과 좌굴 안정성에 취약할 수 있다. 이에 대한 적정한 안정성 확보를 검토해야 한다.

④ 해상기초 : 교량의 주경간장이 증가되면 주탑 기초와 앵커리지도 대형화될 수밖에 없으며 이에 대한 대형, 대심도 해상기초 설계에 대한 적용 안정성 검토가 필요하다.

⑤ 케이블 안정성 : 주경간이 증가될수록 케이블의 인장강도가 증가해야 주탑의 높이가 낮아지기 때문에 최적화된 케이블을 설정하고 안정성 검토를 수행해야 한다.

케이블 교량의 초장대 교량 건설을 위한 핵심기술

핵심기술 분야	세부기술항목	주요 기술 분야
설계기술	구조시스템	장대교량, 현수교, 사장교, 케이블 지지교
	내풍기술	내풍, 풍동실험, 풍하중
케이블 기술	교량용 케이블	교량용 케이블, 선재, 강선
	케이블용 부속장치	앵커, 새들, 케이블 제진장치
	케이블 가설기술	케이블 가설장비, 가설공법
시공기술	상부구조 가설기술	대블럭/조립식/해상시공, 크레인, 바지선
	고주탑 기술	주탑, 연직도 관리
	해상기초 기술	해상기초, 해저굴착, 가물막이, 세굴방지, 선박충돌장치
시공제어 및 유지관리기술	시공제어기술	GPS 포지셔닝, 정밀/원격 시공제어, 가상시공
	유지관리기술	점검, 계측, 센서, 모니터링, 상태평가, 진단
구조재료기술	강재	고강도강, 고인성강, 내후성강, TMCP, 극후판
	콘크리트	고강도, 고유동, 경량, 내염, 친환경 콘크리트
	신소재 및 합성재료	FRP, FRC, 나노재료, 복합재료, 경량포장, 내구성 도장

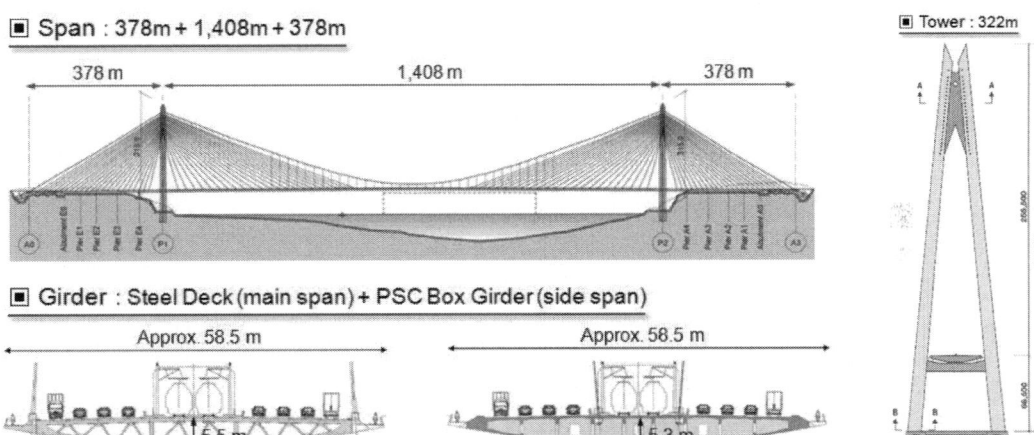

■ Span : 378m + 1,408m + 378m

378 m　　　1,408 m　　　378 m

■ Girder : Steel Deck (main span) + PSC Box Girder (side span)

Approx. 58.5 m　　　Approx. 58.5 m

5.5 m　　　5.3 m

■ Tower : 322m

하천교량 경간장과 여유고

하천교량(KDS 51 90 10: 2018)에서 제시된 하천교량의 경간장과 여유고에 대하여 설명하시오.

풀 이

▶ 하천횡단 교량의 개요

하천교량의 경우 되도록 하천상에 교각 등의 설치를 최소화하여 시설물 설치로 인한 수위상승 등의 효과가 발생되지 않도록 하고, 하천설계기준에 따라 계획홍수량에 따라 홍수위로부터 교각이나 교대 중 가장 낮은 교각에서 교량 상부구조를 받치고 있는 받침장치 하단부까지의 높이인 여유고를 확보하도록 규정하고 있다.

▶ 하천을 통과하는 경우 고려해야 할 사항

1) 노선선정

하천을 통과하는 경우는 교량의 초기 건설비 및 수로정리를 위한 하안 공사와 침식을 감소시키기 위한 유지관리 조치가 포함된 총비용의 최적화를 고려하여 위치를 선정해야 한다. 교량 위치에 대한 대안을 조사하는 경우 다음과 같은 사항들을 평가한다.

① 수로의 안정성, 홍수기록, 그리고 하구의 경우는 조차 및 조석주기를 포함하는 하천과 범람원의 수리, 수분학적 특성

② 교량의 설치가 홍수 흐름양상에 미치는 영향과 이에 의한 교량 기초에서의 세굴가능성

③ 새로운 홍수위험의 발생 또는 기존 홍수위험의 심화가능성

④ 하천과 범람원에 미치는 환경적 영향

2) 다리밑 공간

하천 혹은 항로상에 통과 선박에 관한 다리밑 공간 확보는 유관기관과 협의를 통해 설정해야 한다. 또한 하천의 유속 흐름 등에 방해되지 않도록 교각의 위치, 경간장, 홍수위 등을 하천설계기준에 따라 설정하고 관계기관과 협의를 수행해야 한다.

3) 수문 및 수리 영향

하천의 안정, 역류, 흐름의 분배, 유속, 세굴가능성, 홍수위험, 조석거동을 고려해야 하며 하천정비 기본계획 및 하천설계기준의 설정기준치와의 부합성을 고려해야 한다.

➤ 하천횡단의 경간장

1) 하천횡단 교량의 경간분할

① 유속이 급변하거나 하상이 급변하는 지역에는 교각설치 배제
② 저수로 지역에서는 경간을 크게 분할
③ 하천 단면을 줄이지 않도록 하고 교각설치로 인한 수위상승과 배수를 검토
④ 유목, 유빙이 있는 하천, 하천 협소부에서는 교각수를 최소화
⑤ 유로가 일정하지 않은 하천에서는 가급적 장경간 선택
⑥ 기존 교량에 근접하여 신설 교량을 건설할 때는 경간분할을 같게 하거나 하나씩 건너뛰는 교각배치를 검토

2) 하천설계기준에 따른 교량 경간장

하천을 횡단하는 교량의 경간분할은 유속이 급변하거나 하상이 급변하는 지역에는 교각설치를 배제하고, 저수로 지역에서는 경간을 크게 분할하며, 하천 단면을 줄이지 않도록 하고 교각설치로 인한 수위상승과 배수를 검토하고, 유목, 유빙이 있는 하천, 하천 협소부에서는 교각수를 최소화하고, 유로가 일정하지 않은 하천에서는 가급적 장경간을 선택해야 한다. 기존 교량에 근접하여 신설 교량을 건설할 때는 경간분할을 같게 하거나 하나씩 건너뛰는 교각배치를 검토해야 한다. 하천설계기준에 따른 경간장 결정기준은 다음과 같다.

① 교량의 길이는 하천폭 이상으로 한다.
② 경간장은 치수상 지장이 없다고 인정되는 특별한 경우를 제외하고 다음의 값 이상으로 한다. 다만 70m 이상인 경우는 70m로 한다.

$$L = 20 + 0.005Q \ (Q : 계획홍수량 \ m^3/sec)$$

③ 다음 항목에 해당하는 교량의 경간장은 하천관리상 큰 지장이 없을 경우 ②와 관계없이 다음의 값 이상으로 할 수 있다.
- $Q < 500m^3/sec$, B(하천폭)$< 30.0^m$ 인 경우 : $L \geq 12.5^m$
- $Q < 500m^3/sec$, B(하천폭)$\geq 30.0^m$ 인 경우 : $L \geq 15.0^m$
- $Q = 500 \sim 3,000m^3/sec$ 인 경우 : $L \geq 20.0^m$

④ 하천의 상황 및 지형학적 특성상 위의 경간장 확보가 어려운 경우 치수에 지장이 없다면 교각 설치에 따른 하천폭 감소율(교각 폭의 합계/설계홍수위 시 수면의 폭)이 5%를 초과하지 않는 범위 내에서 경간장을 조정할 수 있다.

▶ 하천횡단의 여유고

하천설계기준에 따라 하천을 횡단하는 경우 계획홍수량에 따라 홍수위로부터 교각이나 교대 중 가장 낮은 교각에서 교량상부구조를 받치고 있는 받침장치 하단부까지의 높이인 여유고를 확보하여야 한다.

계획홍수량(m^3/sec)	여유고(m)
200 미만	0.6 이상
200~500	0.8 이상
500~2,000	1.0 이상
2,000~5,000	1.2 이상
5,000~10,000	1.5 이상
10,000 이상	2.0 이상

▶ 하천 횡단 교량 교대 및 교각 설치의 위치

교대, 교각은 부득이한 경우를 제외하고 제체 내에 설치하지 않아야 한다. 제방 정규단면에 설치 시에는 제체 접속부의 누수발생으로 인한 제방 안정성을 저해할 수 있으며 통수능이 감소로 인한 치수의 어려움이 발생할 수 있다. 따라서 교대 및 교각의 위치는 제방의 제외지측 비탈끝으로부터 10m 이상 떨어져야 하며, 계획홍수량이 500m³/sec 미만인 경우 5m 이상 이격하도록 하고 있다.

도로 하부공간

도로교 계획 시 하부횡단조건(도로, 철도, 하천, 해상)에 따른 교량하부의 형하공간 확보 시 고려 사항에 대하여 설명하시오.

풀 이

▶ 개요

도로교 계획 시 하부의 시설이 존재하는 경우에는 구조물의 시설한계와 하부시설의 운영, 안전 등을 위해 필요로 하는 형하고, 경간장 등을 준수한 계획을 수립하여야 한다. 도로, 철도의 경우 하부 시설의 운영을 위한 시설한계가 규정되어 있고, 하천의 경우 홍수위나 경간장 제한 등을, 해 상의 경우 통행 선박의 규모 등을 고려해야 한다.

▶ 교량 하부 횡단조건에 따른 형하공간

1) 도로

도로의 시설한계는 4.7m 이상을 원칙으로 하며, 장래포장계획을 고려하여 150mm를 추가하도록 하고 있다. 교차지점의 도로의 폭원 및 폭원 구성요소, 장래 확장계획 등을 감안하여 경간장을 고 려하여야 하며 운전자의 시야 확보를 위한 경간장 고려, 교차부 중앙에 교각 설치 지양하고 부득이 한 경우 좌우회전 차량에 대한 안전대책 검토(Fender System, 상하행선 분리 등) 등이 필요하다.

관련기관 협의 전 사전 확인사항	주요 협의 사항
a. 도로의 현황 b. 도로의 장래 계획 c. 지하 매설물	a. 교량의 길이, 경간 길이, 교량형식 b. 교대, 교각의 우치 c. 다리밑 공간(시설한계) d. 부체도로, 우회도로 e. 시공방법(안전시설 포함), 가시설 및 교통처리 계획 f. 지하매설물 이설가능 여부(관리 기관과의 협의) 및 시공 중 보호공 g. Over Bridge의 경우 첨가물(상수도, 전기, 통신 Cable 등)

2) 철도

철도를 횡단하는 경우 철도과선교의 경우에는 7.01m 이상으로 규정하고 있다. 기타 철도교의 경 우 직선구간 및 곡선구간의 건축한계를 고려하도록 하고 있으므로 이에 대한 검토가 필요하다. 지하철 등의 경우에는 연결시설 등의 시설한계에 대해 별도로 고려해야 하며, 도로와 마찬가지로 장래 확장계획, 법면 등 부지경계 등을 고려해 형하공간을 확보해야 한다.

관련기관 협의 전 사전 확인사항	주요 협의 사항
a. 철도의 현황(노선종별, 선로 등급, 궤도 폭, 건축한계, 차량한계, 전철화 여부) b. 장래 노선 개량 및 증선 계획 c. 지하 매설물 d. 국유철도 건설규칙	a. 교량의 길이, 경간길이, 교량형식 b. 교대, 교각의 위치, 교대형상 및 교각형상 c. 다리밑 공간(시설한계) d. 지하매설물, 지하구조물(관할 기관) e. 시공계획 　－ 기존 철로 보호방안(방호책) 　－ 상부구조 가설공법, 지하 매설물 보호공 　－ 철도시설 이설 등 g. 교량 위에서 낙하물 방지공 설치 범위 h. 공사위탁의 가능 유무 i. 공사 중 감독원 파견 유무

3) 하천

하천교량의 경우 되도록 하천 상에 교각 등의 설치를 최소화하여 시설물 설치로 인한 수위상승 등의 효과가 발생되지 않도록 하고, 하천설계기준에 따라 계획홍수량에 따라 홍수위로부터 교각이나 교대 중 가장 낮은 교각에서 교량 상부구조를 받치고 있는 받침장치 하단부까지의 높이인 여유고와 필요 경간장을 확보하여야 한다.

관련기관 협의 전 사전 확인사항	주요 협의 사항
a. 하천의 현황(하천횡단면의 치수, 수심, 홍수량, 홍수위 등) b. 하천 개수 계획 유무 및 유로변경 여부 c. 유수의 방향, 계획 단면 치수, 제방고, 제방형상 및 구성, 계획 홍수량, 계획 홍수위, 하천 관리용 도로, 하상경사, 저수부 및 고수부(둔치부) 길이, 농업용수용 보 규모 d. 주운 사용여부 및 장래 계획(유람선, 화물선 운행 여부) e. 수원사용 여부(상수원 보호구역, 농업용수) f. 가설지점 및 하류측 양식장 유무(어업권 권리자와 협의) g. 매설물 조사(차집관로, 상수도관로, 한전 및 통신관로, 가스관 등)	a. 교량의 길이, 경간길이(지간장) b. 교대, 교각의 위치 c. 교각의 형상 및 기초 근입 깊이 d. 세굴심도 및 세굴 방지공 설치 유무 e. 하천 관리용 도로와 교차방안 f. 교각에 의한 유수단면 감소율(하폭 감소율) g. 호안공 h. 교각 설치에 따른 상류 수위 상승 높이 i. 시공 중 하천 오염 등 환경대책

4) 해상

해상에 설치되는 교량은 항로와 이용 선박의 크기, 통행량, 양식장 등의 유무, 교량 가설을 위한 기초 설치 가능 위치 등을 종합적으로 고려해 하부 형하공간을 확보해야 한다. 특히 선박의 경우 선박 충돌로 인한 교량 붕괴 등의 위험이 있으므로 선박 보호를 위한 공간이나 대책에 대한 고려가 필요하다.

관련기관 협의 전 사전 확인사항	주요 협의 사항
a. 박 톤수(G/T : Gross Tonnage) b. 마스트 높이(공선 시의 수면 위의 높이) c. 항로 현황(항로폭) d. 교량가설 위치의 조위 e. 해상 국립공원, 자연환경 보전지역 및 해안 보전 　지역 지정 여부 f. 양식장 등 어업권 설정 지역 g. 태풍의 경로, 방향, 풍속	a. 교량의 형식, 교량의 길이, 경간길이(항로부 주경간 길 　이, 접속 교량 경간길이) b. 교대, 교각의 위치 및 교각 형상 c. 다리밑 공간 d. 교각 기초의 형상 및 근입 깊이 e. 교각에 선박 충돌에 대한 보호시설 설치 유무 및 충돌 　하중의 크기 f. 시공계획 　– 기초공사 방법 　– 상부구조 가설공법 　– 시공 중 항로 저해 여부 　– 선박 안전운행을 위한 안전표시 설치방안 등 g. 어업권 보상대책 h. 고량 첨가물(상수도, 전력, 통신 등)

도로상 교량의 형하공간

도로교설계기준(한계상태설계법, 2016)에 제시된 교량의 위치선정에 대한 규정에 근거하여 도로상 교량의 다리밑 공간에 대하여 설명하시오.

풀 이

▶ 개요

도로교설계기준(한계상태설계법, 2016)에서는 하천, 도로, 철도 등 횡단하는 지역의 특성에 따른 시설물의 한계, 홍수위 및 향후 유지관리 등을 고려한 여유 공간을 고려하여 다리밑 공간을 확보하도록 규정하고 있다.

▶ 다리밑 공간 확보

1) 도로상 교량

도로구조물의 수직 다리밑 공간은 도로의 구조·시설기준에 관한 규칙(국토교통부)을 만족하여야 하며 예외사항에 대해서는 그 사유가 정당화되어야 한다. 고가도로의 침하에 의한 수직 다리밑 공간의 감소 가능성에 대한 조사가 시행되어야 한다. 침하량이 25 mm 이상으로 예측되는 경우는 규정된 다리밑 공간에 그 값을 추가해야 한다. 도로의 시설한계는 4.7m 이상을 원칙으로 하며, 장래 포장계획을 고려하여 150mm를 추가하도록 하고 있다.

2) 철도상 교량

철로 위를 통과하도록 설계한 구조물은 그 철도의 통상적 사용을 위한 기준에 부합하도록 설계해야 한다. 이러한 구조물에는 관련법규(국가 및 지방)를 적용해야 한다. 법규, 시방서, 기준은 최소한 도로교설계기준(국토해양부)과 철도설계기준(국토교통부), 철도건설규칙(국토교통부)을 만족하도록 한다. 철도를 횡단하는 철도과선교의 경우 시설한계는 7.01m 이상으로 규정하고 있다. 기타 철도교의 경우 직선구간 및 곡선구간의 건축한계를 고려하도록 하고 있으므로 이에 대한 검토가 수반되어야 한다.

3) 하천 혹은 항로상 교량

하천의 경우 되도록 하천상에 교각 등의 설치를 최소화하여 시설물 설치로 인한 수위상승 등의 효과가 발생되지 않도록 하고, 하천설계기준에 따라 계획홍수량에 따라 홍수위로부터 교각이나 교대 중 가장 낮은 교각에서 교량 상부구조를 받치고 있는 받침장치 하단부까지의 높이인 여유고를 확보하도록 규정하고 있다.

(하천설계기준 : 계획홍수위에 따른 교량의 여유고)

계획홍수량(m^3/sec)	여유고(m)
200 미만	0.6 이상
200~500	0.8 이상
500~2,000	1.0 이상
2,000~5,000	1.2 이상
5,000~10,000	1.5 이상
10,000 이상	2.0 이상

항로상에 설치되는 교량의 경우 운행되는 선박의 종류와 크기 등을 고려하여 형하고를 확보하여야 하며, 교량의 수평, 수직 다리밑공간은 유관기관과 협의하여 설정하도록 규정하고 있다.

도로교 횡단 교량계획

아래 그림과 같은 교통량이 많은 차도 상부로 신설 교량을 계획하려고 한다. 교량 연장 240m, 중앙 경간장은 100m 이상이 요구되는 설치환경이며, 신설 교량의 평면선형은 직선, 폭원은 20m이다. 다리밑 공간과 도로계획고를 고려하여 적용가능한 교량형식을 열거하고 간략한 가설공법을 설명하시오(단, 공사비와 경간성은 고려하지 않으며, 하부도로의 교통은 단시간 통제할 수 있으나 가설도로에 의한 우회처리는 할 수 없는 조건임).

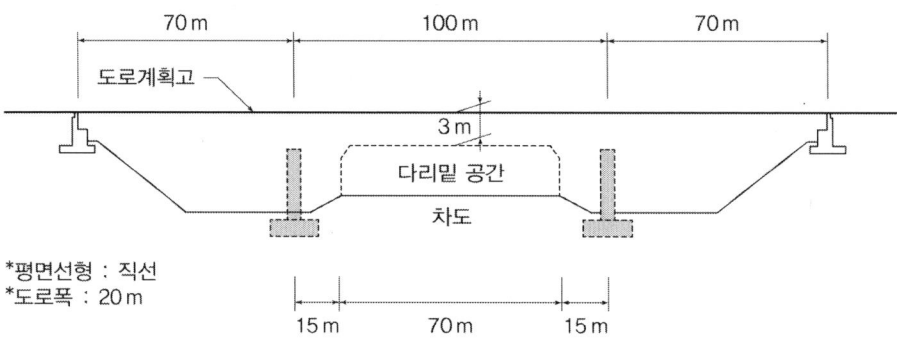

풀 이

➤ 개요

최대지간이 100m인 3경간 연속교량이며 형하고가 약 3m인 점을 감안할 때 콘크리트 형식으로는 PSC 박스거더를 고려할 수 있으며, 강교 형식으로는 강상판형교를 고려할 수 있다. 거더 형식이외에 적용할 수 있는 교량 공법으로는 아치교와 트러스교, ED교와 사장교, 현수교도 적용이 가능하다.

➤ 적용 가능한 교량 형식별 가설공법

1) PSC 박스거더

보통 PSC거더의 경우 높이가 $1.75 \sim 2.2^m$로 형고비를 약 1/15 내외로 적용이 가능하다. PSC 박스거더의 가설공법 중 하부 차도의 교통 통행에 영향을 주지 않도록 가설하기 위한 방법으로는 MSS, ILM, PSM 방식을 고려해 상부 가설 작업을 통해 하부 교통량에 영향을 최소화 할 수 있다.

2) 강상판형교

강상판형교는 공장에서 제작하고 현장에서 splice 체결을 통해 연속화시키는 방법을 고려할 수 있다. 야간시간에 교통을 통제하고 크레인을 통해 가설 후 공중에서 체결하는 방식을 고려할 수 있다.

3) 하로 아치교

하부 차도를 고려해 하로 아치교 형식을 고려할 수 있다. 급속 가설을 위해 콘크리트 아치교보다는 강아치교가 더 적합하다. 가설방식으로는 크레인을 이용한 대블록 가설공법, 한 지지점을 축으로 회전이동시켜 거치하는 회전공법, 교축방향으로 압출하는 압출공법, 좌우 균등하게 가설되는 캔틸레버 공법 등을 고려할 수 있다.

4) 트러스교

강합성 트러스교나 PCT교와 같은 복합 트러스교 등을 고려할 수 있다. 거치 방식으로는 하부 교통통제 후 크레인을 통해 일괄가설하는 방식이나, 회전공법, 압출공법 등이 적용 가능하다.

5) ED교/사장교

외부 PC강재를 배치하거나 케이블을 설치하는 ED교와 사장교의 적용도 가능하나, 다만 주탑의 위치가 좌 혹은 우측 설치됨으로 인해 비대칭형태의 교량 형식이 될 수 있다. 가설방식은 PSC 박스거더 방식과 동일하게 MSS, ILM, PSM 공법을 적용할 수 있다.

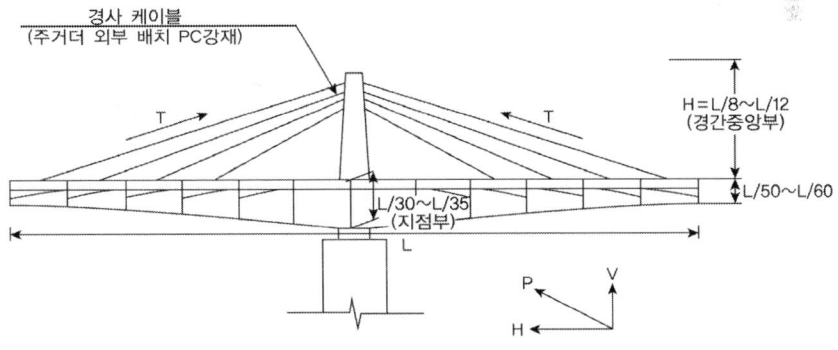

6) 현수교

현수교 형식을 적용하기 위해서는 3경간으로 구분하기보다는 단일 경간으로 구성하는 것이 더 바람직하다. 주 케이블 선 가설 후 PSM, ILM 방식 등을 통해 상부구조를 연결해 가설할 수 있다.

도심지 내 교량

통행이 빈번한 도심지 교량의 설계 및 시공 시 고려해야 할 중점사항에 대하여 설명하시오.

풀 이

▶ 개요

도심지 내 도로의 선형은 기 설치된 지장물이 과다함으로 인해서 이를 고려한 도로선형 설계상 곡선부가 많이 상존하게 된다. 이러한 도로 선형상에서의 교량 형식은 곡선교나 사교 형식의 교량형식이 많이 발생할 수밖에 없으며, 또한 하부 여건에 따라 장지간의 교량의 건설이 필요한 경우가 많다. 도로의 선형상 내에 지장물이 상존하는 경우 하부 교각의 형식 또한 T형 교각 이외에도 라멘형 교각이 요구되는 경우도 빈번하며, 라멘형 교각의 경우 콘크리트 교각 이외에도 강재나 합성형으로 이루어진 교각이 사용되는 경우도 빈번히 발생된다.

▶ 도심지 내 교량 계획 시 검토사항

① 교차 지점의 도로 폭원 및 폭원 구성 요소 : 도로와 교차하는 지점에서 교차하는 도로의 폭원을 감안해 경간장을 결정하여야 하며, 운전자의 시야 확보를 위한 경간장 고려, 교차부 중앙에 교각 설치를 지양하고 부득이한 경우 좌우회전 차량에 대한 안전대책 검토(Fender System, 상하행선 분리 등)가 필요하다.

② 교차도로의 장래 확장계획을 감안한 경간장 결정이 필요하다.

③ 시설한계에 대한 검토 : 도로의 시설한계는 4.7m 이상을 원칙으로 하며, 장래 포장계획을 고려하여 150mm를 추가하도록 하고 있다. 철도를 횡단하는 경우 철도 과선교의 경우에는 7.01m 이상으로 규정하고 있다. 기타 철도교의 경우 직선구간 및 곡선구간의 건축한계를 고려하도록 하고 있으므로 이에 대한 검토가 필요하다.

④ 고가도로 공용 시 교차로부 교통처리계획에 대한 검토가 필요하다.

⑤ 지하구조물 매설위치 및 규모 검토 : 통신구, 전력구, 공동구, 지하차도, 지하보도 등을 감안하여 교량 경간 검토가 필요하다.

⑥ 장래의 지하 시설 계획 등 유무

⑦ 교량 기초 시공 시 인접 건물과의 관계 : 근접시공으로 인한 인접 구조물 안정성 및 가시설 계획 등으로 인한 근접시공 영향에 대한 검토가 필요하다.

⑧ 도시 소하천 횡단 교량 또는 복개교 검토

▶ 도심지 내 교량 설계 시 검토사항

① 곡선교 적용 시 검토사항

곡선교는 구조물의 특성상 비틀림 모멘트가 발생하고 편심으로 인한 부반력이 발생할 수 있어 이를 고려한 검토가 수반되어야 한다. 또한 곡선교에서는 받침의 배치가 일반 직선교와 달리 적용되기 때문에 주의가 필요하다.

(1) 비틀림 모멘트에 대한 저항성능 확보 : 비틀림 모멘트 산정 후 단면형식의 결정(I형에 비해 박스형이 유리), 충분한 격벽과 가로보의 설치하여 비틀림 모멘트에 대한 저항성능을 확보한다.

(2) 부반력 고려, 전도방지대책 수립 : 부반력 발생 시 1개의 박스거더에 1개의 받침을 설치하거나 Counter-weight, Out-rigger 등에 대한 검토나 하중의 적정한 분배를 위해 충분한 가로보와 격벽을 설치하여 부반력과 전도방지대책을 수립한다.

② 사교 적용 시 검토사항

사교는 편심재하뿐만 아니라 교축중심에 실린 하중에 의해서도 주거더에 비틀림이 발생한다. 이로 인해서 가로보의 휨모멘트 증가 및 둔각부의 응력집중 현상, 예각부의 부반력 등이 발생하므로 이에 대한 대책 마련 검토가 필요하다.

(1) 비틀림 모멘트, 가로보 휨모멘트 증가, 휨모멘트 비대칭(둔각부), 단부응력 증가에 대한 검토

(2) 사교의 영향을 충분히 반영할 수 있도록 격자해석을 적용

③ 시간적, 공간적 제약사항 검토

(1) 공간적 제약 : 도심지 내 고가교는 그 공간적 제약으로 인해 지장물 등의 위치를 피하기 위해서 강재나 개량된 PSC빔(e-beam, UD beam, IPC, PF 등)을 이용하여 슬림한 단면이 요구되거나 라멘형 교각(슈높이 배제)이 요구되는 경우가 있다. 또한 이러한 경우 단면의 크기의 축소를 위해 강합성 교각을 설치하기도 한다.

(2) 시간적 제약 : 도심지 내 교통흐름 유지를 위해서 일정시간 내에 공기를 완료해야 하는 긴급한 공사가 필요한 지역이 있으며, 이러한 경우 공장에서 제작된 프리캐스트 부재를 이용하여 현장에서 조립하는 방법으로 공기를 단축시킬 수 있다. 프리캐스트형 교각이나 프리캐스트 바닥판도 그 한 예로 볼 수 있으며, 이 경우 일체거동을 위한 합성부에 대한 검토가 수반되어야 한다.

▶ 도심지 내 고가교 시공 시 고려사항

① 공간적 제약 확보 : 하부공간 활용을 위한 MSS, PSM, ILM 공법, 형하고 및 지장물 제약에 따른 강합성부재나 개량된 PSC빔(e-beam, UD beam, IPC, PF 등) 이용

도심지 내 설치할 경우 하부공간의 활용이 필요한 경우가 많으며 이러한 경우 MSS, PSM, ILM 등의 하부공간 이용이 가능하도록 하는 공법을 선정할 수 있으며, 강교의 경우 크레인 일

팔거치 등을 적용할 수 있다. 형하고의 문제나 지장물 저촉을 피하기 위해서는 강합성부재나 개량된 PSC빔(e-beam, UD beam, IPC, PF 등), 라멘형교각 등을 적용할 수 있다.

② 시간적 제약 확보 : 도심지 내 고가교의 교통 체증 해소 및 민원 최소화를 위하여 급속시공이 필요한 구간이 발생할 수 있으며, 이러한 경우 급속한 시공을 통해 시간적 제약을 최소화하도록 현장타설보다는 운송이 허락하는 범위에서 공장제작 부재를 사용하는 프리캐스트 부재(프리캐스트 교각, 프리캐스트 바닥판 등)나 공장 제작된 강교 등을 통해서 시공기간 단축 등을 할 수가 있다.

철도교량의 계획

고속도로(폭원 B=40m)를 직각으로 통과하는 연장 5.0km의 철도교량을 계획하려고 한다. 2개 이상의 교량형식을 선정하고 경간장 위주로 계획하고 사유를 설명하시오.

풀 이

▶ 개요

철도교는 도로교에 비해 하중이 약 5배 가량 크며, 레일의 위로 하중 위치가 고정되어 있는 특징을 가진다. 철도교는 하중의 연속성과 속도로 인해 공진성에 대한 검토가 중요하기 때문에 동적 안정성에 대한 검토가 수반되어야 한다.

▶ 고속도로 횡단 철도교량

1) 고속도로 통과 경간장 설정

고속도로의 폭원이 40m이더라도 경간장은 도로의 시설한계, 부체도로, 우회도로 등 현황조사와 도로의 장래계획, 지하매설물의 여부 등을 고려해야 하며, 여유폭 등을 감안해 50m 이상으로 계획하는 것이 좋다.

도로 횡단 시 고려사항

관련기관 협의 전 사전 확인사항	주요 협의 사항
a. 도로의 현황 b. 도로의 장래 계획 c. 지하 매설물	a. 교량의 길이, 경간 길이, 교량형식 b. 교대, 교각의 위치 c. 다리밑 공간(시설한계) d. 부체도로, 우회도로 e. 시공방법(안전시설 포함), 가시설 및 교통처리 계획 f. 지하매설물 이설 가능 여부(관리 기관과의 협의) 및 시공 중 보호공 g. Over Bridge의 경우 첨가물(상수도, 전기, 통신 Cable 등)

2) 철도교 교량형식

도로의 경우에는 등급에 따른 차선하중과 차량하중을 적용하며, 철도의 경우에는 추가적인 고정하중(도상/레일/침목)을 고려하고 차선하중과 차량하중 대신에 LS-22 하중 등을 등급에 관계없이 적용한다. 철도차량의 이동 시 발생하는 차량횡하중, 시제동하중 및 원심하중이 도로교에 비해서 비중 있게 다뤄지며, 레일 특성에 따른 장대레일의 종방향 하중에 추가적으로 고려되는 점을 고려해야 한다. 또한, 고정하중에 비해 활하중이 철도하중에서는 훨씬 크게 작용하고 있으며 이러한 설계하중의 차이로 도로교와 철도교는 상부구조 형식별로 적용지간장이 다르게 적용된다. 도로교에서는 PSC 빔 교량은 지간장이 최대 35m까지 적용되고, 50m 구간에는 PSC Box교나 강교를 적용하는 반면, 철도교에서는 PSC Beam 지간장이 최대 25m 정도까지 적용하고 PSC BOX교나 강교는 40m 이상인 경우에 사용된다. 최근에는 IPC, Precom, PPC교 등의 개량된 거더교들이 적용되고 있다. 본 계획에서는 연장 5.0km의 철도교량인 점을 감안해 PSC Box 형식을 연속화해 적용하거나, 고속도로 횡단부에만 강교 형식을 적용하는 방식을 고려할 수 있다.

교량 형식별 휨 저항방식과 교량계획

교량형식 중 현수교, 트러스교, 거더교, 아치교, 사장교의 형식이 휨모멘트에 대하여 저항하는 기구(Mechanism)를 각각 설명하고, 상대적으로 보다 긴 경간장을 확보하는 데 유리한 점과 불리한 점을 비교하여 설명하시오.

풀 이

▶ 개요

교량은 지간장에 따라 재료적 한계나 구조형식의 한계로 인해 적용가능한 형식이나 재료를 선택한다. 거더교 형식의 경우 시설한계로 인해 보의 높이의 제약이 있어 보다 긴 연장 교량의 경우에는 트러스나 아치교 형식을 사용하고, 사장교나 현수교는 케이블을 이용한 구조로 초장대교량에 주로 사용된다.

▶ 교량 형식별 휨모멘트 저항 기구

1) 거더교

콘크리트나 강재 등의 재료를 활용하여 주형과 바닥판, 수직브레이싱과 수평브레이싱, 격벽 등으로 연결된 구조로 거더가 직접 휨모멘트에 저항하는 구조형식이다. 하부 형하공간이나 도로나 철도 등의 종단선형의 제약으로 거더의 높이가 제한적이기 때문에 경간이 긴 장대교량에는 적용이 제한된다.

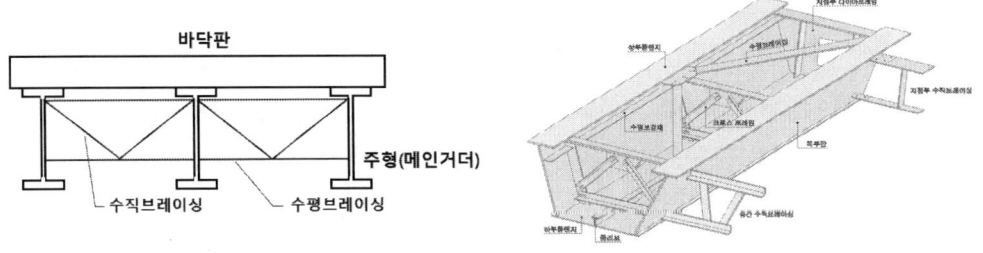

2) 아치교

아치교는 지점을 고정시켜 수직 외부하중에 대해서 지점 수평력이 발생하여 아치의 단면에서 휨모멘트를 감소시키는 특성을 가지는 구조로, 단면을 결정하는 주 요인이 수평력에 의한 축방향 압축력이 되도록 한 구조체이다. 이러한 특성으로 아치교는 일반 거더교에 비해 강성이 커서 내풍 및 내진안정성에 우수하며 미적으로도 수려한 특징을 가진다. 아치는 이론적으로 휨모멘트에 저항하여 부재 내에 압축력만 받도록 설계되는 구조체로 일정 경간장 이상의 장대교에 적용하기 위해서는 압축력에 의한 좌굴에 대한 검토가 가장 중요하다.

3) 트러스교

몇 개의 직선 부재를 한 평면 내에서 마찰 없는 힌지로 연속된 삼각형의 뼈대구조로 조립한 구조로 휨모멘트에 주 트러스의 구성 부재인 현재(상·하현재), 복부재(수직재, 사재)가 저항하고, 수평브레이싱, 수직브레이싱, 바닥틀 등이 하중을 분배하는 구조형식이다. 이론적으로는 발생하는 휨모멘트에 대해 부재에서 축력만 발생하도록 구성된 구조형식이다. 그러나 실제 트러스에서는 휨비틀림 등의 2차 부재력이 발생될 수 있어 일정 경간장 이상의 장대교에 적용에는 한계가 있다.

4) 사장교

사장교는 사장케이블(stay cable)의 인장강도와 주탑(pylon) 및 보강형(stiffened girder)의 휨 압축강도를 효과적으로 결합시켜 구조적 효율을 높인 교량형식으로 케이블의 강성과 장력을 조절함으로써 보강형에 발생되는 휨모멘트를 현저하게 감소시킬 수 있어 경제적인 설계가 가능한 구조형식이다. 사장교는 Cable에 의해 연결부에서 탄성 스프링 지점 역할을 하게 되며, 보강형에서 발생하는 휨모멘트를 주탑과 케이블이 모멘트를 받아주는 구조로 되어 있다. 사장교에서는 케이블 정착방식이 보강형 정착방식인 자정식(Self Anchorge)이 주를 이루며, Stay Cable로 인하여 주탑에 매우 큰 압축력이 도입되게 된다. 따라서 주탑에서는 매우 큰 압축응력이 발생되며, 케이블 수평력으로 인한 모멘트가 발생하게 되어 주탑에서는 $P-\delta$ 효과로 인한 비선형 거동을 보이게 된다. 주탑 높이의 한계와 케이블의 장력, 내풍 안정성, 다주탑사장교의 안정성 등에 대한 검토와 기술발전이 초장대교량에 적용하기 위해 필요하다.

5) 현수교

주부재인 주케이블이 현수재를 포함한 케이블과 보강형 등 고정하중을 지지하는 구조로 고정하중 작용 시 주케이블이 전체하중을 지지하여 보강형은 무응력 상태가 되며 추가 고정하중과 활하중 등의 부가하중은 보강형과 주케이블 시스템이 부담하도록 한 교량형식이다. 현수교에서는 케이블 정착방식이 자정식(Self Anchorge)과 타정식(Anchorge)이 모두 사용되나, 초장대교량에서는 타정식이 주로 사용된다. 보강형에서 발생하는 휨모멘트는 보강형 → 행어케이블 → 주케이블 → 앵커리지로 전달되도록 하여, 주케이블이 수평력을 통해서 구조체가 평형을 이루도록 하고 있다. 주탑은 주케이블의 수평력과 새그비 또는 수하비로 인하여 발생하는 수평력과 수직력, 모멘트 발생이 되며, 이로 인하여 사장교와 마찬가지로 $P-\delta$ 효과로 인한 비선형 거동을 보이게 된다.

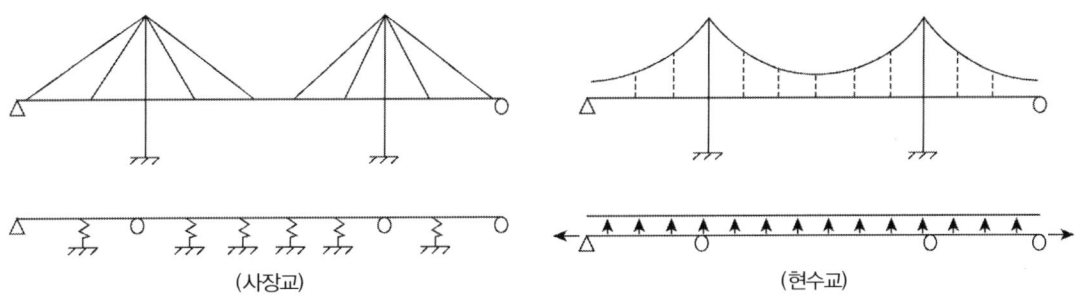

(사장교)　　　　　　　　　　　　　　(현수교)

▶ 교량 형식별 상대적으로 장경간장 확보를 위한 장점과 한계

일반적으로 교량 형식별 긴 경강장을 구성할 수 있는 방식은 거더교 〈 아치교 〈 트러스교 〈 사장교 〈 현수교 순이다.

① 거더교의 경우 거더 위치에서의 시설한계로 인해서 부재의 크기가 제약되고 이로 인해서 장경간을 구성하는 데 한계가 있다. 일반적으로 60~70m 내외의 경산에 석용되며, 자중의 문제로 장경간을 구성하기 위해서는 콘크리트 형식보다는 강재 형식이 더 유리하며, 단경간보다는 연속교 형식이 휨모멘트가 저감되기 때문에 유리하다.

② 아치교의 경우 100m 내외에 적용되며, 장대교에 적용할 경우 라이즈비, 사하중과 활하중의 비에 따라 경제성이 떨어질 수 있고, 장경간일수록 좌굴 안정성이 저하되는 단점이 있다.

③ 트러스교 형식은 아치교와 마찬가지로 100m 내외에 적용되며 상현재의 위에 노면을 설치할 수 있어 Double deck 구조의 적용이 용이한 장점이 있다. 그러나 장대교량일수록 부재구성이 복잡하고 현장작업량이 많으므로 가설비가 비싸며 유지관리비가 고가인 단점이 있고, 유지관리 등에서 2차응력 관리 등이 필요하다.

④ 사장교의 경우 케이블의 강성과 장력을 조정하여 장경간 구성에 유리하고 경제적인 설계가 가능하다. 그러나 초장대교량에 적용할 때에는 케이블의 장력의 한계의 문제와 주탑의 높이가 커지게 되고 케이블 수평력으로 인한 모멘트가 발생하게 되어 주탑에서는 $P-\delta$효과로 인한 비선형 거동, 내풍안정성 등이 한계로 작용할 수 있다.

⑤ 현수교는 단일 교량 형식으로는 가장 최장대의 교량형식을 구성할 수 있는 형식으로 초장대교량 형식으로 적용하기 위해서는 앵커리지의 지지기반 안정성, 내풍안정성, 케이블 주탑 새들에서의 케이블 활동 안성성 등에 대한 검토가 필요하다.

출렁다리 설계기준

관광지에 출렁다리를 설계하고자 한다. 다음의 사항들에 대하여 설명하시오.
(1) 설계목표
(2) 설계방법 및 내진등급
(3) 진동 사용성 검토 사항

풀 이

➤ 개요

보행자가 이용하는 출렁다리는 통상 케이블 지지방식의 교량으로 국토교통부에서 배포한 출렁다리 설계가이드라인('21)을 기준으로 설계한다. 교량은 주요 하중을 케이블로 지지하고, 흔들림이 발생하는 다양한 형식의 보행자 전용 교량으로 공원, 녹지, 유원지, 공공공지 등에서 관광 또는 놀이, 체험을 주목적으로 한다. 통상 3종시설물로 지정되어 자치단체에서 관리되고 있다.

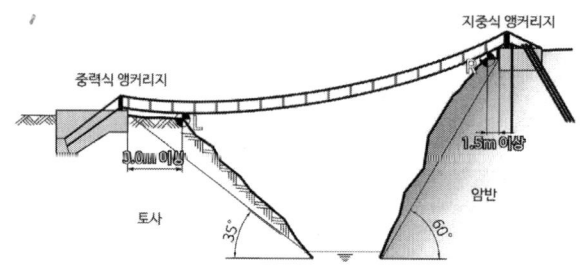

➤ 기본계획 시 고려사항

(1) 도심, 하천 및 산악을 횡단하는 보행자를 위한 안전한 공간의 연속성을 제공할 수 있어야 한다.
(2) 출렁다리의 입지 선정과 형상계획은 도로선형과 지형, 지반조건, 환경, 주변 시설물 등 주어진 조건을 고려해서 자연경관 훼손을 최소화하고 주변경관과 조화를 이루도록 위치와 규모 및 교량형식을 선정한다.
(3) 교량이 보행 이외의 전망시설, 번지시설 체험 등 복합 기능이 있는 경우에는 기본계획 단계에서 다양한 측면이 합리적으로 반영해 사용자의 안전성과 구조적 안전성을 확보해야 한다.
(4) 보행자의 안전망 확보를 위한 추가적인 고려가 필요한지 살펴본다. 이는 난간의 개방감, 가로등의 밝기, 기타 안전장치 확보에 영향을 미친다.
(5) 진동제어를 위해 설치하는 윈드 케이블이나 유지관리를 위한 추가적인 장치 등 출렁다리의 사용성과 유지관리를 위해서 설치하게 될 시설물들을 구조물 계획단계에 반영해 불합리성이나

경관 저하를 최소화하도록 한다.
(6) 공간적인 배치나 지형적인 이유로 출렁다리의 양 끝점의 고저차가 발생하는 경우, 보행자의 편의성과 구조물의 안전성을 동시에 확보할 수 있도록 조치하여 계획한다.

▶ 출렁다리의 설계

1) 설계목표

일반적인 교량의 설계 목표와 동일하게 ① 구조적 안전성 및 사용성, ② 기능성, ③ 주변경관에 어울리는 구조미, ④ 시공 및 경제성, ⑤ 유지관리 용이성을 만족시키는 것을 설계목표로 한다.

2) 설계방법 및 내진등급

① 설계방법 : 한계상태설계법(LRFD)

국토부에서 제시한 출렁다리 설계가이드라인('21)은 한계상태설계법(LRFD)을 근간으로 하고 있으며 설계수명 50년, 주요 부재의 극한한계상태에 대해 일반 부재는 목표신뢰도지수 3.7(파괴확률 $= 10^{-4}$), 주 케이블 부재는 목표신뢰도지수 6.7(파괴확률 $= 10^{-11}$)을 기준으로 설계한다. 도로교설계기준 케이블교량편에 따라 설계하되 다음의 예외 조항을 적용해 설계하도록 하고 있다.

(1) 극한한계상태 하중조합 II, 극한한계상태 하중조합 IV는 고려하지 않을 수 있다.
(2) 극한한계상태 하중조합 I의 보행하중(PL) 계수는 1.4를 사용한다.
(3) 극한한계상태 하중조합 V의 보행하중(PL) 계수는 1.0을 사용한다.
(4) 극한한계상태 V, 사용한계상태 I의 통행제한풍속은 보행자의 통행위치를 기준으로 10분 평균 풍속 10m/s를 적용한다.
(5) 피로한계상태 하중조합의 보행하중(PL) 계수는 1.0을 사용한다.

② 내진등급 : 내진 II등급

내진 II등급을 기준으로 하되, 발주자의 요구나 중요도에 따라 상위등급을 적용할 수 있다.

▶ 출렁다리의 진동 사용성 검토

출렁다리의 진동은 사용성의 문제이며 진동의 주원인은 사람의 보행과 바람이다. 국내의 여러 출렁다리(지간 140~220m)에 대해 보행자의 보행에 의한 실험에서는 최대수직가속도의 경우 1인 보행 시 0.65~2.68m/s², 여러 명 보행(4~40인) 시 2.52~6.8m/s² 정도로 나타났다. 최대수평가속도의 경우에는 1인 보행 시 0.14~1.8m/s², 여러 명 보행(4~40인) 시 0.4~4.74m/s² 정도로 나타났다. 또한 한 출렁다리에 대해 일반 보행자들에 의한 하루 동안의 상시 계측실험에서는 최대수직가속도 4.7m/s², 최대수평가속도는 0.68m/s² 정도 계측되었다. 이러한 진동의 크기는 Setra(2006)

에서 제시하고 있는 일반적인 보행교에서 쾌적한 보행을 위한 가속도의 최댓값을 초과하고 있으며, 현 단계에서 출렁다리에 적용할 수 있는 가속도의 제한값을 제시하는 것은 어렵다. 따라서 출렁다리의 진동은 일반적인 보행교에 적용되는 기준을 만족하지 않을 수 있다. 따라서 별도의 진동 사용성 평가 기준에 따라 검토한다.

1) 진동 사용성 검토 절차

① 보행교의 등급 결정 : I~IV 등급의 진동사용성 등급을 결정한다.

등급	정의	비고
I	많은 보행자가 이용하는 도심지의 보행교 또는 밀집된 군중이 자주 이용하는 보행교	
II	밀집 거주지역에 위치한 보행교 또는 간헐적으로 전체 교면에 보행자가 만재하는 보행교	
III	간헐적으로 여러 명의 보행자가 이용하는 보행교	
IV	관광지, 등산로 또는 산악지역에 위치한 체험 또는 관광목적의 보행교	출렁다리

② 보행자 쾌적 수준 결정 : 쾌적 수준은 보행자가 느낄 수 있는 가속도의 크기에 의해 정의된다. 쾌적함은 매우 주관적이며 특정한 가속도에 대하여 각 개인이 다르게 느낄 수 있으므로 하나의 값이 아니라 범위로 정해진다. 쾌적 수준 역시 발주자 또는 관리자가 결정하는 것이 원칙이며 쾌적 수준의 선택은 대개 보행자 및 보행교의 중요도에 영향을 받는다.

	범위	수직진동 가속도 범위(m/s^2)	수평진동 가속도 범위(m/s^2)
1	최대의 쾌적함	0~0.5	0.~0.15
2	평균적 쾌적함	0.5~1.0	0.15~0.3
3	최소의 쾌적함	1.0~2.5	0.3~0.8
4	출렁다리 등 최소 안전	2.5~	0.8~

③ 고유진동수 해석 : 출렁다리와 같이 자중이 가벼운 경우 보행자의 체중이 고유진동수에 큰 영향을 미칠 수 있으므로 해석 시 보행자의 질량을 포함한 경우에 대해서도 고유진동수를 해석한다. 이 경우 보행자의 질량은 교면 $1m^2$당 1명(체중 700 N)의 질량을 고려한다.

④ 동하중 해석 필요성 판단 : 보행교의 경우 보행자에 의한 가진에 따라 공진의 위험성이 있다. 즉, 보행교의 고유진동수가 보행자의 보행에 따른 가진 진동수가 유사한 경우 공진이 발생하고 진동 사용성에 큰 영향을 미칠 수 있다. 일반적으로 보행자의 보행 진동수는 연직 방향으로 평균 2Hz, 표준 편차 0.2Hz 정도이다. 수평 방향으로는 연직 방향의 1/2인 평균 1Hz 정도이다. 공진의 위험 범위는 아래와 같다. 보행교의 고유진동수가 표의 범위4에 해당하는 경우(즉, 수직방향의 1차 고유진동수가 5.0Hz 이상, 수평방향으로 2.5Hz 이상)에는 동하중 해석을 수행할 필요가 없으며 진동 사용성을 만족하는 것으로 판단한다. 다만, 진동사용성 등급 IV의 보행교로서 케이블구조를 적용하여 상대적으로 매우 가벼운 구조인 경우(출렁다리 등), 공진이 발생하지 않더라도 보행자의 보행 가진에 의해 매우 큰 가속도가 발생할 수 있다. 이런 경우에는

절차 5~10까지의 진동 사용성 평가를 수행한다. 만약 보행교의 고유진동수가 위에서 언급한 조건을 만족하지 못하거나 2차 모드가 문제가 되는 교량인 경우에는 동적 방법에 의한 진동 사용성 평가가 이루어져야 한다.

	고유진동수	수직과 종방향 진동 공진 위험범위(Hz)	수평방향 진동 공진 위험범위(Hz)
1	공진의 최대 위험범위	1.7~2.1	0.5~1.1
2	중간 정도 위험범위	1.0~1.7, 2.1~2.6	0.3~0.5, 1.1~1.3
3	표준 하중조건에 대한 낮은 위험범위	2.6~5.0	1.3~2.5
4	공진 위험을 무시할 수 있는 범위	0.0~1.0, 5.0~	0.0~0.3, 2.5~

⑤ 보행 상태 결정 : 앞선 절차에서 동적 해석에 의한 진동 사용성 평가가 필요하다고 판단되는 경우에 수행한다. 보행교는 여러 가지의 보행 상태가 있을 수 있으며, 어떤 보행 상태에서 진동 사용성을 평가하며, 이때의 쾌적수준은 어떤 수준인가를 결정한다.

통행상태	보행자의 밀도, d	설명
TC1	$d = 15P/(BL)$	교면에 15명의 보행자가 있는 상태
TC2	$d = 0.2P/m^2$	보행자가 자유롭게 이동할 수 있는 상태
TC3	$d = 0.5P/m^2$	보행자가 자유롭게 이동할 수 있으나 가끔 보행이 방해를 받는 상태
TC4	$d = 1.0P/m^2$	보행자의 자요로운 이동이 많이 제약된 상태
TC5	$d = 1.5P/m^2$	보행자가 자유롭게 이동할 수 없는 상태

⑥ 구조 감쇠비 결정 : 출렁다리의 동적해석에 사용되는 구조 감쇠는 구성요소의 역학적 거동특성을 고려하여 한정하여야 한다. 각 진동모드의 구조감쇠는 안전측으로 설계가 되도록 산정하거나 각 구성요소의 감쇠의 기여도를 고려하여 한정하여야 한다. 출렁다리 구조의 동적해석을 위한 구조 감쇠비는 설계 및 해석 목적에 따라 내진 및 사용하중인 경우 1.0%, 내풍인 경우 0.2~0.4%의 값을 사용할 수 있다.

⑦ 각 보행상태에 대한 최대 가속도 결정 : 각 보행상태에 대한 출렁다리의 최대 가속도는 동적해석으로 평가할 수 있다.

⑧ 횡방향 Lock-in 검토 : 일부 보행교의 경우 동기화된 횡방향 공진(Synchronous lateral excitation)의 영향으로 사용성이 문제가 될 수 있다. 이를 Lock-in효과라고도 부르며 진동 사용성 검토에서 Lock-in효과에 대한 검토를 반드시 진행해야 할 필요가 있다. Lock-in효과는 일부 연구에서 일정 정도 이상의 보행자가 보행하는 경우 나타날 수 있다고 보고된 반면, 어떤 연구에서는 횡방향 가속도가 0.1m/s²를 초과하면 발생하는 것으로 보고되고 있다. 다른 교량의 예나 문헌에서 Lock-in효과가 주로 많은 보행자가 건너는 경우에 발생됨을 보고하고 있으므로, 특히 개통식과 같이 일시적으로 많은 보행자가 보행하는 경우 Lock-in효과를 면밀히 관찰해야 한다.

⑨ 진동 사용성 평가 : 보행교의 보행자에 의한 진동 사용성은 보행교에 발생하는 최대가속도가
   제한값을 초과하지 않으면 만족하는 것으로 판단한다

⑩ 동하중 시험 : 다음의 경우에 실시한다.
   (1) 고유진동수 해석에서 보행교의 고유진동수가 공진위험 범위 1 또는 2에 해당하는 경우
   (2) 절차 ⑥의 진동사용성 평가 결과 진동사용성을 만족못하여 댐퍼 등 제진장치를 적용한 경우
   (3) 출렁다리와 같이 케이블구조를 적용하여 매우 가볍고 유연한 구조를 사용한 경우
   (4) 기존 보행교의 안전성 및 사용성 평가에 필요한 경우

⑪ 설계 보완 : 절차 ⑨에서 진동 사용성 기준을 만족하지 못한 경우 설계 변경 또는 구조 변경을
   통하여 진동 사용성을 만족시키도록 하여야 한다. 질량이나 강성의 변화를 통하여 고유진동수
   를 조정하거나, 추가적인 감쇠장치를 통해 진동을 제어할 수 있다.

교량의 경관설계

교량의 경관설계에서 검토해야 할 기본적인 미적 조형원리에 대하여 설명하시오.

풀 이

▶ **개요**

교량은 기능성, 구조적 안정성, 유지관리의 편의성, 경제성, 시공성 등을 종합적으로 고려하여 설계 및 시공되어져야 하며, 교량의 기능적, 구조적 요구조건 이외에 지역주민과 도로 이용자에게 시각적으로 안정감을 주고 환경과 조화를 이룰 수 있도록 아름답게 설계되어져야 하는데 이를 교량의 경관설계(Aesthetic Design)라고 한다.

▶ **경관설계 시 고려해야 할 조형원리**

1) 경관설계 시 주요 고려사항

교량 경관설계는 교량 자체의 미학적 가치를 중시하는 내적 요구와 교량 주변 환경과의 관계를 중시하는 외적 요구를 고려하여야 한다. 경관설계에서는 기본적으로 미적 조형원리와 상징성이 주요 고려사항이며 대상물이 갖는 상징성을 제외하고 아름다움의 조건을 설명하는 것을 미적 조형원리라고 한다.

① 조형미 : 비례(Proportion), 내부 및 외부 조화(Harmony), 대칭(Symmetry), 균형(Balance)
② 기능미 : 간결성(Simplicity), 명료성(Clearance)
③ 조화 : 내적, 외적 조화, 교량의 색채

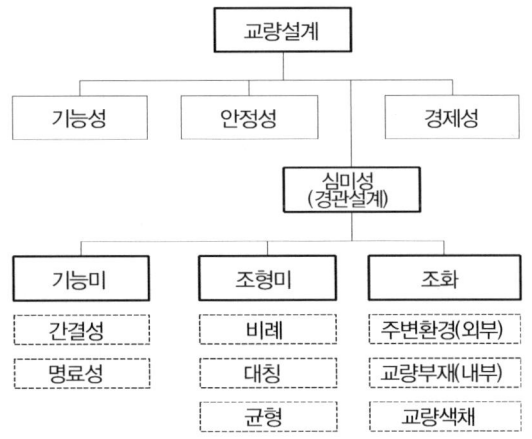

2) 비례(Proportion)

사물의 부분과 부분 또는 전체의 수치적 관계로서 길이나 면적의 비례관계를 의미하며 구조물의 비례는 구조적 안정감은 물론 시각적 아름다움을 주는 조형원리로 작용한다.

① 경간분할

교량설계에서의 경간분할은 중앙경간과 측경간의 분할, 교장에 따른 교고 또는 거더의 높이, 교각과 교각 간격 설정 등에 활용될 수 있다.

일반적으로 미관설계 시 3경간 교량의 경우 3:5:3, 4경간 교량의 경우 3:4:4:3으로 계획하거나 평지지대에 장경간교량의 경우 등분포로 경간분할 하는 것이 조형원리에 적합하다. 교고가 비교적 낮은 하천횡단 교량의 경우 경간수는 홀수가 적합하며, 특히 경간장의 구성은 중앙경간장에서 측경간으로 갈수록 경간장을 감소시키는 것이 시각적으로 안정감을 주는 것으로 알려져 있다.

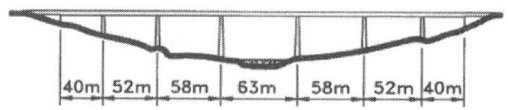

3) 균형(Balance)과 대칭(Symmetry)

균형은 구조물에 작용하는 힘이 평형상태를 이루는 역학적 개념으로서 역학적인 균형이 시각적인 균형으로 인지되는 조형원리의 기본개념으로 비례와 관계가 있다.

대칭은 좌우대칭의 정적균형(Static Symmetry)과 비대칭의 동적균형(Dynamic Symmetry)으로 구분되며, 정적균형은 단순하고 명확하며 안정감 있는 조형미로서 구조물의 내측 축을 중심으로 등거리에 동일한 형상이 좌우에 위치한다.

비대칭의 동적균형은 운동과 성장의 역동적이고 현대적인 조형미를 이룬다. 일반적인 교량형식의 설계단계에서는 좌우대칭의 정적균형을 고려하고 있으나 단조로움을 줄 수 있다. 상징성을 부여하고 세련된 교량의 설계를 위해서는 비대칭 사장교와 같은 동적 균형미를 고려할 수도 있다.

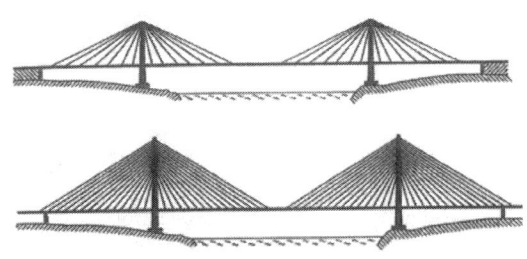

4) 조화(Harmony)

교량은 내적조화와 외적조화가 이루어지는 것이 바람직하며, 내적조화란 교량을 구성하는 부재가 교량의 다른 구성요소와 조화를 이루는 것을 의미하며 외적조화는 교량의 주변을 구성하는 다양한 요소들과의 조화를 이루는 것을 말한다.

교량구조물은 경간장, 거더의 높이, 교각의 크기 등을 적절하게 설정하여 시각 및 공간적인 조화를 확보하는 것이 좋다. 교량과 주변 환경과의 조화는 주변 환경대비 구조물의 규모나 크기가 좌우한다.

도심지에서는 날렵한(Slender) 단면으로 구성하는 것이 조화 측면에서 바람직하나 상부와 하부구조는 조화와 균형을 이루어야 한다.

▶ 미관을 고려한 교량계획

교량 경관설계에서 교량 상부구조 형식의 선정은 교량 자체의 경관은 물론 전체 경관을 좌우하는 요소이다. 경관을 고려한 교량설계에서 교량형식의 선정은 다음의 두 가지 요인을 참고하여 결정하는 것이 좋다.

① 교량의 전체 경관(자연경관 포함)의 한 요소로 가정하여 교량이 강조되지 않도록 하는 교량형식을 선정하는 방법. 이 경우 교량의 구조형식은 비교적 단순한 형식이 적합하다.

② 교량의 전체 경관에서 강조할 수 있도록 교량형식을 선정하는 방법. 이 경우 교량 자체의 경관미를 강조하게 되므로 교량의 형식은 다소 복잡하게 되며 교량의 가설지역의 상징적인 구조물로 계획하거나 랜드마크화하고자 할 때 적합하다.

▶ 미관을 고려하여 교량계획을 하여야 할 지형

일반적으로 미관을 고려한 교량의 계획은 도심지 내의 유동인구가 많은 지역이거나 자연경관을 보호하여야 하는 지역에 위치하는 특수교량의 경우에 많이 적용되고 있다.

자연경관 보호가 필요한 산림지 등에서는 주변 여건에 순응하는 형식의 경관설계가 주를 이루며, 도심지 내의 중소규모 교량의 경우에도 교량구조물로 인한 경관 저해를 최소화할 수 있는 지역 여건에 맞는 형식의 교량형태가 주를 이룬다.

보행육교 진동, 경관

보도전용 횡단육교 설계 시 진동 및 경관 측면에서 고려할 사항에 대해 설명하시오.

풀 이

▶ 개요

보도교는 설치장소에 따라 도로와 철도를 횡단하는 횡단보도교, 건물과 건물을 연결하는 연결보도교(pedestrian deck), 하천을 횡단하는 보도교 등으로 구분될 수 있다. 도시계획시설기준에 관한 규칙에 따르면 보도교의 최소 폭은 1.5m로 규정하고 있어 보도교는 일반적으로 지간장에 비해 폭원이 좁은 세장한 형식의 구조로 진동에 취약한 특성이 있다.

▶ 진동 특성 및 고려 사항

보도교에서 보행자 하중은 주 하중으로, 도로교설계기준에서는 5×10^{-3}MPa(바닥판, 바닥틀 설계)를 기본으로 하며 주거더의 경우 지간장에 따라 $3.5 \times 10^{-3} \sim 3.0 \times 10^{-3}$MPa를 등분포 하중으로 고려하도록 하고 있다.

보도교가 세장한 구조이기 때문에 보행자의 동적 진동 등의 영향을 받기 쉬우며 보행 하중의 동적 특성은 평균적으로 2Hz이고 편차가 극히 적은 정규분포에 가까운 형태를 보이고 있어 진동에 의한 영향을 최소화하기 위해서는 진동감쇠를 크게 하고 보도교의 최소진동수를 보행 주파수와 일치시키지 않도록 주 구조계의 고유진동수가 2Hz 전후를 피하는 저동조(Low Tuning) 또는 고동조(High Tuning) 기초 공진설계를 수행하여야 한다. 일반적으로 $1m^2$당 1인의 일반상황에서 보행자가 2Hz의 강제주기력을 교량에 주는 경우에 최대 가속도가 0.1g 이하가 되는 것이 바람직한 것으로 알려져 있다.

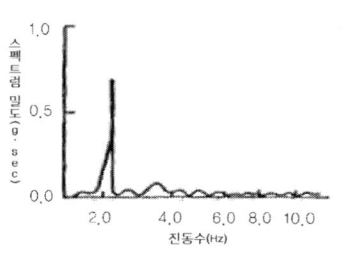

보행자 스펙트럼 밀도

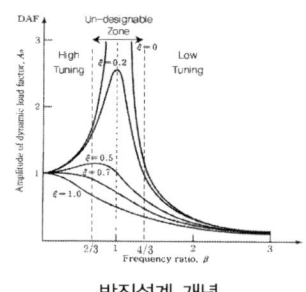

방진설계 개념

영국 Millenium bridge TMD

➤ 경관설계

보도교는 도로교나 철도교와는 달리 사용자가 근접하여 직접 접촉하며 가까이서 느낄 수 있기 때문에 경관설계가 다른 교량에 비해 더 중요하다. 또한 근래에 지역의 랜드마크로서 활용되는 사례도 많기 때문에 보도교에 대한 경관설계의 중요성이 더 부각되고 있다.

교량의 경관설계는 교량의 기능성, 구조적 안정성, 유지관리의 편의성, 경제성, 시공성 등을 종합적으로 고려하여 설계 및 시공되어져야 한다. 교량의 기능적, 구조적 요구조건 이외에 지역주민과 도로 이용자에게 시각적으로 안정감을 주고 환경과 조화를 이룰 수 있도록 아름답게 설계되어져야 하는 것이 경관설계(Aesthetic Design)의 기본적인 개념이다.

경관설계 시 주요 고려사항으로는 조형미와 기능미, 조화로 구분될 수 있으며 각각의 조형원리에 구성되는 검토사항은 다음과 같다.

① 조형미 : 비례(Proportion), 내부 및 외부 조화(Harmony), 대칭(Symmetry), 균형(Balance)
② 기능미 : 간결성(Simplicity), 명료성(Clearance)
③ 조화 : 내석, 외적 조화, 교량의 색채

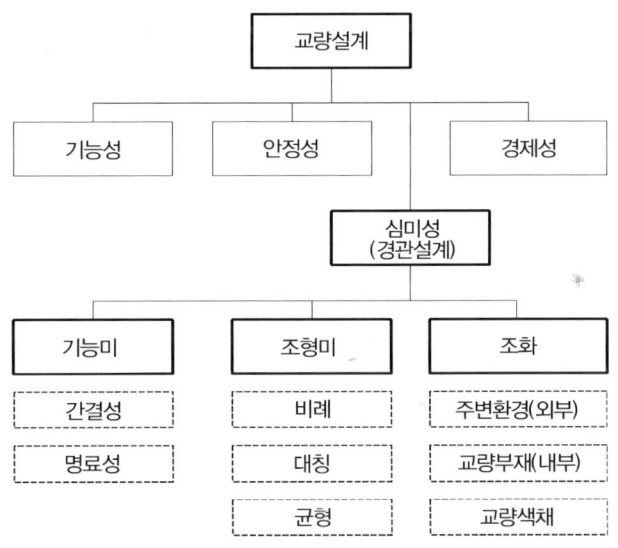

경관설계 시 주요 고려사항

Chapter 02

곡선교와 사교

곡선교와 사교

01 사교

1. 일반사항 : 비틀림, 가로보 휨모멘트 증가, 휨모멘트 비대칭(둔각부), 단부응력, 부반력 110회/122회/127회

【 기출유형 ① 】 사각 교량 설계시 교폭 구성방법, 구조적 특징, 철근 배근, 신축이음 설계방법 등 설명
【 기출유형 ② 】 사각으로 된 슬래브의 사각부 보강
【 기출유형 ③ 】 사교로 된 거더교의 교대설계 시 유의사항

사교는 편심 재하뿐만 아니라 교축 중심에 실린 하중에 의해서도 주거더에 비틀림이 발생한다. 이로 인해서 가로보의 휨모멘트 증가 및 둔각부의 응력집중 현상, 예각부의 부반력 등이 발생하므로 이에 대한 대책 마련, 검토가 필요하다.

1) 사교의 특징

① 직교와 달리 사각이 커지는 만큼 주거더의 휨모멘트는 작아지고 가로보의 휨모멘트는 증가한다. 이는 주거더의 비틀림 강성이 클수록 뚜렷하다.

② 사교의 휨모멘트 최대는 외측 주거더 지간 중앙보다는 둔각부로 옮겨지는 경향으로 최대휨모멘트의 분포가 비대칭성을 갖는다.

③ 사각이 크면 주거더 단부의 바닥판의 응력분포가 복잡해져서 손상이 발생하기 쉬우며, 받침 반력에 큰 영향을 주는 경우가 많으므로 설계 시 고려가 필요하다.

④ 경사 슬래브의 받침 반력도 둔각부에 집중되어 예각부는 평균반력보다 작다. 이로 인해 예각부는 하중재하상태에 따라 부반력이 발생될 수 있다.

⑤ 거더 단부의 바닥판이 중요한 역할을 하는 합성거더의 사각은 30° 이하가 바람직하다.

⑥ 사교를 해석할 때에는 거더의 휨모멘트가 일정부분 수직 브레이싱을 통해 전달되기 때문에 단부 수직 브레이싱 및 지점 위의 수직 브레이싱을 포함한 계산 모델로 해석하여야 한다.

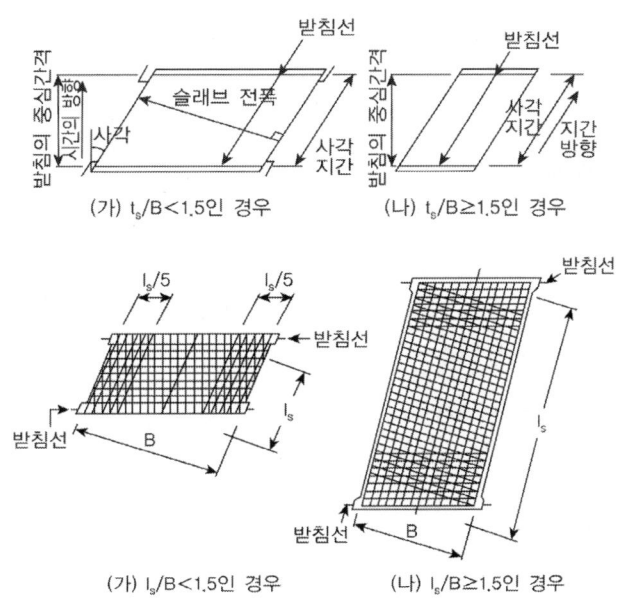

(가) $t_s/B<1.5$인 경우   (나) $t_s/B\geq1.5$인 경우

(가) $l_s/B<1.5$인 경우   (나) $l_s/B\geq1.5$인 경우

〈사교의 중심간격과 폭원 산정, 철근 배근방법〉

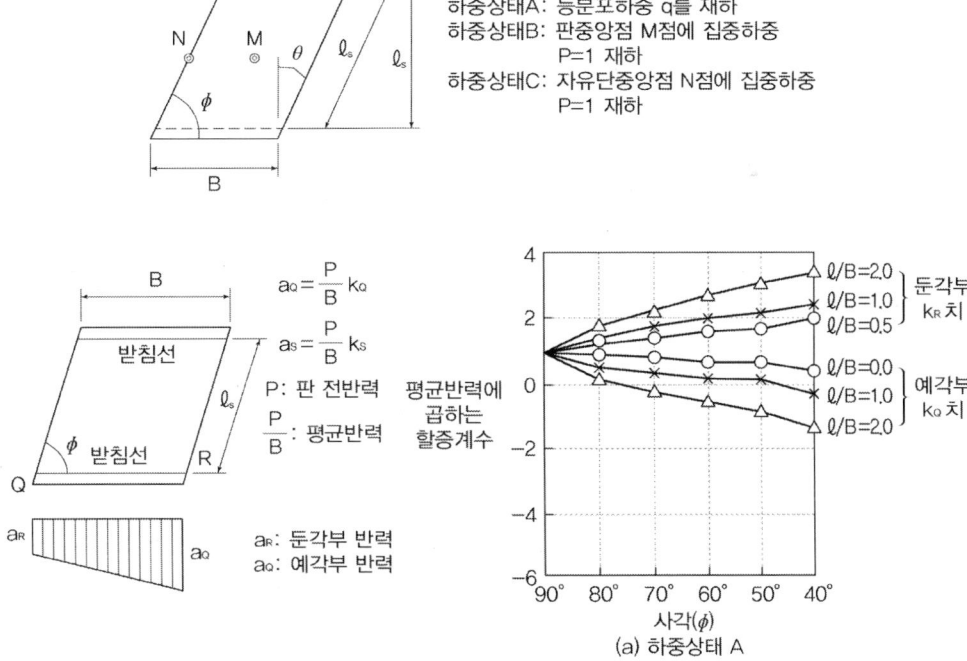

하중상태A: 등분포하중 q를 재하
하중상태B: 판중앙점 M점에 집중하중
         P=1 재하
하중상태C: 자유단중앙점 N점에 집중하중
         P=1 재하

$$a_Q=\frac{P}{B}k_Q$$

$$a_S=\frac{P}{B}k_S$$

P: 판 전반력

$\frac{P}{B}$: 평균반력

a_R: 둔각부 반력
a_Q: 예각부 반력

〈경사 슬래브의 받침 반력의 할증계수와 사각의 관계(한국도로공사, 2020)〉

2) 사교의 가로보(수직 브레이싱) 배치

① 사교의 경사각이 작아지면 격자강도가 현저히 저하되기 때문에 (a) 사각이 20° 이하인 경우 가
로보는 경사방향으로 배치하고 (b) 사각이 20° 이상이거나 교폭에 비해 경간이 긴 경우 거더의
직각방향으로 배치한다.

(1) (b)는 주거더의 상호간의 캠버 차이가 생기기 때문에 가조립, 가설 시의 위치를 고려할 필요
가 있다.

(2) (b)는 주거더와 가로보, 수직브레이싱의 연결을 제외하면 제작이 용이하다.

(3) (b)는 (a)에 비해 하중분배효과가 크다.

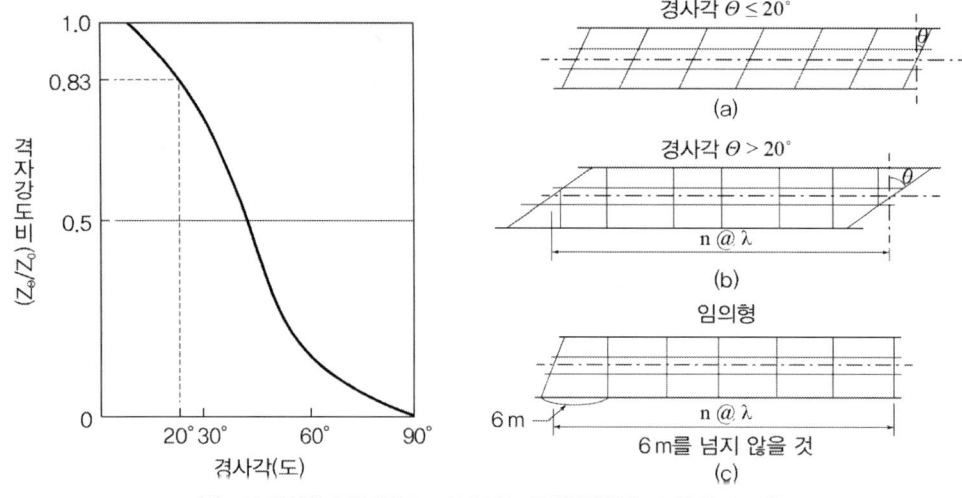

〈사교의 경사각과 격자강도, 가로보의 배치방법(한국도로공사, 2020)〉

② 폭원이 일정하고 교량 받침선이 사다리꼴로 되는 경우에 가로보는 거더의 직각방향으로 한다.
③ 폭원이 변화하는 경우에는 상황에 따라 거더를 방사형 또는 종형으로 배치하는 것을 검토해야
한다. I형 거더의 경우 비틀림 강성이 작고 브라킷 설치가 어려우므로 방사형으로 배치하는 것
이 좋다.

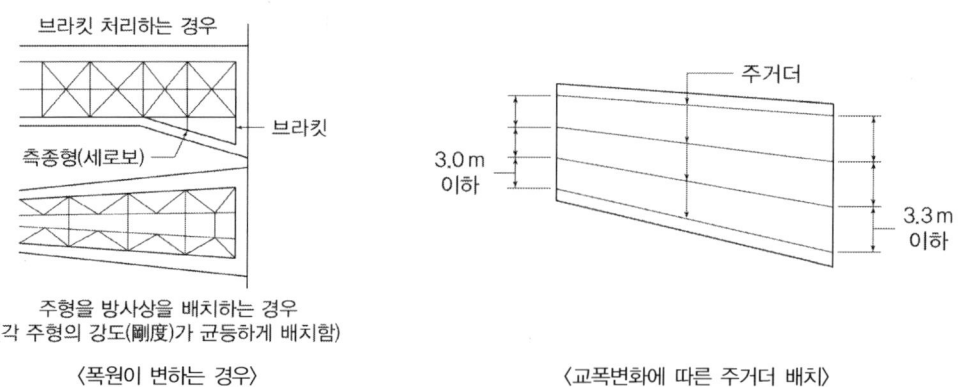

〈폭원이 변하는 경우〉   〈교폭변화에 따른 주거더 배치〉

3) 단부 수직브레이싱 설치방법

① (a)는 d거더의 지점부에 3개의 부재 연결로 세부구조가 복잡해지며, 단부 수직브레이싱에도 힘이 전달되므로 실제로 각 거더에 발생하는 응력도 복잡한 상태가 된다.

② (a)는 단부의 중간수직브레이싱은 d거더의 지점부에서 단부 수직브레이싱에 의해 횡방향 변위가 구속되며 받침부분이 움직일 수 있어서 통상의 계산가정과 일치하지 않는다.

③ (b)는 세부구조가 (a)에 비해 간편하며 받침의 반력분포 영향도 그다지 없지만 단부 부근의 주거더에 비틀림이 발생하기 때문에 주의를 요한다.

4) 박스거더의 다이아프램 방향 : 직각 설치

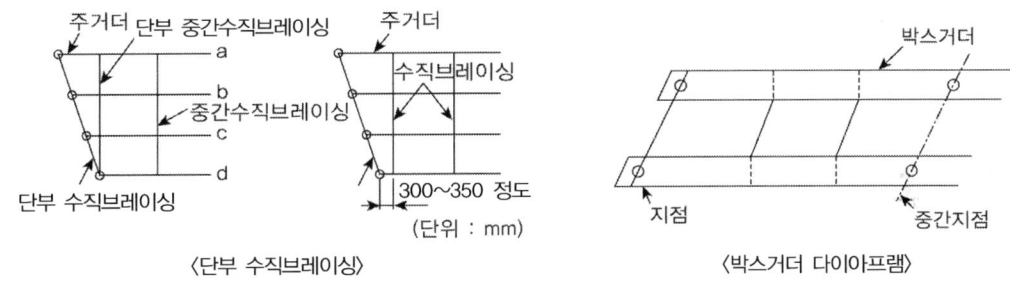

〈단부 수직브레이싱〉   〈박스거더 다이아프램〉

5) 바닥판과 철근의 배근

① 사각이 25° 미만인 경우 주철근은 경사방향으로 배근하고 25° 이상인 경우 지지부재에 수직으로 배근해야 한다.

② 거더 단부 캔틸레버부 이외의 중간지간 바닥판은 거더의 플랜지 높이까지 단면을 증가시키고 그 연장을 단부에서 수직브레이싱 앞까지 사교는 거더 단부에서 5m까지로 한다.

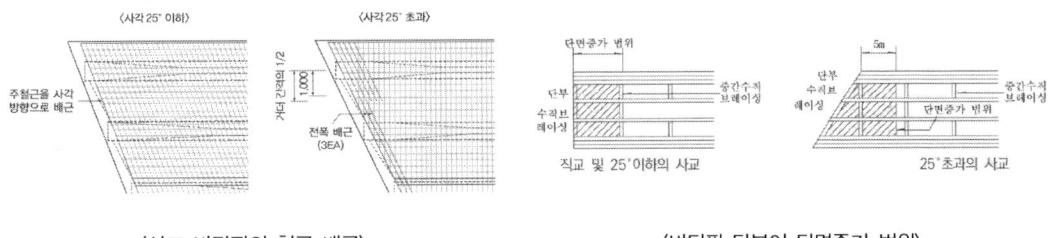

〈사교 바닥판의 철근 배근〉   〈바닥판 단부이 단면증가 범위〉

6) 사교의 설계법

① 직교이방성 판이론(Guyon Massonnet) : 판의 처짐에 대한 미분방정식을 이용하여 계산하며 주로 도표를 이용한다. 부재 중앙에서는 판이론에 의한 값보다는 격자이론에 의한 값이 더 크며, 단부에서는 격자이론에 의한 값보다 판이론에 의한 값이 더 크다.

② 격자이론(Leonhardt, Homberg) : 주형과 횡형으로 구성된 격자구조의 지점에서 처짐각과 비틀림 각의 관계를 이용하여 하중분포를 계산하는 방법이다.

③ 변형법을 이용한 격자구조계산

7) 받침배치 : 이동방향과 회전방향이 일치하지 않으므로 전방향 회전이 가능한 받침을 사용하는 것이 좋다.

① 받침의 이동방향은 교량의 중앙선에 평행하게 설치되어야 하며, 사각의 교대나 교각에 대해 직각방향이어서는 안 됨 : 신축에 의해 발생하는 수평력 완화

② 고정단의 일방향 가동단은 사각방향으로 설치하는 것이 원칙이나 PSC합성거더교를 포함한 거더교는 교축 직각방향으로 배치하고 있다.

8) 신축이음 : 전단변형량과 교축방향 신축량을 동시에 만족하는 신축이음장치 형식과 규격을 사용하여야 한다.

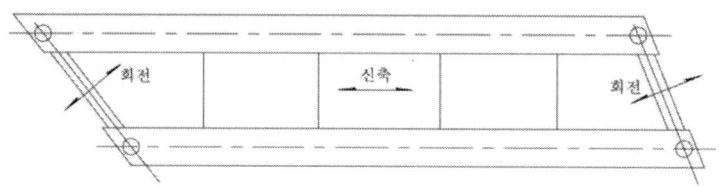

〈사교의 신축과 회전방향〉

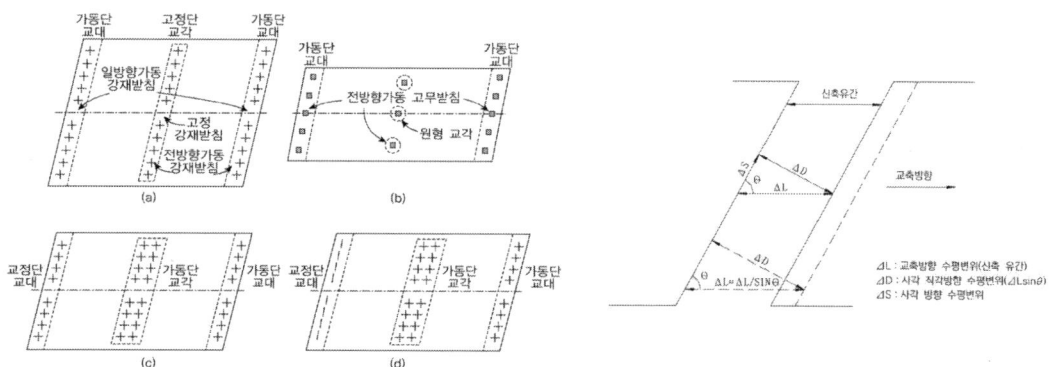

〈사교 받침 배치〉　　　　　　　　　〈사교의 신축이음 설치를 위한 유간〉

1. 일반사항

【 기출유형 ① 】 단경간 곡선교 계획 시 주안점 및 해결책
【 기출유형 ② 】 곡선교의 거동과 설계 시 고려할 사항, 부반력과 뒤틀림 대책
【 기출유형 ③ 】 교량의 상부구조 형식 중 곡선교에 유리한 강박스 거더의 특징과 유의사항

곡선교 : Bridge Terenez, England

곡선교는 구조물의 특성상 비틀림 모멘트가 발생하고 편심으로 인한 부반력이 발생할 수 있어 이를 고려한 검토가 수반되어야 한다. 곡선교에서는 주로 I형 및 박스거더를 사용할 수 있지만 곡선 반지름이 작은 경우에는 박스거더를 사용하고 지간이 여러 개로 구성될 경우에는 연속구조로 하는 것이 바람직하다. 또한 곡선교에서는 받침의 배치가 일반 직선교와 달리 적용되기 때문에 설계 시에는 다음 사항에 대한 주의가 필요하다.

① 단면형식의 결정 ② 비틀림 모멘트 산정
③ 부반력 발생 고려 ④ 전도방지 대책
⑤ 곡선교 받침 배치

2. 곡선교의 구조설계 시 주요 고려사항

1) 단면형식의 결정

곡선교는 비틀림 모멘트로 인하여 중심각에 따라서 상부단면 형식 선정 시 주의가 필요하다. 일반적으로 곡선교의 중심각에 따라 요구되는 비틀림 강성비가 다르고 강성비는 I형 병렬거더교 < 박스거더 병렬교 < 단일박스거더교 순서로 중심각에 따른 강성비가 증가하므로 이를 고려하여 단면형식을 결정하여야 한다.

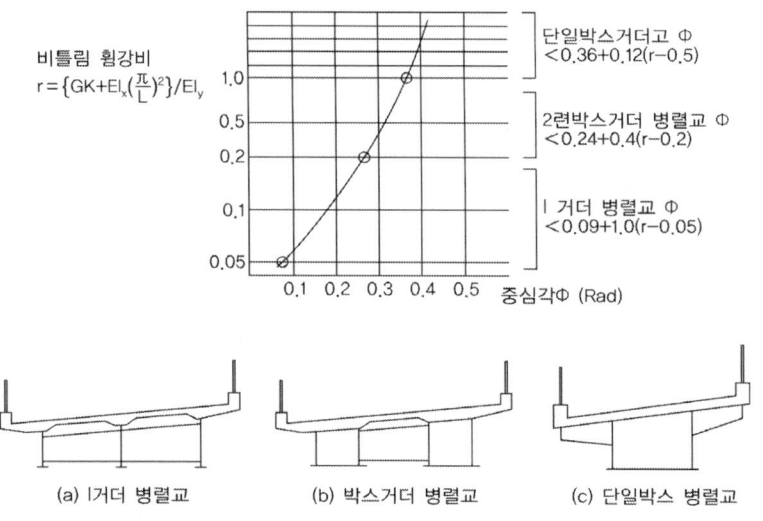

비틀림 휨강비
$r = \{GK + EI_x(\frac{\pi}{L})^2\}/EI_y$

단일박스거더교 Φ
$<0.36+0.12(r-0.5)$

2련박스거더 병렬교 Φ
$<0.24+0.4(r-0.2)$

l 거더 병렬교 Φ
$<0.09+1.0(r-0.05)$

중심각 Φ (Rad)

(a) I거더 병렬교　　　(b) 박스거더 병렬교　　　(c) 단일박스 병렬교

5~15°에서는 I거더 병렬교가 유리하고, 15~20°에서는 단일박스거더교가 유리하다. 중심각이 25° 초과 시에는 설계에 무리가 있으며 5° 이하에서는 직선교에 가깝다. 소수주거더의 적용이 활발한 일본에서도 곡선교 실적은 사교 각도 15° 미만, R = 1,000m 이상의 교량으로 제한되어 있다. 또한 AASHTO(AASHTO Guide Specifications for Horizontally Curved Steel Girder Highway Bridges)의 곡선교 정의에 따르면 중심각이 단순교는 0.06 rad 이하, 연속교의 측경간은 0.067 rad 이하 및 연속교의 중앙 경간은 0.075 rad 이하인 경우에는 교량은 직선교로 볼 수 있는 것으로 설명되어 있다. 따라서, 15° 미만의 사교와 직선교로 볼 수 있는 곡선교에는 거더교를 적용할 수 있다.

곡선구간에 거더를 배치할 때에는 바닥판 캔틸레버 길이와 외측거더의 설치를 검토해야 한다. 바닥판 캔틸레버 길이의 결정에 있어서는 각 거더의 강도가 균등하게 되도록 배치해야 하며 직선거더의 경우 수평 브레이싱을 설치하여야 한다. 교량이 연속하는 경우에는 교각상에서 절선이 되도록 배치하는 것이 바람직하고 이 경우 수직 브레이싱 배치는 거더의 직각방향으로 한다.

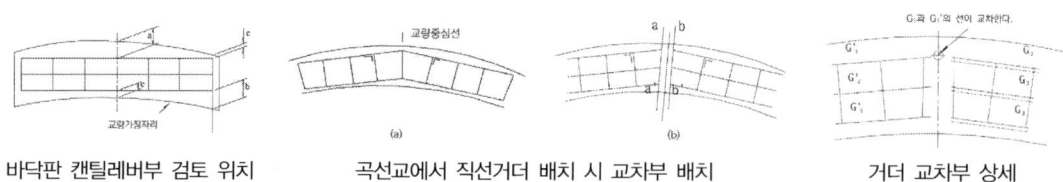

바닥판 캔틸레버부 검토 위치　　　곡선교에서 직선거더 배치 시 교차부 배치　　　거더 교차부 상세

2) 단면력 고려 시 뒤틀림 모멘트(Warping) 고려

박스형 단면은 큰 비틀림 저항성을 갖는 데 반해 I형 거더와 같은 개단면(Open Section) 부재는 비틀림 저항성이 작아 비틀림에 의해 큰 변형을 받는 동시에 뒤틀림(뒴, Warping)이 발생한다. 이

러한 뒤틀림은 구속되거나 회전각($d\phi/dx$)이 일정하지 않은 경우 길이방향으로 축응력(뒤틀림응력 f_w)이 발생한다.

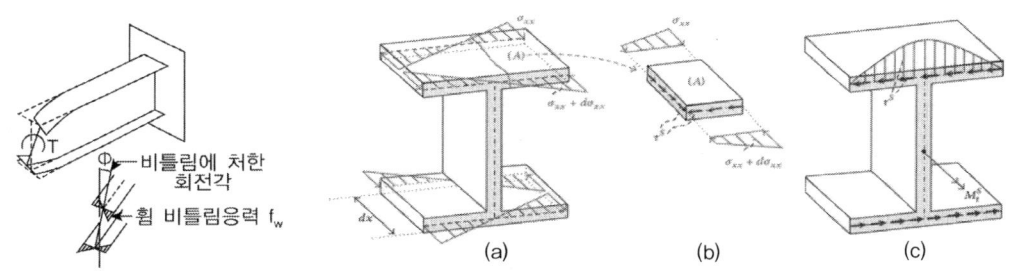

일반적으로 박스형 거더의 경우에는 Diaphram을 일정간격 설치하여 뒤틀림을 방지하고 있어 큰 문제가 발생하지 않지만 I형 거더와 같은 비틀림 저항력이 작고 플랜지 폭이 넓은 경우에는 무시할 수 없는 응력이 발생할 수도 있다.

① 곡선교의 뒤틀림 응력

주거더가 가로보 등으로 충분히 결합되어 있으면 전 단면이 일체가 된 거동을 보이게 되고, 주거더의 휨강성이 대부분의 비틀림 모멘트에 저항할 수 있다. 따라서 충분한 가로보 등을 통해 안전한 비지지길이(L_b)를 확보해 횡비틀림좌굴을 방지하거나, 그 외의 경우에는 한계상태에 따라 뒤틀림 응력을 고려한 설계가 되도록 하여야 한다.

곡선구간에 거더를 직선으로 배치하고 격자이론에서는 부재는 절점 사이에 놓인 직선으로 취급하기 때문에 KDS 14 31 10(강구조 부재설계기준, 하중저항계수설계법)에서는 곡률효과로 인한 횡방향 휨모멘트를 산정 후 비지지길이(L_b)가 다음 식을 만족하지 못할 경우 휨모멘트를 확대하여 각 부재의 한계상태를 검토하게 된다.

$$L_b \le 1.2 L_p \sqrt{\frac{C_b R_b}{f_{bu}/F_{ye}}}$$

뒤틀림 응력을 고려할 때에는 다음의 파라메트를 기준으로 뒤틀림 응력에 대한 고려 여부를 확인할 수 있다.

$$\alpha = l\sqrt{\frac{GK}{EI_w}}$$ (G: 전단탄성계수, K: 순수 비틀림 상수, E: 탄성계수, I_w: 뒤비틀림 상수)

(1) $\alpha < 0.4$: 뒤비틀림에 의한 전단응력과 수직응력에 대해서 고려한다.

(2) $0.4 \le \alpha \le 10$: 순수비틀림과 뒤비틀림 응력 모두 고려한다.

(3) $\alpha > 10$: 순수비틀림 응력에 대해서만 고려한다.

뒤틀림 응력을 고려할 때에는 다음의 식을 활용할 수 있다.

$$f = f_b + f_w, \quad v = v_b + v_s + v_w, \quad f \leq f_a, \quad v \leq v_a, \quad \left(\frac{f}{f_a}\right)^2 + \left(\frac{v}{v_a}\right)^2 \leq 1.2$$

일반적으로 I형 단면 주거더에서는 α값이 0.4 이하, 박스거더의 경우 30~100이다.

곡선 반지름이 작은 교량은 상자단면이 바람직하며, 격자이론은 일반적으로 각 부재의 비틀림 휨강성을 고려하지 않으므로 개개의 부재로서의 비틀림 휨에 의한 응력은 산출되지 않는다. I형 단면 거더의 경우 각 거더로 저항하는 비틀림 모멘트 양과 발생하는 비틀림 모멘트 양 모두 매우 적기 때문에 일반적으로 무시하는 것이 일반적이나 플랜지의 폭의 넓은 경우에는 반드시 무시할 수 없다.

곡선교 구조계 전체를 단일 곡선부재로 치환하여 취급하는 경우에 뒴비틀림응력을 무시하는 범위는 다음과 같다.

$$\alpha > 10 + 40\Phi \ (0 \leq \Phi < 0.5), \quad \alpha > 30 \ (0.5 \leq \Phi), \quad \Phi : \text{곡선부재의 1경간 회전 중심각(radian)}$$

② 곡선 박스교의 뒤틀림(warping and distorsion)

박스교는 박판보(thin-walled beam)로 I형과 같은 개단면(Open section)이 아닌 폐단면(Closed Section)으로 구성되어 있다. 개단면(Open section)의 경우 뒤틀림(뒴, Warping displacement)의 구속에 의해 단면 내에 축력이 발생될 수 있고 폐단면(Closed Section)의 경우 단면의 뒤틀림 변형(Distortion) 구속으로 추가 응력이 발생될 수 있다. 전산해석 시에는 일반적인 구조물의 해석 시에는 휨과 전단에 대한 6개의 자유노를 고려하시만, 상상형 곡선 박반보와 깊은 구조물은 뒤틀림(Distortion)을 고려한 7개 자유도를 고려할 수 있다.

뒤틀림과 뒴은 혼용되어 사용되기도 하지만, 일반적으로 뒤틀림은 변형(displacement)을 뒴(Warping)은 변형억제로 인해 발생되는 응력을 말한다. 국내 설계기준에서는 뒤틀림과 뒴이 통상 그 값이 작고 고려하기 어렵기 때문에 브레이싱이나 다이아프램, 가로보 등의 간격을 적정하게 설치하여 충분한 강성을 확보해 별도의 응력을 고려하지 않는 것이 일반적이다.

곡선교에서 상부의 하중은 곡률로 인해 편심하중을 유발하게 되며, 이로 인해 휨과 전단으로 인한 응력이 발생한다. 이와 함께 곡선으로 인해 발생하는 편심하중은 휨하중(Flexure)과 비틀림하중(Torsion)으로 구분될 수 있으며, 비틀림하중은 다시 순수한 비틀림하중과 뒤틀림하중으로 구분될 수 있다.

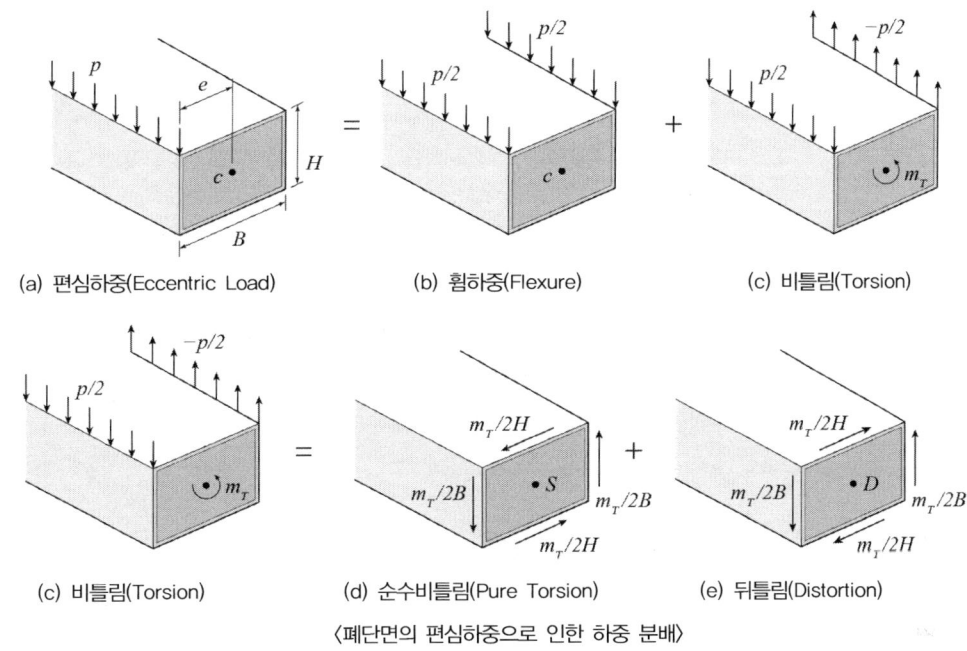

(a) 편심하중(Eccentric Load)   (b) 휨하중(Flexure)   (c) 비틀림(Torsion)

(c) 비틀림(Torsion)   (d) 순수비틀림(Pure Torsion)   (e) 뒤틀림(Distortion)

〈폐단면의 편심하중으로 인한 하중 분배〉

편심하중((a), 하중 p와 편심 e의 구조물)은 순수 휨 하중((b), 하중 p/2 양 단부 재하 구조물)와 e 만큼의 편심으로 인한 비틀림((c), 양단부 p/2 짝힘, 비틀림)의 합력으로 표현될 수 있으며, 비틀림(c)는 다시 순수비틀림((d), 짝힘(p/2)으로 인해 발생되는 모멘트 mT를 높이(H)와 폭(B)으로 분산하여 전단면에 1/2의 전단력이 분포되는 순수비틀림)과 뒤틀림((e), 상하면은 1/2의 전단력이 순수비틀림 형상과 상쇄하도록 하고, 벽면에서의 1/2의 전단력은 (d)와 합산되어 (c)와 같도록 분배된 뒤틀림력)으로 표현될 수 있다.

박판보의 응력

응력의 종류	수직응력	전단응력
휨응력	$f_b = \dfrac{M}{I}y$	$v_b = \dfrac{SQ}{It}$
순수비틀림 응력	–	$v_s = \dfrac{T_s}{2Ft}$
뒴비틀림(warping) 응력	$f_W = \dfrac{M_W}{I_W}w$	$v_w = \dfrac{T_W}{I_w t}V_w$
뒤틀림(Distorsion) 응력	$f_{DW} = \dfrac{M_{DW}}{I_{DW}}w_d$	–

일반적으로 강상형 박스와 같은 폐단면(Closed Section)에서 발생되는 뒤틀림(Distortion) 응력은 그 크기가 통상 작고 고려하기 어렵기 때문에 브레이싱이나 다이아프램의 간격을 적정하게 설치하여 충분한 강성을 확보해 고려하지 않는 것이 일반적이다(도로교설계기준 한계상태설계법

4.6.1.2). 직선교에 있어서는 비틀림 모멘트가 주로 활하중의 편심재하에 의해 발생하는 반면, 곡선교에서는 활하중뿐만 아니라 고정하중에 의해서도 비틀림 모멘트가 발생되므로 비틀림 강성이 큰 강상자형을 사용하는 것이 매우 효율적이다. 곡선교는 휨과 비틀림의 합성작용으로 인한 외력에 대한 단면력 산정방법으로는 격자해석법·유한차분법·유한요소법 등을 사용할 수 있다. 격자해석법은 곡선을 작은 직선보 요소로 분할하여 해석하는 방법으로 뒴비틀림(warping torsion)의 효과가 고려되지 않기 때문에 그 효과를 무시할 수 있는 상자형에 사용할 수 있다. 유한차분법은 뒴비틀림을 해석상 고려할 수 있는 간단한 방법이나 단일 거더에만 사용할 수 있다. 유한요소법은 매우 복잡한 해석방법으로 잘 사용되지 않고 있다. 곡선교의 응력계산은 직선교의 경우와 같으며, 특히 상자형의 경우 뒴 비틀림응력을 무사할 수 있고 충분한 강성을 가진 격벽(diaphragm)을 적당한 간격으로 배치함으로써 일그러짐에 의한 뒴 응력을 낮은 값으로 제한할 수 있다. 곡선교의 세부설계는 현행 도로교설계기준에 특별한 규정이 없으므로 직선교에 준하여 실시하는 것이 보통이나 곡률이 매우 작은 경우에는 복부판의 초기형상이 곡선이므로 상당한 좌굴강도의 감소가 예상되기 때문에 설계 시 그에 대한 충분한 고려를 하여야 한다.

3) 가로보 및 수평브레이싱

① 곡선교의 가로보는 비틀림 전달기구 중 가장 중요한 역할을 하기 때문에 충복단면을 사용하여 충분한 강성을 갖도록 하고 주거더와 강결시키는 것을 원칙으로 한다. 웨브 한쪽 면에만 설치되는 수직 보강재는 상·하 플랜지에 모두 접합시켜야 하고 양쪽에 설치할 때에는 상·하 플랜지에 틈이 없도록 밀착시키거나 접합해야 한다.

② I거더 병렬의 곡선교에서는 상부와 하부에 수평브레이싱을 설치하는 것을 원칙으로 한다. 이는 교량 전체의 전도 및 좌굴에 대한 안정성을 높이고 플랜지에 발생하는 부가응력을 경감하기 위해서이다.

③ 곡선교의 수직브레이싱의 설치간격은 일반적으로 6m 이하로 권고된다. 한계상태설계법에서는 해석을 통해서 간격을 결정하도록 하고 있으며, 곡선 I거더의 중간 다이아프램 혹은 수직브레이싱의 간격은 R/10으로 제한되고 KDS 14 31 10에 의한 한계비지지길이 L_r보다 작아야 한다.

4) 전도방지 검토

곡선 외측 받침을 기준으로 전도에 대한 검토를 수행한다(제천신동IC 부반력에 의한 전도 사례).

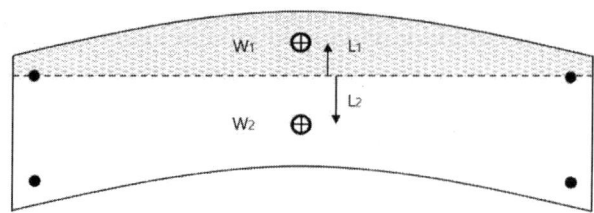

$$M_o = W_1 L_1 (\text{전도모멘트}), \quad M_r = W_2 L_2 (\text{저항모멘트})$$

$$F.S = \frac{M_r}{M_0} > 1.2 (\text{고정하중+활하중}) \; 2.5 (\text{고정하중})$$

5) 부반력에 대한 받침 배치 검토

① 연결로교와 같이 곡률반지름이 매우 작은 경우(R ≤ 100m) 단부의 평면사각이 작은 부분에서 부반력이 발생할 수 있으며, 받침수 산정 및 받침 위치 선정(거더 위치 또는 받침 간격 조정, 받침부 높이 조정) 등에 이를 고려하여야 한다.

② 부반력 발생시 2-shoe의 사용보다는 1-shoe의 사용이 적절하며 Out-rigger 형태나 Counter Weight도 고려할 수 있다.

③ 부반력 발생이 불가피한 경우 앵커시스템에 작용하는 인장력에 대한 안전을 검토해야 하며, 이때 받침은 부반력에 저항할 수 있는 형식을 적용해야 한다. 인반력에 대한 저항력을 확보할 수 있도록 헤드가 있는 앵커볼트(또는 소켓)를 적용해야 한다. 이 때에는 앵커볼트의 인장강도와 콘크리트의 파열강도에 대한 검토를 수행한다.

④ 받침의 이동방향은 고정단에서 방사상의 현방향으로 설치하거나 곡선반경에 대해 접선방향으로 설치한다. 접선방향의 이동방향은 곡률이 일정한 교량에 적합하며 현방향 설치는 곡률이 일정하거나 변화하는 교량 모두에 적용된다.

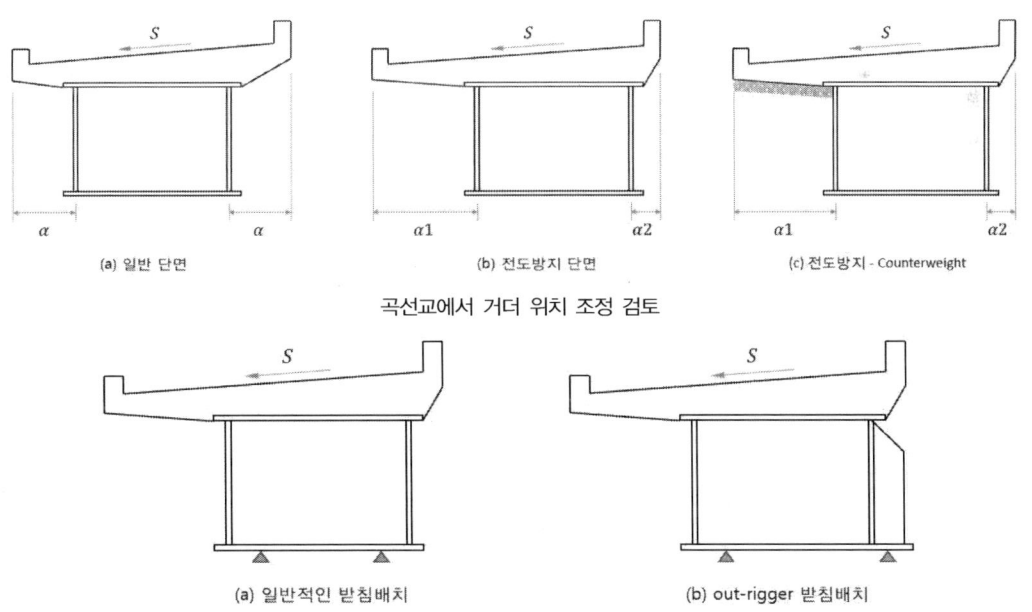

곡선교에서 거더 위치 조정 검토

곡선교에서 받침 위치 조정 검토

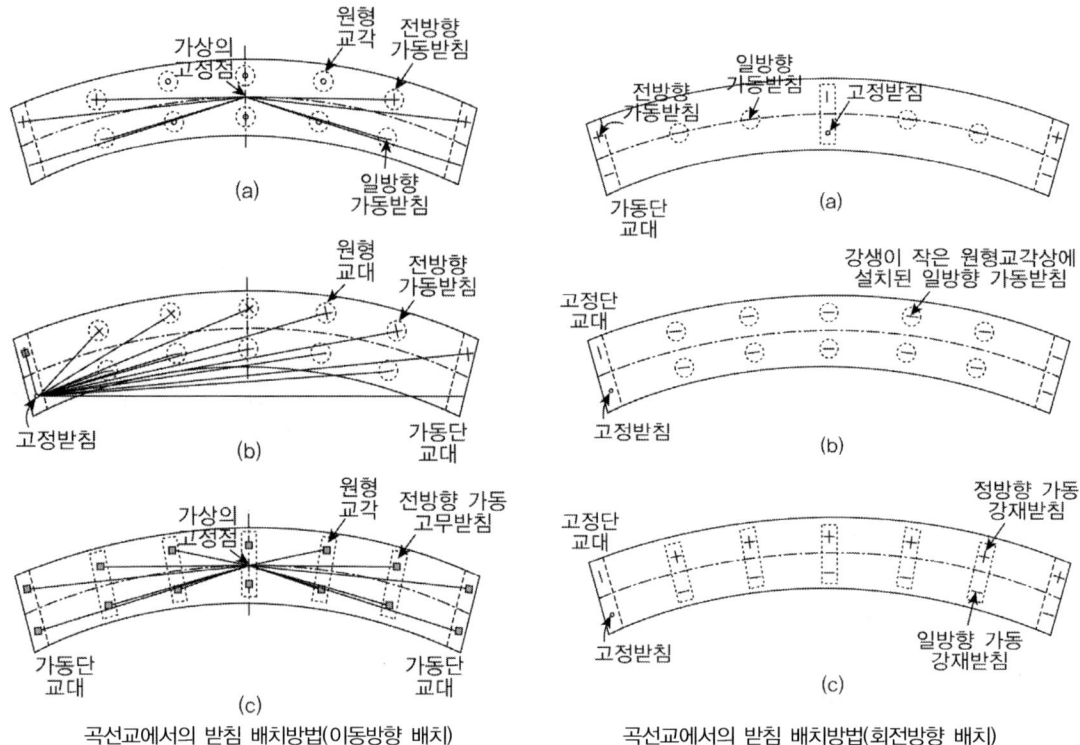

곡선교에서의 받침 배치방법(이동방향 배치)　　　　곡선교에서의 받침 배치방법(회전방향 배치)

사교 설계 시 고려사항

하천이나 하부도로를 사각으로 횡단하는 교량을 설계하고자 한다. 이러한 사각 교량설계에 따른 상하행선 교폭 구성방법, 구조적 특성, 철근 배근방법, 신축이음장치 설계방법 등을 각각 구분하여 설명하시오.

풀 이

▶ 개요

하천, 하부도로, 도심지 내 교량 등은 하부의 여건, 시설한계, 인접시설물 등의 영향으로 인해 사각으로 횡단하는 사교로 계획해야 될 경우가 있다. 일반적으로 사교는 편심재하뿐만 아니라 교축 중심에 실린 하중에 의해서도 주거더에 비틀림이 발생한다. 이로 인해서 가로보의 휨모멘트 증가 및 둔각부의 응력집중 현상, 예각부의 부반력 등이 발생하므로 이에 대한 대책 마련, 검토가 필요하다.

▶ 사교의 특성 및 설계방법

1) 사교의 구조적 특징

　① 직교와 달리 사각이 커지는 만큼 주거더의 휨모멘트는 작아지고 가로보의 휨모멘트는 증가한다. 이는 주거더의 비틀림 강성이 클수록 뚜렷하다.

　② 사교의 휨모멘트 최대는 외측 주거더 지간중앙보다는 둔각부로 옮겨지는 경향으로 최대휨모멘트의 분포가 비대칭성을 갖는다.

　③ 사각이 크면 주거더 단부의 바닥판의 응력분포가 복잡해져서 손상이 발생하기 쉬우며, 받침 반력에 큰 영향을 주는 경우가 많으므로 설계 시 고려가 필요하다.

　④ 거더 단부의 바닥판이 중요한 역할을 하는 합성거더의 사각은 30° 이하로 하는 것이 바람직하다.

2) 상하행선 교폭 구성방법

상하행선 교폭 구성 시 사교의 사각이 클 경우에는 사교의 부반력, 응력집중 등의 특성을 최소화하기 위해 먼저 상하행선을 분리해 사각을 최소화하는 방안을 고려할 수 있다. 교량의 경간장 구성이나 종단 선형상의 형고로 인한 제약 등으로 인해 사교를 일체로 계획할 경우에는 부반력, 응력집중 등에 대해 고려해 설계해야 한다.

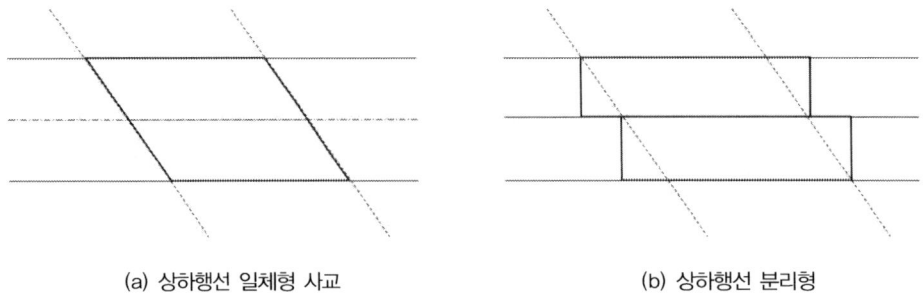

(a) 상하행선 일체형 사교   (b) 상하행선 분리형

3) 철근 배근방법

① 사교의 경사각이 20°를 넘는 경우 단부 바닥판의 철근은 단부 끝단에서 바닥판의 유효지간에
   해당하는 위치까지 경험적 설계법에 따른 보강 철근량의 2배를 배치한다(도로설계요령).

② 캔틸레버부가 없는 사각이 45° 이하인 단순 슬래브 사교에서 배력철근량은 교축직각방향의 배
   력철근량은 l_s/B < 1.5인 경우에는 온도 및 건조수축에 소요되는 철근량을 $l_s/B \geq$ 1.5인 경
   우에는 l_s/B < 1.5인 경우의 배력철근량에 $(2 - \emptyset/90)$을 곱한 양으로 한다(도로설계요령).

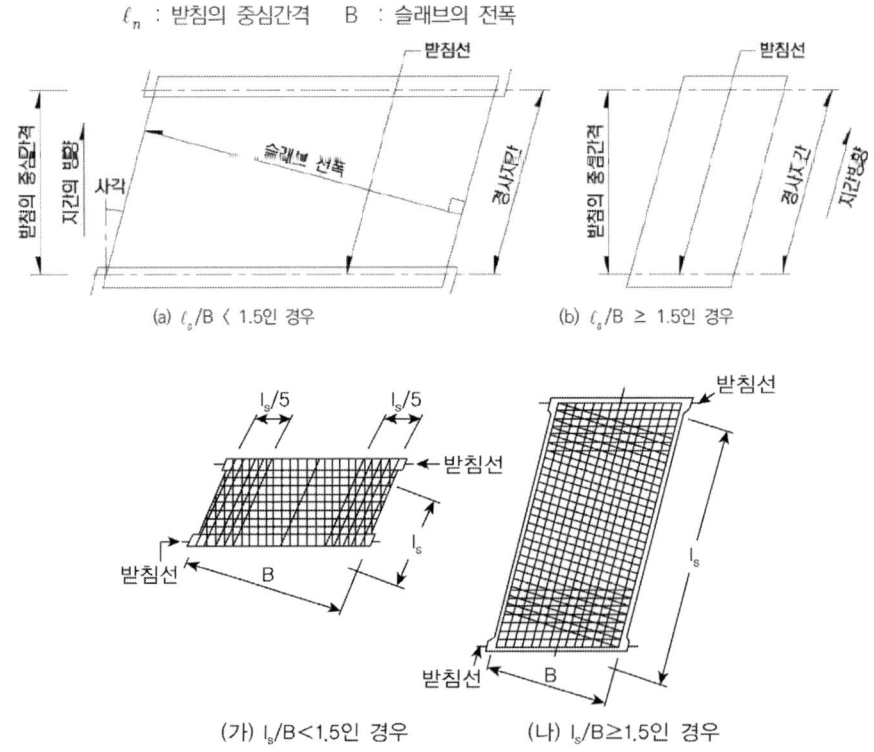

ℓ_n : 받침의 중심간격   B : 슬래브의 전폭

(a) ℓ_s/B < 1.5인 경우   (b) $\ell_s/B \geq$ 1.5인 경우

(가) l_s/B < 1.5인 경우   (나) $l_s/B \geq$ 1.5인 경우

4) 신축이음장치 설계방법

곡선교, 사교, 풍하중 등으로 인하여 구조상 횡방향 변위가 발생할 수 있는 교량이나, 지진, 침하의 영향으로 수직방향 변위의 발생이 예상되는 교량에는 그 특성에 따라 X, Y 2축 이동가능 조인트나, X, Y, Z 3축으로 신축변위를 수용할 수 있는 레일조인트를 사용하는 것이 바람직하다. 사교의 신축이음장치 형식 검토 시에는 전단변형량과 교축방향 신축량을 동시에 만족하는 형식과 규격을 설치해야 한다. 맞댐형식과 고무판 형식은 슬래브 유간을 $\Delta L / \sin\theta$로 늘려서 시공하고 사각을 보정한 레일형식이나 강핑거 형식 설치 시에는 $\Delta L \times \sin\theta$로 줄여서 시공해야 한다.

전단 변형량 산정 조건	전단변형량(mm)			비고
	맞댐, 고무판, 레일형식		강핑거 형식	
	PSC교	RC교		
고정단에서 가동받침의 이동방향을 교축직각방향 설치 시	$0.7L \times \cos\theta + 0.8B$	$0.5L \times \cos\theta + 0.8B$	$0.8B$	L : 신축장(m) B : 폭원(m)
고정단에서 가동받침의 이동방향을 사각방향 설치 시	$0.7L \times \cos\theta + 0.4B$	$0.5L \times \cos\theta + 0.4B$	$0.4B$	

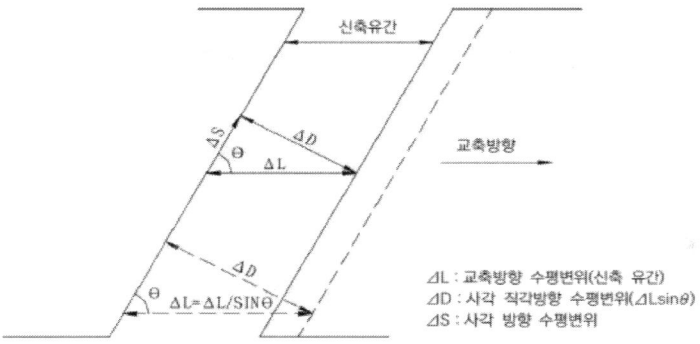

ΔL : 교축방향 수평변위(신축 유간)
ΔD : 사각 직각방향 수평변위(ΔLsinθ)
ΔS : 사각 방향 수평변위

5) 교량받침 설계방법

사교 및 곡선교의 받침배치는 원칙적으로 고정받침과 가동받침을 연결한 방향으로 한다. 사교의 경우 사각 20° 정도를 기준으로 하여 사각을 고려하는 해석과 고려하지 않는 해석으로 구분한다. 또한 사각의 정도가 매우 심한 경우를 제외하고는 대부분 부반력이 발생하지는 않는다. 그러나 둔각부에 상대적으로 하중(고정하중·활하중)이 집중되는 현상이 발생하게 되므로 적절한 단부보강이 이루어져야 하며, 받침규격 선정 시에도 최대 받침반력의 산정에 주의를 기울여야 한다. 횡방향의 강성이 큰 사교의 가동받침은 그림과 같이 신축방향과 회전방향을 일치시키지 않아 거동이 복잡하게 된다. 이러한 경우 전 방향 회전이 양자를 만족시킬 수 있는 받침을 선정함으로써 구속력이 생기지 않도록 할 필요가 있다. 받침의 이동방향은 교량의 중앙선에 평행하게 설치되어야 한다. 사각의 교대나 교각에 대하여 직각방향이어서는 안 된다. 널리 적용되는 배치방식은 그림

(a), (b)와 같다. 그림 (c)는 단순거더를 지점부에서 연결하여 연속교로 한 거더교의 받침 배치방법인데, 교량의 바닥판이 고정점에 대하여 방사상으로 신축이 발생하므로 교각이나 교대에서 큰 수평력이 발생할 우려가 있다. 따라서, 사각이 있고 폭이 넓은 교량에서는 그림 (a)와 같이 설치하거나 고정단에서 이러한 받침을 사용하는 경우에는 그림 (d)와 같이 배치함으로써 신축에 의하여 발생되는 수평력을 완화시켜 주는 것이 바람직하다.

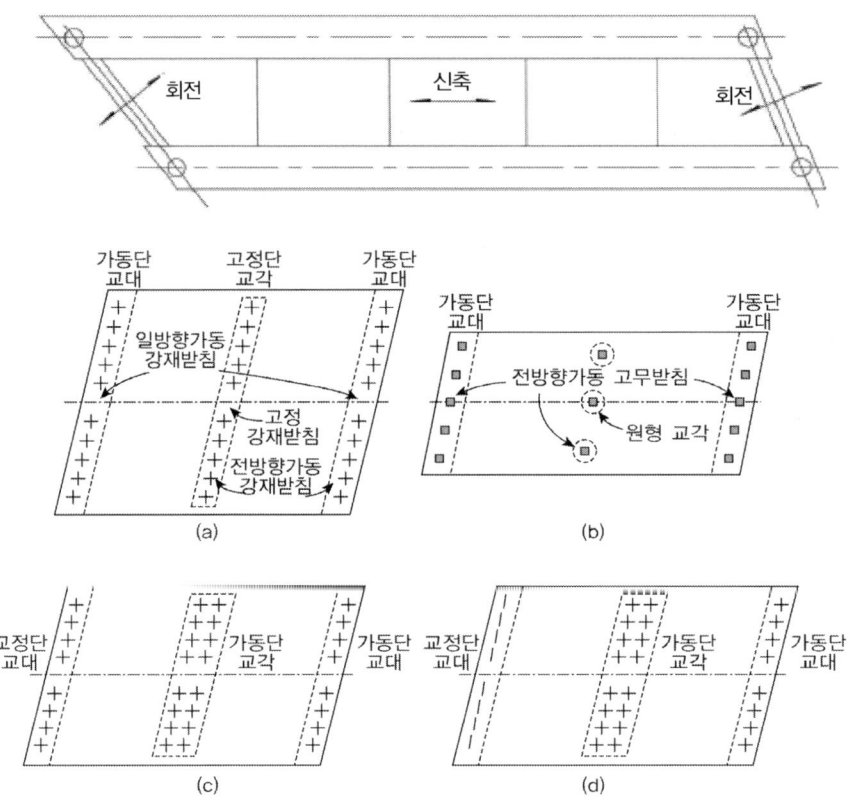

사각 슬래브 보강

사각(Skew)으로 설계된 암거 슬래브의 사각부 보강

풀 이

▶ 개요

사각을 가진 구조물은 비틀림으로 인해 둔각부의 응력이 집중되는 현상이 발생된다. 이로 인해 사각을 가진 암거의 사각부는 주철근을 이용해 보강하는 것이 바람직하다.

▶ 사각 암거 슬래브 사각부 보강

사각을 가진 암거 슬래브이 보강은 해당 단면의 슬래브 주철근을 사각부 보강 철근으로 사용하여 둔각부에서 수선을 내린 지점까지 사보강 철근을 배치하여 보강하는 것이 일반적이다. 다만, 판 이론에 따른 별도의 해석방법을 수행한 경우에는 그 결과에 따라 조치할 수도 있다. 일반적으로 도로교 설계기준에서 교량 슬래브는 경사각이 25°를 넘지 않는 경우 주철근의 방향을 경사방향으로 하고 25° 이상인 경우에만 직각방향으로 배치한다.

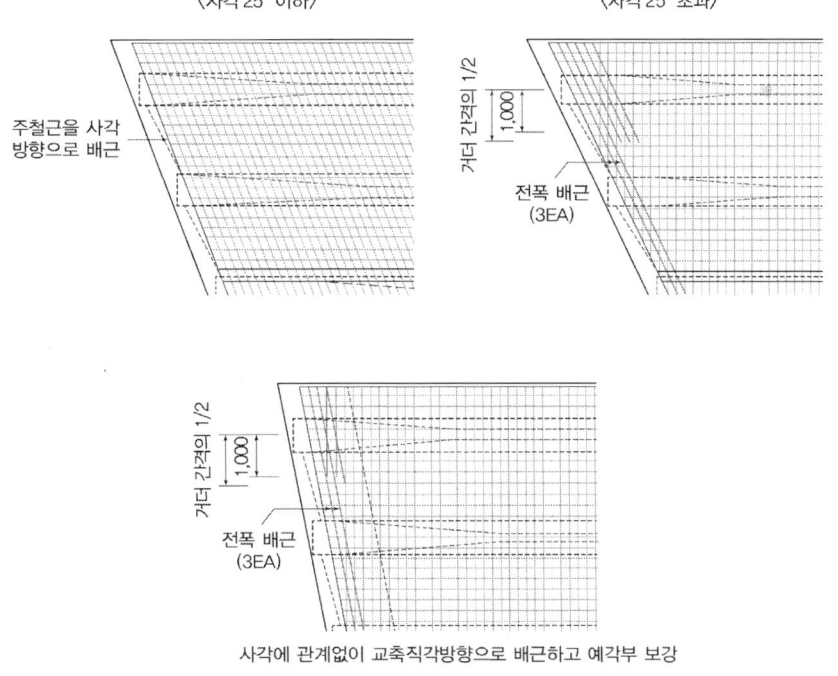

사각에 관계없이 교축직각방향으로 배근하고 예각부 보강

사교의 교대 설계

사교로 계획된 거더교에서 교대 설계 시 유의사항에 대하여 설명하시오.

풀 이

➤ 개요

사교는 편심재하뿐만 아니라 교축중심에 실린 하중에 의해서도 주거더에 비틀림이 발생한다. 이로 인해서 가로보의 휨모멘트 증가 및 둔각부의 응력집중 현상, 예각부의 부반력 등이 발생하므로 이에 대한 대책 마련, 검토가 필요하다.

➤ 사교의 특징

1) 직교와 달리 사각이 커지는 만큼 주거더의 휨모멘트는 작아지고 가로보의 휨모멘트는 증가한다. 이는 주거더의 비틀림 강성이 클수록 뚜렷하다.

2) 사교의 휨모멘트 최대는 외측 주거더 지간중앙보다는 둔각부로 옮겨지는 경향으로 최대휨모멘트의 분포가 비대칭성을 갖는다.

3) 사각이 크면 주거더 단부의 바닥판의 응력분포가 복잡해져서 손상이 발생하기 쉬우며, 받침 반력에 큰 영향을 주는 경우가 많으므로 설계 시 고려가 필요하다.

4) 거더 단부의 바닥판이 중요한 역할을 하는 합성 거더의 사각은 30° 이하로 하는 것이 바람직하다.

➤ 사교 교대 설계 시 유의사항

1) 상부구조 : 사교는 편심재하로 인해 교대 예각부에 부반력이 발생할 수 있으며, 둔각부에는 응력이 집중되는 현상이 발생될 수 있다. 이로 인해 하중분배가 적절하게 될 수 있도록 브레이싱 설치 등에 대한 검토와 함께 받침 배치 시 신중한 검토가 필요하다. 받침배치의 경우 이동방향과 회전방향이 일치하지 않기 때문에 전 방향으로 회전이 가능한 받침을 사용하는 것이 유리하다.

① 받침의 이동방향은 교량의 중앙선에 평행하게 설치되어야 하며, 신축에 의해 발생하는 수평력 완화를 위해 사각의 교대나 교각에 대해 직각방향이어서는 안 된다.
② 고정단의 일방향 가동단은 사각방향으로 설치하는 것이 원칙이나 PSC합성 거더교를 포함한 거더교는 교축 직각방향으로 배치하고 있다.

2) 하부구조(경사교대)

① 토압 : 교량의 경사각 θ가 작으면 교대의 안정도와 단면력이 교축방향보다 교대 배면 직각방향이 위험하게 된다. 사각으로서 계산하고자 하는 방향은 도로폭이나 교대의 높이, 혹은 교대에 작용하는 상부구조로부터의 반력의 크기, 받침구조 등에 따라 달라지므로 두 방향 모두에 대해서 검토하는 것이 좋다. 그러나 교대배면은 성토로서 메워지는 경우가 많으며 토압은 교대 배면에 직각방향으로 작용하므로 보통의 경우에는 교대배면 직각방향만에 대하여 검토하면 되는 경우가 많다. 교대배면 직각방향에 대해 계산하는 경우 토압은 경사교대에 있어서 배면의 지형상태가 일정하지 않은 경우가 많아서 교대에 작용하는 토압은 교대 폭방향에 대하여 일정하지 않다. 또 토압의 작용방향과 교축방향이 일치하지 않는다. 이 때문에 교대의 안정 및 응력계산은 입체적인 해석을 필요로 하여 복잡하게 되므로 계산을 간략화하고, 또한 충분한 설계가 되기 위해 교대배면에 작용하는 토압은 그림의 P가 교대폭방향으로 일정하게 작용하는 것으로 생각해도 좋다. 이 경우 교대의 중심 O와 토압의 합력 ΣP의 작용선이 동일 연직면 내에 있지 않기 때문에 A단의 연직반력 및 단위면적당의 활동력이 B단보다 크게 될 것으로 생각된다. 경사각 θ가 75°보다 큰 경우에는 특별히 위와 같이 생각할 필요는 없으나 75°보다 경사각이 작고 또한 교대폭이 좁은 경우 또는 토압의 합력 ΣP가 큰 경우 등에는 계산으로 안전이 충분히 확인된 경우 이외는 앞의 것을 고려해서 AC부터 확대기초를 사선부와 같이 확대하는 것이 좋다. A부의 확대기초를 확대하지 않는 경우에는 토압합력 작용선의 편심으로 교대가 회전하지 않는지를 확인해야 한다.

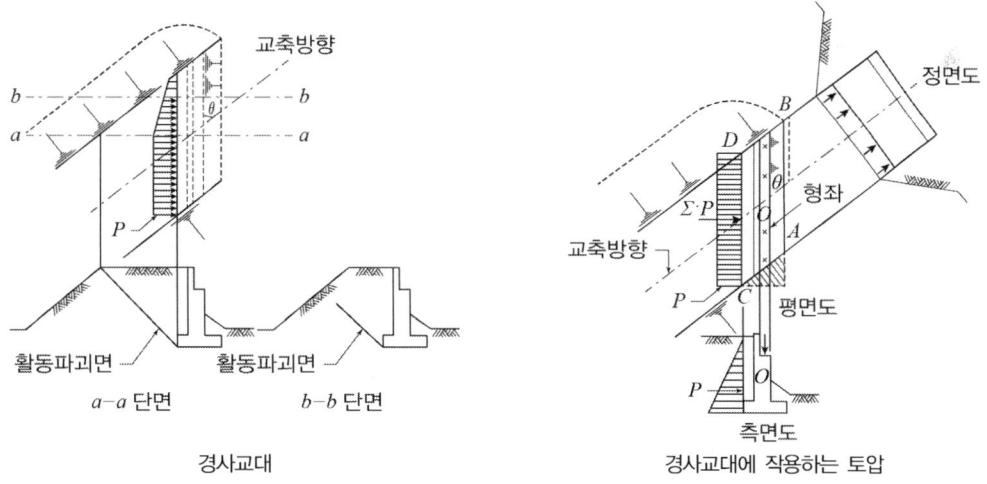

경사교대	경사교대에 작용하는 토압

② 상부구조로부터의 수평하중 : 지진 시에 상부구조로부터의 교대배면 직각방향의 수평하중은 지진력이 동방향으로 작용하는 것으로 하여 산출한다. 그 계산방법은 상부구조의 형식, 받침의 종류, 구조 등에 따라 다르다. 경사각이 너무 작지 않고 상부구조도 단순보와 같은 경우에

는 간편하게 생각하여 경사교대의 토압방향에 상부구조로부터의 교축방향의 지진 시 수평하중을 그대로 작용시켜도 좋다. 그러나 경사각이 작거나 혹은 상부구조가 게르버보나 연속보 등의 경우에는 가동받침에도 경사각 θ의 영향에 의한 수평력이 발생한다. 이것을 엄밀하게 풀기 위해서는 상부구조의 형식이나 받침의 종류, 구조 등에 의한 미지의 문제점이 많아 계산이 복잡하게 되므로 편의상 교대배면 직각방향에 작용하는 수평력을 다음과 같이 계산한다.

고정단 하부구조에 작용하는 수평력 : $F_F = W_d \times k_h - \sum F_{M1}$

가동단 하부구조에 작용하는 수평력 : $F_M = F_{M1} + F_{M2}$

여기서, W_d : 상부구조의 전 고정하중(kN), k_h : 설계수평진도, R : 생각하고 있는 하부구조에 작용하는 지진 시의 상부로부터의 연직반력(kN), μ_s : 가동받침의 마찰계수

$$F_{M1} = R k_h \cos^2\theta$$

$$F_{M2} = R k_h \sin^2\theta \quad (\ k_h \sin\theta \leq \mu_s \ \text{일 경우})$$

$$\qquad = R f_s \sin\theta \quad (\ k_h \sin\theta > \mu_s \ \text{일 경우})$$

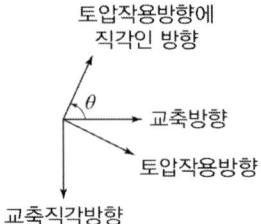

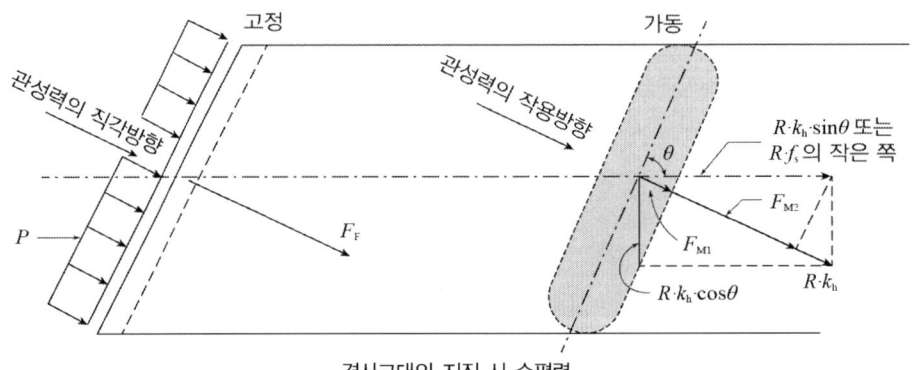

경사교대의 지진 시 수평력

곡선교

강 BOX교를 상부형식으로 하는 곡선교를 계획하였다. 계획단계 시 고려사항과 전도 및 부반력에 대한 대책을 설명하시오.

풀 이

➤ 개요

곡선교는 구조물의 특성상 비틀림 모멘트가 발생되고 이로 인한 편심으로 부반력이 발생될 수 있다. 특히 곡선교에서는 받침의 배치가 일반 직선교와 달리 적용되고 받침 배치가 잘못될 경우 전도의 위험이 있기 때문에 주의가 필요하다.

➤ 곡선교 계획 시 전도 및 부반력 등 주요 고려사항

곡선교의 특성상 비틀림 모멘트가 발생하며 편심으로 부반력과 전도방지대책에 대한 검토가 수반되어야 한다. 특히 단경간 곡선교는 Ramp교에 적용되는 사례가 많으며 Ramp교에서는 부반력 및 전도로 인한 문제가 발생되는 사례가 있다. 다음은 일반적으로 곡선교 계획 시에 고려되어져야 할 주요 사항이다.

주요사항	단면 형식	비틀림모멘트	부반력	전도방지	받침배치
내용	비틀림 강성비	비틀림(Torsion)과 뒤틀림(Warping)	부반력 발생 여부 부반력 대책	전도방지 대책	부반력과 전도방지를 위한 받침 배치

1) 단면형식의 결정

곡선교는 비틀림 모멘트로 인하여 중심각에 따라서 상부단면 형식 선정 시 주의가 필요하다. 일반적으로 곡선교의 중심각에 따라 요구되는 비틀림 강성비가 다르고 강성비는 I형 병렬거더교 〈 박스거더 병렬교 〈 단일박스거더교 순서로 중심각에 따른 강성비가 증가하므로 이를 고려하여 단면형식을 결정하여야 한다.

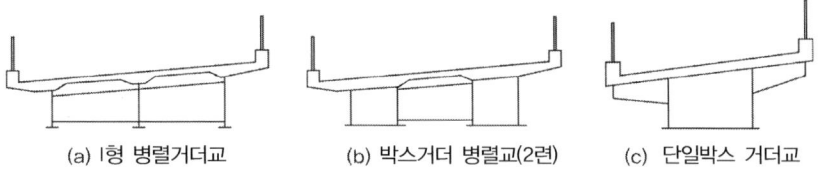

(a) I형 병렬거더교   (b) 박스거더 병렬교(2련)   (c) 단일박스 거더교

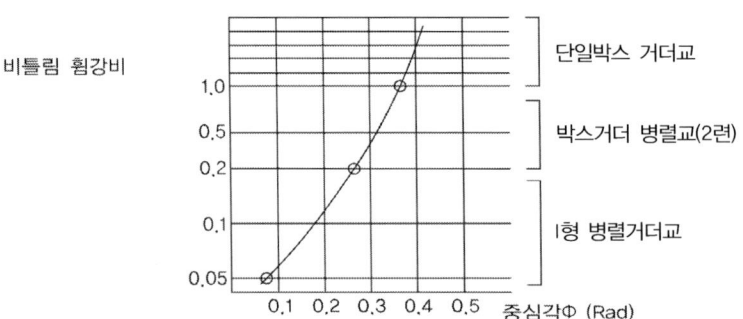

중심각이 5~15°에서는 I형 병렬거더교가 유리하고, 15~20°에서는 단일박스 거더교가 유리하다. 중심각이 25° 초과 시에는 설계에 무리가 있으며 5° 이하에서는 직선교에 가까워 곡률의 영향을 거의 받지 않는다.

2) 단면력 고려 시 뒤틀림 모멘트(Warping) 고려

박스형 단면은 큰 비틀림 저항성을 갖는 데 반해 I형 거더와 같은 개단면(open section)부재는 비틀림 저항성이 작아 비틀림에 의해 큰 변형을 받는 동시에 뒤틀림이 발생한다. 이러한 뒤틀림(뎀, Warping)이 구속되거나 회전각($d\phi/dx$)이 일정하지 않은 경우 길이방향으로 축응력(뒤틀림응력 f_w)이 발생한다.

일반적으로 박스형 거더의 경우에는 격벽(Diaphragm)을 일정 간격 설치하여 뒤틀림을 방지하고 있어 큰 문제가 발생하지 않지만 I형 거더와 같은 비틀림 저항력이 작고 플랜지 폭이 넓은 경우에는 무시할 수 없는 응력이 발생할 수 있다. 충실도가 큰 단면이나 박스형처럼 폐단면에서는 순수 비틀림 모멘트 쪽이 더 크고, I형 단면처럼 개단면의 박판에서는 뎀비틀림 모멘트가 크며 그에 따른 응력도 커지게 된다. 이 두가지 비틀림 모멘트의 분담률은 다음의 비틀림 상수비 α 의 크기에 의해 지배되며, 설계상에서는 뒤틀림 응력에 대한 고려여부를 α을 기준으로 확인하도록 하고 있다.

$$\text{비틀림 상수비 } \alpha = l\sqrt{\frac{GK}{EI_w}}$$

여기서, G: 전단탄성계수 K: 순수 비틀림 상수 E: 탄성계수 I_w: 뎀비틀림 상수, l : 지점 간의 부재길이(mm)

① $\alpha < 0.4$: 뎀비틀림에 의한 전단응력과 수직응력에 대해서 고려한다.
② $0.4 \leq \alpha \leq 10$: 순수비틀림과 뎀비틀림 응력 모두 고려한다.
③ $\alpha > 10$: 순수비틀림 응력에 대서만 고려한다.

휨모멘트와 순수비틀림 전단응력, 뎀비틀림 전단응력이 발생하는 단면에서는 허용응력설계법에서는 다음과 같이 합성응력을 검산해 안전성을 확보하도록 하고 있다.

합성응력 검산 $f = f_b + f_w,\ \ v = v_b + v_s + v_w,\ \ f \le f_a,\ \ v \le v_a,\ \ \left(\dfrac{f}{f_a}\right)^2 + \left(\dfrac{v}{v_a}\right)^2 \le 1.2$

여기서, f_b : 휨응력, v_b : 휨에 의한 전단응력, v_s : 순수비틀림 전단응력, f_w : 뒴비틀림 수직응력, v_w : 뒴비틀림 전단응력, f_a, v_a : 허용 인장응력과 전단응력

일반적으로 I형 단면 주거더에서는 α값이 0.4 이하, 박스거더의 경우 30~100이다.

곡선교 구조계 전체를 단일 곡선부재로 치환하여 취급하는 경우, 뒴비틀림응력을 무시하는 범위는 다음과 같다.

$\alpha > 10 + 40\Phi$ $(0 \le \Phi < 0.5)$, $\alpha > 30$ $(0.5 \le \Phi)$, Φ: 곡선부재의 1경간 회전 중심각(radian)

3) 부반력 검토

① 평면사각이 작은 부분에서 부반력이 발생할 수 있으며 이를 고려하여 받침수 산정 및 받침위치를 선정하도록 해야 한다.

② 부반력 발생 시 2-shoe의 사용보다는 1-shoe의 사용이 적절하며 Out-rigger 형태나 Counter Weight도 고려할 수 있다.

③ 받침의 이동방향은 고정단에서 방사상의 현방향으로 설치하거나 곡선반경에 대해 접선방향으로 설치한다. 접선방향의 이동방향은 곡률이 일정한 교량에 적합하며 현방향 설치는 곡률이 일정하거나 변화하는 교량 모두에 적용된다.

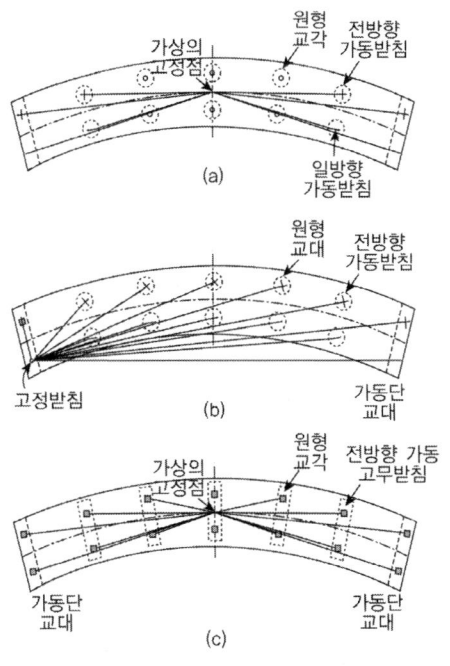

곡선교에서의 받침배치방법(이동방향 배치)

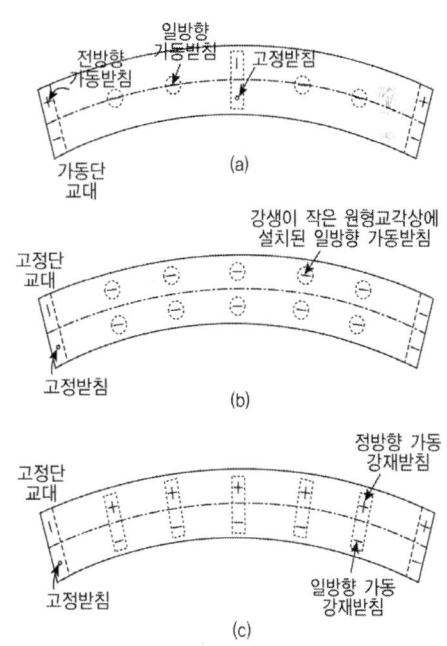

곡선교에서의 받침배치방법(회전방향 배치)

4) 전도방지 검토

곡선 외측 받침을 기준으로 전도에 대한 검토를 하여야 한다(사고사례, 제천신동IC 부반력 전도).

$M_o = W_1 L_1$ (전도모멘트), $M_r = W_2 L_2$ (저항모멘트)

$F.S = \dfrac{M_r}{M_0} > 1.2$ (고정하중+활하중) 2.5 (고정하중)

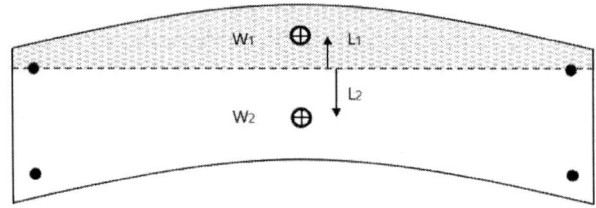

5) 가로보 및 수평 브레이싱 설치

① 곡선교의 가로보는 비틀림 전달기구 중 가장 중요한 역할을 하기 때문에 충복단면을 사용하여 충분한 강성을 갖도록 하고 주거더와 강결시키는 것을 원칙으로 한다.

② I거더 병렬의 곡선교에서는 상부와 하부에 수평브레이싱을 설치하는 것을 원칙으로 한다. 이는 교량전체의 전도 및 좌굴에 대한 안정성을 높이고 플랜지에 발생하는 부가응력을 경감하기 위해서이다.

곡선교의 부반력과 전도

교량받침이 지점당 2개소인 2경간 연속 곡선 강상자형 거더 교량을 정밀점검한 결과 일부 교량받침에서 들뜸현상이 발견되었다. 이 들뜸현상의 발생원인 및 대책에 대하여 설명하시오.

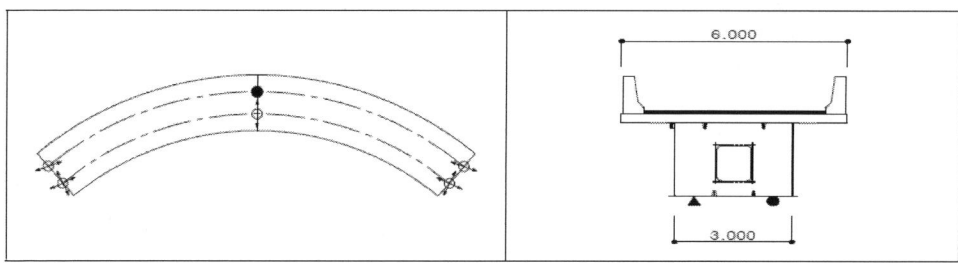

풀 이

➤ 개요

곡선반경이 작고 교폭도 좁은 slender한 IC교와 같은 곡선교량에서 들뜸현상이나 가설 중 전도사고 등이 발생한 사례가 있으며 이는 받침부를 중심으로 외부로 전도하려는 모멘트가 저항하는 모멘트보다 큰 경우에 발생될 수 있다.

➤ 들뜸 현상 발생원인과 대책

주어진 조건의 곡선교의 경우 최외측 받침점을 중심으로 곡선 외측부의 면적이 더 큰 것으로 사료되며 이런 경우 전도모멘트가 저항 모멘트 보다 크기 때문에 받침에서 들뜸현상이나 전도사고 등이 발생될 수 있다. 이러한 형식의 단순교 교량의 경우 곡선 외측 받침을 기준으로 전도에 대해 다음과 같이 검토를 수행한다.

$$M_o = W_1 L_1 \text{(전도모멘트)}, \quad M_r = W_2 L_2 \text{(저항모멘트)}$$

$$F.S = \frac{M_r}{M_0} > 1.2 \text{(고정하중+활하중)} \quad 2.5 \text{(고정하중)}$$

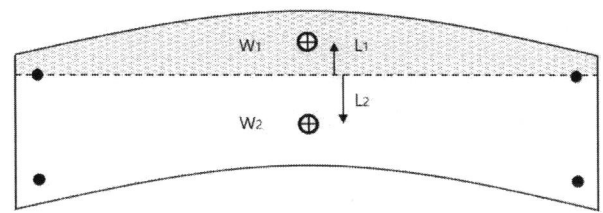

기준을 만족하지 못할 경우 outrigger 방식의 받침의 위치를 조정하거나, 부반력 받침 적용, 부반

력 앵커, Counter Weight 등을 고려할 수 있다.

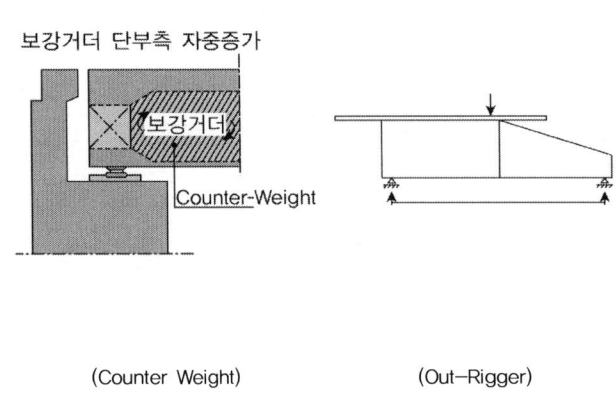

(Counter Weight)　　　　(Out-Rigger)

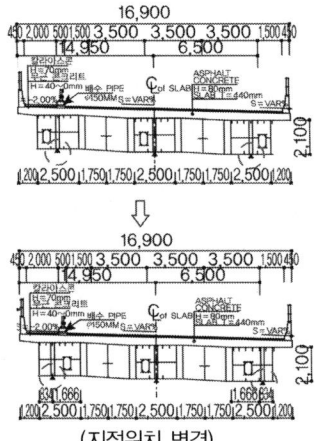

(지점위치 변경)

부반력 원인과 대책

교량설계 시 부반력이 발생하는 원인과 부반력이 발생하는 원인별 대책에 대하여 설명하시오.

풀 이

➤ 개요

부반력은 교량의 형상에 따라 발생될 수 있으며 단순교의 경우 곡선교나 사교에서 발생 가능성이 크며, 연속교의 경우 지간비의 영향을 받아 발생할 수 있다. 부반력이 발생할 경우 지점의 위치를 조정하거나 부반력을 제어할 수 있는 별도 시설물을 설치하는 등의 대책을 마련해야 한다.

➤ 부반력의 원인별 대책

1) 사교

사교의 사각이 크면 부반력이 발생할 수 있다. 사교에서 발생하는 부반력은 보의 부등 휨에 의한 비틀림 발생으로 발생하며 슬래브의 파손이 우려되므로 30° 이하로 계획하는 것이 바람직하다. 부반력이 발생할 경우 받침 수나 받침 위치를 조정하도록 해야 한다.

2) 곡선교

곡선교는 구조물의 특성상 비틀림 모멘트가 발생하고 편심으로 인한 부반력이 발생할 수 있어 이를 고려한 검토가 수반되어야 한다. 곡선교에서는 평면사각이 작은 부분에서 부반력이 발생할 수 있으며 이를 고려하여 받침수 산정 및 받침위치를 선정하도록 해야 한다. 부반력 시 2-shoe의 사용보다는 1-shoe의 사용이 적절하며 Out-rigger 형태나 Counter Weight도 고려할 수 있다.

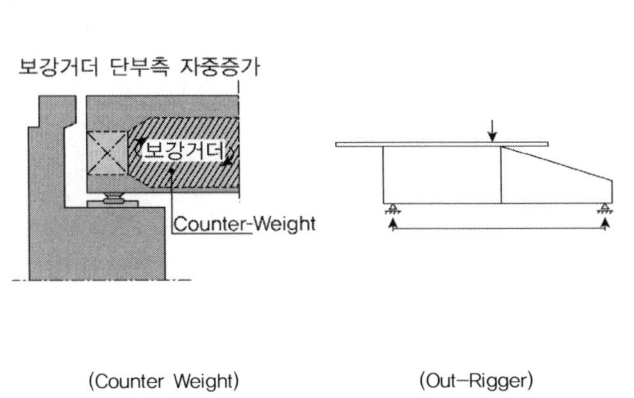

(Counter Weight)　　　　(Out-Rigger)

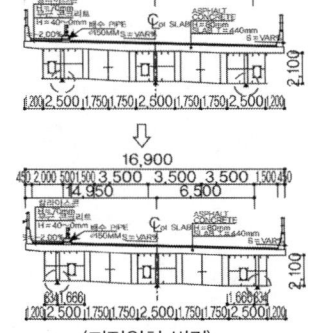

(지점위치 변경)

3) 케이블교

일반적으로 사장교는 케이블의 장력이나 중앙경간의 처짐 등을 고려하여 측경간비가 중앙경간장에 비해 짧도록 구성되어 있다. 따라서 사장교에서는 단부교각에서 정반력의 수직력보다는 앵커케이블에 의한 부반력이 발생될 가능성이 매우 크다. 부반력의 제어는 자중을 늘이거나 줄이는 방법이나 다른 구조물의 자중을 이용하는 방법이 주로 사용된다. 상부구조물의 자중을 증가하는 방법에는 Counter Weight를 재하하는 방법이 있으며, 상부구조물의 중앙경간부의 자중을 경감시키기 위해 복합사장교를 이용하는 방법이 있다. 또한 하부구조물의 자중을 이용하는 방법에는 서해대교에서 사용한 방법인 접속교의 자중을 이용하는 방법, Tie-Down Cable이나 Link Shoe, Anchor Cable을 이용하여 교대나 지반의 자중을 이용하는 방법으로 구분된다.

① Counter Weight 재하방법 : 박스교와 같은 상부구조물에 측경간의 보강형 내부에 구조적인 또는 비구조적인 중량물을 설치하여 하중을 증가시키는 방법이다. 이 방법의 경우 공간적인 제약이 있을 수 있으며, 하중의 증가로 인하여 보강형의 단면의 증대나 측경간 케이블의 단면 증대, 질량증대로 내진설계 시 하중증가, 유지관리 불리 등의 문제가 있을 수 있다.

② 복합 사장교의 적용 : 중앙지간의 보강형을 중량이 가벼운 강재로 치환하고 측경간은 콘크리트 단면을 이용하는 방법이다. 이 방법의 경우 콘크리트와 강재의 접합부에 대한 설계에 주의를 요한다.

③ 접속교의 자중 재하 : 서해대교에 적용된 방법으로 접속교의 자중을 이용하여 보강형의 자중을 증가시키는 방법이다. 가설 시의 접속교 설치방법에 주의를 요구된다. 서해대교의 경우 가설브라켓과 크레인을 이용하여 설치하였다.

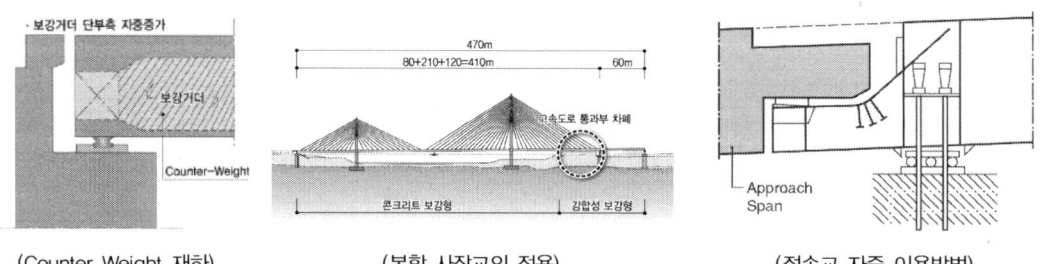

(Counter Weight 재하)　　　　(복합 사장교의 적용)　　　　(접속교 자중 이용방법)

④ Tie-Down Cable : 교각과 보강형을 케이블로 연결하여 부반력을 교각에 전달하는 방법으로 일반적으로 가장 많이 쓰이는 방법이다. 보강형의 이동량이 크면 케이블이 꺾이는 문제가 발생할 수 있으며 교각이 낮은 교량의 경우 케이블이 짧아 2차 응력이 과도하게 발생되는 문제가 발생할 수 있다.

⑤ Link Shoe : 보강형과 교대에 Link Shoe를 설치하여 교대의 자중으로 부반력에 저항하는 방법으로 교대부쪽에 이동량이 크거나 회전각이 클 때 적합하다. 다만 교체가 어려우므로 유지관리 시 불리한 단점이 있다.

⑥ Anchor Cable : 교대 밑으로 설치된 지중 앵커와 보강형을 케이블로 연결하여 하부 지반과 교

대의 자중으로 저항하는 방법이다. 지반조건에 따라 설치여부가 결정되므로 이에 대한 고려가
필요하다.

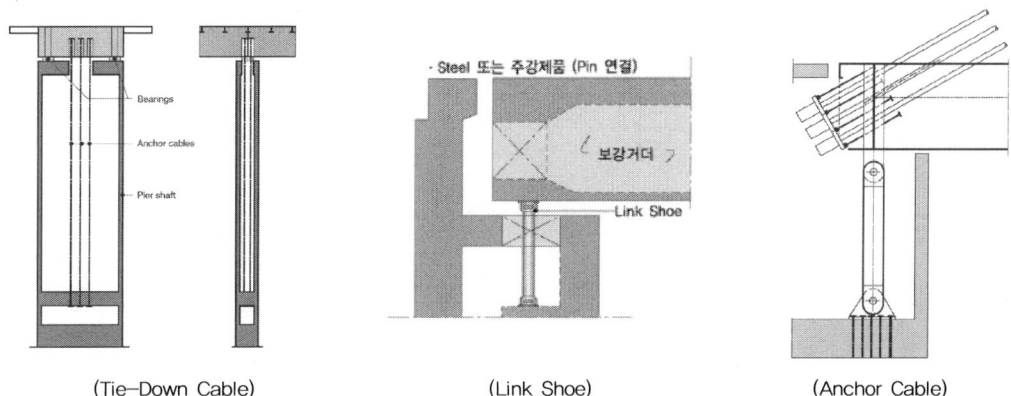

<table>
<tr><td>(Tie-Down Cable)</td><td>(Link Shoe)</td><td>(Anchor Cable)</td></tr>
</table>

곡선교의 뒤틀림과 뒴

곡선교에서 뒤틀림(Distorsion)과 뒴(Warping)

풀 이

▶ 개요

곡선교의 특성상 편심하중으로 인해 비틀림 모멘트가 발생하며 이로 인해 곡선 보와 같은 구조물에서는 휨, 전단 이외에 뒤틀림에 의한 추가적인 응력이나 변위가 발생할 수 있다. I형보와 같은 개단면(Open section)의 경우 뒴(Warping)의 구속에 의해 단면 내에 축력이 발생될 수 있고 강상형과 같은 폐단면(Closed Section)의 경우 단면의 뒤틀림 변형(Distortion)구속으로 추가 응력이 발생될 수 있다.

▶ 뒤틀림(Distorsion)과 뒴(Warping)

뒤틀림과 뒴은 혼용되어 사용되기도 하나, 일반적으로 뒤틀림은 변형(displacement)을, 뒴(Warping)은 변형억제로 인해 발생되는 응력을 말한다. 국내 설계기준에서는 뒤틀림과 뒴이 통상 그 값이 작고 고려하기 어렵기 때문에 브레이싱이나 다이아프램의 간격을 적정하게 설치하여 충분한 강성을 확보해 고려하지 않는 것이 일반적이다.

곡선교에서의 상부하중은 곡률로 인해 편심하중을 유발하게 되며, 이로 인해 휨과 전단으로 인한 응력이 발생한다. 편심하중은 휨하중(Flexure)과 비틀림하중(Torsion)으로 구분할 수 있으며, 비틀림하중은 다시 순수한 비틀림하중과 뒤틀림하중으로 구분될 수 있다.

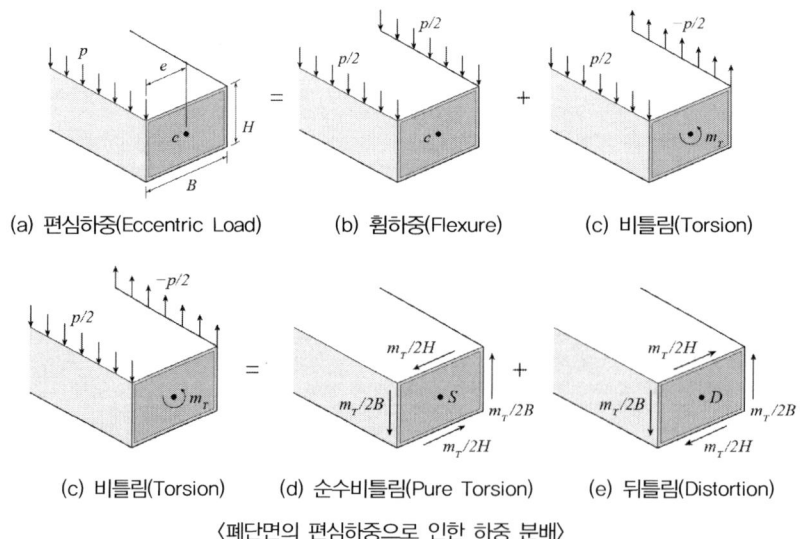

〈폐단면의 편심하중으로 인한 하중 분배〉

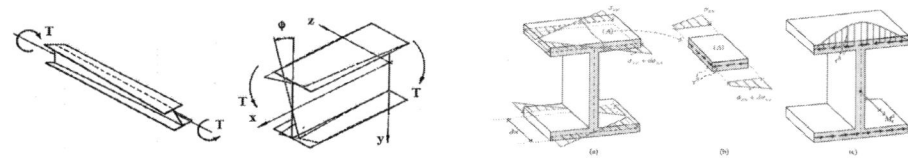

〈개단면의 비틀림으로 인한 뒴〉

원형단면이 아닌 부재가 비틀림하중을 받게 되면 뒤틀림변형을 동반하게 되며 H형강의 경우 그림과 같이 단면에 작용하는 뒤틀림모멘트는 양쪽 플랜지에 작용하는 힘 V_f의 우력으로 치환할 수 있다. $V_f = T_w/h$로 계산되고 변형된 부재의 전단중심에서의 각 변위를 ϕ라고 하면 횡변위 $u_f = h\phi/2$ 가 된다. M_f와 u_f의 관계는 모멘트-곡률 관계식으로부터 다음과 같이 표현할 수 있다.

$$M_f = -EI_f \frac{d^2 u_f}{dz^2}$$

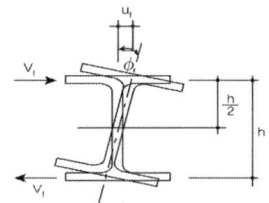 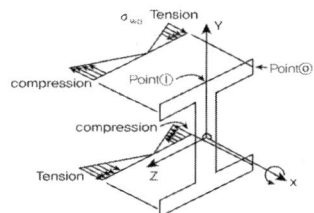

위의 식에서 I_f는 한 플랜지의 y축에 대한 단면2차 모멘트이고 $V_f = dM_f/dz$이므로 단부에서의 뒤틀림 모멘트는 다음과 같이 비틀림 각으로 표시할 수 있다.

$$T_w = V_f h = -EI_f \frac{d^3 u_f}{dz^3}h, \quad u_f = \frac{h}{2}\phi, \quad \therefore\ T_w = -EI_f \frac{h}{2}\frac{d^3\phi}{dz^3}h \quad \text{여기서 } I_y \approx 2I_f$$

$$T_w = -E\left(\frac{I_y}{2}\right)\frac{h^2}{2}\frac{d^3\phi}{dz^3}$$

H형강의 뒤틀림상수(Warping constant)를 $C_w = \dfrac{h^2}{4}I_y$로 정의하면, $\quad T_w = -EC_w \dfrac{d^3\phi}{dz^3}$

따라서 뒤틀림이 발생하는 H형강과 같은 부재의 비틀림 응력전달은 다음과 같이 순수비틀림과 뒤틀림에 의한 2개의 성분의 합으로 표시한다.

$$T = T_s + T_w = GJ\frac{d\theta}{dz} - EC_w\frac{d^3\phi}{dz^3}$$

곡선 박판보에 발생하는 응력

강상형(steel box girder) 곡선 박판보(thin-walled beam)에서 발생하는 응력의 종류에 대하여 설명하시오.

풀 이

▶ 개요

일반적인 구조물의 해석을 위해서는 휨과 전단에 대한 6개의 자유도를 고려한다. 그러나 곡선 보와 같은 구조물에서는 휨, 전단 이외에 뒤틀림에 의한 추가적인 응력이 발생할 수 있다. 곡선교에서의 뒤틀림은 개단면(Open section)의 경우 뒤틀림(뒴, Warping displacement)의 구속에 의해 단면 내에 축력이 발생될 수 있고 폐단면(Closed Section)의 경우 단면의 뒤틀림 변형(Distortion) 구속으로 추가 응력이 발생될 수 있기 때문이다. 따라서 강상형 곡선 박판보와 같은 구조물은 뒤틀림(Distortion)을 고려한 7개 자유도를 고려한다.

▶ 곡선 박판보에서 발생하는 응력

곡선교에서의 상부하중은 곡률로 인해 편심하중을 유발하게 되며, 이로 인해 휨과 전단으로 인한 응력이 발생한다. 편심하중은 휨하중(Flexure)과 비틀림하중(Torsion)으로 구분할 수 있으며, 비틀림하중은 다시 순수한 비틀림하중과 뒤틀림하중으로 구분될 수 있다.

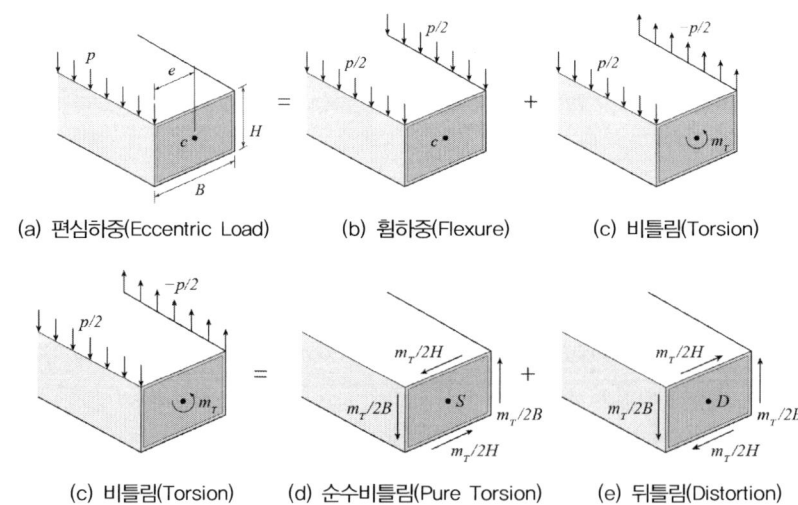

(a) 편심하중(Eccentric Load)　　(b) 휨하중(Flexure)　　(c) 비틀림(Torsion)

(c) 비틀림(Torsion)　　(d) 순수비틀림(Pure Torsion)　　(e) 뒤틀림(Distortion)

〈폐단면의 편심하중으로 인한 하중 분배〉

※ 편심하중((a), 하중 p와 편심 e의 구조물)은 순수 휨하중(b), 하중 p/2 양 단부 재하 구조물)와 e만큼의 편심으로 인한 비틀림((c), 양단부 p/2 짝힘, 비틀림)의 합력으로 표현될 수 있으며, 비틀림(c)는 다시 순수비틀림((d), 짝힘(p/2)으로 인해 발생되는 모멘트 m_T를 높이(H)와 폭(B)로 분산하여 전단면에 1/2의 전단력이 분포되는 순수비틀림)과 뒤틀림((e), 상하면은 1/2의 전단력이 순수비틀림 형상과 상쇄하도록 하고, 벽면에서의 1/2의 전단력은 (d)와 합산되어 (c)와 같도록 분배된 뒤틀림력)으로 표현될 수 있다.

박판보의 응력

응력의 종류	수직응력	전단응력
휨응력	$f_b = \dfrac{M}{I}y$	$v_b = \dfrac{SQ}{It}$
순수 비틀림 응력	–	$v_s = \dfrac{T_s}{2Ft}$
뒴비틀림(warping) 응력	$f_W = \dfrac{M_W}{I_W}w$	$v_w = \dfrac{T_W}{I_w t}V_w$
뒤틀림(Distorsion) 응력	$f_{DW} = \dfrac{M_{DW}}{I_{DW}}w_d$	–

일반적으로 강상형 박스와 같은 폐단면(Closed Section)에서 발생되는 뒤틀림(Distortion) 응력은 그 크기가 통상 작고 고려하기 어렵기 때문에 브레이싱이나 다이아프램의 간격을 적정하게 설치하여 충분한 강성을 확보해 고려하지 않는 것이 일반적이다(도로교설계기준 한계상태설계법 4.6.1.2).

직선교에 있어서는 비틀림모멘트가 주로 활하중의 편심재하에 의해 발생하는 반면, 곡선교에서는 활하중뿐만 아니라 고정하중에 의해서도 비틀림모멘트가 발생되므로 비틀림 강성이 큰 강상자형을 사용하는 것이 매우 효율적이다. 곡선교는 휨과 비틀림의 합성작용으로 인한 외력에 대한 단면력 산정방법으로는 격자해석법·유한차분법·유한요소법 등을 사용할 수 있다. 격자해석법은 곡선을 작은 직선보 요소로 분할하여 해석하는 방법으로 뒴비틀림(warping torsion)의 효과가 고려되지 않기 때문에 그 효과를 무시할 수 있는 상자형에 사용할 수 있다. 유한차분법은 뒴비틀림을 해석상 고려할 수 있는 간단한 방법이나 단일 거더에만 사용할 수 있다. 유한요소법은 매우 복잡한 해석방법으로 잘 사용되지 않고 있다. 곡선교의 응력계산은 직선교의 경우와 같으며, 특히 상자형의 경우 뒴 비틀림응력을 무시할 수 있고 충분한 강성을 가진 격벽(diaphragm)을 적당한 간격으로 배치함으로써 일그러짐에 의한 뒴 응력을 낮은 값으로 제한할 수 있다. 곡선교의 세부설계는 현행 도로교설계기준에 특별한 규정이 없으므로 직선교에 준하여 실시하는 것이 보통이나 곡률이 매우 작은 경우에는 복부판의 초기형상이 곡선이므로 상당한 좌굴강도의 감소가 예상되기 때문에 설계 시 그에 대한 충분한 고려를 하여야 한다.

Chapter 03

바닥판과 바닥틀

01 콘크리트 바닥판

1. 일반사항 [114회/130회]

【 기출유형 ① 】 한계상태설계법에서의 처짐기준
【 기출유형 ② 】 인장력 받는 교량 바닥판의 배근

바닥판은 하부 지지하는 부재와 완전 합성작용을 한다는 전제로 설계하기 때문에 부재 간 합성시키거나 연결재를 통해 강결시키는 것을 원칙으로 한다. 바닥판에 대한 콘크리트 부재시설의 구조적인 역할은 사용하중상태와 피로한계상태에 대한 설계 시 고려될 수 있으며 서항강노나 극한하중 한계상태에서는 고려되지 않는다. 경험적 설계법의 규정을 만족하는 바닥판의 경우 사용성, 피로, 파괴와 극한한계상태의 요구를 모두 만족시키는 것으로 본다.

1) 사용한계상태에서 처짐 제한

사용한계상태에서는 바닥구조와 바닥틀을 전체 탄성 구조로 해석하고 과도한 변형과 처짐을 설계시 고려해야 한다. 충격계수를 고려한 설계트럭하중 작용 시 바닥판의 허용처짐량은 다음과 같다.
① 사람의 통행이 없는 바닥판 L/800
② 제한된 수의 사람이 통행하는 바닥판 L/1000
③ 많은 사람이 통행하는 바닥판 L/1200

2) 최소두께와 최소피복두께

콘크리트 바닥판의 최소두께는 바닥판의 흠집, 마모면 그리고 보호덮개를 제외하고 220mm보다 작아서는 안 된다(경험적 설계법을 적용할 경우 바닥판의 흠집, 마모면, 그리고 보호 피복 두께층을 제외한 바닥판의 최소두께는 240mm 이상이어야 한다). 프리스트레스트 콘크리트 바닥판의 최소두께는 200mm 이상이어야 한다.

최소피복두께는 적용되는 설계법에 따라 KDS 24 14 21(한계상태설계법)이나 KDS 14 20(강도설계법)에 따라 노출상태에 따른 최소피복두께 조건을 만족해야 한다.

비고 | KDS 14 20 콘크리트구조 설계기준, 강도설계법 | 처짐을 고려하지 않아도 되는 휨부재의 최소두께 및 높이

	최소두께 $t_{\min}$			
	단순지지	1단 연속	양단 연속	켄틸레버
1방향슬래브	$l/20$	$l/24$	$l/28$	$l/10$
보	$l/16$	$l/18.5$	$l/21$	$l/8$

※ $f_y \neq 400MPa$인 경우에는 $t_{\min}$에 $(0.43 + f_y/700)$을 곱한다.

3) 현장타설 바닥판

바닥판 콘크리트의 기준압축강도는 30~35MPa(동상 35MPa) 이상을 적용하고 성험석설계법(SD400)이나 전통적 강도설계법(SD400~SD500)을 선택해 적용한다. 교축방향 상부 철근은 온도철근량 이상으로 바닥판 하부 배력철근량에 준해서 배근하는 것이 일반적이다.

4) 철근의 배근

① 철근의 직경은 원칙적으로 13mm, 16mm, 19mm 및 22mm를 표준으로 한다.

② 인장 주철근의 중심간격은 100mm 이상, 바닥판 두께 이하로 하고, 배력철근의 최대 중심간격은 300mm 이하로 한다.

③ 철근의 피복두께는 KDS 24 14 21 규정에 따르며, 일반적으로 바닥판 단부 하단 및 측면 피복두께는 70mm를 적용하여 열화에 대한 내구성을 확보한다.

④ 사교의 경사각이 25°를 넘지 않는 경우 주철근은 경사 방향으로 배근할 수 있으며, 사교의 경사각이 25°를 넘는 경우에는 주철근을 지지 부재에 수직으로 배근해야 한다.

⑤ 전통적 설계법으로 바닥판 설계 시 1방향 연속판의 주철근은 압축측에도 인장측의 1/2 이상을 배치하는 것을 원칙으로 한다.

⑥ 캔틸레버부 바닥판에서 상부의 교축방향철근은 배력철근이 아니라 온도 및 수축 철근 개념으로 주형 사이의 상부교축방향 철근량과 동일한 양으로 배근한다.

⑦ 모든 철근은 직선으로 배근하며 겹침이음과 기계적이음을 사용할 수 있다.

⑧ 전통적 설계법에 따른 바닥판은 네 층으로 구성된 철근이 배치되고 배력철근은 다음의 조건에 따른다.

　⑴ 집중하중으로 작용하는 윤하중을 수평방향으로 분산시키기 위해 정모멘트에 발생되는 바닥판 하부에는 주철근의 직각방향으로 배력철근을 배치한다.

(a) 주철근이 차량진행방향에 직각인 경우 : $\dfrac{120}{\sqrt{L}}$ 과 67% 중 작은 값

(b) 주철근이 차량진행방향에 평행인 경우 : $\dfrac{55}{\sqrt{L}}$ 과 50% 중 작은 값

(2) 주철근이 차량 및 열차 진행 방향에 직각인 경우 위에서 산정한 배력철근을 바닥판 지간 중앙부 1/2 구간에 배치하며, 나머지 구간에는 산정된 배력철근량의 50% 이상 배치한다.

(3) 배근되는 배력철근량은 온도 및 건조수축 철근량 이상이어야 한다.

TIP | KDS 14 12 21 콘크리트교 설계기준(한계상태설계법)에 따른 온도·건조수축 및 최소철근량 |

1. 최소철근량 규정

   콘크리트교의 균열에 대한 내구성 확보를 위해 인장응력이 유발되는 영역으로 균열제어가 필요한 부재에 최소철근을 배치하도록 요구한다.

   $$A_{s,\min} = k_c k A_{ct} \dfrac{f_{ct}}{f_s}$$

   여기서, A_{ct} 첫 균열 발생 직전 상태에서 계산된 콘크리트의 인장 영역 단면적

   　　　f_s 첫 균열 발생 직후에 허용하는 철근의 인장응력

   　　　f_{ct} 첫 균열이 발생할 때 유효한 콘크리트 인장강도

   　　　k_c 균열 발생 직전의 단면 내 응력 분포 상태를 반영하는 계수

   $$1.0(순수인장), \quad 0.4\left[1 - \dfrac{f_n}{k_1(h/h^*)f_{ct}}\right] \le 1(휘과 축력을 받는 부재 복부)$$

   $$0.9\dfrac{N_{cr}}{A_{ct}f_{ct}} \ge 0.5(박스형이나 T형 부재 플랜지)$$

2. 온도 및 건조수축 철근량

   ① 두께 1,200mm 이하 부재 : $t \le 150$mm, 철근 1열배치, $s \le \min[3t,\ 450\text{mm}]$

   　각 방향별 철근 단면적 $A_s \ge 0.75 A_g / f_y$, 단 $\sum A_s \le \sum A_b = 0.0015\,A_g$

   ② 두께 1,200mm 초과 부재 : D19 이상 철근을 450mm 이하 간격으로 부재 양면에 균등 배치

   　$\sum A_b \ge \dfrac{s(2d_c + d_b)}{100}$, 여기서 d_c 콘크리트 피복두께, d_b 철근지름, $(2d_c + d_b) \le 75$mm

---

5) 부모멘트 구간의 최소 바닥판 철근(도로교설계기준 한계상태설계법 2016)

   계수시공하중 또는 사용하중조합 II에 의한 바닥판의 교축방향 인장응력이 설계인장강도 $(f_{ctm} = 0.30(f_{cm})^{2/3})$를 초과하는 경우, 교축방향 철근 단면적은 계산에 의해 결정하되 적어도 바닥판 총단면적의 1.5% 이상이어야 한다. 이때 적용하는 철근의 최소 항복강도는 400MPa 이상이어야 하며, D19 이하의 철근을 사용해야 한다.

철근을 바닥판 전폭에 걸쳐서 등간격 및 2단으로 배근한다. 또한 철근의 간격은 300mm를 넘지 않도록 배근해야 한다. 부모멘트 구간에 전단연결재를 사용하지 않은 경우, 모든 교축방향 철근은 규정된 추가 전단연결재 설치 구간을 지나 정모멘트 구간까지 연장해야 한다.

2. 경험적 설계법 ^{102회/114회/123회/125회}

> **【 기출유형 ① 】** 도로교에서 바닥판의 경험적 설계법이 가능한 구조적 근거와 적용조건
> **【 기출유형 ② 】** 바닥판 등방배근 설계원리, 장단점, 기존 배근방법과 비교 설명
> **【 기출유형 ③ 】** 경험적 설계법에 따른 바닥판의 철근 배근

경험적 설계법 혹은 등방배근 바닥판은 주로 주철근의 방향이 차량의 진행방향에 직각인 합성형 교량 바닥판에 적용되며, 캐나다 온타리오주 연구에서 시작되어 OHBDC(Ontario Highway Bridge Design Code)에 처음 수록되었다. KDS 24 14 21 콘크리트교 설계기준(한계상태설계법)에 반영되어 활용되고 있으며 등방배근된 바닥판은 아칭액션(arching action)에 의해 휨강도와 피로강성이 크게 증가된다는 이론을 배경으로 한다. 교량의 경간, 두께, 강도, 구조형식에 따라 일정한 조건을 만족하면 차량 진행방향과 직각방향에 바닥판 단면의 일정 비율만큼 등방 배근하면 별도의 구조해석이 필요없다.

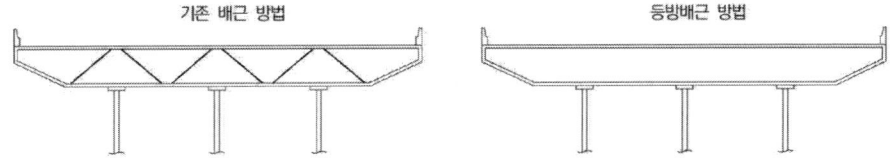

기존 배근 방법   등방배근 방법

1) 경험적 설계법의 특징

① 교량 바닥판의 거동이 휨거동이 아닌 바닥판 단면에 면내 압축력이 발생하는 아치작용에 근거한다는 이론이다.

② 이 아치작용은 정모멘트 구간의 균열이 발생하면 바닥판의 중립축이 상승하고 바닥판을 지지하는 거더나 바닥틀의 횡구속력에 의해 면내 압축력이 발생하여 바닥판의 휨강성을 더욱 증가시킨다.

③ 이 작용으로 인해 바닥판은 휨파괴가 발생하지 않고 펀칭전단파괴가 발생한다.

④ 이때 파괴각도는 일반적으로 면내 압축력에 의하여 45°보다 크며 통상 파괴하중은 횡하중의 10배 이상이다.

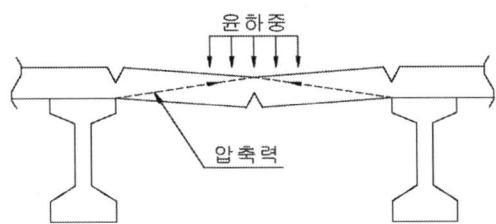

윤 하중

압축력

2) 적용조건

① 3개 이상의 강재 주거더 또는 콘크리트 지지보와 합성으로 거동하고 바닥판의 지간방향이 차량진행방향의 직각인 경우에 적용

② 바닥판의 설계 두께는 바닥판의 흠집, 마모, 보호피복두께를 제외한 수치로 다음의 조건을 만족시켜야 한다.

   (1) 바닥판이 콘크리트 거더 또는 강재 거더에 합성 지지된 경우

   (2) 가로보 또는 격벽이 교각 선상에 설치되어 있는 경우

   (3) 거더 플랜지부의 헌치와 같이 국부적으로 두껍게 한 곳을 제외하고 전체적으로 바닥판의 두께가 균일해야 함

   (4) 바닥판의 두께에 대한 유효지간의 비가 6 이상 15 이하인 경우

   (5) 유효 지간이 3.6m를 초과하지 않는 경우

   (6) 바닥판의 흠집, 마모면, 그리고 보호피복두께층을 제외한 바닥판의 최소두께가 240mm 이상인 경우

   (7) 바닥판의 상·하부 철근의 외측면 사이의 두께가 150mm 이상인 경우

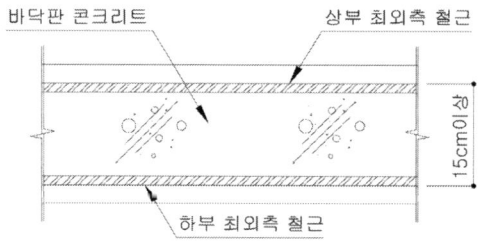

   (8) 캔틸레버부의 길이가 내측 바닥판 두께의 5배 이상이거나 캔틸레버부의 길이가 내측 바닥판 두께에 3배 이상이고 연속인 콘크리트 방호책과 구조적으로 합성이 된 경우

   (9) 콘크리트는 현장 타설되어 습윤양생되어야 하며, 기준압축강도가 27MPa 이상인 경우

   (10) 콘크리트 바닥판은 바닥판을 지지하는 구조부재들과 완전합성거동을 하여야 함

   (11) 콘크리트 또는 강 거더교인 경우, 위 조항을 만족시키기 위하여 바닥판과 콘크리트 주거더를 합성시키는 전단연결재가 충분히 배치되어야 한다.

3) 철근 배근방법

① 4개 층이 철근을 배근하며, 피복두께 요구조건의 허용범위에서 최대한 바깥 표면에 배근한다.

② 지간방향(경간방향) 하부 철근량 : 콘크리트 바닥판 단면의 0.3% 이상

  지간방향(경간방향) 상부 철근량 : 콘크리트 바닥판 단면의 0.3% 이상

  지간의 직각방향 하부 철근량 : 콘크리트 바닥판 단면의 0.3% 이상

  지간의 직각방향 상부 철근량 : 콘크리트 바닥판 단면의 0.3% 이상

※ 기존 도로교 설계기준(2010)에서는 경간방향 하부철근량의 경우에 정모멘트부 바닥판 하부에 발생할 수 있는 균열의 폭을 감소시킨다는 명분으로 0.4%로 증가시켰으나, 교량 바닥판에 발생되는 균열은 교축방향 균열보다는 교축직각방향으로 발생되는 균열이 오히려 문제되는 점을 감안해 KDS 24 14 21에서는 하부 횡방향 철근량을 0.3%으로 변경하였다.

③ SD400 이상의 철근을 배근하며 철근은 직선으로 배근하고 겹침 이음만 사용한다.

④ 철근의 중심 간 간격은 100~300mm 이내로 한다.

⑤ 사교의 경사각이 20° 이상인 경우 단부 바닥판의 철근은 바닥판의 유효지간 위치까지 2배의 최소철근량을 배근한다.

4) 적용 유효지간

① 바닥판이 벽체 또는 보와 일체로 되어 있는 경우, 받침부 내면 사이 순거리

② 강재 거더 또는 콘크리트 거더로 지지된 바닥판인 경우, 플랜지 끝까지의 거리에다 복부 내면에서 플랜지 맨 끝단까지 거리를 합한 값

③ 콘크리트교

   (1) 헌치가 없는 보, 벽체와 일체인 경우 : 순경간

   (2) 헌치가 있는 보 : 헌치고려 두께가 바닥판 두께의 1.5배되는 위치에서 순경간 산정

   (3) 프리스트레스트 콘크리트 보

   (상부 플랜지폭 : 바닥판 두께)비 < 4의 경우 : 인접 상부 플랜지 끝단~끝단(L_2)

   (상부 플랜지폭 : 바닥판 두께)비 > 4의 경우 : 인접 상부 플랜지 돌출폭의 중앙점~중앙점(L_1)

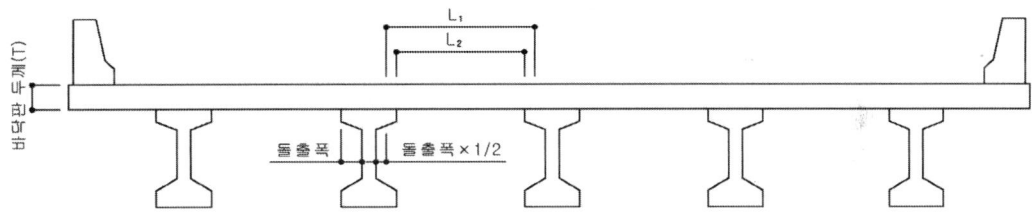

④ 강교 : 인접한 상부 플랜지 돌출폭 중앙점 사이의 거리

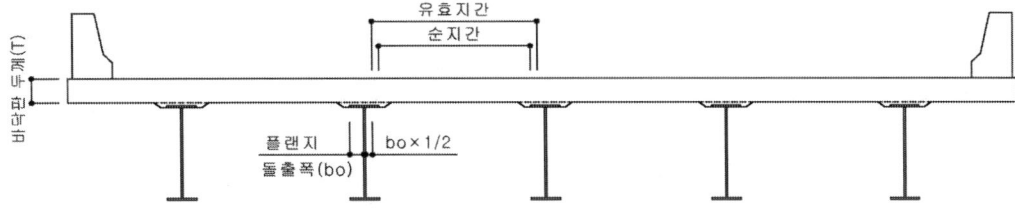

3. 프리캐스트 바닥판 ^{108회/118회/129회/125회}

프리캐스트 바닥판은 공장에서 제작하여 고강도, 내구성을 확보하고 증기양생으로 초기 건조수축이 대폭 감소되어 고품질의 바닥판을 생산할 수 있고, 기계화시공, 철근조립 및 거푸집, 양생 등 현장 공정 생략으로 급속시공이 가능하며, 기후조건에 영향이 적어 시공생산성이 향상된다. 따라서 공기단축과 환경친화적 시공이 가능하다. 주로 플레이트 거더교 개구제형 강합성교, PSC합성거더 등이 적용되며 노후 교량 바닥판 교체공사뿐 아니라 신설 교량에도 적용이 가능하다. 바닥판간 합성 시에는 채움재를 충전하고 교축방향 프리스트레스를 도입해 합성하며, 바닥판과 거더간은 전단연결재를 설치하고 전단포켓에 채움재를 충전해 합성한다. 사용하중하에서 이음부에 인장력이 발생하지 않는 수준으로 프리스트레스를 도입한 바닥판 긴장시스템을 특징으로 한다.

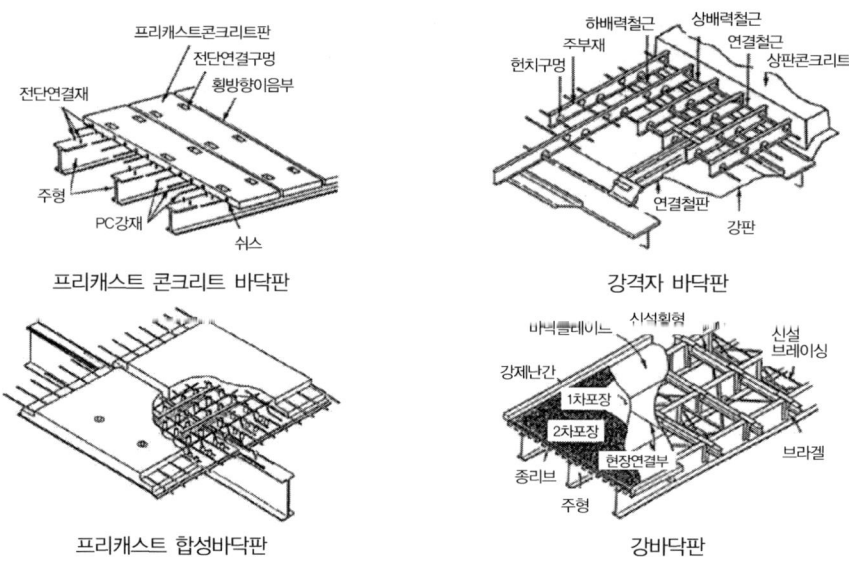

프리캐스트 콘크리트 바닥판   강격자 바닥판

프리캐스트 합성바닥판   강바닥판

1) 프리캐스트 바닥판의 특징

내구성의 증대, 유지 보수 필요성의 감소, 시공의 간편성과 시공기간의 단축 및 교통흐름의 방해 없이 교통을 유지할 수 있다는 점 등이 프리캐스트 콘크리트 바닥판을 이용하는 주요 장점이다. 특히 바닥판과 바닥판의 연결형태가 female-female 형태는 갖는 경우는 이음부의 현장타설을 최소로 하며, 종방향 내부긴장재를 이용하여 압축상태를 유지함으로써 사용성을 확보하고 피로수명을 대폭 향상시킬 수 있는 장점이 있다.

2) 프리캐스트 바닥판 설계 요구 조건

① 마모·흠집·보호 덮개층을 제외한 프리스트레싱되지 않는 프리캐스트 바닥판의 최소두께는 220mm 이상이어야 하며, 횡방향 또는 종방향으로 프리스트레싱되는 프리캐스트 바닥판의 경우, 바닥판의 최소두께는 200mm 이상이어야 한다.

② 프리캐스트 바닥판의 횡방향 연결부는 전단키 또는 철근(겹침이음 또는 루프철근) 등에 의하여 연결될 수 있다.

③ 프리캐스트 부재들은 보 위에 설치될 때 교축방향 포스트텐션에 의하여 서로 연결된다. 횡방향 연결부에 도입되는 종방향 긴장력의 크기는 손실을 고려한 후 유효긴장력만으로 횡방향 연결부의 균열을 억제할 수 있어야 한다. 프리캐스트 부재 사이의 횡방향 연결부와 쉬스관의 공간들은 24시간에 최소 압축강도가 35MPa를 가지는 무수축 그라우트를 이용하여 채우며, 쉬스관의 공간을 채우지 않는 경우에는 긴장재의 부식을 억제할 수 있는 방안을 마련해야 한다. 최소평균 유효긴장력은 1.7MPa 이상이어야 한다. 전단 연결부의 공간은 전단 연결재 주위의 바닥판에 설치되어야 하고, 긴장력 도입 후에 무수축 모르타르를 이용하여 채워야 한다.

④ 주거더 사이의 지간 사이에 영구 거푸집 역할을 하는 프리캐스트 콘크리트 패널은 추가 고정하중과 활하중을 지지하기 위해 현장타설부분과 합성으로 설계되어야 한다.

※ 도로교설계기준(한계상태설계법, 2016)에 규정된 현장타설되는 콘크리트와 합성되는 반두께 (half-depth) 프리캐스트 존치 거푸집의 두께는 후 타설되는 콘크리트의 건조수축에 의한 균열발생을 감소시키기 위해 최종 슬래브 두께의 55%를 초과할 수 없고, 90mm보다도 커야 한다.

⑤ 공장 또는 공장과 같은 관리조건하에 제작된 프리캐스트 콘크리트에서 철근의 수평 순간격은 (1) 철근의 공칭지름, (2) 굵은골재 최대치수의 1.33배, (3) 25mm 이상으로 하여야 한다.

⑥ 프리캐스트 패널은 1차 하중(자중, 시공하중 그리고 현장타설 콘크리트의 무게)과 2차 하중(현장타설 콘크리트와 합성 작용, 추가 고정하중과 활하중)에 의한 모멘트를 지지하는 것으로 가정하여 해석한다. 지지거더 부위의 부모멘트에 의하여 발생되는 바닥판의 응력을 계산할 때에는 프리스트레싱에 의한 압축력이 작용하지 않는다고 가정한다. 계수를 고려하지 않은 시공하중의 휨 응력은 (1) 강재 항복강도의 75%, (2) 압축을 받는 경우 콘크리트 28일 압축강도의 65%, 인장을 받는 프리스트레스 콘크리트 거푸집에 대해서는 콘크리트 인장강도의 65%를 초과할 수 없다.

3) 프리캐스트 바닥시스템의 전단연결(KDS 24 14 21 4.7.1.5)

① 상세한 해석을 하지 않는 경우 등분포하중을 받는 바닥판에서의 횡방향 전단력 $V_u = q_u\, b_e$

q_u 계수하중에 의한 전단 응력, b_e 연결 방향의 길이, 일반적인 경우 500mm

② 연결부의 전단 전달은 주로 다음의 3가지 방법으로 설계할 수 있다.

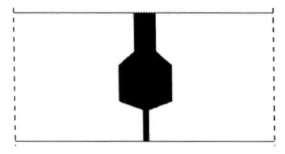 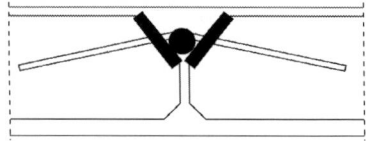 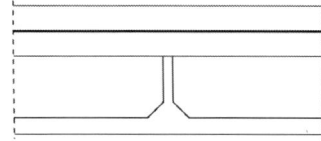

    (a) 콘크리트 또는 그라우팅 연결   (b) 용접 또는 볼트 연결   (c) 배근된 마감 연결

③ 연결부를 콘크리트로 채우거나 그라우팅한 슬래브 요소 사이의 다이아프램 작용에서 길이 방향의 전단강도 V_d는 매우 평탄한 면에서는 0.1 MPa로, 보통 평탄하거나 거친 면에서는 0.15 MPa로 제한된다.

처짐

특별한 기준이 없을 경우 도로교 설계기준(한계상태설계법, 2016년)에서 처짐기준

풀 이

> **개요**

처짐은 사용성 검토의 주요인자로 설계기준에서는 계산의 편리성을 위해 최소두께 규정을 통해 별도의 처짐을 계산하지 않아도 되도록 하거나 구조물의 형식에 처짐기준을 두고 고려하도록 하고 있다.

> **처짐기준**

콘크리트 구조기준에서는 정해진 구조물의 최소두께를 적용하는 경우에는 별도의 처짐을 계산하지 않고 만족하는 것으로 볼 수 있도록 하였다. 다만 처짐을 계산할 때는 부재의 강성에 대한 균열과 철근의 영향을 고려하여 탄성 처짐공식을 사용하여 계산토록 규정하고 있다. 도로교 설계기준에서는 상부구조물의 형식에 따라 처짐기준을 제시하고 있다.

1) 휨부재의 최소두께 및 높이 규정

	최소두께 t_{min}			
	단순지지	1단 연속	양단 연속	켄틸레버
1방향슬래브	$l/20$	$l/24$	$l/28$	$l/10$
보	$l/16$	$l/18.5$	$l/21$	$l/8$

※ $f_y \neq 400MPa$인 경우에는 t_{min}에 $(0.43 + f_y/700)$을 곱한다.

2) 계산된 처짐이 제한값 초과하지 않도록 하는 규정

구 분	처짐	처짐한계
외부환경	활하중에 의한 탄성처짐	$l/180$
내부환경		$l/360$
처짐에 의해 손상되기 쉬운 지붕구조 또는 바닥구조	지속하중 장기처짐 + 활하중 탄성처짐 (전체 처짐)	$l/480$
처짐에 의해 손상되기 어려운 지붕구조 또는 바닥구조		$l/240$

3) 도로교 설계기준에서의 처짐제어

① 단순 또는 연속경간을 갖는 부재는 사용활하중과 충격으로 인한 처짐이 경간의 1/800을 초과하지 않아야 한다. 부분적으로 보행자에 의해 사용되는 도시지역의 교량에 대해서는 처짐비가 1/1000을 초과해서는 안 된다.

② 사용활하중과 충격으로 인한 캔틸레버의 처짐은 캔틸레버 길이의 1/300을 초과해서는 안 된다. 다만 보행자용인 경우 1/375를 초과해서는 안 된다.

③ 깊이가 일정한 도로교 상부구조 부재의 최소깊이

상부구조 형식	최소깊이(m), S는 경간장	
	단순경간	연속경간
주철근이 차량진행방향과 평행한 슬래브	1.2(S+3)/30	(S+3)/30
T형 거더	0.070S	0.065S
박스형 거더	0.060S	0.055S
보행구조 거더	0.033S	0.033S

부모멘트 구간 최소 바닥판 철근 규정

도로교설계기준(한계상태설계법, 2016)에 제시된 부모멘트 구간의 최소 바닥판 철근 설치 규정에 대하여 설명하시오.

풀 이

▶ 개요

부모멘트 구간은 인장과 압축부 위치가 바뀌게 되고 이로 인해 바닥판에 인장력으로 인해 균열이 발생할 수 있다. 특히 강교와 같이 강성이 큰 교량에서는 부모멘트의 크기로 인해 콘크리트의 인장강도 이상의 응력을 받을 수 있으며 이로 인해 균열을 유발할 수 있다. 도로교 설계기준 한계상 태설계법에서는 부모멘트 구간의 최소 바닥판 철근을 D19 이하의 철근을 바닥판 총단면적의 1.5% 이상 배근하여 바닥판의 균열을 제어하도록 규정하고 있다. 이때 철근의 최소 항복강도는 400MPa 이상이어야 한다.

▶ 부모멘트 구간의 최소 바닥판 철근 설치 규정

① 최소 바닥판 철근 규정 : 설계기준에서는 계수시공하중 또는 차량하중에 의한 강구조물의 항복과 마찰이음부의 미끄러짐에 대한 하중조합인 사용한계상태 하중조합 II에 의한 바닥판의 교축방향 인장응력이 설계인장강도 $f_{ctd}(= \phi_c \alpha_{ct} f_{ctk}$, α_{ct}: 인장강도 유효계수)를 초과하는 경우, 교축방향 철근 단면적은 계산에 의해 결정하되 바닥판의 균열을 제어하기 위해 적어도 바닥판 총단면적의 1.5% 이상으로 배근하도록 규정하고 있다.

D19보다 작은 철근을 1.5% 이상 사용하는 이유는 바닥판의 균열을 제어하기 위해서 충분히 작은 간격으로 철근을 배근하기 위해서이며, 항복강도가 적어도 400MPa 이상되는 철근을 배근하여야 부모멘트의 비탄성 재분배가 발생하더라도 탄성영역에 머물 수 있을 것으로 기대할 수 있기 때문이다. Haaijer(1987)의 연구에 의하면 이러한 조건에서 활하중이 제거되면 탄성회복이 가능할 것으로 예상되며 이에 따라 균열이 봉합될 것이라고 하였다.

이전 규정인 1%의 축방향 철근 요구사항에 비해 강화된 설계기준으로 이동 활하중하에서는 고정하중에 의한 변곡점 외부에 상당한 크기의 인장응력이 발생될 수 있고, 단계적으로 콘크리트 바닥판을 타설하는 경우 최종상태에서는 정모멘트를 주고 받는 이미 충분한 강도가 발현된 굳은 바닥판 구간에 시공 중 부모멘트가 발생되기도 하며, 온도 및 건조수축도 이들에 의한 응력이 없다면 인장응력이 발생하지 않을 바닥판에 인장응력을 유발하기 때문이다. 이러한 이유 때문에 바닥판의 단계적인 타설 하중을 포함한 계수 시공하중 또는 사용하중조합 II에 의한 바닥판의 축방향 인장응력이 ϕf_r을 넘는 구간에는 1.5%의 축방향 철근을 배치하도록 하고 있다.

② 배근 방법 : 철근을 바닥판 전폭에 걸쳐서 등간격 및 2단으로 배근한다. 또한 철근의 간격은 300 mm를 넘지 않도록 배근해야 한다. 부모멘트 구간에 전단연결재를 사용하지 않은 경우, 모든 교축방향 철근은 영구적인 하중으로 인한 휨의 변곡점 구간에 설치하는 추가 전단연결재 설치 구간을 지나 정모멘트 구간까지 연장해야 한다.

바닥판의 경험적 설계법

아래 그림과 같은 PSC거더 교량을 설계할 때 도로교 설계기준에 의한 바닥판의 경험적 설계법을 설명하고, 단면 중앙부 바닥판의 철근 배근을 계획하시오(단, 교량 폭은 11.9m, 상부플랜지 폭은 0.7m, 철근(H16) 단면적은 198.6mm²으로 한다).

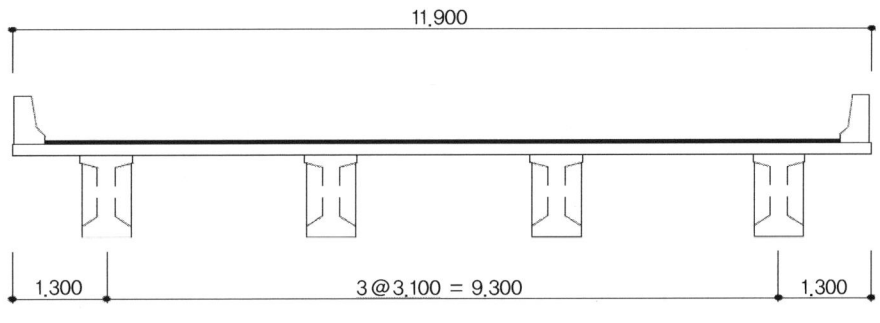

11,900

1,300   3@3,100 = 9,300   1,300

*상부플랜지 폭원 : 0.700m

풀 이

▶ 바닥판의 경험적 설계법 개요

바닥판의 경험적 설계법은 교량 바닥판의 거동이 휨거동이 아닌 바닥판 단면에 면내 압축력이 발생하는 아치작용에 근거한다는 이론에 근거한다. 이 아치작용은 정 모멘트 구간의 균열이 발생하면 바닥판의 중립축이 상승하고 바닥판을 지지하는 거더나 바닥틀의 횡구속력에 의해 면내 압축력이 발생하여 바닥판의 휨강성을 더욱 증가하게 된다. 이 작용으로 인해 바닥판은 휨파괴가 발생하지 않고 펀칭전단파괴가 발생한다. 이때 파괴각도는 일반적으로 면내 압축력에 의하여 45°보다 크며 통상 파괴하중은 횡하중의 10배 이상이다.

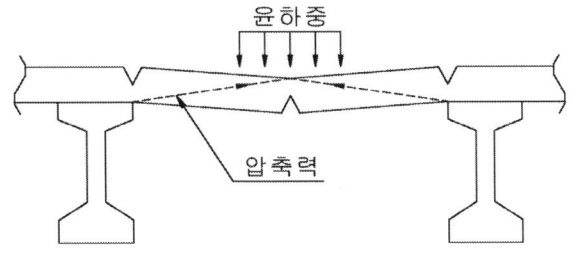

윤하중

압축력

➤ 바닥판의 경험적 설계법 적용조건

다음의 경험적 설계법 적용조건을 모두 만족한다고 가정한다.

1) 3개 이상의 강재 주거더 또는 콘크리트 지지보와 합성으로 거동하고 바닥판의 지간방향이 차량진행
   방향의 직각인 경우에 적용한다.　　☞ 4개의 거더 사용 O.K

2) 콘크리트는 현장 타설되고 습윤양생　☞ 현장타설 후 습윤양생하는 것으로 가정

3) 전체적으로 바닥판의 두께가 일정　☞ 바닥판의 두께를 240mm로 가정하고 일정하게 적용

4) 바닥판 두께에 대한 유효지간의 비가 6~15　☞ 유효지간의 비 3100/240 = 12.9　O.K

5) 바닥판 상하부 철근의 외측면 사이의 두께가 150mm 이상　☞ 피복두께를 45mm로 가정로 가정

6) 유효지간은 표준차선폭(3.6m) 이하　　　　　☞ O.K

7) 바닥판의 최소두께는 240mm 이상　　　　☞ O.K

8) 캔틸레버부의 길이는 내측바닥판의 5배 이상이거나 3배 이상이면서 구조적으로 연속한 콘크리트
   방호벽과 합성

9) 콘크리트 28일 압축강도가 27MPa 이상

10) 철근콘크리트 바닥판은 거더와 완전합성거동　　　☞ O.K

11) 바닥판과 주거더를 합성시키는 전단연결재가 충분히 배치되어야 한다.

12) 캔틸레버부나 연속부 지점에서는 적용이 불가하다.　　☞ O.K

➤ 경험적 설계법에 의한 철근 배근

철근배근량 산정기준
① 경간방향 : 하부·상부철근량은 콘크리트 바닥판 단면의 0.3% 이상
② 경간 직각방향 : 하부·상부철근량은 콘크리트 바닥판 단면의 0.3% 이상

구분		철근량(mm²)	경험적설계기준	배근	철근비
지간 방향	상부	720	0.0003	H16@200	0.00413
	하부	720	0.0003	H16@200	0.00413
지간 직각 방향	상부	720	0.0003	H16@200	0.00413
	하부	720	0.0003	H16@200	0.00413

바닥판 배근

인장력을 받는 교량 바닥판의 배근에 대하여 설명하시오.

풀 이

▶ 개요

일반적으로 콘크리트 교량 바닥판은 윤하중을 지지하는 교량 바닥판의 주요한 구조적 거동이 휨이 아닌 아치 작용이라는 사실에 근거해 경험적 설계법을 많이 활용한다. 그러나 콘크리트의 시간의존적 특성을 고려할 경우에는 크리프와 건조수축으로 인해 바닥판 전 구간에 인장력을 발생시키며, 일부 지점부에서는 모멘트 재분배로 인해 인장응력이 줄어들 수는 있으나 인장 균열로 인해 바닥판의 강도를 감소시킬 수 있다.

▶ 인장력을 받는 교량 바닥판의 배근

'한계상태설계법의 합리적 적용을 위한 교량 바닥판 철근 배근 개선연구(한국도로공사, 2020)'에 따르면 경험적 설계법이나 전통적 설계법에 따르는 교량 바닥판에 교축방향에 최소철근을 배근해 횡방향 균열을 방지하도록 최소 철근 단면적 규정을 적용할 수 있다.

$$A_s = k_s k_c k f_{ct,eff} A_{ct} / f_{so}$$

또한 최소 철근을 제공할 경우 일반적으로 철근 간격과 직경을 제한함으로써 균열폭을 허용치 내로 제한할 수 있으며, 최대 철근 직격와 최대 철근간격은 철근 응력 f_{so} 나 설계 균열폭에 의존에 설정할 수 있다.

철근응력 f_{so}	설계 균열폭 w_k에 대한 최대 철근 간격(mm)		
	$w_k = 0.4$mm	$w_k = 0.3$mm	$w_k = 0.2$mm
160	300	300	200
200	300	250	150
240	250	200	100
280	200	150	50
320	150	100	−
360	100	50	−

현행 기준에서는 배근량은 온도 건조수축 이상의 배력철근량을 배근하도록 규정하고 있어 간접적으로 이를 고려하고 있다.

한계상태설계법 : 바닥판 캔틸레버부 설계

다음 그림과 같은 교량의 설계조건을 고려할 때, 한계상태설계법에 의한 하중조합 극한한계상태 I, IV에 대한 캔틸레버부의 필요 휨 철근량을 구하시오.

[설계조건]

$f_{ck} = 27 \text{MPa}$, $f_y = 400 \text{MPa}$, 폭 b=1,000mm, 유효깊이 d=470mm

(1), (2), (3)의 콘크리트 단위중량 = 25kN/m^3, (4)의 포장 단위중량 = 23kN/m^3, (5)의 난간중량 = 1kN/m^3, 보도부 군중하중 = $5.00 \times 10^{-3} \text{MPa}$,

극한한계상태 I,　　$M_u = 1.25 M_{dc} + 1.5 M_{dw} + 1.8 M_l$

극한한계상태 IV,　$M_u = 1.50 M_{dc} + 1.5 M_{dw}$

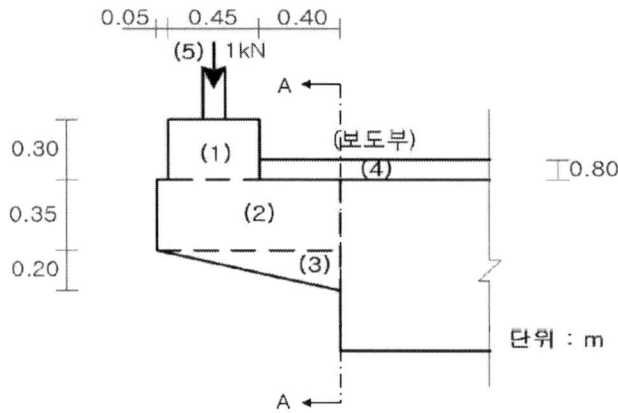

풀 이

➤ 하중의 산정

1) 고정하중 산정(A-A단면)

구분	작용하중(kN)		거리(m)			모멘트(kNm)
(1)	0.30×0.45×25	= 3.375	0.45/2+0.40	=	0.625	2.109
(2)	0.35×0.90×25	= 7.875	0.90/2	=	0.45	3.544
(3)	0.20×0.90×1/2×25	= 2.250	0.90/3	=	0.30	0.675
(4)	0.80×0.40×23	= 7.360	0.40/2	=	0.20	1.472
(5)	1.0	= 1.000	0.45/2+0.40	=	0.625	0.625
계		21.860				8.425

구조부재와 비구조적 부착물(슬래브) 고정하중((1)~(3), M_{dc}) = 6.328 kNm (단위 m당)

포장과 시설물 2차 고정하중((4)~(5), M_{dw}) = 2.097 kNm (단위 m당)

2) 활하중 산정

보도부 군중하중 = 5.00×10^{-3} N/m^2 = 5.00 kN/m^2

M_l = 5.00kN/m^2 × 0.4 × 0.2 = 0.4 kNm (단위 m당) 단, 충격계수는 고려하지 않음

3) 주어진 조건에 따라 차량 충돌하중 및 방호벽 풍하중 등에 대해서는 적용하지 않음

➤ 하중조합

구분	DC	DW	LL	WS	CT	비고
극한한계상태 I	1.25	1.50	1.80	–	–	✔
극한한계상태 II	1.25	1.50	1.40	–	–	
극한한계상태 III	1.25	1.50	–	1.40	–	
극한한계상태 IV	1.50	1.50	–	–	–	✔
극한한계상태 V	1.25	1.50	1.40	0.40	–	
극단상황한계상태 I	1.25	1.50	0.00	–	–	
극단상황한계상태 II	1.25	1.50	0.50	–	1.00	
사용한계상태 I	1.00	1.00	1.00	0.30	–	
사용한계상태 II	1.00	1.00	1.30	–	–	
사용한계상태 III	1.00	1.00	0.80	–	–	
사용한계상태 IV	1.00	1.00	–	0.70	–	
피로한계상태	–	–	0.75	–	–	

1) 극한한계상태 I

M_u = $1.25 M_{dc}$ + $1.5 M_{dw}$ + $1.8 M_l$ = 1.25×6.328+1.5×2.097+1.8×0.40 = 11.78 kN·m

2) 극한한계상태 IV

M_u = $1.50 M_{dc}$ + $1.50 M_{dw}$ = 1.50×6.328+1.50×2.097 = 12.64 kN·m

➤ 필요 휨철근량 산정

1) 재료강도 및 단면의 형상

f_{ck} = 27MPa, f_y = 400MPa, M_u = 12.64 kN·m

b=1,000mm, d=470mm, h=550mm

2) 재료 계수(도로교설계기준 5.4.2.3)

ϕ_c(콘크리트) = 0.65, ϕ_s(철근)=0.90

3) 단면설계를 위한 응력–변형율 곡선의 콘크리트 강도변화에 따른 계수 산정(도로교설계기준 5.5.1.6)
콘크리트 강도가 40MPa 이하일 경우 n, ϵ_{co}, ϵ_{cu}는 각각 2.0, 0.002, 0.0033으로 한다.

상승곡선부의 형상을 나타내는 지수 $\quad n = 2.0 - \left(\dfrac{f_{ck}-40}{100}\right) = 2.13 \leq 2.0 \quad \therefore \ n=2.0$

최대응력에 처음 도달할 때의 변형률 $\quad \epsilon_{co} = 0.002 + \left(\dfrac{f_{ck}-40}{100,000}\right) = 0.00187 \geq 0.002 \quad \therefore \ \epsilon_{co}=0.002$

극한변형률 $\quad \epsilon_{cu} = 0.0033 - \left(\dfrac{f_{ck}-40}{100,000}\right) = 0.00343 \leq 0.0033 \quad \therefore \ \epsilon_{cu}=0.0033$

압축영역의 평균응력 $f_{c,avg}$ 과 설계강도 f_{cd} 의 비 $\quad \alpha = 1 - \dfrac{1}{1+n}\left(\dfrac{\epsilon_{co}}{\epsilon_{cu}}\right) = 0.80$ (도설해5.5.1.6)

압축연단으로부터 잰 작용점 깊이와 중립축 깊이 비 $\quad \beta = 1 - \dfrac{0.5 - \dfrac{1}{(1+n)(2+n)}\left(\dfrac{\epsilon_{co}}{\epsilon_{cu}}\right)^2}{1 - \dfrac{1}{1+n}\left(\dfrac{\epsilon_{co}}{\epsilon_{cu}}\right)} = 0.40$

4) 필요휨철근량 산정

C=T ; $\phi_c(0.85\alpha f_{ck})bc = \phi_s A_s f_y \quad \therefore \ c = \dfrac{\phi_s A_s f_y}{\phi_c(0.85\alpha f_{ck})b} = 0.0302 A_s$

$M_r = \phi_s A_s f_y(d - \beta c) = \phi_s A_s f_y(d - \beta \times 0.03 A_s) \quad \leftarrow A_s$ 의 2차 방정식

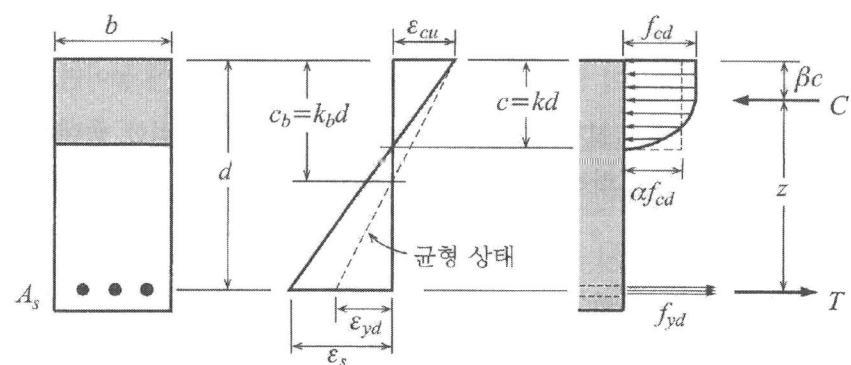

① 극한한계상태 I

$M_r = M_u$; $\phi_s A_s f_y(d - \beta \times 0.0302 A_s) = 11.78 \times 10^6 \qquad \therefore \ A_{s.req} = 1,060\,\text{mm}^2$

$c = \dfrac{\phi_s A_s f_y}{\phi_c(0.85\alpha f_{ck})b} = 31.98\,\text{mm}, \qquad \epsilon_s = (d-c)/c \times \epsilon_{cu} = 0.045 > 0.002 \quad \text{O.K}$

② 극한한계상태 IV

$M_r = M_u$; $\phi_s A_s f_y(d - \beta \times 0.0302 A_s) = 12.64 \times 10^6 \qquad \therefore \ A_{s.req} = 1,140\,\text{mm}^2$

$c = \dfrac{\phi_s A_s f_y}{\phi_c(0.85\alpha f_{ck})b} = 34.39\,\text{mm}, \qquad \epsilon_s = (d-c)/c \times \epsilon_{cu} = 0.042 > 0.002 \quad \text{O.K}$

한계상태설계법 : 바닥판 캔틸레버부 설계

다음과 같은 그림에서 두께가 얇고 플랜지가 넓은 개량형 PSC 거더에 지지된 캔틸레버부에 고정하중과 활하중(Pr)이 작용하고 있다. 현행 한계상태설계법으로 제정된 교량설계기준에 근거하여 콘크리트 바닥판에 대하여 다음의 항목을 검토하시오(단, f_{ck}=35MPa, f_y=400MPa이다).

1) 극한한계상태 I, 사용한계상태 I, 사용한계상태 V에 대한 휨모멘트
2) 극한한계상태 I에 대한 안전성

	바닥판 두께	240mm
	포장 두께	50mm
	바닥판 상면에서 상면철근 중심까지 거리	60mm
	바닥판 단부에서 외측거더 중심까지 거리	1,300mm
PSC 거더	플랜지 폭	1,200mm
	복부 폭	200mm
	H13철근 1EA 단면적	126.7mm^2

※ (검토조건) 극한한계상태 : 콘크리트 변형률과 극한한계상태의 휨압축 합력의 계수

	구분	계수값
n	상승 곡선부 형상지수	2.000
ϵ_{co}	최대 응력에 처음 도달할 때의 변형률	0.0020
ϵ_{cu}	극한변형률	0.0033
α	압축합력 크기 계수	0.800
β	작용점 위치 계수	0.400
η	응력블록의 크기 계수	1.000

풀 이

➤ 캔틸레버부 설계단면 검토

1) 유효지간장 산정(한.설 4.6.2.3)

$$\frac{상부플랜지폭}{바닥판두께} = \frac{1200}{240} = 5 > 4$$

∴ 4 이상이므로 유효경간은 상부플랜지 돌출폭 중앙점에서 캔틸레버 끝단까지의 거리로 산정

2) 캔틸레버 바닥판의 최소두께(한.설 5.12.5)

∴ 바닥판 두께 240mm > 220mm　　　　　　　　　O.K

➤ 하중 산정

1) 고정하중

① 슬래브(DC) : $(1.3-1.2/2+0.5/2) \times 0.24 \times 24.5 = 0.95 \times 0.24 \times 24.5 = 5.586$ kN

$M_{d1} = 5.586 \times 0.95/2 = 2.6534$ kNm

② 방호벽(DC) : $0.45 \times 1.05 \times 24.5 = 11.576$ kN

$M_{d2} = 11.576 \times (0.95 - 0.45/2) = 8.3926$ kNm

$\therefore M_{DC} = 2.6534+8.3926 = 11.046$ kNm

③ 포장(DW) : $(0.95-0.45) \times 0.05 \times 22.6 = 0.565$ kN (포장의 단위중량 22.6 kN/m^{3}로 가정)

$M_{d3} = 0.565 \times (0.5/2) = 0.14125$ kNm

$\therefore M_{DW} = 0.141$ kNm

2) 활하중(LL) (한.설 3.6.1)

① 차량하중(P_r) : KL-510 후륜하중 $\qquad = 96.00$ kN

② 윤하중 분포폭(E) : 0.8L+1.14 $\qquad = 0.8 \times (0.95-0.45-0.3)+1.14 = 1.3$

③ 충격계수(IM) : v피로한계상태를 제외한 모든 한계상태 = 0.25

$\therefore M_{LL} = PX/E = 96 \times 0.2/1.3 = 14.769$ kNm

$\therefore M_{LL+IM} = 14.769 \times 1.25 = 18.462$ kNm

3) 원심하중(CF) (한.설 3.18)

주어진 조건에서 도로의 설계속도와 회전반경은 주어지지 않았으므로

설계속도는 60km/h(=16.667m/s), 회전반경은 0으로 가정한다.

$C = \dfrac{4}{3} \times \dfrac{v^2}{gR} = 0 \quad \therefore M_{CF} = 0$

4) 풍하중(WS) (한.설 3.13.2)

벽형 강성 방호울타리가 설치되었으므로 부재에 작용하는 풍하중은 3.0kN/m^{2}을 적용한다.

$\therefore M_W = 3.0 \times 1.05 \times (1.05 + 0.24)/2 = 2.1$ kNm

➤ 부재력 산정

구분	1차 고정하중 (DC)	2차 고정하중 (DW)	활하중 (LL+HM)	원심하중 (CF)	풍하중 (WS)	부재력
	11.046	0.141	18.462	0	2.1	
극한 I	1.25	1.50	1.80	1.80	–	47.251
사용 I	1.00	1.00	1.00	1.00	0.30	30.279
사용 V	1.00	1.00	–	–	–	11.187

➤ 극한한계상태 I 에 대한 안전성

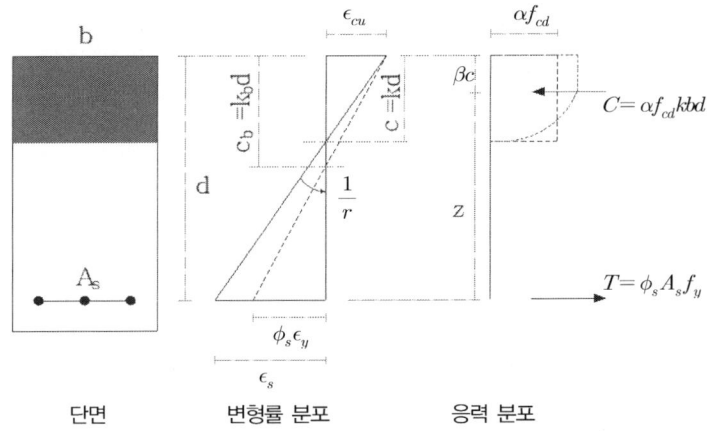

| 단면 | 변형률 분포 | 응력 분포 |

1) 필요철근량 산정

　① 압축력

$$f_{cd} = 0.85\phi_c f_{ck} = 0.85 \times 0.65 \times 35 = 19.34\,\text{MPa}$$
$$C = \alpha f_{cd}bc = 0.8 \times 19.34 \times 1{,}000 \times c = 15{,}470c$$

　② 인장력

$$T = \phi_s f_y A_s = 0.9 \times 400 \times A_s = 360 A_s$$

　③ C=T ; $c = 360 A_s / 15470 = 0.023 A_s$

　④ $z = d - \beta c = (240 - 60) - 0.4c$

$$M_u = T \times z = 360 A_s (180 - 0.4 \times 0.023 A_s)$$

　필요 철근량에 관한 2차 방정식 $-3.312 A_s^2 + 64800 A_s - 47{,}251{,}000 = 0$을 풀이하면

$$\therefore A_{s(req)} = 758.59\,\text{mm}^2$$

2) 최소철근량 검토

$$A_{s(min1)} = 0.25 \frac{\sqrt{f_{ck}}}{f_y} bd = 665.6\,\text{mm}^2, \quad A_{s(min2)} = \frac{1.4}{f_y} bd = 630\,\text{mm}^2$$

3) 사용철근량 검토

$$A_s = 845\,\text{mm}^2 \quad \therefore c = 0.023 A_s = 19.435\,\text{mm}$$
$$\therefore M_d = Tz = 360 \times 845 \times (180 - 0.4 \times 19.435)$$
$$= 52.39\ \text{kNm} > M_u (=47.251\ \text{kNm})\ \ \text{O.K}$$

프리캐스트 바닥판의 특징

교량에 사용하는 프리캐스트 바닥판의 장점 및 단점에 대하여 설명하시오.

풀 이

➤ 개요

현재 교량에 사용되고 있는 바닥판은, ① 중소 지간용의 현장타설 RC바닥판, ② 장대교 등을 대상으로 한 강바닥판, ③ 품질향상과 공사의 신속화를 위한 RC 또는 PC 프리캐스트 바닥판 및 ④ 합성바닥판 등으로 구별될 수 있다.

도로교의 바닥판은 차량하중을 직접 지지하는 등 통상적으로 다른 구조부재보다도 가혹한 사용환경하에 있다. 바닥판의 손상은 차량의 대형화 및 통행량의 증가, 피로현상에 대한 사전조치 미흡 및 재료의 열화 등이 복합적으로 작용하여 발생된다.

내구성의 증대, 유지 보수 필요성의 감소, 시공의 간편성과 시공기간의 단축 및 교통흐름의 방해 없이 교통을 유지할 수 있다는 점 등이 프리캐스트 콘크리트 바닥판을 이용하는 주요 장점이다. 특히 바닥판과 바닥판의 연결형태가 male-female 형태를 갖는 경우는 이음부의 현장 타설을 최소로 하며, 종방향 내부긴장재를 이용하여 압축상태를 유지함으로써 사용성을 확보하고 피로수명을 대폭 향상시킬 수 있는 장점이 있다.

➤ 프리캐스트 바닥판의 장점

1) 품질 및 공기단축

프리캐스트 바닥판은 공장제작 제품으로 고강도화 및 현장작업의 최소화를 통한 고내구성 바닥판의 시공이 가능하며, 기존의 철근콘크리트 바닥판에서 초기에 발생하는 건조수축량을 대폭 감소시킬 수 있어 교량 바닥판의 초기 균열을 방지할 수 있으며 현장의 여건에 따라 발생할 수 있는 재료적, 구조적 초기 결함을 대폭 줄일 수 있다.

또한 프리캐스트 바닥판의 시공은 기후의 영향을 많이 받지 않고 동바리 설치와 거푸집 제작, 장기간의 양생 기간을 필요로 하지 않기 때문에 시공기간을 현저히 단축시킬 수 있을 뿐만 아니라 산악지형과 같은 고공의 교량 건설 시 더욱 유리하다. 프리캐스트 콘크리트 바닥판의 시공기간은 현장 RC타설 바닥판의 공사기간과 비교해 다음 그림과 같이 약 50%가량 단축이 가능하다.

2) 기계화 시공

현장에서 콘크리트를 타설 하는 작업 대신에 미리 제작한 규격화된 프리캐스트 바닥판을 현장에서 크레인 등의 가설장비를 이용하여 가설함으로써 기계화 시공을 달성할 수 있고 인력절감이 가능하며, 교량제원에 따라 바닥판의 제원을 변동하여 제작할 수 있으므로 적응성이 뛰어나다.

현장타설 바닥판의 경우 작업이 기후조건에도 많은 영향을 받게 되는데, 프리캐스트 바닥판을 사용하게 되면 전천후 시공이 가능하여 공기지연도 방지할 수 있다. 신설 교량의 바닥판 가설은 물론 급속시공 및 교차시공을 통한 노후 교량바닥판 교체에 적용할 수 있으며, 통행량이 증가에 따라 확폭하는 경우에도 기존 바닥판을 철거한 후 거더만 보수하고 고강도콘크리트 등을 사용하면 사하중 증가 없이 기존 교량의 확폭 및 내하력 증대가 가능하여 바닥판 가설작업에는 그 적용성이 뛰어나다.

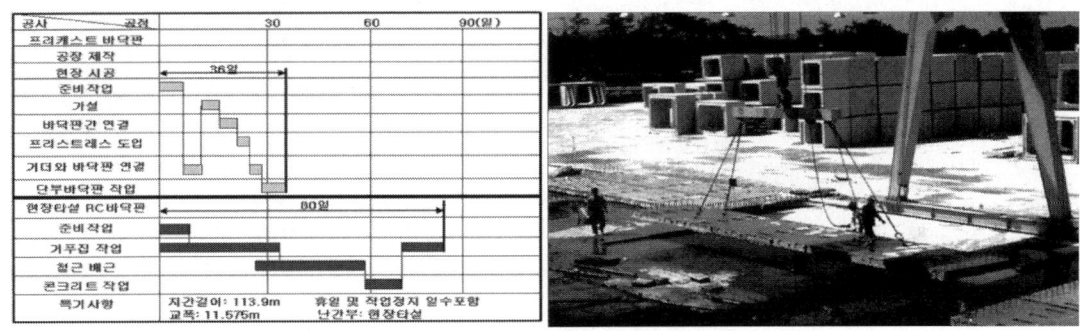

〈프리캐스트 콘크리트 바닥판의 공장제작 공기〉

3) 공사비 유리

초기투자비는 통상 현장타설 RC 바닥판에 비해 고가이나 교량바닥판의 내구수명을 기존 현장타설 콘크리트 바닥판보다 약 3배 이상 연장할 수 있어, 고내구성의 특성으로 유지관리비 지출을 최소화할 수 있으므로 전체 교량 바닥판의 생애주기 비용을 비교할 때 기존 공법에 비해 3배 이상의 절감효과를 얻을 수 있다.

또한 기존의 공법으로 노후바닥판을 교체하는 경우 현장 타설로 현장 작업이 많고 콘크리트의 강도발현에 많은 시간이 소요되며, 본 공사와 같이 프리캐스트 바닥판을 이용한 상·하행차선의 교차시공을 통해 공사 중 계속교통소통이 가능하게 되므로 도심지 시공사 및 교통의 전면적 차단 없이 공사가 가능하므로 막대한 사회 간접비용 지출을 방지하고 우회도로 건설비용 등을 절감할 수 있다. 기술적으로는 반폭교체시공인 경우 한쪽 차선 교행에 따른 진동문제로 인하여 콘크리트의 양생 시 문제가 야기될 소지가 많아 향후 교체공사 후에도 바닥판의 초기 손실로 인하여 유지관리 및 바닥판의 수명에 결정적인 영향을 미칠 수 있으므로 구조적으로도 유리하다.

▶ 프리캐스트 바닥판의 단점과 향후 과제

프리캐스트콘크리트 바닥판은 품질관리가 확실하고, 현장공정의 생략으로 공기단축 및 인력절감이 가능하며 특히 차선별 교차시공으로 공사 중에도 교통 통제 없이 계속 시공할 수 있다는 점 등의 장점을 가지고 있다.

다만, 공장제작으로 현장타설 바닥판에 비해 여건에 따른 표준화가 필요하며, 연결부에 대한 품질확보 등의 요구된다. 특히, 곡선교나 사교 등에 적용에 있어서는 하중분배나 편심재하로 인한 둔각부 응력집중, 예각부의 부반력 등에 대한 별도의 적용 검토가 필요하다.

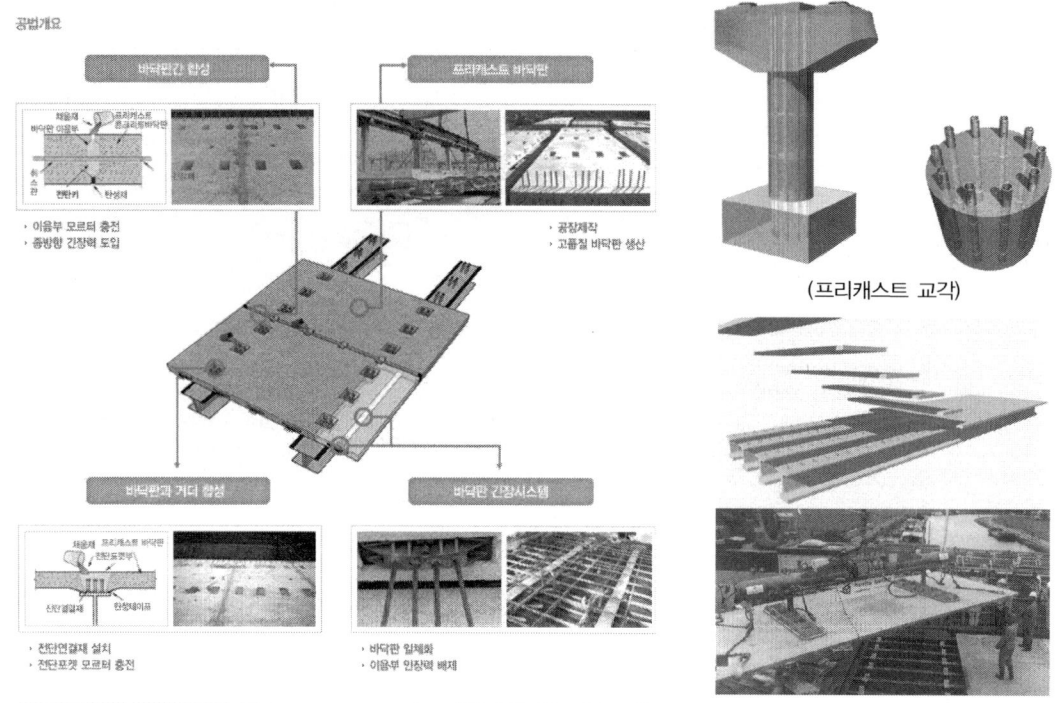

(프리캐스트 교각)

(프리캐스트 바닥판 연결)

프리캐스트 바닥판

다음과 같은 그림 A에서 현장타설 콘크리트 바닥판의 강합성교가 노후화되어 그림 B와 같이 폭 4m, 길이 2m의 프리캐스트 콘크리트 분절(Segment) 바닥판의 강합성교로 교체하고자 할 때 구조 설계와 시공 시 검토사항에 대하여 설명하시오.

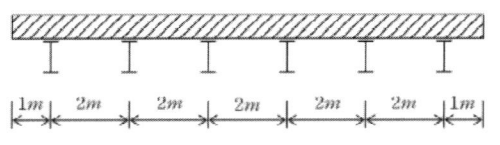

그림 A. 현장타설 콘크리트 바닥판 강합성교

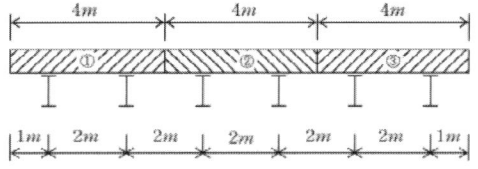

그림 B. 프리캐스트 콘크리트 분절 바닥판 강합성교

풀 이

▶ 프리캐스트 콘크리트 분절 바닥판 개요 및 특징

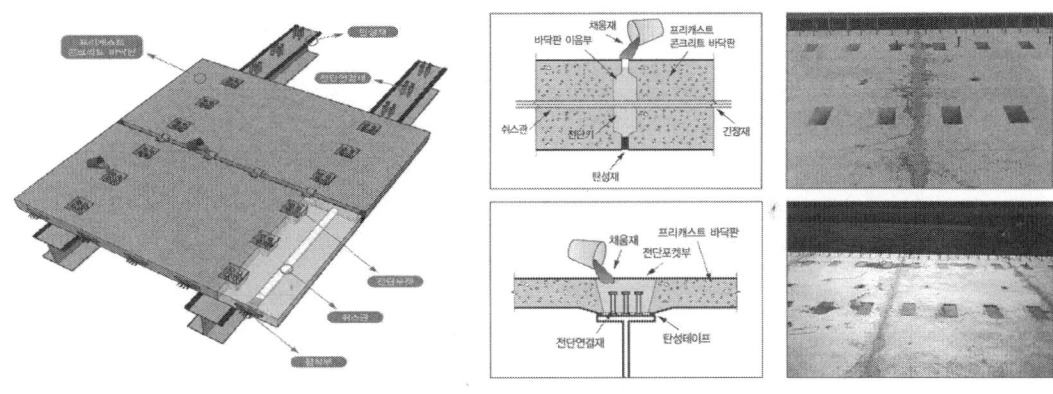

프리캐스트 콘크리트 바닥판 간 이음부에 압축력을 도입하고, 제안된 정적 및 피로 설계식에 의해 등간격으로 배치된 전단연결재, 간격재 및 탄성재를 이용하여 거더와 바닥판의 완전합성을 이루는 프리캐스트 콘크리트 교량 바닥판 설치기술이다. 프리캐스트 바닥판은 공장에서 제작하여 고강도, 내구성을 확보하고 증기양생으로 초기 건조수축이 대폭 감소되어 고품질의 바닥판을 생산할 수 있고, 기계화시공, 철근조립 및 거푸집, 양생 등 현장 공정 생략으로 급속시공이 가능하며, 기후조건에 영향이 적어 시공생산성이 향상된다. 이에 따라 공기단축과 환경친화적 시공이 가능한 특징을 가진다. 주로 플레이트 거더교 개구제형 강합성교, PSC합성거더 등이 적용되며 노후 교량 바닥판 교체공사뿐 아니라 신설 교량에도 적용이 가능하다. 바닥판 간 합성 시에는 채움재를 충전하고 교축방향 프리스트레스를 도입해 합성하며, 바닥판과 거더간은 전단연결재를 설치

하고 전단포켓에 채움재를 충전해 합성한다. 사용하중하에서 이음부에 인장력이 발생하지 않는 수준으로 프리스트레스를 도입한 바닥판 긴장시스템을 특징으로 한다.

➤ 프리캐스트 콘크리트 분절(Segment) 바닥판의 강합성교로 교체 검토 항목

1) 프리캐스트 바닥판 배치

일반적으로 프리캐스트 바닥판의 수송이나 가설에 지장이 없는 한도 내에서 교축방향 이음부를 배제하고 바닥판의 크기는 교축방향은 2~2.5m, 교축직각방향은 12~15m를 적용한다. 또한 교축 방향 이음부 설치 시에는 이음부가 주형 위에 위치하도록 배치한다. 주어진 조건에서 교축방향 이음부는 주형과 주형 사이에 위치하기 때문에 이음부의 위치가 적절하지 않고 이음부의 대한 강도 신뢰도를 확보하기 어렵다. 따라서 이음부의 위치를 주형 위에 위치하도록 조정하는 것이 필요하다.

2) 교축방향 프리스트레스의 설계

합성 후 사하중, 활하중 및 온도차를 고려한 사용하중하에서 바닥판간 이음부에 발생하는 인장응력을 산정하고 산정된 인장응력을 상쇄시킬 수 있는 압축응력을 도입할 수 있도록 유효 교축방향 프리스테리스의 크기를 결정한다.

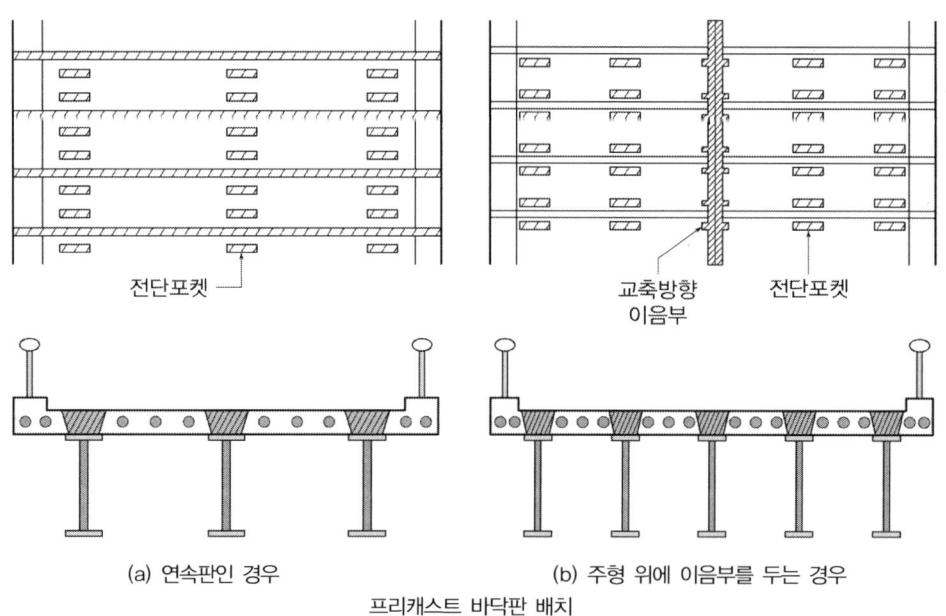

| (a) 연속판인 경우 | (b) 주형 위에 이음부를 두는 경우 |

프리캐스트 바닥판 배치

3) 전단포켓의 구조

전단포켓의 크기는 시공상 필요한 크기를 고려해 가능한 작게 한다.

4) 전단연결재의 설계

　전단연결재는 각종 하중의 조합에 의한 강주형과 바닥판 콘크리트 사이의 전단력이 최대가 되는 경우에 대해 설계하고 허용전단력 또는 한계상태설계법에 대한 규정과 피로설계 규정을 적용한다.

바닥판 피로손상

판형교 위에 설치된 철근콘크리트 도로교 바닥판의 피로손상 과정 및 대책에 대하여 설명하시오.

풀 이

도로교 RC바닥판의 피로파괴에 관한 연구(권혁문, 콘크리트 학회지, 1993)

➤ 개요

판형교 위에 설치된 철근콘크리트 도로교 바닥판은 차량하중이 직접 전달되고 제설재 등 부식성 환경에 직접 노출되는 교량의 주요 부재로 상대적으로 손상이 많이 발생하는 부위이다. 일반적으로 보수, 보강 등 교량의 성능개선과 유지를 위한 조치를 취하기까지의 수명이 가장 짧은 것으로 보고되고 있다.

➤ 피로손상 과정

판형교는 주 거더 사이를 바닥판이 지지하는 형식으로 차량이 점차 대형화되고 통행량이 증가함에 따라 피로손상과 재료 열화 등이 복합적으로 작용하여 파손이 발생되는 현상이 잦아지고 있다. 이 때문에 바닥판은 피로에 대한 성능 검증이 매우 중요하며 국부하중을 받아 펀칭 전단형으로 파괴되는 특성을 갖는다. 피로 상노는 정석 상노를 저하시키며 이로 인해 균열 내로 우수가 침투해 정적내력을 더 저하시키는 역할을 하기 된다. 일방향 RC 슬래브의 경우 200만 회 피로강도는 정적강도의 약 1/2로 저하하고 균열 내 우수가 침투한 경우는 정적내력의 약 1/5로 저하한다는 보고가 있다. 바닥판을 관통한 균열에 우수가 스며들었을 때는 피로수명이 약 50~250배로 감소한다고 보고되고 있다.

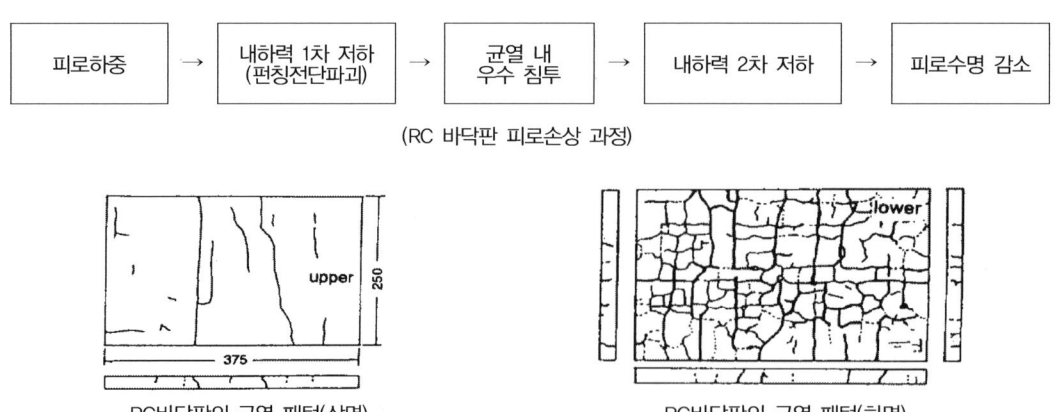

(RC 바닥판 피로손상 과정)

RC바닥판의 균열 패턴(상면)

RC바닥판의 균열 패턴(하면)

➤ 피로손상 대책

1) 철근량 증가 : 실제 대형화되고 통행량이 증가되는 추세에 맞게 활하중을 증가시켜서 이에 대한 철근량을 증가시키는 방법이 있다. 2015 도로교 설계기준에서는 이전에 설계기준에 비해 차량활하중을 실제 국내 현실에 맞게 KL-510 하중으로 개정하였고, 충격하중계수를 조정하였다. 또한 피로하중에 대한 빈도를 일평균트럭하중(ADTT$_{SL}$)의 빈도를 고려하도록 하고 있다.

2) 고강도 콘크리트 사용 : 피로성능 향상을 위해 고강도 콘크리트 사용을 고려할 수 있다. 고강도 콘크리트는 피로하중 누적에 따른 바닥판의 잔류하중에 충분히 견딜 수 있도록 할 수 있다. 80MPa급 고강도 콘크리트 바닥판의 경우 바닥판의 최소두께를 약 10% 감소시키고 피로하중이 누적되어도 전단에 대해서 충분히 안전하다는 실험결과가 있다(80MPa급 고강도 콘크리트를 적용한 RC바닥판의 피로성능 평가, 배재현, 한국안전학회지 2017년).

3) 바닥판 최소두께의 증가 : 현행 도로교설계기준(2015)의 최소 바닥판 두께는 220mm로 규정되어 있다. 대형 차량이나 통행량이 많은 교량의 경우 강도의 증가 대신 바닥판의 두께를 증가시켜서 펀칭전단파괴가 방지되도록 할 수 있다.

02 강바닥판

KDS 24 14 31 강교설계기준(한계상태설계법)에 따라 직교 이방성 강바닥판은 세로리브와 가로보에 의해 지지되고 보강되는 바닥강판으로 구성된다. 이때 바닥강판은 세로리브와 가로보의 플랜지로 작용하는 동시에 주형의 플랜지로도 작용한다. 보수·보강 시, 직교이방성 강바닥판이 이미 존재하는 가로보에 의해 지지되고 있는 경우에는 비록 가로보의 설계 시에 합성작용이 무시되었다고 할지라도, 가로보와 바닥강판 사이의 연결은 완전히 일체가 되도록 설계해야 한다. 실제적으로 가로보와 주형 사이의 합성작용을 증가시키는 적절한 연결이 요구된다.

1. 강바닥판의 특징과 해석방법

1) 강바닥판의 특징

강바닥판은 주거더의 일부로서 작용하며, 바닥판과 바닥틀로서의 작용에 대해 안전하게 설계되어야 한다. 포장은 전체 직교이방성 강바닥판 구조의 한 부분으로 취급되며, 바닥판의 상부에 접착해야 한다. 포장의 구조적 성질 및 접착성이 섭씨 −30°에서 50° 범위에서 만족스럽게 작용한다면, 포장이 직교이방성 강바닥판 부재들의 강성에 미치는 영향을 고려할 수도 있다.

① 경량구조이며 휨과 비틀림에 대한 저항이 크다.
② 하중분배효과가 좋다.
③ 바닥판 자체가 높은 극한강도를 보유한다.
④ 비상 시 중차량이 통과할 때 생기는 과대 집중하중에 대한 저항능력이 크다.
⑤ 교각의 부모멘트 영역에서도 인장응력에 대해 거더와 일체로 거동한다.

2) 종방향 보강재의 특징

개단면 보강재(I형)	폐단면 보강재(U-Rib)
① 용접이 용이하고 유지관리가 수월하다. ② 횡방향으로의 하중분재 능력이 약하다. ③ 바닥틀의 단위면적당 소요강재량과 용접량이 폐단면 보강재(U-Rib)보다 많다.	① 횡방향으로 윤하중 분포 기능이 우수하다. ② 개단면 보강재에 비해 강재량 및 용접량이 적다. ③ 용접에 의한 뒤틀림 및 변형이 적으며 자중도 줄일 수 있다. ④ 얇은 강재를 사용하므로 패널별로 국부응력을 산출하여 설계 적용하여야 한다. ⑤ 제작이 어렵고 현장이음이 곤란하여 제작 및 시공 시 주의가 요구된다.

3) 강바닥판의 해석방법

직교 이방성 강바닥판의 하중 영향에 대한 세부해석은 등가격자법, 유한대판법, 유한요소법과 같은 탄성해석에 의해 결정할 수 있다.

① 바닥강판의 유효폭(KDS 24 10 11 한계상태설계법)

구분		
바닥판의 강성 계산과 고정하중에 의한 휨 효과 계산을 위한 리브의 단면 성질	$a_0 = a$	$a_0 + e_0 = a + e$
윤하중에 의한 휨 효과 계산 시 사용하는 리브의 단면성질	$a_0 = 1.1a$	$a_0 + e_0 = 1.3(a + e)$

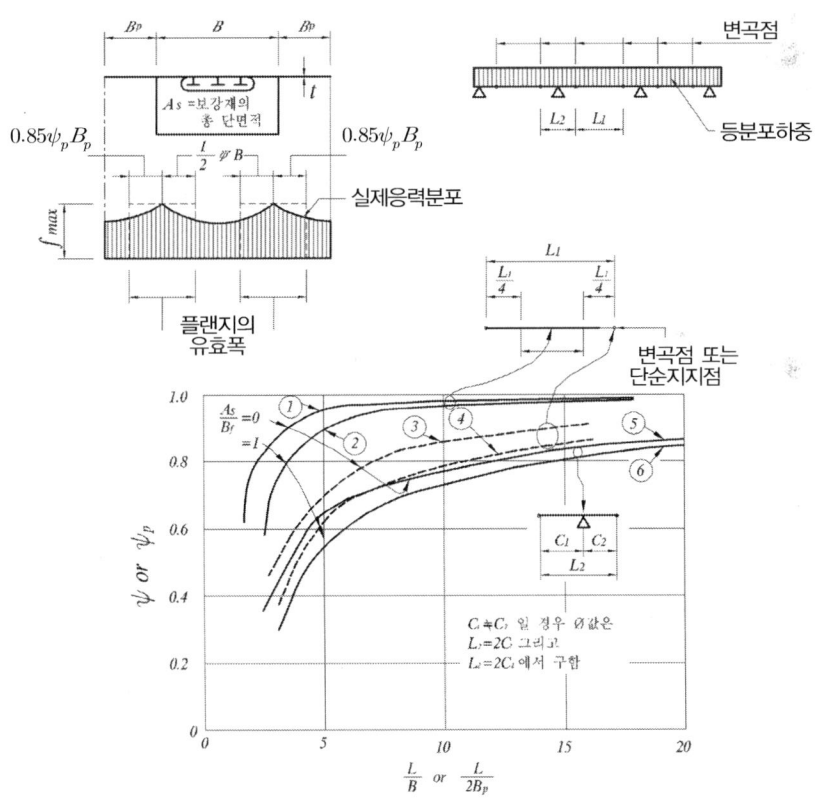

② 개단면 리브를 갖는 바닥판

(1) 세로 리브는 가로보에 의해 지지되는 연속보로 해석한다.

(2) 지간이 4,500mm를 넘지 않는 리브의 경우, 하나의 리브에 작용하는 차륜하중은 리브들에

의해 고정지지되는 연속 바닥강판의 반력으로 구할 수 있다. 지간이 4,500mm 이상인 경우, 차륜하중의 횡분배에 대한 리브 유연성의 영향은 탄성해석에 의해 구할 수 있다.

(3) 리브의 지간이 3,000mm를 넘지 않는 경우, 하중의 영향을 계산하는 과정에서 가로보의 유연성이 고려해야 한다.

(4) 피로검토가 필요한 리브와 가로보 연결부의 국부응력은 상세해석으로부터 구한다.

③ 폐단면 리브를 갖는 바닥판

(1) Pelikan-Esslinger 방법을 사용할 수 있다. 피로검토가 필요한 리브와 가로보 연결부의 국부응력은 상세해석으로 구하고, 지간이 6,000mm보다 작은 폐단면 리브에 대한 하중의 효과는, 인접한 횡방향의 차륜하중의 효과를 무시하고, 오직 한 리브 위에 차륜하중을 재하시켜 계산할 수 있다.

(2) 지간이 6,000mm 이상의 폐단면 리브에 대한 하중의 효과는 인접한 횡방향의 차륜하중의 효과를 고려하여 적절히 보정해 주어야 한다.

2. 강바닥판의 설계

1) 강바닥판의 설계 시 유의 사항

① 바닥강판의 최소 두께는 14mm와 리브 복부판의 간격 중 큰 것의 4% 이상

② 폐단면 리브의 두께는 7mm 이상이며 다음의 식을 만족해야 한다.

$$\frac{t_r \ a^3}{t_{d,eff}^3 \ h'} \ \leq \ 400$$

여기서, t_r 리브 복부판의 두께(mm), $t_{d,eff}$ 표면 강도효과 고려한 바닥강판의 유효두께(mm) a 리브 복부판 간격 중 큰 것(mm), h' 리브 복부판의 경사진 길이(mm)

③ 폐단면 리브 내부는 다음과 같이 밀봉한다.

(1) 리브와 바닥판 접촉부의 연속용접

(2) 용접된 리브 덧판 부위의 용접

(3) 다이아프램 부위에서 리브 끝단의 용접

④ 직교이방성 강바닥판은 부착물, 설비, 지지대, 전단연결재 등을 바닥강판이나 리브에 용접할 수 없다. 다만 폐단면 리브의 복부판과 바닥판 사이에서는 80% 부분관통용접이 허용된다.

⑤ 바닥강판과 리브의 덧판은 고강도 볼트나 용접으로 연결해야 하며 리브를 가로보 복부판의 홈을 지나도록 연속적으로 설치해야 한다. 바닥강판과 리브는 다음의 제작규정을 준수한다.

(1) 가로보 복부판의 절단 금지

(2) 용접 시에는 돌림용접 사용

(3) 그라인딩에 의한 표면 다듬기

(4) 리브 하단까지 내부 다이아프램을 연결하지 않은 경우에는 최소 25mm 확보

(5) 필릿용접만으로 강도조건을 만족시키기 어려운 경우에는 필릿용접과 그루브용접 조합

⑥ 포장시공 시 고온의 혼합물로 인한 강바닥판의 열변형, 받침의 이동여유량 및 신축이음장치의 유간 등에 대해 검토해야 한다.

2) Pelikan–Esslinger Method에 의한 응력 검토

① 개요

강바닥판을 종리브와 횡리브 및 바닥강판으로 이루어진 바닥틀 구조로 적용

강바닥판을 보강형에 의해 무한 강성 지지되고 횡리브에 의해 탄성지지된 직교 이방성 판구조로 가정

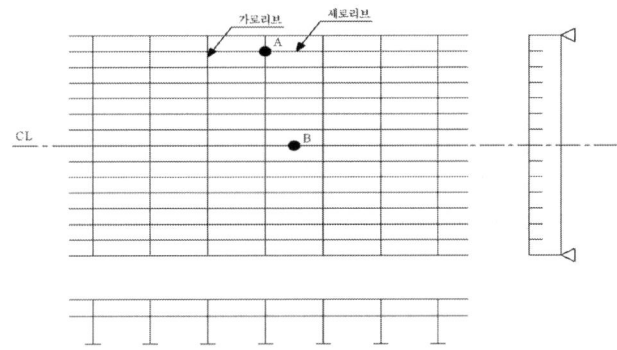

② 해석 방법

1단계 : 바닥판과 종리브를 무한강성의 횡리브를 지점부로 하는 직교 이방성 판구조로 치환하여 최대 휨모멘트 계산(M_1)

2단계 : 횡리브의 탄성처짐을 고려하여 1단계에서 구한 휨모멘트를 수정(M_2)

3단계 : M

여기서, M : 부재에서 발생하는 총모멘트, M_d : 고정하중에 의한 발생 모멘트

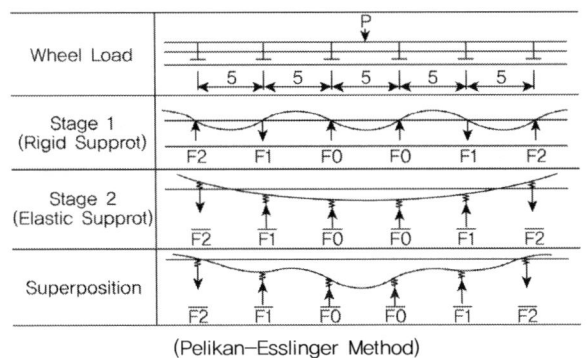

무한으로 강결한 가로리브위의 연속 직교이방성 판

가로리브의 탄성변형 영향

(Pelikan–Esslinger Method)

3) 강상판 리브 설계 예

종리브의 적정단면 및 지간을 설정하여 구조적 안정성과 상부포장의 변형을 제어하며 종리브와 횡리브 교차부의 응력분포를 파악하고 응력집중을 고려하여 종리브 및 스캘럽 형상 결정

① 설계기준

구 분	KDS 24 14 31 (강교, 한계상태설계법)	도로교 설계기준(2005)	혼슈–시고쿠 연락공단
바닥판 최소 두께(mm)	14	14	14
종리브	폐단면/개단면	폐단면, 부분적 개단면	–
종리브 두께(폐단면)	최소 7	8	6
종리브의 간격	리브 단면 2차 모멘트와 지간의 상관관계 도식화하여 단면 및 지간 결정	폐단면 2–3m, 개단면 1.3~2m	리브 단면 2차 모멘트와 지간의 상관관계 도식화하여 단면 및 지간 결정

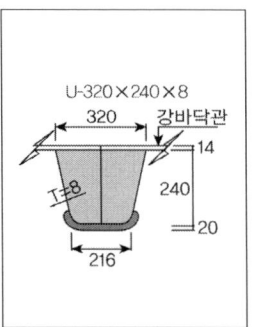

② 국내 강상판 실적

교량명	Rib	간격 (m)	지간 (m)	바닥판 두께 (mm)	교량명	Rib	간격 (m)	지간 (m)	바닥판 두께 (mm)
서강대교	U–Rib 320×260×6T	0.66	3.0	12	성수대교	U–Rib 325×300×8T	0.65	4.8	14
남포대교	U–Rib 320×260×6T	0.64	2.14	14	영동대교	U–Rib 320×240×6T	0.6	3.0	12
칠천연륙교	U–Rib 320×240×8T	0.62	2.0	12	제2진도대교	U–Rib 320×240×8T	0.64	3.4	14
갈현대교	U–Rib 320×240×8T	0.62	1.25	12	청담대교	U–Rib 320×240×6T	0.64	2.83	12
가양대교	U–Rib 320×240×8T	0.62	2.5	12	굼포교	U–Rib 320×240×8T	0.64	2.5	14
검토의견					• 세로리브는 U–Rib를 적용하였으며 간격은 유사함 • U–Rib의 지간은 큰 편차를 보이며 바닥판 두께는 도로교 설계기준에 따라 14mm 이상 적용				

③ 종리브의 형상 및 간격

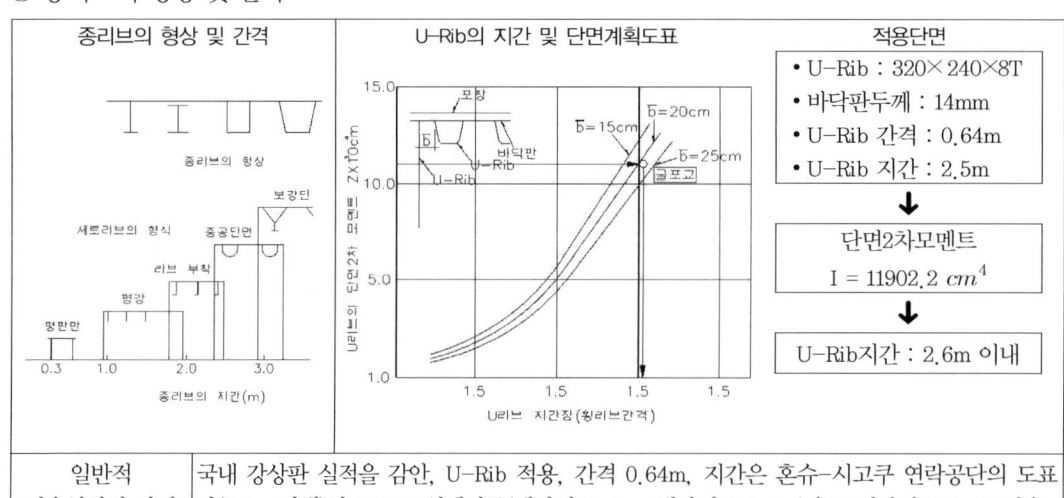

일반적 적용형상과 간격	국내 강상판 실적을 감안, U–Rib 적용, 간격 0.64m, 지간은 혼슈–시고쿠 연락공단의 도표 값(2.6m 이내)과 도로교 설계기준(폐단면 2~3m, 개단면 1.3~2m)을 고려하여 2.5m로 적용

④ 강상판 해석 예

3차원 격자해석과 Peliken-Esslinger 해석법을 통한 정확한 응력분포를 산출하여 구조적 안정성 확보 및 리브의 적정단면 및 배치를 통한 강상판 설계의 검토

구 분	Peliken-Esslinger 해석			
모델용	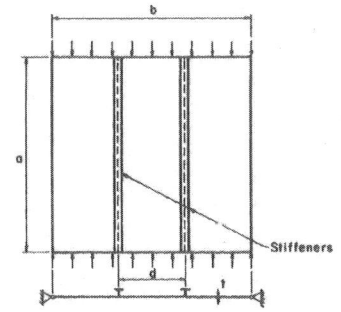			

해석결과 [세로리브]	지간중앙	구분	하중	상연응력(MPa)	하연응력(MPa)
		강상판	고정하중	0.339	-0.937
			활하중(강결지점)	31.433	-86.970
			활하중(탄성지점)	1.290	-3.838
			합계	33.062	-91.745
검토의견	Peliken-Esslinger 해석 결과 리브의 단면과 배치가 적절하여 구조적으로 안정성이 확보됨				

TIP | 보강된 판의 좌굴 | Guide to stability design criteria for metal structure (Theodore V. Galambos)

1. 보강된 판의 국부좌굴(Local buckling of stiffened plates)

종방향 또는 횡방향 보강재로 보강된 판은 판의 압축강도를 향상시키기 때문에 일반적으로 사용하는 경제적인 방법이다. 다음의 조건은 단순지지된 경우로 가정한다.

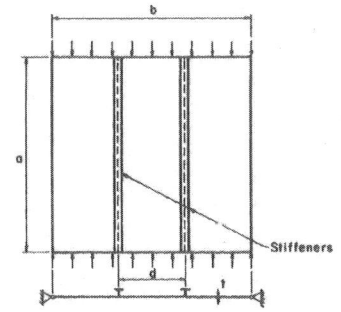

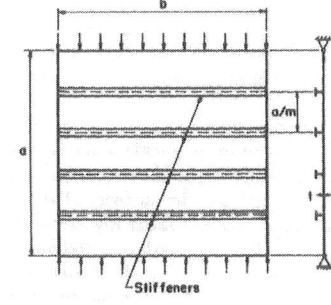

종방향 보강패널(panal with longitudinal stiffeners)   횡방향 보강패널(panal with transverse stiffeners)

① 종방향 보강패널(panal with longitudinal stiffeners)

종방향 보강재는 비틀림강성을 가지지 않는다고 가정한다. Sharp(1966)에 의해 제시된 보수적인 방법은 2가지 영역 구분한다.

첫 번째 영역은 좌굴된 모양이 종방향과 횡방향 모두에서 1/2 사인곡선을 가지는 짧은 판에 적용되며, 두 번째 영역은 횡방향으로는 1/2 사인곡선을 가지면서 종방향으로 여러 개의 파형을 가지는 긴 판에 적용된다. 짧은 판에서 보강재와 판의 폭은 동일한 길이 d를 가지며 이는 세장비와 함께 기둥의 길이 a와 같이 해석된다.

$$\left(\frac{L}{r}\right)_{eq} = \frac{a}{r_e}$$ 여기서 r_e는 보강재와 판으로 구성된 단면의 회전반경

긴 판의 경우 기둥강도식을 사용하기 위해서는 세장비에 대한 정의가 필요하다.

$$\frac{L}{r_{eq}} = \sqrt{6(1-\nu^2)}\,\frac{b}{t}\sqrt{\frac{1+(A_s/bt)}{1+\sqrt{(EI_e/bD)+1}}}$$

여기서, b =Nd : 종방향으로 보강된 판의 전체 폭

      N : 종방향보강재로 나뉘어진 판의 개수

      I_e : 종방향 보강재와 폭 d와 동등한 판으로 구성된 단면의 단면2차 모멘트

      A_s : 보강재의 면적

      $D = \dfrac{Et^3}{12(1-\nu^2)}$

위의 두 식 중 작은 값을 취하며, 판은 패널의 폭 d가 모두 사용되는 것으로 가정한다.

② 횡방향 보강패널(panal with transverse stiffeners)

축방향 압축력을 받는 판의 횡방향 보강재의 필요크기는 Timoshenko and Gere(1961)에 의해서 1~3의 보강재가 동일간격으로 보강된 경우와 Klitchieff(1949)에 여러 개의 보강재인 경우 등에 대해서 제시되어져 왔다. 보강된 판의 강도는 보강재 사이의 판의 좌굴강도에 의해 제한된다. Klitchieff가 제시한 필요한 최소한의 값 γ는

$$\gamma = \frac{(4m^2-1)[(m^2-1)^2-2(m^2+1)\beta^2+\beta^4]}{2m5m^2+1-\beta^2\alpha^3}$$

여기서, $\beta = \dfrac{\alpha^2}{m}$, $\alpha = \dfrac{a}{b}$, $\gamma = \dfrac{EI_s}{bD}$

      m은 보강재로 나뉘어진 패널의 수, EI_s는 횡방향보강재의 휨강성

Timoshenko and Gere 제시 완전히 강체로 거동할 수 있는 기둥의 탄성지점조건의 스프링계수 K

$$K = \frac{mP}{Ca}, \text{ 여기서 } P = \frac{m^2\pi^2(EI)_c}{a^2}, \text{ a는 기둥의 총 길이}$$

이때, C는 m에 따른 상수로 m=2일 때, C=0.5, m이 무한대일 때 0.25를 가진다.

횡방향 보강된 판에서 보강재에 의해 종방향으로의 구분된 판은 횡방향 보강재에 의해 탄성 지지된 기둥과 같이 거동한다고 가정할 수 있으며 보강재에 의해 종방향으로의 구분된 판에 작용하는 하중은 보강재의 변위에 비례한다. 1/2 사인곡선 변위를 가질 때의 스피링 상수 K는

$$K = \frac{\pi^4 (EI)_s}{b^4}$$

$$\therefore \frac{(EI)_s}{b(EI)_c} = \frac{m^3}{\pi^2 C(a/b)^3}$$ 여기서 종방향 보강재가 없을 때 $(EI)_c = D$이므로 좌측 식은 γ와 같다.

③ 종방향 보강재와 횡방향 보강재로 구성된 패널(panal with longitudinal and transverse stiffeners)

Gerard and Becker(1957/1958)에 의해서 제안된 방법으로 종방향 보강재와 횡방향 보강재가 조합된 변수함수 α에 대해 최솟값 γ를 제시하였다.

$\frac{(EI)_s}{b(EI)_c} = \frac{m^3}{\pi^2 C(a/b)^3}$ 의 방정식이 사용되며 스프링 상수 K값이 종방향 보강재의 개수에 따라 변화한다. 횡방향 보강재의 휨강성 $(EI)_c$은 판의 종방향 보강재의 단위 폭당 평균 강성으로 표현한다.

Number and spacing of longitudinal stiffeners	Spring Constant K	$\frac{(EI)_s}{b(EI)_c} = \gamma$
One centrally located	$\frac{48(EI)_s}{b^3}$	$\frac{0.206m^3}{C(a/b)^3}$
Two equally spaced	$\frac{162}{5}\frac{(EI)_s}{b^3}$	$\frac{0.206m^3}{C(a/b)^3}$
Four equally spaced	$\frac{18.6(EI)_s}{b^3}$	$\frac{0.133m^3}{C(a/b)^3}$
Infinite number equally spaced	$\frac{\pi^4(EI)_s}{b^3}$	$\frac{m^3}{\pi^2 C(a/b)^3} = \frac{0.1013m^3}{C(a/b)^3}$

횡방향 보강재의 필요크기는 종방향 보강재를 포함하여 개략적으로 표현된다.

$$\frac{(EI)_s}{b(EI)_c} = \frac{m^3}{\pi^2 C(a/b)^3}\left(1 + \frac{1}{N-1}\right)$$

직교이방성 강바닥판의 피로검토(2012 한국구조물진단유지관리공학회 논문집)

> **P-E method(Pelikan-Esslinger Method)를 활용한 피로응력 산정**

PE method에는 피로응력범위 산정에 대한 내용이 포함되어 있지 않으며, 이 방법의 주요 개념은 강바닥판이 바닥판으로 기능을 할 때 작용하는 국부응력과 주형의 플랜지로서 기능을 할 때 작용하는 응력을 함께 고려하여 강재의 허용응력 이내로 들어오는지를 확인하는 것이다. 일반적으로 강바닥판의 피로응력범위는 피로균열이 자주 보고되고 있는 데크플레이트와 종리브 사이의 용접부, 종리브와 횡리브 사이에 용접부 위치에서 발생한다.

검토위치	주응력도(①)	S-N 선도(①)	피로수명평가결과(MPa)			
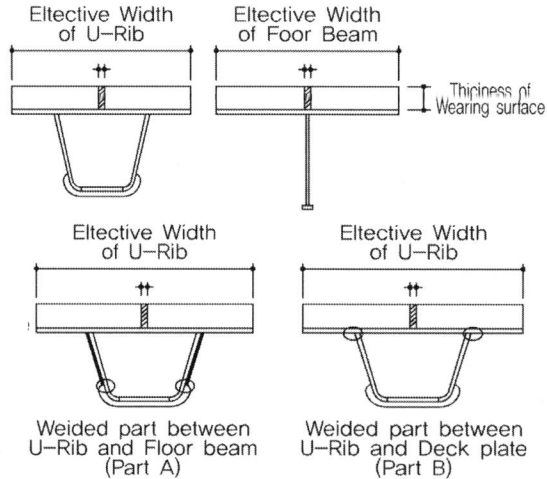 ②강바닥판과 가로리브 교차부 / ①U리브와 가로리브 교차부	LUSAS	검토위치 ① / 72.8MPa / 47.0MPa / 설계응력 13.9MPa	검토위치	설계응력	피로균열 진전개시	설계응력 반복회수
			①	13.9	47.0	72.8
			②	14.7	42.0	66.1

Eltective Width of U-Rib
Eltective Width of Foor Beam
Thiciness of Wearing surface

Eltective Width of U-Rib
Eltective Width of U-Rib

Weided part between U-Rib and Floor beam (Part A)
Weided part between U-Rib and Deck plate (Part B)

Part A : 횡리브와 종리브 사이의 용접부 하단   Part B : 종리브와 데크플레이트 사이의 용접부

> **종리브와 데크플레이트 사이의 용접부 피로응력(Part B)**

① 강바닥판 횡리브 간격을 1이라고 했을 때 종리브 중앙에서의 모멘트 영향선도와 피로응력평가
② 최대 정모멘트와 부모멘트를 발생시키도록 차륜하중을 재하하고 PE method를 이용하면 종리브의 중앙에서의 최대 정모멘트와 최대 부모멘트를 산정할 수 있다. 종리브 유효단면의 단면2

차 모멘트와 중립축에서 용접부까지의 거리를 사용하여 최대 압축응력 및 최대 인장응력을 계산하면 두 응력 간의 차이가 피로응력의 범위가 된다.

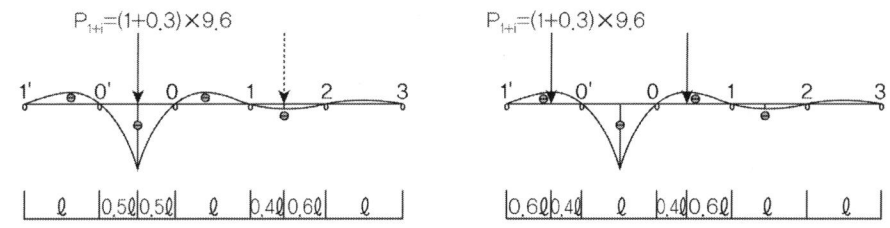

Location of Wheel load for positive moment   Location of Wheel load for negative moment
(0-0'지간 중앙의 모멘트 영향선)

> ## 횡리브와 종리브 용접부 피로응력(Part A)

① 횡리브를 종리브의 지점이라고 가정하고 지점에 대한 모멘트 영향선도 상에 최대 정모멘트와 최대 부모멘트를 유발할 수 있는 위치에 차륜을 재하한 뒤 PE method를 적용하면 피로응력을 산정할 수 있다.

② 이 경우 피로응력 산정에는 종리브의 지점부에 작용하는 교축방향 응력들이 사용된다. 하지만 종리브에 차륜하중을 재하할 경우 그 하중은 횡리브에도 반력을 발생시켜 횡리브에는 교축직각방향의 응력을 발생시키게 된다. 따라서 종리브와 횡리브 사이의 용접부에는 교축방향 응력과 교축 직각방향 응력이 동시에 작용하는 상태가 된다.

③ 다축방향으로 응력이 작용하는 경우 한쪽 방향으로만 응력이 작용할 때보다 합성작용에 의해 더 빨리 항복점에 도달하므로 Von-Mises의 등가응력 개념을 사용하여 다축방향 응력하에 재료의 항복점을 계산할 수 있다.

Von-Mises의 등가응력(2축) : $\sigma_v = \sqrt{\sigma_x^2 + \sigma_y^2 - \sigma_x\sigma_y + 3\tau_{xy}}$

④ Von-Mises의 등가응력은 응력의 크기만 산정되므로 피로응력산정을 위해서는 등가응력에 부호를 부여한 Signed Von-Mises의 등가응력을 산정하기 위해서 다음과 같이 수정한다.

$$\sigma_e = \sigma_1 \times \sqrt{1 + \left(\frac{\sigma_2}{\sigma_1}\right)^2 - \left(\frac{\sigma_2}{\sigma_1}\right)}$$

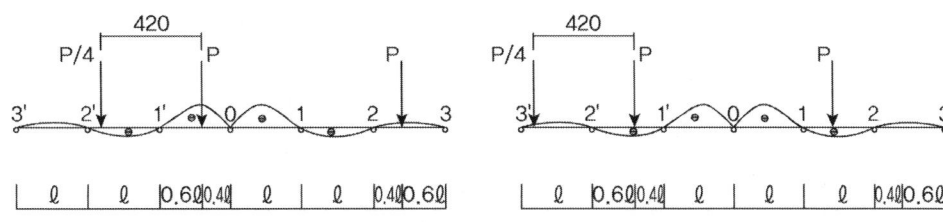

(0지점의 모멘트 영향선 : 종리브의 지점부에 최대 정모멘트와 최소정모멘트 유발하는 곳에 재하)

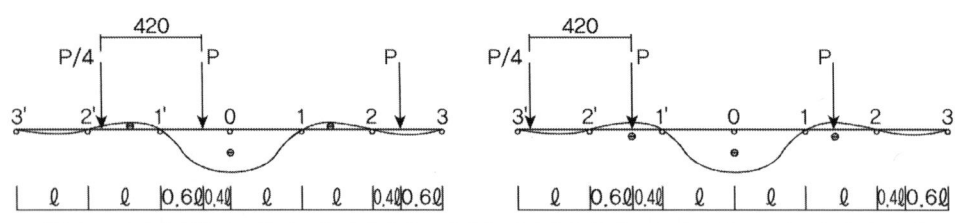

(횡리브 반력의 영향선 : 횡리브에 발생시키는 반력을 계산하여 횡리브에 발생하는 모멘트와 응력 산정)

▶ **피로응력의 영향인자**

① 교면포장의 두께 : 교면표장의 두께가 감소함에 따라 피로응력이 증가한다(A, B).
② 데크플레이트의 두께 : 두께가 감소할수록 B부분의 피로응력의 증가에 영향이 크다.
③ 횡리브의 간격 : 횡리브 간격이 증가할수록 피로응력이 증가한다(A, B).
④ 횡리브의 복부길이 : 횡리브 복부길이가 증가할수록 A부분의 피로응력이 감소한다.
⑤ 교면포장 재료강성 : B부분에 주로 영향을 주며, 강성이 클수록 피로응력이 감소한다.

플랜지 유효폭

교량 구조 해석 시 플랜지 유효폭 결정방법을 도로교설계기준(2015년)에 근거하여 설명하시오.

풀 이

➤ 개요

기초 휨 이론에서 휨 전에 평면이었던 거더의 단면이 휨 이후에도 그대로 유지된다고 가정한다. 그러나 폭이 넓은 플랜지에서는 플랜지에서 평면 내 전단 변형작용 때문에 복부 판에서 멀리 떨어진 플랜지 부분에서 길이 방향의 변위는 복부 판 근처의 변위보다 지연되는 전단지연(Shear lag)현상으로 플랜지에서의 종 방향 수직응력은 횡 방향으로 균일하게 분포하지 않는다. 플랜지의 유효폭 개념은 종 방향 응력이 횡 방향으로 등 분포되어 있다는 가정으로 유효폭에 작용하는 등분포 응력에 의한 합력과 실제 플랜지에 작용하는 응력의 합력이 정역학적으로 동일한 크기의 힘이 되도록 산정한 폭이다.

$$b_e = \frac{\int_0^b f(x)\,dx}{f_o}$$

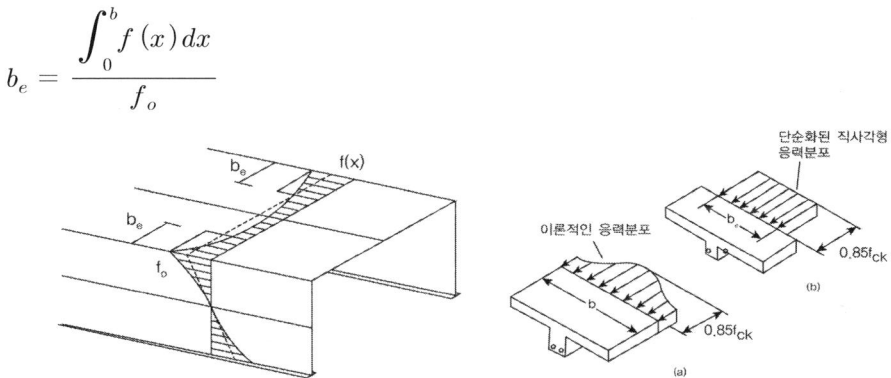

➤ 도로교 설계기준 유효폭 결정 방법

1) 콘크리트 슬래브의 유효폭

내측 거더	외측거더
b_e = min[①, ②, ③]	b_e = min[①, ②, ③, 내측거더 유효폭의 1/2]
① 등가지간장의 1/4	① 등가지간장의 1/8
② 슬래브 평균두께의 12배 + Max(복부두께, 주거더 상부 플랜지폭의 1/2)	② 슬래브 평균두께의 6배 + Max(복부두께 1/2, 주거더 상부 플랜지폭의 1/4)
③ 인접한 보 사이의 평균 간격	③ 내민부분의 폭

2) 상자형 콘크리트 보

일반적으로 부재의 단면력 및 처짐 계산을 위한 종방향 해석에서는 플랜지 전폭이 유효하다고 간주하고 계산하고, 그 부재력을 이용한 응력 검토 시에는 설계기준에 의거한 유효폭을 적용하는 것이 타당하다.

도로교 설계기준(2015년)에서는 다음의 조건을 만족하는 상자형 콘크리트보의 경우 실제 플랜지의 폭을 유효폭으로 가정할 수 있도록 규정하였다.

$$b \leq 0.1l_i, \ b \leq 0.3d_0$$

여기서, d_0는 상부 구조물의 높이, l_i는 단일지간 거더 $1.0l$, 연속거더(외측지간 $0.8l$, 내측지간 $0.6l$), 캔틸레버 부분 $1.5l$

시스템		b_m/b
단일지간 거더 $l_i = 1.0l$		
연속 거더	외측지간 $l_i = 0.8l$	
	외측지간 $l_i = 0.6l$	
캔틸레버 부분 $l_i = 1.5l$		

3) 직교이방성 강바닥판

구분		
바닥판의 강성 계산과 고정하중에 의한 휨 효과 계산을 위한 리브의 단면 성질	$a_0 = a$	$a_0 + e_0 = a + e$
윤하중에 의한 휨 효과 계산 시 사용하는 리브의 단면 성질	$a_0 = 1.1a$	$a_0 + e_0 = 1.3(a + e)$

03 바닥틀과 연결재

1. 바닥틀

교량의 바닥판(deck slab)은 차량이나 보행자가 직접 통행하는 최상부 슬래브 부분을 통칭하는데 비해 바닥틀(floor frame)은 바닥판을 받쳐주는 보와 브레이싱을 포함한 프레임 구조를 말한다.

1) 바닥틀의 지간

① 세로보 : 세로보의 지간은 세로보 방향으로 잰 가로보의 중심간격
② 가로보 : 가로보의 지간은 가로보의 방향으로 잰 거더에 붙은 복부판의 중심간격

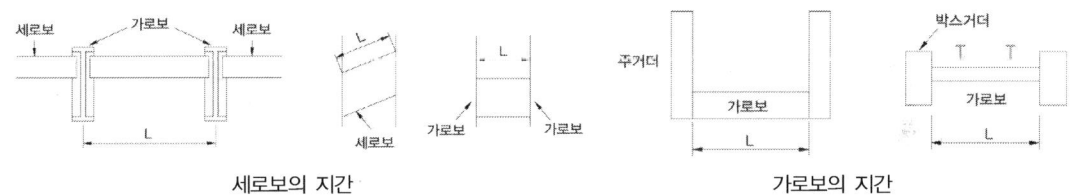

2) 바닥판과 바닥틀의 윤하중(차량 활하중)

① 바닥판과 바닥틀을 설계하는 경우 차도부분에 표준트럭하중을 재하한다. 표준트럭하중은 종방향으로는 차로당 1대를 재하하고, 횡방향으로는 재하 가능한 대수를 재하하되 동시재하 계수를 고려하여 설계부재에 최대응력이 일어나도록 재하한다. 교축직각방향으로 볼 때, 표준트럭하중의 최외측 차륜중심의 재하위치는 차도부분의 단부로부터 300 mm로 한다.
② 차륜의 접지면은 표준트럭하중의 각 차륜에 대해 면적이 $(12{,}500/9)\,P\,(\mathrm{mm}^2)$인 하나의 직사각형으로 간주하며 이 직사각형의 폭과 길이의 비는 $2.5 : 1$로 한다. 여기서, P는 차륜의 중량(kN)이다.

3) 바닥틀 보의 배치와 연결

① 바닥틀 보는 거더에 직각이 되게 배치하는 것이 원칙이다. 단 경사각이 20° 이상인 사교의 경우에는 경사각 방향으로 배치할 수 있다.
② 바닥틀 보의 계산을 위한 경계모델과 연결구조는 다음과 같이 한다.

구분	계산모델	연결부 구조
트러스의 주구에 설치하는 경우	양단힌지 단순보	전단력만 전달
박스거더에 설치하는 경우	양단 고정보	휨모멘트, 전단력 전달

2. 전단연결재 ^{102회/121회}

전단연결재는 콘크리트 바닥판과 강형을 연결하여 주형과 바닥판이 외력에 대해 일체로서 저항하
도록 해주는 구조물을 말하며 합성형에서 가장 중요한 역할을 수행한다. 전단연결재는 철근콘크
리트와 강재보 사이의 미끄러짐을 방지하고 두 부재 사이의 수평전단력에 저항하는 역할을 한다.
통상 스터드 앵커 형식이나 ㄷ형강 앵커를 사용한다. 스터드 앵커의 경우 콘크리트가 비탄성 변
형 또는 강재 앵커 하부 주위에서 파괴될 경우 강재 앵커의 변형이 발생할 수 있다. 콘크리트 파
괴를 기초로 하여 강도를 산정한 경우에도 강재 앵커는 연성적인 거동을 보인다. 강재 앵커의 전
단력과 모멘트는 보 플랜지와 강재 앵커를 연결하는 용접에서 최댓값을 가지며 용접에서 멀어지
면서 급격히 감소한다. 강재 앵커 길이-직경 비가 큰 경우에는 기초 위의 캔틸레버 거동과 유사
한 거동을 보인다.

1) 전단연결재의 종류

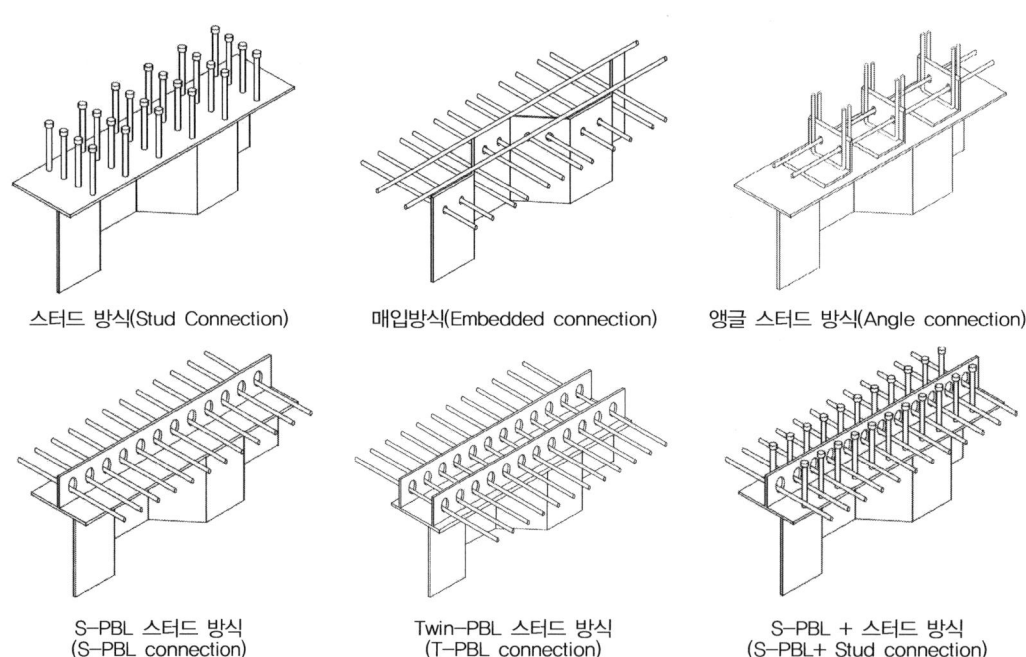

스터드 방식(Stud Connection)   매입방식(Embedded connection)   앵글 스터드 방식(Angle connection)

S-PBL 스터드 방식
(S-PBL connection)

Twin-PBL 스터드 방식
(T-PBL connection)

S-PBL + 스터드 방식
(S-PBL+ Stud connection)

2) 전단연결재의 설계

전단연결재는 철근콘크리트와 강재보 사이의 미끄러짐을 방지하고 두 부재 사이의 수평전단력에
저항하는 역할을 한다. 통상 스터드 앵커 형식이나 ㄷ형강 앵커를 사용한다. 스터드 앵커의 경우

콘크리트가 비탄성 변형 또는 강재 앵커 하부 주위에서 파괴될 경우 강재 앵커의 변형이 발생할 수 있다. 콘크리트 파괴를 기초로 하여 강도를 산정한 경우에도 강재 앵커는 연성적인 거동을 보인다. 강재 앵커의 전단력과 모멘트는 보 플랜지와 강재 앵커를 연결하는 용접에서 최댓값을 가지며 용접에서 멀어지면서 급격히 감소한다. 강재 앵커 길이-직경 비가 큰 경우에는 기초 위의 캔틸레버 거동과 유사한 거동을 보인다.

조건			R_g	R_p
골데크플레이트를 사용하지 않은 경우			1.0	0.75
데크플레이트의 골방향이 강재보와 평행한 경우	$\dfrac{w_r}{h_r} \geq 1.5$		1.0	0.75
	$\dfrac{w_r}{h_r} < 1.5$		0.85*	0.75
데크플레이트의 골방향이 강재보에 직각인 경우에 데크플레이트의 골 당 스터드 전단연결재의 개수	약한 위치의 스터드 전단연결재	1개	1.0	0.6
		2개	0.85	0.6
		3개 이상	0.7	0.6
	강한 위치의 스터드 전단연결재	1개	1.0	0.75
		2개	0.85	0.75
		3개 이상	0.7	0.75

h_r : 리브의 공칭높이 (mm)
w_r : 콘크리트 리브 또는 헌치의 평균 폭 (mm)
* : 스터드 전단연결재가 1개인 경우
• 약한 위치의 스터드 전단연결재 : $e_{mid-ht} < 50$ mm인 경우
• 강한 위치의 스터드 전단연결재 : $e_{mid-ht} \geq 50$ mm인 경우

① 스터드 앵커의 공칭강도(Q_n)

매입된 스터드 앵커 1개의 공칭전단강도 Q_n

$$Q_n = 0.5 A_{sa} \sqrt{f_{ck} E_c} \leq R_g R_p A_{sa} F_u$$

여기서, A_{sa} 스터드 앵커의 단면적(mm²), F_u 스터드 앵커의 설계기준 인장강도(MPa)
R_g, R_p 조건에 따른 감소계수(위의 표)

② ㄷ형강 앵커의 공칭강도(Q_n)

매입된 ㄷ형강 앵커 1개의 공칭전단강도 Q_n

$$Q_n = 0.3(t_f + 0.5 t_w) L_a \sqrt{f_{ck} E_c}$$

여기서, t_f, t_w ㄷ형강 앵커 플랜지, 웨브 두께(mm), L_a ㄷ형강 앵커 길이(mm)

③ 강재 앵커가 지지해야 하는 수평전단력

노출형 합성보의 H형강과 슬래브면 사이의 전체 수평전단력(V')은 강재 앵커에 의해서만 전달된다고 본다. 노출형 합성보가 완전합성작용을 발휘하기 위해 강재 앵커가 지지하는 총수평전단력(V')는 다음과 같다.

(1) 정모멘트를 받는 합성보 : 콘크리트 압괴, 강재단면의 인장항복, 강재 앵커의 강도 중 최솟값
   (a) 콘크리트 압괴 $V' = 0.85 f_{ck} A_c$
   (b) 강재단면의 인장항복 $V' = F_y A_s$
   (c) 강재 앵커 강도 $V' = \sum Q_n$

(2) 부모멘트를 받는 합성보 : 슬래브 철근의 항복과 강재 앵커의 강도 중 최솟값
   (a) 슬래브 철근 항복 $V' = F_{yr} A_r$
   (b) 강재 앵커 강도 $V' = \sum Q_n$

(3) 강재 앵커 개수 산정과 배열 $n \geq \dfrac{V'}{Q_n}$

3) 피로강도를 고려한 전단연결재의 간격

① 수평전단력 범위 : $\tau = \dfrac{VQ}{Ib}$ 로부터 단위길이당 $S_r\,(N/mm) = \dfrac{V_r Q}{I}$

② 피로강도 허용범위 : $Z_r = \alpha d^2$

반복횟수에 따른 계수 : $\alpha = 238 - 29.5 \log N$,

트럭하중 반복횟수 : $N = (365)(100) n (ADTT)_{SL}$

통행하는 트럭의 반복횟수 : n=2(단순보, 연속보 외측·내측경간 지간≤ 1.2m)

$\qquad\qquad\qquad\qquad\qquad\qquad$ n=1(단순보, 연속보 외측경간 지간 > 1.2m), 그외의 경우 1.5

③ 강도 검토 $S_r \leq Z_r$

④ 전단연결재의 간격 : $d_0 = \dfrac{\sum Z_r}{S_r} = \dfrac{n Z_r}{S_r}$

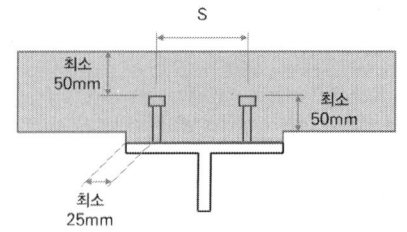

강박스 스터드

그림과 같이 박스거더 상부 플랜지에 스터드가 설치되어 있다. 구조적으로 유리하게 스터드를 재배치하여 그림을 그리고 이유를 설명하시오.

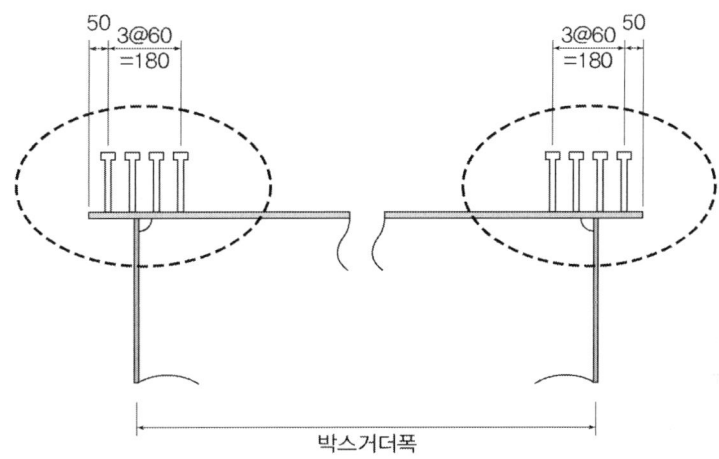

풀 이

▶ 개요

전단연결재는 콘크리트 바닥판과 강형을 연결하여 주형과 바닥판이 외력에 대해 일체로서 저항하도록 해주는 구조물을 말하며 합성형에서 가장 중요한 역할을 수행한다. 강구조설계기준에서는 스터드(stud)나 ㄷ형강을 사용하여 전단연결재는 전단력에 저항할 수 있는 충분한 내력과 바닥판이 들뜨는 것을 방지하도록 하고 있다.

▶ 강 박스거더의 스터드 설치 규정

스터드는 시공성이 우수하며 교축방향과 교축직각방향의 수평전단력을 동시에 받을 수 있기 때문에 방향성에 의존하지 않는다는 장점을 가지고 있다. 스터드를 설치할 때에는 바닥판의 교축직각방향 하측철근(또는 헌치철근)의 위까지 바닥판 콘크리트 속으로 매립될 수 있도록 최소높이를 150mm로 하며, 스터드의 머리 하면과 교축직각방향 하측철근(또는 헌치철근)의 상면과의 거리는 40mm보다 크게 해야 한다. 가로보와 연결되는 수직보강재 바로 위에 배치되는 스터드에는 회전구속에 기인한 큰 인발력이 작용하므로 인발력을 감소시키기 위해 수직보강재 바로 위에는 스터드를 배치하지 않는 것이 좋으며, 수직보강재로부터 교축방향으로 50mm 이상 떨어뜨려 배치하는 것이 바람직하다.

강구조 부재설계기준(KDS 14 31 10)에서는 강재의 전단연결재의 측 방향의 콘크리트 순 피복두 께는 25mm이상으로 하고, 스터드 전단연결재의 중심간 최소간격은 어느 방향이든 몸체직경의 4 배로 하도록 규정하고 있다. 스터드 전단연결재의 중심간 최대간격은 어느 방향이든 몸체 직경의 32배로 하며, ㄷ형강 전단연결재의 중심간 최대간격은 600mm로 하도록 규정하고 있다.

① 스터드 앵커의 콘크리트 피복두께는 어느 방향으로나 25mm 이상으로 한다. 다만, 데크플레이 트 골 속에 스터드 앵커가 설치되는 경우는 예외로 한다. 또한 스터드 앵커의 중심에서 전단력 방향에 있는 가장자리까지의 거리는 보통콘크리트에서는 200mm 이상, 경량콘크리트에서는 250mm 이상으로 한다.

② 강재보 웨브 바로 위에 플랜지를 설치하게 된 경우를 제외하고는 스터드 앵커의 지름 d_s는 플 랜지 두께의 2.5배 이하로 한다.

③ 스터드 앵커의 높이 H_s는 스터드 앵커 지름의 4배 이상으로 한다.

④ 스터드 앵커의 피치는 스터드 앵커 지름의 6배 이상으로 하고, 스터드 앵커의 게이지는 스터 드 앵커 지름의 4배 이상으로 한다.

⑤ 스터드 앵커의 중심간 간격은 슬래브 총 두께의 8배 또는 900mm를 초과할 수 없다.

▶ 구조적으로 유리한 스터드 재배치

1) 전단지연 최소화와 경계면 박리 방지

강박스 거더가 콘크리트 슬래브와 완전 합성되어야만 전단지연 현상이 발생되지 않으며, 이러한 전단지연을 최소화하기 위해서는 무형의 웨브와 가까운 지점에서 발생하는 큰 하중을 슬래브에 전달할 수 있는 구조형식이어야 한다.

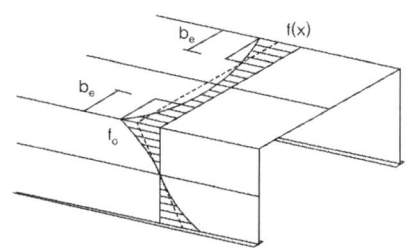

2) 경계면 박리 방지

또한 바닥판과 거더 상부 플랜지 사이의 경계면 박리 방지를 위해 외측스터드는 가능한 플랜지 외측에 배치하고 복부판 바로 위에 스터드를 배치(스터드가 짝수 개일 경우에는 가운데 2개를 되 도록 복부판에 가깝게)하는 것이 바람직하다.

3) 구조적으로 유리하게 재배치

① 콘크리트 최소 피복두께 25mm 이상, ② 스터드 전단연결재의 중심간 최소간격은 몸체 직경의 4배를 만족하면서, 스터드의 개수가 짝수이므로 ③ 가운데 2개를 최대한 복부판에 가깝도록 배치하는 것이 구조적으로 유리하다.

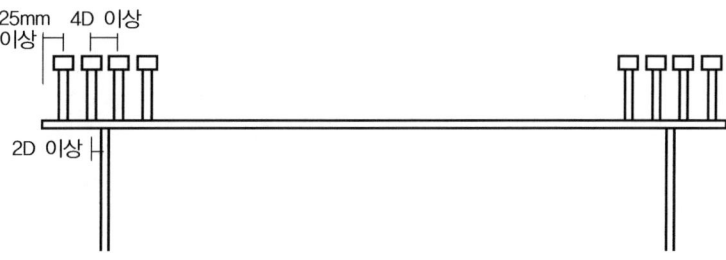

1. 기존 교량 확장 방법 ^{70회/101회/119회/128회/135회}

【 기출유형 ① 】 기존 교량 확장 시 상하부 구조물 확장방법과 문제점
【 기출유형 ② 】 신구 교량 강결로 확장하는 경우 발생 가능한 문제점과 대책

교량의 확장은 분리 시공하거나 일체 접합하는 방식으로 구분된다. 분리 시공하는 방식과 달리 일체 접합할 경우에는 기존 교량은 이전에 제시된 기준의 활하중으로 설계되었기 때문에 활하중의 변경에 따라 설계 계산상 각부의 응력 상태가 허용응력도를 초과하는 경우도 있다. 또한 지금까지의 기존 교량의 응력측정 결과에 의하면 비합성 거더교 등의 실측치가 설계하중 상당의 재하를 해도 실제에 발생하는 응력도는 해석치보다 낮은 수치로 되어진다. 이것은 설계 활하중과 실제의 주행 상태의 상이점 및 설계상 고려하지 않은 상판, 난간 등의 강성증가로 여겨진다. 이런 이유로 해석상의 응력도로 기존 교량의 내하력을 판단하는 것은 부적절하며, 기존 교량의 손상도 및 해석 응력도의 초과정도를 기술적으로 평가한 뒤에 보강을 실시하는 것이 좋다.

1) 상부구조물의 확장 방법

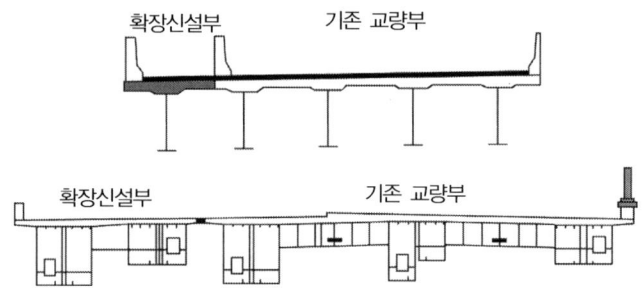

① 독립교량 분리 신설 : 기존 교량 옆으로 분리해서 독립적인 교량을 확폭 신설
② 종방향 조인트로 분리 신설 : 종방향 조인트를 설치하여 기존 교량과 신설부 교량을 분리하여 설치
③ 기존 교량과 일체 접합 : 기존 교량과 신설 교량을 맞대어 일체접합 시공
　기존 교량을 확장하기 위해서는 통상 다음의 방법을 사용하며 기존 교량의 교통통제가 원활하지 못한 경우가 다수이므로 차량통행과 함께 고려하여 확장방법을 선택하여야 한다. 기존 교량을 일체 접합하여 일체로 거동시키는 방법의 경우에는 단경간이나 교량의 지간이 짧아 확장부로 인해서 기존 교량에 미치는 영향이 적은 경우에 주로 적용되며, 부지확보가 어렵거나 제약이 있는 경우에 주로 적용된다. 이 경우에는 차량진동으로 인한 진동의 영향으로 철근에 공동이 발생하거나 시공단차, 부등 처짐으로 인한 영향이 발생할 수 있다. 별도의 교량을 분리하

여 시공하는 경우 시공은 용이하나 하부 부지확보 및 공사비가 증가하는 단점이 있으며, 종방향 조인트를 설치하는 경우는 기존 교량과 신설 교량이 분리되어 거동하므로 구조적으로 유리하나 부등 처짐으로 인한 단차가 발생할 수 있고 종방향 조인트의 유지보수에 문제가 발생할 수 있다.

TIP | 일체접합시공 주요검토사항 |

① 신설부 부등침하발생 시 : 기존 교량에 2차 하중 증가
② 내진해석 : 질량 증가로 인한 수평력 증가, 하부구조물에 하중 증가
③ 캠버조절 : 타설시기 차이로 인한 크리프, 건조수축 등으로 인한 단차 발생

2) 하부구조물의 확장 방법

① 독립된 하부구조로 분리해 시공하는 방법
② 하부구조 완성 후 일체화하는 방법
③ 순차적으로 하부구조를 일체화하는 방법

2. 기존 교량과 일체 접합

1) 일체접합 시공순서

① 기존 교량 캔틸레버부(난간부) 파쇄, 주철근 뽑기, 위치 확인
② 차량통행이 필요할 경우 임시 방호벽을 설치
③ 신설부 교량 주형 거치
④ 슬래브 접합부를 제외한 격벽 브레이싱 등의 2차부재 가설치
⑤ 상판 슬래브 거푸집을 거치하고 콘크리트 타설
⑥ 접합부의 2차부재 체결

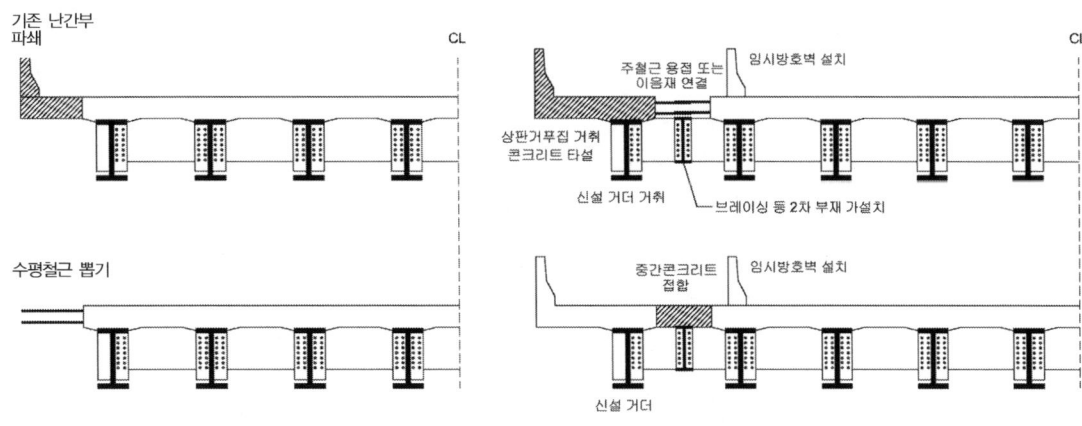

(일체접합 시공순서)

2) 일체접합 확장 시 고려사항

① 부착강도 감소 : 기존 교량 차량 통행 시 신설부의 콘크리트에 진동이 전달되므로 콘크리트 타설 시 철근 연결부의 진동으로 인한 공동현상 발생 우려 공동발생 시 철근과 콘크리트의 부착강도 감소, 콘크리트 타설 중 신설 확장부 처짐은 지속적으로 발생하므로 이로 인하여 기존 교량 철근과 상대적 변위로 인한 철근주위의 공동현상 촉진

② 2차응력 유발 : 크리프, 건조수축 변형이 거의 정지된 기존 교량에 비해 신설 교량의 콘크리트는 크리프, 건조수축 변형이 활발히 발생하므로 이로 인하여 기존 교량에 2차응력을 유발한다. 종방향변형은 기존 교량과 신설 교량이 서로 분담하나 횡방향변형은 기존 교량에 압축응력으로 작용되고 신설교량부에는 인장응력으로 작용, 또한 부등침하 발생 시 기존 교량과 신설 교량 연결부에 변형으로 인한 2차응력이 유발됨

③ 종방향 균열 유발 : 접합부가 종방향으로 연속되어 한 위치에 집중되므로 접합면 부위에 균열 발생이 쉽고, 부등침하나 단차로 인한 응력집중으로 종방향 균열전진 우려

④ 강교의 경우 2차부재 연결부 : 시공오차 등으로 인한 단차가 발생되고 쉽고 이로 인하여 접합부의 시공이나 2차 부재의 연결부 단차로 인한 연결이 어려움

⑤ 받침배치 : 신설 교량 설치로 인한 수평력 추가로 기존 교량부 고정받침의 받침용량 검토가 필요하며 기존 교량의 받침방향을 고려하여 신설부 받침배치부 배치 고려 필요

3) 일체접합 시공방법 : 중간 콘크리트에 의한 접합시공

확장교량부와 기존교량부 간의 일체접합 시 차량통행 등으로 인한 철근 이음부 공동현상의 방지와 크리프, 건조수축 등의 영향 최소화, 시공오차 등으로 인한 교량 캠버 조정 등을 위하여 신설 교량을 철근의 겹이음 길이만큼 기존 교량과 간격을 두고 선 시공하고 그 사이를 중간콘크리트로 접합하는 방법으로 다음과 같은 특징을 가진다.

① 철근의 겹이음부에 기존 교량과 간격을 두고 시공하므로 차량진동에 의한 철근의 진동의 영향을 다소 줄일 수 있다.

② 확장신설부 교량의 콘크리트를 선 타설하여 미리 처짐을 발생시킨 후 중간콘크리트를 타설하므로 상대변위로 인한 철근 주위의 공동을 방지할 수 있다.

③ 시공오차 등에 의한 단차를 중간콘크리트 타설 시 조정할 수 있으며 추후의 잔여 단차는 아스콘 두께변화로 조절하여 평탄성을 확보할 수 있다.

④ 중간 타설 콘크리트를 수축성이 작은 무수축 콘크리트 또는 팽창콘크리트를 사용하여 건조수축, 크리프 변형을 최소화할 수 있어 직접 접합보다 유리하다.

⑤ 다만, 2번의 타설로 인한 시공성이 떨어지며, 상판의 접합면이 2개소가 발생하므로 접합면의 시공결함에 의한 파손 가능성이 큰 단점이 있다.

3. 종방향 조인트를 이용한 분리시공

두 교량 사이에 종방향의 조인트를 설치하여 두 교량이 구조적으로 독립된 교량으로 작용하는 공법으로 종방향조인트를 이용한 분리시공 시 시공성은 유리하나 다음과 같은 문제점을 유발한다.

1) 콘크리트 타설 시 동바리의 처짐, 솟음량의 제작오차, 차량하중에 의한 부등처짐, 장기처짐의 영향으로 두 교량 사이에 필연적으로 단차 발생

2) 제설작업에 의한 염화물 유입으로 조인트 부식 및 주형과 하부구조에 손상가중으로 내구수명 저하의 주요인으로 작용

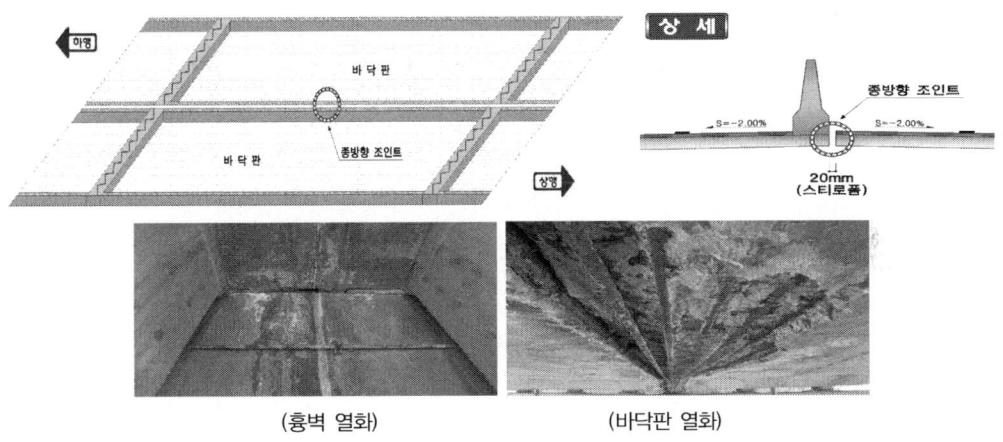

(흉벽 열화)　　　　　　(바닥판 열화)

3) 설계 및 시공 시 중점 고려 사항

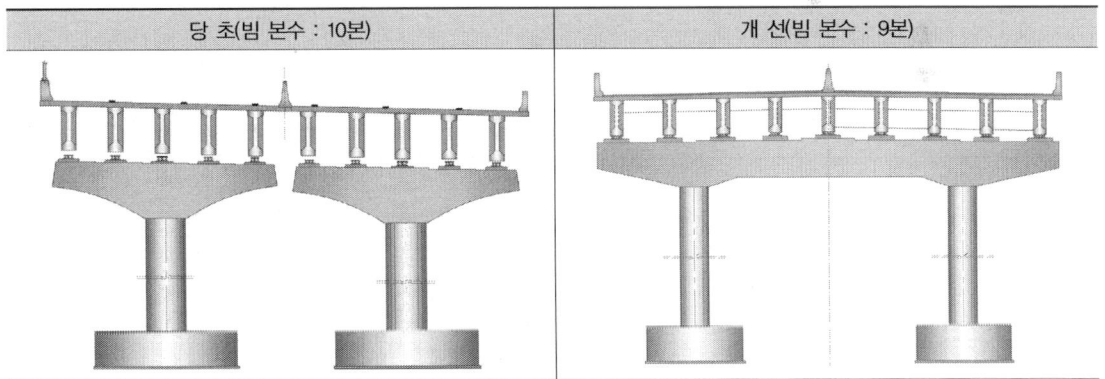

당 초(빔 본수 : 10본)	개 선(빔 본수 : 9본)

교량슬래브 일체화 → 내진성능 향상 기대, 하부구조 여용력 증대로 안정성 확보
교량슬래브 종방향 누수방지로 내구성 향상 기대

① 교각, 교대 일체화 및 슈 고정단 중앙부 배치
② 편경사 교량의 경우 중분대측 배수구 설치 가능 여부 사전 검토
③ 슬래브 시공이음부 발생 방지 위해 동시타설 혹은 중앙분리대에 시공이음부 위치 계획 수립

④ 지반변동이 큰 지형에 기초설치 시 비틀림에 대한 안정성 검토

⑤ 교대부 균열발생 저감을 위하여 수축줄눈 시공 등 별도 검토

4. 교량 확장 방법의 비교

구분	분리시공	중간콘크리트 접합	직접접합시공
개요	두 교량 사이에 종방향의 조인트를 설치하여 두 교량이 구조적으로 독립된 교량으로 작용	두 교량을 서로 분리하여 독립적으로 완료한 후 두 교량 사이의 상하부 접합부를 중간콘크리트에 의해 접합하는 방식으로 차량의 고속주행, 안전성 및 공용중의 유지관리에 유리하며 고속도로 교량의 확폭 시공에 적합	기설부와 신설부 교량을 직접 맞대어 시공하여 일체구조로 작용
구조 안전성	• 콘크리트 타설 시 동바리의 처짐, 솟음량의 제작오차, 차량하중에 의한 부등처짐, 장기처짐의 영향으로 두 교량 사이에 필연적으로 단차 발생 • 제설작업에 의한 염화물 유입으로 조인트 부식 및 주행과 하부구조에 손상 가중	• 상부슬래브 시공 시 신설부 교량의 동바리를 제거하여도 신설부 교량의 사하중이 기설부 교량의 추가처짐 및 응력 유발 안 함 • 신설부 교량의 상부구조가 완성된 뒤 두 교량의 상·하부 구조의 접합부를 중간콘크리트로 접합시공하면 신설부 교량의 상부하중은 기설부 교량의 하부구조에 추가처짐 및 응력 유발 안 함 • 게르버보의 경우 두 교량 사이에 발생한 처짐 단차는 중간콘크리트로 쉽게 조정하여 급격한 단차를 완만한 경사가 되도록 함 • 신설부 교량의 방치 기간 동안 신설부 콘크리트의 건조수축 및 크리프 변형에 의해서 기설부 교량에는 추가처짐 및 응력 유발 아 함	• 신설부의 상부구조를 시공하기 전에 두 교량의 하부구조를 접합 후 시공되는 상부하중은 기설부 하부구조에 추가하중으로 작용 • 기설 교량에 차량통행 시 신설 교량과의 접합부가 차량진동으로 강도저하 우려
시공성	• 분리시공으로 시공성 양호	• 2번의 시공으로 시공이 다소 복잡	• 일체시공으로 시공 양호
사용성	• 조인트부 단차발생으로 승차감 및 교통사고 유발 • 조인트 보수 시 사고위험성과 교통지체 유발	• 구조물이 일체가 되어 주행성이 양호 • 유지관리에 대한 우려 없음	• 구조물이 일체되어 주행성 양호 • 유지관리에 대한 우려 없음
경제성	• 조인트 시공 및 보수 유지비 과다	• 2번의 시공으로 공사비 다소 증가	• 공사비 저렴

교량 확장

교통량 증가로 기존 교량을 편측 확장하려 한다. 상·하부 구조물의 확장 방법에 대하여 설명하시오.

풀 이

▶ 개요

교통량 증가로 확폭이 필요할 때 교량의 확장은 분리시공을 통해 확장하는 것이 가장 좋지만, 여건상 교량을 확장해야 할 때는 일체접합하거나 종방향 조인트를 두고 분리신설하는 방법이 고려될 수 있다.

교량의 확장은 분리시공하거나 일체접합하는 방식으로 구분된다. 분리시공하는 방식과 달리 일체접합할 경우에는 기존 교량은 이전에 제시된 기준의 활하중으로 설계되었기 때문에 활하중의 변경에 따라 설계계산상 각 부의 응력상태가 허용응력도를 초과하는 경우도 있다. 또한 지금까지의 기존 교량의 응력측정 결과에 의하면 비합성 거더교 등의 실측치가 설계하중 상당의 재하를 해도 실제에 발생하는 응력도는 해석치보다 낮은 수치가 된다. 이것은 설계 활하중과 실제의 주행 상태의 상이점 및 설계상 고려하지 않은 상판, 난간 등의 강성증가로 여겨진다. 이런 이유로 해석상의 응력도로 기존 교량의 내하력을 판단하는 것은 부적절하며, 기존 교량의 손상도 및 해석 응력도의 초과 정도를 기술적으로 평가한 뒤에 보강을 실시하는 것이 좋다.

▶ 기존 교량 확장 시공

1) 상부 구조물

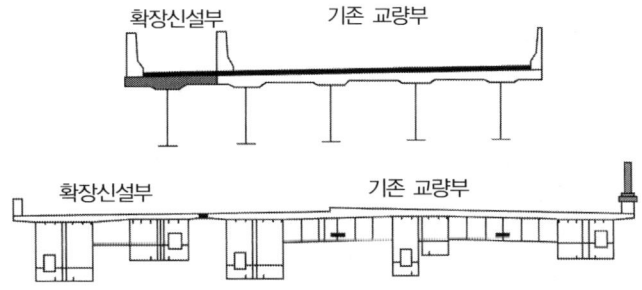

① 독립교량 분리 신설 : 기존 교량 옆으로 분리해서 독립적인 교량을 확폭 신설
② 종방향 조인트로 분리 신설 : 두 교량 사이에 종방향의 조인트를 설치하여 두 교량이 구조적으로 독립된 교량으로 작용하는 공법으로 종방향조인트를 이용한 분리시공 시 시공성은 유리하나 다음과 같은 문제점 유발한다.
　(1) 콘크리트 타설 시 동바리의 처짐, 솟음량의 제작오차, 차량하중에 의한 부등처짐, 장기처짐

의 영향으로 두 교량 사이에 필연적으로 단차 발생

　(2) 제설작업에 의한 염화물 유입으로 조인트 부식 및 주형과 하부구조에 손상가중으로 내구수
　　명 저하의 주요인으로 작용

③ 기존 교량과 일체 접합 : 기존 교량과 신설 교량을 맞대어 일체접합 시공

　기존 교량을 확장하기 위해서는 통상 다음의 방법을 사용하며 기존 교량의 교통통제가 원활하
지 못한 경우가 다수이므로 차량통행과 함께 고려하여 확장방법을 선택하여야 한다. 기존 교
량을 일체 접합하여 일체로 거동시키는 방법의 경우에는 단경간이나 교량의 지간이 짧아 확장
부로 인해서 기존 교량에 미치는 영향이 적은 경우에 주로 적용되며, 부지확보가 어렵거나 제
약이 있는 경우에 주로 적용된다. 이 경우에는 차량진동으로 인한 진동의 영향으로 철근에 공
동이 발생하거나 시공단차, 부등 처짐으로 인한 영향이 발생할 수 있다. 별도의 교량을 분리하
여 시공하는 경우 시공은 용이하나 하부 부지확보 및 공사비가 증가하는 단점이 있으며, 종방향
조인트를 설치하는 경우는 기존 교량과 신설 교량이 분리되어 거동하므로 구조적으로 유리하나
부등 처짐으로 인한 단차가 발생할 수 있고 종방향 조인트의 유지보수에 문제가 발생할 수 있다.

TIP ┃ 일체접합시공 주요검토사항┃

① 신설부 부등침하발생 시 : 기존 교량에 2차 하중 증가
② 내진해석 : 질량증가로 인한 수평력 증가, 하부구조물에 하중 증가
③ 캠버조절 : 타설시기 차이로 인한 크리프, 건조수축 등으로 인한 단차 발생

2) 하부 구조물

　확폭 교량의 하부구조 설계에 대하여는 기설부 하부구조가 보유하는 성능을 유효하게 이용해야
하며, 신설부의 하부구조의 형식, 시공순서 및 그 방법의 선정에서는 기설부의 영향이 가능한 한
작도록 배려하고, 구체는 일체화·분리 구조로 할 수 있다. 확폭 교량의 하부구조 설계에 대하여
합리적인 구조가 될 수 있도록 기존의 하부구조를 유효하게 이용하는 것이 기본이지만 확폭에 의
하여 증가된 하중이 기존의 하부구조에 부가하중으로서 재하된 경우에는 기존의 하부구조가 보유
하고 있는 내력을 초과하는 경우가 있기 때문에 유의해야 한다. 또한, 교량 구조물은 기초공 →
구체 → 상부구조로 시공이 진행됨에 따라 기초가 부담하는 고정하중이 증가하고 구조물이 어느
정도 침하하는 것은 피할 수 없다. 확폭 교량 하부구조의 신설부와 기설부의 일체화 방법에는 순
차적으로 일체화하는 방법과 구체 완성 후 일체화하는 방법이 있다.

① 독립된 하부구조로 분리해 시공하는 방법
② 하부구조 완성 후 일체화하는 방법
③ 순차적으로 하부구조를 일체화하는 방법 : 순차적인 일체화 방식에서는 구체 중량 증가에 따
　라 신설부 기초의 침하가 일체화부를 통하여 기설부에 악영향을 주는 것을 고려할 수 있지만,
　구체 완성 후 일체화하기 위해 기초 장기굴착으로 일어날 수 있는 기초지반의 흐트러짐, 구체

형태의 콘크리트 타설의 확실성 및 항타 시공 때에 선단지반을 강화하여 침하량을 적게 하는 공법이 존재하는 것 등을 고려하고 지금까지의 실적도 구조물의 양호한 시공성부터 순차적인 일체화 시공하는 것을 기본으로 한다. 다만, 연약지반부 마찰항타기초 특별조건은 별도 검토를 할 필요가 있다. 다만, 지진 시에 대한 검토는 일체화 단면으로 조사를 하는 것을 기본으로 한다.

신구교량 확장 강결

교량 확장 계획 시 기존 교량에 차량을 통행시키면서 신·구교량을 강결시켜 확장하는 경우 발생 가능한 문제점과 대책에 대하여 설명하시오.

풀 이

> ## 개요

기존 교량을 확장하는 방법은 크게 독립교량을 분리 신설하거나 종방향 조인트로 분리신설하는 방법 기존 교량과 신설 교량을 맞대어 일체접합하는 방법이 있다. 신구 교량을 강결하여 일체로 거동시키는 방법의 경우에는 단경간이나 교량의 지간이 짧아 확장부로 인해서 기존 교량에 미치는 영향이 적은 경우에 주로 적용되며, 부지확보가 어렵거나 제약이 있는 경우에 적용된다. 이 경우에는 차량진동으로 인한 진동의 영향으로 철근에 공동이 발생하거나 시공단차, 부등 처짐으로 인한 영향이 발생할 수 있다. 별도의 교량을 분리하여 시공하는 경우 시공은 용이하나 하부 부지확보 및 공사비가 증가하는 단점이 있으며, 종방향 조인트를 설치하는 경우는 기존 교량과 신설 교량이 분리되어 거동하므로 구조적으로 유리하나 부등 처짐으로 인한 단차가 발생할 수 있고 종방향 조인트의 유지보수에 문제가 발생할 수 있다.

> ## 신·구교량 강결 확장 곰법

1) 발생 가능한 문제점 : 신·구교량을 강결시켜 확장하는 경우 신설부에 부등침하가 발생할 경우 기존 교량에 2차 하중 증가를 고려하여야 하며, 내진해석 시에는 질량증가로 인한 수평력 증가, 하부구조 물에 하중 증가도 고려되어야 한다. 또한 타설시기의 차이로 인해 크리프, 건조수축 등으로 인한 단차 발생을 고려하여 설계 시부터 캠버 조절 등을 검토해 두어야 하며 다음의 사항이 검토되어야 한다.

   ① 부착강도 감소 : 기존 교량 차량 통행 시 신설부의 콘크리트에 진동이 전달되므로 콘크리트 타설 시 철근 연결부의 진동으로 인한 공동현상 발생우려 공동발생 시 철근과 콘크리트의 부착강도 감소, 콘크리트 타설 중 신설 확장부 처짐은 지속적으로 발생하므로 이로 인하여 기존 교량 철근과 상대적 변위로 인한 철근주위의 공동현상이 촉진된다.

   ② 2차응력 유발 : 크리프, 건조수축 변형이 거의 정지된 기존 교량에 비해 신설 교량의 콘크리트는 크리프, 건조수축 변형이 활발히 발생하므로 이로 인하여 기존 교량에 2차응력을 유발한다. 종방향변형은 기존 교량과 신설 교량이 서로 분담하나 횡방향변형은 기존 교량에 압축응력으로 작용되고 신설교량부에는 인장응력으로 작용, 또한 부등침하 발생시 기존 교량과 신설교량 연결부에 변형으로 인한 2차응력이 유발된다.

   ③ 종방향 균열 유발 : 접합부가 종방향으로 연속되어 한 위치에 집중되므로 접합면 부위에 균열

발생이 쉽고, 부등침하나 단차로 인한 응력집중으로 종방향 균열전진이 우려된다.

④ 강교의 경우 2차 부재 연결부 : 시공오차 등으로 인한 단차가 발생되기 쉽고, 이로 인하여 접합부의 시공이나 2차 부재의 연결부 단차로 인한 연결이 어렵다.

⑤ 받침배치 : 신설 교량설치로 인한 수평력 추가로 기존교량부 고정받침의 받침용량 검토가 필요하며 기존 교량의 받침방향을 고려하여 신설부 받침배치부 배치 고려가 필요하다.

2) 강결접합 시 대책 : 중간 콘크리트에 의한 접합시공

확장교량부와 기존교량부 간의 일체접합 시 차량통행 등으로 인한 철근 이음부 공동현상의 방지와 크리프, 건조수축 등의 영향 최소화, 시공오차 등으로 인한 교량 캠버 조정 등을 위하여 신설 교량을 철근의 겹이음 길이만큼 기존 교량과 간격을 두고 선 시공하고 그 사이를 중간콘크리트로 접합하는 방법을 이용할 수 있으며 다음과 같은 특징을 가진다.

① 철근의 겹이음부에 기존 교량과 간격을 두고 시공하므로 차량진동에 의한 철근 진동의 영향을 다소 줄일 수 있다.

② 확장신설부 교량의 콘크리트를 선 타설하여 미리 처짐을 발생시킨 후 중간콘크리트를 타설하므로 상대변위로 인한 철근 주위의 공동을 방지할 수 있다.

③ 시공오차 등에 의한 단차를 중간콘크리트 타설 시 조정할 수 있으며 추후의 잔여 단차는 아스콘 두께 변화로 조절하여 평탄성을 확보할 수 있다.

④ 중간 타설 콘크리트를 수축성이 작은 무수축 콘크리트 또는 팽창콘크리트를 사용하여 건조수축, 크리프 변형을 최소화할 수 있어 직접 접합보다 유리하다.

⑤ 다만, 2번의 타설로 인한 시공성이 떨어지며, 상판의 접합면이 2개소가 발생하므로 접합면의 시공결함에 의한 파손 가능성이 큰 단점이 있다.

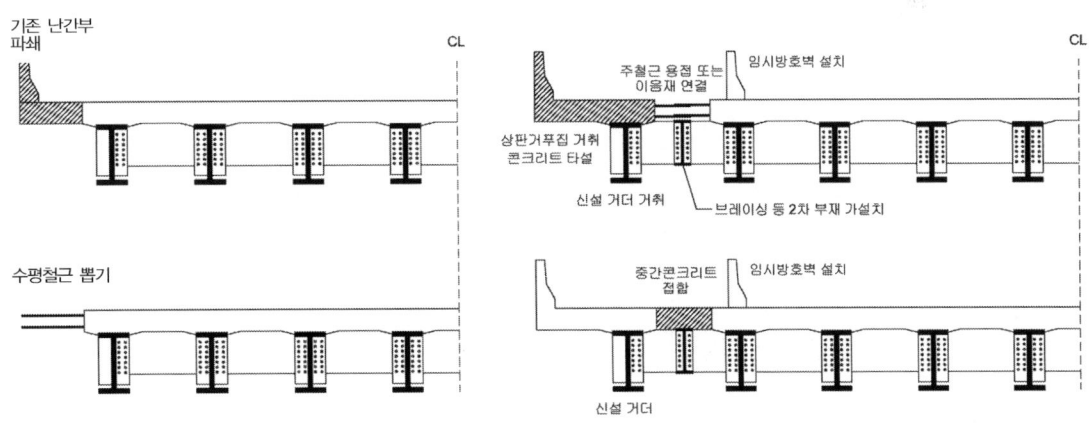

(일체접합 시공순서)

Chapter 04

라멘교, 거더교와 합성교

01 라멘교

1. 라멘구조의 이상화 및 절점부의 강성 해석 64회/79회/89회/98회/102회

【 기출유형 ① 】 라멘 골조에서 강역에 대해 설명
【 기출유형 ② 】 라멘 접합부의 보강철근 개념과 STM모델 적용 설명
【 기출유형 ③ 】 라멘 강절점에 작용하는 모멘트와 이때의 응력, 균열형태, 배근방법

1) 구조해석 모델

　① 단면력을 계산할 때의 라멘축선은 부재단면의 도심에 일치시키는 것을 원칙으로 한다.
　② 기둥과 기초가 일체 강결된 경우는 기초구조의 상면, 힌지구조인 경우는 힌지의 중심을 기둥
　　축선의 하단으로 한다.
　③ 단면력 계산 시 부재단면의 변화와 강역의 영향을 고려하는 것을 원칙으로 한다.

2) 강역(Rigid Zone)

　강역이란 부재가 만나는 절점에서 부재변형을 무시할 수 있고, 회전변위나 처짐이 일체로 거동하
여 강체로 볼 수 있는 영역을 말한다.

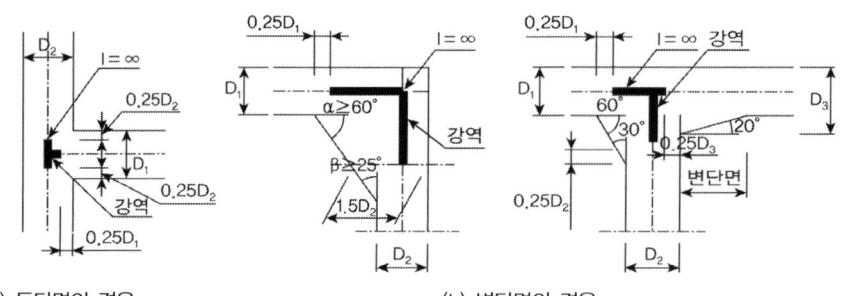

(a) 등단면의 경우　　　　　　　　(b) 변단면의 경우

① 부재단면에 비해 헌치 크기가 작은 경우 헌치 휨강성을 무시할 수 있다.

② 경간이 비교적 긴 라멘에서 강역을 무시해도 오차가 작아 무시할 수 있다.

③ 절점부에 헌치가 큰 경우, 부재의 두께가 매우 큰 경우에는 고려한다.

2. 절점부의 단면력 산정 및 유효단면

1) 라멘부재의 설계 휨모멘트

라멘부재의 헌치부는 헌치부를 고려하여 모델링하거나 또는 헌치부를 무시하고 모델링할 수 있다. 헌치부를 무시하고 모델링할 경우에는 벽체 전면의 휨모멘트를 수직수평부재가 만나는 점의 휨모멘트 값으로 정의하므로 주의를 요한다.

① 헌치 및 단면 변화를 고려하여 모델링할 경우 벽체 전면의 모멘트를 설계 휨모멘트로 한다.

② 헌치의 영향을 무시하고 모델링할 경우 수평, 수직부재가 만나는 절점의 값을 설계 휨모멘트로 한다.

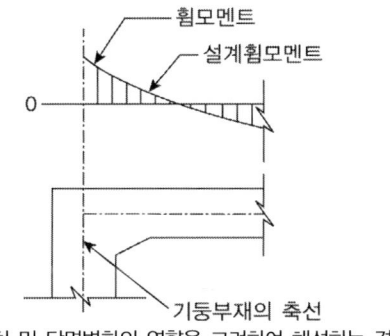

(a) 헌치 및 단면변화의 영향을 고려하여 해석하는 경우

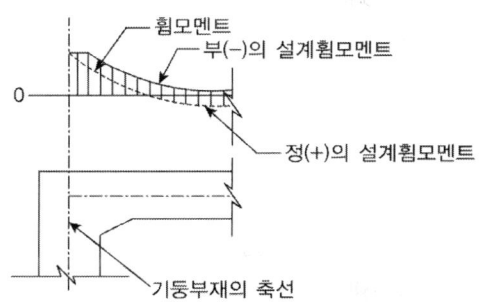

(b) 헌치 및 단면변화의 영향을 무시하여 해석하는 경우

3. 라멘 절점부의 응력분포와 균열도

라멘절점부의 모멘트에 대한 설계는 허용응력 설계법에 따라 설계하거나 STM 모델에 따라 설계할 수 있으며 각각의 경우에 대해서는 다음과 같다.

1) 외측인장(닫힘 모멘트)

① 기둥과 보의 깊이가 비슷한 경우, 보 기둥 접합부 내의 전단철근 설계와 정착 길이 검토는 수행하지 않아도 된다. 보의 모든 인장 철근은 우각부 주위에서 구부려서 배치하여야 한다.

② 정착길이 l_{db}는 $\triangle F_{td} = F_{td2} - F_{td1}$ 에 의해서 결정하여야 한다.

③ 면내 절점에 수직으로 작용하는 횡방향 인장력에 대하여 철근을 배치하여야 한다.

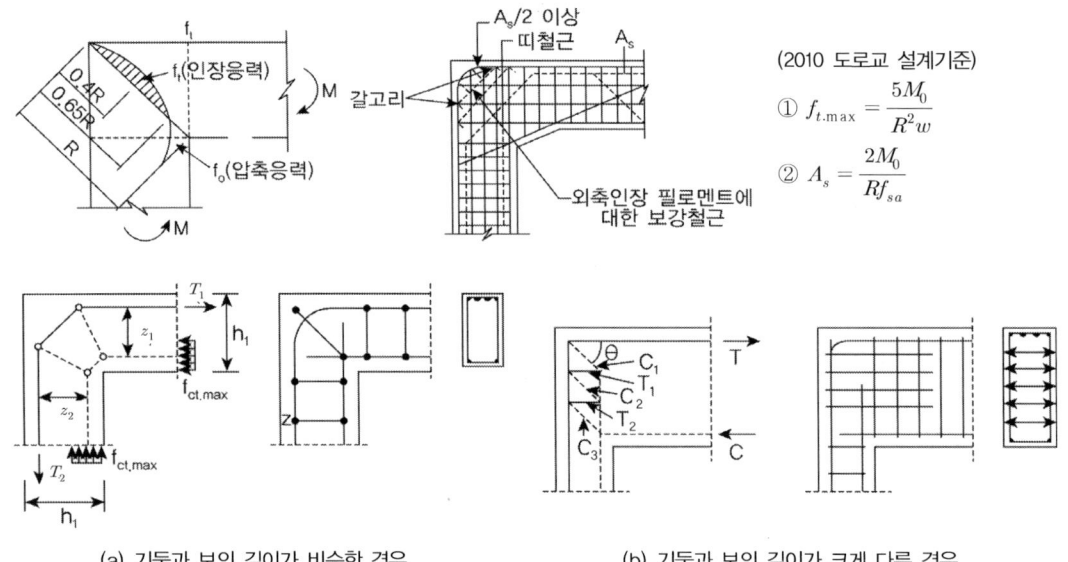

(a) 기둥과 보의 깊이가 비슷한 경우   (b) 기둥과 보의 깊이가 크게 다른 경우

(2010 도로교 설계기준)

① $f_{t.max} = \dfrac{5M_0}{R^2 w}$

② $A_s = \dfrac{2M_0}{R f_{sa}}$

2) 내측인장(열림 모멘트)

① 기둥과 보의 깊이가 비슷한 경우는 스트럿–타이 모델을 사용할 수 있다. 폐합형태 또는 두 개의 U형 철근을 겹친 형태와 경사방향 연결 철근의 조합으로 구성하여야 한다.

② 열림 모멘트가 크게 작용하는 우각부는 쪼갬을 방지하기 위한 경사철근과 전단철근을 배치한다.

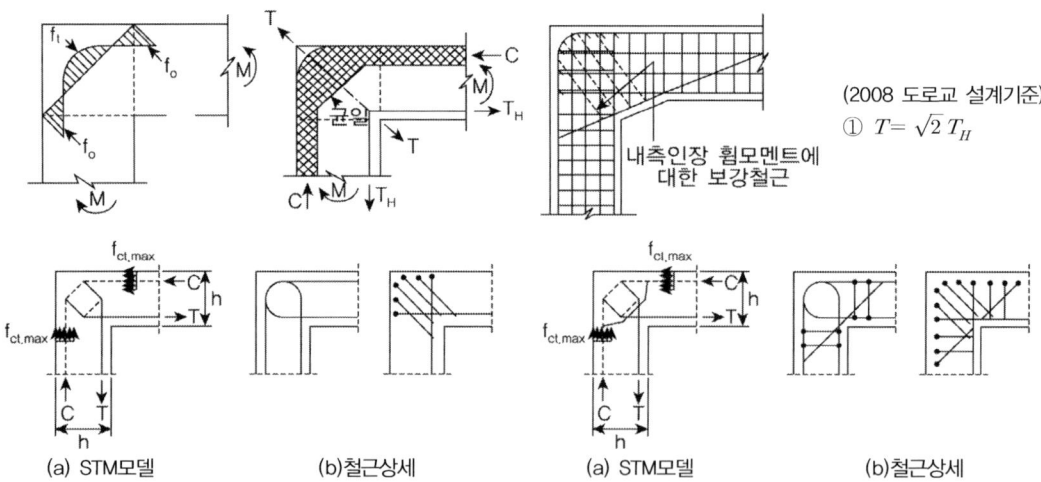

(2008 도로교 설계기준)

① $T = \sqrt{2}\, T_H$

(a) STM모델   (b)철근상세   (a) STM모델   (b)철근상세

(작은 열림 모멘트가 작용하는 경우($A_s/bh \le 2\%$)) (큰 열림 모멘트가 작용하는 경우($A_s/bh > 2\%$))

3. 라멘 절점부 STM 설계

1) 라멘단절점부에 외측인장 휨모멘트가 작용하는 경우 STM 설계 예

$f_{ck} = 28MPa$, $f_y = 400MPa$, 자중과 전단력 효과는 무시하고 우각부의 휨모멘트만 고려 휨철근비는 0.68%(일반적인 박스의 주철근비는 1.5% 미만임)

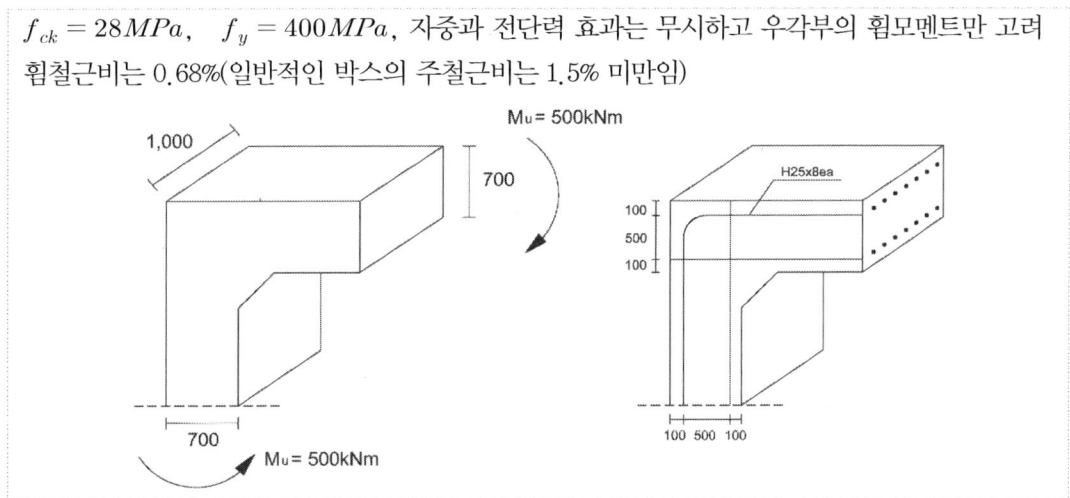

① STM 모델

가. 스트럿의 θ값은 가급적 25~65° 범위 내로 한다(CEB-FIP MC90).

나. 닫힘 모멘트를 받는 우각부의 절점구성은 도로교 설계기준에 근거하여 스트럿과 타이의 간격이 $0.5R$이 되도록 구성한다.

다. 기존 휨 주철근의 회전반경에 인장타이가 위치하지 않기 때문에 보강효과가 없는 것으로 간주하고 휨철근의 인장 보강효과를 고려하기 위해서는 별도의 절점구성을 해야 한다.

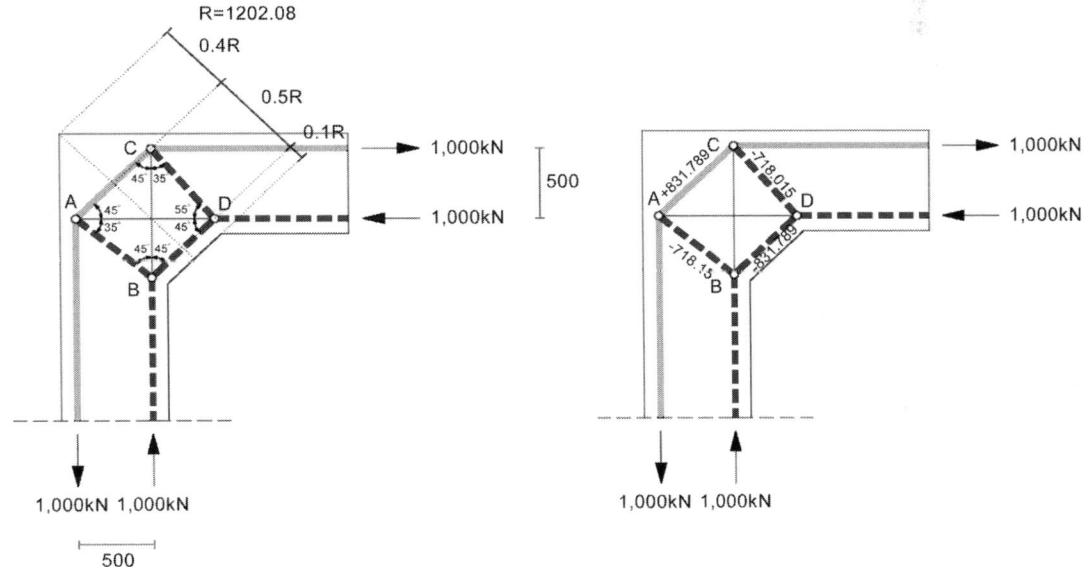

② 인장타이 필요철근량 산정(AC타이)

$$A_{st} = \frac{F_u}{\phi f_u} = \frac{832 \times 10^3}{0.9 \times 400} = 2,311 mm^2 \quad \text{——} \quad \text{Use } H29@4^{ea} \quad A_{use} = 2,570 mm^2$$

③ 스트럿과 절점영역의 강도 검토

$$w_{req} = \frac{F_u}{\phi 0.85 \beta_{s.mod} f_{ck} b}$$

AB 스트럿 : $w_{req} = \dfrac{F_u}{\phi 0.85 \beta_{s.mod} f_{ck} b} = \dfrac{7.18 \times 10^3}{0.75 \times 0.85 \times 0.60 \times 28 \times 1000} = 67.1 mm$

요소	요소 종류	β_s or β_n	$\beta_{s.mod}$	$0.85\beta_{s.mod}f_{ck}$	F_u(kN)	w_{req}(mm)	비고
AB	스트럿 AB	0.60	0.60	14.28	718.15	67.1	만족
	NZ A(CTT)	0.60					
	NZ B(CCC)	1.00					
BD	스트럿 BD	0.60	0.60	14.28	831.789	77.7	만족
	NZ B(CCC)	1.00					
	NZ D(CCC)	1.00					
CD	스트럿 CD	0.60	0.60	14.28	718.15	67.1	만족
	NZ C(CTT)	0.60					
	NZ D(CCC)	1.00					

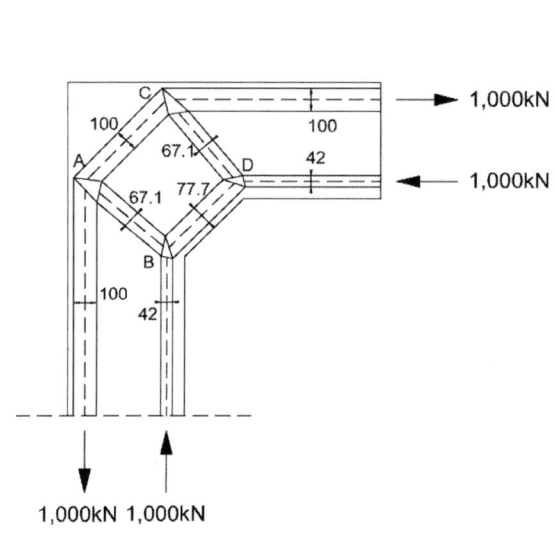

(STM 모델)

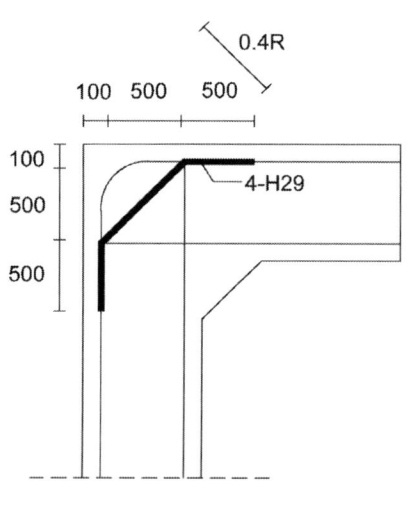

(닫힘 모멘트 작용 시 우각부 철근 배근)

2) 라멘단절점부에 내측인장 휨모멘트가 작용하는 경우 STM 설계 예

$f_{ck} = 28MPa$, $f_y = 400MPa$, 자중과 전단력 효과는 무시하고 우각부의 휨모멘트만 고려
휨철근비는 0.68% (일반적인 박스의 주철근비는 1.5% 미만임)

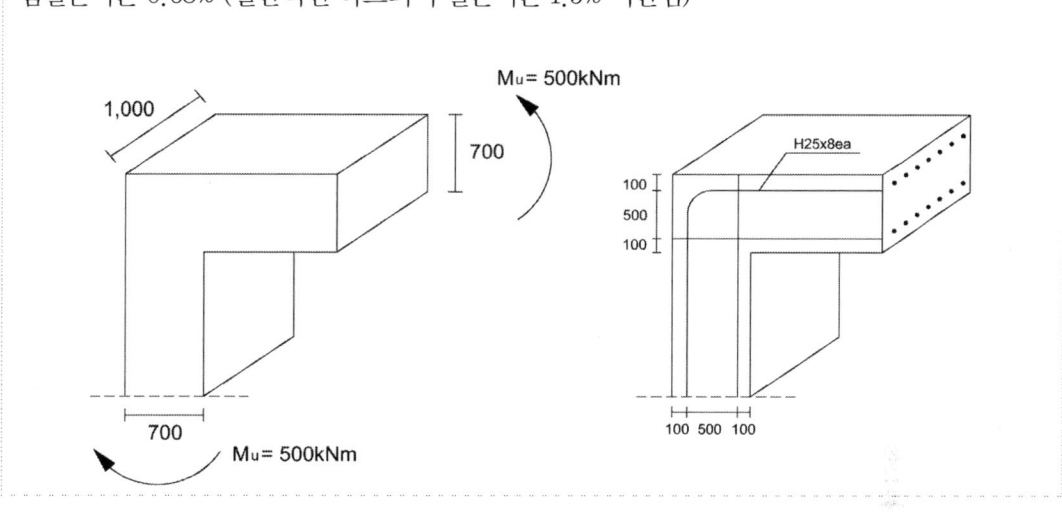

① STM 모델

가. 스트럿의 θ값은 가급적 25~65° 범위 내로 한다(CEB–FIP MC90).

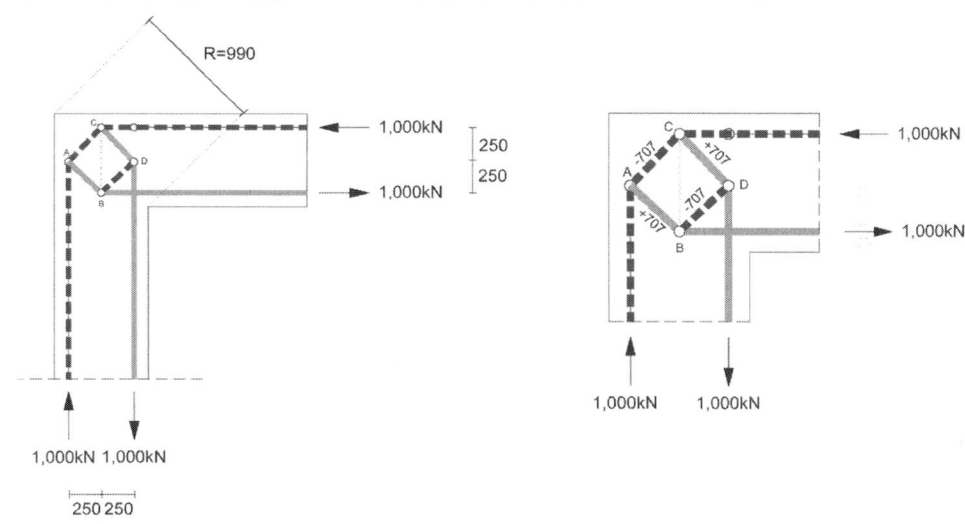

② 인장 타이 필요 철근량 산정(AB 타이)

$$A_{st} = \frac{F_u}{\phi f_u} = \frac{707 \times 10^3}{0.9 \times 400} = 1,965 mm^2$$

인장력 전달을 위한 AB타이의 707kN의 단면력 전달을 위해 필요한 경사철근 배근

인장력을 전달하는 타이의 최대 유효폭 내에 넓게 분포된 스트럽의 배근형태를 가지며 H16 폐쇄스트럽을 사용하여 경사타이에 필요한 스트럽 수(n)를 구하면,

$$n = \frac{F_u}{\phi A_{st} f_u} = \frac{707 \times 10^3}{0.9 \times (4 \times 198.7) \times 400} \approx 3$$

결정한 스트럽 수를 이용하여 경사타이의 유효폭 354mm ($= 500 \times \sin 45°$) 내에서 필요배근 간격(s)은,

$$354/3 = 108mm$$

∴ AB 경사타이 방향으로 H16폐쇄스트럽(종방향 1,000mm 내 스트럽 다리수 $n = 4$)을 100mm 간격으로 배근한다.

$$A_{used} = 2383.2mm^2 (H16 \times 4^{ea}(\text{종}) \times 3^{ea}(\text{횡}))$$

③ 스트럿과 절점영역의 강도 검토

$$w_{req} = \frac{F_u}{\phi 0.85 \beta_{s.mod} f_{ck} b}$$

AC 스트럿 : $w_{req} = \dfrac{F_u}{\phi 0.85 \beta_{s.mod} f_{ck} b} = \dfrac{707.107 \times 10^3}{0.75 \times 0.85 \times 0.60 \times 28 \times 1000} = 66mm$

요소	요소종류	β_s or β_n	$\beta_{s.mod}$	$0.85\beta_{s.mod}f_{ck}$	F_u(kN)	w_{req}(㎜)	비고
	스트럿 AC	0.60					
AC	NZ A(CCT)	0.80	0.60	14.28	707	66	만족
	NZ C(CCT)	0.80					
	스트럿 BD	0.60					
BD	NZ B(CTT)	0.60	0.60	14.28	707	66	만족
	NZ D(CTT)	0.60					

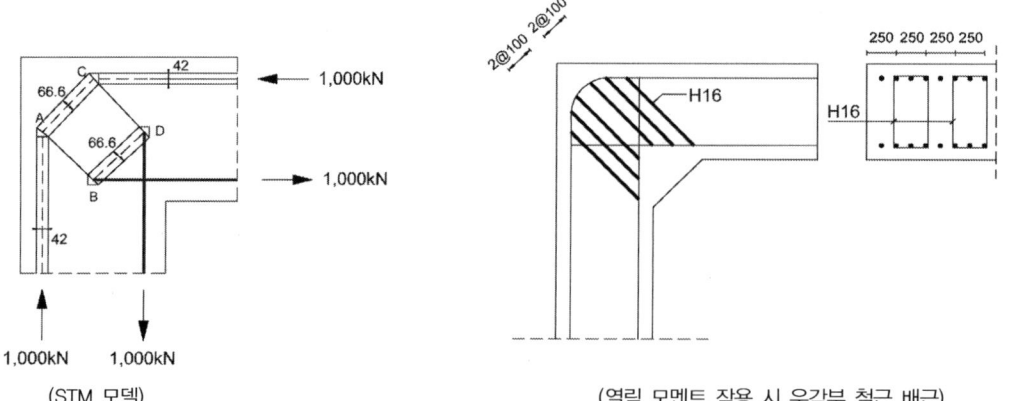

(STM 모델)

(열림 모멘트 작용 시 우각부 철근 배근)

④ 타이의 정착을 기계적 장치, 포스트텐션 정착장치, 표준갈고리 또는 철근 연장이 필요하므로, 가장 큰 인장력을 받는 AB타이의 정착을 위해 90° 표준갈고리 정착길이 l_{dh} 는,

$$l_{dh} = 100 \frac{d_b}{\sqrt{f_{ck}}} \times 보정계수 = 100 \times \frac{16}{\sqrt{28}} \times 0.7 \times \frac{1965}{2383.2} = 175mm$$

∴ AB 경사타이를 종방향 250mm를 폭으로 폐쇄스트럽으로 배근한다.

라멘의 강역

라멘골조에서 강역(Rigid zone)에 대해 설명하고 그 개요를 그림으로 나타내시오.

풀 이

▶ 개요

RC라멘의 접합부는 거더 및 슬래브와 기둥이 일체로 강결된 구조로 회전 및 변위에 대하여 일체로 거동하기 때문에 절점부의 강역이나 헌치부 등으로 인한 단면변화 등을 고려하여 설계하여야 한다. 절점부의 단면력을 계산 시에는 부재단면의 휨 강성의 변화 및 강역의 영향을 고려하여 해석하여야 하기 때문에 헌치 등으로 인한 강역지역에 대한 고려가 필요하다.

▶ 강역에 대한 일반사항

① 기둥과 보의 절점부에 특히 큰 헌치가 있는 경우나 보부재 또는 기둥부재 두께가 매우 큰 경우 강역의 영향을 고려한다.
② 부재단부가 다른 부재와 접합할 때는 그 부재단에서 부재두께의 1/4 안쪽 점에서부터 절점까지로 한다.
③ 부재가 그 축선에 대해 25° 이상 경사진 헌치를 갖는 경우에는 부재 두께가 1.5배가 되는 점에서부터 절점까지로 한다. 다만 헌치의 경사가 60° 이상의 경우 헌치의 시점에서 부재 두께의 1/4안쪽 점에서부터 절점까지로 한다.
④ 양측의 헌치의 크기가 다른 경우 등의 사유로 ②, ③로 정한 점이 2점 이상 동시에 존재하는 경우에는 강역의 범위는 큰 쪽을 취한다.
⑤ 라멘 절점부의 휨모멘트는 다음과 같이 고려한다.

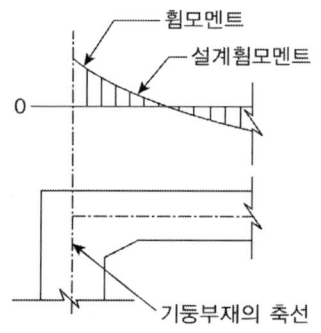

(a) 헌치 및 단면변화의 영향을 고려하여 해석하는 경우

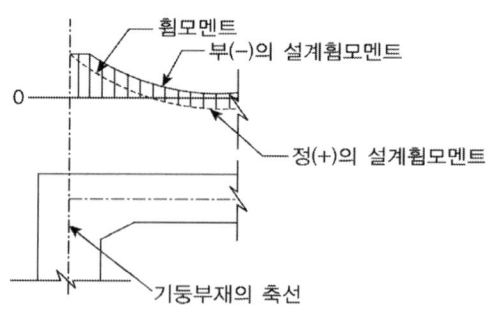

(b) 헌치 및 단면변화의 영향을 무시하여 해석하는 경우

⑥ 기둥의 단면이 원형인 경우는 거더 또는 슬래브의 응력 등을 검토할 단면의 위치는 기둥 표면에서 기둥 직경의 1/10만큼 들어간 위치로 하거나 단면적이 같은 가상의 정사각형 단면으로 치환했을 때의 표면위치로 한다.

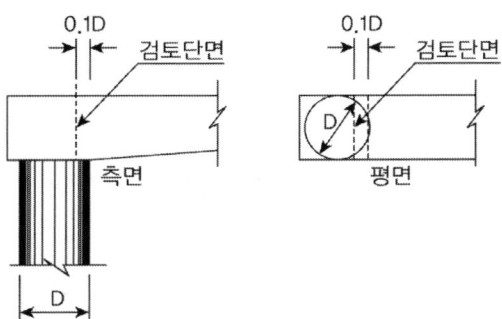

⑦ 절점부는 스트럿-타이 모델해석에 의해 철근 상세를 설계할 수 있다.

▶ 라멘단절점부에 외측인장 휨모멘트가 작용하는 경우

① 그림과 같이 외측인장 휨모멘트가 단절점부에 작용하는 경우에는 대각선 방향의 단면에 인장응력 f_t가 발생하므로 이 인장응력이 허용휨인장응력 $0.13\sqrt{f_{ck}}$를 초과하는 경우에는 그림과 같이 보강철근을 배치하여야 한다.

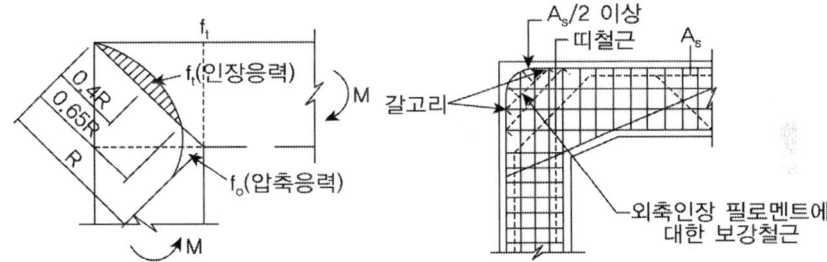

② 이때의 인장응력의 최댓값 $f_{t.\max}$는 다음의 식에 의해서 구해도 좋다.

$$f_{t.\max} = \frac{5M_0}{R^2 \cdot w}$$

여기서, $f_{t,\max}$: 그림에서 보여주는 인장응력의 최댓값(MPa)

M_0 : 절점휨모멘트(N-mm),　　　R : 절점부 대각선 길이(mm)

$R^2 = a^2 + b^2$,　　　　　　　a : 연직방향부재의 폭(mm)

b : 수평방향 부재의 높이(mm),　w : 절점부의 구조물 폭(mm)

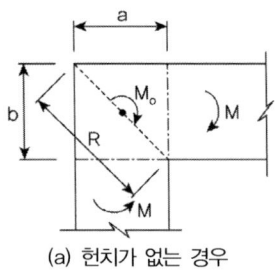

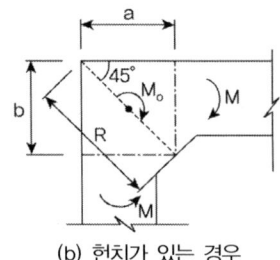

|(a) 헌치가 없는 경우|(b) 헌치가 있는 경우|

③ 인장응력 f_t 에 대한 보강철근량은 다음의 식에 의해 구해도 좋다.

$$A_s = \frac{2 \cdot M_0}{R f_{sa}}$$

여기서, A_s : 외측인장에 대한 보강철근량(mm²),　　f_{sa} : 보강철근의 허용응력(MPa)

④ 갈고리를 붙인 주철근 및 절점부에 접합하는 부재의 주철근 중에서 외측에 연하여 배치한 주철근 이외의 구부린 주철근으로 그림에 표시된 0.65R 범위에 배치된 철근은 보강철근의 일부로 보아도 좋다.

➤ 라멘 단절점부에 내측인장 휨모멘트가 작용하는 경우

① 단절점부에 내측인장 휨모멘트가 작용하는 경우에는 대각선 방향으로 그림과 같은 응력상태가 되어, 압축응력의 합력의 작용에 의해 균열이 발생하므로 대각선 방향으로 철근을 배치하여 보강하여야 한다.

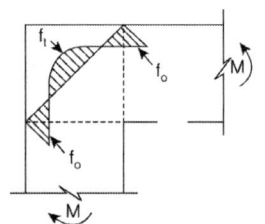

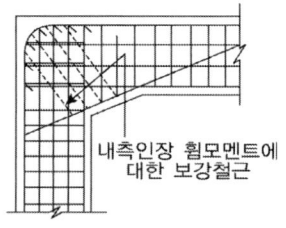

M : 작용휨모멘트(N-mm)
f_c : 압축응력(MPa)
f_t : 인장응력(MPa)

내측인장 휨모멘트에 대한 보강철근

② 이 경우 인장력의 합력T는 아래의 식에 의해 구해도 좋다.

$$T = \sqrt{2} \cdot T_H$$

여기서, T : 대각선방향의 인장응력의 합력(N)

T_H : 수평부재 또는 연직부재에 작용하는 인장응력의 합력(N)

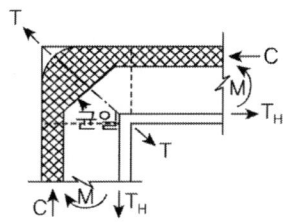

C : 압축응력의 합력(N)

$T,\ T_H$: 인장응력의 합력(N)

▶ 절점부의 철근의 배치

① 단절점부에서는 절점부에서 결합하는 부재의 주철근량의 적어도 1/2은 외측에 연해서 배치하는 것이 좋다. 그림에서 파선으로 표시된 철근은 외측인장 및 내측인장 휨모멘트에 의해 발생하는 인장응력에 대하여 필요한 경우 배치하는 철근이다.

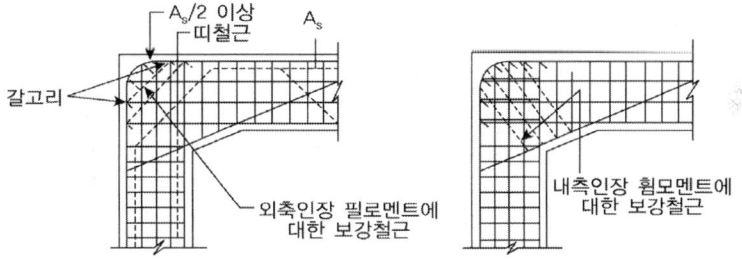

② 중간절점부에서의 기둥의 주철근은 원칙적으로 모서리에서 거더 및 슬래브 부재높이의 1/2 또는 기둥의 유효높이의 1/2 중 작은 값만큼 지나서 이점부터 정착길이 이상으로 연장하여야 한다.

③ 박스거더교 등에서는 격벽에 설치된 개구부 등으로 인하여 축방향 철근이 끊기는 경우가 많으므로 이 경우도 아래 그림의 a–a단면에서 소요 철근량은 이 규정에 따라 정착시켜야 한다.

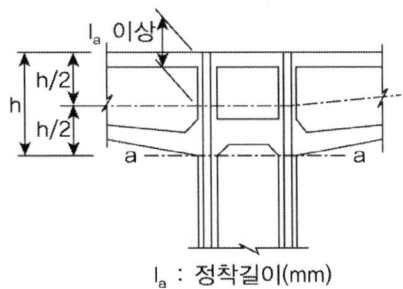

④ 헌치에는 계산상 필요 없는 경우라도 헌치에 연하여 가외철근을 배치한다.

⑤ 부재 절점부 및 그 부근에서는 주철근의 이음을 두지 않는 것을 원칙으로 한다.

➤ 라멘절점부의 STM 모델

도로교설계기준(2010)에서는 허용응력설계법을 기준으로 하여 STM 모델 등에 따른 라멘 절점부 설계도 할 수 있도록 하여 기존 설계법을 유지한 데 반하여 콘크리트 구조설계기준(2007)에서는 설계법을 STM, 유한요소해석, 허용응력설계법(근사해법)으로 규정하여 선택적으로 설계토록 하고 있다.

1) STM에 따른 접합부 설계기준(콘크리트 구조설계기준, 2007)

① 부모멘트가 최외측 접합부에 작용하는 경우에 대각선 방향의 단면에 유발되는 계수인장응력 f_t 가 $\sqrt{f_{ck}}/3$를 넘을 경우는 보강철근을 배치하여야 한다.

② 접합부에 정모멘트가 작용하면, 접합부 대각선 방향과 대각선의 직각방향의 단면에 인장응력이 작용하므로 경사방향으로 철근을 배치하여 보강하여야 한다.

2) STM 모델

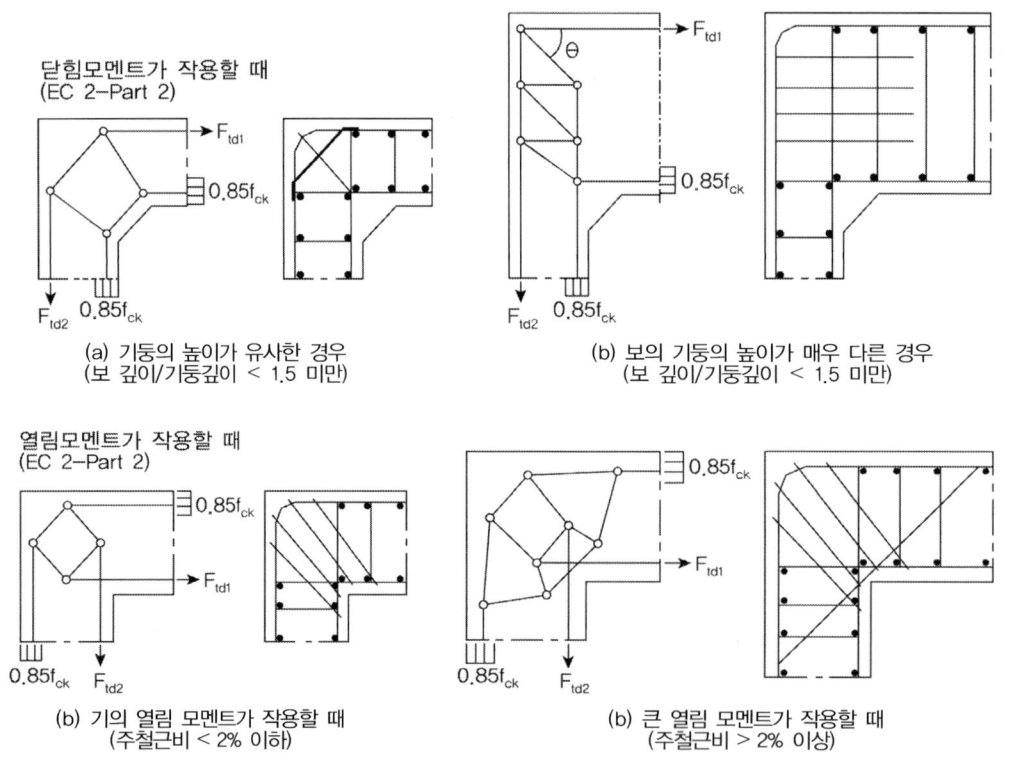

(a) 기둥의 높이가 유사한 경우
(보 깊이/기둥깊이 < 1.5 미만)

(b) 보의 기둥의 높이가 매우 다른 경우
(보 깊이/기둥깊이 < 1.5 미만)

(b) 기의 열림 모멘트가 작용할 때
(주철근비 < 2% 이하)

(b) 큰 열림 모멘트가 작용할 때
(주철근비 > 2% 이상)

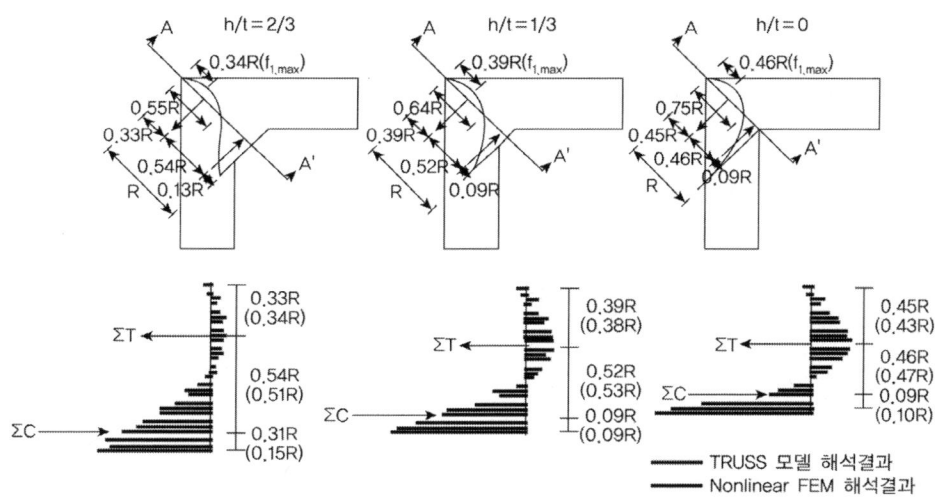

(헌치(h)유무에 따른 내부모멘트의 팔길이 변화(보두께=벽체두께=t))

① 스트럿−타이모델 선정에서 가장 중요한 것은 구조계에 발생하는 응력분포에 적합한 절점 구성을 하는 것이며, 인장타이의 위치는 반드시 충분한 길이의 철근을 배치해야 한다.

② 토목구조물에서 박스구조물과 같은 라멘절점부는 일반적으로 보와 기둥의 깊이가 유사한 경우가 대부분이며, 지중에 설치되는 경우 우각부는 주로 닫힘 모멘트를 받는다. 헌치가 있을 경우에 내부모멘트 팔 길이 z가 커지기 때문에 가능한 헌치를 설치하는 것이 구조적으로 유리하다.

③ 이때 우각부 절점 구성의 중요한 점은 응력교란을 받는 우각부의 인장타이와 압축절점 사이 거리 z가 $0.45R \sim 0.55R$ 범위에 있으므로 z값이 가급적 $0.55R$ 이하가 되도록 절점을 구성하는 것이 바람직하다.

강재 라멘교각

그림과 같은 라멘교각을 Plate Girder(강 I형 단면)로 설계하고자 한다. 이 교각의 모서리부 접합면 I형 단면에 대한 응력검토를 플랜지와 복부로 구분하여 설명하시오.

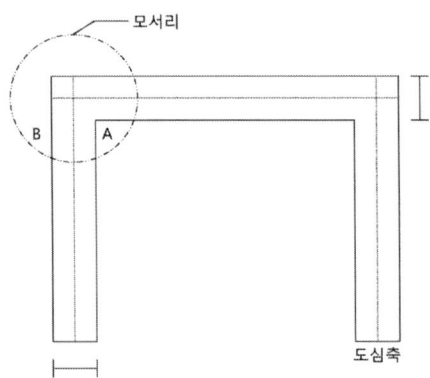

풀 이

▶ 강재 라멘교각의 설계

강재 라멘교각의 설계 시에는 부재에서 발생하는 휨, 축력, 전단에 대해서 허용응력 이내이도록 설계하여야 하며, 수직응력과 전단응력의 조합에 의한 합성응력에 대해서도 안전하도록 하여야 한다. 강재의 특성상 교각의 전체 좌굴에 대한 검토도 수행되어야 하며, 사용성과 관련하여 처짐 등에 대한 검토도 함께 이루어지는 것이 바람직하다.

▶ 라멘의 설계 휨모멘트

모서리부에 작용하는 휨모멘트는 그림과 같이 강역(Rigid Zone)과 헌치부 등을 고려하여 A-A단면은 M_1, B-B단면은 M_2를 사용하여 단면을 결정한다.

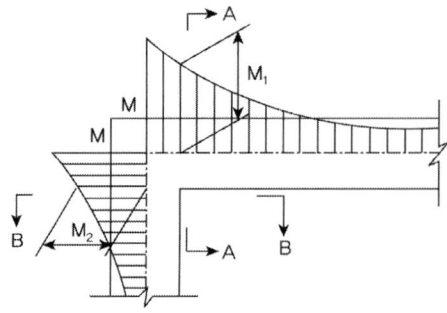

➤ 플랜지와 복부의 응력 검토

1) 플랜지

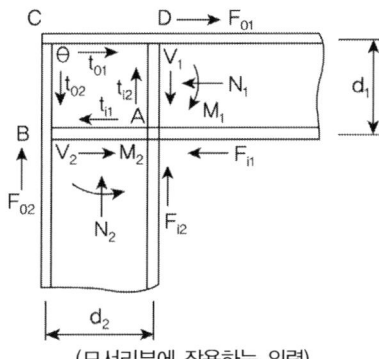

(모서리부에 작용하는 외력)

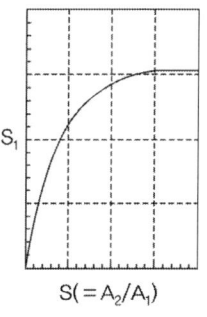

$S(=A_2/A_1)$

(전단지연의 추정도)

플랜지 단면은 전단지연을 고려한 수직응력에 대해 설계한다. 수직응력은 플랜지와 복부판이 분담하는 것으로 한다(다만, 원형단면의 기둥과 박스형 단면의 거더 모서리부는 복부판에 끼워 넣지 않는 것을 원칙으로 하고 수직응력은 플랜지 단면만으로 부담하도록 설계한다). 거더 또는 기둥 플랜지의 수직응력은 아래 그림의 AD 또는 AB부분에서 전단응력의 부호가 바뀌기 때문에 집중하중을 받는 것과 동일한 조건이 되고 전단지연에 의한 응력의 증가를 고려하여 결정해야 한다.

플랜지의 최대수직응력은 휨모멘트와 축력에 의한 수직응력과 전단지연에 의한 수직응력을 합한 값이며 다음의 방법에 의해 구한다.

① 휨모멘트와 축력에 의한 수직응력

A-A단면 : (외측) $f_{o1} = \dfrac{M_1}{W_1} - \dfrac{N_1}{A_1}$, (내측) $f_{i1} = -\dfrac{M_1}{W_1} - \dfrac{N_1}{A_1}$

B-B단면 : (외측) $f_{o2} = \dfrac{M_2}{W_2} - \dfrac{N_2}{A_2}$, (내측) $f_{i2} = -\dfrac{M_2}{W_2} - \dfrac{N_2}{A_2}$

M, N : 휨모멘트와 축력, $A_{f(w)}$: 플랜지(웨브) 단면적

② 전단지연에 의한 수직응력

$$f_{sl} = \frac{b}{d}\frac{F}{A_w}S_I, \quad S_I = 7.805 \times \frac{S}{(S+3)^2}\sqrt{\frac{10S+30}{10S+3}}, \quad S - \frac{A_w}{A_f}$$

b : 복부판 중심 간격, d : 거더와 기중의 플랜지 중심 간격

F : 플랜지의 집중력으로 거더의 전단지연응력은 기둥의 것을 기둥의 전단지연응력은 거더의 것을 사용

$$F_{o1} = \frac{M_1}{d_1} - \frac{N_1}{2}, \quad F_{i1} = \frac{M_1}{d_1} + \frac{N_1}{2}, \quad F_{o2} = \frac{M_2}{d_2} - \frac{N_2}{2}, \quad F_{i2} = \frac{M_2}{d_2} + \frac{N_2}{2}$$

③ 플랜지의 최대 수직응력

$$f_{fmax} = f_① + f_② \leq f_a$$

2) 웨브

복부판의 판 두께는 전단응력에 의해 결정되며 허용전단응력 v_a 이하가 되어야 한다. 이때 복부판의 전단응력은 작용전단응력을 기준으로 한다.

$$v_w = \frac{V}{A_w} \leq v_a$$

3) 합성응력 검토 : 합성응력의 검토는 휨모멘트와 휨에 따르는 전단력만 작용하는 경우에는 휨응력과 휨에 의한 전단응력이 허용응력의 45%를 초과하는 경우에 합성응력에 대한 검토를 수행한다.

$$\left(\frac{f_b}{f_a}\right)^2 + \left(\frac{v_b}{v_a}\right)^2 \leq 1.2,\ f_b \leq f_a,\ v_b \leq v_a$$

라멘교와 슬래브교

슬래브교와 라멘교의 구조적 특성

풀 이

➤ 슬래브교

슬래브교는 2방향으로 구성된 자유로운 판구조의 교량을 말하며, 판 두께가 얇고 판자중이 작은 범위의 단순지간에서는 10~15m 이하의 짧은 지간의 교량에 주로 적용한다. 판 두께가 얇기 때문에 형고의 제약을 받는 곳에서 적합한 단순한 구조로 시공성이 높고 지간 길이나 교각 구조에 따라 Slender하여 경쾌한 느낌을 준다. 다리 밑 공간을 충분히 확보하여 경관을 고려하는 곳에 적합한 구조다.

1) 구조적 특징

① 형고가 타 형식에 비해 낮아 상부구조 높이에 제약을 받는 경우에 적합하다.
② 단순한 구조이며 시공성이 좋다.
③ 도로 폭의 변화나 평면 곡선에 대응이 유리하다.
④ 단위 면적당 고정하중이 크기 때문에 경간길이가 짧다.
⑤ 슬래브의 형고비(h/L)는 1/16~1/20 정도에서 적용하며 적용지간은 통상 단순교는 5~15m, 연속교는 10~30m 범위에서 적정하다.
⑥ 슬래브의 형식은 RC 슬래브, 중공슬래브, PSC 슬래브 등이 있다.
⑦ 사교의 경우 경사슬래브에서 경간을 취하는 범위가 변화하므로 주의를 요하며, 경사지간(l_s)과 슬래프 폭(B)의 비(l_s/B)가 작아질수록 과대 휨모멘트에 대해 설계할 수 있으므로 0.5 이하가 될 때에는 판이론에 따라 해석하는 것이 좋다.

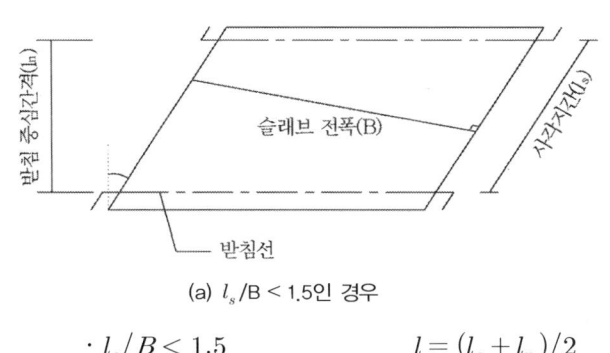

| (a) l_s/B < 1.5인 경우 | (b) l_s/B ≥ 1.5인 경우 |

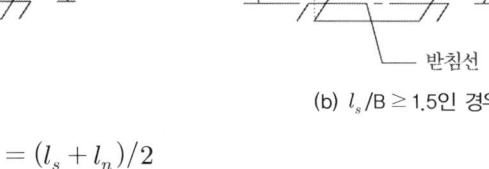

· $l_s/B < 1.5$ $l = (l_s + l_n)/2$
· $l_s/B \geq 1.5$ $l = l_s$

➤ 라멘교

부재의 절점들이 강결되어 있는 뼈대 구조물을 라멘(Rahmen, Rigid frame)이라고 하며, 라멘교는 교량의 상부구조와 기둥 또는 슬래브와 벽을 강결한 구조로 절점에서 발생하는 부모멘트가 일반 연속교에 비해서 경감되어 단순교에 비해 형고를 낮출 수 있으며 교량의 상하부 구조를 일체화시켜 교량받침이 없고 동시에 신축이음이 없어 유지관리에 유리하고 내진성능도 향상되는 구조다. 다만 기초의 부등침하나 수평이동, 회전 등으로 인해 영향을 받으므로 이에 대한 고려가 필요하다.

1) 구조적 특징

① 신축이음이 없고 강결구조이므로 내진저항성이 크다.
② 연속교에 비해 부모멘트가 작으므로 형고제한이 적어 상부 높이 제한을 받는 곳이나 도로폭이 좁은 도로의 횡단 시 유리하다.
③ 교량 받침 및 신축이음이 없어 유지관리에 유리하다.
④ 라멘교의 형식으로는 문형라멘교, T형 라멘교, π형라멘교, 경사교각 라멘교, V각 라멘교, 연속라멘교 등이 있다.

합성형 라멘교

저형고 장지간 합성형 라멘교에 대하여 설명하시오.

풀 이

▶ 개요

라멘교는 단순교의 비해 중앙부의 최대 모멘트의 크기를 줄이고 받침과 신축이음을 둘 필요가 없어 유지관리에 유리하다. 또한 단순교에 비해 단면의 크기가 줄어 Slender한 특성을 가지는 데 반해 상하부가 강결되어 있기 때문에 하부구조의 토압이 상부구조에 영향을 미치고 부모멘트가 발생하는 우각부에서 벽체로 하중이 전달되면서 지간이 길어질수록 우각부의 모멘트가 커지는 특성이 있어 일반적으로 20m 내외에 적용된다. 합성형 라멘교는 이러한 일반 라멘교의 특성을 개선하기 위해 강재를 사용하거나 PS력 도입을 통해 우각부를 하이브리드 형식으로 장경간화한 교량을 말한다.

▶ 합성형 라멘교

1) 합성형 라멘교 형태

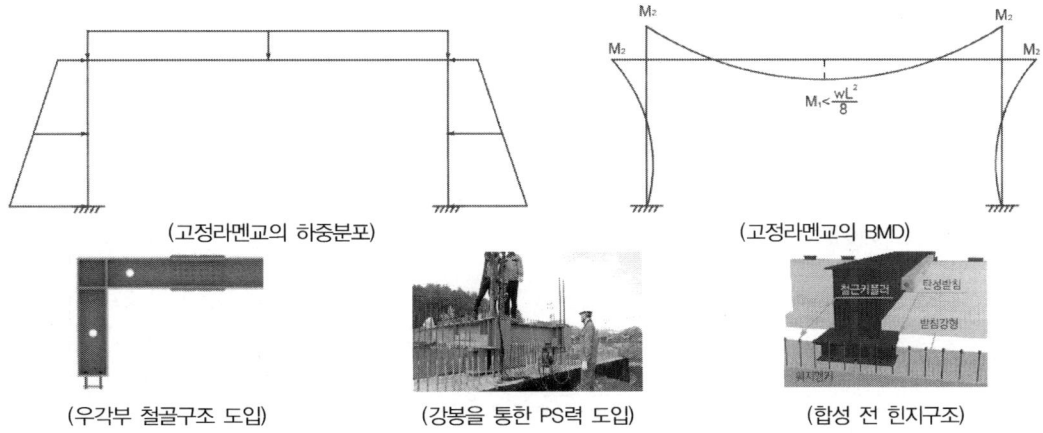

(고정라멘교의 하중분포)   (고정라멘교의 BMD)

(우각부 철골구조 도입)   (강봉을 통한 PS력 도입)   (합성 전 힌지구조)

합성형 라멘교는 장경간화할수록 커지는 우각부의 부모멘트에 저항하기 위해서 ① 우각부에 철골구조를 도입하거나 ② 거더와 하부 연결부에 강봉 등을 이용해 PS를 도입해 자중 등에 의한 모멘트를 경감하거나 ③ 합성 전 힌지구조에서 합성 후 강결구조로 변경하는 방식 등을 통해 장경간화한 공법이다.

구조형상에 따른 차이점

다음 그림과 같은 고정라멘교량(그림 a), 포탈라멘교량(그림 b), 단순교교량(그림 c)이 있다. 벽체와 상부구조 연결점 및 상부구조 경간중앙점에 대한 구조적 차이점과 각각의 특성 및 설계상의 대책을 설명하시오(단, 전 교량형식의 강성 및 탄성계수는 일정하고, 상부구조에 작용하는 활하중과 고정하중, 벽체에 작용하는 토압은 동일하며, 그 밖의 하중은 무시한다).

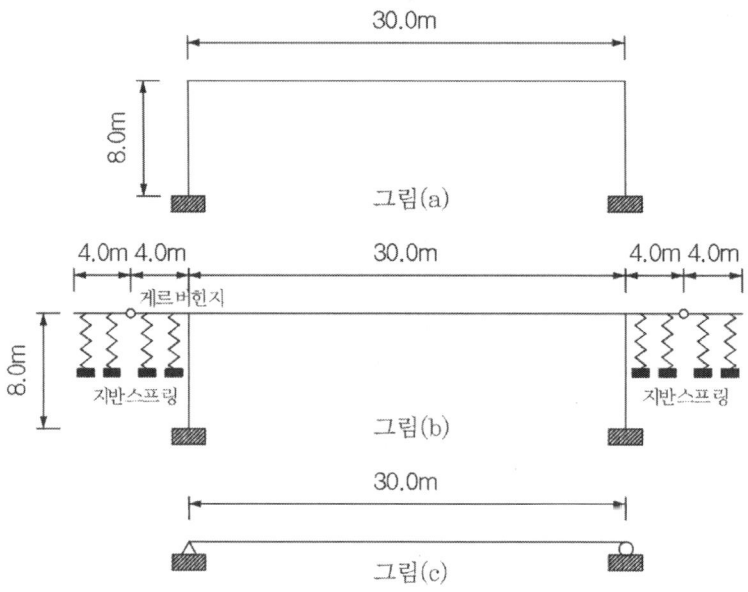

풀 이

➤ 개요(구조적 차이점)

그림(c)와 그림(a) 또는 (b)에서 단순교와 라멘교의 차이는 단부로의 모멘트분배로 인해서 단순교에 비해서 라멘교에서 교량의 중앙의 모멘트의 크기가 줄고 다만 단순교에서는 지점부 모멘트가 없는 반면 라멘교에서는 지점부에서 부모멘트가 발생하는 구조적 차이점을 가지고 있다. 또한 그림(a)와 그림(b)의 고정라멘교량과 포탈라멘교량의 차이는 고정라멘교의 경우 우각부에서 상부하중의 분배가 벽체로만 전달되어지는 데 반해 포탈라멘형식은 지반상부로까지 연장된 부분으로 하중이 전달되어짐으로 인해서 벽체로 전달되어지는 하중의 분배가 더 작아지는 특징을 갖는다. 하중적인 차이점으로는 단순교는 상부활하중과 자중에 의해 지배되는 구조인 반면에 라멘형 교량은 측면에서 발생되는 토압도 고려되어야 한다는 차이가 있다.

➤ 단순교의 특성

단순교는 상부구조물에서 발생하는 하중을 양 지점으로 전달하는 구조형식으로 지점에서의 모멘트는 0으로 수렴되고 최대모멘트가 발생되는 지점은 등분포하중의 경우에는 지간의 중앙에서 발생된다. 부모멘트 등을 고려할 필요가 없기 때문에 구조적 개념이 단순하고 최대 모멘트 등으로 인해 발생하는 최대응력에 대해 부재가 견딜 수 있도록 설계하면 전체 구조물의 안정성에 문제가 없도록 설계할 수 있다. 종방향으로의 신축이음이 가능하도록 해야 하기 때문에 단부에 고정단과 가동단을 두어야 하며 이로 인해서 받침과 신축이음장치를 설치하여야 하며 부재를 최대내력이 발생되는 단면을 기준으로 설계하기 때문에 다소 비경제적인 설계가 된다는 단점이 있다.

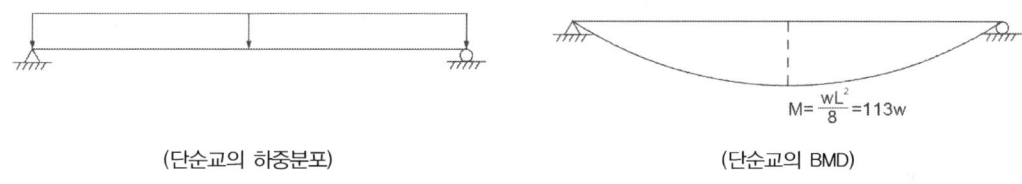

| (단순교의 하중분포) | (단순교의 BMD) |

➤ 고정라멘교의 특성

단순교에 비해서 중앙부의 최대 모멘트의 크기를 줄일 수 있으며, 가동단과 고정단이 따로 없어 받침수와 신축이음장치를 둘 필요가 없어 유지관리면에서 단순교에 비해 유리하다. 또한 단순교에 비해 단면의 크기가 줄어들 수 있기 때문에 Slender한 단면형상을 가질 수 있어 미적으로도 우수한 특성이 있다. 그러나 단순교의 경우 상부구조물과 하부구조물이 분리되어 있기 때문에 토압에 의한 하부구조에서 발생하는 구조물은 상부구조에 미치는 영향이 거의 없는 반면에 라멘교 형식은 일체형이기 때문에 하부 토압에 의해서 상부구조에 영향을 받게 되는 특성이 있다. 또한 부모멘트가 발생하는 우각부에서 벽체로의 하중전달로 인해서 지간이 길어질수록 우각부의 모멘트가 커지는 특성이 있어 취약할 수 있으며 일반적으로 라멘형 교량형식은 20m 내외에서 설계되는 것이 통상적이다. 20m 이상으로 커질 경우 우각부의 모멘트가 커지고 단면의 크기가 비대해져 비경제적인 설계가 된다. 이러한 특성을 개량하고자 통상 20m 이상이 되는 라멘교 형식에서는 합성형 라멘교가 많이 적용되고 있는 추세이다. 라멘교의 교대 높이가 감소할수록 지점반력의 증가로 불합리한 설계가 발생할 우려도 있다.

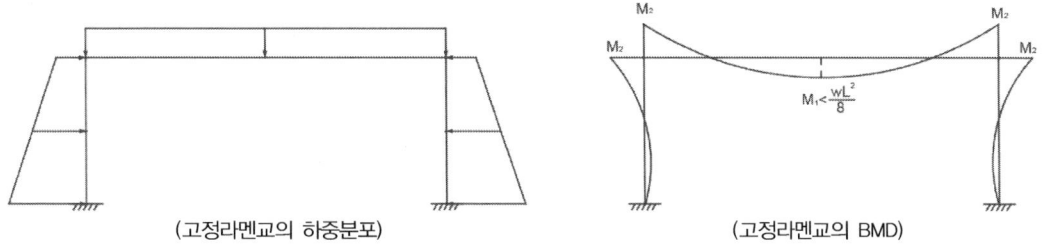

| (고정라멘교의 하중분포) | (고정라멘교의 BMD) |

➤ 포탈라멘교의 특성

고정라멘교의 특성과 유사하며, 추가적으로 우각부에서 교축방향으로 지면으로 구조물을 연장하여 설치한 구조형식으로 고정라멘에 비해 하부 벽체로 전달되는 하중이 지반상부로까지 연장된 부분으로 일부 하중이 전달되어짐으로 인해 벽체에서 발생하는 하중의 크기가 고정라멘형식에 비해서 작아지는 특징을 갖는다.

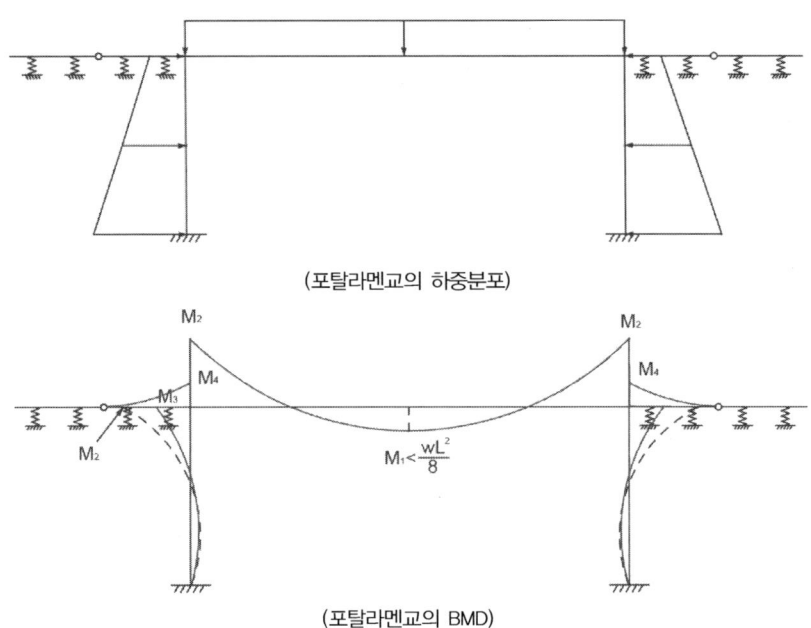

(포탈라멘교의 하중분포)

(포탈라멘교의 BMD)

일반적으로 지반에 구조물 연장 시에는 탄성지지되는 것으로 간주하고 설계하게 되며, 지반반력계수와 설치간격으로부터 환산된 스프링을 설치(간격 1.0m 이내)한 모델로 계산한 방법이 주로 사용된다. 지반스프링은 인장을 받지 못하므로 인장을 받는 스프링이 있는 경우 차례로 제외시켜 최종적으로 압축만 받는 스프링만 남겨둔 상태의 해석모델로 설계하는 것이 일반적이다.

지반반력계수 : $K_v = K_{v0} \left(\dfrac{B_v}{0.3} \right)^{-0.3}$ (토사지반)

K_v : 연직방향 지반반력계수(kN/m^3)

K_{v0} : 지름 0.3m의 강체원판에 의한 평판재하 시험값에 상당하는 연직방향 지반반력계수로

지반조사로부터 $K_{v0} = \dfrac{1}{0.3} \alpha E_0$로 추정 ($E_0$: 지반변형계수, α : 계수)

B_v : 기초의 환산재하폭 B_v는 구조물 저판의 지간을 적용

포탈라멘형식과 같은 구조적 형식은 신축이음장치나 교량받침을 설치하지 않아도 되면서 구조물

에 발생하는 내력을 일부 경감시킬 수 있는 장점이 있기 때문에 여러 가지 방식으로 적용되고 있으며, 국내외에서 무조인트 교량(Full integral bridge, Slab extension bridge)형식과 같은 방식으로 적용하여 구조적 안정성 확보와 함께 경제적인 설계, 유지관리성능의 향상이 되도록 하는 추세이다. 다만 포탈라멘교 형식은 지반부의 뒷채움 시공여건에 따라 취약부가 발생할 수 있는 우려가 있다.

TIP | **무조인트 교량** |

Full integral*		Semi integral**		SLAB Extension***		Conventional Design
•강교 : 90m •콘크리트교 : 150m •파일길이(최소길이 : 7.6m) •직선거더 및 평행배치	적용 불가시 ⇒	•강교 : 135m •콘크리트교 : 225m •직선거더 및 평행배치	적용 불가시 ⇒	•강교 : 135m •콘크리트교 : 225m	적용 불가시 ⇒	•강교 : 135m •콘크리트교 : 225m

*Full integral : 교량 온도변화에 따른 변위와 거더 단부회전에 대해 유연성을 가진 일렬 말뚝(H말뚝)으로 지지되는 교량형식

**Semi integral : 상부구조를 벽체교대로 일체화하고 신축에 대한 이동을 할 수 있도록 벽체교대 하부와 구체상면에 교좌장치를 두어 상하부 구조물을 분리한 단경간 또는 다경간 교량

***SLAB Extension : Slab를 교면 후면까지 연장 설치하는 방법

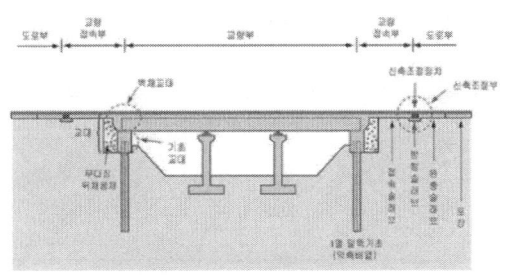

Full integral Abutment Bridge

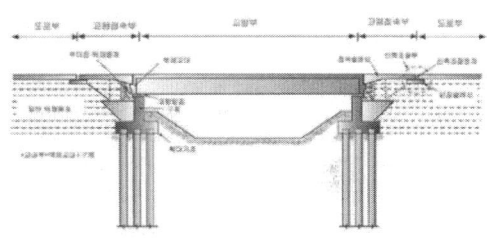

Semi Integral Abutment Bridge

일체식 교대 교량

신설 교량에 적용하는 일체식 교대 교량(Integral Abutment Bridge)의 종류와 적용조건 및 거동 특성에 대하여 설명하시오.

풀 이

➤ 개요

일체식 교대, 반일체식 교대 Slab Extension은 무조인트 교량의 종류로 상부구조의 계절적 온도 변화에 의한 신축을 일반 조인트 교량의 신축이음장치가 아닌 접속슬래브와 본선 포장부 사이에 줄눈형식으로 설치되는 신축조절장치(CCJ, Cycle Control Joint)와 뒤채움 및 말뚝재료의 강성 등 으로 조절하는 교량을 말한다.

➤ 무조인트 교량의 종류와 특성

무조인트 교량을 "장기적인 외부환경 변화에 대응한 유지관리 비용을 최소화하기 위한 목적으로 교량 상부구조, 즉 슬래브 또는 바닥판(deck)에서 단순히 신축이음을 설치하지 않은 교량을 총칭" 하는 것으로 정의하고 있다. 교량 전체 연장에 걸쳐 바닥판이 연속화되므로 온도, 건조수축 및 크 리프 변형에 의한 상부구조의 신축량을 교량 구조체에서 직접 수용하거나 본선 포장체와 접속하 는 접속슬래브의 끝단에 별도의 신축조절장치를 설치함으로써 수용하게 된다. 교량 받침 및 신축 이음 장치가 모두 없는 "일체식 교대", 신축이음장치만 없는 "반일체식 교량", 고정단 신축이음장 치만 없는 "Slab Extention"으로 크게 구분된다.

1) 무조인트 교량의 장점

    ① 낮은 초기 투자비용 및 유지관리 비용
    ② 신축이음부 누수에 의한 바닥판 하부 열화 방지로 내구수명 증대
    ③ 차량 주행성 향상
    ④ 쉽고 빠른 교량 건설
    ⑤ 교량 점검의 용이성
    ⑥ 단순한 교량 상세
    ⑦ 교좌장치 제거(반일체식 및 슬래브익스텐션 예외)
    ⑧ 사각, 곡률 및 지진 등에 보다 안정적인 구조
    ⑨ 부력 저항성 증대

➤ 무조인트 교량별 거동특성 및 적용조건

구분	완전 일체식 교대 교량 (full integral abutment bridge)	반일체식 교대 교량 (semi integral abutment bridge)	Slab Extension
개요	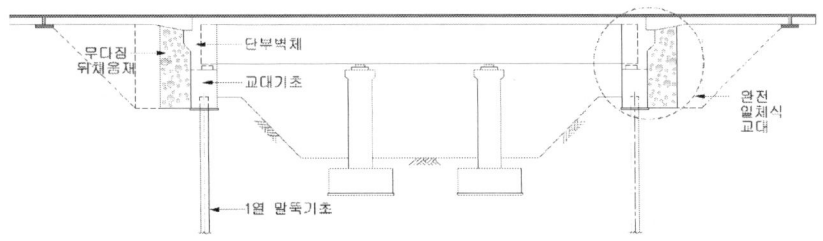		
일체여부	교량받침, 신축이음장치 없음	신축이음장치 없음	신축이음장치 없음
평면선형	직선거더 및 평행배치	직선거더 및 평행배치	제약 없음
종단/사각	5% 이내 / 30°	제약 없음 / 30°	제약 없음
지반조건	앞성토 필요 말뚝길이 6.0m 이상 연약지반 적용 곤란	제약 없음 (교량받침 + 독립형 교대)	제약 없음 (교량받침 + 독립형 교대)
적용연장	콘크리트교 120m 강교 90m	콘크리트교 225m 강교 135m	고정단 교대에만 적용

1) 완전 일체식 교대 교량(full integral abutment bridge)

일체식 교대 교량은 완전 일체식과 반일체식 교대 교량으로 구분하는데 그 차이는 온도 및 하중에 의한 변위 수용과 하중을 하부구조로 전달하는 방식에 있다. 완전 일체식 교대 교량은 교대와 상부구조가 강결 또는 힌지 연결된 구조로 온도에 의한 신축변위 및 토압에 의한 회전변위를 낮은 교대부 벽체와 H형강 말뚝을 약축 방향으로 배치하여 거동을 유연(flexible)하게 함으로써 수용한다. 교량받침이 불필요하므로 유지관리가 가장 좋은 형식이나, 온도변위나 사각 또는 곡선반경 등에 의한 회전변위를 적절하게 수용할 수 있도록 하부벽체와 말뚝의 설계 및 시공에 보다 많은 노력을 요하며, 그 구조적 특성으로 인해 반일체식교대 교량에 비해 상대적으로 짧은(연장 150m 내외)의 교량에 적용한다.

완전 일체식 교대 교량(full integral abutment bridge)

2) 반일체식 교대 교량(semi integral abutment bridge)

반일체식 교대 교량은 상부와 하부구조가 분리된 특성을 갖는다. 상부구조의 단부는 격벽으로 계획되어 온도 신축에 의한 배면 수동토압에 저항하도록 한다. 전통적인 교대형식에 비해 낮은 교대를 갖게 되므로 교량기초부에 전달되는 토압이 현저하게 감소하고 경제성이 향상된다. 완전 일체식 교대 교량은 말뚝에서 변위를 수용하여야 하므로 절토부에는 적용이 어렵지만 반일체식 교대 교량은 하부지반조건의 영향을 받지 않는다. 사각, 곡률반경 등의 영향도 크게 받지 않으므로 한국도로공사에서는 최근 반일체식 교대 교량을 500m까지 적용이 가능하도록 하였다.

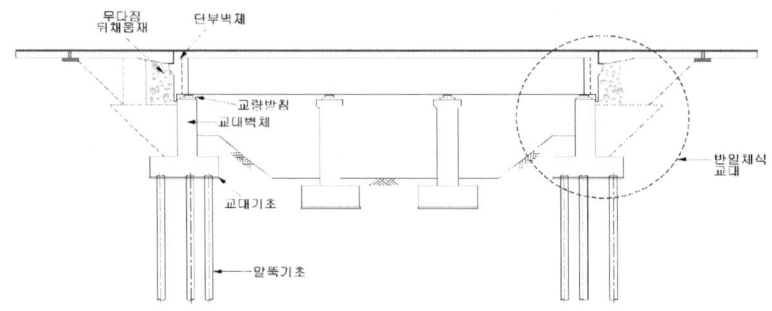

(반일체식 교대 교량(semi integral abutment bridge))

3) Slab Extension

슬래브 익스텐션 교량은 반일체식 교대 교량과 유사한 형식이다. 반일체식 교대 교량은 기존 교대형식에서 흉벽을 거더 단부 격벽으로 대체하였으나 슬래브 익스텐션 교량은 흉벽까지 기존 교대방식과 동일하게 설치하며 기계식 신축이음장치를 제거하기 위해 바닥판을 흉벽 상단까지 연장하여 설치한다. 따라서 온도에 의한 신축거동 시 반일체식 교대 교량에 비해 수동토압을 받는 면적이 줄어들게 되므로 회전변위가 축소되어 큰 사각을 갖는 교량에도 적용이 가능하다. 일반적으로 사각이 30°를 초과하는 경우에 적용한다.

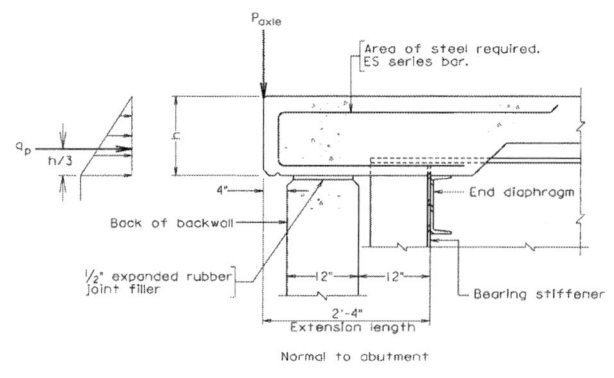

(Slab Extension)

4) 심리스 교량

심리스 교량 시스템은 다른 무조인트 형식에 비해 비교적 최근에 소개된 개념이다. 교량을 무조 인트화하기 위해서는 온도에 의한 신축거동을 흡수할 수 있는 장치를 접속슬래브 끝단에 설치하며 신축량에 따라 신축조절장치의 형식을 결정한다. 그러나 심리스 교량은 그 명칭에서 알 수 있듯이 신축조절장치를 설치하지 않는 완전한 무조인트 시스템이다. 심리스 교량은 구조적인 형식 측면에서는 완전 일체식 교대 교량과 유사하다. 그러나 기존 무조인트 형식에서 적용하는 접속슬래브와 일체화된 전이구간(transition zone)의 개념을 도입함으로써 거더의 신축거동을 수용하게 되며 본선포장과 접합되는 전이영역의 끝단에서는 약 10mm 이하의 줄눈 설치로 마감하게 된다. 온도하강에 의한 수축 시 전이영역에서 균열을 일정패턴으로 유도함으로써 수축변위를 흡수한다. 호주 시드니의 The Westlink M7(WM7)에 총연장 120m의 2경간 연속교에 적용되었다.

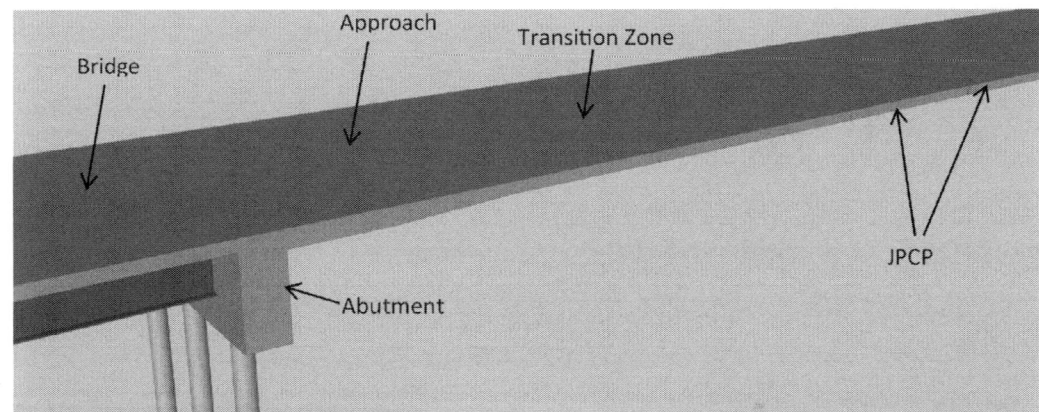

(심리스 교량 시스템과 전이영역)

02 플레이트 거더교

1. 플레이트 거더교의 장단점

플레이트 거더교는 강교에 비교 강재량이 적게 소요되면서 재료를 효율적으로 사용할 수 있는 장점이 있는 반면 강교에 비해 곡선교에 적용성이 떨어지며 브레이싱, 가로보 등 부부재가 많아 용접 등으로 인한 시공성 저하, 유지관리 불리 등으로 현재는 많이 사용되고 있지는 않은 형식이다. 근래에는 소수주형교 형식으로 고강도 강재를 이용하여 부부재를 최소화하는 형식으로 교량형식의 합리화하는 공법의 도입에 따라 재 주목받고 있다.

① 중량이 가볍고 제작이 용이하며 경제적이다.
② 응력의 상태가 간단하다.
③ 현장이음 등의 시공이 용이하다.
④ 가설 중 횡전도를 일으키기 쉽다.
⑤ 비틀림에 대한 저항성이 약하다.
⑥ 단일부재로는 강성이 작기 때문에 부재 길이가 길면 수송 중 및 가설 중 주의가 필요하다.

2. 형식 결정 시 유의사항

① 평면선형 : 비틀림 강성이 작으므로 가급적 직선구간에 설치
② 종단선형 : 종단선형의 제약이 거의 없기 때문에 종곡선 구간에도 적용 가능
③ 사각 : 사각이 크면 부반력이 발생, 보의 부등 휨에 의한 비틀림 발생으로 슬래브 파손이 우려되므로 30° 이하로 계획하는 것이 바람직하다.

3. 플레이트 거더교의 구조형식

1) 플레이트 거더교의 구조

플레이트 거더교는 얇은 강판을 조립, 용접 등에 의하여 연결한 형식으로 지간이 10~25m 정도의 플레이트 거더교에는 단일 성형된 압연 I형강을 주로 이용하지만, 지간이 커지면 단일부재로는 설계할 수 없게 되므로 적당한 치수의 강판을 조합한 플레이트거더가 이용되고 있다. 이러한 형태에는 I형 단면, II형 단면, 박스형 단면이 있으며, I형 단면이 기본적으로 단순플레이트 거더에 사용된다.

① 휨부재를 구성하는 요소 $0.1 \leq \dfrac{I_{yc}}{I_{yt}} \leq 10$

  I_{yc} : 수직축에 대한 압축플랜지 단면 2차 모멘트

I_{yt} : 수직축에 대한 인장플랜지 단면 2차 모멘트

② 국부좌굴이 발생하지 않는 플랜지 판의 두께 $\dfrac{b_t}{2t_t} \leq 12.0$, $b_t > \dfrac{D}{6}$ D : 웨브의 두께

③ 웨브의 두께

(1) 수평보강재가 없는 경우 $\dfrac{D}{t_w} \leq 150$

(2) 수평보강재가 있는 경우 $\dfrac{D}{t_w} \leq 300$

2) 주거더의 간격

주거더 간격은 철근 콘크리트 바닥판의 지간이 되는 경우가 많다. 주거더 간격을 크게 하면 철근 콘크리트 바닥판이 두꺼워져 바닥판에 의한 자중이 커진다. 또 주거더 간격을 작게 해서 주거더의 개수를 늘리면 강재중량이 커져 비경제적이다. 따라서 주거더 간격과 바닥판의 관계에 대한 분석을 통해 경제적인 간격과 단면을 결정하여야 한다.

① RC 바닥판의 경우 통상 지지거더의 간격을 최대 3m로 한다.
② 통상 캔틸레버부의 길이는 1.0~1.5m로 한다.

3) 합성작용

바닥판에서는 철근콘크리트 바닥판뿐만 아니라 I형강 격자 바닥판 등이 있는데, 철근콘크리트 바닥판이 저렴하고 또 시공이 비교적 용이하므로 많이 사용된다. 철근콘크리트 바닥판과 강거더와의 연결 상태에 따라 슬래브 앵커를 사용한 연결강도가 작은 비합성거더와 전단연결재를 사용한 연결강도가 큰 합성거더로 분류된다.

4. 플레이트 거더교의 보강재 [99회]

【 기출유형 ① 】 Plate girder교 복부판에 설치되는 수직 및 수평보강재의 설치목적과 역할

1) (중간) 수직보강재

복부판의 최소 두께는 휨응력에 의한 국부좌굴만 고려하여 구한 값이므로 복부판에서는 휨응력뿐만 아니라 전단응력이 동시에 작용하므로 합성작용에 의한 국부좌굴을 고려하여야 하며 필요시 수직보강재를 설치하여야 한다. 중간 수직보강재가 필요할 경우 설치간격은 지점부로부터 최초 설치되는 간격과 보강재 사이의 간격 모두 고려되어야 한다.

① 다이아프램이나 수직 브레이싱의 이음판으로 사용되는 보강재는 상·하 플랜지에 접합한다.
② 보강재의 간격
    (1) 지점부로부터 최초 설치되는 수직보강재 간격 $d_0 < 1.5D$

(2) 나머지 수직보강재 $d_0 < 3.0D$

③ 기하학적 조건 : 중간 수직보강재의 폭 b_t, 두께 t_p, 압축플랜지 폭 b_f, 웨브의 높이 D

$$b_t \geq 50 + \frac{D}{30}, \ 16t_p > b_t \geq \frac{b_f}{4}$$

④ 보강재 관성 모멘트 I_t

(1) 수평보강재가 없는 웨브 $I_t > bt_w^3 J,\ I_t > \frac{D^4 P_t^{1.3}}{40}\left(\frac{F_{yw}}{E}\right)^{1.5},\ J = \frac{2.5}{(d_0/D)^2} - 2.0 \geq 0.5$

(2) 수평보강재가 있는 웨브 $I_t \geq \left(\frac{b_t}{b_l}\right)\left(\frac{D}{3.0d_0}\right)I_l$ I_l ; 수평보강재의 단면 2차 모멘트

⑤ 수직보강재의 용접 : 웨브–보강재 용접이 끝나는 위치에서 플랜지–웨브 필릿용접 단부와의 거리 d_{weld} $4t_w \leq d_{weld} \leq 6t_w,\ d_{weld} \leq 100\,\text{mm}$

2) 수평보강재

수평보강재는 복부판의 좌굴강도를 높이고 복부판 두께가 비경제적으로 두꺼워지지 않도록 하는 역할을 하지만 제작 측면에서는 수평보강재의 단수를 다단으로 하고 복부판 두께를 줄이는 것이 바람직하지 않다.

① 웨브의 보강재 역할을 하는 수직보강재가 수평보강재에 의해 간섭되는 경우, 수직보강재는 휨 과 축방향 강성을 발휘할 수 있도록 수평보강재에 부착시켜야 한다.

② 강도한계상태에서의 설계하중과 시공성을 검토할 때 수평보강재의 휨응력 f_s는 다음 식을 만 족해야 한다. $f_s \leq \phi_f R_h F_{ys}$

③ 기하학적 조건 : 수평보강재의 폭 b_l, 두께 t_s

$$b_l \leq 0.48 t_s \sqrt{\frac{E}{F_{ys}}}$$

③ 보강재 관성 모멘트 $I_l \geq Dt_w^3\left(\frac{2.4d_0^2}{D^2} - 0.13\right)\beta,\ r \geq \frac{0.16d_0\sqrt{F_{ys}/E}}{\sqrt{1 - 0.6(F_{yc}/R_h F_{ys})}}$

TIP | 보강된 판의 좌굴 |

① 플랜지와 접하는 변의 경계조건은 단순지지와 고정지지의 중간 상태인 탄성적으로 지지(Elastically restrained)된 상태이며 플랜지의 웹에 대한 상대적인 강성에 따라 지지조건이 바뀐다. AISC 시방에서는 경계조건을 고정지지의 80% 정도로 가정하고 있으며 AASHTO의 경우에는 단순지지로 가정하거나 AISC처럼 고정지지의 80%로 가정하기도 한다. 국내 설계기준에서는 단순지지로 보고 $k = 23.9$로 적용하였다.

② 전단좌굴에 의한 보의 국부좌굴로 Post Buckling Behavior가 발생할 경우, 복부판이 분담해야 하는 휨모멘트의 일부가 플랜지로 전가되어 추가적인 하중이 증가하므로 AISC에서는 Web의 국부좌굴을 허용하는 대신에 플랜지의 추가적인 하중증가를 고려하여 강도를 감소시키도록 하고 있다. 국내의 도로교 설계기준에서는 AASHTO 설계기준과 같이 Web의 국부좌굴 방지를 위한 b/t 규정제한에 따라 허용하지 않는 대신 Post Buckling Behavior에 대한 부분을 국부좌굴에 대한 안전계수를 낮추는 방법으로 간접적으로 고려하고 있다.

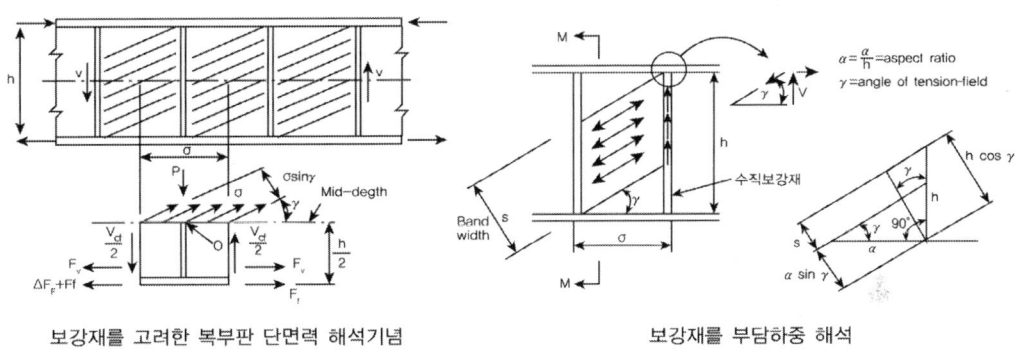

보강재를 고려한 복부판 단면력 해석기념   보강재를 부담하중 해석

3) 하중 집중점의 지압보강재

① 지압보강재는 모든 지점부 위치에 설치해야 한다.

② 지압보강재는 웨브의 전체 높이까지 연장시켜야 하며, 가능한 한 플랜지 연단까지 연장시켜야 한다. 각 지압보강재는 플랜지에 밀착되어 하중을 지지할 수 있도록 공장가공을 하거나 완전용입홈용접으로 플랜지와 접합시켜야 한다.

③ 회전반경은 웨브 중심축에 대해 계산하며 유효길이는 $0.75D$로 한다. D는 웨브 높이

④ 웨브에 용접된 보강재의 경우, 유효 기둥단면에 웨브의 일부를 포함한다. 웨브에 용접으로 접합된 2개의 지압보강재가 사용된 경우는 지압보강재의 양쪽으로 각각 $9t_w$ 이내의 웨브를 유효 기둥단면으로 본다. 만약 1쌍 이상의 지압보강재가 사용된 경우에는 지압보강재 중 가장 외측 보강재들로부터 각각 $9t_w$ 이내의 웨브를 유효 기둥단면으로 본다.

⑤ 연속지간의 내부지점부 하이브리드 난연에서 웨브의 최소항복깅도가 플랜지의 최소항복강도의 70%보다 작으면 웨브는 유효단면에서 제외시켜야 한다.

⑥ 웨브의 최소항복강도가 보강재의 항복강도보다 작으면 웨브 유효단면은 F_{yw}/F_{ys}의 비로 줄여야 한다.

⑦ 기하학적 조건 : 보강재의 폭 b_t, $b_t \leq 0.48 t_p \sqrt{\dfrac{E}{F_{ys}}}$

⑧ 지압강도 $(R_{sb})_r = \phi_b (R_{sb})_n$

1. 지점부에 설치하는 수직보강재는 압축력을 받는 기둥으로 보고 허용축방향 압축응력에 따라 설계한다. 보강재 전단면과 복부판 가운데 보강재 부착재에서 양쪽으로 각각 복부판 두께의 12배(총 24t)까지 유효단면이며, 전체 유효단면은 보강재 단면의 1.7배를 넘어서는 안 된다.

2. 허용응력의 계산에 사용하는 단면회전반경은 복부판의 중심선에 대해 구하고 유효좌굴길이는 플레이트거더 높이의 1/2로 한다(스캘럽에 의한 단면손실 고려 안 함).

3. 교좌받침 교체를 위한 보강부재의 설계 시 설계반력은 할증한다($R_d + 1.5R_l$).

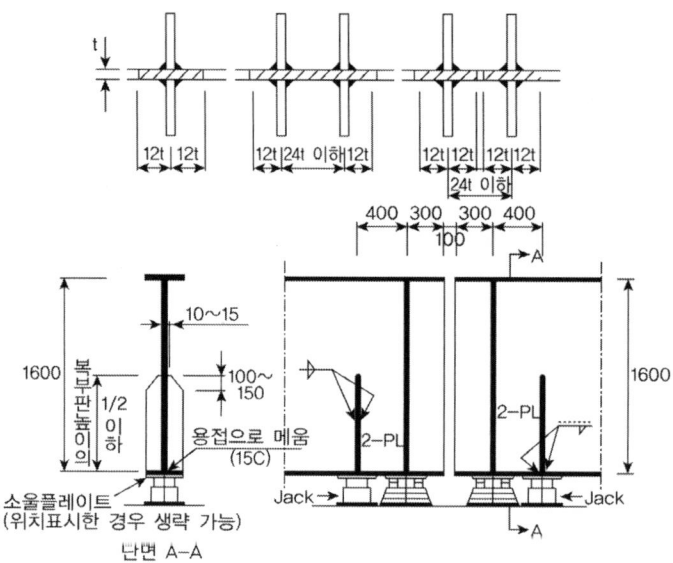

(Jack-up 보강재 단지점부)

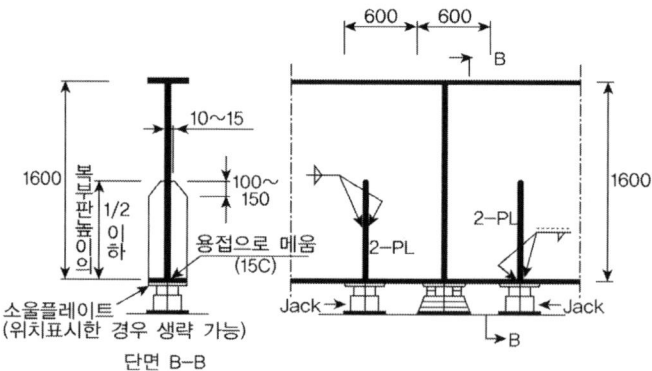

(Jack-up 보강재 중간지점부)

4) 분배 가로보의 설계

거더교는 분배 가로보를 고려하여 격자이론 해석에 따라 응력검토를 수행하며, 가로보의 수와 분배효과와의 관계는 다음과 같이 일정 개수 이상에서의 효과는 미미하다.

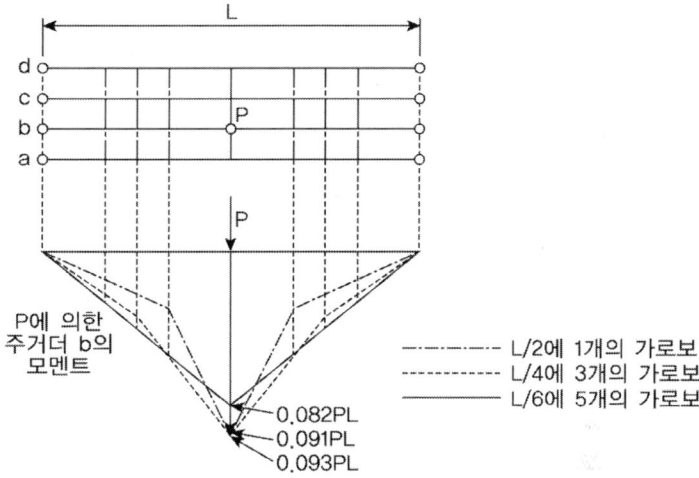

① H. Leonhardt의 연구에 따르면 가로보를 같은 간격으로 배치한 경우의 환산격자강도(지간 중앙의 등가의 1개의 분배 가로보로 환산한 경우)는 근사적으로 다음과 같다.

$$Z' = i \frac{I_a}{I} \left(\frac{l}{2a} \right)^3 = iZ$$

i(환산계수) : 가로보(1~2, $i = 1.0$),   가로보(3~4, $i = 1.6$),   가로보(5~6, $i = 2.6$)

② 통상적으로 5~6개의 경우에 비해 1~2개의 경우의 2.6배로 비경제적이고, 제작 측면에서 $Z = 10$ 이상 확보하는 것이 용이하므로 분배 가로보를 1~3개 정도 배치하는 것이 경제적이다.

③ 다만 지간이 길어지는 경우 지간 중앙에 배치한 1개의 가로보의 분배효과는 지간방향으로 일정한 거리 이상 영향을 미치지 않으므로 분배가로보 간격은 20m 이하로 억제한다. 따라서 지간이 35~40m 이하의 경우는 지간 중앙에 1개, 40m 이상인 경우에는 지간중앙과 그 양측으로 총 3개를 사용하는 것이 좋다.

5) 중간 수직브레이싱의 설계

① 주거더의 전도를 방지하고 안정시키며 주거더를 계산 시의 모델대로 보로서 거동하도록 하는 역할을 한다.
② 주거더의 상대변위를 억제하고 바닥판을 보호함과 동시에 하중분배작용에 기여한다.
③ 횡하중에 대해 주거더, 수평브레이싱 및 중간수직브레이싱에 의한 평면트러스계를 형성한다.
④ 가설 시의 위치결정에 필요한 부재이다.

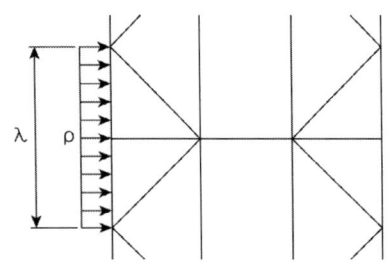
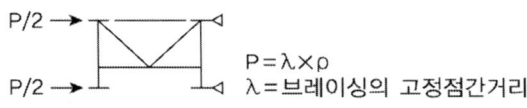

$P = \lambda \times \rho$
$\lambda =$ 브레이싱의 고정점간거리

6) 단부 수직브레이싱의 설계

① 주거더의 위치를 확보하고 비틀림 변형을 구속한다. 즉, 연직하중, 수평하중 등에 의해 주거더에 가해지는 비틀림 모멘트를 받침위치에서 연직력의 성분으로 변환한다.

② 교량 단부의 바닥판을 두껍게 증가시켜 단부수직브레이싱의 상현재와 결합시키지만 이 상현재는 윤하중을 지지할 수 있도록 설계한다.

☞ 수직브레이싱 설계

1. 플레이트거더교에서는 수직브레이싱 간격을 6m 이내로 설계하되 플랜지폭의 30배 이하 간격으로 중간수직브레이싱을 설계한다.

2. 하중분배거더로 하여 설계하는 경우 중간주거더와의 연결부에서 휨모멘트가 충분히 전달될 수 있는 구조로 하고 DL하중에 의하여 설계하여야 한다.

7) 수평브레이싱의 설계

① 지신하중, 풍하중 등의 수평하중을 지점까지 전달한다.

② 가설 시의 위치결정재이다.

③ 하부플랜지의 횡방향 진동을 방지한다.

④ 주거더와 공동으로 일종의 준 박스형 거더를 형성한다.

☞ 수평브레이싱 설계

1. 지간이 25m 초과 시 횡하중을 받침에 전달하기 위해 수평브레이싱을 설계한다. 일반적으로 상부수평브레이싱은 바닥판으로 대용하므로 하부 수평브레이싱이 횡하중의 1/2를 받는 것으로 설계한다(횡하중은 풍하중과 지진하중 고려).

2. 수평브레이싱의 평면은 보통 수직브레이싱의 하부면과 일치하고 L형강 또는 ㄷ형강을 사용하되 최소 L형강 75mm×75mm 이상으로 한다.

3. 지간이 25m 이하면서 수직브레이싱이 있고 바닥판이 주거더를 충분히 고정시키고 있다고 볼 때, 하부 수평브레이싱을 생략할 수 있으나 가설 시 형상유지 등을 고려하여 충분히 고려하여야 한다.

4. 곡선교에서 하부 수평브레이싱을 생략하면 안 된다.

5. 플레이트 거더교 거더 단부 절취부의 설계

도심지 고가교 등에 있어서는 거더 아래의 공간제약으로 인해 거더 단부를 절취하는 경우가 있으며 이 경우는 비교적 간단하고 자주 이용됨에도 불구하고 구체적인 설계법이 명확하게 되어 있지 않다. 또 종래의 예에서도 구조상세에 대해 신중한 배려가 없어 설계에 있어 충분한 주의가 필요하다.

1) 절취부 설계 시 주의사항

① 일반적으로 절취부의 형상은 아래 그림과 같으며 노치부는 가급적 곡선 처리하는 것을 원칙으로 한다.

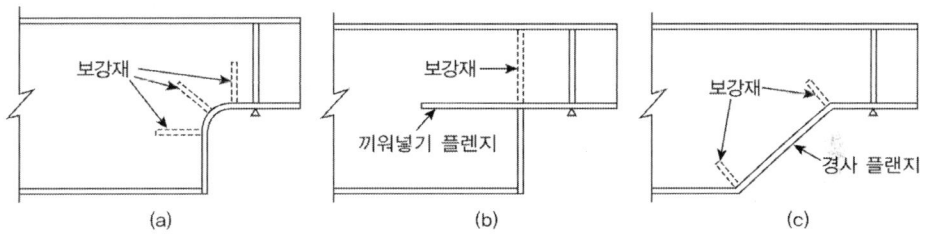

② 절취부 복부판의 전단응력과 절취부 하부플랜지의 휨응력은 응력집중의 영향을 고려하여 단순보로 설계한 값의 1.7배로 한다.
③ 절취부도 일반부와 같이 휨과 전단에 의한 합성응력을 검토한다.
④ 절취부 용접부의 응력집중은 ①의 전단응력으로 복부판의 응력검토를 해 놓으면 별도로 검토할 필요가 없다.
⑤ 끼워 넣는 플랜지의 길이 l은 거더의 절취 깊이 h' 정도로 한다.
⑥ 끼워 넣는 플랜지 단부에서 보강재를 설치하지 않아도 좋다
⑦ 보강재의 단면적은 절취한 하부플랜지 단면의 70% 이상으로 한다.
⑧ 끼워 넣는 플랜지 선단의 복부판과 보강재에도 응력집중의 영향을 보이므로 복부판 두께의 변화위치는 끼워 넣는 플랜지의 선단으로부터 $h/5$ 이상 떨어진 지점에서 하고 그 사이는 절취부와 동일한 복부판 두께로 한다.

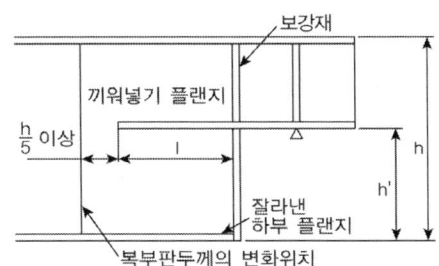

거더교의 횡분배 이론

▶ 윤하중의 분배개념

거더교에서 윤하중의 분배란 주형거더에 작용하는 하중을 이웃 주형거더가 분담하는 개념을 말하며 가로보의 유무에 따른 효과로 볼 수 있다.

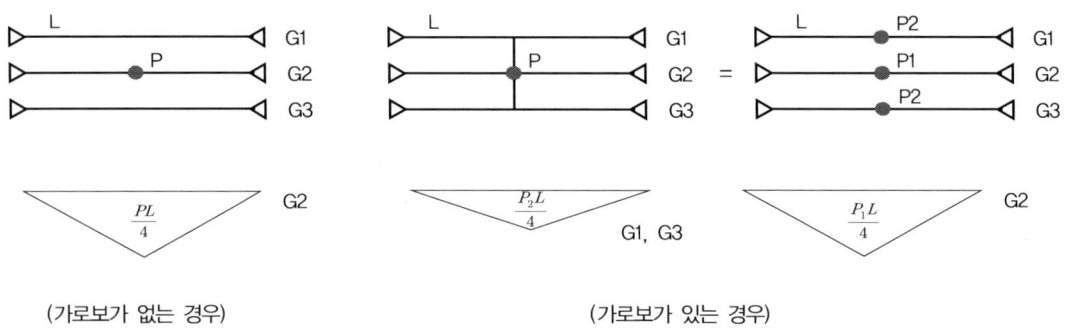

(가로보가 없는 경우)   (가로보가 있는 경우)

▶ 윤하중 분배계수 산정방법

1) 관용계산법(1-Zero법)   2) 시방규정에 의한 방법

3) 격자이론에 의한 방법(Leonhardt-Homberg)

4) 지교이방성 판 이론에 의한 해법(Guyon-Manssonet)

▶ 관용계산법(1-Zero법)

각 주형에 반력 영향선은 바로 인접한 주형외의 주형과는 무관하다고 본 반력 영향선에서 주형에 작용하는 하중을 구하는 방법으로 횡부재의 강성은 고려하지 않는다. 횡형의 휨강성이 작거나 폭이 좁은 교량에 적용한다.

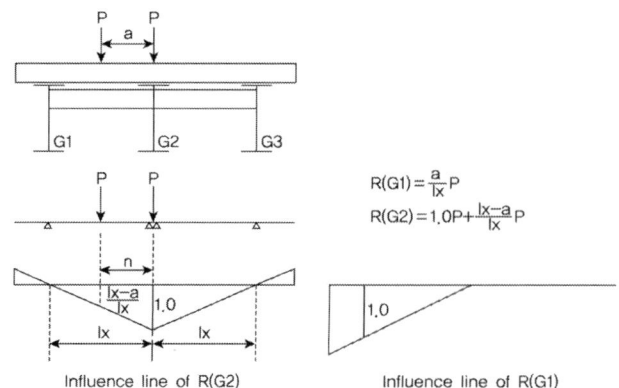

$$R(G1) = \frac{a}{lx}P$$

$$R(G2) = 1.0P + \frac{lx-a}{lx}P$$

Influence line of R(G2)   Influence line of R(G1)

▶ 시방규정에 의한 방법

1) 내측거더 하중분배계수

DF = (L/2.1), L ≤ 3.0 DF = (L/1.65), L ≤ 4.2

2) 외측거더 하중분배계수

DF = (L/1.65), L ⟨ 1.8 DF = [L/(1.2+0.25L)], 1.8 ≤ L ⟨ 4.2

▶ 격자이론에 의한 방법(Leonhardt-Homberg)

주형과 횡형으로 구성된 격자구조의 지점에서 처짐각과 비틀림 각의 관계를 이용하여 하중분포를 계산하는 방법

1) 격자 휨 강도

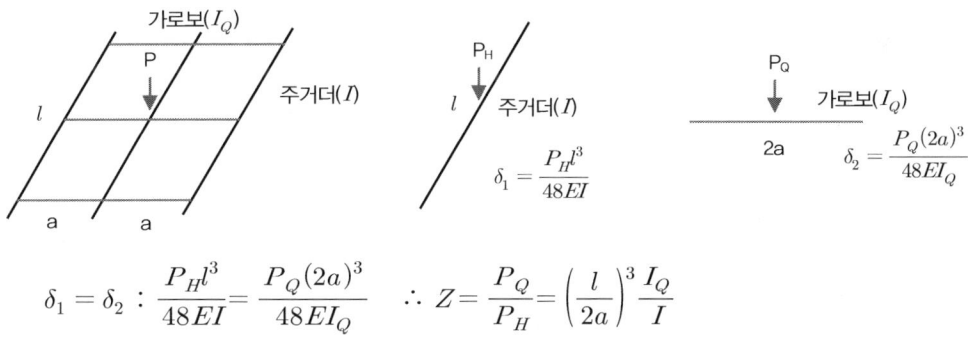

$$\delta_1 = \delta_2 \; : \; \frac{P_H l^3}{48EI} = \frac{P_Q (2a)^3}{48EI_Q} \quad \therefore \; Z = \frac{P_Q}{P_H} = \left(\frac{l}{2a}\right)^3 \frac{I_Q}{I}$$

2) 격자 비틀림 강도

$$Z_T = \left(\frac{EI_Q}{GJ}\right)\left(\frac{l}{8a}\right)$$

TIP |하중 횡분배 계수 산정 예|

• 주형이 3개인 경우 하중 분배계수

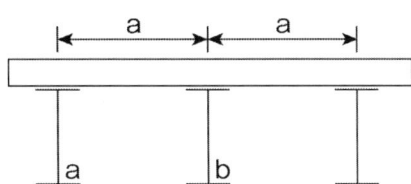

$$\cdot k_{aa} - 1 = -1/N = k_{ac}$$

$$\cdot k_{ab} = +2j/N$$

$$\cdot k_{bb} - 1 = -4j/N$$

$$\cdot k_{ba} = k_{ab}/j$$

$$\cdot k_{bc} = k_{ba}$$

$$\cdot N = 4j/Z + (4j+2)$$

여기서, k_{ij}=하중이 j에 재하되었을 때 i점의 단면력을 의미

- 계산 예[조건 : a=2.0m, l=20m, 주형 모두 동일강서(j=1), lq=0.21]

$$Z = \left(\frac{l}{2a}\right)^3 \left(\frac{I_q}{I}\right) = \left(\frac{20}{2 \times 2}\right)^3 \left(\frac{0.2I}{I}\right) = 25$$

$$N = 4j/Z + (4j+2) = 4 \times 1/25 + (4 \times 1 + 2) = 6.16$$

$$k_{aa} = 1 - 1/N = 1 - 1/6.16 = 0.837, \qquad k_{ba} = k_{ab}/j = (2j/N)/j = 2/6.16 = 0.324$$

$$k_{ca} = -1/N = -1/6.16 = -0.162$$

- 격자강도에 따른 G1의 영향선

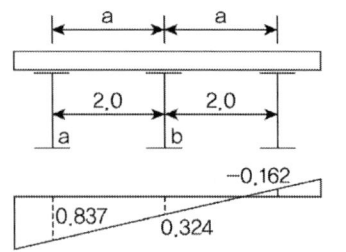
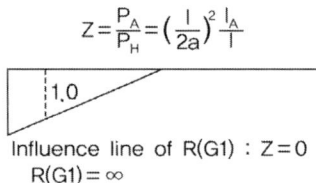

Influence line of R(G1) : Z=25

Influence line of R(G1) : Z=∞

- $Z = 0$: 격자강도 고려한함–횡형 강성의 영향 없음(관용설계법), $l_q = 0$
- $Z > 0$: 횡형의 강성 반영(격자 설계법)
- $Z = \infty$: 횡형 강성이 무한대 $l_q = \infty$, 횡방향으로 강체 거동

▶ 직교이방성 판이론

판의 처짐에 대한 미분방정식을 이용하여 계산하며, 주로 도표를 이용한다. 사교나 돌출길이가 긴 캔틸레버에서는 적용이 불가한다.

※ 부재 중앙에서는 판이론에 의한 값보다는 격자이론에 의한 값이 보수적(더 크다)이며, 단부에서는 격자이론에 의한 값보다는 판이론에 의한 값이 보수적(더 크다)이다.

소수주형교는 종래의 다주형교와 비교해 주거더의 개수를 최소화하여 합리화하고, 보강재의 사용을 최소화하며, PS가 도입과 같이 장지간 바닥판을 사용하여 교량형식의 합리화를 함으로써 교량제작비의 저감, 유지관리비의 저감 및 공사기간의 단축을 할 수 있는 경제적인 교량형식이다(강교의 경제성 도모 및 합리화를 위해 채용되는 형식으로 횡방향으로 프리스트레스력을 도입하여 바닥판의 내구성을 증진시키면서 주거더 간격을 종래의 3m 정도에서 6m 이상으로 크게 하여 주거더의 개수를 최소화한 교량).

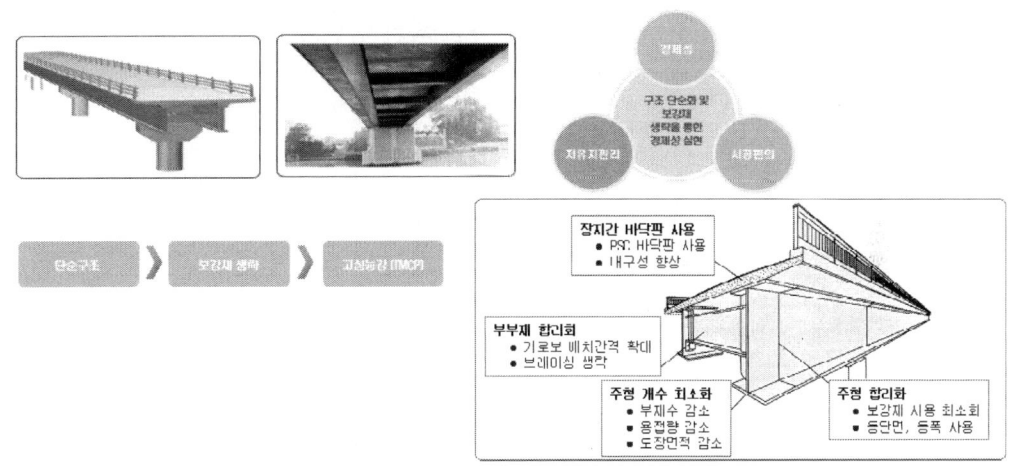

1. 특징

① 강재 제작기술의 발달과 후판적용 및 용접기술의 발달로 주거더의 개수 감소가 가능해짐
② 고강도 강재의 적용으로 판두께를 최소화시킴(구조물의 경량화, 절단, 천공 등 기계 가공이 용이해지고 비파괴검사 시 정밀도 향상, 구조 합리화 및 단순화로 경제성 향상)
③ 주거더 단면 단순화로 수평, 수직 보강재 최소화
④ 가로보 구조 단순화로 설치간격 최대화
⑤ 바닥판의 장지간화(Precast 또는 현타후 횡방향 PS 도입) : 8~10m까지 사례 있음
⑥ 제작비, 유지관리비 저렴한 강교 가능, 미관 유리

장점	단점
① 기본적인 플레이트 거더교의 장점 유지 ② 2개의 주형만 사용하므로 미관 유리 ③ 다수의 거더교에 비해 상대적으로 거더수가 줄어 제작상 유리 ④ 후판의 사용으로 국부좌굴에 대한 안전도가 높아 보강재 생략 또는 절감	① 바닥판의 지간과 캔틸레버 길이가 길어져 장지간 바닥판 성능확보 방안 필요 ② 다주형교에 비해 형고가 높음 ③ 피로검토 시 단재하 경로를 적용하여야 하므로 허용 피로응력범위가 줄어서 다소 불리

구분		일반 판형교		소수주형 판형교
단면도				
주형수	많음	2,3차선 교량기준 5~7개 주형	적음	주형개수를 2~3개 제한 가설이 간단하고 경관이 수려함
강판두께	박판	여러 개의 박판 주형을 사용하여 전체강성을 확보하였으며 집중하중의 영향으로 비경제적 설계	후판	주형수를 줄여 하중을 주형에 효과적으로 분배하는 대신 후판의 사용으로 전체강성을 확보
강종	일반강재	일반강재 사용으로 단위강재중량에 대한 강성이 작음	고장력강	고강도 강재(TMCP강)를 사용하여 구조물 중량을 감소시켜 강재의 사용효율 및 내구성을 극대화하고 형고를 낮추어 미관 개선
용접	복잡	주형의 맞댐 용접으로 품질관리가 어렵고 주형개수가 많아 용접개소수 및 연장이 길어져 시공성 불리	단순	주형의 맞댐 이음이 없고 이음부위에서 채움판에 의해 플랜지 두께를 변화시켜 품질관리 우수, 주형 및 부재 개수가 적어 용접개소수 및 연장이 일반 판형교의 50% 이하로 작업이 단순하고 시공성이 좋음
품질관리 및 유지보수	보통	부재수 및 용접개소수가 많아 품질관리 및 유지보수 어려움	양호	부재수 및 용접개소수가 적어 품질관리 및 유지보수 양호
경제성	불량	강재 사용량과 제작비가 높아 경제성이 불량	우수	강재사용량과 제작비가 낮아 경제성 우수
가설	불량	부재수가 많아 가설에 장시간을 요하며 시공성이 불량	우수	가설 부재수가 적어 시공성이 우수하고 가설시간이 짧아 공기단축 공사에 적합
미관	보통	주형수가 많고 하부구조 규모가 커서 미관 불량	양호	주형수가 작고 하부구조 규모수가 작아 미관 양호

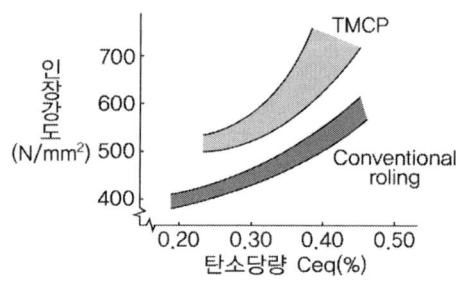

TMCP강(Termo Mechanical Control Process)

열가공 제어 프로세스로 제조되는 강재로 제어냉각을 통해 동일강도의 일반강에 비해 탄소당량(Ceq)을 낮추어서 판두께 방향으로 균일한 경도와 안정적인 품질을 확보하여 판두께가 40mm 초과 후판에서도 설계기준강도를 낮출 필요가 없다. 일반강에 비해 탄소당량과 용접균열감응도(Pcm)이 낮기 때문에 예열조건을 대폭 완화할 수 있어 용접성이 우수하다.

2. 설계 시 고려사항

1) 교량의 여유도

소수거더교는 일반적으로 2거더 시스템으로 설계되며 다수거더교와 다르게 거더의 최소화, 가로보와 수평브레이싱의 단순화 또는 생략을 통해 경제성, 시공성, 유지관리 측면에서 합리화를 도모한 거더형식이므로 주요부재가 소성상태 또는 다른 원인으로 하중을 지지할 수 없는 경우 교량 전체가 붕괴로 이어질 수 있는 구조적 여유도(Redundancy)가 낮은 교량형식이다.

① 단순교의 여유도 설계 : 단순교의 여유도 확보를 위해 주거더의 휨인장응력을 허용응력 대비 낮추어 설계하고 효과적인 여유도 확보를 위해 거더 하부플렌지 위치에 수평브레이싱을 설치한다.

② 연속교의 여유도 설계 : 연속교는 일반적으로 충분한 구조적 여유도를 확보하고 있으므로 설계 시 여유도를 검토하지 않아도 된다.

3. 곡선 적응성

소수주형거더교는 비틀림 저항성능이 박스거더 단면에 비해 떨어지기 때문에 박스거더교에 비해 불리한 측면이 있으나 도로교 설계기준에서 제시하고 있는 곡률반경이 일정 정도 이상인 경우에는 적용이 가능하다.

1) AASHTO의 경우 단순교와 연속교를 구분하여 직선교로서 고려할 수 있는 곡률각도를 제시하고 있으며, 국내에서도 동일한 수치의 곡률각도를 채택하여 도로설계기준 해설편에 반영하였으므로 제시된 각도 이내의 교량의 경우 기존 직선교의 설계와 동일한 방법으로 설계가 가능하다

2) 다만 곡선교로서 설계 시 교량의 해석은 기존의 직선교로 사용되는 보요소에서는 6자유도 요소로 단면의 뒴모멘트(Warping)를 고려할 수 없기 때문에 구조물의 처짐, 응력 검토에 부정확한 결과를 줄 수 있다. 따라서 뒴모멘트를 고려한 7자유도 보요소를 이용하거나 뒴모멘트를 고려할 수 있도록 플랜지는 보요소, 복부판은 판요소를 사용한 모델을 적용할 수 있다.

(소수주형교 곡선교 적용례)

4. 주거더의 배치와 형고, 가로보의 간격

1) 주거더의 배치

일반적으로 주거더 간격은 최대 7m로 하는 것이 좋다. 프랑스의 경우 주거더 간격은 2차선의 경우 5m, 3차선의 경우 6.75m를 적용하고 있으며, 일본의 경우 바닥판 설계휨모멘트식의 적용범위가 6m로 제한되어 있으나 최근에는 바닥판 지간이 11m인 교량(Warashinagawa bridge)이 건설되었다. 유럽이나 일본에서 바닥판 캔틸레버부는 일반적으로 주거더 간격의 0.4~0.5배 길이를 가지며, 국내의 도로교 설계기준의 휨모멘트 산정식은 7.3m로 제한되어 있으며 연구결과도 8m 이하에서 바닥판 휨모멘트 산정식이 안전측으로 예측되어 주거더를 7m로 한정하는 것이 안전측이다.

2) 주거더의 형고

RIST보고서에 따르면 강중량 최소 방식을 전제로 한 경우는 주거더 높이/경간비는 1/13~1/15 정도가 되지만, 부재의 후판화 및 제작성, 현장시공성을 종합적으로 평가해 주거더의 높이를 정하는 것이 필요하며, 강중량뿐만 아니라 제작성을 고려한 경우 최적 주거더 높이/지간비는 1/17~1/18로 하는 것이 좋다.

3) 가로보의 간격

압축플랜지의 고정점 간 거리를 확보하기 위하여 가로보의 간격을 조정하며 최대 6m 정도로 하는 것이 좋다. 이때 시공 시 안정성에 대한 검토를 수행하여야 하며 국내 도로교 설계기준에서는 경험적으로 얻은 6m를 가로보 간격의 최대치로 규정하고 있으며 유럽이나 일본의 경우 모멘트 영역에 따라 5~10m까지 가로보 간격을 변화시키고 있다.

5. 소수주형교의 바닥판

소수주형교의 바닥판은 소수주형교의 장점을 최대한 살려주는 안전하면서도 시공성이 우수한 바닥판의 형식이어야 하며, 공용 시 피로손상을 최소화하는 내구성이 확보될 수 있어야 한다. 기존의 플레이트 거더교의 경우 주형간격이 대부분 3m 이내이므로 비교적 설계와 시공이 용이하나 소수주형교의 경우 대부분 주형의 간격이 5m 이상이며, 해외의 경우 최대 15m에 이르는 것도 있는 등 기존의 바닥판과 다른 형태를 가진다. 주로 프리캐스트 바닥판이나 횡방향 PS텐던을 이용한 방법 등이 이용되고 있다.

구조물의 해석방법

구조물의 해석방법(보, 판, 격자, 입체)에 대해 설명하시오.

풀 이

▶ 개요

구조물의 해석방법은 구조물에 발생하는 주된 응력의 분포가 가정된 해석방법과 적절한지 여부에 따라 해석방법을 구분해서 적용할 수 있다. 연속된 구조물과 같이 Plane strain 조건에서는 2D모델을 통해 대표 단면해석을 수행할 수 있으나, 3차원적 거동이 예상되는 구조물에서는 입체해석을 통해서 그 구조물의 적정성을 검토한다. 구조물의 해석방법의 선택은 가정된 구조물의 모델이 실제 구조물과 유사하게 거동할 수 있도록 모델링하는 것이 원칙이다.

▶ 구조물의 해석방법

1) 보 해석

2D해석을 위해 대표되는 단면을 하나의 Element를 모델링하여 해석하는 방법으로 3차원적인 모델을 하지 않음으로 인해 해석시간을 단축하고 대표적인 거동을 예측할 수 있는 해석방법이다.

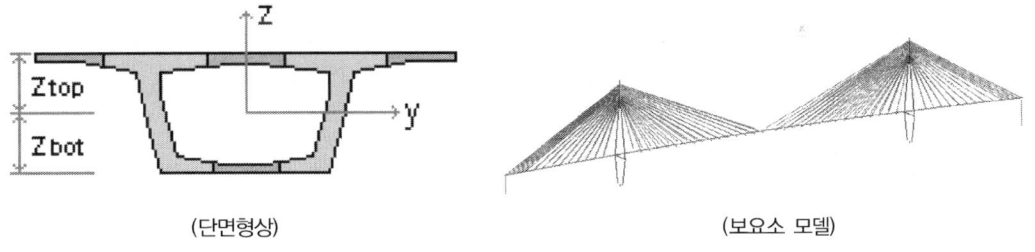

(단면형상)　　　　　　　　　　　　(보요소 모델)

2) 판 해석

보해석과 달리 판해석은 2방향으로의 거동을 고려하여 해석하는 방법으로 슬래브와 같은 판에 적용되는 해석방법으로 통상 직교이방성판이론 (Guyon Massonnet)을 근거로 해석한다. 교대의 날개벽 같은 구조물에서 적용할 수 있으며 판 내에서 2방향으로의 거동을 분석하므로 보해석에 비해 정밀도가 높다. 다만, 경계조건 설정에 주의가 필요하다.

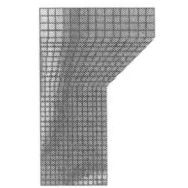

(교대 날개벽의 판해석)

3) 격자 해석

주형과 횡형으로 이루어진 구조물이 지점에서의 처짐각과 비틀림각의 관계를 이용하여 하중분배되는 분포형상을 계산하는 방법으로 주 Girder가 여러 개인 교량에서 주로 사용되는 방법이다. Leonhardt-Homberg에 의한 격자이론방법으로 거더교의 횡분배이론으로 주로 사용된다.

① 격자 휨 강도

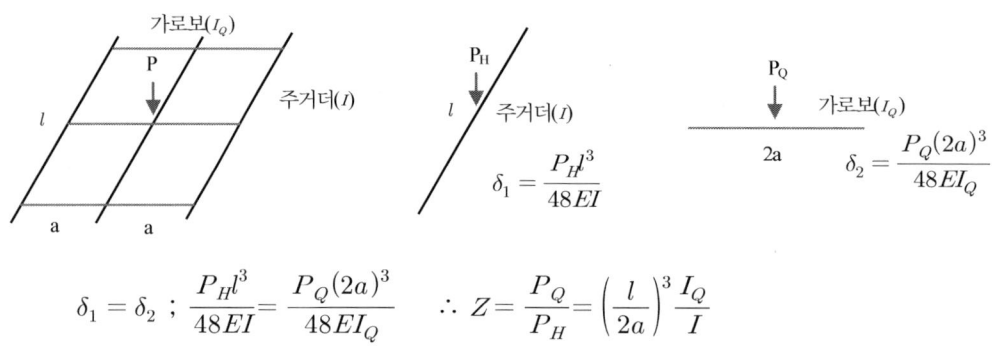

$$\delta_1 = \delta_2 \; ; \; \frac{P_H l^3}{48EI} = \frac{P_Q(2a)^3}{48EI_Q} \quad \therefore \; Z = \frac{P_Q}{P_H} = \left(\frac{l}{2a}\right)^3 \frac{I_Q}{I}$$

② 격자 비틀 강도

$$Z_T = \left(\frac{EI_Q}{GJ}\right)\left(\frac{l}{8a}\right)$$

4) 입체 해석

구소불의 형상을 그대로 모델링하는 3D해석방법으로 구조물의 형상을 실제와 똑같이 모델링할 수 있는 장점이 있다. 다만, 해석모델이 클수록 해석시간과 모델링하는 데 필요한 시간이 많이 수반되고, 컴퓨터의 용량의 제한을 받는다. 최근에는 BIM(Building Information Modeling)과 같이 3D모델해석과 함께 시공단계 간 검토, 물량산출과 같은 일을 동시에 할 수 있는 방법에 대한 기술개발이 대두되고 있으며, 향후 기술발전에 따라 입체해석을 통해 구조해석방법이 점차 확대될 것으로 보인다.

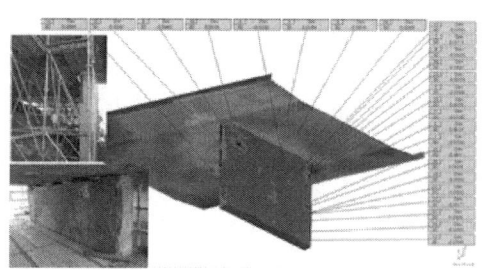

교량 횡분배 이론

교량 상부구조의 하중 횡분배 이론 및 특징에 대하여 설명하시오.

풀 이

➤ 윤하중의 분배개념

거더교에서 윤하중의 분배란 주형거더에 작용하는 하중을 이웃 주형거더가 분담하는 개념을 말하며 가로보의 유무에 따른 효과로 볼 수 있다.

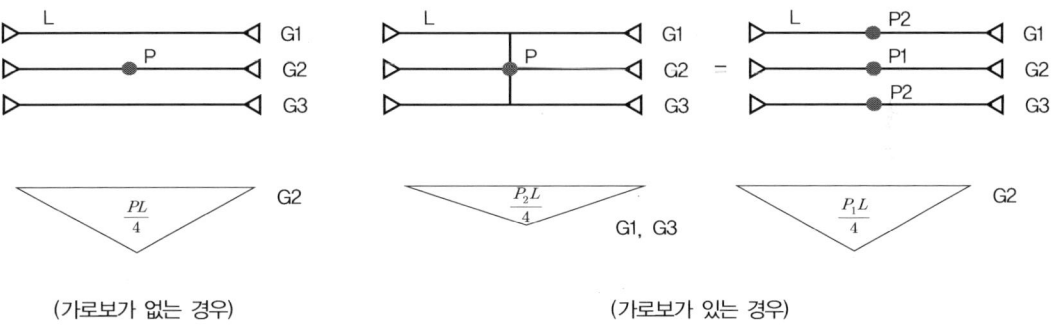

(가로보가 없는 경우)   (가로보가 있는 경우)

➤ 차륜하중 분배계수 산정방법

1) 관용계산법(1-Zero법)

각 주형에 반력 영향선은 바로 인접한 주형외의 주형과는 무관하다고 본 반력 영향선에서 주형에 작용하는 하중을 구하는 방법으로 횡부재의 강성은 고려하지 않는다. 횡형의 휨강성이 작거나 폭이 좁은 교량에 적용한다.

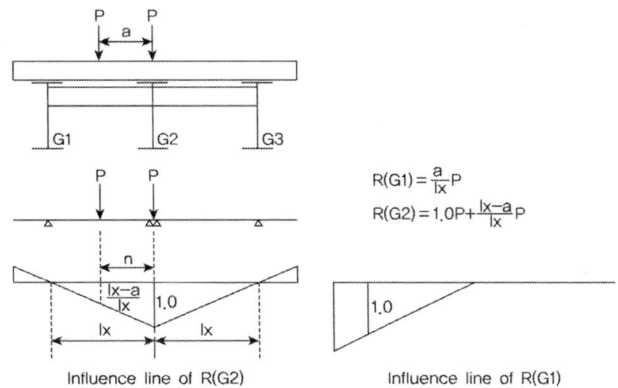

$R(G1) = \frac{a}{lx}P$

$R(G2) = 1.0P + \frac{lx-a}{lx}P$

Influence line of R(G2)   Influence line of R(G1)

2) 시방규정에 의한 방법

① 내측거더 하중분배계수 : DF = (L/2.1),　L ≤ 3.0 DF = (L/1.65),　L ≤ 4.2

② 외측거더 하중분배계수 : DF = (L/1.65),　L < 1.8 DF = [L/(1.2+0.25L)],　1.8 ≤ L < 4.2

3) 격자이론에 의한 방법(Leonhardt-Homberg)

주형과 횡형으로 구성된 격자구조의 지점에서 처짐각과 비틀림 각의 관계를 이용하여 하중분포를 계산하는 방법

① 격자 휨 강도

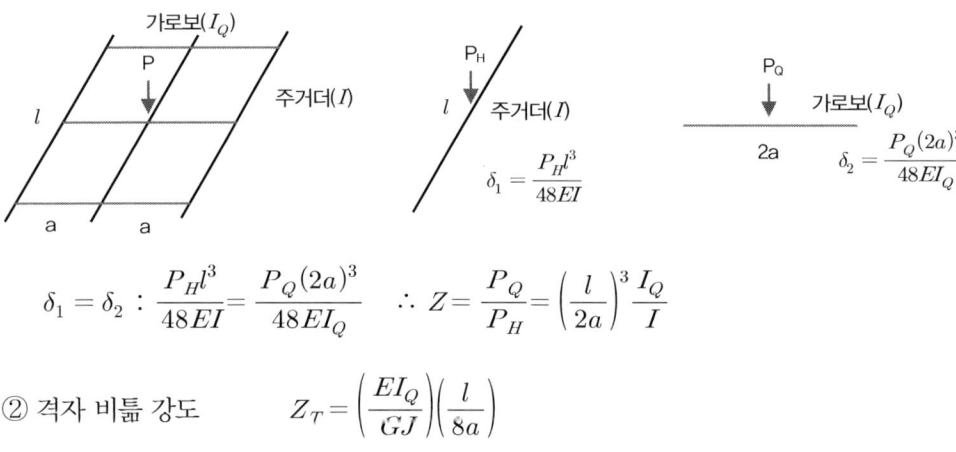

$$\delta_1 = \delta_2 : \frac{P_H l^3}{48EI} = \frac{P_Q(2a)^3}{48EI_Q} \quad \therefore Z = \frac{P_Q}{P_H} = \left(\frac{l}{2a}\right)^3 \frac{I_Q}{I}$$

② 격자 비틂 강도　　$Z_T = \left(\dfrac{EI_Q}{GJ}\right)\left(\dfrac{l}{8a}\right)$

4) 직교이방성 판 이론에 의한 해법(Guyon-Manssonet)

판의 처짐에 대한 미분방정식을 이용하여 계산하며, 주로 도표를 이용한다. 사교나 돌출길이가 긴 캔틸레버에서는 적용이 불가한다.

※ 부재 중앙에서는 판이론에 의한 값보다는 격자이론에 의한 값이 보수적(더 크다)이며, 단부에서는 격자이론에 의한 값보다는 판이론에 의한 값이 보수적(더 크다)이다.

빔교와 거더교

강 교량의 상부구조 형식에서 빔교와 거더교의 차이점, 장단점 등을 중심으로 비교 설명하시오.

풀 이

▶ 개요

교량 상부구조형식에서 빔(beam)과 거더(girder)는 명확하게 구분하기 어렵다. 거더는 주 하중을 전달하는 주형으로의 의미가 크다. 한편, 크로스 빔(cross beam)과 같이 빔의 경우 주형의 의미로도 사용되지만 부부재의 명칭에서도 사용되기 때문에 보다 작은 주형 형식을 빔교라고 부르는 것이 일반적이다. 통상적으로 주 거더에서는 I형 단면과 같은 개단면 형식을 빔(beam)교라 하고, 박스(Box)형식과 같은 형식을 거더(girder)라고 칭한다. 그러나 플레이트 거더교처럼 I형 단면을 거더교라고 칭하는 것처럼 명확하게 구분되지는 않는다. 주어진 문제의 의미를 개단면(Open section) 형식과 폐단면(Closed section) 형식의 장단점을 비교하는 것으로 고려하여 풀이한다.

▶ 개단면과 폐단면 강 교량의 비교

1) 제작성 : 박스형 폐단면에 비해 I형과 같은 개단면은 공장에서 제작이 쉽고 단순하다. 폐단면의 경우 단면 내에 RIB 등이 포함되어 제작되며, 개단면의 경우 수직·수평 보강재가 단면 외에 국부좌굴 등을 고려하여 제작된다.

2) 비틀림 강성 : 개단면의 경우 일정 곡률 이상의 곡선교에서는 적용이 제한되는 반면, 폐단면의 경우 개단면에 비해 곡선교 적용이 자유롭다. 일반적으로 곡선교에서는 폐단면을 주로 사용한다. 곡선교의 중심각에 따라 요구되는 비틀림 강성비가 다르며, 강성비는 I형 병렬거더교 〈 박스거더 병렬교 〈 단일박스거더교 순서로 중심각에 따른 강성비가 증가한다.

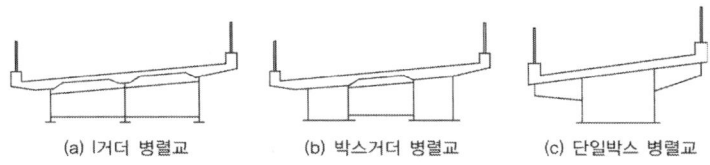

(a) I거더 병렬교　　　(b) 박스거더 병렬교　　　(c) 단일박스 병렬교

3) 뒤틀림에 의한 응력 또는 변형 : 곡선교의 경우 개단면의 경우 뒤틀림(warping)이 발생되며, 폐단면의 경우 Distortion과 같은 단면 내에 변형이 발생된다. 박스형 거더의 경우 Diaphragm을 일정 간격 설치하여 이러한 뒤틀림으로 인한 단면내 변형을 방지하도록 하고 있다.

4) 주형 거치 시 전도 위험 : 개단면의 경우 가로보 등 횡분배 부재가 연결되기 전까지 전도의 위험이

있어 별도의 전도방지 대책이 필요한 반면, 폐단면의 경우 개단면에 비해 폭원이 넓기 때문에 별도의 전도방지 대책이 필요 없다.

5) 가로보 배치 : 개단면의 경우 강성이 작기 때문에 횡분배를 고려하여야 하며, 이를 위해서는 일정 구간 횡분배를 위한 가로보 등을 배치하여 일체거동을 할 수 있게 하여야 한다. 반면, 폐단면의 경우 주형 자체의 강성이 크고 단일 주형으로 사용되는 경우도 많기 때문에 개단면에 비해 가로보 등의 설치가 적다.

6) 주형의 수와 적용 폭원 : 개단면의 경우 주형의 수가 폐단면에 비해 많기 때문에 시공성이 떨어질 수 있고, 폭원이 작은 교량에 적용하는게 유리한 반면, 폐단면의 경우 주형 수가 적고 광폭의 교량에 적용하는 것이 더 유리하다.

구분	개단면(Open section, 빔교)	폐단면(Closed section, 거더교)
특 징	· 주형의 제작이 단순하다 · 단면 이외의 보강재가 필요하다. · 가로보 등 별도의 횡분배 부재가 필요하다. · 폐단면에 비해 비틀림 강성이 작다 · 일정 곡률 이상 곡선교에 적용이 제한된다. · 곡선교 적용 시 뒤틀림(warping) 발생한다. · 상부 거치 시 전도방지 대책이 필요하다. · 폭원이 작은 교량에 유리하다.	· 주형 제작 시 개단면에 비해 복잡하다. · 단면 내에 보강재가 포함되어 제작된다. · 개단면에 비해 횡분배 부재가 최소화된다. · 개단면에 비해 비틀림 강성이 크다. · 개단면에 비해 곡선교 적용이 자유롭다 · 곡선교 적용 시 단면 변형(distortion) 발생한다. · 거치 시 별도의 전도방지 대책이 필요 없다. · 광폭의 교량에 유리하다.

강재 파손 특성과 방지대책

플레이트 거더교에서 발생하는 강재의 파손특성과 파손 방지에 대한 대책을 설명하시오.

풀 이

▶ 개요

플레이트 거더교는 강교에 비교 강재량이 적게 소요되면서 재료를 효율적으로 사용할 수 있는 장점이 있는 반면 강교에 비해 곡선교에 적용성이 떨어지며 브레이싱, 가로보 등 부부재가 많아 용접 등으로 인한 시공성 저하, 유지관리 불리 등의 단점이 있는 교량 형식이다. 강재를 사용하는 플레이트 거더교는 강재 재료의 특성상의 파괴형태로 보면, 외적 하중으로 인한 연성파괴, 반복된 하중으로 인한 피로파괴, 저온하의 충격하중으로 인한 취성파괴, 고온하의 지속하중으로 인한 크리프 및 릴렉세이션, 수중 다습한 환경이나 지속하중 재하 시 수소취화(강 속 수소에 의해 강재에 생기는 연성 또는 인성이 저하되는 현상)에 의한 지연파괴, 알칼리 환경하에 지속하중으로 인한 응력부식 등의 파괴가 발생할 수 있다. 전체 구조물로의 파괴는 피로, 좌굴, 극한 변형으로 인한 파괴로 구분될 수 있다. 여기에서는 구조물로서의 파손 특성과 방지대책에 대해 설명하겠다.

▶ 플레이트 거더교의 파손 특성

1) 피로에 의한 파괴 : 피로파괴란 강구조 부재에 일정하중이나 반복하중이 지속적인 외력으로 작용하면 부재의 구조적인 응력집중부 또는 용접이음형상이나 용접결함 등의 응력집중부에서 소성변형이 발생하고, 이로 인하여 허용응력 이하의 작은 하중에서도 균열이 발생하며 이 균열이 성장하여 최종적으로 설계강도보다 낮은 응력에서 파단되는 현상을 말한다. 응력 집중이 발생하는 지점에서 작은 크기의 반복응력에도 피로에 의한 균열이 발생할 수 있으며 대략적인 경험에 의하면 금속재료의 경우 이러한 균열이 발생하기 위해서는 응력집중이 발생하는 곳에서 이 응력이 항복응력의 50% 이상이 되어야 하지만 사전 균열이나 결함이 있는 경우 작은 크기의 응력에도 균열이 발생하여 성장할 수 있다. 일단 균열이 발생하면 주로 하중이 작용하는 방향과 직교하는 방향으로 균열은 성장하며 이에 따라 유효단면은 감소하고 결국 부재는 취성 또는 연성 파괴에 이른다.

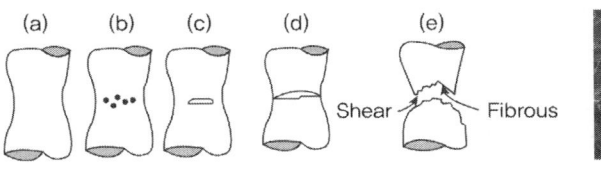

(피로파괴)

2) 좌굴에 의한 파괴 : 구조물의 좌굴현상은 주요 부재가 압축응력을 받아 그 크기가 부재의 극한치를 초과하면 이에 대응하는 변형상태가 갑자기 변화하여 설계하중을 지탱할 수 없어 구조물이 붕괴되는 현상을 말한다. 플레이트 거더교에서 좌굴이 발생되면 부재는 내하력을 잃고 구조물이 파괴된다. 플레이트 거더의 좌굴로 인한 파괴는 다음과 같이 구분된다.

① 판형의 파손 : 판형은 용접이나 고강도 볼트를 이용하여 제작하기 때문에 연결부의 파손이 발생하기 쉬우며 또한 휨모멘트와 전단력에 의해서 좌굴이 발생할 수 있다.

② 휨 좌굴 : 조밀단면의 경우 잔류응력을 포함하여 최대응력이 항복점에 도달하면 소성화되며 이때 얇은 Web 판형은 전단변형의 영향도 받기 때문에 직선분포보다 더 큰 응력이 발생한다. 제작 시 초기처짐이나 좌굴에 의해 압축부의 전단면이 유효하지 않기 때문에 최대 압축응력이 최대 인장응력보다 크게 된다. 따라서 판형의 강도는 Flange의 좌굴을 고려하여야 한다. 압축 플랜지의 좌굴유형은 압축 flange 자체의 좌굴, 횡방향 좌굴, 비틀림 좌굴, 복부판 연결부 수직좌굴이 발생할 수 있다.

• 횡방향 좌굴 : 가로보에 의해 횡방향으로 지지된 지지점 사이에서 일어난 단면 전체의 횡방향 좌굴의 결과에 의해 발생하는 측방향 변위이다.

• 비틀림 좌굴 : 주로 국부좌굴현상으로 한계압축응력이 항복응력과 같거나 그 이상이 되도록 폭–두께 비를 제한하여 방지할 수 있다.

• 복부판 연결부의 수직좌굴 : 휨에 의한 만곡부에서 flange의 응력방향이 변화되고 판형의 곡률 때문에 복부판은 상·하 플랜지로부터 곡률반경 중심방향의 압축력을 받는다.

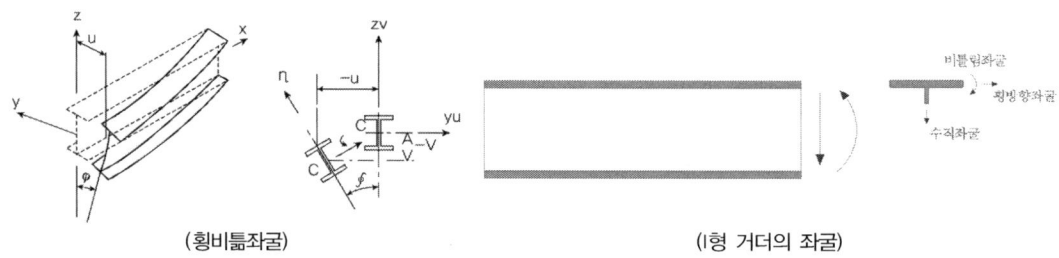

(횡비틀좌굴)　　　　　　　　　　(I형 거더의 좌굴)

③ 전단좌굴 : 직접적인 지압, 전단력에 의한 좌굴로 보강재로 복부판 보강 시 압축 주응력 방향의 저항력은 상실되나 인장방향 저항력은 확보되어 Pratt truss 구조형식처럼 복부판이 인장력에만 견디는 인장장(Tension field)을 형성하여 전단력에 저항하게 된다. 인장장이 발생 시에는 flange에 추가 압축력이 발생하여 flange의 좌굴강도를 저하시키게 된다.

3) 극한 변형으로 인한 파괴 : 피로나 좌굴, 혹은 설계하중을 초과한 하중, 저온하의 충격하중, 응력 부식 등에 의해서 극도의 변형이 발생될 수 있으며 이로 인해 플레이트 거더교의 파괴를 초래할 수 있다.

▶ 방지대책

1) 피로에 의한 파괴

① 설계 시 허용반복 하중과 피로수명 결정
② 피로허용 응력 범위 결정
③ S-N Curve를 고려한 허용압축 응력 저감
④ 각종 세부구조 보강

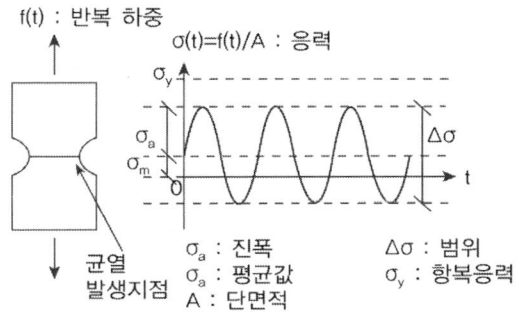
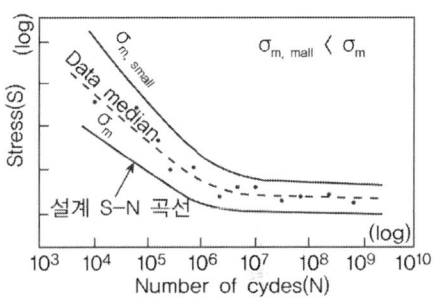

2) 좌굴에 의한 파괴 : 좌굴에 대한 대책은 허용응력의 감소를 통해서 부재의 안정성을 확보하는 방법과 보강재를 통해서 강도 증가, 비지지길이 감소, 세장비 감소, 국부좌굴방지 등을 통해서 강도를 확보하는 방법으로 크게 구분할 수 있다.

① 허용응력의 저감 : 강구조의 허용압축응력은 기둥의 좌굴강도, 보의 횡좌굴 강도를 기본 내하력으로 하여 결정된다. 기본 내하력은 부재의 잔류응력, 초기 변형 등의 불완전 성질을 고려한 실험적 방법으로 구해진다. 허용응력은 기본 내하력에 안전율로 나누어 구한다.

② 각종 보강재를 이용한 보강 설계 : 강부재의 면외좌굴로 인한 국부좌굴을 방지하기 위하여 각종 보강재를 설치하여 국부좌굴을 방지하도록 한다.

③ 보 : 압축 플랜지의 고정점 거리(l)와 플랜지 폭(b)의 비(l/b)로 허용 휨압축응력이 결정된다. l/b가 크게 되면 횡좌굴 현상에 의해 허용 휨압축응력이 크게 저하되므로 상한치를 정하여 그 이하로 제한하는 방법이 적용된다.

④ 판 : 판 좌굴의 대책은 판의 폭, 두께를 제한하거나 보강재를 설치한다. 판 두께의 상한치는 판의 지지상태 및 하중조건에 의해 국부좌굴이 발생하지 않는 범위가 결정된다. 보강재를 설치하는 방법은 국부좌굴과 전체 좌굴의 연관성을 고려하여 판에 가로와 세로방향으로 보강재를 설치한다. 보의 복부판에서 휨 및 전단좌굴에 대한 대책은 최소 복부판 두께를 정하고 필요한 간격 및 강도를 갖는 수평, 수직 보강재를 설치한다.

강구조 · 합성 – 합성단면

유효폭 b_e와 두께 t_c를 갖는 Deck Slab와 I-형 거더가 전단연결재에 의해 연결된 강-콘크리트 합성단면에서 환산단면적을 사용하여 휨과 비틀림 해석을 할 때 각각의 해석 시 적용단면에 대하여 설명하시오(여기서 콘크리트와 강재의 탄성계수는 각각 E_c와 E_s이고 탄성계수비 $n = E_s / E_c$).

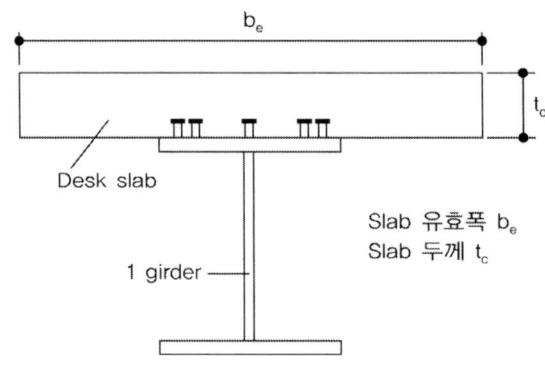

Desk slab

Slab 유효폭 b_e
Slab 두께 t_c

1 girder

풀 이

▶ 개요

합성난면에 대한 해석은 통상적으로 탄성계수비를 이용하여 환산단면적을 통해서 해석하는 것이 일반적이다. 일반적으로 콘크리트 바닥판에 대한 경험적 설계법 또는 강도설계법을 통하여 설계한 후에 합성 후 거더의 중립축의 위치와 전단지연을 고려한 슬래브의 유효폭을 적용하여 합성단면의 해석을 수행하도록 한다.

| 설계조건 및 표준단면 결정 | → | 바닥판 설계 | → | 주거더 설계 | → | 단면적정성 판단 | → | 기타부재 설계 및 사용성 검토 |

▶ 환산단면적 산정

여기서 전단연결재는 충분히 배치하여 콘크리트와 강재가 완전 합성되어 거동한다고 가정하고, 콘크리트의 단면적을 탄성계수비(n)를 이용하여 환산단면적으로 변환시키고 합성 후의 중립축을 구한다.

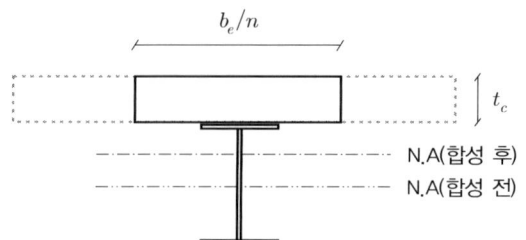

N.A(합성 후)
N.A(합성 전)

$$\text{Con} : b_e \rightarrow \frac{b_e}{n}, \quad t_c \rightarrow t_c$$

➤ 뒴 비틀림 적용여부 판단

뒴비틀림(뒤틀림, Warping)에 의하여 순수비틀림과 달리 추가적으로 응력이 발생할 수 있으며 이에 대하여 순수 비틀림력만 고려할 것인지 아니면 뒴비틀림력(warping)을 고려할 것인지를 판단하여 적용하여야 한다[폐단면의 경우 Warping으로 인한 변형(distortion)이 발생할 수도 있다].

$$\alpha = l\sqrt{\frac{GK}{EI_w}} \text{ 로부터 } \alpha \text{값 산정하여 비틀림력을 구분 적용}$$

($\alpha > 10$: 순수비틀림만 고려, $0.4 \leq \alpha \leq 10$: 순수비틀림과 뒴비틀림 모두 고려, $\alpha < 0.4$: 뒴비틀림만 고려)

➤ 휨 및 비틀림 해석

1) 휨 응력 검토 : 휨에 의한 축방향응력(f_b)과 Warping에 의한 축방향응력(f_w)의 합이 허용응력범위 이내에 있는지 여부를 판별한다.

$$f < f_a \ (f = f_b + f_w), \quad f_b = \frac{M}{I}y, \ f_w = \frac{M_w}{I_w}w$$

여기서 M_w:뒴모멘트, I_w: 뒴비틀림 상수, w: 뒴좌표

2) 전단응력 검토 : 휨에 의한 전단응력(v_b)과 순수비틀림에 의한 전단응력(v_s), Warping에 의한 전단응력(v_w)의 합이 허용응력 범위 이내 여부를 판별한다.

$$v < v_a \ (v = v_b + v_s + v_w), \quad v_b = \frac{VQ}{Ib}, \ \frac{V}{A_w}, \quad v_s = \frac{T_s}{2F \cdot t}$$

여기서 T_s : 순수비틀림모멘트, F : 폐단면부의 박판두께 중앙선으로 둘러싸인 면적,
t : 박판두께

$$v_w = -\frac{T_w}{I_w \cdot t} S_w$$

여기서 T_w : 뒴비틀림 모멘트, t : 박판의 두께,

$S_w = \int w dF$: 적분은 응력을 구하는 점에서 잘려나가는 단면에 대한 것이다.

3) 합성응력 검토 : 합성응력의 검토는 휨모멘트와 휨에 따르는 전단력만 작용하는 경우에는 휨응력과 휨에 의한 전단응력이 허용응력의 45%를 초과하는 경우에 합성응력에 대한 검토를 수행한다. 비틀림을 고려할 경우에는 휨모멘트와 휨에 따르는 전단력이 각각 최대로 되는 하중상태에 대하여 합성응력 검토를 수행하여야 한다.

$$(\frac{f}{f_a})^2 + (\frac{v}{v_a})^2 \leq 1.2, \quad f < f_a \ (f = f_b + f_w), \quad v < v_a \quad (v = v_b + v_s + v_w)$$

TIP |합성응력 검토|

1) 비틀림이 고려되지 않을 경우

f_b/f_a, v_b/v_a의 어느 쪽이든지 0.45보다 작을 경우에는 반드시 만족되므로 휨응력 f_b, 전단응력v_b가 모두 허용응력의 45%를 초과하는 경우에만 검산하도록 한다. 통상적으로 무수히 많은 조합이 발생될 수 있으므로 1개의 단면에서 휨응력과 전단응력이 다 같이 크게 발생되는 점을 검산할 필요가 있다. 예를 들어 I형 단면에서는 플랜지와 복부판의 접합부, 박스형 단면에서는 모서리 등이 해당된다.

2) 비틀림이 고려되는 경우

비틀림이 고려되는 경우 1)과 같이 가장 위험한 하중상태를 선정하는 일은 불가능한 경우가 많다. 따라서 일반적으로 설계를 지배하는 휨모멘트와 휨에 따르는 전단력이 각각 최대로 되는 하중상태에 대한 것을 검산하면 좋다고 본 것이다.

압축응력을 받는 복부판 최소 두께 결정기준 : 허용응력설계법

도로교 설계기준(2008)의 좌굴식 $fcr = \dfrac{k\pi^2 E}{12(1-\mu)^2 (b/t)^2}$ 의 좌굴계수 k에 대하여, k의 적용

사항과 k값에 의한 복부판 최소 두께 결정기준에 대해 설명하시오(단, E는 탄성계수, μ는 포아

송비, b/t는 폭-두께비).

풀 이

➤ 판의 좌굴방정식

사각형 판의 하중에 의한 지배미분 방정식은

$$D\left(\frac{\partial^4 w}{\partial x^4} + 2\frac{\partial^4 w}{\partial x^2 \partial y^2} + \frac{\partial^4 w}{\partial y^4}\right) = N_x \frac{\partial^2 w}{\partial x^2} + N_y \frac{\partial^2 w}{\partial y^2} + N_{xy}\frac{\partial^2 w}{\partial x \partial y}, \quad D = \frac{Eh^3}{12(1-\mu^2)}$$

여기서 지배미분 방정식은 B.C와 하중형태에 따라서 해가 달라진다.

4변이 단순지지된 경우의 해는 $w = \sum\sum A_{mn}\sin\dfrac{m\pi x}{a}\sin\dfrac{n\pi y}{b}$ 로 가정하여

$$\sum\sum A_{mn}\left(\frac{m^4\pi^4}{a^4} + 2\frac{m^2 n^2 \pi^4}{a^2 b^2} + \frac{n^4 \pi^4}{b^4} - \frac{N_x}{D}\frac{m^2\pi^2}{a^2}\right) \times \sin\frac{m\pi x}{a}\sin\frac{n\pi y}{b} = 0$$

$$\therefore A_{mn}\left[\pi^4\left(\frac{m^2}{a^2} + \frac{n^2}{b^2}\right)^2 - \frac{N_x}{D}\frac{m^2\pi^2}{a^2}\right] = 0 \quad \therefore N_x = \frac{D\pi^2}{b^2}\left[\frac{mb}{a} + \frac{n^2 a}{mb}\right]^2$$

Minimum Value of N_x : $n = 1$, $\quad \dfrac{dN_x}{dm} = 0$

$$\frac{dN_x}{dm} = \frac{2D\pi^2}{b^2}\left[\frac{mb}{a} + \frac{a}{mb}\right]\left[\frac{b}{a} - \frac{a}{bm^2}\right] = 0 \quad m = \frac{a}{b}, \quad k = 4$$

$$\therefore N_x = \frac{4D\pi^2}{b^2}, \quad D = \frac{Eh^3}{12(1-\mu^2)}, \quad h = t$$

General Case $N_x = \dfrac{kD\pi^2}{b^2}, \quad k = \left(\dfrac{mb}{a} + \dfrac{n^2 a}{mb}\right)^2$

$$\therefore N_x = \sigma_x t \quad \rightarrow \quad \sigma_x = \frac{k\pi^2 E}{12(1-\mu^2)(b/t)^2} \quad : \text{평판의 좌굴응력}$$

※ 여기서 k는 평판의 B.C와 하중조건에 따라 결정

➤ 좌굴계수 k

1) 4변이 단순지지되는 균일한 압축응력 작용 시 : 웨브

$$k = \left(\frac{mb}{a} + \frac{n^2 a}{mb} \right)^2 \text{ 로부터 } \frac{a}{b} = X \text{라고 하면 } k = X^2 \left[\frac{m}{X^2} + \frac{1}{m} \right]^2$$

최솟값은 $\frac{\partial k}{\partial X} = 0$ ∴ $X = m$ 일 때 최솟값을 가지며 이때 $k = 4.0$ (도·설의 양연지지판)

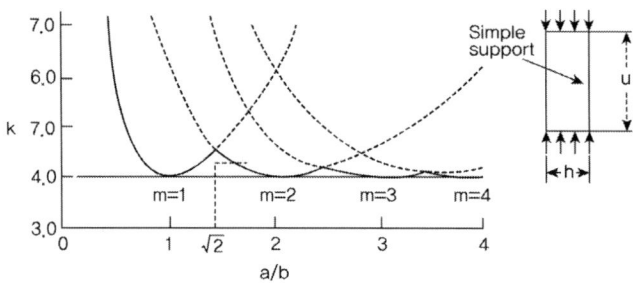

2) 3변 단순지지에 균일한 압축응력 작용 시 : 플랜지

$$k = 0.42 + \frac{t}{(a/b)^2} \quad \frac{a}{b} > 0.66$$

$$k = 2.366 + 5.3 \left(\frac{a}{b} \right)^2 + \frac{t}{(a/b)^2} \quad \frac{a}{b} \leq 0.66$$

도로교 설계기준에서는 플랜지의 국부좌굴은 3변 단순지지로 보고 보수적으로 설계하기 위해서 $\frac{a}{b} > 0.66$ 인 경우로 보고 $k = 0.43$ 을 적용한다.

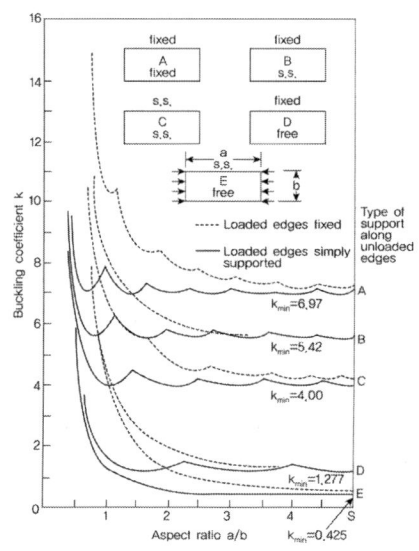

※ 도로교 설계기준 강구조물의 허용응력
양연지지판 $k = 4.0$
3연지지판 $k = 0.43$

➤ 도로교 설계기준의 복부판 최소 두께 결정기준

도로교 설계기준의 국부좌굴 허용응력

$$\overline{f} = \frac{f_{cr}}{f_y}, \quad \frac{f_{cr}}{f_y} = \frac{1}{R^2}, \quad f_{cr} = k\frac{\pi^2 E}{12(1-\mu^2)}\left(\frac{t}{b}\right)^2 \quad k = 4.0(\text{양연지지}) \quad k = 0.43(\text{3연지지})$$

$$\overline{f} = 1.0 \ (R \leq 0.7) \qquad \overline{f} = \frac{1}{2R^2} \quad (R > 0.7)$$

$$\therefore R = \frac{1}{\pi}\sqrt{\frac{12(1-\mu^2)}{k}}\sqrt{\frac{f_y}{E}}\left(\frac{b}{t}\right)$$

일반적으로 용접에 의한 변형이나 취급 시 예상치 못한 외력에 의한 손상 및 강성저하를 막기 위해서 $R \leq 1.0$을 적용하게 되며 압축력만 작용하고 SM400인 강재의 복부판의 경우

$$\therefore \left(\frac{b}{t}\right)_{\min} = R_{\max}\sqrt{\frac{k\pi^2}{12(1-\mu^2)}}\sqrt{\frac{E}{f_y}} = 1.0\sqrt{\frac{4\pi^2}{12(1-0.3^2)}}\sqrt{\frac{2.1\times10^5}{240}} = 56.2$$

$$\text{SM 490}: \left(\frac{b}{t}\right)_{\min} = 48.7, \quad \text{SM 520}: \left(\frac{b}{t}\right)_{\min} = 45.9, \quad \text{SM 570}: \left(\frac{b}{t}\right)_{\min} = 40.6$$

도로교 설계기준에서는 이 값에 응력구배계수($i = 0.65\phi^2 + 0.13\phi + 1.0$, $\phi = \dfrac{f_1 - f_2}{f_1}$)를 적용하여 아래와 같이 최소 두께를 규정하고 있다.

【 압축응력을 받는 양연지지판의 최소 두께 】

강종	SS400(SM400)	SM490	SM520(SM490Y)	SM570
40mm 이하	$\dfrac{b}{56i}$	$\dfrac{b}{48i}$	$\dfrac{b}{46i}$	$\dfrac{b}{40i}$

압축응력을 받는 복부판 최소 두께 결정기준 : 허용응력설계법

다음 그림은 도로교설계기준에서 정하고 있는 압축응력을 받는 양연지지판의 기준강도곡선을 나타낸 것이다. 이를 참고로 하여 구성판 요소의 국부좌굴에 대한 대처방법(2가지)과 장단점을 비교하시오.

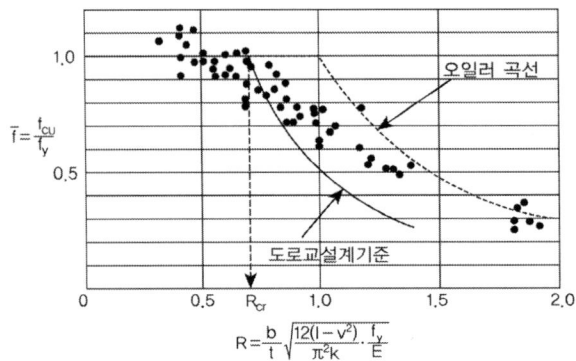

풀 이

➤ 도로교 설계기준의 국부좌굴 허용응력

$$\overline{f} = \frac{f_{cr}}{f_y}, \quad \frac{f_{cr}}{f_y} = \frac{1}{R^2}, \quad f_{cr} = k\frac{\pi^2 E}{12(1-\mu^2)}\left(\frac{t}{b}\right)^2 \quad k = 4.0\,(양연지지) \quad k = 0.43\,(3연지지)$$

$$\cdot \, \overline{f} = 1.0 \; (R \leq 0.7)$$

$$\cdot \, \overline{f} = \frac{1}{2R^2} \quad (R > 0.7) \qquad\qquad \therefore R = \frac{1}{\pi}\sqrt{\frac{12(1-\mu^2)}{k}}\sqrt{\frac{f_y}{E}}\left(\frac{b}{t}\right)$$

판의 국부좌굴	보강된 판의 국부좌굴
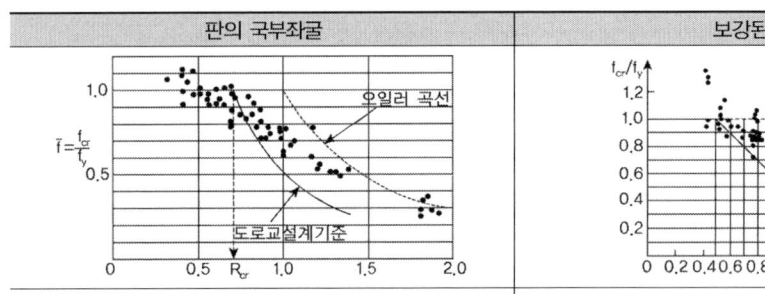	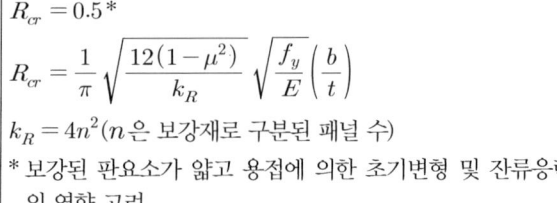
$R_{cr} = 0.7$	$R_{cr} = 0.5\,*$
$R_{cr} = \frac{1}{\pi}\sqrt{\frac{12(1-\mu^2)}{k}}\sqrt{\frac{f_y}{E}}\left(\frac{b}{t}\right)$	$R_{cr} = \frac{1}{\pi}\sqrt{\frac{12(1-\mu^2)}{k_R}}\sqrt{\frac{f_y}{E}}\left(\frac{b}{t}\right)$
$k = 4.0\,(양연지지판),\ 0.43\,(자유돌출판)$	$k_R = 4n^2\,(n$은 보강재로 구분된 패널 수$)$ * 보강된 판요소가 얇고 용접에 의한 초기변형 및 잔류응력의 영향 고려

▶ 국부좌굴의 대처방안

① 국부좌굴이 발생하지 않도록 b/t 제한

전체 좌굴이 발생하기 전에 국부좌굴이 발생하지 않도록 하는 도로교 설계기준에서 정하고 있는 판–폭의 최소 두께비로 제한한다. 도로교 설계기준에서는 $R_{max} = 1.0$을 기준으로 하여 웨브의 최소 두께를 규정하고 있으며 최소 두께를 기준으로 설계 시에는 국부좌굴을 별도로 고려하지 않으므로 설계가 단순해지는 이점이 있으나 작용응력이 작은 경우 재료의 강도를 충분히 활용하지 못하는 단점이 있다.

② 국부좌굴을 허용

R값을 기준으로 국부좌굴에 대한 허용응력을 별도로 산정하여 부재가 허용응력 이내로 설계되도록 할 수 있으며, 이 경우 재료의 강도를 충분히 활용할 수 있으나 국부좌굴을 허용하므로 이로 인하여 허용응력을 별도로 산정하여 그에 맞게 설계하여야 하는 복잡한 과정이 필요하다.

휨응력을 받는 복부판 최소 두께 결정기준 : 허용응력설계법

도로교 설계기준에서 그림에서와 같은 휨을 받는 거더교의 복부판의 최대 폭-두께비(h/t)로서 SS 강재의 경우 152로 정하고 있다. 그 근거를 제시하시오(단위 mm).

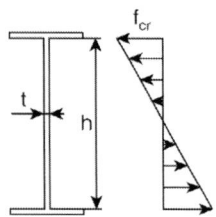

풀 이

▶ 개요

주형 전체의 단면 2차 모멘트에서 복부판의 높이가 좌우하며 두께는 기여도가 작기 때문에 가급적 복부판의 두께는 얇게 하고 그 부분을 플랜지 단면이 부담하게 하여 주형의 강성을 높이려 한다. 그러나 복부판이 너무 얇으면 휨에 의해서 좌굴이 발생할 수 있으므로 수직, 수평보강재 사용이 필요할 수 있으며 이로 인하여 제작경비가 증가할 수 있다.

▶ 복부판에 휨응력 작용 시의 $\left(\dfrac{b}{t}\right)_{min}$ 규정

플랜지와 접하는 변의 경계조건은 단순지지와 고정지지의 중간 상태인 탄성적으로 지지(Elastically restrained)된 상태이며 플랜지의 웹에 대한 상대적인 강성에 따라 지지조건이 바뀐다. AISC시방에서는 경계조건을 고정지지의 80% 정도로 가정하고 있으며 AASHTO의 경우에는 단순지지로 가정하거나 AISC처럼 고정지지의 80%로 가정하기도 한다. 국내 설계기준에서는 단순지지로 보고 $k = 23.9$로 적용하였다.

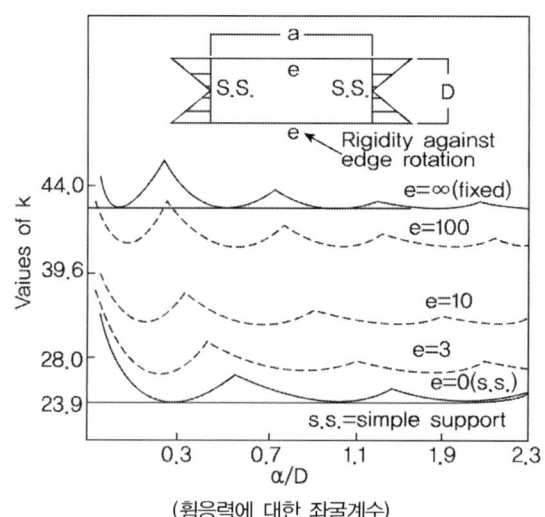

(휨응력에 대한 좌굴계수)

➤ 휨응력 작용 시의 좌굴응력

$$f_{cr} = k\frac{\pi^2 E}{12(1-\mu^2)}\left(\frac{t}{b}\right)^2 \quad \text{여기서 } a/b > 2/3 : k = 23.9$$

$$a/b \le 2/3 : k = 15.87 + 1.87a^2 + \frac{8.6}{a^2}$$

통상 $a/b > 2/3$

허용응력 설계법에서는 안전율 $n = 1.4$를 적용하여 SS400강재를 사용할 경우
k=23.9, 안전계수 n=1.4 적용(수평보강재가 없는 경우)

$$\frac{f_{cr}}{n} = \frac{k}{n}\frac{\pi^2 E}{12(1-\mu^2)}\left(\frac{t}{b}\right)^2 \le f_a \quad \rightarrow \quad \text{도로교 설계기준의 복부판 최소 두께 규정}$$

SM400의 경우

$$\sqrt{\frac{k}{nf_a}\frac{\pi^2 E}{12(1-\mu^2)}} \le \left(\frac{b}{t}\right)_{min} \quad f_a = 140^{MPa}, \quad n = 1.4, \quad k = 23.9\text{이면} \left(\frac{b}{t}\right)_{min} \ge 152.1$$

【 비합성 플레이트 거더의 복부판 최소 두께 】

강종	SS400(SM400)	SM490	SM520(SM490Y)	SM570
수평보강재 없을 때	$\frac{b}{152}$	$\frac{b}{130}$	$\frac{b}{123}$	$\frac{b}{110}$
수평보강재 1단 사용	$\frac{b}{256}$	$\frac{b}{220}$	$\frac{b}{209}$	$\frac{b}{188}$
수평보강재 2단 사용	$\frac{b}{310}$	$\frac{b}{310}$	$\frac{b}{294}$	$\frac{b}{262}$

강합성 거더

도로교설계기준(한계상태설계법)의 하이브리드 강합성 거더에 대하여 설명하시오.

풀 이

▶ 개요

도로교설계기준(한계상태설계법)에서는 하이브리드 거더를 상·하부 플랜지에 사용한 강판과 다른(일반적으로 낮은) 최소항복강도를 갖는 강판을 복부판으로 사용한 거더로 정의하고 있으며, 하이브리드 강합성 거더를 사용하여 설계할 경우 세장비 제한 등 비조밀단면에 대해서는 플랜지의 강도를 감소계수 R_h를 통해 감소하여 사용하도록 하고 있다.

▶ 하이브리드 강합성 거더의 플랜지 강도 감소계수

도로교설계기준(2015)에서는 강재의 항복강도가 460MPa 이하이고, 거더의 높이가 일정하고, 복부판에 수평보강재가 없고 인장플랜지에 구멍이 없는 경우에는 조밀단면의 복부판 세장비 규정에서부터 휨강도 검토를 수행하며, 그 외의 경우에는 정모멘트를 받는 합성단면은 비조밀단면의 플랜지 휨강도 규정을 적용하여 각 플랜지의 휨강도를 구하고, 기타 단면은 비조밀단면 압축플랜지 세장비 규정을 검토하도록 하고 있다.

이때 하이브리드 강합성 거더의 경우 소성모멘트 산정 시 하이브리드 단면의 영향이 고려되기 때문에 조밀단면이 아닌 경우에 대해 플랜지의 강도저감계수 R_h를 고려한다.

$$M_r = \phi_f M_n, \quad F_r = \phi_f F_n \quad \text{여기서 } \phi_f = 1.0$$

1) 균질단면의 경우 : R_h=1.0

2) 정모멘트를 받는 합성단면

$$R_h = 1 - \left\{ \frac{\beta\psi(1-\rho)^2(3-\psi+\rho\psi)}{6+\beta\psi(3-\psi)} \right\}$$

여기서, $\rho = F_{yw}/F_{yb}$, $\beta = A_w/A_{fb}$, $\psi = d_n/d$

　　　d_n : 하부플랜지 외측겸에서부터 단기 합성단면의 중립축까지 거리(mm)

　　　d : 강재단면 높이

　　　F_{yb}는 하부플랜지 항복강도, F_{yw}는 복부판의 항복강도

　　　A_w는 복부판의 단면적(mm^2), A_{fb}는 하부플랜지의 단면적(mm^2)

3) 비합성단면과 부모멘트를 받는 합성단면 : 합성 하이브리드 단면의 중립축 또는 비합성 하이브리드 단면의 중립축이 복부판 중앙으로부터 복부판 높이의 10% 안에 있을 때

$$R_h = \frac{M_{yr}}{M_y}$$

여기서, M_y 복부판 항복을 무시할 경우 항복 모멘트,
$\qquad M_{yr}$ 복부판 항복을 고려할 경우 항복모멘트

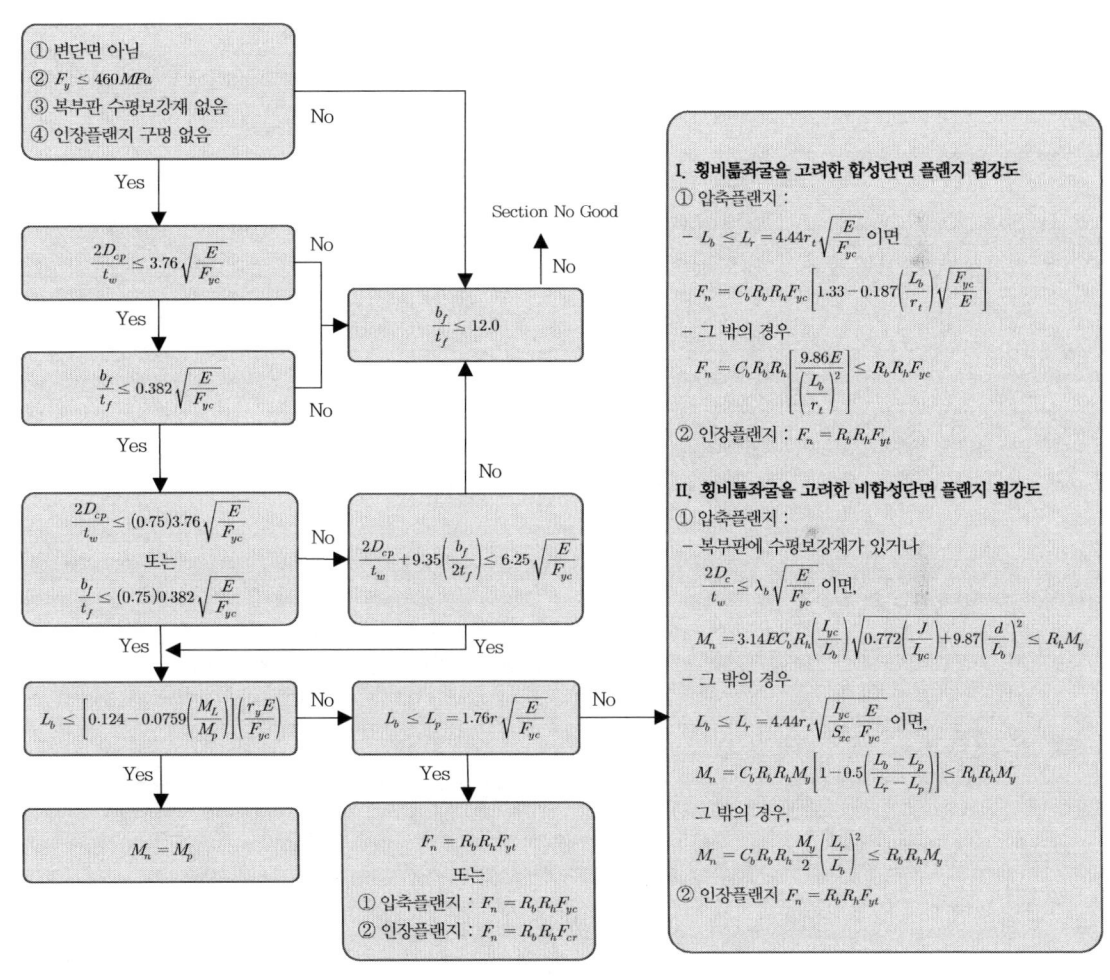

〈I형 단면의 휨설계를 위한 흐름도〉

소수주거더교

소수주거더교의 구조적 특성을 설명하시오.

풀 이

▶ 개요

소수주형교는 종래의 다주형교와 비교해 주거더의 개수를 최소화하여 합리화하고, 보강재의 사용을 최소화하며, PS가 도입과 같이 장지간 바닥판을 사용하여 교량형식의 합리화를 함으로써 교량 제작비의 저감, 유지관리비의 저감 및 공사기간의 단축을 할 수 있는 경제적인 교량형식이다.

▶ 구조적 특성

① 강재 제작기술의 발달과 후판적용 및 용접기술의 발달로 주거더의 개수 감소가 가능하다.
② 고강도 강재의 적용으로 판두께를 최소화시켰다(구조물의 경량화, 절단, 천공 등 기계 가공이 용이해지고 비파괴검사 시 정밀도 향상, 구조 합리화 및 단순화로 경제성 향상).
③ 주거더 단면 단순화로 수평, 수직 보강재 최소화되었다.
④ 가로보 구조 단순화로 설치간격 최대화하였다.
⑤ 바닥판을 장지간화하였다(Precast 또는 현타후 횡방향 PS도입) : 8~10m까지 사례 있음
⑥ 제작비, 유지관리비 서렴한 상교 가능, 미관에 유리하다.

장점	단점
① 기본적인 플레이트 거더교의 장점 유지	① 바닥판의 지간과 캔틸레버 길이가 길어져 장지간 바닥판 성능확보 방안 필요
② 2개의 주형만 사용하므로 미관 유리	
③ 다수의 거더교에 비해 상대적으로 거더수가 줄어 제작상 유리	② 다주형교에 비해 형고가 높음
④ 후판의 사용으로 국부좌굴에 대한 안전도가 높아 보강재 생략 또는 절감	③ 피로검토 시 단재하 경로를 적용하여야 하므로 허용피로응력범위가 줄어서 다소 불리

▶ 구조적 특성으로 인한 설계 시 검토사항

1) 교량의 여유도 : 소수거더교는 일반적으로 2거더 시스템으로 설계되며 다수거더교와 다르게 거더의 최소화, 가로보와 수평브레이싱의 단순화 또는 생략을 통해 경제성, 시공성, 유지관리 측면에서 합리화를 도모한 거더형식이므로 주요부재가 소성상태 또는 다른 원인으로 하중을 지지할 수 없는 경우 교량전체가 붕괴로 이어질 수 있는 구조적 여유도(Redundancy)가 낮은 교량형식이다.

① 단순교의 여유도 설계 : 단순교의 여유도 확보를 위해 주거더의 휨인장응력을 허용응력 대비

낮추어 설계하고 효과적인 여유도 확보를 위해 거더 하부플렌지 위치에 수평브레이싱을 설치한다.

② 연속교의 여유도 설계 : 연속교는 일반적으로 충분한 구조적 여유도를 확보하고 있으므로 설계 시 여유도를 검토하지 않아도 된다.

2) 곡선 적응성 : 소수주형거더교는 비틀림 저항성능이 박스거더 단면에 비해 떨어지기 때문에 박스거더교에 비해 불리한 측면이 있으나 도로교 설계기준에서 제시하고 있는 곡률반경이 일정 정도 이상인 경우에는 적용이 가능하다.

3) 주거더의 배치 : 일반적으로 주거더 간격은 최대 7m로 하는 것이 좋다. 프랑스의 경우 주거더 간격은 2차선의 경우 5m, 3차선의 경우 6.75m를 적용하고 있으며, 일본의 경우 바닥판 설계휨모멘트식의 적용범위가 6m로 제한되어 있으나 최근에는 바닥판 지간이 11m인 교량(Warashinagawa bridge)이 건설되었다. 유럽이나 일본에서 바닥판 캔틸레버부는 일반적으로 주거더 간격의 0.4~0.5배 길이를 가지며, 국내의 도로교 설계기준의 휨모멘트 산정식은 7.3m로 제한되어 있으며 연구결과도 8m 이하에서 바닥판 휨모멘트 산정식이 안전측으로 예측되어 주거더를 7m로 한정하는 것이 안전측이다.

4) 주거더의 형고 : RIST보고서에 따르면 강중량 최소 방식을 전제로 한 경우는 주거더 높이/경간비는 1/13~1/15 정도가 되지만, 부재의 후판화 및 제작성, 현장시공성을 종합적으로 평가해 주거더의 높이를 정하는 것이 필요하며, 강중량뿐만 아니라 제작성을 고려한 경우 최적 주거더 높이/지간비는 1/17~1/18로 하는 것이 좋다.

5) 가로보의 간격 : 압축플렌지의 고정점간 거리를 확보하기 위하여 가로보의 간격을 조정하며 최대 6m 정도로 하는 것이 좋다. 이때 시공 시 안정성에 대한 검토를 수행하여야 하며 국내 도로교 설계기준에서는 경험적으로 얻은 6m를 가로보 간격의 최대치로 규정하고 있으며 유럽이나 일본의 경우 모멘트 영역에 따라 5~10m까지 가로보 간격을 변화시키고 있다.

6) 바닥판 : 소수주형교의 바닥판은 소수주형교의 장점을 최대한 살려주는 안전하면서도 시공성이 우수한 바닥판의 형식이어야 하며, 공용 시 피로손상을 최소화하는 내구성이 확보될 수 있어야 한다. 기존의 플레이트 거더교의 경우 주형간격이 대부분 3m 이내이므로 비교적 설계와 시공이 용이하나 소수주형교의 경우 대부분 주형의 간격이 5m 이상이며, 해외의 경우 최대 15m에 이르는 것도 있는 등 기존의 바닥판과 다른 형태를 가진다. 주로 프리캐스트 바닥판이나 횡방향 PS텐던을 이용한 방법 등이 이용되고 있다.

구분		일반 판형교		소수주형 판형교
단면도				
주형수	많음	2,3차선 교량기준 5~7개 주형	적음	주형개수를 2~3개 제한 가설이 간단하고 경관이 수려함
강판두께	박판	여러 개의 박판 주형을 사용하여 전체 강성을 확보하였으며 집중하중의 영향으로 비경제적 설계	후판	주형수를 줄여 하중을 주형에 효과적으로 분배하는 대신 후판의 사용으로 전체강성을 확보
강종	일반 강재	일반강재 사용으로 단위강재중량에 대한 강성이 작음	고장 력강	고강도 강재(TMCP강)를 사용하여 구조물 중량을 감소시켜 강재의 사용효율 및 내구성을 극대화하고 형고를 낮추어 미관 개선
용접	복잡	주형의 맞댐 용접으로 품질관리가 어렵고 주형개수가 많아 용접개소수 및 연장이 길어져 시공성 불리	단순	주형의 맞댐 이음이 없고 이음부위에서 채움판에 의해 플랜지 두께를 변화시켜 품질관리 우수, 주형 및 부재 개수가 적어 용접개소수 및 연장이 일반 판형교의 50% 이하로 작업이 단순하고 시공성이 좋음
품질관리 및 유지보수	보통	부재수 및 용접개소수가 많아 품질관리 및 유지보수 어려움	양호	부재수 및 용접개소수가 적어 품질관리 및 유지보수 양호
경제성	불량	강재 사용량과 제작비가 높아 경제성이 불량	우수	강재사용량과 제작비가 낮아 경제성 우수
가설	불량	부재수가 많아 가설에 장시간을 요하며 시공성이 불량	우수	가설 부재수가 적어 시공성이 우수하고 가설시간이 짧아 공기단축 공사에 적합
미관	보통	주형수가 많고 하부구조 규모가 커서 미관 불량	양호	주형수가 작고 하부구조 규모수가 작아 미관 양호

광폭 판형교

왕복 4차로의 광폭 2주형 판형교를 설계할 때 주요 검토사항과 교량 가설계획에 대하여 설명하시오.

풀 이

> ### 개요

판형교는 교량의 폭이나 지간 등의 조건에 따라서 다양한 형식으로 사용할 수 있다. 다주형 판형교의 경우 가장 일반적으로 많이 사용하는 형식으로 형고를 작게 할 수 있는 장점이 있으나, 소형부재들이 많고 주형이 교량 폭 전체에 거쳐 위치하게 되므로 교각이 커지게 되는 등 미관상 불리한 면이 있다. 반면, 2주형 판형교는 2개의 주형만을 사용하므로 미관상 유리하며, 다주형교에 비해 상대적으로 부재 수가 줄어들어 제작에도 유리하다.

> ### 광폭 2주형 판형교

광폭에 2주형 판형교를 적용하기 위해서는 바닥판의 지간과 캔틸레버의 길이가 길어지게 되어 장지간 바닥판의 성능을 확보할 필요가 있으며, 다주형교에 비해 형고가 커져야 한다.

기존 판형교의 경우 얇은 강판을 주로 사용하고 보강재를 사용하여 보완하는 형식이지만 광폭의 2주형 판형교를 적용하기 위해서는 바닥판의 지간 간격을 최대한 넓게 하여 주형의 수를 감소하고, 두꺼운 강재를 사용하여 각종 보강재, 가로보, 수평 브레이싱 등의 구조 부재를 단순화 또는 생략함으로써 사용 재료, 제작 공수, 운반, 가설, 유지 관리 측면에서 철저한 합리화하여야 한다. 이러한 형식은 국내에서 후판을 활용한 소수 거더교가 많이 적용되고 있다.

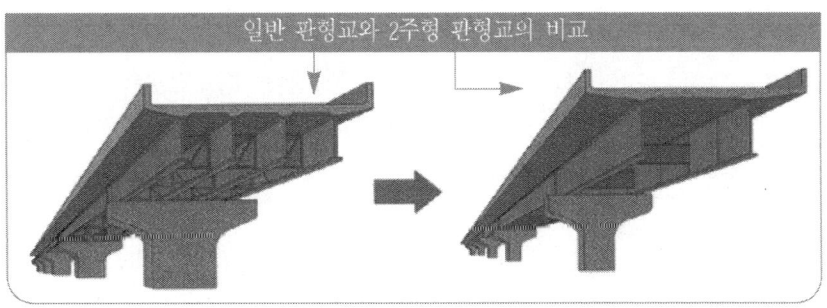

(광폭 2주형 판형교)

> ### 광폭 2주형 판형교 주요 검토사항 및 가설계획

1) 교량의 여유도 : 소수거더교는 일반적으로 2거더 시스템으로 설계되며 다수거더교와 다르게 거더의 최소화, 가로보와 수평브레이싱의 단순화 또는 생략을 통해 경제성, 시공성, 유지관리 측면에서 합리

화를 도모한 거더 형식이므로 주요부재가 소성상태 또는 다른 원인으로 하중을 지지할 수 없는 경우 교량 전체가 붕괴로 이어질 수 있는 구조적 여유도(Redundancy)가 낮은 형식이다. 단순교의 경우 여유도 확보를 위해 주 거더의 휨 인장응력을 허용응력 대비 낮추어 설계하고, 효과적인 여유도 확보를 위해 거더 하부플랜지 위치에 수평브레이싱을 설치한다. 연속교의 경우 일반적으로 충분한 구조적 여유도를 확보하고 있으므로 설계 시 여유도를 검토하지 않아도 된다.

2) 곡선 적응성 : 소수 주형거더는 비틀림 저항성능이 박스 거더 단면에 비해 떨어지기 때문에 박스거더교에 비해 불리한 측면이 있으나 도로교 설계기준에서 제시하고 있는 곡률반경이 일정 정도 이상인 경우에는 적용이 가능하다.

3) 주 거더의 배치와 형고, 가로보의 간격

① 주 거더의 배치 : 일반적으로 주 거더 간격은 최대 7m로 하는 것이 좋다. 프랑스의 경우 주 거더 간격은 2차선의 경우 5m, 3차선의 경우 6.75m를 적용하고 있으며, 일본의 경우 바닥판 설계휨모멘트식의 적용범위가 6m로 제한되어 있으나 최근에는 바닥판 지간이 11m인 교량 (Warashinagawa bridge)이 건설되었다. 유럽이나 일본에서 바닥판 캔틸레버부는 일반적으로 주 거더 간격의 0.4~0.5배 길이를 가지며, 국내의 도로교 설계기준의 휨모멘트 산정식은 7.3m로 제한되어 있으며 연구결과도 8m 이하에서 바닥판 휨모멘트 산정식이 안전 측으로 예측되어 주 거더를 7m로 한정하는 것이 안전 측이다.

② 주 거더의 형고 : RIST보고서에 따르면 강중량 최소 방식을 전제로 한 경우는 주 거더 높이/경간비는 1/13~ 1/15 정도가 되지만, 부재의 후판화 및 제작성, 현장 시공성을 종합적으로 평가해 주 거더의 높이를 정하는 것이 필요하며, 강 중량뿐만 아니라 제작성을 고려한 경우 최적 주 거더 높이/지간비는 1/17~ 1/18로 하는 것이 좋다.

③ 가로보의 간격 : 압축플랜지의 고정점 간 거리를 확보하기 위하여 가로보의 간격을 조정하며 최대 6m 정도로 하는 것이 좋다. 이때 시공 시 안정성에 대한 검토를 수행하여야 하며 국내 도로교 설계기준에서는 경험적으로 얻은 6m를 가로보 간격의 최대치로 규정하고 있으며 유럽이나 일본의 경우 모멘트 영역에 따라 5~10m까지 가로보 간격을 변화시키고 있다.

4) 소수주형교의 바닥판 : 소수주형교의 바닥판은 소수주형교의 장점을 최대한 살려주는 안전하면서도 시공성이 우수한 바닥판의 형식이어야 하며, 공용 시 피로손상을 최소화하는 내구성이 확보될 수 있어야 한다. 기존의 플레이트 거더교의 경우 주형간격이 대부분 3m 이내이므로 비교적 설계와 시공이 용이하나 소수주형교의 경우 대부분 주형의 간격이 5m 이상이며, 해외의 경우 최대 15m에 이르는 것도 있는 등 기존의 바닥판과 다른 형태를 가진다. 주로 프리캐스트 바닥판이나 횡방향 PS 텐던을 이용한 방법 등이 이용되고 있다.

04 PSC 합성거더

1. 프리스트레스트 콘크리트 합성거더

PSC 합성거더는 프리캐스트로 제작된 PSC거더를 현장 거취 후 전단연결재 등을 이용하여 현장치기 바닥판과 합성시켜 거더와 바닥판이 일체로 작용하도록 한 구조형식이다.

최근에는 지점부 바닥판을 3경간 정도씩 연속화하여 재료의 내구성(신축이음장치의 유지보수)과 승차감이 향상되도록 하고 있지만 실제로 거더가 연속이 아니고 해석도 연속으로 하지 않지만 바닥판에 발생하는 부모멘트에 영향에 대해서는 합성 후 고정하중 및 활하중 연속합성구조로서 중간지점부를 설계하는 근사적인 접근법이 사용되고 있다.

① 바닥판의 설계 : 기존에는 바닥판을 폭 1m를 갖는 빔으로 모델링한 후 부재력을 구하여 설계하였으나 보다 정밀한 해석을 위해서는 Shell 요소를 활용한 판 해석을 수행하는 것이 타당할 것으로 사료된다.

② 주 거더 설계 : 과거에는 관용적 설계법(1-Zero법)으로 영향선을 통한 하중재하를 통해서 설계하기도 하였으나 근래에는 격자해석을 통한 해석방법이 주로 사용되고 있다. 주 거더 설계 시에는 주로 연속화 되었더라도 단경간으로 보고 안전측에서 설계한다.

③ 기존 모델링의 문제점 : 주 거더는 단경간으로 해석하고 바닥판은 연속형으로 해석함으로써 실제 구조물의 거동과 다르게 해석 수행하는 문제점을 가지고 있다. 국부적인 영향 등을 반영하지 못하고 있으며, 주거더는 과다하게 설계됨으로써 경제적인 손실이 발생하게 된다.

연속이라고 정의하기보다는 연속부에 격벽이나 가로보를 설치함으로써 연속화했다고 표현하며 연속화하였더라도 설계기준상 2개의 받침을 설치하기 때문에 합리화되지 못한 측면이 있다. 실제 설치되는 연속화된 Beam에 대하여 보다 정밀한 해석을 통해 합리화할 필요성이 있다.

2. PSC 합성거더 설계 시 유의사항

① 일반적으로 PSC합성거더는 직선이므로 곡선평면상에 설치할 경우 지간 중앙부 캔틸레버 길이의 확장으로 인하여 외측거더에 과도한 하중이 재할될 우려가 있으므로 이에 대한 검토 필요하다.

② 캔틸레버 길이(외측거더 중앙에서 바닥판 끝단까지의 거리)는 거더 중심 간격의 1/2 이하로 하는 것이 좋으며 캔틸레버에 고정하중이나 특수하중이 과대하게 재하될 경우에는 주 거더를 충분히 검토해야 한다.

③ 충분한 단면 검토를 통해 내·외측 거더의 응력이 비슷한 수준이 되도록 단면을 계획하는 것이 좋다.

④ 지점부에서 바닥판을 연속 처리하여 발생하는 부모멘트의 영향을 고려하여 종방향 철근을 배

근함으로써 바닥판의 균열을 최소화시킨다.

⑤ 받침 중심간 간격 및 좌표를 산정할 때와 받침 상면에 소울플레이트를 부착할 경우에는 교량의 종단구배를 반드시 고려하여야 한다.

3. PSC 합성거더 연속부 검토 [70회]

【기출유형 ①】 PSC Beam 연속화 시 바닥판 및 격벽 연속화 방안

1) 연속교 형식으로 구성할 경우 교각 위의 거더 접합구간을 현장타설 콘크리트로 연결하게 되며 일반적인 시공순서는 다음과 같다.

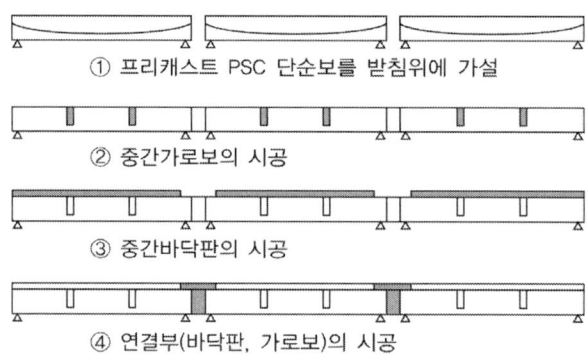

① 프리캐스트 PSC 단순보를 받침위에 가설

② 중간가로보의 시공

③ 중간바닥판의 시공

④ 연결부(바닥판, 가로보)의 시공

2) 지점상의 연속부 검토 시 연결 후에 탄성받침을 갖는 연속보로서 구한 단면력으로 산정한다. 거더 연결 후에 발생하는 크리프, 건조수축 및 지점침하에 의한 영향은 고정하중 및 활하중과의 하중조합에서 가장 불리한 조합을 고려한다.

3) 연결부의 단면산정 시 부(−)의 휨모멘트에 대한 설계단면은 연결부 단면으로 하고 단면형태는 PSC 거더의 단면형상을 복부로 하고 유효폭(도설 4.2.2.6, T형 거더 압축플랜지 유효폭)을 연결부 인장철근이 배근되는 플랜지의 유효폭으로 한다.

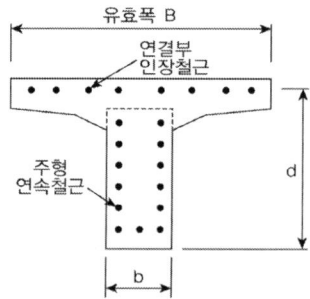

PSC 시공

하천을 횡단하는 지간 L=2@45+4@40+2@45=340m인 개량형 PSC거더교가 설계되어 교량시공을 하려고 한다. 단, 하천의 유심부에는 교량공사용 가교가 있으며 교각마다 축도가 있다.
1) 개량형 PSC 거더교 시공순서
2) 귀하가 설계책임기술자로서 교량의 안전한 시공을 위해 검토해야 할 사항

풀 이

➤ 개요

하천을 횡단하는 교량은 하천유량을 고려한 경간장과 홍수위를 고려한 교량 밑 다리공간의 확보 등 설계 시 고려사항과 함께 공사 시에는 사전에 하천점용허가를 통해 홍수기 등을 피해 가교의 사용 시기를 결정하고 환경오염이 발생하지 않도록 사전에 방지망 설치 등의 조치가 필요하다.

➤ 개량형 PSC 거더교 시공순서

일반적으로 PSC교량은 가설구간 인근에 제작대를 설치하여 거더를 제작하여 양생하며, 이후 강연선 설치와 인장작업 및 운반과 가설, 상부 포장, 교면포장의 순서에 따라 거더교를 시공한다. 개량형 PSC교에서 2차 긴장을 하는 거더교의 경우에는 거더를 거치한 후에 2차로 긴장작업을 실시하기도 한다.

➤ 안전한 시공을 위한 검토사항

1) 제작장 선정 : PSC 거더교 제작 중 지반의 부등침하가 발생하지 않아야 하며, 충분한 지지력을 가지면서 제작된 거더의 반출이 용이하고 홍수위 이상의 지형에 설치되어야 한다.

2) 강연선과 철근 등 자재 보관 : 외부나 지면에 강연선과 철근이 직접 노출되면 부식 등이 발생될 수 있으며, 강연선의 경우 높은 응력을 받기 때문에 작은 점식에서도 수소취화 등의 문제점이 발생될 수 있다. 따라서 강연선과 같은 자재는 별도의 보관장소를 선정하도록 하여야 한다.

3) 양생관리 : 거더의 양생 시에는 온도에 따라 증기양생 등을 고려해 급격한 온도변화로 손상이 발생되지 않도록 해야 한다.

(PSC 제작장 선정)

(증기양생)

(강연선 긴장)

4) 강연선의 인장 : 급작스럽게 큰 인장력을 줄 경우 파열력, 할렬력 등으로 인해 균열이 발생될 수 있으므로 단계적으로 강연선의 인장을 수행해 콘크리트에 균열이 발생되지 않도록 관리해야 하며, 이때 솟음량과 그라우팅관리도 기준 이내에 들도록 해야 한다.

5) 거취 크레인의 용량 등 검토 : 크레인은 용량을 고려하여 선정하여야 하며, 이때 크레인의 붐대의 각도에 따른 용량과 작업 반경 등을 확인하여야 한다. 또한 크레인의 지지력 확보를 위해 충분한 지지력이 나오는 곳에서 크레인을 거취하고 지지면을 확보해 전도되는 사고가 발생되지 않도록 해야 한다.

6) 거더의 전도방지 : PSC 거더교는 폭에 비해 높이가 크므로 가설 중 전도될 수 있으므로 전도방지 시설 등을 설치하여 가설 중 거더가 전도되지 않도록 관리해야 한다.

7) 홍수기 하천유량 등 : 가도, 축도, 가교 설치 기간 중 홍수기가 있는 경우 충분한 유수단면적 등을 확보하여 유실 등이 발생되지 않도록 사전에 관리한다.

8) 환경 및 안전관리 : 하천 환경오염 등을 방지하기 위해 오탁방지망 등을 설치하고 공사관계자에 대한 안전교육 등을 관리한다.

(PSC 거더의 거취)

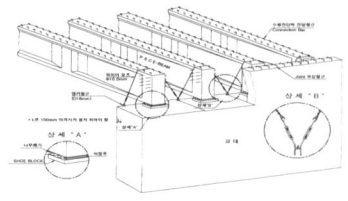
(PSC 전도방지 시설)

(강연선 2차 긴장)

개량형 PSC 설계 검토

장지간 개량형 PSC 거더 교량의 안정성 확보 및 고품질 시공을 위한 시공 전 사전 설계 도서 검토 사항에 대하여 설명하시오.

풀 이

> **개요**

개량형 PSC 거더는 기존의 35m 내외에 적용하는 일반적 PSC 거더의 형고를 낮추거나 긴장력 도입 효과를 더 효율적으로 도입하기 위해 단면형상이나 합성형상 등을 이용해 단면 중심을 변화시키는 등 장지간에도 도입될 수 있도록 개량한 PSC 구조 형식을 말한다. 그러나 단면형상은 유지한 채 긴장력을 높여 장지간에 도입하면서 횡만곡이 발생하거나 가설 중 사고가 발생하는 등의 사례가 발생하고 있어 시공 전 사전에 안정성과 품질확보를 위한 설계검토가 면밀히 요구된다.

> **시공 전 주요 설계 검토 사항**

1) 횡만곡 발생 여부

PSC 거더가 장경간화되어 감에 따라 거더에 설치되는 강연선이 많아지고, 거더형고는 높아지면서 강축방향으로는 큰 강성을 갖게 되지만 상대적으로 횡방향 강성은 더 취약해, 장경간 PSC 거더에서 좌굴 현상과 유사하게 횡방향으로 변형이 유발되는 횡만곡 현상이 발생될 수 있다. 횡만곡 발생의 주요 요인으로는 ① PSC 긴장력 도입 시 비대칭이나 높은 긴장력으로 인한 강연성 파단, ② 거푸집 변형, 재료 불균질 및 온도노출 편차로 인한 거더 외형 변형, ③ 제작장의 부등침하로 인한 편심 도입, ④ 거더 인양 과정에서 무게중심 변동으로 인해 횡만곡 증가나 신규 생성, ⑤ 콘크리트 크리프로 인한 초기 횡만곡 변형 증가 등을 들 수 있다. 이러한 요인이 발생할 수 있는지 시공 전 사전 검토를 통해 위험요인을 제거할 수 있도록 검토가 필요하다.

2) 가설 방법에 대한 적정성 검토

장경간 PSC 거더는 통상 하부 지장물 등의 원인이 있어 가설 시 제약조건이 수반되는 경우가 많고 따라서 가설 중 사고가 발생한 사례가 다수 있다. ① 적정 가설 크레인의 중량과 붐대의 회전반경 회전에 따른 인양 중량 확인, 가설 장비의 설치 위치 검토 및 지지력 확보 등에 대한 시공 전 사전 확인, ② 런칭 방식의 가설의 경우 런칭 방식의 적정성과 가설장비의 안정성에 대한 검토, ③ 거더 거취 전·후 거더의 전도 등에 대한 대책이 적절히 고려되었는지 검토되어야 한다.

프리스트레스 인양, 운반, 가설 시 고려사항

프리캐스트로 제작된 프리스트레스트 콘크리트 부재는 인양, 운반 및 가설의 단계를 거쳐야 한다. 이때 단계별 설계 시 고려사항에 대하여 설명하시오.

풀 이

▶ 개요

프리캐스트 부재는 콘크리트 부재의 품질을 향상하고 안전성, 시공성, 경제성, 유지관리 등에서 유리한 특징을 가진다. 그러나 인양, 운반, 가설 단계에서 사고발생도 지속되면서 설계안전성 검토와 같은 제도를 통해서 위험성을 사전에 제거할 수 있도록 하는 것이 보다 중요해지고 있다. 프리캐스트 콘크리트 부재는 분할되어 가설되기 때문에 설계 시에는 완성된 구조물의 연속된 안전성 확보와 함께 이동, 가설 중에서의 안전성도 중요한 검토사항이다.

▶ 프리캐스트 프리스트레스트 콘크리트 부재의 인양, 운반 및 가설단계별 고려사항

1) 부재의 인양 및 운반 시 고려사항

① 세그먼트 부재의 규모 : 제작장과 가설지역 간에 거리에 따라 도로, 하천 등을 이용해 운반되어야 하며, 이때에는 운반여건에 따라 세그먼트의 부재의 크기, 중량 등에 제한이 발생될 수 있다. 도로의 경우 이동장비의 축중 중량의 제한이 발생될 수 있으며, 하천의 경우에는 인양선에 크기에 따라 적정 세그먼트의 규모를 설계 시 검토하여야 한다.

② 운반 중 전도방지 : 부재를 운반 중에 전도 등의 사고가 발생되지 않도록 전도방지가 가능한 구조 혹은 별도의 전도방지 장치를 설치하도록 한다.

③ 인양 장비 적정성 : 세그먼트 부재의 하중에 따라 인양이 가능한 장비에 대한 검토가 수반되어야 하며, 크레인 등의 적정 인양 용량과 가설 붐대의 각도에 따라 적정한 하중을 인양할 수 있는지에 대한 검토가 수반되어야 한다.

④ 인양 시 세그먼트의 영향 : 세그먼트의 형태, 중량 등에 따라 인양방법이 결정되어야 하며, 이때에는 설계에서 인양용 고리의 매입이나 인양방법 등을 사전에 검토해 결정해야 한다. 인양고리 등을 매입할 때에는 인양 시 집중하중으로 인해 세그먼트에 발생하는 응력으로 인해 파손, 균열 등이 발생되지 않도록 사전 검토가 필요하다.

⑤ 인양 작업 위치의 적정성 : 인양 작업 시에는 충분한 지내력이 확보된 공간에서 실시해야 하며, 장비의 회전반경, 적재된 세그먼트의 길이 등을 고려해 적정한 인양공간에서 실시할 수 있도록 해야 한다.

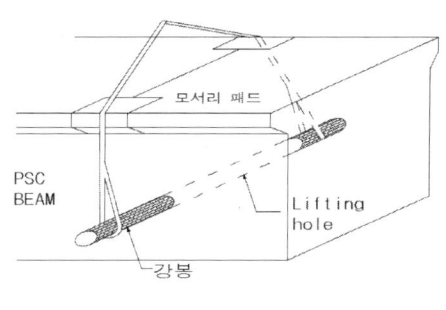

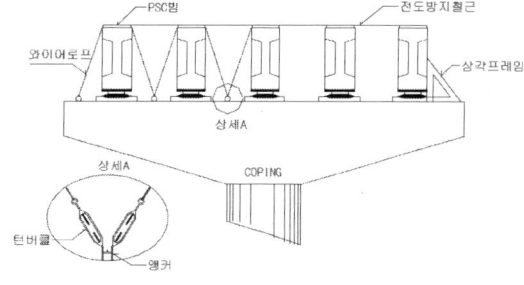

PSC 거더 인양 예　　　　　　　　　　　PSC 거더 전도방지 예

2) 가설 시 고려사항

① 가설 작업 위치의 적정성 : 가설 작업 시에는 충분한 지내력이 확보된 공간에서 실시해야 하며, 장비의 회전반경, 고압 송전선로, 전기·통신케이블 등 장애물 현황을 고려해 적정 위치를 선정해야 한다.

② 가설 장비·공법 적정성 : 가설용 크레인, MSS, FCM, PSM 등 적정 가설공법에 대한 검토가 수반되어야 하며 가설장비 및 공법, 동바리, 비계 등 가시설에 대한 안전검토가 수반되어야 한다.

③ 가설 세그먼트의 연결부 안전성 : 프리캐스트 구조물의 현장이음부가 적정하게 설치되어 본 구조물의 연속성 확보와 안전성에 문제가 없는지, 2차 응력이 발생되지 않는지 등에 대한 검토가 필요하다.

③ 전도·낙하물 방지대책 : 풍하중, 가설 중 충격하중 등으로 인해 부재가 전도하거나, 작업자 및 작업장비의 낙하 방지 대책 등을 설계 시 고려해야 한다.

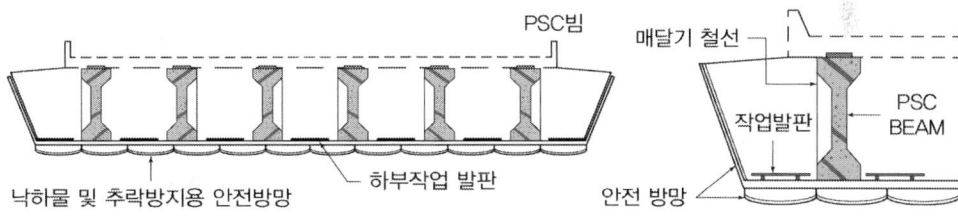

PSC 횡만곡

횡만곡 변형이 발생하기 쉬운 장경간 PSC 거더에 전단면 프리캐스트 슬래브가 놓이는 콘크리트 교량이 있다. 이때 슬래브에는 전단 포켓이라는 블록아웃 공간을 통해 그라우팅이 후타설되고 PSC 거더와 일체화된다. 이러한 구조에서 횡만곡 발생 메카니즘, 슬래브 시공 시 주의사항에 대하여 설명하시오.

풀 이

➤ 개요

PSC 거더가 장경간화되어 감에 따라 거더에 설치되는 강연선이 많아지고, 거더형고는 높아지면서 강축방향으로는 큰 강성을 갖게 되지만 상대적으로 횡방향 강성은 더 취약해, 장경간 PSC 거더에서 좌굴 현상과 유사하게 횡방향으로 변형이 유발되는 횡만곡 현상이 발생될 수 있다.

➤ 횡만곡 발생 원인(매커니즘)

1) PSC 압축 응력 도입 시 : PSC 텐던이 좌우 대칭되어 설계되어 있다 하더라도 현장 제작 시의 쉬스관의 조립오차, 긴장력의 순차적 도입에 따른 탄성변형으로 인한 하중 비대칭성, 도입된 강연선의 파단 등으로 인해 비대칭이 발생될 수 있고 이로 인해 횡만곡이 발생할 수 있다.

2) 거푸집 변형, 재료의 불균질, 온도노출 편차 : 제작대 설치 오차나 거푸집의 변형이나, 골재나 혼화재의 품질 불균질, 직사광선에 노출되는 정도로 인한 온도 구배 등으로 인해 거더의 외형이나 응력 불균질을 유발할 수 있고 이로 인해 횡만곡이 발생될 수 있다.

3) 제작장 부등침하 : 긴장력 도입 시 지지조건을 이루는 제작장이 부등침하한 경우 긴장력에 편심이 도입될 수 있으며 이로 인해 횡만곡이 유발될 수 있다.

4) 인양과정에서 무게 중심 변동 : 인양과정에서 연직 방향으로 작용해야 자중의 작용방향이 변화될 경우 텐던에 도입되는 압축력과 텐던의 편심에 의해 발생하는 모멘트가 변경될 수 있고 미세한 하중의 변화는 만곡을 증가시키거나 신규로 생성시킬 수 있다.

5) 콘크리트 크리프로 인한 추가 변형 : 발생된 횡만곡은 콘크리트 크리프로 인해 추가 하중이 없어도 변형이 지속될 수 있으며, 이는 횡만곡을 더 심화시키는 요인으로 작용한다.

▶ 횡만곡 구조적 안정성 평가

PC거더에 횡만곡이 발생한 경우에는 전체 구조물에 대한 안정성과 함께 국부적으로 긴장압력이 과대해진 부분에 대한 국부적 안정성 평가를 수행하여 검토해야 한다.

전체 구조물에 대한 안정성 평가에서는 횡만곡으로 인한 하중분배가 기존 설계와 달라지는지 여부와 함께 달라진 하중분배로 인해 거더에 응력범위에 대한 확인이 필요하며, 가설 및 완공 후에 대하여 횡만곡으로 인해 발생되는 추가적인 하중(편심, 비틀림 등)과, PS력의 설계 시 가정사항과 횡만곡으로 인한 PS력 손실여부 등에 대하여 고려하여 평가되어야 한다. 국부적인 안정성 평가에서는 횡만곡으로 인하여 긴장압력의 과다로 인해 국부적인 안정성 평가와 함께 정착구 등 취약부에 대한 국부적 파괴 등에 대한 검토가 수반되어야 한다.

▶ 횡만곡 방지방안

횡만곡이 발생하는 원인별에 대하여 방지방안을 수립할 수 있다. 강연선 배치가 대칭이 되지 않는 부분은 설계 시부터 텐던의 횡방향 배치가 전체 강연선이 좌우 대칭이 되도록 배치하고 1차례의 과대한 긴장압력이 시행되지 않도록 다단계긴장 작업을 수행하게 함으로써 횡만곡이 발생되지 않도록 할 수 있으며 지반의 평탄성 유지와 관련하여서는 시공 전 지반의 평탄성을 선 확보 후 시공할 수 있도록 설계·시공단계에서 고려하여야 한다.

▶ 프리캐스트 슬래브 시공 시 주의사항

프리캐스트 바닥판은 품질 및 공기단축이 가능하고 기계화시공에 유리하기 때문에 공사비가 유리한 특성을 가진다. 다만, 규격화되어 있어 횡만곡이 발생한 PSC와의 연결을 위해서는 바닥판의 전단 포켓 영역의 위치를 조정하기 어렵기 때문에 가설 전에 횡만곡이 발생한 PSC 거더의 조정을 선 수행하여야 한다. 횡만곡에 의한 변위를 보정하는 방식은 크게 변위가 발생한 부분을 와이어로프와 체인 블록 등을 이용해서 당겨서 조정하는 방법(Pulling)과 유압잭이나 스크류잭을 통해 밀어서 조정하는 방법(Pushing)으로 구분될 수 있으며 고정점 역할을 수행하는 인접 거더를 타 거더와 일체화 시켜서 조정 중 영향이 가지 않도록 하는 등 세밀한 시공관리가 필요하다.

구분	Pulling 방식	Pushing 방식
작업 순서	① 거더 세팅 후 단부 가로보 용접 ② 버팀거더와 보정거더간 와이어 로프 연결 ③ 체인블럭 연결 ④ 텐션 ⑤ 보정량 체크 ⑥ 보정 완료 후 거더 상부 플랜지에 횡방향 지지대 설치 ⑦ 가로보 연결	① 거더 세팅 후 단부 가로보 용접 ② 버팀거더와 보정 거더 사이에 유압잭, 스크류잭 설치 ③ 텐션 ④ 보정량 체크 ⑤ 보정 완료 후 거더 상부 플랜지에 횡방향 지지대 설치 ⑥ 가로보 용접

➤ 슬래브 타설 후 횡만곡 변형 시 고려사항

슬래브가 타설된 이후 횡만곡이 발생되었거나 발견될 경우에는 교정이 불가능하기 때문에 구조적 안전성에 영향이 없는지 검토하는 것이 필요하다. 횡만곡량이 크지 않다면 거더의 주형의 축변화에 따른 단면의 강성변화, 횡만곡량에 따른 하중의 변화를 고려해 안전성 검토를 수행할 수 있다. 탄성받침 위에 놓여진 거더의 경우 횡만곡에 따른 무게중심차로 인해 거더 회전이 발생되는 경우가 있으며, 이로 인해 거더 안전성에 영향을 미친다고 판단된다면 거더 간에 브레이싱을 추가하는 것을 검토할 수 있다.

PSC 거더 성능 실험

새로운 형태의 프리스트레스트 콘크리트 거더 교량 등 구조물을 개발할 때, 구조성능 실험을 통해 확인해야 하는 주요 성능의 종류와 그 평가 방법을 설명하시오.

풀 이

> ## 개요

일반적으로 새로운 유형의 교량을 개발할 때는 개발 컨셉과 설계기준에 따라 이론적인 구조설계를 수행하고 구조설계를 바탕으로 한 해석모델과 구조성능 실험을 통해 구조물의 이론적 개념과 실제 거동이 유사하게 이루어지는지 검증하게 된다. 구조성능 실험은 실제 교량을 가설 후 현장 재하시험을 통해 이루어지는 것이 바람직하나, 장소적 경제적 한계 등을 고려해 축소 모형이나 거더 일부만을 통해 실시되어지기도 한다.

> ## 신규 PSC교량의 구조성능 실험을 통해 확인하는 주요 성능과 평가방법

통상 실험실에서 실시되는 정적 재하시험은 장소적 한계 때문에 교량 전체 거동이 아닌 PSC 거더에 대해 구조성능 평가를 실시한다. 구조 성능평가에는 수치해석 등을 통한 전산해석결과와 정적 재하시험, 동특성 추출시험을 수행해 전산해석결과와 실거동 간의 유사성과 설계기준에 따른 기준값을 만족하는지 여부를 확인하게 된다.

1) 정적 재하시험

정적재하시험을 통해 하중-변위 간의 관계, 균열의 분포, 강연선의 변화율, 전단거동, 중립축의 변화 등을 확인한다. 휨거동과 전단거동에 대한 성능을 검증하는 데 활용되며 통상 거더가 항복한 이후 파괴될 때까지 실험하여 극한 및 파괴하중, 파괴 양상에 대해 확인한다.

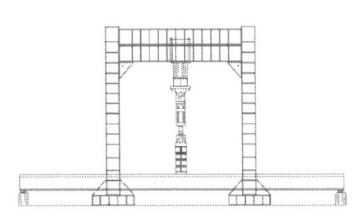  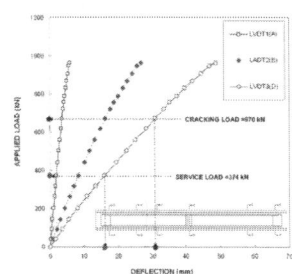

실물모형 프리텐션 PSC 거더의 구조성능 시험(김태균 외, 2013 토목학회지)

① 하중변위 분석 : 하중과 변위 간의 상관관계를 파악하고 이를 통해 항복하중과 극한하중, 파괴 양상 등을 파악한다. 균열이 발생하였을 때 즉각적으로 파괴되는지 여부와 연성파괴 가능성 등을 파악할 수 있다.

② 균열분포도 파악 : 사용하중하에서 균열이 발생되는지 여부와 균열이 발생하였을 때 발생하는 균열의 어떻게 발달하는지 여부도 파악해 휨균열이나 전단균열 여부 등도 확인한다.

③ 강연선의 변형률 : 강연선에 게이지를 부착해 변형률 거동을 확인하며, 거더와 강연선과의 상관관계와 부착상태 등을 파악해 극한하중상에서도 강도를 발휘하는지 등을 확인한다.

④ 전단거동 : 스터럽 등이 전단거동 시에 역할을 적정하게 수행하는지 전단균열폭 증대를 억제하는지 등을 확인하기 위해 스터럽 등에 게이지 등을 부착해 확인한다.

⑤ 중립축의 변화 : 균열발생에 따라 중립축의 변화와 유효단면의 감소가 발생하는지 확인해 파괴 시의 거동을 확인할 수 있도록 한다.

⑥ 수치해석 모델과의 비교 : 이상에서 실험을 통해 검증한 내용이 수치해석 모델을 통해 해석한 내용과 상사성을 가지는지 확인하며, 이를 통해 구조해석으로 설계에 적용이 가능한지 여부를 판단한다.

⑦ 장기거동 확인 : 크리프, 건조수축, 릴렉세이션 등 장기거동으로 인해 거더에 영향을 미치는 바에 대해 확인하고 비교 검증한다.

2) 동특성 추출시험

철도교와 같이 동적 거동이 설계 시 중요한 요소로 작용하거나, 장경간 경량화된 PSC거더로 상대적으로 유연한 구조로 진동에 취약할 것이 우려될 경우 보완적으로 실험을 통해 확인하는 절차를 거칠 수 있다. 이를 통해 반복적 하중이 공진이나 과도한 처짐 등에 영향을 미칠 수 있는지 사용성에 대한 문제가 있는지 검증한다. 동특성 추출시험은 ① 180°의 위상차를 갖는 편심질량을 회전시켜 가진시키는 가진기를 이용하는 방법과 ② impact 해머로 자유진동시키는 방법 등이 있다. 해머를 이용하는 방법은 구조물 전체를 진동시키기에 부족한 충격량으로 구조물의 강성과 고유진동수가 과대평가될 수 있기 때문에 일반적으로 실물거더에 대해 가력기를 이용해 수 mm의 변위를 가한 후 순간적으로 힘을 제거하여 자유진동을 유도하는 quick release 방식을 이용해 고유진동수와 고유모드, 감쇠비 등을 측정하는 방식을 사용한다. 정적 재하시험과 마찬가지로 실험을 통해 얻은 데이터와 전산해석을 통해 해석한 내용을 비교하여 검증한다.

한계상태설계법 : PSC 거더교

한계상태설계법을 적용하여 PSC 거더교를 설계할 때 설계절차와 검토할 항목에 대하여 설명하시오.

풀 이

➤ 개요

한계상태설계법에 따라 PSC 거더교를 설계할 때에는 먼저 설계조건을 결정하여 단면을 가정하고 이에 따라 내구성과 피복두께를 산정한 이후 PSC 거더 설계와 바닥판, 가로보 등의 설계, 연속부가 있는 경우 연속부에 대한 검토의 순서로 설계를 진행한다.

설계조건결정 및 단면가정	내구성 및 피복두께 산정	PSC 거더의 설계
① 교량 제원, 등급 등 결정 ② 하중조건	① 환경조건에 따른 노출등급 결정 ② 콘크리트 피복두께 산정 ③ 최소콘크리트강도 산정 ④ 설계등급 결정	① 단면계수 산정 ② 하중산정과 하중조합 ③ 응력산정 및 강연선량 산정 ④ 극한/극단 한계상태 검토 ⑤ 사용한계상태 검토

바닥판/가로보 설계	연속부 검토
① 단면계수 산정 ② 하중산정 및 하중조합 ④ 극한/극단 한계상태 검토 ⑤ 사용한계상태 검토	① 단면계수 산정 ② 하중산정 및 하중조합 ④ 극한/극단 한계상태 검토 ⑤ 사용한계상태 검토

한계상태설계법에 따른 PSC 거더교 설계흐름도

➤ 절차별 검토항목

1) 설계조건 결정 및 단면가정

한계상태설계법(도로교설계기준, 2015)에서는 이전 설계기준(도로교설계기준, 2010)과 달리 활하중의 변화(DB, DL → KL510), 하중수정계수(η_i 도입) 등이 달라졌으며, 발주자의 요구조건에 따라 교량의 제원과 등급을 결정한다. 또한 하중조건에 따라 한계상태별 하중조합을 고려하여 반영하여야 한다.

2) 내구성 및 피복두께 산정

한계상태설계법(도로교설계기준, 2015)에서는 환경조건에 따른 노출등급을 달리하고 있어 노출

등급 결정에 따라 최소 콘크리트 기준 압축강도와 최소피복두께를 산정해야 한다.

3) PSC 거더 설계

단면의 상수를 산정하고 고정하중, 활하중, 텐던배치 및 응력산정을 검토한다. 사용한계상태의 응력한계검토, 처짐 등을 검토하고 극한한계상태에서의 단면휨저항모멘트 산정과 취성 방지 검토, 전단강도 보강, 전단연결재 설계와 스트럿-타이 모델을 이용한 정착부 설계를 실시한다.

4) 바닥판/가로보/기타 설계

바닥판은 설계지간을 산정하여 최소두께를 검토하는 설계단면 검토과정을 거쳐 극한한계상태, 극단상황한계상태 및 사용한계상태에 대한 검토를 수행한다. 극한한계상태에서는 응력-변형률 곡선을 이용하여 휨강도를 검토하고 철근량을 산정한다. 차량충돌하중을 고려한 극단상황한계상태에 대해서도 검토하며, 철근의 인장응력 제한 검토, 콘크리트 압축응력 제한 검토, 균열폭 산정 등 균열과 한계지간/깊이 비를 통해 처짐에 대한 사용한계상태 검토를 수반한다. 바닥판의 외측부와 내측부를 구분하여 설계하고 경험적 설계법 등을 통해 보강철근량을 산정하고 단부에 대해 극한한계상태와 사용한계상태를 검토한다. 마지막으로 차륜하중에 대한 최대전단응력을 산정하여 뚫림전단강도에 대한 검토가 수반된다.

가로보와 부부재 등은 휨강도와 전단강도에 대해 검토되며 연속부의 경우 단계별 재령을 고려한 크리프 계수와 건조수축 변형률을 산정하여 2차 응력을 고려한 응력 재분배 등이 검토된다. 최종적으로는 반력과 처짐 검토를 수행하고 반력에 따라 받침용량을 검토한다.

1) 설계조건 결정 및 단면가정

도로교 설계기준 2010	도로교 설계기준 2015
① 설계조건 결정 및 단면가정	**① 설계조건 결정 및 단면가정**
• 교량형식 및 설계개요 • 단면개요	• 교량형식 및 설계개요 • 단면개요
② 환경조건에 따른 노출등급 결정	**② 환경조건에 따른 노출등급 결정**
• 해당 없음	• 노출등급 결정 • 노출등급별 최소콘크리트 강도, 최소피복두께 결정
③ 사용부재 및 설계강도 결정	**③ 사용부재 및 설계강도 결정**

• 부재별 사용재료 및 설계강도 결정
 	
(콘크리트)
  - 설계기준강도(재령28일 압축강도) f_{ck}
  - 탄성계수 $E_c = 0.077 m_c^{1.5}\sqrt[3]{f_{cu}}$
  - 균열등급별 허용인장응력
   · 비균열 등급 : $f_t \le 0.63\sqrt{f_{ck}}$
   · 부분균열등급 : $0.63\sqrt{f_{ck}} < f_t \le 1.0\sqrt{f_{ck}}$
   · 완전균열등급 : $f_t > 1.0\sqrt{f_{ck}}$
 	
(철근)
  - 기준항복강도 f_y
  - 탄성계수 E_s
 	
(PS강연선)
  - 기준인장/항복강도 f_{pu}/f_{py}
  - 탄성계수 E_p
  - PS 최대허용긴장응력
   $f_{0,\max} = \min[0.8f_{pu},\ 0.94f_{py}]$
  - PS 최대허용긴장응력(긴장 및 정착직후)
   $f_{pmo} = \min[0.74f_{pu},\ 0.82f_{py}]$
  - 유효 PS력과 지속하중조합 시 PS강재 응력제한
   $0.45f_{pu}$
  - 유효 PS력과 전체하중조합 시 PS강재 응력제한
   $0.6f_{pu}$
	• 부재별 사용재료 및 설계강도 결정
	
	(콘크리트)
	  - 표준기준강도(재령28일 압축강도) f_{ck}
	  - 평균압축강도 $f_{cm} = f_{ck} + \Delta f$
	  - 평균인장강도 $f_{ctm} = 0.3(f_{cm})^{2/3}$
	  - 기준인장강도 $f_{ctk} = 0.7f_{ctm}$
	  - 탄성계수 $E_c = 0.077 m_c^{1.5}\sqrt[3]{f_{cu}}$
	
	(철근)
	  - 기준항복강도 f_y
	  - 탄성계수 E_s
	
	(PS강연선)
	  - 기준인장/항복강도 f_{pu}/f_{py}
	  - 탄성계수 E_p
	  - PS 최대허용긴장응력
	   $f_{0,\max} = \min[0.8f_{pu},\ 0.9f_{py}]$
	  - PS 최대허용긴장응력(긴장 및 정착 직후)
	   $f_{pmo} = \min[0.75f_{pu},\ 0.85f_{py}]$
	  - 유효 PS력과 사용한계상태하중조합V에서의 PS 강재 응력제한 $0.65f_{pu}$

2) 거더설계

도로교 설계기준 2010	도로교 설계기준 2015
① 단면계수 산정	**① 단면계수 산정**
• 총단면 / 순단면 / PS환산단면 • 합성단면(슬래브 환산단면) ← 플랜지 유효폭	• 총단면 / 순단면 / PS환산단면 • 합성단면(슬래브 환산단면) ← 플랜지 유효폭 * 전단강도 검토를 위한 전단검토 위치의 Q추가 산정
② 하중 산정 및 하중조합	**② 하중 산정 및 하중조합**
• 횡분배 해석 - 고정하중과 활하중에 대한 거더별 분배 하중 계산 • 종방향 해석 - 분배하중을 거더에 재하하여 종방향 해석 • 부재력 정리 및 하중조합	• 고정하중 - DC(합성 전 고정하중) : 거더자중, 가로보, 슬래브 - DW(합성 후 고정하중) : 포장, 방호벽 • 활하중 - 횡분배계수 산정 - 단경간 거더 활하중 영향선을 이용한 부재력 산정 - 횡분배계수×부재력=내외측 활하중 부재력 • 부재력 정리 및 하중조합
③ 허용응력 검토	**③ 사용한계상태 검토**

• 균열등급 결정
 - 균열등급별 허용인장응력 결정
  · 비균열등급 : $f_t \leq 0.63\sqrt{f_{ck}}$
  · 부분균열등급 : $0.63\sqrt{f_{ck}} < f_t \leq 1.0\sqrt{f_{ck}}$
  · 완전균열등급 : $f_t > 1.0\sqrt{f_{ck}}$
 	
• 응력 검토
 - PS에 의한 응력 산정
  소요 PS 강연선 개수 산정 → PS 강연선 배치 → PS 긴장력 가정 → PS 즉시 손실량 산정 → 초기응력 결정 → PS 장기손실량 산정 → 유효응력 결정 → PS 긴장재의 신장량 산정
  * PS 최대허용긴장응력 검토(긴장 시, 긴장 후, 지속하중)
 - PS 영향을 고려한 재하단계별 응력검토 : 콘크리트 압축응력 제한
  · 전체하중 작용 시 : $0.6f_{ck}(t)$
  · 지속하중 상태 : $0.45f_{ck}(t)$
• 균열 검토
 - PSC부재의 비균열등급의 허용응력을 충족하므로 별도의 균열폭 검토 생략
• 처짐 검토
 - 고정하중 및 활하중 처짐 계산
 - 장기처짐 계산
 - 활하중 처짐 검토 및 솟음량 계산
	• 사용한계상태 설계등급 결정
	 - 노출환경 및 구조형식 → 최소설계등급 결정 → 해당 등급에 따른 사용한계상태 검증
	
	• 응력검토
	 - PS에 의한 응력 산정
	  소요 PS 강연선 개수 산정 → PS 강연선 배치 → PS 긴장력 가정 → PS 즉시 손실량 산정 → 초기응력 결정 → PS 장기손실량 산정 → 유효응력 결정 → PS 긴장재의 신장량 산정
	  * PS 최대허용긴장응력 검토
	 - PS 영향을 고려한 재하단계별 응력검토 : 콘크리트 압축응력 제한
	  · 사용하중조합 I : $0.6f_{ck}$
	  · 사용한계상태하중조합 V : $0.45f_{ck}$
	• 균열검토
	 - PSC 부재의 영응력(0응력) 한계상태를 충족하므로 별도의 균열폭 검토 생략
	• 처짐검토
	 - 고정하중 및 활하중 처짐 계산
	 - 장기처짐 계산
	 - 활하중 처짐 검토 및 솟음량 계산

도로교 설계기준 2010	도로교 설계기준 2015
④ 극한강도 검토	④ 극한한계상태 검토
• 휨 설계 　- 단면 휨저항 강도 산정 　　· 중립축 결정(T형보 판별) 　　· 강재발생응력 f_{ps} 계산 　　· 단면 휨저항강도 산정	• 휨 설계 　- 단면 휨저항 강도 산정 　　· 단면형상 및 재료상수 결정 　　· 중립축 결정($F_s = F_c$) ← 단면형상 판단 　　· 응력-변형률 관계를 이용한 강재발생 변형률 　　　: 단면 휨에 의한 강재발생 변형률 산정 　　　: PS도입에 Pre-strain 포함한 강재 변형률 산정 　　· 변형률에 상응하는 강재발생응력 산정 　　　: $f_s(\epsilon_{pre})$, $f_s(\epsilon_s + \epsilon_{pre})$ 　　· 강재발생력 F_s 산정 및 단면휨저항강도 산정
- 취성파괴방지 검토 　　· 균열모멘트 1.2배 이상의 힘에 저항	- 취성파괴방지 검토 　　· 사용하중조합 II에 의해 관찰이 가능한 휨균열이 발생할 수 있도록 긴장재를 가상으로 감소시켜 남아있는 긴장재가 사용하중조합 II에 의해 발생하는 휨모멘트를 저항할 수 있도록 하는 방법 　　· 최소철근량을 배치하는 방법 　　　: $A_{s,min} = M_r/z_s f_y$ 　　　* 감소된 긴장재에 의한 휨저항강도 산정 시 극단상황한계상태의 재료계수 $\phi_s = 1.0$을 적용
• 전단 설계 　- 콘크리트 전단강도 계산 　　· 휨전단 균열이 발생할 때의 전단강도 검토 　　· 복부전단 균열이 발생할 때의 전단강도 검토 　- 강재가 부담할 전단력 계산 　- 스터럽 배치간격 결정	• 전단 설계 　- 전단보강철근이 없는 부재로 설계 : 휨균열이 발생하지 않는 구간의 전단강도 산정 　　* 단면의 깊이 방향으로 복부폭이 변화하는 단면인 경우 최대 주응력은 도심축이 아닌 축에서 발생할 수 있다. 이러한 경우 전단강도의 최솟값은 단면의 여러 위치에서 V_{cd}를 계산하여 산정해야 한다. 　　* 합성단계별 하중과 단면계수를 적용 　- 전단보강철근이 배치된 부재로 설계 : 전단철근이 배치된 부재의 전단강도 산정 시 전단철근이 항복한다는 가정하에 표준트러스모델을 이용하여 압축스트럿 각을 변화시켜가면서 콘크리트 스트럿의 압축파괴기준에 근접시켜 전단강도 산정
• 전단연결재 설계 　- 계면에 작용하는 전단응력 산정 　- 계면 설계전단강도 산정	• 전단연결재 설계 　- 계면에 작용하는 전단응력 산정 　- 계면 설계전단강도 산정
• 전단 설계 　- 국소구역의 설계 　- 일반구역의 설계 : 스트럿 타이모델, 탄성응력 해석, 간이계산법 등이 적용 가능	• 전단 설계 　- 지압부 설계 　- 정착부 파열력과 할렬력 검토 : 스트럿 타이모델

3) 바닥판설계

도로교 설계기준 2010	도로교 설계기준 2015
① 설계단면 및 하중산정	① 설계단면 및 하중산정
• 설계지간 산정 • 바닥판 최소두께 검토 • 하중 : 고정하중(D), 활하중(L), 차량충돌하중(CT), 방호벽에 작용하는 풍하중(WS), 원심하중(CF)	• 설계지간 산정 • 바닥판 최소두께 검토 • 하중 : 고정하중(DC, DW), 활하중(LL), 차량충돌하중(CT), 방호벽에 작용하는 풍하중(WS), 원심하중(CF) ＊ 차량충돌하중(CT)는 극단상황한계상태
② 극한강도 및 사용성 검토(외측부)	② 극한한계상태, 극단상황한계상태, 사용한계상태 검토(외측부)
• 극한강도 검토(휨강도) 필요철근량 검토 → 최소철근량 검토 → 최대 철근비 검토 → 휨강도 검토 및 휨설계 → 수평 철근량 계산 • 사용성 검토 - 균열 검토(사용하중조합) : 철근응력산정, 철근 배치간격 검토 - 처짐 검토 - 피로 검토	• 극한한계상태 검토(휨강도) 단면형상 및 재료계수 결정 → 응력-변형률 곡선의 콘크리트 강도 변화에 따른 계수 산정 → 필요 철근량 검토 → 최소철근량 검토 → 허용중립축 깊이 검토 → 휨강도 검토 및 휨설계 → 수평 철근량 계산 • 사용한계상태 검토 - 응력한계 검토(사용하중조합 I) : 철근의 인장응력 제한 검토, 콘크리트 압축응력 제한 검토 - 균열 검토 : 최소철근량 검토, 간접균열 제어, 균열폭 산정 및 검토 - 처짐 검토 : 한계지간/깊이 비 검토
③ 바닥슬래브의 경험적 설계법(내측부)	③ 바닥슬래브의 경험적 설계법(내측부)
• 경험적 설계법 적용성 검토 • 보강철근량 산정	• 경험적 설계법 적용성 검토 • 보강철근량 산정
④ 단부설계	④ 단부설계
• 극한강도 검토(휨, 전단) • 사용성 검토	• 극한한계상태 검토(휨강도) • 사용한계상태 검토
⑤ 차륜하중에 대한 뚫림전단 설계	⑤ 차륜하중에 대한 뚫림전단 설계
• 해당 없음	• 차륜하중에 의한 최대전단응력 산정 • 뚫림전단강도 검토

PSC BEAM 전도 방지

PSC BEAM 전도 방지 대책에 대하여 설명하시오.

풀 이

▶ 개요

35m 내외의 경간에 주로 적용되는 PSC빔은 단면 형상비가 약 1:3으로 구성되어 전도되기 쉬운 형태를 가지고 있다. 이러한 단면 형상에 의한 구조적 요인 이외에도 일반적으로 PSC Beam의 전도는 가설 중 요인으로 인해서도 발생한다.

▶ 전도 발생 요인

1) 구조적 요인

　① 형상비 : 30m PSC 빔의 표준 형상도를 기준으로 빔의 형상비가 1:3(높이 2m, 폭 0.7m)으로 무게 중심이 받침에서 높은 위치에 형성되어 있어 빔 거치 시에 구조적으로 불안정성을 갖는다.

　② 편심응력 : PSC 빔 제작 시 프리스트레싱에 의해 평면 곡률이 발생하고 이에 따라 무게 중심의 편향으로 편심응력 발생 우려가 많은 구조형식이다.

2) 가설 중 요인

　① 외력 : PSC 빔 거치 시 시공오차에 의한 편심 응력이 발생될 수 있고 풍하중, 충격하중 등의 외부 하중에 의해 전도 및 추락 사고가 발생될 수 있으며, 와이어로프, 삼각프레임, 브레이싱 설치 등의 대책을 적용하더라도 횡방향 충격 시에는 전도가 발생 될 수 있다.

　② 확장 공사 등의 경우 인접한 교량의 통행 차량의 진동으로 인해 전도가 발생할 수 있다.

▶ 가설 중 전도 방지 대책

1) 와이어 로프 설치법 : PSC Beam 거치 후 교각 코핑부 상단에 매립된 고리와 PSC Beam을 둘러싸는 강연선을 긴장에 고정하고, 빔 상단에 전단철근에 전도방지 철근을 지그재그로 용접하여 고정시키는 방법

2) 삼각프레임 설치법 : PSC Beam 거치 후 코핑 상단에 매립된 앵커볼트에 별도로 제작된 삼각프레임을 각각의 Beam에 설치하여 고정하고, 상부의 수평전단력 전단철근에 전도방지 철근을 지그재그로 용접해 고정시키는 방법

3) 브레이싱 설치법 : PSC Beam 거치 후 강재를 빔 사이에 키어 고정하고 상부의 수평 전단력 전단철근에 전다방지 철근을 지그재그로 용접해 고정시키는 방법

4) 강봉설치법 : 와이어 로프 설치법의 상부 전단 철근 대신 각 PSC Beam 복부에 일정한 간격의 연결 너트 및 연결 강봉을 체결하는 방법

5) 가로보 연장공법 : PSC Beam 제작 시 지점부 가로보 일부를 일체로 제작하여 PSC Beam 가설 시 빔 과 가로보를 같이 지지하여 다른 장치 없이 스스로 안정한 거치가 가능하도록 한 후 전단철근에 전 도방지 철근을 지그재그로 용접하여 고정시키는 방법

6) H-beam 강재틀 공법 : 앵커볼트를 Beam 상단에 서리한 PSC Beam을 제작 후 코핑 상단에 거치하 고 H-beam 강재틀을 빔 사이에 고정하여 빔이 전도를 방지하는 공법

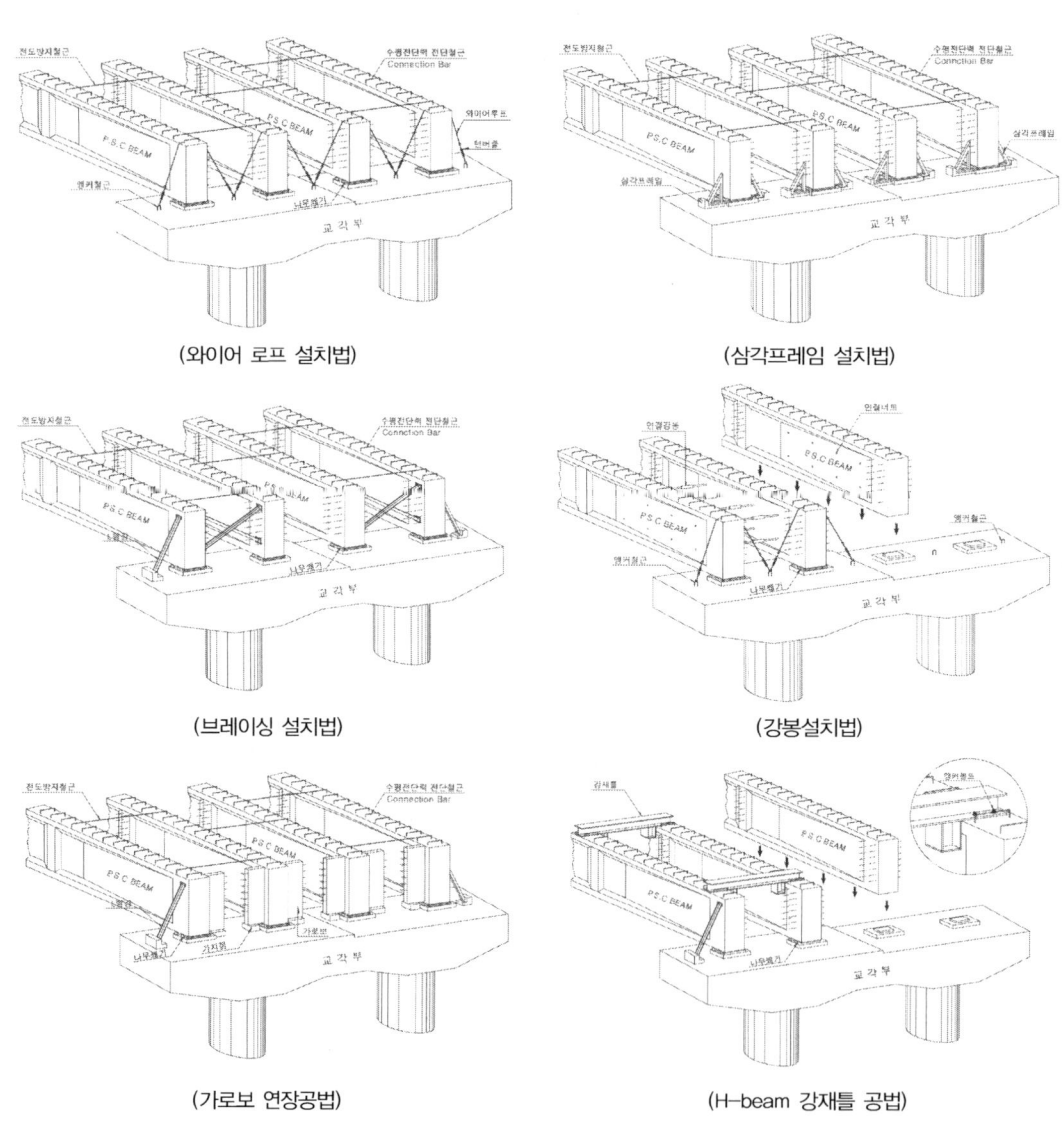

(와이어 로프 설치법)

(심각프레임 설치법)

(브레이싱 설치법)

(강봉설치법)

(가로보 연장공법)

(H-beam 강재틀 공법)

05 부재의 2차 응력

구조의 각 부재는 부재의 편심, 격점의 강성, 단면의 급변, 가로보의 처짐, 부재길이의 변화에 의한 바닥틀의 변형, 자중에 의한 부재의 처짐 등의 영향에 의해 발생하는 2차 응력이 될 수 있는한 작아지도록 설계하여야 한다.

일반적으로 교량이 구조에 있어서는 각종 원인에 의해 다소의 2차 응력이 생기는 것은 부득이 하나, 응력계산을 할 때 이를 무시하는 것이 보통이다. 따라서 구조의 각 부분을 설계할 때는 다음과 같은 점을 유의해서 2차 응력을 가급적 작게 설계하는 것이 바람직하다.

1) 2차 응력 유발 요인

① 부재의 편심 : 구조의 세부를 설계할 때 부재의 편심은 가급적 작아야 한다.

② 격점의 강성 : 하나의 격점에 모이는 부재조합의 강성에 비해 격점의 강성이 너무 크면 2차 응력이 커질 수 있으므로 격점의 강성을 부재에 알맞게 설계하여야 한다(회전구속).

③ 단면의 급변 : 부재가 변단면을 갖는 경우 단면을 너무 급격하게 변화시키면 변단면부에서 응력집중 현상이 발생할 수 있으므로 변단면을 적용할 때는 가급적 완만하게 단면이 변하도록 설계하여야 한다.

④ 가로보의 처짐 : 가로보의 처짐이 크면 그 단부에 연결방법에 따라 차이는 있지만, 가로보와 주형 연결부의 주거더면을 변형시켜서 2차 응력이 증가하므로 가로보의 처짐은 가급적 작게 설계하도록 하여야 한다.

⑤ 부재길이의 변화에 의한 바닥틀의 변형 : 긴 지간의 타이드 아치(Tied Arch) 등에서 큰 인장력이 작용하는 타이에 바닥틀이 강결되어 있으면 이 바닥틀은 일부 타이와 더불어 늘어나서 예기치 않은 변형을 발생시킬 수도 있다. 이와 같은 경우에는 세로보의 일부에 신축장치를 설치하는 등의 배려를 하는 것이 좋다.

⑥ 자중에 의한 부재의 처짐 : 트러스 부재와 같이 축 방향력만 기준으로 설계하는 부재에서는 부재의 자중에 의한 휨응력을 작게 하기 위하여 폭에 비해 높이를 크게 하는 편이 좋다. 그러나 폭에 비해 높이가 너무 커지면 격점의 강성이 불필요하게 커져서 2차 응력이 커지므로 이 점을 주의하여야 한다.

⑦ 기타 : 보의 가동단의 마찰, 지점침하, 온도변화 등의 영향에 의한 2차 응력이나 단면의 급변, 부식 등의 응력집중을 일으키는 원인에 대한 고려를 하고 이러한 2차 응력이나 응력집중을 가급적 작게 설계하는 것이 좋다. 보 높이가 매우 작은 가로보에 고강도강을 사용하는 경우에는 보통강을 사용하는 경우에 비해 강성이 작으므로 가로보의 처짐이 커지며 하로 플레이트 거더교에서는 주거더의 진동이 더 크게 발생된다. 트러스에서는 복부재에 고강도강을 사용하고 2차

부재로 연강을 사용하는 경우 또는 주거더에 고강도강을 사용하고 보강재로 연강을 사용하는 경우에는 여러 가지의 2차적인 변형이나 응력이 발생되므로 주의하는 것이 바람직하다.

2) 2차 응력 대처방안

① (편심최소) 단면의 구성에 있어 단면의 도심이 되도록 단면의 중심과 일치하고 골조선과 일치하도록 한다.

② (격점의 강성영향 최소) 격점의 강성이 격점에 모이는 각 부재에 비해 너무 크지 않게 한다.

③ (가로보 처짐 억제) 가로보의 처짐을 적게 하여 주형면의 변형을 최소화한다.

④ (바닥틀 변형 억제) 세로보의 일부에 신축장치를 설치하여 바닥틀의 변형을 방지한다(타이드 아치).

⑤ (자중에 의한 처짐억제) 강성 증가를 위해 폭에 비해 높이를 가급적 크게 한다. 다만 높이가 너무 크면 격점의 강성의 증가로 2차 응력이 추가로 발생되므로 이에 유의하여야 한다(트러스 $h/l < 1/10$).

3) 2차 응력 대처방안(트러스)

① 트러스의 격점은 강결의 영향으로 인한 2차 응력이 가능한 한 작게 되도록 설계하여야 하며, 이를 위해서는 주 트러스 부재의 부재높이는 부재길이의 1/10보다 작게 하는 것이 좋다.

② 편심이 발생되지 않도록 주의, 또는 편심이 최소화되도록 부재의 폭을 최소화한다.

③ 격점의 강성(Gusset Plate)으로 인한 영향을 최소화할 수 있도록 Compact하게 설계한다.

④ 일반적으로 부재의 2차 응력의 값은 무시할 정도로 작지만, 2차 응력으로 인한 영향이 무시할 수 없을 정도일 경우에는 2차 응력을 고려한 부재의 응력검토를 수행하도록 하여야 한다.

Chapter 05

강교, 강박스 거더교

01 붕괴유발부재

1. 붕괴유발부재 ^{108회/109회/110회/124회/126회/128회/129회/131회}

【 기출유형 ① 】 붕괴유발부재와 여유도, 예시, 판정방법
【 기출유형 ② 】 단재하경로 구조물과 다재하경로 구조물

붕괴유발부재(FCM, Fracture critical member) 또는 무여유도 부재(Non-redundancy member),
단재하경로 구조물은 한 부재의 파괴로 인해 전체 구조물이 파괴되거나 교량의 설계 기능을 발휘
할 수 없노록 하는 인상부새 또는 인상요소를 밀한다. 붕괴유빌부재의 에노는 2주헝거디와 같은
구조물 또는 하나 또는 2개의 거더를 사용한 교량의 플랜지와 복부판, 단일요소의 주 트러스 부
재, 행어플레이트와 하나 또는 2개의 기둥벤트의 캡 등이 있다.

1) 하중경로 여유도 - 단재하 구조물, 다재하 구조물

3개 이상의 거더 또는 빔으로 설계된 교량을 하중경로 여유도가 있는 구조물 또는 다재해 구조물
이라 한다. 한거더 또는 빔이 파손될 경우 파손된 거더가 받던 하중을 다른 거더로 재분배될 수
있는 여유도. 3개 이상의 거더가 있는 주형에 여유도가 있는 것으로 평가한다.

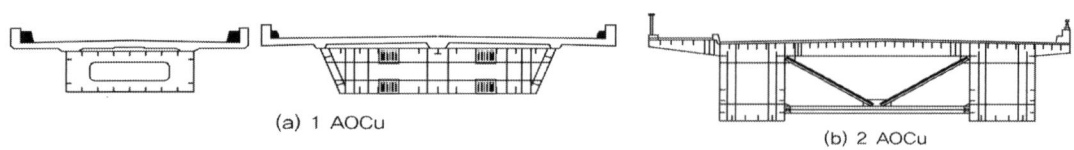

(a) 1 AOCu

(b) 2 AOCu

(a) 1개 주형 : 하중경로 여유도 없음

(b) 2개 주형 : 하중경로 여유도 없음

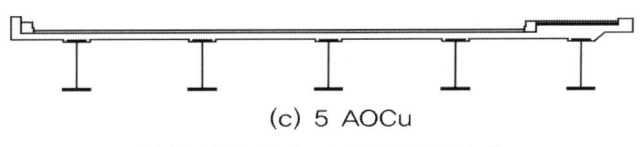

(c) 5 AOCu

(c) 3개 이상 주형 : 하중경로 여유도 있음

2) 구조적 여유도 – 무여유도 구조물, 여유도 구조물

구조적 여유도란 하중이 통과하는 경로와 평행하여 놓인 연속된 경간의 숫자로서 결정된다. 구조적으로 무여유도(Non-Redundancy)라 함은 두 개 이하의 경간을 갖고 있는 구조물을 의미한다. 구조적 여유도는 거더의 개수로 분류하는 것이 아니라 연속경간의 형식에 따라 분류한다.

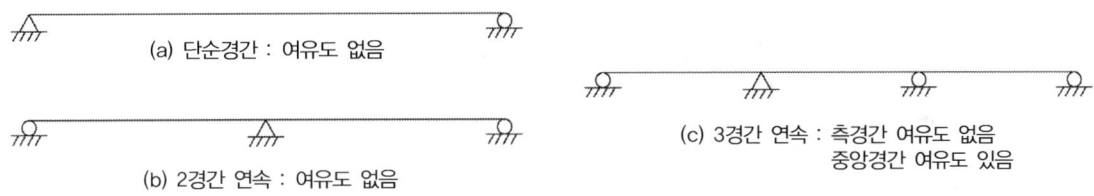

(a) 단순경간 : 여유도 없음

(b) 2경간 연속 : 여유도 없음

(c) 3경간 연속 : 측경간 여유도 없음
중앙경간 여유도 있음

3) 내적 여유도

내적 여유도를 갖고 있다는 뜻은 여러 부재가 복합적으로 구성된 구조물에서 한 부재가 파손되었다 하더라도 그 영향이 다른 부재에 미치지 않는다는 뜻이다. 내적 여유도가 있는 부재와 없는 부재의 가장 큰 차이점은 한 부재의 파손이 다른 부재에 어떠한 영향을 주는가에 달려 있다. 예를 들어 리벳으로 제작된 플레이트 거더는 내적 여유도를 갖고 있는데 그 이유는 플레이트와 앵글이 독립된 부재이기 때문에 리벳 하나가 파손된다 하더라도 앵글이나 플레이트에는 영향을 주지 않는다. 반면 용접으로 제작한 플레이트 거더는 내적 여유도가 없다. 일단 균열이 시작되면 강재가 균열을 막을 수 있을 만큼의 충분한 강도를 갖고 있지 않은 플레이트로 전파된다. 보통 내적 여유도는 부재가 붕괴유발부재인가를 판단하는 데는 고려되지 않으나 그 정도에 따라서 보수 보강을 요한다.

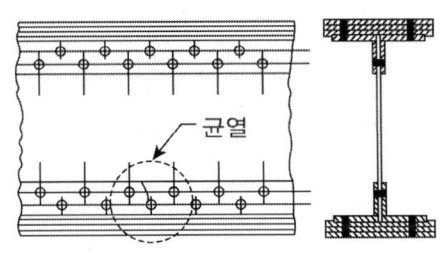

(a) 리벳주형의 균열 : 내적 여유도 있음

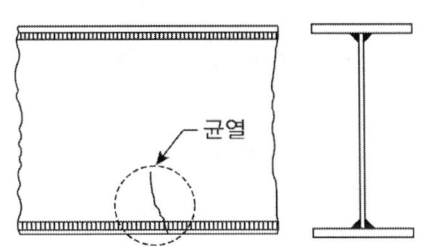

(b) 용접주형의 균열 : 내적 여유도 없음

4) 붕괴유발부재의 예

단재하 구조	단실과 다실상자형	타이드 아치
2개 이하의 주형이나 트러스 구조	플랜지가 일체로 연결된 주형	타이드 거더

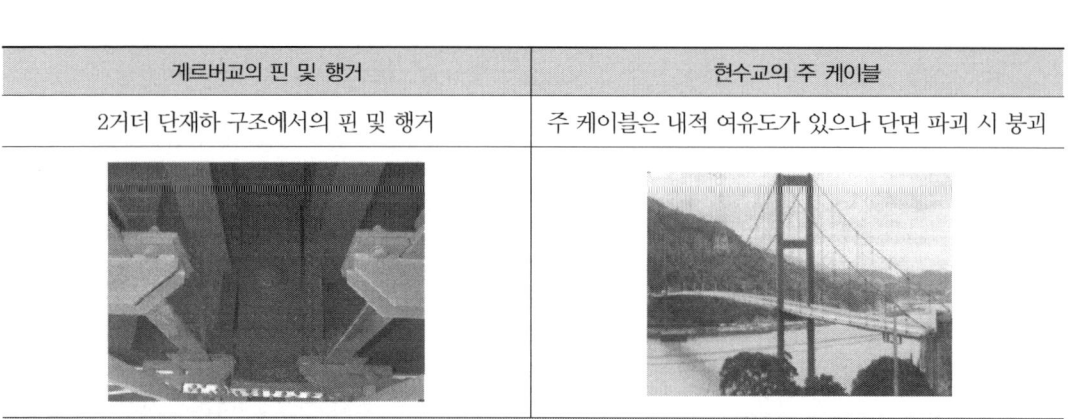

사장교의 사장케이블	인장응력을 받는 강재교각 두부(Cap)

게르버교의 핀 및 행거	현수교의 주 케이블
2거더 단재하 구조에서의 핀 및 행거	주 케이블은 내적 여유도가 있으나 단면 파괴 시 붕괴

게르버 트러스교의 단부 가로보

- 하현재와 단부 가로보의 상·하 용접부(단부 가로보 파손 시 가운데 현수거더 추락)
- 현수경간에서 강판형교 주형단부의 변곡부(2거더 이내)

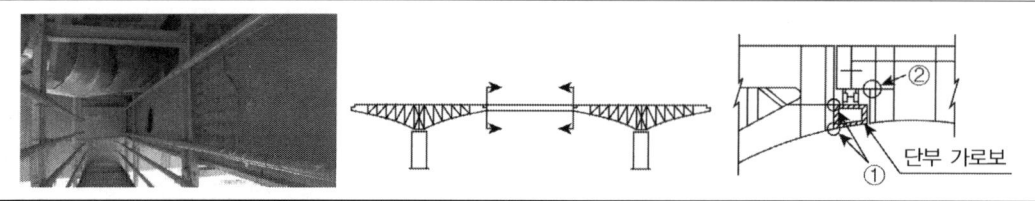

단부 가로보

2. 붕괴유발부재의 판정방법

AASHTO LRFD 기준에서는 붕괴유발 부재요소의 인장부에 용접되고 인장응력 작용방향으로 100mm 이상의 길이를 갖는 부착물도 붕괴유발부재로 간주하도록 하고 있다. 붕괴유발부재는 도면상에 확실하게 표시하도록 하고 다음과 같이 붕괴조절계획(Fracture control plan)을 세우도록 하여 붕괴에 대한 방지를 미리 준비토록 하여야 한다.

1) 붕괴를 유발시킬 수 있는 부재 및 부재요소의 결정

2) 붕괴유발부재나 부재요소는 적합한 기술을 갖고 있는 작업원, 조직, 경험, 절차, 지식 및 장비를 보유한 공장에서 제작

3) 붕괴유발부재나 부재요소의 용접에 대한 특별규정

4) 붕괴유발부재 및 부재요소의 비파괴검사에 대한 특별규정

5) 붕괴유발부새 및 부새요소의 새료 인성치에 대한 특별규정

3. 붕괴유발부재의 허용피로응력범위 산정

일반적으로 활하중에 의한 응력범위가 200만 회 이상에 대한 허용피로응력 범위, 즉 일정진폭 피로 한계$(\triangle F)_{TH}$보다 작은 경우에는 피로강도에 대한 검토가 필요하지 않다. 활하중에 의한 진동수가 2×10보다 작은 경우에도 피로강도에 대한 평가를 할 필요가 없다.

단재하경로 부재에 대한 허용응력범위는 대부분 다재하경로 부재의 80% 정도로 규정하고 있다. 이는 단재하경로 부재의 파괴 시 그 피해가 다재하경로 부재의 파괴 시보다 심각하기 때문에 좀 더 안전측으로 설계하기 위한 것이다. 일반적으로 다재하경로 구조의 허용피로응력범위는 다음의 식에서 설계응력 반복횟수 N을 대입하여 구할 수 있다.

$$F_{sr} = (\frac{A}{N})^{1/3} \geq (\triangle F)_{TH} : \text{A와 } (\triangle F)_{TH} \text{는 상세범주별로 주어지는 상수}$$

4. 붕괴유발부재 내의 피로취약부

붕괴유발부재가 손상되는 주원인은 반복하중 작용에 의하여 균열이 발생하는 '피로균열'이다. 일반적으로 피로균열은 응력이 집중하는 부위에서 발생하며, 이러한 응력의 집중은 용접결함, 용접상세에 따라 다양하게 나타난다. 대상부위의 피로강도는 응력의 방향, 용접상세부의 형태에 따라 다르지만 일반적으로 피로균열은 용접의 상태가 조잡하거나 부재가 많이 첨가되어 있는 부위일수록 발생하기 쉬우므로 관통용접부, 복부의 보강재가 많이 부착된 부분 등을 피로취약부로 취급하여 상세한 점검을 실시하는 것이 바람직하다.

1) 인장부에 위치한 피로취약부(응력범주 D, E, E') 구조상세

　　도로교 표준시방서는 피로균열이 발생하기 쉬운 정도에 따라 상세범주를 A~E의 7가지로 구분하고 있으며 일반적으로 균열은 D급 이하의 용접상세부에서 주로 발견된다.
　　응력범주 D, E급인 피로취약부의 경우 면밀한 육안조사 및 강재비파괴검사 등 필요
　　– 허용피로응력범위(단재하경로 구조물, 200만 회 이상)

상세범주	A	B	B'	C	D	E	E'
허용응력범위 f_{sr}(MPa)	168	112	77	70 84	56	42	28

2) 면외변형 발생부

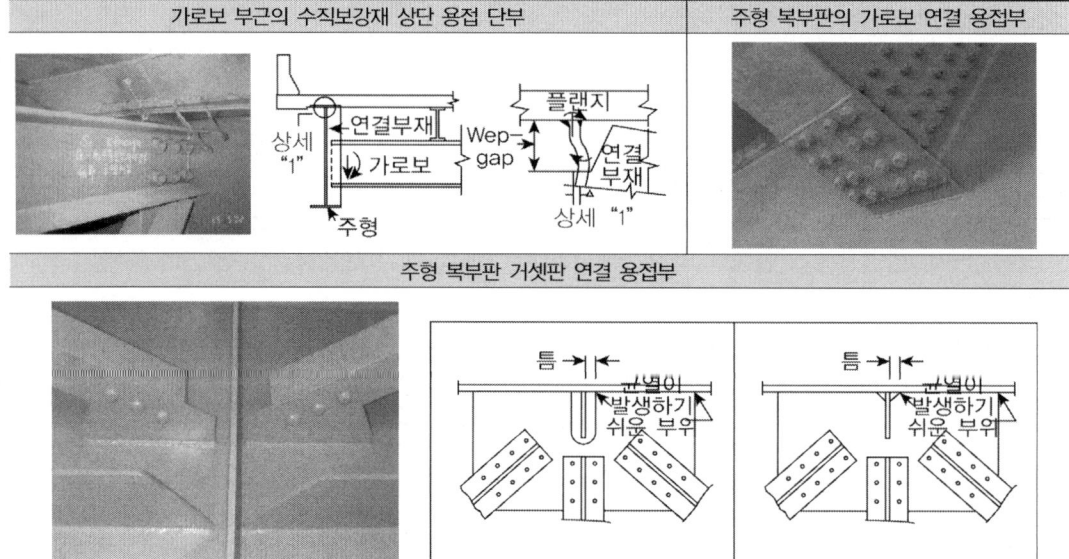

가로보 부근의 수직보강재 상단 용접 단부	주형 복부판의 가로보 연결 용접부

주형 복부판 거셋판 연결 용접부

3) 부재 덧댐부 또는 용접 손상부를 용접으로 보수한 부분

5. 피로취약부 손상사례

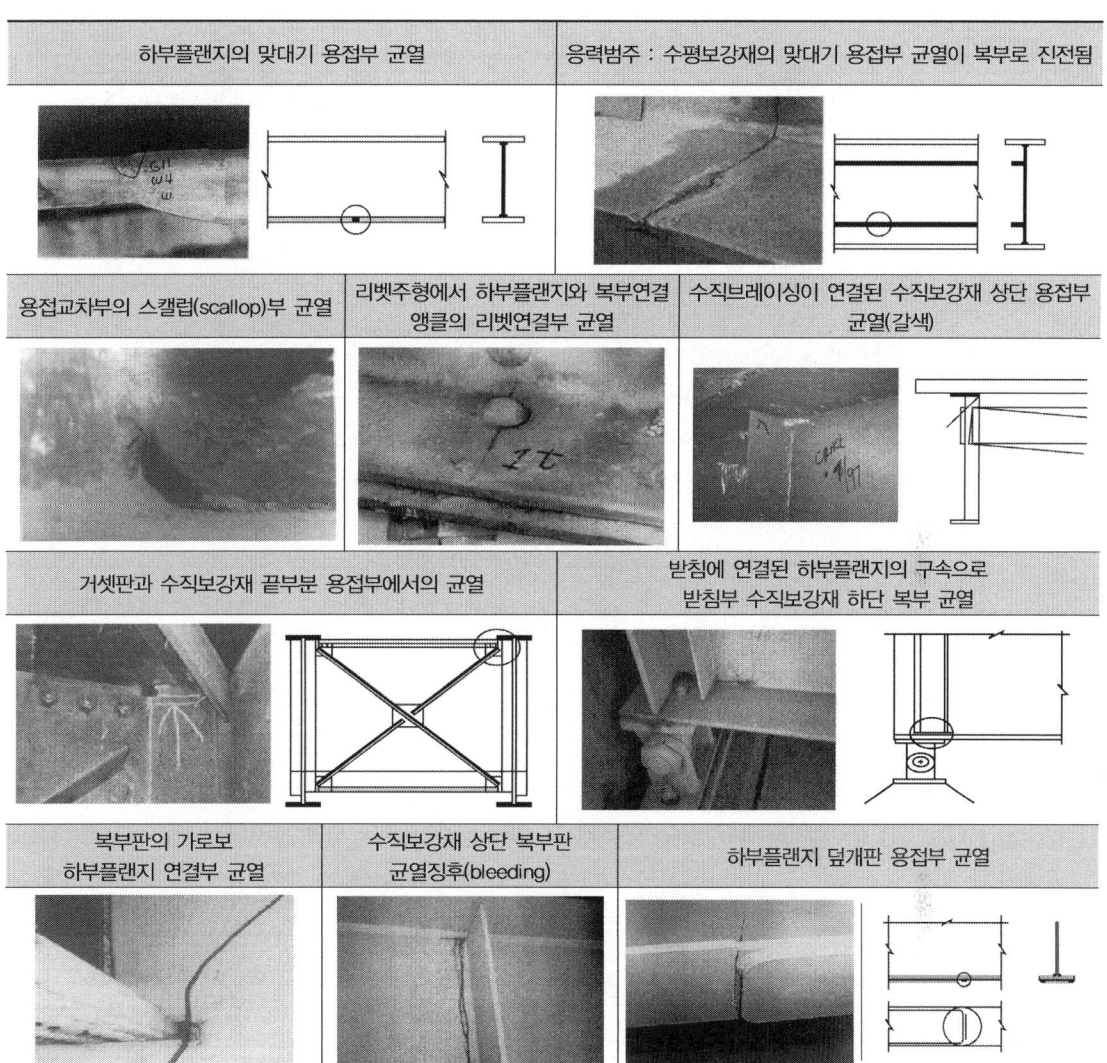

하부플랜지의 맞대기 용접부 균열	응력범주 : 수평보강재의 맞대기 용접부 균열이 복부로 진전됨

용접교차부의 스캘럽(scallop)부 균열	리벳주형에서 하부플랜지와 복부연결 앵클의 리벳연결부 균열	수직브레이싱이 연결된 수직보강재 상단 용접부 균열(갈색)

거셋판과 수직보강재 끝부분 용접부에서의 균열	받침에 연결된 하부플랜지의 구속으로 받침부 수직보강재 하단 복부 균열

복부판의 가로보 하부플랜지 연결부 균열	수직보강재 상단 복부판 균열징후(bleeding)	하부플랜지 덮개판 용접부 균열

붕괴유발부재

교량 유지관리 매뉴얼(국토교통부, 2014)에서의 무여유도 부재(Non-redundant members) 및 3 가지의 여유도(Redundancy)에 대하여 설명하시오.

풀 이

➤ 개요

붕괴유발부재(FCM, Fracture critical member) 또는 무여유도 부재(Non-redundancy member), 단재하경로 구조물은 한 부재의 파괴로 인해 전체 구조물이 파괴되거나 교량의 설계 기능을 발휘할 수 없도록 하는 인장부재 또는 인장요소를 말한다. 붕괴유발부재의 예로는 2주형 거더와 같은 구조물 또는 하나 또는 2개의 거더를 사용한 교량의 플랜지와 복부판, 단일요소의 주 트러스 부재, 행어플레이트와 하나 또는 2개의 기둥벤트의 캡 등이 있다.

➤ 여유도에 따른 붕괴유발부재

1) 하중경로 여유도 - 단재하 구조물, 다재하 구조물

3개 이상의 거더 또는 빔으로 설계된 교량을 하중경로 여유도가 있는 구조물 또는 다재해 구조물이라 한다. 한거더 또는 빔이 파손될 경우 파손된 거더가 받던 하중을 다른 거더로 재분배될 수 있는 여유도. 3개 이상의 거더가 있는 주형에 여유도가 있는 것으로 평가한다.

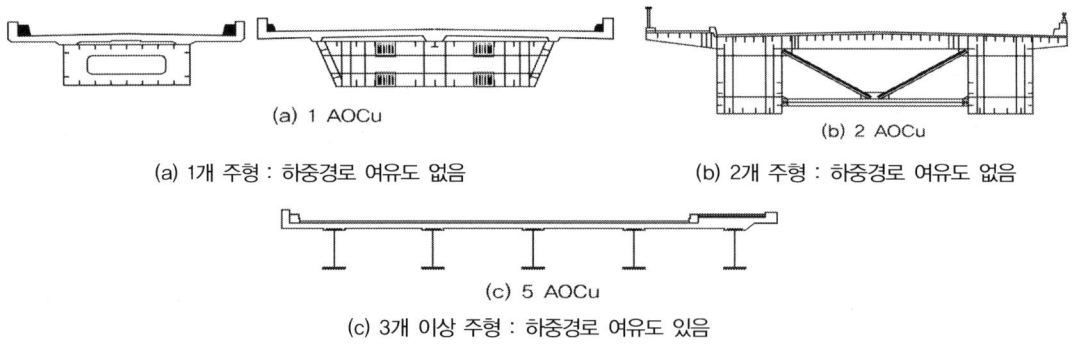

(a) 1 AOCu

(b) 2 AOCu

(a) 1개 주형 : 하중경로 여유도 없음

(b) 2개 주형 : 하중경로 여유도 없음

(c) 5 AOCu

(c) 3개 이상 주형 : 하중경로 여유도 있음

2) 구조적 여유도 - 무여유도 구조물, 여유도 구조물

구조적 여유도란 하중이 통과하는 경로와 평행하여 놓인 연속된 경간의 숫자로서 결정된다. 구조적으로 무여유도(Non-Redundancy)라 함은 두 개 이하의 경간을 갖고 있는 구조물을 의미한다.

구조적 여유도는 거더의 개수로 분류하는 것이 아니라 연속경간의 형식에 따라 분류한다.

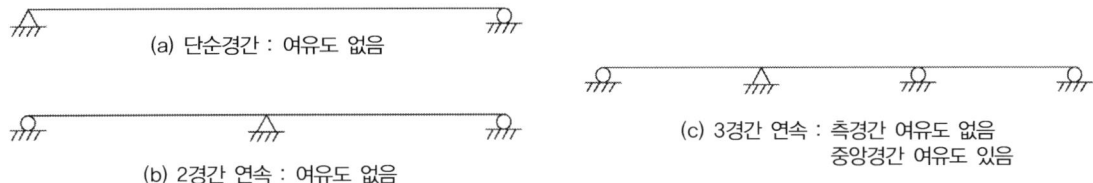

(a) 단순경간 : 여유도 없음

(b) 2경간 연속 : 여유도 없음

(c) 3경간 연속 : 측경간 여유도 없음
중앙경간 여유도 있음

3) 내적 여유도

내적 여유도를 갖고 있다는 뜻은 여러 부재가 복합적으로 구성된 구조물에서 한 부재가 파손되었다 하더라도 그 영향이 다른 부재에 미치지 않는다는 뜻이다. 내적 여유도가 있는 부재와 없는 부재의 가장 큰 차이점은 한 부재의 파손이 다른 부재에 어떠한 영향을 주는가에 달려 있다. 예를 들어 리벳으로 제작된 플레이트 거더는 내적 여유도를 갖고 있는데 그 이유는 플레이트와 앵글이 독립된 부재이기 때문에 리벳 하나가 파손된다 하더라도 앵글이나 플레이트에는 영향을 주지 않는다. 반면 용접으로 제작한 플레이트 거더는 내적 여유도가 없다. 일단 균열이 시작되면 강재가 균열을 막을 수 있을 만큼의 충분한 강도를 갖고 있지 않은 플레이트로 전파된다. 보통 내적 여유도는 부재가 붕괴유발부재인가를 판단하는 데는 고려되지 않으나 그 정도에 따라서 보수 보강을 요한다.

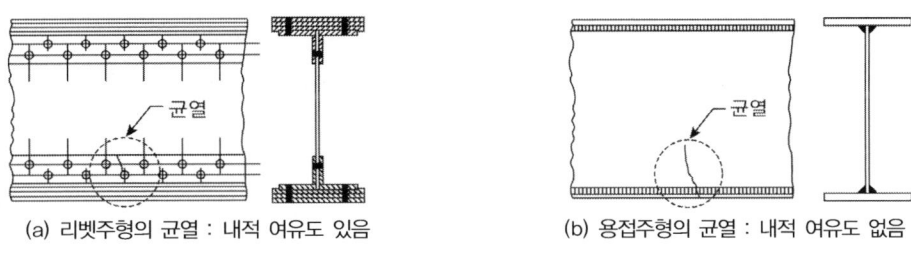

(a) 리벳주형의 균열 : 내적 여유도 있음

(b) 용접주형의 균열 : 내적 여유도 없음

> **붕괴유발부재의 기준**

AASHTO LRFD 기준에서는 붕괴유발 부재요소의 인장부에 용접되고 인장응력 작용방향으로 100mm 이상의 길이를 갖는 부착물도 붕괴유발부재로 간주하도록 하고 있다. 붕괴유발부재는 노면상에 확실하게 표시하도록 하고 다음과 같이 붕괴조절계획(Fracture control plan)을 세우도록 하여 붕괴에 대한 방지를 미리 준비토록 하여야 한다.
① 붕괴를 유발시킬 수 있는 부재 및 부재요소의 결정
② 붕괴유발 부재나 부재요소는 적합한 기술을 갖고 있는 작업원, 조직, 경험, 절차, 지식 및 장비를 보유한 공장에서 제작
③ 붕괴유발 부재나 부재요소의 용접, 비파괴검사, 재료 인성치에 대한 특별 규정

02 강교의 피로/부식/파괴

1. 강교량의 손상원인

1) 부식 : 일반적인 노후화 현상으로 환경적/전류/박테리아/과대응력/마모/제설작업 염화칼슘, 황산염 등이 원인이며 강재의 부식속도는 1년에 0.02mm 정도이다. 교량 내하력과 피로파괴위험 유발인자이다.

2) 피로균열 : 반복하중으로 인한 응력집중부에 소성변형으로 균열이 발생되며 취성파괴를 유발하는 원인이다.

3) 과재하중 : 과재하중은 과대 모멘트로 인한 압축부재 좌굴 등을 유발한다.

4) 충격이나 화재에 의한 손상 : 화재 시 급격한 온도상승은 강재의 강도와 탄성계수를 저하시키며, 급작스러운 충격 등 예기치 못한 외력발생 시 강교량에 손상을 유발한다.

5) 붕괴유발부재(FCM) : 구조적 여유도가 부족한 붕괴유발부재의 파괴는 강교의 치명적 손상을 초래할 수 있다.

6) 강재의 위치별 결함 및 손상원인

구분	결함 및 손상유형	원인
강재거더 공통	도막 손상 및 부식, 스플라이스 연결부, 볼트 이인 및 달라	도장 불량 및 열화, 수분 침투, 볼트체결 불량, 볼트부식, 교량긴동
강재거더 받침부	받침부 복부판 부식 및 단면결손, 국부좌굴(면외변형), 받침과 플랜지 접촉부 부식	도막 손상, 누수, 받침편기, 받침고정을 위한 보강재의 임의 절취, 보강재 간격 부적절, 단면부족과 하중, 물 튐, 오물 퇴적, 염화물 침투
강재거더 중앙부	중앙부 하부플랜지 부식 및 거더 처짐, 하부플랜지 덧댐판 용접부, 맞대기용접부 균열	도막 손상, 물고임 및 염화물 침투, 스플라이스 연결부 볼트 이완, 언더컷, 용입 부족 등 용접 불량, 단면 변화부의 응력집중
보강재 용접부	거셋판 용접 단부 균열, 하중집중점의 수직부재 용접 끝부분 균열, 노치부 균열	면외변형에 의한 피로, 용접 불량, 절취형상 불량, 응력 집중
강재박스 거더	플랜지와 리브 용접 교차부 균열, 강박스 바닥 물고임	윤하중에 의한 피로, 용접 불량, 단부 물 유입, 스플라이스 틈 사이 누수

2. 강교량의 피로, 피로파괴(Fatigue, Fatigue Failure)

피로손상이 일어나는 곳은 대부분 연결부, 급격한 단면의 변화가 있는 곳 또는 표면이나 내부에 어떤 결함이 존재하는 곳으로서 국부적인 응력 집중현상이 일어나는 곳이다.

일반적으로 피로파괴는 반복하중이 응력집중부에 인장응력을 일으키면서 소성변형을 발생시켜서 허용응력 이하의 작은 하중에 의해서도 피로균열이 발생하여 파괴로 이루어진다.

용접 결합된 교량요소가 리벳 또는 볼트로 결합된 교량의 구조요소보다는 더욱 피로에 취약하다.

① 응력이 반복되면서 생기는 파괴현상

② 강재에 반복하중이 지속적으로 작용하여 취약부(Notch, 용접결함 등 초기결함 또는 기하학적 불연속에 의한 응력집중부 등)에 소성변형에 의한 균열이 진전되어 파괴에 이르는 현상

1) 피로파괴의 특징

강교량의 가장 전형적인 손상원인으로 내구성을 지배하는 요인이다. 피로는 반복주기의 횟수에 따라서 고사이클 피로($N > 10^5$), 저사이클 피로($N > 10^5$)로 구분하며, 피로로 인해 피로균열이 발생할 경우 부재단면의 감소로 인한 취성파괴의 위험이 있다.

이러한 강재의 취성파괴는 재료의 파괴인성치(fracture toughness)와 연관이 있으며 구조부재가 급격한 취성파괴를 이르게 할 수 있는 한계균열크기를 결정하는 중요한 인자로 분류된다. 한계균열크기는 구조상세, 최대인장응력과 균열방향에 좌우된다.

2) 원인

① 반복응력의 작용에 의한 균열의 진전

② 응력집중부에 반복하중 작용에 의한 소성변형 발생

③ 인장잔류응력

④ 부적절한 구조상세

⑤ 용접부 허용치 이상의 결함

⑥ 부적절한 용접 자세(상향용접)

3) 피로 영향인자

① 응력범위(S) : 부재에 작용하는 외력 및 기타요인에 의해 발생하는 응력 최대-최솟값 거리

② 반복횟수(N) : 반복응력이 작용하는 횟수

③ 용접상세, 용접상태, 연결부 상세(구조 상세)

④ 결함부, 응력집중부 : 위치, 개소

⑤ 인장잔류응력

⑥ 재료 파괴인성(Fracture Toughness)

⑦ 강종

4) 피로설계방법

통상 피로강도 시험결과를 통계적으로 분석하여 피로강도 등급을 규정한다.

① 피로응력의 종류 : 하중유발 피로응력(Load-Induced Fatigue Stress)과 뒤틀림 유발 피로응

력(Distortion-Induced Fatigue Stress)이 있으며 피로설계 시에는 하중유발 피로응력을 고려한다. 뒤틀림 유발 피로응력의 경우 변형으로 인해 발생되는 변형유발피로로 설계 시에는 고려되지 않으며 변형에 의한 2차 응력으로 구분한다.

② 설계피로응력이 허용피로 응력 범위 내에 들도록 설계한다.

③ 피로설계방법의 종류
- 무한수명설계 : 모든 피로작용이 피로한계 이하가 되도록 설계하는 방법으로 높은 비파괴확률을 가진다.
- 안전수명설계 : 구조물의 수명 내에 용접이음에 초기결함 없다고 가정하는 방법으로 높은 비파괴확률을 가진다.
- 파손안전설계 : 부정정구조 또는 다재하경로구조가 되도록 설계하여 파손되더라도 파손의 검사 및 보수에 의한 기능회복이 가능하도록 하는 설계로 용접구조물은 일정한 비파괴확률에 의해 설계한다.
- 손상허용설계 : 결함의 허용결함치수를 가정하여 그 범위 내의 손상을 허용하는 설계하는 방법으로 파괴역학적 접근법에 의해서 파손까지 수명을 계산한다. 용접구조물은 일정 비파괴확률로 설계한다.

④ 주요설계인자 : 피로강도등급, 응력반복횟수, 허용피로응력범위, 반복응력범위

⑤ 피로수명의 산정 : S-N 선도, P-S-N 선도 이용하여 하중작용범위와 반복횟수, 파괴확률, 구조상세범주를 변수로 고려하여 피로수명을 산정한다.

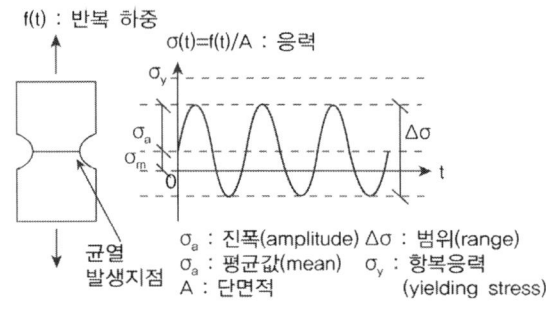
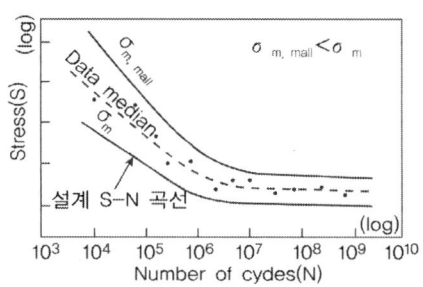

5) 강교 피로취약부 균열사례

① 균열발생과정 : 균열발생(initiation) → 진전(crack propagation) → 파단(fracture)

② 피로균열 주요 발생 사례

피로균열은 응력의 반복횟수가 많고 응력의 차이(범위)가 큰 곳이나, 초기결함이 발생할 가능성이 큰 곳에서 발생된다. 주로 응력의 집중이 예상되는 응력집중부로 용접부, 단면급변부, 2차응력이 발생할 가능성이 큰 상대적 처짐이 큰 곳이나 연결부, 이차부재를 연결해서 본래의 거동을 하지 못하게 하는 접합부나 연결부에서 주로 발생된다. 이러한 곳은 도로교 설계기준에

서 E' E, D, C 등의 등급으로 분류된 구조상세가 해당된다.
- 지점부 수직보강재 하단 : 2차 응력에 의한 대표적 균열. 받침장치 불량 시 복부판의 좁은 틈에 균열 발생
- 플랜지 맞대기용접부 : 용접부족 또는 용접보강지단부 형상불량. 표면마감처리가 중요
- 덮개판 용접부 끝부분 : 플랜지 t > 20mm 인장부측 용접부 응력집중
- 플랜지와 수직보강재 용접부 : 인장부 플랜지와 수직보강재 용접부 응력집중(보통 용접 생략)
- 거세트판 용접부 : 수직, 수평 브레이싱과 같이 좁고 복잡하게 용접된 곳
- 수평보강재 맞대기 용접부 : 수평보강재는 압축부나 교번응력부에 종방향으로 길게 설치되며 이음부는 맞대기 용접한다. 용접 불량 시 거더 복부판까지 균열이 진전된다.
- 복부판과 가로보 용접부
- 복부판과 플랜지 필렛용접부 : 각장이나 목두께 부족 시, 용접 불량 시. 종방향 필렛용접 또는 부분용입홈용접의 피로강도는 비드표면의 형상, 루트부 용입 및 결함에 좌우된다.
- 리벳거더 하부 앵글 : 내적 여유도가 있는 구조이나, 리벳구멍 주위 노치에 응력 집중되어 균열발생 가능
- 수직보강재 용접교차부 : 용접교차부는 용접연속성 확보와 응력집중을 막기 위해 스캘럽 설치. 스캘럽 끝단 용접불량이나 표면마감불량 시 균열발생 가능
- 세로보 직각절취부 : 직각 절취하여 가로보에 연결 시 절취부에 응력집중. 잔류응력발생으로 피로균열
- 수직브레이싱 상단 : 거세트판이 연결된 거더의 수직보강재 상단. 바닥판, 브레이싱 거더에서 발생하는 하중이 집중되는 곳
③ 피로균열조사(외관조사)

도장상태 및 부식	좌굴 및 변형, 균열	볼트 및 리벳 불량상태
오염, 물고임, 결빙, 변색, 부스러짐, 녹 발생, 갈라짐 등	흠집, 좌굴 및 심한 변형, 시공 불량, 균열, 찢어짐	풀림, 변형, 탈락, 부식, 파단, 설치 불량

6) 피로손상부 보수, 보강　　　1994. 강교량의 피로파괴에 관한 연구(한국도로공사)

① Grinding(연마) : 용접부 표면을 매끄럽게 하여 응력집중을 줄이는 방법으로 용접단부이 응력집중을 완화하여 피로균열 발생하는 데 필요한 기간을 늘여줘서 피로수명 증가
② Peening(두드림) : 용접부위를 공기망치 등으로 소성변형이 일어날 때까지 두드려서 잔류 압축응력을 발생시켜 국부적으로 용접부위의 큰 응력범위의 발생을 억제하여 피로수명을 연장하는 방법으로 용접부 상세의 피로강성을 증가시켜 균열 발생 및 성장을 억제하는 효과
③ GTA(Gas Tungsten Arc renelt) : 텅스텐 전극을 일정한 비율로 용접끝단을 따라 이동시키므로 베이스 메탈과 필렛용접부이 적은 부분을 다시 녹여내는 것으로 용접단을 따라 존재하는 비금속성 침투물을 제거하고 응력집중 상태를 완화시켜 피로수명을 연장하는 방법, 녹인 금속

의 침투가 충분하도록 주의해야 한다.

④ Drilling(천공) : 균열 끝의 응력집중을 완화시켜 균열이 더 이상 진전되지 않도록 하는 방법으로 영구적인 보수 방법은 아니며 임시적인 균열 진전 방지 조치

⑤ 도장보수(보수) : 부식에 의한 단면손상이나 결함발생이 발생될 경우 피로에 의해 그 피해가 커질 수 있으므로 도장을 통해 단면의 감소를 예방한다.

⑥ 외부 PS 도입(보강) : 처짐이나 하중증가로 2차 응력 발생이 우려되는 경우 내하력 향상을 위하여 필요한 경우 외부에 긴장재를 도입하는 방법이다.

7) 피로파괴 방지대책

① 설계 시 허용반복응력 크기와 반복횟수를 바탕으로 피로수명 결정(S-N 곡선 이용)
② 피로에 유리한 구조상세 선택
③ 용접결함부 최소화
④ 용접부 마감처리 철저
⑤ 응력집중부 최소화
⑥ 구조상세 철저한 검토로 불필요한 2차 응력발생 억제
⑦ 각종 세부보강방법 적용

TIP | 도로교설계기준(2015) 피로와 파단 |

도로교설계기준(2015, 한계상태설계법)에서는 피로를 하중유발 피로와 변형유발 피로로 구분한다.

1) 하중유발 피로

강교량 구조상세에 대한 피로설계 시에는 활하중에 의해 발생된 응력범위를 고려한다. 이때 전 길이에 대해 전단연결재가 설치되고 부모멘트 구간 최소바닥판 철근 규정을 만족하는 휨부재에 대해 적용한다. 용접에 대한 잔류응력은 피로설계 시 중요한 지배요소인 응력범위 규정에 포함되어 있으므로 별도로 고려하지 않으며, 순인장응력을 받는 상세에만 적용한다.

다만 하중계수를 적용하지 않은 고정하중이 압축응력을 발생시키는 부분은 피로한계상태조합으로 인해 최대 활하중 인장응력의 2배보다 작은 경우에만 피로를 고려한다.

2010 도로교설계기준(허용응력설계법)에서는 일정피로진폭 한곗값을 다재하경로 구조물에서 200만 회 이상의 반복회수에 대한 허용피로응력범위로 규정하였으나, 2015 도로교설계기준(한계상태설계법)에서는 설계수명을 100년으로 고려하고 있다. 만약 100년과 다른 설계수명이 요구될 경우에는 아래 식의 N(반복횟수)를 100이 아닌 다른 값으로 구해서 적용하여야 한다.

① 설계기준

$$\gamma(\Delta f) \leq (\Delta F)_n$$

여기서, γ는 피로한계상태 조합에 대한 하중계수(0.75)

Δf는 피로하중 통과 시 발생되는 활하중 응력범위(MPa)

$(\Delta F)_n$은 공칭피로강도(MPa)

② 피로강도

$$(\Delta F)_n = (\frac{A}{N})^{1/3} \geq \frac{1}{2}(\triangle F)_{TH}$$

여기서, $N = (365)(100)n(ADTT)_{SL}$

A : 구조 상세범주에 따른 상수(MPa³)

세부범주	A	B	B'	C	C'	D	E	E'	인장F8T	인장F10T	인장F13T
A×10¹¹	82.0	39.3	20.0	14.4	14.4	7.21	3.61	1.28	5.61	10.3	4.32

n : 트럭 한 대 통과 시 발생하는 응력범위의 반복횟수

종방향 부재		경간길이	
		> 12,000 mm	≤ 12,000 mm
	단순경간 거더	1.0	2.0
연속주형	1) 내측지점 부근	1.5	2.0
	2) 기타	1.0	2.0
	캔틸레버 거더	5.0	
	트러스	1.0	
횡방향 부재		간 격	
		> 6,000 mm	≤ 6,000 mm
		1.0	2.0

$(ADTT)_{SL}$: 한 차로당 ADTT(일평균 트럭교통량)

$(\Delta F)_{TH}$: 일정피로 진폭 한곗값(MPa)

세부범주	A	B	B'	C	C'	D	E	E'	인장F8T	인장F10T	인장F13T
A	165.0	110.0	82.7	69.0	82.7	48.3	31.0	17.9	100	110	80

반복회수의 항으로 보면 일정피로진폭 한곗값을 넘는 피로강도는 응력범위의 3제곱에 반비례한다. 응력범위가 1/2로 감소할 때 피로수명은 23배만큼 증가한다는 의미이다. 또한 많은 교통량을 갖는 교량에서 최대응력범위가 일정피로진폭 한곗값보다 작으면 이론적으로 무한 피로수명이 된다. 일반적으로 설계 시에는 설계응력범위가 일정피로진폭 한곗값의 1/2보다 작으면 무한수명을 제공하므로 범주 E와 E'를 제외하고 무한수명 검토로 적용한다. 다음 표는 트럭 한 대가 1회의 반복횟수를 발생시키고 100년 설계수명을 가정할 때 무한수명과 동등한 $(ADTT)_{SL}$을 나타낸다.

세부범주	A	B	B'	C	C'	D	E	E'
무한수명과 같은 100년 $(ADTT)_{SL}$	400	645	775	960	560	1400	2655	4890

2010 도로교설계기준(허용응력설계법)에서는 허용응력범위를 단재하와 다재하경로 구조물을 구분하여, 단재하 구조물의 경우 다재하경로 구조물의 허용응력의 80%를 적용하는 등 적용을 달리하였다. 그러나 2015 도로교설계기준(한계상태설계법)에서는 설계기준에 엄격한 인성요구조건 규정을 도입하여 단재하경로 구조물의 허용응력 감소는 불필요한 것으로 보고 다재하와 단재하 구조물 모두 동일하게 적용하도록 하고 있다.

2) 변형유발피로

변형유발피로는 주로 횡방향부재의 힘을 복부판으로부터 플랜지로 적절하게 전달하는 확실한 상세가 적용되지 않은 수직브레이싱 용접 연결판이 붙어 있는 플랜지에 가까운 복부판에 발생한다. 2015 도로교설계기준(한계상태설계법)에서는 횡방향 부재를 종방향 부재의 단면을 포함하는 적절한 구조요소에 연결하여 예상하거나 예상 못한 하중을 전달하기 충분한 하중경로를 제공하도록 규정하고 있다. 또한 종방향 또는 횡방향 부재에 피로균열 진전을 유도하는 2차응력이 발생되지 않도록 하는 연결구조를 가져야 한다. 복부판의 좌굴과 면외변형을 제어하기 위해서 설계기준에서는 별도의 복부판 피로 설계조건을 만족시키도록 하고 있다.

① 복부판 피로설계조건(휨) : 반복적인 활하중하에 휨으로 인한 복부판 면외 휨 제한 규정

피로하중에 의한 휨하중 휨응력과 전단응력은 피로하중조합으로 계산된 값의 2배로 적용한다.
복부판 종방향으로 보강재 유무에 관계없이 다음 식을 만족해야 한다.

$$\frac{D}{t_w} \le 0.95\sqrt{\frac{kE}{f_{yw}}} \text{ 인 경우} : f_{cf} \le f_{yw}$$

$$\frac{D}{t_w} > 0.95\sqrt{\frac{kE}{f_{yw}}} \text{ 인 경우} : f_{cf} \le 0.9kE\left(\frac{t_w}{D}\right)^2$$

여기서, D : 복부판 높이(mm)

f_{cf} : 하중계수를 곱하지 않은 압축플랜지에서 지속하중과 피로하중으로 인한 최대 탄성휨압축응력

f_{yw} : 복부판 항복강도

k : 복부판에 대한 탄성휨좌굴계수

  − 종방향 보강재가 없을 경우 $9.0(D/D_c)^2 \ge 7.2$

  − 종방향 보강재가 있을 경우 $\frac{d_s}{D_c} \ge 0.4$ 이면 $k = 5.17\left(\frac{D}{d_s}\right)^2 \ge 9.0\left(\frac{D}{D_c}\right)^2 \ge 7.2$

  $\frac{d_s}{D_c} < 0.4$ 이면 $k = 11.64\left(\frac{D}{D_c - d_s}\right)^2 \ge 9.0\left(\frac{D}{D_c}\right)^2 \ge 7.2$

D_c : 탄성범위에서 압축을 받는 복부판의 높이(mm)

② 복부판 피로설계조건(전단) : 반복적인 활하중하에 전단으로 인한 복부판 면외 휨 제한 규정
피로하중에 의한 활하중 휨응력과 전단응력은 피로하중조합으로 계산된 값의 2배로 적용한다.
수직보강재와 종방향 보강재 유무에 관계없이 다음 식을 만족해야 한다.

$$v_{cf} \leq 0.58 C f_{yw}$$

여기서, v_{cf} : 하중계수를 곱하지 않은 지속하중과 피로하중으로 발생하는 복부판 최대 탄성전단응력

C : 전단항복강도에 대한 전단좌굴응력비

$- \dfrac{D}{t_w} < 1.10 \sqrt{\dfrac{Ek}{f_{yw}}}$ 이면 $C = 1.0$

$- 1.10 \sqrt{\dfrac{Ek}{f_{yw}}} \leq \dfrac{D}{t_w} \leq 1.38 \sqrt{\dfrac{Ek}{f_{yw}}}$ 이면 $C = \dfrac{1.10}{\left(\dfrac{D}{t_w}\right)} \sqrt{\dfrac{Ek}{f_{yw}}}$

$- \dfrac{D}{t_w} > 1.38 \sqrt{\dfrac{Ek}{f_{yw}}}$ 이면 $C = \dfrac{1.52}{\left(\dfrac{D}{t_w}\right)^2} \left(\dfrac{Ek}{f_{yw}}\right)$ 여기서 $k = 5 + \dfrac{5}{\left(\dfrac{d_0}{D}\right)^2}$

3. 강재 부식 및 부식방지방법 (강교량의 부식 및 파손에 대한 수명평가, 2005 김동현)

1) 강재의 부식

부식(Corrosion)은 금속이 액체용액에 의해 퇴보되는 현상으로 강재에 부식이 발생되면 부재단면이 감소하므로 부재의 강도 및 강성이 저하된다. 강교에 있어서 피팅과 같은 국부부식의 경우는 부식부위를 보수 보강하여 내하성능을 회복시킬 수 있으나 주요부재에 부식이 현저히 진행되는 것과 같이 강교 전체적으로 부식되는 경우 안전성의 확보가 곤란해지며 보수 및 보강범위가 광범위해지고 장기간이 되어 경제적으로 많은 손실을 유발할 수 있다. 따라서 부식의 진행이 경미할 때 적절한 대책을 강구하거나 이를 위한 유지관리가 중요하다.

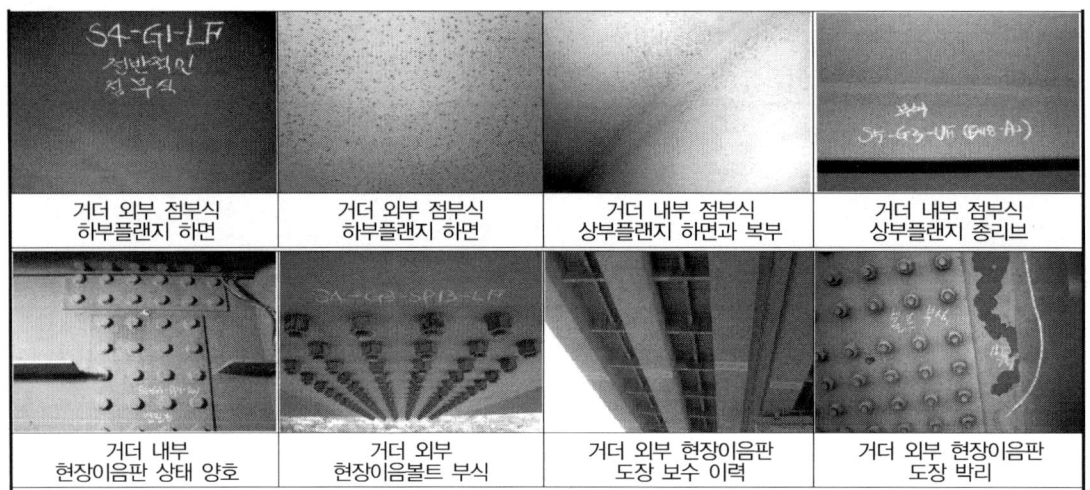

| 거더 외부 점부식
하부플랜지 하면 | 거더 외부 점부식
하부플랜지 하면 | 거더 내부 점부식
상부플랜지 하면과 복부 | 거더 내부 점부식
상부플랜지 종리브 |
| 거더 내부
현장이음판 상태 양호 | 거더 외부
현장이음볼트 부식 | 거더 외부 현장이음판
도장 보수 이력 | 거더 외부 현장이음판
도장 박리 |

2) 강교 부식 취약부

① 볼트 및 용접 이음부
　(1) 볼트부 : 도막두께 불균일, 빗물 침투, 도 막불량, 도막 노후화
　(2) 용접부 : 도막두께 불균일, 잔류응력, 용접부 결함, 수소기포
② 거더단부 : 신축이음부 빗물 침투, 물고임
③ 박스거더 내부 : 볼트이음부 및 거더단부 다이아프램 개구부 우수 침투
④ 받침부 : 신축이음장치 배수기능 불량으로 우수 침투, 물고임

3) 강재 부식으로 인한 피로 안전성 평가 방법

강교의 부식년수에 대한 단면감소와 경계조건 변화(수직이동, 수평이동)에 의한 손상가정을 하고 설계하중에 대한 최대응력과 최소응력을 산출하여 피로응력범주를 결정하고 이를 도로교 설계기

준의 허용피로응력범위와 비교하여 피로안전성을 평가한다.

```
┌─────────────────────┐   ┌─────────────────┐   ┌─────────────────────┐   ┌─────────────┐
│ 부식연수에 따른 단면 감소와 │ → │   구조해석을 통한   │ → │ 도로교 설계기준의 피로   │ → │  교량의 피로  │
│ 경계조건 변화의 영향 검토   │   │  피로응력범위 확인   │   │  강도범위 결정과     │   │ 안전성 평가  │
│                     │   │                 │   │  허용응력범위 비교    │   │             │
└─────────────────────┘   └─────────────────┘   └─────────────────────┘   └─────────────┘
```

4) 부식년수에 따른 구조물의 파괴양상

강구조물은 사용년수가 길어질수록 부식의 발생 및 진행으로 단면감소가 이루어지고 이에 따른 단면의 내하력이 감소된다. 제작 특성상 점진적으로 세장재의 국부좌굴이 발생되고 이로 인한 부재 단면에서의 응력집중과 2차 응력으로 주단면 또는 연결부에 피로균열이 발생되어 궁극적으로 전체 구조물이 파괴된다.

5) 강재 부식의 특징

① 부식환경의 지역성 : 강재는 물 및 산소의 존재하에서 부식하여 녹으로 전환되는데 염분, 산성 물질 등 부식성 물질과 접촉되면 부식반응은 더욱 촉진된다.
   – 환경에 따른 부식 진행정도 : 해안환경(100) 〉 도시환경(20~30) 〉 산간지방(10~20)
② 강재 부식의 특징 : 강재는 산소 및 수분의 존재하에서 부식이 진행되므로 비를 직접 맞는 부분에 비해 직접 맞지 않는 하부부분 및 내부부분은 발청이 상대적으로 적다. 특히 구조상 물이 고일 수 있는 부분이나 결로가 발생하는 부분은 발청이 크며 표면처리가 어려운 부분은 특히 녹발생에 취약하므로 이 부분에 대한 표면처리에 유의해야 한다. 도막의 방청성능은 도료의 종류와 도막의 두께나 시공의 품질에 따라 크게 달라진다. 이러한 특성을 고려하여 도장사양, 도막두께 등을 결정하여야 한다.
③ 강재 부식의 Mechanism : 부식은 크게 건식(dry corrosion)과 습식(wet corrosion)이 있으며 건식은 금속 표면에 액체인 물의 작용 없이 일어나는 부식이며 일반적으로 고온산화, 고온가스에 의한 부식 등이 이에 속하고, 습식은 액체인 물 또는 전해질 용액에 접하여 발생되는 부식으로 우리 주변에서 경험하는 부식의 대부분은 습식이다.

6) 부식현상의 대책

철이 부식하게 되면 그 철재의 강도에 변화를 초래하며, 예를 들어 철재두께의 1%가 녹으로 변할 경우 강도는 5~10% 줄어들며, 또 양면에서 5%의 녹이 발생될 경우에는 사용할 수 없게 된다.

부식형태	환경의 분류	방식 방법
건식(dry corrosion)	고온가스(200℃ 이상) 부식	내열도료 강재선택(내열합금)
습식(wet corrosion)	수중(담수, 해수) 부식	방식도료 전기방식 라이닝 강재 선택
	화학약품(산, 알칼리, 염) 부식	내약품성 도료 라이닝 강재 선택
	지중(地中)에의 부식	방식도료(역청질계) 라이닝, 전기방식

① 도막의 방청효과

도막의 방청효과는 발청의 원인(부식반응)을 억제시키거나 역행시킴으로써 얻어진다.

(1) 부식의 원인이 되는 물과 산소의 침투를 차단

(2) 철표면이 알칼리성이 되게 하여 부동태화

(3) 철보다 이온화 경향이 큰 안료(아연말)를 사용하여 금속지연이 전지의 Anode가 되어 철이 이온화하는 것을 방지

(4) 도막이 전기 저항체가 되어 Anode와 Cathode 간의 부식전류를 저지

7) 강재의 방청기법

① 강재표면 도장 처리 : 강구조물에 사용되는 일반적인 방법, 통상 방청 효과의 지속기간이 10년 이하로 반복적인 도장작업 필요, 근래 재료의 비약적인 발달에 의해 장기간의 도장막이 보존되는 영구도장 등이 개발되어 있으나 이의 채용을 위해서는 충분한 조사, 연구가 필요하다.

② 강재표면의 도금 처리 : 도금재료로 통상 아연도금 사용, 도장막에 비하여 방청력이 우수한 장점이 있으나 도금조의 크기가 한정되어 20m 이상의 교량은 분할 시공 필요, 분할 시공 시 접합부의 처리방법이 존재하며, 색조가 한정되어 있어 일반적으로는 사용되지 않는다.

③ 내후성 강재 사용 : 내후성 강재는 강재의 표면에 미리 녹을 발생시켜서 외부와 강재 표면을 차단시켜 부식을 방지하고 강재로서 도장이나 도금의 필요는 없으나, 습윤상태로 되는 경우가 많은 장소 또는 염분입자의 비산범위 내에 있는 장소에서는 사용할 수 없다는 사용 환경상의 제약이 있다.

TIP | 부식 Mechanism |

철의 철강표면은 금속의 조성, 조직, 표면상태의 불균일성 등으로부터 전위 분포상태가 일정하지 않고 수중에서는 국부적인 전지를 형성하게 된다. 중성 수용액 중에서는 양극으로부터 철이온(Fe^{3+})이 용출하게 되며, 음극에서는 수소이온이 환원되어 수소원자(H)로 된다. 이 반응에 의해 생기는 수소원자 (H)는 H_2가스로 되어 발산하든가 수중에 용존되어 있는 산소와 결합하여 물(H_2O)을 형성하게 된다.

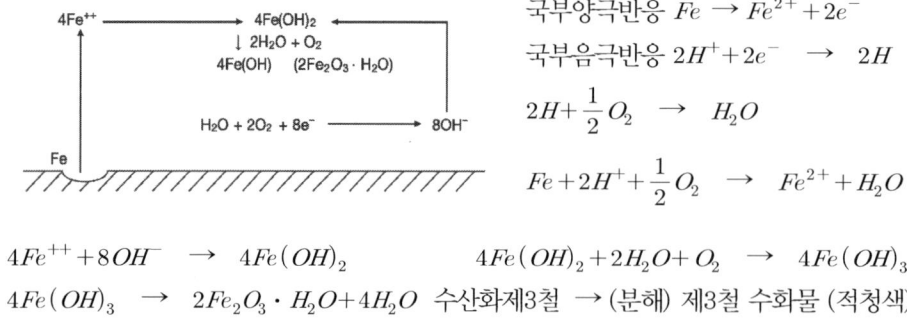

국부양극반응 $Fe \rightarrow Fe^{2+} + 2e^-$

국부음극반응 $2H^+ + 2e^- \rightarrow 2H$

$2H + \dfrac{1}{2}O_2 \rightarrow H_2O$

$Fe + 2H^+ + \dfrac{1}{2}O_2 \rightarrow Fe^{2+} + H_2O$

$4Fe^{++} + 8OH^- \rightarrow 4Fe(OH)_2$ 　　　　$4Fe(OH)_2 + 2H_2O + O_2 \rightarrow 4Fe(OH)_3$

$4Fe(OH)_3 \rightarrow 2Fe_2O_3 \cdot H_2O + 4H_2O$ 수산화제3철 → (분해) 제3철 수화물 (적청색)

도장의 종류

➤ 내부도장의 종류

구분	후막형 에폭시계	타르 에폭시계	수용성 무기징크
개요	• 에폭시 수지에 체질안료 및 착색안료를 배합하여 제조한 도료 • 하도와 상도의 가교 역할 및 중도로서 차단역할을 하는 도료로 사용	• 에폭시 수지에 내수성이 탁월한 타르를 배합	• Silica와 Potassium 배합 • 건조 후 탄산칼륨염이 존재 • 탄산칼륨과 물이 반응하여 수소와 탄산가스를 발생시켜 도막 층간 부착 불량
장점	• 다양한 색상 • 내수성, 내마모성, 내용제성 우수 • 수분접촉 시 변색 없음 • 작업성, 경도, 부착성 우수	• 내수성, 방청성 우수 • 경도, 부착성 우수 • 경제적	• 시공 시 도장작업 조건이 적합할 경우 내구연한 우수
단점	• 공사비 고가	• 색상 제한(흑색, 갈색) • 어두운 색으로 검사 및 점검 불리 • 냄새로 작업 환경 열악, 수분 접촉 시 변색 • 내용제성, 내후성 불량(황변)	• 색상 제한(회색) • 보수 어려움 • 시공환경에 민감(온도, 습도) • 점녹(Spot Rust), 균열(Mud crack), 아연염(Zinc salt) 등의 하자 발생

➤ 외부도장의 종류

구분	염화고무계	폴리우레탄	수용성무기징크
개요	• 수투과성 및 공기투과성이 아주 낮은 염화고무수지에 체질안료 및 착색안료를 배합하여 만든 도료 • 건조가 빠르고 층간 밀착성이 우수하며 내수성 및 내약품성이 우수한 1액형 도료	• 이소시아네이트기를 다수 가진 가교 성분과 하이드로옥시기를 가진 폴리올 성분이 반응하여 도막을 형성하는 도료 • 화학반응에 의하여 경화되므로 치밀하고 단단한 도막 형상 • 2액형 도료	• Silica와 Potassium 배합 • 건조 후 탄산칼륨염이 존대 • 탄산칼륨과 물이 반응하여 수소와 탄산가스를 발생시켜 도막 층간 부착 불량 • 1998년 이후 사용 중단
장점	• 일액형이므로 작업이 편리하고 보수도장이 용이 • 색상이 다양	• 내후성 우수 • 경도, 광택, 내화학성, 내마모성 우수 • 색상이 다양, 밀착성 우수	• 시공 시 도장작업 조건이 적합할 경우 내구연한이 우수
단점	• 내열성 및 내용제성 불량	• 황변 발생 • 가격 고가	• 색상 제한(회색) • 보수 어려움 • 시공환경에 민감(온도, 습도) • 점녹(Spot Rust), 균열(Mud crack), 아연염(Zinc salt) 등의 하자 발생

※ 에폭시계 도료는 내후성이 불량하여 외부 상도용 도장으로는 사용 안 함

1. 강박스 거더 교량의 특징

강박스 거더교는 얇은 강판을 상자형 단면 또는 U형 단면으로 결합하여 상부에 철근 콘크리트 바닥판 또는 이와 유사한 바닥판을 설치한 합성 혹은 비합성교를 총칭한다. 강박스 거더교는 폐합단면을 이루고 있어 외관이 좋고 I형 거더에 비해 비틀림 강성이 크고 연속교의 지점상의 부의 모멘트에 저항하는 압축 플랜지 폭이 커서 경제적인 단면 구성이 가능하다. 일반적인 강박스 거더교의 특징은 다음과 같다.

① 비틀림 강성과 비틀림 강도가 크므로 곡선교에 적합하고 활하중 편심재하 시 하중의 횡분배가 양호하여 역학적으로 효율성이 좋다.

② I형 거더교에 비해 플랜지 폭을 크게 할 수 있어 휨모멘트에 대한 효과적인 단면 형태이다.

③ Block가설공법, 압출가설공법 등의 가설공법 적용이 가능하여 가설공사의 능률화와 공기단축이 가능하다.

④ 수직편심하중, 수평하중에 대해서도 입체 구조물로서 저항하며 각 부재 모두 역학적 기능을 발휘한다.

⑤ 부가시설(전력, 통신, 상수도관)을 박스 내부에 설치할 수 있다.

2. 강박스 거더 단면형상

강박스 거더는 폐합과 개방단면으로 구분된다. 또한 단면형상에 따라 사각단면과 제형단면으로 구분할 수 있다. 폐합 사각단명은 표준단면으로 가장 많이 적용하는 형식이다. 하부플랜지 폭을 좁히기 위해서 복부판을 경사지게 한 제형단면에서는 거더의 큰 휨모멘트를 받아 탄성 변형을 할 때 복부판의 경사에 의한 플랜지의 직각방향에 응력이 발생할 수 있다. 제형단면을 적용할 때는 경제성과 구조적 문제점을 충분히 검토할 필요가 있다. 개방형 단면은 철근콘크리트 바닥판 타설 시에 개방단면측 플랜지 좌굴이나 거더의 가로방향 국부좌굴 안전성, 콘크리트 경화 후의 거푸집 철거, 철근 콘크리트 시공 시와 콘크리트 양생 시의 누수에 대한 문제가 발생할 수 있다. 최근에는 precast 바닥판이나 deck plate 등을 이용하여 이를 해소하고 적용하기도 한다.

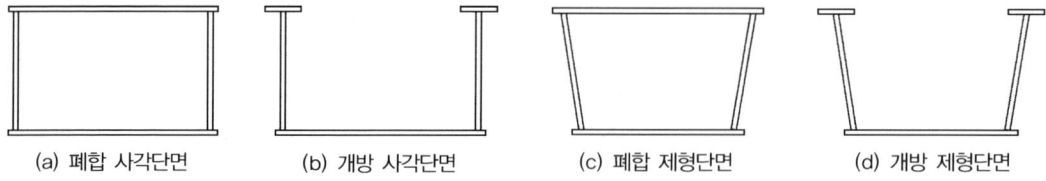

| (a) 폐합 사각단면 | (b) 개방 사각단면 | (c) 폐합 제형단면 | (d) 개방 제형단면 |

구분	폐단면 강박스 거더	개구제형 강박스 거더
형상		
경제성	· 강재 과다 소요 · 용접 및 도장량 과다	· 강재중량 절감(▲) · 용접량과 도장면적 감소(▲)
시공성	· 내부 작업환경 불량 · 제반 작업량 및 용접작업량 과다 · 운반 및 가설 시 변형이 매우 적음(▲)	· 개방형으로 내부 작업환경 양호(▲) · 제반 작업량 및 용접 작업량 절감(▲) · 박스거더 상부바닥판 타설 시 거푸집 제거 곤란
유지관리	· 복잡한 구조로 교량점검량 과다 · 연결부 과다로 내구성 저하	· 단순한 구조로 교량점검량 감소(▲) · 설계 합리화로 내구성 향상(▲)
미관 및 환경성	· 획일적 설계로 미관 저해 · 박스 내부 도장 및 용접작업 시 작업환경 불량 · 재도장 시 도장량 과다로 환경피해 우려	· 다양하고도 미적인 설계 가능 · 개방단면으로 박스 내부 도장 및 용접환경 양호(▲) · 도장량 감소에 따라 재도장 시 환경피해 감소(▲)

3. 강박스 거더 구조의 구성요소

강박스 거더교는 강박스와 함께 가로보, 세로보, 종방향 리브, 횡방향 리브, 수평보강재, 수직 보강재, 다이아프램 등의 보강재로 구성되어 있다.

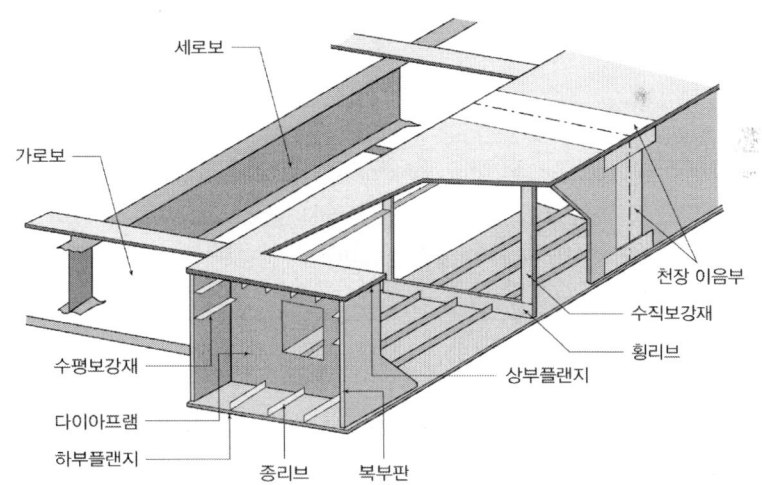

1) 가로보 : 강박스를 연결해 상부 하중을 분배할 수 있도록 하고 비틀림 강성을 증가시키는 역할을 하는 부재

2) 세로보 : 교량의 폭원이 넓어 강박스 간 간격이 넓거나, 하중이 큰 경우 종방향의 하중을 분담하기 위해서 중간지점 형식으로 보강하는 부재로 주부재에 해당한다.

3) 종리브 : 상·하부 플랜지에 부착되어 교량의 종방향으로 설치되는 부재로 플랜지 플레이트의 국부 좌굴을 방지하기 위해 설치된다.

4) 횡리브 : 상·하부 플랜지에 부착되어 교량의 횡방향으로 설치되는 부재로 수직보강재와 연결되어 하중을 분배하고 좌굴 변형을 방지하기 위해 설치된다.

5) 수평보강재 : 복부판에 부착되고 플랜지와 수직을 이루는 복부판 보강재로 하중 분배와 좌굴변형 방지를 위해 설치한다.

6) 수직보강재 : 복부판에 부착하는 플랜지와 직각을 이루는 복부판 보강재로 지점부 등에 하중 분배와 좌굴변형 방지를 위해 설치한다.

7) 다이아프램(격벽) : 박스거더에 휨 및 비틀림에 대한 단면 형상유지, 하중 집중점의 좌굴변형 방지, 가로보 설치부의 하중분산 및 제작, 운반 가설 시의 안전확보를 목적으로 설치한다.

4. 폐합 사각 강박스 거더

KDS 24 00 교량설계기준이 한계상태설계법(하중저항계수설계법)으로 개정되면서 도로교설계기준 2010(강박스교-허용응력설계법)에서 주로 사용되던 폐합 사각 박스거더의 설계활용이 점차 감소하고 있다. 이전 기준과 보강재 설치기준이 달라지면서 폐단면보다는 개단면으로, 사각단면 보다는 제형단면으로의 선택이 점차 많아지고 있는 추세다. 아래의 사항은 도로교설계기준 2010 (강박스교-허용응력설계법)에서 제시한 내용을 기준으로 한다.

1) 다이아프램(도설 편람 506-171)

하중이 거더에 편심으로 작용하기도 하고 윤하중이 편심 작용하는 경우 거더 단면은 원래의 형상을 유지하지 못하고 단면변형이 발생할 수 있다. 이와 같이 국부응력의 증대를 초래하여 박스거더의 장점이 상실될 수 있으므로 단면변형을 방지할 수 있도록 충분한 강성을 갖는 다이아프램을 적당한 간격으로 배치할 필요가 있다.

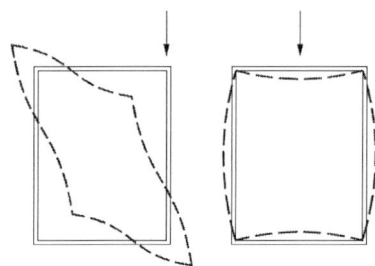

[다이아프램의 효과]
① 단면형상을 유지한다.
② 강성을 증대시켜 응력을 감소시킨다.
③ 국부 집중하중을 원활하게 거더에 전달한다.

2) 다이아프램 설치간격

$$L_D \leq 6 \; (L_u \leq 50), \quad L_D \leq 0.14 L_u - 1 \quad (L_u > 50) \quad \text{단, } L_D \leq 20$$

① 그림의 실선 아래의 영역을 의미하며, 이 한계는 도로교에서 작용할 수 있는 편심활하중하에서 박스단면의 과대한 변형을 방지하는 것을 목적으로 하며 바닥틀과의 관계나 제작, 운반, 가설의 상황에서는 L_D가 12m를 초과하면 2차적인 다이아프램을 중간에 설치하는 것을 고려할 수 있다.

② 파선영역은 f_{DW}/f_a (Distortion-Warping응력/허용응력)이 2, 4, 6%의 한계를 의미하며 지간이 커질수록 f_a중 고정하중의 비율이 증가하고 활하중 비율이 감소하여 f_{DW}를 최대로 하는 재하상태의 휨응력인 $f_d + f_{l+i}$가 f_a에 근접하게 되므로 지간이 작은 부분에서는 f_{DW}가 큰 값까지 허용하고 지간이 길면 이를 약간 엄격하게 억제하도록 결정한다.

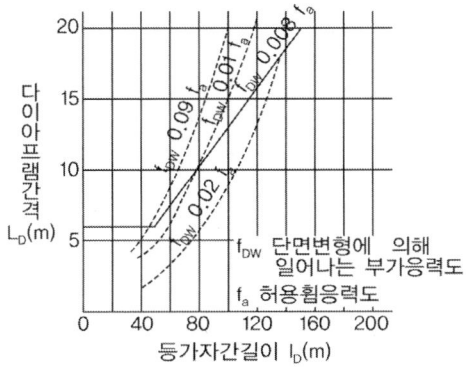

3) 다이아프램의 요구강성

$$K \geq 20 \frac{EI_{DW}}{L_d^3}$$

4) 중간 다이아프램의 응력 검토

① 충복식 방식의 다이아프램 응력 검토 → 박판구조의 비틀림 응력식

$$v_u = \frac{B_l}{B_u} \frac{T_d}{2At_D}, \quad v_l = \frac{B_u}{B_l} \frac{T_d}{2At_D}, \quad v_h = \frac{T_d}{2At_D}$$

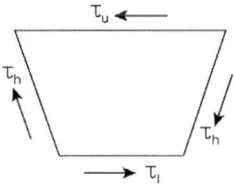

② 라멘방식의 다이아프램 응력 검토 → 라멘구조로 환산 검토

  (1) 국부집중하중이 없는 라멘방식

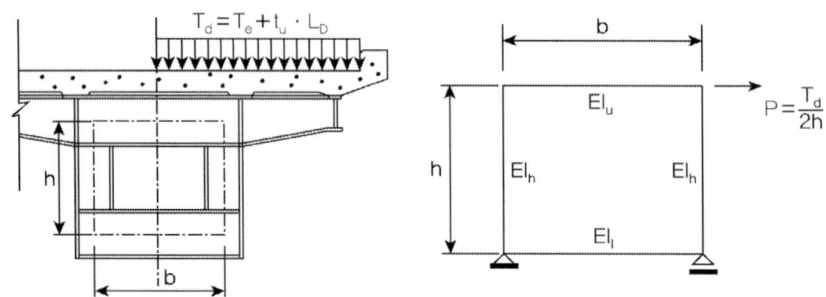

    T_d : 다이아프램에 작용하는 마찰모멘트

    T_c : 선하중에 의한 토크

    T_u : 분포하중에 의한 단위길이당 토크

    $I_{u(l,h)}$: 라멘의 상부(하부, 수직부재)의 단면 2차 모멘트

           상부플랜지(하부플랜지, 복부판) 판두께의 24배까지 유효

  (2) 국부집중하중이 있는 라멘방식

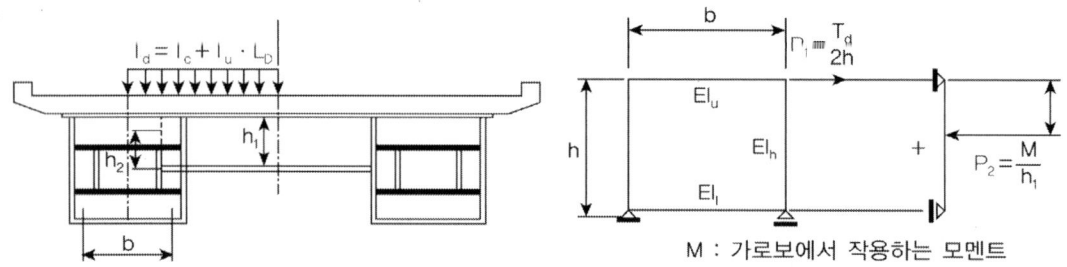

M : 가로보에서 작용하는 모멘트

5) 지점 위의 다이아프램 응력 검토

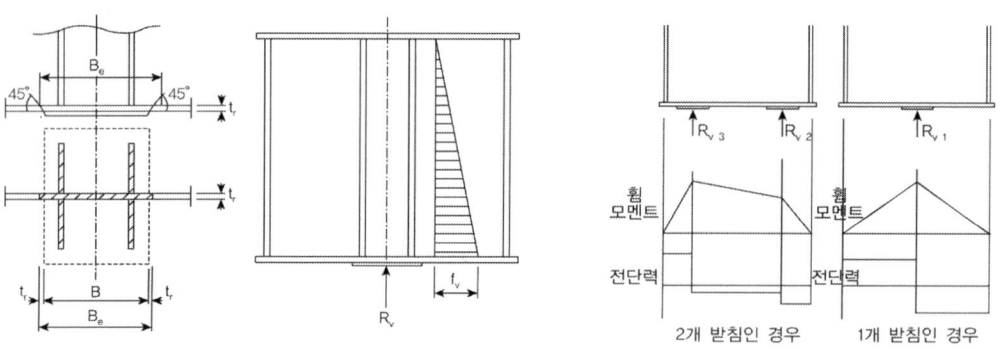

① 지압응력의 검토 : 받침 바로 위의 다이아프램의 응력

$$f_b = \frac{R_v}{A_s + B_e t_D} \quad B_e : \text{소울플레이트 폭(B)+ 하부플랜지판 두께}(t_f \times 2)$$

② 연직방향 응력의 검토

$$f_V = \frac{R_v}{A_s + B_e' t_D} \quad B_e' : \text{다이아프램의 유효폭}$$

③ 수평방향응력의 검토

휨모멘트 및 전단력에 대해 검토하며 이러한 응력은 연직방향응력(f_v)을 이용하고 도설 3.8.2.5식에 따라 2축 응력상태의 검산을 수행한다.

(도설 3.8.2.5) $\left(\dfrac{f_x}{f_a}\right)^2 - \left(\dfrac{f_x}{f_a}\right)\left(\dfrac{f_y}{f_a}\right) + \left(\dfrac{f_y}{f_a}\right)^2 + \left(\dfrac{v}{v_a}\right)^2 \leq 1.2$

f_x, f_y : 검산하는 곳에서 서로 직교하는 방향으로 작용하는 수직응력(인장 +, 압축 −)

v : 검산하는 곳에 작용하는 전단응력

6) 다이아프램의 보강구조 ^{88회/100회}

88회/100회

【 기출유형 ① 】 다이아프램 구조검토 시 맨홀 설치를 고려한 두께 산정 및 보강재 위치
【 기출유형 ② 】 다이아프램 개구부 유지관리통로 확대 시 다이아프램 보강방법

다이아프램의 크기는 일반적으로 요구강성(K)을 통해서 결정할 수 있으며, 다이아프램의 형식은 개구율에 의해서 구분할 수 있다. 일반적으로 개구율은 다음과 같이 정의한다.

$$\rho = \sqrt{\frac{A'}{A}} = \sqrt{\frac{bh(\text{개구부면적})}{BH(\text{전체면적})}}$$

① 중간 다이아프램의 보강구조

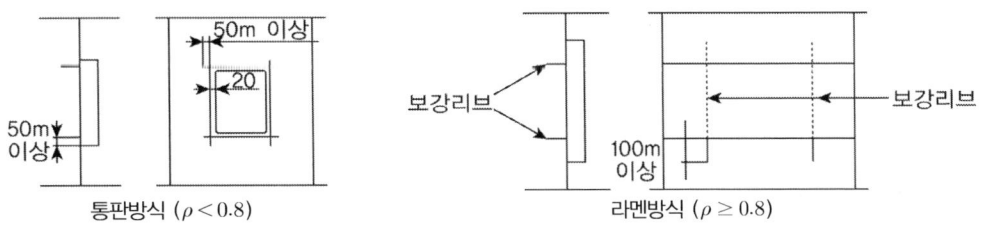

(1) 중간 다이아프램의 치수가 통판방식 ($\rho \leq 0.4$)이거나 통판과 라멘방식의 중간($0.4 < \rho < 0.8$)인 경우에는 그림과 같이 개구부 보강재는 다이아프램판의 양측에 설치하고 상하

및 좌우 플랜지들을 서로 배면에 배치하도록 하는 것을 원칙으로 한다.

(2) 라멘방식($\rho \geq 0.8$)인 경우에는 그림과 같이 모서리부를 이루는 부분에 대하여 수평보강판은 끝까지 연장시키고 연직방향의 보강을 위해 보강재를 설치하는 것이 좋다. 이때 브라켓과 가로보가 연결되는 경우의 수평방향 보강재가 있을 경우에는 별도의 보강재 배치를 검토하여야 한다.

② 지점부 다이아프램의 보강구조

지점부 다이아프램은 교좌장치가 박스거더 하단에 2개소 설치되는 경우나 1개소 설치되는 경우 모두 지점부 단면을 폐합시키는 것을 원칙으로 하고 맨홀을 설치하여 유지보수와 현장이음을 위한 출입이 가능토록 조치하여야 한다.

박스거더 지점부에는 박스거더의 단면 형상을 유지하고 박스거더 복부판에서 전단력을 받침에 원활하게 전달하기 위해 지점 상부에 다이아프램을 설치하여야 한다. 지점부 다이아프램의 맨홀은 그 크기가 작을수록 구조적으로 유리하나 표준적인 크기로 700×700으로 하되, 단면의 크기가 축소될 수 있으며 최소 크기는 700×450으로 한다. 응력에 관계없이 다이아프램 맨홀은 그 하단이 사람이 통행할 수 있도록 하부 플랜지로부터 450mm 이하 부분에 설치하든가 또는 계단을 설치한다.

지점부 수직보강재가 2개 이상일 때 용접을 고려하여 간격을 최소 200mm로 한다.

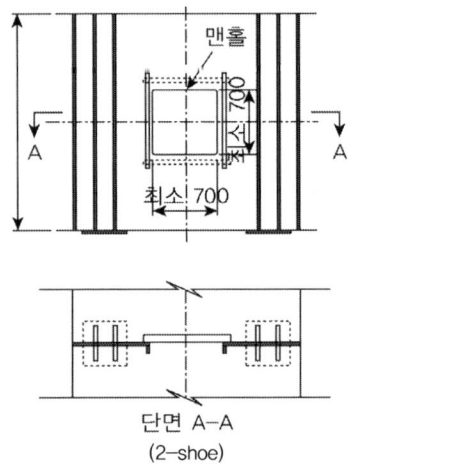

단면 A-A
(2-shoe)

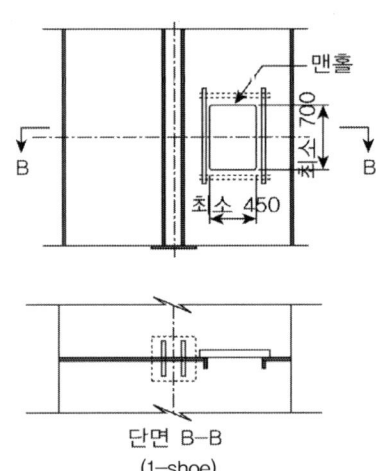

단면 B-B
(1-shoe)

5. 개구제형 강박스 거더

1) 개구제형 강박스 거더의 특징

개구제형 거더는 경제성, 제작성, 유지관리, 미관 등의 다양한 측면에서 폐단면 거더교에 비해 상대적 장점을 가지고 있다. 폐합성 박스거더에 비해 개구제형은 적은 양의 강재가 소요되기 때문에 제작비가 적고, 하부플랜지 폭이 좁기 때문에 부모멘트 구간에서 하부압축플랜지에 설치하는 종방향보강재의 수를 감소시킬 수 있는 이점이 있다.

그러나 개단면의 특성상 개구제형은 비틀림에 취약하다. 콘크리트 바닥판으로 상부플랜지가 폐합되기 이전의 시공상태에서 비틀림 모멘트에 의해 단면의 비틀림이나 뒤틀림 변형이 발생할 수 있고, 연직방향으로 작용하는 사하중에 의하여 상부플랜지가 벌어지는 현상이 발생될 수 있다. 이를 방지하기 위해서 상부플랜지에 적절한 간격의 수평브레이싱을 설치해서 벌어짐을 억제하고 순수비틀림에 대한 강성을 증가하기 위해 다이아프램의 설치가 필요하다. 설계 시부터 운반, 조립 및 콘크리트 바닥판의 타설 중에 작용할 수 있는 하중조건을 모두 고려하여야 한다.

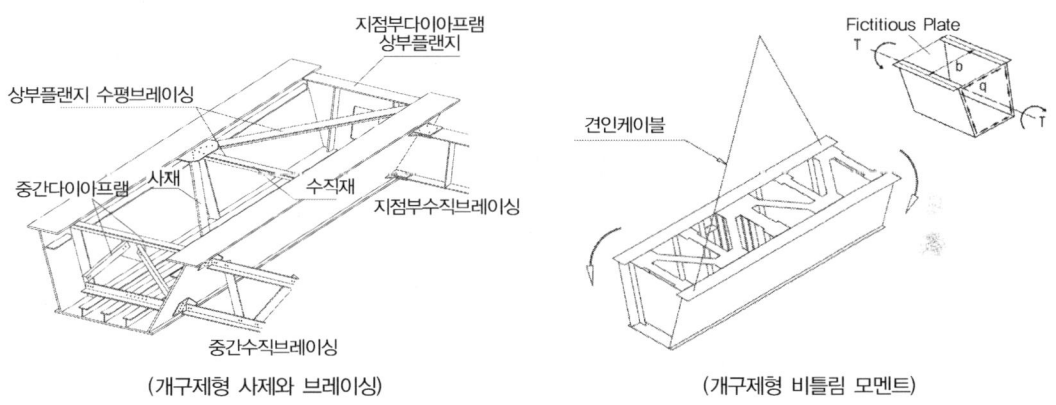

(개구제형 사제와 브레이싱)   (개구제형 비틀림 모멘트)

폐단면 강박스 거더의 경우 상부 바닥판 타설 시 별도의 거푸집이 필요 없으나 개구제형의 경우 별도의 거푸집이 필요하며, 타설 후 거푸집 게거가 곤란한 특성을 가진다.

2) KDS 14 31 10에 따른 제한조건

① 2개 이상의 단일 박스단면으로 구성된 직선교에서 활하중 분배계수를 적용하여 활하중 휨모멘트를 산정할 경우에는 다음에 언급된 기하학적 조건을 만족해야 한다. 또한, 베어링 연결선은 사각을 이루지 않아야 한다.

② 지간 중앙에서의 인접 박스 간 플랜지의 중심간격 a는 각 박스단면의 플랜지 중심간격 w의 80%보다 크고 120%보다 작아야 한다. 또한, 평행하지 않은 박스거더 단면을 사용하는 경우 중앙지간에서의 요구조건 외에 지점에서의 인접한 박스거더의 플랜지 중심간격은 각 박스단면의 플랜지 중심간격의 65% 이상 및 135% 이내이어야 한다. 각 박스단면의 플랜지 중심간격은 동일해야 한다.

③ 웨브의 경사도는 1/4을 넘어서는 안 된다.

④ 난간이나 연석을 포함한 바닥판의 내민부는 인접 박스 간 상부 강재플랜지의 평균 중심간격 a의 60%를 초과할 수 없으며, 또한 1,800 mm 이내이어야 한다.

1. 개요

강박스 거더교는 휨 및 비틀림강성이 크고 폐합단면을 이루고 있어 외관 및 미관이 양호하며 곡선교
와 같은 큰 비틀림강성이 요구되거나 평면선형의 제약을 받는 도시고가교, I/C 등의 건설교량에 많
이 사용된다. 그러나 강박스교의 플랜지는 비교적 얇은 강판으로 제작되기에 압축응력 작용위치에서
국부적으로 판의 좌굴현상이 발생하여 이에 대한 종·횡방향 보강재가 필요하다.

기존의 ASD에서는 보강된 판을 보강재로 둘러싸인 양연지지판으로 간주하고 좌굴계수 k값을 일률
적으로 적용하여 탄성좌굴이론에 의해 설계압축강도를 산정하였으나 개정된 LRFD(도로교설계기준
한계상태설계법)에서는 보강된 판의 좌굴계수 k값을 보강재의 강성과 개수에 따라 조정하도록 규정
하고 있다.

2. 보강된 판의 탄성좌굴이론

좌굴이론은 크게 판좌굴이론과 기둥이론에 근거하여 설계기준이 정립되어 있으며, 미·일·한에서는
판좌굴이론에 근거하여 종방향 보강재의 강성과 크기를 제한하여 국부좌굴만 발생하도록 허용한 반
면, 유럽에서는 기둥이론에 근거하여 한 개의 종방향 보강재와 그에 인접한 플랜지 단면으로 구성된
보강재를 기둥단면으로 간주하여 구한 감소계수를 고려하여 보강판의 강도를 구하도록 하고 있다.

등분포 압축응력을 받고 있는 사각플레이트에 대한 이론적 탄성좌굴응력은

$$F_{cr} = \frac{k\pi^2 E}{12(1-\mu)}\left(\frac{t}{b}\right)$$

좌굴계수 k는 판의 좌굴강도에 큰 영향을 미치며 경계조건, 하중조건, 판의 형상비에 영향을 받는
다. 좌굴계수 k는 4변 단순지지이고 형상비가 정수일 때는 최솟값 4를 가지며, 지지조건이 고정이면
6.97의 값을 가진다. 실제 복부강성에 따라 하부플랜지에서 복부에 의한 구속도가 결정되지만 일반
적으로 복부위치에서의 지점조건을 단순지지로 볼 수 있으므로 좌굴계수 k가 가질 수 있는 최솟값은
4로 볼 수 있다.

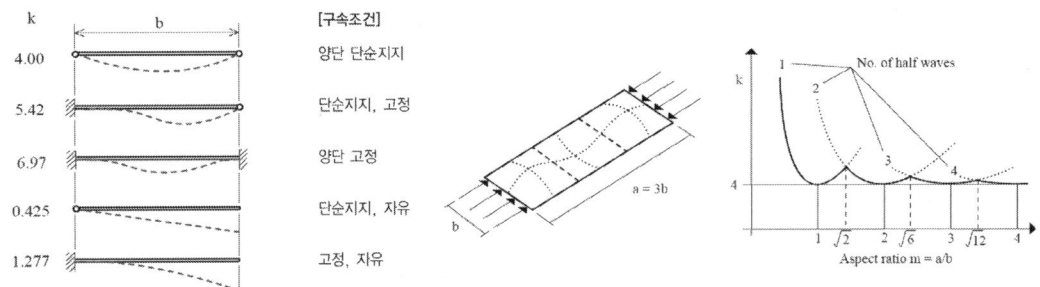

(경계조건별 등분포압축 시 판의 좌굴계수)　　　(단순지지조건에서 판의 좌굴형상과 좌굴계수)

3. ASD와 LRFD의 종방향 보강재 설계규정

ASD(도.설)와 LRFD(도.설.한) 모두 압축플랜지의 강도평가 시 탄성좌굴이론을 적용하지만 보강재의 경계조건을 어떻게 가정하는지에 따라서 강도의 차이가 발생된다. ASD(도.설)의 경우 보강된 판이 종·횡방향 보강재에 의해 4변 단순지지로 가정하여 좌굴계수 k를 일률적으로 4.0을 적용하고 보강재가 최소강성을 만족하는지 확인하도록 하고 있으나 LRFD(도.설.한)에서는 보강재의 개수 및 강성에 따라서 k값을 산정하여 1.0~4.0 사이의 값을 적용하도록 하고 있다.

구분	ASD (도.설, 2010)	LRFD (도.설.한, 2012)
개요	종방향 보강재 한 개의 단면2차모멘트와 단면적은 다음을 만족해야 하며 보강재의 단면2차 모멘트는 보강재가 판의 한쪽에만 배치된 경우 보강되는 판의 보강재쪽 표면에 관하여 구한다.	보강재가 연결된 플랜지와 평형한 축에 관한 플랜지 중심면에서의 각 보강재 단면 2차 모멘트는 다음을 만족해야 한다.
개요	$I_t \geq \dfrac{bt^3}{10.92}\gamma_l^*,\ A_t \geq \dfrac{bt}{10n}$ 여기서 t : 보강된 판의 두께(mm) b : 보강된 판의 폭(mm) n : 종방향 보강재에 의하여 나뉘는 패널수 γ_l^* : 종방향 보강재의 소요강비	$I_l \geq \psi \omega t_f^3$ 여기서, $\psi=0.125k^3$ (n=1), $0.07k^3n^4$ (n=2~5) n : 등간격인 종방향보강재의 수 ω : 압축플랜지의 종방향 보강재 사이 폭과 복부판에서 가장 가까운 종방향보강재까지의 거리 중 큰 값(mm) t_f : 압축플랜지의 두께(mm)
기준식	종방향 보강재의 소요강비 γ_l^* ① $\alpha \leq \alpha_0$ 이면서 횡방향 보강재의 한 개의 단면 I_t 아래의 식을 만족하는 경우 $I_t \geq \dfrac{bt^3}{10.92}\left(\dfrac{(1+n\gamma_l^*)}{4\alpha^3}\right)$ $\gamma_l^* = 4\alpha^2 n\left(\dfrac{t_o}{t}\right)(1+n\delta_l) - \dfrac{(\alpha^2+1)^2}{n}$ $t \geq t_o$ $\gamma_l^* = 4\alpha^2 n(1+n\delta_l) - \dfrac{(\alpha^2+1)^2}{n}$ $t < t_o$ ② 횡방향 보강재가 없거나 ①규정을 만족하지 않는 경우 $\gamma_l^* = \dfrac{1}{n}\left[\left(2n^2\left(\dfrac{t_o}{t}\right)^2(1+n\delta_l)-1\right)^2-1\right]$ $t \geq t_o$ $\gamma_l^* = \dfrac{1}{n}\left[\left(2n^2(1+n\delta_l)-1\right)^2-1\right]$ $t < t_o$ 여기서, α : 보강판의 형상비 ($\alpha=a/b$) α_0 : 한계형상비 ($\alpha_0 = \sqrt[4]{1+n\gamma_l}$) a : 횡방향 보강재의 간격(mm) δ_l : 종방향 보강재 1개의 단면적 비 ($\delta_l = A_l/bt$) γ_l : 사용된 종방향 보강재의 강비 ($\gamma_l = I_t/(bt^3/10.92)$) t_0 : 보강된 판의 두께(mm) ($t_0 = b/24in\,(SS490)$)	$k = \left(\dfrac{8I_s}{\omega t_f^3}\right)^{1/3} \leq 4.0$ n=1인 경우 $k = \left(\dfrac{14.3I_s}{\omega t_f^3 n^4}\right)^{1/3} \leq 4.0$ n=2~5인 경우 종방향 보강재가 없는 압축플랜지에서의 공칭휨강도는 보강재가 있을 때의 규정값에 ω 대신 복부판 간 압축플랜지의 폭 b로 치환하고 복부판에서의 경계조건을 단순지지조건으로 가정하여 좌굴계수 k=4.0을 적용한다. (종방향 보강재의 강성식은 좌굴계수 k의 식을 I_l에 의해서 치환하여 구한 것으로 보강재 강성이 클수록 좌굴계수 k가 증가하여 ASD에서 단순지지조건을 만족하게 된다.)

4. LRFD의 종방향 보강재 설계규정의 문제점

LRFD(도.설.한)에서는 보강재 수가 증가할수록 종방향 보강재의 소요강성이 증가하고 그 증가하는 비율은 종방향 보강재와 판의 경계조건이 단순지지조건이 되어 뒤틀림의 발생을 방지하기 위해 좌굴계수 k값을 크게 할수록 급격하게 나타난다. LRFD(도.설.한)에 의한 보강판의 압축휨강도 평가 시 보강재의 개수가 증가할수록 비현실적으로 큰 단면의 보강재를 요구하며 일반적으로 강박스 거더교의 압축플랜지에 대하여 4~5개의 종방향 보강재를 설치하는 국내의 실정을 고려할 때 LRFD(도.설.한)의 설계적용이 불가하다.

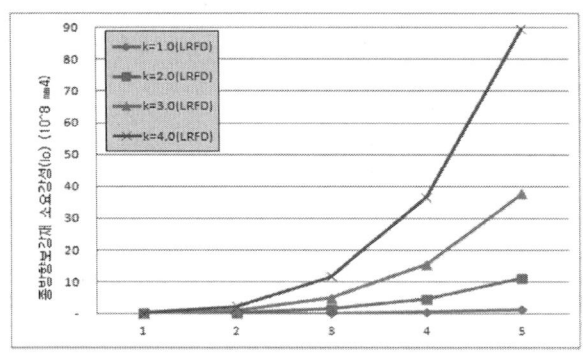

〈종방향 보강재 개수에 따른 소요강성〉

AASHTO LRFD(2007)의 경우 종방향 보강재의 개수를 2개까지만 적용하도록 제한하고 있으며 경제적인 설계를 위해 가급적 1개의 보강재를 사용할 것을 권고하고 있다. 실제로 미국에서는 종방향 보강재를 사용하는 대신 큰 T형리브를 사용하고 있으며 횡방향 보강재는 생략하는 추세이다. 따라서 개정된 LRFD(도.설.한)설계적용을 위해서는 보강재 개수의 최소화가 필요하며 이를 위해서 경사평복부판을 적용하여 하부플랜지의 폭을 최소화하고 동일 단면적 대비 큰 강성을 가지는 T형 보강재를 적용하여야 하는 문제점이 있다.

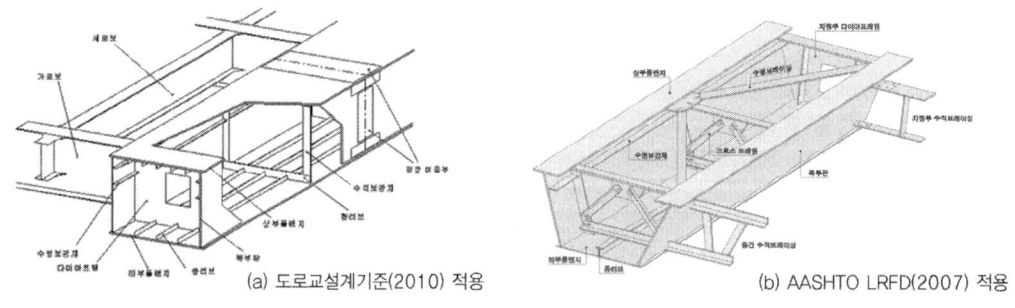

(a) 도로교설계기준(2010) 적용   (b) AASHTO LRFD(2007) 적용

〈설계방식에 따른 박스거더 형상〉

5. 보강된 압축플랜지 설계법

1) Chai H. Yoo (2001) 종방향 최소강성 제안

종방향 보강재의 강성이 증가할수록 압축플랜지의 좌굴형상이 대칭모드에서 역대칭모드로 전환되며 이 때의 임계하중값은 보강재의 강성이 계속 증가하더라도 크게 증가하지 않음을 확인하고 압축플랜지가 역대칭 모드의 좌굴형상을 나타내는 종방향 보강재의 단면2차모멘트식을 회귀분석을 통해 제안하였다. 다만 이 제안식은 종방향 보강재의 형상을 동일단면적대비 단면2차 모멘트가 큰 T형으로 제한하였다.

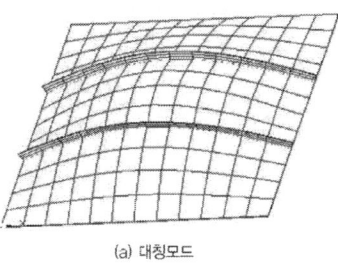 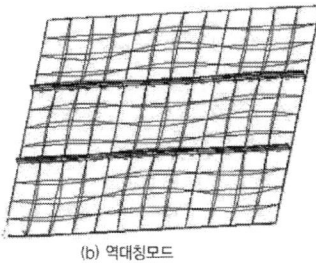

(a) 대칭모드   (b) 역대칭모드

(보강재 강성에 따른 좌굴형상)

$$I_s = 0.3\alpha^2 \sqrt{n}\,\omega t^3$$

여기서, α : 플랜지 패널의 형상비

       n : 등간격인 종방향 보강재의 수

       ω : 압축플랜지의 종방향 보강재 사이 폭과 복부판에서 가장 가까운 종방향 보강재까지의 거리 중 큰 값(mm)

       t : 압축플랜지의 두께(mm)

2) FHWA-TS-80-205(1980)

도로교설계기준이나 AASHTO LRFD에서 보강재 사이의 패널이 등분포압축응력을 받는 것으로 가정하여 탄성좌굴응력을 구한 것과 달리 FHWA의 설계기준은 여러 개의 종방향 보강재로 보강된 판을 한 개의 보강재와 유효폭 구간에 위치한 저판으로 구성된 스트럿 기둥부재로 간주하고 그래프를 이용하여 보강판의 극한압축강도를 구한다.

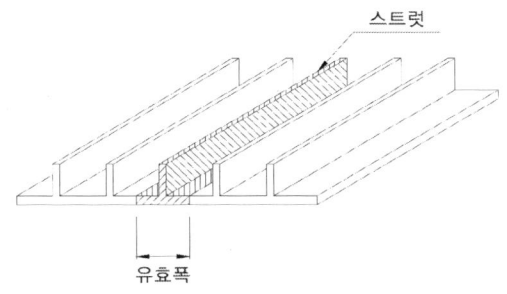 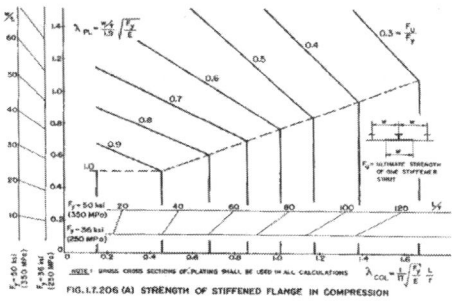

(스트럿 기둥부재의 가정)   (보강된 압축플랜지의 강도감소계수 Graph(FHWA))

$$F_u = \lambda F_y$$

여기서, $\lambda_{pl} = \dfrac{(w/t)}{1.9}\sqrt{\left(\dfrac{F_y}{E}\right)}$, $\lambda_c = \dfrac{1}{\pi}\sqrt{\dfrac{F_y}{E}}\dfrac{L}{r}$

F_y : 강바닥판의 항복강도(MPa)

E : 강바닥판 강재의 탄성계수(MPa)

t : 강바닥판 두께(mm)

w : 보강재 사이의 바닥판 폭 또는 보강재 중심간 간격(mm)

L : 횡방향 보강재로 지지된 종방향 보강재의 비지지 길이(mm)

r : 스트럿 단면의 플랜지 저판에 평행한 축에 대한 곡률반경(mm)

AASHTO LRFD설계법을 적용한 인천대교 주경간의 보강거더 설계 시에도 U-rib의 1/2형상을 스트럿 부재로 가정하여 이 그래프를 이용하여 극한압축강도를 사용한 설계가 있다.

3) 케이블교량설계지침(한계상태설계법)

기본적으로 FHWA와 같은 기둥좌굴이론에 근거하며 다만 감소계수를 구하기 위한 그래프를 단순히 제시한 FHWA와 달리 다양한 폐단면 종리브모델에 대한 해석결과를 선형보간식으로 제시하여 설계자가 편리하도록 하였다. 3개 이상 종방향 보강재로 보강된 광폭 폐단면 박스에서 압축플랜지의 압축극한강도는 유효폭구간에 위치한 판폭과 한 개의 종방향 보강재로 구성된 스트럿 기둥부재로 간주하여 공칭휨저항강도를 구한다. 보강판 압축극한강도 F_{uf}는 전체좌굴 및 국부좌굴에 대한 안정성 해석으로부터 유도된 아래의 식을 적용하여 구한다.

$$F_{uf} = \lambda_{pc} F_y$$

여기서, λ_{pc} : 보강재 트스럿에 대한 감소계수

$\lambda_{pl} < 0.3 \qquad \lambda_{pc} = \dfrac{1.0}{1.0+0.1\lambda}$

$0.3 \leq \lambda_{pl} \leq 1.3 \qquad \lambda_{pc} = \dfrac{1.15-0.5\lambda_{pl}}{1.0+0.1\lambda}$

λ_{pl} : 플랜지의 보강재 사이 판에 대한 세장비 $\lambda_{pl} = \dfrac{(w/t)}{1.9}\sqrt{\left(\dfrac{F_y}{E}\right)}$

λ_{col} : 스트럿 기둥의 세장비 $\lambda_{col} = \dfrac{1}{\pi}\sqrt{\dfrac{F_y}{E}}\dfrac{L}{r}$

강박스 거더교

강박스 거더는 박판의 플레이트에 각종 보강재를 부착하여 장경간 거더로 활용되는 형식이다.
1) 강박스 거더교를 구성하는 부재(보강재 포함)를 열거하고 구조적 역할을 설명하시오.
2) 기존 박스 거더를 합리적으로 개선한 형식 3개를 제시하고 구조개요를 설명하시오.

풀 이

▶ 개요

강박스 거더교(Steel box girder bridge)는 얇은 강판을 상자형 또는 U형 단면으로 결합하여 상부에 철근 콘크리트 바닥판이나 강상판을 설치한 합성, 비합성교를 총칭한다. 강박스 거더는 폐합 단면을 이루고 있어 비틀림 강성이 크고 연속교의 지점상의 부 모멘트에 저항하는 압축 플랜지 폭이 커서 경제적인 단면 구성이 가능하다. 일반적인 다른 교량 형식에 비해 거더 높이가 낮고 곡선교와 같은 큰 비틀림 강성이 요구되는 교량이나 도로 평면선형의 제약이 많은 고가도로, IC, JC에 주로 채택된다.

▶ 강박스 거더 구성 부재

강박스 거더교는 강박스와 함께 가로보, 세로보, 종방향 리브, 횡방향 리브, 수평보강재, 수직보강재, 다이아프램 등의 보강재로 구성되어 있다.

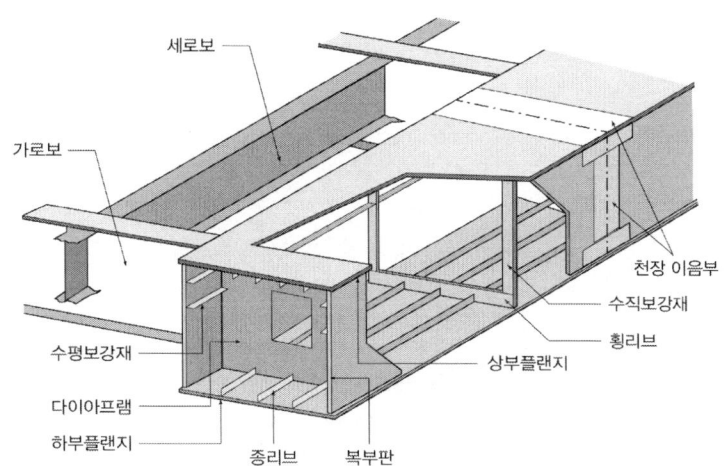

1) 가로보 : 강박스를 연결해 상부 하중을 분배할 수 있도록 하고 비틀림 강성을 증가시키는 역할을 하는 부재

2) 세로보 : 교량의 폭원이 넓어 강박스 간 간격이 넓거나, 하중이 큰 경우 종방향의 하중을 분담하기 위해서 중간지점 형식으로 보강하는 부재로 주부재에 해당한다.

3) 종리브 : 상·하부 플랜지에 부착되어 교량의 종방향으로 설치되는 부재로 플랜지 플레이트의 국부 좌굴을 방지하기 위해 설치된다.

4) 횡리브 : 상·하부 플랜지에 부착되어 교량의 횡방향으로 설치되는 부재로 수직보강재와 연결되어 하중을 분배하고 좌굴 변형을 방지하기 위해 설치된다.

5) 수평보강재 : 복부판에 부착되고 플랜지와 수직을 이루는 복부판 보강재로 하중 분배와 좌굴변형 방지를 위해 설치한다.

6) 수직보강재 : 복부판에 부착하는 플랜지와 직각을 이루는 복부판 보강재로 지점부 등에 하중 분배와 좌굴변형 방지를 위해 설치한다.

7) 다이아프램(격벽) : 박스거더에 휨 및 비틀림에 대한 단면 형상유지, 하중 집중점의 좌굴변형 방지, 가로보 설치부의 하중분산 및 제작, 운반 가설 시의 안전확보를 목적으로 설치한다.

▶ 강박스 거더 합리적 개선 구조 형식

1) 제형단면 강박스 거더

기존의 강박스 거더는 보강재가 과다하게 사용되면서 강중이 높은 경향을 보였다. 이를 개선하기 위해서 미국의 AASHTO LRFD을 일부 차용하여 종방향 보강재를 사용하는 대신 큰 T형 리브를 사용하거나 횡방향 보강재를 생략하는 등 보강재 개수의 최소화하고, 경사 복부판을 적용하여 하부플랜지의 폭을 최소화하는 등 동일 단면적 대비 큰 강성을 가지는 T형 보강재를 적용하는 개선 구조가 제시되고 있다.

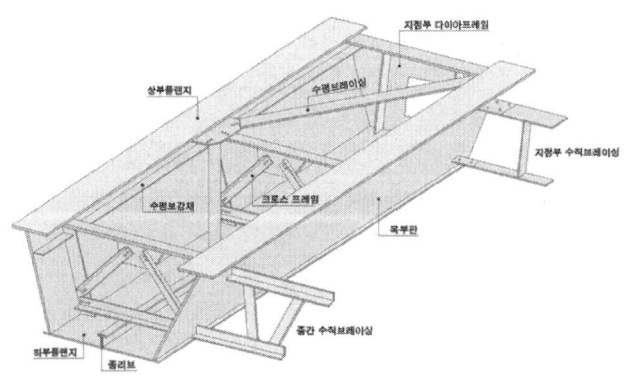

2) 콘크리트 합성 강박스 거더

기존의 강박스 거더는 보강재를 최소화하면서 하부 플랜지의 강중을 더 줄이고 단면의 효율성을 증대시키기 위해 하부 플랜지와 콘크리트를 합성해 강중은 줄이고 강성은 높인 거더 형식이다. 지점부만 합성해 부모멘트에 대한 저항성을 높이거나 불필요한 강재를 최소화시키는 방식이다.

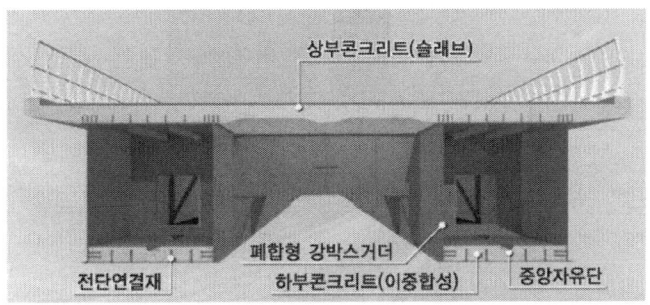

3) 콘크리트 합성 및 PC 도입 강박스 거더

하부 플랜지부에 콘크리트를 합성하고 추가로 프리스트레스를 도입하는 공법으로 마찬가지로 강재량을 최소화하기 위한 공법이다.

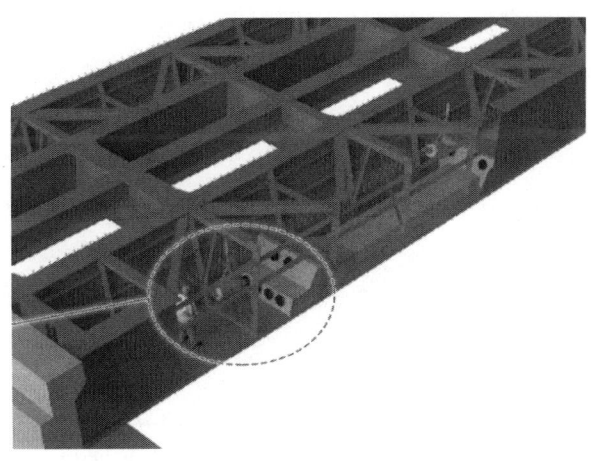

강박스 거더

강박스 거더(Steel box girder)의 단면형상 및 크기 결정 방법에 대하여 설명하시오.

풀 이

> ▶ 개요

강박스 거더교는 얇은 강판을 상자형 단면 또는 U형 단면으로 결합하여 상부에 철근 콘크리트 바닥판 또는 이와 유사한 바닥판을 설치한 합성 혹은 비합성교를 총칭한다. 강박스 거더교는 폐합단면을 이루고 있어 외관이 좋고 I형 거더에 비해 비틀림 강성이 크고 연속교의 지점상의 부의 모멘트에 저항하는 압축 플랜지 폭이 커서 경제적인 단면 구성이 가능하다. 일반적인 강박스 거더교의 특징은 다음과 같다.

① 비틀림 강성과 비틀림 강도가 크므로 곡선교에 적합하고 활하중 편심재하 시 하중의 횡분배가 양호하여 역학적으로 효율성이 좋다.

② I형 거더교에 비해 플랜지 폭을 크게 할 수 있어 휨모멘트에 대한 효과적인 단면형태이다.

③ Block가설공법, 압출가설공법 등의 가설공법 적용이 가능하여 가설공사의 능률화와 공기단축이 가능하다.

④ 수직편심하중, 수평하중에 대해서도 입체 구조물로서 저항하며 각 부재 모두 역학적 기능을 발휘한다.

⑤ 부가시설(전력, 통신, 상수도관)을 박스 내부에 설치할 수 있다.

> ▶ 강박스 거더의 단면 형상

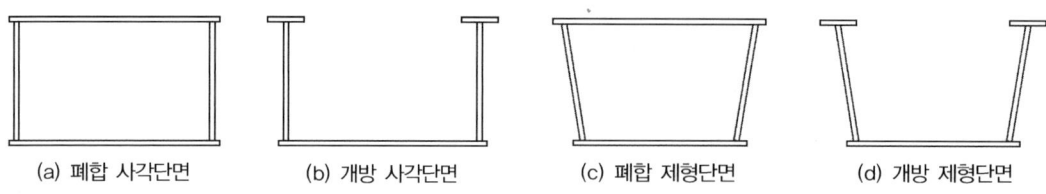

| (a) 폐합 사각단면 | (b) 개방 사각단면 | (c) 폐합 제형단면 | (d) 개방 제형단면 |

폐합 사각단면은 표준단면으로 가장많이 적용하는 형식이다. 하부 플랜지 폭을 좁히기 위해서 복부판을 경사지게 한 제형단면에서는 거더의 큰 휨모멘트를 받아 탄성 변형을 할 때 복부판의 경사에 의한 플랜지의 직각방향에 응력이 발생할 수 있다. 제형단면을 적용할 때는 경제성과 구조적 문제점을 충분히 검토할 필요가 있다. 개방형 단면은 철근콘크리트 바닥판 타설 시에 개방단면측 플랜지 좌굴이나 거더의 가로방향 국부좌굴 안전성, 콘크리트 경화 후의 거푸집 철거, 철근

콘크리트 시공 시와 콘크리트 양생 시의 누수에 대한 문제가 발생할 수 있다. 최근에는 precast 바닥판이나 deck plate 등을 이용하여 이를 해소하고 적용하기도 한다.

▶ 강박스 거더의 크기 결정

강박스 거더의 크기 결정은 통상적으로 강재의 중량과 박스거더의 웨브의 높이 결정에 따라 산정된다. 강재의 중량은 경간장에 따라 가정한다.

1) 강재 중량

박스 거더의 자중은 어떻게 가정하는지에 따라 설계의 반복을 줄일 수 있다. 또한 거더의 안전성이 응력적으로 확보되더라도 강도가 부족하면 처짐이 커지고 그에 수반해 진동하기 쉽다. 이로 인해 보행자의 진동감각이나 자동차의 주행성이 나빠질 수 있다.

일반적으로 강재중량은

합성 박스 거더의 경우 $W = 2.5L + 104 \, (\text{kg/m}^2)$,
비합성 박스 거더의 경우 $W = 2.5L + 115 \, (\text{kg/m}^2)$을 고려해 산정한다.

2) 거더의 높이

박스 내부의 점검로 등을 고려해 최소 공간인 600×1000mm 이상 확보하도록 설계되어야 한다. 거더 웨브의 높이가 박스 거더의 높이가 되며, 높이는 응력 및 처짐에 큰 영향을 미친다. 일반적으로 강박스 거더의 높이 h는 지간(L)에 대한 비로 결정한다.

h=L/20~L/25

박스 거더 웨브의 높이를 종방향으로 변화시킬 때는 단순교에서는 변화가 없는 것이 좋으며, 연속교에서는 지점부의 높이는 지간 중앙부의 높이 h보다 15~20%가량 높게 하면 경제적인 설계가 된다.

3) 복부판의 두께

웨브의 높이가 정해지면 복부판 t_w를 결정해야 한다. 박스 거더 전체의 단면 2차 모멘트에 대한 복부판이 차지하는 범위가 작기 때문에 가급적 얇게 하고 그 부분을 플랜지 두께를 키워서 거더의 강성을 크게 하는 것이 바람직하다. 복부판의 두께는 최소 9mm 이상으로 하고 수평보강재는 2단까지 적용할 수 있다.

4) 박스 거더 단면 형상 결정

박스 거더는 강성이 크지만 박스 거더의 배치나 크기에 따라서는 플랜지가 응력적으로 유효하게 이용되지 않는지 제작 시에 큰 변형이 일어나든지 또 운반·가설에 지장을 초래할 수도 있으므로 박스 거더의 형상 및 치수에 주의를 기하여야 한다. 강박스 거더는 제작·가설을 위해 사람이 박스 거더 안으로 들어가 용접, 볼트체결, 도장 등의 시공 및 점검이 가능한 공간이 필요하다. 박스 거더 안에 설치되는 횡 보강재, 종방향 리브 등의 높이를 고려해서 일반적으로 아래의 최소 치수 이상으로 박스단면의 크기를 결정하는 것이 바람직하다. 또한 단일 박스 거더의 최대 치수는 육상 수송을 전제로 할 때 운송로의 조건에 따라 다르나 일반적으로 아래의 그림과 같다.

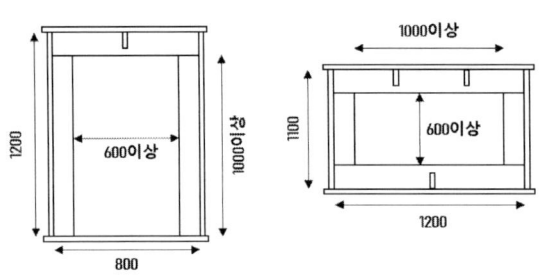

(a) 박스 거더 내부 작업성을 위한 최소치수

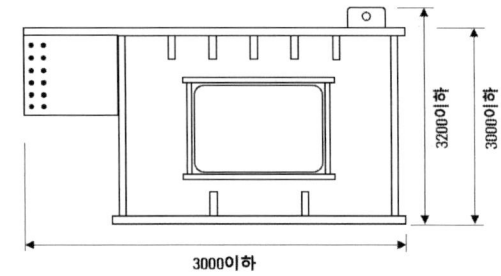

(b) 육상수송인 경우 최대치수

강박스 거더교

강교에 사용되는 폐단면 강박스(closed steel box) 거더와 개구제형 강박스(top-open trapezodial steel box) 거더의 특징을 비교하여 설명하시오.

풀 이

개구제형 강합성형 교량 설계지침 소개(정운용, 한국강구조학회지, 2003)

➤ **개요**

도로교설계기준(한계상태설계법, 2016)의 개정에 따라 개구제형 강박스 거더의 사용이 활발해졌다. 개구제형 강박스 거더는 폐단면 강박스 거더에 비해 강재의 중량, 용접량, 도장면적을 절감할 수 있는 형식으로 보강재를 최소화하여 합리적인 설계가 가능한 형식이다.

➤ **폐단면 거더와 개구제형 거더의 비교**

구분	폐단면 강박스 거더	개구제형 강박스 거더
형상		
경제성	· 강재 과다 소요 · 용접 및 도장량 과다	· 강재중량 절감(▲) · 용접량과 도장면적 감소(▲)
시공성	· 내부 작업환경 불량 · 제반 작업량 및 용접 작업량 과다 · 운반 및 가설 시 변형이 매우 적음(▲)	· 개방형으로 내부 작업환경 양호(▲) · 제반 작업량 및 용접 작업량 절감(▲) · 박스 거더 상부바닥판 타설 시 거푸집 제거 곤란
유지 관리	· 복잡한 구조로 교량점검량 과다 · 연결부 과다로 내구성 저하	· 단순한 구조로 교량점검량 감소(▲) · 설계 합리화로 내구성 향상(▲)
미관 및 환경성	· 획일적 설계로 미관 저해 · 박스 내부 도장 및 용접작업시 작업환경 불량 · 재도장 시 도장량 과다로 환경피해 우려	· 다양하고도 미적인 설계가능 · 개방단면으로 박스 내부 도장 및 용접환경 양호(▲) · 도장량 감소에 따라 재도장 시 환경피해 감소(▲)

개구제형고는 경제성, 제작성, 유지관리, 미관 등의 다양한 측면에서 폐단면 거더교에 비해 상대적 장점을 가지고 있다. 폐합성박스거더에 비해 개구제형은 적은 양의 강재가 소요되기 때문에 제작비가 적고, 하부플랜지 폭이 좁기 때문에 부모멘트 구간에서 하부압축플랜지에 설치하는 종방향보강재의 수를 감소시킬 수 있는 이점이 있다.

그러나 개단면의 특성상 개구제형은 비틀림에 취약하다. 콘크리트 바닥판으로 상부플랜지가 폐합되기 이전의 시공상태에서 비틀림 모멘트에 의해 단면의 비틀림이나 뒤틀림 변형이 발생할 수 있고, 연직방향으로 작용하는 사하중에 의하여 상부플랜지가 벌어지는 현상이 발생될 수 있다. 이를 방지하기 위해서 상부플랜지에 적절한 간격의 수평브레이싱을 설치해서 벌어짐을 억제하고 순수비틀림에 대한 강성을 증가하기 위해 다이아프램의 설치가 필요하다. 설계 시부터 운반, 조립 및 콘크리트 바닥판의 타설 중에 작용할 수 있는 하중조건을 모두 고려하여야 한다.

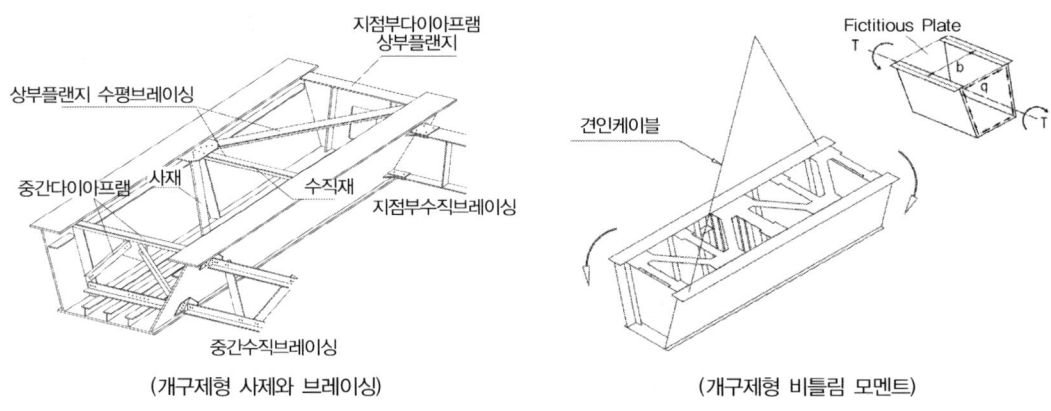

(개구제형 사제와 브레이싱)   (개구제형 비틀림 모멘트)

폐단면 강박스 거더의 경우 상부 바닥판 타설시 별도의 거푸집이 필요 없으나 개구제형의 경우 별도의 거푸집이 필요하며, 타설 후 거푸집 게거가 곤란한 특성을 가진다.

개량형 강박스 거더교

최근 가설되고 있는 개량형 강박스 거더교(Steel Box Girder교) 중 3가지를 제시하고 각각의 구조적 이론과 특징에 대하여 설명하시오.

풀 이

▶ 개요

개량형 강박스 거더교는 통상적으로 기존의 강박스 거더교(Steel Box Girder)의 강재량을 합리화하는 목적으로 개량한 형태가 주를 이루고 있다. 개량형 강박스 거더교에는 기존 강박스 거더를 개구형이나 다이아프램을 최소화하여 강재량을 합리화하거나 하부에 Tendon 혹은 콘크리트 합성구조를 적용하여 강재의 두께를 줄이는 등의 특성화된 교량 형식이 있다.

▶ 개량형 강박스 거더교

1) DCB(Double Composite Box Girder, 이중합성 강박스) 거더교

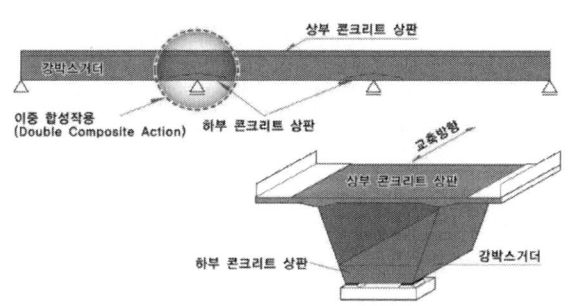
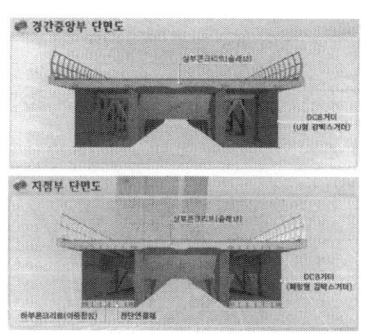

이중합성 연속 강박스 거더는 일반적인 단순합성 박스 거더교의 중간 지점영역에 하부 콘크리트를 추가로 배치함으로써 교량 전장에 걸쳐 콘크리트가 압축력에 저항하도록 한 교량형식이다. DCB거더교는 신개념의 전단연결재를 개발하여 압축플랜지의 보강상세를 개선하고 하부콘크리트 및 지점부 다이아프램을 효율적으로 배치하는 것을 특징으로 한다.

내측지점부 하부플랜지의 종방향 보강재를 전단연결재로 대체하고, 이때 하부콘크리트의 타설범위는 2차 고정하중 재하 시의 부모멘트 발생영역인 주경간장의 약 20%, 하부콘크리트의 타설높이는 탄성하중응력 및 장기거동응력의 변동과 상부하중의 증가분을 고려하여 강박스 거더 높이의 약 10%로 설계되었다. 또한 부모멘트 구간의 강성 증가에 기인하는 정모멘트부의 응력감소량을 반영하여 정모멘트부는 개구제형 강박스 거더 형식을 채용하여 보다 효과적인 강재량 감소를 도모하고 일정한 거더높이로 시공성과 경관성 향상을 도모한 박스 거더교 형식이다.

2) PUS(Prestressed concrete composited U-Shape steel girder) 거더

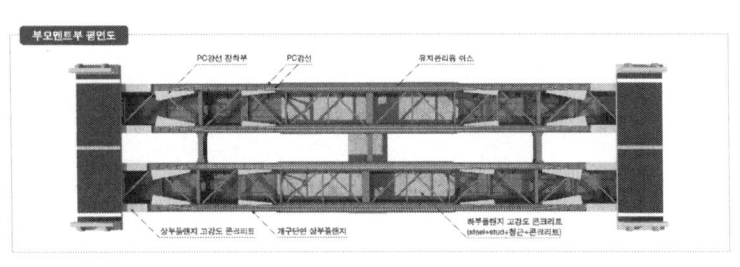

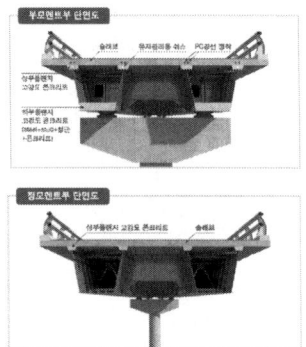

PUS 거더교는 미국, 유럽 등에서 일반적으로 사용되는 개구제형 U형 강박스 거더교에 저비용, 저형고, 장경간이 가능하도록 고강도 콘크리트를 합성하고 부분 프리스트레스를 도입한 하이브리드 형태의 개량형 강박스 거더교 형식이다.

주요 특성으로는 부모멘트 구간 중 최대응력이 발생하는 일부 구간은 폐합단면으로 구성하고 나머지 구간과 정모멘트부 전 구간은 불필요한 상부플랜지를 상·하부 플랜지의 응력수준을 같게 하여 효율성이 높은 단면을 구성하였다. 제형단면을 기본단면으로 채택하고 있어 단면의 효율성을 고려하고 부모멘트부에 고강도 콘크리트 합성을 통해서 압축응력을 흡수하여 강재량을 절감하고 부모멘트부 슬래브에 프리스트레스를 도입하여 인장응력을 저하시켜 바닥판 균열을 억제하여 공용수명을 연장하려고 하는 특징을 가진다. 부모멘트부 복부에는 고강도 콘크리트를 합성하여 전단응력을 경감하고 난연상성을 증대시켜 강재량을 절감하도록 하는 특성도 가진다.

3) SBarch(Steel Box girder with arch concrete) 합성거더

SB 거더는 개구박스형(U형)과 I형 단면이 효율적으로 결합된 강거더에 아치 형태의 콘크리트를 충진하여 이종재료의 상호보완 효과를 극대화하고 처짐과 비틀림에 유리한 장경간 적용 시 강박스 거더교 대비 강재량의 절감이 가능한 개량형 강합성 거더 형식으로 단부 및 지점부에는 박스 단면 형식을 중앙부에는 I형 단면을 사용하며 박스 내부에 충진콘크리트로 압축응력을 분담하고 충진콘크리트에 의한 비틀림 및 진동성능을 향상시킨 특성을 가진 형식이다.

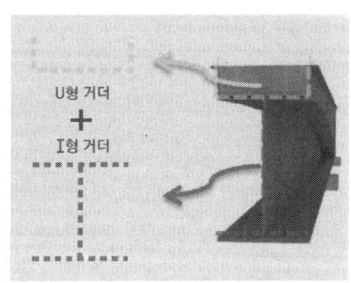

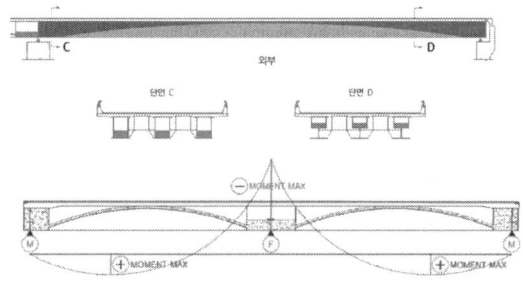

강교의 보강재 역할

강교량에서 사용하는 수직 및 수평보강재의 구조적 역할에 대하여 설명하시오.

풀 이

▶ 개요

강재를 사용한 강교량은 비교적 얇은 강판을 상자형이나 I형 단면으로 결합해 철근 콘크리트 바닥판이나 강상판 등으로 결합한 형태로 이용된다. 얇은 강판을 사용하기 때문에 비틀림이나 좌굴에 취약할 수 있고 이러한 취약한 부분을 보완하기 위해서 여러 보강재를 이용해 사용된다.

▶ 강교의 보강재의 종류와 역할

강박스 거더교는 강박스와 함께 가로보, 세로보, 종방향 리브, 횡방향 리브, 수평보강재, 수직 보강재, 다이아프램 등의 보강재로 구성되어 있다.

1) 가로보 : 강박스를 연결해 상부 하중을 분배할 수 있도록 하고 비틀림 강성을 증가시키는 역할을 하는 부재

2) 세로보 : 교량의 폭원이 넓어 강박스 간 간격이 넓거나, 하중이 큰 경우 종방향의 하중을 분담하기 위해서 중간지점 형식으로 보강하는 부재로 주부재에 해당한다.

3) 종리브 : 상·하부 플랜지에 부착되어 교량의 종방향으로 설치되는 부재로 플랜지 플레이트의 국부 좌굴을 방지하기 위해 설치된다.

4) 횡리브 : 상·하부 플랜지에 부착되어 교량의 횡방향으로 설치되는 부재로 수직보강재와 연결되어 하중을 분배하고 좌굴 변형을 방지하기 위해 설치된다.

5) 수평보강재 : 복부판에 부착되고 플랜지와 수직을 이루는 복부판 보강재로 하중 분배와 좌굴변형 방지를 위해 설치한다.

6) 수직보강재 : 복부판에 부착하는 플랜지와 직각을 이루는 복부판 보강재로 지점부 등에 하중 분배와 좌굴변형 방지를 위해 설치한다.

7) 다이아프램(격벽) : 박스거더에 휨 및 비틀림에 대한 단면 형상유지, 하중 집중점의 좌굴변형 방지, 가로보 설치부의 하중분산 및 제작, 운반 가설 시의 안전확보를 목적으로 설치한다.

다중 강재박스 단면의 활하중 분배계수

강구조 부재 설계기준(하중저항계수설계법)(KDS 14 31 10)에 따른 다중 강재박스단면의 활하중 분배계수 적용을 위한 제한조건에 대하여 설명하시오.

풀 이

> **개요**

박스거더에 대한 해석은 단일 박스거더교의 설계는 국부적인 설계를 제외하고 보 이론에 따라도 좋다. 다거더 박스거더교의 설계의 경우에는 격자이론을 따르도록 하며, 다중 박스거더의 경우에는 전단류 이론을 따르는 것을 원칙으로 하고 전단응력의 흐름이 복잡하므로 엄밀한 박판구조 이론(전단류 이론)에 기초해 계산할 필요가 있다. 극단적인 곡선교를 제외하면 다거더 박스거더교의 설계 시에는 거더의 하중분배를 고려해 격자구조로 해석하고 이 경우에는 강도가 큰 분배 가로보를 배치해야 한다.

> **다중 강재박스 단면의 활하중 분배계수 적용을 위한 제한조건**

강구조 부재설계기준에서는 다중 강재박스 단면의 활하중 분배계수를 적용하기 위해서 다음의 제한조건을 두고 있다.

① 2개 이상의 단일 박스 단면으로 구성된 직선교에서 활하중 분배계수를 적용하여 활하중 휨모멘트를 산정할 경우에는 다음에 언급된 기하학적 조건을 만족해야 한다. 또한, 베어링 연결선은 사각을 이루지 않아야 한다.

② 지간 중앙에서의 인접 박스 간 플랜지의 중심간격 a는 그림과 같이 각 박스단면의 플랜지 중심간격 w의 80%보다 크고 120% 보다 작아야 한다. 또한, 평행하지 않은 박스거더 단면을 사용하는 경우 중앙지간에서의 요구조건 외에 지점에서의 인접한 박스거더의 플랜지 중심간격은 각 박스 단면의 플랜지 중심간격의 65% 이상 및 135% 이내이어야 한다. 각 박스 단면의 플랜지 중심간격은 동일해야 한다.

③ 웨브의 경사도는 1/4을 넘어서는 안 된다.

④ 난간이나 연석을 포함한 바닥판의 내민부는 인접 박스 간 상부 강재플랜지의 평균 중심간격 a의 60%를 초과할 수 없으며, 또한 1,800mm 이내이어야 한다.

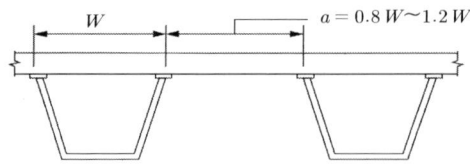

강박스교 설계

단경간 곡선 강박스 거더교(단일박스)에서 교량받침이 단부의 양단에 각각 2개씩 설치되어 있을 때 아래의 내용에 대하여 설명하시오.

1) 곡선 강박스 거더교의 설계 시 하중재하, 구조해석모델, 교량받침설계, 격벽설계에 대하여 설명하시오.

2) 곡선 강박스 거더교 설치 시 주의사항에 대하여 설명하시오.

풀 이

▶ 개요

곡선교는 크게 폐단면인 상자형 주형을 갖는 곡선교와 개단면인 I형 주형을 갖는 곡선교로 구분할 수 있다. 강박스 거더교는 폐단면으로 주형 자체의 비틀림 강성이 크기 때문에 국내 시공된 곡선교의 대부분을 차지하고 있다. 곡선교는 그 구조물의 특성상 비틀림 모멘트가 발생하고 편심으로 인한 부반력이 발생할 수 있어 이를 고려한 검토가 수반되어야 한다.

▶ 곡선 강박스 거더 설계

1) 곡선교의 구조적 특징

곡선주형과 직선주형의 거동의 가장 큰 특성 차이는 초기곡률을 가지기 때문에 사하중에 의해서 휨(bending)뿐만 아니라 비틀림(torsion)을 받는 구조가 된다. 또한 축방향력, 휨 모멘트, 비틀림 모멘트를 유발하는 각각의 운동성분이 서로 연성(coupling)되어 상호의존적으로 작용하며, 비틀림 작용에 의해 보의 단면이 왜곡되는 뒴(warping)형상이 동반되게 된다. 또한 동적거동에 있어서는 단면들이 상호 작용으로 인해 이들 단면력과 관련된 변위성분들이 만들어 내는 관성력 또한 상호작용하게 된다. 특히, 하나의 곡선 개단면 주형은 매우 유연하여 대변형(large displacement)을 유발하므로 시공단계에서 주의가 필요하다.

상하 플랜지와 복부판들이 폐단면으로 용접 결합된 강박스 거더교는 휨 모멘트, 전단력, 비틀림 모멘트에 저항하도록 설계되는 교량형식으로 편심하중에 의해 단면에서 비틀림(torsion)에 더해서 뒤틀림(distortion)이 추가로 발생하게 된다. 폐단면으로서 강박스 거더는 개단면 주형에 비해 매우 큰 순수 비틂 강성을 가지고 있지만 비틀림 모멘트가 발생하면 단면의 모양이 뒤틀어지는 뒤틀림이 발생하고 이러한 비틀림과 뒤틀림에 의해서 뒴(earping) 현상이 발생하며 이로 인해 추가적인 법선응력과 전단응력이 유발된다. 또한 뒤틀림에 의해서 강박스 거더의 단면이 찌그러지는 현상이 발생하는데 이는 강박스에 횡방향 법선응력(distortional transverse bending normal stress)을 유발시킨다.

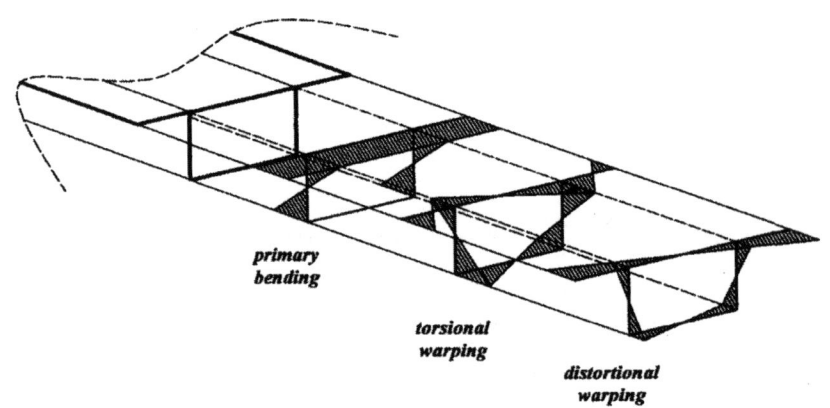

primary bending

torsional warping

distortional warping

상자형 단면의 법선응력 분포

2) 설계 시 하중재하

곡선강교의 설계 및 구조상세기술 개발연구(2005, 국토교통부)에서 제시한 설계활하중 적용 지침
(안)에 따라 단순 곡선교에서는 다음의 사항을 고려해 하중을 재하해야 한다.

① 연직방향 부반력 및 교축방향 반력은 받침부로부터 지간장의 약 2/5인 지점에 곡선최외측으로
원심력을 고려한 차량하중을 재하한 경우에 최대응답이 나타난다.

② 교축직각방향 반력은 차량의 원심력에 지배되므로 재하차선의 위치의 변화에 따라 민감하게
변화하지 않으며, 차량 진입 직후와 진출 직전에 최대응답이 나타난다.

③ 강판형곡선교와 같이 거더의 개수가 많은 경우, 내측거더의 응답에 비하여 외측거더의 응답이
크게 나타나므로 연직방향 부반력은 최내측거더의 받침에서만 검토하고 교축방향 반력은 최
내측거더와 최외측거더의 받침에서만 검토한다.

④ 교량의 교축방향 중심선을 기준으로 곡선외측거더의 최대응력은 곡선최외측에 원심력을 고려
한 차량하중을 재하할 경우 나타나며, 곡선 내측거더의 최대응력은 곡선 최내측에 원심력을
제외한 차량하중을 재하할 경우에 나타난다.

⑤ 처짐은 곡선최외측에 차량하중을 재하하였을 경우 최외측점에서 가장 크게 나타난다.

3) 구조해석 모델

KDS 24 10 11 교량 설계일반사항(한계상태설계법, 2019)에서 비틀림 강상이 큰 단일 거더 곡선교
의 경우 지간장이 폭에 대비(aspect ratio)하여 2.5배보다 클 경우 상부 구조를 등가곡선보로 이
상화시킬 수 있다. 이때 보는 단면의 질량 중심선으로 중심선 위치를 취하고 전체 부피를 고려하
여 고장하중의 편심량을 결정하도록 규정하고 있다. 다중 강거더교의 경우에는 수평면으로 곡면
을 가지는 곡선교를 각각의 부재(segment)를 두 절점 사이의 직선으로 가정한 격자구조 또는 연
속체로 해석할 수 있도록 규정하고 있으며, 이때 한 부재(segment)의 실제 편심량은 절점 간격의

2.5% 이하로 하도록 규정하고 있다. 또한, 폐단면 박스와 상부 개단면(tub) 거더로 이루어진 다중 강거더교는 강도와 안전성에 대해 곡률의 효과를 고려하여야 하며, 다만 다음의 3가지 조건을 만족할 경우에는 주축에 대한 휨모멘트와 휨전단을 결정하는 해석에서 곡률효과를 무시할 수 있도록 하였다.

① 거더의 곡률중심은 일치한다.

② 받침들에 사각이 없다.

③ 모든 지간에서 원호지간(the arc span)을 거더 반지름(mm)으로 나눈 값이 0.3rad 이하이고 지간 중앙(midspan)에서 거더의 높이는 박스폭보다 작은 경우

이러한 조건을 만족하는 박스거더교는 원호길이와 동일 지간을 가진 하나의 독립적인 직선 거더로서 해석될 수 있다. 플랜지의 횡방향 휨 효과는 적절한 가정으로부터 결정되어야 하고, 설계 시 고려되어야 한다.

4) 교량받침 설계

단순교의 경우 곡선 외측 받침을 기준으로 전도에 대한 검토한다.

$$M_o = W_1 L_1 \text{(전도모멘트)}, \quad M_r = W_2 L_2 \text{(저항모멘트)}$$

$$F.S = \frac{M_r}{M_0} > 1.2 \text{(고정하중+활하중) } 2.5 \text{(고정하중)}$$

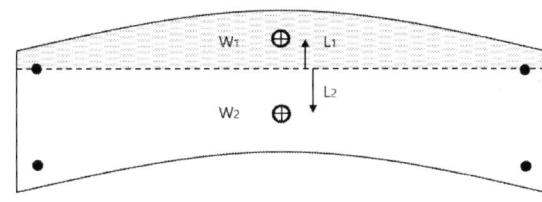

기준을 만족하지 못할 경우 받침의 위치를 조정하거나 outrigger방식, Counter Weight 등을 고려할 수 있다.

5) 격벽설계

곡선 강박스 거더교에서 다이아프램은 강박스 거더의 구조적 안정에 매우 중요하며 활하중 횡분배에 많은 영향을 미친다. 이는 편재하에 의해 단면에 발생하는 뒤틀림 뒴응력이 격벽이 절적한 강성과 간격으로 배치되어 있지 않으면 휨법선응력에 상응하거나 경우에 따라서는 더 큰 크기로 발생하기 때문이다. KDS 14 31 10(강구조 부재 설계기준)에서는 다음과 같이 설계하도록 규정하고 있다.

① 단면의 회전, 변위 및 뒴에 저항할 수 있도록 각 지점부에는 박스거더 단면내부에 다이아프램

이나 수직 가새를 설치하고, 박스거더로부터 받침부로 비틀림모멘트나 횡방향 하중을 전달할 수 있도록 설계해야 한다.

② 인장력에 저항하거나 연결을 위해 다이아프램을 설치할 경우, 박스거더 단면의 웨브와 플랜지에 연결해야 한다. 내부 출입문은 가능한 크게 설치해야 하고, 내부 출입문의 설치로 인한 다이아프램의 응력집중을 검토하여 필요시 보강해야 한다.

③ 다중 박스거더 단면을 설계할 경우 단면 내부나 단면과 단면 사이에 영구적인 다이아프램이나 수직가새를 설치하지 않아도 좋다. 단일 박스거더 단면인 경우에는 단면변형을 방지하기 위하여 적당한 간격으로 내부에 다이아프램이나 수직가새를 설치해야 한다.

▶ 곡선 강박스 거더 설치 시 주의사항

곡선 박스교는 그 특성상 비틀림 모멘트가 발생하며 이로 인한 편심으로 부반력과 전도방지대책에 대한 주의가 중요하다. 특히 단경간 곡선교의 경우에는 Ramp교에 적용되는 사례가 많으며 Ramp교에서는 부반력 및 전도방지를 위한 대책으로 받침의 배치에 대한 검토가 중요하다.

1) 전도 방지

시공 시 부반력에 대한 대책으로 outrigger 방식, Counter Weight, 부상방지 앵커 설치 등이 검토될 수 있으며, 이러한 방식은 완성 구조물이 되기 전까지 시공 중 편재하로 인한 전도가 발생할 수 있어 이에 대한 주의가 필요하다.

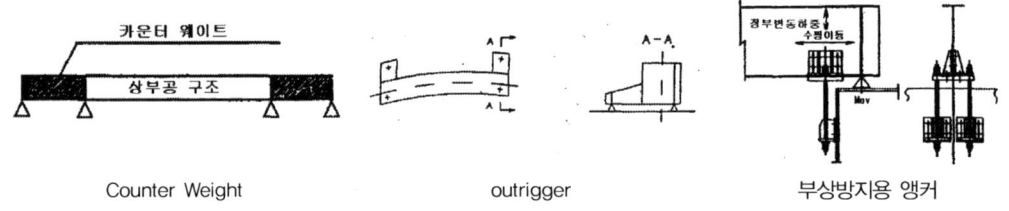

Counter Weight   outrigger   부상방지용 앵커

2) 받침 배치

평면사각이 작은 부분에서 부반력이 발생할 수 있으며 이를 고려하여 받침수 산정 및 받침위치를 선정하도록 해야 한다. 부반력 발생 시 2-shoe의 사용보다는 1-shoe의 사용이 적절하며 Outrigger 형태나 Counter Weight도 고려할 수 있다. 받침의 이동방향은 고정단에서 방사상의 현방향으로 설치하거나 곡선반경에 대해 접선방향으로 설치한다. 접선방향의 이동방향은 곡률이 일정한 교량에 적합하며 현방향 설치는 곡률이 일정하거나 변화하는 교량 모두에 적용된다.

강교의 피로손상

강재 교량에서 발생하는 피로손상의 원인에 대하여 설명하시오.

풀 이

➤ 개요

피로손상이 일어나는 곳은 대부분 연결부, 급격한 단면의 변화가 있는 곳 또는 표면이나 내부에 어떤 결함이 존재하는 곳으로서 국부적인 응력 집중현상이 일어나는 곳이다. 일반적으로 피로파괴는 반복하중이 응력집중부에 인장응력을 일으키면서 소성변형을 발생시켜서 허용응력 이하의 작은 하중에 의해서도 피로균열이 발생하여 파괴로 이루어진다. 용접 결합된 교량요소가 리벳 또는 볼트로 결합된 교량의 구조요소보다는 더욱 피로에 취약하다.

① 응력이 반복되면서 생기는 파괴현상

② 강재에 반복하중이 지속적으로 작용하여 취약부(Notch, 용접결함 등 초기결함 또는 기하학적 불연속에 의한 응력집중부 등)에 소성변형에 의한 균열이 진전되어 파괴에 이르는 현상

➤ 피로손상의 특징과 원인, 영향인자

강교량의 가장 전형적인 손상원인으로 내구성을 지배하는 요인이다. 피로는 반복주기의 횟수에 따라서 고사이클 피로($N > 10^5$), 저사이클 피로($N < 10^5$)로 구분하며, 피로로 인해 피로균열이 발생할 경우 부재단면의 감소로 인한 취성파괴의 위험이 있다.

이러한 강재의 취성파괴는 재료의 파괴인성치(fracture toughness)와 연관이 있으며 구조부재가 급격한 취성파괴를 이르게 할 수 있는 한계균열크기를 결정하는 중요한 인자로 분류된다. 한계균열크기는 구조상세, 최대인장응력과 균열방향에 좌우된다.

1) 원인

① 반복응력의 작용에 의한 균열의 진전

② 응력집중부에 반복하중 작용에 의한 소성변형 발생

③ 인장잔류응력

④ 부적절한 구조상세

⑤ 용접부 허용치 이상의 결함

⑥ 부적절한 용접자세(상향용접)

2) 피로 영향인자

① 응력범위(S) : 부재에 작용하는 외력 및 기타요인에 의해 발생하는 응력 최대-최솟값 거리
② 반복횟수(N) : 반복응력이 작용하는 횟수
③ 용접상세, 용접상태, 연결부 상세(구조 상세)
④ 결함부, 응력집중부 : 위치, 개소
⑤ 인장잔류응력
⑥ 재료 파괴인성(Fracture Toughness)
⑦ 강종

➤ 피로손상의 방지대책

① 설계 시 허용반복응력크기와 반복횟수를 바탕으로 피로수명 결정(S-N 곡선 이용)
② 피로에 유리한 구조상세 선택
③ 용접결함부 최소화
④ 용접부 마감처리 철저
⑤ 응력집중부 최소화
⑥ 구조상세 철저한 검토로 불필요한 2차 응력발생 억제
⑦ 각종 세부보강방법 적용

Chapter 06

아치교와 트러스

아치교와 트러스

01 아치교

아치교는 지점을 고정시켜 수직 외부하중에 대해서 지점 수평력이 발생하여 아치의 단면에서 휨모멘트를 감소시키는 특성을 가지는 구조로, 단면을 결정하는 주 요인이 수평력에 의한 축방향 압축력이 되도록 한 구조체이다. 이러한 특성으로 아치교는 일반 거더교에 비해 강성이 커서 내풍 및 내진 안정성에 우수하며 미적으로도 수려한 특징을 가진다.

그러나 타이드 아치와 같이 지점을 고정함으로 인해서 지점침하 등의 기초변위의 발생 시에 이로 인한 영향이 크며, 축방향 압축력의 영향으로 좌굴에 대한 안정성 검토가 필요하다.

아치의 좌굴에 의한 영향은 면내좌굴(In-plane Buckling)과 면외좌굴(Out of plane Buckling)에 대하여 검토한다.

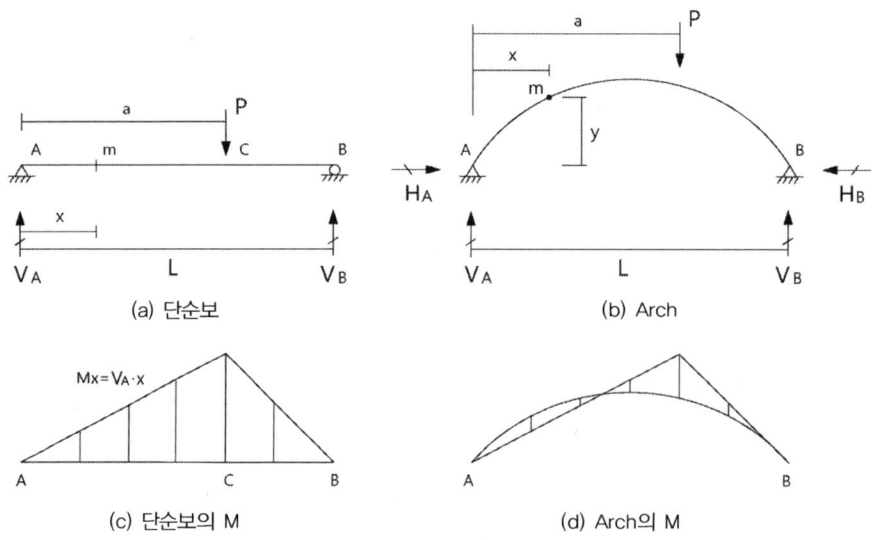

(a) 단순보   (b) Arch

(c) 단순보의 M   (d) Arch의 M

① 단순교의 휨모멘트 : $M = V \times x$

② 아치교의 휨모멘트 : $M = V \times x - H \times y$

단순교에 비하여 아치교의 휨모멘트가 $H \times y$만큼 감소하므로 단순보에 비해 적은 단면으로 동일한 조건에서 설계가 가능하다.

1. 아치교의 특징(교량의 계획과 설계, 오제택)

아치교는 교량형식 선정 시 경제성을 중시하고 미관을 우선하는 구조형식으로 주구조가 아치 또는 보강 아치로 구성된 교량으로 연직하중의 재하로 인해 발생하는 수평반력이 효과적으로 작용하고 부재의 단면력을 줄일 수 있도록 알맞게 설계될 수 있는 형식이다. 아치교 이외의 교량에서는 일반적으로 활하중의 지간 만재하 시에 발생하는 부재력에 의해 부재단면을 결정하지만 아치교에서는 지간의 편측재하에 발생하는 부재력으로 단면을 결정하는 경우가 많다. 이는 아치리브의 편재하중에 따른 변형에 의해서이다.

1) 아치교의 일반적 특징

① 수평력에 견딜 수 있는 지반조건이 필요하다.

② 현수교, 사장교 다음으로 적용지간이 길다.

③ 주위환경과 조화를 이룬다.

④ 90~100m 정도의 지간에 많이 사용된다.

⑤ 아치지간이 장대화에 따른 비선형성의 불리한 거동을 한다.

2. 아치교의 분류(교량의 계획과 설계, 오제택) 67회/74회/83회/88회/96회/98회/103회/115회/117회/128회

【 기출유형 ① 】 아치리브 단면형식에 따른 아치교의 종류
【 기출유형 ② 】 아치교 형식별 기본개념, 구조적 특징, 상로형 콘크리트 아치교 설계 시 고려사항
【 기출유형 ③ 】 타이드 아치(tied arch)교, 닐센 아치교, Langer arch, Lohse arch의 특성과 설계 시 검토사항
【 기출유형 ④ 】 3힌지 아치교의 가설 채택조건과 단점

① 주행노면 위치에 따른 분류 : 상로, 중로, 하로, 복층아치

② 아치리브의 지지상태에 따른 분류 : 힌지, 고정, 타이드 아치

③ 아치리브의 형상에 따른 분류 : Solid Arch, Spandrel braced Arch, Braced Arch

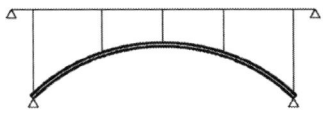
(a) Solid Arch

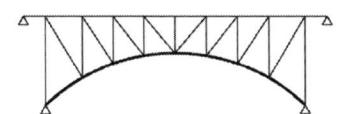
(b) Spandrel Braced Arch

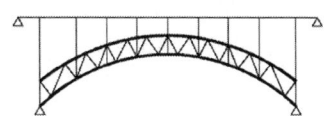
(c) Braced Arch

④ 보강형의 종류에 따른 분류 : 단순거더, 게르버 거더, 연속아치
⑤ 보강형의 단면에 따른 분류 : I형, Box형, Truss형
⑥ 바닥판 구조에 따른 분류 : 콘크리트, 격자구조, 강바닥판
⑦ 현재 배치에 따른 분류 : 평행 Rib, 경사 Rib, 1-Rib, 복층식
⑧ 사재 형상에 따른 분류 : 연직, Warren, Double Warren

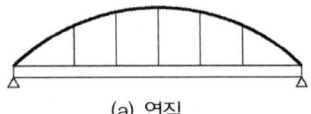
(a) 연직

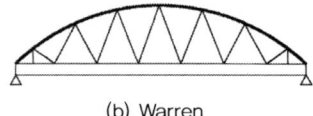
(b) Warren

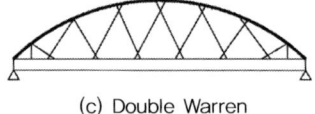
(c) Double Warren

⑨ 사재의 특성에 따른 분류 : 닐센아치, 트러스랭거
⑩ ①~⑨를 조합

1) 공용형식에 따른 분류

① 상로식 아치교 : 상판이 아치리브의 위쪽에 설치되어 있어 깊은 계곡이나 지면과 계획고와의
높이차가 심한 곳에 채용되는 형식으로 지면과 상부구조와의 공간이 넓을 때에는 미관이 양호
하지만 평수위와 홍수위와의 변화가 심한 구간에는 적용이 부적절하며 상판과 아치리브 사이
의 공간의 형태에 따라 개복식과 폐복식으로 분류된다.

(하로 아치)

(상로 아치)

② 중로식 및 하로식 아치교 : 콘크리트 아치교보다는 강아치교에 많이 적용되는 형식으로 상판
이 아치리브의 중간 또는 하단에 설치되며 가교지점이 해협부 또는 하천, 호수에 위치할 경우
나 도시 내에서 형하공간에 제한이 있는 경우에 주로 적용된다.

2) 구조계(힌지수)에 따른 분류

① 1힌지 아치교(1-Hinged Arch, 2차 부정정, 사용 안 함)
아치 크라운부에 힌지를 설치한 형식으로 실제 시공 등 사용은 거의 하지 않는 형식
힌지 설치부의 설계 및 시공이 어렵고 유지관리가 어려운 특성을 가진다.

② 2힌지 아치교(2-Hinged Arch, 1차 부정정, 강아치교)

가장 많이 사용되는 아치 형식으로 지반상태가 좋은 곳에서 적용이 가능하다. 강아치교에 많이 사용하는 형식으로 아치 스프링부가 힌지구조로 되어 있어 휨모멘트 전달이 되지 않아 받침부 단면을 작게 할 수 있으나 좌굴 및 내진안정성이 고정아치교에 비해 떨어지고 아치 크라운부의 단면이 크기 때문에 중간 규모의 교량에 많이 적용된다. 아치리브를 트러스 구조의 Braced Rib를 적용할 경우 300m 이상의 교량에도 적용 가능하다.

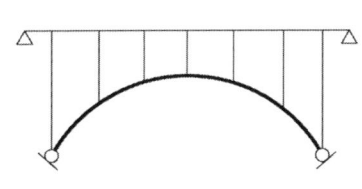  

(Cold Springs Canyon Bridge)　　　(부산대교)

③ 3힌지 아치교(3-Hinged Arch, 정정구조)

아치크라운부와 스프링부에 힌지를 설치한 형식으로 가교지점의 지반이 불량함에도 불구하고 아치교를 채용해야 할 경우에 적용되는 구조로 힌지가 크라운부에 설치되어 있어 처짐이 크기 때문에 활하중에 의한 충격이 크게 되는 결점이 있다. 고속도로 및 철도교와 같이 큰 충격이 발생하는 곳에서는 사용이 곤란하며 정점부 Hinge에서 내하력이나 유지관리면에서 불리한 단점이 있다.

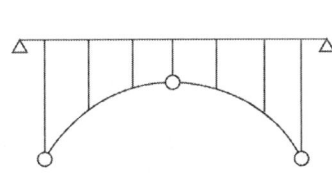 

(High Bridge-미국)　　　(High Bridge의 내부힌지)

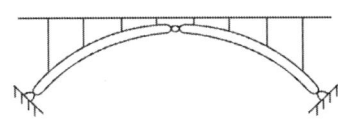 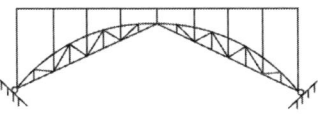

(Solid Rib Arch)　　　(Braced Rib Arch)

④ 고정아치교(Fixed Arch, 3차 부정정, 콘크리트 아치교)

아치교의 양단을 완전히 고정시킨 형식으로 양단의 고정모멘트가 크기 때문에 양호한 지반에 적용 가능하며 다른 형식과 비교할 때 하부구조가 커지는 단점이 있으나 강성이 크기 때문에 아치리브 단면을 줄일 수 있는 장점이 있으며 구조역학적으로는 3차 부정정 구조물이며 콘크리트 아치교에 많이 적용된다. 또한 지점에서 수평반력 외에 고정모멘트가 크게 발생하여 강성이 큰 지반에 적합하며, 다른 구조에 비해 처짐이 작으나 장지간 아치교에서는 부가응력이 크므로 세심한 검토가 필요하다.

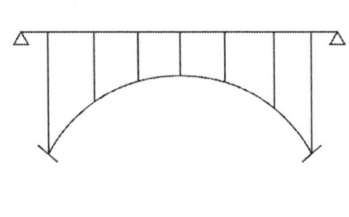

(Alexander Hamilton Bridge)

(Hiroshima Airport Br)

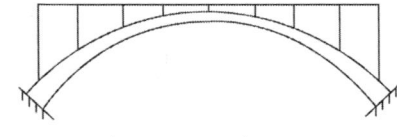
(Solid Rib Arch)

(Braced Rib Arch)

⑤ 타이드 아치교(Tied Arch, 고차 부정정)

아치리브에서의 수평반력을 Tie로 부담시켜 아치 지점부에서는 연직반력만 전달된다. 이로 인하여 수평력이 크게 작용하지 않아 지방상태가 양호하지 않은 곳에서도 적용이 가능하다. 다만 아치리브가 과대해지는 경향이 있어 경제적인 측면에서 불리할 수 있으므로 이에 대한 검토가 필요하다.

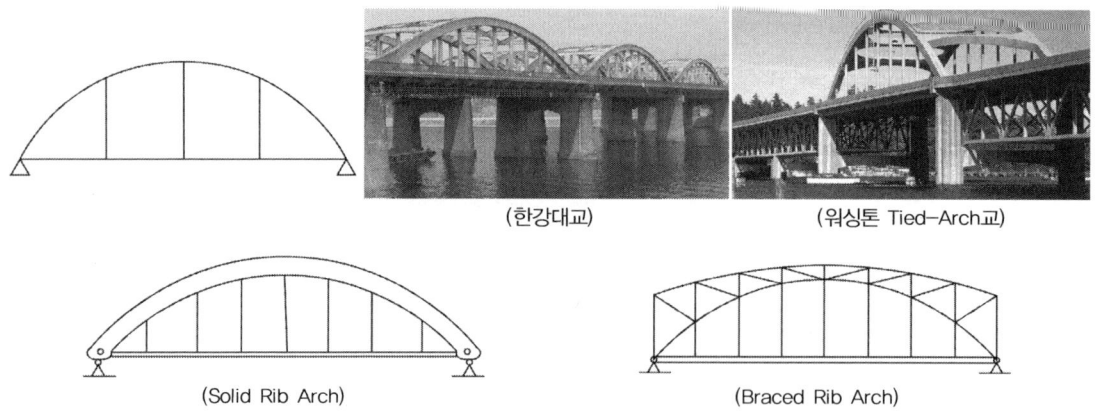
(한강대교)
(워싱톤 Tied-Arch교)

(Solid Rib Arch)
(Braced Rib Arch)

3) 구조계(타이드 아치)에 따른 분류

① 타이드 아치교(Tied Arch, 외적정정, 내적 1차 부정정)

아치의 양단을 Tie로 연결하여 1단 고정단 타단 가동단으로 지지하여 수평반력을 Tie로 받게 한 형식으로 아치Rib에는 모멘트 및 축력 작용하며, Tie에는 축력만 작용한다.

지점에서 일어나는 수평반력을 Tie가 받으므로 지점 수평반력이 생기지 않으며, 외적으로 정정구조이므로 반력은 단순보로 해석이 가능하다. 수평반력에 영향이 없으므로 지반상태가 양호하지 않은 곳에서 채택가능하나 타이의 가설이 어려운 문제가 있다.

② 랭거 아치교(Langer Arch, 1차 부정정)

Langer교는 비교적 가는 Arch부재와 보강형을 수직재(평형재)와 다른 부재를 Pin 연결하여 Arch부재는 압축력만 받게 하고, 휨모멘트와 전단력은 별도 설치한 보강형이 받게 한 형식이다. 아치리브와 보강형의 접속부가 복잡하고 로제아치에 비해 아치리브의 강성이 작으므로 수직재(Hanger)의 간격이 좁아지는 단점이 있다. 50~200m까지 적용하며 Hanger를 수직재 대신 사재를 사용하는 교량은 트러스 랭거형(Truss Langer Girder)이라고 한다. 아치Rib는 압축력만 받고 보강형이 휨모멘트 및 전단력을 받으므로 경제적이며, 아치Rib의 강성이 작으므로 좌굴 등이 발생할 수 있어 설계 시 주의를 요한다.

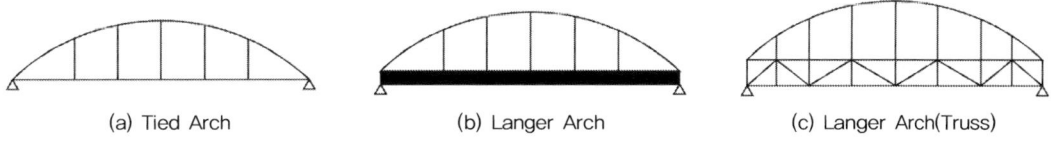

(a) Tied Arch   (b) Langer Arch   (c) Langer Arch(Truss)

③ 로제 아치교(Lohse Arch, 고차 부정정)

Langer교의 아치단면을 크게 하고 접합점을 강결로 하여 아치부재도 휨모멘트, 전단력을 부담할 수 있게 한 구조 형식이다. 휨강성을 가지는 아치리브와 보강거더를 양단에서 연결하고 아치리브와 보강거더 간을 양단힌지의 수직재로 연결한 구조로 랭거교와 타이드 아치교의 중간적인 성질을 가진다. 아치리브의 강성이 크기 때문에 랭거교에 비해 수직재 간격을 늘릴 수 있으며 아치리브와 보강형의 접속부 연결이 용이하다. 아치Rib와 보강형의 강성이 같으므로 모멘트 분배를 효과적으로 할 수 있어 구조적으로 안정감이 있으며 양단 구조의 설계와 연결부의 설계가 용이하다. 아치리브와 보강형의 강성이 커서 수직재의 간격을 랭거교에 비해 넓게 배치가 가능하다. 다만 주 부재의 강성을 모두 크게 하여 비경제적인 설계가 될 수 있다.

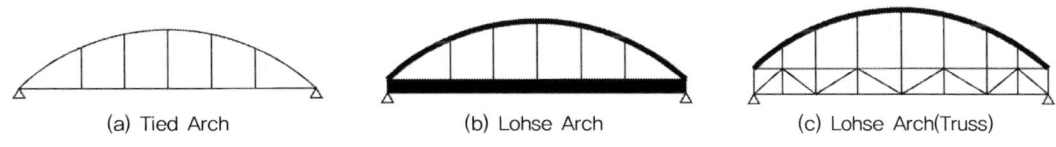

(a) Tied Arch   (b) Lohse Arch   (c) Lohse Arch(Truss)

④ 닐센 아치교(Nilsen Arch, 고차부정정)

타이드 아치, 랭거교, 로제교 등의 Arch의 부분을 가진 교량형식이 수직재를 Warren Truss형으로 조립하여 Flexible한 사인장재인 Rod, 강봉, Rope 등으로 수직재를 대신한 교량을 총칭하여 Nilsen Arch교량이라고 하며 경사재가 교량의 전단변형 억제에 기여하여 아치리브의 휨모멘트를 축방향력을 증가시키지 않고 저감할 수 있는 형식으로 일반 아치교에 비해 처짐이 작으며 장경간에 유리하다. Lohse식 아치교의 복재를 중복 사재로 하여 전체적인 강성을 크게 한다는 형식으로 사재의 경사, 경사각을 적당하게 선정하면 사재는 인장력에 대해서만 설계할 수 있어 사재로서 케이블을 사용할 수 있으며 미관이 우수하게 된다. 또한 사재가 아치교의 전단변형에 크게 기여하기 때문에 이동하중에 의한 처짐변동이 작은 구조물에 적합하나 구조역학적으로는 고차부정정이므로 구조해석 작업이 대단히 복잡하다. 일반적으로 아치교의 휨진동이 1차(2차) 진동모드가 역대칭형이 되는 데 비해 닐센계 교량은 대칭형이 되어 반대이다. 1차 고유진동수는 일반적인 아치교의 1.5~4.0배이고 진동에 대한 강성비는 진동수비의 제곱승이므로 동적강성은 정적강성보다 크다. 따라서 닐센계 교량이 진동면에서 더 유리하다.

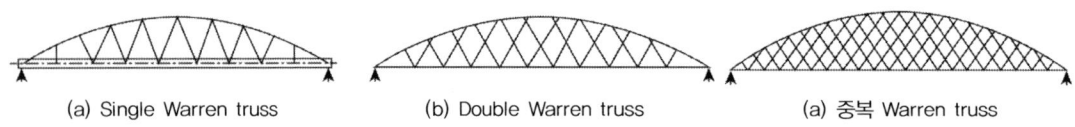

(a) Single Warren truss   (b) Double Warren truss   (a) 중복 Warren truss

TIP | Nilsen Arch 특징 |

① 강재의 휨모멘트는 일반적으로 사재의 지점길이 감소로 아치교와 비교할 때 크게 감소한다.
② 사재의 간격, 경사각을 적당히 선정함으로써 사재의 인장력에 대해서만 계산할 수 있다.
③ 최대 처짐이 일반적인 아치교보다 매우 적다.
④ 일반적인 아치교의 휨 진동의 1차 모드가 역대칭인 데 반해 닐센계 아치교의 휨 진동 1차 모드가 대칭형이어서 진동면에서 유리하다.
⑤ 케이블의 트러스 작용으로 휨모멘트가 감소하고 풍하중과 좌굴에 대해 안정성이 높다.
⑥ 케이블 정착부 등으로 설계 계산이 복잡하다.
⑦ 사재가 아치교의 전단변형에 크게 기여하기 때문에 이동하중에 의한 처짐변동이 작은 구조물이다.

4) 아치리브 형식에 따른 분류

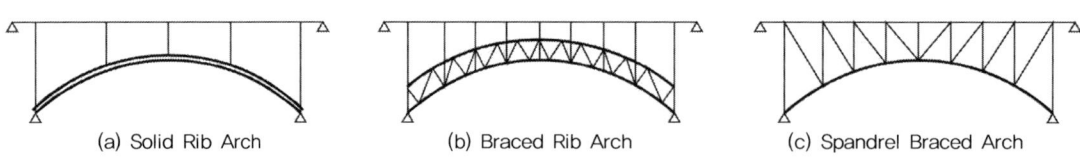

(a) Solid Rib Arch   (b) Braced Rib Arch   (c) Spandrel Braced Arch

① Solid Rib Arch

단일한 부재로 아치리브를 구성한 것으로 아치리브가 날렵하고 미관이 우수한 교량형식으로 지간이 긴 경우 단면이 커져서 비경제적이 될 수 있어 이러한 경우에는 Braced Rib Arch를 사용하며 Solid Rib Arch는 주로 콘크리트 아치교에 사용된다. 미관이 우수하나 지간이 길 경우 아치리브의 중량이 증가하여 공사비가 증가하는 단점이 있다.

(Solid Rib Arch)

(Braced Rib Arch)

② Braced Rib Arch

장지간의 경우 Solid Rib Arch의 단면 효율성이 떨어지는 것을 보완하여 아치리브를 Brace로 보강하여 아치리브의 강성을 증가시킨 형식으로 경제성 및 아치리브 강도가 크고 고정아치교의 경우 지점부 처리가 용이하여 장지간의 아치교에 주로 사용된다. 미관적 측면에서는 Solid Rib Archry에 비해 불리하나 경제성이나 강도가 큰 장점이 있고 고정아치교에서는 아치 스프링에서 구조적 처리가 용이하여 교량길이가 긴 경우에 일반적으로 유리하다. Brace부재로 인하여 미관이 다소 저해된다.

③ Spandrel Braced Arch

아치복부(Spandrel)를 보강한 것으로 미관이나 강성 측면에서는 Braced Rib Arch와 비슷한 특징을 가진다. 아치교에서는 일반적으로 전단력이 작으므로 지간이나 라이즈가 크면 Spandrel 재나 보강거더의 중량이 증가하여 비경제적이 된다. 지간 100m 이상에서는 거의 사용하지 않고 통상 연속구조로 FCM 공법을 이용할 때에 유리하다.

(Spandrel braced Arch)

5) Spandrel 형식에 따른 분류

① 충복식 아치교

아치리브 연단에 측벽을 두고 아치리브 위에 토사를 성토한 아치교로 콘크리트 아치교의 구조형식이다. 충복식 아치교는 성토재의 영향이 크고 상로식 이외에는 불가능하다. 또한 대부분 고정식 아치교로 이용되며 대부분 50m 이하로 계획된다. 일반토공부와 같이 동일구조로 연속적으로 도로단면을 형성할 수 있으므로 신축이음이 필요 없고 배수시설이 간단하여 유지관리가 용이하다. 최근에는 EPS블록을 사용하여 성토자중을 줄이는 방법도 사용되고 있다.

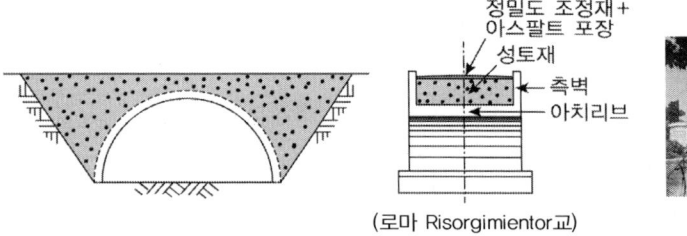

정밀도 조정재+
아스팔트 포장
성토재
측벽
아치리브

(로마 Risorgimientor교)

② 개복식 아치교

구조물의 작용하중을 직접 지지하는 수평부재와 이를 지지하여 하중을 아치리브로 전단하는
연직부재 및 아치리브의 3가지 부재로 구성된 아치교를 개복식 아치교라 하며, 충복식과 개복
식은 스팬드럴부의 개폐 여부에 따라 분류한다. 가장 실적이 많은 아치교 형식으로 콘크리트
개복식 아치교는 소교량부터 지간장이 가장 긴 중국의 Wanxian교(425m)까지 분포한다.

(Natchez Trace Parkway Arches, Tennessee)

(중국의 Wanxian교)

3. 아치교의 가설공법

1) 강아치교 가설공법

① 대블록 가설공법 : 공장 또는 현장에서 일체로 조립한 거더를 대형 운반기계와 가설기계를 이
용하여 일괄적으로 가설하는 공법으로 공기단축이 가능하고 가설중 구조적으로 불안정하게
되는 기간이 짧아 내풍, 내진 안정성이 높다. 해상의 경우 플로팅 크레인(F/C)이나 대선이 가
설지점에 진입 가능하여야 한다는 단점이 있다. 국내에서는 백야대교나 서강대교, 양화대교에
적용된 사례가 있다.

(백야대교 – F/C크레인)

(이탈리아 레오나르도 다빈치보도육교 – 크레인 일괄가설)

② 벤트 공법 : 가장 일반적인 공법, 보강형 하부에 상부를 지지하는 벤트를 설치하여 보강형을 직접 지지하는 형식이다. 형하고가 낮고 지반이 평평한 곳에 적용하는 것이 경제적이며 거더가 거의 응력을 받지 않는 상태에서 가설이 가능하며 곡선교나 사교에서도 적용이 용이하다.

(저도연육교 - 벤트가설)   (광주 유촌1교 - 벤트가설)

③ 케이블 공법 : 수심이 깊은 하천, 가교각을 설치할 수 없는 계곡 등에서 많이 사용하는 공법, 양쪽 교대 또는 교각 위에 철탑을 세워 그 사이에 케이블을 걸치고, 케이블로부터 로프를 내려 단위부재를 매달아 가설하는 공법이다. 부재를 운반하거나 조립하기 위해 케이블 크레인을 사용하며, 가설 지점의 지형상 벤트를 설치하기 어려운 경우나 형하공간이 협소한 경우에 적용할 수 있다. 매다는 방식에 따라 경사 매달기 방식이나 수직 매달기 방식으로 구분한다.

(케이블 방식 : 경사 매달기 공법)

④ 회전공법 : 가설 교량하부에 도로나 철도 등의 지장물이 있어 통제가 불가능할 경우와 같이 가설벤트를 설치할 수 없는 경우에 사용되는 공법으로 케이블공법에 비해 가설이 쉽고 단기간에 시공할 수 있는 특징이 있다. 교량 상부구조를 일괄 제작하여 한 지지점을 축으로 회전 이동시켜 거치하며, 회전 시 지지점의 변화가 없어 별도의 시공단계별 구조 검토 없이 시공가능하다는 장점이 있다.

(경부고속철도 모암고가교)   (슬로바키아 Apolllo Bridge, 바지선에 의한 회전공법)

⑤ 압출공법 : 아치교 전체나 일부를 제작하여 교축방향으로 압출시켜 거치하는 공법으로 지상 또는 수상에서 적용할 수 있다.

(프랑스 Strasbourg교 – 바지선에 의한 압출공법)

(프랑스 Bonpas Bridge – 이동장비 압출공법)

⑥ 캔틸레버 가설공법

아치교에 있어 캔틸레버 가설의 특징은 교각 좌우 양측에서 균형을 이루면서 동시에 가설되는 형태가 아니라 아치 지점부에서 크라운을 향해 캔틸레버식으로 가설되는 특징이 있다.

(Chaotianmen Bridge – Cable + Truss 공법)

2) 콘크리트 아치교 가설공법

콘크리트 아치교의 가설 중 가장 중요한 것은 아치리브의 가설방법이다. 아치리브와 연직재, 상부바닥판의 가설방법에 따라서 가설공법을 구분할 수 있다. 크게 지보공을 이용하거나 캔틸레버 형식으로 가설하는 방법, 병용해서 가설하는 방법으로 구분할 수 있다.

① 지보공 : 동바리공법, 강재아치 선행공법, 철골구조–Melan공법, 합성아치 공법 등이 있다.

• 동바리 공법 : 비교적 평탄한 지형의 중·소 경간의 콘크리트 아치교에 적용되며, 전면적에 지보공을 설치하고 아치리브 콘크리트를 현장 타설하는 공법이다.

• 강재아치 선행공법(합성 아치공법) : 콘크리트의 아치리브를 직접 타설하지 않고 먼저 콘크리트보다 가벼운 철골 또는 강관을 아치로 가설한 다음 이동작업차 등을 이용하여 양측의 아치교대에서 크라운부를 향해 강재 아치를 콘크리트로 둘러싸 마감하는 공법이다. 강재 아치용으로 철골 부재를 사용하는 공법을 Melan공법이라 하고, 강관과 강관 내부를 콘크리트로 충진시킨 합성부재를 사용하는 공법을 합성 아치공법이라 한다.

(Clos moreau bridge - 강재동바리 지지공법)　　　　(Juscelion Kubitsch - 벤트 지지식 가설공법)

② 캔틸레버 가설공법 : Pylon 공법, Truss 공법, Pylon-Melan 병용 공법, Truss-Melan 병용공법 등

• Pylon 공법 : 아치Abut상의 연직재 또는 Pylon에 경사케이블을 설치하고 케이블에 의해 아치리브 콘크리트를 지지하면서 캔틸레버로 가설하는 공법이다. 아치리브의 콘크리트 타설은 이동작업차로 수 미터의 block을 제작 타설하고, 타설 완료 후에는 완료된 Block선단까지 작업차를 이동시킨 후 다음 Block을 시공하는 것을 반복한다.

(Colorado River Bridge - Pylon 공법)　　　　(Svinesund Bridge - Pylon 공법)

• Truss 공법 : 아치리브상의 연직재와 보강형의 교점에 경사 Cable을 설치하여 아치리브를 결합시킨 캔틸레버 트러스 형태로 아치리브 콘크리트를 가설하는 공법이다.

(Creza Bridge - Truss 공법)　　　　(Tilo Bridge - Truss 공법)

- Pylon-Melan 병용 공법 : Pylon 공법과 Melan 공법의 병용한 공법으로 아치리브 단부 양측은 Pylon 공법에 의해 캔틸레버식으로 시공하고, 중앙부는 철골부재(Melan)로 임시 폐합시킨 다음 콘크리트를 덧씌워 완성하는 공법이다. 아치경간이 길어 Pylon 공법으로 시공 시 경사 cable의 경사각이 작아져 가설 시 안정성이 감소되어 효율이 떨어질 경우에 적용되기 위해 고안된 공법이다.
- Truss-Melan 병용 공법 : 트러스 공법과 Melan 공법의 병용 공법으로 아치리브 양측에서 트러스 공법으로 가설하다 중앙부에 와서는 철골부재(Melan)로 임시 폐합시킨 후 콘크리트로 마감시키는 공법이다.

4. 아치의 좌굴 ^{119회/131회}

【 기출유형 ① 】 콘크리트 아치교 설계 시 검토사항

아치는 이론적으로 부재 내에 압축력만 받도록 설계되는 구조체이므로 압축력에 의한 좌굴에 대한 검토가 가장 중요하다. 아치의 좌굴은 크게 면내좌굴과 면외좌굴로 구분되며 면내좌굴의 경우 Snap-Through Buckling, Bifurcation Buckling으로 구분되며 면외좌굴의 경우 기준식에 대한 검토를 수행한다.

1) 면내좌굴

① Snap-Through Buckling : 주로 낮은 아치에서 발생하며, 부재를 비신축으로 가정하고 고전좌굴이론으로 임계하중을 계산 Snap-Through Buckling이 발생할 경우 하중-변위관계는 비선형이며 고전좌굴이론으로 계산된 좌굴하중은 과대평가됨

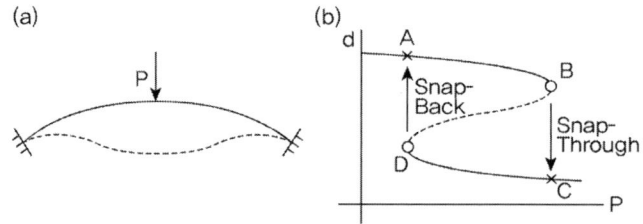

② Bifurcation Buckling : 분기좌굴, 주로 높은 아치에서 발생하며, 부재를 비신축으로 가정하고 고전좌굴이론으로 임계하중을 계산한다. 이때 좌굴하중을 Euler좌굴하중과 유사한 방법으로 구할 수 있다.

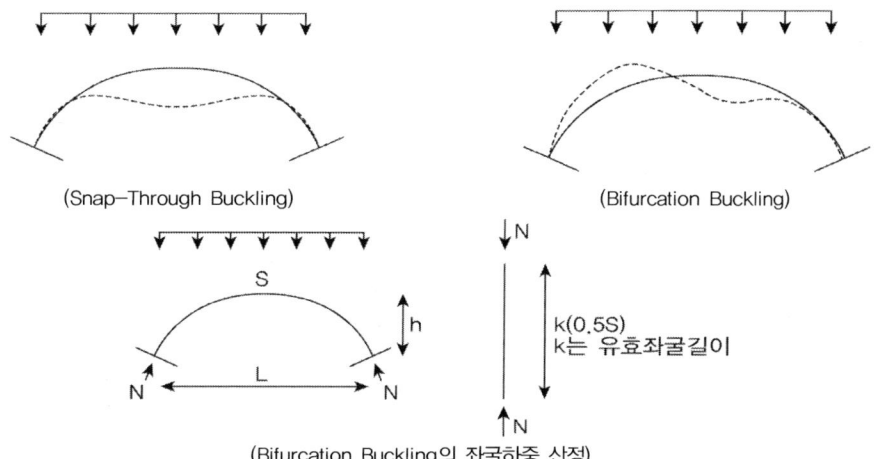

(Snap-Through Buckling)　　　　　　(Bifurcation Buckling)

(Bifurcation Buckling의 좌굴하중 산정)

③ 강아치교에서의 면내좌굴 검토(도로교설계기준, 2010)

$$w = \frac{8\alpha}{\gamma} \times \frac{EI}{L^3} \times \frac{f}{L}$$ 과 1개의 아치구조당 고정하중 강도와 비교, 면내좌굴 검토

여기서, α : 아치의 면내 좌굴계수

　　　　γ : 구조형식으로부터 변위 영향에 따른 연단 응력의 증가비율 고려한 보정계수

(1) $w > 1$개의 아치구조당 고정하중 강도 : 면내좌굴에 대해 안전
(2) $w < 1$개의 아치구조당 고정하중 강도 : 골조선 변위 영향을 고려, 극한강도로 검토

TIP | 면내좌굴 |

아치교 부재의 설계는 아치의 지간이 작을 경우 미소변위이론에 의하여 구해야 한다. 위의 면내좌굴 식은 활하중에 의해 생기는 골조선 변위의 영향을 실용상 무시할 수 있는 한계치를 근사적으로 표시한 것이다. 위의 식의 근거는 다음 식과 같다.

$$M_D = M_E \times \frac{1}{1 - \dfrac{H}{H_{cr}}}$$　(M_D, M_E는 각각 유한변위이론 및 미소변위이론에 의한 휨모멘트)
　　　　　　　　　　　　　　　　（H는 아치의 수평반력, H_{cr}은 한계수평반력）

④ 콘크리트 아치교에서의 면내좌굴 검토(도로교설계기준, 2010)
　　세장비에 따라 면내좌굴 검토 수행

(1) $\lambda \leq 20$: 좌굴검사 필요없음
(2) $20 < \lambda \leq 70$: 변형을 편심하중에 의한 휨모멘트로 치환, 극한 휨모멘트의 안정성 검토

$$\text{소규모 아치 간략식 } H_{cr} = \left[4\pi^2\left(1 - 8\left(\frac{f}{L}\right)^2\right)\right]\frac{EI_y}{L^2}$$

(3) $70 < \lambda \le 200$: 변형에 의한 영향에 더해 재료 비선형성까지 고려한 좌굴 안정성 검토

(4) $200 < \lambda$: 구조물로 적당하지 않음

2) 면외좌굴

① 아치부재의 면외좌굴은 직선보의 횡-비틂 좌굴(Lateral-Torsional Buckling)과 유사하다.

② 순수 압축력만 작용하는 원형아치의 경우 지배미분방정식이 성립되어 해를 구할 수 있다.

③ 곡률이 변하는 포물선 아치의 경우 뒴 비틀림(Warping)을 고려한 지배미분방정식이 연구 중이며, 이러한 미방의 해는 수치해석법에 의존하고 있다.

④ 유한요소해석 또는 유한 차분법 해석이 주로 사용된다.

⑤ 강아치교에서의 면외좌굴 검토(도로교설계기준, 2010)

면외좌굴은 주구조에 작용하는 등분포활하중과 고정하중이 재하된 상태에서 검토

$$\frac{H}{A_g} \le 0.85 f_{ca}$$

여기서 H : 하중재하에 의해 편측 아치부재에 작용하는 축방향력의 수평성분(N)

A_g : 편측 아치부재의 총단면적의 평균치(mm)

f_{ca} : 편측 아치부재의 L/4점의 허용축방향 압축응력(MPa)

l(유효좌굴길이) $= \phi\beta L$

여기서, ϕ는 (하로보강) $\phi = 1 - 0.35k$, (상로보강) $\phi = 1 + 0.45k$, (중로보강) $\phi = 1$

k는 행어 또는 지주가 분담하는 하중을 k(p+w)로 보고 구해지는 값으로 상로 보강아치에서 아치와 보강거더를 아치 크라운 부위에서 강결하지 않았을 때에는 $k=1$

β는 라이즈비와 I_z과 연관된 계수

⑥ 콘크리트 아치교에서의 면내좌굴 검토(도로교설계기준, 2010)

아치리브를 직선기둥으로 보고 단부의 수평력을 축방향력으로 좌굴 검토,

소규모 아치의 간략식은 $H_{cr} = \gamma \times \dfrac{EI}{L^2}$ (γ: 면내좌굴에 관한 파라미터)

3) KDS 24 00 교량설계기준, 도로교 설계기준(한계상태설계법, 2016)

설계기준이 한계상태설계법으로 변경된 이후에는 아치교와 관련해 별도의 면내 및 면외좌굴에 대한 규정을 두고 있지는 않으며 한계상태설계법에 따라 압축부재와 인장부재의 설계강도에 관한 규정에 따라 검토하도록 하고 있다.

5. 아치의 라이즈비 [95회]

【 기출유형 ① 】 아치교에서 라이즈와 라이즈비의 정의, 구조물에 미치는 영향

아치교량의 미관과 경제성을 고려할 때 가장 중요한 요소는 라이즈 비이며 통상 아치의 기본설계 시에는 아치의 라이즈비를 매개변수로 하여 자중의 영향을 고려하여 설계하는 것이 통상적인 설계의 방법이다. 라이즈비는 아치의 길이와 라이즈의 비를 의미하며 통상적인 아치의 설계에서는 1/5~1/10 범위에서 사용되고 있다.

아치의 라이즈비 : f/L

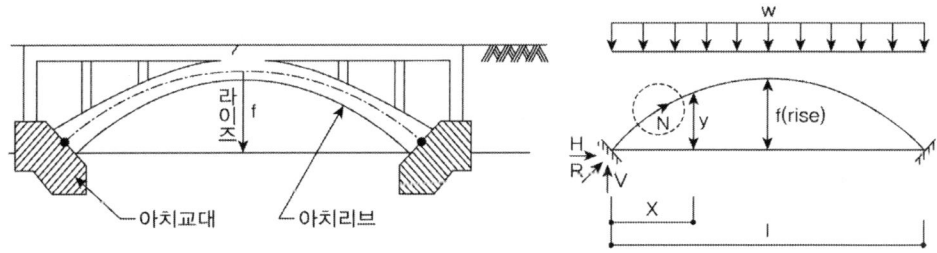

일반적으로 아치리브의 축선은 2차 포물선 또는 원곡선을 사용한다. 2차 포물선을 사용할 경우에는 다음과 같다.

$d(Ncos\phi) = 0$, $d(Nsin\phi) + wdx = 0$ 으로부터, $\tan\phi = dy/dx$

$$\therefore y = \frac{4f}{L^2}x(L-x)$$

TIP | 아치축선 : 원곡선 |

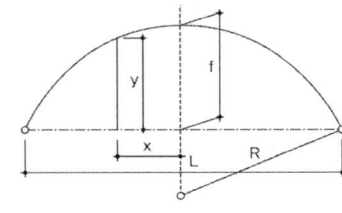

아치축선을 원곡선 식을 이용할 경우의 아치리브 축선은 다음과 같다.

$$R = \frac{L^2 + 4f^2}{8f} \quad \therefore y = \sqrt{R^2 - x^2} - \sqrt{R^2 - (L/2)^2}$$

1) 라이즈비와 구조물의 영향(랭거아치교의 라이즈-경관-형고의 최적관계를 위한 정적 및 동적해석, 허은미, 강구조학회논문집 2002)

① 일반적으로 아치의 강중은 라이즈비(f/L)와 사하중과 활하중의비(w/p)에 의해 많은 영향을 받는다. 또한 라이즈비가 변함에 따라 그에 따른 형고의 높이 또한 변화하게 된다.

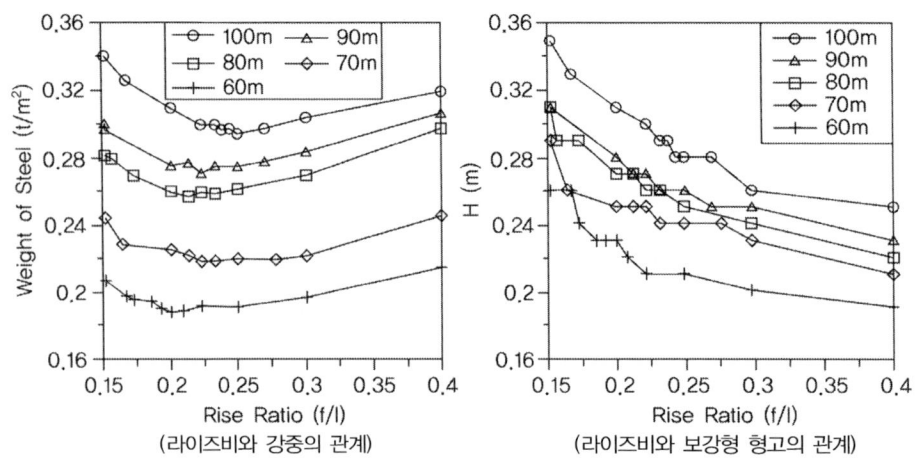

(라이즈비와 강중의 관계)   (라이즈비와 보강형 형고의 관계)

② 통상의 아치 설계 시 1/5~1/10의 범위는 일본의 도로교시방서의 활하중 규정에 따른 것으로 국내 설계기준 하중조건에 따라 검토 시에는 최적의 라이즈비는 1/4~1/5가 효과적이다.

③ 경간 100m의 아치교에서 라이즈비 1/4를 기준으로 이보다 라이즈비가 작으면 아치리브와 기타 부부재들이 강중이 감소되는 양보다 보강형의 형고가 높아져 전체 강중이 증가하는 경향을 보이며, 라이즈비가 1/4보다 커지면 보강형의 형고가 낮아져 강중이 감소되는 양보다 아치리브와 기타 부재들의 강중이 증가하는 양이 많아져 전체 강중이 증가한다. 따라서 라이즈비와 보강형 형고와의 관계는 최적강중일 때의 라이즈비 f/L에서의 보강형 형고가 그 의미를 갖는다.

【 최적강중의 라이즈비에서 형고높이 h 】

지간	100m	90m	80m	70m	60m
f/L	1/4	1/4.5	1/4.7	1/4.5	1/5
$h(m)$	2.8	2.7	2.7	2.5	2.3

④ F. Schleicher에 의하면 랭거교에서 보강거더의 높이 h는 일반거더보다 낮게 할 수 있으며 그 높이를 L/30~L/50이라고 제안했으며, G. Schaper에 의하면 L/25~L/40이 적정하다고 한다.

⑤ 아치교는 라이즈비가 너무 높으면 강중이 증가하고 아치의 좌굴안정성(면외좌굴)에 영향을 주며, 너무 낮아도 강중이 증가하는 데 최적의 라이즈비는 60~100m의 경간장을 가지는 랭거아치교의 경우 1/4~1/5를 갖는다. 또한 아치교의 경간당 라이즈비와 형고는 라이즈비가 커짐에 따라 형고높이는 작아진다.

2) 아치교 강재중량의 영향인자(교량의 계획과 설계, 오제택)

강재의 소요중량은 교량의 등급, 지간, 교량의 폭원, 사용강재의 종류에 따라 다르나 일반적으로 아치교의 소요강재 중량에 영향을 주는 주요 인자는 다음과 같다.

① 사하중(g)과 활하중(p)의 비(g/p)
② 라이즈와 지간과의 비(f/L)
③ 패널수(Cross Beam수)
④ 아치교의 형식(랭거, 로제, 닐센 ⋯)
⑤ 아치리브의 형상(Solid, Braced Rib ⋯)

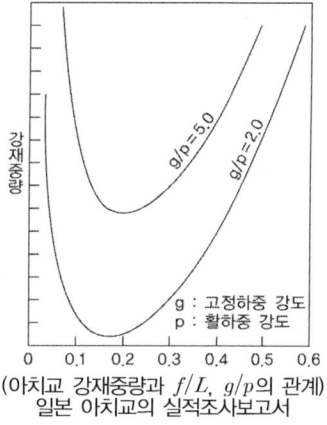

(아치교 강재중량과 f/L, g/p의 관계)
일본 아치교의 실적조사보고서

6. 아치의 설계

1) 아치 높이와 지간길이비 및 형고 결정

경제성, 강성 등을 고려한 라이즈비는 보통 1/5~1/10이며, 1/7~1/8이 가장 많다. 라이즈비가 작을수록 경관은 좋으나 교량의 중량이 커지고 처짐량, 부가응력이 크게 증대할 수 있다. 지간 중앙부에서 아치리브의 형고를 h라 하면, 형고가 클수록 온도응력은 증가하나 변형은 작아진다. 2차응력과 최대응력이 발생하는 지간의 1/4지점에서의 응력, 변형 등을 검토해 단면을 결정한다.

2) 아치리브 부재의 설계

아치리브는 축방향 압축력과 휨모멘트를 받는 부재다. 또한 보강아치교의 보강형은 인장력과 휨모멘트를 받는다. 아치리브 부재를 설계할 때에는 ① 단면의 어느 부분의 설계하중도 설계강도를 초과하지 않고, 각 부재가 ② 국부적 또는 부분적, ③ 전체적으로 좌굴되지 않아야 한다. 국부좌굴 방지를 위해서는 설계기준에서 제시한 판폭두께비의 제한에 따른다.

3) 보강형

솔리드 리브의 경우 아치부재와 똑같이 소형지간은 I형, 장대지간은 상자형 단면을 많이 쓴다. 하로교의 경우 행어와의 연결관계로 상부플랜지 폭이 일정하게 되도록 단면을 구성하고 통행자의 시계를 방해하지 않도록 바닥틀의 연결부 높이를 결정하는 것이 좋다.

4) 지재, 행어

상로교 수직재는 압축을 받으므로 지재(支)라고 하고, 하로교의 수직재는 인장을 받아 행어라고 한다. 단면은 트러스와 유사하게 I형 또는 상자형 단면을 사용한다. 부재는 2차 응력을 가능한 작게 하기 위해 행어는 케이블, 강봉 등을, 지재는 강관을 사용하기도 한다.

콘크리트 아치교의 설계

➤ 콘크리트 아치교 설계 일반사항

1) 아치의 축선은 아치리브의 단면 도심을 연결하는 선으로 할 수 있다.

2) 단면력을 산정할 때에는 콘크리트의 수축과 온도변화의 영향을 고려하여야 한다.

3) 부정정력을 계산할 때에는 아치리브 단면변화를 고려하여야 한다.

4) 기초의 침하가 예상되는 경우에는 그 영향을 고려하여야 한다.

5) 아치리브에 발생하는 단면력은 축선 이동의 영향을 받지만 일반적인 경우 그 영향이 작아서 무시할 수 있으므로 미소변형이론에 기초하여 단면력을 계산할 수 있다.

6) 아치리브의 세장비가 35를 초과하는 경우에는 유한변형이론 등에 의해 아치 축선 이동의 영향을 고려하여 단면력을 계산하여야 한다.

$$\text{아치리브의 세장비} : \lambda = l_{tr} \sqrt{\frac{A_{l/4}\cos\theta_{l/4}}{I_m}}$$

여기서, l_{tr} : 환산부재 길이, $l_{tr} = \delta l$ (mm)

$A_{l/4}$: 경간 $l/4$ 위치에서 아치리브의 단면적(mm²)

$\theta_{l/4}$: 경간 $l/4$ 위치에서 아치축선의 경사각

I_m : 아치리브의 평균단면2차모멘트(mm⁴)

δ : f/l에 따른 계수

f/l	0.1	0.15	0.2	0.25	0.3	0.35	0.4	0.45	0.5
고정	0.360	0.375	0.396	0.422	0.453	0.495	0.544	0.596	0.648
1힌지	0.484	0.498	0.514	0.536	0.562	0.591	0.623	0.662	0.706
2힌지	0.524	0.553	0.594	0.647	0.711	0.781	0.855	0.915	1.059
3힌지	0.591	0.610	0.635	0.670	0.711	0.781	0.855	0.956	1.059

l : 기초의 고정도를 고려한 경간(mm)
- 2힌지 또는 3힌지 아치의 경우는 아치 경간
- 고정아치의 경우는 아치경간+2× 최하단 아치리브 깊이 × $\cos\theta$ (θ는 받침부에서 아치축선의 경사각)

▶ 콘크리트 아치교의 좌굴

1) 면내좌굴 : 세장비에 따라 면내좌굴 검토 수행

  ① $\lambda \leq 20$: 좌굴검사 필요 없음

  ② $20 < \lambda \leq 70$: 유한변형을 편심하중에 의한 휨모멘트로 치환, 극한 휨모멘트의 안정성 검토

    확대휨모멘트 $M_D = M_E \dfrac{1}{1 - H/H_{cr}}$,   여기서 $H_{cr} = [4\pi^2 (1 - 8(\dfrac{f}{L})^2)] \dfrac{EI_y}{L^2}$

  ③ $70 < \lambda \leq 200$: 유한변형에 의한 영향에 콘크리트 재료 비선형성까지 고려 좌굴 안정성 검토

  ④ $200 < \lambda$: 구조물로 적당하지 않음

2) 면외좌굴 : 아치리브를 직선기둥으로 보고 단부의 수평력을 축방향력으로 좌굴 검토

    소규모 아치의 간략식은 $H_{cr} = \gamma \times \dfrac{EI}{L^2}$ (γ: 면내좌굴에 관한 파라미터)

TIP | 양단고정 콘크리트 아치설계 |

부재의 단면은 그림과 같이 전 구간 동일하며, 양 지점의 지지조건은 고정이며, 계수하중에 대한 부재력
(( )안은 최대휨모멘트 위치에서의 축력)은 아래와 같을 때 아치의 부재의 면내 좌굴안정성을 검토하시오.
지간(스팬: l) : 20,000 mm 높이(라이즈: f) : 6,000 mm
고정하중 : W_D = 49.03 kN/m(등분포하중, 자중포함)
활하중 : W_L = 14.71 kN/m(등분포하중)
콘크리트의 설계기준강도 f_{ck} = 21MPa 철근의 설계기준항복강도 f_y = 400MPa

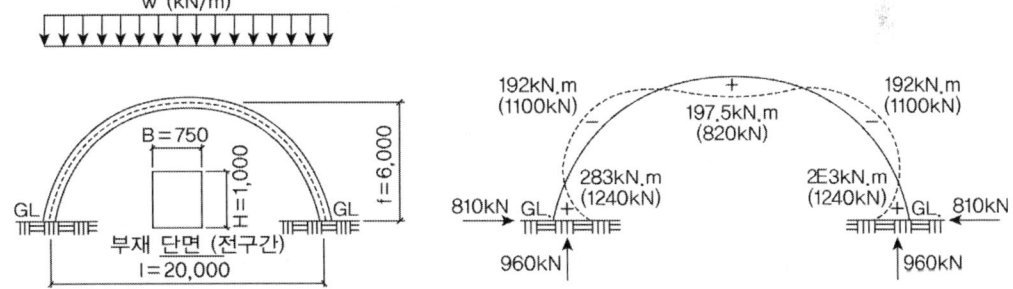

표1. 라이즈비에 따른 δ

f/l	0.1	0.15	0.2	**0.25**	**0.3**	0.35	0.4	0.45	0.5
고정	0.360	0.375	0.396	**0.422**	**0.453**	0.495	0.544	0.596	0.648
1힌지	0.484	0.498	0.514	0.536	0.562	0.591	0.623	0.662	0.706
2힌지	0.524	0.553	0.594	0.647	0.711	0.781	0.855	0.915	1.059
3힌지	0.591	0.610	0.635	0.670	0.711	0.781	0.855	0.956	1.059

1. 세장비 산정

고정아치의 기초 고정에 따른 아치리브의 부재두께를 고려하면 지간의 길이 $l = 21m$ 이므로 라이즈 비 $f/l = 6/21 = 0.285$ 이다.

주어진 표로부터 라이즈비에 대한 δ값을 직선보간법에 따라 산정하면

$$\delta = 0.422 + \frac{0.285 - 0.25}{0.33 - 0.25} \times (0.453 - 0.422) = 0.436$$

환산부재의 길이 $L = \delta \times l = 0.436 \times 21000 = 9147mm$

지간 1/4지점에서의 아치리브의 단면적은 전 구간 단면이 동일하므로 $A_{1/4} = 750 \times 1000 = 7.5 \times 10^5 mm^2$

$$I_m = \frac{1}{12} (750 \times 1000^3) = 6.25 \times 10^{10} \text{ mm}^4$$

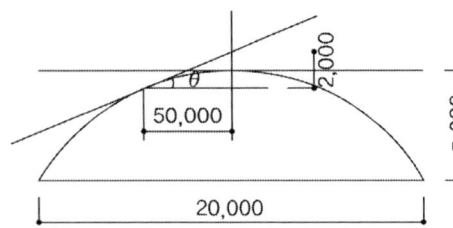

지간 1/4지점에서 아치축선의 기울기는

$$\cos\theta_{1/4} = 5/\sqrt{5^2 + 2^2} = 0.93$$

$$\therefore \lambda = l_{tr}\sqrt{\frac{A_{1/4}\cos\theta_{1/4}}{I_m}} = 30.53 < 35 \quad \text{O.K}$$

2. 좌굴 검토

1) 면내좌굴 : 세장비에 따라 면내좌굴 검토 수행

$20 < \lambda(=31) \leq 70$이므로 확대휨모멘트로 치환하여 극한 휨모멘트의 안정성을 검토한다.

$$E = 8500\sqrt[3]{21 + 8} = 26,115^{MPa}$$

$$H_{cr} = [4\pi^2(1 - 8\left(\frac{f}{L}\right)^2)]\frac{EI_y}{L^2} = [4\pi^2(1 - 8 \times 0.285^2)]\frac{26,115 \times 6.25 \times 10^{10}}{9,147^2} = 269,704kN$$

$H = 810kN$이므로 $H/H_{cr} \fallingdotseq 0$

$\therefore$ 확대휨모멘트 $M_D = M_E \dfrac{1}{1 - H/H_{cr}} \fallingdotseq M_E$: 지점의 수평반력이 경미하여 유한변형이론에 의한 모멘트 확대의 영향은 거의 없다.

2) 면외좌굴 : 아치리브를 직선기둥으로 보고 단부의 수평력을 축방향력으로 좌굴검토

소규모 아치의 간략식은 $H_{cr} = \gamma \times \dfrac{EI}{L^2}$ (γ: 면내좌굴에 관한 파라미터)

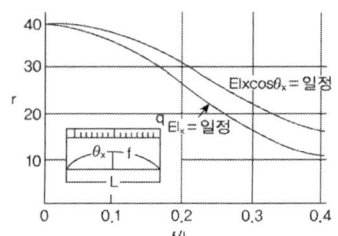

그림에서 라이즈비가 0.285일 때 $\gamma \fallingdotseq 20 \sim 25$의 값을 가지며 $\dfrac{EI}{L^2} = 19,508kN$이므로

$\therefore H \ll H_{cr}[= (20 \sim 25) \times 19,508^{kN}]$

따라서 면외 좌굴에 대해 안전하다.

아치교

아치교의 종류를 형식별로 분류하여 설명하고, 아치의 구조적 장점을 단순보와 비교하여 설명하시오.

풀 이

▶ **개요**

아치교는 지점을 고정시켜 수직 외부하중에 대해서 지점 수평력이 발생하여 아치의 단면에서 휨모멘트를 감소시키는 특성을 가지는 구조로, 단면을 결정하는 주 요인이 수평력에 의한 축방향 압축력이 되도록 한 구조체이다. 이러한 특성으로 아치교는 일반 거더교에 비해 강성이 커서 내풍 및 내진안정성에 우수하며 미적으로도 수려한 특징을 가진다.

▶ **아치교의 형식별 분류**

① 주행노면 위치에 따른 분류 : 상로, 중로, 하로, 복층아치
② 아치리브의 지지상태에 따른 분류 : 힌지, 고정, 타이드 아치
③ 아치리브의 형상에 따른 분류 : Solid Arch, Spandrel braced Arch, Braced Arch

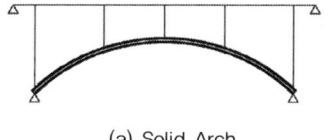

(a) Solid Arch

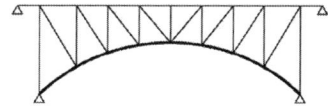

(b) Spandrel Braced Arch

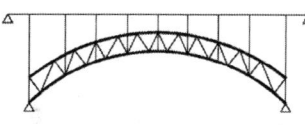

(c) Braced Arch

④ 보강형의 종류에 따른 분류 : 단순거더, 게르버 거더, 연속아치
⑤ 보강형의 단면에 따른 분류 : I형, Box형, Truss형
⑥ 바닥판 구조에 따른 분류 : 콘크리트, 격자구조, 강바닥판
⑦ 현재 배치에 따른 분류 : 평행 Rib, 경사 Rib, 1-Rib, 복층식
⑧ 사재 형상에 따른 분류 : 연직, Warren, Double Warren

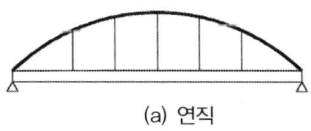

(a) 연직

(b) Warren

(c) Double Warren

⑨ 사재의 특성에 따른 분류 : 닐센아치, 트러스랭거
⑩ ①~⑨를 조합

▶ 아치교의 구조적 장점

아치교는 교량형식 선정 시 경제성을 중시하고 미관을 우선하는 구조형식으로 주 구조가 아치 또는 보강 아치로 구성된 교량으로 연직하중의 재하로 인해 발생하는 수평반력이 효과적으로 작용하고 부재의 단면력을 줄일 수 있도록 알맞게 설계될 수 있는 형식이다. 아치교 이외의 교량에서는 일반적으로 활하중의 지간 만재하 시에 발생하는 부력력에 의해 부재단면을 결정하지만 아치교에서는 지간의 편측재하에 발생하는 부재력으로 단면을 결정하는 경우가 많다. 이는 아치리브의 편재하중에 따른 변형에 의해서이다. 아치교의 일반적인 특징은 다음과 같다.

① 수평력에 견딜 수 있는 지반조건이 필요하다.
② 현수교, 사장교 다음으로 적용지간이 길다.
③ 주위환경과 조화를 이룬다.
④ 90~100m 정도의 지간에 많이 사용된다.
⑤ 아치지간이 장대화에 따른 비선형성의 불리한 거동을 한다.

단순교와 아치교를 비교할 때 아치교는 지점을 고정시켜 수직 외부하중에 대해서 지점 수평력이 발생하여 아치의 단면에서 휨모멘트를 감소시키는 특성을 가진다. 동일한 길이의 단순보와 비교할 때 아치교의 휨모멘트는 단순교에 비하여 $H \times y$ 만큼 감소하므로 단순보에 비해 적은 단면으로 동일한 조건에서 설계가 가능하다.

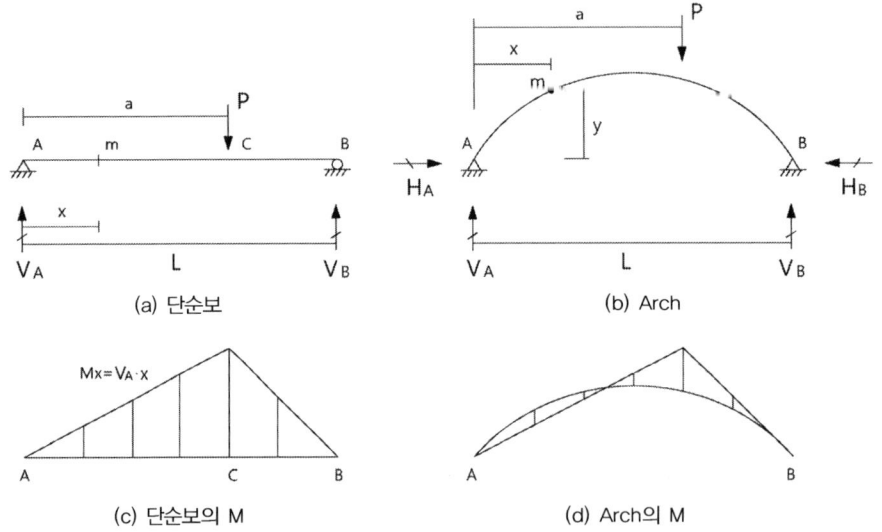

(a) 단순보   (b) Arch

(c) 단순보의 M   (d) Arch의 M

① 단순교의 휨모멘트 : $M = V \times x$
② 아치교의 휨모멘트 : $M = V \times x - H \times y$

닐센아치교

닐센아치교의 구조적 장점에 대하여 설명하시오.

풀 이

▶ 개요

타이드 아치, 랭거교, 로제교 등의 Arch 형식의 교량에 수직재를 Warren Truss형으로 조립하여 유연한 사인장재인 로드(Rod), 강봉, 케이블, 로프 등을 수직재로 대신한 고차 부정정의 아치형식의 교량을 총칭하여 닐센 아치교(Nilsen Arch)라고 한다.

▶ 닐센 아치교의 구조적 장점과 특징

닐센 아치교는 유연한 경사재가 교량의 전단변형 억제에 기여하여 아치리브의 휨모멘트를 축방향력을 증가시키지 않고 저감할 수 있는 형식으로 일반적인 아치교에 비해 처짐이 작으며 장경간에 유리하다. 또한, 로제식(Lohse) 아치교의 복재를 중복 사재로 하여 전체적인 강성을 크게 하는 방식으로 사재의 경사, 경사각을 적절하게 선정하면 사재는 인장력에 대해서만 설계할 수 있으므로 사재를 케이블로 사용할 수 있어 미관이 우수하다.

다만, 사재가 아치교의 전단 변형에 크게 기여하기 때문에 이동하중에 의한 처짐 변동이 작은 구조물에 적합하나 구조역학적으로는 고차 부정정이므로 구조해석 작업이 대단히 복잡하며, 일반적으로 아치교의 휨 진동 1차(2차) 진동모드가 역 대칭형이 되는 데 비해 닐센계 교량은 대칭형이 되어 반대가 된다. 1차 고유 진동수는 일반적인 아치교의 1.5~4.0배이고 진동에 대한 강성비는 진동수비의 제곱 승이므로 동적강성은 정적강성보다 크다. 따라서 닐센계 교량이 진동면에서 더 유리한 특성을 갖는다.

1) 강재의 휨모멘트는 일반적으로 사재의 지점길이 감소로 아치교와 비교할 때 크게 감소한다.
2) 사재의 간격, 경사각을 적당히 선정함으로써 사재의 인장력에 대해서만 계산할 수 있다.
3) 최대 처짐이 일반적인 아치교보다 매우 저다.
4) 일반적인 아치교의 휨 진동의 1차 모드가 역 대칭인 데 반해 닐센계 아치교의 휨 진동 1차 모드가 대칭형이어서 진동면에서 유리하다.
5) 케이블의 트러스 작용으로 휨모멘트가 감소하고 풍하중과 좌굴에 대해 안정성이 높다.
6) 케이블 정착부 등으로 설계 계산이 복잡하다.
7) 사재가 아치교의 전단변형에 크게 기여하기 때문에 이동하중에 의한 처짐 변동이 작은 구조물이다.

타이드 아치

타이드 아치교(Tied Arch Bridge)

풀 이

▶ 개요

아치교는 지점을 고정시켜 수직 외부하중에 대해서 지점 수평력이 발생하여 아치의 단면에서 휨 모멘트를 감소시키는 특성을 가지는 구조로, 단면을 결정하는 주요인이 수평력에 의한 축방향 압축력이 되도록 한 구조체이다. 이러한 특성으로 아치교는 일반 거더교에 비해 강성이 커서 내풍 및 내진안정성에 우수하며 미적으로도 수려한 특징을 가진다.

▶ 타이드 아치교(Tied Arch Bridge)

타이드 아치교는 아치의 양단을 Tie로 연결하여 1단 고정단 타단 가동단으로 지지하여 수평반력을 Tie로 받게 한 형식으로 아치리브에서의 수평반력을 Tie로 부담시켜 아치 지점부에서는 연직반력만 전달된다. 고차부정정 형식으로 수평력이 크게 작용하지 않아 지반상태가 양호하지 않은 곳에서도 적용이 가능하다. 아치 Rib에는 모멘트 및 축력 작용하며, Tie에는 축력만 작용한다. 지점에서 일어나는 수평반력을 Tie가 받으므로 지점 수평반력이 생기지 않으며, 외적으로 정정구조이므로 반력은 단순보로 해석이 가능하다. 수평반력에 영향이 없으므로 지반상태가 양호하지 않은 곳에서 채택가능하나 타이의 가설이 어려운 문제가 있다. 또한 아치리브가 과대해지는 경향이 있어 경제적인 측면에서 불리할 수 있으므로 이에 대한 검토와 지점을 고정함으로 인해서 지점침하 등의 기초변위의 발생 시에 이로 인한 영향이 크며, 축방향 압축력의 영향으로 좌굴에 대한 안정성 검토가 필요하다.

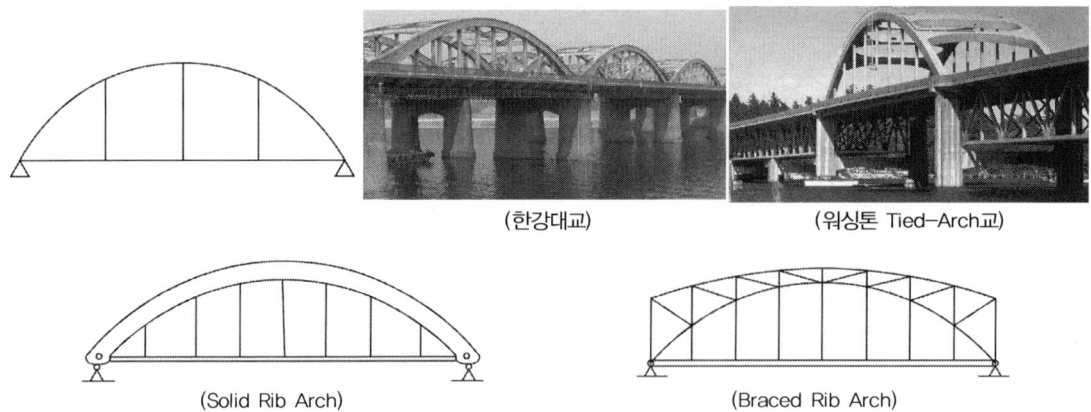

(한강대교)   (워싱톤 Tied-Arch교)

(Solid Rib Arch)   (Braced Rib Arch)

콘크리트 아치교

콘크리트 아치교의 계획 및 설계 시의 주요 검토사항에 대하여 설명하시오.

풀 이

▶ 개요

콘크리트 아치교는 아치의 특성상 좌굴에 대한 검토가 선행되어야 하며 특히 가설 중 가장 중요한 아치리브에 대한 가설방법을 설계부터 고려하여 안전성을 확보하여야 한다.

▶ 콘크리트 아치교의 주요 검토사항

1) 콘크리트 아치교 설계 일반사항

① 아치의 축선은 아치리브의 단면 도심을 연결하는 선으로 할 수 있다.
② 단면력을 산정할 때에는 콘크리트의 수축과 온도변화의 영향을 고려하여야 한다.
③ 부정정력을 계산할 때에는 아치리브 단면변화를 고려하여야 한다.
④ 기초의 침하가 예상되는 경우에는 그 영향을 고려하여야 한다.
⑤ 아치리브에 발생하는 단면력은 축선 이동의 영향을 받지만 일반적인 경우 그 영향이 작아서 무시할 수 있으므로 미소변형이론에 기초하여 단면력을 계산할 수 있다.
⑥ 아치리브의 세장비가 35를 초과하는 경우에는 유한변형이론 등에 의해 아치 축선 이동의 영향을 고려하여 단면력을 계산하여야 한다.

$$\text{아치리브의 세장비} : \lambda = l_{tr}\sqrt{\frac{A_{l/4}\cos\theta_{l/4}}{I_m}}$$

여기서, l_{tr} : 환산부재 길이, $l_{tr} = \delta l$ (mm)

$A_{l/4}$: 경간 $l/4$ 위치에서 아치리브의 단면적(mm²)

$\theta_{l/4}$: 경간 $l/4$ 위치에서 아치축선의 경사각

I_m : 아치리브의 평균단면2차모멘트(mm⁴)

δ : f/l에 따른 계수

f/l	0.1	0.15	0.2	0.25	0.3	0.35	0.4	0.45	0.5
고정	0.360	0.375	0.396	0.422	0.453	0.495	0.544	0.596	0.648
1힌지	0.484	0.498	0.514	0.536	0.562	0.591	0.623	0.662	0.706
2힌지	0.524	0.553	0.594	0.647	0.711	0.781	0.855	0.915	1.059
3힌지	0.591	0.610	0.635	0.670	0.711	0.781	0.855	0.956	1.059

l : 기초의 고정도를 고려한 경간(mm)
- 2힌지 또는 3힌지 아치의 경우는 아치 경간
- 고정아치의 경우는 아치경간+2× 최하단 아치리브 깊이 $\times \cos\theta$ (θ는 받침부에서 아치축선의 경사각)

2) 콘크리트 아치교 가설공법

콘크리트 아치교의 가설 중 가장 중요한 것은 아치리브의 가설방법이다. 아치리브와 연직재, 상부바닥판의 가설방법에 따라서 가설공법을 구분할 수 있다. 크게 지보공을 이용하거나 캔틸레버 형식으로 가설하는 방법, 병용해서 가설하는 방법으로 구분할 수 있다.

① 지보공 : 동바리공법, 강재아치 선행공법, 철골구조-Melan 공법, 합성아치 공법 등이 있다.
- 동바리 공법 : 비교적 평탄한 지형의 중·소 경간의 콘크리트 아치교에 적용되며, 전면적에 지보공을 설치하고 아치리브 콘크리트를 현장 타설하는 공법이다.
- 강재아치 선행공법(합성 아치공법) : 콘크리트의 아치리브를 직접 타설하지 않고 먼저 콘크리트보다 가벼운 철골 또는 강관을 아치로 가설한 다음 이동작업차 등을 이용하여 양측의 아치교대에서 크라운부를 향해 강재 아치를 콘크리트로 둘러싸 마감하는 공법이다. 강재 아치용으로 철골 부재를 사용하는 공법을 Melan 공법이라 하고, 강관과 강관 내부를 콘크리트로 충진시킨 합성부재를 사용하는 공법을 합성 아치공법이라 한다.

② 캔틸레버 가설공법 : Pylon 공법, Truss 공법, Pylon-Melan 병용 공법, Truss-Melan병용 공법 등
- Pylon 공법 : 아치Abut상의 연직재 또는 Pylon에 경사케이블을 설치하고 케이블에 의해 아치리브 콘크리트를 지지하면서 캔틸레버로 가설하는 공법이다. 아치리브의 콘크리트 타설은 이동작업차로 수 미터의 block을 제작 타설하고, 타설 완료 후에는 완료된 Block선단까지 작업차를 이동시킨 후 다음 Block을 시공하는 것을 반복한다.
- Truss 공법 : 아치리브상의 연직재와 보강형의 교점에 경사 Cable을 설치하여 아치리브를 결합시킨 캔틸레버 트러스 형태로 아치리브 콘크리트를 가설하는 공법이다.
- Pylon-Melan 병용 공법 : Pylon 공법과 Melan 공법의 병용한 공법으로 아치리브 단부 양측은 Pylon공법에 의해 캔틸레버식으로 시공하고, 중앙부는 철골부재(Melan)로 임시 폐합시킨 다음 콘크리트를 덧씌워 완성하는 공법이다. 아치경간이 길어 Pylon공법으로 시공 시 경사 cable의 경사각이 작아져 가설 시 안정성이 감소되어 효율이 떨어질 경우에 적용되기 위해 고안된 공법이다.
- Truss-Melan 병용 공법 : 트러스 공법과 Melan 공법의 병용 공법으로 아치리브 양측에서 트러스공법으로 가설하다 중앙부에 와서는 철골부재(Melan)로 임시 폐합시킨 후 콘크리트로 마감시키는 공법이다.

3) 콘크리트 아치교의 좌굴 검토

① 면내좌굴 : 세장비에 따라 면내좌굴 검토 수행

- $\lambda \leq 20$: 좌굴검사 필요 없음
- $20 < \lambda \leq 70$: 유한변형을 편심하중에 의한 휨모멘트로 치환하여 극한 휨모멘트의 안정성 검토

  소규모 아치 간략식 $H_{cr} = [4\pi^2 (1 - 8(\frac{f}{L})^2)]\dfrac{EI_y}{L^2}$

- $70 < \lambda \leq 200$: 유한변형에 의한 영향에 더하여 콘크리트 재료 비선형성까지 고려하여 좌굴 안정성 검토
- $200 < \lambda$: 구조물로 적당하지 않음

② 면외좌굴 : 아치리브를 직선기둥으로 보고 단부의 수평력을 축방향력으로 좌굴 검토,

  소규모 아치의 간략식은 $H_{cr} = \gamma \times \dfrac{EI}{L^2}$ (γ: 면내좌굴에 관한 파라미터)

강관 아치교

강관 아치교의 구조해석 및 설계 시 중점적으로 검토할 사항에 대하여 설명하시오.

풀 이

▶ 개요

원형강관은 가공과 용접기술의 발달로 인해 강관의 제작과 접합이 비교적 용이해짐에 따라 강관 구조의 채용이 증가하는 추세이며, 아치교에 대한 적용이 가장 활발히 진행되고 있다.

▶ 강관구조의 특징

1) 구조역학적인 측면

　① 좌굴저항이 크기 때문에 압축력에 강하다. 강관은 단면이 원통면을 이루고 있기 때문에 평판에 비해 국부좌굴에 대해 유리하며, 관 두께가 반경의 약 1/200 이상이면 좌굴을 방지하기 위한 종방향 보강재와 같은 보강재가 필요 없다. 기둥으로서의 전체 좌굴에 대해서도 강관은 소성영역에서의 여용력이 크므로 단주의 경우, L형 및 H형의 단면에 비해 유리하다.

　② 단면에 방향성이 없기 때문에 설계가 간편하고 편심이 없기 때문에 압축과 인장에도 유리하다.

　③ 다른 단면형상에 비해 비틀림 강성이 크다. 동일한 폐단면이라도 원은 다른 도형보다도 그 속에 둘러싸인 면적이 크다. 따라서 동일한 주변장이고 동일한 두께인 경우, 원형단면은 정방형 단면에 비해 60% 정도 비틀림 강성이 증가한다. 그리고 원형단면은 비틀림을 받더라도 단면에 뒤틀림을 일으키지 않기 때문에 2차응력이 발생하지 않아 응력상태가 명확하다.

　④ 강관은 평판에 비해 유체에 대한 저항이 작기 때문에 풍압, 유수압, 파압 등에 대해 유리하다. 이는 장대교 및 높은 탑 형상의 구조물에 매우 효과적이다.

2) 제작 및 가설 측면

　① 원형단면은 다른 어느 단면보다도 작은 표면적을 가지므로 부식도가 작고, 도장 면적도 최소가 된다. 설계기준 등에서도 다른 단면에 비해 최소두께의 규정을 완화하여 얇은 재료를 사용할 수 있도록 규정하고 있다.

　② 강관과 강관을 연결하는 경우에 직접 용접할 수 있어서 Gusset Plate가 필요 없다.

　③ 박스형 단면에 비해 용접선 수가 적기 때문에 제작비가 절감된다.

3) 기타

    ① 강관 내부를 이용하여 유체를 수송할 수 있다. 강관은 내압에 대한 저항력이 좋으므로 일반적인 구조용 강관이라도 큰 압력에 견딜 수 있다. 이와 같은 장점을 이용하여 구조 부재의 내부를 통해 물, 기름, 가스 등을 압송할 수 있다.

    ② 강관구조는 일반적으로 세련된 이미지를 나타내므로 외관이 우수하다.

4) 단점

    ① 재료로서의 강관재질, 치수(직경, 두께) 등을 임의로 선정할 수 없는 경우도 있다. 특히 고강도 강재이거나 직경이 크고 두꺼운 것은 문제가 될 수 있다.

    ② 국부적인 집중하중이 작용하는 지점에서는 관이 편평화되기 쉽기 때문에 보강이 필요하다.

    ③ 강관을 제조할 때 냉간가공하기 때문에 일반적으로 강도 및 항복점은 상승하지만, 비례한계가 저하하는 경우가 있다.

    ④ 강관기둥에 풍압이 작용하면 칼만 소용돌이가 발생하여 세장비가 긴 기둥에서는 유해한 진동을 일으키는 경우가 있다.

➤ 구조설계

1) 면내 및 면외좌굴 안정성 검토

아치계 교량은 축력지배 구조이므로 외력에 대한 구조적인 안정성 및 사용성 확보와 더불어 좌굴에 대해서도 충분히 안정한 구조가 되도록 설계하는 것이 중요하다. 아치계 교량의 좌굴은 면내 좌굴 및 면외좌굴로 구분된다.

2) 변위의 영향 검토

아치계 교량은 구조특성상 사장교 및 현수교 등의 장대교량과 같이 다소 큰 변위가 발생되는 구조형식이므로 아치골조선의 변위영향이 고려된 해석을 수행해야 한다.

3) 전체계 해석 및 응력 검토

    ① 아치리브 및 보강거더에 접합되는 수직재의 경계조건은 안전측의 설계를 위해 강결된 것으로 간주한다(수직재는 양단이 강결된 것으로 모델링된 관계로 휨이 지배적인 영향인자임).

    ② 설계활하중은 이동하중으로 고려

    ③ 가설 단계에 따라 구조특성 및 하중조건이 변화하는 점을 감안하여 구조해석 단계를 총 4단계, 즉 아치리브 가설 시, 바닥판 타설 시, 2차 고정하중 작용 시 및 사용하중 작용 시로 구분

    ④ 아치리브와 수직재는 축방향력 및 휨모멘트를 동시에 받는 부재이므로 좌굴의 영향을 고려하여 응력 검토

⑤ 사용하중 작용 시에 대한 응력 검토

⑥ 주하중과 주하중에 해당하는 특수하중의 조합에 의해 단면이 결정

4) 국부응력

아치리브 구조 중 큰 집중하중이 작용하고 구조상세가 복잡한 아치리브와 수직재의 접합부 및 아치리브의 단부에 대해서는 상세유한요소 해석을 통해 국부응력을 검토한다.

5) 내진설계 : 다중모드 응답스펙트럼 해석법을 적용한다.

6) 칼만 소용돌이에 의한 수직재의 진동 검토

강관 기둥과 같은 원통형의 물체가 동일한 공기류에 놓이는 경우에 풍향의 직각방향 진동이 발생하는 경우가 있다. 이와 같은 진동을 풍금진동(Aeolian Oscillation)이라 하며, 그 발생 기구에 대해서는 불명확한 점이 많지만 이른바 칼만 소용돌이에 의한 것으로 추정된다.

만약 강관 기둥이 자유롭게 진동할 수 있는 상태에 있으며, 더욱이 이 규칙적인 소용돌이의 초당 발생 횟수가 강관 기둥의 고유진동수와 일치하는 경우에 다소 큰 진폭의 진동이 발생한다. 이에 따라 기둥에 반복적인 큰 휨응력이 발생하여 피로파괴의 원인이 되거나 초기 처짐으로 인해 좌굴 안전도가 저하하여 종종 구조물 안정성이 문제가 되는 경우가 있다.

7) 상세해석

① 구조안정성 : 기하비선형 해석에 의한 모멘트 증가계수 검증

② 좌굴안정성 : 좌굴해석에 의한 면내 및 면외좌굴 안정성 검토

③ 피로안정성 : 실교통류에 의한 변동응력을 이용한 피로 안정성 검토, Hot Spot 응력을 이용한 강관 용접이음부의 피로 안정성 검토

④ 지진에 대한 안정성 : MASW에 의한 현장지반 물성치를 고려한 지진해석

⑤ 바람에 대한 안정성 : 전산유동 해석에 의한 정적, 동적 내풍 안정성 검토

⑥ 내구성 및 사용성 : 매스콘크리트에 대한 수화열 해석

⑦ 노면조도의 영향을 고려한 이동하중에 의한 시간이력해석

8) 아치리브의 기울기가 부재의 변위와 부재력에 미치는 영향

① Unbraced Tubular 아치교에서 아치리브의 기울기는 부재의 변위와 면내력 측면에서 20° 이내로 설정하는 것이 적절하다.

② 아치리브의 기울기는 아치리브의 자중에 의한 처짐에 크게 영향을 미치므로, 시공 시 강의 자중에 의한 초기처짐에 대한 적절한 대책이 필요하다. 한편, 강구조물의 자중이 면내력에 미치

는 영향은 작다.

③ 아치리브의 기울기에 따른 부재의 축력에 미치는 영향은 작다.

④ 리브의 기울기에 의해 가로보 모멘트는 기울기 각도 20° 이내에서는 모멘트가 작게 발생하나 리브의 기울기가 증가함에 따라 급격히 증가한다.

⑤ 아치리브의 모멘트는 리브의 기울기의 증가에 따라 중앙부와 단부에서 모멘트가 반발생하고, 그 값은 기울기에 따라 점점 증가한다.

➤ 아치행거

아치리브와 보강형을 연결하는 행어의 형식으로는 케이블형식, H형강, 강봉 등이 널리 사용되고 있으나, H형강과 강봉은 와류진동에 의한 피로 및 정착부 피로에 불리하므로 내풍 안정성과 미관이 우수한 케이블형식이 유리하다. 케이블의 종류로는 인장강도와 피로강도가 높고 정착판의 크기가 작아 일반 중소지간 교량의 행어로 많이 사용되는 PWS형식의 케이블이 있으며, 케이블의 정착방식으로는 행어와 주형을 핀형식으로 연결하여 보강형 구조체와 간섭이 적고 제작과 유지관리에 유리하며 시공성이 양호한 Open Socket 방식이 있다.

강아치교 일괄가설공법

단경간 하로 강아치교 가설공법 중 다축운반 이동장비(Transporter)에 의한 일괄가설공법의 특성 및 기술적 검토사항을 설명하시오.

풀 이

▶ 개요

상로식 아치교는 상판이 아치리브의 위쪽에 설치되어 있어 깊은 계곡이나 지면과 계획고와의 높이 차가 심한 곳에 채용되는 형식이다. 강재로 제작된 하로 강 아치교의 경우 공장 또는 현장에서 일체로 조립한 거더를 대형 운반기계와 가설기계를 이용하여 일괄적으로 가설하는 대블록 가설공법 적용이 가능하다.

▶ 다축운반 이동장비 이용한 일괄가설공법 특성

일반적으로 대블록 가설공법은 공기단축이 가능하고 가설 중 구조적으로 불안정하게 되는 기간이 짧아 내풍, 내진 안정성이 높다. 해상의 경우 플로팅 크레인(F/C)이나 대선을 이용해 설치할 수 있으며, 하부 도로로 구성되어 있는 경우 크레인을 통한 일괄가설이나 다축운반 이동장비(Transporter)에 의한 가설 방법을 활용할 수 있다.

다축운반 이동장치는 축당 하중을 분담토록 하여 강교를 제작장에서부터 현장까지 직접 운반이 가능하기 때문에 혼잡한 시가지 구간에서 벤트를 설치하지 않고 완성된 구조물의 일괄 거치가 가능하며, 부분조립 시 발생할 수 있는 오차와 품질 저하를 방지할 수 있는 장점이 있다. 또한 사용되는 트랜스포터는 기본단위가 4축과 6축으로 되어 있고 각 기본 단위별 혼성조합이 가능하며 각 축별로 높이 조정과 360도 회전이 가능하기 때문에 완성된 구조물 이동에 제한이 적다.

| (플로팅 크레인(F/C) 가설) | (크레인 일괄가설) | (다축운반 이동장비(Transporter) 가설) |

▶ 기술적 검토사항

1) 트랜스포터의 하중분담과 중심선 : 목적 구조물의 중량과 중심축을 고려하여 이동 시 전도나 하중

집중이 발생되지 않도록 트랜스포터별 하중분담과 강아치교의 중심선을 확정하여 고르게 하중이 분배되도록 포터를 배치하여야 한다.

2) 도로 등 통제 : 이동 중 충돌하중 등을 방지하기 위해 하부 이동 구간과 설치 구간에서 차량을 통제하고 우회도로 설치 등을 사전에 검토하여야 한다.

3) 축 중량 : 기존의 이동용 차량이 축 중량 초과로 인해 분해 이동되는 특성을 감안해 트랜스포터의 축 중량이 도로법에 따른 1개 축 중량을 넘지 않도록 포터의 개수를 배치하여야 한다.

4) 이동 중 변형방지를 위한 보강재 설치 : 트랜스포터 이동 등 충격하중으로 인해 목적 구조물에 변형이나 응력집중이 발생되지 않도록 보강재 설치 등을 검토하여야 한다.

(트랜스포터 반입 및 설치)

(강아치교 운반)

(강아치교 거치)

(강아치교 거치 완료)

설치 과정
❶ 강교제작장의 강아치교 하부 좌우의 가설벤트 사이로 트랜스 포터를 진입시키고 좌, 우 및 각 UNIT별로 하중 분담 및 강아치교 중심선을 확정시킨다.
❷ 강아치교를 가설위치로 천천히 이동시킨다.
❸ 트랜스포터 배드를 상승시키고 교각 코핑 위의 가설잭 위로 안착한다.
❹ 트랜스포터 배드를 하강시키고 가설벤트와 함께 제작장으로 이동한다.

라이즈비의 영향

아치교량에서 라이즈(rise)비가 구조물에 미치는 영향

풀 이

▶ **개요**

아치교량의 미관과 경제성을 고려할 때 가장 중요한 요소는 라이즈비이며 통상 아치의 기본설계 시에는 아치의 라이즈비를 매개변수로 하여 자중의 영향을 고려하여 설계하는 것이 통상적인 설계의 방법이다. 라이즈비는 아치의 길이와 라이즈(높이)의 비를 의미하며 통상적인 아치의 설계에서는 1/5~1/10 범위에서 사용되고 있다.

아치의 라이즈비 : f/L

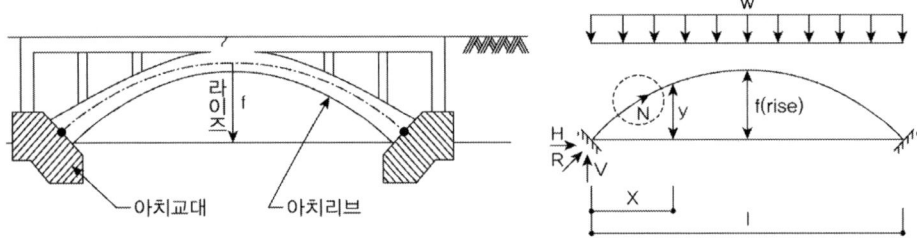

일반적으로 아치리브의 축선은 2차 포물선 또는 원곡선을 사용한다. 2차 포물선을 사용할 경우에는 다음과 같다.

$$d(Ncos\phi) = 0,\ d(Nsin\phi) + wdx = 0 \text{으로부터},\quad tan\phi = dy/dx$$

$$\therefore y = \frac{4f}{L^2}x(L-x)$$

▶ **구조물에 미치는 영향**

1) 일반적으로 아치의 강중은 라이즈비(f/L)와 사하중과 활하중의 비(w/p)에 의해 많은 영향을 받는다. 또한 라이즈 비가 변함에 따라 그에 따른 형고의 높이 또한 변화하게 된다.

2) 통상의 아치 설계 시 1/5~1/10의 범위는 일본의 도로교시방서의 활하중 규정에 따른 것으로 국내 설계기준 하중조건에 따라 검토 시에는 최적의 라이즈비는 1/4~1/5가 효과적이다.

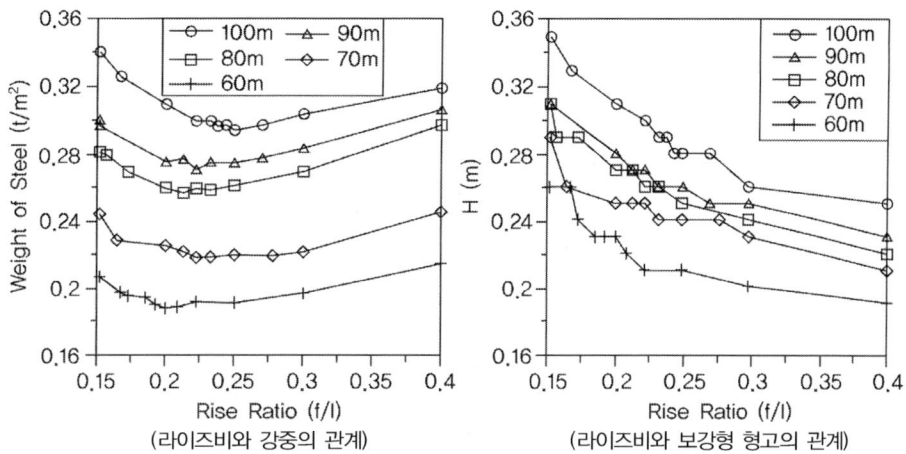

| | | | (라이즈비와 강중의 관계) | | (라이즈비와 보강형 형고의 관계) |

3) 경간 100m의 아치교에서 라이즈비 1/4를 기준으로 이보다 라이즈비가 작으면 아치리브와 기타 부부 재들이 강중이 감소되는 양보다 보강형의 형고가 높아져 전체 강중이 증가하는 경향을 보이며, 라 이즈비가 1/4보다 커지면 보강형의 형고가 낮아져 강중이 감소되는 양보다 아치리브와 기타 부재들 의 강중이 증가하는 양이 많아져 전체 강중이 증가한다. 따라서 라이즈비와 보강형 형고와의 관계는 최적 강중일 때의 라이즈비 f/L에서의 보강형 형고가 그 의미를 갖는다.

【 최적강중의 라이즈비에서 형고 높이 h 】

지간	100m	90m	80m	70m	60m
f/L	1/4	1/4.5	1/4.7	1/4.5	1/5
$h(m)$	2.8	2.7	2.7	2.5	2.3

4) F. Schleicher에 의하면 랭거교에서 보강거더의 높이 h는 일반거더보다 낮게 할 수 있으며 그 높이 를 L/30~L/50이라고 제안했고, G. Schaper에 의하면 L/25~L/40이 적정하다고 한다.

5) 아치교는 라이즈비가 너무 높으면 강중이 증가하고 아치의 좌굴안정성(면외좌굴)에 영향을 주며, 너무 낮아도 강중이 증가하는데 최적의 라이즈비는 60~100m의 경간장을 가지는 랭거아치교의 경 우 1/4~1/5를 갖는다. 또한 아치교의 경간당 라이즈비와 형고는 라이즈비가 커짐에 따라 형고 높이 는 삭아신다.

콘크리트 아치의 세장비

콘크리트구조기준(2012)에 따라 아치리브를 설계할 때, 세장비에 따른 좌굴 안정성

풀 이

▶개요

아치는 일반적으로 매우 큰 압축력을 받는 부재이지만, 축선이 곡선으로 되어 있기 때문에 그 좌굴의 형태는 하중의 재하상태, 부재의 형상이나 단면치수 등에 따라 달라지며, 휨좌굴, 휨 및 비틀림을 동시에 받는 좌굴 등으로 복잡하게 되어 있다. 따라서 일반적으로 경간이 긴 아치는 좌굴에 대한 안정성이 중요하기 때문에 좌굴에 대한 안정성을 세장비에 따라 검토하도록 하고 있으며, 응력 검토뿐만 아니라 면내 및 면외 방향의 좌굴에 안정성도 확인하도록 하고 있다.

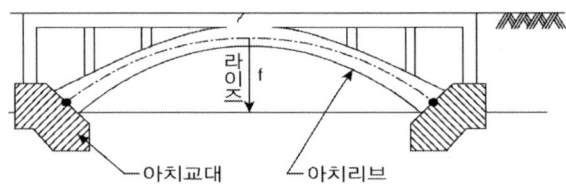

▶세장비에 따른 좌굴 안정성 검토 규정

1) 아치리브의 세장비 : $\lambda = l_{tr}\sqrt{\dfrac{A_{l/4}\cos\theta_{l/4}}{I_m}}$

    여기서, l_{tr} : 환산부재 길이, $l_{tr} = \delta l$ (mm)

        $A_{l/4}$: 경간 $l/4$ 위치에서 아치리브의 단면적(mm²)

        $\theta_{l/4}$: 경간 $l/4$ 위치에서 아치축선의 경사각

        I_m : 아치리브의 평균단면2차모멘트(mm⁴)

        δ : f/l에 따른 계수

f/l	0.1	0.15	0.2	0.25	0.3	0.35	0.4	0.45	0.5
고정	0.360	0.375	0.396	0.422	0.453	0.495	0.544	0.596	0.648
1힌지	0.484	0.498	0.514	0.536	0.562	0.591	0.623	0.662	0.706
2힌지	0.524	0.553	0.594	0.647	0.711	0.781	0.855	0.915	1.059
3힌지	0.591	0.610	0.635	0.670	0.711	0.781	0.855	0.956	1.059

l : 기초의 고정도를 고려한 경간(mm)

- 2힌지 또는 3힌지 아치의 경우는 아치 경간
- 고정아치의 경우는 아치경간+2× 최하단 아치리브 깊이 × $\cos\theta$ (θ는 받침부에서 아치축선의 경사각)

2) 면내 좌굴 검토 규정 : 세장비에 따라 좌굴 검토

① $\lambda \leq 20$: 좌굴검사 필요 없음

② $20 < \lambda \leq 70$: 유한변형을 편심하중에 의한 휨모멘트로 치환, 극한 휨모멘트의 안정성 검토

확대휨모멘트 $M_D = M_E \dfrac{1}{1 - H/H_{cr}}$, 여기서 $H_{cr} = [4\pi^2(1 - 8(\dfrac{f}{L})^2)]\dfrac{EI_y}{L^2}$

③ $70 < \lambda \leq 200$: 유한변형에 의한 영향에 콘크리트 재료 비선형성 고려, 좌굴 안정성 검토

④ $200 < \lambda$: 구조물로 적당하지 않음

3) 면외 좌굴 검토 : 아치리브를 직선기둥으로 보고 단부의 수평력을 축 방향력으로 좌굴 검토

소규모 아치의 간략식은 $H_{cr} = \gamma \times \dfrac{EI}{L^2}$ (γ: 면내좌굴에 관한 파라미터)

무바닥판 콘크리트 아치교

무바닥판 콘크리트 아치교에 대하여 설명하시오.

풀 이

▶ 개요

무바닥판 콘크리트 아치교는 무신축이음장치, 무받침, 무바닥판 교량형식으로 미관이 매우 양호하고 유지관리가 거의 필요 없어 내구성이 양호한 교량형식이다.

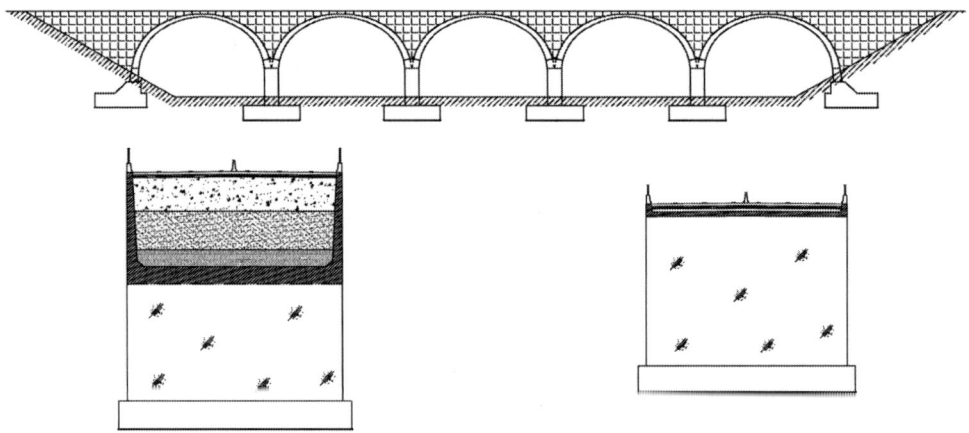

① 아치리브의 양측단에 강결된 측벽을 설치하고 그 내부에 채움재를 충진
② 교량의 주요 유지보수대상인 신축이음장치, 교량받침 및 바닥판을 배제한 교량형식

▶ 특징

장점	① 곡선아치형으로 미관 우수 ② 전단면 축력지배 구조로 인장력이 거의 없어 교량 내구성 증가 ③ 내부채움재에 의해 활하중 충격이 완화 및 분산되어 내구성 측면에서 유리 ④ 온도신축이나 건조수축에 의한 거동이 리브가 상·하 방향으로 움직이는 아코디언 효과로 흡수되기 때문에 신축이음장치가 불필요함 ⑤ 신축이음장치, 교량받침 및 바닥판이 없고 교대 뒤채움부가 없어 일반토공부와 같이 처리됨으로써 승차감이 양호하고 유지관리 측면에서 유리 ⑥ 특히 신축이음장치(Expansion Joint) 차량충격소음이 근원적으로 배제되어 연도주민 생활환경(심야수면) 보호에 유리
단점	① 온도 및 건조수축균열 제어 필요 ② 거더교에 비해 시공성 다소 복잡

▶ 적용성

1) 가설지역

입지조건	① 자연경관이 수려한 지역 등 경관설계가 필요한 구간 ② 주거 지역 통과 시 교량 신축이음장치 충격소음으로 인한 소음민원이 우려되는 구간에 적용성 우수 ③ 곡선구간, 사각이 있는 구간은 적용 제한
시공조건	① 가설을 위해서는 거푸집과 동바리 설치가 필요하므로 교통량이 많은 도로 또는 철도와 교차하는 교하조건에서는 다소 불리
기초조건	① 교대부에서는 교각부와 달리 큰 수평력이 발생하므로 교대부에서의 기초조건이 양호한 경우가 바람직함

2) 지간장

① 일본의 사례 : 연속아치에서는 최대 지간장 36.5m까지 있으나 일반적으로 20~30m의 지간이 대부분임

② 미학적 관점, 경제성 측면 및 국내외 설계·시공실적을 고려할 때 적정 지간장은 25~35m 사이가 바람직함

3) 형하고

① 일본의 사례 : 경제적인 관점에서 System Form 적용 전제하에서 형하고 30m 전후를 적정 형하고로 제시하고 있음

② 시공성 및 경제성 측면을 고려할 때 30m 이내로 제한함이 바람직함

4) 교량연장

① 무바닥판 콘크리트아치교는 이론상 온도수축이나 건조수축에 의한 거동이 리브가 상·하 방향으로 움직이는 아코디언 효과로 흡수되기 때문에 이론상 적용 연장의 한계는 없으나 424m까지 시공사례가 있음

② 그러나 교량연장이 긴 경우에는 구조계가 고차부정정화함에 따라 발생하는 구속응력에 대한 균열제어 대책의 검토가 필요함

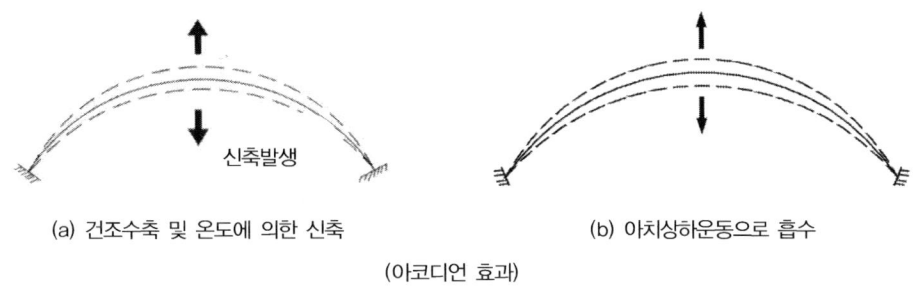

(a) 건조수축 및 온도에 의한 신축   (b) 아치상하운동으로 흡수

(아코디언 효과)

메나제 힌지

철근콘크리트 아치 구조물에 적용되는 활절(Hinge) 중 메나제 힌지(Mesnager hinge)의 특징과
설계방법에 대하여 설명하시오.

풀 이

Concrete hinges-Historical development and contemporary use(Steffen & Gregor, 2010)

Concrete hinges in bridge engineering(Steffen Marx & Gregor Schacht, 2015)

▶ 개요

철근 콘크리트에 힌지기능을 도입해 휨 전달을 최소화하려는 목적으로 도입된 콘크리트 힌지의
한 종류이다. 콘크리트 구조에 힌지를 도입하면 휨 강성에 대한 강성증가를 최소화할 수 있어 효
율적인 구조로 메나제 힌지는 힌지기능으로서는 불완전하지만, 힌지부의 굽힘강성이 부재의 굽힘
강성에 비해 상당히 작으면 실용적인 구조형식으로 볼 수 있다.

▶ 메나제 힌지(Mesnager hinge)의 특징

메나제 힌지는 일정 정도의 회전을 허용하는 힌지구조이나 완전한 회전을 허용하는 것이 아니기
때문에 불완전한 힌지(imperfect hinges)라고도 한다. 메나제 힌지는 충격하중하에서도 전단에
대한 능력 보유를 보장하기 위해 전단과 축력의 비(V/N)가 일정 비율 이상에서 사용이 가능하며,
회전이 가능하도록 유도하면서 철근을 보호하고 콘크리트가 축력을 전달하게 하기 위해서 일정
부분 이상의 콘크리트 목 두께를 설치하는 것을 특징으로 한다. 높은 전단하중이나, 충격에 의한
전단 위험이 있는 경우, 높은 회전을 요구하는 경우에는 교차 구간에 철근을 보강하여야 한다.

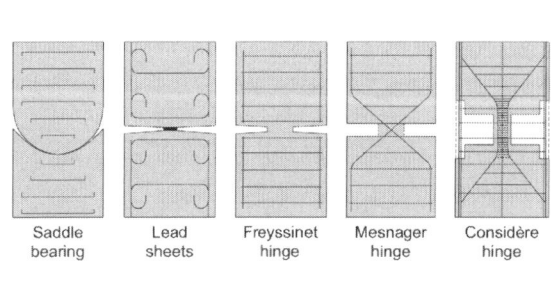

(콘크리트 힌지 유형)

(콘크리트 힌지 적용 사례)

➤ 메나제 힌지(Mesnager hinge)의 설계방법

콘크리트 힌지와 관련해 국내에서는 별도의 기준은 없으나 유럽에서는 활발히 사용되고 있다. 독일 설계기준의 콘크리트의 목의 두께는 기둥 두께의 0.3 이하이어야 하며, 목 두께 부분의 최소와 최대 면적을 제한하고 있다. 또한 최대 회전능력은 축력에 따라 제한하고, 모멘트와 회전에 따라 특징을 분류하도록 하고 있다. 횡방향 인장응력에 대한 규정과 전단력, 횡방향 휨모멘트, 인장력에 대한 제한 규정에 따라 설계하도록 규정하고 있다.

1. Constructive rules

$a \leq 0.3d, \quad t \leq 0.2a \leq 2cm, \quad \tan\beta \leq 0.1, \quad b_R \geq 0.7a \geq 5cm$

2. Minimum area of the throat

$$A_{G,\min} = ab = \frac{N_{d,\max}}{\sqrt{3}\,f_{cd}\left[1 + \lambda\left(1 - \alpha_d \dfrac{E_{c0m}}{12800\sqrt{3}\,f_{cd}}\right)\right]}, \quad \lambda = 1.2 - 4\frac{a}{d} \leq 0.8 \quad [\text{MN} \,;\, \text{m}^2 \,;\, \text{MN/m}^2 \,;\, \%_0]$$

3. Maximun area of the throat

$$A_{G,\max} = ab = 12800\,\frac{N_d}{\alpha_d E_{c0m}} \qquad [\text{MN} \,;\, \text{m}^2 \,;\, \text{MN/m}^2 \,;\, \%_0]$$

4. Maximun rotation

$$\alpha_{Rd} = 12800\,\frac{N_d}{ab E_{c0m}} \geq \alpha_d = 0.5\alpha_G + \alpha_Q \qquad [\text{MN} \,;\, \text{m}^2 \,;\, \text{MN/m}^2 \,;\, \%_0]$$

5. Moment-rotation characteristic

$m = \dfrac{M_y}{N_d a}$

- $m_I \quad 0 \leq m \leq 1/6, \quad 0 \leq \Psi\alpha_d \leq 9\ \%_0, \quad m_I = \dfrac{\Psi\alpha_d}{54}, \quad \Psi = \dfrac{9E_{c0m}A_G}{20000N_d}$
- $m_{II} \quad 1/6 \leq m \leq 1/3, \quad 9\ \%_0 \leq \Psi\alpha_d \leq 36\ \%_0, \quad m_{II} = \dfrac{1}{2} - \sqrt{\dfrac{1}{\Psi\alpha_d}}$

6. Transverse tensile forces

$Z_{1,d} = 0.3 N_{d,\max}, \quad Z_{2,d} = 0.3(1 - b/c) N_{d,\max}, \quad Z_{3,d} = 0.03 a/b\, N_{d,\max},$ 이때, $\sigma_{sd} = 250\text{MPa}$

7. Shear forces, transverse bending moments and tensile forces

$Q_{y,d} > 1/4\ N_d$	허용 안 됨
$Q_{y,d} \leq 1/8\ N_d$	추가적인 보강이 없는 경우
$Q_{y,d} \leq 1/4\ N_d$	콘크리트 목 중앙에 강봉 다웰바, 앵커링이 30φ 초과된 경우 설계는 $A_s(\text{cm}^2) \geq \dfrac{Q_{y,d}[kN]}{8}$
$M_{y,d} \leq 1/6b N_d$	추가적인 조치가 없는 경우
$M_{y,d} \geq 1/6b N_d$	힌지의 끝단에 이동 가능한 바로 보강되고 바의 끝단은 너트로 연결되고 나선형 철근으로 국부 인장응력에 저항이 가능한 경우
tensile forces	축방향 프리스트레스트 $P \approx 1.2 N_{d,zug}$

(독일 콘크리트 힌지(Freyssinet hinges) 설계 규정)

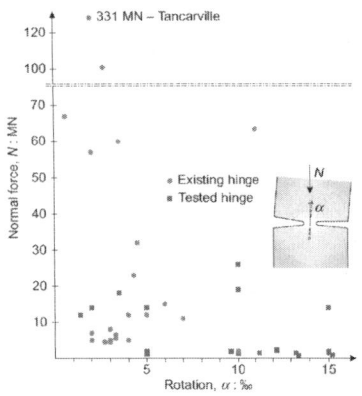

콘크리트 힌지의 축력-회전능력 실험
(Schacht and Marx, 2010)

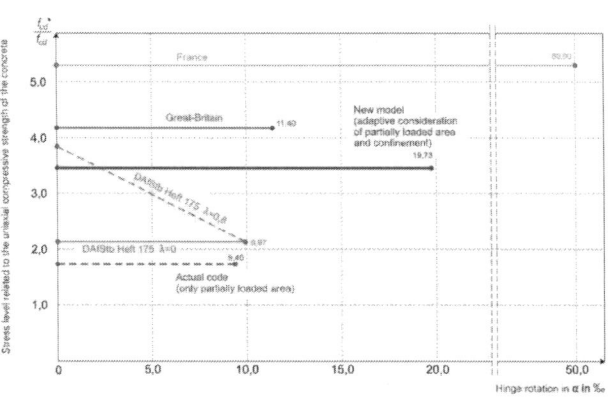

콘크리트 힌지관련 유럽의 설계기준 비교

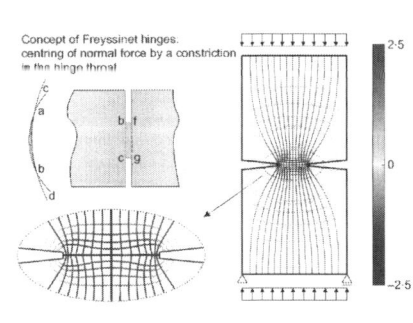

콘크리트 힌지(Freyssinet hinges)의 응력궤적

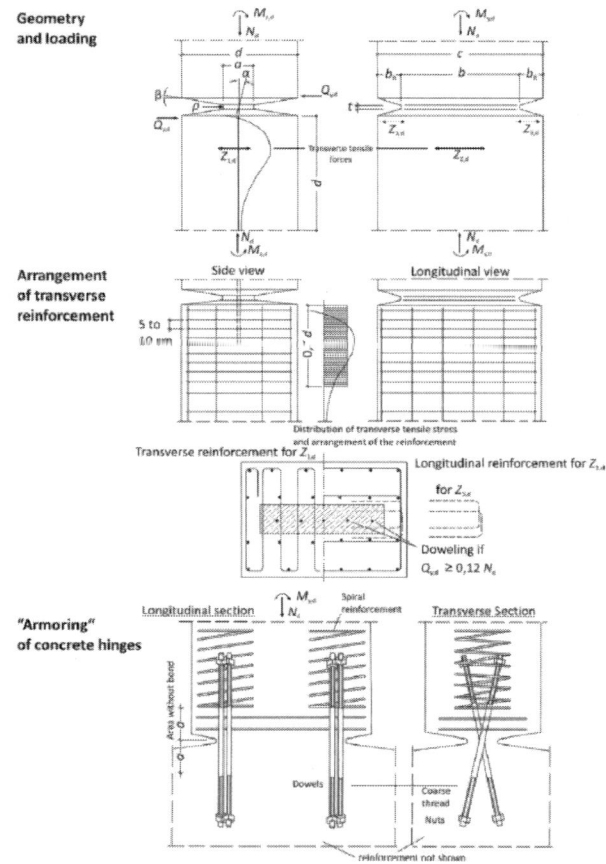

독일 콘크리트 힌지(Freyssinet hinges) 설계 규정

파형강판 교량

지중매설 연성관의 한 종류인 파형강판교량(soil-steel bridge)의 파괴형태(failure mode)에 대하여 설명하시오.

풀 이

▶ 개요

파형강판 구조물은 콘크리트 구조물에 비해 시공성이 간편하고 시공기간이 짧아 많이 사용되는 형식의 교량이다. 그러나 RC부재에 비해 두께가 얇아 시공 중 주의가 필요하며, 강재의 특성상 좌굴에 취약한 특성이 있다.

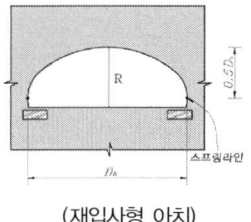
(재입사형 아치)

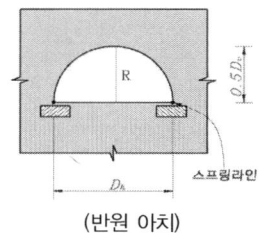
(반원 아치)

▶ 파형강판 교량의 파괴형태

국내 강구조설계기준(하중저항계수설계법, 2014)에서는 파형강판에 대한 구조물의 안전성 검토를 강도한계상태 및 사용한계상태에 대하여 검토하도록 규정하고 있다. 파형강판 교량의 파괴 형태는 강도한계상태는 압축좌굴, 시공 중 압축력과 휨모멘트에 의한 소성힌지 발생, 대골형의 경우 완공 후 압축력과 휨모멘트에 의한 소성힌지 발생 및 이음부 파괴에 대한 것이고, 사용한계상태는 시공 중 변형에 대한 것으로 구분한다.

1) 압축좌굴 : 강재의 특성상 활하중, 충격하중 등에 의해 좌굴이 발생될 수 있다. 특히 지간에 비해 토피가 낮은 구조물은 차량진행방향 하중분포 폭을 구조물의 전 지간으로 가정할 경우 압축력이 과대평가될 수 있다. 강구조 설계기준에서는 아치형 파형강판 구조물의 압축좌굴 안정성 검토를 다음의 식에 따라 검토하도록 규정하고 있다.

$$f_c = \frac{T_f}{A} \le f_b \qquad 여기서, \ T_f는 설계압축력, A는 파형강판 단면적, \ f_b는 설계좌굴강도$$

2) 소성힌지 발생 : 파형강판 구조물은 시공 시와 완공 시에 대해 휨모멘트와 압축력의 복합작용으로 인해 소성힌지가 발생될 수 있으며 강구조설계기준에서는 아치형의 휨모멘트와 압축력에 의한 소성힌지 발생여부에 대해 검토하도록 규정하고 있다.

$$① 시공 중 검토 : \left(\frac{P}{P_{pf}}\right)^2 + \left|\frac{M}{M_{pf}}\right| \leq 1$$

$$② 완공 후 검토 : \left(\frac{T_f}{P_{pf}}\right)^2 + \left|\frac{M_f}{M_{pf}}\right| \leq 1$$

여기서, P, M는 시공 중 작용하는 압축력과 휨모멘트
P_{pf}와 M_{pf}는 파형강판의 소성압축강도($P_{pf}=\phi_{hc}AF_y$, $M_{pf}=\phi_{hc}ZF_y$)
T_f와 M_f는 설계 압축력과 완공 후 작용하는 휨모멘트

3) 이음부 파괴 : 파형강판 구조물은 볼트 연결부에서 이음부 파괴가 발생될 수 있으며, 설계기준에서는 아치형의 이음부에 충분한 강도를 보유하여 파괴되지 않도록 규정하고 있다.

$$T_f < \phi_j S_s \qquad 여기서, S_s 는 이음부 공칭강도$$

4) 시공 중 변형 : 시공 중 편토압이 발생되거나 뒷채움이 부족해 하중이 균등하게 분포되지 않는 경우에는 시공 중 변형이 발생될 수 있으며 이로 인해 응력이 집중되어 파손될 수 있다. 이를 방지하기 위해서 시공 중에는 편토압이 발생되지 않도록 균등하게 단계별 뒷채움을 실시하고, 설계기준에서는 뒤채움조건에 따라 구조적 뒷채움의 범위를 규정하고 있다.

【 강구조설계기준, 파형강판의 횡방향 구조적 뒤채움 범위 】

뒤채움 조건		구조물 스프링라인 외측으로 최소 횡방향 거리
절토 조건	원지반이 구조적 뒤채움보다 양호한 절토조건	2.0m와 $D_h/2$ 중 작은 값
	원지반이 구조적 뒤채움보다 취약한 절토조건	5.0m와 $D_h/2$ 중 작은 값, 그러나 구조물 높이와 $D_v/2$ 중 작은 값보다는 큰 값
성토조건		5.0m와 $D_h/2$ 중 작은 값, 그러나 구조물 높이와 $D_v/2$ 중 작은 값보다는 큰 값
박스형 파형강판		

02 트러스교

몇 개의 직선부재를 한 평면 내에서 마찰 없는 힌지로 연속된 삼각형의 뼈대구조로 조립한 구조를 이상적인 트러스라고 한다. 이러한 트러스는 인장재, 압축재로 구성되나 실제 트러스에서는 휨비틀림 등의 2차 부재력이 발생될 수 있다. 일반 형교와 현수교의 중간 경간에 사용되었으나 최근에는 사장교의 등장으로 많이 사용되지 않고 있다.

1. 트러스교의 구성 ^{110회/130회}

【 기출유형 ① 】 트러스교 형식의 대표적 구조 형상과 해석 시 기본가정이 갖는 구조적 의미
【 기출유형 ② 】 이상적인 트러스의 기본가정

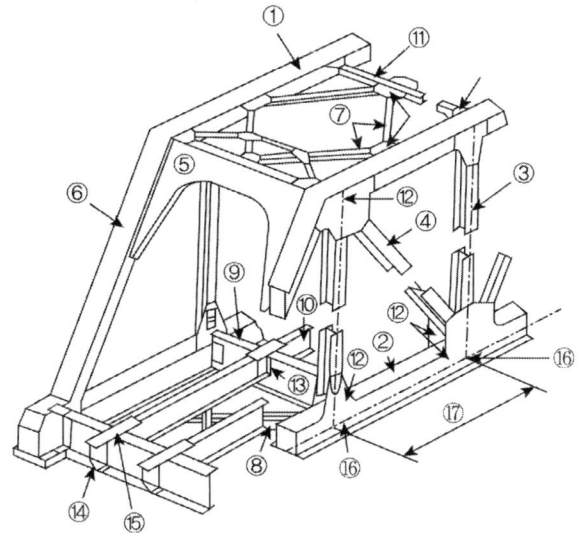

① 상현재 : Upper chord
② 하현재 : Lower chord
③ 수직재 : Vertical member
④ 사재 : Diagonal member
⑤ 교문브레이싱 : Portal Bracing
⑥ 단주(끝기둥) : End post
⑦ 상부 수평브레이싱
⑧ 하부 수평브레이싱
⑨ 횡형(가로보) : Floor beam
⑩ 종형(세로보) : Stringer
⑪ 스트러트 : Strut
⑫ 거세트판 : Gusset plate
⑬ 연결앵글
⑭ 브래킷 : Bracket
⑮ 모멘트 연결판
⑯ 격점
⑰ 격간길이

1) 주트러스 : 수직하중을 지지하고 그 하중을 하부구조로 전달하는 역할을 하는 트러스 외곽을 형성하는 부재를 말한다. 현재(상·하현재), 복부재(수직재, 사재)로 구성된다.

2) 수평브레이싱 : 교량 횡하중, 즉 풍하중 또는 지진력과 같은 수평하중에 견딜 수 있게 하기 위하여 받침재(Strut)와 사재로 두 개의 주 트러스를 서로 연결하는 역할을 한다.

3) 수직브레이싱 : 주 트러스와 수평브레이싱으로 구성된 상자형 구조물이 그 형상을 유지하기 위해서는 횡방향으로 트러스를 설치하여야 하는데 이러한 트러스를 수직브레이싱이라고 한다.

4) 바닥틀 : 가로보와 가로보에 연결된 세로보로 구성되며 교량 바닥판으로부터 전달되는 고정하중과 활하중을 현재의 격점에 전달하는 역할을 한다.

2. 구조 특성

1) 단일부재의 크기 중량이 거더교 형식에 비해 작기 때문에 제작, 운반, 가설 등의 취급이 용이하다.

2) 부재의 모든 격점은 마찰이 없는 핀결합으로 가정하므로 부재력은 축방향력만 발생한다. 그러나 실제는 리벳, 볼트, 용접 등 강결구조이므로 2차 응력이 발생하나 그 영향력이 미미한 것이 보통이다.

3) 타 형식의 교량에 비해 비교적 가벼운 강재 중량으로 큰 내하력을 얻을 수 있으며 트러스교의 높이를 임의로 정할 수 있어 상당히 큰 휨모멘트에 저항할 수 있다.

4) 상현재의 위에 노면을 설치할 수 있어 Double deck 구조의 적용이 용이하다.

5) 내풍성이 좋고 강성확보가 용이하여 장대교량의 보강형으로 적합하다.

6) 부재구성이 복잡하고 현장작업량이 많으므로 가설비가 비싸며 유지관리비가 고가다.

7) 비교적 작은 중량의 부재를 순차적으로 조립하여 큰 강성을 얻는 것이 가능하기 때문에 F.C.M 공법의 채용이 다른 교량형식보다 유리하다.

3. 트러스 형식의 분류 ^{127회}

【 기출유형 ① 】 프랫(Pratt), 하우(Howe), 와렌(Warren) 트러스의 차이점

복부재의 연결방법에 따라 다음과 같이 분류한다.

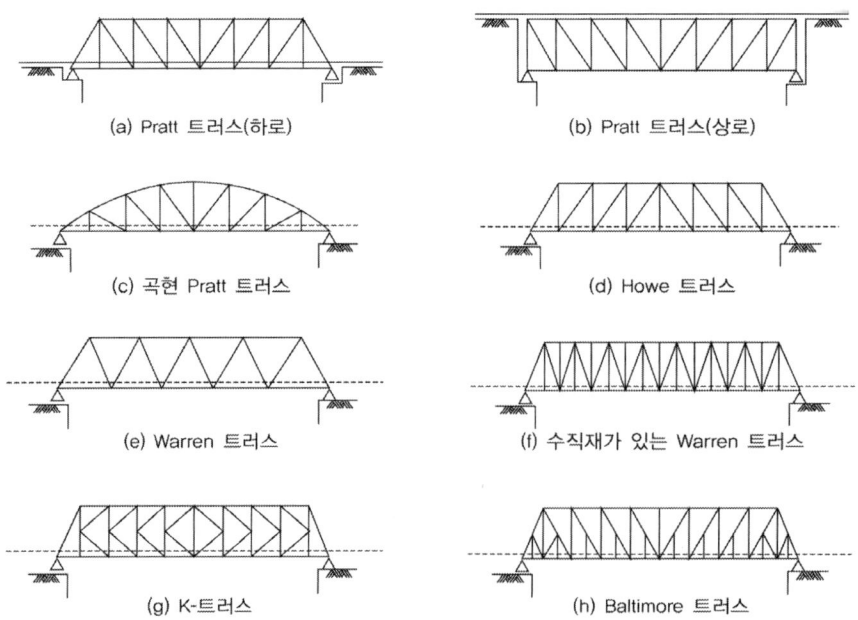

(a) Pratt 트러스(하로)

(b) Pratt 트러스(상로)

(c) 곡현 Pratt 트러스

(d) Howe 트러스

(e) Warren 트러스

(f) 수직재가 있는 Warren 트러스

(g) K-트러스

(h) Baltimore 트러스

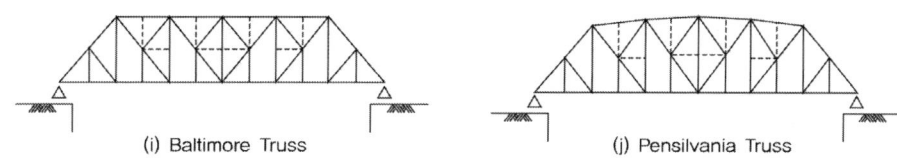

(i) Baltimore Truss   (j) Pensilvania Truss

1) PRATT TRUSS : 사재가 만재하중에 의하여 인장력을 받도록 배치한 트러스로 상대적으로 부재 길이가 짧은 수직재가 압축력을 받는 장점을 가진다. 압축력을 받는 상현재가 HOWE TRUSS의 상현재보다 큰 압축력을 받게 되는 단점도 있다.

2) HOWE TRUSS : 사재는 일반적으로 압축재, 수직재는 인장재가 되고 강교에서는 보통 적용하지 않으며 주로 목교에서 많이 쓰인다.

3) WARREN TRUSS : 상로교의 단지간에 좋고 하로교에서는 가로보의 연결이 쉽게 하기 위해서 부 수직부재를 넣어 격간을 나누기도 한다. 현재 트러스교에서 가장 많이 사용된다.

4) K-TRUSS : 외관이 좋지 않으므로 주트러스에는 보통 사용하지 않는다. 2차 응력이 작은 이점이 있으며 주로 수평브레이싱에 사용한다.

4. 트러스 구조해석상의 기본가정

1) 부재의 양단은 마찰 없는 핀으로 연결

2) 하중 및 반력은 트러스의 평면에 있고 격점에만 적용

3) 부재는 직선이며 중심축은 격점에서 만난다.

4) 하중으로 인한 트러스의 변형 무시

5. 트러스의 교번응력

부재의 부재력이 인장력에서 압축력으로 또는 그 반대로 교체되는 현상을 응력교체(stress reversal)라 하고, 이때의 응력을 교번응력이라 한다. Truss의 중앙격간 부근에 있는 사재일수록 교번응력을 받을 확률이 높다. 이러한 교번응력이 발생되는 부재는 각 응력에 대한 소요단면적을 산정해서 큰 쪽의 단면적을 사용하여야 하며 압축응력에 대해서는 좌굴검토도 수반되어야 한다. 일반적으로 교량 트러스에서의 교번응력이 발생되는 부재는 둘 다 동시에 견딜 수 있도록 설계하고 있다.

6. 트러스의 2차 응력 [119회]

【 기출유형 ① 】 트러스 구조에서 2차 응력 발생원인과 2차 응력을 줄이기 위한 방안

트러스의 실제 구조물은 이상적인 핀결합 가정과 달리 트러스 격점에서 Eye Bar의 이완 및 결손, 마모 등으로 마찰이 발생하고, 연결판(Gusset Plate) 사용으로 부재가 강결합되어 있어 부재 신축시 부재간의 각 변화가 발생하게 된다. 이러한 각의 변화는 트러스 부재의 축력 외에도 추가적인 휨모멘트가 발생되게 되는데, 이와 같이 변형이나 응력집중에 의해서 추가적으로 발생되는 응력을 2차 응력이라고 한다.

1) 2차 응력의 발생 원인

① 격점에서 거세트 플레이트에 의해 부재 강결합
② 부재의 중심에 대해 축방향력이 편심하여 작용
③ 부재의 자중에 의한 영향
④ 횡연결재의 변형에 의한 영향

2) 2차 응력의 대처 방안 : 편심 최소, 격점의 강성영향 최소, 처짐 억제

① 트러스의 격점은 강결의 영향으로 인한 2차 응력이 가능한 한 작게 되도록 설계하여야 하며, 이를 위해서는 주 트러스 부재의 부재높이는 부재 길이의 1/10보다 작게 하는 것이 좋다.
② 편심이 발생되지 않도록 주의, 또는 편심이 최소하되도록 부재의 폭을 최소화한다.
③ 격점의 강성(Gusset Plate)으로 인한 영향을 최소화할 수 있도록 Compact하게 설계한다.
④ 일반적으로 부재의 2차 응력의 값은 무시할 정도로 작지만, 2차 응력으로 인한 영향이 무시할 수 없을 정도일 경우에는 2차 응력을 고려한 부재의 응력검토를 수행하도록 하여야 한다.

03 복합트러스 거더교

종래의 트러스에서는 철근 콘크리트 바닥판과 트러스 현재가 서로 합성거동을 하지 않도록 설계되어 있으나 인장응력에 약한 콘크리트를 트러스 부재로 사용하는 등 합성거동하도록 한 복합 트러스 거더교로 주요부재에 사용되는 재료, 콘크리트 바닥판과의 합성 유무에 따라 다음의 4가지 형식으로 구분할 수 있다.

① 강합성 트러스교
② PSC 복합트러스 거더교
③ PCT 거더교
④ 매입형 이중합성 트러스교

1. 강합성 트러스교

종래의 비합성 강트러스교에서 요구되는 바닥골조(횡거더 및 종거더)를 생략하여 구조의 합리화 및 공사비 절감한 구조로 일본 츠바카하라교의 경우 트러스 상현재와 PSC 바닥판을 합성시켜 PSC 바닥판이 주구조로서 기능을 가지도록 한 복합트러스 구조이다.

2방향으로 PSC 강재를 배치하여 바닥판의 강성 및 내력을 증진시키고 트러스의 상횡구조와 바닥판 골조를 생략해서 구조를 합리화하였다.

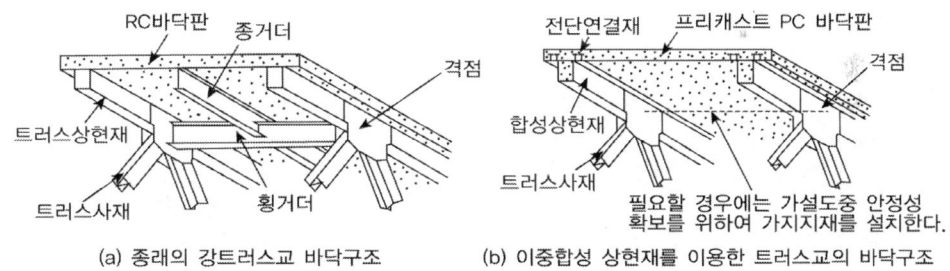

(a) 종래의 강트러스교 바닥구조   (b) 이중합성 상현재를 이용한 트러스교의 바닥구조

2. PSC 복합트러스 거더교

PSC 복합트러스교는 PSC 박스 거더교의 복부를 강재 또는 콘크리트 트러스 부재로 치환하여 거더의 자중경감(약 15~20%)을 통해 가설장비의 경량화 및 하부구조의 단면을 감소시킬 목적으로 개발된 공법이다.

① 거더 자중을 경감시키기 위해 강판 또는 파형강판을 복부에 적용하기도 하나 경간이 길어 거더 높이가 길 경우에는 수평방향으로의 강판의 접합이 필요로 하는 등의 시공성에서 트러스 구조가 유리하다.

② 트러스 복부재와 철근 콘크리트 바닥판 사이의 힘의 전달을 원활히 하기 위해서 복부재와 콘
크리트 바닥판과의 결합부에 교축방향 종거더를 설치하는 것과 외부텐던을 이용하여 상하부
콘크리트 슬래브에 발생하는 인장응력에 저항하고 경간 내에서 외부텐던을 수직편향력이 발
생되도록 하여 고종하중으로 인한 복부재의 축력이 경감되도록 한다.

③ 복부재로는 주로 강관이 사용되는데 경관적인 측면이나 강관이 형강에 비해 좌굴 저항성능이
뛰어나 구조적으로 유리하다.

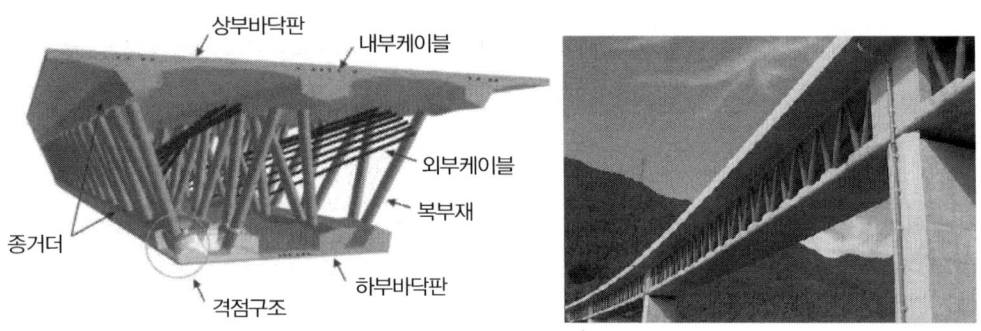

3. PCT(Prestressed Composite Truss) 거더교

소정의 압축력이 도입된 콘크리트 하현재, 강관 또는 압연형강으로 제작된 복부재, 그리고 강-콘
크리트 합성부재로 형성되는 상현재로 이루어진 구조로 외부텐던을 제외하면 PSC 복합트러스교
와 유사하다.

① 주거더를 먼저 거치한 다음 바닥판을 시공하는 종래의 합성거더교의 구조특성과 트러스교의
구조특성을 동시에 갖는 신개념의 하이브리드(Hybrid) 구조이다.

② 자중이 작아 공장 또는 제작장에서 길이가 10~15m 정도의 비교적 긴 세그먼트로 제작하여 현
장으로 운송 후 지상에서 세그먼트들을 PS강재(하현재)와 용접(상현재)을 통해 주거더를 조립
한 후 크레인으로 인양, 거취하고 주거더와 콘크리트 바닥판을 현장에서 합성시키는 공정을

통해 시가지나 급속시공이 요구되는 교량에 적용한다.

③ 일반적으로 가설되는 PSC 박스거더교 중 상부슬래브 일부와 복부 부분을 강재로 치환하여 약 60~70%의 자중을 경감시키는 특징이 있다.

④ 강재로 된 상현재가 인장력과 압축력에 저항하므로 FCM과 같이 가설 중 상현재가 인장을 받거나 ILM과 같이 상현재가 교번응력을 받는 경우에 구조적으로 유리하다.

⑤ PS강재량과 가설장비의 규모를 크게 절감시켜 경제적으로 유리하나 주거더 가설 후 상부슬래브를 별도로 시공하여야 하는 문제점이 있다.

4. 매입형 이중합성트러스교

스위스 Dreirosen교 적용된 형식으로 강재로 된 트러스의 상·하현재를 콘크리트로 둘러싼 형태의 매입형 이중합성트러스 구조

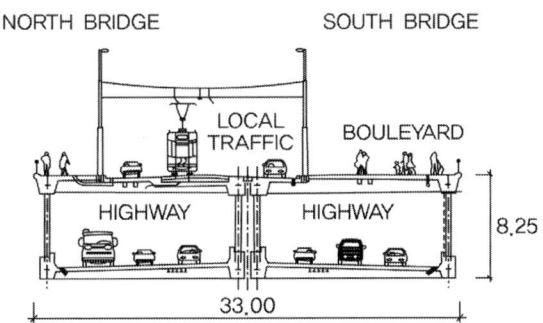

① 450tf인 2조의 강재 트러스를 육상에서 조립한 후 바지선으로 운송 일괄 거치 후 교각측에 2기의 Form Traveler를 설치하여 바닥판 및 현재의 케이싱 작업 실시

② 인장력을 받는 장경간의 트러스 현재를 콘크리트로 감싼 다음 추가의 프리스트레스 도입 없이 SRC구조로 한 최초의 사례

③ 현재를 둘러싸고 있는 콘크리트의 균열을 사용한계 이내로 확실히 제어할 수 있는 설계기술력이 뒷받침된다면 시공성, 경제성 측면에서 우수한 대안으로 적용 가능

5. 복합트러스 거더교의 구조계획

1) 적용경간장 : 시공 실적이 많지 않기 때문에 장경간 교량에 적용할 때에는 면외방향으로의 구조거동
   과 내진성능에 대한 충분한 검토가 필요하다.
   (강합성 트러스교 : 70~160m, PSC 복합트러스교 : 40~120m, PCT거더교 : 40~110m)

2) 형고비 : 복합트러스교는 일반거더와 달리 거더높이를 증가시켜도 거더 자중이 거의 변하지 않는다.
   따라서 강재량 및 PS 강재량을 줄이기 위해서 거더높이를 가능한 높게 하는 것이 유리하다. 다만 형
   고가 높으면 압축력을 받는 복부재의 좌굴저항성이 감소하여 강관 내부에 콘크리트를 채우는 등의
   부가적인 조치가 필요하다.
   (강합성 트러스교 : 9~10, PSC 복합트러스교 : 16~18, PCT거더교 : 18~20)

3) 가설공법 : 교량 규모와 가설 여건, 경제성, 복부트러스재의 시공방법을 고려하여 선정

구조형식	강합성 트러스교	PSC 복합트러스교	PCT거더교
가설공법	① 크레인 지보공법 ② 크레인+가설벤트 일괄 거치	① 고정식 지보공법 ② 캔틸레버 공법(세그먼트 및 현장치기)	① 고정식 지보공법 ② 크레인+가설벤트 일괄 거치 ③ 캔틸레버 공법(FCM) ④ 압출공법(ILM) ⑤ 이동식 거푸집공법(MSS)

4) 복합트러스교 설계 시 유의사항

① 트러스 격점과 전단 및 비틀림에 관한 일부 항목을 제외하고 도로교 설계기준에 따라 설계할
   수 있다.

② 구조해석 모델 시 현재 사이의 연결과 현재와 복부재가 만나는 격점에서의 연결구조가 축력뿐
   만 아니라 모멘트 전달도 이루어지는 강결구조로 적용되므로 설계 시 이를 고려한 프레임 해
   석을 사용하여야 하며 부재의 축선과 트러스를 구성하는 각 구성부재의 도심축을 따라 놓이는
   것으로 가정한다.

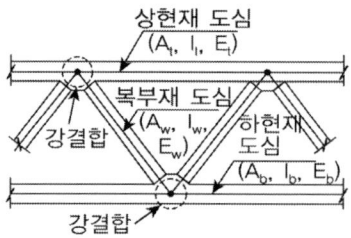

③ 복부재의 축선과 현재의 축선이 한 점에서 만나는 것이 바람직하나 일치하지 않을 경우 부가
   적인 모멘트와 전단력이 발생하므로 이를 고려하여야 한다. 활하중의 편재하나 교량의 기하구

조에 따른 비틀림 거동을 정확히 파악하기 위해 입체해석 모델을 수행하거나 계산의 편의를 위해 복부트러스를 교축방향으로 연속된 벽체로 환산하여 상하현의 콘크리트 바닥판과 복부재로 둘러싸인 폐단면을 같은 보로 비틀림 정수를 계산하는 방법도 있다.

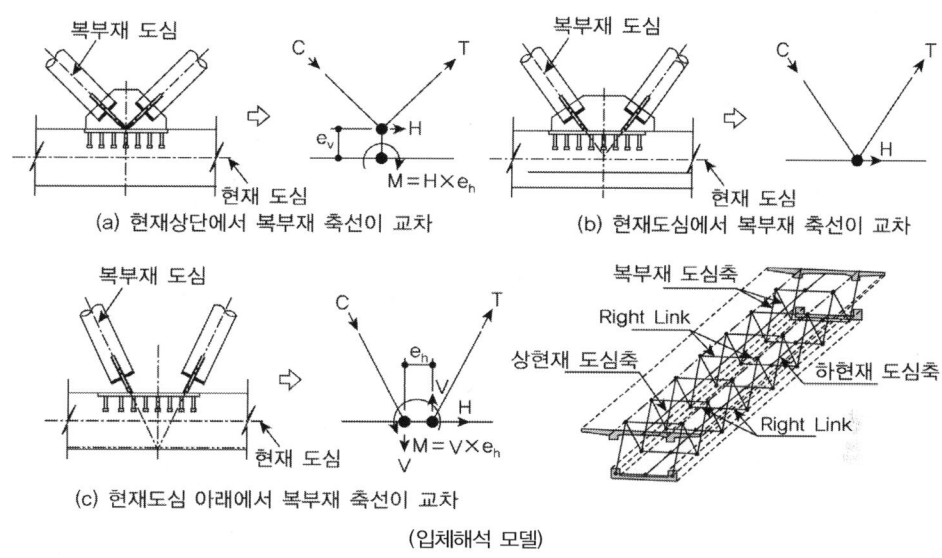

(a) 현재상단에서 복부재 축선이 교차 (b) 현재도심에서 복부재 축선이 교차

(c) 현재도심 아래에서 복부재 축선이 교차

(입체해석 모델)

④ 강합성 트러스교, PCT 거더교와 같이 현재와 콘크리트 바닥판이 서로 합성되는 구조에서는 바닥판 합성 전후의 현재의 도심축이 변하므로, 현재의 도심축(비합성 상태)과 복부재의 축선이 교차하도록 할 것인지 또는 합성단면의 도심축이 복부재의 축선이 교차하도록 할 것인지에 따라 해석 모델이 달라진다.

※ 일본 연구결과 상현재의 도심축에 복부재의 도심축을 교차하는 것이 합성작용을 위한 전단연결재의 작용력을 저감시킬 뿐만 아니라 격점부 연결구조의 규모도 줄일 수 있어 유리하다.

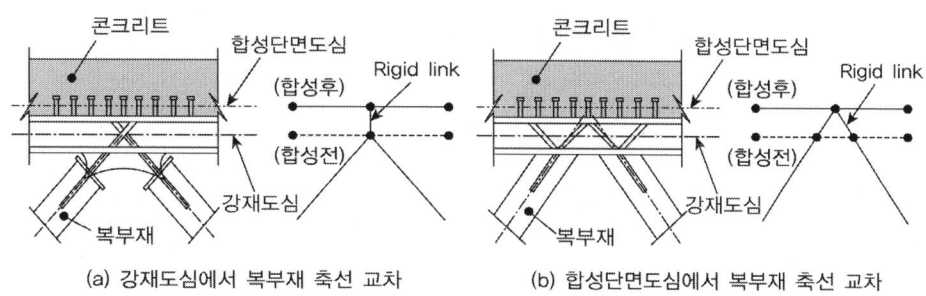

(a) 강재도심에서 복부재 축선 교차 (b) 합성단면도심에서 복부재 축선 교차

⑤ 전단면이 유효하다고 가정한 탄성해석을 수행하며 콘크리트 부재와 강부재의 일체거동을 인해 콘크리트 부재의 크리프와 건조수축이 전체 구조계에 미치는 영향이 크므로 이를 고려하여야 한다.

5) 부재의 설계

① 상·하현재 : 휨과 축방향력을 동시에 받는 부재로 독립적으로 설계되어야 한다. 콘크리트 또는 합성부재로 이루어진 경우 사용하중상태에서의 균열제어가 설계에 중요한 요소이므로 휨모멘트에 의한 응력변화가 검토되어야 한다.

② 종방향 거더 : 복부재와 현재가 만나는 격점 영역에서 매우 큰 교축방향의 전단력이 발생할 수 있으므로 현재와 복부재가 만나는 위치에서 교축방향으로 연속하는 종거더를 설치하는 것이 바람직하다.

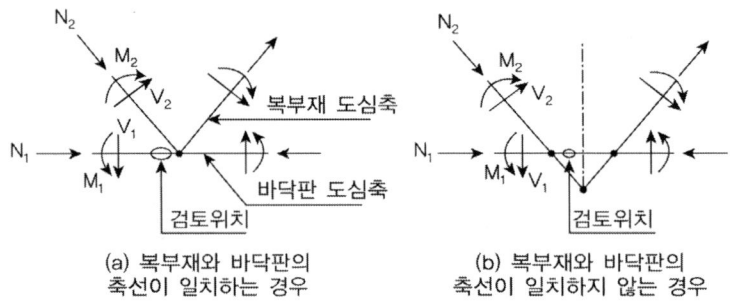

(a) 복부재와 바닥판의 축선이 일치하는 경우
(b) 복부재와 바닥판의 축선이 일치하지 않는 경우

③ 중간지점 영역 : 종래 트러스는 이상적인 핀구조로 가정하여 중간지점부에서 하현재는 압축력만 발생하는 것으로 가정하나 복합트러스교에서는 현재를 휨강성을 가지는 보요소로 보기 때문에 중간지점부 하현재에서 회전에 대한 구속작용으로 국부적으로 매우 큰 모멘트가 발생하게 되고 발생모멘트의 크기는 하현재의 휨강성에 정비례하는 거동을 나타낸다. 현재를 콘크리트로 사용하는 복합트러스교에서는 국부 모멘트에 대응하기 위해서 중각진점부에 적절한 형상의 격벽을 설치하여야 한다.

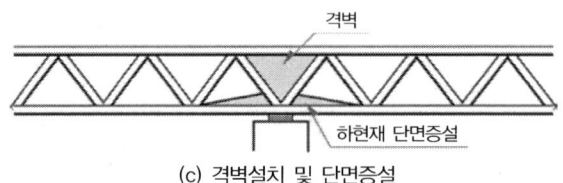

(c) 격벽설치 및 단면증설

트러스교

트러스교 형식의 대표적 구조 형상과 해석 시 기본가정이 갖는 구조적 의미에 대해 설명하시오.

풀 이

▶ 개요

몇 개의 직선 부재를 한 평면 내에서 마찰 없는 힌지로 연속된 삼각형의 뼈대구조로 조립한 구조로 이론적으로 부재에서 축력만 발생되는 구조형식이다. 그러나 실제 트러스에서는 휨비틀림 등의 2차 부재력이 발생될 수 있다. 복부재 연결방법에 따라 Pratt, Howe, Warren 등으로 구분된다.

▶ 트러스교의 대표 구조형상과 특성

1) 구조형상

하중을 주로 지지하는 주 트러스는 현재(상·하현재), 복부재(수직재, 사재)로 구성되어 있으며, 수평브레이싱, 수직브레이싱, 바닥틀 등으로 구성되어 있다.

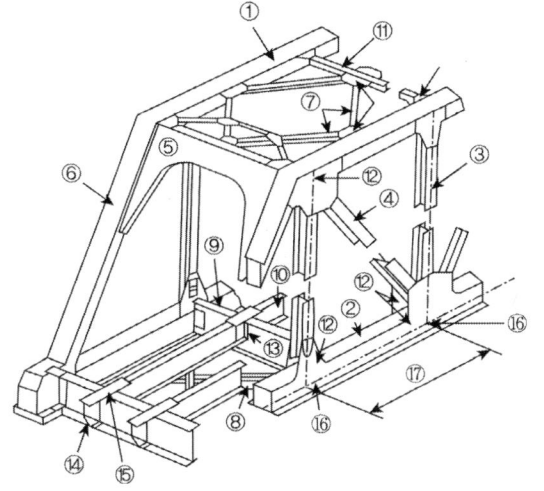

① 상현재 : Upper chord
② 하현재 : Lower chord
③ 수직재 : Vertical member
④ 사재 : Diagonal member
⑤ 교문브레이싱 : Portal Bracing
⑥ 단주(끝기둥) : End post
⑦ 상부 수평브레이싱
⑧ 하부 수평브레이싱
⑨ 횡형(가로보) : Floor beam
⑩ 종형(세로보) : Stringer
⑪ 스트러트 : Strut
⑫ 거세트판 : Gusset plate
⑬ 연결앵글
⑭ 브래킷 : Bracket
⑮ 모멘트 연결판
⑯ 격점
⑰ 격간길이

2) 특징

① 단일부재의 크기 중량이 거더교 형식에 비해 작아 제작, 운반, 가설 등의 취급이 용이하다.
② 부재의 모든 격점은 마찰이 없는 핀결합으로 가정하므로 부재력은 축방향력만 발생한다. 그러나 실제는 리벳, 볼트, 용접 등 강결구조로 2차 응력이 발생하나 그 영향력이 미미한 것이 보통

이다.

③ 타 형식의 교량에 비해 비교적 가벼운 강재 중량으로 큰 내하력을 얻을 수 있으며 트러스교의 높이를 임의로 정할 수 있어 상당히 큰 휨모멘트에 저항할 수 있다.

④ 상현재의 위에 노면을 설치할 수 있어 Double deck 구조의 적용이 용이하다.

⑤ 내풍성이 좋고 강성확보가 용이하여 장대교량의 보강형으로 적합하다.

⑥ 부재구성이 복잡하고 현장작업량이 많으므로 가설비가 비싸며 유지관리비가 고가다.

⑦ 비교적 작은 중량의 부재를 순차적으로 조립하여 큰 강성을 얻는 것이 가능하기 때문에 F.C.M 공법의 채용이 다른 교량형식보다 유리하다.

▶ 트러스교 기본가정이 갖는 구조적 의미

1) 부재의 양단은 마찰 없는 핀으로 연결 : 마찰 없는 핀으로 연결되므로 부재력은 축방향력만 발생한다. 그러나 실제는 리벳, 볼트, 용접 등 강결구조로 2차 응력이 발생하나 그 영향력이 미미하다.

2) 하중 및 반력은 트러스의 평면에 있고 격점에만 적용 : 하중과 반력이 격점에서만 작용하므로 별도의 모멘트를 고려할 필요가 없이 축력만 고려할 수 있다. 그러나 실제 구조해석 모델 시 현재 사이의 연결과 현재와 복부재가 만나는 격점에서의 연결구조가 축력뿐만 아니라 모멘트 전달도 이루어지는 강결구조로 적용되므로 설계 시 이를 고려한 프레임 해석을 사용할 수 있다. 이때 부재의 축선과 트러스를 구성하는 각 구성부재의 도심축을 따라 놓이는 것으로 가정한다.

3) 부재는 직선이며 중심축은 격점에서 만남 : 복부재의 축선과 현재의 축선이 한 점에서 만나면 부가적인 모멘트와 전단력이 발생하는 것을 고려할 필요가 없다. 별도 고려가 필요한 경우에는 입체해석 모델을 수행하거나 계산의 편의를 위해 복부트러스를 교축방향으로 연속된 벽체로 환산하여 상하현의 콘크리트 바닥판과 복부재로 둘러싸인 폐단면을 같은 보로 비틀림 정수를 계산하는 방법도 있다.

4) 하중으로 인한 트러스의 변형 무시 : 이상적인 핀 결합 가정으로 축력만 발생된다고 가정한다. 그러나 실제 구조물은 트러스 격점에서 Eye Bar의 이완 및 결손, 마모 등으로 마찰이 발생하고, 연결판(Gusset Plate) 사용으로 부재가 강결되어 있어 부재 신축 시 부재 간의 각 변화가 발생되며 이로 인한 2차 응력이 유발된다. 편심과 격점의 강성영향을 최소화하고 처짐을 억제해 2차 응력에 대처할 수 있도록 검토해야 한다.

트러스

이상적인 트러스(Ideal Truss)에 대한 기본 가정을 설명하시오.

풀 이

▶ 개요(정의)

몇 개의 직선부재를 한 평면 내에서 마찰 없는 힌지로 연속된 삼각형의 뼈대구조로 조립한 구조를 이상적인 트러스라고 한다. 일반적으로 절점에서의 힌지거동은 트러스 부재의 세장비가 크기 때문에 모멘트의 전달이 거의 없다고 가정한다. 그러나 이상적인 트러스는 인장재, 압축재로 구성되지만 실제 트러스에서는 절점부가 볼트연결 등으로 강결되기 때문에 휨 비틀림 등의 2차 부재력이 발생될 수 있다. 트러스교는 일반 형교와 현수교의 중간 경간에 사용되었으나 최근에는 사장교의 등장으로 많이 사용되지 않고 있다.

▶ 트러스의 기본 가정

1) 각 부재는 직선재이며, 부재의 중심축은 절점에서 만난다.

2) 각 부재의 절점은 마찰이 없는 핀으로 결합되어 있다.

3) 하중과 반력은 트러스의 격점에서만 작용하며 트러스와 동일평면상에 있다.

4) 부재에서 축력만 발생한다.

5) 각 부재의 변형은 무시한다.

▶ 트러스 구조의 특성

1) 단일부재의 크기와 중량이 거더교 형식에 비해 작기 때문에 제작, 운반, 가설 등의 취급이 용이하다.

2) 부재의 모든 격점은 마찰이 없는 핀 결합으로 가정하므로 부재력은 축방향력만 발생한다. 그러나 실제는 리벳, 볼트, 용접 등 강결 구조이므로 2차 응력이 발생하나 그 영향력이 미미한 것이 보통이다.

3) 타 형식의 교량에 비해 비교적 가벼운 강재 중량으로 큰 내하력을 얻을 수 있으며 트러스교의 높이를 임의로 정할 수 있어 상당히 큰 휨모멘트에 저항할 수 있다.

4) 상현재의 위에 노면을 설치할 수 있어 Double deck 구조의 적용이 용이하다.

5) 내풍성이 좋고 강성확보가 용이하여 장대교량의 보강형으로 적합하다.

6) 부재구성이 복잡하고 현장작업량이 많으므로 가설비가 비싸며 유지관리비가 고가다.

7) 비교적 작은 중량의 부재를 순차적으로 조립하여 큰 강성을 얻는 것이 가능하기 때문에 F.C.M 공법의 채용이 다른 교량형식보다 유리하다.

➤ 실제 트러스에 발생되는 인한 2차 응력

트러스의 실제 구조물은 이상적인 핀 결합 가정과 달리 트러스 격점에서 Eye Bar의 이완 및 결손, 마모 등으로 마찰이 발생하고, 연결판(Gusset Plate) 사용으로 부재가 강결합되어 있어 부재 신축 시 부재 간의 각 변화가 발생하게 된다. 이러한 각의 변화는 트러스 부재의 축력 외에도 추가적인 휨모멘트가 발생되게 되는데, 이와 같이 변형이나 응력집중에 의해서 추가적으로 발생되는 응력을 2차 응력이라고 한다.

1) 2차 응력의 발생 원인

① 격점에서 거세트 플레이트에 의해 부재 강결합
② 부재의 중심에 대해 축방향력이 편심하여 작용
③ 부재의 자중에 의한 영향
④ 횡연결재의 변형에 의한 영향

2) 2차 응력의 대처 방안 : 편심최소, 격점의 강성영향 최소, 처짐 억제

① 트러스의 격점은 강결의 영향으로 인한 2차 응력이 가능한 한 작게 되도록 설계하여야 하며, 이를 위해서는 주 트러스 부재의 부재높이는 부재 길이의 1/10보다 작게 하는 것이 좋다.
② 편심이 발생되지 않도록 주의, 또는 편심이 최소화되도록 부재의 폭을 최소화한다.
③ 격점의 강성(Gusset Plate)으로 인한 영향을 최소화할 수 있도록 Compact하게 설계한다.
④ 일반적으로 부재의 2차 응력의 값은 무시할 정도로 작지만, 2차 응력으로 인한 영향이 무시할 수 없을 정도일 경우에는 2차 응력을 고려한 부재의 응력검토를 수행하도록 하여야 한다.

트러스 2차 응력

트러스 구조에서 2차 응력 발생원인과 2차 응력을 줄이기 위한 방안에 대하여 설명하시오.

풀 이

▶ 개요

구조의 각 부재는 부재의 편심, 격점의 강성, 단면의 급변, 가로보의 처짐, 부재 길이의 변화에 의한 바닥틀의 변형, 자중에 의한 부재의 처짐 등의 영향으로 2차 응력이 발생될 수 있으며, 될 수 있는 한 이 응력이 작아지도록 설계하여야 한다. 일반적으로 교량이 구조에 있어서는 각종 원인에 의해 다소의 2차 응력이 생기는 것은 부득이 하나, 응력계산을 할 때 이를 무시하는 것이 보통이다. 따라서 구조의 각 부분을 설계할 때는 다음과 같은 점을 유의해서 2차 응력을 가급적 작게 설계하는 것이 바람직하다.

▶ 2차 응력 발생원인

1) 부재의 편심 : 구조의 세부를 설계할 때 부재의 편심은 가급적 작아야 한다.
2) 격점의 강성 : 하나의 격점에 모이는 부재조합의 강성에 비해 격점의 강성이 너무 크면 2차 응력이 커질 수 있으므로 격점의 강성을 부재에 알맞게 설계하여야 한다(회전구속).
3) 단면의 급변 : 부재가 변단면을 갖는 경우 단면을 너무 급격하게 변화시키면 변단면부에서 응력집중 현상이 발생할 수 있으므로 변단면을 적용할 때는 가급적 완만하게 단면이 변하도록 설계하여야 한다.
4) 가로보의 처짐 : 가로보의 처짐이 크면 그 단부에 연결방법에 따라 차이는 있지만, 가로보와 주형 연결부의 주거더면을 변형시켜서 2차 응력이 증가하므로 가로보의 처짐은 가급적 작게 설계하도록 하여야 한다.
5) 부재길이의 변화에 의한 바닥틀의 변형 : 긴 지간의 타이드 아치(Tied Arch) 등에서 큰 인장력이 작용하는 타이에 바닥틀이 강결되어 있으면 이 바닥틀은 일부 타이와 더불어 늘어나서 예기치 않은 변형을 발생시킬 수도 있다. 이와 같은 경우에는 세로보의 일부에 신축장치를 설치하는 등의 배려를 하는 것이 좋다.
6) 자중에 의한 부재의 처짐 : 트러스 부재와 같이 축 방향력만 기준으로 설계하는 부재에서는 부재의 자중에 의한 휨응력을 작게 하기 위하여 폭에 비해 높이를 크게 하는 편이 좋다. 그러나 폭에 비해 높이가 너무 커지면 격점의 강성이 불필요하게 커져서 2차 응력이 커지므로 이점을 주의하여야 한다.
7) 보의 가동단의 마찰, 지점침하, 온도변화 등의 영향에 의한 2차 응력이나 단면의 급변, 부식

등의 응력집중을 일으키는 원인에 대한 고려를 하고 이러한 2차 응력이나 응력집중을 가급적 작게 설계하는 것이 좋다. 보 높이가 매우 작은 가로보에 고강도강을 사용하는 경우에는 보통 강을 사용하는 경우에 비해 강성이 작으므로 가로보의 처짐이 커지며 하로 플레이트 거더교에서는 주거더의 진동이 더 크게 발생된다. 트러스에서는 복부재에 고강도강을 사용하고 2차 부재로 연강을 사용하는 경우 또는 주거더에 고강도강을 사용하고 보강재로 연강을 사용하는 경우에는 여러 가지의 2차적인 변형이나 응력이 발생되므로 주의하는 것이 바람직하다.

➤ 2차 응력 대처방안

트러스의 격점은 강결의 영향으로 인한 2차 응력이 가능한 한 작게 되도록 설계하여야 하며, 이를 위해서는 주 트러스 부재의 부재높이는 부재 길이의 1/10보다 작게 하는 것이 좋다. 또한 편심이 발생되지 않도록 주의, 또는 편심이 최소화되도록 부재의 폭을 최소화하고 격점의 강성(Gusset Plate)으로 인한 영향을 최소화할 수 있도록 Compact하게 설계하여야 하며 일반적으로 부재의 2차 응력의 값은 무시할 정도로 작지만, 2차 응력으로 인한 영향이 무시할 수 없을 정도일 경우에는 2차 응력을 고려한 부재의 응력검토를 수행하도록 하여야 한다.

1) 편심최소 : 단면의 구성에 있어 단면의 도심이 되도록 단면의 중심과 일치하고 골조선과 일치하도록 한다.
2) 격점의 강성영향 최소 : 격점의 강성이 격점에 모이는 각 부재에 비해 너무 크지 않게 한다.
3) 가로보 처짐 억제 : 가로보의 처짐을 적게 하여 주형면의 변형을 최소화한다.
4) 바닥틀 변형 억제 : 세로보의 일부에 신축장치를 설치하여 바닥틀의 변형을 방지한다(타이드 아치).
5) 자중에 의한 처짐 억제 : 강성 증가를 위해 폭에 비해 높이를 가급적 크게 한다. 다만 높이가 너무 크면 격점의 강성의 증가로 2차 응력이 추가로 발생되므로 이에 유의하여야 한다(트러스 $h/l < 1/10$).

트러스 구조 형태

프랫(Pratt), 하우(Howe), 와렌(Warren) 트러스의 차이점

풀 이

▶ 개요

몇 개의 직선 부재를 한 평면 내에서 마찰 없는 힌지로 연속된 삼각형의 뼈대구조로 조립한 구조로 이상적인 트러스는 인장재와 압축재만으로 구성된다. 단일부재의 크기 중량이 거더교 형식에 비해 작기 때문에 제작, 운반, 가설 등의 취급이 용이하고, 타 형식의 교량에 비해 비교적 가벼운 강재 중량으로 큰 내하력을 얻을 수 있으며 트러스교의 높이를 임의로 정할 수 있어 상당히 큰 휨모멘트에 저항할 수 있는 구조적 특성을 가진다.

▶ 프랫(Pratt), 하우(Howe), 와렌(Warren) 트러스의 차이점

트러스의 복부재에 연결하는 방식에 따라 Pratt, Howe, Warren, K-truss 등으로 구분하며, 각 트러스의 구조별 특성은 다음과 같다.

① PRATT TRUSS : 사재가 만재하중에 의하여 인장력을 받도록 배치한 트러스로 상대적으로 부재 길이가 짧은 수직재가 압축력을 받는 장점을 가진다. 압축력을 받는 상현재가 HOWE TRUSS의 상현재보다 큰 압축력을 받게 되는 단점도 있다.

② HOWE TRUSS : 사재는 일반적으로 압축재, 수직재는 인장재가 되고 강교에서는 보통 적용하지 않으며 주로 목교에서 많이 쓰인다.

③ WARREN TRUSS : 상로교의 단지간에 좋고 하로교에서는 가로보의 연결이 쉽게 하기 위해서 부 수직부재를 넣어 격간을 나누기도 한다. 현재 트러스교에서 가장 많이 사용된다.

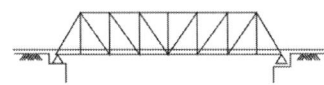

(a) Pratt truss

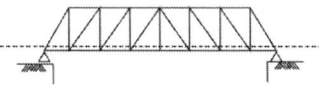

(b) Howe truss

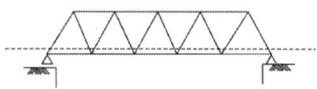

(c) Warren truss

복합트러스교

복합 합성형 트러스교량의 상부구조를 설계하고자 한다. 다음의 설계조건들에 대하여 설명하시오.
(1) 트러스부재의 유효좌굴길이(단, 트러스면 내 경우)
(2) 합성콘크리트 압축부재의 장주효과 계산에 적용하는 합성단면의 회전반지름

풀 이

▶ 개요

일반적으로 트러스 압축재는 양 절점의 회전이 부분적으로 구속되는 단일 압축재의 경우와 같이 좌굴해석을 할 수 있다. 트러스 현재의 좌굴은 통상 면내좌굴과 면외좌굴로 나누어 생각할 수 있으며, 면내좌굴은 현재의 좌굴이 트러스를 이루는 평면 내에서 발생하는 것이고 면외좌굴은 트러스 지점의 보강재와 같이 트러스를 이루는 평면을 벗어나는 좌굴을 말한다.

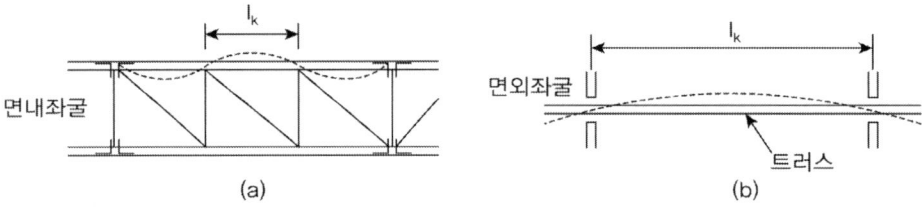

(a)   (b)

▶ 유효좌굴 길이

1) 면내좌굴에서 트러스 압축재의 유효좌굴길이는 트러스의 전 스팬에 걸쳐 압축 현재가 일정한 단면으로 연속되어 있는 경우 절점 간 거리의 0.9배로 할 수 있으며 근사적으로 절점 간 거리를 유효좌굴길이로 하는 경우가 많다. 절점 간 트러스 현재에 가세(brace)가 연결되어 압축력의 크기가 달라지는 경우에 유효좌굴길이는 다음 식으로 계산한다.

$$KL = L\left(0.75 + 0.25\frac{N_2}{N_1}\right) \geq 0.5L \quad N_1 : \text{큰 쪽의 압축력,} \quad N_2 : \text{작은 쪽의 압축력}$$

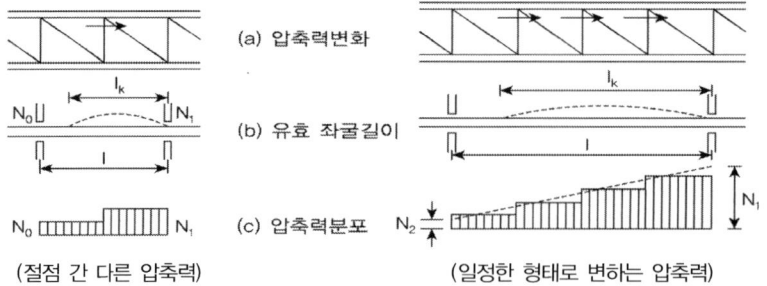

(a) 압축력변화

(b) 유효 좌굴길이

(c) 압축력분포

(절점 간 다른 압축력)   (일정한 형태로 변하는 압축력)

2) 트러스 웨브재의 유효좌굴길이는 절점 간 거리로 할 수 있다. 다만, 웨브의 단부가 용접이나 고력 볼트에 의하여 강접합된 경우에는 접합 중심간 거리를 좌굴길이로 할 수 있다.

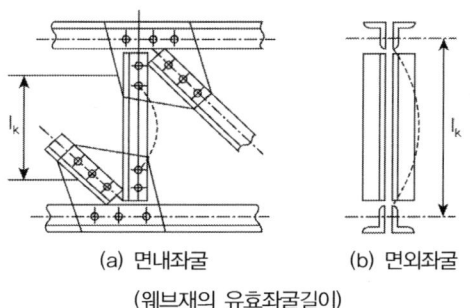

(a) 면내좌굴   (b) 면외좌굴

(웨브재의 유효좌굴길이)

3) 구속조건에 따른 좌굴길이 산정방법

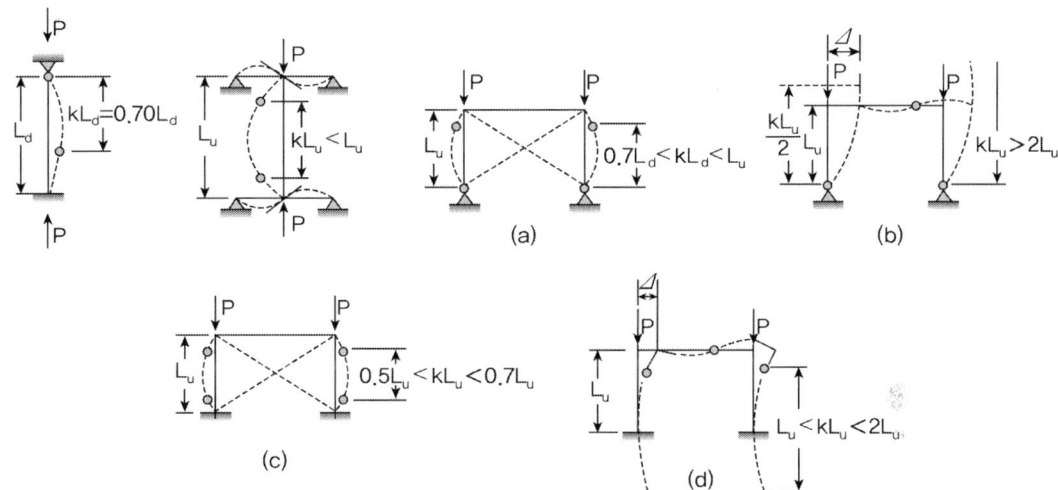

(a)

(b)

(c)

(d)

4) 도표를 이용한 좌굴길이 산정방법

유효좌굴길이 kl_u 는 양단의 B.C에 따라 결정하도록 되어 있어 실제 설계에서는 다음의 방식으로 구하도록 하고 있다.

$$\Psi_A = \frac{\left[\sum \dfrac{EI}{l}\right]_{column}}{\left[\sum \dfrac{EI}{l}\right]_{beam}} \text{(상단)}, \quad \Psi_B = \frac{\left[\sum \dfrac{EI}{l}\right]_{column}}{\left[\sum \dfrac{EI}{l}\right]_{beam}} \text{(하단) Find } k \text{ by } \Psi_A, \ \Psi_B \ \& \ \text{직선 연결}$$

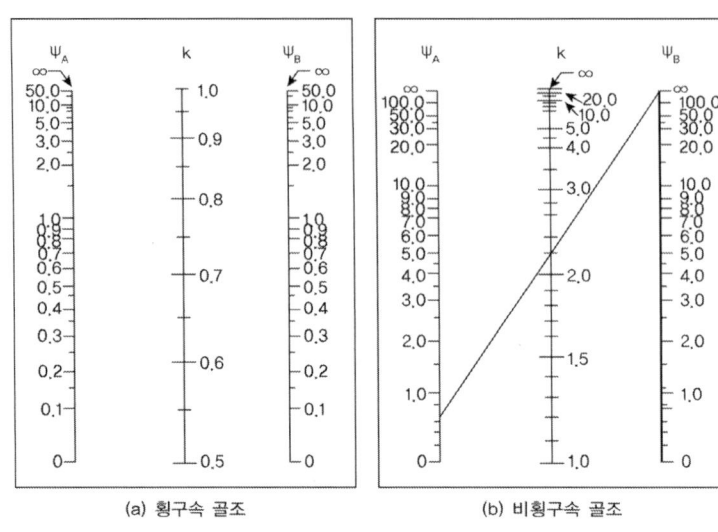

| (a) 횡구속 골조 | (b) 비횡구속 골조 |

▶ 합성콘크리트부재의 합성단면의 회전반경(한국콘크리트 학회지, 2009, 연정흠)

1) 강구조설계기준에 따른 합성단면의 회전반경

합성형 부재(SRC, Steel Reinforced Concrete)의 합성반경(r_m)은 일반적으로 강재의 단면 2차 반경(r_s)을 합성단면의 회전반경으로 정의한다. 다만 매입형 합성기둥에서 r_s가 합성단면 폭의 0.3배 이하인 경우에는 0.3배의 값으로 정의한다.

$$r_m = r_s \ (mm)$$

2) 콘크리트의 장기변형을 고려한 환산단면 고려 시

건설재료의 향상과 설계 및 시공기술의 발전으로 보다 효율적인 복합(hybrid) 구조의 사용빈도가 증가하고 있으며, 복합구조의 대표적인 합성단면의 예로 PC(precast) 바닥판에 긴장력이 도입되는 합성거더와 상하 플랜지의 콘크리트 단면과 복부의 강재 트러스가 적용되는 PCT(prestressed composite truss) 거더가 있으며, 강상자 플랜지 안에 콘크리트가 타설되는 PSSC(prestressed steel and concrete) 거더 및 SCP(steel confined prestressed concrete) 거더, 그리고 preflex 거더와 같이 강재거더가 콘크리트에 매립되는 Precom(prestressed composite) 거더와 RPF(represtressed preflex) 거더 및 MSP(multi stages prestress) 거더 등이 있다. 이러한 복잡한 합성단면에서 콘크리트 단면의 장기변형은 합성단면에 이보다 작은 추가변형과 콘크리트 단면에 잔류응력의 원인이 되는 추가 탄성변형을 발생시킨다. 특히 여러 단계에 걸친 긴장력의 도입 또는 단면형상의 변화 등과 같이 시공단계가 복잡하면, 정밀한 시공 및 긴장력 손실의 예측을 위해 각 시공 및 사용단계별로 콘크리트 장기변형의 영향이 정확히 예측될 수 있어야 한다. 합성단면의 장기변형에 대한 거동을 해석하기 위해서는 고려하는 장기변형을 발생시키는 콘크리트 단면과 이 장기변형의 일부를 구속하는 구속단면으로 구성된 합성단면의 환산 단면특성이 정의되어야 한다. 특히 크리프변형을 고려하기 위해 유효탄성계수가 적용된 환산 단면특성은 합성단면의 변형을 예측하는 데 필수적이다.

콘크리트에 장기변형이 발생되기 이전에 장기변형이 발생될 콘크리트의 단면적과 단면이차모멘트가 각각 A_c와 I_c이고, 이 장기변형을 구속하게 되는 구속단면의 콘크리트 탄성계수 E_c에 대한 초기 환산 단면적과 단면이차모멘트 A_s와 I_s는 각각 다음과 같이 정의된다.

$$A_s = \sum n_{si} A_{si}, \quad I_s = \sum n_{si}(I_{si} + A_{si} y_{si}^2)$$

여기서 아래첨자 i는 구속단면을 구성하는 각각의 요소를 의미하며, 구속단면의 각 요소에 대해 $n_{si} = E_{si}/E_c$는 탄성계수비, A_{si}는 단면적, I_{si}는 단면이차모멘트, y_{si}는 크리프 변형이 발생되기 이전의 초기 합성단면의 중심에 대한 각 요소의 중심까지 거리이다. 각 요소에 대한 y_{si}로부터 구속단면의 중심까지 거리 y_{sgo}는 다음과 같이 정의될 수 있다.

$$y_{sgo} = \frac{\sum (n_{si} A_{si} y_{si})}{A_s}$$

y_{sgo}는 합성단면의 중심에서 콘크리트 단면의 중심까지 거리 y_{cgo}에 대해 다음의 관계를 만족하여야 한다.

$$A_c y_{cgo} = A_s y_{sgo}$$

콘크리트 단면과 구속단면의 단면특성으로부터 합성단면의 환산 단면특성인 단면적 A_o과 단면이차모멘트 I_o 및 회전반경 r_o는 각각 다음과 같이 정의된다.

$$A_o = A_c + A_s$$
$$I_o = (I_c + A_c y_{cgo}^2) + (I_s + A_s y_{sgo}^2)$$
$$r_o = \rho_{co}(r_c^2 + y_{cgo}^2) + \rho_{so}(r_s^2 + y_{sgo}^2) = \rho_{co} r_c^2 + \frac{\rho_{co}}{\rho_{so}} y_{cgo}^2 + \rho_{so} r_{so}^2$$

여기서 $r_c^2 = I_c/A_c$와 $r_s^2 = I_s/A_s$는 각각 콘크리트 단면과 구속단면의 회전반경이며 합성단면의 환산단면적에 대한 단면비 $\rho_{co} = A_c/A_o$와 $\rho_{so} = A_s/A_o$이며 위의 식에는 $\rho_{co} + \rho_{so} = 1$로부터 유도된 다음의 관계가 적용되었다.

$$\frac{y_{sgo}}{y_{cgo}} = \frac{\rho_{co}}{\rho_{so}}, \quad \frac{y_{cgo} + y_{sgo}}{y_{cgo}} = \frac{1}{\rho_{so}}$$

PCT 교량 붕괴원인

장남교 붕괴원인에 대해 설명하시오.

▶ 장남교(파주 임진강) : PCT거더

1) 교각 상판의 콘크리트 시공순서 변경으로 인한 파손, 상부 슬래브용 콘크리트 타설과정에서 상판이 과도한 압축력에 의해 좌굴로 인해 교량 상부구조 전체에 과도한 변형 발생하여 교량받침이 이탈

2) 좌굴발생원인은 잘못된 시공순서에서 비롯됨 : 상판 시공 중 보강을 위해 상판 상부슬래브의 일부 보강용 콘크리트 블록이 먼저 설치되어야 하나 보강용 콘크리트 블록이 양생 이전에 상부슬래브의 나머지 콘크리트를 한꺼번에 일괄타설하여 상판에 과도한 압축력 발생으로 좌굴 발생

3) 설계 시 콘크리트 블록을 분리시공하지 않은 특허공법과 분리시공하는 특허공법이 동시에 적용되어 시공자가 혼돈할 수 있는 데다가 시공방법을 변경하면서 특허권자, 설계자, 시공자 간의 기술협의가 이루어지지 않아 이러한 문제가 발생하였다.

4) 분리시공 공법은 출원단계에 있었으며 구조상 약해서 사고가 나지 않았더라도 사용 중 균열이 발생하였을 것으로 보인다.

5) IH거더교는 트러스 상현재의 강재량을 절감시키고 좌굴에 의한 저항능력 향상을 위해 이중합성 구조를 도입한 공법이나 트러스 상현재 콘크리트 양생 이전에 강재를 거취하여 좌굴에 대해 취약한 상태에서 상부 하중 증가로 인해 좌굴 발생

▶ 장남교의 붕괴원인 : 설계 시공방법과 실제 시공방법의 차이

구조계산서상의 크레인을 이용하여 거더 일괄거치토록 되어 있으나 실제 시공방법은 토공으로 쌓아올린 경간에 거더를 거취하고 하부 슬래브 타설 및 양생한 후 토공부 제거 후 격벽 및 상부슬래브 타설로 인하여 상판에 과도한 압축력이 발생하여 좌굴로 인한 붕괴

거더의 하현재 콘크리트와 트러스 구조와 합성을 제작장에서 별도로 제작하지 않고 교량에 거취하여 타설하고 이를 양생 이전에 상현재 콘크리트를 타설함으로써 상부 압축력에 의한 좌굴 발생에서 사고 발생됨

▶ IH거더(개선된 PCT 거더교)의 특징

IH거더는 자중을 경감시켜 크레인에 의한 일괄가설이 가능하도록 개발된 복합트러스 구조형식으로 자중이 가볍고 제작비 저렴한 특성을 가진 공법이다.

이중합성 구조	하현재 형상	다중거더 배치

상현재의 강재량을 절감시키고 좌굴에 의한 저항능력 증대	상부 바닥판 시공을 위한 작업공간 확보 및 유지관리를 위한 점검통로 이용	거더 자중을 최소화 되도록 경감시켜 크레인을 이용하여 경간 단위 일괄 가설

▶ IH거더의 시공순서

트러스 공장 제작

현장 제작장 설치

하현재 콘크리트 타설

상현재 이중합성 콘크리트 타설/양생

강연선 긴장

거더 인양 거취

상부 슬래브 배근/타설/양생

가로보 타설/양생

완공

콘크리트 충전 FRP 스트럿

콘크리트 충전 FRP 스트럿(Strut)을 적용한 PSC 박스거더의 특성에 대해 설명하시오.

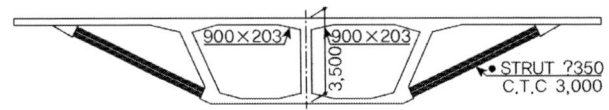

풀 이

콘크리트 충진 FRP스트럿을 가진 PSC 박스거더의 안정성 평가, 현대건설(주), 2007

▶ 개요

PSC 박스거더 형식은 타 형식에 비해 장경간의 교량 적용 시 미관성, 경제성 분야에서 우수하여 많이 적용되고 있는 형식이다. 그러나 PSC 박스거더는 상부 슬래브의 폭이 넓어지면 박스 단면이 커지게 되므로 교각 단면이 커지거나 상하행선을 분리해서 시공해야 하는 단점이 있다. 콘크리트 충진 FRP 스트럿을 이용한 PSC 박스거더는 상부와 하부구조의 크기를 절감시키는 한편 상부 슬래브 폭이 넓더라도 효율적으로 적용할 수 있는 형식이다. 기존의 강관이나 콘크리트 스트럿을 사용한데 비해 FRP 사용을 함으로써 강재스트럿의 부식이나 유지관리, 용접 연결부 피로문제를 개선하고, 콘크리트 스트럿의 미관불량을 해소하는 형식으로 FRP피복 RC구조는 미관 향상, FRP 피복으로 부식 방지, 내구성 증진 등을 확보할 수 있으며 부가적으로 보강재로서의 역할을 기대할 수 있는 구조 형식이다.

▶ 특징

1) 부식 방지 및 유지관리 유리

2) 강재 스트럿에 비해 연결부 피로문제 개선

3) 내부 콘크리트를 FRP를 통해 구속하여 콘크리트의 연성 증가, 변형능력 향상

4) 거푸집 설치가 필요없어 공기단축 등 시공성 개선

5) 미관 향상

▶ 국내 적용현황

인천 제2연육교 연결도로 공사에 최초 적용(L=2,209m 해상교량, 3m 간격 배치)

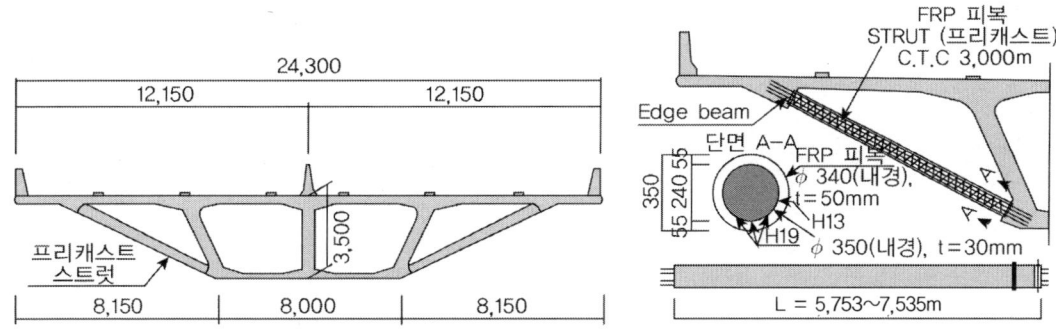

> ▶ FRP관의 구조적 효과 : FRP관에 의한 콘크리트 구속효과

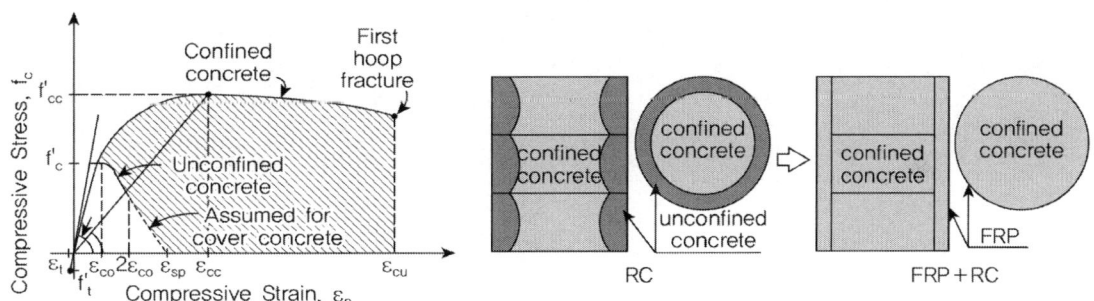

축력과 모멘트가 작용하는 상태에서 지진력과 같은 큰 수평력이 작용할 경우 피복 콘크리트는 일
반적으로 파괴되며 철근의 변형 경화상태에 이르러 극한하중에 견디도록 하고 있는데, FRP관으
로 피복된 스트럿의 경우 파괴된 콘크리트가 FRP에 의해 구속되어 단면을 지속적으로 형성함으
로 인해서 정적 내력뿐만 아니라 극한 내력도 떨어지지 않게 된다.

【 **기출유형 ①** 】 파형강판 교량의 파괴형태
【 **기출유형 ②** 】 파형강판 웨브교의 특징

파형강판 웨브교(PSC Bridges with Corrugated Steel Web)는 PSC 박스거더교의 콘크리트 웨브를 경량인 파형강판으로 대체한 교량으로 콘크리트 상하 바닥판과 파형강판의 웨브를 조합한 복합구조로 강과 콘크리트의 장점을 조합한 PSC의 새로운 구조형식이다.

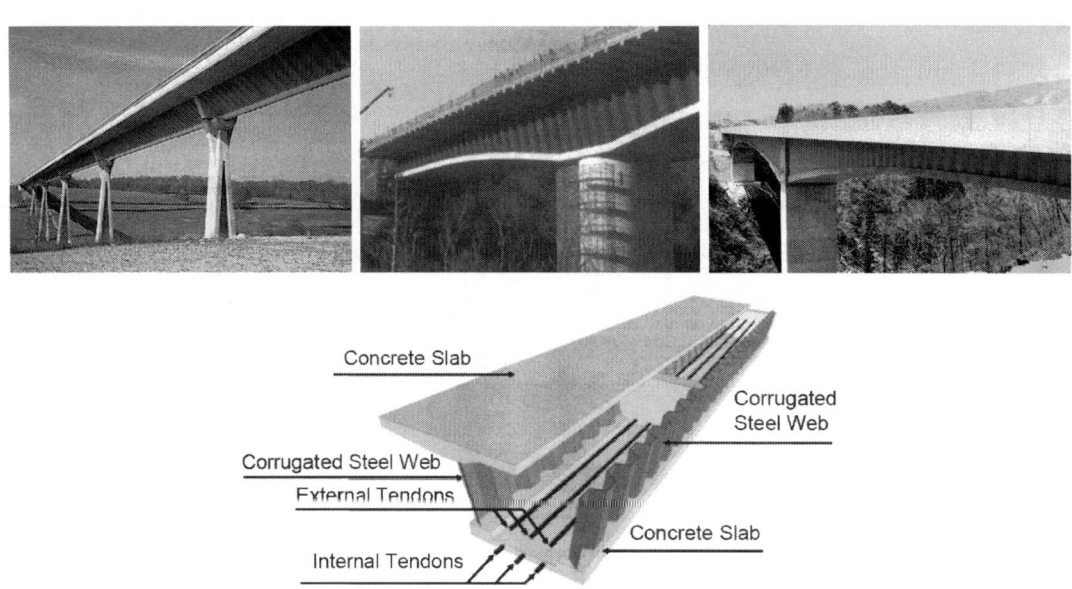

1) 파형강판 웨브교의 특징

① 파형을 이용하여 일반판재에 비해 높은 전단좌굴강도를 확보하며, 축력에 저항하지 않는 파형강판의 아코디언 효과로 콘크리트 상·하부 바닥판에 효율적으로 PS 도입

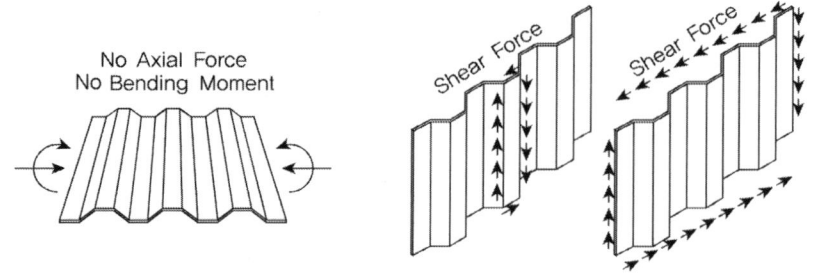

② 축력과 휨모멘트는 콘크리트가 부담하고 전단력은 파형 웨브가 부담

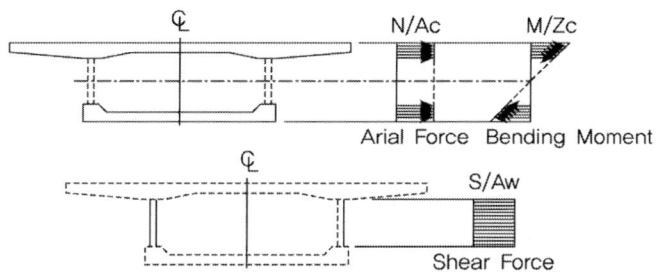

② 주형 자중의 20~30%를 차지하는 웨브의 자중을 파형을 사용하여 자중 경감, 이로 인하여 장경간화, 건설비 절감, FCM공법의 블록당 중량 저감 및 가설블록의 길이 증가로 공기 단축
③ 파형강판의 공장제작으로 품질관리 용이, 복부의 철근조립 및 콘크리트 타설 생략으로 시공성 및 품질향상 기대
④ 주형 자중경감으로 하부구조 부담 경감 및 내진에 유리
⑤ 강재부식을 방지하기 위한 유지관리비 소요가 필요, 비틀림 저항성능 작음

2) 계획 시 고려사항

① 웨브와 바닥판의 접합방법 : 축방향 전단력을 확실히 전달하고 직각방향으로 주형의 박스단면을 확실히 구성하기에 충분한 내하력이 필요하여 교축방향으로 작용하는 수평전단력과 교축직각방향으로 작용하는 휨모멘트에 대한 검토가 필요하다.

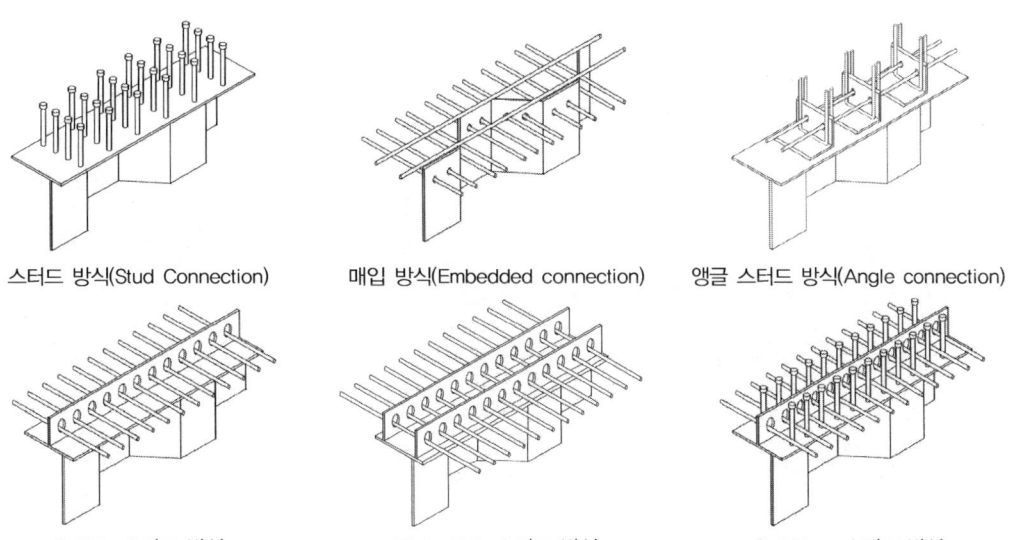

스터드 방식(Stud Connection)　　매입 방식(Embedded connection)　　앵글 스터드 방식(Angle connection)

S-PBL 스터드 방식
(S-PBL connection)　　　Twin-PBL 스터드 방식
(T-PBL connection)　　　S-PBL + 스터드 방식
(S-PBL+ Stud connection)

② 전단좌굴 검토 : 파형강판으로 인해 판재보다 전단좌굴강도 현저히 증가

③ 비틀림 모멘트에 대한 설계 : 교축방향 강성이 콘크리트 바닥판에 비해 무시할 수 있을 정도로 작고 파형강판 웨브의 휨강성이 콘크리트 상하 바닥판에 비해 매우 작기 때문에 순수휨 비틀림 모멘트가 발생하는 거동을 보인다. 따라서 단면 변형을 억제하는 전단응력과 플랜지의 솟음 응력을 줄이도록 해야 한다(배면 콘크리트 타설이나 다이아프램 설치 간격 조정).

④ 부식방지 대책 : 콘크리트와 웨브강판의 접합부에 우수 침투로 인한 부식방지 대책검토 필요, 부식방지를 위한 강재 선택(무도장강재, 도장, 아연도금)

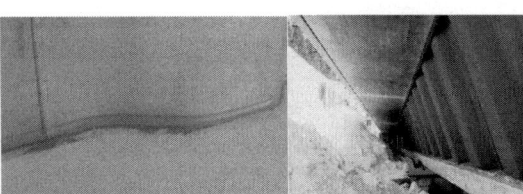

(매입방식 연결의 우수침투 방지)　　　(무도장강재 사용)　　　　　(도장)　　　　　　　(아연도금 강재)

TIP │**파형강판의 전단좌굴거동**│ Singapore Concrete Institute, Shoji Ikeda, 2005

파형강판의 전단좌굴모드는 다음의 3가지로 구분한다.

① 국부좌굴(Local Buckling) ② 전체좌굴(Global Buckling) ③ 복합좌굴(Combined Buckling)

파형강판은 그 형상으로 인하여 좌굴 후 강도(Post Buckling strength)를 기대할 수 없기 때문에 극한 상태에서 웹의 좌굴발생이 없도록 설계되어야 한다. 수많은 해석과 실험을 통해서 파형강판의 강도는 다음과 같이 제안되고 있다.

① 국부좌굴(Local Buckling) : 파형을 위해 접힌 웹의 라인(fold line) 사이에서 모드가 발생한다.

② 전체좌굴(Global Buckling) : 전체 파형강판 웨브의 좌굴로 모드가 발생된다.

③ 복합좌굴(Combined Buckling) : 위의 2가지 모드의 중첩으로 발생된다.

(a) General Buckling　　　　　　　(b) Combined Buckling

파형강판 웨브교

파형강판 웨브교의 특징과 교량 계획 시 특히 고려할 사항에 대하여 설명하시오.

풀 이

➤ 파형강판 웨브교 개요

파형강판 웨브교(PSC Bridges with Corrugated Steel Web)는 PSC 박스거더교의 콘크리트 웨브를 경량인 파형강판으로 대체한 교량으로 콘크리트 상하 바닥판과 파형강판의 웨브를 조합한 복합구조이며, 강과 콘크리트의 장점을 조합한 PSC의 새로운 구조형식이다. 파형강판 I형교 등 다양한 형식으로 조합되어 사용되기도 한다.

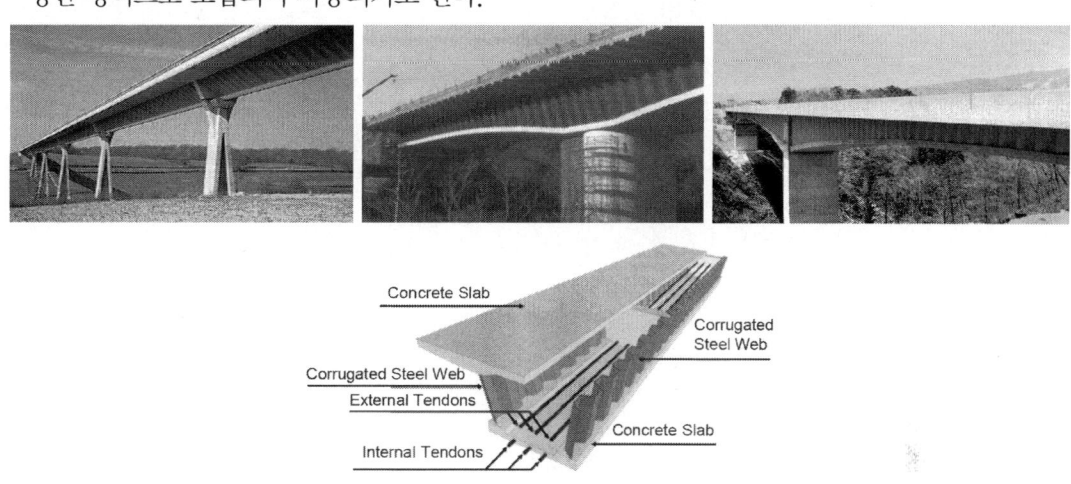

➤ 파형강판 웨브교의 특징

1) 파형을 이용하여 일반판재에 비해 높은 전단좌굴강도를 확보하며, 축력에 저항하지 않는 파형강판의 아코디언 효과로 콘크리트 상·하부 바닥판에 효율적으로 PS 도입할 수 있는 구조이다.

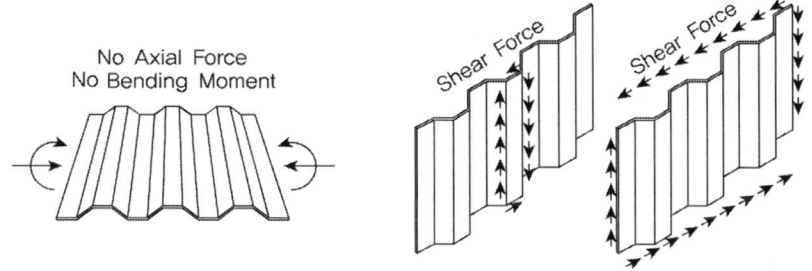

2) 축력과 휨모멘트는 콘크리트가 부담하고 전단력은 파형 웨브가 부담한다.

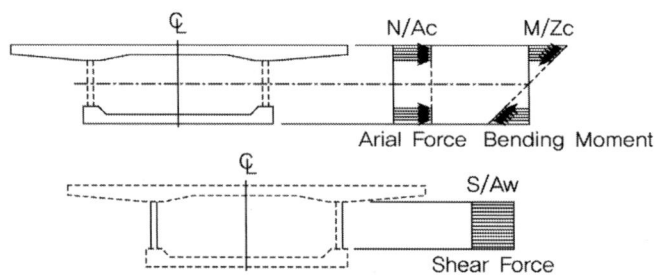

3) 파형강판 웨브교는 다음과 같은 장단점을 가진다.
   (1) 주형자중의 20~30%를 차지하는 웨브의 자중을 파형을 사용하여 자중 경감, 이로 인하여 장경간화, 건설비 절감, FCM 공법의 블록당 중량 저감 및 가설블록의 길이 증가로 공기 단축이 가능
   (2) 파형강판의 공장제작으로 품질관리 용이, 복부의 철근조립 및 콘크리트 타설 생략으로 시공성 및 품질향상 기대
   (3) 주형 자중경감으로 하부구조 부담 경감 및 내진에 유리
   (4) 강재부식을 방지하기 위한 유지관리비 소요가 필요, 비틀림 저항성능 작음

▶ 계획 시 고려사항

1) 웨브와 바닥판의 접합방법 : 축방향 전단력을 확실히 전달하고 직각방향으로 주형의 박스단면을 확실히 구성하기에 충분한 내하력 필요하여 교축방향으로 작용하는 수평전단력과 교축직각방향으로 작용하는 휨모멘트에 대한 검토가 필요하다.

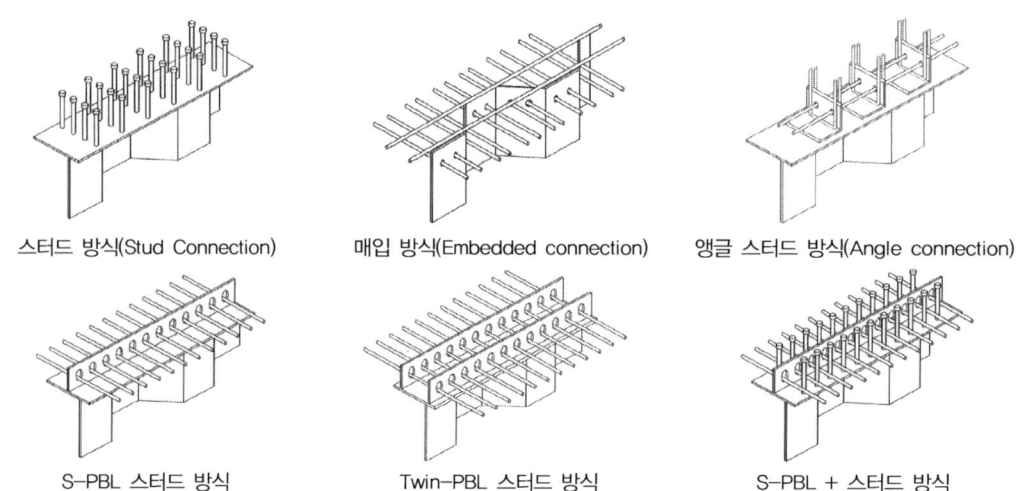

스터드 방식(Stud Connection) 매입 방식(Embedded connection) 앵글 스터드 방식(Angle connection)

S-PBL 스터드 방식
(S-PBL connection) Twin-PBL 스터드 방식
(T-PBL connection) S-PBL + 스터드 방식
(S-PBL+ Stud connection)

2) 전단좌굴 검토 : 파형강판으로 인해 판재보다 전단좌굴강도 현저히 증가

3) 비틀림 모멘트에 대한 설계 : 교축방향 강성이 콘크리트 바닥판에 비해 무시할 수 있을 정도로 작고 파형강판 웨브의 휨강성이 콘크리트 상하 바닥판에 비해 매우 작기 때문에 순수휨 비틀림 모멘트가 발생하는 거동을 보인다. 따라서 단면 변형을 억제하는 전단응력과 플랜지의 솟음 응력을 줄이도록 해야 한다(배면 콘크리트 타설이나 다이아프램 설치 간격 조정).

4) 부식방지 대책 : 콘크리트와 웨브강판의 접합부에 우수 침투로 인한 부식방지 대책 검토 필요, 부식방지를 위한 강재 선택(무도장강재, 도장, 아연도금)

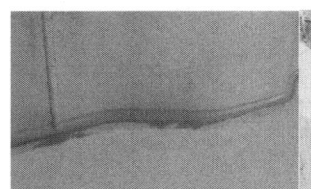   

(매입방식 연결의 우수침투 방지) (무도장강재 사용) (도장) (아연도금 강재)

Chapter 07

PSC 장대교량/ED교

01 PSC 장대교

1. PSC교의 계획 일반사항 [126회/132회]

【 기출유형 ① 】 PSC 박스거더교의 가설공법의 종류와 특징

일반적으로 PSC교량의 가설공법은 FSM, MSS, ILM, FCM, PSM 등의 방식이 있으며, 교량의 가설목적, 교량연장 및 교폭, 교량의 등급, 교량구간의 선형 등 교량설계에 따른 요구조건과 교량가설 지점의 여건, 시공성, 경제성, 미관 등을 종합적으로 고려하여 PSC교량형식을 결정한다.

동바리	콘크리트	가설공법
사용	현장타설	전체지지식(FSM : Full Staging Method)
		지주지지식
		거더지지식
미사용	현장타설	캔틸레버공법(FCM : Free Cantilever Method)
		이동식비계공법(MSS : Movable Scaffolding System)
		연속압출공법(ILM : Incremental Launching Method)
	프리캐스트	프리캐스트 거더공법
		프리캐스트 세그먼트 공법(PSM : Precast Segment Method)

1) 경간 분할

① 경간분할 시 교각의 배치는 교량하부공간조건 및 지반조건과 밀접한 관계가 있으며 경간길이 비율에 따라 상부구조물의 부재력이 큰 영향을 받게 되므로 각 교량형식에 따라 적절한 간격으로 배치하는 것이 좋다.

② 등간격 배치일 경우 연속보에서의 휨모멘트를 고려하여 양 측경간은 $0.75 \sim 0.80l$로 하는 것이 역학적으로 가장 바람직하다. 또한 강선 배치 시에도 유리하다.

③ PSC 합성거더교는 일반적으로 일정한 길이의 프리캐스트 부재로 제작되므로 등간격으로 배치하는 경우가 많으며 연속압출공법(ILM)의 경우 압출가설 시의 캔틸레버부의 길이와 가설 시와 가설 후의 최대 단면력을 고려하여 경제적 측경 간 비율을 결정해야 한다.

④ 캔틸레버 공법(FCM)의 경우 휨모멘트 이외에 측경 간 교대에 연결되는 상부구조의 시공문제와 하중 및 프리스트레스의 부정정 효과 등을 고려해야 한다.

⑤ 일반적으로 내부지간에 대한 측경간비는 ILM의 경우 $0.75 \sim 0.80l$, FCM은 $0.65 \sim 0.70l$ 정도로 적용된다.

2) 가설공법의 선정

가설공법의 선정은 하부조건과 경제성을 고려하여 결정하여야 한다.

① FSM : 중소규모 교량, 하부공간이 비교적 높지 않고 기초지반이 양호, 동바리 설치가 용이한 곳에 적용

② ILM : 동바리 설치가 곤란한 지역, 평면 및 종단선형이 직선이거나 단곡선인 경우 적용

③ MSS : 동바리 설치가 곤란한 지역에 적용, FSM에 비해 다경간이어서 경제적인 경우 적용

④ FCM : 지간이 비교적 길고 동바리설치가 곤란한 지역, 고교각 교량인 경우 적용

⑤ PSM : 지간이 비교적 길고 동바리 설치가 곤란한 지역, 평면 및 종단선형이 직선이거나 단곡선인 경우 적용, 장비가 고가이므로 다경간이거나 공기가 촉박한 경우

3) 종단면과 횡단면 유형의 선정

① 종단면은 경간장이 60m를 초과하면 전체 하중에서 자중의 비중이 높아 교각 위치에서 상부구조물의 휨모멘트가 과다하므로 변단면을 적용하는 것이 역학적으로 유리하다.

② 횡단면은 박스(Cell)의 개수가 많을수록 복부개수가 증가하여 시공이 복잡해지므로 교폭에 따라 적절히 조절하여야 한다. 시공적 측면에서는 단일박스가 유리하나 박스 상부플랜지 지간이 증가하여 횡방향 모멘트가 증가하므로 교폭이 적정한도 초과 시에는 다중박스(Multi-cell) 또는 다주형 박스(Multi-box)가 바람직하다. 근래에는 횡방향 프리스트레스 도입으로 교폭증가 시에도 단일박스 구조를 택하는 사례가 증가하고 있다.

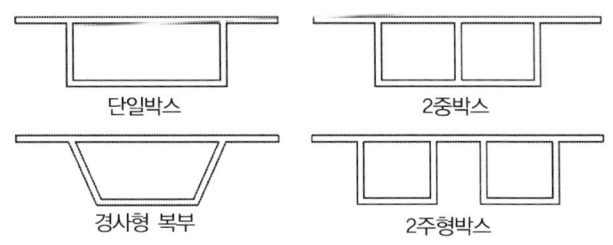

- 단일박스 : 교폭 $\leq 13^m$
- 2중 박스 : $13^m <$ 교폭 $\leq 18^m$
- 2주형박스 : $18^m <$ 교폭 $\leq 25^m$

4) 형고비

① 보통 PSC거더의 경우 높이가 $1.75 \sim 2.2^m$ 로 형고비를 약 $1/15$ 내외로 계획한다.

② 박스거더교의 형고비는 FSM과 MSS공법이 서로 유사하고 ILM과 PSM이 유사하다.

구분	FCM	FSM	MSS	ILM	PSM
중앙부	45~50	15~20	15~20	17	17
지간부	18~20	15~20	15~20	17	`17

5) PSC강재의 종류 및 긴장공법의 선정

① 일반적으로 긴장공법, 구조계, 시공방법 등을 결정하는 시점에서 PS강재의 긴장방법을 결정하는 것이 합리적이다.

② 케이블 길이가 길어짐에 따라 케이블의 도입하중이 큰 케이블(대형 케이블)이 경제적이나 소요 프리스트레스 양과 조화를 이루고 구조적으로 가능한 여러 개의 PS강재를 조밀하게 배치하는 것이 부재단면에 프리스트레스를 보다 균등하게 도입할 수 있다.

2. PSC교의 공법별 설계 시 유의사항

1) 일반적인 유의사항

① 모든 위험한 하중단계에서의 강도(강도설계)와 사용상태에서의 거동(허용응력설계)을 기초로 수행한다.

② 하중은 도로교 설계기준에 따라 적용하며 부정정 구조물의 경우 반드시 온도변화, 크리프, 건조수축 등에 대해 고려하여야 하며 가설공법에 따른 교량 가설 중 발생 가능한 가장 불리한 하중조합에 대하여 안전성을 검토하여야 한다.

3. FSM 공법 시 유의사항

1) 콘크리트를 타설하려는 경간 전체에 동바리를 가설하여 타설된 콘크리트의 강도가 소정의 값을 나타낼 때까지 일시적으로 콘크리트의 자중 및 작업하중을 동바리가 지지하는 방식으로 적당한 높이의 짧은 교량이 평이한 지형에 가설될 경우에는 시공성 및 경제성이 있으나, 가교 지점의 지형이 험준하거나 교량 설치높이가 높거나 교량의 길이가 길 경우에는 경제성이 적다.

2) 보통 동바리 설치방법에 따라 전체지지식, 지주지지식 및 거더지지식으로 분류된다.

3) FSM 가설 시 주요 유의사항으로는 가설 시 사용되는 동바리(조립형 동바리, 강관틀 동바리, 강재 동바리 등)에 대한 안전성 확보가 필요하다.

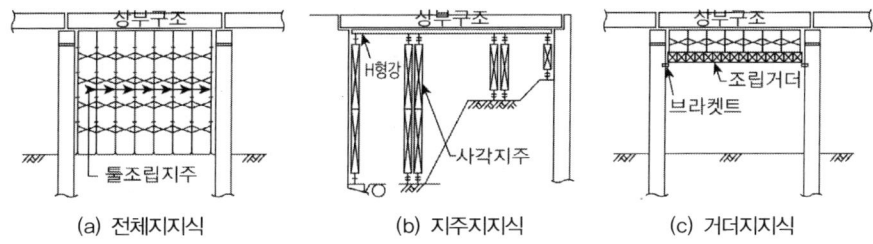

| (a) 전체지지식 | (b) 지주지지식 | (c) 거더지지식 |

4) 가설용 동바리는 콘크리트 타설 시 발생되는 수직 및 수평하중에 대해 안전하도록 설계되어야 한다.

　① 하중 : 고정하중(콘크리트하중, 거푸집 하중 등), 활하중(진동타설장비 등)

　② 수평하중 : 설계수직하중의 2% 또는 동바리 상단 수평방향 단위길이당 1.5kN/m

5) 기타 : 동바리 변형량, 거푸집널, 장선, 멍에 등에 대한 검토

4. MSS 공법 시 유의사항

1) MSS는 FSM과 비슷하게 시공 시 전 시공구간을 지지시킨다는 점에서 유사하지만 이동식 비계를 이용하여 한 경간씩 시공해 나가는 공법이므로 이동식 장비를 거치하기 위한 교각계획 및 MSS 장비운용을 위한 상세를 고려하여야 한다.

2) 경제성 : 기계화 시공을 위한 경제성은 통상적으로 일반적인 조건에서 15경간 이상에서 FSM에 비해 경제성이 있으며, 30~60m 범위의 지간에 설치하는 것이 경제적이다. 60m 이상의 경우 이동식 비계의 제작비 증가로 비경제적일 수 있다.

3) 시공성 및 하부공간 활용 : 이동식 비계를 이용하여 FSM에 비해 시공속도가 빠르며, 하부공간을 활용할 수 있어 하천횡단이나 도로횡단 등에 유리, 하부 교통의 통제가 필요 없어 하부공간활용도가 높다.

4) 하중고려사항 : 일반적으로 고려되어야 할 하중 이외에 MSS에서만 별도로 고려되어야 할 하중은 다음과 같다.

　① 콘크리트 상부 자중에 의한 등분포하중(W_d) : 1경간 타설 시 콘크리트 자중 고려

　② 이동식 비계자중에 의한 후방지지점 하중(P_g) : 2경간 타설을 위한 이동식 동바리 이동 시 후방 지지로 인한 하중

　③ 타설된 콘크리트 자중에 의한 후방지지점 반력(P_c) : 2경간 타설 시 2경간 콘크리트 자중에 의한 후방 지지점 반력 하중

　④ 타설시기상의 차이로 인한 콘크리트 크리프의 반력 분배(R_ϕ) : 타설시기상의 차이로 인한 콘크리트 크리프 부정정력 분배하중, 엄밀해석을 위하여는 구조계별 변화 시마다 콘크리트 재령

으로부터 구조계의 각 부분의 크리프 계수를 구하여 단면력을 산출하여야 하나, 계산의 복잡성을 고려하여 근사적으로 반력의 변화를 계산하여 부정정력을 산출할 수 있다.

$$\triangle R_\phi = (R_0 - R_l)(1 - e^{-\phi})$$

R_0 : 최종구조계를 한 번에 시공한다고 할 때의 반력

R_l : 최종구조계 완성되기 전의 구조에서의 반력

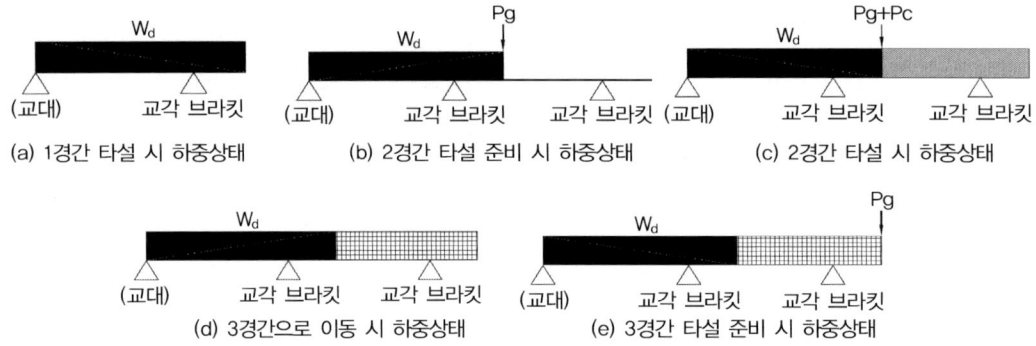

(a) 1경간 타설 시 하중상태   (b) 2경간 타설 준비 시 하중상태   (c) 2경간 타설 시 하중상태

(d) 3경간으로 이동 시 하중상태   (e) 3경간 타설 준비 시 하중상태

5) 교각 설계 : 이동식 동바리 거치를 위한 교각설계에 대한 검토가 필요하며 이는 각 이동식 비계의 특성별로 고려하여 교각을 설계하여야 한다. 일반적으로 요철부를 교각설계 시 고려하여 요철부에 작용하는 연직력에 대한 응력을 검토한다.

① 교각부에 요철부($1200mm \times 400mm$)를 고려하는 방법
② 교각에 미리 홈을 내고 H형강을 걸쳐서 이동식비계를 지지하는 방법
③ 교각에 현수재나 강재를 이용하여 걸치는 방법

6) 처짐검토 : 연속교의 분할시공으로 시공단계별 처짐관리 필요하며 일반적으로 다음의 처짐에 대하여 검토하여야 한다. MSS 공법 적용 시에는 시공단계별 처짐을 모두 고려하여 처짐도를 작성하고 비계의 외부 거푸집을 솟음도에 맞추어 유압잭 등으로 설치할 수 있어야 한다.

① 이동식 비계의 자중에 의한 비계보의 처짐
② 교량 상부구조의 자중에 의한 비계보의 처짐
③ 후방 지지현수재 지점반력에 의한 비계보 및 교량 상부구조의 처짐
④ 분할 시공 시 교량 상부구조의 자중에 의한 교량 상부구조의 처짐
⑤ 프리스트레스 및 크리프에 의한 교량 상부구조의 처짐
⑥ 콘크리트 타설 시 발생하는 지점부 장비의 처짐(Pier Bracket 처짐)

7) PS텐던 배치방법 : PS강재 배치방법은 한 경간씩 현장치기로 가설하는 동바리공법의 경우와 유사

하며, 다음의 2가지 방법과 혼합하는 방식이 있다.

① 유형1(텐던 일부만 시공이음부에 정착시키고 나머지는 연속배치하는 방법) : 비계를 제거하기 전에 긴장되며 연결구는 필요 없으며 엇갈리게 중복배치되는 길이가 충분할 경우에는 지점 근처의 프리스트레스 힘이 두 배가 된다. 그러나 유형1은 아직 시작되지 않은 경간을 위한 텐던이 기 시공 경간에 일체로 묻혀야 하므로 PS조절이 어려우나 기계화 시공 측면에서는 시공이음부에만 정착구를 설치하므로 시공성이 우수하다.

② 유형2(지점부위에서 텐던을 엇갈리게 중복배치하는 방법) : 유형1과 마찬가지로 비계제거 전에 긴장되며 연결구가 필요 없으며 엇갈리게 중분 배치되는 길이가 충분할 경우 지점 근처의 프리스트레스 힘이 두 배가 된다. 유형2는 프리스트레스 단계를 자유롭게 조절할 수 있어 크리프와 건조수축에 의한 프리스트레스 손실을 상당히 감소시킬 수 있으나, 유형1보다는 시공성이 떨어진다.

③ 유형3(유형1+유형2 혼합배치) : 혼합된 방식의 텐던 배치로 텐던 배치가 단순하면서도 효율적으로 배치하면 마찰손실을 충분히 감소시킬 수 있으나 내부 거푸집 형태를 일률적으로 하는 것에 대해 충분히 고려해야 한다.

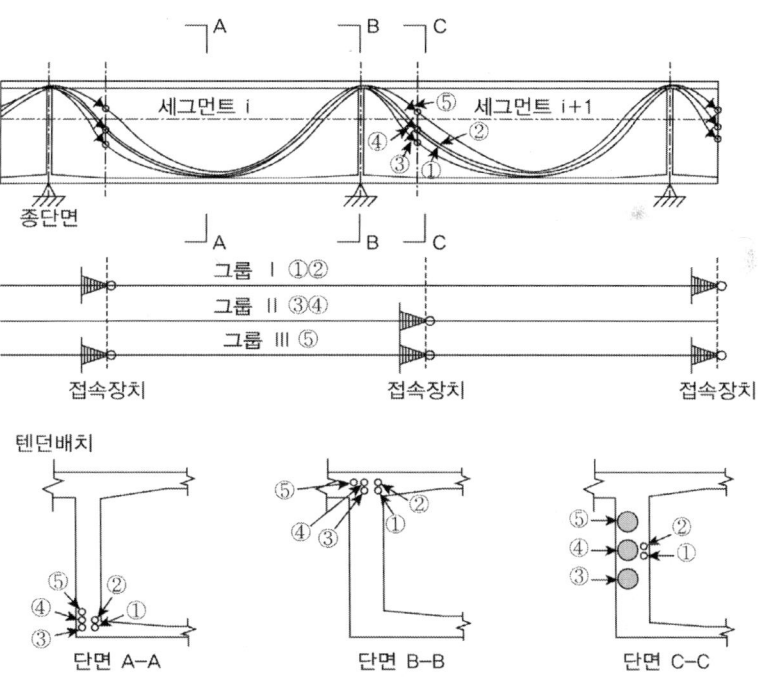

유형1(텐던 일부만 시공이음부에 정착시키고 나머지는 연속배치하는 방법)

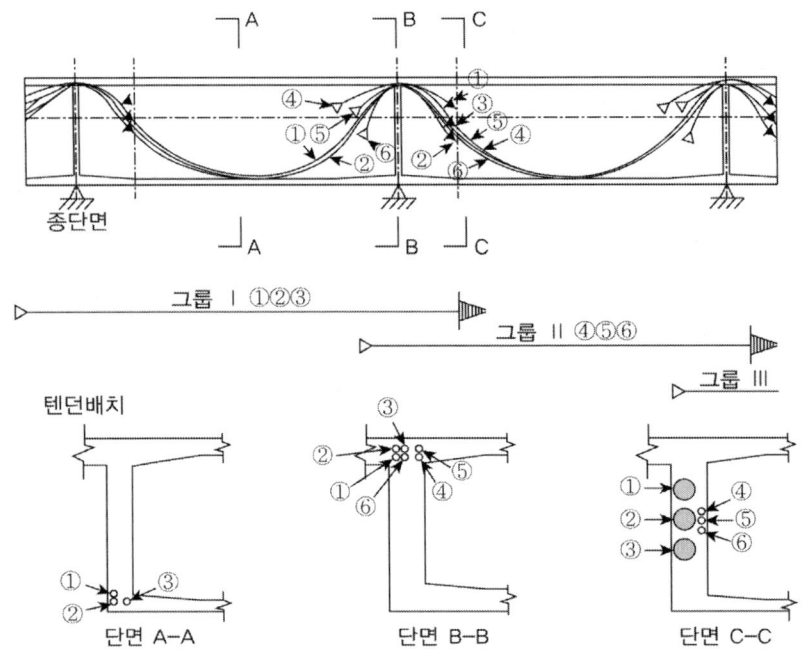

유형2(지점부위에서 텐던을 엇갈리게 중복배치하는 방법)

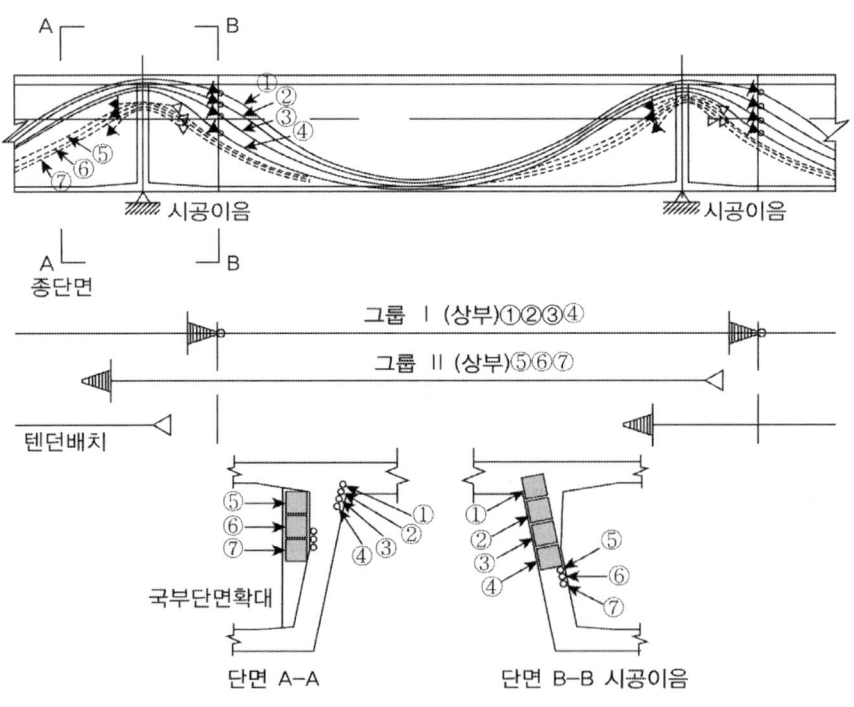

유형3(유형1+유형2 혼합배치)

5. ILM 공법 시 유의사항 ^{99회/108회/114회/118회/134회}

【기출유형 ①】 ILM에 의한 PSC BOX Girder 교량의 설계 및 시공시 고려사항
【기출유형 ②】 ILM 압출 중 종방향 교각 변위 제어방안
【기출유형 ③】 ILM 교량의 신축이음부 처리방법과 고려사항
【기출유형 ④】 ILM 런칭거더 장비 구동방식에 따른 왕복형과 추진형에 대한 특징과 구조적 고려사항

1) ILM은 교대 후방에 설치된 작업장에서 한 세그멘트씩 제작, 연결한 후 교축으로 밀어내어 점진적으로 교량을 가설하는 공법으로 교량의 평면 선형이 직선 또는 단일 원호일 경우에만 적용 가능하며 교량의 선단부에 추진코를 설치하여 가설 시의 단면을 감소시킴과 동시에 가설용 강재를 별도로 설치하여 이에 저항토록 한다.

2) 이 공법은 작업조건이 좋은 작업장에서 제작하므로 품질에 대한 신뢰도가 높고 공기가 빠르며 교각의 높이가 높을 경우에는 경제성이 매우 높다. 압출방식에 따라 Pushing System, Pulling System, Lifting & Pushing System으로 분류되며, 또한 압출잭의 위치에 따라 집중압출방식과 분산압출방식으로 분류된다. 국내의 시공예로는 금곡천교, 황산대교, 거여고가교 등이 있다.

3) 안정성 검토의 주요사항으로는 압출 시 안정 검토(전도 및 활동), 압출노즈의 설계검토(연장 및 강성), 하부플랜지의 편칭파괴 검토 등이 있다.

4) 압출 시 안정 검토

① 전도에 대한 검토 : 압출노즈 선단이 제2지점인 교각1에 도달하기 직전에 제1지점에 관한 안전율을 검토하여 전방으로 전도되지 않도록 안전율을 1.3 적용한다.

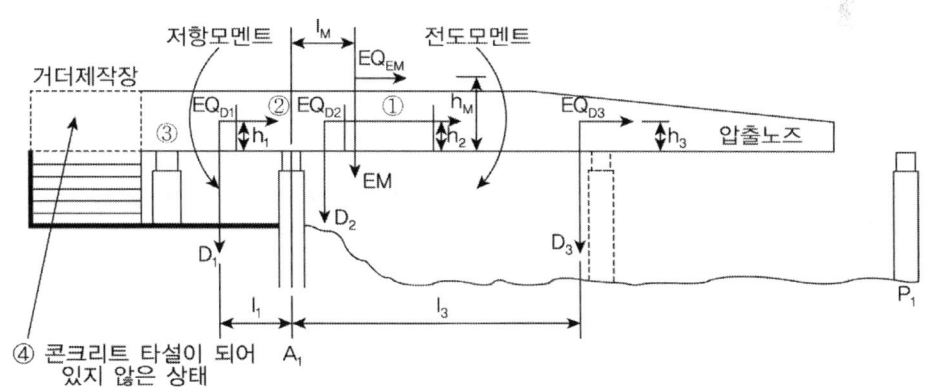

② 활동에 대한 검토 : 압출작업의 초기단계에서 주형이 활동하게 되면 전도할 위험이 있으므로 충분한 안정성을 갖도록 검토한다.

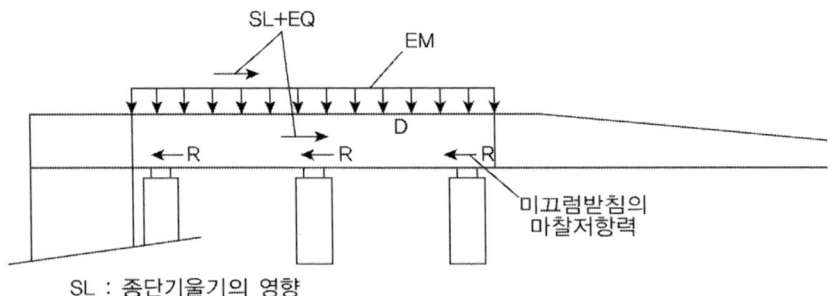

SL : 종단기울기의 영향

5) 압출노즈 설계 시 유의사항 : ILM 시공 시 주형은 정 부모멘트를 번갈아 받아 교번응력이 발생한다. 이를 위해 1차 강재로 축방향 압축력을 도입하는 데 도입하는 축방향 압축력은 한계가 있으므로 통상적으로 응력 경감을 위해 압출노즈를 사용한다. 압출노즈의 길이는 시공 시 주형의 응력에 영향을 주는 주요한 요인으로 최대 경간장 통과 시에 발생하는 주형의 단면력, 한 번에 압출시켜야 하는 경간장 등을 고려하여 결정한다.

① 교량의 종단 및 평면선형(직선, 곡선) : 평면상의 곡선교의 경우 압출노즈도 곡선이 바람직하나 압출노즈의 제작 및 전용이 곤란하므로 압출노즈 Shift 양이 100mm 미만인 경우 응력에 문제가 없을 것으로 예상되어 직선형으로 사용해도 무방하다.

② 압출노즈 길이와 주형의 단면력 관계 : 압출노즈의 길이와 박스거더 단면력과의 관계는 일반적으로 압출노즈 길이를 시공 시 최대 경간장의 0.6~0.7배 정도로 하는 것이 적당하다(부모멘트 크기와 연관).

③ 압출노즈의 단위길이당 중량과 길이에 따른 휨모멘트 : 상대휨상성계수(압출노즈 휨강성/박스거더 휨강성)도 박스거더 단면력 변화에 큰 영향을 미치는 인자로 압출시공 시 박스거더에 과대한 단면력이 생기지 않도록 수직휨, 수평휨, 좌굴에 대하여 소요강성을 가져야 한다. 지진 시에도 수평력에 필요한 횡강성을 가져야 한다.

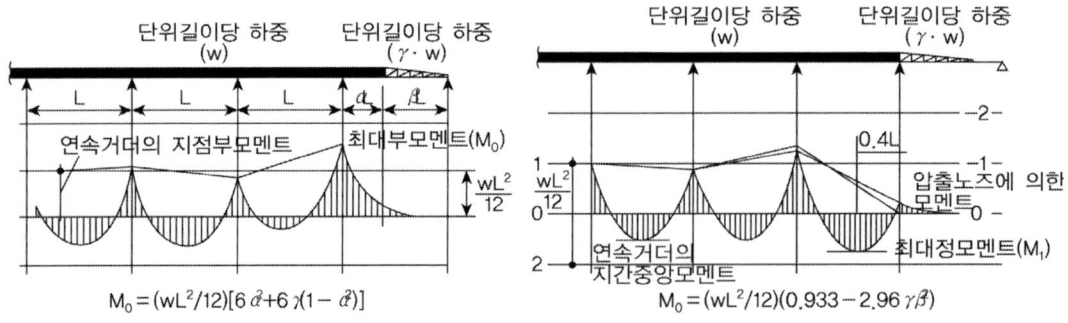

$$M_0 = (wL^2/12)[6\alpha^2 + 6\chi(1-\alpha)]$$

$$M_0 = (wL^2/12)(0.933 - 2.96\gamma\beta)$$

④ 비틀림강성 : ILM교량단면의 비틀림강성은 상당히 커서 제작 등에 의한 오차가 압출노즈에 작

용하는 반력의 불균형을 증가시키므로 압출노즈의 수직 휨 및 복부판의 좌굴에 대하여 충분한 보강을 하여야 한다.

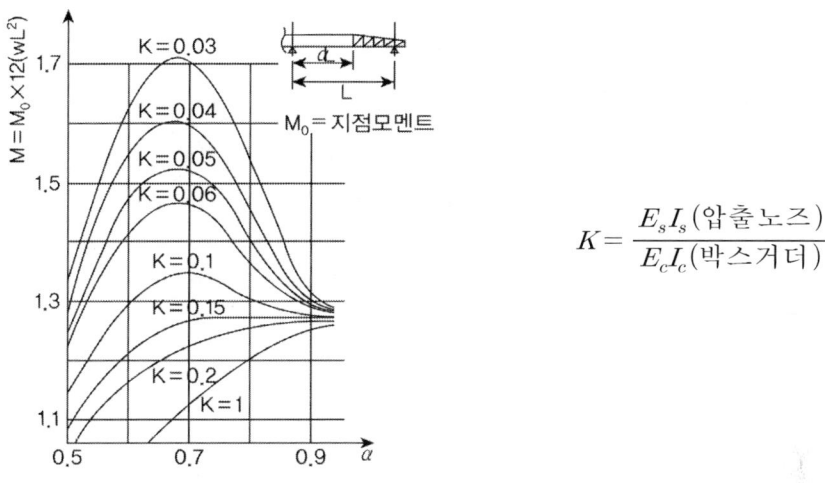

$$K = \frac{E_s I_s (\text{압출노즈})}{E_c I_c (\text{박스거더})}$$

⑤ 압출노즈와 박스거더의 연결부 설계 : 연결부는 휨모멘트와 전단력에 대하여 안전하도록 설계하여야 한다. 휨모멘트에 의하여 연결부 접합면에서 발생하는 휨 압축응력은 콘크리트 허용휨 압축응력 이하이어야 한다.

⑥ 압출단계별 박스거더의 응력 변화 검토 : 프리스트레스 도입 직후, 압출시공 시의 상태, 2차 프리스트레스 도입 직후, 건조수축, 크리프 등이 완료된 상태 등에 대하여 응력 검토

⑦ 받침 : 압출시공 시 사용되는 미끄럼 받침은 가설받침으로만 사용되는 형식과 가설받침과 영구받침을 겸하는 형식이 있으므로 두 형식 모두 하중으로부터 안전하게 설계되어야 한다.

⑧ 하부플랜지의 펀칭 보강 : 받침의 위치가 계속 변하므로 지점의 반력에 의하여 하부플랜지에 펀칭파괴가 발생할 수 있으므로 하부플랜지의 보강철근 배치 및 헌치단면 증대, 받침배치 위치 선정 등에 대한 검토가 수반되어야 한다.

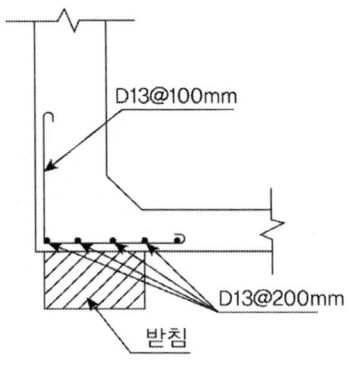

6. FCM 공법 시 유의사항 103회/111회/114회/117회/122회/125회

【기출유형 ①】 FCM 경간구성 및 형고계획과 설계 시 고려사항
【기출유형 ②】 FCM 긴장재 배치방법
【기출유형 ③】 FCM에 사용되는 교각의 종류와 특징
【기출유형 ④】 FCM 불균형 모멘트 발생요인과 제어 방안, 임시고정장치 설명

1) 기 시공된 교각에 주두부를 시공하고 여기에 작업차를 설치하여 교각을 중심으로 좌우의 균형을 맞추어 가며 3~5m 길이의 세그멘트를 순차적으로 이어 붙여나가는 공법으로 동바리의 설치가 어려운 깊은 계곡이나 하천, 해상 등에 장경간의 교량을 가설할 경우에 적용 가능한 공법으로 현장타설캔틸레버 공법과 프리캐스트 캔틸레버 공법이 있다.

2) 현장여건에 맞는 FCM의 공법 및 형식 선정

① FCM 공법 선정 시 비교

현장타설캔틸레버(Cast-in-place Cantilever Method)	프리캐스트 캔틸레버(Precast Cantilever Method)
(1) 동바리가 필요 없어 깊은 계곡이나 하천, 해상, 교통량 많은 지역 적용	(1) Segment 분할시공으로 대형 구조물, 복잡한 형상도 쉽게 적용
(2) 이동식 작업차 이용 시공 → 큰 가설장비 필요 없음	(2) Segment가 일정한 장소에서 제작 → 콘크리트 품질관리 용이
(3) 3~5m씩 세그먼트 시공 → 상부구조 변단면 가능	(3) Segment 제작과 하부공사 병행으로 공기 단축
(4) 이동식 작업차에서 작업수행으로 기후조건에 관계 없이 품질, 공정 등 시공관리 가능	(4) Segment기 제작으로 크리프, 건조수축에 의한 소성 변형량 감소
(5) 거푸집 설치, 콘크리트 타설, PS작업 등 모든 작업의 반복수행으로 시공속도가 빠르고 작업인원이 적게 소요, 작업원 숙련도가 높아 작업이 능률적	(5) Segment 운반, 가설 위한 대형장비 필요
(6) 각 시공단계별 오차수정 가능 → 정밀도 높음	(6) Segment 제작, 야적을 위한 넓은 장소 필요
(7) 구조계산 및 설계가 복잡함	(7) 선형관리가 현장타설 방식에 비해 복잡하고 오차 수정이 어려움

② FCM 교량 상부 구조형식 선정 시 비교

구분	라멘교 형식			연속 거더교
	힌지(활절) 라멘교	게르버(들보) 라멘교	연속 라멘교	
장점	• 정정구조로 구조해석 및 설계 용이 • 가설 전후의 휨모멘트 일치로 텐던 배치가 용이하며 물량이 적다. • 크리프나 온도변화에 의한 내부 구속력 없음 • 부등침하의 영향이 적다 (연약지반 적용 가능).	• 부등침하가 발생할 수 있는 곳에 적용가능하며 힌지구조에 비해 처짐각 차이가 작다. • 양측 교대경간이 짧을 경우 적용성이 좋으며 적정 비율은 교대측 경간이 중앙경간의 1/3 정도이다. • 중앙부 게르버보의 자중 감소 가능(정모멘트부 I형, T형 적용 가능)	• 상하부 일체로 받침이 필요없어 신축이음장치 최소화, 유지관리 및 주행성 양호 • 다경간 형식으로 지진 시 수평력 분산 → 내진성능 유리 • 부정정구조로 응력재분배 • 불균형모멘트 저항을 위한 가설고정장치가 불필요 • 소요받침이 없어 유지관리 유리	• 신축이음장치 최소화로 차량 주행성 유리 • 온도 및 지진하중에 의한 상부구조 수평력을 고정단에 집중 • 종방향 온도변화, 크리프, 건조수축 등에 의한 부정정력은 발생하지 않는다.
단점	• 모멘트 재분배가 없어 내하력이 작다. • 힌지부의 설계와 시공이 어렵고 장기적인 유지관리가 어렵다. • 교대측 경간이 인접경간의 1/2 이하면 박스거더가 들릴 위험이 있어 별도의 안정성 확보가 필요하다. • 긴장재의 릴렉세이션이나 콘크리트 크리프에 민감한 거동을 한다(장기적인 처짐이나 변형각이 커서 차량주행성에 큰 문제) → 국내외 사용 안 함	• 모멘트 재분배가 없어 내하력이 작다. • 신축이음장치의 개수 증가로 유지관리가 어렵다.	• 부정정구조로 PS, 온도, 건조수축, 크리프, 부등침하에 의한 영향이 크다. • 교각의 변형량이 크기 때문에 소성이 큰 교각 구조에 적합 • 하부구조에 상시 수평력 발생	• 가설 중 불균형 모멘트 저항하기 위한 가설 고정장치 필요 • 공용 중 받침의 유지관리 필요(단일고정방식/복수고정방식/스토퍼방식 등)

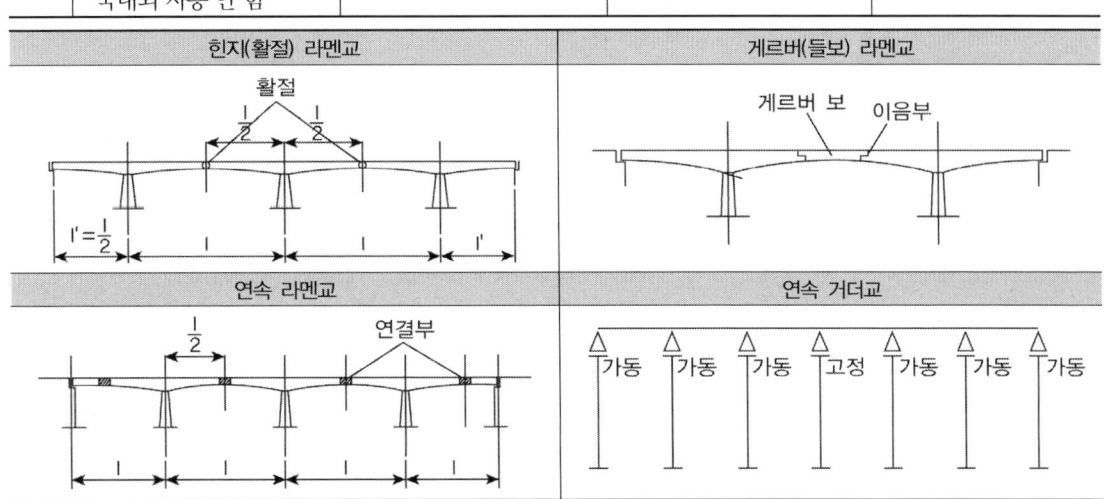

힌지(활절) 라멘교	게르버(들보) 라멘교
연속 라멘교	연속 거더교

③ FCM 교량 하부 구조형식 선정 시 비교

구 분	모멘트 저항교각 (Moment Resisting Pier)	연성 양주교각 (Piers with Twin Flexible Legs)	연성 단주교각 (Single Flexible Pier)
개요	• 캔틸레버 시공 중 불균형모멘트를 주두부가 위치하는 1개의 교각 강성으로 저항하는 교각 • 교각의 단면이 크며 가장 많이 사용	• 강성이 비교적 작은 2개의 기둥구조로 된 교각형태로 캔틸레버부의 시공 중 및 시공 후의 교축방향 수평력이 양주의 연성으로 조절되어 교각상단과 상부구조 접합부 응력집중 방지(강결구조와 받침구조)	• 강성이 비교적 작은 1개의 교각을 주두부에 설치하는 교량형태
특징	• 교각의 높이는 낮지만 교각 강성이 큰 모멘트 저항교각을 사용한 연속라멘교의 경우 건조수축, 크리프, 온도변화에 의한 부피변화와 PS에 의한 2차 응력의 영향으로 교각과 상부구조 접합부에 큰 응력 발생(접합부 균열) → 연속거더교 형식(가설고정장치나 가지주 설치 필요)	• 두 개의 지지점이 있으므로 수직하중에 대해서 효과적 • 수평연성이 크므로 연속교의 신축에 보다 효과적으로 대응 • 간단한 브레이싱 등으로 캔틸레버 시공 중 안정성 확보 • 교축방향 이동량에 대하여 교각 연성으로 흡수 • 경사진 양주는 휨모멘트 감소, 힌지구조로 결합되거나 양주의 부재축이 기초면에 수렴하면 휨모멘트 상쇄(아치효과) • 교각의 강성이 비교적 작으므로 전체구조 및 시공 중인 구조에 대한 안정성과 국부좌굴에 대한 검토 필요	• 강성이 작기 때문에 시공 중 불균형 모멘트 저항을 위한 가지주 설치 필요 • 교각 높이가 큰 연속라멘교에 적합 • 미국에서는 속찬단면이 경제적인 것으로 인식하고 있으며 유럽에서는 중공단면이 효과적이고 경제적인 것으로 여기고 있다. • I형과 H형 단면 사용 시 비틀강성이 작으므로 가설하중(풍하중)에 대한 상부구조 변형을 제한시켜야 한다.

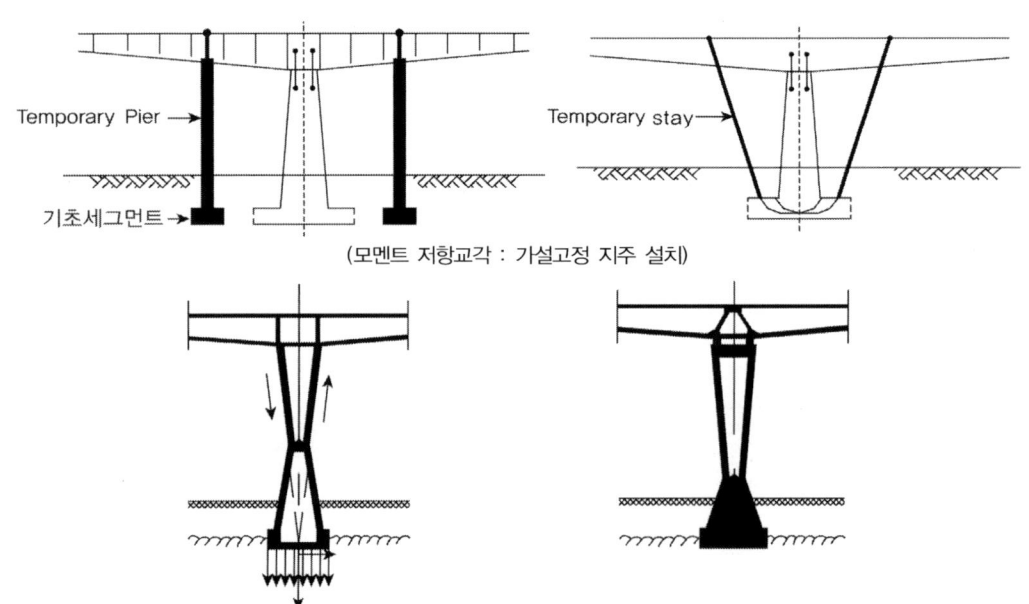

(모멘트 저항교각 : 가설고정 지주 설치)

(연성 양주 교각 : 강결구조와 받침구조)

3) 시공 중 발생하는 불균형 하중에 대한 고려 필요

　① 균형캔틸레버공법에서 생기는 하중의 차이로 한쪽캔틸레버 작용하는 고정하중의 2%

　② 시공 중 불균형 활하중(한쪽에 5MPa, 반대쪽에 2.5MPa)

　③ 가설에 필요한 이동식 운반건설장비 하중

　④ 세그먼트 인양 시 동적효과로 충격하중으로 10% 적용

　⑤ 세그먼트 불균형, 인양순서 과오, 비정상적인 조건에 의한 하중

　⑥ 풍하중 상향력을 한쪽에서 2.5MPa 재하

　⑦ 세그먼트의 급격한 제거 및 재하를 고려 정적하중의 2배의 충격하중 적용

4) 시공기간, 인양조건 등을 고려한 세그먼트 분할 계획 검토

5) 주텐던 배치계획

　① 캔틸레버 텐던 : 시공 중 발생하는 부모멘트 저항하기 위한 거더 상부 배치 텐던

　② 연결텐던 : 캔틸레버 시공 후 연결부(Key Segment)를 시공하고 연속화시켰을 때 발생하는 정모멘트에 저항하기 위해 박스거더 하부에 배치하는 텐던

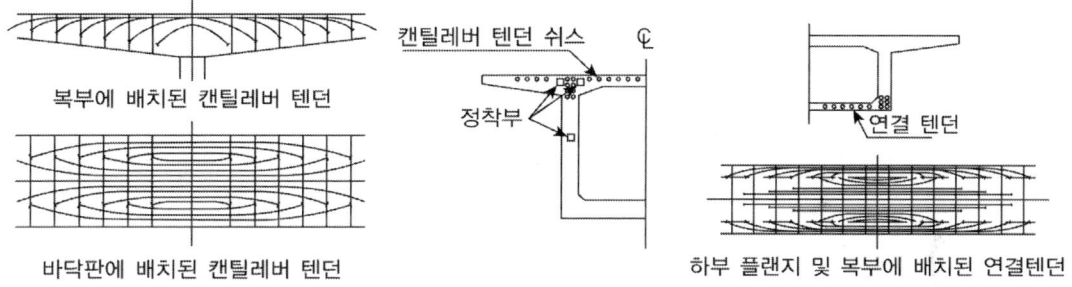

복부에 배치된 캔틸레버 텐던

바닥판에 배치된 캔틸레버 텐던

캔틸레버 텐던 쉬스

정착부

연결 텐던

하부 플랜지 및 복부에 배치된 연결텐던

6) 시공단계별 응력 검토 및 보강 검토

7) 폐합 시 Key Segment 설치를 위한 가설고정장치 검토

7. PSM 공법 시 유의사항 ^{102/115회}

【기출유형 ①】 PSM의 특징과 설계 시 유의사항
【기출유형 ②】 Precast segment 교량의 설계 시 고려사항과 세그먼트 이음부의 설계방법

1) PSM 공법은 콘크리트 구조부재를 작은 세그먼트 또는 블록으로 분할하고 이것을 긴장재에 의하여 압착 접합하여 하나의 큰 부재를 만드는 공법으로 공장 또는 현장 부근 제작장에서 Segment를 제작하고 제작된 프리캐스트 세그먼트를 운반하여 소정위치에 들어 올려 포스트텐션 장치에 의해서 압착하여 접합시키는 공법으로 대표적인 가설공법으로는 Balanced Cantilever Method, Span by span Method, Progressive Method가 있다.

Free Cantilever Method

Span by span Method

Progressive Method

2) PSM 공법 적용 시 타공법과의 장단점 검토

장점	단점
• 동바리가 필요 없어 깊은 계곡이나 하천, 해상, 교통량 많은 지역 적용	• 에폭시를 사용할 경우 기후의 영향을 받아 혹한기 시공이 어렵다.
• 하부구조 가설 노중 상부구조 Segment를 제작하므로 상부공기 단축	• 높은 정도, 고난도 시공관리가 요구된다.
• Segment를 선 제작하여 크리프, 건조수축 영향 최소화	• 접합면에서 철근이 불연속하므로 인장응력에 한계가 있다.
• 공장생산으로 품질관리 양호	
• 2차선교량일 경우 1.7km 이상인 경우 공사비 절감효과가 있다(미국의 경우).	

3) 현장여건에 맞는 Segment 제작방법 선정(Long line/Short line 공법)

구분	롱라인 공법(Long line)	숏라인 공법(Short line)
공법 개요	상부구조 형상 전체의 제작대에 Casting bed 설치 후 거푸집을 이동시키면서 각각의 Segment를 제작하는 방법으로 한 개 또는 여러 개의 거푸집을 이동시키면서 제작	상부구조 형상을 고정된 제작대에서 한 Segment씩 제작하는 방법
특징	• 변단면 교량에 유리 • Casting bed 설치를 위한 넓은 공간 필요 • 거푸집 해체 후 Segment 이동시킬 필요 없음 • 제작 및 가설 정밀도 확보 가능 • 공정단순 • 제작비 다소 고가	• 일정단 등단면 교량에 유리 • Casting bed에 좁은 공간 가능 • 거푸집 해체 후 Segment 이동 • 제작에 정밀 요함 • 공정 복잡 • 제작비 저렴

4) 현장여건에 맞는 PSM 가설공법 선정

구분	Balanced Cantilever Method	Span by span Method
개요	크레인 또는 가동 인양기에 의하여 미리 제작된 Precast segment를 교각을 중심으로 양측에서 순차적으로 연결하여 Cantilever를 조성하고 지간 중앙부를 연결하는 공법	가동식 가설 Truss를 교각과 교각 사이에 설치하고 미리 제작된 Precast segment를 그 위에 정렬한 후 PS를 가하여 인접지간과 연결하는 공법
가설 장비	독립적인 장비에 의한 가설(Crane), 상부구조에 설치된 장비로 인한 가설(인양기)	가설 Truss
장점	• 가설을 위한 별도의 형가공간 불필요 • 각 교각에서 동시가설로 인한 공기단축가능(가설 장비 다수 필요)	• 단경간의 장대교량에 경제적(가설 Truss 반복 사용) • 경제적인 단면설치 가능(가설 시 작용 단면력이 작음) • 가설속도가 빠름
단점	• 시공 중 Free Cantilever 모멘트로 인한 다소의 단면 증가 • 처짐관리가 어려움(정확한 Segment 제작 및 시공 요구)	• 가설 Truss로 인한 별도의 형하공간 필요 • 곡선반경 제약($R \geq 300m$) • 장경간 가설은 비경제적 • 가설 Truss 장비 고가 • 각 교각부 동시 가설 곤란

5) 시공 중 발생하는 불균형 하중에 대한 고려 필요(Balanced Cantilever Method)

6) 시공기간, 인양조건 등을 고려한 세그먼트 분할 계획 검토

7) 접합을 위한 텐던 배치 및 주텐던 배치 계획

8) 시공단계별 응력 검토 및 보강 검토

9) 접합부의 응력 검토(전단 및 휨모멘트)

PSC 박스 가설공법

PSC 박스거더교 가설공법의 종류와 특징에 대하여 설명하시오.

풀 이

▶ 개요

일반적으로 PSC교량의 가설공법은 FSM, MSS, ILM, FCM, PSM 등의 방식이 있으며, 교량의 가설목적, 교량연장 및 교폭, 교량의 등급, 교량구간의 선형 등 교량설계에 따른 요구조건과 교량가설 지점의 여건, 시공성, 경제성, 미관 등을 종합적으로 고려하여 PSC교량 가설방식을 결정한다.

▶ 가설공법별 구분

PSC 박스거더교를 가설 시에 동바리를 사용하는지 여부와 콘크리트를 현장타설하는지 혹은 프리캐스트를 사용하는지 여부에 따라 가설공법을 구분할 수 있으며, 지반조건이나 평면 및 종단선형의 제약 등을 고려해 가설공법을 결정한다.

동바리	콘크리트	가설공법
사용	현장타설	전체지지식(FSM : Full Staging Method)
		지주지지식
		거더지지식
미사용	현장타설	캔틸레버공법(FCM : Free Cantilever Method)
		이동식비계공법(MSS : Movable Scaffolding System)
		연속압출공법(ILM : Incremental Launching Method)
	프리캐스트	프리캐스트 거더공법
		프리캐스트 세그먼트 공법(PSM : Precast Segment Method)

PSC 박스거더교를 가설공법별 선정 시 고려사항은 다음과 같다.
① FSM : 중소규모 교량, 하부공간이 비교적 높지 않고 기초지반이 양호, 동바리 설치가 용이한 곳에 적용
② ILM : 동바리 설치가 곤란한 지역, 평면 및 종단선형이 직선이거나 단곡선인 경우 적용
③ MSS : 동바리 설치가 곤란한 지역에 적용, FSM에 비해 다경간이어서 경제적인 경우 적용
④ FCM : 지간이 비교적 길고 동바리설치가 곤란한 지역, 고교각 교량인 경우 적용
⑤ PSM : 지간이 비교적 길고 동바리 설치가 곤란한 지역, 평면 및 종단선형이 직선이거나 단곡선인 경우 적용, 장비가 고가이므로 다경간이거나 공기가 촉박한 경우

가설공법의 선정은 하부조건과 경제성을 고려하여 결정하여야 하며, 보통 PSC거더의 경우 높이가 $1.75 \sim 2.2^m$로 형고비를 약 1/15 내외로 계획한다. 박스거더교의 형고비는 FSM과 MSS 공법이 서로 유사하고 ILM과 PSM이 유사하다.

구분	FCM	FSM	MSS	ILM	PSM
중앙부	45~50	15~20	15~20	17	17
지간부	18~20	15~20	15~20	17	17

▶ 가설공법별 특징과 유의사항

1) FSM

① 콘크리트를 타설하려는 경간 전체에 동바리를 가설하여 타설된 콘크리트의 강도가 소정의 값을 나타낼 때까지 일시적으로 콘크리트의 자중 및 작업하중을 동바리가 지지하는 방식으로 적당한 높이의 짧은 교량이 평이한 지형에 가설될 경우에는 시공성 및 경제성이 있으나, 가교 지점의 지형이 험준하거나 교량 설치높이가 높거나 교량의 길이가 길 경우에는 경제성이 적다.

② 보통 동바리 설치방법에 따라 전체지지식, 지주지지식 및 거더지지식으로 분류된다.

③ FSM 가설 시 주요 유의사항으로는 가설 시 사용되는 동바리(조립형 동바리, 강관틀 동바리, 강재 동바리 등)에 대한 안전성 확보가 필요하다.

④ 가설용 동바리는 콘크리트 타설 시 발생되는 수직 및 수평하중에 대해 안전하도록 설계되어야 한다.

2) ILM

① ILM은 교대 후방에 설치된 작업장에서 한 세그멘트씩 제작, 연결한 후 교축으로 밀어내어 점진적으로 교량을 가설하는 공법으로 교량의 평면 선형이 직선 또는 단일 원호일 경우에만 적용 가능하며 교량의 선단부에 추진코를 설치하여 가설 시의 단면을 감소시킴과 동시에 가설용 강재를 별도로 설치하여 이에 저항토록 한다.

② 이 공법은 작업조건이 좋은 작업장에서 제작하므로 품질에 대한 신뢰도가 높고 공기가 빠르며 교각의 높이가 높을 경우에는 경제성이 매우 높다. 압출방식에 따라 Pushing System, Pulling System, Lifting & Pushing System으로 분류되며, 또한 압출잭의 위치에 따라 집중압출방식과 분산압출방식으로 분류된다.

③ 안정성 검토의 주요사항으로는 압출 시 안정검토(전도 및 활동), 압출노즈의 설계검토(연장 및 강성), 하부플랜지의 펀칭파괴 검토 등이 있다.

3) MSS

① MSS는 FSM과 비슷하게 시공 시 전 시공구간을 지지시킨다는 점에서 유사하지만 이동식 비계

를 이용하여 한 경간씩 시공해 나가는 공법이므로 이동식 장비를 거치하기 위한 교각계획 및 MSS 장비운용을 위한 상세를 고려하여야 한다.

② 기계화 시공을 위한 경제성은 통상적으로 일반적인 조건에서 15경간 이상에서 FSM에 비해 경제성이 있으며, 30~60m 범위의 지간에 설치하는 것이 경제적이다. 60m 이상의 경우 이동식 비계의 제작비 증가로 비경제적일 수 있다.

③ 이동식 비계를 이용하여 FSM에 비해 시공속도가 빠르며, 하부공간을 활용할 수 있어 하천횡단이나 도로횡단 등에 유리, 하부 교통의 통제가 필요 없어 하부공간활용도가 높다.

4) FCM

① 기 시공된 교각에 주두부를 시공하고 여기에 작업차를 설치하여 교각을 중심으로 좌우의 균형을 맞추어 가며 3~5m 길이의 세그멘트를 순차적으로 이어 붙여나가는 공법으로 동바리의 설치가 어려운 깊은 계곡이나 하천, 해상 등에 장경간의 교량을 가설할 경우에 적용 가능한 공법으로 현장타설캔틸레버 공법과 프리캐스트 캔틸레버 공법이 있다.

② 현장여건에 맞게 상부구조 형식(라멘교 형식, 연속거더교 형식), 하부구조 형식(모멘트 저항교각, 연성 양주교각, 연성 단주교각)을 선정한다.

③ 시공 중 발생하는 불균형 하중에 대한 고려 필요하다.

5) PSM

① PSM 공법은 콘크리트 구조부재를 작은 세그먼트 또는 블록으로 분할하고 이것을 긴장재에 의하여 압착 접합하여 하나의 큰 부재를 만드는 공법으로 공장 또는 현장 부근 제작장에서 Segment를 제작하고 제작된 프리캐스트 세그먼트를 운반하여 소정위치에 들어 올려 포스트텐션 장치에 의해서 압착하여 접합시키는 공법으로 대표적인 가설공법으로는 Balanced Cantilever Method, Span by span Method, Progressive Method가 있다.

② 동바리가 필요없어 깊은 계혹이나 하천, 해상, 교통량이 많은 지역에 적용되며 공장 생산으로 품질관리가 양호하다.

ILM 설계 시공 시 고려사항

압출공법(ILM)에 의한 세그멘탈 교량의 설계 및 시공 시 고려할 사항에 대해 설명하시오.

풀 이

> ### 개요

압출공법(ILM)은 교대 후방에 설치된 작업장에서 한 세그멘트씩 제작, 연결한 후 교축으로 밀어
내어 점진적으로 교량을 가설하는 공법으로 교량의 평면 선형이 직선 또는 단일 원호일 경우에만
적용 가능하며 교량의 선단부에 추진코를 설치하여 가설시의 단면을 감소시킴과 동시에 가설용
강재를 별도로 설치하여 이에 저항토록 한다. 이 공법은 작업조건이 좋은 작업장에서 제작하므로
품질에 대한 신뢰도가 높고 공기가 빠르며 교각의 높이가 높을 경우에는 경제성이 매우 높다. 압
출방식에 따라 Pushing System, Pulling System, Lifting & Pushing System으로 분류되며, 또
한 압출잭의 위치에 따라 집중압출방식과 분산압출방식으로 분류된다.

> ### 설계 및 시공 시 고려할 사항

설계, 시공 시 주요사항으로는 압출 시 안정검토(전도 및 활동), 압출 노즈의 설계 검토(연장 및
강성), 하부플랜지의 펀칭파괴 검토 등이 있다.

1) 압출 시 안정 검토

① 전도에 대한 검토 : 압출 노즈 선단이 제2지점인 교각1에 도달하기 직전에 제1지점에 관한 안
   전율을 검토하여 전방으로 전도되지 않도록 안전율을 1.3 적용한다.

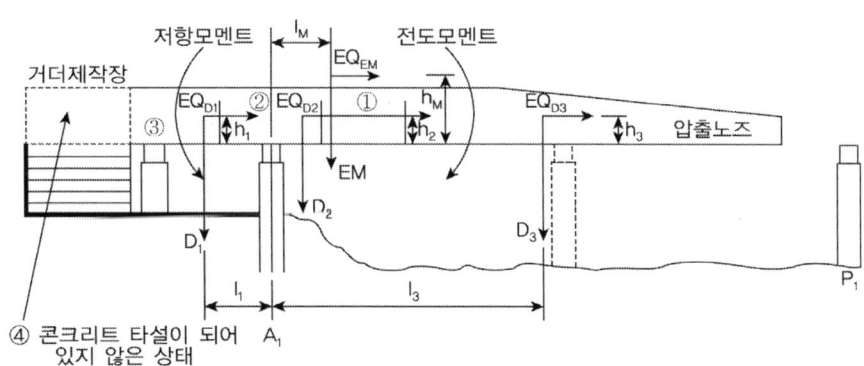

② 활동에 대한 검토 : 압출작업의 초기단계에서 주형이 활동하게 되면 전도할 위험이 있으므로
   충분한 안정성을 갖도록 검토한다.

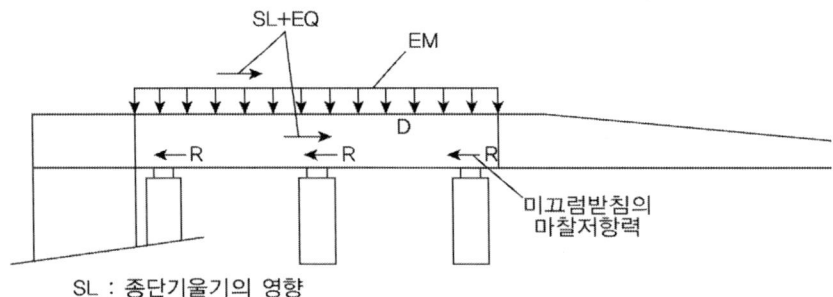

SL+EQ

EM

D

R R R

미끄럼받침의
마찰저항력

SL : 종단기울기의 영향

2) 압출 노즈 설계 시 유의사항 : ILM 시공 시 주형은 정 부모멘트를 번갈아 받아 교번응력이 발생한다. 이를 위해 1차 강재로 축 방향 압축력을 도입하는 데, 도입하는 축방향 압축력은 한계가 있으므로 통상적으로 응력 경감을 위해 압출 노즈를 사용한다. 압출 노즈의 길이는 시공 시 주형의 응력에 영향을 주는 주요한 요인으로 최대 경간장 통과 시에 발생하는 주형의 단면력, 한 번에 압출시켜야 하는 경간장 등을 고려하여 결정한다.

① 교량의 종단 및 평면선형(직선, 곡선) : 평면상의 곡선교의 경우 압출 노즈도 곡선이 바람직하나 압출 노즈의 제작 및 전용이 곤란하므로 압출 노즈 Shift 양이 100mm 미만인 경우 응력에 문제가 없을 것으로 예상되어 직선형으로 사용해도 무방하다.

② 압출 노즈 길이와 주형의 단면력 관계 : 압출 노즈의 길이와 박스 거더 단면력과의 관계는 일반적으로 압출 노즈 길이를 시공 시 최대 경간장의 0.6~0.7배 정도로 하는 것이 적당하다(부모멘트 크기와 연관).

③ 압출 노즈의 단위 길이당 중량과 길이에 따른 휨모멘트 : 상내 휨 깅싱꼐수(압출 노즈 휨강성/박스 거더 휨강성)도 박스거더 단면력 변화에 큰 영향을 미치는 인자로 압출 시공 시 박스거더에 과대한 단면력이 생기지 않도록 수직 휨, 수평 휨, 좌굴에 대하여 소요강성을 가져야 한다. 지진 시에도 수평력에 필요한 횡 강성을 가져야 한다.

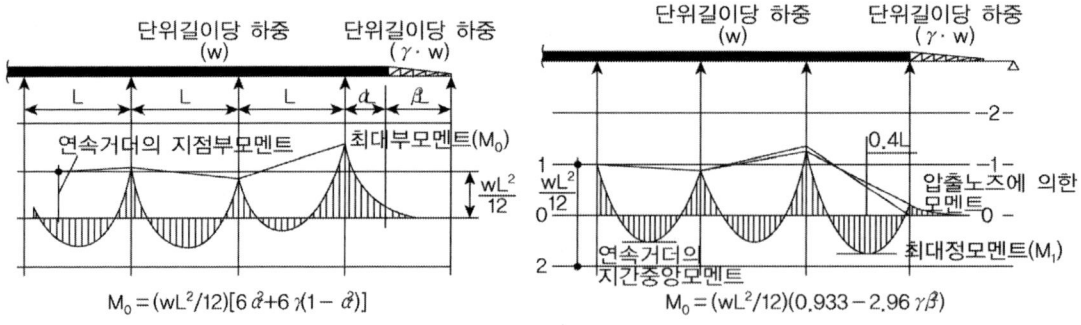

단위길이당 하중
(w)

단위길이당 하중
($\gamma \cdot w$)

L L L α β

연속거더의 지점부모멘트

최대부모멘트(M_0)

$\dfrac{wL^2}{12}$

$M_0 = (wL^2/12)[6\alpha^2 + 6\gamma(1-\alpha^2)]$

단위길이당 하중
(w)

단위길이당 하중
($\gamma \cdot w$)

0.4L

압출노즈에 의한 모멘트

$\dfrac{wL^2}{12}$

연속거더의
지간중앙모멘트

최대정모멘트(M_1)

$M_0 = (wL^2/12)(0.933 - 2.96\,\gamma\beta)$

④ 비틀림 강성 : ILM교량 단면의 비틀림 강성은 상당히 커서 제작 등에 의한 오차가 압출 노즈

에 작용하는 반력의 불균형을 증가시키므로 압출 노즈의 수직 휨 및 복부판의 좌굴에 대하여 충분한 보강을 하여야 한다.

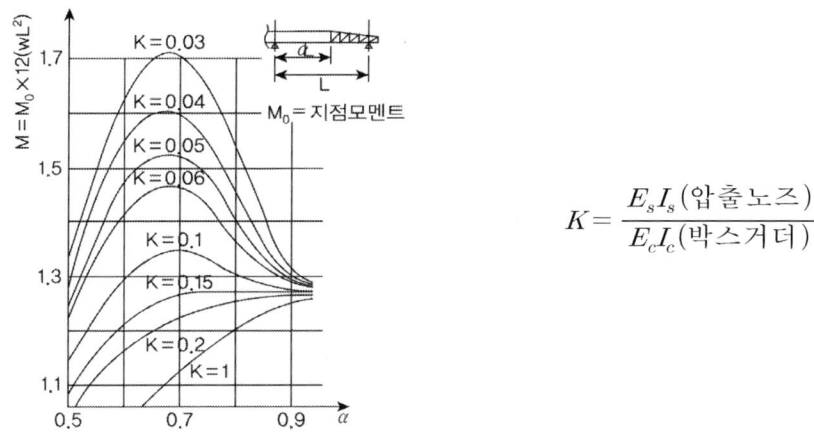

$$K = \frac{E_s I_s (압출노즈)}{E_c I_c (박스거더)}$$

⑤ 압출 노즈와 박스거더의 연결부 설계 : 연결부는 휨 모멘트와 전단력에 대하여 안전하도록 설계하여야 한다. 휨 모멘트에 의하여 연결부 접합면에서 발생하는 휨 압축응력은 콘크리트 허용 휨 압축응력 이하여야 한다.

⑥ 압출 단계별 박스거더의 응력 변화 검토 : 프리스트레스 도입 직후, 압출 시공 시의 상태, 2차 프리스트레스 도입 직후, 건조수축, 크리프 등이 완료된 상태 등에 대하여 응력 검토

⑦ 받침 : 압출 시공 시 사용되는 미끄럼 받침은 가설받침으로만 사용되는 형식과 가설받침과 영구받침을 겸하는 형식이 있으므로 두 형식 모두 하중으로부터 안전하게 설계되어야 한다.

3) 하부플랜지의 펀칭 보강 : 받침의 위치가 계속 변하므로 지점의 반력에 의하여 하부플랜지에 펀칭파괴가 발생할 수 있으므로 하부플랜지의 보강철근 배치 및 헌치 단면 증대, 받침배치 위치 선정 등에 대한 검토가 수반되어야 한다.

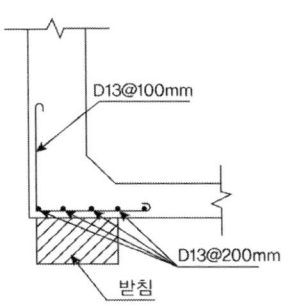

ILM 런칭공법

고교각 교량의 장경간 PSC거더 가설에 주로 적용되는 런칭 거더공법은 장비 구동방식에 따라 왕복형(Shuttle type)과 추진형(One way type)으로 나뉜다. 각 공법의 특징과 가설에 따른 구조적 고려사항에 대하여 설명하시오.

풀 이

▶ 개요

산악지대나 계곡부로 이루어진 지역 또는 하천 등을 횡단하는 교량의 경우, PSC 거더 형식은 대부분의 경우에 교각 높이가 높아 지상에서 크레인 인양 가설을 적용하기 어려운 경우가 많으며, 불가피하게 크레인 인양 가설을 할 경우에도 일정 규모의 가도 또는 가교 가설이 필요하게 되며, 이로 인한 공사비용이 증가하게 된다. 런칭 거더 시스템은 가설 여건상 일반적인 크레인 가설공법 적용이 어려운 교량 공사에 적용되는 공법으로 PSC 거더 가설공법인 MSS, ILM에 많이 사용된다.

▶ 런칭 거더(Launching girder) 공법의 특징

① 산악 지형, 해상에 위치한 고교각, 교통통제가 불가능한 번화 도심지 및 철도 횡단 교량의 경우에 주로 사용되며, 거더 가설의 효율이 뛰어나.
② 가설 여건이 불리하여 고가의 교량인 Steel BOX, PC BOX 교량을 적용할 수밖에 없었던 구간에 거더교 적용이 가능하게 되어 공사비 절감 효과가 크다.
③ 하상 교량 가설 시 가도, 가교를 설치하지 않으므로 하천 생태 보존이 가능한 친환경 공법이다.
④ 런칭가설 적용을 위해서는 장비 제원에 맞도록 평면 선형 및 종단 선형 등을 교량 계획 시 미리 고려하여야 한다.

▶ 런칭 거더(Launching girder) 장비 구동방식과 구조적 고려사항

런칭 거더 시스템은 두 개의 삼각형 단면 트러스로 구성된 메인 트러스 거더를 근간으로 구성되어 있다. ILM 거더 가설공법의 경우 교대 후방에 설치된 작업장에서 한 세그먼트씩 제작 연결해 교축방향으로 밀어내어 점진적으로 교량을 가설하기 때문에 런칭거더 장비의 구동은 일방향(One way) 추진형으로 구성된다. MSS나 PSM 가설방식의 경우 경간에 트러스 거더를 거치하고 트러스 상부에 트롤리를 설치하여 PSC를 운반 설치하는 왕복형(Shuttle) 방식을 사용한다.

1) 추진형 런칭 거더 방식

일방향 구동방식은 교량의 평면선형이 직선 또는 단일 원호일 경우에만 적용이 가능하다. 일방향 구동방식은 압출방식에 따라 Pushing System, Pulling System, Lifting & Pushing System으로 분류되며, 또한 압출잭의 위치에 따라 집중압출방식과 분산압출방식으로 분류된다. 이 방식은 압출 시에 캔틸레버 형식의 구조가 되기 때문에 압출 시 안정검토(전도 및 활동), 압출노즈의 설계 검토(연장 및 강성), 하부플랜지의 펀칭파괴 검토 등을 고려하여야 한다.

① 전도에 대한 검토 : 압출노즈 선단이 제2지점인 교각1에 도달하기 직전에 제1지점에 관한 안전율을 검토하여 전방으로 전도되지 않도록 안전율을 1.3 적용한다.

② 활동에 대한 검토 : 압출작업의 초기단계에서 주형이 활동하게 되면 전도할 위험이 있으므로 충분한 안정성을 갖도록 검토한다.

③ 교량의 종단 및 평면선형(직선, 곡선) : 평면상의 곡선교의 경우 압출노즈도 곡선이 바람직하나 압출노즈의 제작 및 전용이 곤란하므로 압출노즈 Shift 양이 100mm 미만인 경우 응력에 문제가 없을 것으로 예상되어 직선형으로 사용해도 무방하다.

④ 압출노즈 길이와 주형의 단면력 관계 : 압출노즈의 길이와 박스거더 단면력과의 관계는 일반적으로 압출노즈 길이를 시공 시 최대 경간장의 0.6~0.7배 정도로 하는 것이 적당하다(부모멘트 크기와 연관).

⑤ 압출노즈의 단위길이당 중량과 길이에 따른 휨모멘트 : 상대휨강성계수(압출노즈 휨강성/박스거더 휨강성)도 박스거더 단면력 변화에 큰 영향을 미치는 인자로 압출시공 시 박스거더에 과대한 단면력이 생기지 않도록 수직휨, 수평휨, 좌굴에 대하여 소요강성을 가져야 한다. 지진 시에도 수평력에 필요한 횡강성을 가져야 한다.

⑥ 비틀림강성 : ILM교량단면의 비틀림강성은 상당히 커서 제작 등에 의한 오차가 압출노즈에 작용하는 반력의 불균형을 증가시키므로 압출노즈의 수직 휨 및 복부판의 좌굴에 대하여 충분한 보강을 하여야 한다.

⑦ 압출노즈와 박스거더의 연결부 설계 : 연결부는 휨모멘트와 전단력에 대하여 안전하도록 설계하여야 한다. 휨모멘트에 의하여 연결부 접합면에서 발생하는 휨 압축응력은 콘크리트 허용휨 압축응력 이하여야 한다.

⑧ 압출단계별 박스거더의 응력 변화 검토 : 프리스트레스 도입 직후, 압출시공 시의 상태, 2차 프리스트레스 도입 직후, 건조수축, 크리프 등이 완료된 상태 등에 대하여 응력 검토한다.

⑨ 받침 : 압출시공 시 사용되는 미끄럼 받침은 가설받침으로만 사용되는 형식과 가설받침과 영구받침을 겸하는 형식이 있으므로 두 형식 모두 하중으로부터 안전하게 설계되어야 한다.

⑩ 하부플랜지의 펀칭 보강 : 받침의 위치가 계속 변하므로 지점의 반력에 의하여 하부 플랜지에 펀칭파괴가 발생할 수 있으므로 하부플랜지의 보강철근 배치 및 헌치단면 증대, 받침배치 위치 선정 등에 대한 검토가 수반되어야 한다.

2) 왕복형 런칭 거더 방식

왕복형 런칭거더의 기본 구동원리는 체인타입이며, 트롤리는 메인 거더 상부에 설치된 체인을 이동하는 방식이다. 메인 거더의 전진 및 후진을 위해서는 메인 거더와 롤러가 레텐션(구속) 장치에 의해 구속되어야 하며, 트롤리 구동 시에는 메인 거더와 롤러가 리텐션되어야 한다. 일반적으로 구조물의 이동에 따른 하중변화에 대한 검토와 이동식 런칭거더 거치를 위한 교각부 검토, 처짐에 대한 검토가 수반되어야 한다.

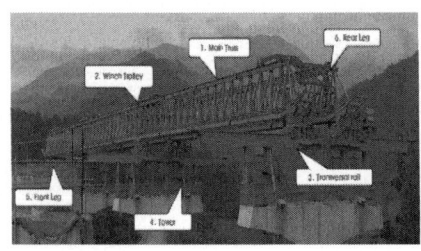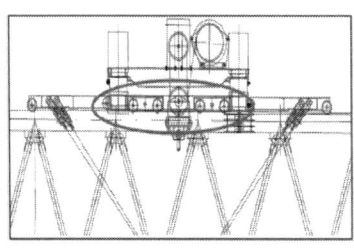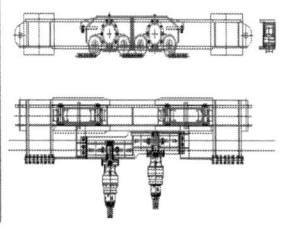

① 하중 고려사항 : 일반적으로 고려되어야 할 하중 이외에 별도로 고려되어야 할 하중
   (1) 콘크리트 상부 자중에 의한 등분포하중(W_d) : 1경간 타설 시 콘크리트 자중 고려
   (2) 이동식 비계자중에 의한 후방지지점 하중(P_g) : 2경간 타설을 위한 이동식 동바리 이동 시 후방 지지로 인한 하중
   (3) 타설된 콘크리트 자중에 의한 후방지지점 반력(P_c) : 2경간 타설 시 2경간 콘크리트 자중에 의한 후방 지지점 반력 하중
② 교각 설계 : 이동식 동바리 거치를 위한 교각설계에 대한 검토가 필요하며, 이는 각 이동식 비계의 특성별로 고려하여 교각을 설계하여야 한다. 일반적으로 요철부를 교각설계 시 고려하여 요철부에 작용하는 연직력에 대한 응력을 검토한다.
   (1) 교각부에 요철부($1200mm \times 400mm$)를 고려하는 방법
   (2) 교각에 미리 홈을 내고 H형강을 걸쳐서 이동식비계를 지지하는 방법
   (3) 교각에 현수재나 강재를 이용하여 걸치는 방법
③ 처짐 검토 : 연속교의 분할시공으로 시공단계별 처짐관리 필요하며 일반적으로 다음의 처짐에 대하여 검토하여야 한다. MSS 공법 적용 시에는 시공단계별 처짐을 모두 고려하여 처짐도를 작성하고 비계의 외부 거푸집을 솟음도에 맞추어 유압잭 등으로 설치할 수 있어야 한다.
   (1) 이동식 비계의 자중에 의한 비계보의 처짐
   (2) 교량 상부구조의 자중에 의한 비계보의 처짐
   (3) 후방 지지현수재 지점반력에 의한 비계보 및 교량 상부구조의 처짐
   (4) 분할 시공 시 교량 상부구조의 자중에 의한 교량 상부구조의 처짐
   (5) 프리스트레스 및 크리프에 의한 교량상부구조의 처짐
   (6) 콘크리트 타설 시 발생하는 지점부 장비의 처짐(Pier Bracket 처짐)

ILM 종방향 교각변위 제어

교량을 압출공법(ILM)으로 가설할 때 압출 중 종방향 교각변위를 제어하는 방안에 대해 설명하시오.

풀 이

▶ILM 개요

ILM은 교대 후방에 설치된 작업장에서 상부 구조를 한 세그멘트씩 제작, 연결한 후 교축으로 밀어내어 점진적으로 교량을 가설하는 공법이다. 교량의 평면 선형이 직선 또는 단일 원호일 경우에만 적용 가능하며 교량의 선단부에 추진코를 설치하여 가설 시의 단면력을 감소시키고, 종방향 교각과 마찰력으로 인한 변위가 최소화되도록 한다. 일반적으로 ILM 안정성 검토 시에는 압출 시 안정 검토(전도 및 활동), 압출노즈의 구조 안전성 검토(연장 및 강성), 하부플랜지의 펀칭파괴 검토 등을 수반한다.

▶ILM 압출 중 종방향 교각 변위 제어

ILM은 압출하는 방식에 따라 Pushing System, Pulling System, Lifting & Pushing System으로 방식을 분류하며, 압출잭의 위치에 따라서도 집중압출방식과 분산압출방식으로 분류된다. 압출하는 공법의 특성상 ILM은 가설 시의 마찰 등으로 인해 종방향으로의 축력을 유발할 수 있으며, 이로 인해 종방향 교각의 변위가 발생될 수 있다.

일반적으로 종방향 축력을 저감(변위 제어)을 위해서는 현장에서 단계별 구조해석과 계측을 실시하게 되며, 이를 통해 한 번에 압출할 수 있는 경간장을 결정하는 등의 과정을 거치게 된다.

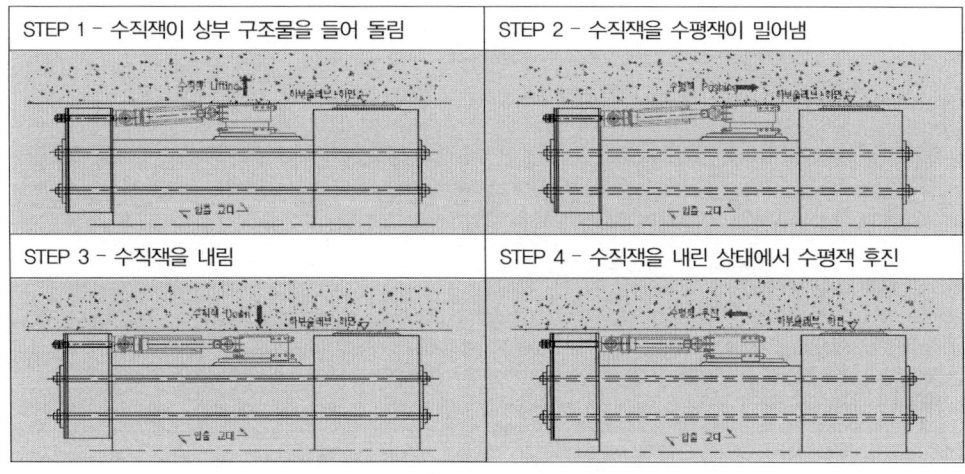

(ILM Lifting & Pushing System)

또한 압출 시공 시에 미끄럼 받침을 사용하여 교각에 발생하는 축방향력을 최소화되도록 한다. 사용하는 받침은 가설받침만으로 사용되는 형식과 영구 받침을 겸하는 형식으로 구분할 수 있다.

➤ ILM 압출 중 사고사례와 시사점

ILM 시공법은 비교적 안전한 장대교량 시공공법으로 알려졌으나 최근 평택 국제대교 사고에서도 볼 수 있듯이 시공 시 주의가 필요하다. 평택 국제대교의 주된 원인은 전단 파괴에 있었다고 결론 되어졌으나, 교량 받침을 당초 3개소에서 2개소로 교체하며 축력 전달이 커졌을 것으로 추정된 다. ILM 공법 검토 시 교번응력으로 인한 안전성 검토와 함께 축방향 하중으로 인한 교각의 변위 제어도 간과하지 않아야 할 것이다.

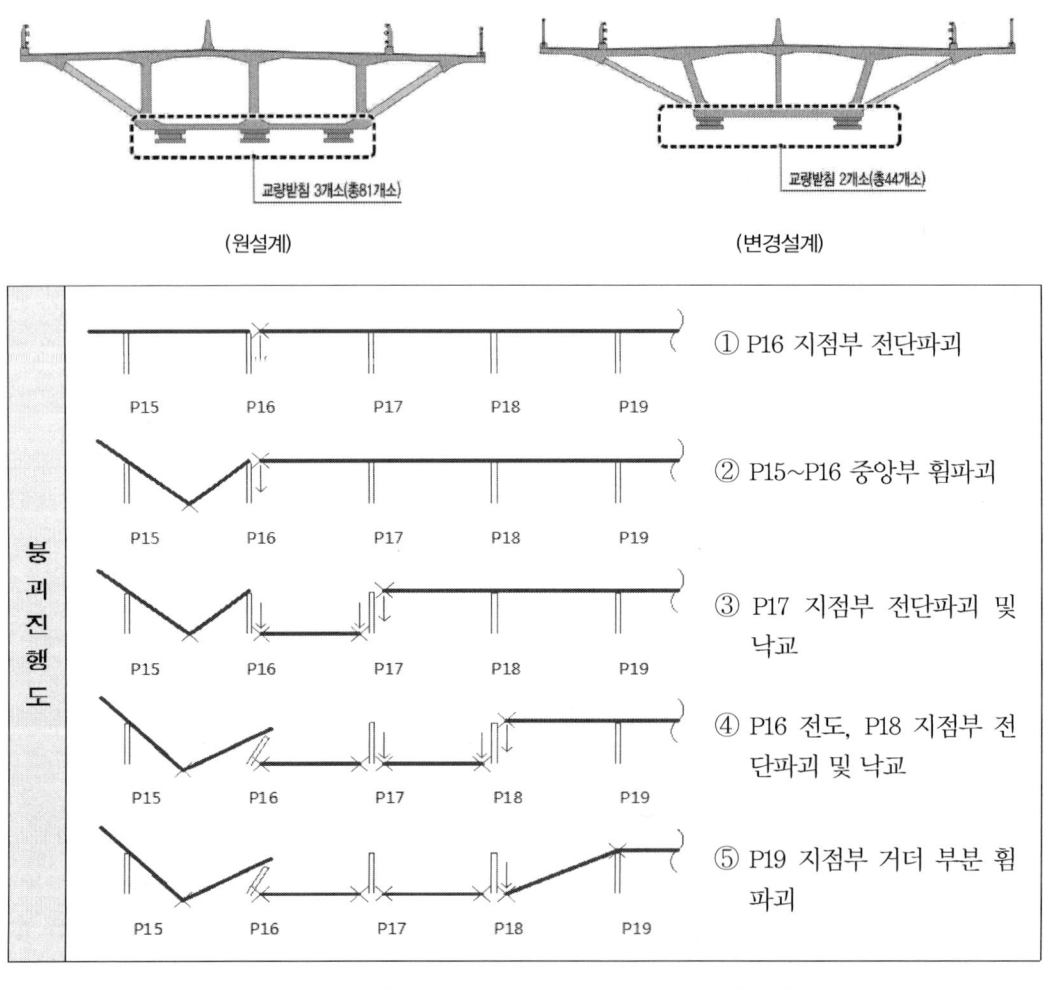

(평택 국제대교 붕괴 진행도 : 국토교통부 사고조사보고서(2018))

ILM 신축이음

완공 후 신축이음 설치가 필요한 연장이 긴 교량을 일방향 압출공법(ILM)으로 가설하고자 한다. 이때 신축이음부 처리방법 및 고려사항에 대하여 설명하시오.

풀 이

construction management news 기술논고(2003.11) '장대교량(ILM)의 신축이음장치(이성원)'

➤ 개요

장대교량 가설공법 중 ILM은 제작소에서 상부구조 Segment를 제작·연결하여 압출을 통해 가설하는 공법으로 공법의 특성상 Segment별 제작 시기가 다르고, 완공된 이후 신축이음을 설치하기 때문에 일반적인 교량의 신축이음부 가설절차보다 세밀하게 시공 중에 신축량 산정을 해야 하는 특성이 있다. 일반적인 신축량 산정식은 다음과 같이 온도변화, 건조수축, 크리프, 활하중에 의한 보의 처짐과 여유량을 고려한다.

$$\Delta L = \Delta L_t + \Delta L_s + \Delta L_c + \Delta L_r + 여유량$$

여기서, ΔL_t(온도변화)$= \alpha \Delta TL$, ΔL_s(건조수축)$= \alpha \beta \Delta TL$,

$$\Delta L_s(크리프) = -\frac{P_i}{E_c A_c}\phi\beta L, \ \Delta L_r(처짐) = \sum(hi \times \theta_i)$$

➤ ILM 신축이음부 처리방법 및 고려사항

1) 공사기간과 신축이음장치 설치시기 감안

공법의 특성상 Segment별 제작시기가 다르기 때문에 설계 시 적용된 신축량에 대한 검증이 필요하다. 일반적으로 거더의 공사기간 및 신축이음장치 설치시기를 사전에 예상하고 예상된 공기에서의 거더의 평균재령을 구한 후 저감계수 β에 의해 잔여 신축량을 산정한다. 산정된 신축량에 따라 적정한 신축이음장치를 선정한다.

콘크리트 재령(월)	0.25	0.5	1	3	6	12	24
건조수축, 크리프 저감계수(β)	0.8	0.7	0.6	0.4	0.3	0.2	0.1

2) 최종 Segment 연장조정

ILM 교량이 매 Segment마다 연결되어 최종 Segment의 시공 후 압출이 완료됨으로써 상부 Girder가 완료된다. 최종 Segment의 연장조정은 Girder의 수축이 정지되었을 때 기 결정된 규격의 신축이음장치가 적용되도록 교대와 Girder와의 유간을 맞추는 작업이다. 이는 콘크리트의 건조수축 및 Creep, Pre-stress에 의한 부재의 탄성변형으로 인해 생기는 구조물의 수축 길이를 고려하여 조정하는 과정이다. 또한 온도변화에 의한 이동량은 온도하강과 상승에 의한 구조물의 수축과 늘음이 발생하며, 이와 같은 구조물의 신축량은 슈 및 신축이음장치 설계와 설치 시에 이미 고려되고 있으나 연장이 긴 ILM 교량에 있어서는 최종 Segment 시공 시 15℃를 기준으로 수축·신장량을 고려하여 Segment 연장을 조정하여야 한다.

최종 Segment 연장조정을 고려하지 않아 신축이음장치 설치부의 구조물 유간이 적정하지 못할 경우 신축이음장치의 지지조건 불안정으로 내구성이 저하되고, 방수기능 상실에 따른 누수로 교량상부 및 받침, 하부구조에 부식이 발생되어 결국 신축이음장치의 수명단축뿐만 아니라 총체적으로 교량의 구조적 안정성에 상당한 영향을 미칠 수 있다.

☞ 최종 Segment = 상부 Girder 총연장(신축이음 설치유간 제외) − 직전까지의 누계거리 + 수축, 신장량

3) 압출 시 A1, A2 유간 맞춤

최종 Segment 제작 및 양생이 완료되면 Central tendon 긴장 후 압출장치에 의해 주형을 교축방향으로 밀어내는 압출이 시행된다. 이때 Box Girder 전체 길이는 최종 Segment의 연장 조정된 길이만큼 긴 상태이며, 고정단을 중심으로 A1, A2측 Girder의 제작재령이 상이하므로 향후의 선조수축 및 크리프 수축량이 다르게 된다. 이러한 점을 고려하여 압출 시 A1, A2측의 유간을 차이나게 하여 압출을 완료하고 고정단을 용접한다. 그러면 늦게 제작된 A2측 Girder는 A1측보다 상대적으로 재령이 짧아 수축이 많이 발생되어 결국 수축이 완료된 상태에서는 A1, A2의 유간이 동일하게 된다.

4) Pre-Setting

최종 Segment의 연장조정, 압출 시 A1, A2의 유간조정이 끝나면 공정상 수개월 후 신축이음장치를 설치한다. pre-Setting이란 신축이음설치 이후에 발생되는 온도변화에 의한 수축 및 신장, 크리프 및 건조수축, 활하중에 의한 수축량을 계산하여 제품의 허용 신축범위를 벗어나지 않도록 하는 것으로 정확히는 교량상부 콘크리트 구조물이 수축이 완료되고 15℃일 때 신축이음장치의 유간이 표준상태가 되도록 하는 작업을 말한다.

신축이음 설치 시 온도가 15℃보다 높거나 낮은 상태로 간주할 때 신축이음장치는 표준유간보다 좁히거나 넓히는 방향으로 설치된다. 일반적으로 pre-setting 작업은 jack을 이용하여 수평력을

발생시켜 제품의 유간을 인위적으로 조절하여 계산된 pre-setting 값에 맞춤으로써 고무씰의 폭이 변화된다. 이때 주의할 점은 신축이음장치의 가로지지대(profile)가 수평으로 되지 않고 edge profile 간 단차가 발생하는데 이것을 신축이음장치의 단부회전 및 수직단차라고 하며 제품에서 규정한 회전허용량 및 허용단차가 초과되지 않도록 수평자 등을 사용하여 주의를 기울여야 한다.

종단경사가 큰 교량, 부분적인 활하중 통과 시 또는 교대부의 지점침하 혹은 전도 등으로 인하여 인접 상판 사이에서 수직단차가 발생한다. 이와 같은 상판의 상·하 운동 발생 시 서포트빔 상부에 위치한 탄성받침의 전단 및 휨변형과 하부에 위치한 스페리컬 베어링의 구름작용을 통하여 무리 없이 수직방향 변위를 수용한다. 또한 하우징을 통해 서포트 빔과 연결된 중간 profile은 수직단차에 의해 발생된 경사면을 따라 자연스럽게 차륜통과면의 레벨을 맞추어 간다. 근래의 신축이음장치는 설계 당시 이미 인접슬라브 단차에 의한 회전을 가능토록 설계된 형식으로서 pre-setting으로 발생되는 단부 회전은 제품의 특성상 문제는 없다. 다만, 단부 회전량이 클 경우 지지보를 지지하는 스페리컬 베어링의 이탈 혹은 편압에 의한 스페리컬 베어링의 파손 등이 문제가 될 수 있으므로 허용량으로 제한하고 있다.

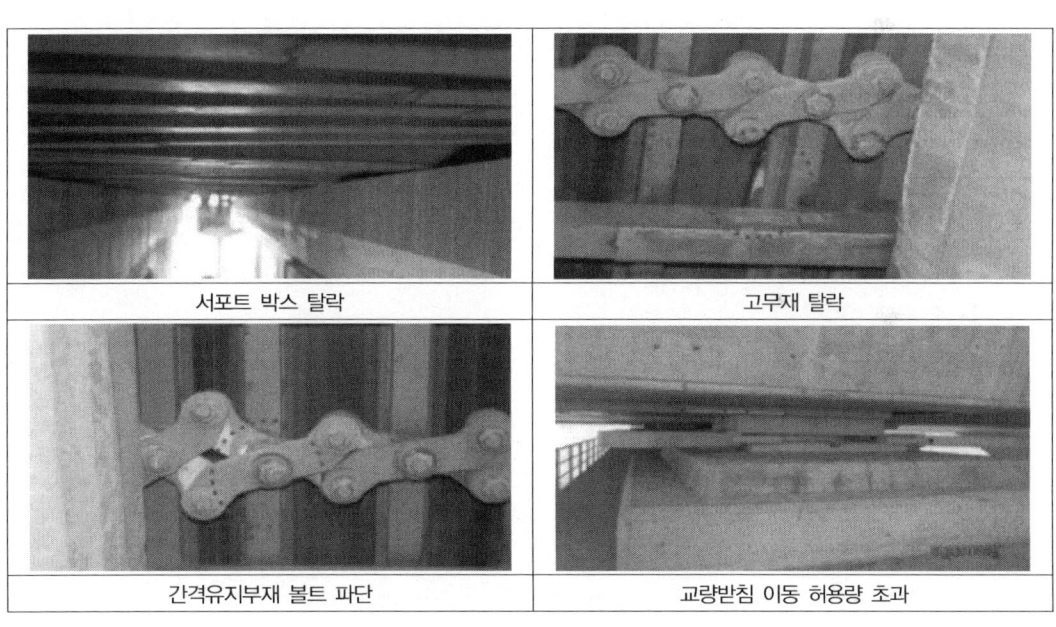

| 서포트 박스 탈락 | 고무재 탈락 |
| 간격유지부재 볼트 파단 | 교량받침 이동 허용량 초과 |

(ILM 신축이음장치 및 교량받침 손상사례)

FCM 설계 시 고려사항

PSC 박스거더교를 FCM 공법으로 설계하는 경우, 경간 구성 및 형고를 계획하고 설계 시 고려해야 할 사항에 대하여 설명하시오(단, 교량 전체연장은 L=260m로 가정).

풀 이

▶ 개요

캔틸레버공법(FCM)은 교량하부에 동바리를 설치하지 않고 특수한 가설장비를 이용하여 교각 또는 교대에서 순차적으로 한 세그먼트씩 내민 시공을 함으로써 교량을 가설하는 공법으로 지간이 비교적 길고 동바리 설치가 곤란한 지역, 고교각 교량인 경우 적용한다.

▶ 경간구성 및 형고 계획

1) 경간구성

경간분할 시 교각의 배치는 교량하부공간조건 및 지반조건과 밀접한 관계가 있으며 경간길이 비율에 따라 상부구조물의 부재력이 큰 영향을 받게 되므로 각 교량형식에 따라 적절한 간격으로 배치하는 것이 좋다. 등간격 배치일 경우 연속보에서의 휨모멘트를 고려하여 양 측경간은 0.75~0.80l로 하는 것이 역학적으로 가장 바람직하며 강선 배치 시에도 유리하다. 주어진 조건에서 교량 전체 연장이 260m로 구성될 때 연속교 형식으로 3경간으로 분할하고 80+100+80으로 분할하는 것으로 계획한다.

2) 형고비

보통 PSC 거더의 경우 높이가 1.75~2.2^{m}로 등단면의 경우 1/15~1/30의 범위에서 계획한다. P.T.I에서 제시한 경간/거더 높이비는 FCM 공법의 경우 등단면인 연속교의 경우 20~30, 변단면을 사용할 경우 교각 위치에서는 18~24, 경간 중앙부에서 40~50로 제안하고 있다. 다음은 일반적으로 사용하는 PSC 가설공법별 변단면 적용 시 경간/거더 높이비이다.

구분	FCM	FSM	MSS	ILM	PSM
중앙부	45~50	15~20	15~20	17	17
지간부	18~20	15~20	15~20	17	17

주어진 조건에 따라 중앙부의 거더의 높이는 2~2.2m로 계획하고, 지점부에서는 4m로 계획한다.

3) 횡단면

횡단면은 박스(Cell)의 개수가 많을수록 복부개수가 증가하여 시공이 복잡해지므로 교폭에 따라
적절히 조절하여야 한다. 시공적 측면에서는 단일박스가 유리하나 박스 상부플랜지 지간이 증가
하여 횡방향 모멘트가 증가하므로 교폭이 적정한도 초과 시에는 다중박스(Multi-cell) 또는 다주
형 박스(Multi-box)가 바람직하다. 근래에는 횡방향 프리스트레스 도입으로 교폭 증가 시에도 단
일박스 구조를 택하는 사례가 증가하고 있다.

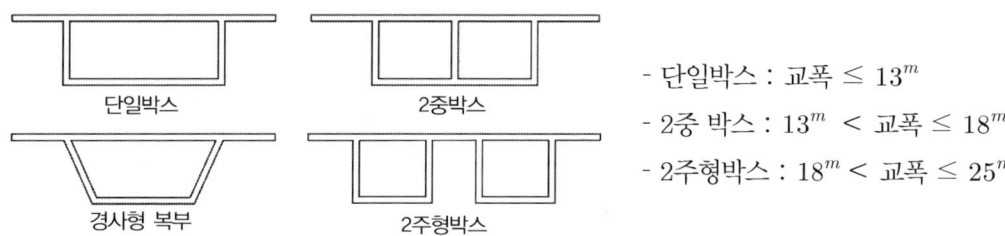

- 단일박스 : 교폭 $\leq 13^m$
- 2중 박스 : $13^m <$ 교폭 $\leq 18^m$
- 2주형박스 : $18^m <$ 교폭 $\leq 25^m$

➤ 설계 시 고려해야 할 사항

1) 일반적인 유의사항

① 모든 위험한 하중단계에서의 강도(강도설계)와 사용상태에서의 거동(허용응력설계)을 기초로
수행한다.

② 하중은 도로교 설계기준에 따라 적용하며 부정정 구조물의 경우 반드시 온도변화, 크리프, 건
조수축 등에 대해 고려하여야 하며 가설공법에 따른 교량 가설 중 발생 가능한 가장 불리한 하
중조합에 대하여 안전성을 검토하여야 한다.

2) FCM공법 시 유의사항

① 기 시공된 교각에 주두부를 시공하고 여기에 작업차를 설치하여 교각을 중심으로 좌우의 균형
을 맞추어 가며 3~5m 길이의 세그멘트를 순차적으로 이어 붙여나가는 공법으로 동바리의 설
치가 어려운 깊은 계곡이나 하천, 해상 등에 장경간의 교량을 가설할 경우에 적용 가능한 공법
으로 현장타설캔틸레버 공법과 프리캐스트 캔틸레버 공법이 있다.

② 현장여건에 맞는 FCM의 공법 및 형식 선정

  (1) 상부형식 비교 선정 : (a) 현장타설 또는 프리캐스트, (b) 라멘교 형식 또는 연속거더교 형식

  (3) 하부형식 비교 선정 : (a) 모멘트 저항교각, 연성 양주교각, 연성 단주교각

③ 시공 중 발생하는 불균형 하중에 대한 고려 필요

  (1) 균형캔틸레버공법에서 생기는 하중의 차이로 한쪽캔틸레버 작용하는 고정하중의 2%

  (2) 시공 중 불균형 활하중(한쪽에 5MPa, 반대쪽에 2.5MPa)

(3) 가설에 필요한 이동식 운반건설장비 하중

(4) 세그먼트 인양 시 동적효과로 충격하중으로 10% 적용

(5) 세그먼트 불균형, 인양순서 과오, 비정상적인 조건에 의한 하중

(6) 풍하중 상향력을 한쪽에서 2.5MPa 재하

(7) 세그먼트의 급격한 제거 및 재하를 고려 정적하중의 2배의 충격하중 적용

④ 시공기간, 인양조건 등을 고려한 세그먼트 분할 계획 검토

⑤ 주텐던 배치계획

(1) 캔틸레버 텐던 : 시공 중 발생하는 부모멘트 저항하기 위한 거더상부 배치 텐던

(2) 연결텐던 : 캔틸레버 시공 후 연결부(Key Segment) 시공하고 연속화시켰을 때 발생하는 정모멘트에 저항하기 위해 박스거더 하부에 배치하는 텐던

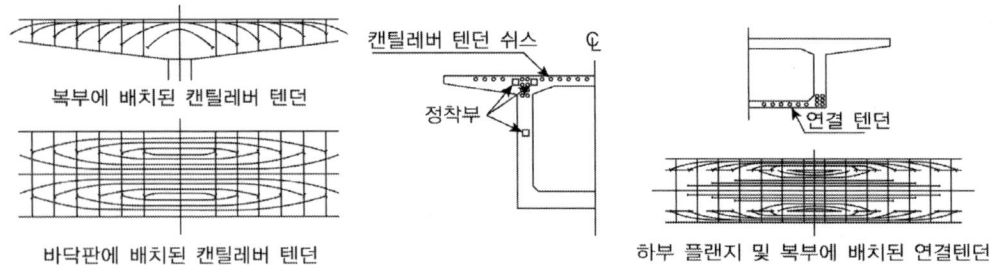

⑥ 시공단계별 응력검토 및 보강 검토

⑦ 폐합 시 Key Segment 설치를 위한 가설고정장치 검토

FCM 긴장재 배치방법

캔틸레버 공법을 이용한 PSC 박스거더의 긴장재(tendon) 배치방법에 대해 설명하시오.

풀 이

▶ 개요

캔틸레버공법의 주텐던은 시공 중 발생하는 부모멘트에 저항하기 위해서 거더상부의 캔틸레버 텐던과 캔틸레버 시공 후 연결부를 시공하고 연속화시켰을 때 발생하는 정모멘트 저항을 위해 박스거더 하부에 배치하는 연결텐던으로 구분된다.

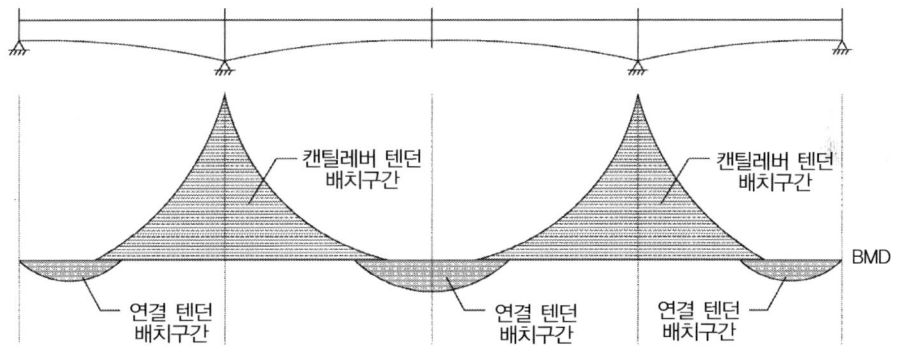

(3경간 FCM공법의 BMD에 따른 텐던 배치)

주 텐던은 교축방향으로 배치되며, 박스거더의 바닥판에 설치되는 바닥판의 횡방향 텐던(Transverse Tendon), 박스거더 복부 전단력에 저항하는 복부전단텐던(Shear Tendon)과는 구분된다.

▶ 주텐던의 배치계획

1) 캔틸레버 텐던

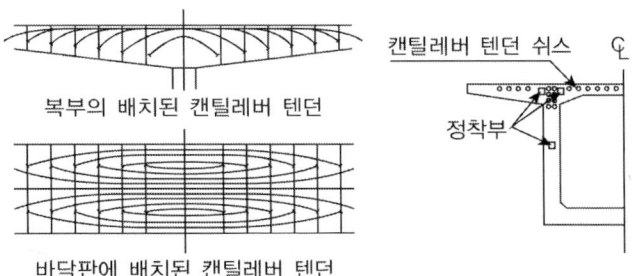

복부의 배치된 캔틸레버 텐던

바닥판에 배치된 캔틸레버 텐던

시공중 발생하는 자중과 가설하중에 의한 부모멘트 저항하기 위한 거더 상부에 배치되는 텐던으로 세그먼트가 가설될 때마다 단계적으로 긴장된다. 배치하는 방법으로는 경사배치(복부에 정착시키는 방법), 수평배치(바닥판에 정착시키는 방법)이 있다.

① 경사배치 : 긴장력에 의한 상향력을 효과적으로 이용하기 위해 복부쪽으로 텐던을 휘어서 배치하는 방법으로 각 세그먼트의 단부복부에서 시행한다.

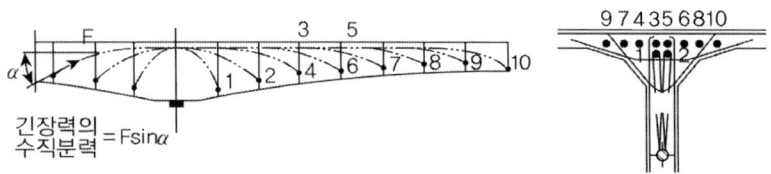

② 수평배치 : 텐던이 바닥판 내에 모두 배치되는 방법으로 측면에서 보면 거의 직선이고 평면에서 보면 지그재그형이 되도록 교대로 방향을 바꾸면서 비스듬하게 된 모양을 갖는 배치형식으로 세그먼트 단부의 복부와 바닥판의 접합부 또는 박스거더 내부에 설치된 돌기에 정착한다.

2) 연결텐던

캔틸레버 시공 후 연결부(Key Segment)를 시공하고 연속화시켰을 때 발생하는 시간경과에 따라 발생하는 정모멘트에 저항하기 위해 박스거더 하부에 배치하는 텐던으로 정착위치에 따라 여러 형태로 배치될 수 있다.

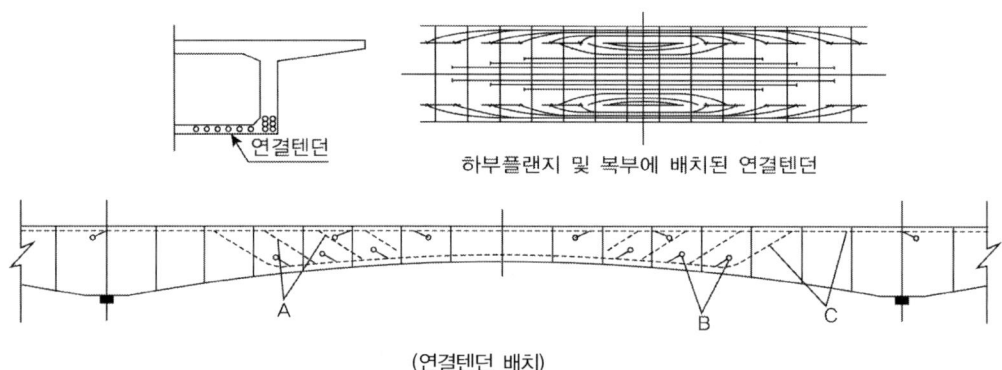

하부플랜지 및 복부에 배치된 연결텐던

(연결텐던 배치)

① A배치 : 복부따라 경사져서 바닥판의 정착부에 정착되는 경우로 캔틸레버 텐던과 중복될 수 있다.
② B배치 : 하부플랜지나 복부 접합부에 설치된 돌기에 정착되는 경우로 캔틸레버 텐던의 수평배치와 유사하게 배치된다.
③ C배치 : 지점에서는 캔틸레버 텐던 역할을 하고 경간중앙에서는 연결텐던 역할을 하도록 배치하는 방법이다.

▶ 설계 시 유의사항

1) 캔틸레버 텐던

  ① 경사배치하는 방법의 경우 복부두께가 긴장력에 의한 집중하중에 충분히 저항하도록 설계되어야 하며, 복부두께가 얇거나 콘크리트 강도가 작을 경우 덕트를 따라 균열이 발생될 수 있다. 정착구 배면에 수직방향 PS를 도입하거나 철근보강으로 균열을 방지하도록 한다.

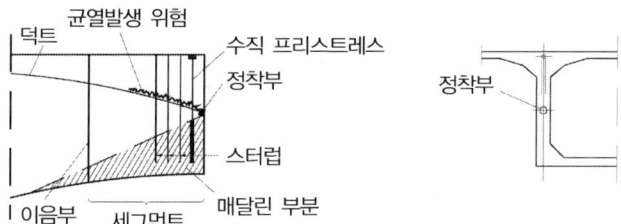

  ② 세그먼트 하단부 긴장력의 경사분력에 의해 전단력이 발생되므로 하부플랜지와 복부 접합부에 긴장재를 정착하는 경우하여 전단력의 평형을 이루도록 하거나 수직방향으로 스터럽을 배치하여 하중의 평형을 이루도록 하여야 한다.

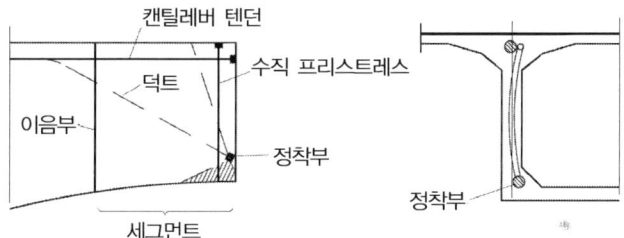

  ③ 변단면 구간에서는 정착구의 위치(d'), 텐던과 세그먼트 이음부 교차하는 위치(d)를 일정하게 유지시키도록 하여야 텐던의 경사(a_i)가 매 세그먼트마다 변하게 되고 지점 부근에서 최대경사를 갖게 되어 전단력이 가장 큰 지점부근에서 전단응력을 감소시킬 수 있게 된다.

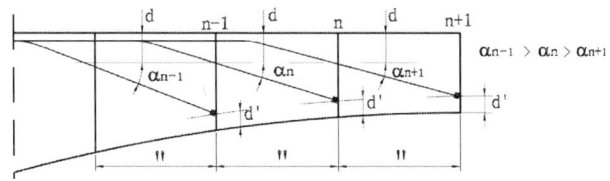

2) 연결텐던

  ① A배치와 같이 배치할 경우에는 바닥판에 위치한 연결텐던은 정착구를 타고 물이 스며들 가능성이 있으므로 철저한 방수처리가 요구된다.

  ② 변단면 구간에서 하부플랜지 축선을 따라 배치한 연결텐던은 곡선이 되므로 하방향으로 힘을

작용시키고 이 힘에 대해 하부플랜지의 횡방향 휨이 저항된다. 또한 하부플랜지에 작용하는 교축방향 압축응력은 상향의 힘을 유발하므로 연결텐던에 의한 하방향 힘을 어느 정도 상쇄시킨다. 그러나 하부플랜지의 자중, 활하중, 온도하중 등에 의해 하향 응력이 증가되면 텐던의 하방향 응력과 중첩되어 균열이 발생될 수 있으므로 충분한 철근의 보강이 필요하다.

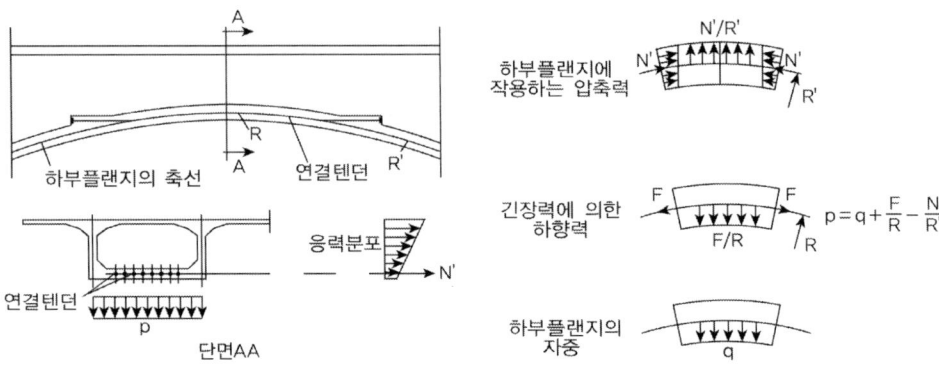

③ 이음부에서 연성쉬스를 사용하거나 인접 세그먼트의 상대변위가 커지면 쉬스의 각도가 불연속으로 될 수 있다. 이로 인해 마찰손실이 커지고 불연속부 부위에 긴장력이 집중되어 하향의 집중응력이 발생될 수 있으며 이로 인해 하부플랜지에 국부적인 할렬과 파열이 발생될 가능성이 있다. 따라서 연성덕트보다는 강성쉬스를 사용하고 시공 시 쉬스의 불연속이 발생되지 않도록 하여야 하며, 키세그먼트와 인접한 세그먼트 이음부에서는 쉬스 둘레에 보강철근을 배치하여 국부적인 파손을 방지하도록 하여야 한다.

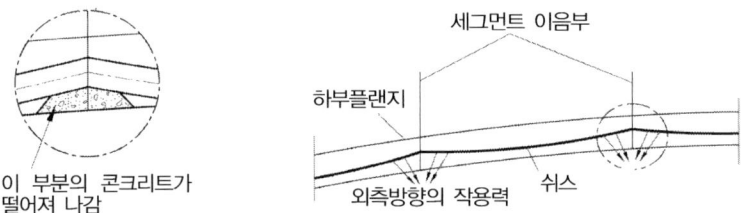

④ 연결텐던 하부플랜지에 설치된 정착돌기에서 정착할 때 한 단면에 여러 개의 정착구를 설치할 경우 긴장력에 의해 인장균열이 발생할 수 있으므로 주의가 필요하다.

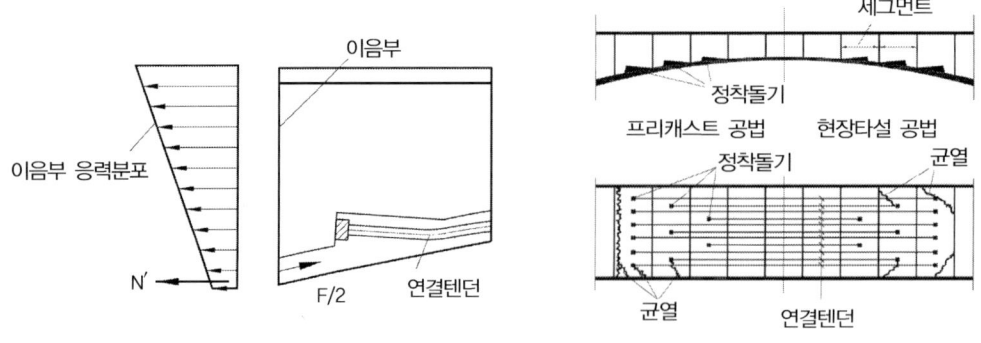

FCM에 사용되는 교각

FCM(Free Cantilever Method) 교량에 사용되는 교각의 종류와 특징에 대하여 설명하시오.

풀 이

> **개요**

FCM 공법은 기 시공된 교각에 주두부를 시공하고 여기에 작업차를 설치하여 교각을 중심으로 좌우의 균형을 맞추어 가며 3~5m 길이의 세그멘트를 순차적으로 이어 붙여나가는 공법이다. 따라서 FCM 공법은 교각을 중심으로 가설되기 때문에 가설 중의 불균형 모멘트에 대한 안전성 확보가 중요하며, 불균형 모멘트에 대해 교각이 저항하는 방식에 따라서 구분된다.

> **FCM(Free Cantilever Method)교량에 사용되는 교각의 종류와 특징**

구 분	모멘트 저항교각 (Moment Resisting Pier)	연성 양주교각 (Piers with Twin Flexible Legs)	연성 단주교각 (Single Flexible Pier)
개요	• 캔틸레버 시공 중 불균형모멘트를 주두부가 위치하는 1개의 교각 강성으로 저항하는 교각 • 교각의 단면이 크며 가장 많이 사용	• 강성이 비교적 작은 2개의 기둥구조로 된 교각형태로 캔틸레버부의 시공 중 및 시공 후의 교축방향 수평력이 양주의 연성으로 조절되어 교각상단과 상부구조 접합부 응력집중 방지 (강결구조와 받침구조)	• 강성이 비교적 작은 1개의 교각을 주두부에 설치하는 교량형태
특징	• 교각의 높이는 낮지만 교각 강성이 큰 모멘트 저항교각을 사용한 연속라멘교의 경우 건조수축, 크리프, 온도변화에 의한 부피변화와 PS에 의한 2차 응력의 영향으로 교각과 상부구조 접합부에 큰 응력 발생(접합부 균열) → 연속거더교 형식(가설고정장치나 가지주 설치 필요)	• 두 개의 지지점이 있으므로 수직하중에 대해서 효과적 • 수평연성이 크므로 연속교의 신축에 보다 효과적으로 대응 • 간단한 브레이싱 등으로 캔틸레버 시공 중 안정성 확보 • 교축방향 이동량에 대하여 교각 연성으로 흡수 • 경사진 양주는 휨모멘트 감소, 힌지구조로 결합되거나 양주의 부재축이 기초면에 수렴하면 휨모멘트 상쇄(아치효과) • 교각의 강성이 비교적 작으므로 전체구조 및 시공 중인 구조에 대한 안정성과 국부좌굴에 대한 검토 필요	• 강성이 작기 때문에 시공 중 불균형 모멘트 저항을 위한 가지주 설치 필요 • 교각 높이가 큰 연속라멘교에 적합 • 미국에서는 속찬 단면이 경제적인 것으로 인식하고 있으며 유럽에서는 중공단면이 효과적이고 경제적인 것으로 여기고 있다. • I형과 H형 단면 사용 시 비틀강성이 작으므로 가설하중(풍하중)에 대한 상부구조 변형을 제한시켜야 한다.

FCM은 주두부를 기준으로 균형을 맞추어 나가기 때문에 한쪽 캔틸레버의 고정하중이 너무 크거나 이동식 운반건설장비 하중과 충격하중, 인양순서의 과오, 풍하중 등 불균형 모멘트 하중이 발생되기 쉽기 때문에 불균형 모멘트 저항방식에 따라 교각의 종류를 구분할 수 있다. 저항하는 방식에 따라 모멘트 저항교각, 연성 양주교각, 연성 단주교각으로 구분된다.

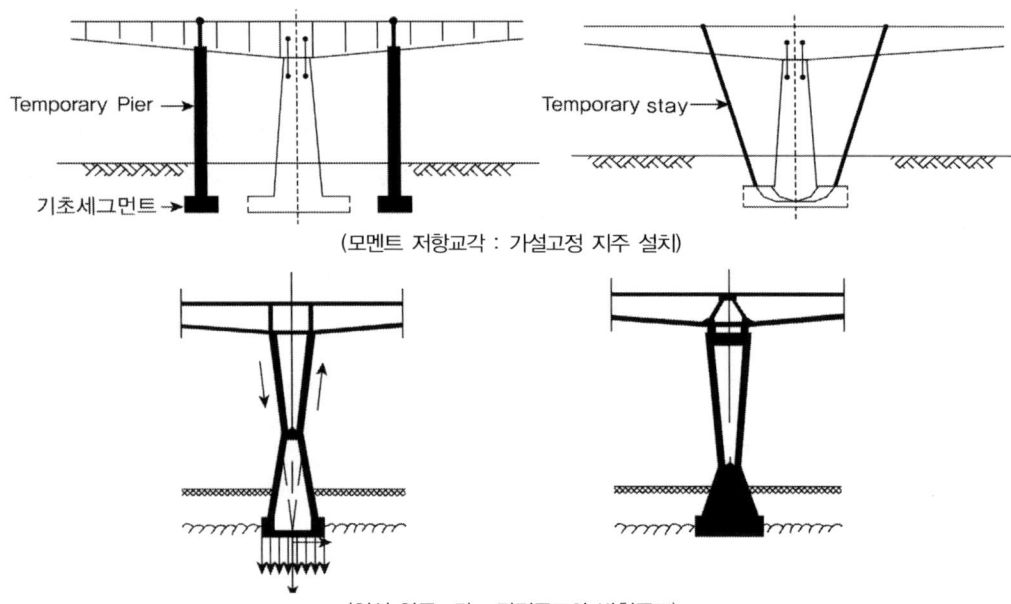

(모멘트 저항교각 : 가설고정 지주 설치)

(연성 양주교각 : 강결구조와 받침구조)

FCM의 불균형 모멘트

변폭 비대칭 FCM 교량의 불균형 모멘트 발생요인과 그 제어 방안을 설명하시오.

풀 이

변폭 비대칭 FCM 교량의 불균형 모멘트 제어 방안(한국토목학회지, 이서진, 2017)

➤ 개요

FCM 교량은 기 시공된 교각에 주두부를 시공하고 여기에 작업차를 설치하여 교각을 중심으로 좌우의 균형을 맞추어 가며 3~5m 길이의 세그먼트를 순차적으로 이어 붙여나가는 공법으로 동바리의 설치가 어려운 깊은 계곡이나 하천, 해상 등에 장경간의 교량을 가설할 경우에 적용 가능한 공법이다.

➤ 일반적 FCM 교량의 불균형 모멘트 발생요인과 그 제어 방안

1) 발생요인과 제어방안 : 일반적으로 FCM공법은 세그먼트 타설 순서, 작업 하중, 풍하중 등에 의하여 불균형 모멘트가 유발된다. 도로교 설계기준에서는 이러한 하중을 규정하고 현장여건에 부합하는 하중을 적용해 상부구조와 교각을 강결시키는 가고정 강봉과 콘크리트 블록을 설계에 적용해 불균형 모멘트를 제어하도록 하고 있다.

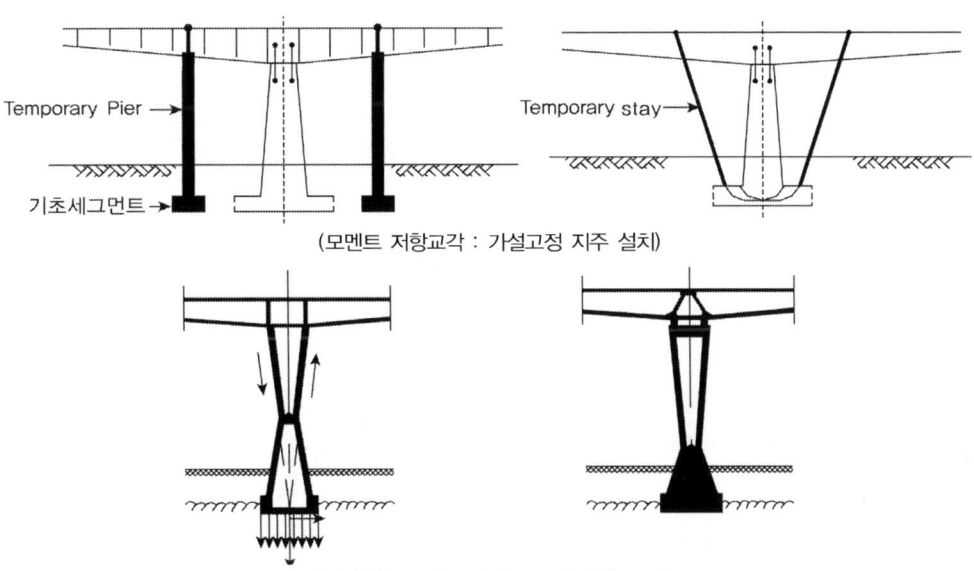

(모멘트 저항교각 : 가설고정 지주 설치)

(연성 양주교각 : 강결 구조와 받침 구조)

2) 일반적 FCM 교량의 불균형 하중 고려 내용

① 균형캔틸레버공법에서 생기는 하중의 차이로 한쪽 캔틸레버에 작용하는 고정하중의 2%

② 시공 중 불균형 활하중(한쪽에 5MPa, 반대쪽에 2.5MPa)

③ 가설에 필요한 이동식 운반건설장비 하중

④ 세그먼트 인양 시 동적효과로 충격하중으로 10% 적용

⑤ 세그먼트 불균형, 인양순서 과오, 비정상적인 조건에 의한 하중

⑥ 풍하중 상향력을 한쪽에서 2.5MPa 재하

⑦ 세그먼트의 급격한 제거 및 재하를 고려 정적하중의 2배의 충격하중 적용

▶ 변폭 비대칭 FCM 교량의 불균형 모멘트 발생요인과 그 제어 방안

1) 발생요인 : 일반적으로 FCM의 세그먼트 타설 순서, 작업 하중, 풍하중 등에 의한 균형 모멘트와 함께 변폭 비대칭 FCM에서는 자중에 의한 불균형 모멘트가 주요 원인으로 작용된다. 특히 구조적으로 자중의 비대칭은 시공 중은 물론 완공된 구조체에도 문제를 유발할 수 있다.

비대칭은 주두부를 기준으로 좌우 캔틸레버 구조형식으로 가설하는 FCM 형식에서 좌우의 무게가 다르기 때문에 동일한 캔틸레버 길이에서도 불균형 모멘트가 발생하는 구조이다. 마찬가지로 변폭은 단일 단면에서의 폭의 변화로 인해 세그먼트의 크기가 달라지므로 이로 인해 불균형 모멘트가 발생한다.

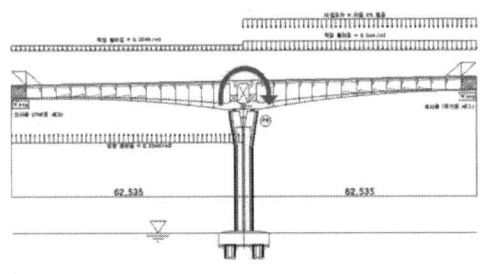

변단면에 의한 불균형 모멘트

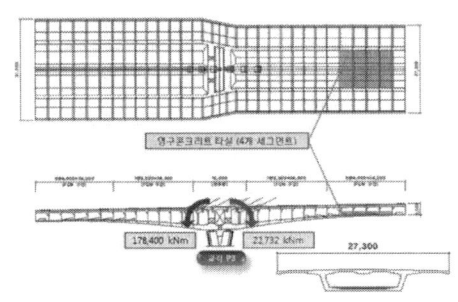

변폭에 의한 불균형 모멘트

2) 제어방안 : 변단면 구간 시공 중에 자중에 의한 상시 불균형 모멘트가 발생하기 때문에 캔틸레버 시공이 완료되어 연속화될 때 불균형 모멘트가 남아서 교량 공용 시 구조적인 문제를 유발할 수 있다. 특히 시공 중 발생하는 불균형 모멘트를 적절히 분배시키지 않으면 2열 교량받침인 경우 직접적으로 영향을 주어 공용 시 교량받침 용량을 초과하는 문제가 발생될 수 있다.

① 주두부 가고정 강봉 추가 배치 : 강봉의 안전율을 향상시키기 위해 강봉을 추가 배치하여 시공 중 상부구조물의 전도에 대한 안전성도 확보한다. 또한 콘크리트 블록은 허용 지압응력을 콘크리트 설계기준강도를 고려하여 적용하고 폐합 철근으로 블록의 지압성능을 향상시킨다.

② 카운터웨이트(Counter Weight) 적용 : 불균형 모멘트에 의해 종방향의 교량받침으로 전달되는 반력 불균형을 최소화하기 위해 임시 및 영구 카운터웨이트(Counter Weight)를 적용할 수 있다. 카운트웨이트는 시공 중 구조물의 안정화 성능을 향상시키는 직접적인 방안으로서 사장교와 같은 장대교량에서 주로 적용된다.

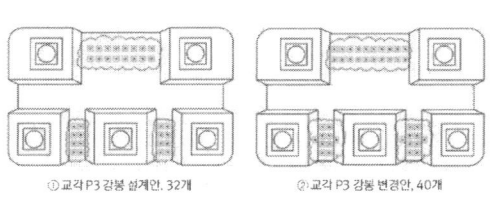

①교각 P3 강봉 설계안, 32개   ②교각 P3 강봉 변경안, 40개

가고정 강봉 추가 배치

카운터웨이트(Counter Weight)

③ Key Seg 접합순서 및 하부 텐던 분할인장 : 종방향 교량받침의 반력 불균형을 줄이기 위하여 Key Seg 접합순서 및 하부 텐던 분할인장을 적용할 수 있다. 하부텐던은 구조적으로 연속교에서 상향력을 유발하기 때문에 캔틸레버가 무거운 쪽 Key Seg를 연결할 때 하부 텐던을 인장하면 무거운 쪽 캔틸레버에 상향 변위를 발생시켜 무거운 쪽 교량받침의 반력을 감소시킬 수 있다. 단면폭이 작은 쪽부터 먼저 Key Segment를 접합하여 종방향 교량받침의 민감도를 낮춘다. 또한 연속화된 이후에 긴장하는 하부텐던은 종방향 교량받침의 반력에 직접적으로 영향을 주기 때문에 분할하여 인장력을 도입하는 것을 검토할 수 있다.

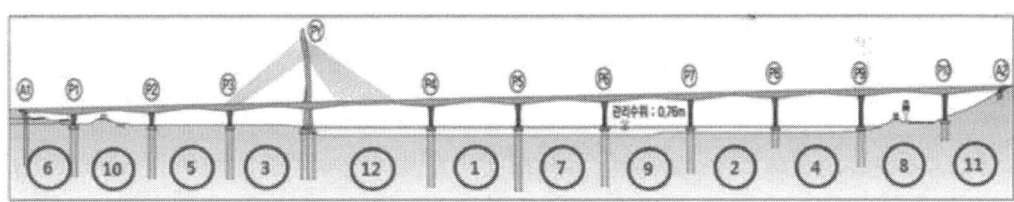

(부산 낙동대교, Key Seg 연결순서)

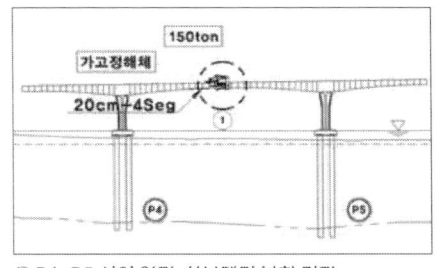

①P4~P5 사이 연결, 하부텐던 분할 긴장

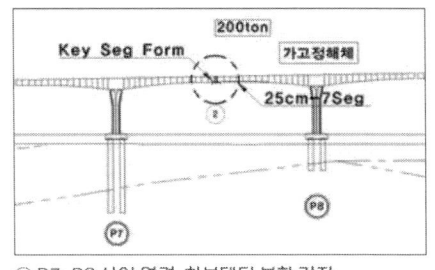

②P7~P8 사이 연결, 하부텐던 분할 긴장

(부산 낙동대교, 하부텐던 분할 긴장)

FCM 불균형 모멘트 저항 임시고정장치

FCM 공법으로 가설되는 다경간 PSC BOX GIRDER교량에서 세그먼트 가설 시 발생하는 불균형 모멘트에 저항하기 위한 임시고정장치의 종류에 대하여 설명하시오.

풀 이

➤ 개요

FCM 공법은 기 시공된 교각에 주 두부를 시공하고 여기에 작업차를 설치하여 교각을 중심으로 좌우의 균형을 맞추어 가며 3~5m 길이의 세그먼트를 순차적으로 이어 붙여나가는 공법으로 동바리의 설치가 어려운 깊은 계곡이나 하천, 해상 등에 장경간의 교량을 가설할 경우에 적용 가능한 공법이다. 좌우의 균형을 맞추며 가설하기 때문에 불균형 모멘트 발생에 대한 관리가 중요하며 이러한 균형 모멘트 관리를 위해 하부 구조형식에 따라 임시 고정장치를 설치하기도 한다.

➤ 불균형 모멘트 저항 임시고정장치

1) 불균형 모멘트 발생원인

    ① 세그먼트 변폭 및 비대칭으로 인한 차이
    ② 세그먼트 시공 중 동적 및 충격하중으로 인한 불균형
    ③ 세그먼트 작업 순서 과오로 인한 불균형
    ④ 작업차, 이동장비 등 작업하중에 의한 불균형
    ⑤ 세그먼트에 발생하는 풍하중의 영향

2) 하부 구조형식에 따른 불균형 모멘트 저항방식

캔틸레버 시공 중 불균형 모멘트를 주 두부가 위치하는 1개의 교각 강성으로 저항하는 모멘트 저항 교각에서 가설 중 불균형 모멘트가 크게 발생하기 때문에 강봉을 이용해 내부 모멘트 저항력을 상승하거나 가설교량, 가설 케이블 등을 이용해 외부 강성을 높여 폐합 전까지 저항하도록 한다.

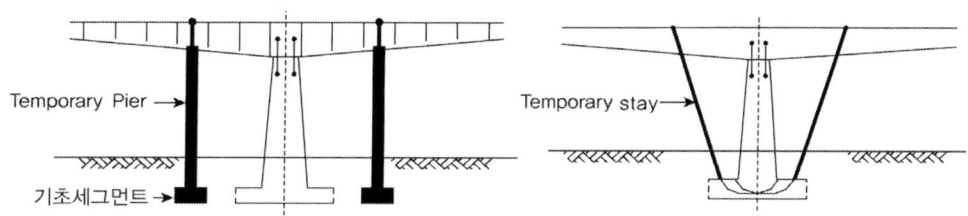

Temporary Pier
기초세그먼트
Temporary stay

【 FCM 교량 하부 구조형식 비교 】

구 분	모멘트 저항교각 (Moment Resisting Pier)	연성 양주교각 (Piers with Twin Flexible Legs)	연성 단주교각 (Single Flexible Pier)
개요	• 캔틸레버 시공 중 불균형 모멘트를 주두부가 위치하는 1개의 교각 강성으로 저항하는 교각 • 교각의 단면이 크며 가장 많이 사용	• 강성이 비교적 작은 2개의 기둥구조로 된 교각형태로 캔틸레버부의 시공 중 및 시공 후의 교축방향 수평력이 양주의 연성으로 조절되어 교각상단과 상부구조 접합부 응력 집중 방지(강결구조와 받침구조)	• 강성이 비교적 작은 1개의 교각을 주두부에 설치하는 교량형태
특징	• 교각의 높이는 낮지만 교각 강성이 큰 모멘트 저항교각을 사용한 연속라멘교의 경우 건조수축, 크리프, 온도변화에 의한 부피변화와 PS에 의한 2차 응력의 영향으로 교각과 상부구조 접합부에 큰 응력 발생(접합부 균열) → 연속거더교 형식(가설고정장치나 가지주 설치 필요)	• 두 개의 지지점이 있으므로 수직하중에 대해서 효과적 • 수평연성이 크므로 연속교의 신축에 보다 효과적으로 대응 • 간단한 브레이싱 등으로 캔틸레버 시공 중 안정성 확보 • 교축방향 이동량에 대하여 교각 연성으로 흡수 • 경사진 양주는 휨모멘트 감소, 힌지구조로 결합되거나 양주의 부재축이 기초면에 수렴하면 휨모멘트 상쇄(아치효과) • 교각의 강성이 비교적 작으므로 전체구조 및 시공 중인 구조에 대한 안정성과 국부좌굴에 대한 검토 필요	• 강성이 작기 때문에 시공 중 불균형 모멘트 저항을 위한 가지주 설치 필요 • 교각 높이가 큰 연속라멘교에 적합 • 미국에서는 속찬 단면이 경제적인 것으로 인식하고 있으며 유럽에서는 중공단면이 효과적이고 경제적인 것으로 여기고 있다. • I형과 H형 단면 사용 시 비틈강성이 작으므로 가설하중(풍하중)에 대한 상부구조 변형을 제한시켜야 한다.

3) 시공 중 발생하는 불균형 하중에 대한 설계 고려

    ① 균형캔틸레버공법에서 생기는 하중의 차이로 한쪽 캔틸레버에 작용하는 고정하중의 2%

    ② 시공 중 불균형 활하중(한쪽에 5MPa, 반대쪽에 2.5MPa)

    ③ 가설에 필요한 이동식 운반건설장비 하중

    ④ 세그먼트 인양 시 동적효과로 충격하중으로 10% 적용

    ⑤ 세그먼트 불균형, 인양순서 과오, 비정상적인 조건에 의한 하중

    ⑥ 풍하중 상향력을 한쪽에서 2.5MPa 재하

    ⑦ 세그먼트의 급격한 제거 및 재하를 고려 정적하중의 2배의 충격하중 적용

FCM 가고정부의 설계

FCM으로 건설 중인 교량의 가고정부가 파손되는 경우, 예상되는 파손 원인과 가고정부 검토 시 고려해야 할 하중에 대하여 설명하고 아래의 조건에서 설치할 강봉의 수와 콘크리트 블록의 단면적을 구하시오. 단, 최대 불균형모멘트 M=250,000kNm, 총 작용 연직력 N=130,000kN이며, 강봉의 Pu=1,070kN이고 강봉 도심 간의 거리는 3.5m이며, 콘크리트 블록의 설계기준 압축강도 fck=60MPa이다.

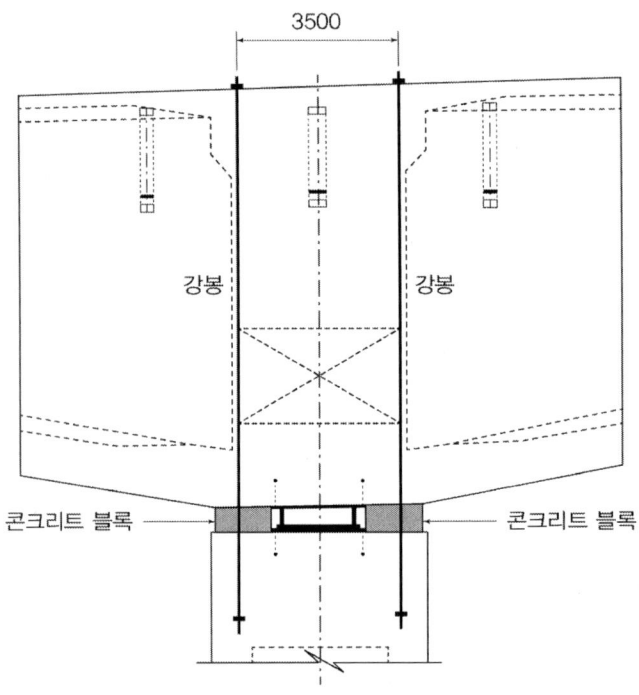

풀 이

▶ 개요

FCM 공법은 기 시공된 교각에 주두부를 시공하고 여기에 작업차를 설치하여 교각을 중심으로 좌우의 균형을 맞추어 가며 3~5m 길이의 세그멘트를 순차적으로 이어 붙여나가는 공법이다. 일반적으로 동바리의 설치가 어려운 깊은 계곡이나 하천, 해상 등에 장경간의 교량을 가설할 경우에 적용이 가능하며 현장타설 캔틸레버 공법과 프리캐스트 캔틸레버 공법이 있다.

➤ 가고정부 파손 원인

일반적으로 많이 사용되는 모멘트 저항교각을 하부구조형식으로 선정 시에 가설고정 지주 등이 필요하다. 가고정부의 파손이 발생된 경우는 한쪽 캔틸레버의 고정하중이 너무 크거나 이동식 운반건설장비 하중과 충격하중, 인양순서의 과오, 풍하중 등 대부분 시공 중 발생하는 모멘트 불균형 하중에 의해서 발생된다.

이러한 불균형 하중으로 인한 문제가 발생되지 않도록 FCM 공법 시공 시에는 다음과 같이 불균형 하중에 대해 고려하도록 하고 있다.

① 균형캔틸레버공법에서 생기는 하중의 차이로 한쪽 캔틸레버에 작용하는 고정하중의 2%

② 시공 중 불균형 활하중(한쪽에 5MPa, 반대쪽에 2.5MPa)

③ 가설에 필요한 이동식 운반건설장비 하중

④ 세그먼트 인양 시 동적효과로 충격하중으로 10% 적용

⑤ 세그먼트 불균형, 인양순서 과오, 비정상적인 조건에 의한 하중

⑥ 풍하중 상향력을 한쪽에서 2.5MPa 재하

⑦ 세그먼트의 급격한 제거 및 재하를 고려 정적하중의 2배의 충격하중 적용

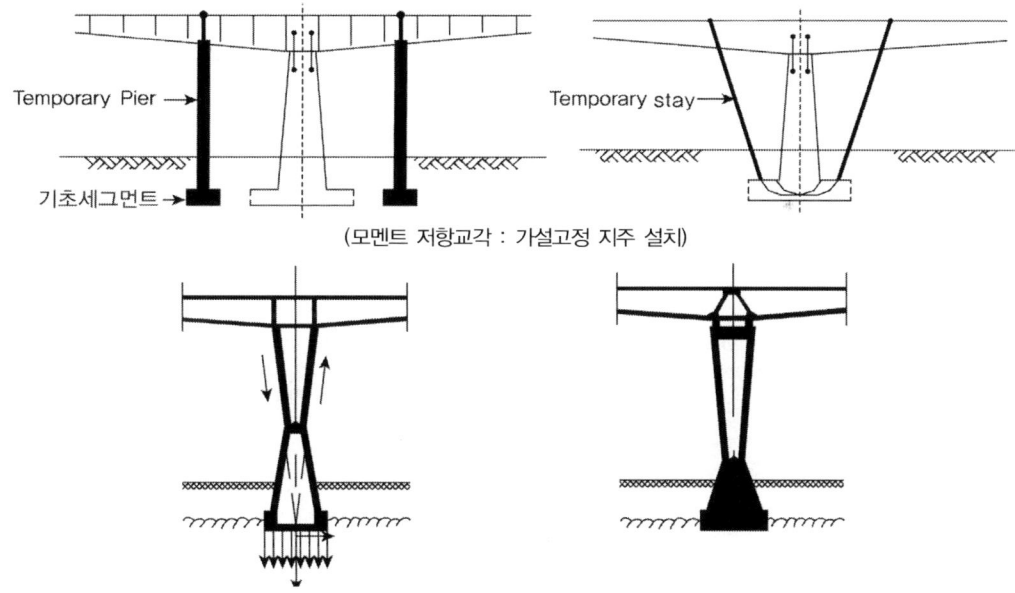

(모멘트 저항교각 : 가설고정 지주 설치)

(연성 양주교각 : 강결구조와 받침구조)

➤ 강봉 수와 콘크리트 블록의 단면적 산정

1) 강봉 수 산정

M=250,000kNm, N=130,000kN이며, Pu=1,070kN, L=3.5m, fck =60MPa

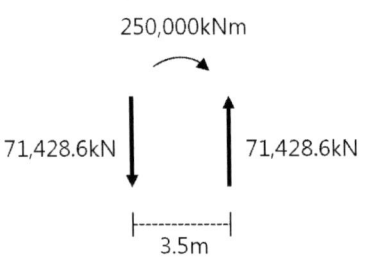

250,000kNm

71,428.6kN   71,428.6kN

3.5m

불균형 모멘트로 인한 강봉의 축력

$$\therefore F = M_{\max}/L = 71,428.6 \ \text{kN}$$

강봉의 1개의 극한강도 Pu=1,070kN

$$\therefore n = F/P_u = 66.8$$

따라서, 편측 67개 전체 134개의 강봉을 설치한다.

2) 콘크리트 블록 단면적 산정

콘크리트 블록에 작용하는 총 연직력 N=130,000kN, 편심하중으로 인해 발생하는 연직력은 71,428.6kN이므로 최대 지압응력은 201,428.6kN이다.

➤ 지압판의 소요단면적(A_{req}) 산정

2012 콘크리트구조기준에 따라 검토한다. 또한, 지압하중이 전달되어지는 기둥부의 면적은 재하면에 비해 충분히 커서 하중이 원활히 전달된다고 보고, 기초판의 표면에서의 지압강도의 제한이 없다고 가정한다.

$$V_u \leq \phi P_{nb} = \phi(0.85\, f_{ck} A_{req}), \ \phi=0.65 \qquad \therefore A_{req} \geq \frac{V_u}{\phi(0.85\, f_{ck})} = 6,076,277\,\text{mm}^2$$

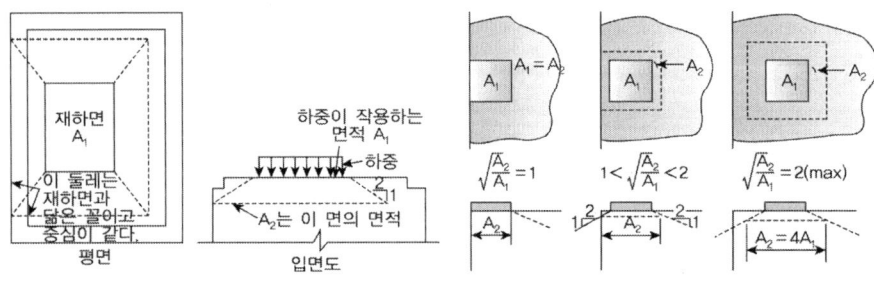

PSM 설계 시 고려사항

프리스트레스트 콘크리트교량 가설공법 중 PSM(Precast Segment Method)의 특징과 설계 시 유의사항에 대하여 설명하시오.

풀 이

➤ 개요

PSM 공법은 콘크리트 구조부재를 작은 세그먼트 또는 블록으로 분할하고 이것을 긴장재에 의하여 압착 접합하여 하나의 큰 부재를 만드는 공법으로 공장 또는 현장 부근 제작장에서 Segment를 제작하고 제작된 프리캐스트 세그먼트를 운반하여 소정위치에 들어 올려 포스트텐션 장치에 의해서 압착하여 접합시키는 공법으로 대표적인 가설공법으로는 Balanced Cantilever Method, Span by span Method, Progressive Method가 있다.

(Free Cantilever Method)

(Span by span Method)

(Progressive Method)

➤ **PSM의 특징과 설계 시 유의사항**

1) PSM 공법의 특징 : PSM 공법은 동바리가 필요 없어 계곡이나 하천 등에 적용이 유리하다. 일반적으로 PSM 공법의 형고비는 중앙비와 지점부 모두 17정도이며, 세그먼트를 하나씩 붙여가는 특성으로 인해 공장에서 제작되어 품질관리가 좋은 특성을 가진다.

장점	단점
• 동바리가 필요 없어 깊은 계곡이나 하천, 해상, 교통량 많은 지역 적용 • 하부구조 가설 도중 상부구조 Segment 제작하므로 상부 공기 단축 • Segment를 선 제작하여 크리프, 건조수축 영향 최소화 • 공장생산으로 품질관리 양호 • 2차선 교량일 경우 1.7km 이상인 경우 공사비 절감효과가 있다(미국의 경우).	• 에폭시를 사용할 경우 기후의 영향을 받아 혹한기 시공이 어렵다. • 높은 정도, 고난도 시공관리가 요구된다. • 접합면에서 철근이 불연속하므로 인장응력에 한계가 있다.

2) PSM 공법 설계 시 유의사항 : 현장여건별로 세그먼트를 가설하는 공법에 대한 사전검토나 세그먼트를 제작하는 방법, 시공 중 불균형 하중에 대한 고려, 세그먼트 분할 계획, 그에 따른 응력과 보강, 접합부의 응력 등에 대한 검토가 설계 시부터 유의하여 검토되어야 한다.

① 현장여건별 PSM 가설공법

구분	Balanced Cantilever Method	Span by span Method
개요	크레인 또는 가동 인양기에 의하여 미리 제작된 Precast segment를 교각을 중심으로 양측에서 순차적으로 연결하여 Cantilever를 조성하고 지간 중앙부를 연결하는 공법	가동식 가설 Truss를 교각과 교각 사이에 설치하고 미리 제작된 Precast segment를 그 위에 정렬한 후 PS를 가하여 인접지간과 연결하는 공법
가설 장비	독립적인 장비에 의한 가설(Crane), 상부구조에 설치된 장비로 인한 가설(인양기)	가설 Truss
장점	• 가설을 위한 별도의 형가공간 불필요 • 각 교각에서 동시가설로 인한 공기단축 가능(가설장비 다수 필요)	• 단경간의 장대교량에 경제적(가설 Truss 반복 사용) • 경제적인 단면설치 가능(가설 시 작용 단면력이 작음) • 가설속도가 빠름
단점	• 시공 중 Free Cantilever 모멘트로 인한 다소의 단면 증가 • 처짐관리가 어려움(정확한 Segment 제작 및 시공 요구)	• 가설 Truss로 인한 별도의 형하공간 필요 • 곡선반경 제약($R \geq 300m$) • 장경간 가설은 비경제적 • 가설 Truss 장비 고가 • 각 교각부 동시 가설 곤란

② Segment의 제작방법(Long line/Short line 공법)

구분	롱라인 공법(Long line)	숏라인 공법(Short line)
공법 개요	상부구조 형상 전체의 제작대에 Casting bed 설치 후 거푸집을 이동시키면서 각각의 Segment를 제작하는 방법으로 한 개 또는 여러 개의 거푸집을 이동시키면서 제작	상부구조 형상을 고정된 제작대에서 한 Segment씩 제작하는 방법
특징	• 변단면 교량에 유리 • Casting bed 설치를 위한 넓은 공간 필요 • 거푸집 해체 후 Segment 이동시킬 필요 없음 • 제작 및 가설 정밀도 확보 가능 • 공정단순 • 제작비 다소 고가	• 일정단 등단면 교량에 유리 • Casting bed에 좁은 공간 가능 • 거푸집 해체 후 Segment 이동 • 제작에 정밀 요함 • 공정복잡 • 제작비 저렴

③ 시공 중 발생하는 불균형 하중에 대한 고려 필요(Balanced Cantilever Method) : 시공 중 불균형 활하중(한쪽에 5MPa, 반대쪽에 2.5MPa), 가설에 필요한 이동식 운반건설장비 하중, 세그먼트 인양 시 동적효과로 충격하중, 세그먼트 불균형, 인양순서 과오, 비정상적인 조건에 의한 하중, 풍하중 상향력을 한쪽에서만 재하, 세그먼트의 급격한 제거 및 재하를 고려 정적하중의 2배의 충격하중 적용 등을 고려한다.

④ 시공기간, 인양조건 등을 고려한 세그먼트 분할 계획과 시공단계별 응력검토 및 보강을 검토

하여야 하며, 접합부에 대한 전단 및 휨모멘트 등 응력에 대해 검토한다.

⑤ 접합을 위한 텐던 배치 및 주 텐던 배치계획에 대해서도 설계 시 검토가 필요하다.

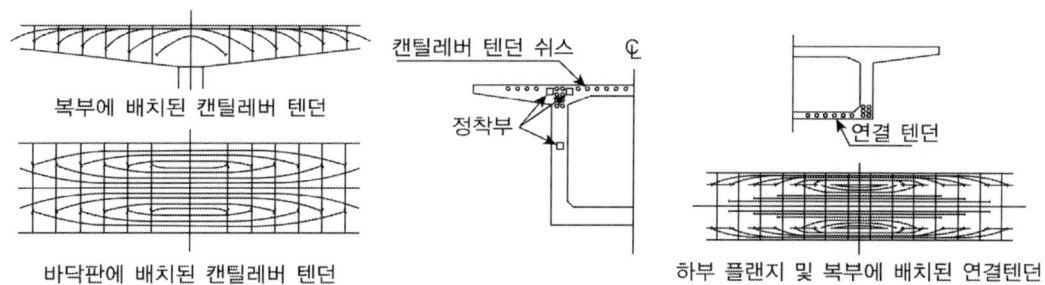

복부에 배치된 캔틸레버 텐던

바닥판에 배치된 캔틸레버 텐던

캔틸레버 텐던 쉬스

정착부

연결 텐던

하부 플랜지 및 복부에 배치된 연결텐던

외부긴장재 PSC 구조물

외부 긴장재를 설치한 프리스트레스트 콘크리트 구조물에 도입되는 프리스트레스 힘의 평가 방법과 설계할 때의 유의사항에 대하여 설명하시오.

풀 이

▶ 개요

외부 프리스트레스를 도입하는 콘크리트 구조물은 일반적으로 프리스트레스 콘크리트 구조물보다 텐던 선형이 단순하고 시공이 용이하며 복부치수 등 단면 제원을 줄일 수 있고 텐던 그라우팅에 관련된 문제점이 거의 발생하지 않으며 사용 중에 텐던 상태를 상세 조사할 수 있는 등의 장점을 가지고 있다. 다만 텐던을 격벽에 정착하여 외부로 노출시키므로 정착부에 큰 텐던력이 집중되고 이에 따라 정착부 상세 설계에 많은 문제점이 발생할 수 있으므로 외부 프리스트레스 구조물의 격벽 정착부에 대한 해석 및 설계에 대한 주의가 필요하다.

▶ 외부 프리스트레스 구조물 설계 시 프리스트레스 힘의 평가 방법 및 주요 유의사항

1) 외부 프리스트레스 정착부 격벽 설계

   ① 외부 프리스트레스 정착부 격벽 설계를 위해서는 정착부의 파열응력(Bursting stress), 박리응력(spalling stress), 휨, 전단 등에 대해 검토해야 한다.

   ② 파열응력이나 박리응력에 대해서는 거동의 차이가 있지만 기존의 방법을 사용하면 된다. 그러나 휨 및 전단 등에 대해서는 해석방법 선택의 어려움이 있다.

   ③ 3차원 입체요소(Solid element)를 사용하여 유한요소해석을 수행하면 좋은 결과를 얻을 수 있으나 해석이 약간 복잡하다는 단점이 있다.

   ④ 실무에서는 일반적으로 평판이론을 가미한 단순들보 해석이나 2차원 STM모델(프랑스)을 사용하고 있으며 격자해석법(일본)을 사용할 수도 있다.

Total Model(Max.Pr.Stress)

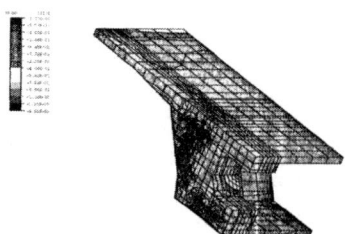

(FEM 유한요소해석 : 국부모델 정착면의 최대 주응력)

2) 외부 프리스트레스 방향 변환부 설계

① 방향변환부(deviator)는 외부 공간에 노출되어 있는 텐던을 편향시켜 배치하는 경우 케이블의 형상을 유지하고 프리스테레싱에 의한 인장력을 주형에 전달하는 중요한 구조부재이다.

② 방향변환부는 케이블의 긴장 효율을 저하시키지 않도록 설계해야 할 뿐만 아니라 케이블의 배치오차, 방향 변환장치의 설치 오차 등의 시공상의 오차문제에 대해서 조정 가능한 구조이어야 한다.

③ 방향변환부의 조건사항
(1) 케이블 긴장 시의 인장력에 충분히 저항하고 이 힘을 구조체에 전달할 수 있어야 한다.
(2) 편향된 케이블에 심한 굴절이 발생하지 않도록 해야 한다.
(3) 제 구조요소에 손상을 주지 않고 케이블의 해체, 교환이 가능해야 한다.

④ 방향변환부의 배치는 텐던의 편향 형상에 의해 결정되며, 이에 따라서 방향 변화부의 위치, 간격 및 각 방향변환부에서 편향시킬 텐던의 개수 등이 결정된다.

⑤ 방향변환부의 설계에 가장 큰 영향을 미치는 요인은 각 방향변환부에서 수직방향으로 편향되는 텐던의 개수이며 수평방향으로 곡선형을 이루는 상판의 경우에는 텐던 긴장 시에 발생하는 수평방향 분력을 설계 시에 고려해야 한다.

⑥ 일반적으로 방향변환부의 설계는 주로 새들(saddle)을 대상으로 이루어진다. 이는 새들에 의한 방향 변환이 다른 방향변환부에 비해서 가장 취약한 구조이기 때문이며 격벽(diaphragm) 또는 리브(Rib) 등의 설계 시에는 새들의 설계기준을 적용함으로써 안전측의 설계를 할 수 있다.

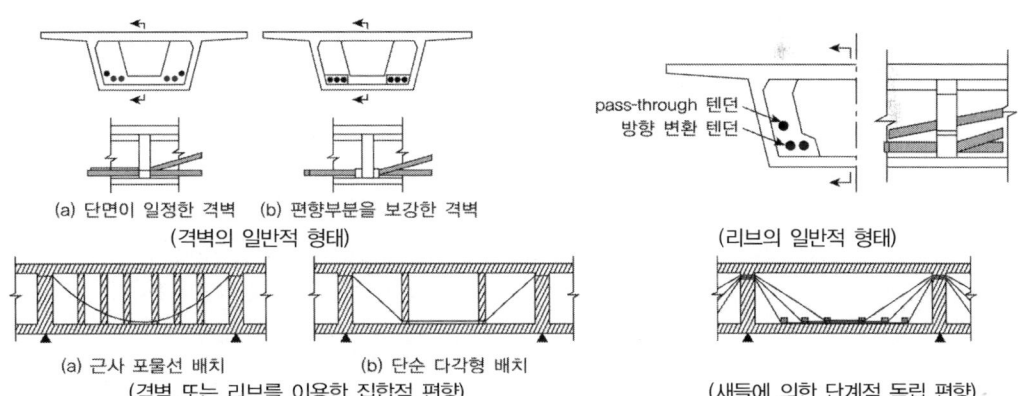

(a) 단면이 일정한 격벽　(b) 편향부분을 보강한 격벽
(격벽의 일반적 형태)

(a) 근사 포물선 배치　(b) 단순 다각형 배치
(격벽 또는 리브를 이용한 집합적 편향)

(리브의 일반적 형태)

(새들에 의한 단계적 독립 편향)

⑦ 방향변환부의 양단에서는 긴장재의 인장력이 작용하므로 이 힘을 구조부재에 전달할 수 있어야 한다. 방향변환부에 작용하는 힘에 대해서 횡방향 검토를 실시하는 경우에는 복부 위치에 지점을 가지는 교량모델에 외부케이블의 연직분력을 작용시킨다. 이 경우 외부 케이블의 연직분련 전 후면에서의 국부적인 인장응력도에 대한 보강이 필요하다.

⑧ 국부적으로 배치된 긴장재에 작용하는 추가응력으로서는 배치오차로 인하여 휨반경이 국부적

으로 작아짐에 따른 추가 휨응력도, 장력변동에 따른 긴장재의 충진재 또는 보호관의 마찰응력 등이 있다.

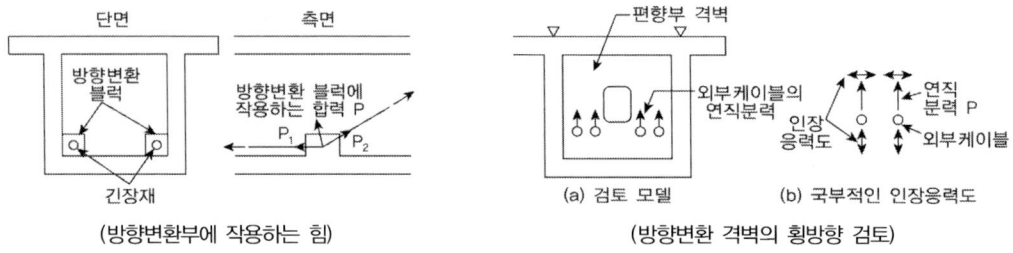

| (방향변환부에 작용하는 힘) | (방향변환 격벽의 횡방향 검토) |

⑨ 외부케이블 구조의 방향변환부의 설계는 긴장재의 어떠한 장력변동이나 작용방향에 대해서도 구조적 변형을 일으키지 않고 주형 콘크리트와 분리되지 않도록 한다.

⑩ 방향변환부의 설계 시에는 FEM 해석 등을 실시해 보강량을 산출하는 것이 바람직하나 간이 계산법을 이용할 수도 있다.

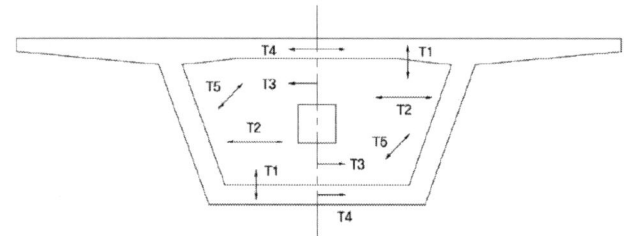

【 방향변환부 발생 단면력 】

방향 변환부 발생 단면력		간이해석모델
T1	변환부 외측에 발생하는 국부인장력	격벽형식과 리브형식은 연직분력의 50%의 하중으로 설계하고 돌기형식은 100%의 하중으로 설계한다.
T2	변환부 내측에 발생하는 할렬력	할렬인장력 T2에 대하여 보강한다. $$T_2 = 0.25 P_v \left(1 - \frac{d_1}{d_2}\right)$$ T_2 : 할렬인장력(N), P_v : PS강재 1본당 프리스트레스힘(N), d_1 : 외부 긴장재가 통과한 구멍의 지름(mm) d_2 : 외부 긴장재가 통과한 구멍의 중심 간격(mm)
T3	변환부 격벽부에 발생하는 수평방향 인장력	인장력 (T3, T4), 전단력(T5)에 대하여 보강한다. 아래 그림과 같이 웨브에 지지된 단순지지 모델에 초기응력의 연직분력을 하중으로 대치하고 산출한다. T3, T4를 산출한 경우 초기장력의 연직분력을 분포하중에, T5를 산출한 경우는 집중하중으로 재하한다. 또한, 이때 상판에 배치된 횡방향 프리스트레스트의 영향을 고려하여 설계해야 한다.
T4	상판에 발생하는 인장력	
T5	변환부 격벽에 발생하는 전단응력(사인장응력)	

【 외부 PS방식과 내부 PS방식의 비교 】

	내용	외부 PS방식	내부 PS방식
구조	적용구조 형식	콘크리트 거더교, 슬래브교, 복부트러스구조, 강(鋼)복부합성 구조	콘크리트 거더교, 슬래브교
재료	보호관의 재료	폴리에틸렌 및 강관이 주류	강제 나선형 쉬스가 주류
설계	부재 두께	복부와 슬래브 두께 감소 가능	텐던 배치에 의해 두께 제약되는 경우 있음
	텐던배치 형상	절곡선 형상, 방향변환블록에 의해 형상 확보	곡선배치 가능, 쉬스를 둘러싸는 콘크리트에 의해 형상 확보
	PS 마찰손실	마찰손실이 적음	외부 PS에 비해 비교적 큼
	텐던 편심량	박스거더인 경우 실내에 배치하면 내부 PS보다 작음	일반적으로 외부 PS방식에 비해 큼
	정착부 응력 검토	격벽에 정착되므로 국부응력 검토 필요	특별한 상세 검토는 불필요
	방향전환부 검토	프리스트레스 분력에 대한 검토 필요	–
	극한강도	내부 PS에 비해 작음	외부 PS에 비해 큼
	방진(防振)	텐던지지간격조절, 방진장치 부착 필요	대책필요 없음
시공	배근	복부, 슬래브 배근 단순화	쉬스 배치를 고려한 배근 필요, 현장배근 조정 필요
	텐던배치	외부 텐던 배치는 비교적 용이함 텐던 배치 오차 극소화 가능	텐던 배치 복잡함 텐던 배치 오차 과대할 수 있음
	콘크리트 타설	콘크리트 타설 용이함 콘크리트 품질향상 기대	콘크리트 타설 어려움, 철저한 다짐 필요
	그라우트	아연도금강재, 폴리에틸렌 압피복강재 사용 시 그라우트 불필요 그라우트 시 품질확인 용이	그라우트 불량시공 사례 많음 그라우트 품질확인 어려움
	공기	시공성 향상을 통해 공기단축	외부 PS보다 공기단축 어려움
유지 관리	텐던점검	외부 노출되어 있으므로 점검용이	점검 불가
	텐던교체 및 재긴장	텐던 결함발생 시, 추가 PS필요 시, 텐던 교체 및 재긴장 용이	어려움

곡선 긴장재의 상세

도로교설계기준(한계상태설계법, 2016)에서 곡선의 영향을 고려한 긴장재의 부재 상세를 설명하시오.

풀 이

▶ 개요

곡선 긴장재는 긴장재 곡률면 내에 곡률중심방향으로 면내력을 유발하며 강연선 다발이나 강선 다발로 구성된 곡선 긴장재는 긴장재 곡률면의 직각방향으로 면외력을 유발한다. 이 때문에 도로교 설계기준에서는 곡선 거더의 면외력에 대한 저항강도를 증가시키기 위하여 덕트에 대한 콘크리트 피복두께를 증가시키거나 횡구속 철근을 추가하는 등의 규정을 두고 있다.

▶ 곡선의 영향을 고려한 긴장재의 부재 상세 기준

면외력은 돌출정착부와 곡선 복부에 발생한다. 적절한 보강을 하지 않으면 긴장재 반향 변환력에 의해 곡선 긴장재 안쪽의 피복 콘크리트가 파손되거나 불균형 압축력에 의해 곡선 긴장재 바깥쪽의 콘크리트가 밀려날 수 있다. 면내력에 의한 인장응력은 작은 경우에는 콘크리트의 인장강도로 지지될 수 있다. 다발강연선 포스트텐션 긴장재의 면외력은 강연선이나 강선이 덕트 내에서 퍼짐에 따라 발생된다. 면외력이 작을 때에는 콘크리트 전단강도로 지지될 수 있으나 그렇지 않을 경우 나선철근으로 면외력을 저항하도록 보강하는 것이 효과적이다.

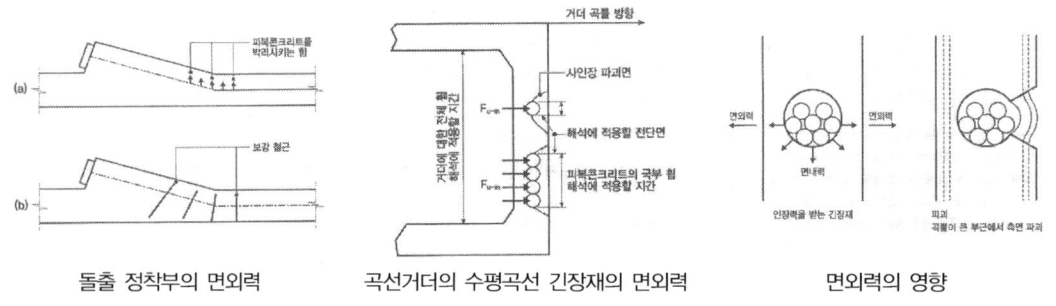

| 돌출 정착부의 면외력 | 곡선거더의 수평곡선 긴장재의 면외력 | 면외력의 영향 |

다음은 도로교설계기준(한계상태설계법, 2016)의 긴장재 부재 상세 기준이다.

1) 곡선 긴장재는 철근으로 횡구속시켜야 한다. 횡구속 철근은 사용한계상태에서의 철근응력이 0.6 f_y를 초과하지 않도록 하여야 하며 f_y의 가정값은 420 MPa 이하이어야 한다. 횡구속철근의 간격은 덕트 외측지름의 3배 또는 600 mm 이하이어야 한다.

2) 긴장재가 곡선 복부나 플랜지에 배치되거나 오목한 모서리나 내부 공동에 인접하여 곡선배치된 경우, 콘크리트 피복두께를 증가시키거나 횡구속철근을 배치하여야 한다. 오목한 모서리나 내부 공동은 인근 덕트와의 거리가 덕트 지름의 1.5배 이상이어야 한다.

3) 긴장재가 양방향으로 곡선을 이룰 때에는 면내력과 면외력을 벡터합으로 더하여야 한다.
  ① 면내력의 영향 검토
    (1) 긴장재의 배치방향의 변화로 발생하는 면내력은 다음과 같다.

    $$F_{u-in} = \frac{P_u}{R}$$

    F_{u-in} : 긴장재의 단위길이당 곡률면 내 방향변환력(N/mm)

    P_u : 계수 긴장력(N)

    R : 검토대상 위치의 긴장재의 곡률 반지름(mm)

    (2) 최대 방향변환력은 예비의 긴장재를 포함한 모든 긴장재가 인장을 받고 있다는 기본가정 하에서 결정되어야 한다.
    (3) 방향변환력에 의한 박리(pull-out)에 저항하는 콘크리트 피복의 전단강도 $V_r = V_d$

    $$V_d = 0.33 d_c \sqrt{\phi_c f_{ci}}$$

    V_d : 단위길이당 전단저항면 2면의 설계전단강도(N/mm)

    d_c : 덕트의 최소 콘크리트 피복두께 + 덕트 지름의 1/2(mm)

    ϕ_c : 콘크리트 재료계수

    f_{ci} : 초기 재하 시 또는 긴장 시의 콘크리트 압축강도(MPa)

    (4) 계수 면내 방향변환력이 콘크리트 피복의 설계전단강도를 초과하면, 면내 방향변환력에 저항할 수 있도록 완전히 정착된 철근이나 긴장재로 묶어서 보강하여야 한다.
    (5) 여러 단으로 쌓은 덕트가 곡선 거더에 사용되는 경우 콘크리트 피복두께의 휨강도를 검토하여야 한다.
    (6) 곡선거더에 대해서는 면내력에 의한 전체적인 휨의 영향을 검토하여야 한다.
    (7) 약 90°로 교차하지 않는 긴장재의 곡선 덕트에서 한 긴장재에 의한 면내력 방향이 다른 긴장재 쪽을 향하도록 배치되어 있을 경우 덕트는 횡구속되어야 한다.

  ② 면외력의 영향
    (1) 강연선의 쐐기작용에 의하여 덕트에 작용하게 되는 면외력은 다음과 같이 산정할 수있다.

    $$F_{u-out} = \frac{P_u}{\pi R}$$

    F_{u-in} : 긴장재의 단위길이당 곡률면 내 방향변환력(N/mm)

    (2) 콘크리트 피복의 설계전단강도 V_d가 충분하지 않은 경우, 총 면외력에 저항하도록 곡선구간을 국부적인 횡구속 철근으로 보강하여야 한다. 이때의 보강은 나선철근을 사용하는 것이 좋다.

1. ED교 일반 ^{111회/119회}

【 **기출유형 ①** 】 PSC 박스교, ED교, 콘크리트 사장교 비교 설명

부모멘트 구간에서 PS강재로 인해 단면에 도입되는 축력과 모멘트를 증가시키기 위해서 PS강재의 편심량을 인위적으로 증가시킨 형태로 일반적으로 단면 내에 위치하던 PS강재를 낮은 주탑의 정부에 External tendon 형태로 부재의 유효높이 이상으로 배치한 형태의 교량

1) 구조개념

ED교는 사재에 의해 보강된 교량이라는 점에서 사장교와 유사하나 주거더의 강성으로 단면력에 저항하고 사재에 의한 대편심 모멘트를 도입, 거동을 개선한 구조형식이므로 ED교의 주거더는 거더교에 가까운 특징을 가진다.

PSC교	ED교	사장교
Internal Prestressing으로 기존 하중에 저항	주거더의 강성과 External Prestressing으로 저항	추가하중을 대편심 케이블의 도입으로 보완
주거더 내 배치 PC강재 형고 : L/16~L/40	경사케이블 주거더 내 배치 PC강재 T T P V H	사재 T T P V H

2) ED교의 특징

거더 유효높이 이상으로 PS강재의 편심을 확보할 수 있어 PSC 거더교에 비해 경량화 및 장지간화가 가능하며 PSC 사장교에 비해 사재의 응력 변동 폭이 작고 주탑높이를 낮출 수 있어 100~200m 정도의 지간에서 시공성과 경제성이 탁월하다.

구분	PSC교	ED교	사장교
개요			
특징	• 상징성 적음 • 높은 교면 • 교면 아래가 중후함(무거움)	• 상징성 있음 • 중간형고 • 상하부 일체감(상하부 균형)	• 상징성 높음 • 낮은 교면 • 교면 위가 번잡함

구분		PSC교	ED교	사장교
구조특성	주형	• 형고비가 지간에 따라 변화 L/15~L/17 • 높은 교각이 설치되는 지역에서는 연성확보가 가능하므로 경제성 및 미관을 증진시킬 수 있는 중소지간의 경우에 적합 • 경간장의 증대 시 형고 현저히 증가	• 형고비가 지간에 따라 변화 L/30~L/35(지점), L/50~L/60(지간) • 상부에 작용하는 대부분의 하중을 분담 • 사장교와 거더의 중간 형태로 거더교에 비해 형고 낮음	• 형고비가 2.0~2.5m로 지간에 비례하지 않음 • 케이블 지지점 간의 하중을 분담하는 보강형 역할 • 형고를 낮게 하여 형하공간 최대 확보 가능
	주탑	–	• 탑고비 : L/8~L/12 • 주로 관통구조에 의한 새들 정착	• 탑고비 : L/3~L/5 • 주로 분리구조에 의한 앵커 정착
	케이블	–	• 주거더인 PSC 거더의 보조역할 • 부모멘트가 크게 작용하는 지점부 단면에 압축력과 정모멘트 도입(케이블이 수평에 가깝게 유지하는 것이 유리) • 활하중에 의한 응력 변동 폭이 작아 피로가 비교적 작음 • 응력 변동 폭 15~38MPa • 허용응력도 $f_{fa} = 0.6f_{pu}$ • Relaxation에 의한 긴장력 손실검토	• 케이블이 보강형을 탄성지지 • 상부에 작용하는 하중의 상당부분을 케이블의 연직분력으로 분담(케이블 연직도가 클수록 효율적) • 활하중에 의한 응력 변동 폭이 커서 피로에 대한 검토 필요 • 응력 변동 폭 50~130MPa • 허용응력도 $f_{fa} = 0.4f_{pu}$ • 별도의 자체적인 긴장력 손실 없음
시공성	주형	–	• 주거더의 강성이 크기 때문에 변형이 작고 시공관리 용이 • 지점부 단면이 변단면이 되는 경우 Form에 의한 시공 복잡	• 주거더의 강성이 작기 때문에 변형이 쉽고 정밀한 시공관리 필요 • 주거더 높이가 일정하여 Form에 의한 시공이 유리
	케이블	–	• 시공 중 사재의 장력조정이 어려움 • 사재 재긴장에 의한 거더응력 및 변위의 개선이 어려움	• 주거더 응력의 제한 값을 확보하기 위해 시공 중 장력 조정 • 사재 재긴장에 의한 주거더 응력 및 변위의 개선이 용이
공사비	주형	• 장지간 채택 시 형고의 증가로 공사비 증가	• 100~200m 정도 지간에서 경제적	• 형고가 작으므로 장지간 경제적
	주탑	–	• 주탑이 낮으므로 경제적	• 주탑의 높아 공사비 증대
	케이블	–	• 사재량이 적고 일반적인 정착구를 가진 PS강재 사용으로 경제적 • 주탑이 낮아 가설비용 절감	• 사재량이 많고 피로를 고려한 고가의 사재 이용으로 공사비 증가 • 주탑이 높이 가설비 증대
	기초	• 경간장의 증대 시 형고 및 자중이 현저하게 증가하여 하부공의 하중부담 증대로 기초공 규모 증대	• 상부공의 중심위치가 낮아서 기초공 규모가 작고 경제적	• 주탑이 높고 중심위치가 높으므로 내진상에 기초공 규모가 증대

3) ED교의 분류

① 주거더의 지지형식에 따른 분류 : 라멘형식, 연속거더 형식

② 주탑의 형식에 따른 분류 : 독립 1~3본, H형, V형

③ 사재의 형식에 따른 분류

(1) 사재배치면수 : 1면~3면 케이블

(2) 사재배치 형태 : 하프형, 팬형, 방사형

(3) 사재처리 방식 : 사판식, Trough식, 사장 외케이블식

④ 가설공법에 따른 분류 : FSM, FCM, ILM 등

2. ED교 계획 및 설계 – 상부구조

1) 상부구조계획 절차 및 검토사항

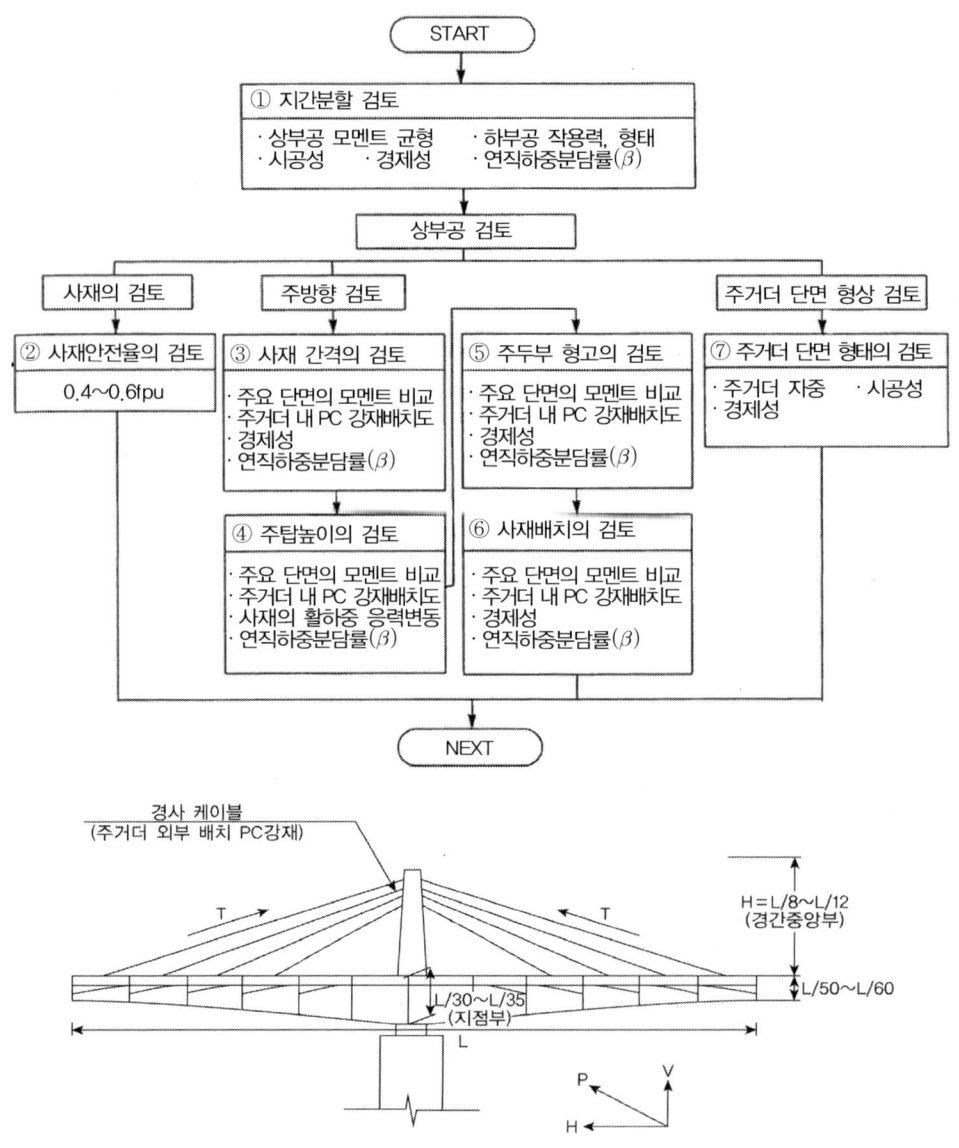

① 지간장과 형고 : (중간지점 형고) L/30 ~ L/35 (경간 중앙부 형고) L/50~L/60

② 지간장과 탑고비 : L/8 ~ L/15

3. ED교 계획 및 설계 – 주거더

1) 주거더 단면형상에 따른 비교

구분	박스 거더	유선형 거더	Edge 거더
단면 형상			
특징	• 비틀림 강성이 큼 • 시공상 제약으로 최소 거더교가 제한 • 광폭원으로의 대응이 용이 • 첨가물의 배치와 유지관리가 용이	• 주거더 중량이 가벼움 • 내풍안정성 우월 • 2면 매달기식으로 한정 • 거더교 변화의 대응이 어려움	• 주거더 중량이 가벼움 • 비틀림 강성이 작음 • 2면 매달기식으로 한정 • 등단면 적용으로 시공성 우수

2) 주거더 지지형식과 주탑, 교각, 거더의 결합방식

라멘형식은 부정정차수가 높고 교량받침이 불필요하는 등 경제성, 시공성에서 유리하나 교각높이 및 경간수 등의 조건에 의해 연속거더 형식이 채용되기도 한다.

구분	라멘형식	연속거더형식
결합 방식	주탑, 거더 및 교각을 전부 강결	주탑과 거더를 강결하고 탑과 거더를 받침에서 지지
개요		
특징	• 교량받침이 필요 없어 유지관리 용이 • 캔틸레버 가설 시 안전성 확보 용이 • 전체 연장이 길면 온도하중, 크리프, 건조수축에 의한 영향을 크게 받음 • 지진 시 이동량이 작지만, 주두부에 근접한 거더의 단면력이 커짐 • 전체연장이 긴 경우 교각의 세장비가 클수록 상대적으로 유리	• 각 교각으로의 반력분산이 용이 • 주탑과 거더의 강결부 단면이 커짐 • 교량받침은 주탑과 거더를 지지하므로 대규모 • 캔틸레버 가설 시에는 가설고정 필요 • 지진시의 상부공 단면력이 작음 • 지진 시에는 1차 진동모드가 탁월하고 고유주기가 짧아짐

4. ED교 계획 및 설계 – 주탑

1) 탑 형상별 특징

구분	독립1본	독립2본	독립3본	H형	V형
형상					
특징	• 탑이 주거더 중심 위치로 중분대 커짐 • 면외강성 작음 • 1면 매달기식에 한정 • 주행자 입장에서 공간 개방	• 탑의 면외강성 작음 • 2면 매달기식에 한정	• 탑이 주거더 중심위치로 중분대 커짐 • 탑의 면외강성 작음 • 미관상 타교량과 차별화	• 탑의 면외강성 증가 위해 탑에 경사를 두기도 함 • 교면상에 횡거더가 있고 적설지역에서 고려 필요 • 2면 매달기식에 한정	• 교상공간 개방감은 뛰어나나 안정감 부족 • 교각폭이 작아짐 • 경사탑시공 시 검토 필요

5. ED교 계획 및 설계 – 사재 ^{102회/112회}

【 기출유형 ① 】 Extradosed교 형식에서 사재의 응력변동과 사재의 방청방법
【 기출유형 ② 】 Extradosed교 주탑부 케이블 정착시스템

1) 사재 응력변동과 안전율

① ED교와 사장교는 사재 보강된 교량이라는 점에서는 동일하나 사재의 안전율을 각각 $0.6f_{pu}$ 과 $0.4f_{pu}$ 로 제한하는 큰 차이가 있다.

② ED교는 사장교에 비해 활하중에 따른 사재의 응력변동이 작다. 사재의 응력변동은 주거더의 강성, 지점조건 및 주탑의 높이의 영향을 받는데 ED교는 주탑이 낮아 사재의 연직성분 신장량이 작고 주거더의 강성이 커서 사재의 하중분담률이 작기 때문에 응력변동이 작다.

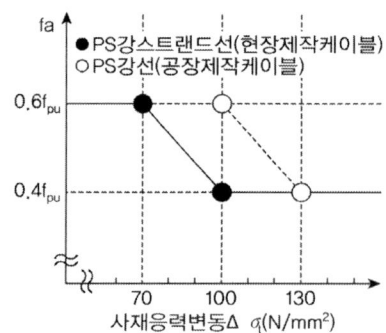

2) 사재의 배치형상

구분	방사형	팬형	하프형
형상			
특징	• 주탑정부의 사재정착구조가 복잡 • 주탑 시공 후 주거더 시공 • 주탑의 작용단면력이 커짐 • 주탑의 좌굴 등에 대한 검토 필요	• 방사형과 팬형이 중간 • 주탑사재 정착구조 및 주거더의 축력을 고려하고 장대교에 적합	• 주탑측의 사재 정착구 간격이 넓고 취급이 유리 • 주탑과 주거더 동시 시공 가능 • 지진시에 교축수평으로 흔들리기 쉬움 • Creep, SH에 의한 사재장력 변동이 큼 • 사재의 매달기 효과가 나쁘고 사재중량 증가

3) 사재의 배치형태

구분	1면 케이블	2면 케이블	3면 케이블
개요	중앙분리대 위치에 케이블면 형성	교량의 양측으로 케이블면 형성	중앙분리대와 교량의 양측
형상			
특징	• 케이블이 교차해서 보이지 않아 깨끗한 이미지 창출 • 주행자 입장에서 시야 확보 • 지점간 거리가 길 경우, 비틀림 강성확보를 위해 박스형 거더 필요	• 케이블이 겹쳐 보여 다소 혼잡 • 주행자 시야가 다소 제약 • 케이블에 의한 비틀림 강성이 증대되므로 구조적으로 유리 • 일반적 형태	• 케이블이 겹쳐 보여 다소 혼잡 • 주행자 시야 제약 • 주거더 시공 시 교축 직각 방향의 캠버관리에 주의 필요 • 미관적, 구조적 측면에서 차별화

4) 사장재 처리방식

구분	사판식	Trough식	사장 외 케이블식
개요	사재를 콘크리트로 피복	사재부를 콘크리트 벽체로 처리	External Cable을 사재로 사용
형상			
특징	• 사재의 유효단면이 커지므로 사재의 안전율을 낮추어 줄 수 있어 효율성이 높음 • 외부의 유해한 환경으로부터 사재를 확실히 보호 • 자중이 커져서 지진 시 불리하고 크리프나 건조수축의 영향으로 사재의 유효인장력 변화가 예상되어 계산 시 주의 필요	• External이 아닌 Internal PS도입한 형태의 Upper Hunched PSC 거더교 • 유효단면 외측에 PS강재가 배치되는 것은 아니지만 지점부에서 편심을 충분히 확보할 수 있으므로 ED교로 분류 • 타 ED교에 비해 자중이 커서 장대화에 불리하고 주행자 시야 불량	• 구조물 경량화와 대편심 도입이 용이하여 ED교의 기본에 충실한 형식 • 외관이 우수, 주행자 시야 확보 유리 • 앵커에 따라 재긴장도 가능하여 유지관리 측면에서 용이 • 사재의 구조적 효율성이 다소 떨어짐 • 사재의 방식처리가 중요

5) 사장재 정착 방식

구분	관통 고정 방식	분리 고정 방식		
	새들 정착	교차정착	분리정착	연결정착
형상				
특징	• 충실단면으로 케이블을 관통시켜 배치 • 주탑출구부 등에 좌우 케이블의 장력차를 고정 • 케이블 정착거리를 작게 할 수 있다. • 사재의 최소 휨반경에 주탑이 제약	• 충실단면으로 케이블을 정착 • 케이블 정착 cap에 따른 비틀림의 검토 필요	• 중공단면으로 케이블을 교차 정착시키지 않음 • 케이블 장력으로 발생되는 단면 내 인장에 저항하기 위해서 강재나 PS 강재로 단면보강 • 케이블 정착거리 작게 할 수 있음 • 케이블 정착구 점검 용이	• 중공단면으로 케이블을 교차 정착시키지 않음 • 케이블 장력으로 인한 인장력을 강재 Beam으로 저항하여 주탑의 인장응력을 예방 • 단면이 다소 커짐

6) 사재의 방청방법

케이블의 역학적 거동을 영구적으로 지속시키기 위해서는 부식방지가 필요하며, 케이블에 사용되는 부식방지는 Rigid type과 Flexibility type이 있다.

① Rigid type protection(grouting 방법) : 시멘트 모르터를 튜브 안에 주입시켜 케이블과 튜브 외부의 대기를 분리시킴으로써 부식을 방지하는 방법으로 케이블이 길고 높은 곳에 가설되는 경우에는 시공이 어렵고 신뢰성이 떨어진다.

② Flexibility type protection(non-grouting 방법) : 긴장재 자체를 각각 도금하는 방법과 튜브 안을 유연성이 큰 채움재, 즉 grease, epoxy tar, wax 등으로 채우는 방법으로 케이블의 모든 방식 작업이 공장에서 이루어지므로 현장에서 가설이 용이하며 신뢰성을 높일 수 있다. Strand 케이블을 이용할 경우 각각의 strand에 대해 부식방지를 하는 방법(individual pretection)도 있다.

③ 종래의 케이블의 부식 방지는 현장에서 수행하는 grouting 방법보다는 공장에서 grease, epoxy tar, wax 등을 채우는 non-grouting 방법이 주로 적용되고 있다.

장대교량 형식 비교

FCM P.S.C Box교, Extradosed교, Cable-Stayed교의 구조적 개념, 하중분담과 개략적인 형고비를 비교하여 설명하시오.

풀 이

▶ 교량별 구조적 개념

장대교량을 가설하는 방식 중 내부에 텐던을 배치하는 PSC BOX에 비해 외부에 텐던을 배치해 주거더의 강성과 텐던의 프리스트레스력으로 저항하도록 하는 방식이 Extradosed교의 개념이다. 이에 비해 사장교(Cable-Stayed bridge)의 경우 대편심의 케이블을 도입해서 사재가 주로 저항하도록 하는 개념으로 구분된다.

ED교는 사재에 의해 보강된 교량이라는 점에서 사장교와 유사하나 주거더의 강성으로 단면력에 저항하고 사재에 의한 대편심 모멘트를 도입, 거동을 개선한 구조형식이므로 ED교의 주거더는 거더교에 가까운 특징을 가진다.

【 교량별 구조적 저항개념과 특성 비교 】

PSC교	ED교	사장교
Internal Prestressing으로 기존 하중에 저항	주거더의 강성과 External Prestressing으로 저항	추가하중을 대편심 케이블의 도입으로 보완
• 상징성 적음 • 높은 교면 • 교면 아래가 중후함(무거움)	• 상징성 있음 • 중간형고 • 상하부 일체감(상하부 균형)	• 상징성 높음 • 낮은 교면 • 교면 위가 번잡함

▶ 형고비 등 특성

ED교는 거더 유효높이 이상으로 PS 강재의 편심을 확보할 수 있어 PSC 거더교에 비해 경량화 및 장지간화가 가능하며 PSC 사장교에 비해 사재의 응력 변동 폭이 작고 주탑 높이를 낮출 수 있어 100~200m 정도의 지간에서 유리하다. 보다 큰 지간을 요구하는 경우에는 사장교를 사용하는 것이 일반적이다. PSC교의 경우 L/15~L/17의 형고비를 가지며 ED교의 경우 L/30~L/35(지점), L/50~L/60(지간)의 형고비를 갖는다. 사장교의 경우에는 형고비가 2.0~2.5로 지간에 비례하지는 않는다.

【 교량별 형고비와 특성 】

구분		PSC교	ED교	사장교
구조특성	주형	• 형고비가 지간에 따라 변화 L/15~L/17 • 높은 교각이 설치되는 지역에서는 연성확보가 가능하므로 경제성 및 미관을 증진시킬 수 있는 중소지간의 경우에 적합 • 경간장의 증대 시 형고 현저히 증가	• 형고비가 지간에 따라 변화 L/30~L/35(지점), L/50~L/60 (지간) • 상부에 작용하는 대부분의 하중을 분담 • 사장교와 거더의 중간 형태로 거더교에 비해 형고 낮음	• 형고비가 2.0~2.5로 지간에 비례하지 않음 • 케이블 지지점 간의 하중을 분담하는 보강형 역할 • 형고를 낮게 하여 형하공간 최대 확보 가능
	주탑	–	• 탑고비 : L/8~L/12 • 주로 관통구조에 의한 새들 정착	• 탑고비 : L/3~L/5 • 주로 분리구조에 의한 앵커 정착
	케이블	–	• 주거더인 PSC 거더의 보조역할 • 부모멘트가 크게 작용하는 지점부 단면에 압축력과 정모멘트 도입(케이블이 수평에 가깝게 유지하는 것이 유리) • 활하중에 의한 응력 변동 폭이 작아 피로가 비교적 작음 • 응력 변동 폭 15~38MPa • 허용응력도 $f_{fa} = 0.6 f_{pu}$ • Relaxation에 의한 긴장력 손실 검토	• 케이블이 보강형을 탄성지지 • 상부에 작용하는 하중의 상당부분을 케이블의 연직분력으로 분담(케이블 연직도가 클수록 효율적) • 활하중에 의한 응력 변동 폭이 커서 피로에 대한 검토 필요 • 응력 변동 폭 50~130MPa • 허용응력도 $f_{fa} = 0.4 f_{pu}$ • 별도의 자체적인 긴장력 손실 없음
시공성	주형	–	• 주거더의 강성이 크기 때문에 변형이 작고 시공관리 용이 • 지점부 단면이 변단면이 되는 경우 Form에 의한 시공복잡	• 주거더의 강성이 작기 때문에 변형이 쉽고 정밀한 시공관리가 필요 • 주거더 높이가 일정하여 Form에 의한 시공이 유리
	케이블	–	• 시공 중 사재의 장력조정이 어려움 • 사재 재긴장에 의한 거더응력 및 변위의 개선이 어려움	• 주거더 응력의 제한 값을 확보하기 위해 시공 중 장력조정 • 사재 재긴장에 의한 주거더 응력 및 변위의 개선이 용이
공사비	주형	• 장지간 채택 시 형고의 증가로 공사비 증가	• 100~200m 정도 지간에서 경제적	• 형고가 작으므로 장지간 경제적
	주탑	–	• 주탑이 낮으므로 경제적	• 주탑의 높아 공사비 증대
	케이블		• 사재량이 적고 일반적인 정착구를 가진 PS강재 사용으로 경제적 • 주탑이 낮아 가설비용 절감	• 사재량이 많고 피로를 고려한 고가의 사재 이용으로 공사비 증가 • 주탑이 높이 가설비 증대
	기초	• 경간장의 증대 시 형고 및 자중이 현저하게 증가하여 하부공의 하중부담 증대로 기초공 규모 증대	• 상부공의 중심위치가 낮아서 기초공 규모가 작고 경제적	• 주탑이 높고 중심위치가 높으므로 내진상에 기초공 규모가 증대

ED교 주탑부 케이블정착시스템

엑스트라도즈교의 주탑부 케이블정착시스템에서 분리정착과 관통고정정착을 설명하시오.

풀 이

> ## 개요

ED교는 부모멘트 구간에서 PS강재로 단면에 도입되는 축력과 모멘트를 증가시키기 위해 PS강재의 편심량을 인위적으로 증가시킨 교량이다. 일반적으로 단면 내에 위치하던 PS강재를 낮은 주탑의 정부에 External tendon 형태로 배치해 부재의 유효높이 이상으로 대편심 모멘트를 도입한 교량이다. ED교는 사재에 의해 보강된 교량이라는 점에서 사장교와 유사하나 주거더의 강성으로 단면력에 저항하고 사재에 의한 대편심 모멘트를 도입, 거동을 개선한 구조형식이므로 ED교의 주거더는 거더교에 가까운 특징을 가진다.

【 ED교와 구조개념 비교 】

PSC교	ED교	사장교
Internal Prestressing으로 기존 하중에 저항	주거더의 강성과 External Prestressing으로 저항	추가하중을 대편심 케이블의 도입으로 보완

> ## 케이블 정착방법

케이블을 주탑에 관통시켜 새들에 정착하고 좌우에 케이블의 장력차를 고정하는 관통 고정방식과 케이블을 분리해서 교차하거나 연결해서 정착시키는 분리고정방식이 있다. 일반적으로 관통 고정 방식은 사재의 최소 휨반경에 주탑이 제약되는 단점이 있는 반면 케이블의 정착거리를 작게 하는 장점을 가진다.

분리고정방식은 별도로 분리해서 정착하기 때문에 점검이 용이하나, 정착부의 단면보강이나 장력 조정 등 유지관리를 위해 중공단면으로 만들어 주탑의 단면이 커질 수 있다.

구분	관통 고정 방식	분리 고정 방식		
	새들 정착	교차정착	분리정착	연결정착
형상				
특징	• 충실단면으로 케이블을 관통시켜 배치 • 주탑 출구부 등에 좌우 케이블의 장력차를 고정 • 케이블 정착거리를 작게 할 수 있다. • 사재의 최소 휨 반경에 주탑이 제약	• 충실단면으로 케이블을 정착 • 케이블 정착 cap에 따른 비틀림의 검토 필요	• 중공단면으로 케이블을 교차 정착시키지 않음 • 케이블 장력으로 발생되는 단면 내 인장에 저항하기 위해서 강재나 PS 강재로 단면보강 • 케이블 정착거리 작게 할 수 있음 • 케이블 정착구 점검 용이	• 중공단면으로 케이블을 교차 정착시키지 않음 • 케이블 장력으로 인한 인장력을 강재 Beam으로 저항하여 주탑의 인장응력을 예방 • 단면이 다소 커짐

Chapter 08

사장교와 현수교

01 케이블 일반사항(Cable supported Bridges : concept and Design 3th)

일반적으로 200m 이상의 지간을 가지는 교량을 장대교량이라고 하며, 장대교량은 형식, 구조형태, 폭-지간비 등에 따라 일반교량과 다른 동적응답과 거동을 가지기 때문에 정형화된 내진·내풍 규정과 다르게 적합한 설계와 시공방법 등이 요구된다. 국내에서는 장대교량 중 사장교나 현수교와 같은 케이블 교량을 이용한 교량을 대상으로 KDS 24 10에 별도의 설계기준을 제시하고 있다. 다음은 케이블을 이용한 교량에 요구되는 특성이나 방식, 거동 특성에 관한 사항이다.

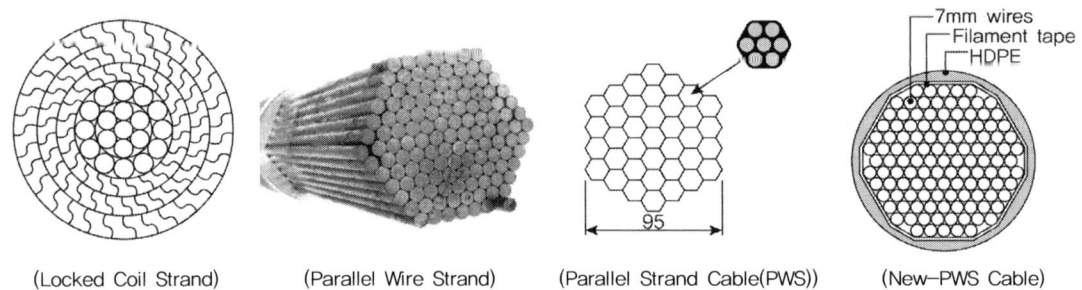

(Locked Coil Strand)　　　(Parallel Wire Strand)　　　(Parallel Strand Cable(PWS))　　　(New-PWS Cable)

1. 단일케이블 부재의 거동 : 보와 케이블의 거동 비교

1) 하중별 케이블의 구조형태 비교

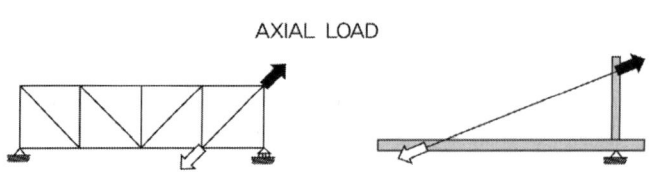

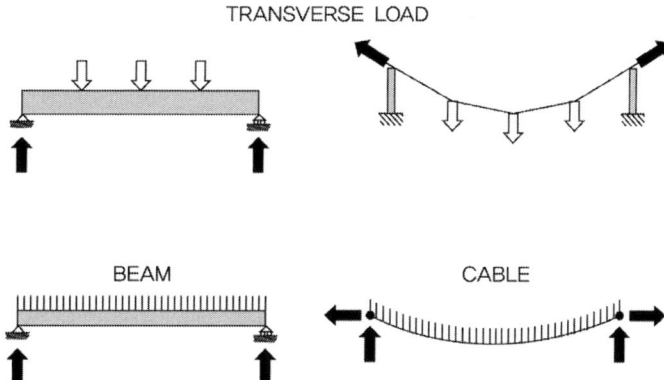

TRANSVERSE LOAD

BEAM   CABLE

① 케이블 부재의 이용의 장점은 순수 장력을 이용하여 가장 효율적으로 하중을 전달하는 데 있다. 실 예로 아래와 같은 동일한 등분포 자중(27kN/m)의 하중을 받기 위한 30m 지간에서 필요한 보와 케이블을 비교해 보면, 보의 경우 형고가 1m에 자중이 강재량이 8.2ton이 필요한 반면, 케이블의 경우 50mm 직경에 세그가 3m에 0.4ton의 강재량만으로도 동일한 하중을 지지할 수 있다. 그러나 실제구조물에서는 케이블만으로 거더를 보강할 수 없기 때문에 종방향 거더와 수직 행어 케이블 등이 필요하며 이러한 요소를 포함한 비교가 필요하다.

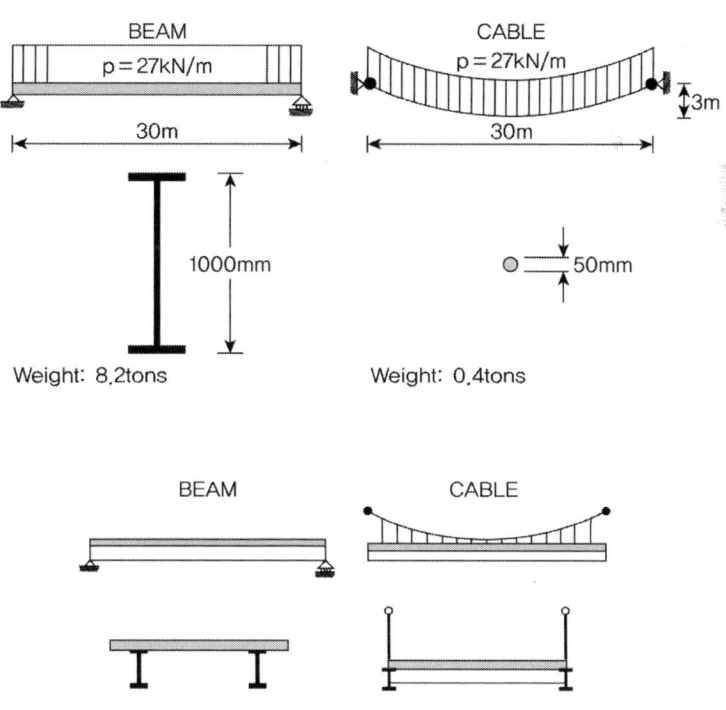

② 케이블과 보의 구조 비교

보구조	케이블 구조
• 케이블 구조에 비해 사용재료 양 과다 • 교량바닥에 직접 지지 • 도로의 하면 거더에 직접 지지점을 가짐 • 기초나 기둥에 하중을 수직으로 전달	• 보 구조에 비해 사용재료 양 최소 • 주케이블에 하중전달을 위한 보조부재 필요 • 교량바닥 상부에 주케이블에 지지 • 하중전달을 위한 높은 주탑이 필요 • 수직하중을 기초에 전달하기 위한 앵커 블록 필요

2) 케이블의 처짐의 영향인자 : 하중의 분포, 새그비, 사하중의 영향, 기하학적 형상

① 등분포하중에 의한 케이블과 보의 처짐 비교 : 하중분포의 영향

보의 최대 처짐(δ_b)은 전 지간 하중 재하 시에 발생하며, 중앙부 0.4L에만 활하중 재하 시에는 최대 처짐이 약 30% 저감되어 발생($0.7\delta_b$)한다.

반면, 케이블의 경우 동일조건(중앙부 0.4L에만 활하중 재하 시)에서 활하중이 재하되지 않은 구간에서는 상향 처짐이 발생하며, 최대 처짐값은 90% 증가한다($1.9\delta_b$). 이는 보의 경우 Rigid 하기 때문에 하중이 분배되는 경향을 보이나 케이블의 경우에는 하중의 작용하는 곳에서 집중되기 때문이다. 그러나 편향된 활하중에 대한 변위형상은 케이블 교량의 경우 자중의 크기가 클수록 변형특성이 더 좋아지는 성질을 가지고 있음을 알 수 있다.

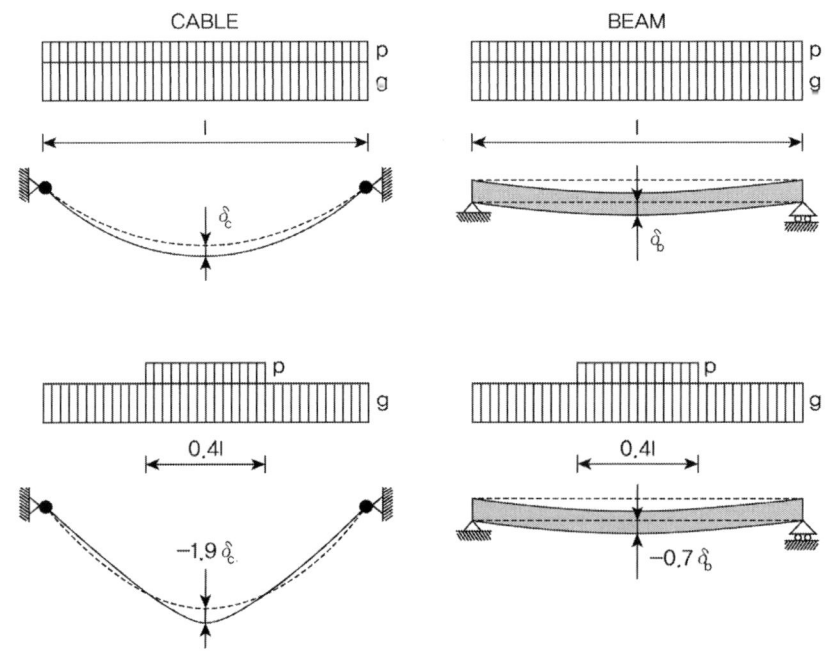

(보와 케이블의 활하중의 영향)

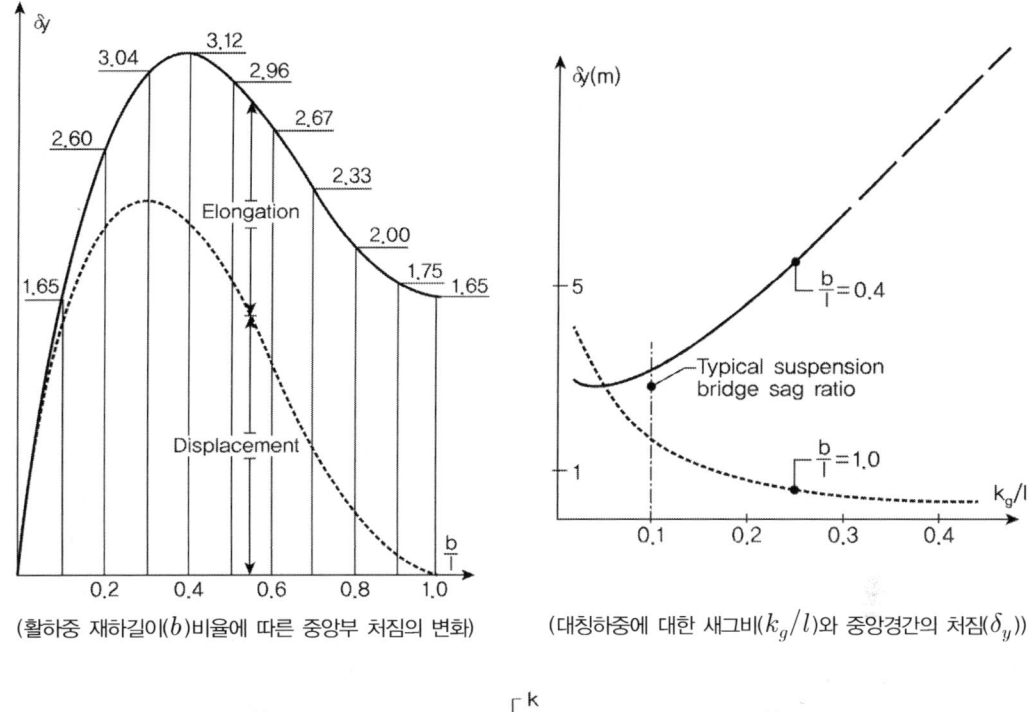

(활하중 재하길이(b)비율에 따른 중앙부 처짐의 변화)　　(대칭하중에 대한 새그비(k_g / l)와 중앙경간의 처짐(δ_y))

② 등분포 하중재하 시 새그비에 따른 단일 케이블의 처짐 양상 : 새그비의 영향

　　새그비($f = k/2a = k/l$)에 따른 중앙경간의 처짐을 비교한 그래프에서 전경간에 대칭하중이 분포할 경우($b/l = 1.0$), 새그는 중앙경간의 처짐이 최소화할 수 있도록 선택하여야 할 수 있는 반면, 전 경간 분포하중이 아닌 경우($b/l = 0.4$)에는 새그비가 0.1~0.12 이상인 경우에 처짐이 증가하는 경향을 보여 위의 결과와 반대의 양상이 나타남을 알 수 있다. 이러한 이유 때문에 통상적으로 현수교에서는 주경간의 새그비를 1/9~1/11 사이에서 선택한다.

③ 비대칭하중 재하 시 케이블의 처짐양상 : 자중의 영향

　　활하중이 1/2 지간에만 재하되는 경우에는 사하중이 케이블의 안정성을 확보하는 역할을 하는데, 아래의 그림과 같이 사하중이 g에서 $2g$로 변경될 경우 보의 경우 최대 처짐의 변화가 없는 반면 케이블의 경우에는 최대처짐은 45% 감소됨을 알 수 있다.

　　사하중의 증가로 활하중의 처짐을 감소되는 것은 사하중만 재하 시의 케이블 곡선과 사하중과 활하중 모두 재하 시의 케이블 곡선과의 편차가 사하중이 증가함에 따라 작아지기 때문이다.

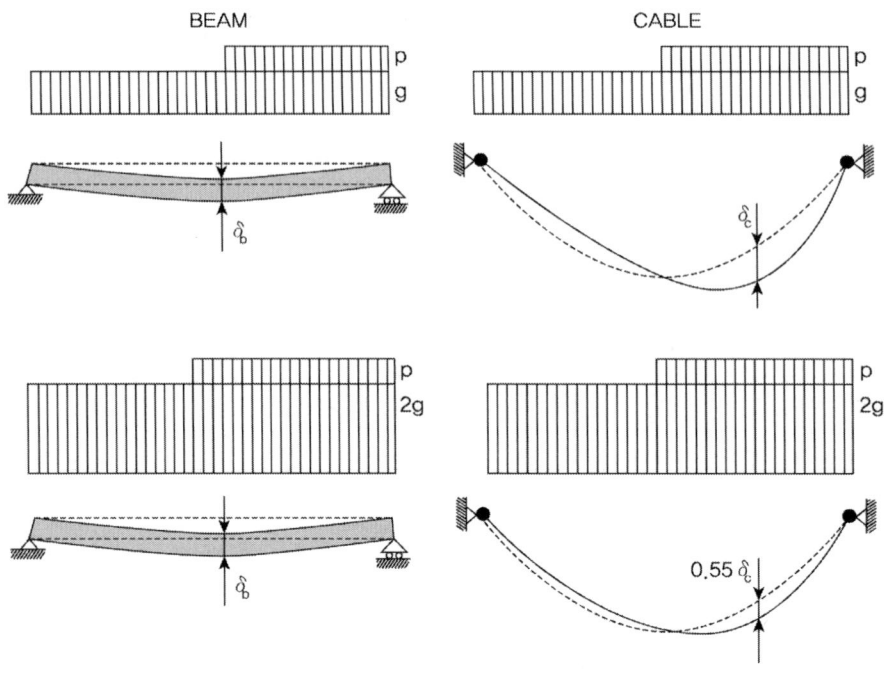

(보와 케이블의 비대칭하중에 대한 사하중효과)

활하중 80kN/m가 1/2 지간에 재하되고 사하중이 110kN/m, 220kN/m, 440kN/m가 전지간에 재하될 때 케이블의 처짐 곡선을 보면, 사하중이 클수록 처짐 형상이 작아짐을 확인할 수 있다.

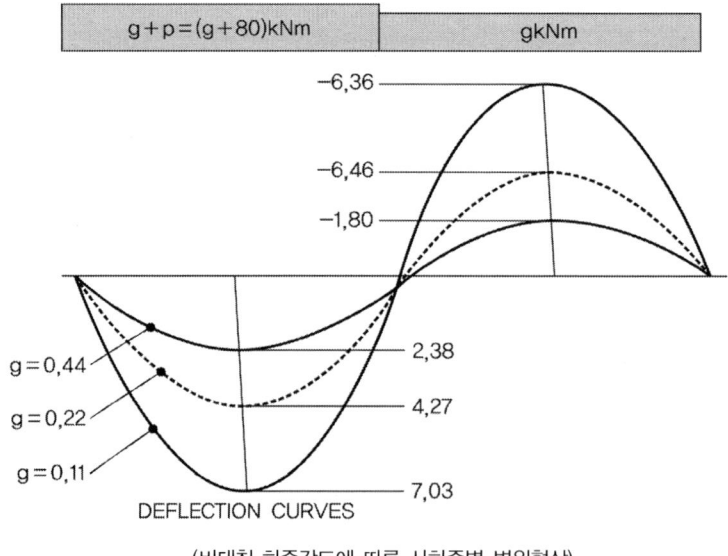

(비대칭 하중강도에 따른 사하중별 변위형상)

현수교의 설계 시에는 이러한 자중의 효과를 주의 깊은 고려가 필요한데, 근래의 경량의 강상
자형의 박스 거더를 이용한 현수교가 이전의 자중이 큰 트러스 강구조나 콘크리트 구조에 비
해 처짐이 더 커진 것도 이러한 자중의 효과에 의해서 발생되는 것이다. 그러나 실제 현수교와
같은 구조물은 단일 지간으로 건설되는 것이 아니라 통상 장지간의 중앙지간과 짧은 측경간으
로 구성되는 3경간으로 구성되며 단일경간의 거동과는 측경간의 길이에 따라 다르게 나타날
수 있다.

④ 3경간 현수교의 처짐 거동 : 기하학적 형상의 영향

중앙경간이 1000m이고 측경간이 500m와 250m인 현수교 구조를 비교해보면, 활하중이
80kN/m가 작용하고 사하중이 220kN/m가 작용할 때 측경간이 짧은 경우(측경간이 50% 감소
시)에 중앙 처짐이 79%만 발생되는 것을 알 수 있다. 따라서 케이블의 처짐양상은 자중에 의해
영향도 받지만 기하학적 형상에 의해서도 영향을 받게 되는 것을 알 수 있다. 기하학적 형상의
영향은 지점의 위치가 수평방향으로 변화함(주탑의 상부지점 변화 : 1.62m→0.42m)으로 인
해서 발생되며 이러한 지점의 변화는 측경간장의 변화로 인한 새그의 감소로 인한 수평력의
변화 때문이다(수평력 변화 : 275MN→375MN).

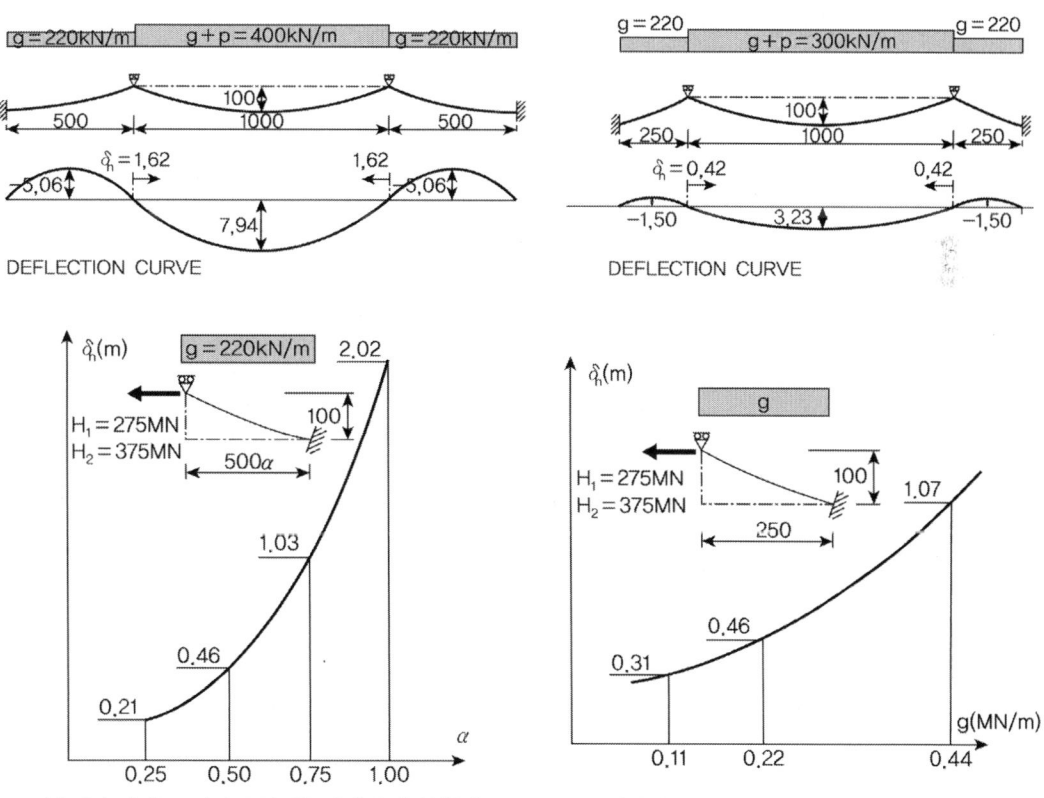

(측경간 길이(500α)와 주탑 상부에서 수평변위(δ_h))   (사하중 크기와 주탑 상부에서 수평변위(δ_h))

단일 케이블의 거동에서는 사하중의 크기가 클수록 케이블의 처짐거동에 긍정적이었던 반면에 3경간의 현수교 구조에서는 측경간에서의 사하중의 증가는 그 반대 효과를 가져오는 것을 알 수 있다.

⑤ 보강형의 휨 강성의 영향

케이블 구조는 유연한 구조로 거동하지만 실제적으로 현수교와 같은 구조물에서는 보강형 (Deck)의 영향을 받게 되며, 이로 인하여 거동이 달라지게 된다. 다만 앞선 영향인자보다는 그 영향은 Slender Deck을 통상 사용하여 작게 나타난다.

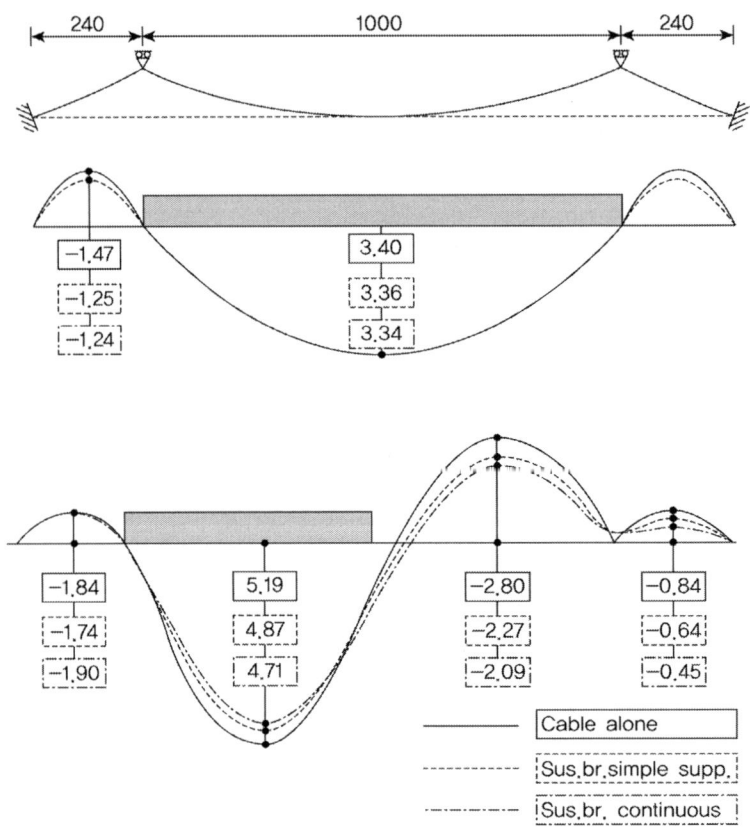

2. 케이블 형태별 순수케이블 시스템

순수케이블 시스템(Pure Cable system)은 케이블의 모든 요소가 인장을 받을 때를 말하며 현수케 이블 시스템, 팬 시스템, 하프 시스템의 형태에 따라서 다음과 케이블의 단면을 구분할 수 있다. 아래의 수식으로부터 동일한 수평력을 부담하기 위해서 현수시스템과 팬 시스템의 주탑의 높이는 동일하나 하프 시스템에서는 약 2배가량 높은 주탑이 필요함을 알 수 있다.

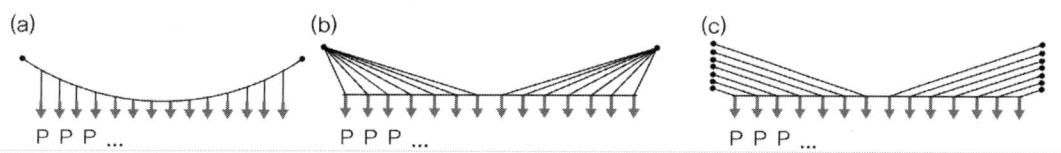

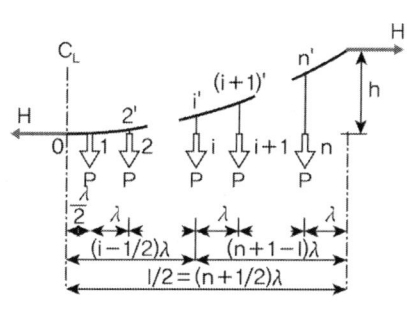

$$Q_{cbS} = 2\frac{\gamma_{cb}}{f_{cbd}}P\left[\frac{1}{4}n(n+1)\frac{\lambda^2}{h} + \sum_{i=1}^{n}\frac{i(i-1)}{n(n+1)}h\right.$$
$$\left. + \sum_{i=1}^{n}\frac{n(n+1)}{2h}\left(\lambda^2 + \frac{4h^2}{n^2(n+1)^2}i^2\right)\right]$$

$$Q_{cbS} = 2nP\left(h + \frac{n+1}{2n+1}\frac{l^2}{4h}\right)\frac{\gamma_{cb}}{f_{cbd}}$$

$\lambda = l/(2n+1)$, $n \approx \infty$,   단위길이당 하중 $p = P/\lambda$ 면

$$Q_{cbS} = pl\left(h + \frac{l^2}{8h}\right)\frac{\gamma_{cb}}{f_{cbd}}$$

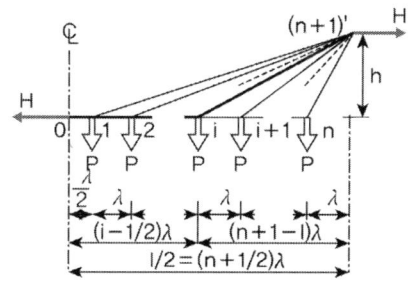

$$Q_{cbF} = 2\frac{\gamma_{cb}}{f_{cbd}}P\left(\sum_{i=1}^{n}(n-i+1)\left(i-\frac{1}{2}\right)\frac{\lambda^2}{h}\right.$$
$$\left. + \sum_{i=1}^{n}[(n-i+1)^2\lambda^2 + h^2]\frac{l}{h}\right)$$

$$Q_{cbF} = 2nP\left(h + (n+l)(2n+1)\frac{\lambda^2}{4h}\right)\frac{\gamma_{cb}}{f_{cbd}}$$

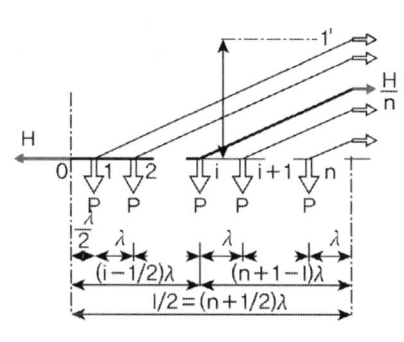

$$Q_{cbH} = 2nP\left(\frac{n+1}{2n}h_H + n\left(n+\frac{1}{2}\right)\frac{\lambda^2}{h_H}\right)\frac{\gamma_{cb}}{f_{cbd}}$$

하프시스템의 수평력($H_H = nPn\frac{\lambda}{h_H}$)이고,

현수시스템의 수평력($H_S = \frac{n(n+1)}{2}P\frac{\lambda}{h_s}$) 이므로,

수평력이 동일하기 위해서는 $\frac{h_H}{h_S} = \frac{2n}{n+1}$

$$\therefore Q_{cbH} = 2nP\left(h_S + (n+1)(2n+1)\frac{\lambda^2}{4h_S}\right)\frac{\gamma_{cb}}{f_{cbd}}$$

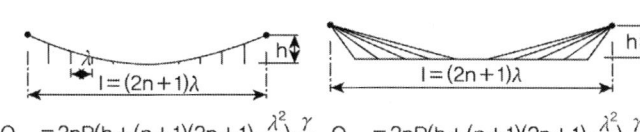

$Q_{cbs} = 2nP(h + (n+1)(2n+1)\frac{\lambda^2}{4h})\frac{\gamma}{\sigma}$ $Q_{cbF} = 2nP(h + (n+1)(2n+1)\frac{\lambda^2}{4h})\frac{\gamma}{\sigma}$

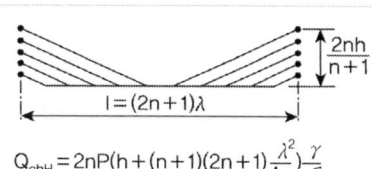

$Q_{cbH} = 2nP(h + (n+1)(2n+1)\frac{\lambda^2}{4\eta})\frac{\gamma}{\sigma}$

3. 케이블 무응력 제작장

1) 구조용 강재와 달리 케이블은 가용성 부재로서 일반적인 강성 구조체와는 다른 거동을 보인다. 즉 케이블의 처짐과 장력의 변화로 인해 강성의 변화는 비선형을 보이게 된다.

2) 자유롭게 걸려 있는 양단이 정적으로 정착된 케이블은 등분포 고정하중을 받게 되면 케이블의 형상은 현수선 상태를 이룬다.

3) 일반적으로 구조해석 시 케이블의 형상 및 거동은 포물선식을 사용하여도 그 새그비가 0.15 이하에서는 현수선식을 대용할 수 있다.

4) 그러나 제작장 계산 시 이러한 현수선식과 탄성변형량의 차이는 그 값이 매우 미소하더라도 장력에 영향을 미치므로 제작장의 정밀도를 확보할 수 있도록 현수선식을 사용하여 제작장을 사용한다.

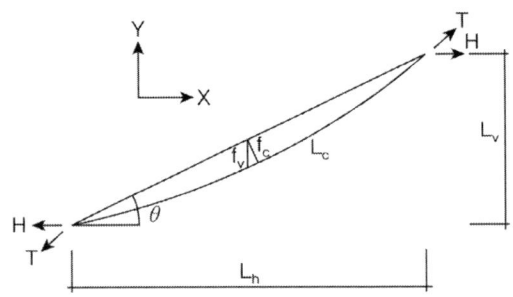

L : 케이블 정착단 간의 직선거리, f : 케이블 새그량

L_c : 케이블 곡선길이, H : 케이블 수평력

L_h : 케이블 수평 투영길이, T : 케이블 장력

L_v : 케이블 연직 투영길이, w_c : 케이블 단위중량

θ : 케이블 경사각

$$y = \frac{T}{w_c}\left[\cosh\left(\frac{w_c}{T}\left(x - \frac{L}{2}\right)\right) - \cosh\left(\frac{w_c}{T}\right)\right]$$

$$L_c = \int_0^L \sqrt{1 + \left(\frac{dy}{dx}\right)^2}\,dx = 2\frac{T}{w_c}\sinh\left(\frac{w_c L}{2T}\right)$$

$$\triangle s = \frac{T^2}{2EAw_s}\left[\sinh\left(\frac{w_c L}{T}\right) + \frac{w_c L}{T}\right] \qquad f_c = \frac{w_c L^2 \cos\theta}{8T}, \quad f_v = \frac{f_c}{\cos\theta}$$

케이블의 현수방정식(Catenary Equation)

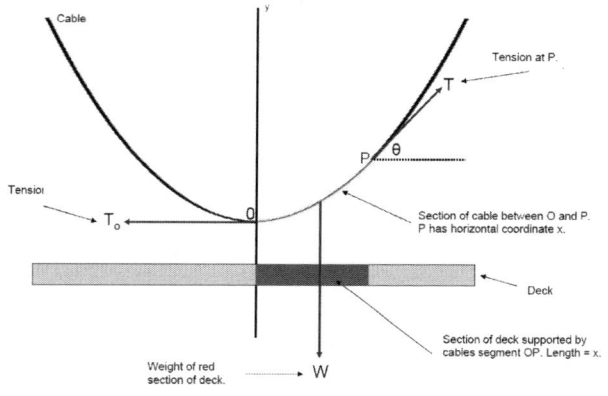

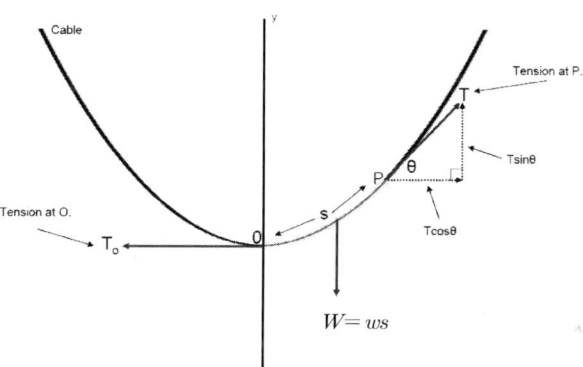

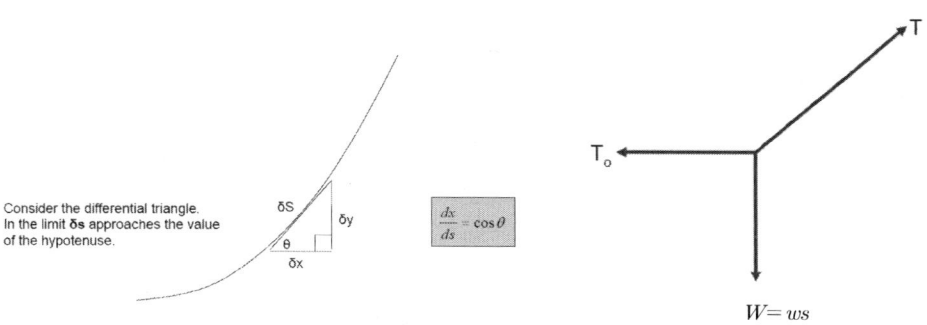

① $\dfrac{ds}{d\theta} = \dfrac{T_0}{w}\sec^2\theta$

$\dfrac{dx}{d\theta} = \dfrac{ds}{d\theta} \times \dfrac{dx}{ds} = \dfrac{T_0}{w}\sec^2\theta \times \cos\theta = \dfrac{T_0}{w}\sec\theta, \quad \dfrac{dy}{d\theta} = \dfrac{ds}{d\theta} \times \dfrac{dy}{ds} = \dfrac{T_0}{w}\sec^2\theta \times \sin\theta = \dfrac{T_0}{w}\sec\theta\tan\theta$

② $s = \dfrac{T_0}{w}\tan\theta = \dfrac{T_0}{w}\dfrac{dy}{dx}$ $\qquad\qquad \therefore \dfrac{ds}{dx} = \dfrac{T_0}{w}\dfrac{d^2y}{dx^2}$ $\qquad\qquad$ (1)

$ds^2 = dx^2 + dy^2$ $\qquad\qquad\qquad \therefore \dfrac{ds}{dx} = \sqrt{1 + \left(\dfrac{dy}{dx}\right)^2}$ $\qquad$ (2)

(1)과 (2)에서

$\dfrac{T_0}{w}\dfrac{d^2y}{dx^2} = \sqrt{1 + \left(\dfrac{dy}{dx}\right)^2}$ $\qquad$ Let $\quad y' = \dfrac{dy}{dx}$

$\dfrac{T_0}{w}\dfrac{dy'}{dx} = \sqrt{1 + (y')^2}$ $\qquad dy' = \dfrac{w}{T_0}\sqrt{1 + (y')^2}\,dx$ $\qquad \displaystyle\int \dfrac{w}{T_0}dx = \int \dfrac{dy'}{\sqrt{1 + (y')^2}}$

여기서, $\displaystyle\int \dfrac{du}{\sqrt{1 + u^2}} = \sinh^{-1}u$ 이므로

$\dfrac{w}{T_0}x = \sinh^{-1}(y') + C$ $\quad \therefore y' = \sinh\left(\dfrac{w}{T_0}x + C\right)$

Catenary Equation : $y = \dfrac{T_0}{w}\cosh\left(\dfrac{w}{T_0}x + C_1\right) + C_2$

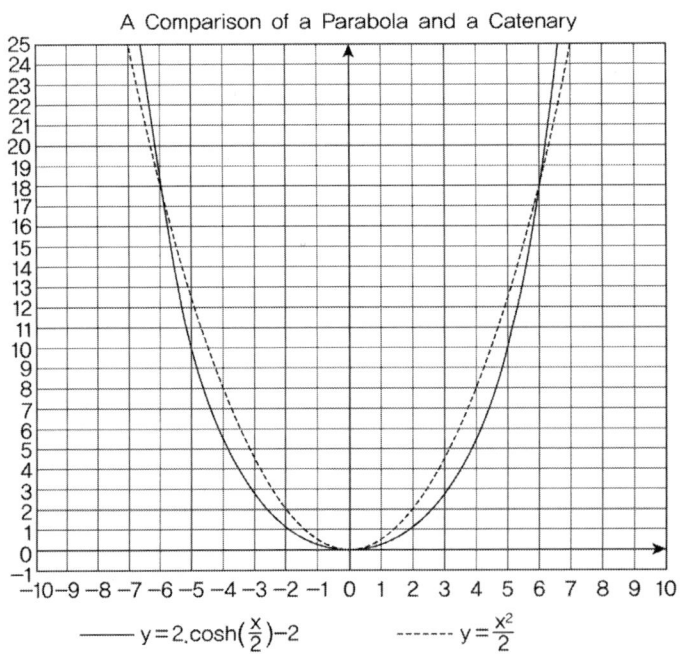

A Comparison of a Parabola and a Catenary

$\qquad$ —— $y = 2.\cosh\left(\dfrac{x}{2}\right) - 2$ $\qquad$ ------ $y = \dfrac{x^2}{2}$

➤ 현수선 케이블(Catenary Curve)의 평형

케이블만이 늘어진 형상에서 보강형을 가설한 때에 설계 시의 계획한 형상이 얻어지도록 하여야 한다. 이때 케이블의 자중은 케이블 길이 방향으로 일정하다고 가정할 수 있고 미소구간에 대한 연직방향의 평형은 케이블의 위치로부터 다음과 같은 현수곡선으로 표현된다.

$$y = \frac{T_0}{w}\cosh\left(\frac{w}{T_0}x + C_1\right) + C_2 \qquad \text{B.C } x = 0,\ y' = 0 \rightarrow C_1 = 0$$

➤ 포물선 케이블의 평형

보강형의 가설이 완료되어 보강형이 강성을 갖는 시점에서 케이블에 적용하는 고정하중은 케이블 자중 이외에 케이블 밴드, 행어, 보강형, 포장 등이며, 이 고정하중은 케이블 자중에 비하여 매우 크다. 또한 현수교 고정하중은 한 경간 내에서 등분포한다고 가정할 수 있다. 이 경우 완성 시에 케이블에 재하되는 고정하중 w는 각 경간 내에서는 수평하중으로 일정하다. 이는 보강형의 길이 방향으로 일정하며 케이블의 미소요소의 평형은 완성 시 케이블 장력의 수평성분을 T_o라고 하면

$$T_0\left(\frac{dy}{dx} + \frac{d^2y}{dx^2}dx\right) - wd - T_0\frac{dy}{dx} = 0 \qquad y = -\frac{w}{2T_0}x(L-x) + \frac{y_1 - y_2}{L}x + y_0$$

➤ 현수선과 포물선의 차이점

1) 현수선은 케이블의 길이방향으로 하중이 작용할 때 처짐 현상이고 포물선 식은 등분포 하중이 보강형의 길이방향 또는 케이블의 수평투영방향으로 분포하중이 작용할 때의 처짐 현상이다.

2) 처짐 이론에 관한 식을 이용하여 현수교의 주요 기하형상을 계산할 때에는 포물선 식을 사용하여 결정하여도 충분한 정밀도에서 결정될 수 있으나 주 케이블 공사가 끝난 직후 Set Back량 등의 계산을 위해서는 포물선의 식을 적용할 수 없고 현수선 식을 사용하여 그 추정 값을 계산하여야 한다.

3) 현수교의 지간별로 보면 보강형의 하중에 따라 차이가 날 수 있으나 1000m 정도의 현수교에서는 케이블의 자중이 기타의 보강형에 작용하는 고정하중보다 작아 포물선에 가까운 케이블 선형을 보이나 2000m급 교량에서는 케이블의 단면적이 지간의 제곱에 비례하여 증가하면서 중량 또한 그에 비례하여 증가하므로 보강형의 고정하중과 케이블의 고정하중이 비슷한 수준으로 된다. 이러한 경우 두 선의 중간정도의 값으로 보아도 무방하다.

4) 따라서 가설단계에서는 케이블만 시공된 상태에서는 완벽하게 현수선이 구현되나 보강형이 가설되고 부가 하중이 제하되면서 포물선에 가까워진다.

Iso Tensioning 공법

➤ Strand의 인장방법

모노 Strand 방법(스트랜드를 하나씩 인장)과 Multi-Strand 방법(다수의 스트랜드를 동시에 인장)으로 구분된다.

➤ Iso-tensioning

Cable 제작사인 Freyssinet 공법 중 각 스트랜드별로 가설하는 Strand by strand 공법으로 Mono-Strand 공법의 일종이다. 모노스트랜드 잭을 이용하여 장력을 도입하는 방법으로 케이블의 장력을 동일하게 긴장할 수 있으며, 시공 시 최종적인 장력조정 횟수를 감소시켜 재긴장과 이완작업의 소요시간을 대폭으로 감소시킬 수 있는 특징이 있다. 또한 긴장작업 중 실시간으로 케이블의 장력을 측정하므로 상판에 추가하중이 재하되더라도 상황에 맞도록 케이블의 긴장이 가능하고 mono load cell에 의해 실시간 장력 측정이 가능하므로 시공 중 장력관리 및 이에 따른 선형관리를 세밀히 수행할 수 있는 특징을 가진다.

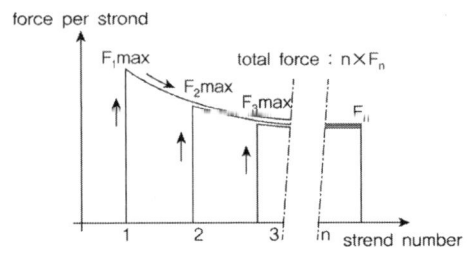

(Iso-tensioning 개념과 실제 측정 상황)

➤ 장력도입 방법

1) 첫 번째 Strand를 설치하여 경량의 모노스트랜드 잭을 이용, 계산된 장력으로 인장하고 장력을 읽을 수 있는 로드셀(Load cell)을 부착한다.
2) 두 번째 Strand를 인장하고 첫 번째 스트랜드와 장력이 같도록 한다.
3) Strand 인장을 반복할수록 설치된 Strand들의 장력이 감소되며 마지막 Strand 인장할 때 장력을 기록한다.

➤ 장력의 조정

유압잭을 이용하여 전체를 한꺼번에 인장할 수 있는 멀티 스트랜드 잭을 이용한다.

➤ 부식 방지 작업 및 마무리 작업(정착구와 케이블의 녹 방지 작업)

1) 정착구 방식 : 정착구를 벗어난 Strand를 Cutting하고 마감재로 Seal 처리, 주입부 뚜껑을 설치하고 Wax 등으로 충전
2) Cable부 방식 : 주입관을 설치하고 Cable 전길이에 Wax 등을 충전한다.

➤ 한정된 장소에서 진행하므로 작업이 간단하고 공기가 빠르며 소규모 가설장비를 이용한다.

4. 케이블 구조물의 안정성(방명석, 케이블 구조물의 안정성 해석, 1991년 강구조학회지) [108회]

【기출유형 ①】 사장교와 현수교의 응력분포를 비교하고 사장교가 지간장 한계를 가지는 이유

일반적으로 케이블을 이용한 구조물인 사장교와 현수교의 구조 개념을 설명할 때에는 사장교의 경우 케이블 지점을 탄성스프링으로 지지되는 지점을 보게 되며, 현수교의 경우 행어가 연결된 지점에서 상향력을 가하는 구조물로 보고 구조적 차이점을 설명하는 것이 일반적이다.

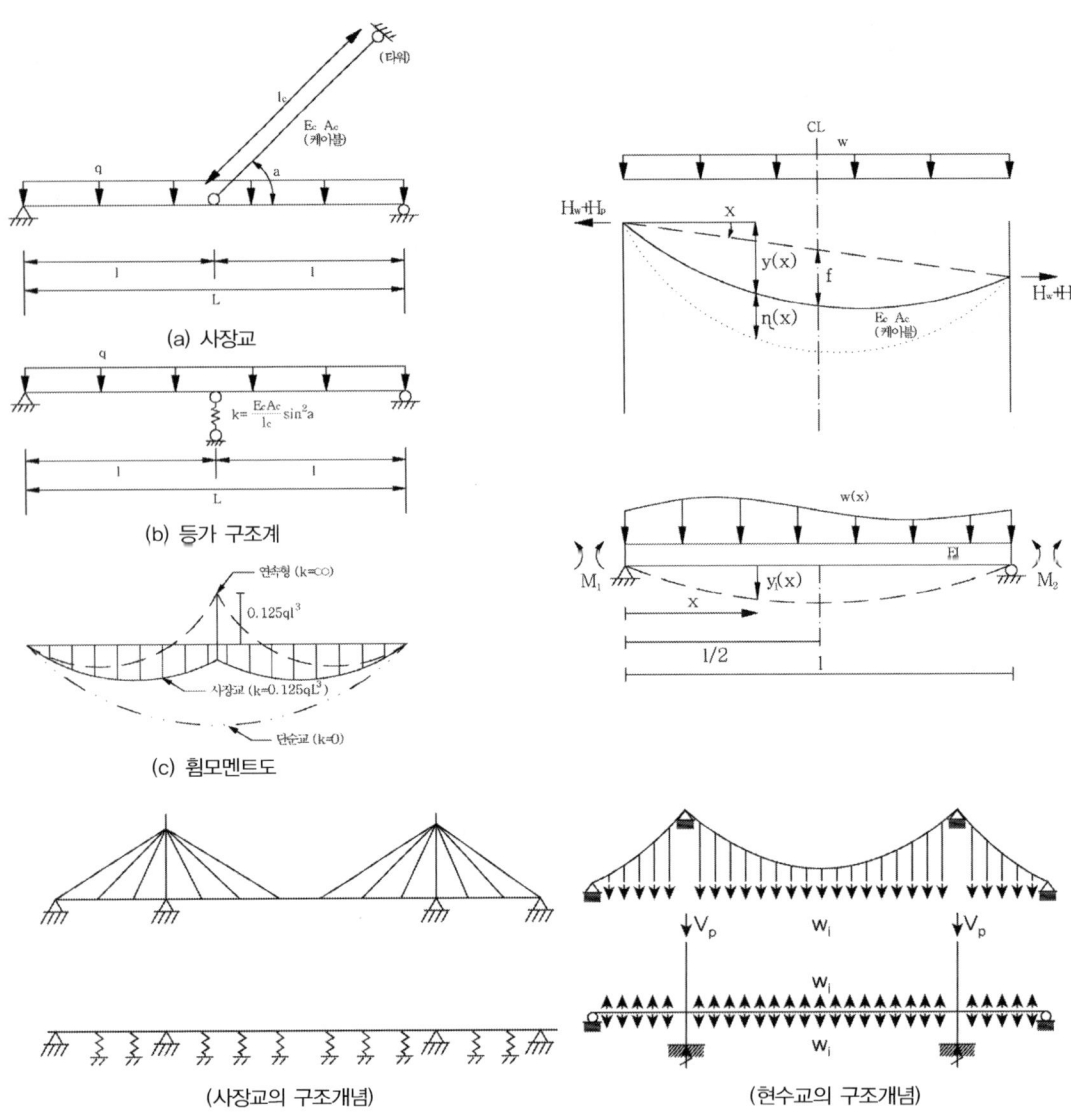

(a) 사장교

(b) 등가 구조계

(c) 휨모멘트도

(사장교의 구조개념)

(현수교의 구조개념)

1) 케이블 구조물의 구조 특성과 안정성

케이블 구조물을 구성하는 구조부재들은 모든 연결점에서 힌지로 연결된 것으로 가정하며 이 조건에서 안정성을 검토할 때는 다음과 같이 3그룹으로 나눌 수 있다.

① 1차 안정성 케이블 시스템 : 외력에 의한 변위가 없는 상태에서 평형조건을 만족

② 2차 안정성 케이블 시스템 : 케이블시스템으로 외력이 작용할 때만 평형조건을 만족

③ 불안정 케이블 시스템 : 평형조건을 만족시키지 못함

④ 현수교의 경우는 하중이 재하 시에 모든 케이블의 인장력이 고정케이블(anchor cable)에 연결되어 있으므로 구조적으로 2차 안정성 케이블이다.

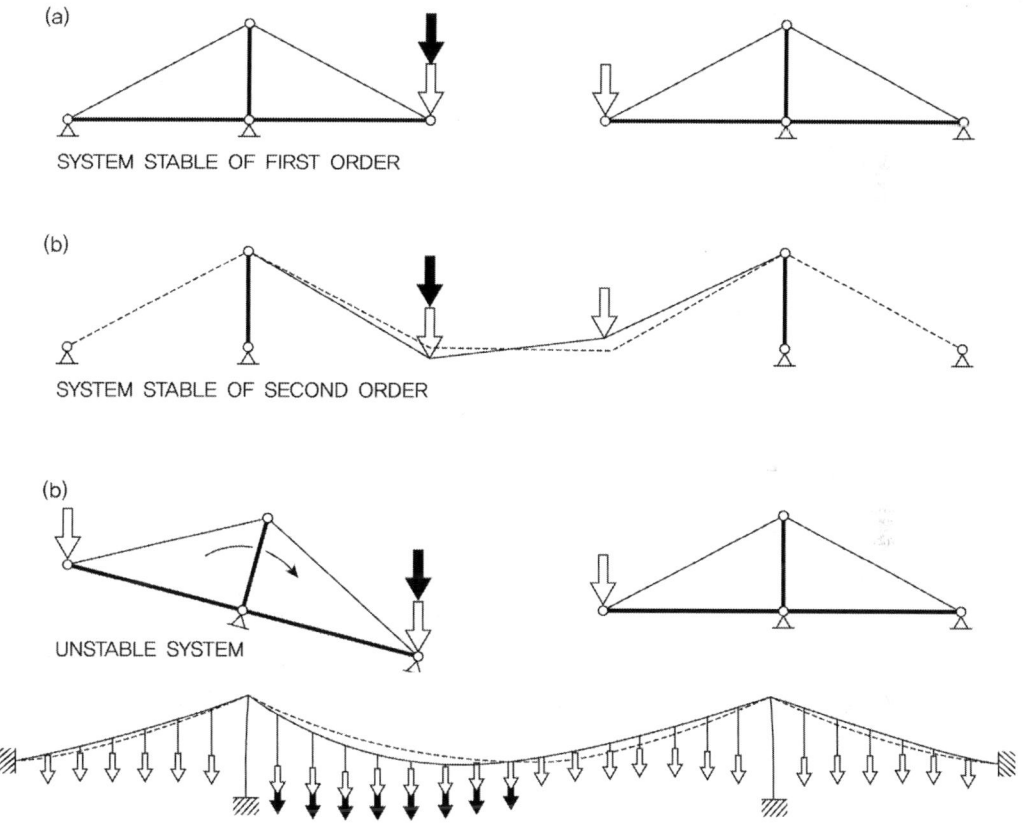

2) 팬(Fan) 및 하프(Harp)형 시스템의 안정성

① 팬형 사장교 : 다음 그림 (a)의 삼각형 ABCD는 전형적인 1차 안정성 케이블 시스템이나 부분적으로 EBCD는 불안정 케이블 시스템을 이룰 수 있다. 따라서 교량의 안정성을 확보하기 위해서는 AD 케이블(Anchor cable)은 어느 하중조건하에서나 인장력이 부하되도록 설계되어야

한다.

② 하프형 사장교 : 다음 그림 (a)와 같은 내측의 지지케이블(Stay cable)의 경우 주탑(Pylon)에 고정되어 있으므로 모든 인장력이 고정케이블로 전달될 수 있지만 아래 그림 (b)와 같이 주탑에서 이동 가능한 지지시스템인 경우나 아래 그림 (c)와 같이 Harp 시스템인 경우에는 내측 지지케이블의 인장력이 앵커케이블에 전달될 수 없으므로 부분적으로 불안정을 갖게 된다. 이를 해결하기 위해서 그림 (d)와 같이 외측지간의 연결점에 지점을 설치하여 1차 안정성 케이블 시스템을 만들 수 있다.

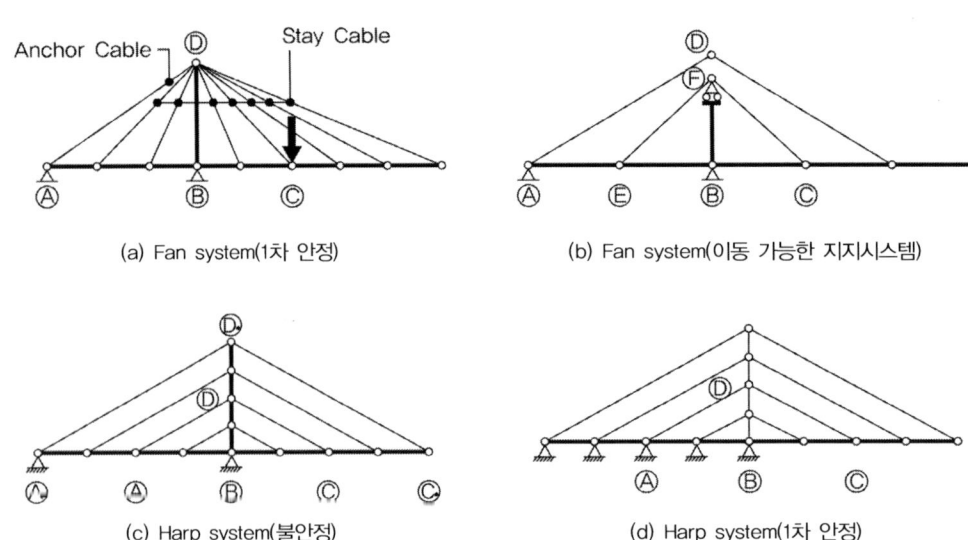

(a) Fan system(1차 안정)

(b) Fan system(이동 가능한 지지시스템)

(c) Harp system(불안정)

(d) Harp system(1차 안정)

3) 케이블 구조물의 안정성 해석

1차 및 2차 안정성 케이블 시스템의 경우에도 케이블 중 하나의 손상에 의해서 전체 시스템이 불안정 시스템으로 바뀌는 경우가 있다. 현수교의 주케이블이나 사장교의 앵커케이블이 파단되는 경우에는 전체 시스템이 불안정 시스템으로 되므로 주케이블들의 안정성 확보는 매우 중요하다.

5. 케이블 교량의 비교(사장교와 현수교)

사장교와 현수교 모두 교각을 설치하지 못하는 공간에서 케이블을 통해 매달기식으로 연결한다는 점에서 유사하지만, 케이블 배치 형상의 차이로 정역학적 거동에는 차이가 있다. 케이블이 포물선 형상을 가지는 현수교는 수직하중재하에 대해 케이블 장력이 평형상태에 이르기까지 큰 변형을 일으키는 반면 사장교는 직선의 케이블 배치로 이와 같은 큰 변형이 발생되지 않는다. 구조적인 측면에서는 현수교는 포물선 형상의 주케이블과 보강형을 연결하는 행어가 구성되는 반면 사장교는 주탑과 보강형을 직접 연결한다.

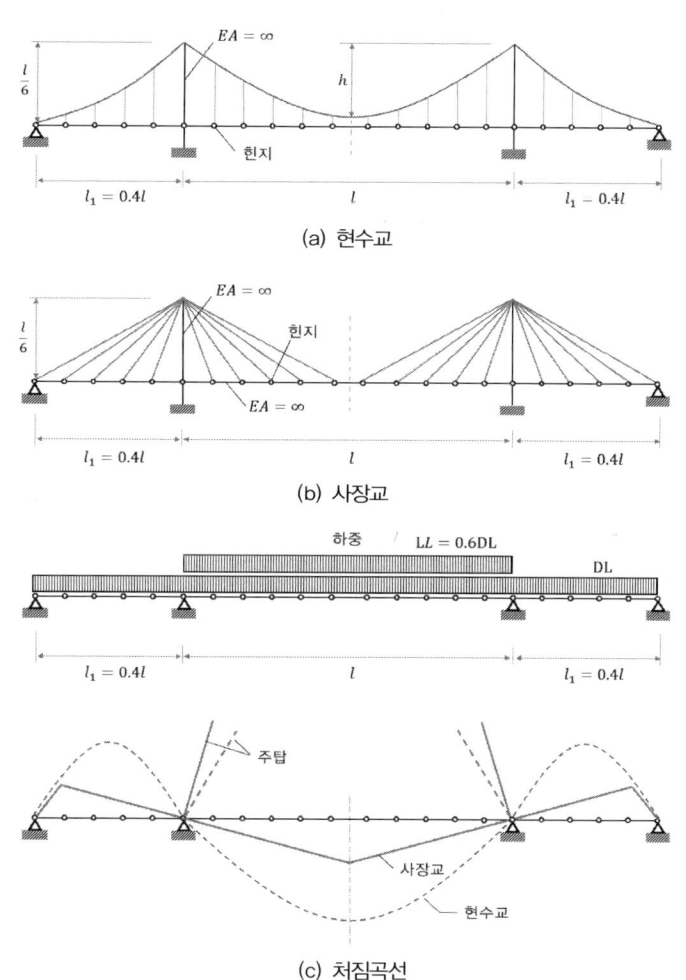

(a) 현수교

(b) 사장교

(c) 처짐곡선

1) 강성

현수교와 사장교 모두 중앙경간이 길어지면 거더 전체의 세장비가 커져 비틀림 변형이 쉬운 결점이 있다. 그러나 사장교는 현수교에 비해 케이블의 강성이 상대적으로 크고 케이블에서의 수평분력에 의한 축방향력의 영향을 제외하면 강받침을 가진 단성받침 위의 연속거더와 유사한 거동을 보인다. 현수교의 주탑정상 수평변위는 사장교에 비해 매우 크고 케이블단의 수직변위에 추가되어 탑 정상 수평변위를 더 크게 하는 특성을 가진다. 반면 사장교는 주탑 정상변위를 구속해 처짐이 상대적으로 작고 고강도 사면 케이블을 높은 응력 수준으로 사용해 처짐을 억제한다. 결과적으로 사장교는 케이블의 처짐을 유효하게 억제하고, 현수교에서는 처짐을 작게 하기 위해 보강거더에 큰 휨강성이 필요하다.

2) 내풍안전성

중앙지간장 200m 정도의 사장교는 정역학적으로 연속거더교와 현수교의 중간적 특성을 갖는다. 그러나 동역학적인 특성은 주탑의 유연성으로 현수교와 유사하다. 사장교의 내풍안정성 특징으로는 ① 다수의 케이블을 가져 고차 부정정구조물로 계의 구조감쇠성이 높다. ② 2면 케이블 형식의 사장교는 내풍안정성상 가장 위험한 진동형의 하나인 역대칭 비틀림 진동을 케이블을 통해 유효하게 억제한다.

현수교의 경우, 사장교에서 측지간의 상단케이블이 탑 정상변위를 유효하게 구속해 비틀림 진동을 크게 억제하는 데 반해 현수교의 주탑 정상의 수평변위가 크고 케이블이 자유롭게 역방향으로 진동할 수 있어 케이블의 비틀림진동에 대한 억제효과는 대단히 작다. 이 경우 A형 주탑이 효과적이다.

3) 경제성

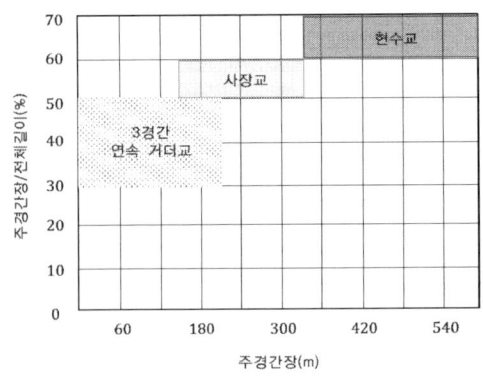

3경간 연속 거더교와 사장교, 현수교의 전체교량길이에 대한 주경간장의 관계를 보면, 3경간 연속 거더교의 경제적 한계 경간장은 약 200m이며, 주경간장 전체길이비의 30~50%가 적정하다. 사장교의 경우 주경간장이 150~300m 정도일 때 주경간장과 전체 경간장이 50~60%가 가장 경제적이며, 현수교의 경우 중앙경간장이 약 500m, 주경간과 전체 길이비가 60~70%가 가장 경제적이다.

경제성과 주경간장의 길이 등은 계속되는 기술과 재료의 발전에 따라 더욱 연장되고 있는 추세이다.

사장교와 현수교의 케이블 변형특성 비교

1) 대칭활하중 재하 시(주경간 만재하 시)

주경간에 활하중이 만재하될 경우 보강형의 강성을 무시하면 사장교와 현수교에서의 지간 중앙에서의 처짐은 이론적으로 같은 값이 된다. 그러나 실제 사장교 구조물에서 보강형의 강성으로 인하여 주경간의 중앙에서 팬시스템은 최대 처짐이 다소 감소하며, 측경간 변위는 현수교 시스템에서 큰 상향 처짐이 나타난다.

2) 비대칭활하중 재하 시(주경간 반재하 시)

비대칭 활하중이 재하 시에는 사장교에서는 대칭활하중 재하 시의 보강형의 강성을 무시한 처짐 형상과 정확히 동일하게 나타나며, 사장교에서는 하중작용부분에서의 처짐과 측경간에서 약간 들림만 있을 뿐 비재하 경간에서는 어떠한 처짐도 발생하지 않는다. 그러나 현수시스템에서는 비대칭 활하중 재하되지 않는 전 구간에서 상향의 처짐이 발생한다. 일반적으로 사장교에서는 하중재하영역에 변형이 집중하게 되고 현수교에서는 하중이 재하되지 않은 부분에서도 상당한 변위가 발생한다. 보강형의 강성을 무시한다면 팬형 사장교에서의 처짐은 주경간장 중앙과 단부에서 불연속적으로 나타나야 하지만 실제적인 구조물에서는 보강형의 휨강성이 무시되지 않으므로 점선과 같은 형상으로 나타난다.

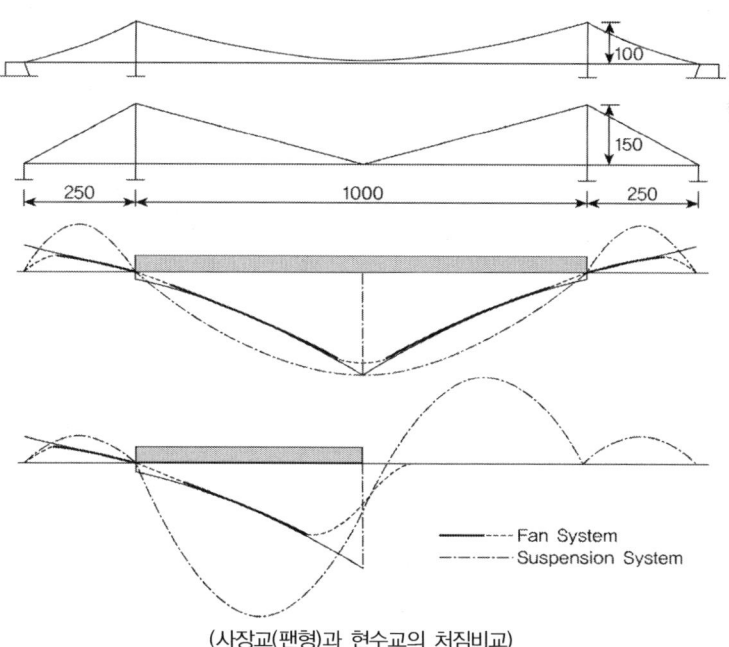

(사장교(팬형)과 현수교의 처짐비교)

02 사장교의 계획과 설계

1. KDS 24 10 케이블교량 설계기준(한계상태설계법) ^{112회/113회/120회/128회}

112회/113회/120회/128회

【기출유형 ①】 케이블교량에서 보수 가능부재와 교체 가능부재
【기출유형 ②】 케이블 교체 파단 시 해석방법

1) 케이블 교량의 중요도와 대표신뢰도

구조물의 신뢰도(reliability)란 주어진 조건(하중, 저항의 불확실성)하에서 주어진 기간(설계 수명) 동안 구조물이 의도하고 있는 기능을 수행할 확률로 정의된다. 신뢰도지수(β, reliability index)란 파괴확률을 계산하기 어렵기 때문에 신뢰도를 나타내는 지수(index)를 도입하여 나타낸 값을 의미한다. 또한 대표신뢰도지수란 해당 교량의 목표신뢰도지수를 대표하는 값으로 케이블부재를 제외한 주 부재에 대해 중력방향의 하중조합의 극한한계상태 하중조합 I을 기준으로 설정된 목표신뢰도지수를 의미한다. 케이블 교량은 기본적으로 아래의 1등급의 중요도 등급을 가지며 해당하는 대표신뢰도지수와 목표 파괴확률에 근거해 설계해야 한다.

중요도 등급	중요도	교량 구분	대표신뢰도지수	목표파괴확률
1등급	중요	일반 케이블교량	3.7	1.00×10^{-4}
특등급	매우 중요	주요 케이블교량	4.0	3.16×10^{-5}

2) 케이블 교량의 목표신뢰도

1등급 중요도 등급을 가지는 케이블 교량의 케이블 부재를 제외한 주 부재에 대한 목표신뢰도지수는 극한한계상태 하중조합 I에 대해 3.7로 정의하고, 특등급의 중요도를 가질 때에는 4.0으로 정의한다. 극한한계상태 하중조합별로 중요도 등급에 따른 목표신뢰도는 아래와 같다.

중요도 등급	한계상태(하중조합)	목표신뢰도지수	목표파괴확률
1등급	극한한계상태 하중조합 I, II, IV, V, VII	3.7	1.00×10^{-4}
	극한한계상태 하중조합 III, VI	3.1	1.00×10^{-3}
특등급	극한한계상태 하중조합 I, II, IV, V, VII	4.0	3.16×10^{-5}
	극한한계상태 하중조합 III, VI	3.4	3.16×10^{-4}

3) 부재의 설계수명과 목표신뢰도

케이블교량의 설계수명 기간 중에 보수, 보강 혹은 교체가 가능한 부재에 대해서는, 설계자가 부재의 사용수명을 사전에 설정한 후, 설계수명 이후에 보수, 보강 혹은 교체하도록 계획할 수 있다. 이러한 경우 교량에 설정된 목표신뢰도지수를 부재의 사용수명 동안에만 확보할 수 있도록 부재의 목표신뢰도지수를 다음과 같이 조정할 수 있다.

① 1등급 케이블 교량

한계상태 (하중조합)	부재 종류		부재 사용수명	목표신뢰도지수		
				사용수명 기준	설계수명 100년 기준	설계수명 200년 기준
극한한계상태 하중조합 I, II, IV, V, VII	주부재 부부재	영구부재	설계수명	3.7	3.7	3.7
		보수가능부재 교체가능부재	20년		3.29	3.09
			30년		3.40	3.21
			50년		3.54	3.35
극한한계상태 하중조합 III, VI	주부재 부부재	영구부재	설계수명	3.1	3.1	3.1
		보수가능부재 교체가능부재	20년		2.58	2.33
			30년		2.71	2.48
			50년		2.88	2.65

② 특등급 케이블 교량

한계상태 (하중조합)	부재 종류		부재 사용수명	목표신뢰도지수		
				사용수명 기준	설계수명 100년 기준	설계수명 200년 기준
극한한계상태 하중조합 I, II, IV, V, VII	주부재	영구부재	설계수명	4.0	4.0	4.0
		보수가능부재 교체가능부재	20년		3.60	3.42
			30년		3.71	3.53
			50년		3.83	3.66
	부부재	보수가능부재 교체가능부재	20년	3.7	3.29	3.09
			30년		3.40	3.21
			50년		3.54	3.35
극한한계상태 하중조합 III, VI	주부재	영구부재	설계수명	3.4	3.4	3.4
		보수가능부재 교체가능부재	20년		2.95	2.73
			30년		3.07	2.86
			50년		3.22	3.02
	부부재	보수가능부재 교체가능부재	20년	3.1	2.58	2.33
			30년		2.71	2.48
			50년		2.88	2.65

4) 케이블부재의 목표신뢰도

케이블부재에 대한 목표신뢰도지수는 현수교 주 케이블에 대하여 6.7 ($p_f = 10^{-11}$) 수준으로 설정하고, 현수교 행어로프와 사장교 케이블에 대하여 5.6 ($p_f = 10^{-8}$) 수준으로 설정한다. 발주자의 동의가 있을 경우 설계자는 케이블의 2차응력 및 시공관리, 재료의 품질 등을 고려하여 현수교 주 케이블에 대하여 6.4~7.0 사이의 값을, 현수교 행어로프와 사장교 케이블에 대하여 5.2~6.0 사이의 값을 선택할 수 있다. 여기서 케이블부재에 대해서는 교량의 중요도를 별도로 고려하지 않는다.

5) 케이블 교량의 저항수정계수

발주자가 특별히 지정한 특등급의 중요도를 가지는 케이블 교량에 대해서는 각 한계상태별로 정의된 다음의 저항수정계수 ϕ_{rm} 을 적용해 상향 조정된 목표신뢰도지수를 만족할 수 있도록 한다.

① 사용한계상태 : 보강거더 및 주탑부재, 케이블부재 등 주요 구조부재, ϕ_{rm}=1.0

② 피로와 파단한계상태 : 보강거더 및 주탑부재, 케이블부재 등 주요 구조부재, ϕ_{rm}=1.0

③ 극한한계상태

  (1) 1등급 케이블 교량(대표신뢰도지수 3.7) ϕ_{rm}=1.0

  (2) 특등급 케이블 교량(대표신뢰도지수 4.0)의 케이블 부재를 제외한 주요 구조부재
    – 극한한계상태 하중조합 I, II, IV, V, VII : ϕ_{rm}=0.95
    – 극한한계상태 하중조합 III, VI : ϕ_{rm}=0.90

  (3) 케이블교량의 설계수명 기간 중에 보수, 보강 혹은 교체가 가능한 부재에 대해서는 설계단계에서 설계자에 의해 보수, 보강 혹은 교체하도록 계획된 부재의 목표신뢰도지수에 따라 저항수정계수 적용

구분	한계상태 (하중조합)	부재 종류		부재 사용수명	저항수정계수(ϕ_{rm})	
					설계수명 100년 기준	설계수명 200년 기준
1등급	극한한계상태 하중조합 I, II, IV, V, VII	주부재 부부재	영구부재	설계수명	1.0	1.0
			보수가능부재 교체가능부재	20년	1.07	1.07
				30년	1.05	1.05
				50년	1.03	1.03
	극한한계상태 하중조합 III, VI	주부재 부부재	영구부재	설계수명	1.0	1.0
			보수가능부재 교체가능부재	20년	1.15	1.23
				30년	1.11	1.18
				50년	1.06	1.13
특등급	극한한계상태 하중조합 I, II, IV, V, VII	주부재	영구부재	설계수명	0.95	0.95
			보수가능부재 교체가능부재	20년	1.05	1.05
				30년	1.03	1.03
				50년	1.01	1.01
		부부재	보수가능부재 교체가능부재	20년	1.07	1.07
				30년	1.05	1.05
				50년	1.03	1.03
	극한한계상태 하중조합 III, VI	주부재	영구부재	설계수명	0.90	0.90
			보수가능부재 교체가능부재	20년	1.04	1.10
				30년	1.01	1.07
				50년	0.96	1.02
		부부재	보수가능부재 교체가능부재	20년	1.15	1.23
				30년	1.11	1.18
				50년	1.06	1.13

(4) 케이블부재 : 현수교 주 케이블 ϕ_{rm} = 0.71, 현수교 행어로프 및 사장교 케이블 ϕ_{rm} = 0.79
목표신뢰도지수를 별도 지정한 경우 이에 상응하도록 다음의 저항수정계수 ϕ_{rm} 적용

현수교 주 케이블			현수교 행어로프/사장교 케이블		
β=6.4	β=6.7	β=7.0	β=5.2	β=5.6	β=6.0
0.74	0.71	0.68	0.84	0.79	0.75

6) 케이블의 파단 및 교체

① 케이블 교체 : KDS 24 12 12 케이블교량 설계기준에서는 케이블 교체를 위한 하중조합을 별도로 고려하도록 하고 있다. 극한한계상태 하중조합 VII(케이블 교체 검토를 위한 하중조합)에서는 지속하중과 변동하중을 고려하도록 하고 있으며, 지속하중은 하중계수 γ_p를 감안한 사하중, 변동하중은 하중계수 1.5를 고려한 활하중(LL), 충격하중(IM), 보도하중(PL), 온도변화(TG), 지반이동 및 지점이동 영향(GD, SD), 케이블 교체하중(PS1)을 고려한다.
KDS 24 14 42에 따라 케이블 교체는 해당 케이블에 인접하는 최소 1개 설계차로를 통제하는 조건으로 적절한 해석법을 통해 구조계의 영향을 검토하여야 한다.

② 케이블 파단 : KDS 24 14 42에 따라 케이블 파단에 대한 검토는 전체 차로에 활하중을 재하하고, 검토 대상이 되는 어떠한 케이블의 갑작스런 파단에도 교량의 안정성이 문제되어서는 안 된다. 케이블 파단에 따른 구조계의 영향은 적절한 해석법으로 검토하여야 한다. 시간영역에서의 동적해석이 바람직하나, 준정적(quasi-static) 해석을 수행하는 경우에는 다음의 동적증폭계수(DAF)를 사용할 수 있다.
(1) 현수교 행어 : 1.7   (2) 사장교 케이블 : 1.5

TIP | 케이블 교체 및 파단 | 한계상태설계법에 따른 검토 사례

1. 케이블 교체 하중조합(KDS 24 12 12) : 해당 케이블 인접 최소 1개 설계차로 통제
   극한한계상태 VII : $\gamma_P \times$(지속하중) + 1.5×(LL, IM, PL) + $\gamma_{TG} \times$(TG) + $\gamma_{SD} \times$(GD, SD) + PS1(교체)
   여기서, γ_{TG}는 공사별 특별설계기준에 따른다. 없는 경우 극한한계상태에서는 0
   γ_{SD}는 공사별 특별설계기준에 따른다. 없는 경우 1.0

2. 케이블 교체 하중조합(KDS 24 14 42) : 전체 차로 활하중 재하, 동적해석 또는 준정적 해석(DAF)
   극단상황한계상태 III : $\gamma_P \times$(지속하중) + 0.75×(LL, IM, PL) + PS2(파단)

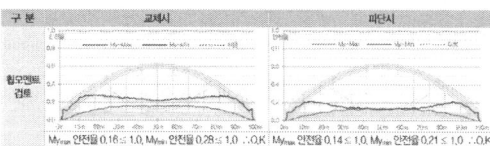

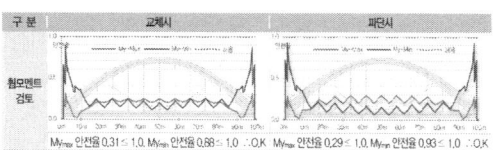

케이블의 파단 및 교체 : 허용응력설계법

▶ 케이블의 교체 : 허용응력증가계수 1.25

1) 검토조건 : 해당 케이블 인접 최소 1개 설계차로 통제, 「D+(L+I)+케이블 교체 시 작용력」

2) 검토방법

① 하중조합에 따른 장력을 구하고 케이블 제거 후 앞에서 구한 장력을 반대로 주탑과 거더에 작용시키는 등 합리적인 방법으로 영향 검토

② 케이블 교체 시 잔여 케이블의 장력 : 하중조합의 장력 + 케이블 제거로 추가된 장력

③ 케이블 교체 시 허용응력 : 25% 증가

▶ 케이블의 파단 : 허용응력증가계수 1.33

1) 검토조건 : 전체 차로에 활하중 재하, 「D+0.5(L+I)+케이블 파단 시 작용력」
   (0.5 적용은 케이블 파단조건이 쉽게 일어나지 않는 것을 고려)

2) 검토방법

① 케이블 제거 후 D+L만재하로 구한 정적장력의 2배를 반대로 구조계에 작용하여 동적증폭효과를 고려한다.

② 동직해석을 수행히여 그에 따른 영향을 검토 : 정적장력이 1.5배 이상 동적효과 적용

③ 선형해석에 의한 중첩의 원리 이용(아래의 두 구조계 중첩)
   - 고정하중과 활하중의 영향은 제거된 원 구조계
   - 파단에 의한 효과는 케이블 제거된 변형 구조계

④ 케이블 파단 시 허용응력 : 33% 증가

■ 행어케이블 설계

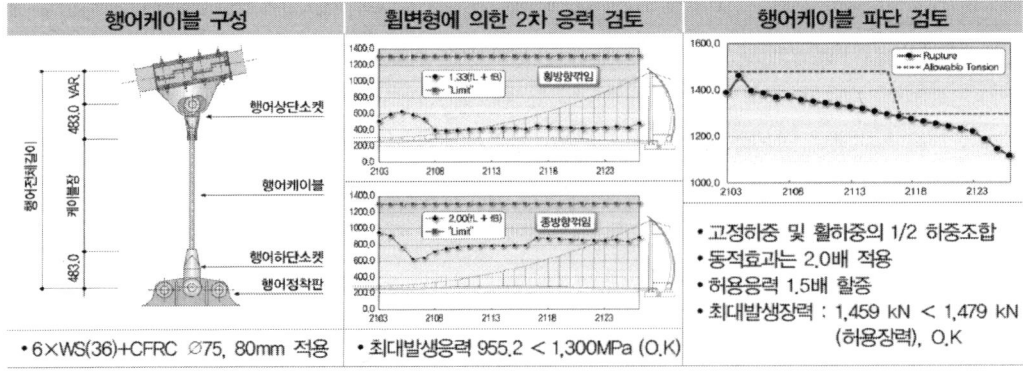

(국내 단등교 행어케이블 파단 검토)

2. 사장교의 계획 및 설계(김우종 2002.12 토목학회지)

사장교는 사장케이블(stay cable)의 인장강도와 주탑(pylon) 및 보강형(stiffened girder)의 휨 압축강도를 효과적으로 결합시켜 구조적 효율을 높인 교량형식으로 케이블의 강성과 장력을 조절함으로써 보강형에 발생되는 휨모멘트를 현저하게 감소시킬 수 있어 경제적인 설계가 가능하다.

(장점) 구조적인 효율성, 외관 수려, 주행 시 개방감, 주변 환경에 따라 변형 용이

(단점) 높은 부정정차수로 구조해석의 어려움

1) 주요설계변수

① 지간의 결정(중간 교각의 유무)   ② 주형단면결정
③ 주탑의 높이 및 단면결정   ④ 케이블의 배열(종, 횡방향)
⑤ 케이블의 수   ⑥ 케이블과 주탑의 결합조건과 위치
⑦ 주형과 주탑의 연결조건   ⑧ 주탑과 기초부위 연결조건
⑨ 인접지간과의 연결 상태   ⑩ 기초형식

2) 보강형의 종류 : 강거더, 강합성거더, 콘크리트 거더, 복합거더

3) 적용지간 : 경제적인 지간장 300~600m

4) 지간비(측경간 길이/중앙경간 길이) : 지간비는 시스템의 처짐 양상을 결정할 뿐만 아니라 앵커 케이블의 장력 및 변화폭에 영향을 주므로 케이블 피로설계에 중요 변수가 된다. 일반적으로 사하중의 비율이 높은 콘크리트 도로교의 경우 0.42 정도의 지간비를 적용하고 활하중 비율이 높은 철도교의 경우에는 0.34까지 적용한다. 그러나 일정수준의 지간비(0.3)를 확보하면 구조적 효율성의 차이는 그다지 크지 않다.

5) 케이블 배치와 주탑의 높이 : 방사형, 하프형, 팬형으로 대별되며 방사형 배치는 구조적 효율성이 높으나 주탑부의 케이블 정착부 설계가 어려우며 주탑부 앵커의 적절한 분산을 위해 팬형이 많이 적용된다. 하프형 배치는 정착부 설계가 용이한 반면 케이블의 효율성이 떨어지며 주탑의 휨모멘트가 커져 구조적으로 불리하나 미관에는 유리하다. 케이블의 배치형상은 구조적인 효율성의 차이로 인해 주탑의 높이에 영향을 주게 되며 주지간장에 대한 주탑의 높이비와 케이블 배치형상별 케이블과 주탑의 경제성을 비교하여 이론적인 최적치와 실제 설계상의 적용되는 값은 다음과 같다.

구분	경제적인 h/L	설계 시 사용 h/L
현수교	0.15	0.1
방사형 사장교	0.13	0.15~0.20
하프형 사장교	0.19	0.20~0.25

6) 케이블의 배치 간격 : 초기 사장교의 케이블 간격은 30~73m에 이르러 보강형의 높이가 과다했으나 케이블 재료의 발전과 정착장치의 개발로 Multi cable 시스템 도입으로 전체적인 여용력이 많아지

고 케이블과 정착부의 크기가 작아지며 보강형의 단면력을 좋게 해주었으며 가설 장비의 규모나 보강규모도 축소되었다. 합성이나 강사장교의 경우 15~25m, 콘크리트 사장교의 경우 5~10m 정도가 일반적이다.

7) 공사비 : 사장교(6,300천 원/m²) < 현수교(9,940천 원/m²)

8) 사장교의 주요 해석기준

① 초기치 해석

사장교의 설계 시 케이블 프리스트레스를 도입하는 목적은 부재의 단면력의 분포를 균등하게 하고 크기를 가능한 작게 하는 데 있다. 이와 같이 완성계의 보강형, 주탑, 케이블장력, 지점반력을 개선할 수 있는 케이블 장력을 구해내는 것을 초기치 해석이라고 한다.

(강사장교) 가설 중 내적 부정정계가 발생하지 않는 강사장교의 경우 초기 해석결과가 평형상태 해석결과와 유사하므로 역방향 해석만으로도 충분하다.

(콘크리트사장교) 크리프나 건조수축의 영향을 받는 강합성 사장교나 PSC 사장교의 경우에는 초기치 해석에서 시간 의존적 영향을 고려하기 어렵기 때문에 몇 차례의 역방향 해석과 정방향 해석 과정을 통해 최종적인 평형상태를 구하는 것이 일반적이다.

초기치 해석의 방법으로는 (1) Zero displacement Method, (2) Force Equilibrium Method (3) Force Method, (4) Energy Method 등이 있다.

② 충격계수

각 부재별로 최대/최소 모멘트를 발생시키는 영향선을 구한 뒤 영향선의 길이를 재하 길이로 하고 그에 따른 활하중 충격계수를 계산하는 방법이 주로 사용된다. 부재별 단면력의 종류별로 다르게 되므로 계산량이 많다.

산정방법	장단점	비고
3경간 연속형으로 산출하는 방법	이론치와 비교해서 1/2 정도 작은 값	
케이블 정착점 간 거리를 지간으로 하는 방법	이론치에 비해 매우 큰 값 보강형과 케이블의 충격계수에 매우 큰 불연속성 발생 케이블 정착점 간 거리의 영향이 큼	
영향선 해석을 통해 산출하는 방법	영향선 해석을 통하여 해당부재의 최대 단면력 효과가 발생하는 분포하중의 재하길이 사용 교량의 실제 거동과 가장 유사한 충격계수 제공	일반적 적용
동적해석에 의한 방법	해석방법이 복잡하고 해석시간이 오래 걸림, 계산량이 과다	검증용 적용

▶ 유효폭 및 충격계수 산정을 위한 설계지간장

기본방향	• 사장교에서의 보강거더 경계조건은 매우 복잡하므로 영향선 해석을 통한 유효지간장으로 충격계수 산정, 등가지간장으로 단면 유효폭 결정

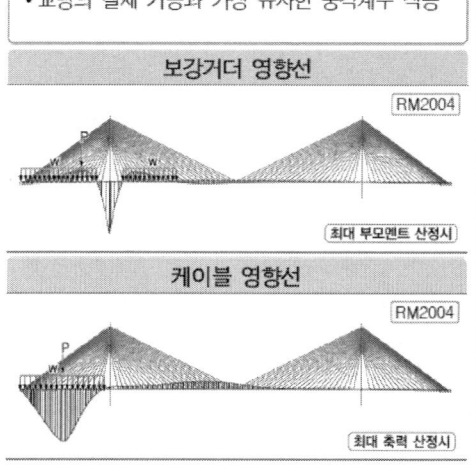

- 영향선 해석을 통하여 해당부재의 최대 단면력 효과가 발생하는 분포하중의 재하길이 사용
- 교량의 실제 거동과 가장 유사한 충격계수 적용

보강거더 영향선
RM2004
최대 부모멘트 산정시

케이블 영향선
RM2004
최대 축력 산정시

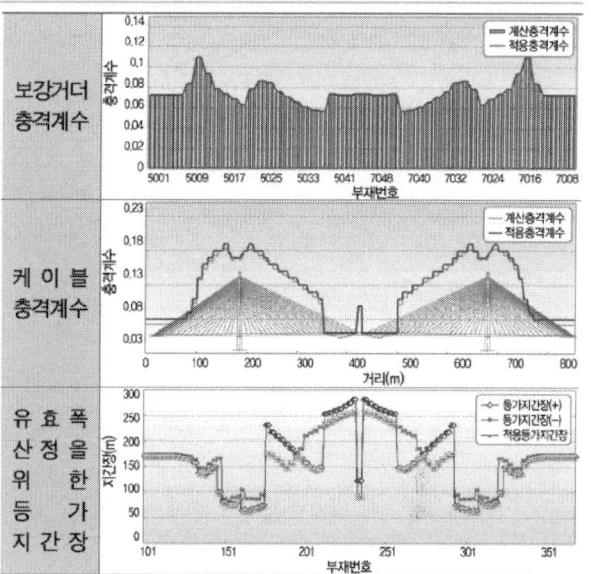

보강거더 충격계수

케이블 충격계수

유효폭 산정을 위한 등가지간장

③ 좌굴해석 : 면내좌굴과 면외좌굴모드를 구하여 각각의 좌굴안전계수를 평가하여 안정성 검토를 수행한다(유효좌굴길이 산정의 문제).

$$\frac{f_c}{f_{cay}} + \frac{f_{bcy}}{f_{bao}(1 - f_c/f_{Ey})} + \frac{f_{bcz}}{f_{bagz}(1 - f_c/f_{Ez})} \le 1$$

④ 케이블의 진동 : 풍우진동과 지점가진진동

진동현상	특징	대책
Rain-Wind Vibration	• PE관으로 보호된 사장교 케이블에 비를 동반한 바람에 의한 케이블 진동 • 풍동실험 결과 Rivulet이라고 불리는 빗물의 흐름 형성이 진동의 주요 요인	케이블 단면형상 조정 (fillet 설치)
Wake Galloping	• 병렬로 배치된 사재에서 풍상측 케이블의 진동에 의해 풍하측 케이블이 진동	대수감쇠율 $\delta = 3\%$ 확보
Vortex Shedding	• 낮은 풍속으로 발생하는 케이블의 소용돌이와의 공진현상으로 고주기, 저진폭 진동으로 피로문제 야기	대수감쇠율 $\delta = 2\sim3\%$ 확보
Buffeting	• 불안정한 바람의 난류에 의한 저진폭 진동	대수감쇠율 $\delta = 2\sim3\%$ 확보
구조물 진동	• 차량이나 바람에 의한 구조물이 진동할 때 비슷한 주기를 갖는 케이블에서 발생	케이블 진동수 조정 댐퍼 설치

3. 사장교 케이블의 특성(1989 대한토목학회지) ^{106회/112회/113회/115회/120회/128회}

【 기출유형 ① 】 평행소선케이블과 평행연선케이블의 구조특징
【 기출유형 ② 】 케이블의 부식방지 방법, 장력측정 방법, 피로검토 방법
【 기출유형 ③ 】 케이블의 교체와 파단 시 검토 방법

1) 사장교 케이블에 요구되는 특성

① 유효단위면적당 인장강도가 클 것 　② 탄성계수가 클 것
③ 신축특성이 클 것 　④ 가설이 용이할 것
⑤ 피로에 대한 저항성이 클 것 　⑥ 부식방지가 용이할 것
⑦ 휨이 쉬울 것 　⑧ 경제성

2) 케이블의 종류별 특성

케이블의 종류는 일반적으로 Locked Coil 케이블, Wire 케이블, Strand 케이블, Bar 케이블 등으로 구분할 수 있다.

구분	Locked Coil Cable	Parallel Wire Cable	Parallel Strand Cable	Parallel Bar
모양				
E	$E=1.6 \times 10^5$	$E=2.0 \times 10^5$	$E=2.0 \times 10^5$	$E=2.0 \times 10^5$
특징	• 피로강도 약함 • 현장제작 불가 • 부식방지 곤란 • 포장 및 운송이 고가 • Steel Socket 연결	• 피로강도 강함 • 현장제작 불가 • 포장 및 운송이 고가 • Hi-Am Socket, 고가	• 피로강도 강함 • 현장제작 가능 • Wedge 사용, 저렴	• 피로강도 약함 • 현장제작 가능 • Anchor Bolt 정착
교체	소선별 교체 불가	초기 설치 장비 사용 교체 불가	소선별 교체 가능	소선별 교체 가능

※ 사용되고 있는 케이블 형태
① 와이어로프(Spiral rope or locked coil rope), ② 평행 와이어 스트랜드(parallel wire strands), ③ 평행 와이어 케이블(parallel wire cable), ④ 평행 스트랜드 케이블(parallel strand cable), ⑤ Ultra Long Lay Cable(new-PWS or SPWC)

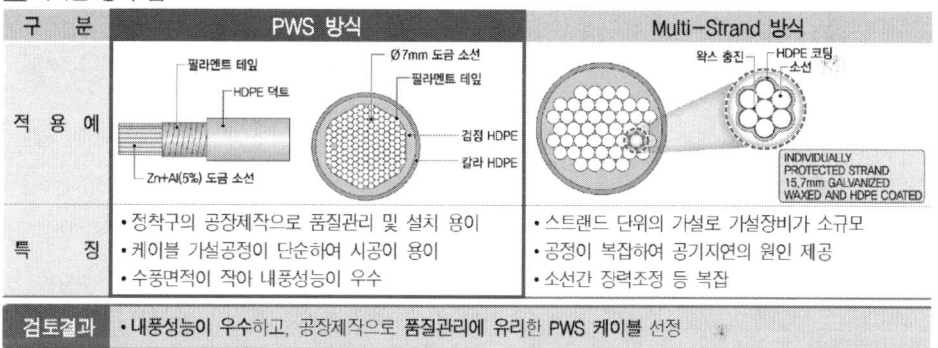

| PE Tube |
| 3/8" Rope |
| Cement grout |
| 337 nos. 7mm Wires |

200

(PWS grouted PE tube)

| 7 mm wires |
| Filament tape |
| HDPE |

(New PWS cable)

| High density polyethylene jacket |
| Corrosion Protrction compound |
| Galvanized Wire |

(SPWC)

TIP | 국내 사장교/현수교 케이블 적용 추세 |

1. 사장교 Stay Cable 형식 비교

▶ 케이블 형식 검토

구 분	PWS 방식	Multi-Strand 방식
적 용 예	필라멘트 테입 / Ø7mm 도금 소선 / HDPE 덕트 / 필라멘트 테입 / Zn+Al(5%) 도금 소선 / 검정 HDPE / 칼라 HDPE	왁스 충진 / HDPE 코팅 소선 / INDIVIDUALLY PROTECTED STRAND 15.7mm GALVANIZED WAXED AND HDPE COATED
특 징	• 정착구의 공장제작으로 품질관리 및 설치 용이 • 케이블 가설공정이 단순하여 시공이 용이 • 수풍면적이 작아 내풍성능이 우수	• 스트랜드 단위의 가설로 가설장비가 소규모 • 공정이 복잡하여 공기지연의 원인 제공 • 소선간 장력조정 등 복잡
검토결과	• 내풍성능이 우수하고, 공장제작으로 품질관리에 유리한 PWS 케이블 선정	

2. 현수교 주케이블 형식 비교

■ 케이블 시스템 검토

공 종	기본설계 : A/S 공법 (Air Spinning 공법)	비교1안 : PPWS 공법 (Prefabricated Parallel Wire System 공법)	비교2안 : 락코일 공법 (Locked Coil 공법)
개 요 도	와이어 → 스트랜드 → 주케이블	127개의 와이어 / 스트랜드 → 주케이블	락코일 / 고장력 볼트 / 행어 연결부재
설 치	• 와이어단위로 활차에 의해 가설하여 스드렌드 구성 후 케이블 완성	• 공장에서 스트랜드 단위로 제작, 운송하여 주케이블를 완성	• Spiral rope 또는 Locked coil을 스트랜드 단위로 가설
앵커리지	• 앵커리지 정착면적 최소화	• 정착면 증대로 앵커리지 규모 커짐	• 정착면 증대로 앵커리지 규모 커짐
공 기	• 2~3개월 소요되며 자재 및 장비 수급이 쉬워 공기 지연 가능성 적음	• 2개월 정도 소요되며 자재 및 장비가 외국산으로 공기 지연 가능성 큼	• 2개월 정도 소요되며 자재 및 장비가 외국산으로 공기 지연 가능성 큼
실적 및 자재공급	• 케이블 자재 및 가설장비 국산화 • 국내 실적 다수 (광안, 영종대교)	• 국내에서는 자정식인 소록대교 실적 • 대부분의 케이블을 해외로부터 공급	• 케이블 노출로 자외선, 부식 취약 • 케이블 전량 해외에서 공급 받음
검토결과	• A/S공법 적용시 순수 국내 기술에 의한 제작 및 설치 가능 • 국산 자재의 사용 가능으로 타공법에 비하여 공기 지연 없음		▶ A/S 공법 선정

3. 현수교 행어로프 형식 비교

■ 행어케이블

구 분	기본설계 : CFRC 형식 (Center Fit Rope Core)	비교안 : PWS 형식 (Parallel Wire Strand)	적용 상세
단면도	• fu=1320~1770MPa • 안전율 3.0 적용 • E=140,000MPa	• fu=1630~1830MPa • 안전율 2.5 적용 • E=200,000MPa	케이블 밴드 행어상단 소켓 행어로프 CFRC 행어하단 소켓 고탄성 소선 유연형 도장
구 조 특 성	• 피로강도가 높음 • 표면이 나선형으로 진동에 유리 • 아연도금으로 50년 내구성 • 국내 제작 가능	• 피로강도가 낮음 • 진동에 취약하여 제진대책 필요 • PE관 피복으로 30년 내구성 • 일본, 중국 등 해외 제작	
사 례	• 영종대교, 광안대교, 소록대교 • Carquinez Br.	• 아카시대교 • Kurushima Br., Great Belt Br.	일반부 : 6×WS(36)+CFRC φ75mm 주탑부 : 6×WS(36)+CFRC φ80mm

검토결과	• 내구성 및 진동에 유리하며 피로강도가 우수하여 국내 제작이 가능한 CFRC 행어케이블을 선정

국내 사장교 현수교에서는 국내에서 제작이 가능한 케이블을 위주로 적용되고 있으며, Wire Cable보다는 주로 Strand 형식의 케이블이 주로 사용된다. 주로 Parallel wire strand 형식이나 Multi-strand 형식이 사장교에서 가장 많이 사용되며, 현수교에서도 주로 wire strand 형식이 주로 사용되며, strand 구성방식은 A/S 방식을 주로 채택하고 있다.

3) 사장교 케이블의 특성

① 사장교 케이블에서 가장 중요하게 요구되는 특성은 높은 탄성계수와 인장강도 그리고 피로에 대한 저항성능이다.

② 케이블의 인장강도가 크면 클수록 인장재의 양을 최소화할 수 있으며 이것은 케이블의 자중과 직결되므로 가설의 용이함과 더불어 가격 면에서 이익이고 또한 높은 탄성계수를 갖는 케이블은 상대적으로 적은 신장률을 유도하므로 구조물의 설계에 중요한 역할을 한다.

③ 이러한 조건을 만족시키는 케이블은 Wire 케이블과 Strand 케이블이며, 최근 사장교에서는 대개 이 두 종류의 케이블이 채택되고 있다.

④ Wire 케이블의 경우 몇 개의 Wire를 묶어서 케이블을 만들면 Group effect로 인하여 각각의 단일 Wire에 비해 피로에 대한 저항성이 떨어지며 그 감소계수는 0.75 정도이다. 많은 양의 wire로 구성된 케이블에 있어서 안전율을 1.25로 고려하면(1979년 코펜하겐 대교) 피로저항에 대한 전체적인 감소계수는 0.6 정도로 된다.

⑤ Strand 케이블의 경우 Group effect로 인한 피로저항 감소계수는 0.9 정도이고 여러 개의 Strand로 구성된 케이블에 대하여 안전율 1.25 고려 시 피로저항에 대한 감소계수는 0.72 정도가 된다. 이는 각각의 Strand가 상당히 높은 피로저항성(fatigue endurance)을 갖고 있는 wire의 다발로 구성되어 있다는 것을 의미한다. Strand 케이블의 그룹이 Wire 케이블의 그룹

보다 피로저항성에서 더 유리하다.

4) 사장교 케이블의 설계

① 사장교의 종방향 해석에 사용하는 케이블은 일반적으로 직선으로 가정하여 해석하는데 케이블 자중에 의한 처짐(sag)에 대하여 고려하는 것이 필요하다. 케이블을 직선으로 가정하기 위해서는 케이블의 물리적 계수인 탄성계수값의 보정이 필요한데 케이블에 작용하는 장력에 따라 곡선식은 그 모양이 일정하지 않은 현수곡선(catenary curve)으로 되므로 사실상 엄밀한 보정은 비선형해석을 수행하여야만 한다. 주로 Ernst의 식을 이용하여 탄성계수를 보정한다.

$$E_{eq} = \frac{E_0}{1 + \dfrac{\gamma^2 a^2 E_0}{12\sigma^3}}$$

② 케이블의 장력계산은 여러 가지 하중을 합산하여 최대의 장력값으로 정해지며 어떠한 경우에도 $0.45 f_{pu}$ 를 초과해선 안 된다. 이는 케이블이 $0.45 f_{pu}$ 이하의 상태에서 피로강도(fatigue strength)에 충분한 저항성을 갖고 있기 때문이다.

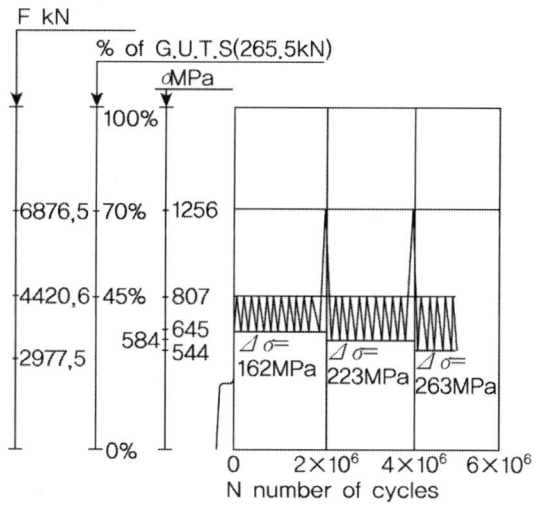

5) 케이블의 부식방지

케이블의 역학적 거동을 영구적으로 지속시키기 위해서는 부식방지가 필요하며, 케이블에 사용되는 부식방지는 Rigid type과 Flexibility type이 있다.

① Rigid type protection(grouting 방법) : 시멘트 모르터를 튜브 안에 주입시켜 케이블과 튜브 외부의 내기를 분리시킴으로써 부식을 방지하는 방법으로 케이블이 길고 높은 곳에 가설되는

경우에는 시공이 어렵고 신뢰성이 떨어진다.

② Flexibility type protection(non-grouting 방법) : 긴장재 자체를 각각 도금하는 방법과 튜브 안을 유연성이 큰 채움재, 즉 grease, epoxy tar, wax 등으로 채우는 방법으로 케이블의 모든 방식 작업이 공장에서 이루어지므로 현장에서 가설이 용이하며 신뢰성을 높일 수 있다. Strand 케이블을 이용할 경우 각각의 strand에 대해 부식방지를 하는 방법(individual pretection)도 있다.

③ 종래의 케이블의 부식방지는 현장에서 수행하는 grouting 방법보다는 공장에서 grease, epoxy tar, wax 등을 채우는 non-grouting 방법이 주로 적용되고 있다.

Cable clamp with exhaust opening

wrapped with polyethylene strips

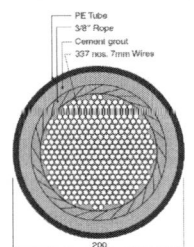

PWS grouted PE tube

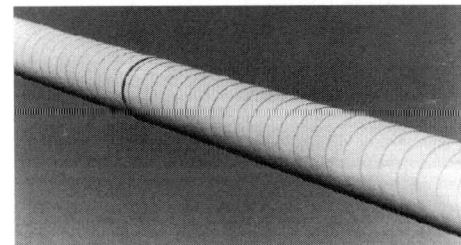

PWS wrapped by plastic cover

(케이블의 여러 부식방지 방법)

4. 사장교 케이블 배치형식(교축방향)과 배열방법(교축직각방향) ^{109회/130회}

【 기출유형 ① 】 사장교의 지지방식에 따른 분류와 각 형식의 특성
【 기출유형 ② 】 사장교 케이블의 횡방향 배치 방법

1) 케이블의 배치

① 케이블 수 : 소수케이블, 다수케이블

② 케이블 측면배치 형식 : 방사형식, 팬형식, 하프형식

③ 케이블의 지지면수 : 중앙 1면 지지, 양측 2면지지

2) 소수케이블 시스템과 다수케이블 시스템

① 소수케이블 시스템 : 주로 초기 사장교에서 흔히 볼 수 있는 형식으로 구조해석 기술의 발달과 시공기술의 발달로 최근에는 일부 사장교를 제외하곤 거의 다수케이블 시스템 채용 추세

② 다수케이블

장점	단점
가. 주형의 최대 휨모멘트가 소수케이블 시스템에 비해 작다. 나. 1개의 케이블을 설치하기 위한 정착구조가 간단하다. 다. 정착구 근처의 국부적 응력집중이 작다. 라. 케이블 사이의 설치거리가 짧기 때문에 임시교각을 적게 사용하거나 전혀 사용하지 않을 수 있다. 마. 케이블 방식처리의 공장실시가 가능하다. 바. 케이블의 치환이나 보수가 용이. 즉, 유지보수가 경제적이다.	가. 케이블 부재의 강성이 비교적 작다. 나. 측경간에 비교적 큰 부반력이 생길 가능성이 있다. 다. 바람에 의한 케이블 부재의 진동문제가 발생할 수 있다. 라. 시공이 비교적 복잡하다.

(소수케이블 시스템)

3) 케이블의 측면배치(종방향 배치)

종방향 케이블 배치는 경간장 및 주탑의 높이 분할에 따라 달라질 수 있다. 방사형(radial type), 팬형(fan type), 하프형(harp type), 스타형(star type)으로 구분된다. 방사형은 수렴형으로 주탑 한 개소에 케이블이 집중되며 사장재의 경사각이 다른 형태에 비해 크다. 방사형 배치는 반대편과의 불일치를 1열 배치함으로써 해소할 수 있으며, 하프형에 비해 케이블 길이가 짧고 숫자를 늘림으로써 단순한 형상을 계획할 수 있다. 하프형은 사장재 수량이 증가되어 종방향 주거더의 압축력이 증가되나 휨응력은 경감된다. 주탑의 휨모멘트가 커지게 되며 이로 인해 방사형에 비해 불리하나 미관은 뛰어난 특성이 있다. 사장재가 주탑의 종단을 따라 정착되므로 방사형에서 요구되는 주탑부의 대규모 정착장치에 비해 단순하고 소규모 앵커도 가능하다. 팬형은 방사형과 하프

형의 조합형태로 주탑 일부 구간에 일정 간격으로 케이블이 늘어져 상판에 일정간격으로 정착된다. 이로 인해 케이블에 부가되는 힘을 주탑의 일정 구간에 분산시킬 수 있고 케이블의 손상이나 차량 충돌 등으로 케이블을 교체할 때 교체가 용이하다. 스타형은 케이블을 주탑의 2개소에서 상판의 1개소로 연결시켜 설치되며 상판과 케이블의 연결점은 교량의 교각 또는 교각에 되는 것이 보통이다.

방사형	팬형	하프형
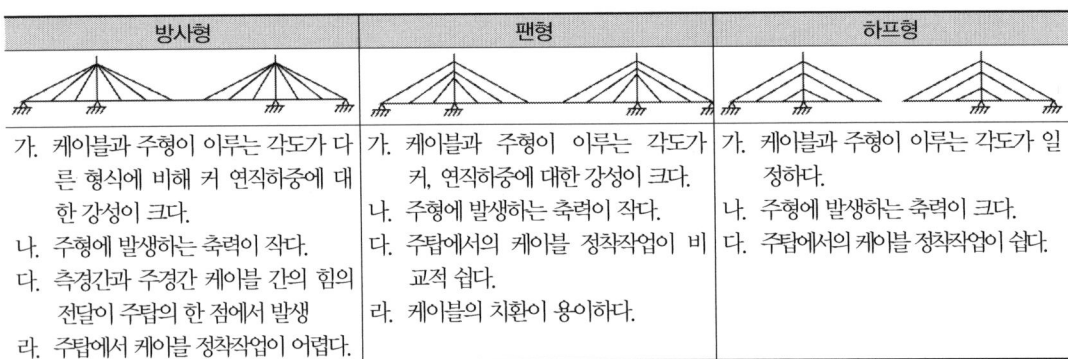		
가. 케이블과 주형이 이루는 각도가 다른 형식에 비해 커 연직하중에 대한 강성이 크다. 나. 주형에 발생하는 축력이 작다. 다. 측경간과 주경간 케이블 간의 힘의 전달이 주탑의 한 점에서 발생 라. 주탑에서 케이블 정착작업이 어렵다.	가. 케이블과 주형이 이루는 각도가 커, 연직하중에 대한 강성이 크다. 나. 주형에 발생하는 축력이 작다. 다. 주탑에서의 케이블 정착작업이 비교적 쉽다. 라. 케이블의 치환이 용이하다.	가. 케이블과 주형이 이루는 각도가 일정하다. 나. 주형에 발생하는 축력이 크다. 다. 주탑에서의 케이블 정착작업이 쉽다.

TIP | L_m, L_T의 결정 |

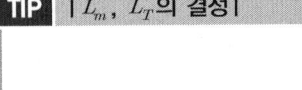

① L_m 결정(40~50m, 240m 교량)
- L_m이 길면 고정하중에 의한 모멘트 증가
- L_m의 길이는 보강형 폐합방식에 따라 결정

① L_T 결정(40~50m, 240m 교량)
- 주탑이 하중지지구간으로 활하중 영향이 작아 일반구간(20m)보다 넓게 배치
- 주탑보강형 연직슈가 미설치 시 L_T 작게 결정
- 캔틸레버 설치 시 경사 벤트나 임시 케이블 이용 주탑에 지지
- 1,000m 이상의 장대교에서는 L_T와 보강형의 내하력 관계를 주의 깊게 검토 필요

4) 케이블의 면수에 의한 분류(횡방향 배치)

교량 진행방향의 직각인 횡방향의 케이블 배치는 일반적으로 1열 및 2열로 구분되며 대칭 또는 비대칭으로 배치된다. 1열 배치는 2열 배치에 비해 비틀림력에서 다소 유리한 특성을 가진다.

① 1열 배치 : 교량상판 중심선 상에 배치되어 경제성과 미관 측면에서 유리하다. 운전자의 시각면에서 유리하고 케이블 장착과 배치에 따른 상부구조 규격 증가가 적다. 다만 중앙부의 케이

블 배치는 좀 더 넓은 상판 규격이 요구되며, 주탑 역시 1주거더 또는 파일론(pylon) 형태의 탑신이 필요하다. 또한 1열 배치는 상대적으로 케이블에 부하되는 하중이 크며 정착부와 지지케이블에 작용하는 하중도 크다. 이로 인해 웨브 플레이트와 바닥판 플랜지의 보강이 필요하다. 차량의 비대칭 재하 또는 풍하중 재하로 발생할 수 있는 비틀림력은 상부구조가 부담하므로 일반적으로 강성이 높은 박스형태의 상판을 사용한다. 보도교와 같이 자중과 하중이 적은 경우 편측으로 배치하기도 하며 이 경우 비틀림력에 대한 저항성능을 검증해야 한다.

② 2열 배치 : 상판 측면에 직각으로 배치하거나 케이블 주탑에서 사방향으로 경사배치하는 방식으로 구분된다. 사방향 2열 배치는 A형 주탑이 주로 사용되며, 2열 배치 시 케이블은 양측에 정착되어 정착부분에서 전단과 휨모멘트를 전달한다. 정착공간 확보를 위해 교량 측방향이 활용되며 이로 인해 상부구조 공사비가 증가될 수 있다. V형 케이블 배치는 교량 상판의 측방향 흔들림 방지, 주탑상부에의 케이블 집중방지 및 주탑의 높이를 증가시키지 않기 위해 적용될 수 있다. 주형에 작용하는 비틀림력을 케이블의 축력으로 저항할 수 있도록 만든 구조시스템으로 주형의 비틂 강성이 상대적으로 작아질 수 있다. 실제로 주형의 비틂 강성이 매우 작은 사장교의 가설 실적이 많다.

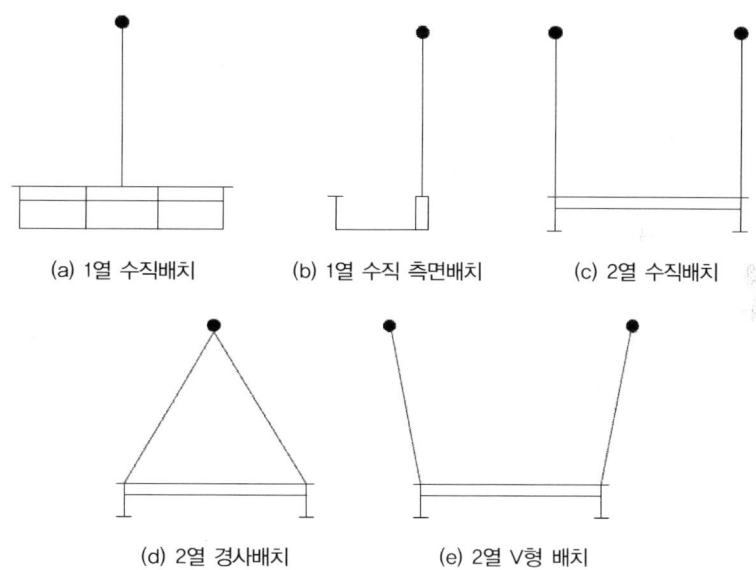

(a) 1열 수직배치　　(b) 1열 수직 측면배치　　(c) 2열 수직배치

(d) 2열 경사배치　　(e) 2열 V형 배치

5. 사장교 케이블 및 새들의 구성요소와 특징(한국콘크리트 학회지, 2004.1) [103회]

케이블은 통상 내부 케이블(Internal Cable)과 외부 케이블(External Cable)로 구분되며 내부 케이블은 주형에 사용되는 텐던(Tendon)을 칭하며 외부 케이블은 매달기식 교량의 사재 케이블, 현수선, 행어 케이블 등을 칭한다(형교에 사용되는 내부 긴장재는 텐던, 현수교, 사장교 E/D교의 외부 긴장재를 케이블이라고 한다). 텐던이나 케이블 모두 다발의 와이어, 강봉, 강연선으로 이루어져 있으며 가장 보편적으로 사용되는 것이 7연선(7-Wired strand)이다.

구 분	무보수 사용기간	케이블 설계수명
정 의	• 내부식, 내열화, 내진동 시스템 등에 관해 어떠한 보완도 없는 가용기간 • 강구조물 보호시스템의 부식 저항성의 보증기간으로서 케이블의 각 부위에 관한 정의	• 케이블이 보수될 시기에 구조적, 기능적 또는 외관적 손상이 없는 케이블의 전체 설계수명 • 피로나 물리화학적 손상의 해석이나 시험에 의한 설계상태 유지
교체 불가능한 케이블 요구사항	• 일반사항과 일치성 – 접근 가능한 부분 : 15년 – 접근 불가능한 부분 : 100년	• 구조물의 기대되는 사용수명 – 별도로 규정하지 않았을 경우 : 100년
교체 가능한 케이블 요구사항	• 일반사항과 일치성 – 접근 가능한 부분 : 15년 – 접근 불가능한 부분 : 50년	• 유지관리에 의존하는 계약조건 – 기대되는 사용수명의 절반 : 50년

※ 근본적으로 케이블은 주요 구조부재이므로 교량의 내구수명과 동일해야 한다.

1) 케이블 내구성의 영향인자(CIP recommendation)

구분	영향인자	비고
역학적인 영향	• 사용하중에 의한 단면력 변동 • 정착구 주변의 상판회전(high amplitude and low frequency) • 풍우에 의한 케이블의 휨(slight amplitude and high frequency) • 정착구 위치의 오차에 따른 정적 휨	
환경적인 영향	• 강우/바람 및 바람에 쓸려온 모래 • 자외선 및 적외선의 방사열 • 온도변화에 따른 전체 변형 및 온도변화에 따른 부위별 거동변화 • 겨울철 염류살포, 5~6m 높이의 염분이 포함된 안개 • 산소나 부식을 촉진시키는 대기(해안지역, 공장지역) • 교량 위의 화재 • 기타 잡다한 손상(조류, 차량 충돌 등)	
시공 중의 영향	• 가설 시 손상(nick, bruise) 및 과도한 변형 등 • 시공단계 중 과도한 하중으로 인한 임시 정적 응력	
케이블 주변 화재	• 화염을 입은 상부재료의 기능 소실 • 화재가 진압된 이후 주요 인장부재에 지연된 온도 상승 • 탄화수소 화합물 차단을 위해 케이블에 도포한 가연성 화학물질	

2) 내구성 증진방안

① HDPE 덕트 내부에 시멘트 그라우팅 충진(초기 방안)

　(1) 그라우트 재료의 품질에 관한 불확실성과 케이블의 진동문제로 인하여 그라우팅 부분에 균열 발생 및 점진적인 전파로 HDPE 덕트마저 균열 발생

　(2) 강연선을 무피복 상태의 알강선을 사용하여 발생된 균열 사이로 수분 및 각종 염류 침입으로 강연선 부식

② 개별 방청시스템

　개개의 강연선을 방청재와 함께 피복한 후 HDPE 덕트 내에 비부착 상태로 강연선을 자유롭게 움직일 수 있도록 함으로써 강연선들이 독립적으로 유연하게 거동하면서 내부식성이 증진

　(1) 각각의 강연선을 아연도금 처리된 와이어로 꼬아서 이후 그리스, 왁스, 에폭시 계열의 본드를 충진하고 최종적으로 HDPE 코팅

　(2) 최근에는 그리스가 고온에서 유동성이 증진되어 와이어와 HDPE 코팅이 분리되는 현상이 나타나서 왁스나 에폭시 계열의 본드 충진재를 사용한다.

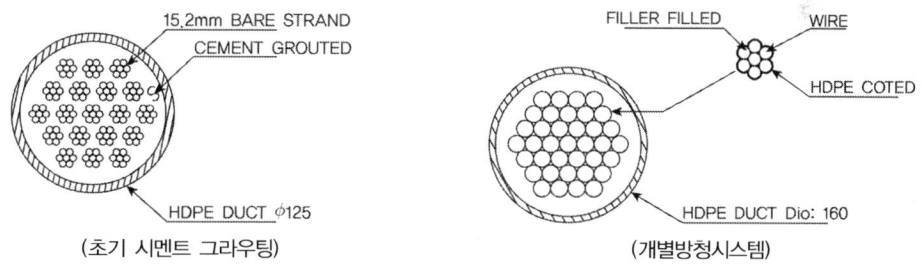

(초기 시멘트 그라우팅)　　　　　　(개별방청시스템)

3) 케이블의 정착구

일반적으로 정착구의 크기가 작을수록 콘크리트 단면을 감소시킬 수 있어 보다 경제적인 설계를 유도할 수 있으나 정착구의 단면이 작을수록 정착구 주변의 응력집중이 증가하므로 이에 대한 적절한 대책이 필요하다(철근보강이나 정착구 자체 형상을 다중지압방식으로 조절하여 응력집중 최소화). 일반적인 PSC구조물에 상용되는 정착구[인장정착구(live anchorage), 고정정착구(dead end anchorage), 연결정착구(coupler), 평판정착구(flat anchorage)] 이외에 사장교용 정착구와 핀지지형 정착구가 있다.

① 사장교용 정착구 : 사장교 전용으로 사용되는 정착구로 사장교 거동특성에 적합하도록 설계되어 휨 전단축소(bending filtration), 피로 및 부식저항성을 증대시킨 형식이다. 부식저항성 증진을 위해 채움박스(stuffing box)와 보호구(cap) 내에 왁스를 충진하여 케이블의 피복이 벗겨진 부분의 부식을 방지한다.

② 핀지지형 정착구 : 매달기식 교량에 사용되며, 대형교량에 적용될 수 있으나 주로 중소형 교량 또는 보도육교에 사용되는 형식이다. 구조물 외부에 부착되는 형식으로 시공 및 유지관리가

용이하고 케이블과 정착구를 사전에 조립하여 일괄 거치하므로 공기가 단축된다. 채움박스와 보호구 내에 왁스를 충진하여 케이블의 피복이 벗겨진 부분의 부식을 방지하고 케이블 길이조절 나사가 있어 장력조절이 용이하다.

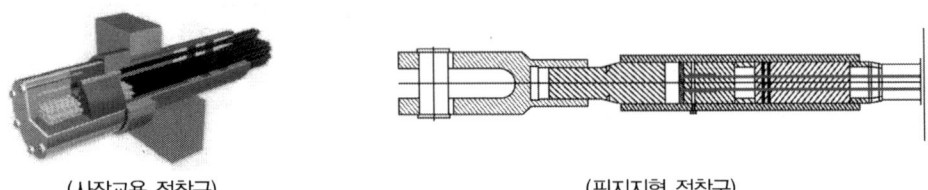

(사장교용 정착구)   (핀지지형 정착구)

4) 새들 정착부의 고정방식

사재의 주탑부 고정방법은 크게 분리고정방식(교차정착, 분리정착)과 관통고정방식으로 구분할 수 있으며, 분리고정방식은 정착구의 배치, 재긴장, 케이블 교환 등의 공간확보를 위해 주탑을 높게 하든가 폭을 넓혀야 하는 반면에 관통고정방식은 통상 새들을 채용한 속이 찬 RC구조로 되어 있으며 사재 사이의 콘크리트 내하력 범위로 사재간격을 배치할 수 있기 때문에 장력을 가장 유리하게 이용할 수 있다.

① 관통고정방식 : 통상 새들(saddle)을 채용한 RC구조로 되어 있으며, 사재 사이에 콘크리트 내하력 범위로 사재 간격을 배치할 수 있기 때문에 인장력을 가장 유리하게 이용할 수 있다. 새들구조는 주탑의 시공성을 향상시키고 대편심 확보에 유리하지만 좌우 긴장력 차이에 의해 사재가 활동할 수 있으며 교환가능방식으로 할 경우 교환 시의 작업공간 확보를 위한 특별한 방법이나 구조가 필요하다.

② 교차정착방식 : RC구조인 새들에 압축력이 도입되게 만든 구조이다. 다만 사재가 동일 평면에서 겹쳐야 하므로 배치에 주의해야 한다. 양쪽 경간의 케이블 면수가 다른 경우의 교량형식에 적용이 용이하다.

③ 분리정착방식 : RC구조인 새들에 인장력이 도입되어 강봉이나 강연선으로 보강이 필요하다. 교차정착방식과는 달리 사재의 배치는 문제가 되지 않는다.

구분	관통고정방식	분리고정방식		
	새들정착	교차정착	분리정착	연결정착
개념	쐐기형와셔		강봉보강	

구분	관통고정방식	분리고정방식		
	새들정착	교차정착	분리정착	연결정착
특징	• 충실단면으로 사재를 관통시켜 배치 • 주탑 출구부에 좌우의 사재 장력차를 고정 • 사재 정착간 거리 작음 • 사재의 곡률반경 제한 (최소 휨반경에 Strand폭이 제약)	• 충실단면으로 탑 양쪽으로 사재를 교차시켜 정착 • 비틀림에 대한 고려 필요 • 사재 간 간격이 커짐 • 주탑부 철근이 매우 복잡하고 다수의 간섭 발생	• 중공단면으로 사재를 관통시켜 분리 정착 • 상호 정착한 사재장력에 대한 차를 PC 등으로 보강 • 사재 정착 간 거리 작음 • 사재 정착부 점검 용이	• 중공단면으로 사재를 분리하여 정착하고 사재 장력으로 인한 인장력을 Beam이 저항하여 주탑의 인장응력 예방 • 단면이 다소 커짐

5) 새들 정착

① 초기에 사용된 새들은 무피복 강연선(bare strand)과 새들 튜브 내에 채워진 시멘트 그라우트 간의 마찰로 정착되는 구조로 새들 내부의 강연선 간의 방사방향의 힘이 직접 전달되므로 피로를 저감시킬 대책이 별도로 필요하며, 새들 튜브와 HDPE 덕트가 연결되는 부위의 마감을 위한 실링처리가 용이하지 못하며, 그라우팅 및 분력으로 인한 강연선의 부식에 의해 임의의 강연선 파단 시 교체가 불가능하여 전체 강연선을 교체해야 하므로 초기 공사비는 저가이나 구조적인 측면이나 유지관리 측면에서 불리하다.

② Unbonded Strand & Mono Coupler 조합 : 초기 새들의 문제점 해결을 위해 새들 양단을 미리 정착시킨 후 각각의 강연선을 단일 커플러를 이용하여 케이블과 연결시키는 구조로 케이블 양쪽의 불평형 하중에 매우 안정적이다. 새들 튜브 속에 강연선 위치를 잡아주는 스텐리스관을 설치하고 무수축 시멘트를 충진하여 고정시키므로 강연선 간의 방사방향 하중이 전달되지 않는다. 공용 중 강연선 파단 시 해당 강연선만 교차가 가능하여 유지관리가 용이하고 내측의 강연선이 파단된 경우 커플러의 간섭에 의해 교체가 힘들고 소요되는 장치가 많으므로 초기 공사비가 고가이다.

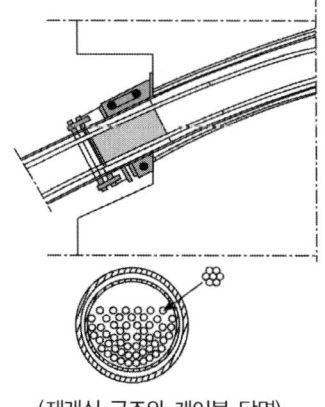

(재래식 구조와 케이블 단면)

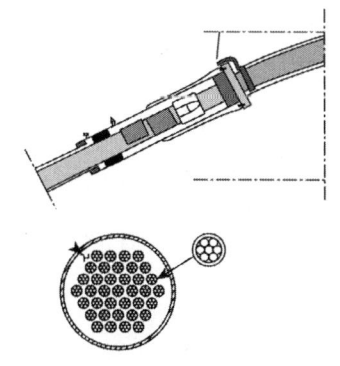

(Unbonded Strand & Mono Coupler 조합)

6. 주거더의 주형과 지지방식, 설계

1) 주거더의 주형

상부구조 형식은 모든 방식이 적용 가능하나 대체로 강재로 된 주거더와 보강트러스 형태가 가장 많이 쓰인다. 보강트러스 형태는 근래에 적용되고 있으며 시공 시 복잡하고 유지관리비용이 크며 미관이 좋지 못한 단점이 있다. 주거더 형식은 강재 주형박스와 크로스 빔 등으로 보강된 형태로 2개의 주 플레이트 거더 또는 복수형 플레이트 거더로 이루어져 있다. 플레이트 거더 형식은 비틀림에 대한 저항성이 작고 박스형의 경우 비틀림 강성이 큰 특징을 갖는다. 일반적으로 사장교 거더높이와 경간장의 비율은 1/40~1/260으로 폭넓게 적용된다.

최근에는 경간장이 긴 구간에도 콘크리트 상판이 적용되고 있으며 콘크리트 상판구조를 사장교에 적용할 때에는 다음과 같은 사항을 고려해야 한다.

① 주거더 높이와 경간장비는 45~250에서 주로 검토된다. 다경간 교량의 경우 150~400

② 콘크리트 상부구조는 자체중량과 강성으로 바람의 영향에서 강재보다 유리

③ 사장교 보의 영향으로 상판의 압축력이 작용하는 곳에서 유리하며, 케이블에 의한 축력은 콘크리트에 프리스트레스를 도입하는 효과를 볼 수 있어 휨에서 보다 유리

④ 케이블에 소요되는 강재의 사용량이 경감되므로 주탑의 높이가 감소될 수 있음

⑤ 콘크리트 상부구조 적용 시 활하중과 고정하중 비율이 작기 때문에 철도나 대단위 교통이 재하되는 곳에서 유리

⑥ 상부구조시공과 케이블의 설치가 용이하므로 세그먼트 캔틸레버보 시공, PS 도입, 현장타설 시공방법 등이 다양하게 사용 가능

2) 주거더의 지지방식

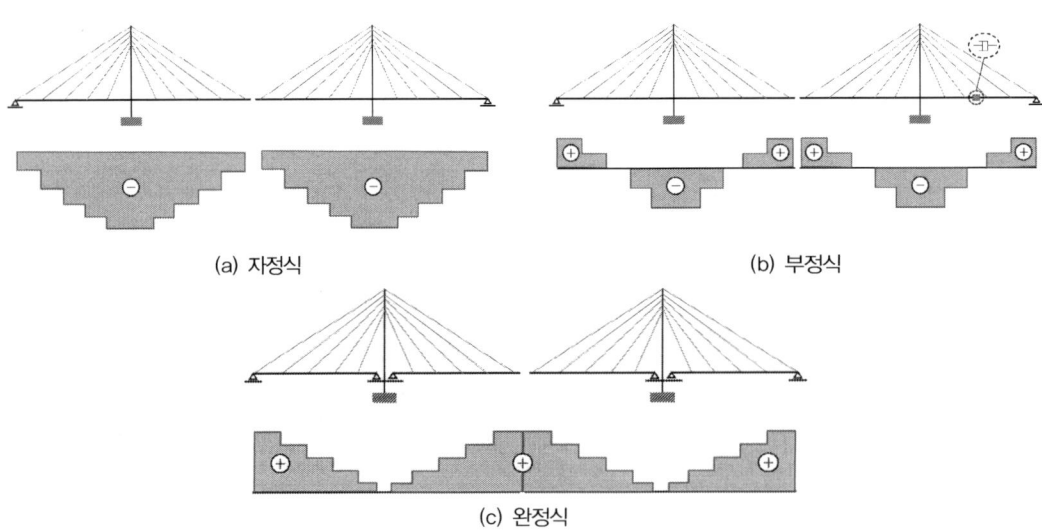

(a) 자정식

(b) 부정식

(c) 완정식

사장교 주거더의 지지방식에 의해 자정식, 부정식, 완정식으로 분류할 수 있다.

① 자정식 : 자정식은 케이블을 3경간 연속의 주거더에 정착하는 방식으로 현재 시공되는 사장교의 대부분은 이 방식을 이용하고 있다. 자정식 사장교의 주거더에는 압축력만이 작용된다.

② 부정식 : 부정식 사장교는 축력을 전달하지 않는 신축이음을 측경간 또는 중앙경간에 삽입한 구조로 부정식 사장교의 끝은 앵커리지에 정착되므로 완정식의 절반정도의 앵커리지만 필요하고 주탑 근처의 주거더에서는 압축력이 작용하고 그 밖의 부분에서는 인장력이 작용하도록 하여 축력인 인장과 압축으로 나눠지고 절대값도 거더형식교량의 절반으로 감소시킬 수 있는 특징을 갖는다.

③ 완정식 : 완정식 사장교는 주거더를 3개의 단순거더로서 구성한 구조로 케이블을 앵커리지에 정착하기 위해서 수평 스트러스(thrust)를 담당할 거대한 앵커리지가 필요하다. 완정식 사장교는 주거더 부분에 인장축력이 작용한다.

사장교가 장대화됨에 따라 케이블 수가 증가되고 주거더의 휨강성은 상대적으로 감소하게 되었다. 이로 인해 주거더는 휨응력보다는 축응력에 의해 결정되는 비율이 증대되었다. 강사장교에서는 부정식, 완정식, 자정식 순으로 경제적이고 부정식 사장교는 지간길이 300~800m 범위에서 현수교 형식보다 경제적인 것으로 알려져 있다. 사장교의 경제성을 판단할 때에는 경간장의 배치, 주탑의 높이, 케이블 수와 배치간격, 상부구조 형식 등을 고려해 결정하여야 한다.

3) 상부구조 단면의 설계

① 1차적인 단면결정 : 단면가정 → 거더 각절점에서 활하중에 의한 최대 최소 단면력 산정 → 사하중, 온도에 의한 단면력 산정 → 두 단면력 합산으로 가정한 단면의 적합성 판단 → 단면수정/케이블 재조정

② 상부구조는 강재와 콘크리트 중 근래에는 콘크리트가 많이 사용되는데 이는 경사진 케이블로 인해 거더에 큰 압축력으로 인한 좌굴로 인하여 좌굴 저항성능이 큰 콘크리트가 경제적인 이유 때문이다.

③ 콘크리트 거더 사용 시 가장 중요한 요소는 creep과 shrinkage에 대한 영향이므로 강재로 된 케이블에는 이러한 요소가 발생되지 않으므로 시간이 지남에 따라 거더의 처짐이 서서히 증가하여 거더 강성을 저하시키게 된다. 따라서 이를 고려하여 설계하여야 한다(역방향 해석 후 정방향 해석 수행).

④ 케이블 정착부에서는 케이블 장력을 분포시키기 위해서 다이아프램이나 타이백 등을 설치하게 되는데 다이아프램의 경우 일종의 보로서 해석할 수 있지만 타이백의 경우는 일종의 사장재이기 때문에 해석 시 특별한 고려가 요구된다. 또한 케이블 정착부에서 큰 응력집중이 발생되므로 이러한 응력집중에 충분히 저항할 수 있도록 필요에 따라 단면을 증가시켜야 한다.

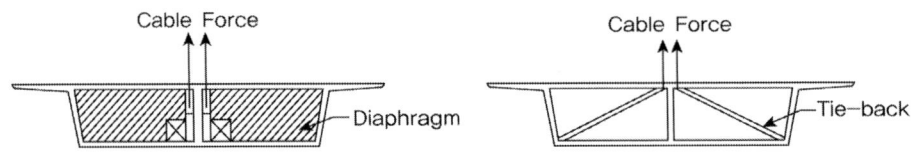

⑤ 상부 구조물의 처짐 : 일반적으로 사장교는 장경간 교량이므로 구조물의 유연성이 크기 때문에 사하중 및 활하중에 의해서 구조물 변형이 상당히 크게 증가된다. 이러한 구조물의 처짐은 주탑의 특성에 따라 전 구조물의 변형이 좌우된다.

캔틸레버 구조형식일 경우 활하중의 편재하중에 의해서 주탑정부의 수평변위가 크게 되고 이로 인하여 거더 처짐이 크게 발생되며, 종방향으로 A-Frame형식의 주탑인 경우 주탑의 자체의 강성이 매우 크기 때문에 거더의 처짐이 작게 발생하게 된다.

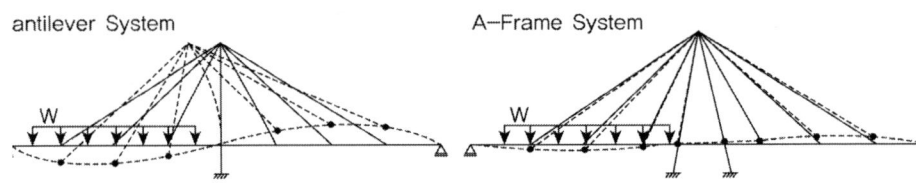

참고자료

사장교 보강거더 구조형식 선정 예

2.5.1 보강거더 구조형식 선정

■ 장대 교량의 보강거더 사례 분석

■ 거더 형식

구 분	교량명	연장	폭원	거더형식
사 장 교	Sutong교	1,088m	35.4m	Single Box
	Stonecutters교	1,018m	34.9m	Twin Box
	인천대교	800m	39.7m	Single Box
	ChongMing교	730m	50.0m	Twin Box
현 수 교	AKashi교	1,991m	35.5m	Truss
	Great Belt교	1,624m	31.0m	Single Box
	Xihomen교	1,650m	36.0m	Twin Box
	광양대교	1,545m	27.0m	Twin Box

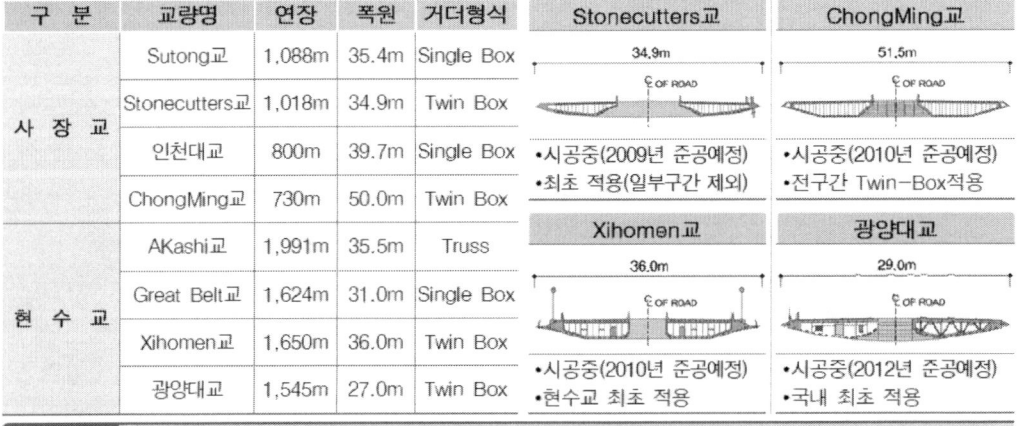

■ Twin-Box 적용 교량

Stonecutters교 34.9m
ℂ OF ROAD
• 시공중(2009년 준공예정)
• 최초 적용(일부구간 제외)

ChongMing교 51.5m
ℂ OF ROAD
• 시공중(2010년 준공예정)
• 전구간 Twin-Box적용

Xihomen교 36.0m
ℂ OF ROAD
• 시공중(2010년 준공예정)
• 현수교 최초 적용

광양대교 29.0m
ℂ OF ROAD
• 시공중(2012년 준공예정)
• 국내 최초 적용

검토결과	• Twin-Box 거더의 내풍안정성이 널리 알려지면서 근래 설계 시공되는 장대교량에 적용되는 사례가 많음

■ 보강거더 형식 비교

구분	선정안(Twin-Box 거더)	비교안(Single-Box거더)
개요도	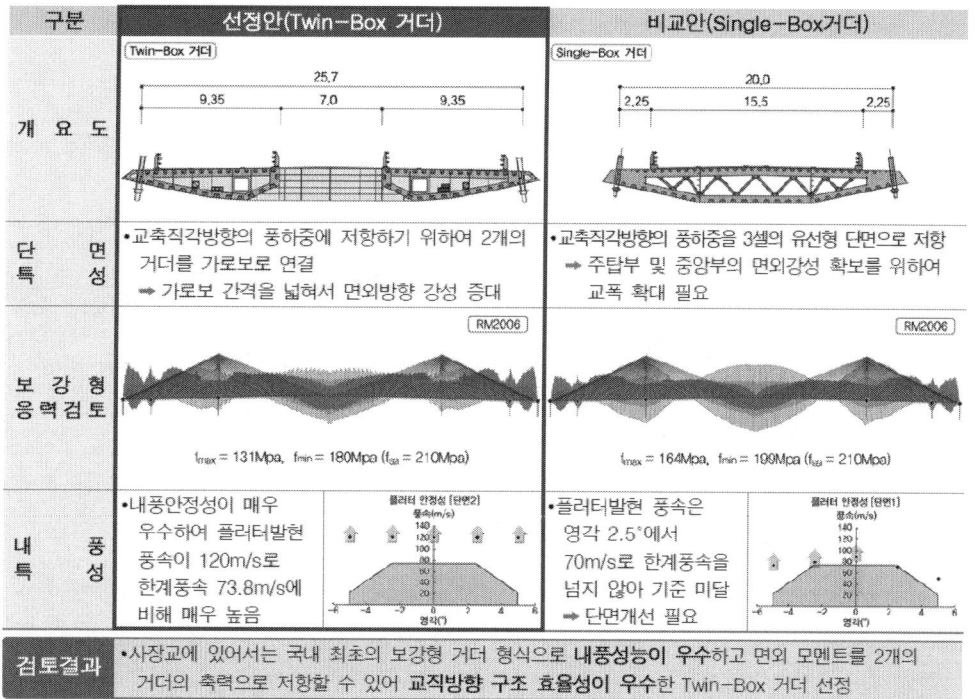	
단면특성	•교축직각방향의 풍하중에 저항하기 위하여 2개의 거더를 가로보로 연결 ➡ 가로보 간격을 넓혀서 면외방향 강성 증대	•교축직각방향의 풍하중을 3셀의 유선형 단면으로 저항 ➡ 주탑부 및 중앙부의 면외강성 확보를 위하여 교폭 확대 필요
보강형 응력검토	f_{max} = 131Mpa, f_{min} = 180Mpa (f_{sa} = 210Mpa)	f_{max} = 164Mpa, f_{min} = 199Mpa (f_{sa} = 210Mpa)
내풍특성	•내풍안정성이 매우 우수하여 플러터발현 풍속이 120m/s로 한계풍속 73.8m/s에 비해 매우 높음	•플러터발현 풍속은 영각 2.5°에서 70m/s로 한계풍속을 넘지 않아 기준 미달 ➡ 단면개선 필요

검토결과	•사장교에 있어서는 국내 최초의 보강형 거더 형식으로 **내풍성능이 우수**하고 면외 모멘트를 2개의 거더의 축력으로 저항할 수 있어 **교직방향 구조 효율성이 우수**한 Twin-Box 거더 선정

7. 사장교 주탑의 형식과 설계

1) 주탑의 형식

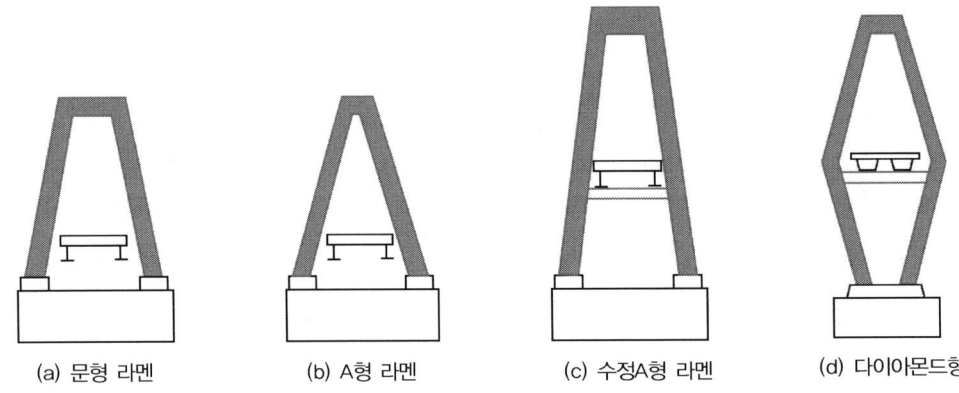

(a) 문형 라멘　　(b) A형 라멘　　(c) 수정A형 라멘　　(d) 다이아몬드형

사장교의 주탑은 파일론(pylon)이라고 하며 주탑의 형태는 케이블 배치형태, 현장여건, 미관, 경제성 등을 고려해 결정된다. 주탑은 캔틸레버 보와 같은 구조형식으로 지점부는 축력의 크기와 케이블 하중의 분포 등에 따라 고정단 또는 힌지 형태로 검토된다. 주탑 지점조건의 선택은 상부구조와 주탑의 하중분담 관계에서 주탑에 작용하는 수평방향력과 축력의 크기에 따라 달라진다. 고정단 형식은 주탑의 휨모멘트가 교각에 전달되며 힌지는 축력과 횡방향력만 전달되기 때문에 고정단을 선택해 주탑구조의 강성을 증가시키면 모멘트로 인한 문제점과 상쇄효과 등을 고려한 수 있다. 통상 고정단 방식이 대형 힌지구조보다 경제적이며 교량상부구조 시공에 유리하다. 주탑의 형태는 문형, A형, 다이아몬드형 등이 있으며 A형 주탑은 형하공간 높이가 크게 요구되는 개소에서는 규모가 증가되므로 비효율적이며, 장대사장교에서는 다이아몬드형이 주로 사용된다.

2) 주탑의 설계

① 주탑은 케이블의 장력에 의한 수직하중을 기초에 전달하는 구조체로 사장교 거더에 작용하는 모든 하중을 지탱하고 있으며 이로 인해 주탑 하단에서는 상당히 큰 압축력과 휨모멘트를 받고 있다.

② 콘크리트 주탑의 경우 큰 압축력에 대해 충분한 압축강성을 지니는 반면에 자중이 커서 강주탑에 비해 시공이 다소 어렵다는 단점이 있다.

③ 주탑 설계에 고려되는 하중으로는 거더에 작용되는 것과 동일하며 그 외에 풍하중, 수압, 지진하중 등의 수평력에 의한 영향도 함께 고려하여야 한다.

④ 주탑의 거동은 구조적 특징상 작용하중에 의하여 정부에서 종방향으로 큰 수평변위가 발생될 것으로 예상되나 케이블이 종방향으로 배치되어 있기 때문에 사하중에 대해서는 거의 평형을

유지하고 있으며 활하중이 편재하 시에만 수평하중이 발생한다. 그러나 비대칭 사장교구조에서는 장경간과 단경간의 사하중에 의한 불균형에 대해서도 주탑의 정부의 수평변위는 상당량 발생되는데 이 경우 단경간 측의 케이블 장력을 증가시켜서 주탑의 변위를 감소시킬 수 있으나 이때 주탑에 국부적으로 큰 응력증가를 가져올 수 있기 때문에 일반적으로 단경간측에 부반력 제어를 위한 Counter-weight나 Tie-Down cable 등으로 주탑의 변형을 감소시키는 방향을 이용한다.

⑤ 주탑은 압축력뿐만 아니라 활하중의 편재하에 의한 휨모멘트도 발생하므로 축력과 휨모멘트를 동시에 받는 기둥부재로서 응력검토를 하여야 한다.

⑥ 시공 완료뿐만 아니라 시공 중에 발생하는 단면력에 대해서도 충분히 고려되어야 하며, 특히 경사진 주탑의 경우 시공 중의 구조물 안정(Stability)에 대해서도 주의하여야 한다.

⑦ 주탑 설계 시에는 주탑축의 편기에 대해서도 고려하여야 하며, 이는 수직력의 작용 시 좌굴성 모멘트를 발생시킬 수 있기 때문이다. 이러한 현상은 프레임으로 된 주탑보다는 캔틸레버 주탑에서 더욱 중요하며 케이블로 지지된 종방향보다는 횡방향의 경우가 더욱 불리하다. 이러한 편심량은 일반적으로 시공상의 오차와 온도영향에 의하여 발생되며 설계상 고려되는 편심량의 크기는 다음의 그림과 같다.

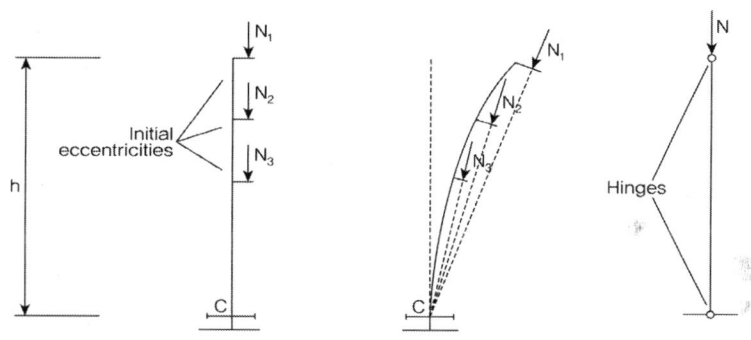

(편심하중 작용 시 주탑의 거동)

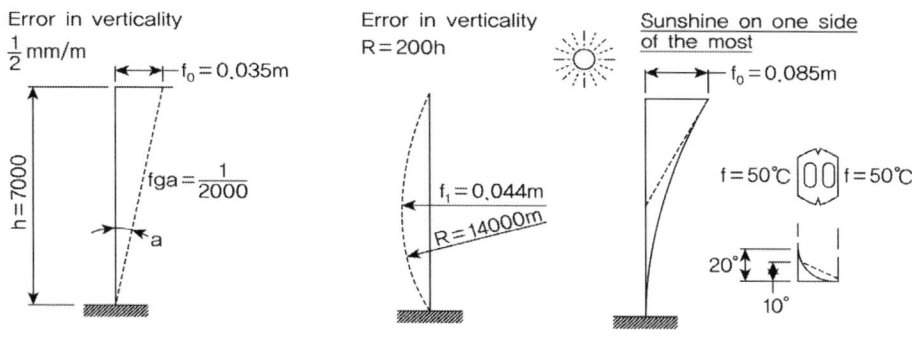

(주탑에 편심하중이 작용되는 요인)

1. 사장교의 비선형 해석 93회/107회

1) 사장교의 기하학적 비선형성

① 케이블의 비선형성

케이블은 인장만 받는 부재로 전단, 휨, 비틂에 대한 저항성이 없다. 케이블의 비선형 거동에 영향을 미치는 인자는 다음과 같다.

(1) 케이블 재료의 탄성계수 : Earnst의 등가탄성계수

(2) 케이블 거동에 따른 소선의 재배열 현상 : 장력 증가에 따른 느슨한 배열이 조밀해지는 현상

(3) 케이블 자중에 의한 새그의 영향

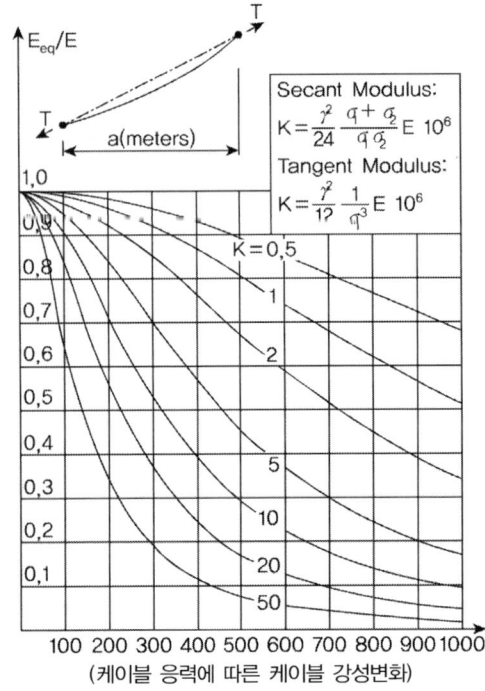

(케이블 응력에 따른 케이블 강성변화)

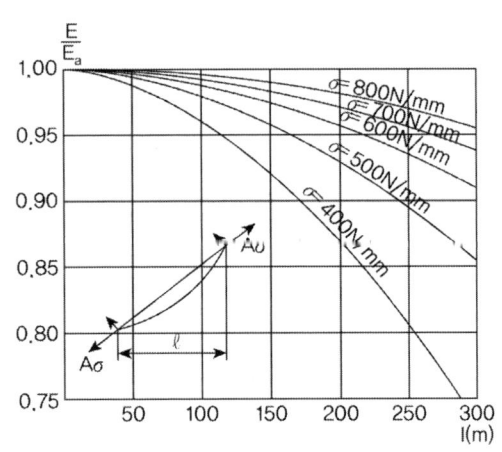

(케이블의 수평거리 l에 따른 E/E_o)

$$E_{eq} = \frac{E_0}{1 + \dfrac{\gamma^2 a^2 E_0}{12\sigma^3}}$$

② 주탑과 보강형의 비선형성

사장교의 주탑과 보강형에는 사하중에 의해 큰 축력이 작용하게 되며 동시에 활하중에 의해 큰 처짐이 발생하는 경우 P–△효과로 비선형 거동을 나타내게 된다.

③ 대변위 효과

선형해석에서는 구조계의 기하학적 형상의 변화가 미소하므로 부재력을 계산할 때 원상태의 형상을 이용해도 큰 오차가 없으나 사장교와 같은 케이블 지지교량에서는 대변위가 발생하므로 구조물의 기하학적 형상변화를 반드시 고려해야 한다. 반복해석 중 부재의 길이와 경사가 변하면서 부재의 강성도 행렬과 Cable 장력 및 부재의 초기 부재력과 같은 비보존력 성분들도 이전단계 구조계의 기하학적 형상에 따라 재구성하게 된다.

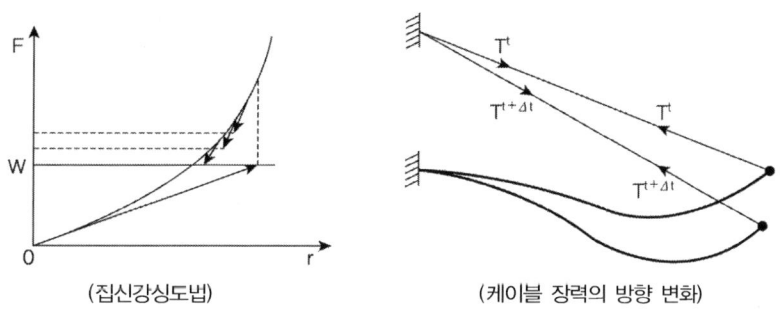

(집신강성도법)   (케이블 장력의 방향 변화)

2) 비선형 해석 알고리즘

구조물의 부재강성이 부재내력과 관계되므로 구조계의 평형방정식은 비선형방정식이 된다. 특히 사장교와 같은 케이블 지지교량은 하중이 증가함에 따라 부재의 강성이 증가하게 되는 Hardening System이다. 일반적으로 각 반복계산 단계별로 강성도 행렬을 재구성하는 Newton-Raphson법을 이용하여 케이블의 초기 가정장력과 형상해석을 위한 초기 부재력 성분들을 비보존력으로 보고 증분단계별로 이들에 의한 불평형 하중벡터를 최근의 기하학적 형상에 의해 재구성하여 계산한다.

3) 사장교의 비선형 해석방법

사장교는 케이블의 교량의 특성상 대변위, 케이블 자중에 의한 새그(Sag)의 영향, 주탑과 보강형의 큰 압축력에 의한 P-△효과로 기하학적 비선형성을 나타내며 이를 고려하여 해석을 수행하여야 한다. 사장교의 비선형 해석을 위해서는 비선형 등가 트러스 요소를 이용하거나 2차원 및 3차원 보요소의 안정함수(Stability function)를 이용한 방법, 라그랑지아 공식(Updated Lagrangian Formulation)을 이용한 방법 등이 주로 이용된다.

① 안정함수(Stability function) 이용방법 : 부재가 축력과 모멘트를 동시에 받고 있는 경우 상호작용에 의한 강성도 변화를 나타내는 함수로서 강성도 행렬의 각 항에 곱해져 강성도의 증가 또는 감소효과를 나타낸다. 하중을 증분하여 가한 뒤 허용범위를 벗어나는 불평형하중을 다시 증분하여 가하는 반복적인 증분법 사용, 케이블을 등가트러스 요소 사용

② Updated Lagrangian Formulation : 3차원 보요소의 접선 기하강성도 행렬을 이용한 초기접선강도도법 사용, 탄성현수선 요소 사용

③ 기하강성도 행렬을 이용한 Newton-Raphson법 : 비선형 등가트러스 요소

2. 사장교 초기치 해석(사장교 구조해석 및 설계, 한국도로공사, 박찬민), (에너지 최소화를 이용한 사장교의 초기평형상태 해석기법 및 최적 형상 구현, 김창현, 2003, 서울대 석사 논문)

사장교와 같이 케이블이 지지하고 있는 교량은 일반적인 교량과 달리 초기형상이 결정되어 있지 않으며 반드시 사하중이 작용할 때 그 형상이 결정되어진다. 따라서 사장교의 해석에서 초기평형상태의 해석은 매우 중요하며 이는 시공단계해석의 기초가 되게 된다.

이러한 사장교의 완성상태에서의 특정 반력이나 특정 변위를 개선할 목적으로 고정하중과 케이블의 장력을 평형을 이루도록 케이블의 장력을 도입하기 위해 구조물의 해석을 수행하는 것을 초기치 해석이라고 한다. 이러한 초기치 해석의 방법은 완성계를 두고 역방향 해석을 수행하여 초기평형상태의 목표치에 따라 해석하는 방법이 주로 사용된다. 일반적으로 강구조물의 경우 완성계와 시간흐름에 따른 구조물과의 응력의 변화가 거의 없기 때문에 역방향 해석을 통해 만족할 만한 결과치를 얻을 수 있으나 콘크리트 구조체의 경우 크리프와 건조수축과 같은 시간에 따른 응력 재분배가 이루어지기 때문에 역방향 해석 수행 후 정방향 해석을 재차 수행하여야 한다.

고차의 부정정 구조물인 사장교에서의 초기치 해석은 설계자별로 목표치를 달리 적용할 수 있으며, 반복계산을 통해 수렴할 때까지 산정하므로 각 케이블에 도입되는 장력의 해가 달라질 수 있다.

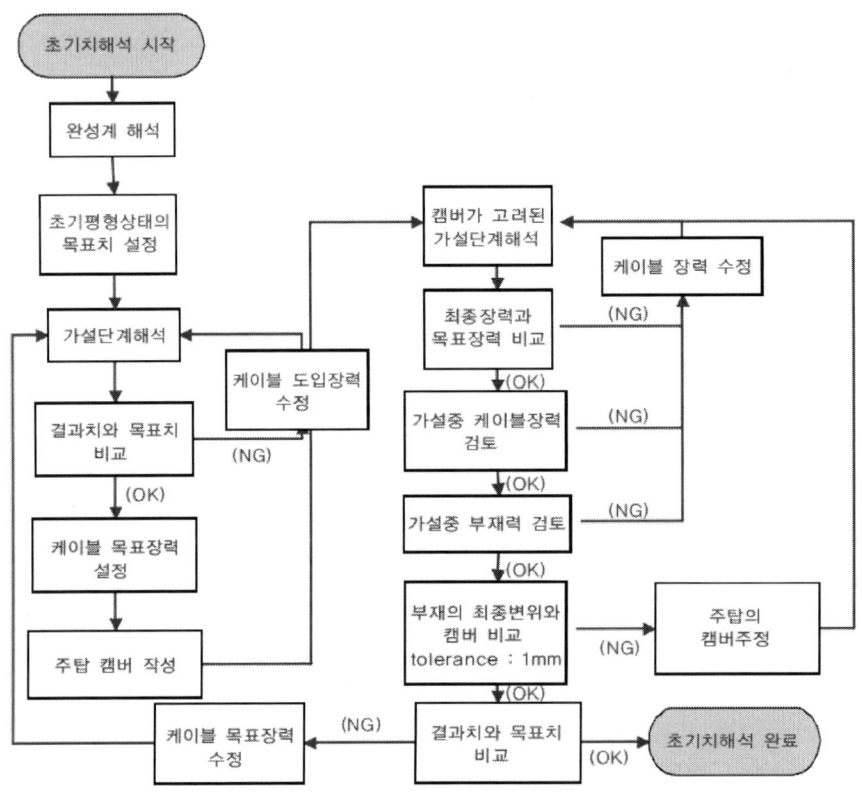

(초기치 해석 순서도)

케이블은 장력이 도입되기 전에는 강성이 발생하지 않기 때문에 무응력 상태의 기하형상을 정의할 수 없다. 따라서 케이블 구조물은 변형 후의 기하형상으로부터 장력이나 초기 길이를 추정해야 한다. 평형상태의 주어진 기하형상을 만족하는 케이블의 장력이나 초기길이를 결정하는 것을 초기평형상태 해석, 초기치 해석이라고 정의할 수 있다. 이러한 초기평형상태 해석에서는 새그에 의한 기하형상 자체의 비선형성과 케이블의 초기길이를 가정하여 방생하는 비선형성을 고려하여야 한다.

비선형 방정식을 푸는 방법으로는 일반적으로 시산법(Trial and Error)과 순차적 반복 계산법(Successive iteration method)이 널리 사용되어 왔다. 시산법은 초기 상태를 가정하고 정적 해석을 수행한 후 경험적 지식으로 가정 값들을 보정하는 방법으로 수렴성 및 해의 정확성을 보장할 수 없다. 순차적 반복 계산법에서는 이중 반복계산 과정이 필요하다. 첫 번째 반복계산에서는 비선형 평형방정식을 풀고 두 번째 반복계산에서는 제한 조건식으로 보정량을 계산하는 과정을 반복하여 목표 형상을 만족하는 구조계를 결정한다. 즉 초기상태를 가정하여 비선형 평형방정식을 풀고, 그 결과로 제한 조건식을 만족하는 초기상태의 보정량을 산정한다. 보정한 초기상태는 평형방정식을 만족하지 못하므로 반복 계산을 통하여 최종 해를 구한다. 이 방법은 시산법보다는 정확한 해를 구할 수 있으나, 수렴 속도가 느리기 때문에 엄밀한 해를 구하는 데에는 한계가 있을 수밖에 없다. 일반적으로 비선형 방정식을 풀기 위하여 Newton Raphson 방법을 사용하게 된다. 케이블의 거동을 표시하기 위해서는 장력 또는 무응력 상태의 케이블 길이가 주어져야 하지만 이러한 양을 해석 전에 알 수가 없으므로 전체 구조계의 평형방정식의 개수가 미지수의 개수보다 작아지게 되어 초기 평형상태 해석을 위하여 추가의 조건식이 필요하다. 이러한 추가의 조건의 종류에 따라서 초기평형상태 해석 방법이 달라진다. 즉, 기존의 기하학적인 제한 조건식을 이용한 초기평형상태 해석 방법은 TCUD의 기하학적 제한조건을 이용한 초기평형상태 해석법과 부재력의 내력을 반대로 작용하여 초기형상을 결정하게 되는 초기 부재력법 등이 있다.

1) 변위 제어법(Zero Displacement Method)

사장교의 특정지점의 변위를 제어하고자 하는 목적으로 특정변위를 0으로 하는 방법이다. 주로 케이블의 정착점의 수직변위를 제어하고자 하는 목적으로 사용되며, 설계 시 자중만을 고려하여 사장교의 초기치 해석을 수행하는 방법이다. 케이블 연결점의 수직변위를 0으로 하는 방법은 케이블 정착점에서 탄성지점을 고정지점을 가진 연속보와 동일하게 보는 것과 유사하다. 다만 이 경우에는 케이블 장력의 수평방향 성분은 미미하다고 가정하므로 종단경사가 완만한 경우에 적용하기가 쉽다.

① 케이블 정착구를 고정지점으로 가정하여 반력을 산정하고 그 반력과 같은 크기의 장력을 산정하여 본 구조물에 외력으로 작용시킨다.

② 이 값들이 원하는 변위를 가질 때까지 다음과 같이 조정한다.

   (a) 주탑의 변위를 고정시키고 중앙경간장의 수직변위가 0이 될 때까지 케이블을 당긴다.

   (b) 주탑의 구속을 해제하고 보강형의 수직변위와 주탑의 수평변위가 0이 될 때까지 측경간의

케이블을 당긴다.

(c) 이 과정을 반복하여 수렴될 때까지 외력을 추가시킨다.

이 방법은 주형의 휨모멘트 분포를 고정지점 위의 연속보의 것과 같도록 하는 결과를 보인다. 다만 이 방법은 콘크리트 사장교와 같은 시간적 거동에 따라 응력이 재분배되는 과정까지는 반영하지 못하며 수평방향의 성분이 클 경우에는 이를 무시하지 못하기 때문에 이에 대한 고려가 별도로 필요하다.

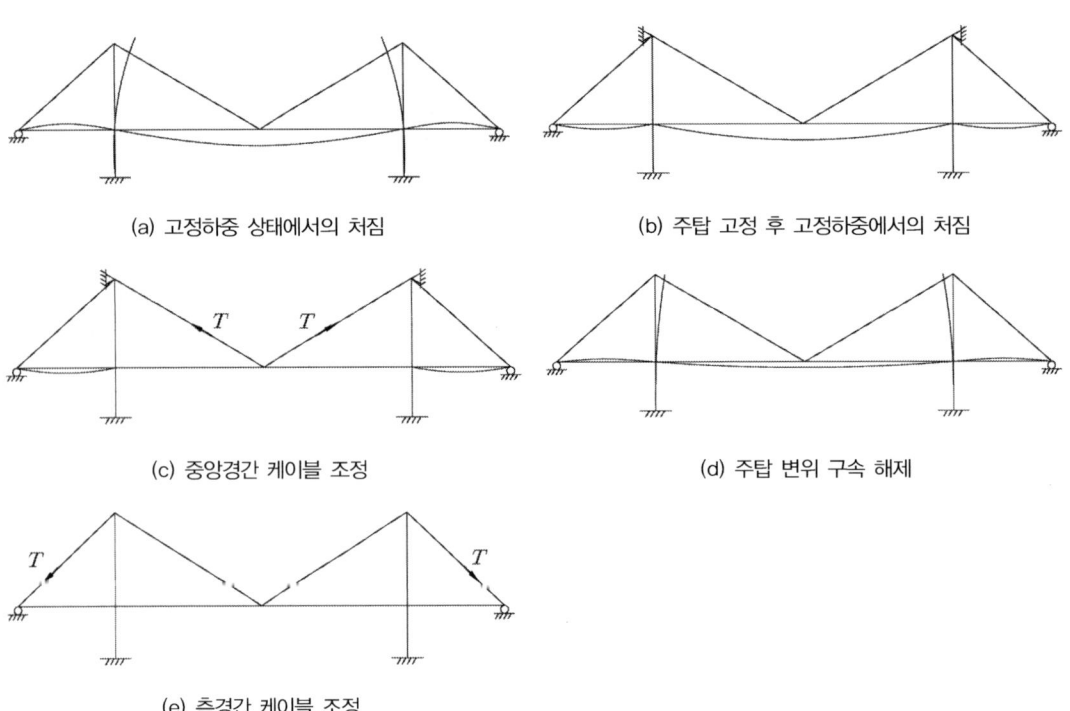

(a) 고정하중 상태에서의 처짐   (b) 주탑 고정 후 고정하중에서의 처짐

(c) 중앙경간 케이블 조정   (d) 주탑 변위 구속 해제

(e) 측경간 케이블 조정

2) 하중 평형법(Force Equilibrium Method)

앞선 Zero Displacement Method에 비해 크리프에 의한 모멘트 재분배로 인한 수평성분 효과나 설계종단선형의 기울기를 고려하여 케이블의 장력을 특정 부분의 모멘트를 조절하기 위한 변수로 사용하는 방법이다. 이 방법은 케이블의 장력을 케이블의 정착구 위치에서의 주형 휨모멘트 조절을 위한 독립적 변수로 사용하며, 자중과 케이블의 장력을 고려한 사장교에서의 케이블 정착구에서 고정지점 위의 연속보와 동일한 효과를 볼 수 있도록 정착구 위치에서의 주형의 모멘트가 0이 될 수 있도록 조정하거나 앵커케이블의 장력을 주형과 주탑의 연결부에서의 모멘트를 최소화되도록 또는 기초 주탑부의 모멘트가 최소화되도록 조절하는 방법이다.

단일주탑의 사장교에서 모든 케이블 지지점과 주탑연결부를 그림과 같이 고정지지점으로 가정하면,

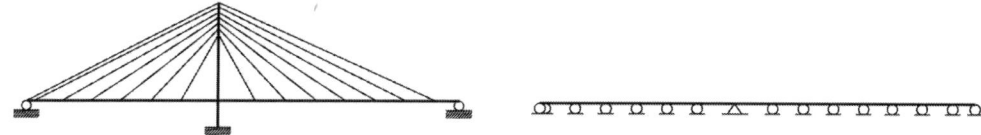

콘크리트 사장교의 경우에는 시공 중에 교축방향 프리스트레싱을 종종 도입하는데 이 단계에서 그러한 하중을 포함시킨다. 편의상 이 단계를 Stage 1이라 한다. 그리고 Stage 1에서의 자중과 프리스트레싱에 의한 휨모멘트 분포를 목표 휨모멘트 분포로 한다. 여기에서 주형 콘크리트 바닥판들의 재령차이로 인한 효과는 무시하여도 좋다. 다음 그림은 Stage 2, Stage 3으로 위의 사장교와 같은 구조계이나 케이블을 제거하고 내력을 도입한 형태이다.

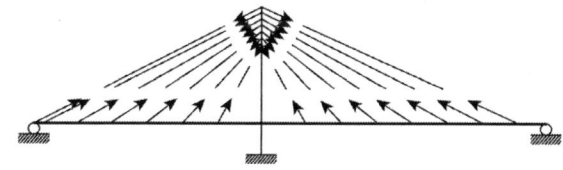

케이블 장력은 원하는 단면, 일반적으로 케이블 정착구 위치에서의 주형 휨모멘트 조절을 위한 독립적 변수로 사용한다. 위 모델에서와 같이 앵커교각에 연결된 앵커 케이블(Back Stay)의 장력은 해당 정착구 위치에서 주형의 모멘트가 항상 "0"이기 때문에 여분의 변수로 생각될 수 있지만, 전체구조계의 효율을 높이는 변수로 사용될 수 있다. 예를 들어 주형과 주탑의 연결부에서의 모멘트라든가 주탑 기초부에서의 모멘트를 조절하는 변수로서 앵커 케이블의 장력을 사용할 수 있다.

일반적으로 주형의 목표 휨모멘트는 Stage 1에서 얻은 값이고 주탑에서의 목표 휨모멘트는 "0"으로 놓는다. Stage 2, Stage 3과 같은 모델에서 각 케이블 장력의 영향매트릭스를 구성할 수 있다. 이때 케이블의 새그로 인한 비선형성을 무시하여 케이블 양단의 장력은 같다고 보며 주형의 휨모멘트는 주형측 케이블만이 영향을 미치고 주탑의 휨모멘트는 주탑측 케이블만 영향을 미친다고 가정한다. 이러한 가정으로부터 발생하는 오차는 반복계산 과정에서 제거된다.

3) 하중법(Force Method)

고차부정정구조물인 사장교의 단면력 분포를 설계자가 원하는 단면력의 분포를 갖게 하기 위해서 N개의 부정정구조를 N개의 내력으로 가정하여 정정구조로 전환하여 원하는 단면력의 분포를 얻는 방법이다. 이 방법은 구조물을 정정구조물로 치환한다는 점에서 하중평형법(Force Equilibrium

Method)과 차이가 있다. 실제 구조물에서 활하중 재하로 인한 단면력을 감안하여 고정하중 상태의 단면력을 설계자가 원하는 대로 정할 수 있기 때문에 재료의 특성을 감안하여 단면력을 분포시킬 수 있다는 장점이 있다.

TIP | Force Method |

4차 부정정 차수를 가지는 사장교 구조물을 예로 들어 아래와 같이 초기치를 산정해보면,

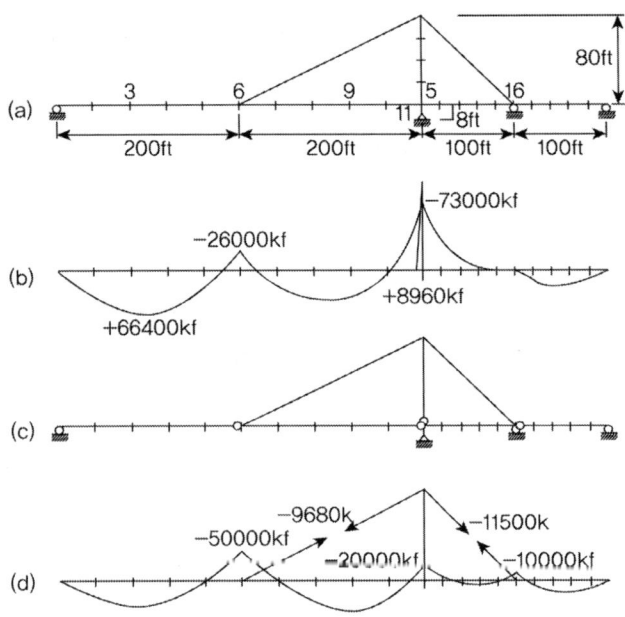

그림의 (a)에서 케이블의 초기장력 도입 없이 사하중을 재하하면, (b)과 같은 모멘트 분포를 얻게 되며, (b)에서 주형의 절점번호 3, 11과 주탑 절점번호 5에서 상당히 큰 모멘트 값을 가지게 된다. 이를 (c)와 같은 정정구조계를 택하고 주형의 M6, M11, M16, 주탑의 M5를 4개의 부정정력으로 선택한 후 설계자가 자유롭게 그 값을 선택하게 된다면 주형의 모멘트를 줄일 수 있다. 예를 들어 설계자가 주탑에 모멘트를 걸리지 않도록 하고 주형의 모멘트를 줄이고자 다음과 같은 부정정력을 지정할 수 있다.

$M_5 = 0$, $M_6 = -50,000$, $M_{11} = -20,000$, $M_{16} = -10,000$

이 경우 (d)와 같은 사하중 상태에서 다른 단면력 분포를 가지는 새로운 평형구조계를 얻는다. 어느 단면력을 얼마 크기의 부정정력으로 취하는가는 설계자의 선택에 따라 달라진다. 예를 들어 주탑의 사하중 모멘트를 "0"으로 하면 주탑의 제작 캠버를 없앨 수 있으며, 시공을 감안하여 사하중 모멘트 분포를 이동시킴으로써 단면을 보강해야 할 필요성을 줄이거나 없앨 수 있다. 다만 그러한 하중분포를 가지는 사장교를 어떻게 시공할 것이냐를 검토하여야 하며 필요에 따라서 특수장비를 사용하게 될 때는 공사비가 증가한다.

4) 최적화 방법(Energy Method)

케이블의 장력이나 기타 목적이 되는 목적함수를 최적화하는 방법으로 에너지를 최소화하는 초기 평형상태 해석 방법이다. 이 방법은 케이블의 적합조건식이 방정식 보다 많은 부정정 방정식에 대해서 에너지 최소화의 방법을 통해서 최적의 초기형상을 결정하는 방법이다. Furukawa 등은 전체 변형에너지의 합이 최소가 되도록 하는 목적함수를 사용하여 일본의 4개의 교량에 직접 적용하고 원하는 케이블의 장력을 얻었다.

Furukawa 목적함수 : $U = \int_0^l \dfrac{M^2}{2EI} dx + \int_0^l \dfrac{N^2}{2EA} dx \quad \rightarrow \quad \min.$

서울대 석사논문 목적함수 : $U = \dfrac{1}{2} \int_V \dfrac{1}{EI} (M_{self} + \sum_{i=1}^{ncbl} T_i M_i^0)^2 dV \quad \rightarrow \quad \min.$

(모멘트에 의해 발생하는 탄성에너지 최소화 목적함수)

목적함수를 이용한 최적화 방법은 앞선 방법과 동일한 효과를 가진다. 예를 들어 케이블장력의 수직성분을 P_i라고 하면 최적화된 해 $\partial U / \partial P_i = 0$는 케이블 장력이 작용하는 방향의 변위를 의미하기 때문에 이 변위를 0으로 하는 해를 구한다면 고정 지지된 연속보와 같은 모멘트 분포를 가지므로 앞선 Zero Displacement Method나 Force Equilibrium Method와 동일한 해를 얻을 수 있다. 다만, 이 방법을 적용할 때에는 기하학적 제한 조건 식에 주의를 요한다.

▶ 가설단계를 고려한 초기치 해석

해석개요	• 초기 평형상태 부재력의 목표치 설정 및 케이블의 목표장력 결정 • 주탑 및 보강거더의 캠버를 고려한 초기형상 구현

■ 초기치해석 결과

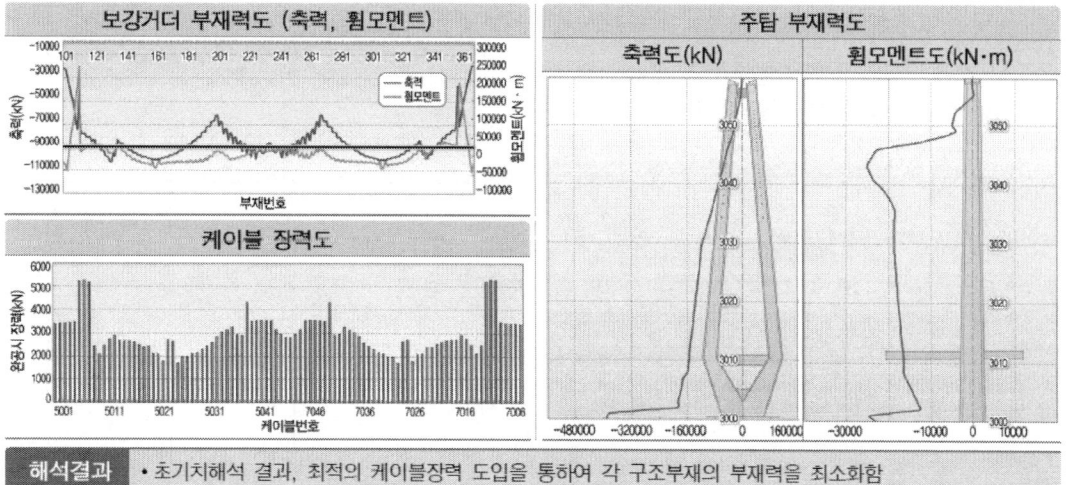

해석결과	• 초기치해석 결과, 최적의 케이블장력 도입을 통하여 각 구조부재의 부재력을 최소화함

(초기치 해석 예 : 화양–적금2공구 턴키 보고서)

3. 사장교의 정방향 해석과 역방향 해석

사장교의 시공단계해석을 위한 특별한 해석단계로 구조물의 가설 시 가설방법 또는 공법에 따라 완성 후 구조계와 응력이력이 다르기 때문에 가설 중의 본구조물에 대한 해석을 의미한다. 일반적으로 사장교에서는 초기치 해석 시 역방향 해석을 통해서 도입 장력을 구하고 정방향 해석을 통해서 최종적인 초기치의 장력이 도입되는 지를 확인하는 과정을 거친다.

강사장교의 경우 역방향 해석만으로도 정확한 케이블 이력을 구현할 수 있으나 콘크리트 사장교의 경우에는 시간에 따라 크리프나 건조수축 등의 영향이 있으므로 역방향 해석 이후에 정방향 해석을 모두 수행한다.

1) 역방향 해석(Backward Analysis) : 캔틸레버 공법으로 시공되는 합성형 사장교에서 필요로 하는 최적의 사하중 모멘트 분포를 얻기 위해서는 각각의 케이블에 도입되는 정확한 초기 장력을 계산해야만 한다. 이러한 초기 장력값을 얻기 위한 기본적인 해석 방법이 Backward 해석이다. 초기 장력 값을 구하기 위하여 가설 6단계로 구분한다.

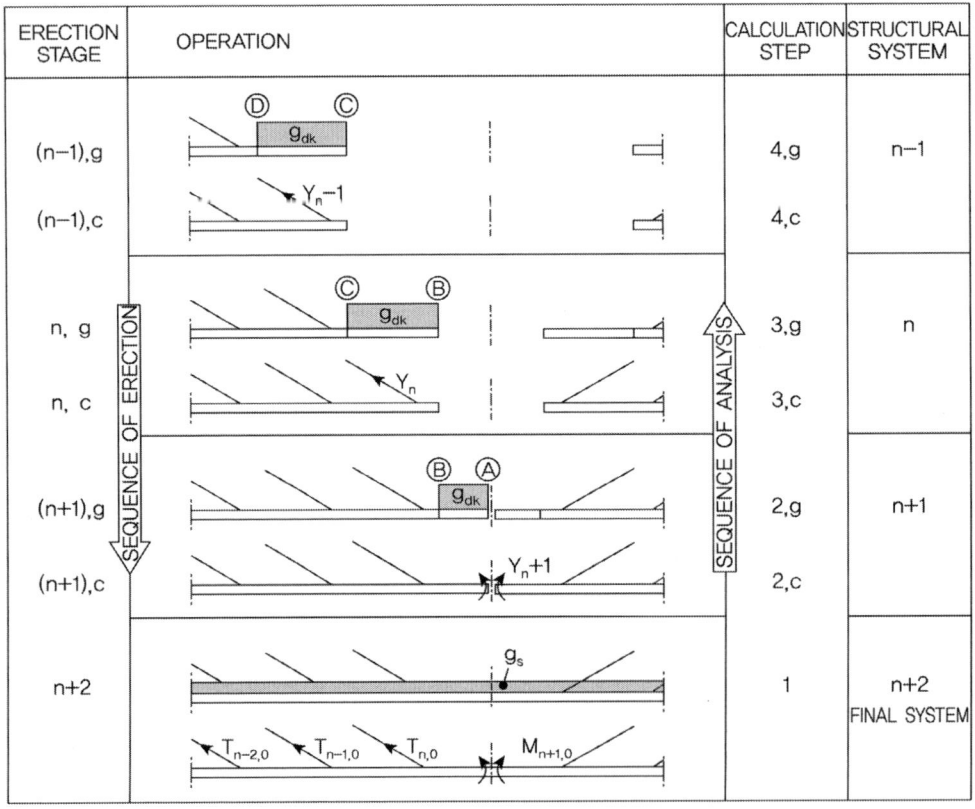

① (n-1), g의 단계에서 보강형을 D에서 C로 내뻗는다. 이 과정에서는 그때까지 가설되어 온 구조부에 추가된 보강형의 사하중이 작용한다.

② (n-2), c의 단계에서는 케이블 C가 가설되고 초기 장력 Y_{n-1}이 도입된다.

③ n, g의 단계는 새롭게 C에서 B로 보강형의 가설을 하므로 (n-1), g의 단계와 같다.

④ n, c의 단계는 마찬가지로 새로운 케이블의 가설과 장력 도입을 하므로 (n-2), c의 단계와 같다.

⑤ (n+1), g의 단계에서는 보강형이 주경간의 중앙(A점)으로 내뻗치고 반대쪽에 내민 부분 A점에 도달한다.

⑥ (n+1), c의 단계에서 2개의 내민 보강형을 폐합하기 전에 모멘트 Y_{n+1}를 도입한다고 가정한다. (이 단계는 완성계통의 지간 중앙에 생기는 사하중 모멘트가 소정의 값으로 되기 위해 필요하다.)

⑦ (n+2)의 단계에서는 폐합된 구조 계통에 포장, 난간, 조명등 등의 2차 사하중이 부가되어 완성 계통의 사하중 상태로 된다.

▶ 완성계 해석

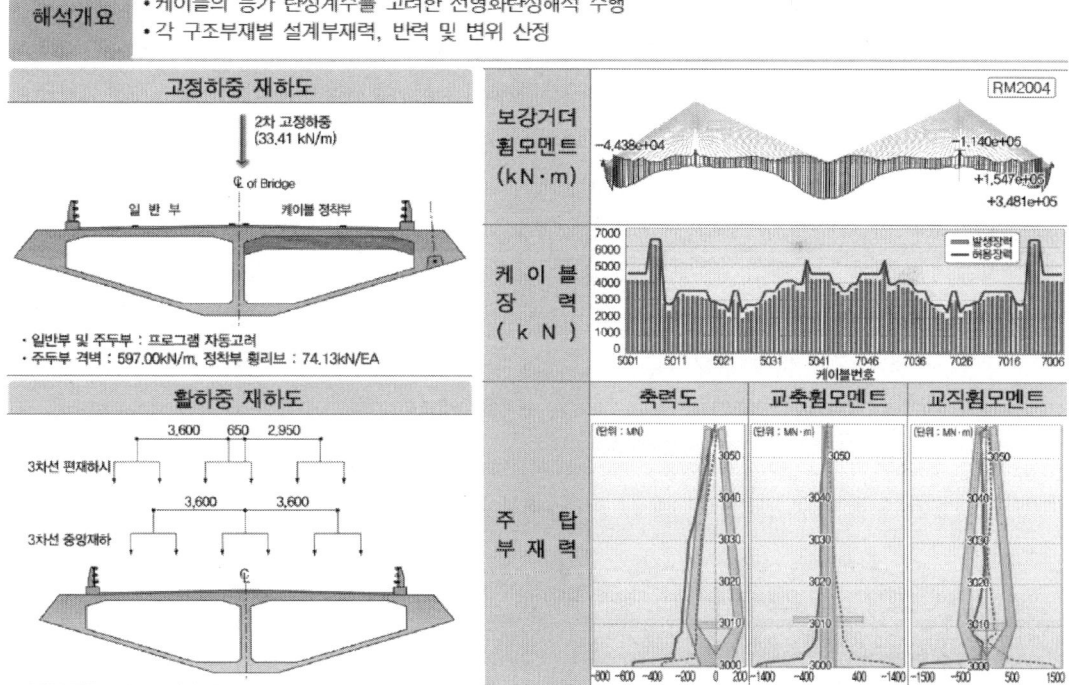

(완성계 해석 : 콘크리트 사장교)

완성계통의 사하중 상태의 모멘트와 힘은 정해졌지만, 가설 시의 도입장력 Y_{n-1}, Y_n 등과 폐합 모멘트 Y_{n+1}는 미지량이다. 이들의 미지량을 구하기 위해서는 해석을 가설 순서와 역으로 하면

된다. 이 작업이 Backward 해석이다. 즉, 단면력과 형상을 알고 있는 완성계통의 상태에서 계산을 시작하는 것이다. 그래서 개개의 가설계통을 가설 순서대로 해석(Forwarding 해석)하는 대신에 가설과는 반대의 순서로 완성 계통을 해체해 가는 해석을 하게 된다. 이렇게 하면 케이블의 제거 전 과정에서 케이블의 초기 장력이 결정된다. 또한 합성형 교량이나 콘크리트 보강형의 교량에서는 전술한 바와 같이 크리이프나 건조 수축에 따른 힘의 변화도 고려해야 한다.

가설단계와 역으로 해석을 하는 경우에는 크리프나 건조수축으로 인한 변형을 반대의 부호로 계산에 고려하는 등의 방법을 쓰기도 한다. 그러나 케이블 장력에 의한 힘의 분포가 정해지지 않은 상태에서 케이블 장력을 추적하면서 크리프를 정확히 역으로 추적하는 것은 불가능하다. 따라서 크리프, 건조 수축 등을 별도로 하여 몇 차례의 반복 계산을 통해 값을 구한다. 케이블의 긴장작업이 2차에 걸쳐 실시되기 때문에 위의 해석순서와 완전히 일치하지는 않으나 기본적인 이론은 이와 동일하다고 할 수 있다.

2) 정방향 해석(Forward Analysis)

가설 순서대로 해석 input data를 작성하여 시공단계해석을 수행하는 것을 편의상 Backward Analysis와 구분하기 위해 Forward Analysis(정방향 해석)라 한다. Forward 해석에서는 도입하는 케이블의 장력 외에 각 가설 단계의 힘과 모멘트를 각각의 계산단계에서 구할 수 있으므로 가설 중 구조 계통 각부의 응력을 체크하여야만 한다. 특히 Derrick Crane과 같은 무거운 중량의 가설 장비는 그 지지점이나 중량에 대하여 특별한 검토를 실시하여 가설 시 구조적 문제가 없도록 하여야 할 것이다.

이러한 Forward 해석에서 아무런 문제가 발견되지 않으면 최종 상태의 시공 순서로 확정하게 된다. 물론 Forward 해석에서 응력이 허용응력을 넘는다든지 하는 문제점들이 발견되면 가설 순서나 가설 장비, 구조설계를 변경해야 한다. 이때 구조설계를 변경하는 것은 마지막에 선택되어질 일이며 그전에 가설 순서나 가설 장비의 중량, 운용 등을 여러모로 검토하여 변경시켜야 할 것이다. 가설 순서의 변경에 대해서는 다음 사항을 고려한다.

① 완성 계통의 사하중 상태의 수정 　② 보강형의 이음 위치 재검토
③ 많은 단계에 걸친 케이블의 긴장 　④ Temporary Cable 사용

또한, 구조 설계의 변경에 대해서는 다음 사항을 고려해야 한다.

① 허용 응력을 넘는 구조부의 강도 향상 　② 케이블 개수의 증가
③ 보강형 단면의 재설계 　④ 지점(부정정)의 추가
⑤ 구조 재료의 변경

■ 주요 시공단계별 해석결과(휨모멘트, kN·m)

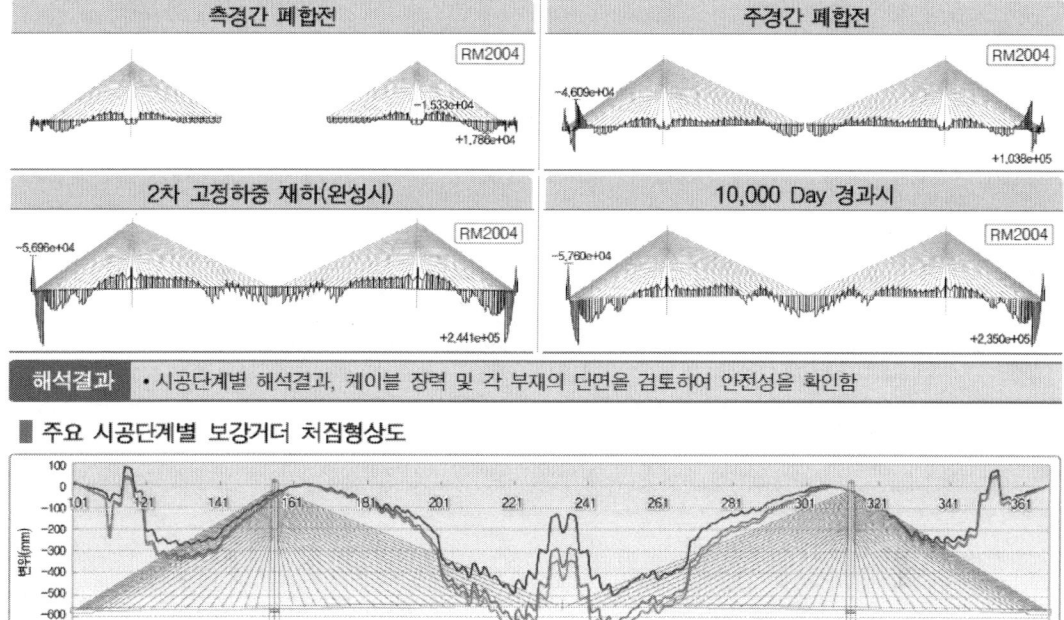

측경간 폐합전	주경간 폐합전
RM2004	RM2004
-1.533e+04 / +1.766e+04	-4.609e+04 / +1.038e+05

2차 고정하중 재하(완성시)	10,000 Day 경과시
RM2004	RM2004
-5.696e+04 / +2.441e+05	-5.760e+04 / +2.350e+05

해석결과 • 시공단계별 해석결과, 케이블 장력 및 각 부재의 단면을 검토하여 안전성을 확인함

■ 주요 시공단계별 보강거더 처짐형상도

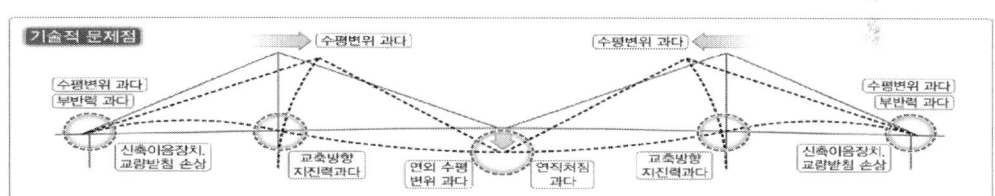

완공시 처짐 ── 10년경과후 처짐 ── 30년경과후 처짐

해석결과 • 시공완료후 10년(4,000Day) 경과시를 목표로 한 보강거더의 캠버를 고려하여 해석함

(시공 단계별 해석 : 콘크리트 사장교)

4. 사장교의 케이블 장력 도입

사장교는 측경간비가 1/2 이하의 구조물이다. 따라서 사장교의 하중경로 특성상(하중→보강형 →스테이케이블→주탑→앵커케이블→지반) 장력이 도입되지 않은 상태에서의 중앙경간에서 의 처짐이 상당히 크게 발생하게 된다(단일케이블 부재의 거동 참조). 또한 케이블은 장력이 도입 되기 전에는 강성이 발생하지 않기 때문에 무응력 상태의 기하형상을 정의할 수 없다.

이러한 사장교의 초기형상을 유지하면서 하중에 대해 케이블 연결부에서 탄성지지 역할을 수행할 수 있도록 사장교의 케이블에 장력을 도입하는데 장지간의 연속교에 케이블로서 수많은 탄성지점 역할을 수행하도록 하고 이를 통해서 전체구조계의 하중을 분산시켜주는 역할을 수행한다.

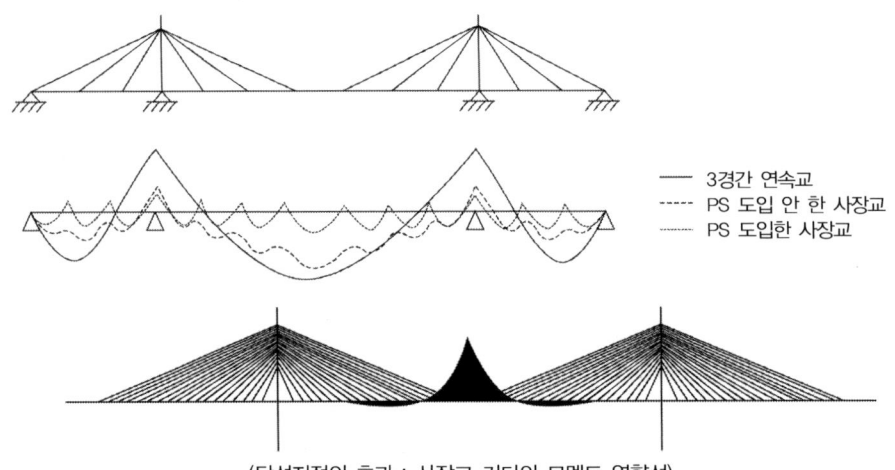

(탄성지점의 효과 : 사장교 거더의 모멘트 영향선)

1) 사장교의 장력 도입

　① 사장교의 케이블은 도입되는 장력의 크기, 단면적, 탄성계수, 길이 그리고 각도 등에 의해 강
　　성이 변화한다. 또한 케이블의 장력의 도입여부에 따라서 사장교 거더의 강성이 변화하게 되
　　며 이는 장력이 도입된 지점의 보강형은 탄성스프링으로 지지된 지점과 같이 변화하여 보강형
　　의 모멘트가 적절히 분배될 수 있도록 한다.

　② 도입되는 장력의 크기나 단면적, 케이블의 탄성계수가 클수록 탄성 스프링의 강성은 커지게
　　되며, 길이가 길어지고 각도가 작아지면 반대로 케이블의 강성이 작아져 탄성스프링의 강성도
　　약해지게 된다.

5. 사장교 설계 변수 : 주 경간장과 주탑의 높이

주경간장이 길수록 통상적으로 케이블의 자중으로 인한 새그비가 커지고 이로 인하여 효율이 떨
어지게 된다. 따라서 일반적으로 주경간장의 길이가 길수록 주탑의 높이는 커지게 된다. 다음의
그래프는 횡축에서의 케이블 교량의 주경간장에 대한 주탑 높이의 비(h/L_m)에 다른 종축의 케이
블 사용량과 주탑을 구성하는 재료의 경제성을 비교한 것이다.

실제 사장교 설계 시에는 제시된 최적값에서는 시스템의 강성이 떨어져서 처짐이 커지기 때문에
최적값보다 조금 높은 주탑을 사용한다.

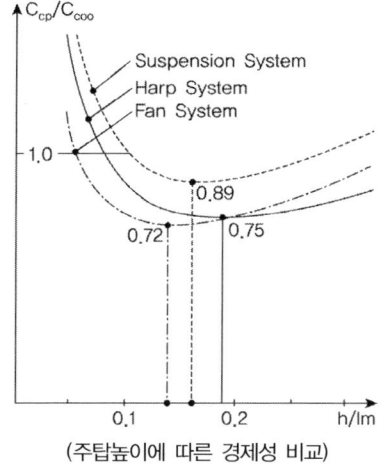

(주탑높이에 따른 경제성 비교)

(교량형식별 주탑비)

구분	경제적 h/L_m	설계 시 h/L_m
현수교	0.15	0.1
팬형식 사장교	0.13	0.15~0.20
하프형식 사장교	0.19	0.20~0.25

C_{cp0} : 일반적인 새그비 1:10의 현수교 건설 비용

C_{cp} : 케이블 시스템과 주탑 건설 비용

① 경간의 길이와 주탑의 높이(h/L_m)는 케이블 장력에 중요한 영향을 미치며 케이블의 양을 결정하는 중요한 요소이다.

② 근래에 건설된 사장교의 설계사양을 검토해보면 3경간 사장교에서 팬(Fan) 형식의 경우 $h/l_m = 0.15$~0.20이고 하프(Harp) 형식의 경우 $h/l_m = 0.20$~0.25의 비율로 설계된다. 하프 형식이 팬 형식에 비해 주탑의 높이가 30% 증가되므로 팬 형식이 더 경제적이다.

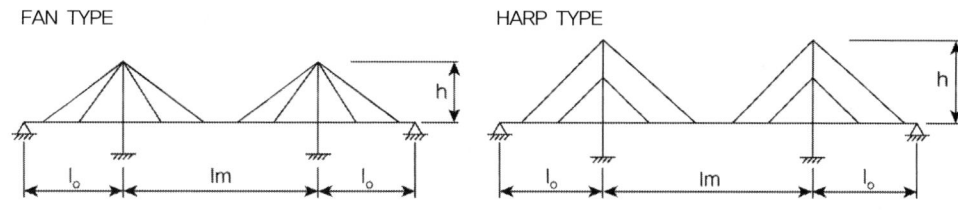

③ 마찬가지로 2경간인 경우 팬 형식의 경우 $h/l_m = 0.30$~0.40이고 하프 형식의 경우 $h/l_m = 0.40$~0.50의 비율을 나타내어서 하프형식이 팬 형식에 비해 주탑의 높이가 30% 증가되므로 팬 형식이 더 경제적이다. 또한 동일한 중앙지간을 갖기 위해서는 2경간 사장교의 경우에 3경간 사장교보다 2배 높은 주탑이 필요하다.

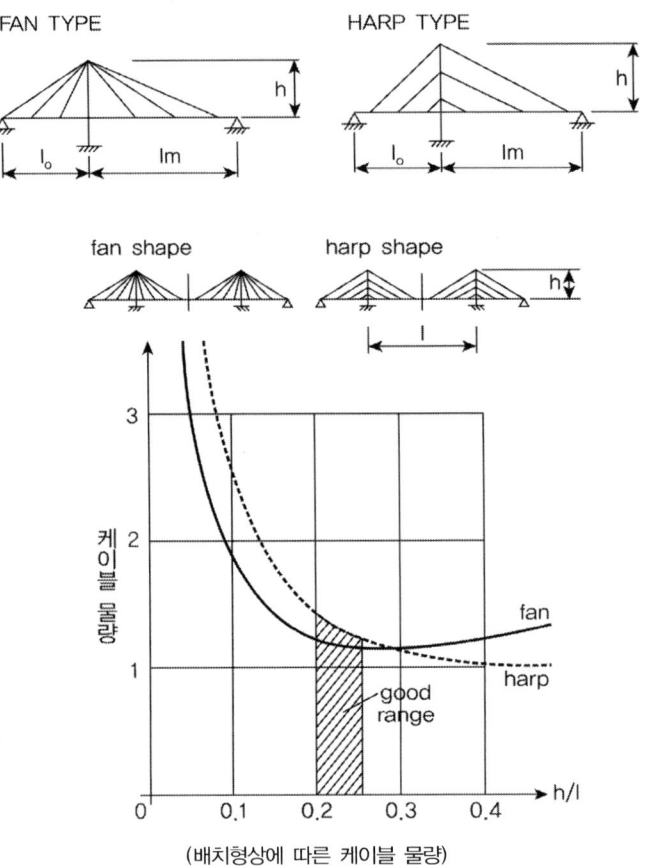

(배치형상에 따른 케이블 물량)

6. 사장교 설계 변수 : 주경간장과 측경간의 비 ^{93회/94회/107회/120회}

【 기출유형 ① 】 PSC사장교와 강사장교 특징 비교
【 기출유형 ② 】 고속철도용 장대교량을 사장교로 설계할 때 구조계획에 대해 설명

일반적인 3경간 형식의 사장교에서 측경간장 L_a과 주경간장 L_m의 비는 앵커 케이블의 장력변화에 큰 영향을 준다. 주경간의 하중은 이 케이블의 장력을 증가시키고 측경간의 하중은 이를 감소시킨다. 이러한 장력의 변화는 피로에 민감한 케이블과 앵커에 불리하게 작용한다. 이러한 장력변화에 의한 응력변동 범위가 피로에 대하여 안전한 설계가 되도록 하여야 한다. 또한 경간비(L_a/L_m)는 시스템의 처짐에 결정적인 영향을 미치기 때문에 큰 강성이 필요한 경우에 좁은 측경간을 선호한다. 앵커케이블에 장력의 변동 폭이 커서 발생하는 피로문제를 방지하고, 앵커케이블의 저장력으로 인한 전체 시스템의 강성저하를 방지하기 위해, 장력비($\kappa_{ac} = T_{min}/T_{max}$)를 일정하게 할 경우(0.4 정도), 경간비는 사하중에 대한 활하중의 비율(p/w)로 결정된다. 다음 그림에 의하면 활하중 비율이 높은 교량일수록 짧은 측경간을 사용한다. 일반적으로 강교에 비하여 사하중이 큰

콘크리트교의 측경간을 넓고, 활하중이 큰 철도교에서 좁은 측경간을 사용한다. 보통 콘크리트 도로교의 경우 0.42 부근의 값을 적용하고, 활하중 비율이 높은 철도교의 경우 0.34까지 적용한다.

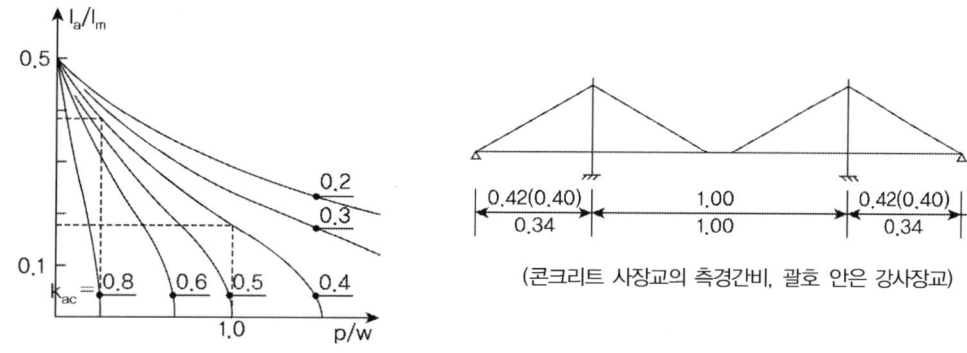

(하중비(p/w), 장력비(κ_{ac})에 따른 경간비(l_a/l_m) 구성)

(콘크리트 사장교의 측경간비, 괄호 안은 강사장교)

1) 앵커케이블의 장력(Cable supported bridges : Concept and Design 3th, Niels J. Gimsing)

사장교에서 외부하중은 보강형에서 Stay cable을 통해 주탑과 앵커케이블(Anchor cable)을 통해서 지반과 지점으로 하중이 전달되어지는 구조를 가지고 있다. 따라서 시스템의 안정을 위해서는 주탑과 단부 지점을 연결하는 앵커케이블(Anchor cable)이 인장상태를 유지하고 있어야만 1차 안정성을 유지/확보할 수 있다.

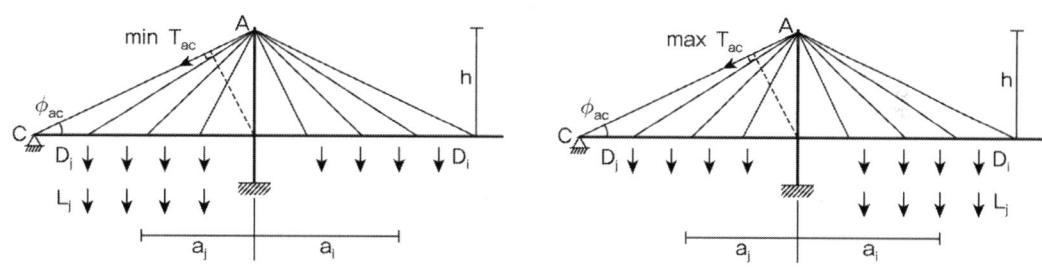

D : 케이블에 작용하는 고정하중의 수직력

L : 케이블에 작용하는 활하중의 수직력

① 앵커케이블의 최소장력(min T_{ac}) : 중앙경간부 사하중 + 측경간부 사하중과 활하중

$$T_{ac} = \frac{\sum_{i=1}^{n} D_i a_i - \sum_{j=1}^{m}(D_j + L_j)a_j}{h\sin(90 - \phi_{ac})} = \frac{\sum_{i=1}^{n} D_i a_i - \sum_{j=1}^{m}(D_j + L_j)a_j}{h\cos\phi_{ac}}$$

② 앵커케이블의 최대 장력(max T_{ac}) : 중앙경간부 사하중과 활하중 + 측경간부 사하중

$$T_{ac} = \frac{\sum_{i=1}^{n}(D_i + L_i)a_i - \sum_{j=1}^{m}D_j a_j}{h\sin(90 - \phi_{ac})} = \frac{\sum_{i=1}^{n}(D_i + L_i)a_i - \sum_{j=1}^{m}D_j a_j}{h\cos\phi_{ac}}$$

③ 장력비($\kappa_{ac} = T_{\min}/T_{\max}$) : 최소장력과 최대장력의 비

$$\kappa_{ac} = \frac{T_{\min}}{T_{\max}} = \frac{\sum_{i=1}^{n}D_i a_i - \sum_{j=1}^{m}(D_j + L_j)a_j}{\sum_{i=1}^{n}(D_i + L_i)a_i - \sum_{j=1}^{m}D_j a_j}$$

2) 앵커케이블의 응력비와 지간장의 관계

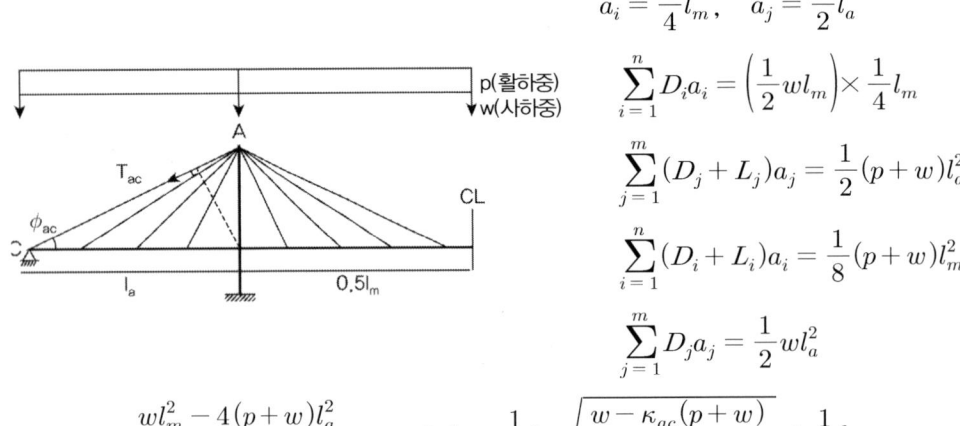

$$a_i = \frac{1}{4}l_m, \quad a_j = \frac{1}{2}l_a$$

$$\sum_{i=1}^{n}D_i a_i = \left(\frac{1}{2}wl_m\right) \times \frac{1}{4}l_m$$

$$\sum_{j=1}^{m}(D_j + L_j)a_j = \frac{1}{2}(p+w)l_a^2$$

$$\sum_{i=1}^{n}(D_i + L_i)a_i = \frac{1}{8}(p+w)l_m^2,$$

$$\sum_{j=1}^{m}D_j a_j = \frac{1}{2}wl_a^2$$

$$\kappa_{ac} = \frac{wl_m^2 - 4(p+w)l_a^2}{(p+w)l_m^2 - 4wl_a^2} \qquad \therefore l_a = \frac{1}{2}l_m\sqrt{\frac{w - \kappa_{ac}(p+w)}{(p+w) - \kappa_{ac}w}} \leq \frac{1}{2}l_m$$

3) 측경간과 주경간의 길이관계

활하중 p가 전혀 없는 상태일 때 측경간이 주경간장의 1/2가 되며 실제 교량에서는 활하중이 존재하므로 앵커케이블의 하중상태와 상관없이 측경간의 길이는 주경간의 1/2 이하가 되어야 한다.

4) 측경간비에 대한 사장교 시스템의 거동

① 측경간비에 따른 케이블 양

측경간비가 작아짐에 따라 케이블의 직경은 증가한다. 케이블의 각도가 커질수록 케이블에 큰 장력이 도입되기 때문에 케이블의 직경이 증가하게 된다. 다만 수평력은 각도가 증가할수록 감소한다.

② 측경간비에 따른 변형

측경간비가 작아질수록 사장교의 변위의 절대적인 크기와 변동폭은 작아진다.

5) 측경간비가 짧은 사장교의 특징

측경간과 주경간의 수평력을 동일하게 함으로써 케이블에 발생하는 장력이 커지게 되며 결과적으로 시스템의 전체 강성이 증가하나 짧아진 측경간으로 인해 강성 증가, 변형에 좋은 특성을 지니나 부반력이 크게 증가하는 문제점이 발생한다. 부반력 발생 시 단부의 들뜸 현상이 발생하여 주행 시 문제를 야기하므로 부반력 제어대책(사장교 측경간부에 부반력 대책 참조)을 수립하여야 한다.

6) 부반력 제어(기타 방식)

케이블 배치면 끝단에 앵커교각을 두는 것이 가장 보편적인 방법이지만, 케이블 배치를 대칭으로 유지하면서 측경간비를 조절하여 시스템의 강성을 발휘하기 위해, 케이블 배치면 내부로 앵커교각을 이동하여 아래 그림과 같이 5경간 형식이 사용되기도 한다. 제일 바깥쪽 경간의 사하중이 앵커교각의 부반력을 감소시켜 주는 데 큰 역할을 하기 때문에 사용하는 경우도 있다. 그러나 이러한 시스템에서는 앵커 교각 부근의 거더에 모멘트가 아주 크게 작용한다. 아낙시스교에서는 모멘트를 감소시키는 방법으로 앵커교각과 최외측 교각 사이에 힌지를 둔 사례도 있었다.

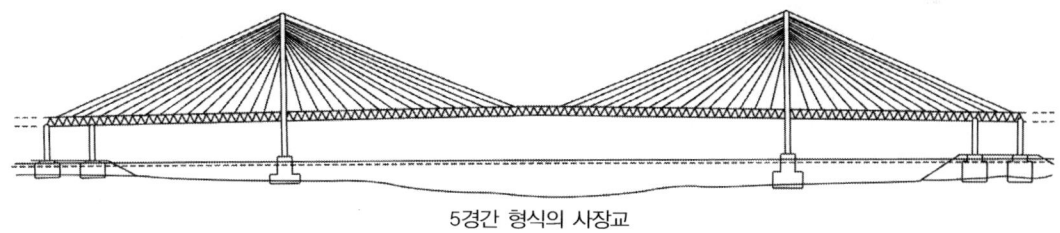

5경간 형식의 사장교

🔵 최적 측경간장 분석

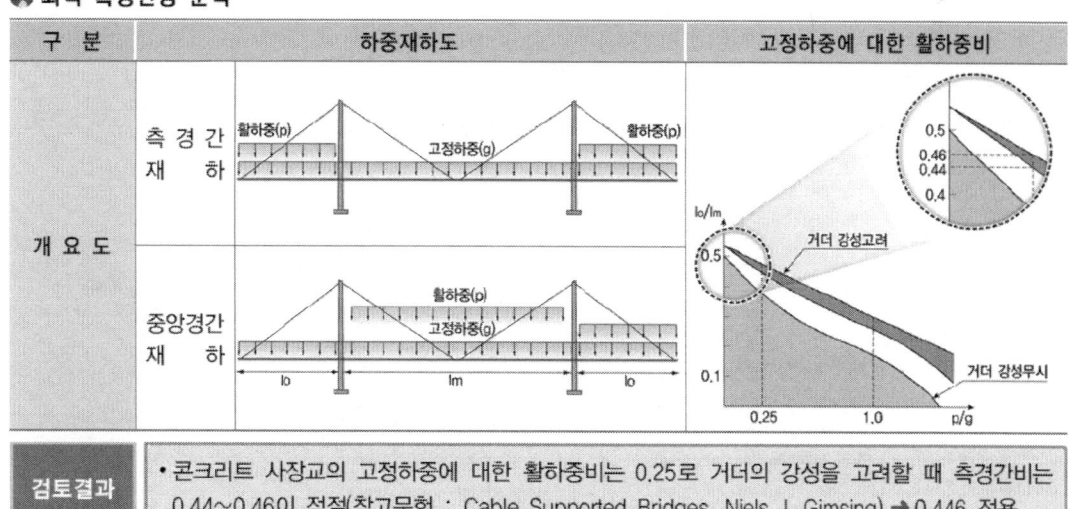

구 분	하중재하도	고정하중에 대한 활하중비
개 요 도	측경간재하 / 중앙경간재하	

검토결과	• 콘크리트 사장교의 고정하중에 대한 활하중비는 0.25로 거더의 강성을 고려할 때 측경간비는 0.44~0.46이 적절(참고문헌 : Cable Supported Bridges, Niels J. Gimsing) → 0.446 적용

(측경간장비 적용 검토 예)

7. 사장교의 좌굴 안정성_(도로교통학회지 2004, 최동호) 108회/124회

【 기출유형 ① 】 케이블교 부재 응력분포, 사장교 지간장 한계 이유

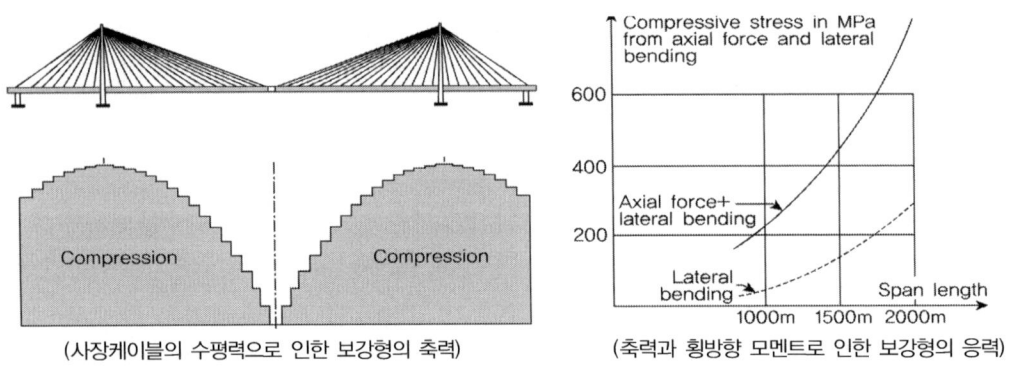

(사장케이블의 수평력으로 인한 보강형의 축력)

(축력과 횡방향 모멘트로 인한 보강형의 응력)

사장교의 경제적인 지간의 범위는 그 구조형식에 따라 차이가 있으나 약 600~800m 정도로서 이는 주탑 및 주형의 주요부재의 좌굴안정성에 의해 크게 좌우된다. 즉 사장교의 주탑 및 주형에는 휨모멘트와 압축력이 발생되는데 휨모멘트의 경우 사장교 구조계의 초기형상 결정과정에서 케이블의 프리스트레스에 의해 부재의 사하중 모멘트를 최소화시킬 수 있고 활하중에 의한 구조계의 변형은 미소하므로 부재의 안정성에 큰 영향을 미치지 않는다.

그러나 압축력의 경우 초기형상 결정과정에 있어서 부재의 압축력 크기를 감소시키는 데 한계가 있으며 주형의 압축력은 지간장의 제곱에 비례하여 커지므로 사장교의 허용지간장은 주요부재의 좌굴강도에 좌우된다고 할 수 있다.

사장교 구조계 내에 압축력은 주탑과 주형의 연결부 부근에서 가장 크게 발생되는데 장대사장교의 경우 이러한 압축력에 저항하기 위해서 이 부위 부재의 단면의 확대 및 강-콘크리트 합성형 단면을 채택하는 등의 단면강성을 증대시키는 방법이 고려되어 왔다. 또한 부정식(partially anchored) 및 완정식(fully anchored) 등과 같이 주형을 지지하는 형식을 변경함으로써 부재 내에 발생되는 압축력 그 자체를 감소시키는 등의 방식을 취하고 있다.

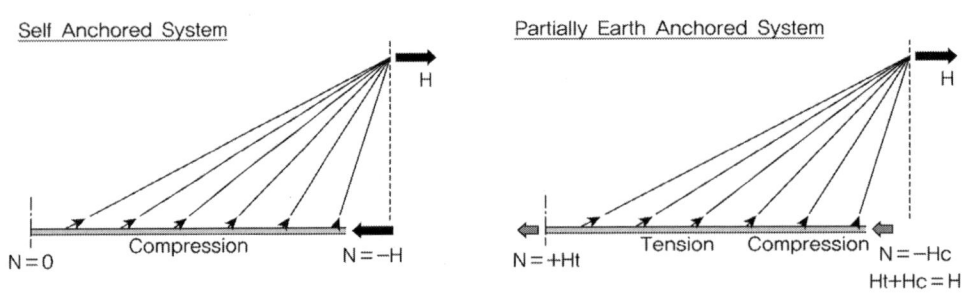

(완정식(fully(self) anchored)과 부정식(partially anchored)의 보강형의 수평방형 평형관계)

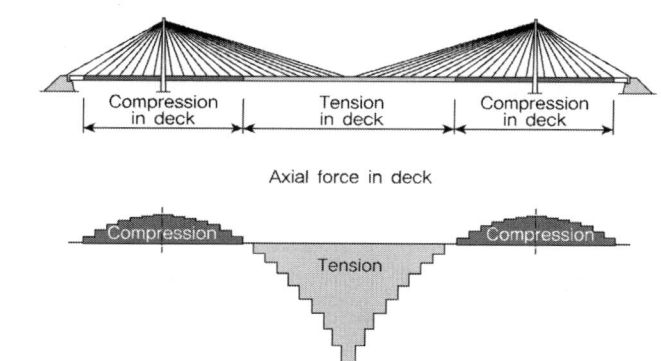

Axial force in deck

(부정식(partially anchored) 사장교 보강형의 축력)

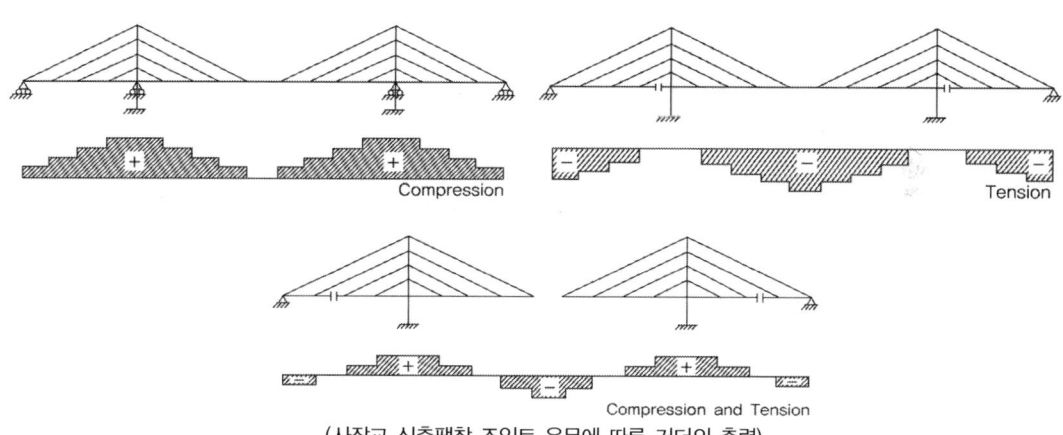

(사장교 신축팽창 조인트 유무에 따른 거더의 축력)

1) 국내 사장교 설계 시 좌굴해석 방법

① 탄성고유치해석 → 구조계의 좌굴형상 도입 → 유효좌굴길이 산정 → 임계좌굴응력 산정

② 도로교 설계기준에 따라 '압축력과 휨모멘트를 받는 부재의 응력 및 안정검토식' 적용

2) 좌굴해석방법의 문제점

① 사장교는 구조적인 특성상 좌굴이 발생되는 종국상태에서 기하학적 및 재료적 비선형 거동이 지배적이므로 이를 엄밀히 고려해야만 정확한 유효좌굴길이 및 임계좌굴응력을 산정할 수 있다.

② 도로교 설계기준의 응력 및 안정검토식은 선형거동이 지배적인 지간장 200m 이하의 일반교량에 적용되는 검토기준이므로 이를 사장교에 적용할 경우 타당성 검증이 필요하다.

③ 위의 좌굴해석방법은 사장교 좌굴해석 시 가장 중요한 변수인 유효좌굴길이가 실제보다 크게 결정되므로 주형 및 주탑 단면의 대형화로 과다설계를 유발하며, 이로 인한 사하중의 증가는 케이블 부재의 단면증대로 이어져 비경제적인 설계가 된다.

3) 일반적인 유효좌굴길이 산정방법

구분	내용	특징
경험적 방법에 의한 유효좌굴 길이 결정	외국설계사의 경험을 기초하여 사장교의 측경간에 대해서는 측경간 지간(L_s)의 1/2, 중앙경간에 대해서는 중앙경간 지간(L_c)의 1/4을 유효좌굴길이로 가정	※ A, B, C : 고정지점으로 가정 실제 사장교 구조계의 경계조건과 일치하지 않고, 경험적으로 유효좌굴길이 결정 → 각 부재에 대한 정확한 유효좌굴길이의 산정 및 좌굴안정성 평가가 어려움
	고정점으로 가정 산출하여 실구조계와 B,C불일치 사장교 허용지간장의 계략적 판단을 위해 이용	$\frac{L_s}{2}$ $\frac{L_c}{4}$ L_s : 측경간 L_s : 중앙경간
탄성좌굴 형상에 의한 유효좌굴 길이의 결정	탄성고유치 해석에 기초한 좌굴형상(Buckling mode shape)에 있어서 변곡점 간 거리를 각 부재의 유효좌굴길이로 가정하는 방법	변곡점 전체계의 좌굴모드에서 변곡점사이에 있는 각 부재[요소]의 유효좌굴장[l_e]을 전 체계의 유효좌굴장[l_e]과 동일하게 가정
	탄성고유치 해석에서 산출되는 고유벡터를 이용한 좌굴형상 판단에 개인차 발생, 전체 구조계의 좌굴 모드 상에서 변곡점 사이의 각 부재의 유효좌굴길이를 전체계의 유효좌굴과 동일하게 가정하여 과다 설계유발	l_e 부재(I) 탄성고유치해석에 대한 전체계의 유효좌굴장[l_e] 각 부재의 좌굴에 대한 과다 설계로 인한 비경제적 단면이 결정됨
탄성고유치 해석에 의한 유효좌굴 실이의 결정	탄성고유치 해석으로부터 도출되는 1차 고유치를 각 부재의 축력에 곱하여 임계좌굴하중을 산정한 뒤 오일러 좌굴식을 적용하여 유효좌굴길이를 결정하는 방법	
	일반적으로 사용되는 유효좌굴길이 결정 방법으로 해석과정 및 결과분석이 용이하나 구조계의 극한 상태에서의 거동을 탄성적으로 가정하기 때문에 좌굴고유치는 구조계의 재료적인 탄소성 거동을 고려한 경우보다 크게 산출되어 과대평가	
	탄성해석 → 각부재 축력 N_j → $\|K_E(E_3) + \kappa K_G(N_3)\| = 0$ 고유치 해석 → 임계하중계수(κ_{min}) 산성 → 각단면의 좌굴압축력 $P_{crj} = \kappa P_j$과 좌굴응력 f_{crj}산출 → 좌굴길이 $l_{ej} = \pi\sqrt{\dfrac{E_j I_j}{P_{crj}}}$ 산정	

4) 사장교의 극한상태 거동(기하학적 비선형 및 재료적 탄소성 거동) 고려

비탄성 좌굴해석방법인 유효접선탄성계수법(Effective tangent modulus method)은 미국 AISI에 규정된 유효좌굴길이 산정개념인 전체 구조계와 각 부재가 동시에 좌굴상태에 도달하며 이때의 산정되는 유효좌굴길이가 최적의 유효좌굴길이라는 개념을 확장하여 케이블 교량과 같은 구조계 좌굴해석에 적용한 방법이다.

① 부재의 기하학적 비선형성은 안정함수를 사용한 기하강성행렬로 고려한다.

② 부재의 재료적 탄소성 거동은 도로교설계기준의 기둥내하력 곡선으로 감소된 접선탄성계수 적용

③ 접선탄성계수가 극한상태에 이르러 수렴할 때까지 해석을 반복하여 좌굴하중을 산정한다.

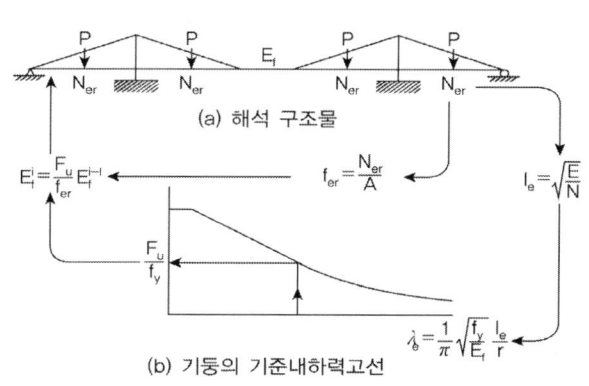

(a) 해석 구조물

(b) 기둥의 기준내하력고선

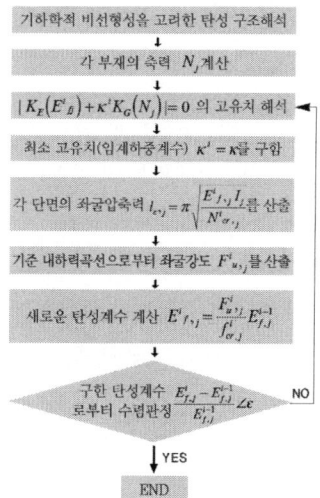

(유효접선탄성계수법)

구 분	구조해석	재료적	기하학적	비고
탄성고유치법	선형	탄성	선형	선형탄성해석
탄소성유한변위 해석법	비선형	탄소성 (응력−변형률)	비선형 (비선형변형률−변위)	비선형/탄소성해석 (정밀해)
유한접선탄성계수법	비선형	탄소성 (기준내하력곡선)	비선형 (P와M의 기하강성행력)	비선형/탄소성해석 (근사해)

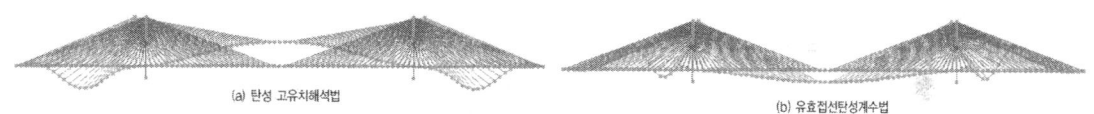

(a) 탄성 고유치해석법

(b) 유효접선탄성계수법

(해석방법에 따른 좌굴형상 차이)

TIP | 현수교와 사장교 축력 비교 |

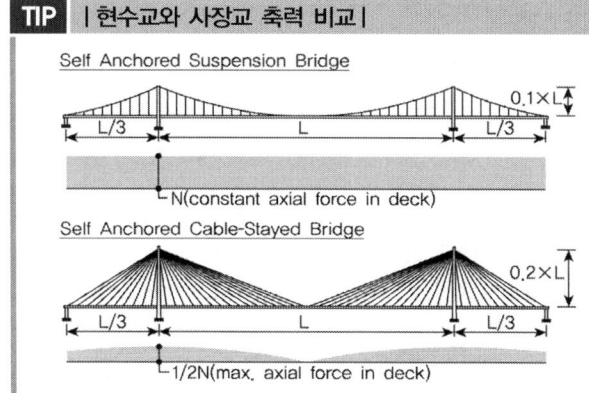

Self Anchored Suspension Bridge

Self Anchored Cable-Stayed Bridge

동일연장의 동일하중을 받는 자정식 현수교
와 사장교 비교

① 자정식 사장교 주탑: $h = 0.1L$

② 사장교 주탑 : $h = 0.2L$

③ 자정식 현수교가 사장교에 비해 보강형에
2배 큰 압축력이 발생하며 자정식 현수교
의 압축력은 일정한 데 비해 사장교는 주
탑과의 연결부에서 최댓값 발생

8. 사장교 설계 변수 : 주탑과 세장비

1) 주탑의 형상

주탑은 축방향 압축력과 휨모멘트를 동시에 받는 부재로 트러스계 교량이나 아치계 교량에서 부재를 설계하는 방법과 비슷하게 설계할 수 있다. 다만, 지진이 자주 일어나는 지역에서는 정적해석 외에 동적응답해석을 통해 신중한 설계가 필요하다.

주탑의 형상은 기본적으로 H형과 A형으로 분류될 수 있으며 도로의 폭, 도로의 높이 등에 따라서 다양한 변형이 가능하다. 다만 폭이 넓고 비틀림 강성이 작은 거더의 경우 편재하 시 주탑변형으로 추가되는 거더 처짐을 줄일 수 있도록 주탑 형상을 신중히 선정해야 하며 경간장이 커지면 이 영향이 더 커지며 경간장이 400m 이상이면 A형 주탑을 적용하는 것이 좋다(콘크리트 사장교).

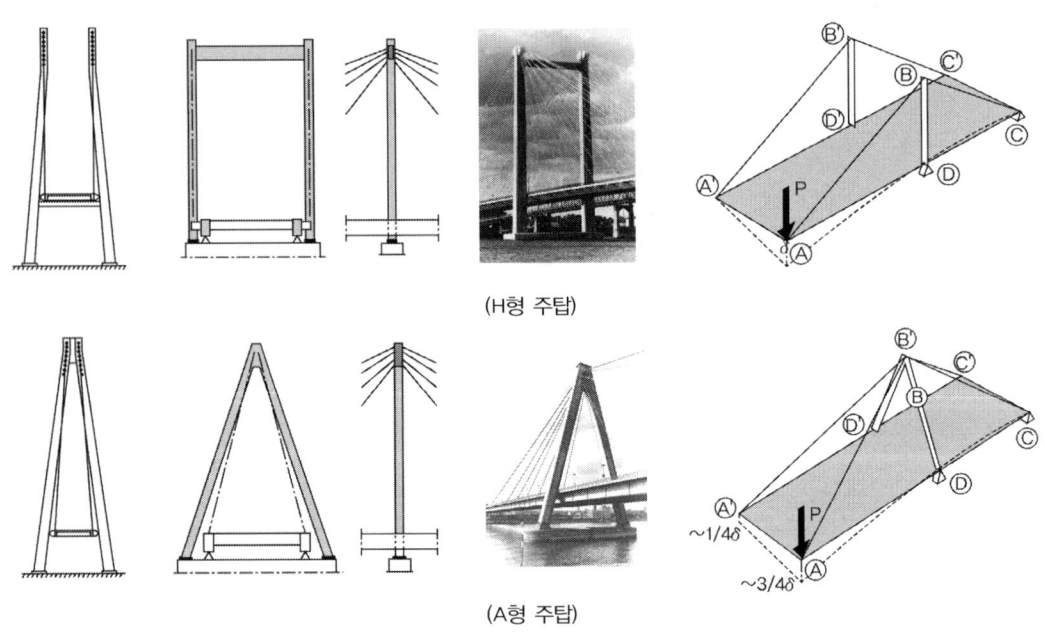

(H형 주탑)

(A형 주탑)

2) 거더의 세장비

주거더는 고정하중과 활하중의 크기가 주어지면 이들 하중과 사장교의 완성계에 대한 영향선을 이용해 최대단면력도를 산정할 수 있다. 특히 주거더의 휨모멘트에 산정해 보면 고정하중과 활하중에 의한 휨모멘트의 합계는 지점 및 중앙경간 중앙에서 한곗값을 갖게 되고 그 외의 휨모멘트는 작아 전체적으로 불균형한 분포를 보인다. 따라서 케이블의 인장력을 이용해 사장교에 프리스트레스를 주고 휨모멘트가 지간에 걸쳐 균일하게 균형 잡힌 값을 갖도록 설계할 필요가 있다.

또한 거더의 경간장이 커질수록 바람에 대한 거더의 안정성 문제가 중요해지므로 거더의 세장비를 고려해 단면제원을 정해야 한다. 특히 주경간장/거더폭(한계변장비)의 비가 40을 초과하지 않도록 하는 것이 좋으며 또한 주경간장/거더 높이비가 500을 넘지 않도록 거더의 단면 높이를 정하는 것이 유리하다.

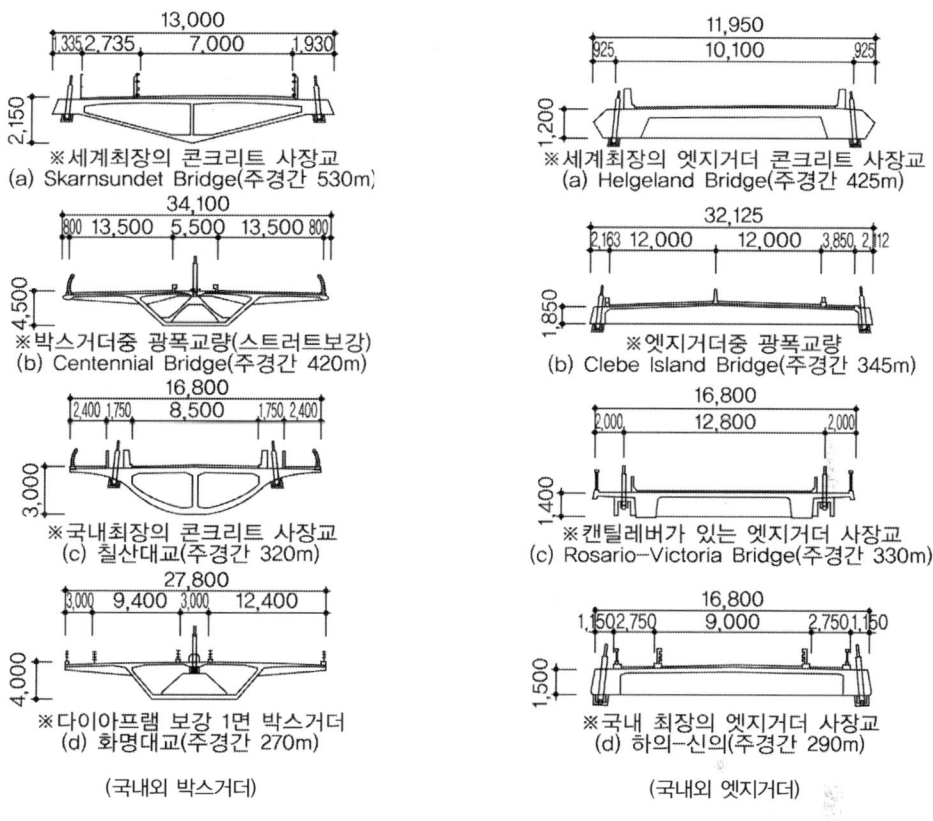

| (국내외 박스거더) | (국내외 엣지거더) |

9. 사장교 측경간부 부반력 ^{100회/110회/118회}

【기출유형 ①】 사장교 부반력 산정방법과 대책
【기출유형 ②】 사장교 측경간에 부반력 발생 시 대책

일반적으로 사장교는 케이블의 장력이나 중앙경간의 처짐 등을 고려하여 측경간비가 중앙경간장에 비해 짧도록 구성되어 있다. 사장교의 지간비는 시스템의 처짐양상을 결정할 뿐만 아니라 앵커 케이블의 장력 및 변화폭에 영향을 주므로 케이블 피로설계에 중요 변수가 되기 때문에 일반적으로 사하중의 비율이 높은 콘크리트 도로교의 경우 0.42 정도의 지간비를 적용하고 활하중 비율이 높은 철도교의 경우에는 0.34까지 적용한다. 또한 사장교는 외부하중이 보강형에서 Stay cable을 통해 주탑과 Anchor cable에 이르는 하중전달 구조에서 앵커 케이블이 인장상태에 있어야만 안정성을 유지할 수 있으며 앵커 케이블이 인장상태를 유지하기 위한 조건은 활하중 p가 전혀 없는 상태일 때 측경간이 주경간장의 1/2이어야 하며 활하중을 고려할 때는 주경간장이 더 커지게 된다.

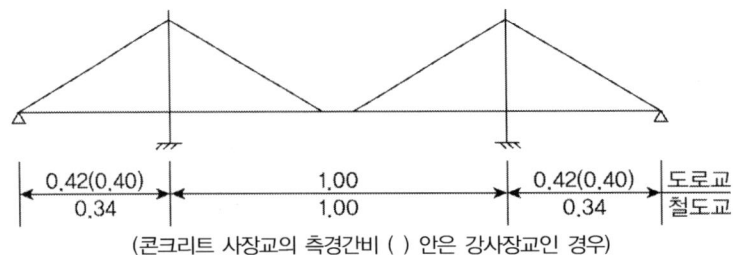

| 0.42(0.40) | 1.00 | 0.42(0.40) | 도로교 |
| 0.34 | 1.00 | 0.34 | 철도교 |

(콘크리트 사장교의 측경간비 ( ) 안은 강사장교인 경우)

따라서 사장교에서는 단부교각에서 정반력의 수직력보다는 앵커케이블에 의한 부반력이 발생될 가능성이 매우 크며, 이러한 부반력이 발생될 경우에 이에 대한 대책을 마련하는 것이 필요하다.

1) 부반력 설계기준

도로교 설계기준에서는 다음의 값 중 불리한 값을 사용하여 설계하도록 하고 있다.

$$Max\,(2R_{L+i} + R_D,\ R_D + R_W)$$

그러나 지침에서는 별도의 부반력 조합이 존재하는 것이 아니라 사용하중조합과 극한강도조합에서의 부반력 값을 그대로 적용하고 있어 별도의 조합을 수행하지 않는다. 이러한 내용은 초과하중이라는 개념을 도입한 케이블 강교량 설계지침과는 또 다르며 케이블 강교량 설계지침에서 정의하고 있는 초과하중 조합에 의한 부반력 산정식은 다음과 같다.
① 활하중과 충격계수 100% 증가시킨 하중조합에서 산출된 부반력 100%
② 사용하중조합에서 산출된 부반력의 150%

2) 부반력 제어 대책

부반력의 제어는 자중을 늘이거나 줄이는 방법이나 다른 구조물의 자중을 이용하는 방법이 주로 사용된다. 상부구조물의 자중을 증가하는 방법에는 Counter Weight를 재하하는 방법이 있으며, 상부구조물의 중앙경간부의 자중을 경감시키기 위해 복합사장교를 이용하는 방법이 있다. 또한 하부구조물의 자중을 이용하는 방법에는 서해대교에서 사용한 방법인 접속교의 자중을 이용하는 방법, Tie-Down Cable이나 Link Shoe, Anchor Cable을 이용하여 교대나 지반의 자중을 이용하는 방법으로 구분된다.
① Counter Weight 재하방법 : 박스교와 같은 상부구조물에 측경간의 보강형 내부에 구조적인 또는 비구조적인 중량물을 설치하여 하중을 증가시키는 방법이다. 이 방법의 경우 공간적인 제약이 있을 수 있으며, 하중의 증가로 인하여 보강형의 단면의 증대나 측경간 케이블의 단면 증대, 질량증대로 내진설계 시 하중 증가, 유지관리 불리 등의 문제가 있을 수 있다.
② 복합 사장교의 적용 : 중앙지간의 보강형을 중량이 가벼운 강재로 치환하고 측경간은 콘크리트 단면을 이용하는 방법이다. 이 방법의 경우 콘크리트와 강재의 접합부에 대한 설계에 주의

를 요한다.

③ 접속교의 자중을 재하 : 서해대교에 적용된 방법으로 접속교의 자중을 이용하여 보강형의 자중을 증가시키는 방법이다. 가설시의 접속교 설치방법에 주의를 요구된다. 서해대교의 경우 가설브라켓과 크레인을 이용하여 설치하였다.

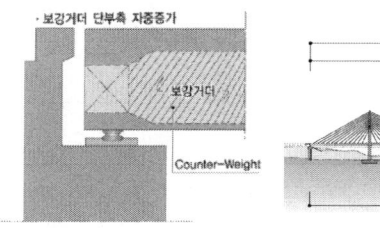

(Counter Weight 재하)

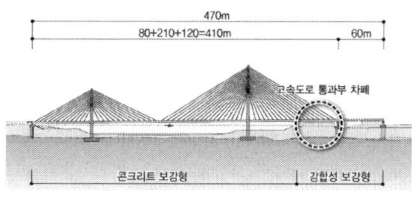

(복합 사장교의 적용)

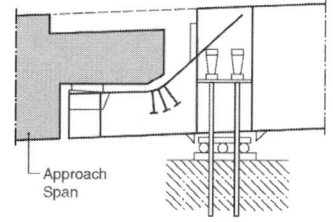

(접속교 자중 이용방법)

④ Tie-Down Cable : 교각과 보강형을 케이블로 연결하여 부반력을 교각에 전달하는 방법으로 일반적으로 가장 많이 쓰이는 방법이다. 보강형의 이동량이 크면 케이블이 꺾이는 문제가 발생할 수 있으며 교각이 낮은 교량의 경우 케이블이 짧아 2차 응력이 과도하게 발생되는 문제가 발생할 수 있다.

⑤ Link Shoe : 보강형과 교대에 Link Shoe를 설치하여 교대의 자중으로 부반력에 저항하는 방법으로 교대부쪽에 이동량이 크거나 회전각이 클 때 적합하다. 다만 교체가 어려우므로 유지관리 시 불리한 단점이 있다.

⑥ Anchor Cable : 교대 밑으로 설치된 지중 앵커와 보강형을 케이블로 연결하여 하부 지반과 교대의 자중으로 저항하는 방법이다. 지반조건에 따라 설치여부가 결정되므로 이에 대한 고려가 필요하다.

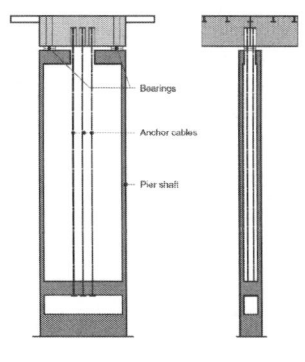

(Tie-Down Cable)

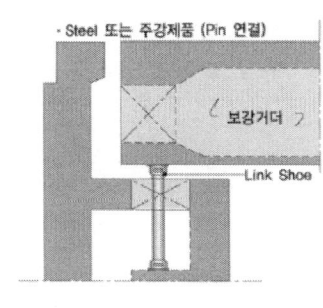

(Link Shoe)

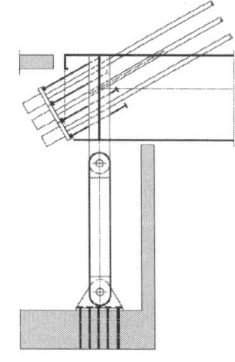

(Anchor Cable)

3) 주요 부반력 제어 방법의 비교

구분	Counter-Weight	Tie-Down 케이블	Link-Shoe
개요도			
특징	• 보강거더 내에 콘크리트 내부 채움으로 부반력제어 • 내부 점검통로 공간을 고려한 콘크리트 타설부위 결정 필요 • 구조 상세가 단순하고 거동이 명확 • 유지관리 단순화	• 교대측에 발생하는 부반력을 케이블로 제어하는 시스템 • 규모가 작아 보강거더 내부 등 협소한 공간에 배치 및 접근 용이 • Tie-Down 케이블의 꺾임 현상에 대한 대책 필요	• Link Shoe 본체 강성으로 부반력에 대응하는 시스템 • 규모가 커 공간확보가 불리하고, 단일부재로 저항하므로 교체 곤란 • Link Shoe 설치지점부 단부 보강거더 보강 필요

10. 다경간 사장교

프랑스의 MILLAU Bridge와 그리스의 Rion-Antirio Bridge가 개통되면서 다경간 사장교의 관심의 증폭되고 있다. 국내에서는 부산-거제간 도로 공사와 운남대교에 다경간 사장교가 있다. 다경간 사장교는 일반적인 3경간 사장교에 비해서 앵커 케이블이 없기 때문에 지지점 부재로 인한 처짐이 가장 큰 해결과제다.

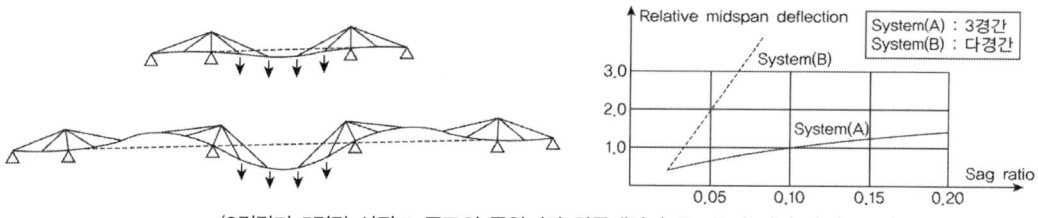

(3경간과 5경간 사장교 구조의 중앙지간 하중재하시 구조물의 처짐 비교)

1) 다경간 사장교의 특징

일반적으로 사장교는 '하중 → 보강형 → 케이블 → 주탑 → 앵커케이블 → 하부지반'으로 하중이 전달되는 경로를 가진다. 3경간 형식의 사장교의 경우 Stay Cable과 Anchor Cable을 통해서 교각이나 주탑으로 하중이 전달되어지며, 주탑과 Anchor Cable에 의해서 사장교의 처짐을 제어되도록 구성된다. 그러나 다경간 사장교의 경우 내부 주탑의 개수가 증가하게 되고 내부주탑의 경우 지지점과 연결하는 앵커케이블이 존재하지 않기 때문에 최외측 측경간과 이웃한 경간부에서만 앵커 케이블의 효과를 볼 수 있고 내부 주탑은 주탑의 자체 강성으로 평형을 유지해야 하는 형상이 된다. 따라서 내부 주탑부에 하중이 재하될 경우 주경간측에 과도한 처짐이 발생하는 문제가 있다.

2) 다경간 사장교의 거동개선 방법

다경간 사장교의 처짐의 문제점을 개선하기 위한 방법으로 주로 사용되는 것은 크게 주탑의 강성을 변화시키거나 지점을 변화시키는 방법, 케이블을 이용하는 방법으로 구분할 수 있으며 각각의 방법은 다음과 같은 특징을 가진다.

TIP | 다경간 사장교의 거동특성 비교 |

① B와 C를 비교하면 일반적인 강성을 갖는 주탑의 고정단 처리는 변형을 크게 감소시키지는 못한다.
② B와 D를 비교하면 주탑의 하부가 고정단으로 처리되어 있으며 휨강성을 증가시키는 경우 변형은 크게 줄어들지 않는다.
③ E의 경우 주탑의 상단을 수평케이블로 구속할 경우 교량의 변형이 허용범위로 감소한다.
④ F의 경우 3각형 주탑이 슈에 의해 지지되어 변형이 허용한계로 감소한다.
⑤ 보조케이블을 적용하는 것이 가장 경제적이며 처짐 형상을 제어할 수 있다. 그렇지 않을 경우에는 2열 받침을 적용하는 것이 가장 효과적이다.

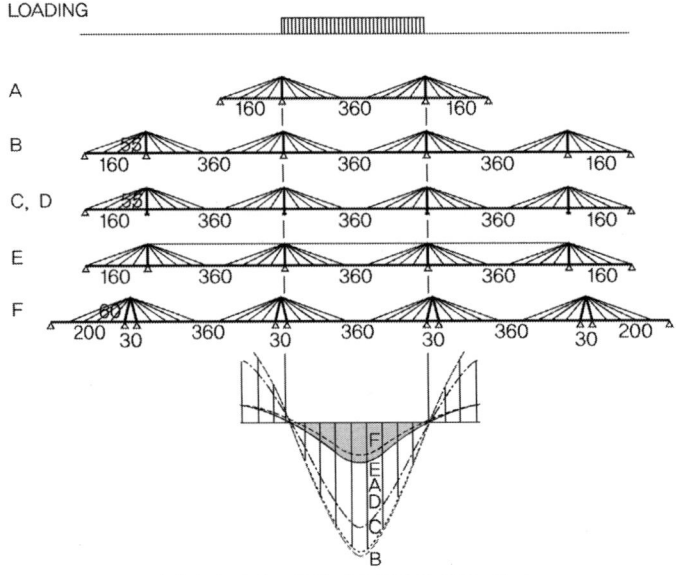

(다경간 사장교 중앙지간 하중의 처짐 비교)

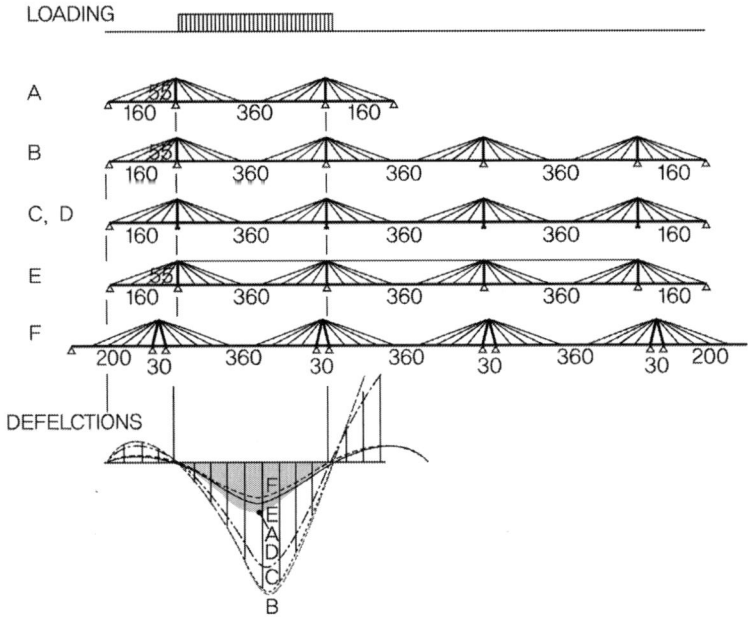

(다경간 사장교 단부 중앙지간 처짐 비교)

A : 전통적인 3경간 사장교, B : 다경간 사장교, C : 주탑-교각-보강형 고정,
D : C모델에서 주탑강성 10배, E : B모델+헤드케이블 적용, F : 2열 받침과 A형 주탑적용

【 방법 1 】주탑이나 보강형의 강성을 변화시키거나 지점을 변화시키는 방법

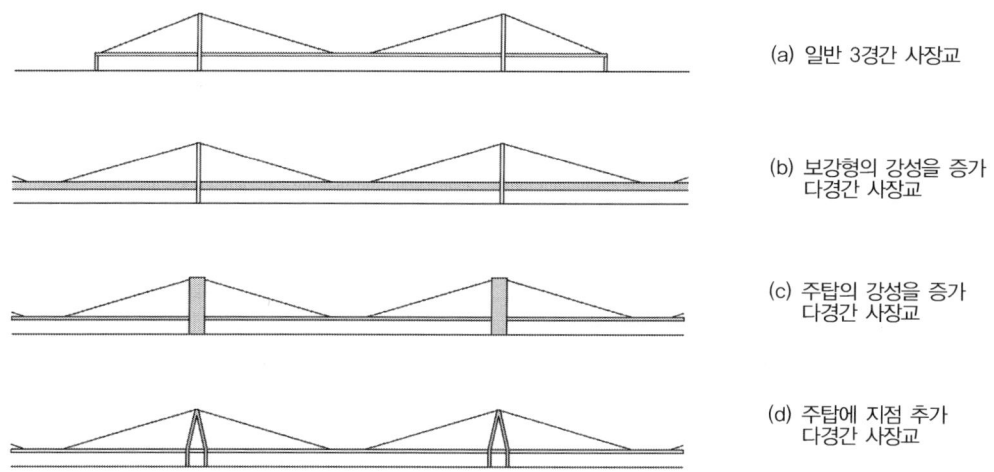

(a) 일반 3경간 사장교

(b) 보강형의 강성을 증가 다경간 사장교

(c) 주탑의 강성을 증가 다경간 사장교

(d) 주탑에 지점 추가 다경간 사장교

① 주탑과 보강형의 강성을 증대시키는 방법 (b)+(c) : 케이블의 강성에 의지하지 않고 주탑과 보강형의 강성을 증대시키고, 강결시킴으로써 처짐을 제어하는 방법으로, 처짐 제어에 어느 정도 효과는 있으나 강성 증대는 곧 단면증대로 이어져 비경제적인 설계가 될 수 있다.

② 주탑의 강성만 극대화하는 방법 (c) : 주탑의 강성을 극대화하는 방법으로 어느 정도 효과는 있으나, 지간이 길어지거나 폭이 넓어 하중이 큰 경우에는 강성 극대화에도 한계가 있다. 프랑스의 Millau교의 경우 주탑을 A형으로 하여 휨강성을 증대시키고 교각은 처짐 제어를 위해 고정시켜서 부정정력에 의한 단면력을 감소시키기 위해 휨강성은 최대한 작게 하였다. 받침은 2열 받침을 적용하여 보강형의 처짐을 최대한 줄이는 구조로 설계하였다. 다만 이 경우 하부구조물이 Flexible하기 위해서 적절한 형하공간이 필요하며 2열 받침배치로 인해 유지관리비용이 고가인 단점이 있다.

(Triangle pylon : Maracaibo Br., Millau Viaduct Br.)

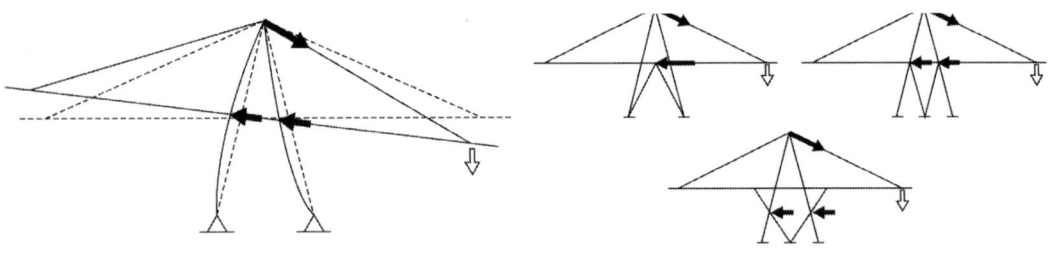

(Triangle pylon 형상의 반력형태)

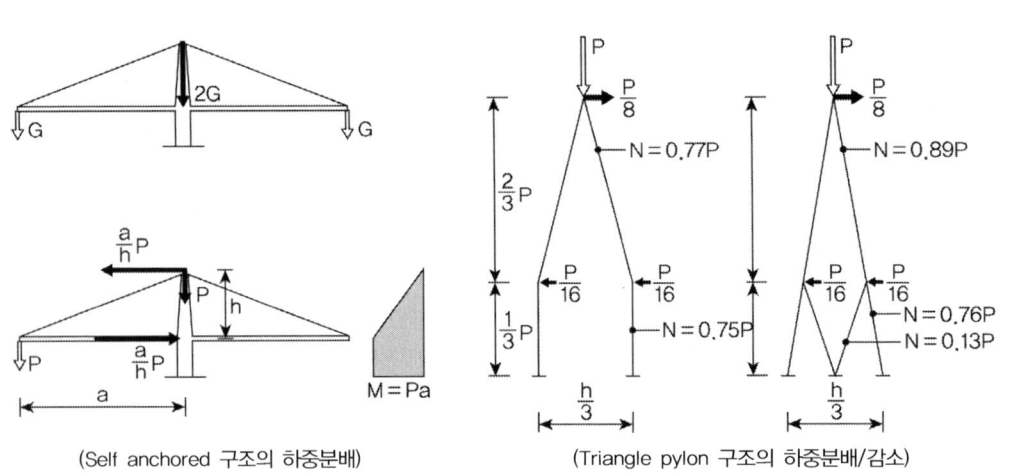

(Self anchored 구조의 하중분배)   (Triangle pylon 구조의 하중분배/감소)

③ 지점을 2열로 하여 라멘 효과를 부여하는 방법

주탑의 받침 배열을 2열로 하여 보강형에 대하여 라멘효과를 유발시켜 처짐을 제어하는 방법
이다. 대표적인 교량으로 그리스의 Rion-Antrion교가 있으며, 국내의 설계사례로는 7주탑 사
장교를 적용한 평택대교가 있다. 그리스의 Rion-Antrion교는 주탑의 모양을 종방향으로 다이
아몬드형으로 하여 자체 강성을 증가시키면서, 1개의 주탑에서 받침의 배열을 2열로 하여 보
강형에 라멘 효과를 도입한 사례라고 할 수 있다.

(Rion-Antrion교의 내측 주탑)

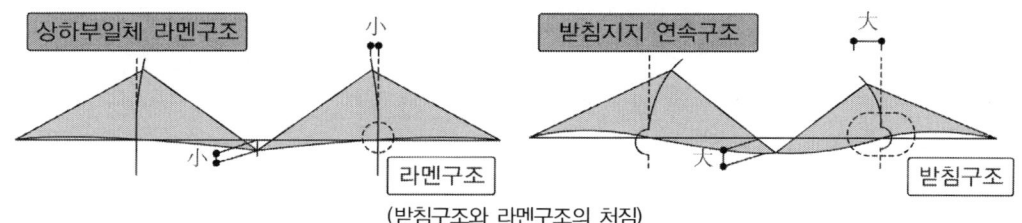

(받침구조와 라멘구조의 처짐)

라멘효과를 부여하는 방법의 단점으로는 불균형 하중이 작용할 때 처짐을 제어하는 효과도 있지만 더불어 받침에 작용하는 정반력도 커져 큰 용량의 받침을 필요로 하고 반대편의 받침에는 부반력을 유발할 수 있는 점이다.

Rion-Antrion 교의 경우 피라미드 형태의 주탑과 넓은 주두부를 적용하고 주탑-교각을 일체형으로 하고 보강형을 고정단으로 하여 게르버보 형식의 Drop in Span을 설치하여 연장을 확보하였다. 복잡한 구조형상으로 공기와 비용이 과다 사용되고 신축이음부가 과다하여 주행성이 불리하고 유지관리비용이 많은 단점이 있다.

【 주두부 연결방식 비교 】

구분	강결구조 형식	연속보 형식
개요	주탑과 상부강결 상부와 교각강결	주탑과 상부강결 상부와 교각 받침연결
특징	• 주탑과 교각, 보강거더 강결 • 큰 강성으로 지진 및 활하중 등에 대한 변위 감소 • 주탑부 중점관리 대상인 받침 제외로 유지관리 매우 우수 • 가설 중 교축방향에 대한 변위 제어가 필요 없어 시공 중 안정성 확보 • 주두부 강결로 주탑경사에 대한 지지능력 확보 가능	• 주탑과 교각, 보강거더 분리 • 지진 및 활하중 등에 대한 변위가 크게 발생 • 주탑부 연직 및 수평받침 설치로 유지관리 불리 • 가설 중 교축방향에 대한 변위 제어가 필요하여 시공 중 안정성 불리 • 주두부 분리로 주탑경사에 대한 안전성 확보 대책 필요

1. 평택대교 개요

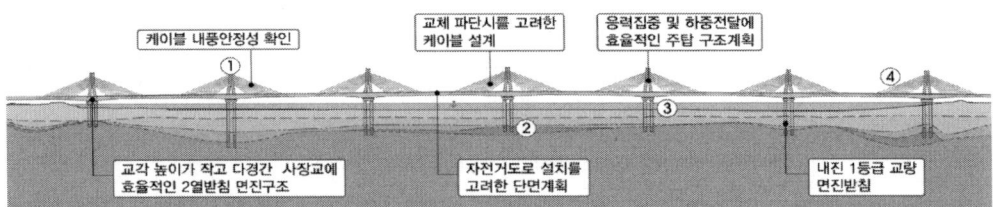

① 교량형식 : 1면 7주탑 콘크리트 사장교(L=110+6@160+90+50=1210m)

② 보강형 형식 : 변단면 3셀 PSC 박스거더

③ 주탑형식 : 1면 주탑(A형, 역Y형, H=20.5m 저주탑)

④ 케이블 : Semi-Prefabricated Cable(공장제작), 에폭시 코팅, 주탑부 새들형식 정착, 단부 강연선
　　　　　 정착구 방식

⑤ 가설공법 : 상부(F/T를 이용한 FCM + 측경간 일부 FSM), 주탑(강재거푸집 + 타워크레인)

2. 다경간 사장교를 위한 주요 설계 특징

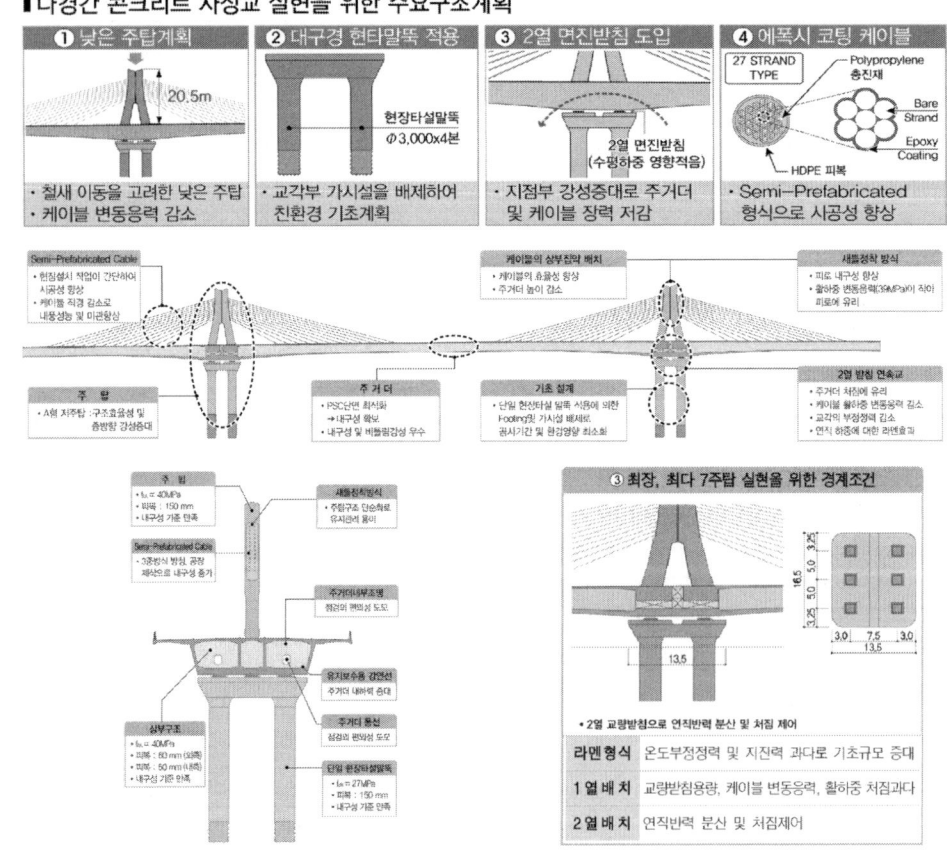

【 방법 2 】 케이블을 이용한 방안

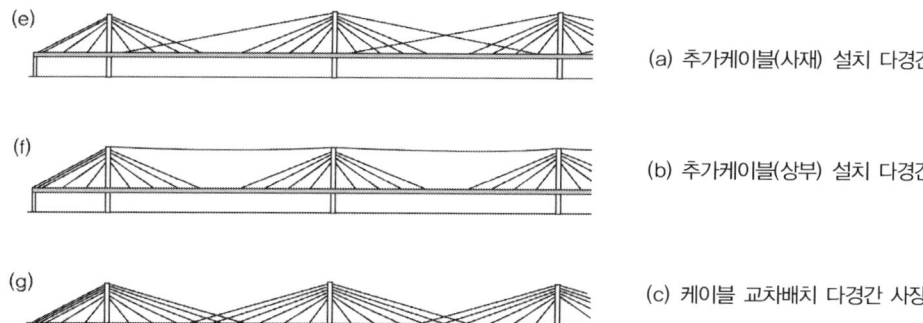

(a) 추가케이블(사재) 설치 다경간 사장교

(b) 추가케이블(상부) 설치 다경간 사장교

(c) 케이블 교차배치 다경간 사장교

① 보조 경사케이블을 추가 케이블(사재)로 설치하는 방법 : 내부주탑과 인근주탑을 사재케이블로 연결하여 주탑의 변위를 제어하는 방법으로 내부주탑의 변위제어에 효과가 있으나 추가 케이블 설치로 인한 시공성이 저하되고 특히 미관에 불리하다. 홍콩의 Ting Kau교에서 시공된 사례가 있다.

(홍콩의 Ting Kau교)

② 보조 헤드케이블을 추가케이블(상부)에 설치하는 방법 : 주탑부의 강성을 헤드케이블로 연결하여 활하중에 의한 처짐을 방지하는 방법으로 헤드케이블에 의한 강성 증가효과가 사장교의 경우에는 미미하다. 프랑스의 Mas d'Agemais 교량과 San Francisco-Okland Bay Bridge에 적용된 사례가 있다.

(수평 앵커케이블을 설치한 프랑스 교량)

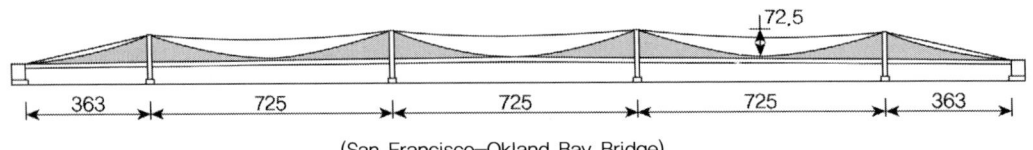

(San Francisco–Okland Bay Bridge)

③ 케이블 교차배치(Overlapping) 방법 : 내부케이블을 일부 중첩시키는 방법으로 내부에 작용하는 하중들이 양쪽 케이블에 동시에 작용하여 주경간의 변위를 줄여주는 시스템으로, 케이블이 중첩됨으로 해서 보강형의 축력이 줄어들어 단면을 다소 줄일 수 있는 효과도 있다. 다만 케이블의 중첩 시 시공이 까다롭고 케이블 양이 추가적으로 늘어남으로써 경제성에 불리한 단점이 있다. 아직 적용된 사례는 없으며 개념적인 설계에서 논의 중인 단계이다.

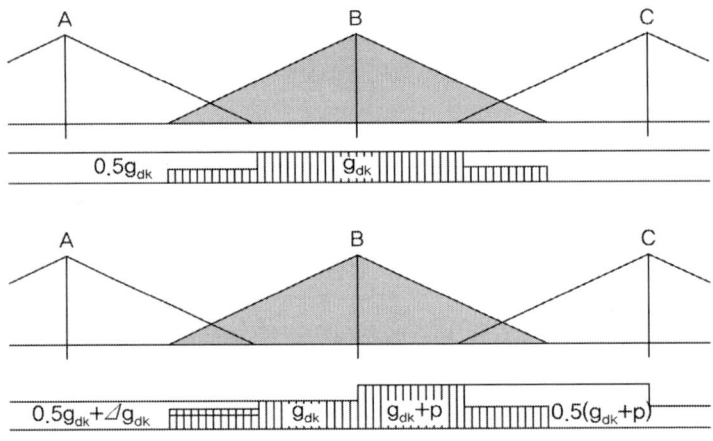

(케이블을 중첩 : 사하중 재하 시(上), 사하중과 1경간 활하중 재하 시(下))

초장대 교량 주요개발 기술 　　　　　　　　　　　(초장대교량사업단, 한국도로공사, 2013)

▶ 초장대 교량

주경간장 기준 사장교 1,000m 이상, 현수교 2,000m 이상인 교량

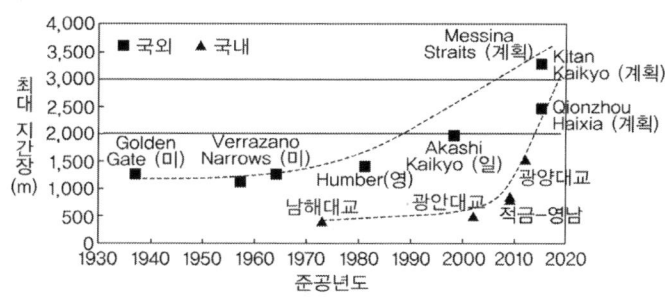

(국내외 장대교량 최대 경간장 추세)

▶ 주요 핵심과제

1) 장대교량 설계 엔지니어링 기술 개발 　　　2) Global 사업시스템의 선진화
3) Sustainable 구조재료 개발 　　　　　　　4) 대형기초 및 고주탑 건설기술
5) IT기반 방재 및 유지관리 기술

▶ 초장대교량 건설을 위한 기술적 변화/발전 현황

1) 보강거더 구조형식의 발전

　아카시교와 메시나교의 보강거더 구조형식 비교 시 보강거더 경량화로 고저하중을 경감하기 위해 보강트러스 형식, 유선형 multi-box 형식 등 유선형 형태의 다양한 거더 구조형식이 등장

Akachi kaiyo(중앙경간 1,991m, Stiffened Truss)　　　Messina Straits Br.(중앙경간 3,300m, 유선형 multi-box)

2) 고주탑 기술의 발전

장대교량 주탑의 설계/시공 기술 발전에 따라 주탑의 높이, 형식, 소재의 변화와 고주탑 급속시공
기술(해석방법, 장비, 계측 등) 및 시공 중 진동 제어 기술이 대두

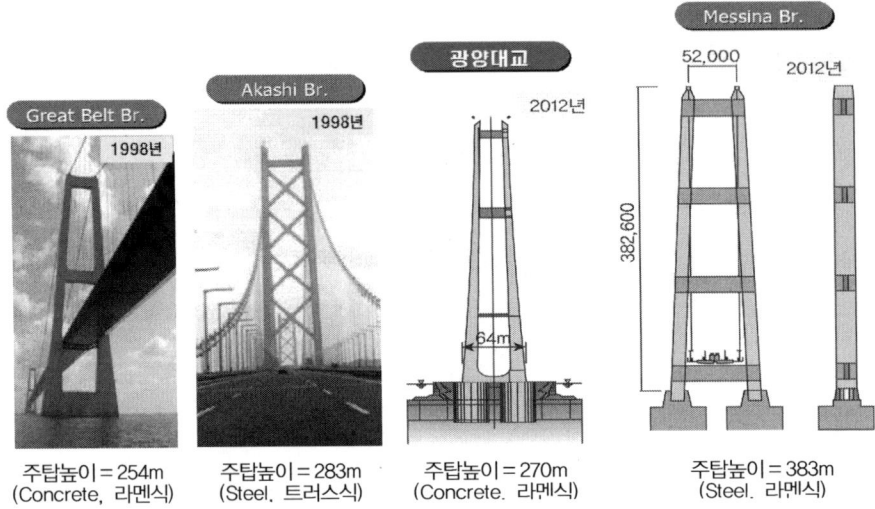

3) 해상기초 기술의 발전

교량의 주경간장이 증가함에 따라 주탑 기초와 앵커리지의 대형화 추세이며 대형/대심도 해상기
초 설계 및 시공 기술이 대두되고 있다.

구분	Great Belt교(1998)	아카시교(1998)	광양대교(2012)	메시나교(2012)
주탑기초	78×35m, 깊이 20m 케이슨 기초	직경 80m, 깊이 70m 케이슨 기초	깊이 45m 케이슨 기초	깊이 55m 콘크리트 기초
앵커리지	깊이 25m 케이슨 기초	깊이 73m 지하연속벽 기초	깊이 40m 육상 콘크리트 기초	깊이 41m 콘크리트 기초

Akachi kaiyo(중앙경간 1,991m, Stiffened Truss)

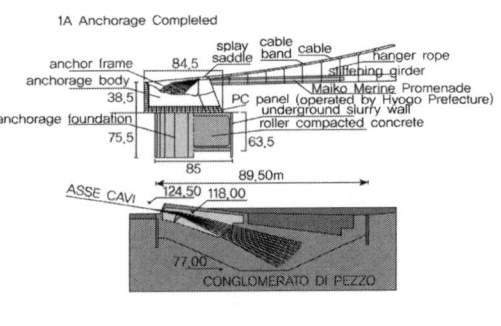

Messina Straits Br.(중앙경간 3,300m, 유선형 multi-box)

4) 케이블 소재의 발전

케이블 인장강도가 증가하여 주경간이 증가되고 주탑의 높이가 낮아지며 케이블의 공사비용이 절감되어 가는 추세임

구분	일반강선	아카시교	인천대교	메시나교
강도	1,600MPa	1,800MPa	1,900MPa	2,100MPa

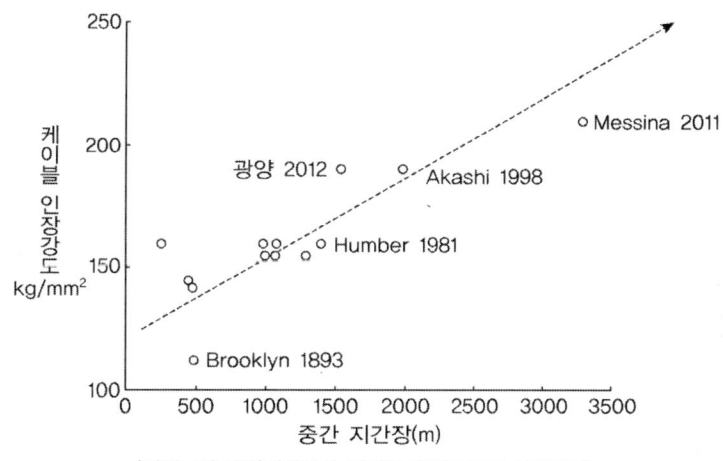

(장대교량 중앙지간장과 케이블 인장강도의 상관관계)

> ▶ **초장대 교량건설을 위한 핵심기술개발 과제**

핵심기술 분야	세부기술항목	주요 기술 분야
설계기술	구조시스템	장대교량, 현수교, 사장교, 케이블 지지교
	내풍기술	내풍, 풍동실험, 풍하중
케이블 기술	교량용 케이블	교량용 케이블, 선재, 강선
	케이블용 부속장치	앵커, 새들, 케이블 제진장치
	케이블 가설기술	케이블 가설장비, 가설공법
시공기술	상부구조 가설기술	대블럭/조립식/해상시공, 크레인, 바지선
	고주탑 기술	주탑, 연직도 관리
	해상기초 기술	해상기초, 해저굴착, 가물막이, 세굴방지, 선박충돌장치
시공제어 및 유지관리기술	시공제어기술	GPS 포지셔닝, 정밀/원격 시공제어, 가상시공
	유지관리기술	점검, 계측, 센서, 모니터링, 상태평가, 진단
구조재료기술	강재	고강도강, 고인성강, 내후성강, TMCP, 극후판
	콘크리트	고강도, 고유동, 경량, 내염, 친환경 콘크리트
	신소재 및 합성재료	FRP, FRC, 나노재료, 복합재료, 경량포장, 내구성 도장

초장대 사장교(1,000m 이상) 구조시스템 고려 예

기술 혁신 1 초장대(Super Large – Scale) 사장교와 최적의 구조시스템 채용

■ **기술적 난제**

과다한 단부 수평변위	과다한 활하중 연직처짐	과다한 풍하중 수평변위
•폭풍시 및 지진시 단부의 수평변위 과다와 신축이음 장치 및 교량받침의 동적 손상문제 발생	•초장대 교량의 연성문제로 활하중과 풍하중시 주탑 수평변위와 주경간 연직처짐 과다 •주탑부 교축방향 지진력 과다	•초장대 교량의 풍하중 작용시 주경간의 면외방향의 수평변위과다
➡ 수평변위와 반력 **최소화** 장치 필요	➡ 교축방향 **강성 확대** 필요	➡ 교축직각방향 **강성 확대** 필요

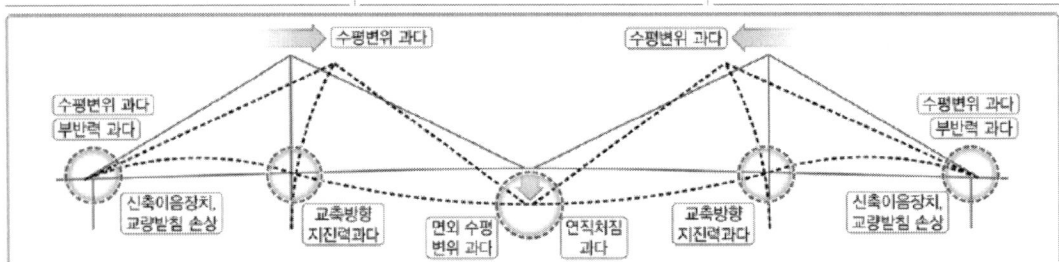

▶ **해결방안**

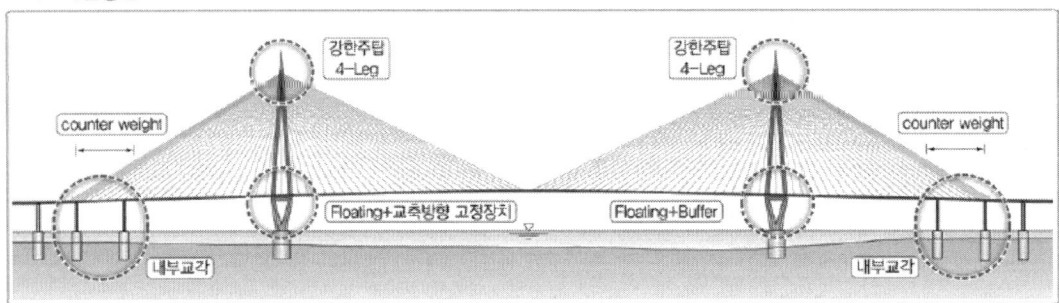

양방향으로 강한 주탑	Floating+Buffer	7경간 연속 구조계
•교축 및 교축직각방향으로 강성이 큰 **4면입체 다이아몬드 주탑** 계획 •주탑의 수평처짐, 주경간 연직처짐, 면외방향 수평처짐 문제 해소 •주탑 강성이 크므로 교축방향 고정 장치 설치로 **변위 억제**	•폭풍시 및 지진시 횡방향은 4개의 Wind슈로 지지, 교축방향은 변위 제어장치로 지지 •주탑강성이 커서 지진시 지진력은 주탑에서 수용 가능 •신축이음장치 및 교량받침 **내구년한 증대**	•측경간부의 강성 증대를 위하여 내부교각 설치 및 **7경간 연속** 구조계획 수립 •내부교각 설치위치에 **Counter Weight** 설치로 교축방향 강성증대 도모 및 부반력 저감

기술 혁신 2 초장대 교량 설계의 위험요소 극복

① 하중의 경량화 및 고성능화

- **보강거더**:Twin Box거더, HSB강재적용
  넓은폭원, 높은강도, 낮은형고 적용
- **케이블**:PWS-1860MPa(세계최초)
- **주탑**:콘크리트 fck=50MPa
- **박층포장**:에폭시(5cm) 포장 적용

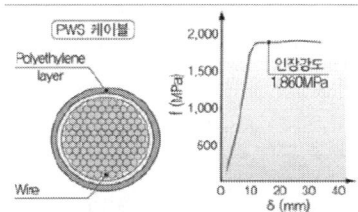

② 바람·지진 위험의 극복

- 풍동실험 CFD해석, 버페팅해석, SSI
- Twin Box 보강거더 적용
  ➡ 플러터 발현풍속 120m/s 이상
  (V_{10}= 36.73m/s일경우, V_{cr}=73.8m/s
  V_{10}= 45m/s일경우, V_{cr}=90.4m/s) ∴OK

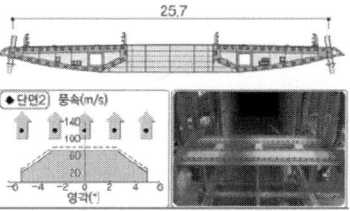

③ 선박충돌 위험의 극복

- 선박조종 시뮬레이션 ➡ 800m이상 필요
- 선박충돌 위험도 분석 ➡ 710m이상 필요
- 선박충돌 확률조사 ➡ 800m이상 필요
- 선박충돌 시간이력해석:우물통기초
  안정성 확보

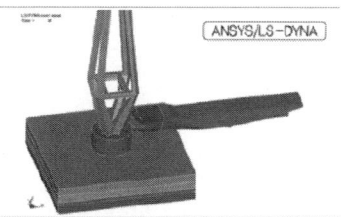

④ 구조물 유연성의 극복

- 폭풍시 및 지진시 변위제어:
  주탑부에 **Buffer** 설치
- 케이블의 진동 제어:**케이블 댐퍼**
  설치, 표면 **Helical Fillet** 적용
- 주탑강성 증대:4면 **다이아몬드주탑**
- 내부교각 및 **Counter Weight** 설치

⑤ 붕괴유발부재의 정밀설계

- **보강거더**:케이블 정착부, Tie-down
  케이블 정착부, Wind슈 설치부
- **주탑**:내부 강재 박스케이블 정착부,
  케이블 콘크리트정착부,
  가로보 연결부

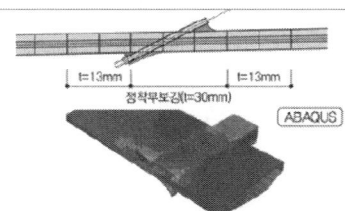

⑥ 초장대교 특수해석

- 비선형해석, P-△해석, 좌굴해석,
  이동하중 해석
- 내풍:CFD해석, 버페팅해석
- 내진:SSI, 역량스펙트럼해석
- 내구성:수화열해석, 염화침투해석

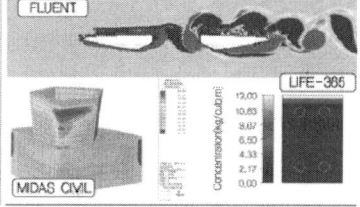

기술 혁신 3 초장대 교량 시공의 위험요소 극복

① 상부 가설시 위험 극복

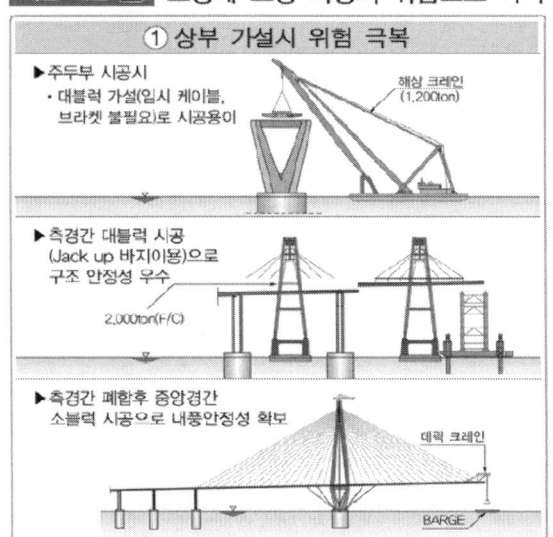

② 세계최고 주탑 시공시 위험 극복

사장교와 현수교 응력분포 비교

사장교와 현수교의 주요 부재별 응력분포를 도시하고 사장교가 지간장의 한계를 가지는 이유에 대하여 설명하시오.

풀 이

> ### 개요

일반적으로 케이블을 이용한 구조물인 사장교와 현수교의 구조 개념을 설명할 때에는 사장교의 경우 케이블 지점을 탄성스프링으로 지지되는 지점으로 해석하며, 현수교의 경우 행어가 연결된 지점에서 상향력을 가하는 구조물로 가정하여 해석하는데 이는 두 구조계의 구조적 차이점이 나타낸다.

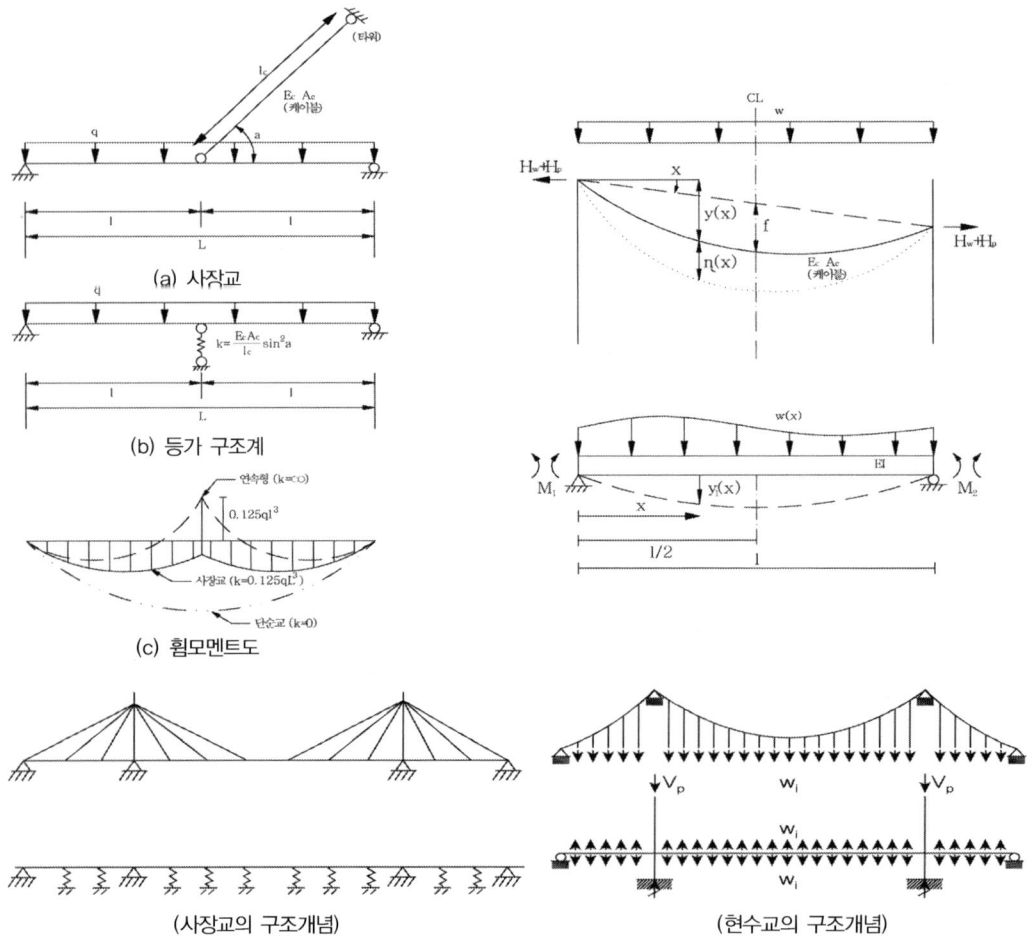

(a) 사장교

(b) 등가 구조계

(c) 휨모멘트도

(사장교의 구조개념)   (현수교의 구조개념)

➤ 주요부재의 응력

1) 사장교

케이블은 축력을 받고, 주탑은 수직하중으로 인한 축력과 편재하로 인한 휨모멘트도 발생하게 된다. 또한 보강형의 경우에는 휨모멘트는 물론 사장교 케이블로 인해서 축력을 받게 된다. 사장교에서는 케이블로 인해 발생하는 축력으로 인해서 좌굴이 발생할 수 있으며 이는 현수교만큼의 지간장을 늘이기 어려운 제약사항의 한 이유가 된다.

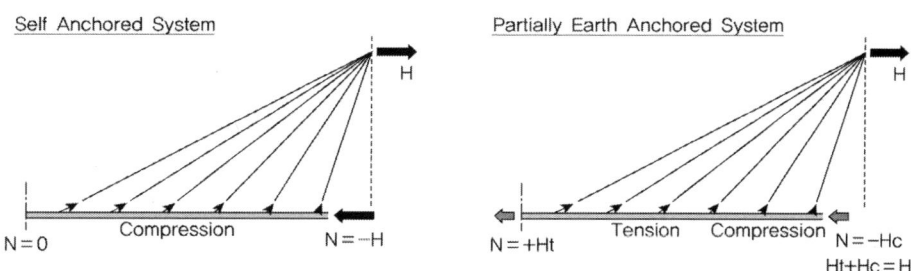

(완정식(fully(self) anchored)과 부정식(partially anchored)의 보강형의 수평방형 평형관계)

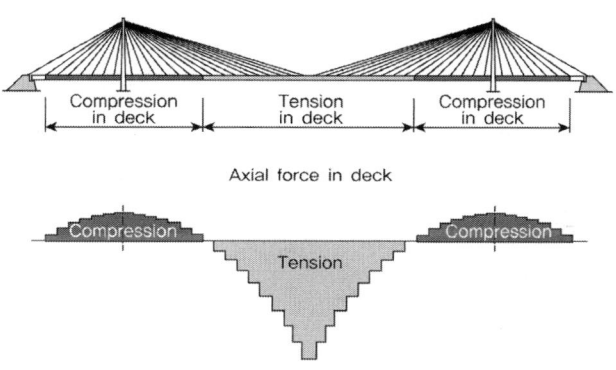

(부정식(partially anchored)사장교 보강형의 축력)

2) 현수교

주케이블과 행어는 축력을 받고, 주탑은 수직하중으로 인한 축력과 편재하로 인한 휨모멘트가 발생하는 것은 사장교와 유사하다. 다만, 현수교의 케이블 정착방식에 따라서 일반적으로 대규모 현수교에 적용되는 타정식의 경우 주케이블을 현수교 단부에 있는 대규모 앵커리지에 정착해서 보강형에 축력이나 단부 부반력이 발생되지 않는 특징이 있다. 그러나 중소규모의 자정식 현수교는 현수교 단부 보강형 내 주케이블을 정착하여 보강형에 축력이 작용하고 단부에 부반력이 발생되는 구조적 특징을 지닌다.

구분	자정식	타정식
형태	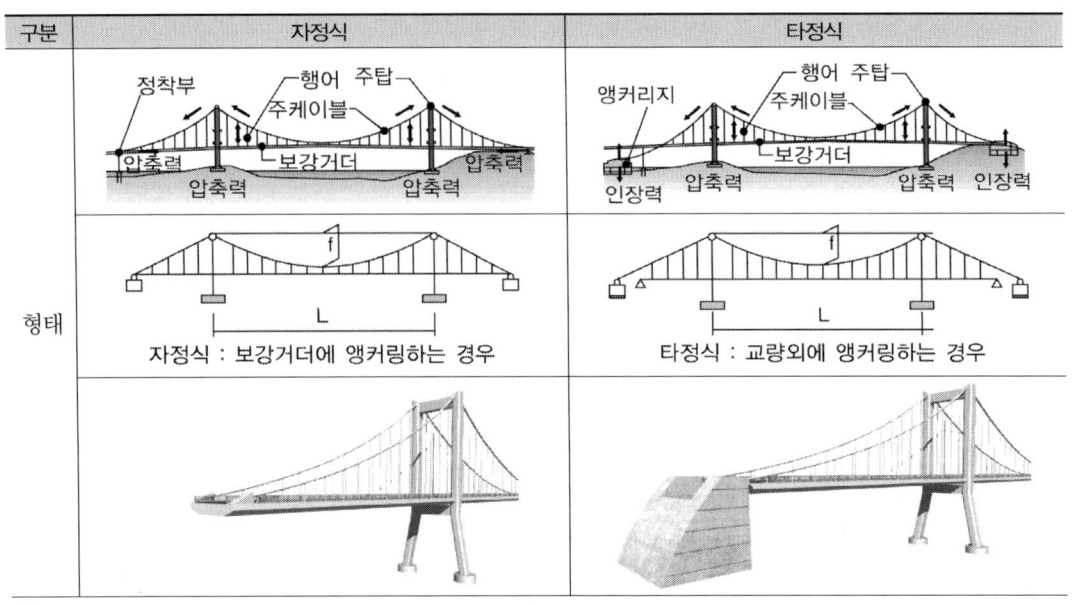	

▶ 사장교 지간장의 한계 이유

일반적으로 케이블 교량의 장대화를 위해서는 케이블 소재 발전이나 시공기술, 내풍설계, 고주탑 건설 등의 기술발전이 필요하다. 사장교의 경우에는 일반적인 재료적, 시공적인 문제 이외에도 구조적인 한계로 인해 지간장을 장경간화 하기 어려운 점이 있다.

먼저, 사장 케이블의 가설방식이 사선으로 형성됨에 따른 보강형의 축력발생이다. 지간장이 길어 질수록 사장 케이블에서 발생하는 보강형 축력은 커지게 되고 이로 인해 보강형에 축력으로 인한 좌굴을 유발시킨다. 콘크리트와 같은 보강형 단면을 사용할 수는 있으나 장경간화 될수록 자중의 증가는 부담스러운 측면이 있다. 이 때문에 좌굴에는 강한 단면일 수 있으나 장경간화로 인한 고 정하중이 증가되는 단점이 있다.

두 번째로 활하중에 의한 변위가 커진다. 사장교가 장경간이 될수록 주탑의 높이는 높아지고, 이로 인해 주탑의 변위가 커지게 되며 주탑을 중심으로 양측으로 평형을 이루는 시스템에 부담이 생겨 경간 중앙의 처짐이 커지고, 단부에서의 부반력이 커지는 문제가 발생한다.

또한 내풍에 대한 진동문제와 다주탑 사용 시 내부 평형이 어려운 문제점들이 발생할 수 있다.

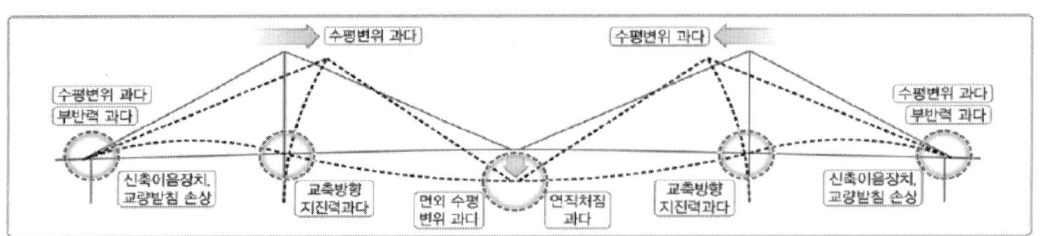

사장교 주케이블

사장교의 주케이블에 적용되는 평행소선케이블(Parallel Wire Cable)과 평행연선케이블(Parallel Strand Cable)의 구조 특징

풀 이

> ## 개요

사장교 주케이블은 인장부재로서 로프, 와이어, 체인 등과 같이 휨이나 압축에 저항하지 못하고 축인장력만 지지할 수 있는 부재를 말한다. 일반적으로 사장교 주 케이블에 사용되는 케이블의 종류는 Locked Coil 케이블, Wire 케이블, Strand 케이블, Bar 케이블 등으로 구분할 수 있다. 국내 사장교 현수교에서는 국내에서 제작이 가능한 케이블을 위주로 적용되고 있으며, Wire Cable보다는 주로 Strand 형식의 케이블이 주로 사용되며, Parallel wire strand 형식이나 Multi-strand 형식이 사장교에서 가장 많이 사용된다.

TIP | 사장교 케이블에 요구되는 특성 |

① 유효단위면적당 인장강도가 클 것   ② 탄성계수가 클 것
③ 신축특성이 클 것   ④ 가설이 용이할 것
⑤ 피로에 대한 저항성이 클 것   ⑥ 부식방지가 용이할 것

> ## 평형소선케이블(Parallel wire cable)

원형단면의 강선(ϕ5~8mm)을 육각형 혹은 원형에 가까운 다발로 평행하게 묶어서 PE tube로 보호하는 형식, 피로강도가 강한 특징을 가지며 Hi-Am socket(Anchor Socket)을 사용해 정착구에서의 우수한 피로저항성을 확보할 수 있다. 다만 현장 제작이 불가하고, 포장 및 운송에 비용이 많이 드며 교체가 불가하다.

> ## 평행연선케이블(Parallel Strand Cable)

7개의 Wire Strand(ϕ15mm)를 평형하게 묶은 다발형태를 이루고 있으며 이를 폴리에틸렌 tube로 보호하는 형태를 가진다. 케이블 자체, 케이블과 정착구 사이의 피로강도가 우수하며, 구조용 Pre-stressing Strand 정착과 같이 Wedge를 사용하여 정착구에 정착 하거나 Hi-Am socket을 사용한다. 케이블의 제작이 일반적으로 현장에서 조립되며, 가설이 용이하고 가격이 저렴하며 소선별 교체가 가능해 가장 보편적으로 사용된다.

구분	Locked Coil Cable	Parallel Wire Cable	Parallel Strand Cable	Parallel Bar
모양				
	중앙부에 평행 혹은 나선형으로 꼰 Wire core와 그 외곽부에 trapezoidal형 혹은 z형 단면의 wire로 2~4겹의 여러층이 쌓여 있는 형태	원형단면의 강선(ϕ5~8 mm)을 육각형 혹은 원형에 가까운 다발로 평행하게 묶어서 PE tube로 보호하는 형식	7개의 Wire Strand(ϕ15 mm)를 평행하게 묶은 다발형태를 이루고 있으며 이를 폴리에틸렌 tube로 보호하는 형태	Parallel bar들이 하나의 다발을 구성하고 있으며, spacer에 의해 분리되어 steel이나 PE tube 안에 들어가 있는 형태
E	E=1.6×10^5	E=2.0×10^5	E=2.0×10^5	E=2.0×10^5
특징	• 피로강도 약함 • 현장제작 불가 • 부식방지 곤란 • 포장 및 운송이 고가 • Steel Socket 연결	• 피로강도 강함 • 현장제작 불가 • 포장 및 운송이 고가 • Hi-Am Socket, 고가	• 피로강도 강함 • 현장제작 가능 • Wedge 사용, 저렴	• 피로강도 약함 • 현장제작 가능 • Anchor Bolt 정착
교체	소선별 교체 불가	교체 불가	소선별 교체 가능	소선별 교체 가능

TIP | 사장교 케이블 부식방지 방법 |

케이블의 역학적 거동을 영구적으로 지속시키기 위해서는 부식방지가 필요하며, 케이블에 사용되는 부식방지는 Rigid type과 Flexibility type이 있다.

① Rigid type protection(grouting 방법) : 시멘트 모르터를 튜브 안에 주입시켜 케이블과 튜브 외부의 대기를 분리시킴으로써 부식을 방지하는 방법으로 케이블이 길고 높은 곳에 가설되는 경우에는 시공이 어렵고 신뢰성이 떨어진다.

② Flexibility type protection(non-grouting 방법) : 긴장재 자체를 각각 도금하는 방법과 튜브 안을 유연성이 큰 채움재, 즉 grease, epoxy tar, wax 등으로 채우는 방법으로 케이블의 모든 방식 작업이 공장에서 이루어지므로 현장에서 가설이 용이하며 신뢰성을 높일 수 있다. Strand 케이블을 이용할 경우 각각의 strand에 대해 부식방지를 하는 방법(individual pretection)도 있다.

③ 종래의 케이블의 부식 방지는 현장에서 수행하는 grouting 방법보다는 공장에서 grease, epoxy tar, wax 등을 채우는 non-grouting 방법이 주로 적용되고 있다.

사장교 주케이블

사장교 주 케이블 및 닐센아치교 케이블로 사용되는 평행소선케이블(Parallel Wire Cable)과 평행연선케이블(Parallel Strand Cable)의 구조개요, 특성 및 부식방지 방법에 대해 설명하시오.

풀 이

> **개요**

교량에 사용되는 케이블은 일반적으로 Locked Coil 케이블, Wire 케이블, Strand 케이블, Bar 케이블 등으로 구분할 수 있다. 소선(wire)은 단선을 의미하며, 연선(Strand)은 소선을 2가닥 이상 꼬아 형성한 선을 말한다.

> **평행소선케이블(Parallel Wire Cable)과 평행연선케이블(Parallel Strand Cable)의 특성**

구분	Locked Coil Cable	Parallel Wire Cable	Parallel Strand Cable	Parallel Bar
모양				
E	$E=1.6\times10^5$	$E=2.0\times10^5$	$E=2.0\times10^5$	$E=2.0\times10^5$
특징	• 피로강도 약함 • 현장제작 불가 • 부식방지 곤란 • 포장 및 운송이 고가 • Steel Socket 연결	• 피로강도 강함 • 현장제작 불가 • 포장 및 운송이 고가 • Hi-Am Socket, 고가	• 피로강도 강함 • 현장제작 가능 • Wedge 사용, 저렴	• 피로강도 약함 • 현장제작 가능 • Anchor Bolt 정착
교체	소선별 교체 불가	초기 설치장비 사용 교체 불가	소선별 교체 가능	소선별 교체 가능

일반적으로 케이블 교량에 적용되는 케이블의 요구특성은 인장강도, 탄성계수, 신축특성이 크고,

가설이 용이하면서 피로에 대한 저항성이 크고 부식방지가 용이한 특성이 요구된다. 평행소선케이블(Parallel Wire Cable)의 경우 피로강도가 강한 특성을 가지나 현장에서 제작이 곤란하고, 교체가 곤란하다는 특성이 있는 반면, 평행연선케이블(Parallel Strand Cable)의 경우 현장제작이 가능하면서도 소선별 교체가 가능한 특성을 가진다.

평행소선케이블(Parallel Wire Cable)의 경우 케이블 교량 가설 시 AS공법 또는 PWS공법으로 가설되며, 평행연선케이블(Parallel Strand Cable)의 경우 7 wire strand는 PS콘크리트 강선으로 많이 사용되고 직경 5mm 소선 7가닥으로 구성된 Strand로 직경은 통상 15mm가 된다. Multi-Strand stay cable의 경우 7 wire strand를 다수 사용하여 큰 케이블을 만든 방식이다.

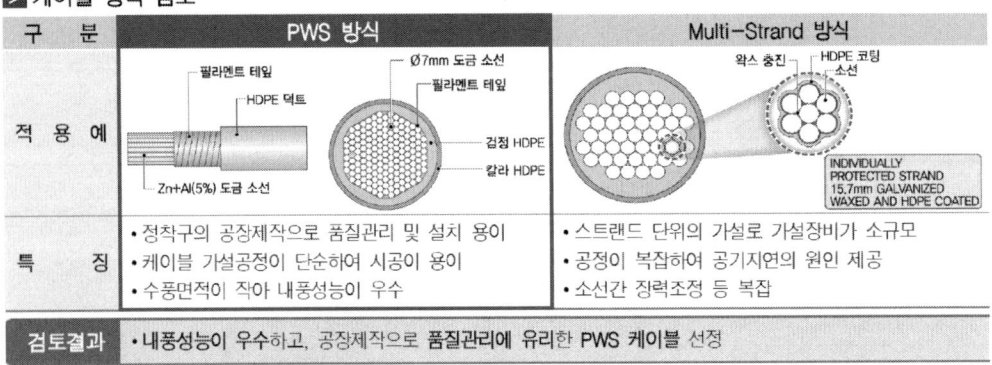

▷ 부식방지 방법

케이블의 역학적 거동을 영구적으로 지속시키기 위해서는 부식방지가 필요하며, 케이블에 사용되는 부식방지는 Rigid type과 Flexibility type이 있다.

① Rigid type protection(grouting 방법) : 시멘트 모르터를 튜브 안에 주입시켜 케이블과 튜브 외부의 대기를 분리시킴으로써 부식을 방지하는 방법으로 케이블이 길고 높은 곳에 가설되는 경우에는 시공이 어렵고 신뢰성이 떨어진다.

② Flexibility type protection(non-grouting 방법) : 긴장재 자체를 각각 도금하는 방법과 튜브 안을 유연성이 큰 채움재, 즉 grease, epoxy tar, wax 등으로 채우는 방법으로 케이블의 모든 방식 작업이 공장에서 이루어지므로 현장에서 가설이 용이하며 신뢰성을 높일 수 있다. Strand 케이블을 이용할 경우 각각의 strand에 대해 부식방지를 하는 방법(individual pretection)도 있다.

③ 종래의 케이블의 부식 방지는 현장에서 수행하는 grouting 방법보다는 공장에서 grease, epoxy tar, wax 등을 채우는 non-grouting 방법이 주로 적용되고 있다.

Cable clamp with exhaust opening

wrapped with polyethylene strips

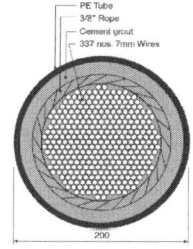

PWS grouted PE tube

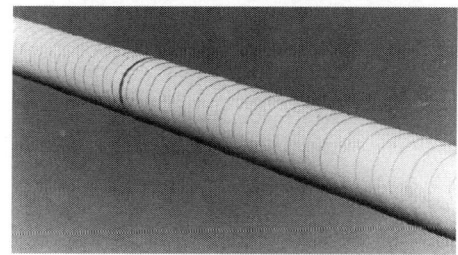

PWS wrapped by plastic cover

(케이블의 여러 부식방지 방법)

평행소선케이블(Parallel Wire Cable)과 평행연선케이블(Parallel Strand Cable)의 경우 주로 긴장재를 각각 도금하고 필라멘트 테이프를 감은 후 HDPE코딩과 왁스 충전 등으로 부식방지를 처리한다.

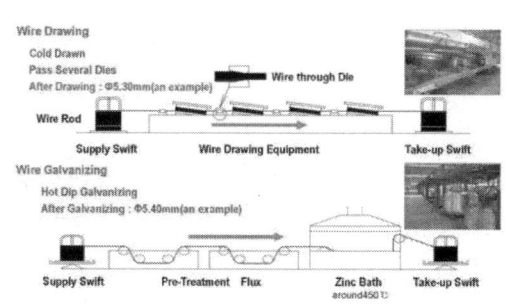

아연도금 과정

필라멘트 테이프 처리

HDPE 피복

소선과 정착구 충진

케이블의 장력측정방법

케이블 교량에서 케이블의 장력측정방법에 대하여 설명하시오.

풀 이

교량 케이블의 장력 측정에 관한 연구(대한토목학회, 1999), 케이블의 장력 측정에 관한 연구(대한토목학회, 1993)
진동법을 이용한 인장 케이블의 장력 추정에 관한 연구(한국소음진동공학회, 1999)

▶ 개요

사장교, 현수교 등의 케이블을 이용한 장대교량에서는 케이블의 장력은 교량의 건전도 파악에 중
요한 지표이다. 교량에 도입되어 있는 장력을 시공 시의 장력과 비교 시에 형상의 변화, 온도에
의한 장력의 변화, 케이블의 손상유무를 확인할 수 있으므로 이를 통하여 사장교와 같은 케이블
교량의 전체 응력 분포도 추정이 가능하다. 뿐만 아니라 케이블 교량 시공 단계별 장력의 변화는
시공상태를 나타내는 중요한 자료이기도 하다.

▶ 케이블의 장력 측정방법

세그(Seg)가 적은 케이블의 장력 측정방법으로는 탄성변형률을 측정하는 정적 측정방법(유압잭을
이용하는 방법)과 고유진동수를 이용한 동적측정방법(진동법, vibration method)이 있다. 로드셀
이나 스트레인 게이지 등을 이용하는 정적 측정방법은 케이블 긴장이 완료된 이후에는 적용이 매
우 제한되어 있다. 동적측정방법은 1~2차 고유진동수를 이용하는 저차모드법과 측정 가능한 전
체 모드를 이용하는 고차모드법이 있으며 고차모드법의 경우 상대적으로 접근이 용이한 케이블의
단부 근처에서 센서를 설치할 수 있고 비교적 저가의 일반 가속도계를 사용할 수 있으며 차량하
중이나 풍하중 등에 의한 상존진동을 이용할 수 있는 장점을 가진다.

고유진동수를 이용한 장력 산정방법에서는 유효길이를 정확하게 산정하는 것이 장력 측정 정밀도
를 높이는 중요인자가 되며, 유효길이는 양단 고정단으로 지지된 케이블에서의 측정값을 양단이
힌지로 지지된 해석모델로 분석하기 위한 추정값이다.

특히 현수교의 행어 케이블의 경우에는 행어 클램프로 케이블 일부가 구속되어 있으므로 정확하
게 유효길이를 산정하기 어려운 점이 있다.

▶ 케이블의 장력 측정방법 : 유압잭을 이용하는 방법

케이블의 순차적인 장력 도입과정에서 유압잭(hydraulic jack)에 연결된 압력게이지(pressure
gage)를 통한 장력계측방법으로 정확성에 문제가 크며, 순차적인 장력도입으로 인하여 실제적으
로 케이블의 장력은 완성상태에서 변화하게 되므로 케이블 지지구조물의 완성상태에서 장력의 정

확한 추정은 간접적인 방법에 의해서 평가되고 있는 것이 일반적이다.

▶ 케이블의 장력 측정방법 : 진동법

케이블의 간접적인 장력추정방법으로 케이블의 진동신호로부터 고유진동수를 측정하여 장력을 추정하는 방법이다. 실제 케이블의 길이나 질량이 매우 큰 경우가 대부분이기 때문에 현장에서 원하는 진동모드를 얻기 위한 가진(excitation)이 용이하지 않아 현장에서 측정한 케이블의 제한된 진동모드로부터 장력을 추정하는 방법에 대한 검증이 필요하다는 단점이 있다.

1) 현이론식

가장 간편하게 사용하는 방법으로 현(string)의 운동방정식 이론을 사용하여 장력을 추정하는 방법이다. 케이블의 단일진동모드(single mode)의 고유진동수를 측정함으로써 장력추정이 가능하나 케이블의 휨강성(flexural rigidity)과 세그효과(sag effect)가 고려되지 않아 고차 혹은 저차 진동모드를 적용할 경우 장력추정결과의 오차가 비교적 큰 단점이 있다.

$$\frac{W}{g}\frac{\partial^2 y}{\partial t^2} - T\frac{\partial^2 y}{\partial x^2} = 0$$

여기서, y : 진폭, x : 길이방향의 좌표, W : 단위길이당 중량, g : 중력가속도, T : 장력, t : 시간

양단 고정의 경계조건으로부터,

$$\left(\frac{f_n}{n}\right) = \frac{Tg}{4WL^2}$$ L : 케이블의 길이, f_n : 측정된 n차 고유진동수

케이블이 완전한 현의 거동($f_n = nf_1$)을 한다고 가정하면 모든 진동모드에 대해서 동일한 크기의 장력이 얻어진다. 그러나 실제 케이블은 휨강성과 새그효과에 의한 영향이 포함되어 있기 때문에 모든 진동모드에 대해서 선형적인 관계를 갖지 않는다.

2) 다중진동모드(multiple mode)를 이용한 진동법

케이블의 휨강성과 새그효과에 의한 영향을 고려하여 장력을 추정할 수 있는 방법으로 현재 가장 보편적으로 사용되고 있는 방법이다. 이 방법은 가능한 많은 진동모드를 현장에서 측정하여 적용할 경우 케이블이 가지고 있는 비선형특성을 제거할 수 있다. 측정된 고유진동수와 모드차수(order of mode)와의 상관관계를 분석함으로써 케이블의 장력과 이에 대응하는 등가정적 휨강성(Equivalent static flexural rigidity, EI_{eq})을 추정할 수 있다.

$$\left(\frac{f_n}{n}\right) = \frac{Tg}{4WL^2} + \frac{(EI)_{eq}\pi^2 g}{4WL^2}n^2 = b + an^2, \quad T = \frac{4WL^2}{g}b, \quad (EI)_{eq} = \frac{4WL^2}{\pi^2 g}a$$

이 방법에서는 케이블 새그효과의 영향이 큰 1차 진동모드를 배제하며 나머지 고차 진동모드(higher mode)를 이용함으로써 평균적인 개념의 케이블 장력과 이에 대응하는 등가정적 휨강성을 얻을 수 있다.

사장교 케이블의 피로검토

사장교에서 케이블의 피로검토 방법에 대해 설명하시오.

풀 이

▶ 개요

케이블의 피로검토방법은 2006 케이블강교량설계지침에서 제시하고 있는 허용응력설계방법과 2015 도로교설계기준 한계상태설계법(케이블교량편)에서 제시하고 있는 한계상태설계방법으로 구분할 수 있다. 허용응력설계법에서 제시하고 있는 방법은 케이블의 종류와 반복횟수에 따라 허용피로응력범위 내에서 존재하고 있는지 여부를 확인하게 되며, 한계상태설계법에서는 케이블의 설계수명 동안 발생가능한 피로강도가 공칭피로강도 내에 존재하는지 여부로 검토하고 있다.

▶ 허용응력설계법에 따른 케이블의 피로검토

1) 인장응력 또는 교번응력이 발생하는 부위에서 피로검토를 실시하며 압축응력만이 발생하는 부위에 대하여는 피로검토를 수행하지 않는다. 반복응력을 받는 부재와 이음부의 설계 시 최대변동응력범위는 허용피로응력범위를 초과하지 않아야 한다.

$$\Delta f \leq \Delta f_a \qquad \text{여기서} \ \Delta f : \text{최대응력범위}, \ \Delta f_a : \text{허용피로응력범위}$$

2) 설계 시 최대응력범위의 반복횟수는 교통량과 하중조사 및 특별한 고려사항이 없으면 피로하중 재하 시에 2백만 회로 한다.

3) 케이블의 종류와 반복횟수에 따른 허용피로응력의 범위는 다음과 같다.

케이블 종류	반복횟수	허용설계피로응력범위 (MPa)	시험피로응력범위 (MPa)	구성요소의 시험피로응력범위(MPa)
평행강연선케이블 (PSC)	2×10^6	133	200	300
	5×10^5			380
	1×10^5			500
평행강선케이블 (PWC)	2×10^6	133	200	370
	5×10^5			465
	1×10^5			610
강 봉	2×10^6	73	110	180
	5×10^5			220
	1×10^5			280

4) 케이블 피로검토 예(제2여주대교 : 경사주탑 비대칭사장교 , 유신회보집 제18호)

단 면 도										

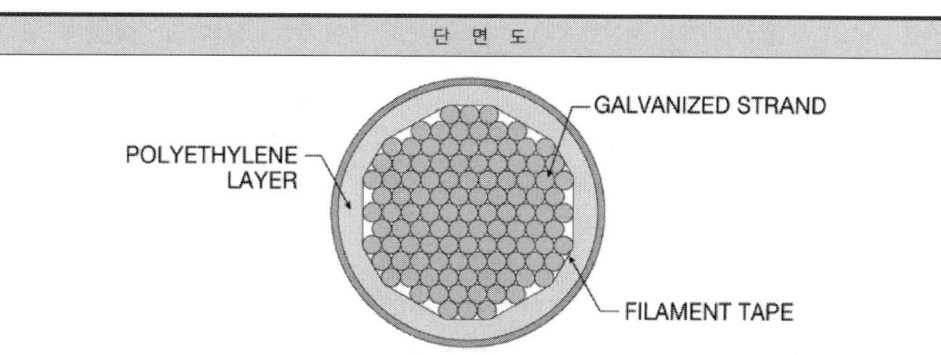

소선개수	단면적 (mm²)	인장강도 fpu(MPa)	허용응력 fa(MPa)	비고	소선개수	단면적 (mm²)	인장강도 fpu(MPa)	허용응력 fa(MPa)	비고
241	9,275	1,670	751.5		301	11,584	1,670	751.5	
253	9,737	1,670	751.5		313	12,046	1,670	751.5	
265	10,198	1,670	751.5		337	12,969	1,670	751.5	
283	10,891	1,670	751.5		349	13,431	1,670	751.5	
295	11,353	1,670	751.5		367	14,124	1,670	751.5	

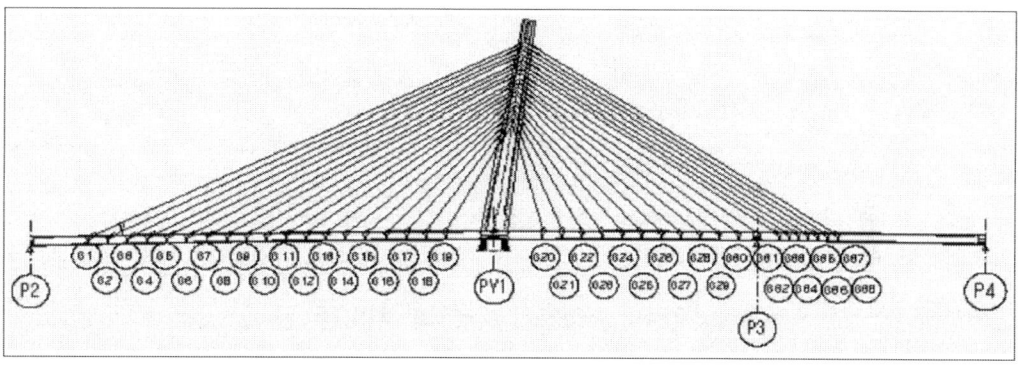

(케이블 배치도)

케이블 No.	케이블 가닥수(EA)	발 생 응 력(MPa)			허용응력 (MPa)	비 고
		최대값	최소값	응력범위		
C1	265	2.06	−0.20	2.26	133.0	O · K
C2	265	3.14	0.00	3.14	133.0	O · K
⋮						⋮
C37	265	2.35	−1.08	3.43	133.0	O · K
C38	265	2.35	−0.98	3.33	133.0	O · K

(케이블 피로검토결과)

➤ 한계상태설계법에 따른 케이블의 피로검토

1) 케이블 부재의 피로는 피로한계상태조합과 피로설계트럭하중을 적용하여 검토한다. 피로하중의 빈도는 단일차로 일평균트럭교통량$(ADTT)_{SL}$을 사용한다.

2) 케이블의 공칭피로강도는 다음과 같이 구한다.

$$\gamma(\Delta f) \leq (\Delta F)_n$$

여기서, γ : 하중계수(=0.75)

Δf : 피로설계트럭하중 통과 시 발생하는 응력범위에 1.4를 곱한 값

$(\Delta F)_n$: 공칭피로강도 $(\Delta F)_n = \left(\dfrac{N_{TH}}{N}\right)^{\frac{1}{3}}(\Delta F)_{TH} \leq \dfrac{1}{2}(\Delta F)_{TH}$

$(\Delta F)_{TH}$: 일정진폭 피로한곗값

케이블 종류	N_{TH} ($\times 10^6$)	$(\Delta F)_{TH}$ (MPa)
평행연선케이블(Parallel Strand Cable, 1860MPa)	2.34	133
평행소선케이블(Parallel Wire Cable, 1770MPa)	2.34	133
나선형 강봉(Thread Bar, 1050MPa)	4.02	73

N : 케이블 설계수명 동안의 피로설계트럭하중의 통과로 인한 반복횟수

N=365(DL)(1.0)$(ADTT)_{SL}$

N_{TH} : 일정진폭 피로한곗값 $(\Delta F)_{TH}$에 해당하는 응력범위 반복횟수

DL : 케이블 설계수명(년)

$(ADTT)_{SL}$: 일차선당 일평균 트럭 교통량

3) 현수교 주케이블의 피로는 별도로 검토하지 않는다.

➤ 한계상태설계법와 허용응력설계법의 케이블의 피로검토 차이점

한계상태설계법에서는 기존의 허용응력설계법과 달리 피로설계트럭하중을 적용토록 규정하고 있어 하중의 적용방법이 국내현황에 유사하게 변경되어 적용되었으며, 단순히 반복하중의 횟수와 그로 의한 응력이 허용피로응력의 범위와 비교하는 기존 방식과 달리 교통량과, 케이블의 설계수명, 설계수명 동안의 피로하중의 통과횟수 등을 고려하여 보다 정교하게 검토할 수 있도록 규정하고 있다.

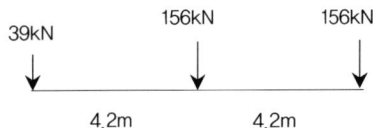

$ADTT_{SL}$(피로하중빈도) $= p \times ADTT$

① $ADTT$: 단일차로 일평균트럭 교통량

② p : 1차로(1.0), 2차로(0.85), 3차로(0.80)

(피로설계트럭하중)

케이블 교량

케이블교량에서 보수가능부재와 교체가능부재

풀 이

▶ **개요**

도로교설계기준(한계상태설계법)에서는 케이블 교량의 부재를 크게 영구부재, 보수가능부재, 교체가능부재로 구분하고 각각의 부재에 대해 설계수명에 대한 규정과 이에 따른 목표신뢰도지수, 저항수정계수를 달리 적용하도록 하고 있다.

▶ **부재별 정의**

도로교설계기준(한계상태설계법, 케이블교량편) 부재별 설계수명, 목표신뢰도 지수, 저항수정계수 - 1등급 교량

한계상태 (하중조합)	부재 종류		부재 사용수명	목표신뢰도 지수			저항수정계수(ϕ_{rm})	
				사용수명 기준	설계수명 100년 기준	설계수명 200년 기준	설계수명 100년 기준	설계수명 200년 기준
극한한계상태 하중조합 I, II, IV, V, VII	주부재 부부재	영구부재	설계수명	3.7	3.7	3.7	1.0	1.0
		보수가능부재	20년		3.29	3.09	1.07	1.07
			30년		3.40	3.21	1.05	1.05
		교체가능부재	50년		3.54	3.35	1.03	1.03
극한한계상태 하중조합 III, VI	주부재 부부재	영구부재	설계수명	3.1	3.1	3.1	1.0	1.0
		보수가능부재	20년		2.58	2.33	1.15	1.23
			30년		2.71	2.48	1.11	1.18
		교체가능부재	50년		2.88	2.65	1.06	1.13

1) 영구부재 : 통상적인 유지관리를 통하여 교량의 설계수명과 동일한 100년 또는 200년의 사용수명을 갖는 부재를 일컬으며, 케이블 교량의 경우 현수교 주 케이블, 주탑, 주탑기초, 주탑새들, 스프레이 새들 등이 이에 속한다.

2) 보수 가능부재 : 보수, 보강을 통하여 강도를 개선시킬 수 있는 교량의 설계수명보다 작은 20년, 30년 또는 50년의 사용수명으로 설계할 수 있는 부재를 일컬으며, 케이블 교량의 경우 거더, 앵커리지 등이 이에 속한다. 교량의 설계수명에 따라 정의된 풍하중과 지진하중에 대하여 설계하되, 교량의 설계수명보다 작은 사용수명을 적용함에 따른 목표신뢰도지수의 감소 효과로 대개 1보다 큰 저항수정계수를 적용하므로 경제적인 설계 효과를 얻을 수 있도록 하였다.

3) 교체 가능부재 : 교체 가능성이 있으므로 교량의 설계수명보다 작은 20년, 30년 또는 50년의 사용수 명으로 설계할 수 있는 부재를 일컬으며, 현수교 행어로프, 사장교 케이블, 케이블 밴드, 신축이음 장치, 포장 및 도장 등이 이에 속한다. 보수가능부재와 마찬가지로 교량의 설계수명에 따라 정의된 풍하중과 지진하중에 대하여 설계하되, 교량의 설계수명보다 작은 수명을 적용함에 따른 목표신뢰 도지수의 감소 효과로 대개 1보다 큰 저항수정계수를 적용하므로 경제적인 설계효과를 얻을 수 있 도록 하였다.

케이블의 교체 및 파단

케이블 교량의 케이블 교체 및 파단 시 해석방법을 한계상태설계법(KDS 24 00 00)에 준하여 설명하시오.

풀 이

▶ 개요

설계기준에서는 사장교의 케이블이 교체되거나 파단 시에는 그에 따른 구조계의 영향을 적절한 해석법을 통해 검토하도록 규정하고 있다.

▶ 케이블의 교체

케이블의 교체 시에는 해당 케이블에 인접하는 최소 1개 설계차로를 통제하는 조건을 검토하도록 규정하고 있다. 도로교설계기준(한계상태설계법)에서는 케이블 교체시에는 극한한계상태 하중조합 VII − $\gamma_p DD$(사하중)+1.5LL(활하중+충격하중)+γ_{TG}TF(온도차)+γ_{SD}GD/SD(침하)+PS(교체시 작용력)을 적용하도록 규정하고 있다.

① 하중조합에 따른 장력을 구하고 케이블 제거 후 앞에서 구한 장력을 반대로 주탑과 거더에 작용시키는 등 합리적인 방법으로 영향 검토
② 케이블 교체 시 잔여 케이블의 장력 : 하중조합의 장력 + 케이블 제거로 추가된 장력
③ 허용응력법 활용 시에는 케이블 교체 시 허용응력 : 25% 증가해 검토

▶ 케이블의 파단

케이블 파단에 대한 검토는 전체 차로에 활하중을 재하하여 수행하며, 검토 대상이 되는 어떠한 케이블의 갑작스러운 파단에도 교량의 안정성이 문제되어서는 안 되어야 한다고 규정하고 있다. 도로교설계기준(한계상태설계법)에서는 케이블 파단시에는 극단상황한계상태 하중조합 III − $\gamma_p DD$(사하중)+0.75LL(활하중+충격하중)+PS(파단 시 작용력)을 적용하도록 규정하고 있다. 시간에 따른 동적 해석이 바람직하지만 준정적(quasi-static)해석을 수행할 경우에는 동적증폭계수(DAF) 1.5(현수교 1.7)를 사용한다.

① 케이블 제거 후 D+L만재하로 구한 정적장력의 2배를 반대로 구조계에 작용하여 동적증폭효과를 고려한다.
② 동적해석을 수행하여 그에 따른 영향을 검토 : 정적장력의 1.5배 이상 동적효과 적용

③ 선형해석에 의한 중첩의 원리 이용(아래의 두 구조계 중첩)
- 고정하중과 활하중의 영향은 제거된 원 구조계
- 파단에 의한 효과는 케이블 제거된 변형 구조계
④ 허용응력법 활용 시에는 케이블 파단 시 허용응력 : 33% 증가

케이블 교체 및 파단 : 허용응력설계법

케이블 교량설계 중 케이블 교체 및 파단 시 고려할 사항에 대하여 케이블 강교량 설계지침과 연계하여 설명하시오.

풀 이

➤ 개요

국내 설계기준에서는 케이블 교량의 특성상 주부재인 케이블(사장재 및 행어)의 교체, 파단 시에 대해 설계단계에서부터 반드시 고려하도록 하고 있다. 케이블 강교량 설계지침에서는 허용응력 증가계수를 고려하도록 하고 있으며, 2015 도로교 설계기준 한계상태설계법에서는 각각 변동하중과 극단하중으로 고려하여 하중조합을 통해 고려하도록 하고 있다.

➤ 케이블 교체 및 파단 시 고려사항

1) 케이블 교체 : 케이블 강교량 설계지침에서는 교체되는 해당 케이블 인접의 최소 1개 설계차로를 통제하고 「D+(L+I)+케이블 교체 시 작용력」을 고려하여 검토하도록 규정하고 있다. 2015 도로교 설계기준 한계상태설계법에서는 케이블 교체를 변동하중으로 구분하고 극한한계상태 하중조합 VII를 통해 검토하도록 하고 있다. 다음은 케이블 강교량 설계지침의 검토과정이다.

① 하중조합에 따른 장력을 구하고 케이블 제거 후 앞에서 구한 장력을 반대로 주탑과 거더에 작용시키는 등의 합리적인 방법으로 교량에 미치는 영향을 검토한다.
② 케이블 교체 시 잔여 케이블의 장력은 하중조합의 장력 + 케이블 제거로 추가된 장력을 고려한다.
③ 케이블 교체 시 허용응력은 25% 증가하여 고려한다.

2) 케이블 파단 : 케이블 강교량 설계지침에서는 전체차로에 활하중 재하된 상태에서, 「D+ 0.5 (L+I)+케이블 파단 시 작용력」을 고려하도록 하고 있다. 이때 활하중에 0.5 적용은 케이블 파단조건이 쉽게 일어나지 않는 것을 고려하였다. 2015 도로교 실세기준 한계상태설계법에서는 케이블 파단을 극한하중으로 분류하고 극단상황한계상태 하중조합을 통해 검토하도록 하고 있다. 다음은 케이블 강교량 설계지침의 검토과정이다.

① 케이블 제거 후 D+L만 재하로 구한 정적장력의 2배를 반대로 구조계에 작용하여 동적증폭효과를 고려하거나 동적해석을 통해 그 영향을 검토하여야 한다.
② 동적해석을 수행하여 그에 따른 영향을 검토하는 경우에도 정적장력의 1.5배 이상 동적효과 적용하여야 한다.

③ 선형해석에 의한 중첩의 원리 이용 시 아래의 두 구조계의 결과를 중첩한다.
  – 고정하중과 활하중의 영향은 제거된 원 구조계
  – 파단에 의한 효과는 케이블 제거된 변형 구조계
④ 케이블 파단 시 허용응력은 50% 증가시킨다.

사장교 케이블의 횡방향 배치

사장교 케이블(Cable)의 횡방향 배치방법에 대하여 설명하시오.

풀 이

▶ 개요

사장교는 케이블의 수, 측면배치 형식, 지지면수에 따라 구분되며, 횡방향(교축직각방향) 배열방법에 따라 중앙 1면 지지방식, 양측 2면 지지형식으로 구분될 수 있다.

▶ 사장교 케이블 배치방식

1) 케이블의 배치방식에 따른 구분
  ① 케이블 수 : 소수케이블, 다수케이블
  ② 케이블 측면배치 형식 : 방사형식, 팬형식, 하프형식
  ③ 케이블의 지지면수 : 중앙 1면 지지, 양측 2면 지지

2) 케이블의 횡방향 배치방식에 따른 분류

중앙 1면 지지형식과 양측 2면 지지형식의 선정 시에는 주형에 비틀림력의 발생여부를 분석해야 한다.
  ① 중앙 1면 지지형식 : 케이블 배치구조 시스템이 구조가 비틀림력에 대해 저항할 수 없으므로 주형은 비틂 강성이 높은 단면으로 설계해야 한다. 주로 보강형으로 박스형이 사용된다. 이 형식은 케이블을 상부구조의 중앙선에 정착시키므로 가설 시에는 비교적 쉽게 정착할 수 있는 이점이 있다. 중앙1면 지지형식의 주탑형상은 주로 I형과 A형 주탑이 사용된다.
  ② 양측 2면 지지형식 : 주형에 작용하는 비틀림력을 케이블의 축력으로 저항할 수 있도록 만든 구조시스템으로 주형의 비틂 강성이 상대적으로 작아질 수 있다. 엣지거더, 판형 등의 보강형이 많이 적용된다. 실제로 주형의 비틂 강성이 매우 작은 사장교의 가설 실적이 많으며, 주탑형상은 A형, H형, 다이아몬드형 등이 사용된다.

1면 지지형식(화명대교)

2면 지지형식(거북선대교)

사장교 지지방식에 따른 분류

사장교의 지지방식에 따른 분류와 각 형식의 특성에 대하여 설명하시오.

풀 이

➤ 개요

사장교의 지지방식에 따른 분류는 일반적으로 케이블의 배치수에 따른 분류와 케이블 배치 형식에 따른 분류, 케이블의 지지면수에 따라 분류할 수 있다.
① 케이블 수 : 소수케이블, 다수케이블
③ 케이블의 지지면수 : 중앙 1면 지지, 양측 2면 지지

➤ 케이블 수에 따른 분류(소수케이블 시스템과 다수케이블 시스템)

(소수케이블 시스템)

케이블의 수에 따라서 분류하는 방식으로 주로 소수케이블 시스템은 주로 초기 사장교에서 흔히 볼 수 있는 형식이다. 구조해석 기술의 발달과 시공기술의 발달로 최근에는 일부 사장교를 제외하곤 거의 다수케이블 시스템을 채용하고 있다.

【 다수케이블의 장단점 】

장점	단점
가. 주형의 최대 휨모멘트가 소수케이블 시스템에 비해 작다. 나. 1개의 케이블을 설치하기 위한 정착구조가 간단하다. 다. 정착구 근처의 국부적 응력집중이 작다. 라. 케이블 사이의 설치거리가 짧기 때문에 임시 교각을 적게 사용하거나 전혀 사용하지 않을 수 있다. 마. 케이블 방식처리의 공장실시가 가능하다. 바. 케이블의 치환이나 보수가 용이. 즉, 유지보수가 경제적이다.	가. 케이블 부재의 강성이 비교적 작다. 나. 측경간에 비교적 큰 부반력이 생길 가능성이 있다. 다. 바람에 의한 케이블 부재의 진동문제가 발생할 수 있다. 라. 시공이 비교적 복잡하다.

➤ 케이블의 측면배치에 따른 분류

케이블과 주형이 이루는 각도에 따라서 방사형, 팬(Fan)형, 하프(Harp)형으로 구분하거나, 방사형도 팬형의 일부로 보고 팬형과 하프형으로 구분하기도 한다.

방사형	팬형	하프형
가. 케이블과 주형이 이루는 각도가 다른 형식에 비해 커 연직하중에 대한 강성이 크다. 나. 주형에 발생하는 축력이 작다. 다. 측경간과 주경간 케이블 간의 힘의 전달이 주탑의 한 점에서 발생 라. 주탑에서의 케이블 정착작업이 어렵다.	가. 케이블과 주형이 이루는 각도가 하프형에 비해 커서 연직하중에 대한 강성이 상대적으로 크다. 나. 주형에 발생하는 축력이 작다. 다. 주탑에서의 케이블 정착작업이 비교적 쉽다. 라. 케이블의 치환이 용이하다.	가. 케이블과 주형이 이루는 각도가 일정하다. 나. 주형에 발생하는 축력이 크다. 다. 주탑에서의 케이블 정착작업이 쉽다.

일반적으로 동일한 수평력을 부담하기 위해서 현수시스템과 팬 시스템의 주탑의 높이는 동일하나 하프시스템에서는 약 2배 가량 높은 주탑이 필요하기 때문에 효율성이 떨어진다.

➤ 케이블의 면수에 의한 분류

주형과 케이블의 연결부의 면수에 따른 분류로 1면 지지방식과 2면 지지, 3면 지지방식 등이 있다. 일반적으로 중앙 1면 지지형식과 양측 2면 지지형식의 선정 시에는 주형에 비틀림력의 발생여부를 분석해야 한다.

① 중앙 1면 지지형식 : 케이블 배치구조 시스템이 비틀림력에 대해 저항할 수 없으므로 주형은 비틀림 강성이 높은 단면으로 설계해야 한다. 이 형식은 케이블을 상부구조의 중앙선에 정착시키므로 가설 시에는 비교적 쉽게 정착할 수 있는 이점이 있다.

② 양측 2면 지지형식 : 주형에 작용하는 비틀림력을 케이블의 축력으로 저항할 수 있도록 만든 구조시스템으로 주형의 비틀림 강성이 상대적으로 작아질 수 있다. 실제로 주형의 비틀림 강성이 매우 작은 사장교의 가설 실적이 많다.

비대칭 사장교

1주탑 비대칭 사장교의 특징을 설명하시오.

풀 이

➤ 개요

사장교는 사장케이블(stay cable)의 인장강도와 주탑(pylon) 및 보강형(stiffened girder)의 휨 압축강도를 효과적으로 결합시켜 구조적 효율을 높인 교량형식으로 케이블의 강성과 장력을 조절함으로서 보강형에 발생되는 휨모멘트를 현저하게 감소시킬 수 있어 경제적인 설계가 가능한 교량형식이다. 특히 1주탑 비대칭 사장교는 경관상 유리한 특성이 있어 지역의 랜드마크로서 시공되는 사례가 많다.

(1주탑 비대칭 사장교)

➤ 1주탑 비대칭 사장교의 특징

비대칭성을 통해 경관성을 살리면서도 편측의 경간장을 길게 하면서 무게중심을 크게 벗어나지 않도록 구성되는 비대칭 사장교의 경우 구조적으로도 합리적인 설계가 될 수 있다. 또한 1주탑의 사용은 텐던의 배치를 간소화하는 등의 장점을 가진다.

반면, 1주탑을 사용하는 사장교는 광폭의 교량에서는 적용성에 한계가 있으며, 중앙에 1열로 배치하는 경우 별도의 텐던 배치공간이 필요하다. 또한 비대칭 사장교는 일반적으로 사용되는 측경간비 0.42~0.34에 비해 더 작기 때문에 경간부에서 부반력 등이 발생될 수 있으며 부반력 제어를 위해 Counter Weight 재하, Tie-down cable 설치, 앵커리지 등 별도의 제어대책 마련이 필요하다.

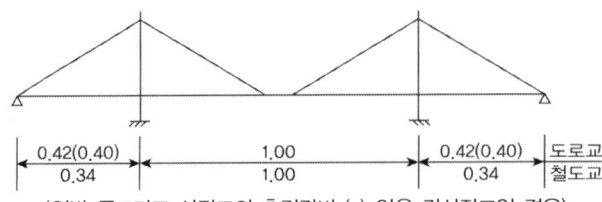

(일반 콘크리트 사장교의 측경간비 ( ) 안은 강사장교인 경우)

사장교의 경간비

3경간 연속 사장교 계획 시 지형조건에 의해 중앙경간과 측경간의 비대칭 경간구성일 때, 비대칭성을 극복할 수 있는 구조계획 및 방안에 대하여 설명하시오(아래 그림은 경간계획만 참고).

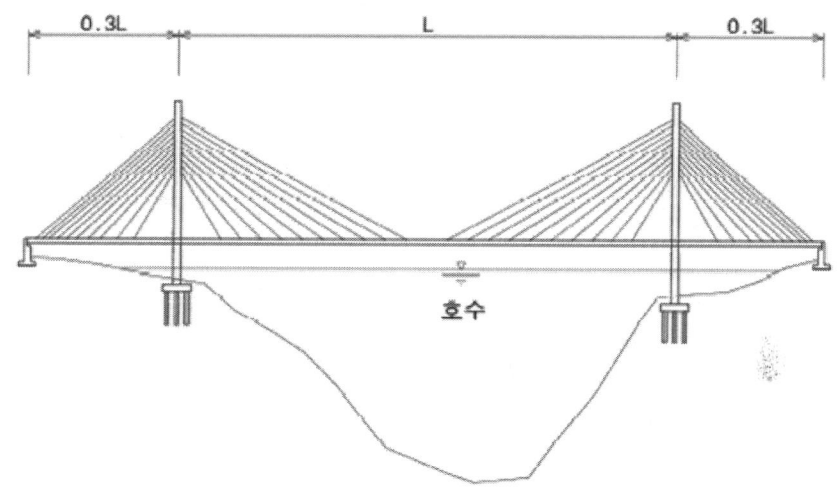

풀 이

> **개요**

일반적인 3경간 형식의 사장교에서 측경간장 L_a과 주경간장 L_m의 비는 앵커 케이블의 장력변화에 큰 영향을 준다. 주경간의 하중은 이 케이블의 장력을 증가시키고 측경간의 하중은 이를 감소시킨다. 이러한 장력의 변화는 피로에 민감한 케이블과 앵커에 불리하게 작용한다. 이러한 장력변화에 의한 응력변동 범위가 피로에 대하여 안전한 설계가 되도록 하여야 한다.

> **주경간장과 측경간장 비의 영향**

경간비(L_a / L_m)는 시스템의 처짐에 결정적인 영향을 미치기 때문에 큰 강성이 필요한 경우에 좁은 측경간을 선호한다. 앵커케이블에 장력의 변동 폭이 커서 발생하는 피로문제를 방지하고, 앵커케이블의 저 장력으로 인한 전체 시스템의 강성저하를 방지하기 위해, 장력비($\kappa_{ac} = T_{min}/ T_{max}$)를 일정하게 할 경우(0.4 정도), 경간비는 사하중에 대한 활하중의 비율(p/w)로 결정된다. 다음 그림에 의하면 활하중 비율이 높은 교량일수록 짧은 측경간을 사용한다. 일반적으로 강교에 비하여 사하중이 큰 콘크리트교의 측경간을 넓고, 활하중이 큰 철도교에서 좁은 측경간을 사용한다. 보통 콘크리트 도로교의 경우 0.42 부근의 값을 적용하고, 활하중 비율이 높은 철도교의 경우

0.34까지 적용하는 것이 일반적이다. 활하중이 전혀 없는 상태일 때 측경간이 주경간장의 1/2가 되며 실제 교량에서는 활하중이 존재하므로 앵커케이블의 하중상태와 상관없이 측경간의 길이는 주경간의 1/2 이하가 되어야 한다.

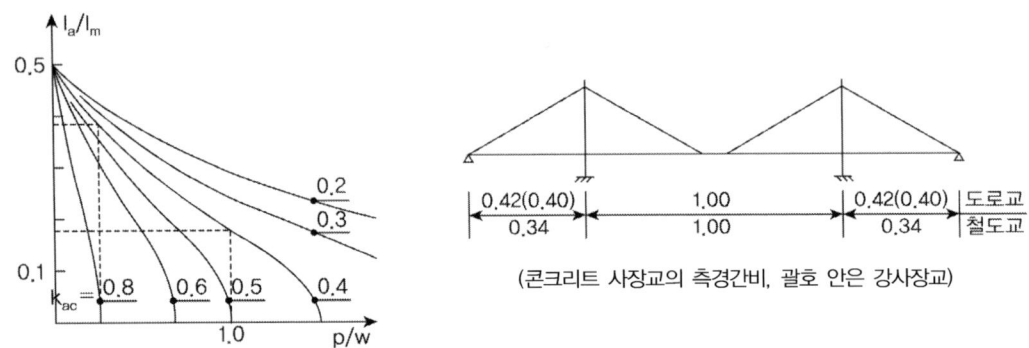

(하중비(p/w), 장력비(κ_{ac})에 따른 경간비(l_a/l_m) 구성)

(콘크리트 사장교의 측경간비, 괄호 안은 강사장교)

▶ 주경간장과 측경간장 비가 짧은 경우

측경간과 주경간의 수평력을 동일하게 함으로써 케이블에 발생하는 장력이 커지게 되며 결과적으로 시스템의 전체 강성이 증가하나 짧아진 측경간으로 인해 강성증가, 변형에 좋은 특성을 지니나 부반력이 크게 증가하는 문제점이 발생한다. 부반력 발생 시 단부의 들뜸 현상이 발생하여 주행 시 문제를 야기하므로 부반력 제어대책을 수립하여야 한다.

▶ 비대칭성 극복방안(부반력 제어방안)

부반력의 제어는 자중을 늘이거나 줄이는 방법이나 다른 구조물의 자중을 이용하는 방법이 주로 사용된다. 상부구조물의 자중을 증가하는 방법에는 Counter Weight를 재하하는 방법이 있으며, 상부구조물의 중앙경간부의 자중을 경감시키기 위해 복합사장교를 이용하는 방법이 있다. 또한 하부구조물의 자중을 이용하는 방법에는 서해대교에서 사용한 방법인 접속교의 자중을 이용하는 방법, Tie-Down Cable이나 Link Shoe, Anchor Cable을 이용하여 교대나 지반의 자중을 이용하는 방법으로 구분된다.

① Counter Weight 재하방법 : 박스교와 같은 상부구조물에 측경간의 보강형 내부에 구조적인 또는 비구조적인 중량물을 설치하여 하중을 증가시키는 방법이다. 이 방법의 경우 공간적인 제약이 있을 수 있으며, 하중의 증가로 인하여 보강형의 단면의 증대나 측경간 케이블의 단면 증대, 질량증대로 내진설계 시 하중 증가, 유지관리 불리 등의 문제가 있을 수 있다.

② 복합 사장교의 적용 : 중앙지간의 보강형을 중량이 가벼운 강재로 치환하고 측경간은 콘크리트 단면을 이용하는 방법이다. 이 방법의 경우 콘크리트와 강재의 접합부에 대한 설계에 주의

를 요한다.

③ 접속교의 자중을 재하 : 서해대교에 적용된 방법으로 접속교의 자중을 이용하여 보강형의 자중을 증가시키는 방법이다. 가설 시의 접속교 설치방법에 주의를 요구된다. 서해대교의 경우 가설브라켓과 크레인을 이용하여 설치하였다.

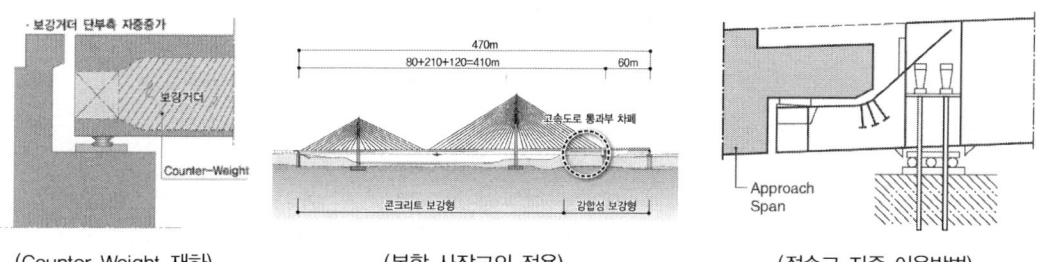

(Counter Weight 재하) (복합 사장교의 적용) (접속교 자중 이용방법)

④ Tie-Down Cable : 교각과 보강형을 케이블로 연결하여 부반력을 교각에 전달하는 방법으로 일반적으로 가장 많이 쓰이는 방법이다. 보강형의 이동량이 크면 케이블이 꺾이는 문제가 발생할 수 있으며 교각이 낮은 교량의 경우 케이블이 짧아 2차 응력이 과도하게 발생되는 문제가 발생할 수 있다.

⑤ Link Shoe : 보강형과 교대에 Link Shoe를 설치하여 교대의 자중으로 부반력에 저항하는 방법으로 교대부쪽에 이동량이 크거나 회전각이 클 때 적합하다. 다만 교체가 어려우므로 유지관리 시 불리한 단점이 있다.

⑥ Anchor Cable : 교대 밑으로 설치된 지중 앵커와 보강형을 케이블로 연결하여 하부 지반과 교대의 자중으로 저항하는 방법이다. 지반조건에 따라 설치여부가 결정되므로 이에 대한 고려가 필요하다.

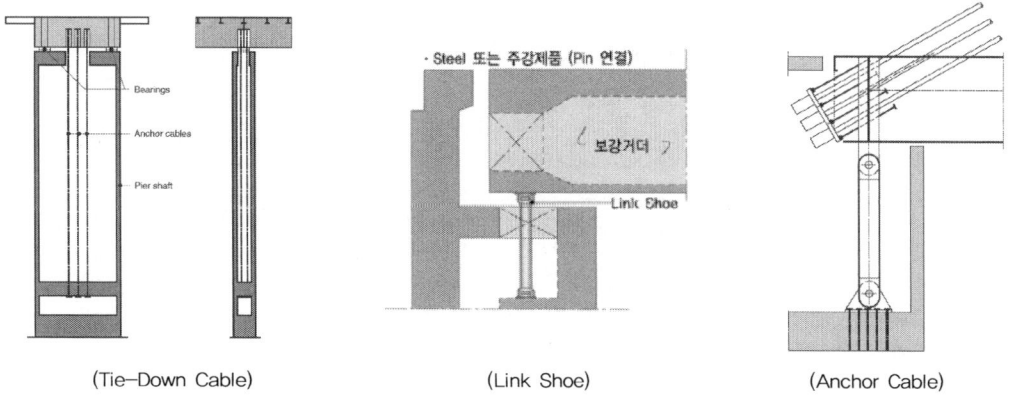

(Tie-Down Cable) (Link Shoe) (Anchor Cable)

케이블교량 주탑의 형식

초장대교 계획 시 강재주탑과 콘크리트 주탑의 장단점을 현수교와 사장교로 예를 들어 설명하시오.

풀 이

▶ 개요

초장대교량은 일반적으로 사장교는 1,500~2,000m급, 현수교의 경우는 3,000~4,000m급의 교량으로 장지간으로 인하여 구조물자체가 Flexible하기 때문에 내풍안정성에 의해서 영향을 많이 받는 구조물로서 일반적으로 초장대교량을 계획하기 위해서는 다음의 사항에 대한 검토수반이 필요하다.

① 구조 최적화 기술(Optimized Design)
② 위험도 분석기술(Risk Analysis)
③ 대변위 진동 제어 기술
④ CFD, 풍동시험 등을 통한 내풍안정성 확보
⑤ 대형기초 해석기술

▶ 초장대교량에서의 주탑의 역할

초장대교에 사용되는 사장교와 현수교는 일반적으로 구조적인 차이를 설명할 때, 사장교는 Cable에 의해 연결부에서 탄성 스프링 시점 역할을 하는 데 비해서 현수교는 행어를 통해 주케이블이 보강형에 상향력을 주는 역할로 비교 설명되며, 두 교량형식에서 주탑은 축력(P)과 함께 케이블의 세그(Sag)로 인한 모멘트(M)를 받는 구조체로 설명될 수 있다.

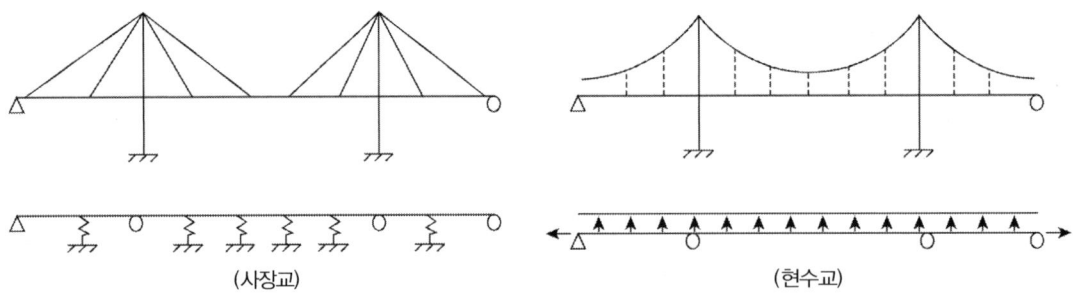

(사장교)   (현수교)

① 사장교

사장교에서는 케이블 정착방식이 보강형 정착방식인 자정식(Self Anchorge)이 주를 이루며, Stay Cable로 인하여 주탑에 매우 큰 압축력이 도입되게 된다. 따라서 주탑에서는 매우 큰 압축응력이 발생되며, 케이블 수평력으로 인한 모멘트가 발생하게 되어 주탑에서는 $P-\delta$효과로 인한 비선형 거동을 보이게 된다.

② 현수교

현수교에서는 케이블 정착방식이 자정식(Self Anchorge)과 타정식(Anchorge)이 모두 사용되나, 초장대교량에서는 타정식이 주로 사용된다. 하중 경로가 보강형 → 행어케이블 → 주케이블 → 앵커리지로 전달되도록 하여, 주케이블이 수평력을 통해서 구조체가 평형을 이루도록 하고 있다. 주탑은 주케이블의 수평력과 새그비 또는 수하비로 인하여 발생하는 수평력과 수직력, 모멘트 발생이 되며, 이로 인하여 사장교와 마찬가지로 $P-\delta$효과로 인한 비선형 거동을 보이게 된다.

▶ 콘크리트 주탑과 강재주탑의 비교

주탑은 사용재료에 따라 콘크리트 주탑과 강재주탑으로 구분될 수 있으며, 근래의 두 재료를 혼합하여 사용되는 합성 주탑의 사용도 늘어나는 추세이다.

일반적인 콘크리트와 강재의 재료적 차이로 인하여 강재주탑에 비해 콘크리트 주탑이 경제적으로 비교우위에 놓이며, 콘크리트에 비해 강재가 가벼워 하부 기초의 부담이나 내진성능에서는 강재주탑 사용 시 비교우위에 놓인다. 하지만 초장대교량에서는 대부분 내풍안정성이 주요 영향인자이기 때문에 강재주탑에 비해서 내풍안정성에서는 콘크리트 주탑이 비교적 유리하다.

구분	콘크리트 주탑	강재주탑
장점	• 큰 단면으로 소요강성 확보 용이 • 질량이 커서 내풍안정성 유리 • 내구성, 유지관리성 유리 • 큰 강성으로 다경간 사장교 적용 유리 • 큰 강성으로 좌굴에 유리	• 질량이 작아 내진에 유리 • 무게가 작아 하부기초가 작아짐 • 대블럭 또는 병행시공으로 공사기간 유리 • 다양한 형태의 단면계획 가능 • 공장제작으로 품질확보 용이
단점	• 큰 질량으로 내진에는 불리 • 무게가 커 하부기초가 커짐 • 공사기간이 늘어남 • 시공방법의 한계로 단면형상 제한적 • 현장타설로 품질확보를 위한 관리 필요	• 적은 강재단면으로 소요강성 확보가 불리 • 시공 시 질량이 작아 내풍안정성 불리, 별도의 대책(TMD 등) 필요 • 강성이 작아 다경간 사장교 불리 • 지속적인 도장 등 유지관리 불리 • 주탑 좌굴에 의한 허용응력 검토 필요
경제성	• 강재주탑 대비 저렴/ 유지관리비 적음	• 강재로 다소 고가/ 방식을 위한 유지관리 필요
시공성	• 단면변화 없으면 시스템 거푸집으로 시공속도 빠름 • 가로보 시공을 위해 일정기간 주탑의 시공이 늦춰지는 경우 있음 • 고소작업 시 콘크리트 타설이 용이하지 않음 • 시공오차 보정이 용이	• 가벼운 강재 인양으로 공기단축 가능 • 기초시공 기간 중 주탑제작으로 공기단축 • 대용량 F/C 적용으로 대블럭 시공 가능 • 단면이 큰 경우 분할 제작 후 현장조립 • 시공오차 보정이 어려움
주요 사례	• 서해대교, 인천대교, 올림픽대교, 마창대교, 북항대교, 여수대교 • Great belt, Normandie, Sutong	• 영흥대교, 진도대교, 제2진도대교, 돌산대교 • Tatara, Millian, Yokohama Bay

▶ 혼합형식의 주탑

일반적으로 콘크리트 주탑은 경제성, 구조적 안정성에서 유리하며, 강재주탑은 시공성, 경관적 측면에서 유리하다. 이로 인하여 부분적 안전성 확보나 경관적인 측면을 고려하여 혼합된 형식의 주탑의 사용이 늘고 있는 추세이며, 국내의 인천대교나 한빛대교의 경우 전체적으로 콘크리트 형식의 주탑을 사용하면서도 케이블 정착부의 국부적 안전성 확보를 위해서 케이블 정착부를 강재로 채택한 경우나 홍콩의 Stonecutter교의 경우 하단은 강성이 큰 콘크리트 주탑을 적용하면서 상단에서는 경관적인 측면에서 외부에 스트레인레스 강을 적용하여 콘크리트와 스터드를 합성하여 단순피복이 아니라 합성함으로써 구조적인 거동 고려하여 적용한 사례가 대표적이다.

(국내 한빛대교)　　　　　　　(홍콩의 Stonecutter Bridge)

구분	콘크리트 주탑	강재 주탑	강합성 주탑
개요도	콘크리트	강재 / 강재	강재 · 콘크리트 채움 / 강재 / 콘크리트 채움
특징	• 강성주탑으로 탑정부측의 변위가 작음 • LOT별 타설로 시공성 양호 및 공기 조절 가능 • 다소 투박한 질량감이 주탑 안정감 유도	• 유연주탑으로 탑정부측의 변위가 큼 • 주탑 앵커프레인 설치 시 가설 정밀도 관리 필요 • 볼트 및 용접 등 이음부측 시공성 복잡	• 콘크리트 충전으로 탑정부측의 변위가 작음 • 강재 내부 콘크리트 타설에 세심한 주의 필요 • 강재 내 콘크리트 충전으로 강성 확보 용이

▶ 결론

초장대교량의 주탑은 주로 축력과 모멘트를 받는 구조체로 가설현장의 상황에 따라 적용성에 대한 검토를 통해서 주탑의 사용재료를 결정하여야 하며, 일반적으로 콘크리트 주탑은 경제성, 구조적 안정성에서 유리하며, 강재주탑은 시공성, 경관적 측면에서 유리하나, 절대적인 것은 아니다. 다수 지진구역은 지진력 저감을 위해 강재주탑 적정하고 내풍안정성이 필요한 곳은 콘크리트 주탑이 유리하므로 지리적, 경관적, 구조적 측면에서 모두 고려하여 형식을 결정하는 것이 바람직하다.

사장교 주탑과 보강거더 연결방식

사장교 구조계획 시 주탑과 보강거더 사이의 경계조건인 부양지지(Floating) 시스템, 받침지지
(Bearing) 시스템 및 라멘(Rahman) 시스템에 대하여 개념을 설명하고, 각 시스템의 장단점에 대
하여 설명하시오.

풀 이

➤ 개요

초장대 형식에 사장교를 적용할 경우에는 보강형에 과다한 변위를 제어하기 위해 주탑의 강성을
크게 하고 주탑과 강결시키기도 하고, 주탑과 보강형이 강결된 경우 장지간의 보강형에서 좌굴로
인한 문제 때문에 지지형식이 적용되기도 하며, 또는 내풍설계의 일환으로 윈드슈와 같은 부양지
지 형식이 적용되기도 한다.

➤ 주탑과 보강거더의 연결방식

일반적으로 사장교는 주탑이 지지점의 역할을 하게 되고 주탑을 기준으로 처짐을 제어하는 구조
형식을 가진다. 그러나 초장대교량이거나 다경간 사장교의 경우에는 보강형의 처짐의 변동이 커
지게 되고 이로 인해 처짐을 제어하기 위해서 주탑과 보강거더에 다양한 방식을 적용한다.

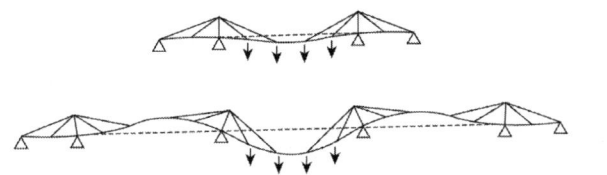
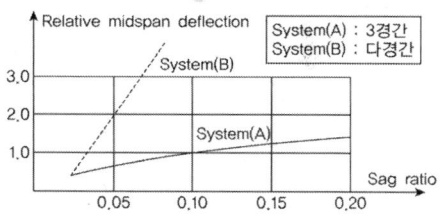

(3경간과 5경간 사장교 구조의 중앙지간 하중재하 시 구조물의 처짐 비교)

① 라멘형식 : 주탑과 보강형의 강성을 증대시키는 방법 (b)+(c)으로 케이블의 강성에 의지하지
않고 주탑과 보강형의 강성을 증대시키고 강결시킴으로써 처짐을 제어하는 방법이다. 처짐 제어
에 어느 정도 효과는 있으나 강성 증대는 곧 단면증대로 이어져 비경제적인 설계가 될 수 있다.

② 받침지지(bearing) 형식 : 일반적으로 라멘형식에 비해 받침지지 구조의 처짐이 더 크다. 초장
대교량에 적용할 경우 주탑의 강성을 극대화할 경우 어느 정도 처짐을 제어하는 효과는 있으
나, 지간이 길어지거나 폭이 넓어 하중이 큰 경우에는 강성 극대화에도 한계가 있다. 다만, 받
침을 2열 받침을 적용할 경우 라멘형식과 유사하게 보강형의 처짐을 최대한 줄일 수 있다. 다

만 이 경우 하부구조물이 Flexible하기 위해서 적절한 형하공간이 필요하며 2열 받침배치로 인해 유지관리비용이 고가인 단점이 있다.

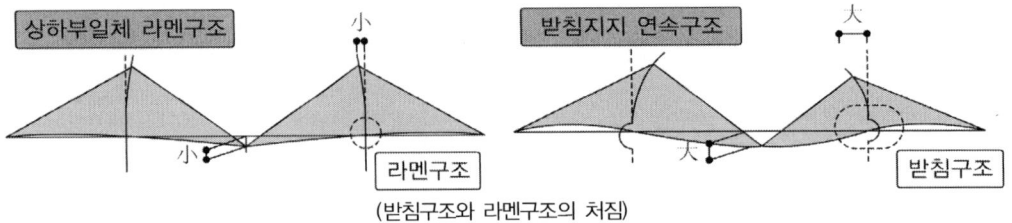

(받침구조와 라멘구조의 처짐)

【 강결구조와 연속보 구조 비교 】

구분	강결구조(라멘) 형식	연속보(받침지지) 형식
개요	주탑과 상부강결 상부와 교각강결	주탑과 상부강결 상부와 교각 받침연결
특징	• 주탑과 교각, 보강거더 강결 • 큰 강성으로 지진 및 활하중 등에 대한 변위 감소 • 주탑부 중점관리 대상인 받침 제외로 유지관리 매우 우수 • 가설 중 교축방향에 대한 변위 제어가 필요 없어 시공 중 안전성 확보 • 주두부 강결로 주탑경사에 대한 지지능력 확보 가능	• 주탑과 교각, 보강거더 분리 • 지진 및 활하중 등에 대한 변위가 크게 발생 • 주탑부 연직 및 수평받침 설치로 유지관리 불리 • 가설 중 교축방향에 대한 변위 제어가 필요하여 시공 중 안정성 불리 • 주두부 분리로 주탑경사에 대한 안전성 확보대책 필요

③ 부양지지(Floating) 형식 : 주탑부에 전달되는 모멘트를 최소화하고 지진, 폭풍 등에 저항성능을 향상시킬 목적으로 윈드슈로 지지하는 형식이다. 평시에 주탑과 보강형의 이동이 자유롭고 이로 인해서 주탑의 부담을 줄일 수 있으며, 지진이나 내풍에 적용성이 좋은 특징을 가진다.

사장교의 보강형

사장교의 콘크리트 바닥판과 케이블을 가설하는 단계에서 보강형의 유효폭 및 보강형의 인장력 저항을 위한 보강설계방법에 대하여 설명하시오.

풀 이

1면 케이블 콘크리트 사장교의 유효플랜지폭 결정에 관한 연구 (2010.8 한국전산구조공학회 논문집)
제2돌산대교의 시공중 보강형 부모멘트 제어방안 연구 (2007.6 대한토목학회 학술발표회 논문집)

➤ 개요

사장교는 기술의 발전에 따라 지간장의 증대되어가는 추세로 지간장이 증대됨으로 인해서 보강형에 작용하는 축력 역시도 증가되게 된다. 이 때문에 압축에 강한 콘크리트 사장교 보강형이 다소 유리한 측면이 있다. 케이블을 가설하는 단계에서 케이블 장력의 도입에 따른 집중하중을 받게되면 상부플랜지는 휨 압축응력과 축 압축응력을 동시에 받게 되는 구조가 되며 이때 보강형의 웨브와 플랜지의 전단변형의 차이로 인해 플랜지 상·하부에는 교축방향에 대한 전단지연 현상이 발생하게 된다. 이러한 현상은 설계 시에 포물선 형태의 교축방향 응력분포를 동일한 면적의 응력블록으로 가정한 유효플랜지폭을 적용하여 고려한다.

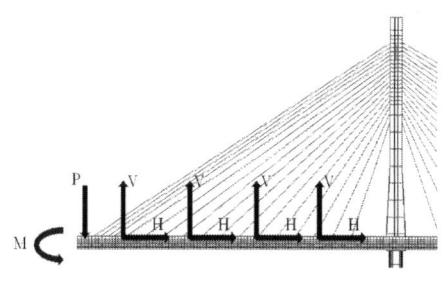

(시공단계 시 보강형의 작용하중)

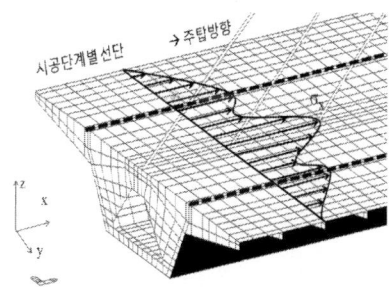

(1면지지 사장교의 전단지연 현상)

➤ 보강형의 유효폭

전단지연을 고려한 유효플랜지폭은 상부플랜지의 불균일한 종방향 응력분포를 탄성보 이론을 따르는 등가의 단면으로 가정한 후 그 단면의 폭으로서 정의된다. 도로교설계기준(2005)에서는 휨과 수직력에 대하여 각각 다른 유효플랜지폭 적용개념을 규정하고 있는데 휨의 유효플랜지폭 적용방법은 단경간 거더, 연속거더, 캔틸레버의 경우에 대하여 그 적용법을 달리하고 있으며, 수직력에 대하여는 바닥판에 작용하는 수직력이 30°의 각을 이루면서 바닥판 전체로 분산되는 것으로 가정된다. 시공단계의 보강형은 캔틸레버 구조계로 고려할 수 있으며 도로교설계기준에 따르거나 혹은 유효플랜지폭을 직접 산정하는 방법을 적용할 수 있다.

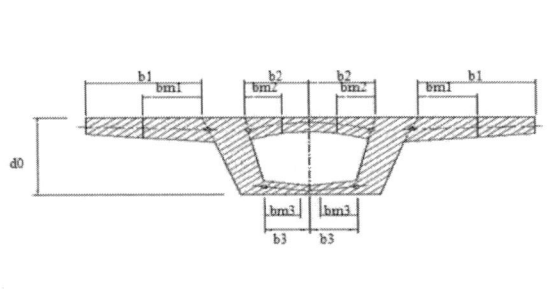
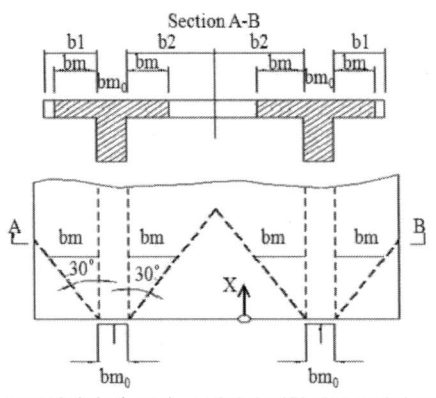

(도로교설계기준(2005) 휨에 대한 유효플랜지 폭)　　(도로교설계기준(2005) 수직력에 대한 유효플랜지 폭)

단경간 구조계의 경우에는 케이블 간격이 일정하므로 산정된 유효플랜지 폭이 일정하게 되나, 가설 중 캔틸레버구조계의 경우에는 주탑으로부터 가설된 보강형의 길이에 따라 유효플랜지폭이 달라지게 된다.

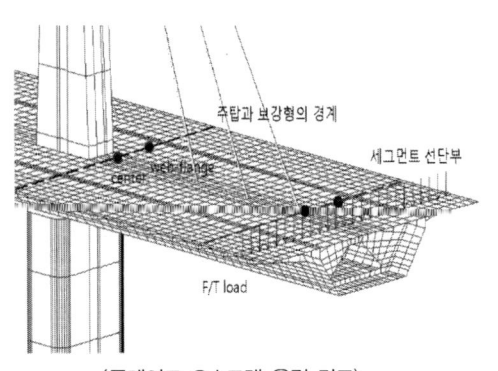
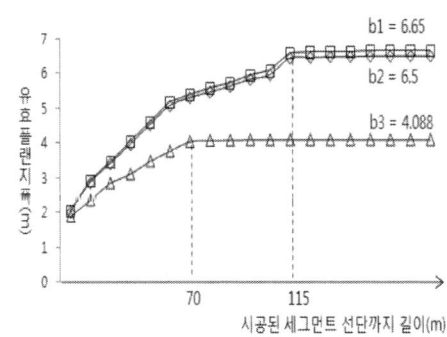

(플레이트 요소모델 응력 검토)　　　　　(캔틸레버 구조계로 가정한 경우 휨-유효플랜지 폭)

▶ 시공중 보강형의 인장력저항 보강설계 방법

시공 중에는 부재를 지지하는 이동거푸집, 크레인, 케이블 가설장비 등이 필요하며 지속적으로 철근배근과 케이블 긴장작업이 이루어지므로 계획된 cycle에 의해 보강형을 시공하게 된다. 이 과정에서 주기적으로 변동되는 하중조건에 의해 콘크리트 보강형에는 큰 응력이 발생할 수 있으며, 콘크리트가 허용응력을 초과하는 경우에 균열이 발생할 수도 있다. 양생 전 콘크리트를 이동거푸집에 의해 캔틸레버 상태로 지지하는 경우 타설지점 후방 세그먼트 상부에서는 부모멘트로 인한 인장력 균열이다. 비교적 보강형 중량이 작은 강합성 사장교에서도 이러한 부모멘트 균열의 우려가 있어 서해대교나 삼천포대교의 가설크레인 계획 시에도 이를 고려하기도 하였다.

시공 중의 부모멘트 등 인장력에 대한 문제 해결 방안으로는 크게 두 가지로 분류할 수 있다. 첫

째로 보강형 세그먼트와 이동거푸집 중량의 배분을 조정하는 방법이다. 이동거푸집의 무게중심이 이전 세그의 케이블 위치보다 후방에 위치하기 때문에 이동거푸집 자중에 의한 부모멘트 영향을 작게 하는 방법으로 종방향거더는 이동거푸집의 전면에서 타설하고 가로보 및 슬래브는 후방에서 타설하기 때문에 가능한 방법이다.

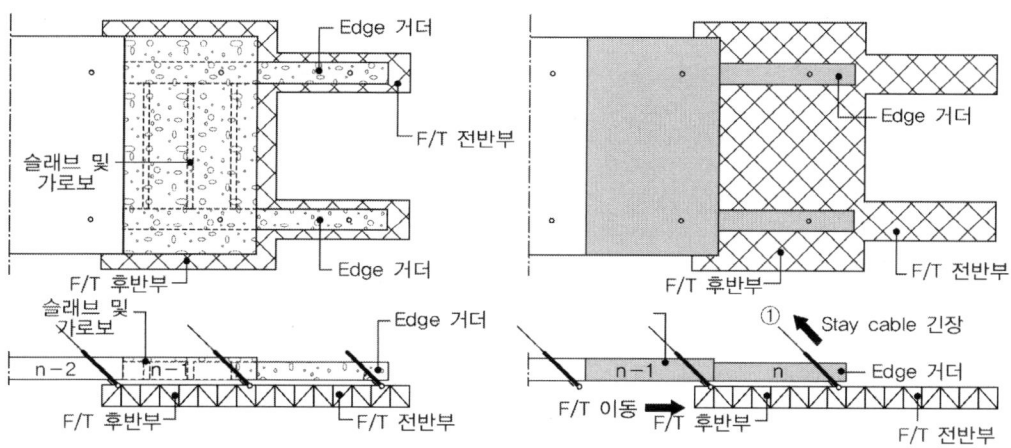

두 번째 방법은 이동거푸집 전면에 케이블을 매달아 캔틸레버 거동이 발생하지 않도록 하는 방법으로 드물게 가설용 케이블을 이동거푸집 전면에 매다는 경우도 있으나 보통의 경우에는 영구 사장재를 임시로 이동거푸집에 정착시킨 후 콘크리트가 경화되면 케이블 장력을 보강형으로 전이시키는 방법을 사용한다.

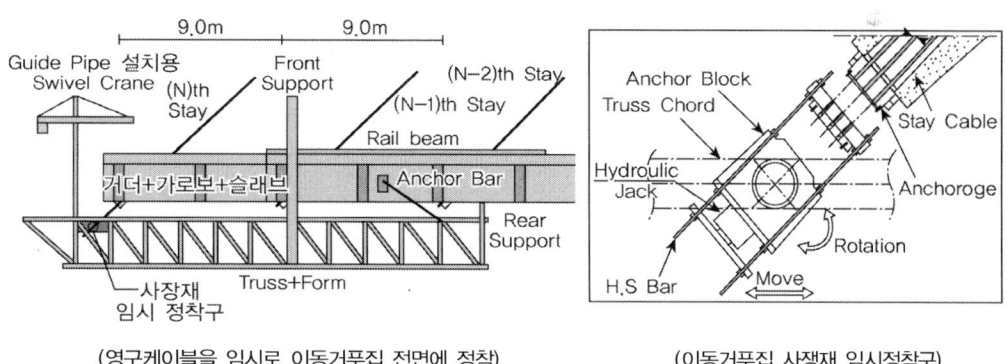

(영구케이블을 임시로 이동거푸집 전면에 정착)　　　(이동거푸집 사쟁재 임시정착구)

영구사장재를 임시로 정착시키는 방법에는 이동거푸집에 임시정착구를 두는 방법과 PC정착 블록을 이동거푸집에 볼트로 고정하는 방법이 있으며 두 방법 모두 케이블 정착부는 PC로 제작하는 경우가 일반적이다.

그 밖에 PS텐던에 의해 부모멘트에 의한 균열을 제어하는 방법이 있으나 연속화 텐던을 사장교

보강형의 폐합 후 중앙경간 등에서 인장력이 발생하지 않고 연속성이 확보되도록 하는 것이 그 목적이며 텐던의 위치가 단면의 중앙부에 있기 때문에 효과가 크지 않고 매 세그 시공단계마다 정착구나 커플러를 사용해야 되는 문제점이 있다. 또한 King-post를 이용하여 이동거푸집 후방에 정모멘트를 추가함으로써 부모멘트를 저감하는 방법의 경우 King-post나 강선을 정착할 정착구를 보강형 상판에 미리 설치하는 문제와 시공 중 정모멘트가 커지는 단계에서는 긴장력을 풀어야 하는 등의 운용상의 번거로움이 발생한다. 또한 보강형 상판의 King-post용 강선 정착구 부위는 부모멘트에 취약하므로 추가로 외부 긴장에 의한 프리스트레스를 도입하여야 한다.

광폭 박스거더 사장교 보강거더 검토

광폭 강박스 거더 사장교에서 보강거더 검토를 위한 설계기준(하중저항계수설계법) 내용과 계산 과정에 대하여 설명하시오.

풀 이

▶ 개요

사장교는 기술의 발전에 따라 지간장의 증대되어가는 추세로 지간장이 증대됨으로 인해서 보강형에 작용하는 축력 역시도 증가되게 된다. 케이블을 가설하는 단계에서 케이블 장력의 도입에 따른 집중하중을 받게 되면 상부플랜지는 휨 압축응력과 축 압축응력을 동시에 받게 되는 구조가 되어 강재 사장교의 경우 보강거더 좌굴에 취약하고, 보강형의 웨브와 플랜지의 전단변형의 차이로 인해 플랜지 상·하부에는 교축방향에 대한 전단지연 현상도 발생하게 된다.

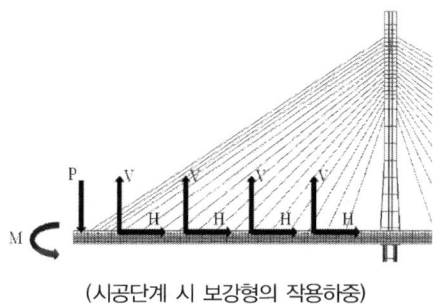

(시공단계 시 보강형의 작용하중)

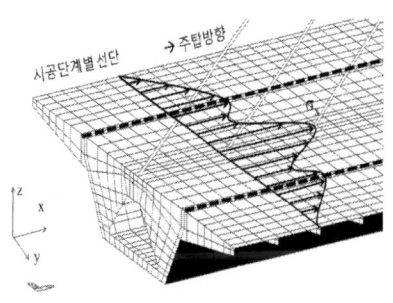

(1면지지 사장교의 전단지연 현상)

▶ 광폭 박스거더 사장교의 보강거더 검토

1) 광폭 박스거더 사장교의 특징

광폭 강박스 거더는 무게대비 강성 비율과 내풍 성능이 우수하여 장경간이 요구되는 케이블지지 교량에 널리 이용되고 있다. 케이블 교량들 중 특히 사장교에 적용되는 광폭 강박스 거더는 사장 케이블의 수평력 성분에 의한 축방향 압축(axial compression)과 더불어 풍하중에 의한 횡방향 휨(lateral flexure)과 자중 및 활하중에 의한 수직방향 휨(vertical flexure)을 동시에 받게 된다. 강박스 거더는 광폭이 가지는 단면 특성상 횡방향 휨강성이 상당히 크기 때문에, 압축과 수직방향 휨이 주로 설계를 지배하게 된다. Eurocode 3, AASHTO LRFD, AISC 등의 국외 설계기준에서는 부재의 압축 및 휨에 대한 개별 검토와 함께 상호작용식(interaction equations)을 이용한 조합력 검토를 규정하고 있으며, 국내 설계기준인 KDS와 도로교설계기준 한계상태설계법-케이블 교량편(2015) 또한 AASHTO LRFD와 동일한 규정을 채택하고 있다.

2) KDS 24 14 00 교량구조설계(케이블교량)에 따른 보강거더 검토

① 압축강도 산정

광폭 강박스 거더의 각 구성요소를 압축력을 받는 보강판 시스템으로 취급하여 압축플랜지의 공칭압축강도 P_n 을 다음과 같이 산정한다.

$$P_n = F_u A_g$$

여기서, A_g 는 보강판 시스템의 전단면적, F_u 는 보강판 시스템의 면내 압축강도

공칭 압축강도는 세장비(λ)에 따른 함수로 산정된다.

$$F_u = F_{cr} = f(\lambda_p, \ \lambda_r)F_y$$

② 휨강도 산정

광폭 강박스 거더 단면에 대한 휨강도 M_r 은 다음의 값 중 작은 값으로 한다.

$$M_r = \min[\phi_f F_{nc} S_c, \ \phi_f F_{nt} S_t]$$

여기서 ϕ_f 는 휨저항계수이며, F_{nc} 와 F_{nt} 는 각각 압축플랜지와 인장플랜지의 공칭휨강도

(1) 압축플랜지의 공칭휨강도 F_{nc}

3개 이상 종방향보강재가 설치된 광폭 폐단면박스에서 압축플랜지의 압축극한강도는 유효폭 구간에 위치한 판폭과 한 개의 종방향보강재로 구성된 스트럿을 기둥부재로 간주하여 공칭휨 저항강도를 구한다. 공칭휨저항강도는 다음 식으로 산정한다.

$$F_{nc} = R_b R_h F_{uf}$$

여기서, F_{nc} = 압축을 받는 보강판의 공칭 휨저항강도(MPa)

F_{uf} = 압축을 받는 보강판의 극한압축강도(MPa)

(2) 압축플랜지의 극한압축강도 F_{uf}

전체좌굴 및 국부좌굴에 대한 안정성 해석으로부터 $F_{uf} = \lambda_{pc} F_y$

여기서, λ_{pc} 는 보강재 스트럿에 대한 감소계수

$$\lambda_{pc} = \frac{1.0}{1.0 + 0.1\lambda_{col}} \ (\lambda_{pl} < 0.3 \ \text{인 경우})$$

$$\lambda_{pc} = \frac{1.15 - 0.5\lambda_{pl}}{1.0 + 0.1\lambda_{col}} \ (0.3 \leq \lambda_{pl} \leq 1.3 \ \text{인 경우})$$

$$\lambda_{pl} = \frac{w/t}{1.9}\sqrt{\frac{F_y}{E}} \ , \ \lambda_{col} = \frac{1}{\pi}\sqrt{\frac{F_y}{E}}\frac{L}{r}$$

강박스 거더가 휨에 의한 압축과 동시에 휨 또는 비틀림에 의한 전단응력의 작용을 받는 경우에는 보정된 압축극한강도를 F_{uf}를 보정하여 적용해야 한다.

$$F_{uf}' = F_{uf} \qquad\qquad (f_v \leq 0.175F_y \text{인 경우})$$

$$F_{uf}' = 1.05F_{uf}\sqrt{1 - \frac{3f_v^2}{F_y^2}} \qquad (f_v > 0.175F_y \text{ 인 경우})$$

$$f_v = \max\left[\frac{1}{3}f_{v.\max}, \left(1 - \frac{1}{n}\right)f_{v.\max}\right] : \text{계수하중에 의해 저판에 발생하는 전단응력}$$

$$f_v = f_{v.aver.}$$

$f_{v.\max}$ = 웨브와 연결된 플랜지 저판의 최대 휨전단응력(MPa)

n = 고려중인 박스의 압축플랜지 종방향보강재의 개수

$f_{v.aver.}$ = 웨브와 연결된 플랜지 저판의 평균 비틀림전단응력(MPa)

(3) 인장플랜지의 공칭휨강도 F_{nt}

U형 단면 박스의 인장플랜지 공칭휨강도는 다음의 식을 이용해 구한다.

$$F_{nt} = R_h F_{yt}$$

여기서, R_h는 하이브리드 단면의 응력감소계수 $R_h = \dfrac{12 + \beta(3\rho - \rho^3)}{12 + 2\beta}$

$$\beta = \frac{2D_n t_w}{A_{fn}}$$

ρ : F_{yw}/f_n과 1.0 중에 작은 값

A_{fn} : 플랜지 단면적과 D_n 방향에 위치한 플랜지 덮개판 면적의 합(mm²)

D_n : 단면의 탄성중립축으로부터 양 플랜지의 안쪽 면까지의 거리 중 큰 값(mm)

f_n : D_n 방향에 위치한 플랜지, 덮개판 또는 종방향 철근에서 처음으로 항복이 발생하는 단면의 경우에는 A_{fn} 산정 시 포함된 각 요소의 최소항복강도(MPa). 그 밖의 경우에는 D_n과 반대방향에서 최초 항복 발생 시 D_n 방향에 위치한 플랜지, 덮개판 또는 종방향 철근의 탄성응력 중 가장 큰 값

③ 상호작용식에 의한 검토

압축력과 일축휨을 동시에 받는 부재에 대해 상호작용 식을 이용해 안전성을 검토한다.

(1) $\dfrac{P_u}{P_r} < 0.2$, $\dfrac{P_u}{2.0P_r} + \dfrac{M_u}{M_r} \leq 1$ \qquad (2) $\dfrac{P_u}{P_r} \geq 0.2$, $\dfrac{P_u}{P_r} + \dfrac{8M_u}{9M_r} \leq 1$

여기서 $P_r = \phi_c P_n$

사장교 부반력

사장교 측경간 교각부에 부반력이 발생할 경우, 설계 시 고려사항에 대하여 설명하시오.

풀 이

▶ 개요

일반적으로 사장교는 케이블의 장력이나 중앙경간의 처짐 등을 고려하여 측 경간비가 중앙 경간장에 비해 짧도록 구성되어 있다. 사장교의 지간비는 시스템의 처짐 양상을 결정할 뿐만 아니라 앵커 케이블의 장력 및 변화폭에 영향을 주므로 케이블 피로설계에 중요 변수가 되기 때문에 일반적으로 사하중의 비율이 높은 콘크리트 도로교의 경우 0.42 정도의 지간비를 적용하고 활하중 비율이 높은 철도교의 경우에는 0.34까지 적용한다. 또한 사장교는 외부하중이 보강형에서 Stay cable을 통해 주탑과 Anchor cable에 이르는 하중전달 구조에서 앵커 케이블이 인장상태에 있어야만 안정성을 유지할 수 있으며 앵커 케이블이 인장상태를 유지하기 위한 조건은 활하중 p가 전혀 없는 상태일 때 측경간이 주경간장의 1/2이어야 하며 활하중을 고려할 때는 주경간장이 더 커지게 된다.

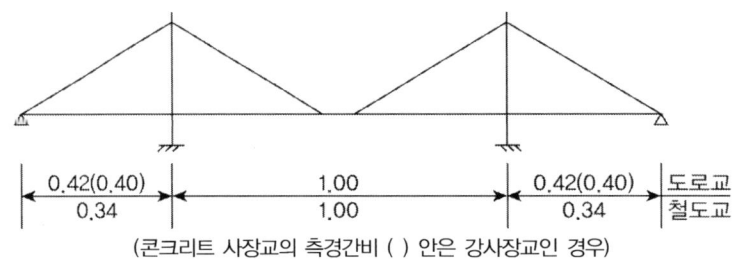

<table>
<tr><td>0.42(0.40)</td><td>1.00</td><td>0.42(0.40)</td><td>도로교</td></tr>
<tr><td>0.34</td><td>1.00</td><td>0.34</td><td>철도교</td></tr>
</table>

(콘크리트 사장교의 측경간비 ( ) 안은 강사장교인 경우)

따라서 사장교에서는 단부교각에서 정반력의 수직력보다는 앵커케이블에 의한 부반력이 발생될 가능성이 매우 크며, 이러한 부반력이 발생될 경우에 이에 대한 대책을 마련하는 것이 필요하다.

▶ 설계 시 고려사항

1) 부반력 설계기준

도로교 설계기준에서는 다음의 값 중 불리한 값을 사용하여 설계하도록 하고 있다.

$$Max(2R_{L+i} + R_D, \ R_D + R_W)$$

그러나 지침에서는 별도의 부반력 조합이 존재하는 것이 아니라 사용하중조합과 극한강도조합에서의 부반력 값을 그대로 적용하고 있어 별도의 조합을 수행하지 않는다. 이러한 내용은 초과하중이라는 개념을 도입한 케이블 강교량 설계지침과는 또 다르며 케이블 강교량 설계지침에서 정의하고 있는 초과하중 조합에 의한 부반력 산정식은 다음과 같다.

① 활하중과 충격계수 100% 증가시킨 하중조합에서 산출된 부반력 100%

② 사용하중조합에서 산출된 부반력의 150%

2) 부반력 제어 대책

부반력의 제어는 자중을 늘이거나 줄이는 방법이나 다른 구조물의 자중을 이용하는 방법이 주로 사용된다. 상부구조물의 자중을 증가하는 방법에는 Counter Weight를 재하하는 방법이 있으며, 상부구조물의 중앙경간부의 자중을 경감시키기 위해 복합사장교를 이용하는 방법이 있다. 또한 하부구조물의 자중을 이용하는 방법에는 서해대교에서 사용한 방법인 접속교의 자중을 이용하는 방법, Tie-Down Cable이나 Link Shoe, Anchor Cable을 이용하여 교대나 지반의 자중을 이용하는 방법으로 구분된다.

① Counter Weight 재하방법 : 박스교의 같은 상부구조물에 측경간의 보강형 내부에 구조적인 또는 비구조적인 중량물을 설치하여 하중을 증가시키는 방법이다. 이 방법의 경우 공간적인 제약이 있을 수 있으며, 하중의 증가로 인하여 보강형의 단면의 증대나 측경간 케이블의 단면 증대, 질량증대로 내진설계 시 하중증가, 유지관리 불리 등의 문제가 있을 수 있다.

② 복합 사장교의 적용 : 중앙지간의 보강형을 중량이 가벼운 강재로 치환하고 측경간은 콘크리트 단면을 이용하는 방법이다. 이 방법의 경우 콘크리트와 강재의 접합부에 대한 설계에 주의를 요한다.

③ 접속교의 자중을 재하 : 서해대교에 적용된 방법으로 접속교의 자중을 이용하여 보강형의 자중을 증가시키는 방법이다. 가설 시의 접속교 설치방법에 주의를 요구된다. 서해대교의 경우 가설브라켓과 크레인을 이용하여 설치하였다.

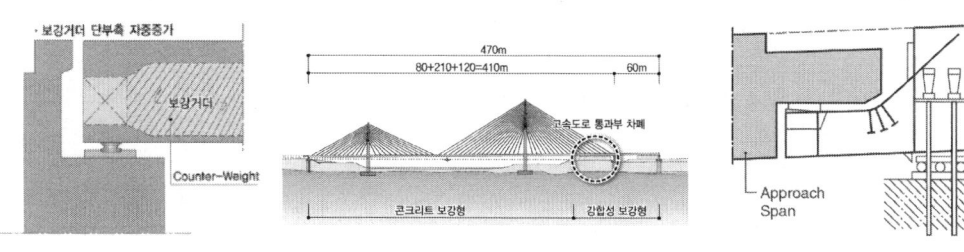

(Counter Weight 재하)　　　　(복합 사장교의 적용)　　　　(접속교 자중 이용방법)

④ Tie-Down Cable : 교각과 보강형을 케이블로 연결하여 부반력을 교각에 전달하는 방법으로 일반적으로 가장 많이 쓰이는 방법이다. 보강형의 이동량이 크면 케이블이 꺾이는 문제가 발생할 수 있으며 교각이 낮은 교량의 경우 케이블이 짧아 2차 응력이 과도하게 발생되는 문제가 발생할 수 있다.

⑤ Link Shoe : 보강형과 교대에 Link Shoe를 설치하여 교대의 자중으로 부반력에 저항하는 방

법으로 교대부쪽에 이동량이 크거나 회전각이 클 때 적합하다. 다만 교체가 어려우므로 유지관리 시 불리한 단점이 있다.

⑥ Anchor Cable : 교대 밑으로 설치된 지중 앵커와 보강형을 케이블로 연결하여 하부 지반과 교대의 자중으로 저항하는 방법이다. 지반조건에 따라 설치여부가 결정되므로 이에 대한 고려가 필요하다.

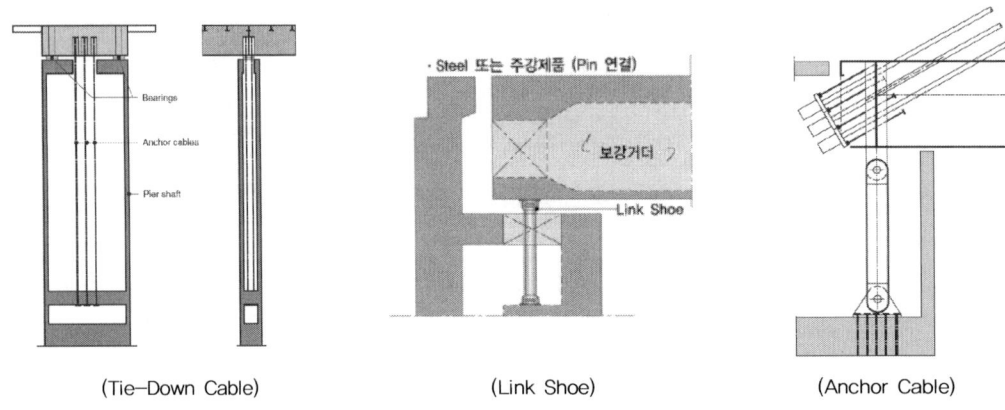

|(Tie-Down Cable)|(Link Shoe)|(Anchor Cable)|

3) 주요 부반력 제어 방법의 비교

구분	Counter-Weight	Tie-Down 케이블	Link-Shoe
개요도	· 보강거더 단부측 자중증가 Counter-Weight	· 케이블에 Prestressing 도입 Tie-Down 케이블	· Steel 또는 주강제품 (Pin 연결) Link Shoe
특징	• 보강거더 내에 콘크리트 내부 채움으로 부반력제어 • 내부 점검통로 공간을 고려한 콘크리트 타설부위 결정 필요 • 구조 상세가 단순하고 거동이 명확 • 유지관리 단순화	• 교대측에 발생하는 부반력을 케이블로 제어하는 시스템 • 규모가 작아 보강거더 내부 등 협소한 공간에 배치 및 접근 용이 • Tie-Down 케이블의 꺾임 현상에 대한 대책 필요	• Link Shoe 본체 강성으로 부반력에 대응하는 시스템 • 규모가 커 공간확보가 불리하고, 단일부재로 저항하므로 교체 곤란 • Link Shoe 설치지점부 단부 보강거더 보강 필요

다경간 사장교

3주탑 이상 다경간 사장교의 구조적 특징, 문제점 및 개선방안에 대하여 설명하시오.

풀 이

▶ 개요

다경간 사장교는 일반적인 3경간 사장교에 비해서 앵커 케이블이 없기 때문에 지지점 부재로 인한 처짐이 가장 큰 해결 과제다.

▶ 다경간 사장교의 구조적 특징 및 문제점

일반적으로 사장교는 '하중→보강형→케이블→주탑→앵커케이블→하부지반'으로 하중이 전달되는 경로를 가진다. 3경간 형식의 사장교의 경우 Stay Cable과 Anchor Cable을 통해서 교각이나 주탑으로 하중이 전달되며, 주탑과 Anchor Cable에 의해서 사장교의 처짐을 제어되도록 구성된다. 그러나 다경간 사장교의 경우 내부주탑의 개수가 증가하게 되고 내부주탑의 경우 지지점과 연결하는 앵커케이블이 존재하지 않기 때문에 최외측 측경간과 이웃한 경간부에서만 앵커 케이블의 효과를 볼 수 있고 내부주탑은 주탑의 자체 강성으로 평형을 유지해야 하는 형상이 된다. 따라서 내부 주탑부에 하중이 재하될 경우 주경간측에 과도한 처짐이 발생하는 문제가 있다.

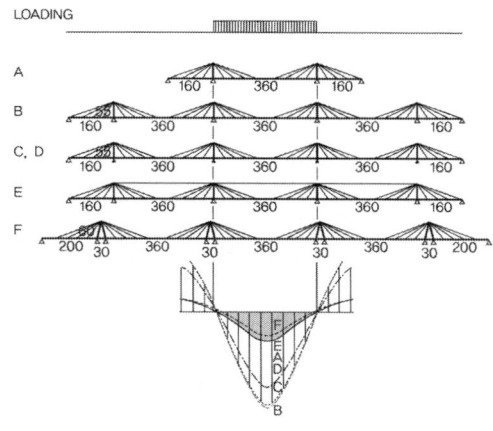

(다경간 사장교 중앙지간 하중의 처짐 비교)

① B와 C를 비교하면 일반적인 강성을 갖는 주탑의 고정단 처리는 변형을 크게 감소시키지는 못한다.
② B와 D를 비교하면 주탑의 하부가 고정단으로 처리되어 있으며 휨강성을 증가시키는 경우 변형은 크게 줄어들지 않는다.
③ E의 경우 주탑의 상단을 수평케이블로 구속할 경우 교량의 변형이 허용범위로 감소한다.
④ F의 경우 3각형 주탑이 슈에 의해 지지되어 변형이 허용한계로 감소한다.
⑤ 보조케이블을 적용하는 것이 가장 경제적이며 처짐 형상을 제어할 수 있다. 그렇지 않을 경우에는 2열 받침을 적용하는 것이 가장 효과적이다.

▶ 다경간 사장교 구조적 처짐 문제에 대한 거동 개선방법

다경간 사장교의 처짐의 문제점을 개선하기 위한 방법으로 주로 사용되는 것은 크게 주탑의 강성을 변화시키거나 지점을 변화시키는 방법, 케이블을 이용하는 방법으로 구분할 수 있으며 각각의 방법은 다음과 같은 특징을 가진다.

1) 주탑이나 보강형의 강성을 변화시키거나 지점을 변화시키는 방법

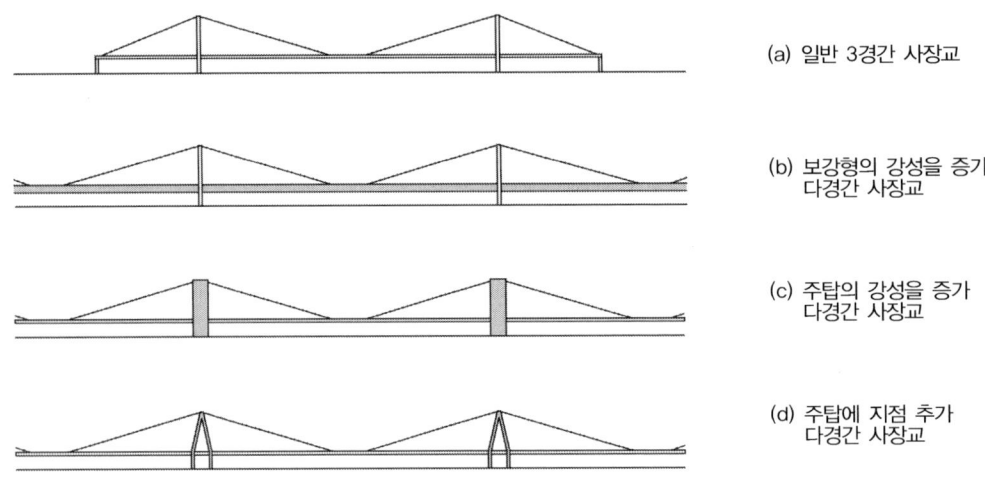

(a) 일반 3경간 사장교

(b) 보강형의 강성을 증가 다경간 사장교

(c) 주탑의 강성을 증가 다경간 사장교

(d) 주탑에 지점 추가 다경간 사장교

① 주탑과 보강형의 강성을 증대시키는 방법 (b)+(c) : 케이블의 강성에 의시하지 않고 주탑과 보강형의 강성을 증대시키고 강결시킴으로써 처짐을 제어하는 방법으로, 처짐 제어에 어느 정도 효과는 있으나 강성 증대는 곧 단면 증대로 이어져 비경제적인 설계가 될 수 있다.

② 주탑의 강성만 극대화하는 방법 (c) : 주탑의 강성을 극대화하는 방법으로 어느 정도 효과는 있으나, 지간이 길어지거나 폭이 넓어 하중이 큰 경우에는 강성 극대화에도 한계가 있다.

③ 지점을 2열로 하여 라멘 효과를 부여하는 방법 : 주탑의 받침 배열을 2열로 하여 보강형에 대하여 라멘효과를 유발시켜 처짐을 제어하는 방법이다. 라멘효과를 부여하는 방법의 단점으로는 불균형 하중이 작용할 때 처짐을 제어하는 효과도 있지만 더불어 받침에 작용하는 정반력도 커져 큰 용량의 받침을 필요로 하고 반대편의 받침에는 부반력을 유발할 수 있는 점이다.

2) 케이블을 이용한 방안

① 보조 경사케이블을 추가 케이블(사재)로 설치하는 방법 : 내부주탑과 인근주탑을 사재케이블로 연결하여 주탑의 변위를 제어하는 방법으로 내부주탑의 변위제어에 효과가 있으나 추가 케이블 설치로 인한 시공성이 저하되고 특히 미관에 불리하다.

② 보조 헤드케이블을 추가케이블(상부)에 설치하는 방법 : 주탑부의 강성을 헤드케이블로 연결

하여 활하중에 의한 처짐을 방지하는 방법으로 헤드케이블에 의한 강성 증가효과가 사장교의 경우에는 미미하다.

③ 케이블 교차배치(Overlapping) 방법 : 내부케이블을 일부 중첩시키는 방법으로 내부에 작용하는 하중들이 양쪽 케이블에 동시에 작용하여 주경간의 변위를 줄여주는 시스템으로, 케이블이 중첩됨으로 해서 보강형의 축력이 줄어들어 단면을 다소 줄일 수 있는 효과도 있다. 다만 케이블의 중첩 시 시공이 까다롭고 케이블 양이 추가적으로 늘어남으로써 경제성에 불리한 단점이 있다.

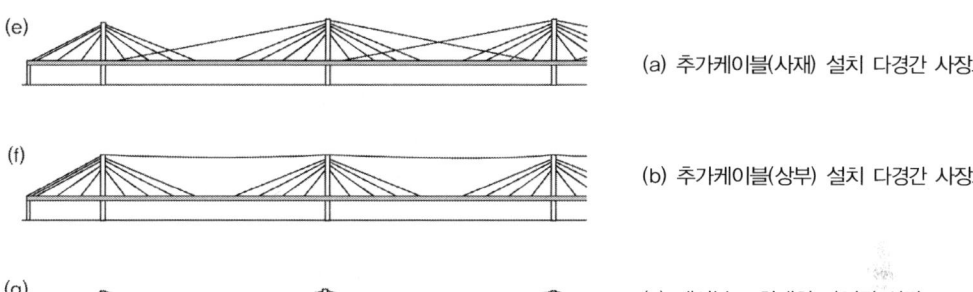

(e)

(a) 추가케이블(사재) 설치 다경간 사장교

(f)

(b) 추가케이블(상부) 설치 다경간 사장교

(g)

(c) 케이블 교차배치 다경간 사장교

엣지 거더 콘크리트 사장교

사장교 상부형식 중 콘크리트 엣지 거더(Edge Girder)교의 특징 및 F/T(Form Traveler) 시공공법
과 유지관리를 위한 구조물 계획에 대하여 설명하시오.

풀 이

▶ 개요

콘크리트 사장교는 압축에 강한 콘크리트를 주탑 및 보강거더의 주요 부분에 적용한 합리적인 교
량이며, 일반적인 고강도 콘크리트를 사용할 경우 중소지간에 대해 강상형이나 강합성 사장교에
비해 탁월한 경제성을 나타내며 유지관리면에서도 유리하다. 콘크리트 사장교는 설계 시 크리프
및 건조수축 고려, 가설 시 균열, 선형관리 및 가설장비(Form traveller) 고려 등 계획 및 시공에
서 세심한 주의를 기울여야 하는 민감한 교량이다. 콘크리트 사장교 보강형의 형식으로는 엣지
거더(edge girder)와 박스 거더(box girder)가 주로 적용되고 있다.

▶ 엣지 거더교의 특징

엣지 거더 콘크리트 사장교는 박스 거더 콘크리트 사장교에 비해 미관이 날렵하며 시공성과 경제
성 측면에서 매우 유리한 형식이다. 그러나 보강형의 강성이 박스형 사장교에 비해 작으므로 시
공 중 부모멘트 저감방안과 균열방지에 대해 더욱 세심한 관리가 필요하나. 시공 중 분리한 단면
력 제어를 위해 부재를 지지하는 이동거푸집(F/T) 혹은 크레인, 케이블 가설장비 등이 필요하며,
반복적으로 철근 배근과 케이블 긴장 작업이 이루어지므로 계획된 Cycle에 의해 보강형을 시공하
게 된다. 이 과정에서 주기적으로 변동되는 하중조건에 의해 콘크리트 보강형에는 큰 응력이 발
생할 수 있으며 콘크리트가 허용응력을 초과하는 경우에 균열의 발생으로 시공품질이 저하될 수
도 있다.

① 단면 형상 : 엣지 거더는 자체의 비틀림강성이 작아 2면 케이블 배치를 적용하며 캔틸레버의
   유무와 케이블 정착위치에 따라 단면의 형상이 달라진다. 보도가 있는 경우에는 보도를 케이
   블 외측에 설치하고 캔틸레버 구조로 계획하면 단면의 효율성을 높일 수 있다.

② 거더 세장비 : 경간장이 커질수록 바람에 대한 거더의 안정성 문제가 중요해지므로 거더의 세
   장비를 고려해 단면제원을 정해야 한다. 특히 주경간장/거더폭(한계변장비)의 비가 40을 초과
   하지 않도록 하는 것이 좋으며, 또한 주경간장/거더 높이비가 500을 넘지 않도록 거더의 단면
   높이를 정하는 것이 유리하다.

③ 거더 세그먼트 : 콘크리트 사장교의 케이블 배치간격은 4~8m 정도가 일반적이며 거더의 가설
   단위가 되는 세그먼트 길이도 케이블 간격과 마찬가지로 4~8m를 적용한다. F/T의 규모는 세

그먼트의 길이 및 중량에 의해 결정되며, 세그먼트 길이가 길어지면 F/T의 무게도 늘어나 시공하중이 커져서 단면설계에 불리해진다. 때문에 케이블 간격을 좁혀 F/T의 중량을 줄이거나 거더와 가로보를 1차로 제작한 후 제작한 후에 케이블을 설치하여 지지구조를 구성한 후 최종적으로 슬래브를 타설하여 F/T가 지지하여야 할 무게를 최소화하는 2단계 가설방법을 적용하기도 한다.

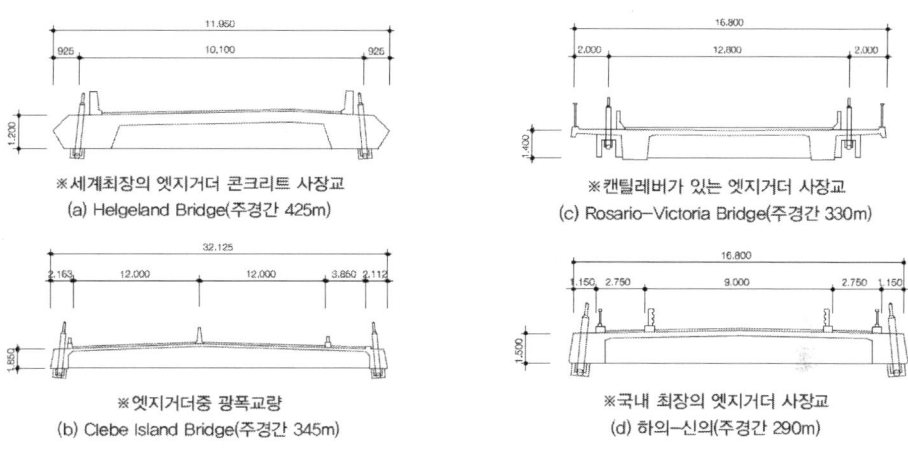

※세계최장의 엣지거더 콘크리트 사장교
(a) Helgeland Bridge(주경간 425m)

※캔틸레버가 있는 엣지거더 사장교
(c) Rosario-Victoria Bridge(주경간 330m)

※엣지거더중 광폭교량
(b) Clebe Island Bridge(주경간 345m)

※국내 최장의 엣지거더 사장교
(d) 하의-신의(주경간 290m)

▶ F/T(Form Traveler) 시공공법

콘크리트 사장교의 상부구조의 경우 시공의 핵심적인 사항은 거푸집 이동장치의 운용이다. 거푸집 이동장치의 제작과 운용은 교량의 전체적인 시공 효율에 크게 영향을 미치게 되는데 최근에는 설계법의 발전과 기계장치의 개발에 힘입어 대용량 거푸집 이동장치를 경량화하기 위한 시도가 계속되고 있다. 거푸집 이동장치는 크게 Above Type과 Below Type으로 구분되지만 국내에서는 Above Type이 선호되어 왔다. Below Type이 기계적 운영과 자중 측면에서 불리한 점은 있지만 타 공정과의 간섭이 최소화되고 시공효율을 높일 수 있는 장점도 있다.

1) 전형적인 F/T방식

F/T는 Main Truss와 F/T를 지지하기 위한 Front, Middle, Rear Support 및 F/T 이동 시 하강 및 인상을 위한 Hanger Frame으로 구성되어 있다. Edge Girder 타설 시 부모멘트 발생을 최소화하기 위해 Edge Girder를 타설한 후 Slab를 타설하게 된다. Edge Girder 타설 시에는 Rear Support와 Middle Support로 지지되어 있으며, Slab 타설을 위해 Middle과 Front Support로 지지점이 이동하게 되며 휨모멘트 저감을 위해 Cable을 긴장하는 순서로 시공이 진행된다.

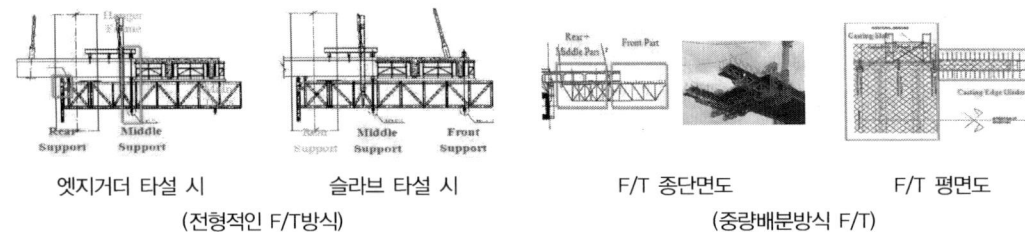

엣지거더 타설 시	슬라브 타설 시	F/T 종단면도	F/T 평면도
(전형적인 F/T방식)		(중량배분방식 F/T)	

2) 중량배분방식 F/T

중량배분방식 FT는 인도 Yamuna교 시공에 사용되었다. 중량 배분방식 FT는 Front, Middle, 그리고 Rear Part로 구성되어 있다. Front Part는 Edge Girder 타설하기 위한 용도로 사용되고, Middle Part는 Slab 및 Cross Beam 타설을 위해 사용된다. 한편 Rear Part는 FT지지 및 FT런칭을 위한 Suspension Arm 설치를 위해 사용된다. 여기서 중요한 점은 Front Part와 Middle 및 Rear Part의 중량비율은 약 1:3이고 FT지지점이 분산되어 있으므로 전술한 전형적인 사장교와 비교 시 Edge Girder 타설 시에 발생하는 부모멘트를 저감해준다. 한편 한 번의 FT 런칭으로 지지점의 변경 없이 이전 Seg Slab 타설과 현재 Seg의 Edge Girder 타설이 동시에 이루어지므로 공기를 단축할 수 있는 장점도 가지고 있다.

3) 임시타워 및 Tendon 긴장에 의한 모멘트 제어 방식 F/T

임시타워 및 Tendon 긴장에 의한 모멘트 제어 방식 FT는 인도네시아 Siak교에 사용되었다. 우선 FT의 Bottom 부분을 인상하고 임시타워의 텐던을 긴장하게 된다. Edge Girder 및 Cross Beam을 타설한 후 Side Cable의 100% 긴장력 도입 및 Main Span Cable의 부분 긴장력을 도입하게 된다. 이후 Main Span의 Slab를 타설한 후 FT의 Bottom부분을 하강한 뒤 임시타워 텐던 긴장력 해제 및 임시타워 이동을 하게 된다. 즉 임시타워와 Tendon 긴장에 의한 모멘트 제어 방식 FT는 임시타워를 이용하여 이동거푸집 후방에 정모멘트를 추가함으로써 부모멘트를 저감하는 시공 방식이다. 이러한 시공법에서는 임시타워나 강선을 정착할 정착구를 보강형 상판에 미리 설치하는 문제와 시공 중 정모멘트가 커지는 단계에서는 긴장력을 풀어야 하는 등의 운용상 및 공기상의 단점을 가지고 있다.

4) 영구 Cable 지지방식 F/T

영구 Cable을 이용한 지지방식 FT는 제2돌산대교에 사용되었다. 영구 사장재를 FT의 Stressing Block에 있는 임시 정착구에 정착함으로써 콘크리트 타설과 FT자중으로 인한 기 가설된 보강형의 부모멘트 저감뿐 아니라 일괄타설이 가능하다. 시공 중에 FT Setting시 전방 FT의 Level조정은 Hanger Frame 하단에 위치한 Alignment Jack과 Stressing Block에 설치되어 있는 Main Support Jack을 이용하여 조정하게 된다. 한편 콘크리트가 타설되면 추가적인 공정으로 임시 정착구 하중을 영구정착구로 전이시키는 Load Transfer 과정이 필요하다. Load Transfer의 개략적인 순서는 영구정착구와 임시 정착구에 Eye Bolt 및 Wire Rope를 설치하고 Wire Rope를 이용 Lifting Plate를 임시 정착구에서 분리함으로써 영구 정착구에 wedge가 설치되면 Main Support Jack을 이용하여 임시 정착구의 edge분리 및 Cable Force 영구정착구로 전이하게 된다.

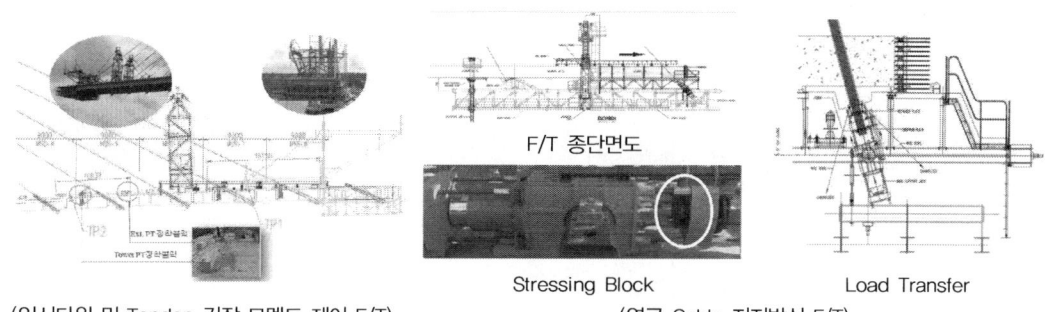

(임시타워 및 Tendon 긴장 모멘트 제어 F/T)   Stressing Block   Load Transfer
(영구 Cable 지지방식 F/T)

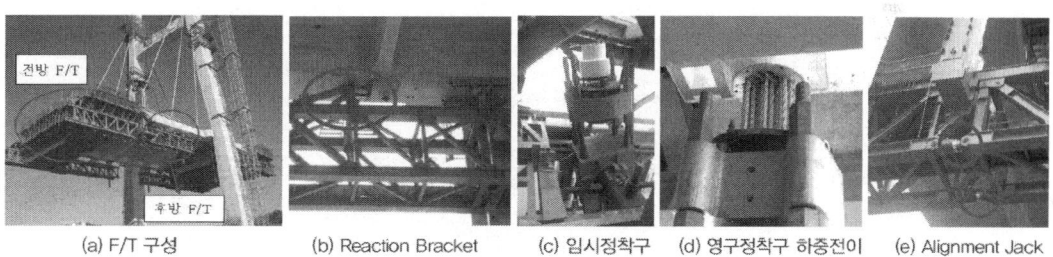

(a) F/T 구성   (b) Reaction Bracket   (c) 임시정착구   (d) 영구정착구 하중전이   (e) Alignment Jack

(영구 Cable 지지방식 F/T : 제2돌산대교)

공기적 측면에서는 중량배분방식이 가장 유리하며, 전형적인 FT와 같이 중량배분방식 FT도 분할 타설이지만 1회 런칭으로 FT지지점 위치변경이 필요 없으며, 이전 Seg의 철근과 현재 Seg의 철근작업이 동시에 가능하므로 전형적인 FT와 비교 시 공기를 단축시킬 수 있다. 영구 Cable 지지방식 FT는 일괄 타설임에도 불구하고 전형적인 FT의 경우보다는 공기를 약간 단축될 수 있다. 이는 임시 정착구 Cable 정착 및 Alignment Jack을 포함하는 FT Setting과 Blister 설치, 영구정착구로의 하중전이 등과 같은 추가공정이 주요인이다. 임시타워 및 텐던에 의한 모멘트 제어방식은 공기적인 측면에서 가장 불리할 수 있다.

▶ 유지관리를 위한 구조물 계획

일반적으로 콘크리트 사장교의 유지관리를 위해서는 상부구조물, 하부구조물, 케이블, 부대시설(교량받침, 신축이음, 교면포장, 배수시설 등) 등에 대한 계획을 수립한다. 유지관리 계획은 일상점검과 정기점검으로 구분되며, 일상점검은 통상 육안점검을 통해 이루어진다. 케이블 교량과 같이 전체적인 거동을 상시점검하기 위해서는 계측장치 등을 설계 시 반영하고 있으며, 통상 지진가속계측기, 풍속계, 신축변위계, 온도계, 처짐계 등을 설치해 구조물 안전관리를 수행한다. 콘크리트 엣지거더를 설치한 칠산대교의 경우 지진가속도계측기 등 총 50개소의 계측시스템을 설치해 상시 관리되고 있으며, 구조물의 전반적인 거동을 확인하기 위해서 프리즘 등을 설치해 케이블, 보강거도, 주탑 등의 형상측량을 통해 유지관리를 하기도 한다.

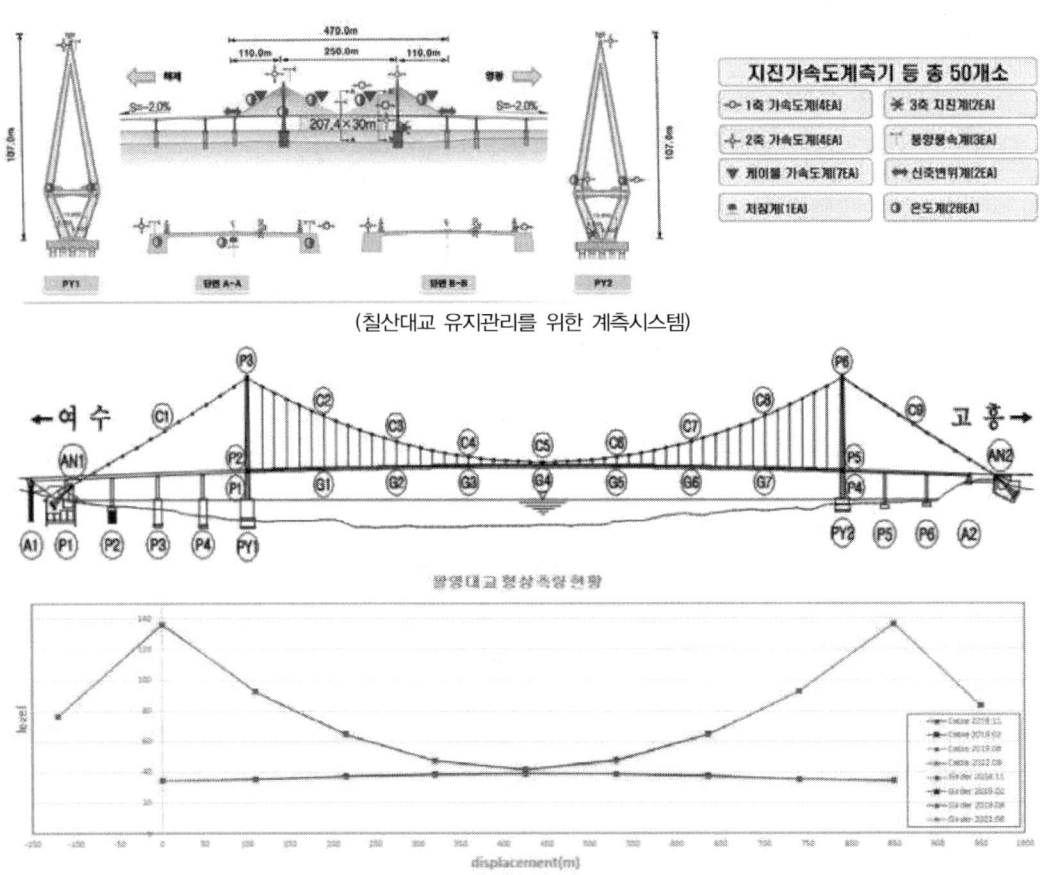

(칠산대교 유지관리를 위한 계측시스템)

(팔영대교 프리즘을 이용한 형상관리)

가설 스트럿, 타이 다운 케이블

케이블 교량의 가설 스트럿(Temporary strut)과 타이 다운 케이블(Tie down cable)에 대하여 설명하시오.

풀 이

> **개요**

케이블 교량의 가설 스트럿은 주로 경사형 주탑을 설치하거나 해상이 아닌 육지에 보강형을 설치할 때 가설 중의 안전성을 확보하기 위해 설치되며, 타이 다운 케이블의 경우 주로 형상비 등으로 인해 발생되는 부반력을 제어하기 위해 교각이나 교대와 보강형을 케이블로 연결하는 방식을 말한다.

> **케이블 교량의 가설 스트럿과 타이 다운 케이블**

1) 가설 스트럿(Temporary strut)

케이블은 세장한 부재를 장경간화해서 설치하는 교량형식으로 가설 중 안전성 향상을 위해 임시 구조부재를 설치해 시공안전성과 제진, 내풍 안전성을 향상시킬 목적으로 운용된다. 보강형에 설치되는 가설 스트럿은 육상에 설치가 가능한 경우에 적용되며, 케이블이 폐합되어 하중이 평형을 이루기 전에 임시로 안전성을 확보하기 위해 설치되는 구조물이다. 또한 다이아몬드 주탑 등 경사 콘크리트 주탑에 가설 중 안전성을 확보할 목적으로도 사용된다.

2) 타이 다운 케이블(Tie down cable)

부반력의 제어는 자중을 늘이거나 줄이는 방법이나 다른 구조물의 자중을 이용하는 방법이 주로 사용되며, 상부 구조물의 자중을 증가하는 방법에는 Counter Weight, 상부구조물의 중앙경간부의 자중을 경감시키기 위해 복합사장교를 이용 방법이 있으며, 하부구조물의 자중을 이용하는 방법에는 접속교의 자중을 이용하는 방법, Tie-Down Cable이나 Link Shoe, Anchor Cable을 이용하여 교대나 지반의 자중을 이용하는 방법으로 구분된다.

Tie-Down Cable은 교각과 보강형을 케이블로 연결하여 부반력을 교각에 전달하는 방법으로 일반적으로 가장 많이 쓰이는 방법이다. 보강형의 이동량이 크면 케이블이 꺾이는 문제가 발생할 수 있으며 교각이 낮은 교량의 경우 케이블이 짧아 2차 응력이 과도하게 발생되는 문제가 발생할 수 있다.

해상 사장교

해상에서 사장교 가설 시 강재 주탑, 보강 거더 및 케이블 가설공법에 대하여 설명하시오.

풀 이

개요

사장교는 케이블의 강성과 장력을 조절하여 보강거더에 발생되는 휨모멘트를 현저하게 감소시켜 장대화할 수 있는 교량 형식으로 외관이 수려한 특징을 갖는다. 사장교에 주로 적용되는 주탑의 형식은 다이아몬드형, A형, 역Y형, H형 등이 있으며, 보강거더는 사용 재료에 따라 강상형, 강합성형, PSC, 복합형 등이 있다. 케이블은 배치 방법에 따라 방사형, 하프형, Fan형 등으로 구분되며 주변 환경과 조화를 이루도록 적용할 수 있는 것이 특징이다.

해상 사장교 가설공법

우리나라의 특성상 연육교나 연도교에 사장교를 많이 적용하고 있으며, 200~800m 지간의 교량에서 사장교를 적용하였다. 해상에서의 가설공법은 통행제한으로 인해 육지와 가까운 곳에 두 개의 주탑을 두고 장지간의 스판으로 연결하거나 일정 지간장 이상에서는 해상에서 우물통 기초 등을 설치하여 FCM, PSM 등의 가설 방법 등을 통해 연결하는 방법이 주로 이용된다.

1) 강재 주탑 : 해상에서의 강재 주탑은 가설은 대부분 콘크리트 주탑에 비해 자중이 감소되기 때문에 대블럭 가설공법이 주로 사용된다. 강재 주탑이 적용된 케이블 교량 중 화태대교, 영종대교, 완도대교 등이 해상크레인을 이용한 대블럭 가설공법이 적용되었다. 대블럭 가설공법은 일괄 가설공법으로 적용되는 경우와 분할되어 현장에서 연결하는 경우로 구분된다. 강재주탑은 콘크리트 주탑에 비해 일괄로 가설하기가 용이하기 때문에 공기가 단축되는 장점이 있다.

| (진도대교) | (완도대교) | (화태대교) |

2) 보강거더 : 해상에서의 보강 거더 가설공법은 주로 FCM형식이 주로 이용된다. 이는 해상 고소작업의 공정을 최소화하고 가설 시 선박의 통제나 해상오염 및 어업권 피해 등의 문제로 가설 장비가 경량이고 Deck상에서 신속한 가설작업이 요구되기 때문이다. 통상 주변 제작장에서 제작된 보강 거더는 해상 바지선과 데릭 크레인 등을 이용해 해상에서 양방향으로 연결되는 과정을 진행한다.

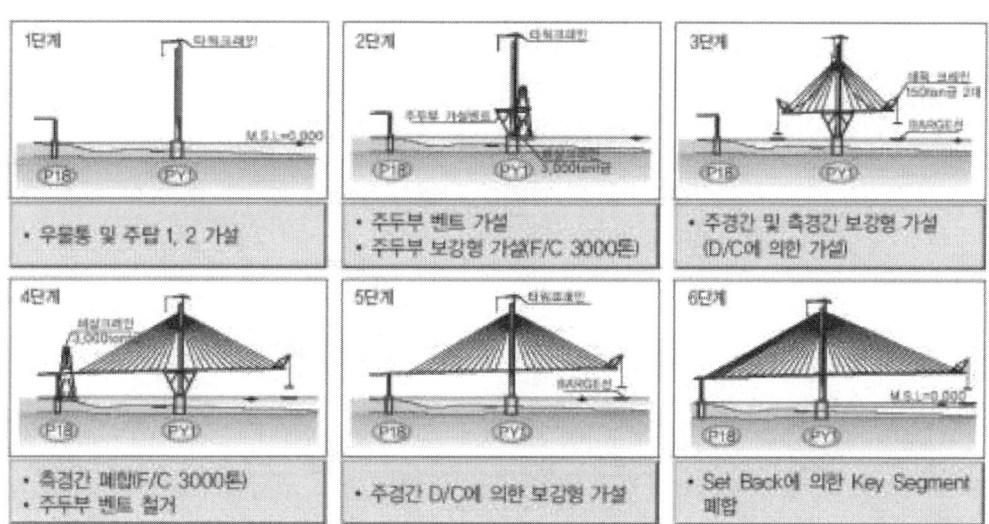

(고하대교 가설계획(다산컨설턴트, 박광현))

(1) 보강형 운반 및 접안   (2) Lifting Beam 체결   (3) 소블럭 인양 개시   (4) 소블럭 보강형 인양

(인천대교 소블럭 보강형 인양 가설(유신회보, 조용민 외))

3) 케이블 : 케이블 가설은 케이블 릴을 해상에서 인양하고, 운반된 케이블 릴을 위치별 이동해 설치하고 케이블 전개, 주탑 측에 케이블 인입, 보강형 측에 케이블 인입, 케이블 장력도입, 장력보정을 통한 형상관리 순으로 진행된다. 해상에서 케이블 릴을 인양하는 과정에서는 통상적으로 해상 바지선과 데릭 크레인 등을 이용한다. 케이블 전개 시에는 Winch나 Un-reeler, Cart 등을 이용해 교상에서 전개 이동하며, 주탑으로 케이블을 인입하기 위해서는 주탑에 비계를 설치하고 탑정 크레인 등을 통해 상부로 인입한다. 보강형 측에는 긴장을 위해 Center Hole Jack 등을 설치한다.

(1) 케이블릴 인양

(2) 케이블 운반 및 운반된 케이블릴 설치

(3) 케이블 전개

(4) 케이블 주탑측 인입

(5) 케이블 보강형측 인입

(인천대교 케이블 가설 계획(유신회보, 조용민 외))

(9) 케이블 인양 및 야적

(10) Cable Reel 설치

(11) Un-Reeling Roller 설치

(12) Cable & Socket Cart

(케이블 인양, 언릴러 및 전개용 부속시설)

(17) 긴장장비 Adapter 설치

(18) Ram Chair, Center Hole Jack 조립

(19) Ram Chair 인양

(20) Center Hole Jack 설치

(보강형측 케이블 인입을 위한 가설)

04 현수교

현수교는 고정하중 작용 시 주케이블이 전체하중을 지지하여 보강형은 무응력 상태가 되며 추가 고정하중과 활하중 등의 부가하중은 보강형과 주케이블 시스템이 부담하도록 한 교량형식이다.

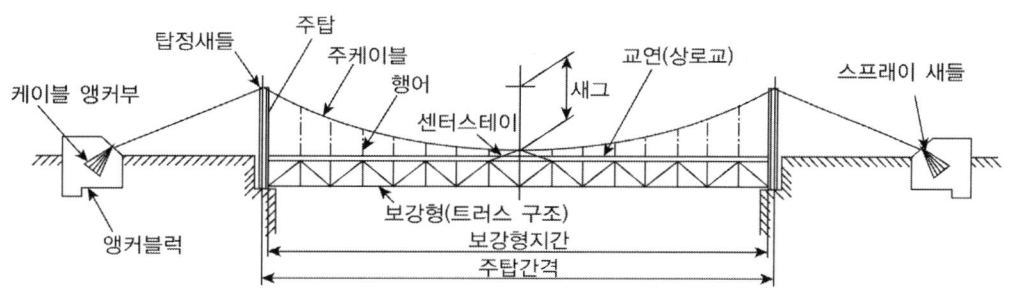

구분	정의 및 특징	개요도
보강거더	• 차량 하중을 지지하거나 분산시키는 종방향 구조로서 횡방향 시스템의 코드로 작용하고, 구조물의 공기 역학적 안정성 필요	
주케이블	• 소선의 다발로써 행어를 통해 보강 거더를 지지하는 역할을 하고, 케이블에 전달된 하중을 주탑으로 전달하는 구조 시스템	
주탑	• 중간의 수직 구조로서 주케이블을 지지하고, 케이블로부터 전달된 하중을 기초로 전달하는 구조물	
앵커리지	• 매스콘크리트 블록으로 주케이블의 하중을 교량의 단부 지점으로 전달하는 구조물	

1. 현수교 일반

1) 구성요소

① 교면하중을 지지하는 보강형(Stiffening Girder)

② 보강거더를 매다는 행어(Hanger)

③ 행어를 매다는 주케이블(Cable)

④ 케이블을 고정하는 케이블 앵커리지(Cable Anchorage)

⑤ 케이블을 지지하는 주탑(Tower)

2) 구조개념

① 주요부재인 주케이블이 현수재를 포함한 케이블의 자중과 보강형의 자중, 이에 지지되는 상판, 포장 등의 자중을 주탑, 앵커리지에 전달하며 완성 후에 작용하는 외력을 보강형과 함께 분담 지지하여 하중을 앵커리지로 전달한다.

② 보강형은 케이블과 함께 교체에 연직 및 수평방향 강성을 부여하고 완성 후 보강형에 작용하는 하중을 분산시키며 그 하중을 행어를 통해 주케이블로 전달시키는 역할을 한다.

③ 현수교는 주로 케이블에 의해 강성이 확보되는 구조물로 타형식의 교량에 비해 변위 및 유연성이 큰 교량형식이다.

　'보강거더 → 행어 → 주케이블 → 주탑, 앵커리지 → 지반'

④ 기본적인 보강형 단면

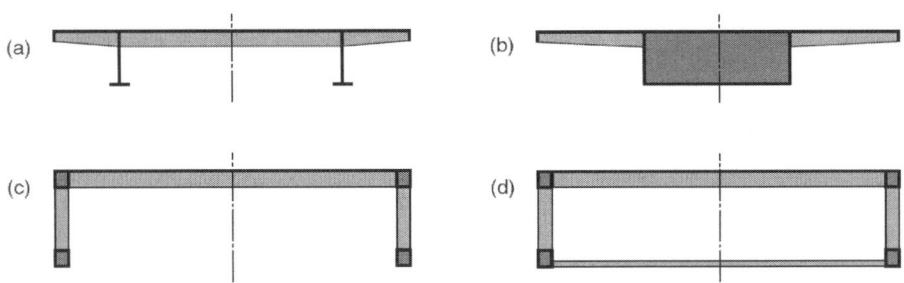

(a) 플레트 거더 형상 : 슬래브와 두 개의 수직 플레이트 거더로 구성되며 Open section으로 비틀림강성이 작다. 통상 케이블이 데크의 단부에 연결된다.

(b) 박스거더 형상 : 비틀림 강성이 커서 1면 주탑과 같은 비틀림 강성이 요구되는 구조물에 많이 적용된다.

(c) 트러스 형상 : (a)의 플레이트 거더를 트러스로 대체한 형상으로 비틀림 강성은 약하다. 통상 수직 행어케이블이 트러스 위에서 직접 연결되는 초기의 현수교에 많이 적용되었다(Golden Gate Bridge). 비틀림 강성이 부족하여 공기역학적 안정성에 문제가 발견되어서 현재에는 (d) 형상과 같이 하부에 브레이싱을 설치한 형태가 사용된다.

(d) 트러스 형상 : 바닥판과 두 개의 수직 트러스와 수평 트러스로 구성된 형태로 박스형태와 같이 비틀림 강성이 크다. 근래의 현수교에 많이 적용되는 형태다.

구분	박스형 보강거더	트러스형 보강거더
특징	• 자중이 가볍고 형고 낮음 • 경제성이 우수 • 내풍안정성에 대한 검토 필요 • 블록가설 공법만이 가능함	• 자중이 무겁고 형고가 높음 • 공사비가 고가 • 내풍안정성이 우수 • 시공방법이 다양함

3) 현수교의 해석방법

현수곡선 이론 및 미소변위 탄성해석에서 처짐이론, 선형화처짐이론, 영향선 해석법 등을 거쳐 이산현수재 이론 및 유한변위이론으로 해석방법에 대한 이론이 변화해왔다.

① 고전적 현수교 이론에 의한 방법
    (1) 탄성이론과 처짐이론   (2) 선형화 처짐이론과 영향선 해법
    (3) 횡방향 수평하중에 대한 면외 해석법   (4) 비틀림 해석법
    (5) 고유 진동 해석법
② 현대의 해석법 : 기하학적 비선형 문제를 고려한 해석방법
    (1) 유한 변위 해석법   (2) 선형화 유한 변위 해석법
    (3) 탄성좌굴 해석   (4) 고유 진동 해석
    (5) 모델화의 방법   (6) 가설 시의 해석법

TIP | 해외 현수교의 보강형 |

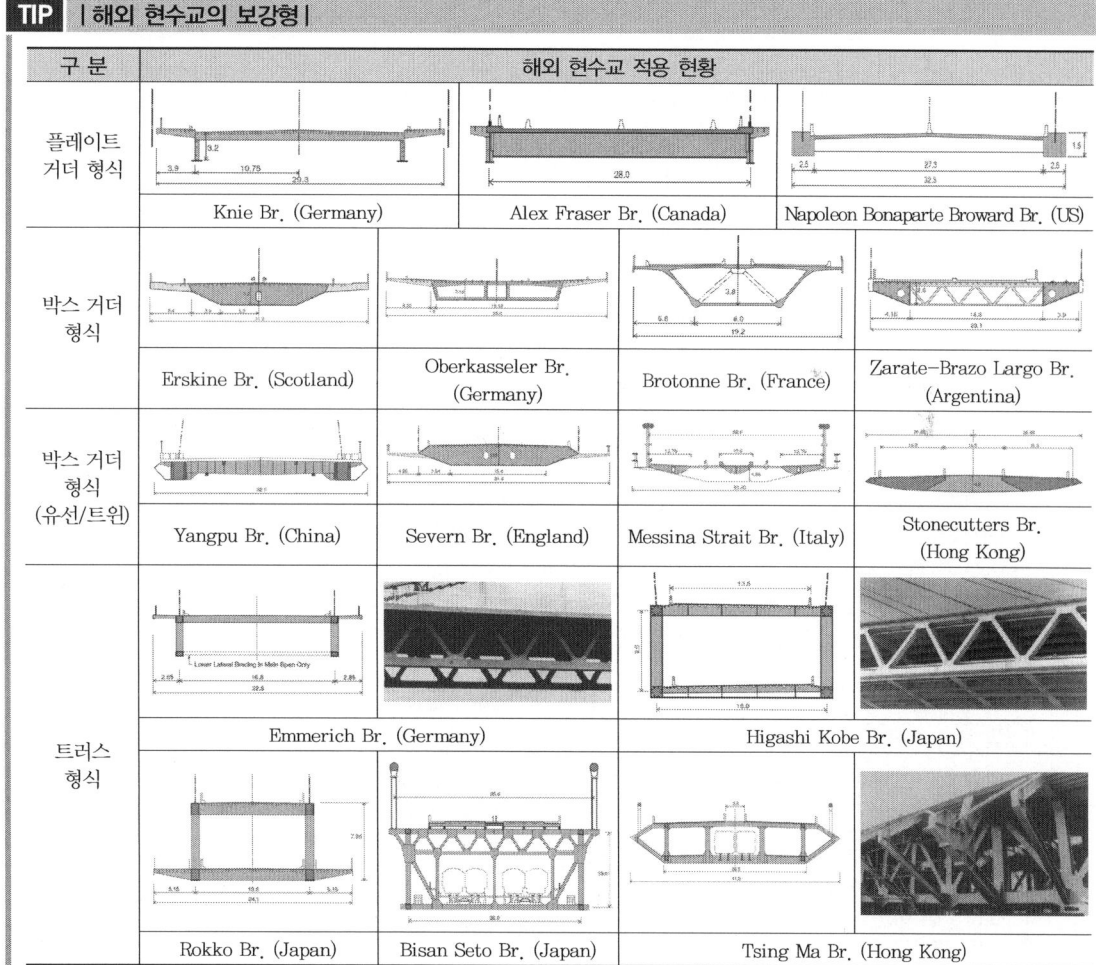

구 분	해외 현수교 적용 현황			
플레이트 거더 형식	Knie Br. (Germany)	Alex Fraser Br. (Canada)		Napoleon Bonaparte Broward Br. (US)
박스 거더 형식	Erskine Br. (Scotland)	Oberkasseler Br. (Germany)	Brotonne Br. (France)	Zarate-Brazo Largo Br. (Argentina)
박스 거더 형식 (유선/트윈)	Yangpu Br. (China)	Severn Br. (England)	Messina Strait Br. (Italy)	Stonecutters Br. (Hong Kong)
트러스 형식	Emmerich Br. (Germany)		Higashi Kobe Br. (Japan)	
	Rokko Br. (Japan)	Bisan Seto Br. (Japan)	Tsing Ma Br. (Hong Kong)	

2. 현수교의 종류

1) 케이블 정착방식에 따른 분류

자정식과 타정식으로 분류되며, 자정식 현수교는 주로 중소규모의 현수교에 적용되며 현수교 단부 보강형 내 주케이블을 정착하여 보강형에 축력이 작용하고 단부에 부반력이 발생되는 구조적 특징을 지닌다. 타정식 현수교는 대규모의 현수교에 주로 적용되며 주케이블을 현수교 단부에 있는 대규모 앵커리지에 정착해서 보강형에 축력이나 단부 부반력이 발생되지 않는 특징이 있다.

구분	자정식	타정식
형태	 자정식 : 보강거더에 앵커링하는 경우	 타정식 : 교량외에 앵커링하는 경우
특징	• 현수교 보강형의 단부 내에 주케이블 정착 • 보강형에 주케이블 장력에 의한 축력이 작용하므로 주케이블 장력이 크지 않은 중소규모 현수교에 적용 (300m 내외) • 단부 교량받침에 부반력 발생가능(별도 제어 장치) • 시공시 보강형 먼저가설(가설벤트 선설치 필요) • 교축방향이동방지를 위한 별도 기구 필요(탄성받침)	• 현수교 단부에 별도의 앵커리지를 설치하여 정착 • 보강형에 축력이나 부반력 발생 안 함(앵커리지 정착) • 대규모 현수교에 주로 적용(500~3,000m) • 주케이블 가설 후 보강형 가설로 시공 시 가설벤트 불필요 • 대규모 앵커리지에 대한 경제적/경관검토 필요 • 앵커리지가 교축방향 이동방지로 별도 이동방지기구 불필요
	• 새그비 1/5 ~ 1/6 (영종대교 1/5)	• 새그비 1/9~1/12 (일반적 1/10)
	• 시공순서 (주탑→보강거더→주케이블→행어와 보강거더 연결)	• 시공순서 (주탑→주케이블→행어와 보강거더 연결)
	부재의 특성 • 보강거더 : 휨, 압축부재 • 행어, 케이블 : 인장재 • 주탑 : 휨 및 압축부재	부재의 특성 • 보강거더 : 휨부재 • 행어, 케이블 : 인장재 • 주탑 : 휨 및 압축부재

2) 주케이블 형식에 따른 분류

구분	정의 및 특성	개요도
2본 케이블	• 주케이블이 2본으로 구성된 현수교 • 가장 일반적인 주케이블 방식	
3본 케이블	• 주케이블이 3본으로 구성된 형식 • 주케이블의 강성을 달리하여 연성 프러터의 특성을 변화시킬 수 있음 • 사선의 스테이와 병용하여 사용 가능	
모노 케이블	• 현수재를 통해 1본의 주케이블로 지지하는 형식 • 비틀림 하중을 정적으로 작용하면 면외방향 복원력이 발생하여 비틀림 강성이 증가된 것과 같은 거동을 함	
모노 듀오	• 2본의 주케이블을 주탑 부근에서 1본으로 수속한 방식 • 대칭모드에서 비틀림 진동 시 주탑을 구성하는 2본의 탑주가 각각 역위상으로 진동 • A형 주탑의 사용이 가능	
디싱거	• 현수교와 사장교를 조합한 형식 • 현수교와 사장교의 장점을 살리고 단점을 보완하는 합리적 구조	
주탑 케이블	• 주탑에서 케이블을 보강거더까지 연결한 방식 • 일반 현수교와 동일한 형상이나 사장교 형식의 일부 케이블을 추가로 설치	
스톰 케이블 병용	• 디싱거 방식의 케이블 배치 후 외측에서 스톰 케이블을 설치한 방식 • 횡방향 거동을 확실하게 하기 위한 구조	
스트럿 지지	• 주탑측에 근접한 구간의 보강거더를 스트럿으로 지지하는 형식 • 지브롤터해협대교의 현수교 안으로 겉보기 지간을 저감시키기 위한 목적으로 적용	

3) 보강형 경계조건에 따른 분류

구분	1경간 2힌지	3경간 2힌지	3경간 연속	3경간 플로팅
형태	 • 측경간부가 행어로 지지되지 않으므로 케이블의 최대장력은 타안에 비해 다소 적음 • 현수교 전체의 제작 : 가설에 의한 오차가 보강거더 응력에 큰 영향을 미치지 않음	 • 측경간측의 행어지지에 의해 주탑부 케이블 입사각이 커져서 케이블 미끄러짐이 큼 • 현수교 전체의 제작 : 가설에 의한 오차가 보강거더 응력에 큰 영향을 미치지 않음	 • 현수교 전체의 강성을 증가시켜서 중앙지점 부근의 처짐 경감(철도·도로병용교) • 중앙지점부에 큰 휨모멘트 발생으로 단면보강 필요 • 현수교 제작 가설에 의한 오차가 보강거더 응력에 영향	 • 주탑부에 연직방향 구속 없이 보강형은 케이블과 주탑(윈드슈)에 연결 • 지진 및 온도에 대해 적응성 불량 • 보강형을 지지하는 가로보 설치 불필요
특징	• 힌지구조는 연속구조에 비해 수평변위가 크고 신축장치 설치에 따른 주행성 저하 등의 단점이 있음 • 연속구조는 주탑부 부모멘트가 크게 발생하므로 최근에는 보강형 모멘트를 최적화하고 받침 제거, 점검차 개수 최소화 등에 따라 유지관리성이 우수한 플로팅 시스템이 주로 적용되고 있음			

4) 행어로프 형식에 따른 분류

구분	정의 및 특징	개요도
수직	• 행어가 수직으로 설치됨 • 보강거더의 강성이 커야 함	
경사	• 행어가 지그재그로 설치됨 • 현수구조의 댐핑을 증가(세번교, 제1보스포러스교 등)	
연직 크로스 스테이	• 케이블 부재로 현수교의 보강거더와 주케이블을 교차연결 • 크로스 행어 방식 또는 연직 플러터 발생 풍속을 높인 방식	 연직 크로스 스테이
경사 크로스 스테이	• 연직 크로스 스테이를 교축경사방향으로 경사시킨 스테이 방식 • 연직 크로스 스테이와 비슷한 거동, 측경간에 적용 시 효과가 큼	 경사 크로스 스테이
수평 스테이	• 연성 플러터를 방지하기 위해 주케이블을 수평으로 연결한 방식 • 대칭모드에서 비틀림 진동할 때 비틀림 진동수의 증가 목적으로 적용	 수평스테이

3. 현수교의 구성 요소별 특징

1) 보강형 : 트러스 → 유선형 박스 → 트윈박스

보강형은 바닥판 구조의 중량과 구조형식이 상부공 전체의 경제성과 함께 내풍안정성에 큰 영향을 미친다. 보강형은 바닥판 구조를 지탱하면서 동시에 변형과 흔들림을 억제하고 주행성을 확보하는 역할을 수행한다.

① 케이블과 함께 교량에 연직 및 수평 방향의 강성을 부여하며, 활하중 등과 같이 완성 후의 보강형에 작용하중을 분산하고 케이블에 전달하는 역할을 한다.

② 보강형 단면의 형상은 트러스 보강형과 유선형 강박스 보강형이 주로 채택되고 있다. 트러스 보강형은 횡방향 저항단면이 작아 내풍안정성이 우수하나 강중 증가, 시공, 유지관리비 증가 등의 단점이 있어, 현재는 형고와 강중을 작게 할 수 있는 유선형 강박스 보강형이 많이 쓰인다. 최근에는 초장대교량의 경우 내풍안정성 확보를 위해 트윈박스의 적용도 많아지는 추세이다.

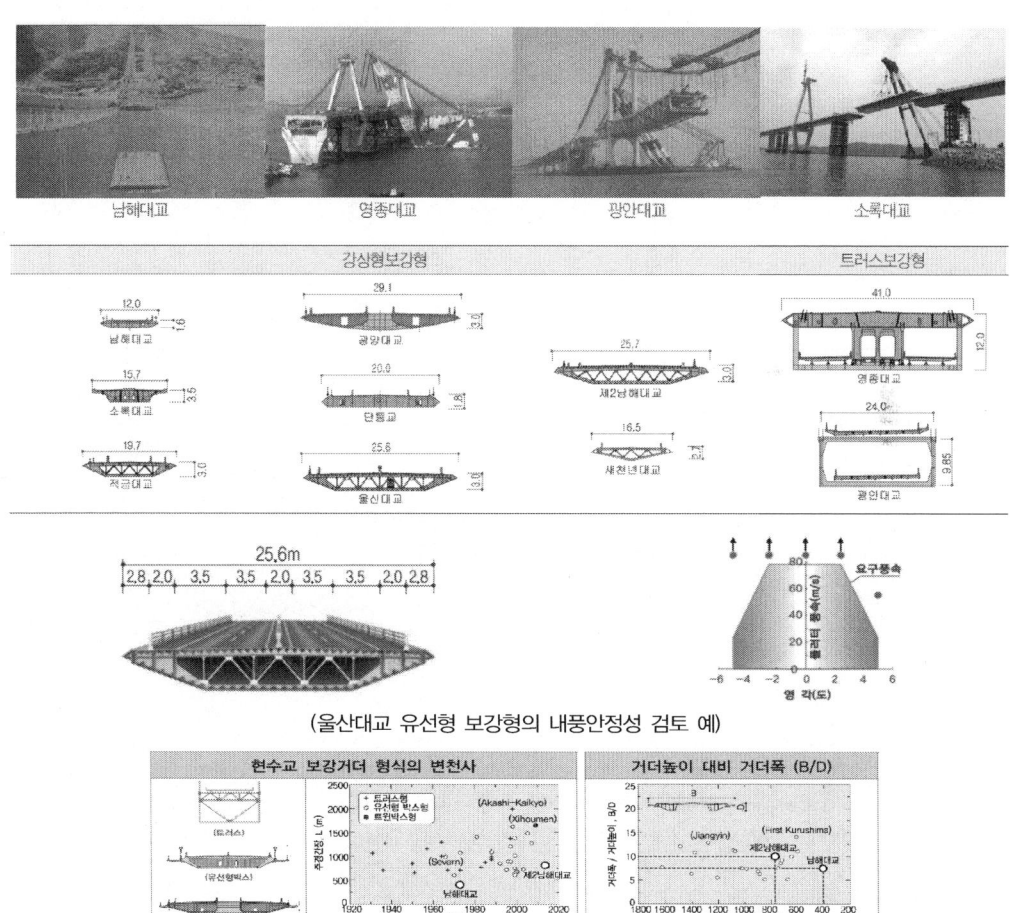

(울산대교 유선형 보강형의 내풍안정성 검토 예)

2) 주탑

장대 현수교의 주탑형상의 결정 시에는 축력과 모멘트를 효율적으로 기초에 전달하기 위해서 좌굴설계, 사용자를 위한 경관설계, 내풍설계와 가설상의 제약 및 경제성을 고려하여 단면형상을 결정하고 있다. 과거 현수교에는 강재 주탑이 많이 적용되었으나 최근에는 콘크리트 재료의 성능 및 시공방법의 발달로 콘크리트 주탑도 많이 적용되고 있다. 강재 주탑의 경우 예전에는 작은 박스 단면을 다수 조합한 Multi-Cell을 사용하였으나, 근대 현수교에는 비교적 큰 Box를 소수 조합한 소수 Cell 형식 및 4매의 보강판을 조합한 단일 Cell 형식을 많이 채용하며, 콘크리트 주탑의 경우에는 중공의 1Cell 형식을 사용한다. 고주탑 설계 시에는 주탑의 비선형 거동을 고려하여 단면력 산출을 하거나 $P-\Delta$ 효과를 고려하여 해석한다. 통상적으로 단면 검토 시에는 P-M 상관도에 의한 기둥부재를 검토하며, 비틀림, 전단 및 전단마찰을 검토하고 FEM 해석을 통해 국부보강에 대해 검토 수행한다.

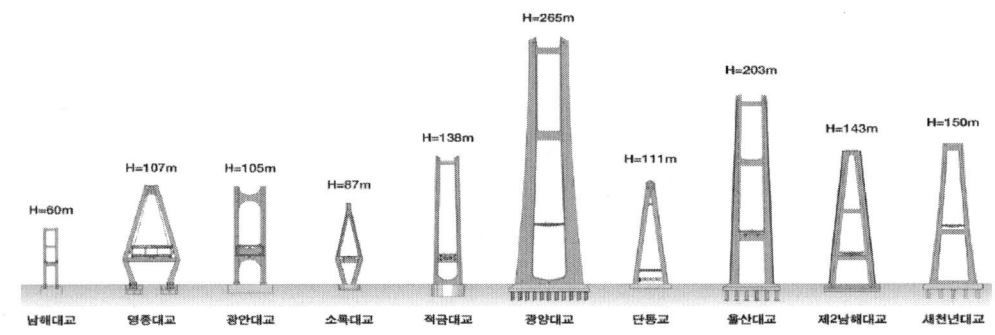

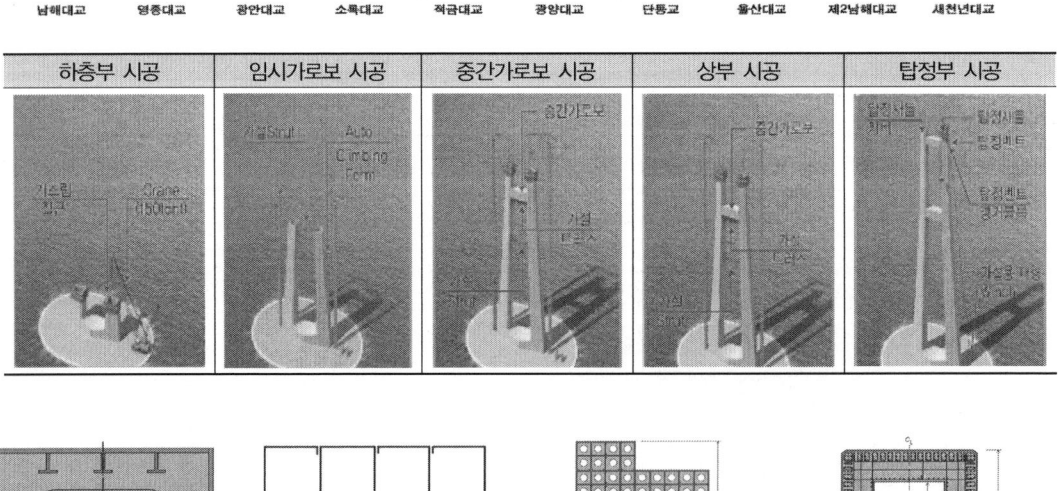

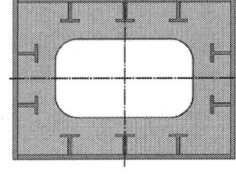

One-cell Pylon

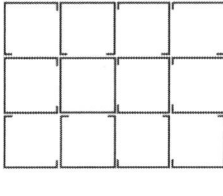

Multi-cell Pylon

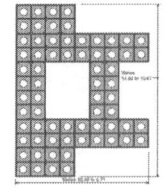

Multi-cell Pylon
Verrazano Narrow Br.(1960)

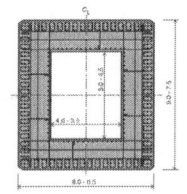

Concrete Pylon
Lillebælt Bridge

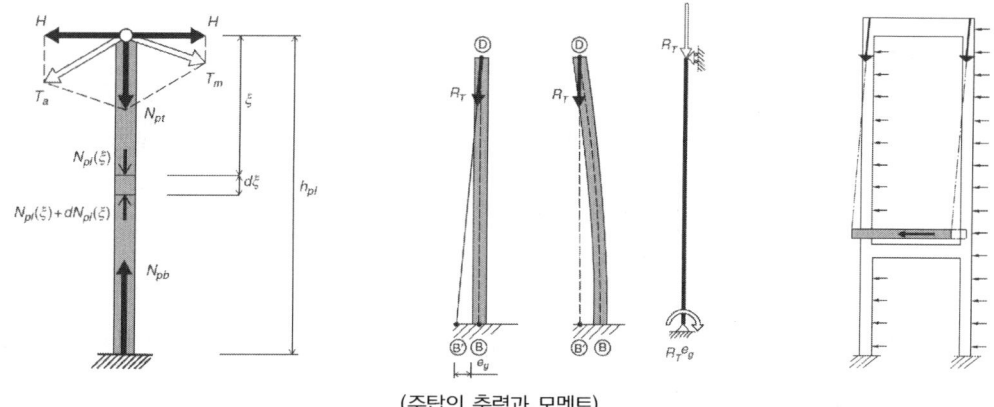

(주탑의 축력과 모멘트)

3) 주케이블

현수교의 주케이블은 고정하중과 활하중이 모두 주케이블에 의해서 지지되는 구조형식으로 케이블의 강도는 케이블 자중감소 및 단면축소로 인한 항력 최소화 등을 고려하여 선정하며 고정하중 강도와 중앙경간의 세그를 가정하여 측경간의 새그를 결정하여 산정한다. 중앙경간 새그비는 현수 전체계의 구조 특성 및 경제성을 검토하여 통상 1/9~1/12 정도에서 사용한다.

① 주케이블의 인장강도는 고강도 케이블을 적용할수록 케이블 자중의 감소 및 단면축소로 인한 항력을 최소화하여 현수교 전체의 강성을 증대시키는 효과를 기대할 수 있다. 최근에는 1,960MPa 초고강도 케이블을 적용하는 등 적용강도가 증가하는 추세이다.

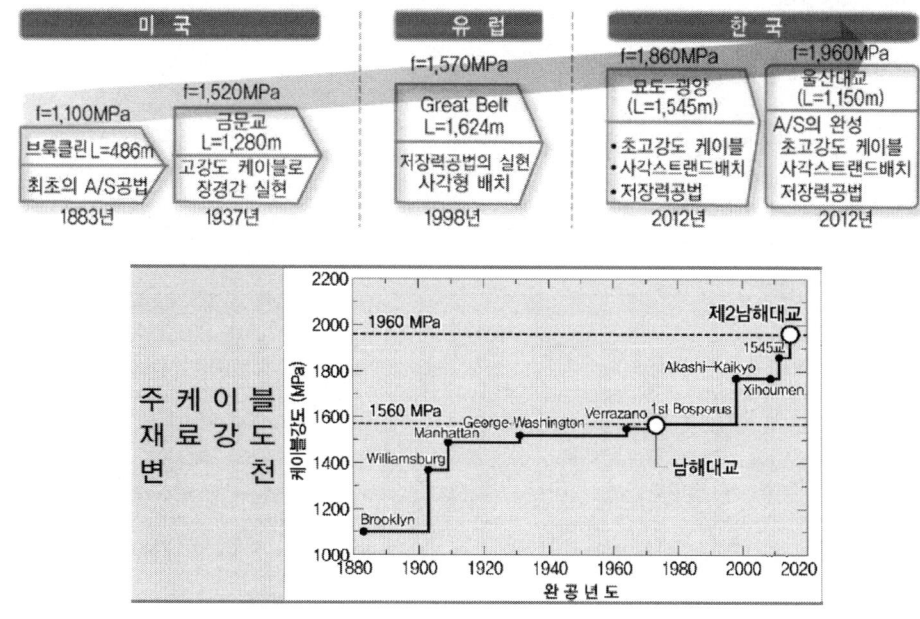

(주케이블 강도 변천과정)

② 현수교에 이용되는 주케이블로 소선 단위의 Parallel Wire Cable과 스트랜드 단위의 Parallel Strand Cable이 주로 사용된다.

Parallel Wire Cable : 1개의 Wire → 1개 Strand(n개의 Wire) → 1개의 Cable(n개의 Strand)

③ 가설공법으로는 Parallel Wire Cable의 경우 AS(Air Spinning) 공법, Parallel Strand Cable의 경우 PS(Prefabricated Strand)나 PPWS 공법이 주로 사용되며, AS 공법의 경우 현장에서 소선단위로 운송, 가설되기 때문에 정착부의 규모를 최소화할 수 있어 정착구조부를 간략화할 수 있는 장점이 있다.

공 종	대안 1 (AS 공법)	대안 2 (PPWS 공법)
개 요 도	 와이어 / 스트랜드 / 주케이블	 공장제작 스트랜드 / 주케이블
설 치	• 와이어 단위로 활차에 의해 가설하고 스트랜드 구성 후 주케이블 완성	• 공장에서 스트랜드 단위로 제작, 가설하여 주케이블을 완성
앵커리지	• 앵커리지 정착면적 최소화	• 정착면 증대로 앵커리지 규모 커짐
공 기	• 자재 및 장비 수급이 쉬워 공기 지연 가능성 적음	• 자재 및 장비가 외국산으로 공기 지연 가능성 큼
실 적 및 자재공급	• 케이블 자재 및 가설장비 국산화 • 국내 실적 다수 (광안대교, 영종대교)	• 대부분의 케이블을 해외로부터 공급 • 국내에서는 자정식인 소록대교 실적

구분	AS 공법	PPWS 공법
개요	AS(Air Spinning) 공법은 릴(Reel)에 감긴 와이어를 현장에서 스피닝휠(Spinng Wheel)이라 부르는 활차에 걸어 스피닝휠이 교량 양측의 앵커리지 사이를 왕복함에 따라 와이어를 가설하면서 스트랜드를 형성하는 가설공법	PPWS 공법은 공장에서 와이어를 묶어 스트랜드를 미리 제작하여 릴에 감아두어 수송 후 현장에서 스트랜드 단위로 인출하는 공법으로 AS 공법이 와이어 단위의 가설이기 때문에 다수의 작업인원, 작업시간 및 작업량이 필요한 단점을 해결하기 위해 개발
개념도		
장단점	• 전통적인 공법으로 제작 및 운반비용 저렴 • 스트랜드당 와이어 본수를 늘려 정착부의 크기를 줄일 수 있음 • 케이블 가선 직전까지는 길이 등 조정 가능 • 현장에서 스트랜드를 형성하므로 현장작업이 복잡하고 가설공기가 길다. • 와이어 가설 시 바람의 영향이 있음	• 공장에서 미리 스트랜드를 제작하므로 현장에서의 작업이 간단하고 공기단축 • 스트랜드 단위로 가설하므로 가설 중 바람의 영향에 의한 가설오차 적음 • 품질 우수 • 스트랜드 제작하기 위한 대형 공장 필요, 제작 및 운반비용 고가 • 스트랜드당 와이어 본수 제한이 있어 정착부가 상대적으로 큼 • 제작 시 정확한 케이블 길이 결정 필요

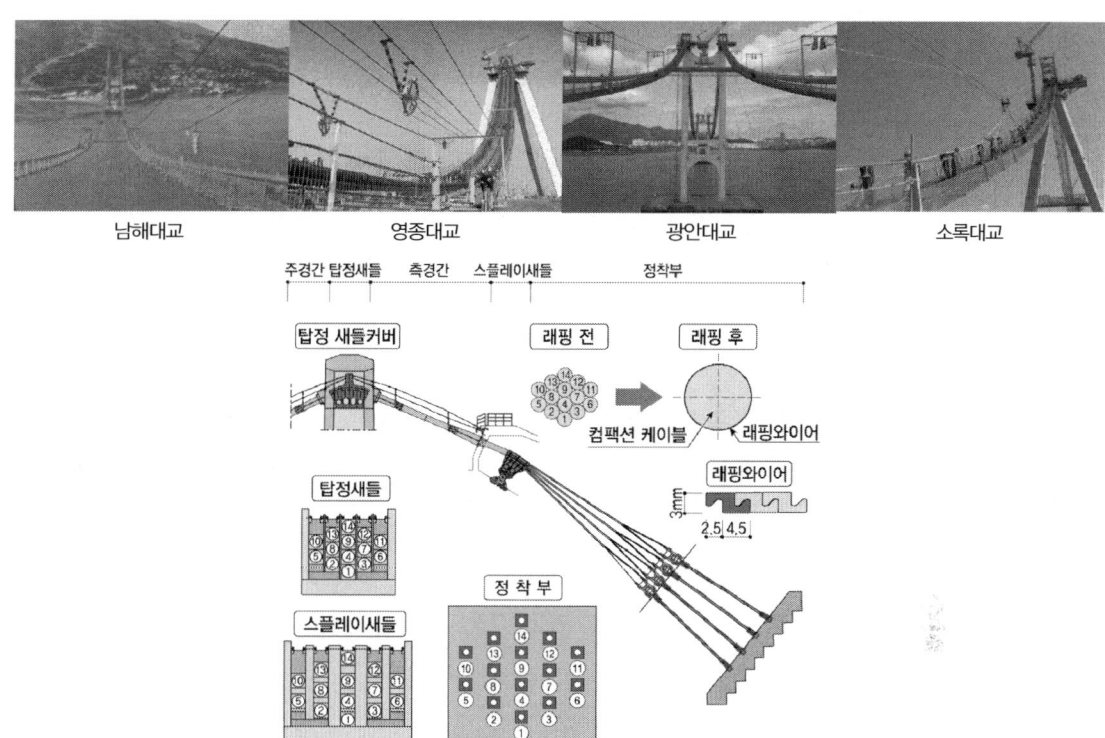

(케이블 스트랜드의 구성)

④ 주케이블의 새그비 : 주케이블의 주탑부 정점부와 중앙부 최하단 변곡점까지의 높이를 새그(f)로 하고 경간장과 새그 간의 비를 새그비(sag ratio, f/L)로 정의한다. 새그비는 주탑의 높이와 현수교 주케이블의 경관성을 좌우하며 전체 구조계의 강성과 주요부재의 물량과 규모에 영향을 미치므로 중요한 검토요소이다. 일반적으로 새그비가 증가할수록 연직 처짐이 증가하여 사용성이 떨어지며, 내풍 성능이 떨어지고, 케이블의 장력이 증가하여 구조효율 성능이 떨어지는 특징이 있다.

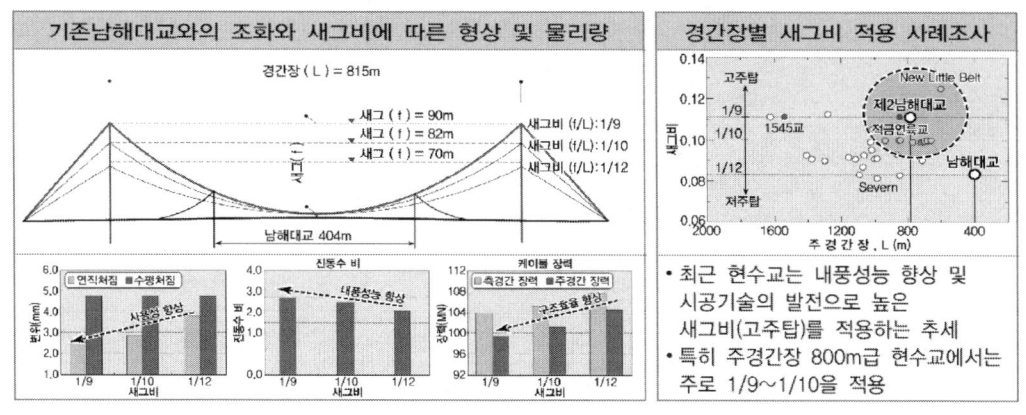

(국내 남해대교 새그비의 영향 검토 예)

⑤ 피로 강도 : 고정하중의 비율이 높은 현수교의 경우 활하중의 영향을 주로 받는 피로강도에 큰 영향을 받지 않지만, 철도교나 도로와 철도가 병용되는 현수교량의 경우에는 비교적 활화중이 크므로 피로에 대한 검토가 수반되어야 한다.

4) 행어로프

행어로프 형식은 CFRC(Center Fit Rope Core) 형식이나 PWS(Parallel Strand Cable)이 주로 사용되며 주로 내구성이나 피로강도, 진동에서 유리하면서 국내에서 생산이 가능한 CFRC 형식이 많이 적용된다.

구 분	대안 1 (CFRC 형식) (Center Fit Rope Core)	대안 2 (PWS 형식) (Parallel Wire Strand)	적용 상세
단면도	• f_u = 1,320~1,770MPa • 안전율 3.0 적용 • E = 140,000MPa	• f_u = 1,630~1,830MPa • 안전율 2.5 적용 • E = 200,000MPa	
구 조 특 성	• 피로강도가 높음 • 표면이 나선형으로 진동에 유리 • 아연도금으로 50년 내구성 • 국내 제작 가능	• 피로강도가 낮음 • 진동에 취약하여 제진대책 필요 • PE관 피복으로 30년 내구성 • 일본, 중국 등 해외 제작	
사 례	• 영종대교, 광안대교, 소록대교 • Carquinez Br.	• 아카시대교 • Kurushima Br., Great Belt Br.	• 주탑부 : 8×WS(36)+CFRC ∅94mm

5) 앵커리지

현수교 케이블의 수평력 및 연직력을 기초에 전달하는 구조물로, 앵커리지 형식은 케이블 하중에 저항하는 방식에 따라 중력식, 지중 정착식, 터널식으로 구분한다. 초장대교량의 적용으로 앵커리지에 대한 설계는 중요한 요소로 인식되고 있으며, 앵커리지 적용 시에는 연직하중에 대해 간극수압으로 인한 양압력 등을 고려하여 지반의 크리프 등을 반영하여 설계토록 하여야 한다.

적금대교 - 중력식

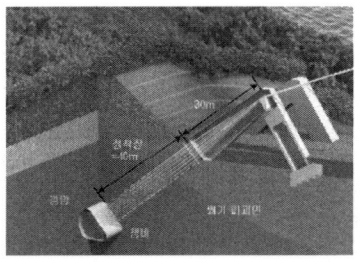
광양대교 - 지중정착식

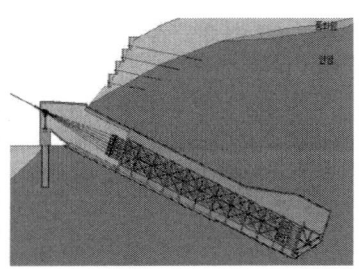
울산대교 - 터널식

① 중력식 : 구조물의 자중으로 케이블 하중에 저항하는 방식으로 지반조건에 크게 구애 받지 않고 유연하게 적용가능하며, 지지 메커니즘이 가장 확실한 특징이 있다. 그러나 거대한 구조물 자중이 요구되어 콘크리트 중량과 그에 대한 넓은 가설공간이 필요하다.

② 지중정착식 : 견고한 암반에 경사천공을 하고 공 내부를 통해 긴장재를 정착하여 암반의 쐐기
블록 자중과 마찰저항으로 케이블 하중을 지지하는 방식으로 긴장재를 지하암반에 정착시키
기 위한 터널과 그 터널로 접근할 수 있는 터널이 필요하며 정착 암반의 암질상태가 양호해야
한다는 제약사항이 있다.

③ 터널식 : 암반을 굴착하여 강재프레임을 지중에 매립하고 내부에 콘크리트를 타설한 다음 케
이블을 강재케이블에 연결하여 앵커블럭 콘크리트의 마찰저항으로 케이블 하중에 저항하는
방식으로 견고한 지반을 이용함으로써 콘크리트를 절감할 수 있으나 대규모 경사터널을 시공
해야 하고 터널 내부에 시공방식에 대한 세심한 관리가 필요하다.

6) 새들(saddle)

새들은 탑 정상 및 교대 위에서 주케이블을 직접 지지하여 주케이블에서의 하중을 탑이나 교대에
전달시키는 역할을 수행한다. 주탑새들, 벤트새들, 앵커새들로 구분된다. 새들은 기능상 고정된
것과 가동되는 것으로 구분된다. 주탑새들은 주탑 정상부에 고정되며 앵커 새들은 새들에 롤러를
설치하여 이동이 되도록 하는 것이 일반적이다. 벤트새들의 경우 벤트 탑 정상부에 고정되어 새
들과 탑 정상부의 상대변위가 생기지 않도록 하는 것과 롤로 혹은 로커 형식을 이용해 새들과 벤
트 정상부의 상대변위를 허용하는 것 모두 사용된다. 어떤 형태이든 새들의 절대적인 이동은 활
하중과 온도에 의한 주케이블의 이동에 수반하여 발생된다.

① 주탑새들 : 주케이블이 주탑 정상부를 넘는 곳에 설치되어 주케이블에서의 하중을 주탑에 전
달하며, 측탑 새들이라 불리는 벤트 새들은 벤트 탑, 교대부 벤트 등에 설치되어 수직면 내에
서 주테이블의 방향을 바꾸는 것을 목적으로 한다. 벤트를 설치하지 않는 현수교에서는 벤트
새들을 필요로 하지 않는다.

② 앵커새들 : 스프레이 새들이라고도 부르며 주케이블을 구성하는 다수의 스트랜드를 수평 및
수직방향으로 분산(spray)시켜 각각의 앵커부로 유도하는 것으로 일반적으로 교대 위에 설치
된다.

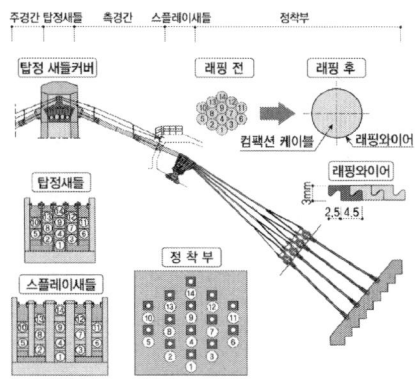

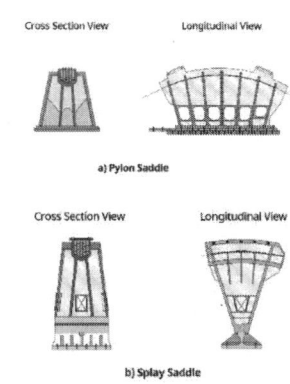

현수교 행어시스템에 관한 고찰 　　　　　　　　　　　　　　　　(2008 대한토목학회, 박수영)

▶ 행어시스템의 개요

　　현수교 행어시스템은 주케이블과 보강거더를 연결하여 보강거더측 행어 정착구조에서의 반력을 주케이블에 전달하는 역할을 수행한다. 행어시스템은 다른 부재에 비해 비교적 교체가 용이하기 때문에 2차적인 부재로 취급하기도 하지만, 실제로는 활하중과 풍하중 등에 비해 큰 변동하중을 받을 가능성이 높은 구조물로 변동하중에 의한 피로문제와 방청상의 문제에 대해 대처할 필요가 있다. 현수교에서 고정하중, 활하중에 의한 연직력과 풍하중에 의한 수평력은 보강거더 행어정착부, 행어로프, 케이블 밴드를 통해 주케이블에 전달된다. 연직력은 행어로프에 인장력을 발생시키고 수평력은 주케이블과 보강거더의 상대변위에 의해 행어로프에 2차 휨을 발생시킨다. 행어시스템은 전달기구에 따라 CFRC 행어시스템과 PWS 행어시스템으로 구분한다.

▶ 행어시스템의 구분

1) CFRC 행어시스템 : 안장방식

　　CFRC 행어시스템은 고강도 아연도금 강선을 나선형으로 꼬아 행어로프를 주케이블의 밴드 상부에 역U형으로 걸치고(안장방식) 보강거더 행어정착부에서 지압판 정착하는 방식이다.

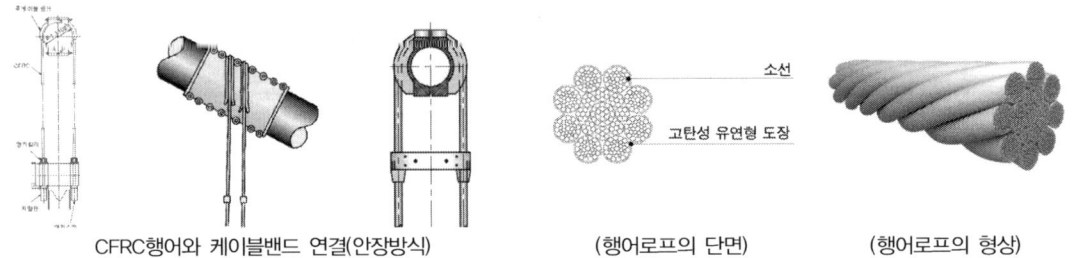

　　CFRC행어와 케이블밴드 연결(안장방식) 　　　　　(행어로프의 단면) 　　　　　(행어로프의 형상)

2) PWS 행어시스템 : 핀정착 방식

　　PWS 행어시스템은 고강도 아연도금 강선을 평행하게 엮은 것을 PE관으로 피복한 행어로프를 케이블밴드 측과 보강거더 측에 각각 핀정착하는 방식이다.

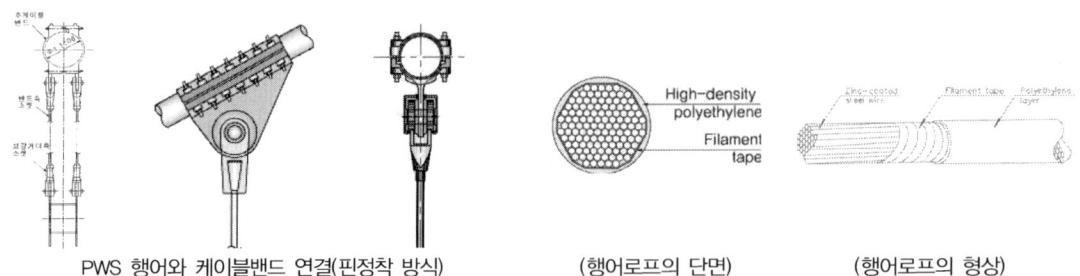

　　PWS 행어와 케이블밴드 연결(핀정착 방식) 　　　　　(행어로프의 단면) 　　　　　(행어로프의 형상)

➤ 행어시스템의 설계 주안점

현수교의 행어스시템은 케이블밴드, 보강거더 측의 행어정착구조 및 행어로프 등으로 구성된 구조이며 주케이블과 보강거더를 연결하고 보강거더로부터 반력을 주케이블에 전달한다. 추가하중에 의한 변동하중을 받는 구조로서 연직력에 의한 인장력 이외에 수평력에 의한 2차 응력이 작용한다.

1) CFRC 방식

CFRC 행어시스템은 횡압에 대한 저항성이 높고 부서지지 않는 구조특성이 있으나 강연선이 노출되기 때문에 행어장력의 변동에 의해 도색이 벗겨지거나 케이블 밴드와 행어로프의 접촉부, 보강거더 측 정착부의 지압판으로 빗물이 침투하기 쉬운 구조로 방청상의 결함이 문제될 수 있다.

2) PWS 방식

CFRC 행어시스템의 방청상의 문제를 해결하기 위해 폴리에틸렌(PE)관으로 행어로프를 감싸는 PWS 방식이 적용되게 되었으며, PWS 행어시스템은 PE관 피복에 의한 유지관리가 용이함 이외에도 인장강도가 높아 행어의 수나 중량의 경감이 가능하여 안전성, 내구성, 제작, 시공성, 경제성 등의 이점이 있는 것으로 여겨지고 있다. 다만 CFRC 방식에 비해 바람에 의한 진동이 발생하기 쉬운 구조특성을 가지고 있어 PWS 행어시스템을 채택할 때는 내풍안정성에 대한 진동특성에 대한 세심한 검토가 필요하다.

➤ 현수교 행어시스템의 특징과 문제점

1) CFRC 행어시스템

① 구조적으로 꺾임각에 의한 2차 휨응력이 적게 발생
② 나선형 형상으로 진동발생이 적어 별도의 제진장치 설치사례가 드물다
③ 행어로프가 강연선이므로 행어장력의 변동에 의해 풀림현상이 발생하고 빗물 침투 등 구조적으로 방청상에 결함이 있다.
④ 케이블밴드의 인장부에서 발생되는 2차응력으로 재료 효율이 다소 떨어진다.
⑤ 다만, 유지관리차원에서 아연도금으로 50년 이상 내구성 확보가 가능하고 외부도장으로는 최소 내구연한 25년 이상 확보할 수 있다.

2) PWS 행어시스템

① 꺾임각에 민감하게 대응하여 2차 휨응력 유발되며 유해진동이 발생하기 쉽다.
② PE 튜브관의 손상될 경우 이로 인하여 케이블 부식이 발생할 수 있다

③ 바람에 의한 진동이 발생하기 쉬운 구조특성을 가져 진동 문제가 발생할 수 있다.

　PWS 행어시스템을 채용할 경우 내풍안정성에 대한 진동문제 해결이 필요하다. 현수교의 행어가 케이블밴드별 횡방향 2열 배치나, 종방향 2열 배치가 되어 있지 않은 경우는 웨이크 갤로핑은 검토하지 않는다. 반면 와류진동, 갤로핑, 풍우진동에 대해서는 보수적인 제안식에 의해 검토하여 제진대책의 필요성을 요구되는 경우가 있다.

④ PWS 행어시스템은 구조적인 우수함과 제작과 시공이 유리함에도 불구하고 내구연한이 10년 안팎으로 적용 시에는 신중한 검토가 필요하다.

3) 국외 행어시스템의 특징과 문제점

① 미국과 유럽은 CFRC 방식, 일본에서는 PWS 방식이 주로 적용되었다.

② PWS는 횡압에 약한 반면 케이블밴드 위에 역U자형 걸치는 정착방식인 CFRC는 케이블 측의 로프에 큰 휨응력의 발생이 예상되므로 케이블밴드에서의 정착은 핀정착 방식이 바람직하다.

③ CFRC의 보강거더 측 행어정착구조에서 기존 지압판 정착방식은 구조가 복잡하고 빗물침투 등의 우려가 있으므로 유지관리에 유리하고 구조가 비교적 간단한 핀정착 방식이 바람직하다.

④ PWS는 원형의 PE관 피복으로 바람에 의한 진동이 발생되기 쉬우므로 내풍안전성 검토와 대응이 필요하다.

⑤ 단기적으로는 행어시스템은 PE 튜브 손상으로 인한 부식과 진동에 대한 문제점을 가진 PWS 방식보다는 CFRC 행어로프에 주기적으로 도장을 실시하거나 고탄성 도장을 실시하는 등 내구성 대처방안을 수립한 CFRC 방식을 적용하는 것이 바람직하다.

앵커리지의 안정성 검토 예

▶ 광양대교 : 지중정착식(지중정착식 앵커리지의 설계, 유신기술회보)

지중정착식 앵커리지는 케이블 하중에 대하여 암반 쐐기의 자중과 전단력에 의해 저항하는 지지 매커니즘을 지니는 것으로 고려한다. 안정성 검토방법은 주로 터널실 앵커리지의 지지매커니즘에 따라 검토하며 이 방법은 암반쐐기의 상부면과 측면에 대한 마찰저항은 무시하고 저면의 전단저 항과 마찰저항만을 고려하여 케이블 하중에 저항하는 지지방법이다.

(지중정착식 앵커리지의 안정성 검토방법 비교)

구분	선정안 : 터널식 앵커리지	비교 1안 : 그라운드 앵커	비교 2안
개요도			
특징	터널 내부의 콘크리트 자중, 암반쐐기의 자중 및 저면 활동면의 전단강도(점착력, 마찰력)에 의해 지지	앵커자중, 앵커주면의 마찰저항 및 앵커체 확대부의 지압저항으로 지지	명확한 검토방법이 확립되지 않은 이유로 점착저항을 무시하고 일반적인 활동안전율 2.0을 적용하여 검토
파괴각	$\phi/2$(ϕ : 암반의 내부마찰각)	30° (가정)	30° (가정)
점착저항 (C·A)	고려	고려	고려
허용 안전율	3.0	3.5	2.0
Fs	3.28(효율 109%)	4.47(효율 128%)	3.46(효율 173%)

(지중정착식 앵커리지의 안정성 검토방법 : 쐐기 파괴법)

개요도	검토식

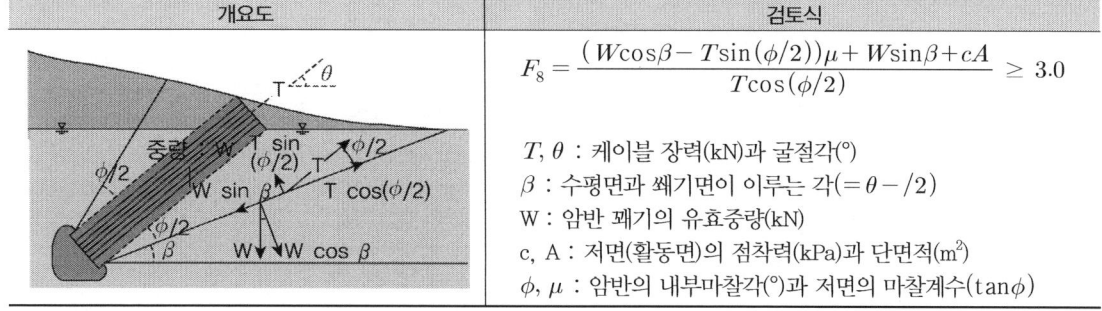

$$F_s = \frac{(W\cos\beta - T\sin(\phi/2))\mu + W\sin\beta + cA}{T\cos(\phi/2)} \geq 3.0$$

T, θ : 케이블 장력(kN)과 굴절각(°)
β : 수평면과 쐐기면이 이루는 각($= \theta - /2$)
W : 암반 쐐기의 유효중량(kN)
c, A : 저면(활동면)의 점착력(kPa)과 단면적(㎡)
ϕ, μ : 암반의 내부마찰각(°)과 저면의 마찰계수($\tan\phi$)

➤ 울산대교 : 터널식(울산대교 터널식 앵커리지의 설계고찰, 유신기술회보)

터널식 앵커리지는 지반 내의 터널을 굴착하여 그 내부에 강재와 콘크리트를 채워서 교량의 케이블 하중을 저항하는 방식이다. 터널식 앵커리지는 저항체가 되는 경사터널을 어떤 형상으로 굴착하는지에 따라 저항메커니즘이 달라진다. 일반적으로 암반 내에서 단면을 확대시켜 Key 작용에 의해 지반의 전단저항을 발현하는 앵커헤드방식과 터널 끝부분에 비교적 완만한 경사면을 가진 형상으로 쐐기효과를 기대하는 웨지 형식 등이 있다.

울산대교의 경우 암반과 콘크리트의 응력집중을 최대한 피하여 암반에 발생되는 압축영역을 넓게 하여 안정성을 확보하는 웨지형식을 적용하였으며 안정계산 방법으로는 앵커헤드 방식은 일반적으로 앵커의 인발저항 계산방법을 적용하지만 웨지형식은 국내에 적용된 사례가 없어 활동검토를 터널 내의 구체 콘크리트 중량과 함께 연동하는 암중량의 합에 대하여 경사면 방향의 중량저항, 마찰저항 및 주변 암반과의 점착저항의 합에 대해 현수교 케이블 장력과의 관계에서 안전율(2.0)을 확보하는 것으로 하였다. 또한 부분파쇄 영역에 대해서는 하중이 작용할 경우 단층대가 존재하지만 앵커리지 위치에 존재하는 것이 아니므로 하중이 작용할 경우 암질의 불균형으로 인한 진행성 파괴가 발생할 가능성이 존재하고 일관성 있는 암반 정착력의 정확한 산정이 어려울 수도 있을 것으로 보아 안정검토 시 점착저항을 제외하고 중량저항과 마찰저항에 대한 케이블력의 관계에서 안전율(1.1)을 확보하는 것으로 검토하였다. 활동안정성 검토 시 터널 굴착 시 발생하는 터널 주변의 이완영역에 대한 고려도 감안하여 검토하였다.

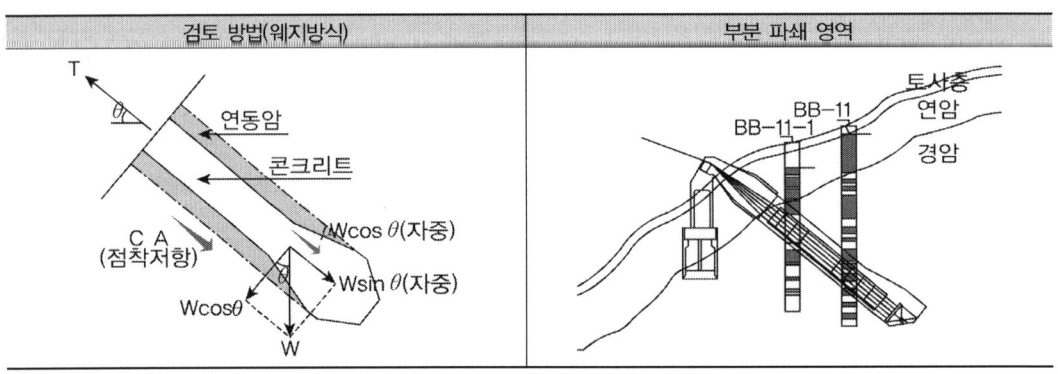

(터널식 앵커리지 검토 개요)

• 점착력 고려

$$FS = \frac{W\sin\theta + \mu W\cos\theta + cA}{T} \geq 2.0$$

여기서 θ = 경사각(예상활동면)

μ = 평균 마찰계수($\tan\Phi$)

T = 케이블 장력(kN)

• 점착력 미고려

$$FS = \frac{W\sin\theta + \mu W\cos\theta}{T} \geq 1.1$$

W = 구체자중(콘크리트+연동암) (kN)

c = 암반의 점착력(kPa)

A = 암반과 터널의 접촉면적(m²)

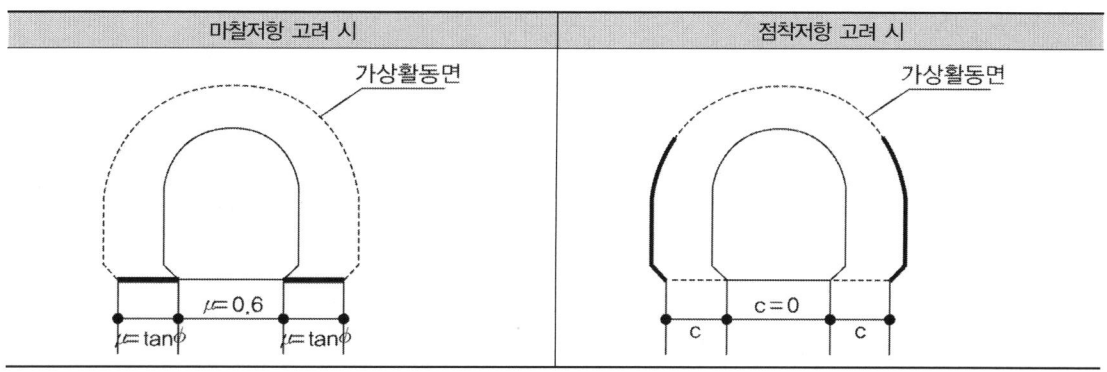

마찰저항 고려 시	점착저항 고려 시
가상활동면 $\mu=0.6$ $t=\tan\phi$ $t=\tan\phi$	가상활동면 $c=0$ c c

(마찰저항 및 점착저항 고려 개념도)

7) 기타 시설의 특성

구분	정의 및 특징	개요도
새들	• 주탑 및 앵커리지 위에 주케이블을 직접지지 하고 주케이블 하중을 주탑 및 앵커리지에 전 달시키는 구조물 • 탑정 새들 : 주탑상부에 설치되는 것 • 스프레이 새들 : 케이블을 방사형상으로 앵커리지에 정착 시에 앵커스팬의 스트랜드 응력 및 온도변화에 대해 이동하는 역할	|탑정새들|　|스프레이 새들|
래핑	• 원형래핑 : 와이어를 아연도금하고 케이블 외 부에 방청 Paste를 도포한 후에 직경 4mm의 아연도금강선으로 래핑하고 난 후 래핑 와이 어 외면에 6층 도장을 하는 방법 • S자형 래핑 : 최근 적용	|원형 래핑|　|S자형 래핑|
스테이	• 교축변형에 대한 복원력 역할 • 지진 시 및 폭풍 시 보강형의 과대변위 구속 기능 • 미소진동의 흡수기능	|센터 스테이|
슈	• 타워링크 : 보강거더를 매다는 형식의 반침 • 엔드링크 : 보강거더를 지지하는 형식의 반침 • 윈드 슈 : 교축직각 방향 풍하중을 지지하는 반침 • 스트랜드 슈 : 분산된 주케이블을 앵커리지에 정착시켜주는 구조	|타워링크|　|스트랜드 슈|　|윈드 슈|
제진 장치	• TMD(Tuned Mass Damper) : 주탑의 고유진동수에 동조시킨 수동형 제진장치 • AMD(Active Mass Damper) : 장치 자체의 진동수를 조정하는 능동형 제진장치 • HMD(Hybrid Mass Damper) : TMD와 AMD의 특징을 복합한 제진장치	

4. 현수교 계획 시 주 고려사항

1) 앵커리지 지지기반

앵커블록은 케이블 수평력을 받아 지반의 크리프 변형에 의해 공사 완료 후에도 주탑측으로 이동하게 되므로 이에 대한 오차를 보정하도록 설계에 반영해야 한다. 또한 앵커리지의 안정계산에 있어서 활동에 대한 안정이 지배적인 경우가 많으므로 연직하중에 대해 간극수압에 의한 양압력 등의 존재여부를 고려해야 한다.

2) 주경간장

장지간의 교량일수록 내진보다는 내풍에 의한 영향이 더 커지므로 현수교에서 주경간장은 내풍안정성이 확보되도록 변장비를 만족해야 하며 일반적으로 현수교는 65 이하의 변장비를 적용하고 있다. 또한 주경간장은 항로폭의 확보, 적정한 기초규모 및 최적공사비 확보가 가능하도록 충분히 검토하여야 한다.

3) 측경간비

측경간비는 주탑 새들에서의 케이블 활동안전율의 확보, 적정 앵커리지 규모 확보, 경관적 요소 등을 고려하여 결정하며 일반적으로 타정식 현수교는 0.24~0.27, 자정식 현수교는 0.35~0.45 범위에서 선택되고 있다.

4) 새그비

현수교의 역학적 특성을 좌우하는 지배요소로 케이블 물량, 앵커리지 규모에 직접적인 영향을 준다. 일반적으로 새그비가 증가할수록 케이블 장력이 감소하나 보강형 휨모멘트가 증가하고 내풍안정성이 감소하므로 새그비에 따른 공사비 검토를 수행하여야 한다.

타정식 현수교의 경우 1/12~1/8, 자정식 현수교의 경우 1/6~1/5의 범위에서 새그비를 결정하고 있으며 자정식 현수교의 경우 새그비를 높게 하여 케이블 장력을 줄이고 보강형에 작용하는 축력을 저감시켜 경제성을 확보하는 것이 일반적이다.

5. 현수교에서 측경간비의 영향

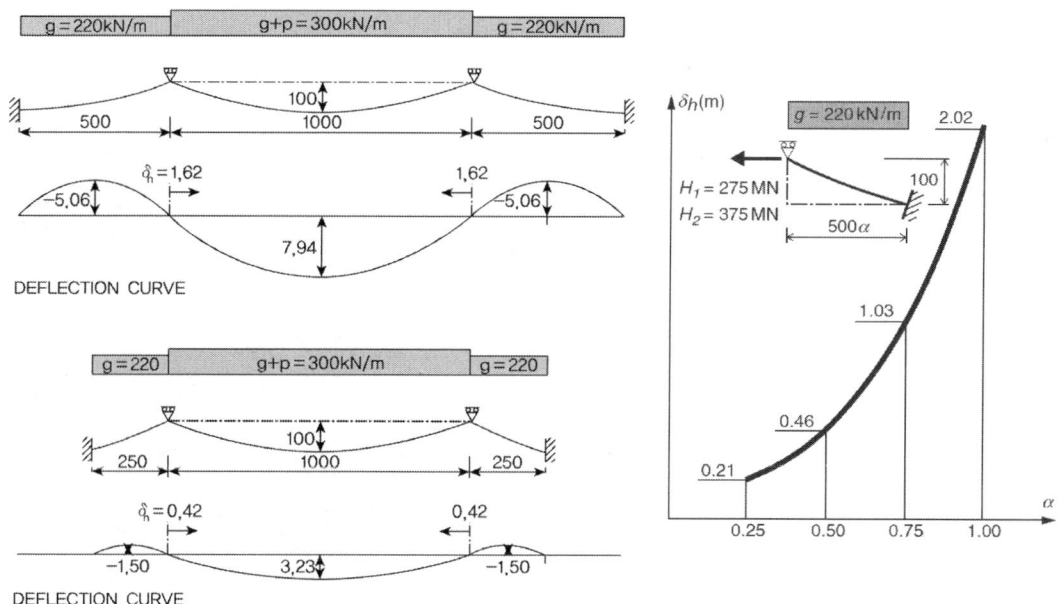

1) 그림에서처럼 측경간비는 중앙지간의 처짐에 영향을 미친다. 동일한 하중조건에서 측경간비가 500m→250m로 줄어들면서 중앙지간의 최대 처짐이 40% 감소되는 것을 알 수 있다. 또한 측경간 비를 1/2→1/4로 변경할 경우에는 최대 처짐이 79%가량 감소된다.

2) 또한 측경간비는 종방향의 변위(δ_h)에도 영향을 미친다. 주탑의 위치에서의 종방향의 변위가 측경간비가 1/2로 감소할 경우 1.62m → 0.79m로 감소하는 것을 볼 수 있다. 측경간 비율(α)이 증가함에 따라서 주탑 상부에서의 수평변위 변화와 수평력의 변화(275MN→375MN)를 알 수 있으며, 측경간비가 작을 경우($\alpha < 0.5$) 수평변위의 변화가 작지만 측경간비가 커질 경우에는 수평변위의 변화가 급변함을 알 수 있다.

3) 집중하중에 의하여 생기는 단순교의 처짐은 경간장의 3승에 비례($\delta = PL^3/48EI$)하며, 케이블의 처짐은 대체로 보강거더의 처짐에 비례한다고 볼 수 있다. 따라서 단순보와 케이블의 복합구조물인 현수교에서는 경간장이 클수록 케이블의 하중분담이 많아지며, 보강거더를 통해 직접 지점에 전달되는 하중이 작아진다. 보강거더의 영향은 보강거더의 휨강성 EI의 크기에 따라 변하나, 400~500m 정도 이상의 경간장을 갖는 현수교에서는 지점부근을 제외하면 활하중의 대부분은 케이블에 전달되어 보강거더는 국부적인 영향만 받게 되고, 활하중에 의한 보강거더의 응력은 경간장의 영향을 거의 받지 않는다. 또한 활하중에 의해 발생하는 보강거더의 처짐 및 기타 변형은 케이블의 변형에 의해 지배된다.

4) 측경간이 충분히 길면 보강거더의 활하중응력은 측경간비 L_a/L_m 의 영향을 받지 않는다. 그러나 측경간이 짧을 때는 케이블의 하중전달이 충분하지 않으므로 활하중응력도 그만큼 증대한다. 따라서 측경간이 짧으면 설계상 불리하다는 것을 의미하며 장대 현수교에서의 측경간비 L_a/L_m 은 대체로 0.3~0.5의 범위 내에 있도록 한다.

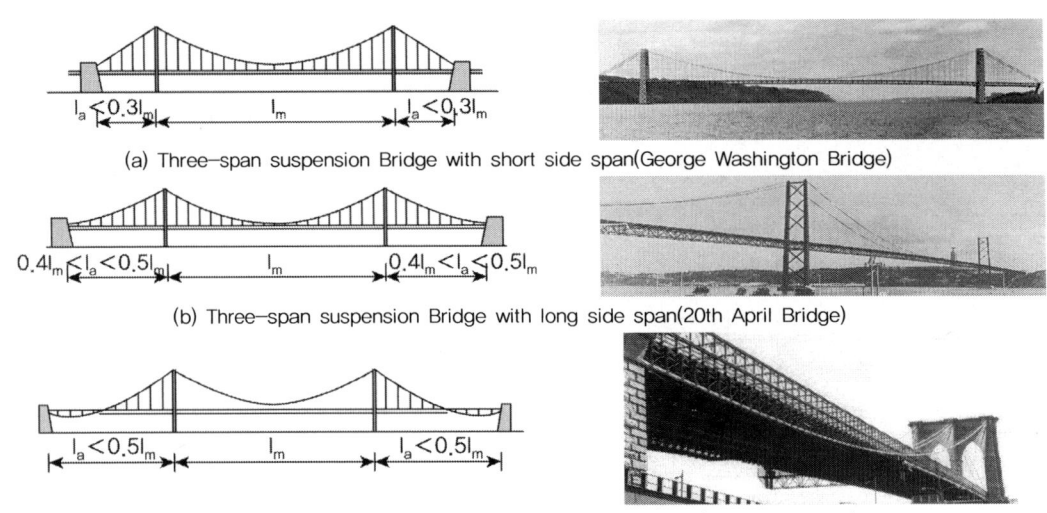

(a) Three-span suspension Bridge with short side span(George Washington Bridge)

(b) Three-span suspension Bridge with long side span(20th April Bridge)

(c) Three-span suspension Bridge with extreme side span(Brooklyn Bridge)

5) 케이블의 수평장력은 거의 중앙경간의 조건만으로 결정되고 L_a/L_m 의 영향은 작다. 그러나 측경간이 짧으면 그만큼 측경간에서의 케이블의 경사각은 크게 되어 케이블의 설계장력도 커지게 된다. 측경간이 짧아 설계장력의 차이가 심해지면 새들부에서의 활동에 대한 안전율이 부족해지는 경우도 발생한다. 그러나 측경간이 짧으면 교탑정부에서의 케이블 수평이동을 구속하는 효과는 커지게 된다. 즉, 측경간 L_a/L_m 이 작을수록 중앙경간의 최대 처짐은 작게 되어 케이블 수평장력 증가분은 크게 된다.

■ 측경간비 검토

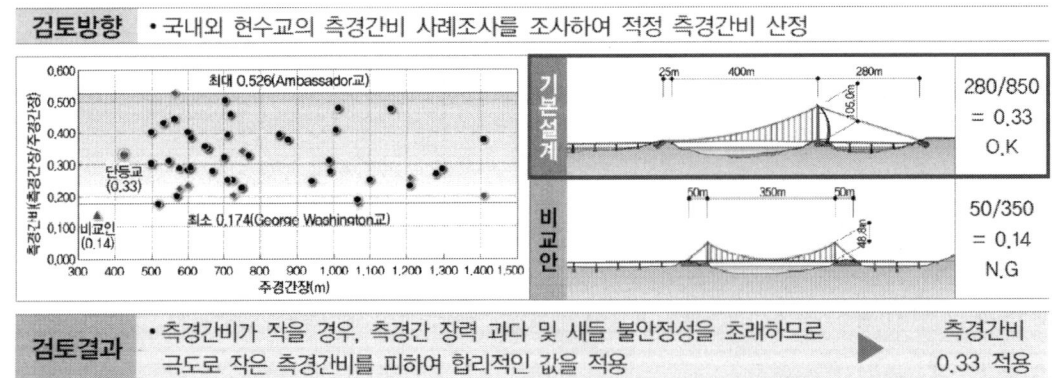

6. 현수교의 영향인자

1) 새그비(Sag ratio)의 영향

주케이블의 주탑부 정점부와 중앙부 최하단 변곡점까지의 높이를 새그(f)로 하고 경간장과 새그 간의 비를 새그비(sag ratio, f/L)로 정의한다. 새그비는 주탑의 높이와 현수교 주케이블의 경관성을 좌우하며 전체구조계의 강성과 주요부재의 물량과 규모에 영향을 미치므로 중요한 검토요소이다. 일반적으로 새그비가 증가할수록 연직 처짐이 증가하여 사용성이 떨어지며, 내풍성능이 떨어지고, 케이블의 장력이 증가하여 구조효율성능이 떨어지는 특징이 있다.

케이블의 일반정리로부터 등분포 사하중을 부담하는 케이블은 2차 포물선 식으로 가정하면 다음과 같이 표현할 수 있다.

$$y = \frac{f_w}{a^2}x(x - 2a) \quad H_w f_w = \frac{w(2a)^2}{8} \quad \therefore f_w = \frac{w \times a^2}{2H_w}$$

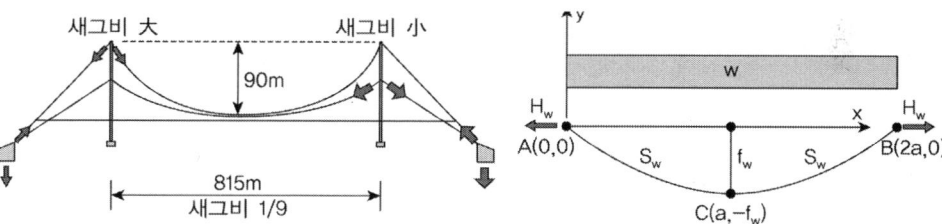

주경간 케이블 수평력 : $H_w = \dfrac{w_c L_c^2}{8 f_c}$, 측경간 케이블 수평력 : $H_{w,side} = \dfrac{w_s L_s^2}{8 f_s}$

주탑에서 $H_w = H_{w,side}$ $\quad \therefore f_s = f_c \dfrac{w_s}{w_c} \times \dfrac{L_s^2}{L_c^2}$

① 현수교와 같은 장대교량에서는 활하중보다 고정하중이 더 크며 대부분 케이블의 수평장력은 고정하중 재하 시의 장력과 유사한 경향을 보인다.

② 케이블의 수평력과 새그 간의 관계식에서 케이블의 장력은 새그에 반비례한다. 따라서 새그가 작을수록 장력이 증가하고 그로 인하여 케이블의 유연성이 작아져서 활하중에 의한 추가하중으로 인한 구조물의 처짐은 감소하나 주탑의 높이는 커지는 특성이 있다.

③ 대부분의 현수교의 새그비는 1/9~1/12를 채택하고 있으며, 고정하중이 큰 콘크리트 보강형 현수교의 경우에는 새그비를 크게 하여 케이블 장력을 줄이도록 하고 상대적으로 고정하중이 작은 강재 박스형 보강형의 경우에는 새그비를 작게 하여 변위형상을 억제하고 전체적인 강성을 높이도록 계획한다.

④ 새그비는 작을수록 케이블의 장력이 증가하여 케이블의 단면은 증가되나, 주탑의 높이는 작아지고 전체적인 강성이 증가하여 보강형의 변형이 작아지므로 보강형 단면을 경제적으로 설계할 수

있는 특성을 지니므로, 교량별로의 특성을 고려하여 적정한 새그비를 설계하도록 하여야 한다.

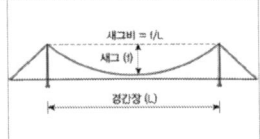

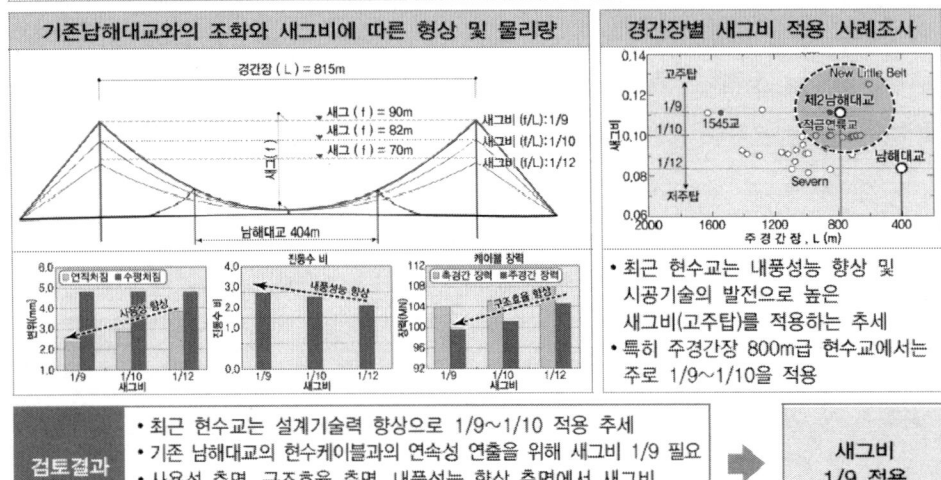

2) 고정하중

케이블의 장력과 고정하중, 새그비와의 관계식에서

$$H_w = \frac{w_c L_c^2}{8 f_c}$$

고정하중(w_c)이 증가하면 주케이블의 장력은 증가한다. 케이블의 장력의 증가는 현수교의 전체적인 강성이 증가하게 되므로 전체적으로의 변위특성은 좋아지게 된다.

① 단일 케이블이 거동에서 고정하중의 강도가 증가하면 케이블의 수평장력이 증가하고 이로 인하여 활하중에 대한 수직 및 수평변위가 감소하게 된다. 따라서 현수교의 안정성 유지를 위해서는 어느 정도의 고정하중은 반드시 필요함을 알 수 있다(단일케이블 부재의 거동 참조).

② 측경간의 사하중이 증가하는 경우에는 사하중의 증가로 인해서 초기 새그보다 더 크게 새그비가 변하기 때문에 주탑에서의 수평방향 변위가 더 커지게 된다.

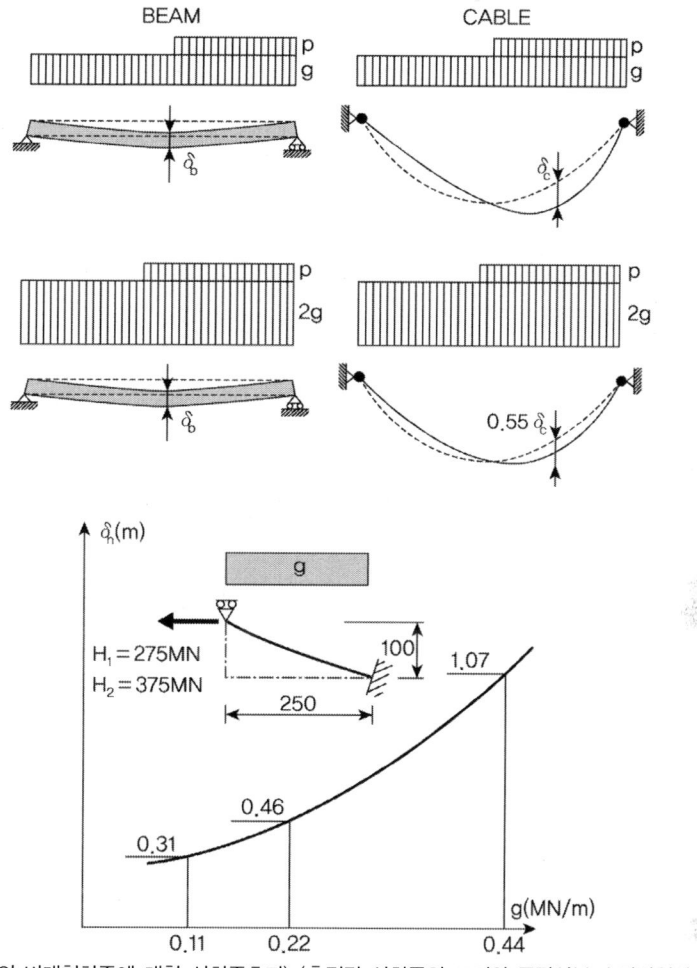

(보와 케이블의 비대칭하중에 대한 사하중효과) (측경간 사하중의 크기와 주탑상부 수평변위와의 관계)

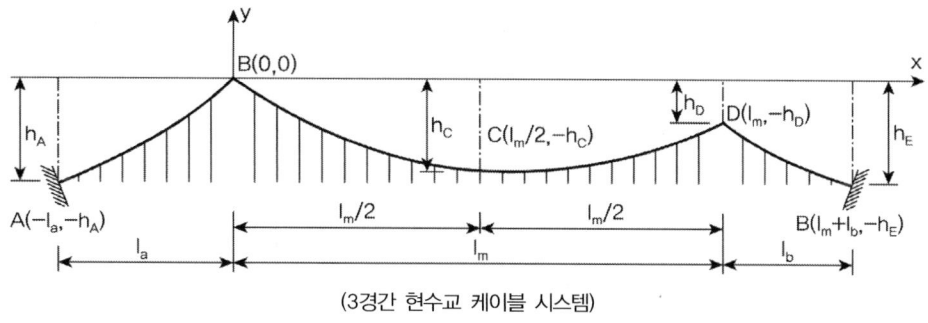

(3경간 현수교 케이블 시스템)

③ 위의 그림과 같은 3경간 현수시스템에서 주케이블은 다음과 같이 표현할 수 있다.

$$y = \begin{cases} -\dfrac{M_a(x)}{H} + \dfrac{h_A}{l_a}x & (-l_a < x < 0) \\[2ex] -\dfrac{M_m(x)}{H} + \dfrac{h_D}{l_m}x & (0 < x < l_m) \\[2ex] -\dfrac{M_b(x)}{H} + \dfrac{h_D - h_E}{l_b}(x - l_m) - h_D & (l_m < x < l_m + l_b) \end{cases} \qquad H = \dfrac{M_m(l_m/2)}{h_c - h_D/2}$$

여기서 $M_a(x)$, $M_m(x)$, $M_b(x)$는 l_a, l_m, l_b의 지간을 가지는 주케이블과 행어, 보강형의 하중을 받는 단순보의 휨모멘트

3) 보강거더의 강성

보강거더의 강성(EI)이 클수록 보강거더로 전달되는 응력은 커지며, 케이블 수평장력 H_w가 작을수록 보강거더가 분담하는 응력이 커진다. 일반적으로 교량에서 거더 강성의 증가는 전체 시스템 강성의 증가를 의미한다. 마찬가지로 현수교에서도 보강거더의 강성의 증가는 현수교 시스템의 전체적인 강성의 증가로 인하여 처짐 등의 형상이 작아지게 된다. 다만 현수교에서는 일반 교량과 달리 이러한 전체시스템의 강성에 영향을 주는 것이 보강거더 강성뿐만 아니라 새그(f_w)와 고정하중(w)에 의해서도 영향을 받는다는 것이 차이점이다.

① 보강형의 강성은 현수교와의 지점 연결방식에 따라서 모멘트 분포가 다르게 분포된다. 따라서 현수교 보강형을 힌지방식으로 할 것인지, 연속교 방식 또는 플로팅 방식으로 할 것인지에 따라서 보강형에 필요한 강성이 달라질 수 있다.

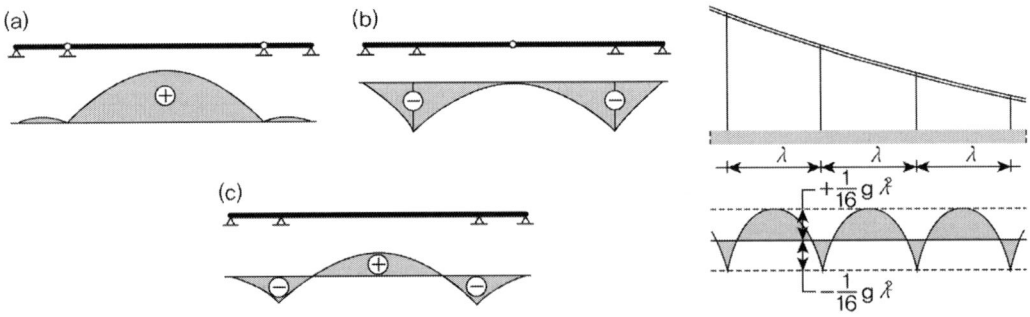

② 현수교에서 보강형은 행어사이에 존재하며 이때 사하중으로 인한 모멘트는 위 그림과 같이 분포된다.

③ 현수교 케이블의 횡방향으로의 지점조건에 따라서도 단면의 필요강성이 달라질 수도 있는데 이는 1면 케이블지지 형식언지 또는 2면 케이블지지 형식인지에 따라서 편심이 달리 적용될 수 있기 때문이다.

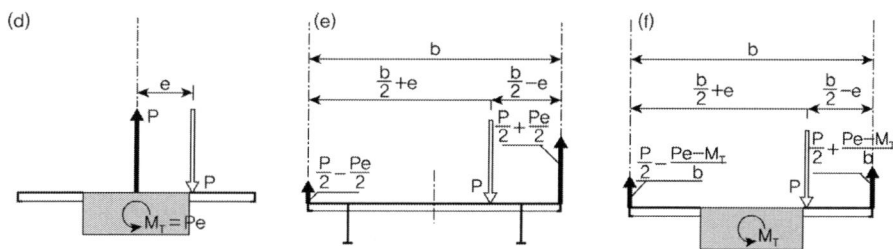

④ 또한 현수교의 구조형식별(케이블만 있는 경우, 단경간 현수교, 연속 현수교)에 따라 케이블의
강성이 달라져서 그 거동형상도 달리 나타나며, 장대지간일수록 내풍에 영향을 받아 변장비에
대한 검토 등 교량의 적용 조건별로 검토하여 최적의 단면 형상을 선정하는 것이 더 중요하다.

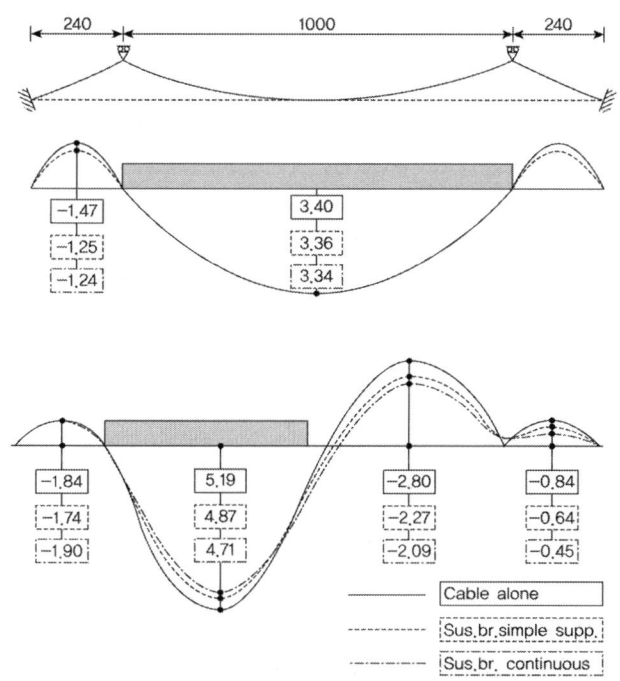

(케이블, 단경간현수교, 연속현수교의 처짐 비교)

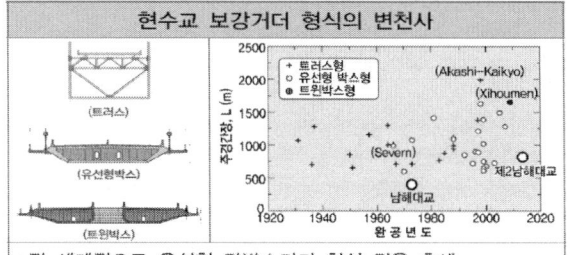

현수교 보강거더 형식의 변천사

• 전 세계적으로 유선형 강박스거더 형식 적용 추세
• 내풍안정성 확보에 유리한 트윈박스거더 및 에어포일 적용
단면 등이 최근에 계획중

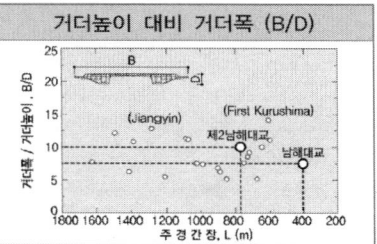

거더높이 대비 거더폭 (B/D)

• 거더폭/거더높이 (B/D)는 14 이내에 분포
• 제2남해대교는 L/B=33, B/D=10으로 계획
(D=2.4m, B=24.5m, 주경간장 L=815m)

7. 현수교의 구조해석방법

현수교를 다른 구조계와 다르게 하는 2가지 주요한 요인이 있는데, 첫째는 사하중에 의해 케이블에 도입되는 장력이 활하중하에서의 현수교의 강성에 크게 기여한다는 점이고, 둘째로 케이블의 비선형성이 초기에 비교적 작은 하중하에서도 나타나 현수교의 강성을 변화시킨다는 것이다.

이러한 특성을 갖고 있는 현수교를 해석하고, 설계하기 위한 이론이 싹트기 시작한 것은 19세기에 들어서부터이다. Navier가 1823년에 무보강 현수교에 대한 이론적인 고찰을 발표한 이래 Rankine 등에 의해 강성이 높은 보강트러스를 가지는 경우의 해석이 시도된 것에 이어 Melan등이 범용성이 높은 해석이론으로서 활하중을 지지하는 보강 truss를 탄성체로서 취급하는 탄성이론(Elastic Theory)을 완성하였다. 그 후 20세기에 들어 Melan의 이론을 Moisseiff가 발전시켜 장대 경간의 현수교에 대한 이론으로서 처짐이론(Deflection Theory)이라 하였다. 이 이론은 그 후 Steinman에 의해 일반화되어 Bleigh등에 의해 선형화처짐이론 및 Perry에 의해 영향선 해법이 제안됨에 따라 현수교의 고유한 해석법으로 정착되었다.

이 해석법들을 통틀어 연속체 해법이라 하고, 강체이론에서 탄성이론, 처짐이론으로 변화되는 과정에서 보다 체계적이고 실용적으로 발전되어 오늘에 이르고 있다. 이 중에서 강체이론은 거의 사용되지 않고, 탄성이론도 보강형의 강성이 비교적 크고 활하중에 의한 변위가 작은 경우에만 적용될 뿐이며, 이도 처짐이론과 비교하여 산정된 보정값을 적용하여 작은 규모의 현수교에만 이용되고 있다. 반면에 처짐이론은 활하중이 재하되었을 때의 주케이블 처짐의 영향을 고려함으로써 장지간 현수교의 경우에도 적용이 가능하게 되었다.

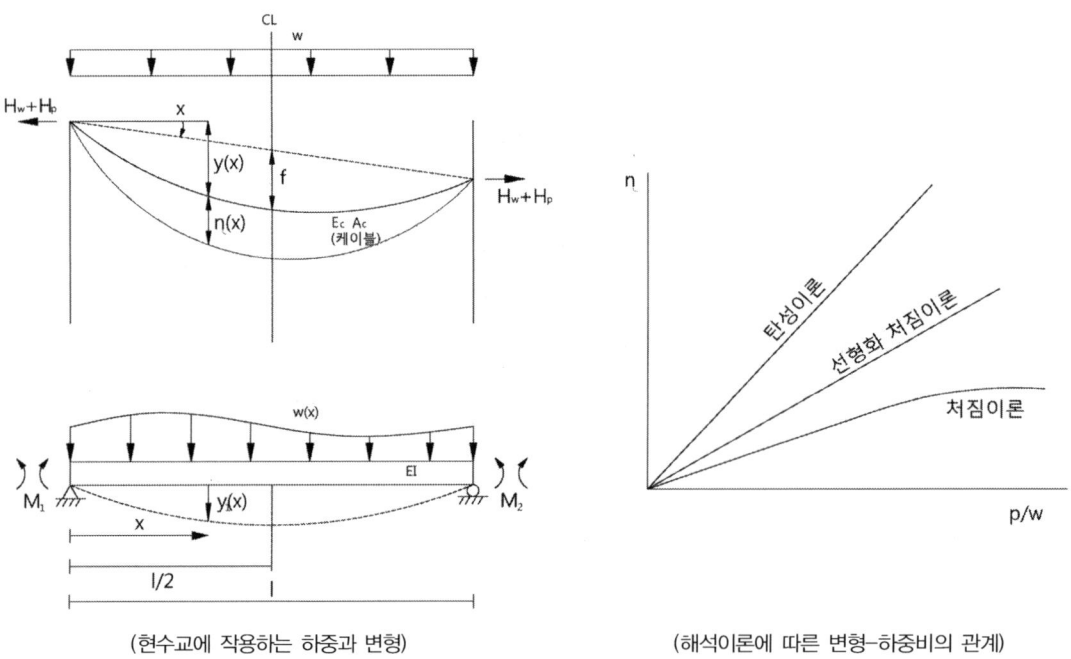

(현수교에 작용하는 하중과 변형)　　　　　(해석이론에 따른 변형-하중비의 관계)

최근 들어 컴퓨터 및 수치해석방법의 발달과 구조해석 이론의 발전으로 매트릭스법이나 유한요소법이 등장하여 보강형의 변단면, 주탑의 휨강성 및 행어의 신장 등을 고려할 수 있고, 임의 형식의 현수교는 물론 시공도중의 엄밀한 해석도 가능하게 되었다. 이와 같은 해석법은 평면해석뿐만 아니라 3차원 해석, 좌굴 및 고유진동해석과 강제진동해석 등에도 적용되고 있으며, 특히 현수교의 기하비선형 거동 특성을 고려한 해석을 보다 효율적으로 엄밀하게 수행할 수 있다.

8. 현수교와 사장교의 경제성 비교

주탑의 높이는 사장재의 수량과 상판의 압축력에 영향을 미치게 된다. Leonhardt는 주탑의 높이와 중앙 경간장의 비율에 따른 사장재 또는 케이블의 수량에 대한 관계식을 정립하였다. 케이블의 자중과 집중하중은 무시되었으며 주어진 장력에 대한 케이블의 중량산출식은

$$W = \frac{gIL^2}{\sigma}C$$ W : 케이블의 강재중량, g : 사하중과 활하중의 합

I : 케이블의 단위중량, σ : 케이블의 허용응력
L : 중앙경간장 길이, C : 교량형태에 따른 계수

1) 교량형태에 따른 계수

① 현수교 $C_s = \dfrac{2L_s + L_m}{2L_m}\sqrt{10 + \dfrac{1}{n^2}\left(\dfrac{1}{4} + \dfrac{2n^2}{3}\right) + \dfrac{2n}{3}}$ L_m : 중앙경간, L_s : 접속부경간

② 하프형 사장교 $C_H = u + \dfrac{1}{4n}$

③ 방사형 사장교 $C_R = 2u + \dfrac{1}{6n}$

$u = h/L_m$ (주탑높이와 중앙경간장의 비)

2) 교량형태별 경제성

① 단부 경간장은 중앙 경간장의 0.4배의 값으로 가정
② 각 곡선의 최저점은 C의 최적값이며 또 최소 케이블 강재량을 나타내는 점
③ 현수교와 방사형 사장교는 최소 u값은 0.28이며 하프형 사장교에서는 u의 최솟값은 0.5이다.
여기서 주탑과 거더의 중량이 포함된

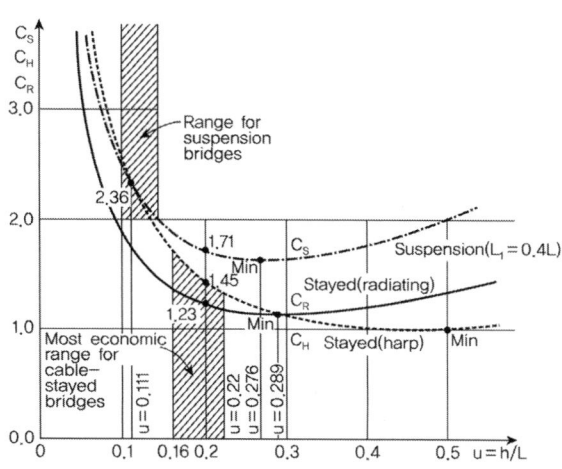

것이 아니므로 이러한 하중 요소를 추가한다면 가장 경제적인 사장교의 형태는 $u = h/L_m$은 0.2가 되며 현수교에서는 0.125가 된다. 현수교의 강성을 보완할 경우 u값이 0.111 정도가 적당한 값이 된다.

현수교의 해석이론 비교 및 구조해석 (현수교의 구조해석, 이승우)

➤ 해석이론 비교

1) 처짐이론

Moisseiff 등에 의한 Manhattan교의 설계 이후 약 반세기에 걸쳐 현수교의 설계는 케이블의 처짐을 고려한 처짐이론, 그중에서도 신축의 영향을 무시한 행거가 조밀하게 배치되어 있다고 가정하는 막이론에 근거하여 왔다. 현수교의 처짐이론은 현수교의 거동을 1개의 평형식으로 표현하고 있으며 그 이론 전개가 명확하고 장기간에 걸쳐 장경간 현수교의 설계에 적용되어 온 실효성 있는 이론이다. 처짐이론으로 설계되어 완성된 많은 장대 현수교의 경험이 없었다면 현재의 현수교 설계이론이 정립될 수 없었을 것이다.

① 처짐이론의 문제점

(1) 현수교의 중요한 구성부재 가운데 하나인 행거를 현수교 전장에 걸쳐 균일하게 분포하는 강체 막으로 간주하는 비현실적인 가정에 근거하고 있으므로 행거의 신축과 조밀성에 따른 영향을 고려할 수 없다.

(2) 교축방향 거동에 대한 해석법이 존재하지 않는다.

(3) 스테이가 있는 현수교, 전단변형의 영향, 지점침하 문제 등을 해결할 수 없다.

2) 변위법

해석적 방법에 의한 현수교 해석이론의 정밀화에는 한계가 있음을 인식하고 현수교를 변위법에 근거하여 요소로 정의되는 개개 부재의 연결체로 보아 모든 미지량과 조건식을 그대로 수치적으로 해석하고자 하는 시도가 전자계산기의 등장에 따라 제기되었다. 변위법이 현수교에도 본격적으로 응용되게 된 것은 전자계산기의 용량이 현수교의 전 부재를 해석할 수 있을 정도로 대형화되고 처짐이론에서는 해석이 불가능한 영역을 차례로 해결하여 현수교 해석에 불가결한 이론으로 인식되게 되면서부터이다. 여타 모든 구조해석 분야에서는 변위법이 거의 유일한 구조해석법으로 정착된 현재에 이르기까지 현수교에 있어서 처짐이론이라고 하는 독자적인 설계이론이 유지되어 온 것은 현수교는 부재수가 많고 형식이 거의 고정되어 있고 현수교 설계 시 케이블이나 보강형의 최적제원을 찾기 위하여 현수교 전체의 거동을 표현하는 식이 필요하기 때문이다.

① 변위법의 장점

(1) 모든 방향의 하중에 대하여 동일한 방법으로 해를 구할 수 있으며 하중의 방향마다 나누어 고려할 필요가 없다.

(2) 센터 스테이, 타워 스테이 등 처짐이론에서는 고려할 수 없는 구조계를 해석할 수 있으며 계산범위로서는 처짐이론의 범위를 완전히 흡수한다.

(3) 전산 프로그램이 단순하며 확장 및 추가가 용이하다.

② 변위법의 단점

    (1) 계산시간이 길다.

    (2) 모든 부재의 단면제원, 부재력 등을 출력하기 때문에 출력결과가 매우 많다.

    (3) Peery의 방법 등 비선형성을 고려한 설계 최대치의 계산이 불가능하다.

    (4) 현수교의 특성을 하나의 식으로 이해할 수 없다.

③ 처짐이론과 변위법 설계이론의 상이점

    두 해석방법은 상호 보완되면서 발달되어야 하며 어느 한쪽만을 선택하는 것은 비합리적이다.

구 분	행거의 간격	행거의 신축	케이블 장력의 수평성분	케이블의 연직평형	케이블의 수평평형
처짐이론	무시	무시	일정	변형 후	변형 전
변위법	고려	고려	일정하지 않음	변형 후	변형 후

▶ 구조해석

1) 현수교 특유의 설계조건

① 보강형은 사하중 시에 소정의 완성 시 형상이 되고 그 상태로는 무응력 상태이다. 단 트러스 형식의 경우에서 사하중을 트러스의 상하현재의 격점에 배분해서 재하하는 경우나 횡트러스의 상하현재의 격점에 배분해서 재하하는 경우에는 수직재에 축력이 발생하게 된다.

② 행거 및 타워링크, 엔드링크는 보강 트러스의 사하중 전체를 부담하고 그 상태로 수직이다.

③ 중앙경간의 주케이블은 행거가 지지하는 보강형의 사하중 전체를 지지하는 상태로 중앙점에 있어서의 소정의 새그 값을 확보하고 사하중 시의 케이블 장력의 교축방향 성분은 탑정에서의 측경간의 케이블 장력과 동일하다.

④ 주탑은 사하중 시에 중앙경간, 측경간의 케이블 장력의 탑정에서의 연직성분과 타워링크의 축 력이 반력으로 작용하는 상태로서 소정의 완성형상이 되고 교축직각방향의 수직면 내에 위치하므로 이 상태에서 주케이블 장력에 의한 교축직각방향 면내의 휨모멘트는 발생하지 않는다.

2) 초기형상해석

현수교 완성 시에 소요의 계획형상을 얻을 수 있는 케이블 가설 시의 초기형상은 주탑의 세트백, 새그 등을 바탕으로 한 카테나리 곡선으로 정의된다. 현수교는 완성 시에 주탑 정부에 작용하는 수평력이 평형이 되어 주탑에 휨모멘트가 발생하지 않도록 설계된다. 그러나 완성 시와 동일한 중앙경간장으로 케이블을 가설하면 주탑에서 수평력이 평형을 이루지 못하므로 케이블에 미끌림 이 발생하기 쉽다. 따라서 케이블 가설 시에 주탑의 정부를 케이블의 가설 시 수평력이 평형을 이루는 지간장이 되도록 위치를 변경시키는 작업이 필요하다. 일반적으로 완성 시에 비하여 중앙경 간장을 길게 하는 것이 필요하므로 주탑을 와이어 로프 등을 이용하여 측경간 쪽으로 당기게 되며 이를 세트백이라고 하고 그 이동량을 세트백량이라고 한다.

3) 영향선 해석

영향선 해석은 활하중 등의 이동하중으로서 지정된 부재에 대한 최대 단면력을 산정하고 이를 통해서 후속 구조해석을 수행하기 위해서 시행된다. 보강거더뿐만 아니라 케이블, 행어, 주탑 등에 대해서도 해석이 가능하며 현수교 특유의 설계이론을 이용한 선형화 유한변위법과 일반적인 구조해석법을 비교해 보면 아래 그림과 같이 매우 상이한 결과가 나타남을 알 수 있다.

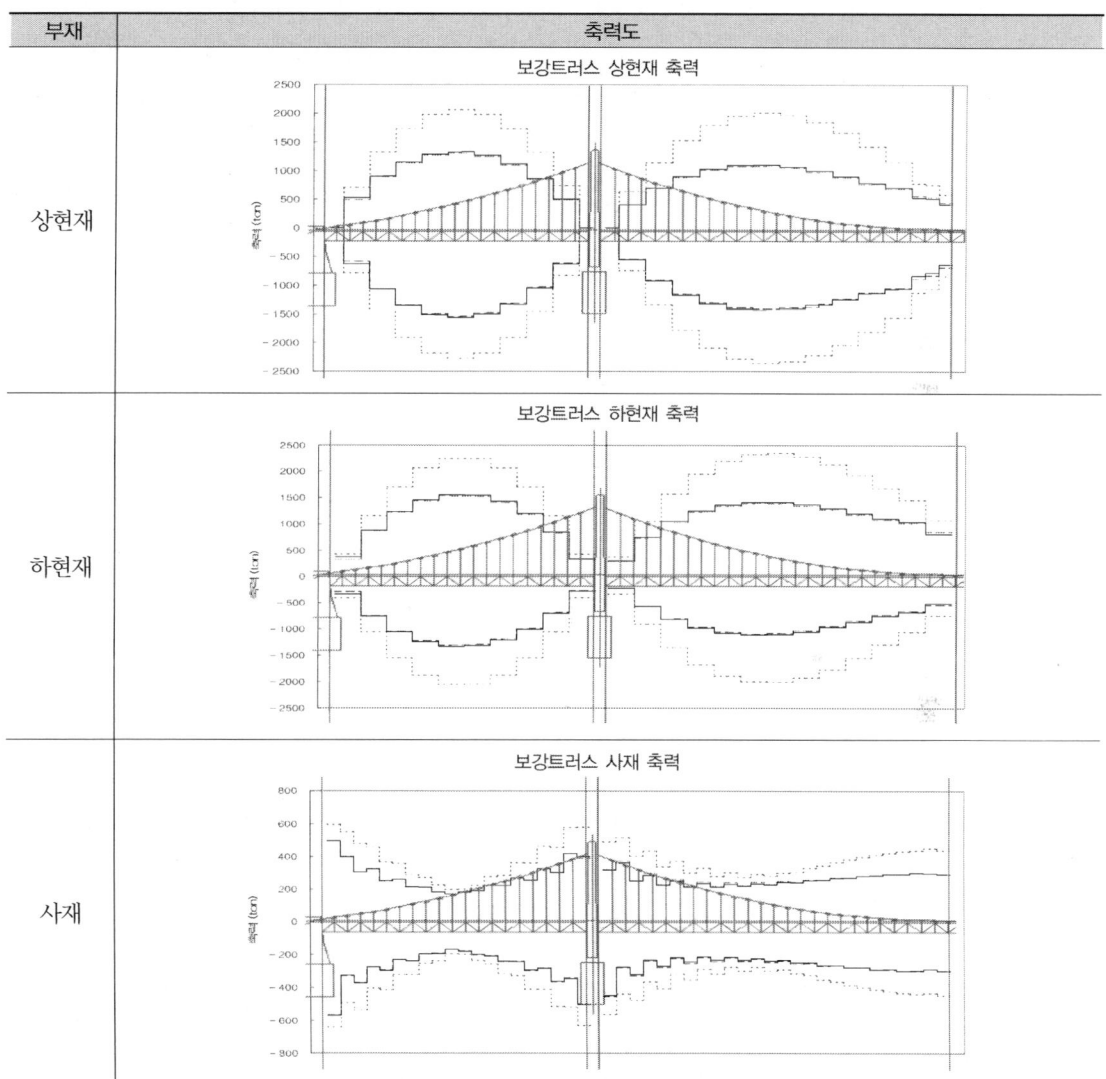

부재	축력도
상현재	보강트러스 상현재 축력
하현재	보강트러스 하현재 축력
사재	보강트러스 사재 축력

4) 가설단계별 구조해석

일반적으로 가설해석법은 해체법(역방향 해석법)을 적용하며 구조해석방법은 엄밀이론인 비선형 이론을 적용한다.

장대 현수교 보강형 가설순서에 따른 내풍안정성   (2007 강구조학회지)

▶ 개요

장대 현수교에서 일반적인 보강형의 가설순서는 다음의 3가지로 구분할 수 있다.

① Mid-Span to Pylons : 중앙경간의 중앙부로부터 양 주탑으로 가설하는 방법

② Pylons to Mid-Span : 양 주탑으로부터 중앙경간의 중앙부 방향으로 가설해 가는 방법

③ Four Working Fronts : 중앙경간의 중앙부와 양 주탑에서 동시에 가설해 나가는 방법

트러스 형식의 경우 Pylons to Mid-Span 방법과 Mid-Span to Pylons 방법이 모두 적용되고 있으나 상자형 보강형을 적용한 교량(Great Belt East Bridge, Humber Bridge, Jiangyin Bridge, Höga Kunstaen Bridge 등)에서는 Mid-Span to Pylons 방법이 대부분 채택되고 있다.

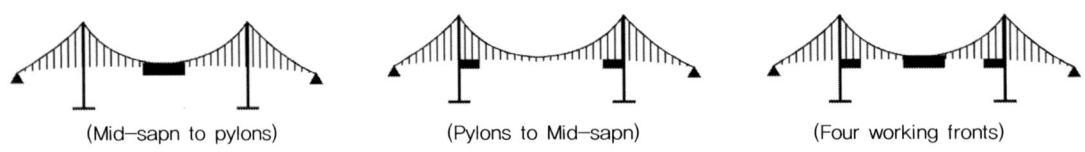

(Mid-sapn to pylons)   (Pylons to Mid-sapn)   (Four working fronts)

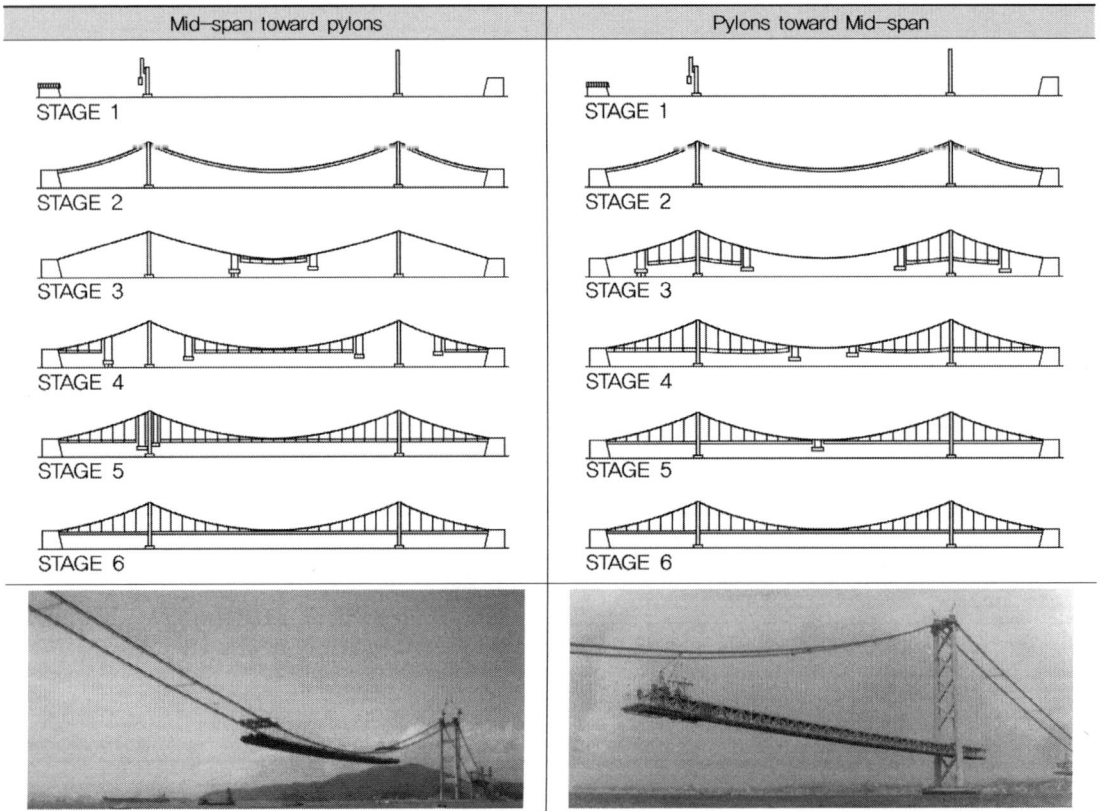

➤ Mid-Span to Pylons 방식의 플러터 안정성

1) 보강형 가설의 초기단계에서는 플러터 풍속이 매우 높다. 이는 비정상 공기력에 의한 보강형의 공력 진동(Aerodynamic Excitation)에 비해서 주케이블에 의한 구조계의 관성이 상대적으로 매우 크기 때문에 플러터 발현풍속이 상당히 고풍속 영역에 위치하게 된다.

2) 보강형 가설비율이 약 30~40% 이하에서는 완성계에 비해 플러터 풍속이 현저히 저하되는데 이는 가설의 초기단계에서는 전체 구조계의 비틀림 강성이 낮기 때문이다.

3) 플러터 풍속이 가장 낮은 가설단계로는 그 가설비율이 약 10~20% 범위인 것으로 나타난다.

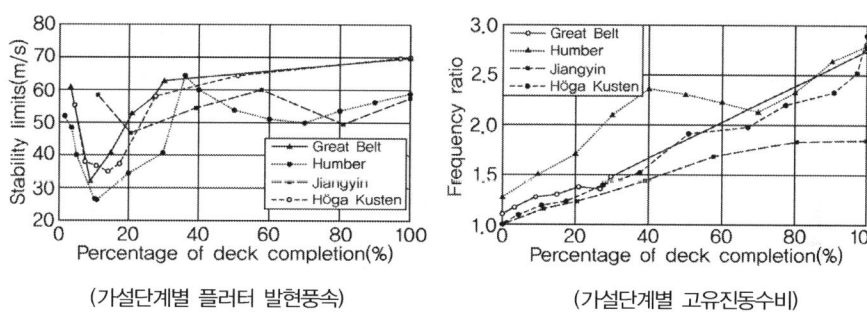

(가설단계별 플러터 발현풍속)　　　　(가설단계별 고유진동수비)

➤ 비대칭 가설

상자형 보강형을 갖는 대부분의 현수교는 중앙부에서 주탑부로 보강형을 가설해 나가는 Mid-Span to Pylons 방식을 사용하며 이 방법은 가설 시 응력과 변형을 최소한으로 유지할 수 있다는 장점이 있으나 가설 중 비틀림 강성이 작아져 내풍안정성이 현저히 저하되는 문제가 있다. 이런 가설 중 내풍 불안정성을 해결을 위해 Höga Kunstaen Bridge에서는 비대칭 가설을 검토하였다.

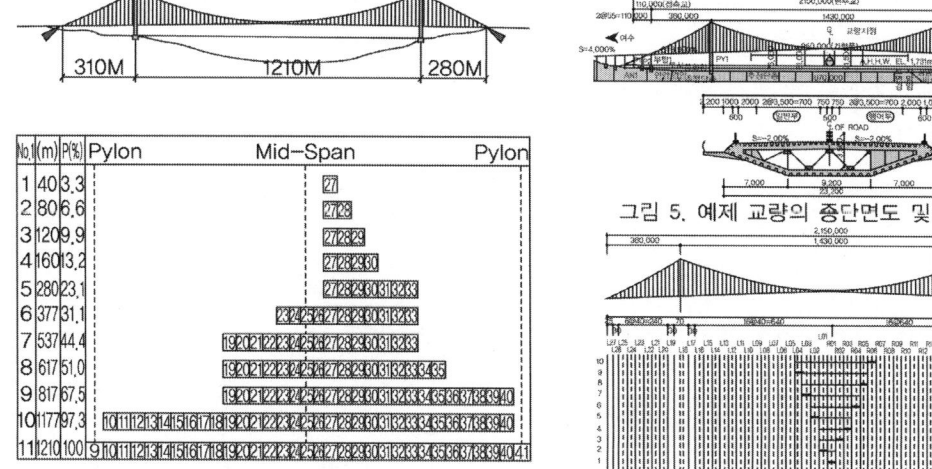

(Höga Kunstaen Bridge의 보강형 가설 검토)　　　　(여수산단 진입도로 현수교 가설 검토)

1) 현수교 보강형 가설의 초기단계에서는 일반적으로 동역학적 모델을 구성하여 풍동실험을 실시하게 되며 형고가 높지 않은 유선형 박스 형태의 보강형 단면에서는 플러터와 같은 불안정성이 가장 큰 문제이다. 일반적으로 적용되는 대칭가설에 비해 보강형 가설을 비대칭으로 하는 것이 더욱 안정하게 되는 특징이 있다. 따라서 보강형 가설 중 안정화 수단으로서 이러한 비대칭 가설을 이용한다.

2) 가설 중 보강형의 강성

① 장대 현수교에서의 연직 휨강성은 대부분 주케이블에 의해서 지지된다. 특히 보강형 가설 중의 임시 고정장치에 의한 세그먼트의 연결은 인양된 보강형 세그먼트의 무게만을 늘릴 뿐이지 연직 휨강성에 거의 영향을 주지 못한다. 그러나 2개의 주케이블이 면외 방향으로 움직이는 비틀림 진동에 대해서는 보강형의 비틀림 강성이 주케이블의 뒤틀림에 대하여 저항하게 된다.

② 보강형 가설이 중앙경간의 중앙부 절반 정도까지는 보강형은 넓은 박스거더를 형성하는 단계이며, 이러한 범위에서는 보강형은 강체운동하므로 비틀림 진동에 대한 주케이블의 곡률의 변화는 없는 것으로 가정할 수 있다.

③ 보강형의 길이가 짧은 초기 가설단계에서는 보강형의 비틀림 강성에 의한 구속효과는 그리 크지 않지만 보강형 길이가 증가될수록 이러한 효과는 뚜렷하게 증가된다.

④ 현수교 보강형의 대칭과 비대칭 가설을 비교하면 2개의 주케이블에 의해서 얻어지는 비틀림 저항은 비대칭 가설의 경우에 증가한다. 이는 한쪽의 짧은 길이의 주케이블은 반대편의 증가된 길이에 의해서 줄어든 강성보다 더 큰 강성을 더하게 된다. 가설된 보강형의 편심이 가장 큰 경우는 한쪽 끝의 보강형이 경간의 끝에 다다를 때이다.

⑤ 가설단계에서 보강형의 죄적 비틀림 강성은 수답측에서 숭앙무로 가설해 가는 성우다. 그러나 그러한 과정은 그 자체의 단점을 가지고 있으며 주탑부 근처의 케이블 밴드에서 주케이블에 큰 휨응력을 발생시키게 된다. 또한 보강형을 가설해 나감에 따라 주케이블의 각도변화가 매우 크게 된다. 만일 중앙부에서 보강형 가설이 주탑측으로 진행된다면 주탑부 근처의 최종 세그먼트가 가설되기 전까지 주탑 인근의 케이블 밴드에서는 큰 휨응력이 발생하지 않을 것이다.

3) 대칭 및 비대칭 가설에 의한 풍동실험 결과

① 안정상태의 한계속도는 일반적으로 공용 중에 비하여 가설단계 시에 낮으며, 보강형이 점차 완성되어 나갈수록 높아진다.

② 보강형이 10~15%의 가설 진행률을 보이는 초기단계에서 상대적으로 한계 플러터 속도가 가장 낮게 나타난다.

③ 보강형 길이가 가장 짧은 가설이 시작점 부근에서는 한계 플러터 속도가 높다.

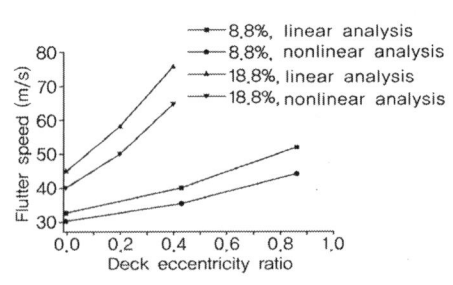

(편심비에 따른 플러터 속도의 변화)

④ 가장 낮은 한계속도는 교량 중앙에 대해서 대칭일 경우이다. 따라서 비대칭 가설을 통하여 가설 중 안정성 확보방안을 확보할 수 있다.

⑤ 위의 그림은 Yichang교 가설 시 편심비에 따른 플러터 속도의 변화를 나타내는 것으로 보강형의 편심비가 증가할수록, 즉 비대칭 가설을 함으로써 플러터 속도가 증가함을 나타낸다.

4) 가설 중 현수교 안정성 향상방안

① 가설 중 현수교의 안정성 향상을 위하여 보강형의 형상 및 질량을 변화시키거나 임시구조부재를 설치하여 제진에 대응하는 방안을 검토할 수 있다.

② 구조물의 형태 및 질량변화는 대표적으로 페어링 설치, 편심질량 추가, 댐퍼 설치 등의 방법이 있으며 트러스 보강형의 경우 상부구조에 오픈 그레이팅 설치를 할 수도 있다.

③ 임시구조부재를 설치하는 방안은 국내에 아직 적용된 사례가 없으나 아래 그림과 같은 방식이 있으며 (a)와 (b)는 보강형과 주케이블을 임시 스트럿과 임시케이블을 연결하여 보강형의 초기 비틀림 강성을 증가시키는 방법이고 (c)는 주탑과 주경간측 주케이블의 스트랜드로 연결시키는 방법이다.

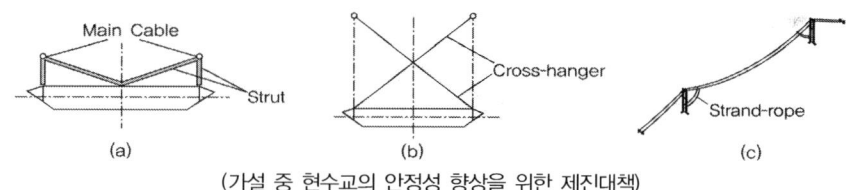

(가설 중 현수교의 안정성 향상을 위한 제진대책)

5) 플러터의 한계속도는 보강형이 일반적인 대칭분포가 아닌 비대칭 배치를 하였을 경우 증가되는 경향을 보이며, 이러한 현상은 보강형 배치에 따라 영향을 받는 진동모드의 조합, 진동수, 감쇠비 등이 그 주요원인으로 매우 복잡한 양상을 보인다. 따라서 장대교량과 같은 경우에는 가설 시 풍동실험에 의해서 그러한 거동을 적절하게 평가하여야 한다.

■ 현수교 보강거더 형식별 가설방향 사례분석 및 가설중 내풍안정성 고려한 보강거더 가설순서

교 량 명	보강거더	준공년도	가설방향	보강거더 편심가설에 따른 내풍안정성 검토
Great Belt	박스거더	1998년	(a)중앙→주탑	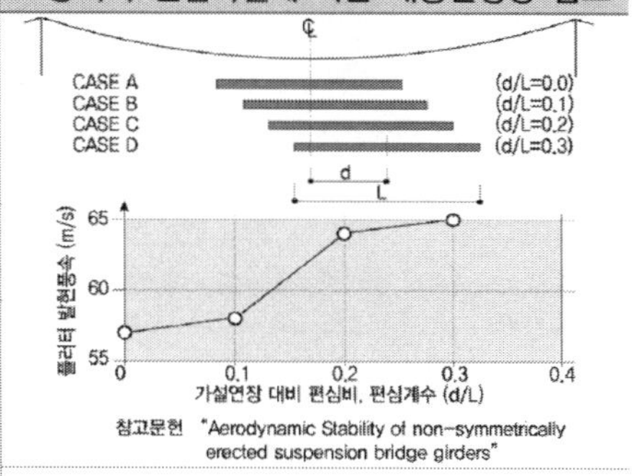
Humber		1981년		
Jiangyin		1999년		
Hoga Gusten		1997년		
Akashi Kaikyo	트러스	1998년	(b)주탑→중앙	
Bisan Kaikyo		1988년		

CASE A (d/L=0.0)
CASE B (d/L=0.1)
CASE C (d/L=0.2)
CASE D (d/L=0.3)

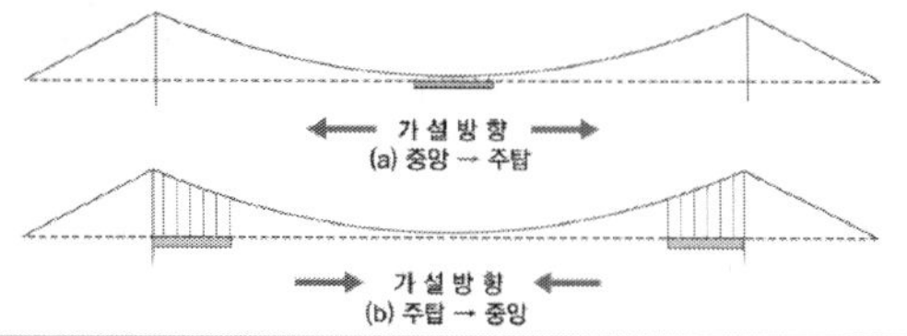

가설방향 (a) 중앙 → 주탑
가설방향 (b) 주탑 → 중앙

플러터 발현풍속 (m/s)
가설연장 대비 편심비, 편심계수 (d/L)

참고문헌 "Aerodynamic Stability of non-symmetrically erected suspension bridge girders"

• 편심계수(편심차)가 커직수록 플러터 박혀 풍속이 증가하는 경향 ➡ 비대칭가설 순서 적용

현수교 센터락

현수교에서 중앙부에 설치되는 센터락(CENTER LOCK)의 역할에 대하여 설명하시오.

풀 이

➤ 개요

현수교의 구성요소 중 변위를 제어하도록 도입할 수 있는 요소 중 하나인 센터락은 현수교 중앙에 설치해 일반적인 상황과 지진 시 교량의 교축방향(종방향)의 움직임을 잡아주는 역할을 수행한다.

➤ 현수교에서의 변위제어 시스템

장대교량인 현수교는 지진뿐만 아니라 내풍에 취약하며, 이로 인해 변위제어가 중요한 문제이다. 센터락의 경우 주로 교량의 중앙에서 주 케이블과 보강형을 강결시켜 흔들림을 잡아주도록 한다. 그 외에도 주탑상부에 Extra Strand를 설치하거나 보강거더에 타이다운로프나 링크슈, 윈드슈, 스토퍼 등을 설치할 수 있다.

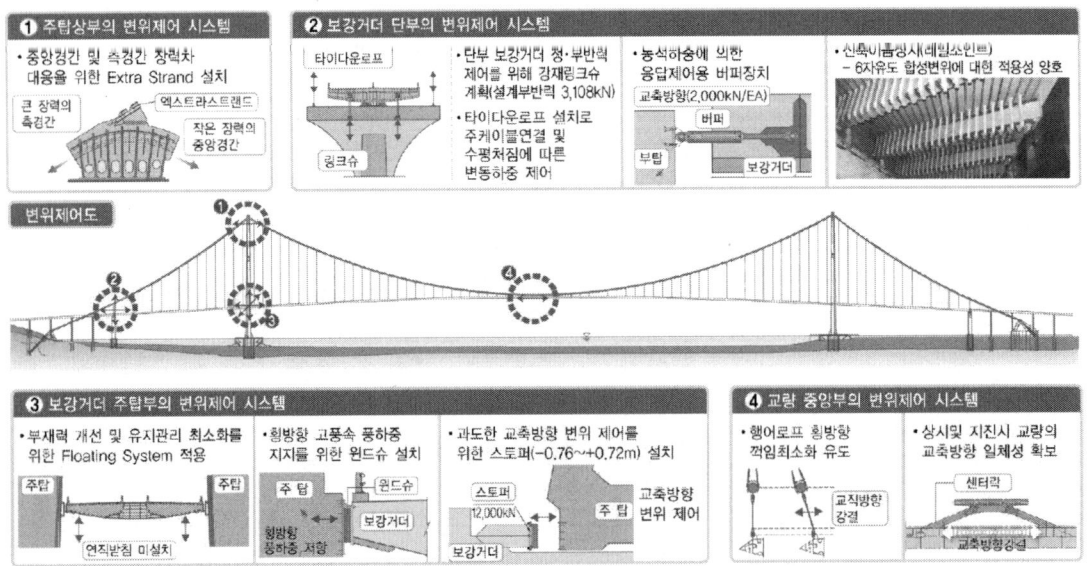

(현수교의 변위제어 시스템(예))

Hybrid Suspension and Cable stayed System(사장현수교)

사장-현수교(Cable-stayed-suspension hybrid Bridge)의 특징과 현수교 및 사장교와 비교한 장점에 대하여 설명하시오.

풀 이

▶ 사장현수교의 개요

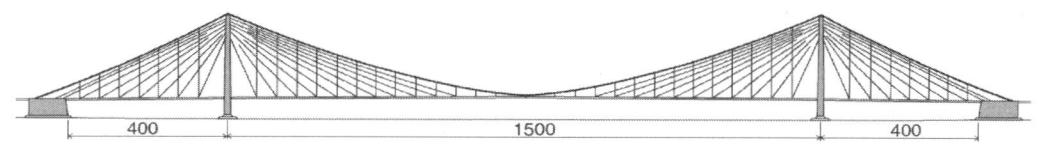

(Design for a bridge with a hybrid cable system investigated for the Storebaelt Crossing in 1977)

사장현수교는 케이블 배차가 사장교와 현수교를 복합한 구조형식으로 이전까지 하이브리드 사장현수교를 아직까지 시공된 예는 없었으나, Bosphorus Bridge(사장현수교, Hybrid Suspension and Cable stayed System) 이후 장대교량의 대안으로서의 검토가 증가되고 있는 추세이다. 현수교에 비해 하이브리드 사장현수교는 다음의 2가지 기능으로 인해 경제성이 있는 것으로 알려져 있다.

① Stay Cable의 사용이 현수교의 주케이블과 행어에 비해서 적은 케이블이 소요된다.
② 현수교의 강성제한으로 인해서 제한적이었던 주탑의 높이가 보다 최적화되어 적용할 수 있다.

▶ 기존 초장대교량 시공과 설계에서의 사장교와 현수교의 문제점

1) 현수교 : 주경간장이 길어질수록 메인 케이블이 단면적이 증가하여 재료비 증가는 물론 타워와 메인 케이블 간의 접합부의 시공이 난해해지는 등의 시공상의 문제점이 있다.

2) 사장교 : 주경간장이 길어질수록 사장케이블이 부담하는 수직부담률이 작아져서 사장케이블 단독으로는 초당대 교량의 시공에 적합하지 않다는 단점이 있다.

▶ 사장현수교 시스템의 특징

사장현수복합케이블 교량은 Deck를 사장케이블과 현수케이블 두 종류의 케이블로 동시에 지지하는 구조물로 Deck의 하중을 타워와 가까운 범위는 사장케이블이 지지하고 경간중앙의 범위는 현수케이블과 행어로 지지하는 시스템으로 구성되어 있다. 사장케이블과 현수케이블로 동시에 Deck를 지지하게 되면, 사장케이블에 의해서 전체 Deck의 자중을 일정부분 지지할 수 있으므로 현수메인 케이블에 재하되는 자중을 줄여서 메인케이블의 직경과 주탑의 부피를 줄일 수 있는 장점이 있으며, 또한 경간 중앙의 범위는 현수케이블로 지지함으로써 장대경간을 사장케이블만으로 시공 시 발생되는 하중지지 시스템의 비효율성과 Deck에 과도한 수평력이 재하되어 모멘트 지지 강도의 저하현상 등을 보완할 수 있다.

① 하이브리드 사장현수교를 적용 검토할 경우에는 순수현수교에 비해 축방향력이 증가할 수 있다(사장재로 인한 압축력증가로 좌굴 등 검토 필요). 이 경우 일반적으로 주탑 근처에서 조인트를 통해서 조정한다.

② 적정한 하이브리드 사장현수교 시스템

    (1) 측경간비는 0.25~0.30

    (2) 연속상판

    (3) 앵커블럭과 앵커블럭 간을 연결하는 주케이블 적용

    (4) 상단 케이블과 보강형 사이의 중앙 클램프

    (5) 주탑과 보강형을 연결하는 사장케이블

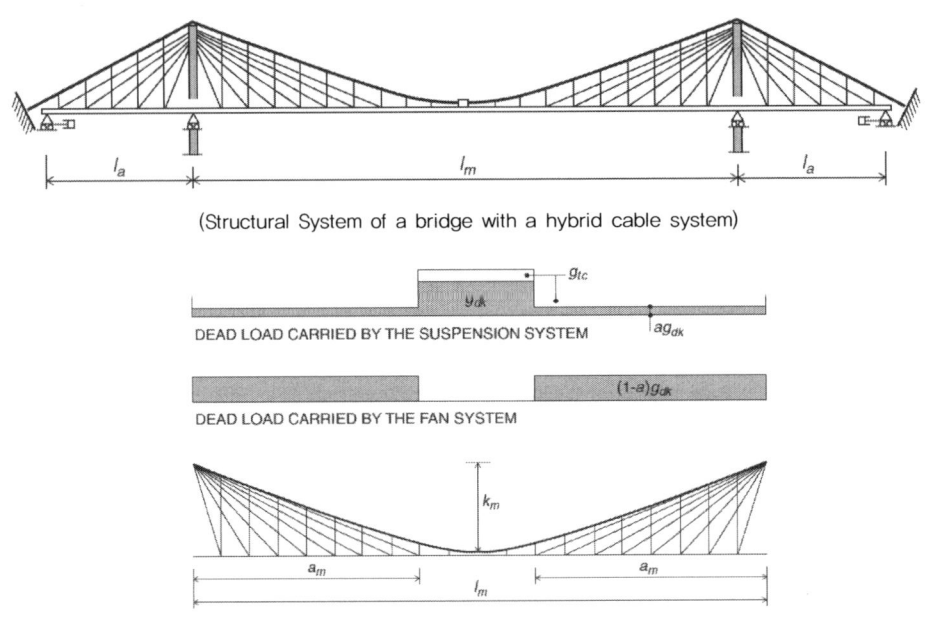

(Structural System of a bridge with a hybrid cable system)

(사장재와 현수재의 사하중 부담)

➤ 장대교량 시스템별 초기평형상태 해석방법

케이블과 같은 구조물은 프레임과 같은 구조물과는 다르게 하중이 가해지지 않은 상태, 즉 무응력 상태에서의 형상을 알 수 없다는 특징이 있다. 초기평형상태 해석이란 이러한 무응력 상태에서의 형상, 즉 초기형상을 알 수 없는 구조물에 대하여 주어진 조건식을 제외한 추가의 조건식을 이용하여 미지의 초기형상을 알아내는 것을 의미한다. 케이블의 경우 초기형상은 케이블의 무응력 길이(L_0)로 대표할 수 있으므로 케이블의 초기평형상태 해석이란 추가의 조건식을 이용하여

케이블의 초기길이를 구하는 해석을 의미한다. 케이블의 평형조건과 적합조건 등을 이용하여 유도한 단 케이블의 방정식은 다음과 같이 나타낼 수 있으며 이 식은 대표적인 비선형 방정식으로 방정식을 풀기 위해서는 증분식 형태로 변환시킨 후 Successive iteration, Newton-Raphson Method 등과 같은 반복계산법을 이용하여야 한다.

$$x_2 - x_1 = \phi_x = -\frac{F_x^1}{EA}L_0^e - \frac{F_x^1}{w}\left\{ \sinh^{-1}\left(\frac{F_z^1 + wL_0^e}{H}\right) - \sinh^{-1}\left(\frac{F_z^1}{H}\right) \right\}, \quad y_2 - y_1 = \phi_y = -\frac{F_y^1}{EA}L_0^e - \frac{F_y^1}{w}\left\{ \sinh^{-1}\left(\frac{F_z^1 + wL_0^e}{H}\right) - \sinh^{-1}\left(\frac{F_z^1}{H}\right) \right\}$$

$$z_2 - z_1 = \phi_z = -\frac{F_z^1}{EA}L_0^e - \frac{w(L_0^e)^2}{2EA} - \frac{1}{w}\left\{ \sqrt{H^2 + (F_z^1 + wL_0^e)^2} - \sqrt{H^2 + (F_z^1)^2} \right\}$$

1) 사장교의 초기평형상태 해석

케이블 구조물의 초기평형상태 해석의 방정식을 풀기 위해서는 추가 조건식의 설정방법이 필요하며 사장교의 경우 다음과 같이 추가의 조건식을 변위의 구속조건으로 설정한다. 구체적으로 사장 케이블과 Deck의 연결점의 수식 처짐과 타워 최상 난부의 수평 처짐을 제어한다. 사상케이블과 Deck의 연결점의 수직 처짐을 제어하는 것은 Deck를 평평하게 가설하는 조건으로 이 조건 적용시 최외곽 케이블, 즉 롤러지점에 연결된 케이블에 대한 조건식이 추가로 필요하게 된다. 이러한 조건식은 타워 최상단부의 수평 처짐을 제어함으로써 얻을 수 있다.

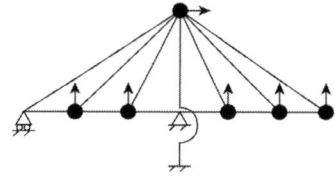 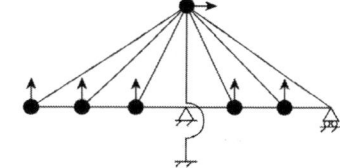

2) 현수교의 초기평형상태 해석

현수교의 경우는 사장교에서 사용한 것과 마찬가지로 전 교량을 하나의 구조물로 생각하고 변위에 대한 구속조건을 적용시키면 손쉽게 케이블의 초기길이를 구해 낼 수 있다. 하지만 일반적으로 현수교는 행어가 그림과 같이 수직하게 가설된다는 가정을 함으로써 아래와 같이 구조물을 분리하여 해석할 수 있다. 구체적으로 행어를 하중으로 치환시켜서, 다음과 같이 현수교를 케이블 부문과 프레임 부문 그리고 행어 부문으로 분리시겨서 해석할 수 있다.

① 행어와 Deck의 연결점을 롤러로 치환하고 그 상태에서 프레임 부문을 선형해석($P_d = K_d \triangle x_d$) 하여 롤러단에서의 수직반력을 구한다.

② 구한 수직반력을 분리된 현수교 부분의 외부하중으로 재하시킨 후 초기평형상태 해석을 수행한다.

③ 행어와 주케이블이 만나는 절점의 수평변위를 구속시키고 주케이블의 새그에 대한 조건을 이용하여 새그 부문에서의 수직 처짐을 구속시킨다. 이 두 변위를 제어시키면 타워와 주케이블

의 접합 부문에서의 2개의 케이블 요소를 제외하고는 모든 케이블에 대한 조건식을 설정할 수 있게 된다. 추가의 2개의 조건식은 타워와 주케이블의 접합부분 양단에서의 장력이 동일하다는 등가조건으로 얻어낼 수 있다.

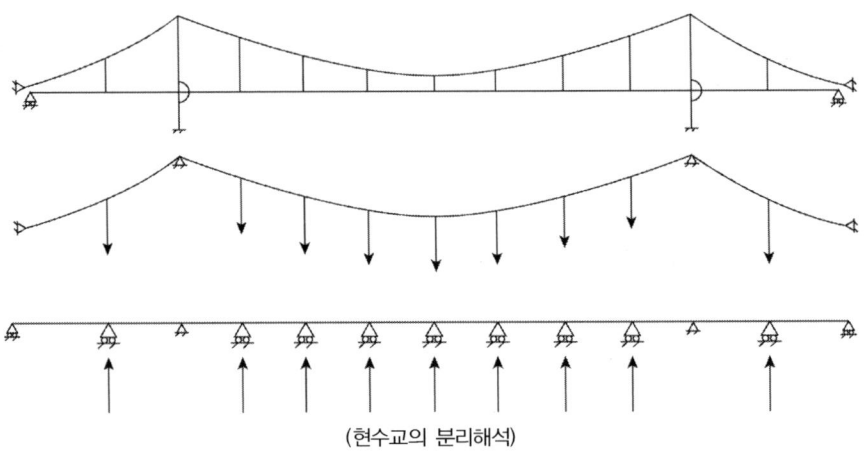

(현수교의 분리해석)

3) 사장현수교의 초기평형상태 해석에 기존 해석방법 적용 시 문제점

① 현수교와는 다르게 사장케이블에 의해서 Deck에 수평력이 발생하여 수평 처짐이 발생하게 되고 이로 인해서 행어는 수직하게 가설되어야 한다는 행어의 기본가정에 위배된다(해결책. 비선형해석을 통해서 변위복원 Successive iteration 방법을 적용하여 좌표 값을 보정).

② 프레임 부문(사장현수교에서 사장교 부문)과 현수교 부문의 접합점인 타워부문에서 적합조건과 평행조건을 만족시키지 못하는 문제점이 발생한다(해결책. 사장교부문 해석 시 타워 상단부에 수평방향 롤러지점을 설치하여 타워 상단에 수평 처짐이 발생되지 않는다는 조건을 만족시키고 이러한 지점설치로 발생된 수평 반력을 현수교 부문 해석과정에서의 초기 하중 값으로 반영하여 현수교 부문의 초기평형상태 해석을 수행한다. 현수교 부문 초기평형상태 해석에서 추가의 조건식으로 현수 main 케이블과 타워 최상단부의 접점에서의 수평력 평형을 추가의 조건식으로 설정하면 타워 최상단의 처짐이 없어야 된다는 조건과 타워 최상단에서의 수평방향 평형조건을 동시에 만족시킬 수 있다. 이때의 추가의 조건식은 사장교 부문 해석에서 넘어온 수평 반력값을 반영한 상태에서 구성된다).

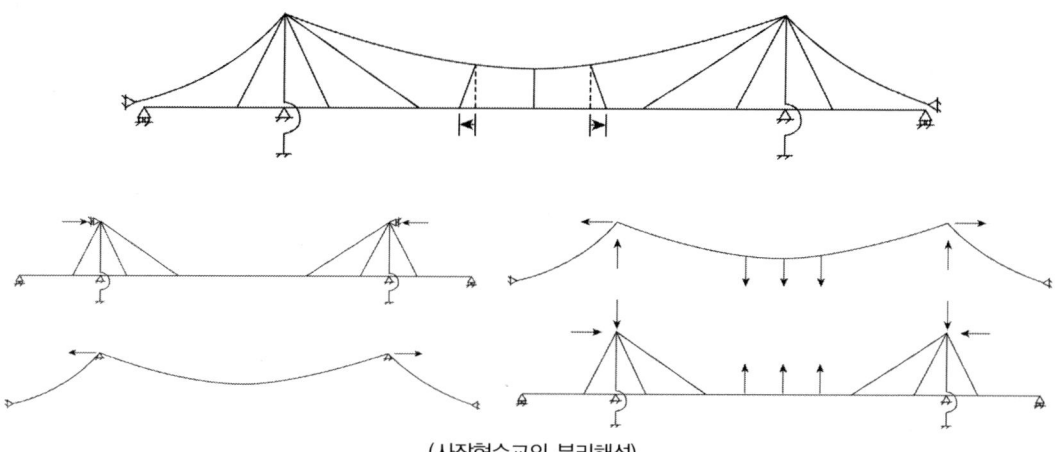

(사장현수교의 분리해석)

Bosphorus Bridge(사장현수교)

(대한토목학회지 2013.12)

▶ 교량개요

1) 교량형식 : Hybrid Suspension and Cable stayed System(사장현수교)

2) 경간장 : 2,164m(378+1,408+378)

3) 거더형식 : PSC Box Girder + Steel Deck + PSC Box Girder

4) 주탑 : A형 콘크리트 주탑(H=322m)

5) 폭원구성 : 왕복 8차선 + 복선철도(B=58.5m)

6) 케이블 : The Longest stiffening cable, L=587m, 1,960MPa

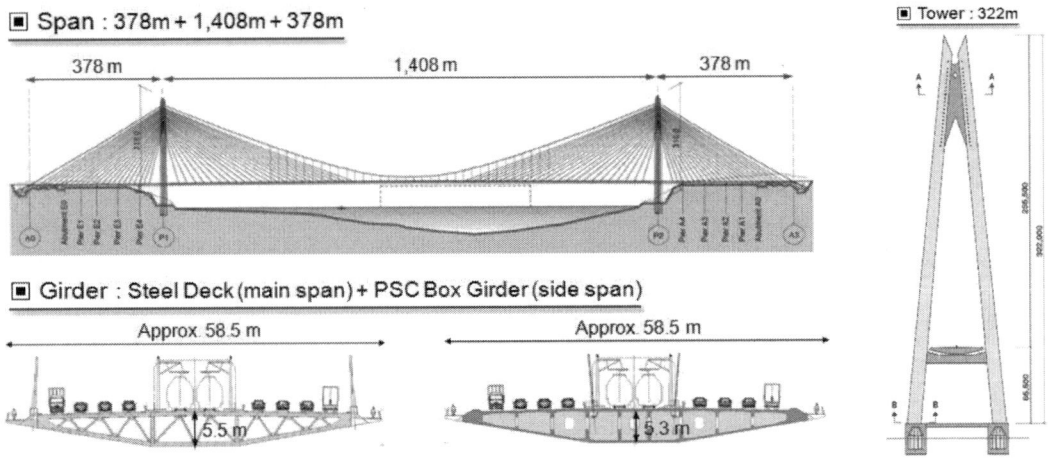

- Span : 378m + 1,408m + 378m
- Tower : 322m
- Girder : Steel Deck (main span) + PSC Box Girder (side span)

▶ 본 교량의 특징

① 일반 사장교 형식과 달리 일부 사장케이블을 지중에 정착하여 경간 중앙부에서 보강형에 인장력을 발생시키는 인장형 사장교로, 이를 통해 보강형에 발생되는 압축력을 감소시켜 보강형에 경제적인 설계유도

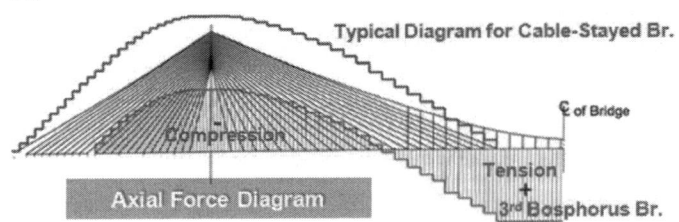

② 장대교량에 최초로 적용되는 교량형식으로 현수교 및 사장교에 각각 고려되어야 하는 사항 이외에도 다음의 두 교량형식의 조합으로 인해 발생되는 사항에 대한 추가 검토가 필요
- 주케이블 가설 시 사장케이블 동시 가설에 의한 주탑변위의 영향
- 사장케이블 가설 시 사장케이블과 기 가설된 주케이블 간의 간섭
- 시공오차에 의한 사장교구간 및 현수교 구간 보강형의 단차
- 사장교에서 발생하는 주탑 수평변위에 의한 교량완공 시 주케이블 IP 변동

③ 현수교구간 보강형 가설방안

일반적으로 중앙부에서 측경간측으로 가설하는 방법은 본 교량에서는 보강형의 내풍안정성에 문제가 있는 것으로 검토되어 본 교량의 현수교 구간은 사장교 보강형 가설 후 기 가설된 보강형에서 중앙경간측으로 순차적으로 연결하는 것으로 계획되었다.

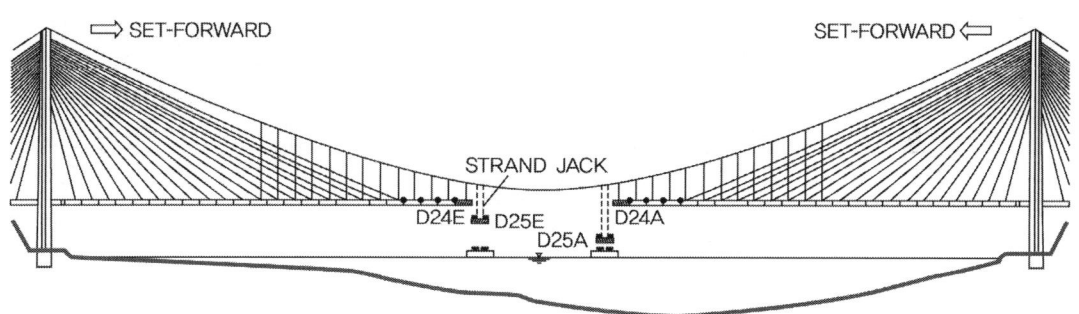

현수교 새들

현수교 케이블 부속구조물 중 스플레이(Splay)에 대하여 설명하시오.

풀 이

➤ 개요

앵커리지 위에 주케이블을 지지하기 위해 설치되는 새들을 스플레이 새들(Splay saddle)이라고 한다. 새들은 주탑에 설치되는 탑정 새들(Pylon saddle)과 앵커리지에 설치되는 스플레이 새들로 구분된다.

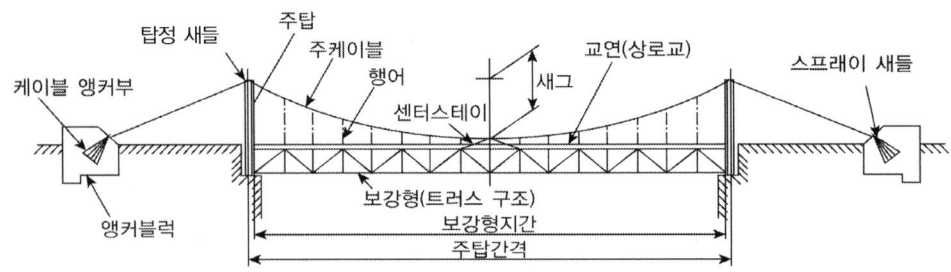

➤ 스플레이 새들

새들은 주탑 및 앵커리지 위에 주케이블을 직접 지지한다. 역학적 역할은 주케이블로부터 하중을 주탑과 앵커리지에 전달시키는 역할을 한다. 스플레이 새들은 방사형상으로 케이블이 앵커리지에 정착될 수 있도록 앵커 스팬의 스트랜드 응력 및 온도변화에 대해 이동하는 역할을 하며, 탑정 새들은 곡률 반경 설정에 중요한 역할을 수행한다. 스플레이 새들의 경우 설계 시 스트랜드의 수평 곡률과 수직곡률을 적절히 계산해 반영해야 한다.

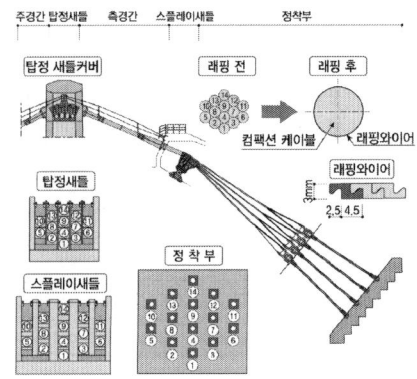

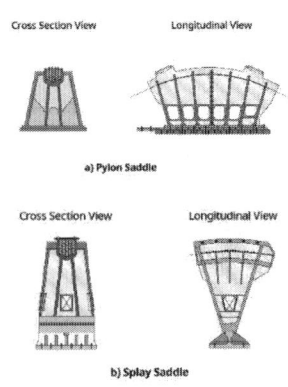

Chapter 09

부대시설과 하부구조

01 신축이음 및 받침

1. 신축이음장치 102회/110회/120회/132회

【 기출유형 ① 】 사교와 곡선교의 신축 및 회전거동의 특성, 받침 배치방법
【 기출유형 ② 】 신축이음 최소화 방안, 신축이음량 산정방법

신축이음장치는 상부구조의 신축 또는 이동량을 흡수하고 교면 평탄성을 유지하여 차량의 주행성을 확보하기 위해 상부구조에 설치되는 기계적 신축이음(조인트)와 연결장치로 구성된다. 신축이음은 교축방향으로의 온도변화, 크리프와 건조수축, 이동량과 회전변위, 구조적 여유량을 만족하여야 한다.

1) 신축이음 선정 시 고려사항

    ① 교량의 종류 : 교량에 따라 설치방법의 차이
    ② 이동량 : 온도변화, 건조수축, 크리프, 활하중, 사각 및 교대의 활동 등을 고려
    ③ 내구성 : 차량의 충격하중에 직접 노출되므로 강도와 내구성 고려
    ④ 주행성 : 신축이음의 내구성과 연관, 차량의 주행성능 고려
    ⑤ 배수성과 수밀성 : 내구성, 부식성능 확보
    ⑥ 시공성 : 시공의 난이도, 시공방법에 따른 내구성, 평탄성, 수밀성, 배수성 변화 고려
    ⑦ 경제성 : LCC 고려한 경제성 검토

2) 설계 시 고려사항

    ① 신축이음은 신축장에 대한 변위를 수용할 수 있도록 설계되어야 한다.
    ② 곡선교와 사교에는 교축방향과 교축직각방향의 신축, 종단경사가 있는 교량에서 가동받침이

수평이동으로 인한 수직단차, 주형의 단부회전에 의한 수평이동, 교대와 교각의 침하와 회전 및 수평이동에 의한 지점의 이동에 대하여 필요한 경우 고려

③ 예상치 못하거나 확실하지 않은 계산에 대해서는 충분한 여유간격을 확보하기 위해 신축 여유량과 설치 여유량 포함

3) 상부구조의 이동량 산출기준

구분	도로교 설계기준	도로설계요령	도로공사 설계지침
기본 이동량	$\triangle l_t + \triangle l_{sh} + \triangle l_{cr} + \triangle l_r$ (온도+건조수축+크리프+회전)	$\triangle l_t + \triangle l_{sh} + \triangle l_{cr}$ (온도+건조수축+크리프)	100m 이하 : $\triangle l_t + \triangle l_{sh} + \triangle l_{cr}$ 100m 이상 : $\triangle l_t + \triangle l_{sh} + \triangle l_{cr} + \triangle l_r$
여유량	설치여유량 : ±10mm 부가여유량 : ±20mm	기본이동량의 20% + 10mm	100m 이하 : 기본 이동량의 20% + 10mm 100m 이상 : 여유량만 규정
특징	① 빔의 회전 고려 ② 여유량 정량(±30mm)	① 여유량 정률(20%)과 정량(10mm) ② 보통지방과 한랭지방으로 구분	100m 이하 : 도로설계요령의 보통지방 100m 이상 : 도로교 설계기준과 동일

4) 이동량 계산

$$\triangle l = \triangle l_t + \triangle l_{sh} + \triangle l_{cr} + \triangle l_r + (\triangle l_p)$$

① 온도변화 : 연중 최고온도차와 선팽창계수에 의해 계산. 이동량에 가장 큰 영향을 미치는 요인으로 전체 이동량의 50% 이상, 교량 내 온도차는 미미하므로 무시

$$\triangle l_t = \alpha \triangle Tl = \alpha (T_{max} - T_{min})l$$

※ 신축이음장치 설치될 때 예상되는 온도 T_{set} 에 대한 최대 신장량($\triangle l_t^+$)와 수축량($\triangle l_t^-$)

$$\triangle l_t^+ = \alpha (T_{max} - T_{set})l, \quad \triangle l_t^- \equiv \alpha (T_{min} - T_{set})l, \quad \triangle l_t = \triangle l_t^+ - \triangle l_t^-$$

T_{set} : 신축이음장치가 설치될 때의 온도(48시간의 평균온도)

② 건조수축과 크리프 : RC는 건조수축만 고려, PSC는 건조수축과 크리프 모두 고려

$$\triangle l_{sh} = -\alpha \triangle Tl \times \beta, \quad \triangle T = -20℃, \quad \triangle l_{cr} = -\epsilon_c \times l \times \phi \times \beta = -\frac{P_i}{A_c E_c}\beta\phi l \ (\phi = 2.0)$$

③ 교량처짐에 의한 단부 회전 : 보가 높거나 변형이 쉬운 교량의 단부회전에 의한 변위

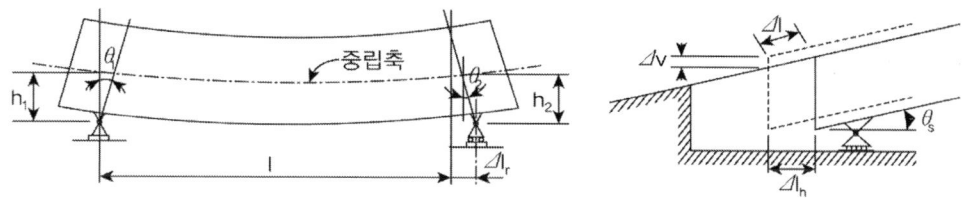

$$\triangle l_r = -h\theta_e, \quad \triangle v = a\theta_e \qquad (\theta_e : 강교(1/150), \text{ 콘크리트교}(1/300))$$

h : 보의 높이의 2/3, a : 받침의 중심에서 단부까지의 수평거리

※ 지점의 회전변위는 최대처점에 대한 지간의 비로 표시되는 강성(l/δ)으로부터 근사적으로 구할 수 있다.

l/δ	400	500	600	700	800	900	1000	1500	2000
θ_e	1/100	1/125	1/150	1/175	1/200	1/225	1/250	1/375	1/500

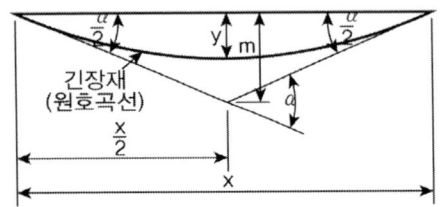

$$m \fallingdotseq 2y \fallingdotseq 2\delta, \; \frac{\alpha}{2} = \theta_e$$

$$\theta_e \times \frac{l}{2} = 2\delta \; \therefore \; \theta_e = 4 \times \frac{\delta}{l}$$

④ 교량의 종단경사에 의한 변위 : 종단경사가 큰 교량의 경우 온도에 의한 수평변위에 의해 수직 방향으로 단차 발생

⑤ 지점이동의 영향 : 교각과 교대에 예상되는 수평이동량을 여유간격의 계산에 고려

⑥ 사교 및 곡선교의 변위 : 사교와 곡선교의 교량단부의 접선방향 변위에 의한 비틀림은 신축이음장치에 전단력을 발생시키므로 신축이음장치의 형식 선정 및 설계, 시공 시 주의(접선방향 변위 $\triangle s = \triangle l \times \sin\theta_c$, 법선방향 변위 $\triangle d = \triangle l \times \cos\theta_c$)

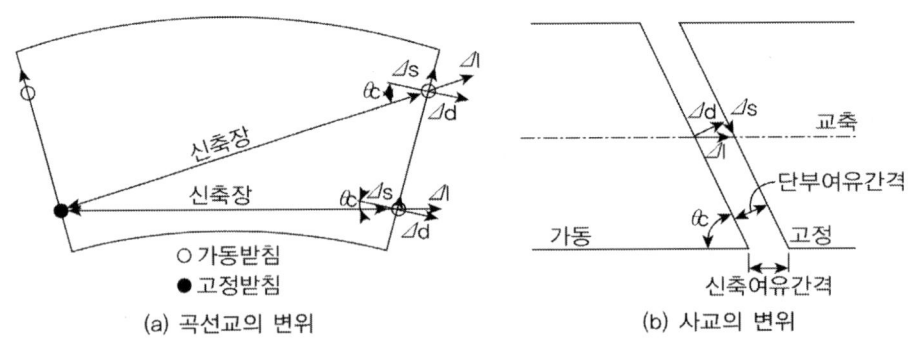

(a) 곡선교의 변위   (b) 사교의 변위

⑦ 지진에 의한 영향 : 지진에 의한 인접구조물과의 상대변위를 신축장치가 흡수

2. 받침 ^{96회/112회/116회}

【 기출유형 ① 】 가동받침의 이동량 산정 방법
【 기출유형 ② 】 교량받침 설계 시 고려사항

교량의 받침은 상부구조에 작용하는 하중을 하부구조에 전달하는 기능을 갖는 기계장치로서 교량의 내구성, 안정성에 관련된 중요한 구조요소이다. 또한 고정하중, 활하중 등에 의해서 상부구조에 발생되는 변위뿐만 아니라 온도변화 및 크리프에 의해서도 교량의 변위, 변형이 발생하므로 이 변위를 흡수하는 구조로 하거나 변위에 의해 발생되는 하중에 저항할 수 있도록 하여야 한다.

받침의 요구기능 : 하중지지, 회전수용, 변위수용 기능

1) 기능상의 분류 : 고정받침, 가동받침(일방향받침, 양방향받침)

2) 구조상의 분류

① 포트받침 : 원형의 밀폐용기에 고무를 넣고 그 위에 받침판을 얹어 고무의 탄성변형에 의해 회전기능을 가지며 미끄럼 기능은 고무판 위에 설치된 피스톤 상단에 부착된 불소수지판과 포트받침 바닥판의 하부에 부착된 스테인리스 스틸 판 사이에 윤활유를 주입하여 이동변위에 대해 적은 마찰계수로 미끄럼 기능

② 탄성받침 : 순수탄성받침과 적층탄성받침

③ 스페리컬 받침 : 모든 방향으로의 회전이 가능

④ 고력황동 받침판 받침 : 한쪽은 평면, 다른 면은 곡면으로 상하부판과 면접촉을 시켜서 미끄럼에 의해 평면 접촉부에서 신축, 곡면 접촉부에서 회전

3) 교량받침 설계 시 고려사항

수직하중, 수평하중, 이동량 및 방향, 회전량 및 방향, 마찰계수, 상·하부구조의 형식과 치수, 지점에서의 소요 받침 수, 지반 조건 및 침하 가능성, 교량의 총연장, 받침 상·하부 구조의 접속부 보강, 유지관리, 미관 등

4) 설계 시 고려사항 : 수직 수평하중과 이동량 산정

온도변화, 크리프와 건조수축, 프리스트레싱, 휨변형, 재료의 피로, 침하 및 지반이동, 차량의 가속 또는 제동하중, 원심력, 지진, 풍하중, 가설하중

5) 가동받침의 마찰계수

구분	회전마찰	활동마찰			
	롤러, 로커	불소수지받침판	고력황동주물 받침판	주철 선받침	강재 선받침
마찰계수	0.05	0.05	0.15	0.20	0.25

6) 이동량 계산

① $\triangle l = \triangle l_t + \triangle l_r + \triangle l_{sh} + \triangle l_{cr} + (\triangle l_p)$: 신축이음과 동일

② 가동받침의 상하부 위치 결정

$$l_m = l + \triangle l_d + \triangle l_t' + \triangle l_{sh} + \triangle l_{cr} + \triangle l_p$$

$$\delta = l_m - l = \triangle l_d + \triangle l_t' + \triangle l_{sh} + \triangle l_{cr} + \triangle l_p$$

③ 가동받침의 이동량

$$\triangle l = \triangle l_t + \triangle l_r + \triangle l_s + \triangle l_e + 여유량 = \triangle T\alpha l + \sum (h_i\theta_i) + \triangle T\alpha l\beta + \frac{P_i}{E_c A_c}\phi l\beta + 여유량$$

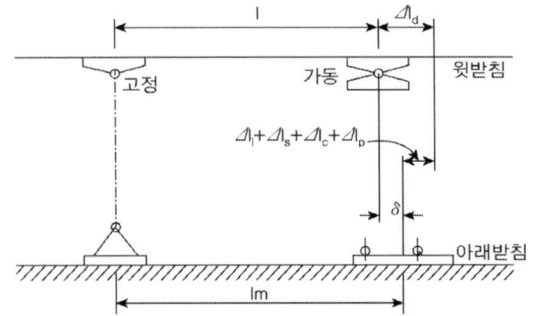

$\triangle l_d$: 받침 설치완료 후 작용하는 고정 하중에 의한 이동량

$\triangle l_t'$: 표준온도를 기준으로 한 온도변 화에 의한 이동량

7) 받침의 배치 : 사교와 곡선교의 경우 주의 필요

① 사교 : 사각이 매우 심한 경우를 제외하고 부반력이 발생하지 않는다. 둔각부에 하중 집중되므로 단부보깅이 필요하니, 받침규격 선정 시 최대 받침반력 산정에 주의

(받침의 배치방향) 고정단의 일방향 가동받침의 이동방향을 사각방향으로 배치

가동받침의 이동방향과 회전방향이 불일치, 전방향 회전 가능한 받침(탄성받침)이나 받침의 이동방향은 교량의 중앙선에 평행하게, 사각의 교대나 교각에 대해 직각방향이어서는 안 된다.

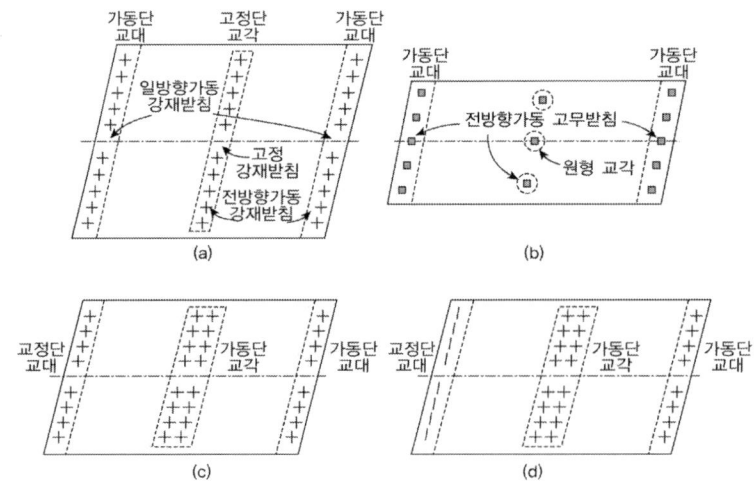

② 곡선교 : 가동받침의 이동방향은 고정받침의 방사상의 현 방향으로 설치하거나 곡선반경에 대해 접선방향으로 설치

(접선방향) 곡률이 일정한 교량에 적합, (현방향) 곡률변화와 상관없이 적용

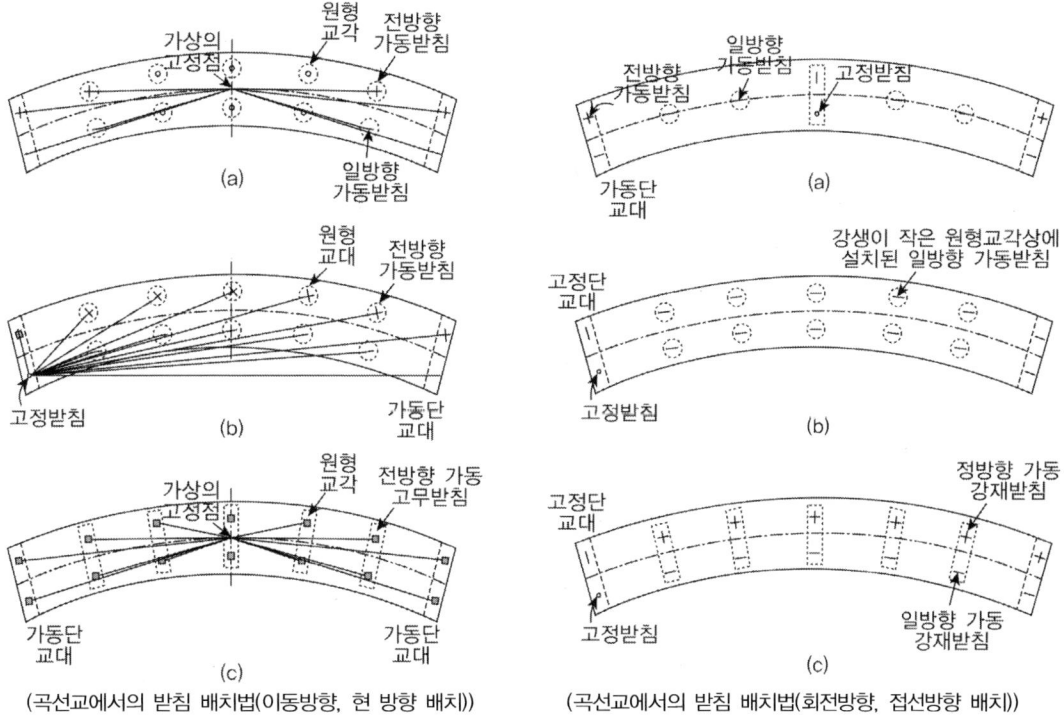

(곡선교에서의 받침 배치법(이동방향, 현 방향 배치))

(곡선교에서의 받침 배치법(회전방향, 접선방향 배치))

③ 폭이 넓은 교량 : 교축직각방향의 신축을 고려하여 배치

④ 부반력이 발생하지 않도록 받침 배치 : 1개의 받침 사용, Out-Rigger, 지점위치 변경, Counter Weight 적용 등 고려

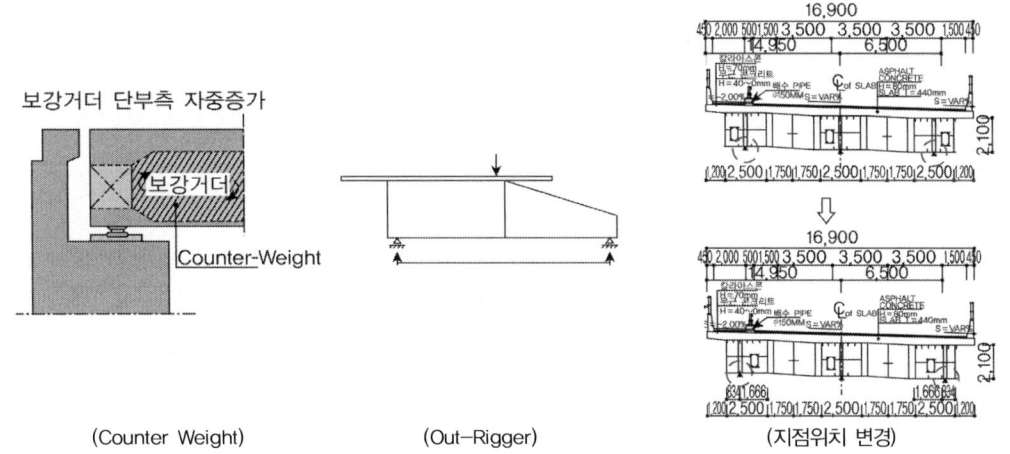

(Counter Weight)   (Out-Rigger)   (지점위치 변경)

3. 탄성받침 유지관리 ^{78회/100회/111회/128회}

【 기출유형 ① 】 상하부플레이트와 고무패드가 분리된 탄성받침의 문제점과 개선대책
【 기출유형 ② 】 탄성받침 팽출현상 및 롤오버 현상
【 기출유형 ③ 】 탄성받침 쐐기 제거에 따른 장단점 설명

현재 면진용으로 사용되고 있는 탄성받침은 설치 시 온도보정을 할 수 없어 설치시기에 따라 여러 형태의 변형이 발생될 수 있으며, 또한 PC빔과 같은 좁은 단면에서 긴장력을 도입하는 경우 빔의 비틀림 현상, 캠버에 의한 불균일한 처짐, 콘크리트의 건조수축 및 크리프에 의한 수축변형, 교대의 측방유동 등 거동 중에 발생하는 미끄럼 및 들뜸, 롤오버 등으로 인해 탄성패드가 상·하부 플레이트에서 이탈되는 현상이 발생할 수 있다.

1) 탄성받침 문제점

① 설치 시 온도보정이 불가능하여 시공시점과 다른 온도 변화 차이와 콘크리트 건조수축 등에 의한 받침의 전단변형 발생

② 전단 변형에 의하여 들뜸 현상이 발생하여 상·하부 플레이트와 고무 패드의 접착 면적 감소 (마찰저항 감소)

③ 상·하부 플레이트와 고무패드가 완전분리형으로 수직하중이 다소 작은 경우에는 받침에 작용하는 마찰력에 의해서 수평전단 강도가 결정되며, 온도에 의한 변형에 저항을 하지 못해 이러한 경우 기본적으로 미끄럼 현상 자주 발생함

④ 미끄럼 현상으로 교량이 내진 성능 확보 미약

2) 팽출 현상

탄성받침은 보강철판과 고무가 적층으로 구성되어 수직하중에 대한 강성을 보강하고 수평하중에 대해서는 고무가 갖고 있는 본래의 부드러운 성질을 이용하는 받침의 일종이다. 즉 고무 단일체로서는 수직하중에 대하여 팽출 현상이 크게 발생하여 지지능력이 부족하게 되는 단점을, 얇은 고무 층을 적층으로 구성함에 따라 지지능력이 급격하게 향상되는 장점을 가지고 있지만, 근본적으로 팽출 현상 자체가 없어지는 것은 아니므로 설계기준으로서 국부 전단변형률이라는 이론식과 실험식이 합산된 수식으로 안전성을 점검하게 되어 있다

① 팽출량을 결정하는 요인

고무는 물과 유사하게 포아손비가 0.5에 근접하는 이상적인 비압축성 재질인 관계로 탄성받침의 팽출량은 사용되는 고무의 강성 및 사용되는 고무 한 층의 두께에 지배적인 영향을 받는다. 또한 외관상의 팽출량은 사용되는 피복고무의 두께에 따라서 상당히 달라진다. 우리나라의 KS 기준에는 피복고무의 두께를 단지 4mm 이상으로만 규정하고 있지만 제품의 크기가 크면 클수록 피복고무의 두께를 크게 하는 것이 팽출량의 크기를 줄여주는 중요한 요인이 된다.

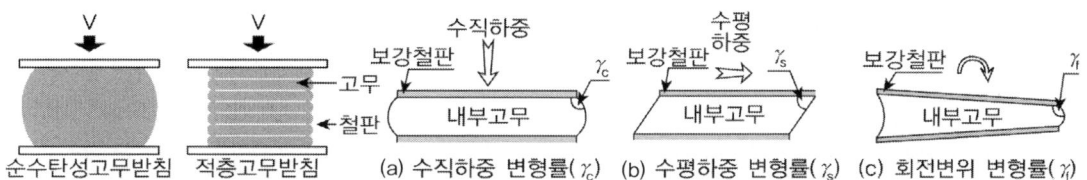

| 순수탄성고무받침 | 적층고무받침 | (a) 수직하중 변형률(γ_c) | (b) 수평하중 변형률(γ_s) | (c) 회전변위 변형률(γ_r) |

수직하중 130ton 시(팽출량 3.05mm)

수직하중 160ton 시(팽출량 3.57mm)

3) 미끄럼 현상

탄성받침과 상하철판이 분리된 탄성받침이 성립되는 이유는 탄성받침에 아무리 변형이 발생하더라도 상하철판과 탄성받침의 마찰력이 전단변형 및 회전변형에 따른 수평분력이 마찰력보다는 반드시 적다는 논리가 성립되기 때문이다. 최근에 가동단, 일방향 및 고정단과 같이 교량받침의 형식을 구분하기 위하여 에폭시 도장을 선택한 이후로는 미끄럼 현상이 발생하는 경우가 증가하는 경향이 있다. 물론 색상으로 교량받침의 형식을 구분하는 방안을 도입한 취지는 나름대로의 논리는 있었지만 탄성받침과 철판과의 마찰력을 현저하게 저하시키는 요인으로 작용하는 원인을 제공하고 있으므로, 탄성받침과 접촉하는 상하부철판에는 미끄럼 도장을 생략하거나 이동방지대책을 수립하여 초기단계에서 미끄럼 발생하지 않도록 적절한 조치를 취할 필요가 있다. 특히 PC빔교와 같이 상부슬래브가 타설되기 전 단계에서 충분한 설계사하중이 상재하지 못한 경우에는 미끄럼 현상의 발생 빈도가 높다.

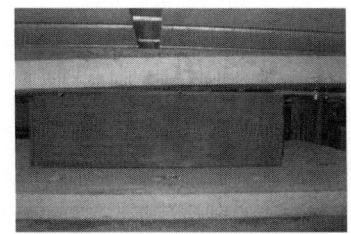

(탄성받침 들뜸 현상)

(탄성받침 미끄럼 현상)

4) 들뜸 현상

탄성받침의 허용회전각이란 고무에서 인장력을 받지 않도록 수직하중에 의한 처짐량이 회전에 의해 회복되는 크기로 정의되어 있으며 일반적으로 0.02Rad 정도가 된다. 따라서 수직하중의 크기에 큰 경우에는 처짐량이 크게 발생하여 허용회전각이 크게 나타나는 경향이 있다. 교량받침과 접촉하는 면적이 넓은 PC박스 형태와 같은 교량구조물에 있어서는 교량받침에 요구되는 0.02Rad 정도의 회전각은 시공과정에서 만족하기 쉽지만, PC빔과 같이 교량받침과 접촉하는 면적이 좁은 교량형식에 있어서는 설치오차를 고려하면 만족하기 어려운 점이 있다. 그러나 분리형 탄성받침에 있어서 상부구조물의 편심에 의한 들뜸현상은 편심을 받는 콘크리트와 같이 구조물의 안전에 치명적인 영향을 받지는 않으며, 받침의 수직저항력 및 고무의 열화메커니즘을 고려하면 안전에 대한 영향보다는 단지 외관상의 문제일 뿐이다. 일반적으로 현장에 설치된 제품의 점검결과에 의하면 들뜸 현상에 대한 첫 번째 원인은 수평도를 정확히 유지하기 어려운 PC빔의 변형에 따른 편기현상으로서 이를 바로잡기 위해서는 PC빔에 매설된 철판과 탄성받침의 상판을 연결하기 전에 구배 처리된 솔 플레이트로 수평을 보정하는 작업이 선결되어야 하며, 두 번째 원인으로서는 상하철판의 평탄도에 의한 들뜸 현상도 있을 수 있으므로 제품검사를 철저히 수행할 필요가 있다.

5) 롤오버 현상

분리형 탄성받침은 수평하중을 작용하면 Rollover 현상이 발생하는 것은 극히 정상적인 현상이다. 그러나 설치된 탄성받침에 이러한 롤오버 현상이 발생하는 것이 바람직하지 않으며 실제로는 수직하중이 작용하고 있으므로 과도한 전단변형이 발생하지 않는 단계에서는 눈에 두드러지게 나타나지는 않는다. 우리나라의 탄성받침에 대한 KS기준을 보면, 최소압축응력을 정의하고 있는 이유도 최소한의 수직하중이 작용해야 설계수평변위 70% 이내에서 Rollover 현상을 예방하기 위함이라고 할 수 있다. 최소한의 수직하중이 작용하고 있더라도 Rollover 현상이 발생하는 다른 이유로서는 회전변위를 들 수 있다. 교량상판의 회전에 의해 탄성받침에 회전변위가 발생하면 한변에서는 압축응력이 증가하고, 반대편에서는 인장응력이 발생한다. 이러한 단부에서의 인장응력에 의해 탄성받침에는 들림현상이 발생하며, 탄성받침과 같이 상하철판과 고무받침이 분리되어 있는 경우에는 흔히 발생할 가능성을 갖고 있는 현상이며, 롤오버의 발생을 억제하기 위하여 최단부의 상하부에는 변형하기 어려운 두꺼운 철판을 사용하는 형태도 있다.

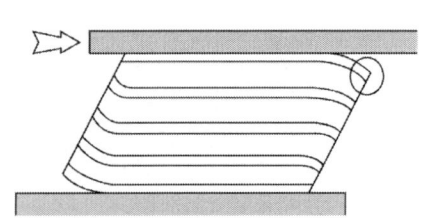 

(탄성받침 롤오버 현상)

6) 미끄럼 방지 등을 위한 개선대책 : 일체형

　① 볼트 체결식 일체형 탄성받침 : 볼트 체결을 위한 철판을 추가하여 일체형으로 설치하는 방식
　　으로 받침 높이가 철판높이만큼 증가되는 단점이 있다.

　② 접착식 일체형 탄성받침 : 접착제를 이용하여 접착하는 방식으로 유지보수가 용이한 장점이
　　있다.

　③ 미끄럼 방지 스토퍼 설치 : 스토퍼를 설치하여 받침의 전단변형으로 인한 미끄럼 방지, 유지보
　　수 용이한 방식

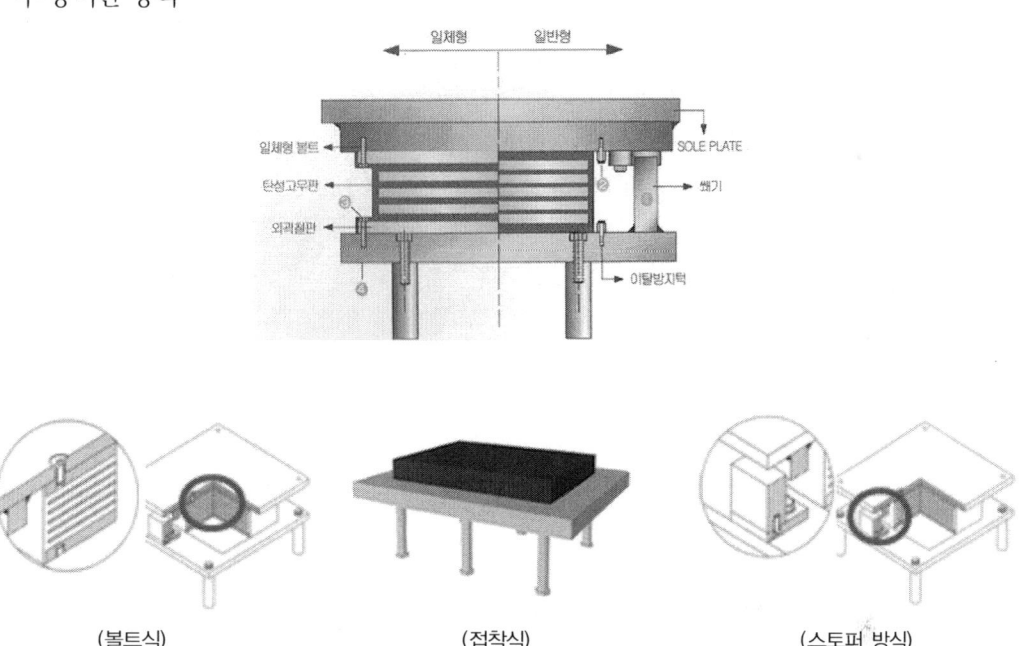

(볼트식)　　　　　　　　　(접착식)　　　　　　　　　(스토퍼 방식)

신축이음장치 : 산정방법

도로교설계기준(한계상태설계법 해설, 2015)에서 신축이음의 신축량 계산방법에 대하여 설명하시오.

풀 이

▶ 개요

신축이음장치는 상부구조의 신축 또는 이동량을 흡수하고 교면 평탄성을 유지하여 차량의 주행성을 확보하기 위해 상부구조에 설치되는 기계적 신축이음(조인트)과 연결장치로 구성된다. 신축이음은 교축방향으로의 온도변화, 크리프와 건조수축, 이동량과 회전변위, 구조적 여유량을 만족하여야 한다. 도로교설계기준(한계상태설계법 해설, 2015)에서 신축이음의 요구사항으로 사용한계상태 및 극한한계상태에서 하중을 충분히 지지할 수 있어야 하고, 상하부구조의 회전 및 이동을 자유롭게 수용할 수 있어야 한다고 규정하고 있다. 또한 피로한계상태에 대한 요구조건을 만족하여 충분한 내구성을 가지도록 설계되어야 하며, 대부분의 신축이음은 방수기능이 필수적으로 요구되고 있는데 이러한 신축이음은 내구연한 동안 누수가 발생하지 않도록 설계되어야 한다.

▶ 신축이음 선정 시 고려사항

① 교량의 종류 : 교량에 따라 설치방법의 차이
② 이동량 : 온도변화, 건조수축, 크리프, 활하중, 사각 및 교대의 활동 등을 고려
③ 내구성 : 차량의 충격하중에 직접 노출되므로 강도와 내구성 고려
④ 주행성 : 신축이음의 내구성과 연관, 차량의 주행성능 고려
⑤ 배수성과 수밀성 : 내구성, 부식성능 확보
⑥ 시공성 : 시공의 난이도, 시공방법에 따른 내구성, 평탄성, 수밀성, 배수성 변화 고려
⑦ 경제성 : LCC 고려한 경제성 검토

▶ 신축이음 이동량 산정 시 항목 및 기준

구분	도로교 설계기준	도로설계요령	도로공사 설계지침
기본 이동량	$\Delta l_t + \Delta l_{sh} + \Delta l_{cr} + \Delta l_r$ (온도+건조수축+크리프+회전)	$\Delta l_t + \Delta l_{sh} + \Delta l_{cr}$ (온도+건조수축+크리프)	100m 이하 : $\Delta l_t + \Delta l_{sh} + \Delta l_{cr}$ 100m 이상 : $\Delta l_t + \Delta l_{sh} + \Delta l_{cr} + \Delta l_r$
여유량	설치여유량 : ±10mm 부가여유량 : ±20mm	기본이동량의 20% +10mm	100m 이하 : 기본 이동량의 20%+10mm 100m 이상 : 여유량만 규정
특징	① 빔의 회전 고려 ② 여유량 정량(±30mm)	① 여유량 정률(20%)과 정량(10mm) ② 보통지방과 한랭지방으로 구분	100m 이하 : 도로설계요령의 보통지방 100m 이상 : 도로교 설계기준과 동일

▶ 신축이음의 신축량 계산방법

1) 고려사항

신축이음의 이동량은 발생 가능한 모든 하중들의 조합들 중에서 가장 불리한 경우에 대하여 극한 한계상태 하중조합을 사용하여 계산하여야 하며, 각종 이동량 및 시공 여유량 등을 모두 고려하여 차량 진행방향으로 산정한 신축이음 노면 최대 틈새 간격(W, mm)은 다음을 만족하여야 한다. 또한 강교량인 경우 노면 틈새 간격은 계수하중을 고려한 극한 이동 상태에서 최소 25 mm 이상이어야 하며, 콘크리트교량인 경우 크리프 및 건조수축 변형을 감안하여 초기에 일시적으로 최소 틈새 간격이 25 mm보다 작을 수 있다.

① 틈새가 하나인 경우(for single gap) : $W \leq 100 \, mm$
② 틈새가 여러 개인 모듈 형식(for multiple modular gaps) : $W \leq 80 \, mm$

2) 신축량 산정방법

$$\triangle l = \triangle l_t + \triangle l_{sh} + \triangle l_{cr} + \triangle l_r + (\triangle l_p)$$

① 온도변화 : 연중 최고온도차와 선팽창계수에 의해 계산. 이동량에 가장 큰 영향을 미치는 요인으로 전체 이동량의 50% 이상, 교량 내 온도차는 미미하므로 무시

$$\triangle l_t = \alpha \triangle Tl = \alpha (T_{max} - T_{min})l$$

※ 신축이음장치 설치될 때 예상되는 온도 T_{set}에 대한 최대 신장량($\triangle l_t^+$)과 수축량($\triangle l_t^-$)

$$\triangle l_t^+ = \alpha (T_{max} - T_{set})l, \quad \triangle l_t^- \equiv \alpha (T_{min} - T_{set})l, \quad \triangle l_t = \triangle l_t^+ = \triangle l_t^-$$

T_{set} : 신축이음장치가 설치될 때의 온도(48시간의 평균온도)

② 건조수축과 크리프 : RC는 건조수축만 고려, PSC는 건조수축과 크리프 모두 고려

$$\triangle l_{sh} = -\alpha \triangle Tl \times \beta, \quad \triangle T = -20℃, \quad \triangle l_{cr} = -\epsilon_c \times l \times \phi \times \beta = -\frac{P_i}{A_c E_c}\beta \phi l \ (\phi = 2.0)$$

③ 교량처짐에 의한 단부 회전 : 보가 높거나 변형이 쉬운 교량의 단부회전에 의한 변위

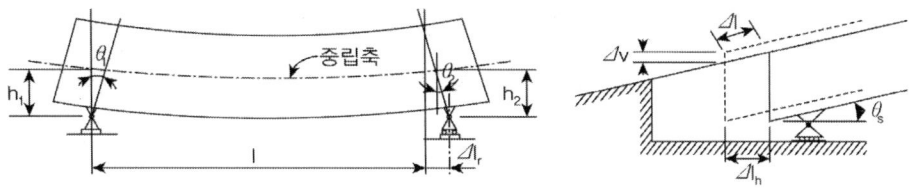

$$\triangle l_r = -h\theta_e, \quad \triangle v = a\theta_e \qquad (\theta_e : \text{강교}(1/150), \text{콘크리트교}(1/300))$$

h : 보의 높이의 2/3, a : 받침의 중심에서 단부까지의 수평거리

※ 지점의 회전변위는 최대처짐에 대한 지간의 비로 표시되는 강성(l/δ)으로부터 근사적으로 구할 수 있다.

l/δ	400	500	600	700	800	900	1000	1500	2000
θ_e	1/100	1/125	1/150	1/175	1/200	1/225	1/250	1/375	1/500

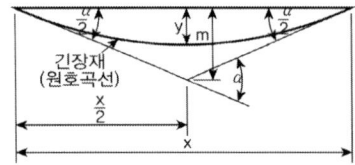

$$m \fallingdotseq 2y \fallingdotseq 2\delta, \quad \frac{\alpha}{2} = \theta_e$$

$$\theta_e \times \frac{l}{2} = 2\delta \quad \therefore \theta_e = 4 \times \frac{\delta}{l}$$

④ 교량의 종단경사에 의한 변위 : 종단경사가 큰 교량의 경우 온도에 의한 수평변위에 의해 수직 방향으로 단차 발생

⑤ 지점이동의 영향 : 교각과 교대에 예상되는 수평이동량을 여유간격의 계산에 고려

⑥ 사교 및 곡선교의 변위 : 사교와 곡선교의 교량단부의 접선방향 변위에 의한 비틀림은 신축이음장치에 전단력을 발생시키므로 신축이음장치의 형식선정 및 설계, 시공 시 주의(접선방향 변위 $\triangle s = \triangle l \times \sin\theta_c$, 법선방향 변위 $\triangle d = \triangle l \times \cos\theta_c$)

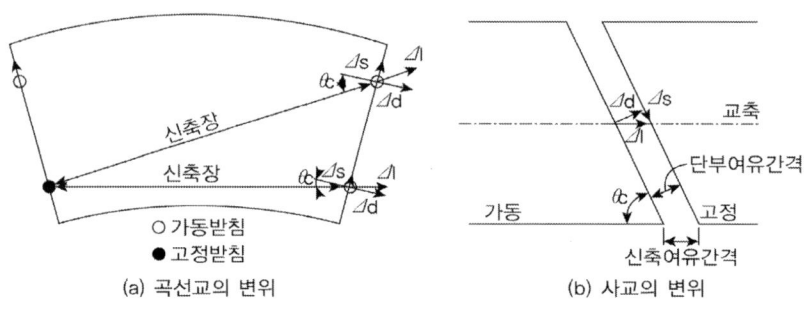

(a) 곡선교의 변위 (b) 사교의 변위

⑦ 지진에 의한 영향 : 지진에 의한 인접구조물과의 상대변위를 신축장치가 흡수

3) 설계 시 고려사항

① 신축이음은 신축장에 대한 변위를 수용할 수 있도록 설계되어야 한다.
② 곡선교와 사교에는 교축방향과 교축직각방향의 신축, 종단경사가 있는 교량에서 가동받침이 수평이동으로 인한 수직단차, 주형의 단부회전에 의한 수평이동, 교대와 교각의 침하와 회전 및 수평이동에 의한 지점의 이동에 대하여 필요한 경우 고려
③ 예상치 못하거나 확실하지 않은 계산에 대해서는 충분한 여유간격을 확보하기 위해 신축여유량과 설치여유량 포함

신축이음장치 : 신축량 산정

프리스트레스트 콘크리트 거더 교량(L=3@45=135m) 설계 시, 첫 번째 교각을 고정단 위치로 설정하여 그에 따른 교대부 신축이음장치의 규모를 산정하시오.
(단, 거더 높이 h=2.5m, 콘크리트 탄성계수 E_c=28,000N/mm², 거더 단면적 A_c=1.73×10⁶mm², 프리스트레싱 직후의 PS강재에 작용하는 인장력 P_i=7.1×10⁶N으로 가정하고, 온도변화 $\triangle T$ = 40℃, 콘크리트 열팽창계수 α = 1.0×10⁻⁵/℃, 건조수축 및 크리프 저감계수 β = 0.5, 콘크리트의 크리프계수 ϕ=2.0, 받침의 회전중심에서 거더의 중립축까지의 높이는 $\frac{2}{3}$h, 거더의 회전각 θ_i= $\frac{1}{360}$, 설치여유량 ±30mm를 적용한다.)

풀 이

➤ 개요

신축이음장치는 상부구조의 신축 또는 이동량을 흡수하고 교면 평탄성을 유지하여 차량의 주행성을 확보하기 위해 상부구조에 설치되는 기계적 신축이음(조인트)과 연결장치로 구성된다. 신축이음은 교축방향으로의 온도변화, 크리프와 건조수축, 이동량과 회전변위, 구조적 여유량을 만족하여야 한다.

➤ 신축량 산정

$$\triangle l = \triangle l_t + \triangle l_{sh} + \triangle l_{cr} + \triangle l_r + (\triangle l_p)$$

1) 온도변화

$$\triangle l_t = \alpha \triangle Tl = \alpha(T_{max} - T_{min})l = 1.0 \times 10^{-5} \times 40 \times (2 \times 45) = 0.036m = 36mm$$

2) 건조수축과 크리프 : RC는 건조수축만 고려, PSC는 건조수축과 크리프 모두 고려

$$\triangle l_{sh} = -\alpha \triangle Tl \times \beta = -36 \times 0.5 = -18mm$$

$$\triangle l_{cr} = -\epsilon_c \times l \times \phi \times \beta = -\frac{P_i}{A_c E_c}\beta\phi l$$

$$= \frac{7.1 \times 10^6}{1.73 \times 10^6 \times 28000} \times 0.5 \times 2.0 \times 90000 = -13.19mm$$

3) 교량 처짐에 의한 단부 회전

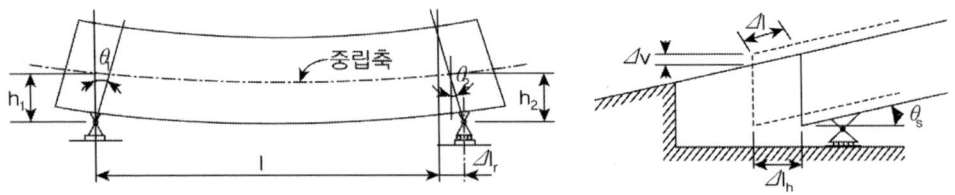

$$\triangle l_r = -\, h\theta_e = -\frac{2}{3}h \times \frac{1}{360} = -4.63\text{mm}$$

일반적으로, θ_e : 강교(1/150), 콘크리트교(1/300),

h : 보의 높이의 2/3,　a : 받침의 중심에서 단부까지의 수평거리

4) 교량의 종단경사에 의한 변위 : 생략

5) 지점이동의 영향 : 생략

6) 사교 및 곡선교의 변위 : 생략

7) 여유량 : ±30mm

$$\therefore \; \triangle l = \triangle l_t + \triangle l_{sh} + \triangle l_{cr} + \triangle l_r + (\triangle l_p) + 여유량 = 36+18+13.19+4.63+30$$

$$= \pm101.82\text{mm}$$

신축이음 : 최소화 방안

교량의 신축이음을 최소화하기 위한 방안에 대하여 설명하시오.

풀 이

▶ 개요

신축이음장치는 온도에 의한 교량의 신축량과 콘크리트의 건조수축 및 크리프와 활하중 등에 의한 교량의 수평이동과 회전을 흡수해 차량의 주행을 원활하게 하는 역할을 한다. 그러나 신축이음장치는 불연속면에 위치하여 차량하중의 반복적인 충격력에 노출되어 있고 이 충격이 증폭되어 소음발생과 더불어 후타재 및 신축이음부의 손상이 많이 발생하게 된다. 또한 연결부의 복잡한 배근과 교대면과의 사이의 불연속면에 스티로폼 등으로 시공되어 교면의 우수가 직접 하부로 전달되어 교량의 내구성 또한 저하시키는 원인이다.

▶ 신축이음장치의 파손 원인

신축이음장치의 일반적인 파손의 유형은 후타 콘크리트의 균열 및 탈락, 신축이음장치의 누수, 신축량 과다로 인한 파손, 유간부족으로 인한 파손, 신축장치 정착부의 파손, 반복적인 충격하중에 의한 피로 파괴, 고무와 강재의 접속부 파손 등의 형태로 발생한다.

후타 콘크리트의 균열·탈락	신축이음장치의 누수	신축량 과다로 인한 파손	유간부족으로 파손
신축장치 정착부의 파손	반복 충격하중으로 피로파괴	고무와 강재 접속부 파손	본체 솟음 및 단차
교량일부 신축이음 미설치	신축이음 앵글 파손 및 탈락	무수축 몰탈 열화 및 파손	이음부 누수로 하부구조 열화

(신축이음장치의 파손 유형)

➤ 신축이음장치의 최소화 방안

신축이음장치의 잦은 파손에 대해 소음/진동 저감, 횡방향 변위의 수용, 피로파괴 방지, 누수발생 억제 등의 방향으로 개선이 필요하며, 무조인트 교량과 같이 신축이음장치를 아예 없애거나 최소화하는 것이 유지관리측면에서는 유리하다.

1) 무조인트 교량 : 상부구조 온도변화에 의한 신축을 일반 조인트 교량형식의 기계적인 신축이음장치가 아닌 접속슬래브와 본선 포장부 사이에 맹조인트 형식으로 설치되는 신축조절장치(cycle control joint)와 교대 뒤채움 강성으로 조절하는 Jointless Bridge 형식을 지칭한다.

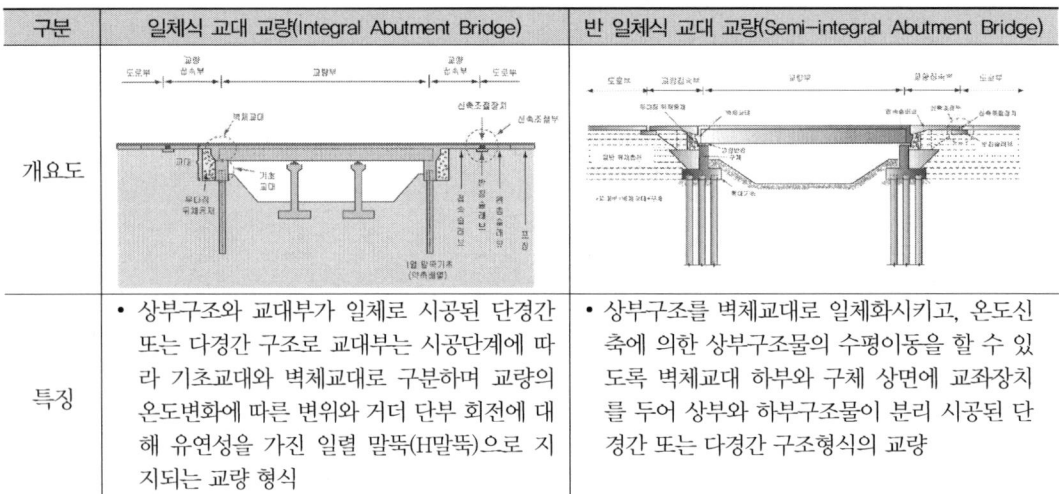

구분	일체식 교대 교량(Integral Abutment Bridge)	반 일체식 교대 교량(Semi-integral Abutment Bridge)
특징	• 상부구조와 교대부가 일체로 시공된 단경간 또는 다경간 구조로 교대부는 시공단계에 따라 기초교대와 벽체교대로 구분하며 교량의 온도변화에 따른 변위와 거더 단부 회전에 대해 유연성을 가진 일렬 말뚝(H말뚝)으로 지지되는 교량 형식	• 상부구조를 벽체교대로 일체화시키고, 온도신축에 의한 상부구조물의 수평이동을 할 수 있도록 벽체교대 하부와 구체 상면에 교좌장치를 두어 상부와 하부구조물이 분리 시공된 단경간 또는 다경간 구조형식의 교량

2) 아스팔트 충진 신축이음장치 등 기술개발 : 지하차도 등에 사용되는 아스팔트 충진 신축이음장치 등을 적용하여 차량의 주행성, 방수성능 등 확보하는 신축이음장치를 최소화할 수 있다. 다만, 현재의 아스팔트 충진 신축이음장치는 충진재의 압밀 또는 융기가 발생하므로 차량하중의 접지면에 차량의 주행성, 방수성능 확보를 위하여 불연속면에 적용하기 위해서는 신축량이 10~60mm 정도 매우 적은 구간에 적용해야 하는 제한이 있다.

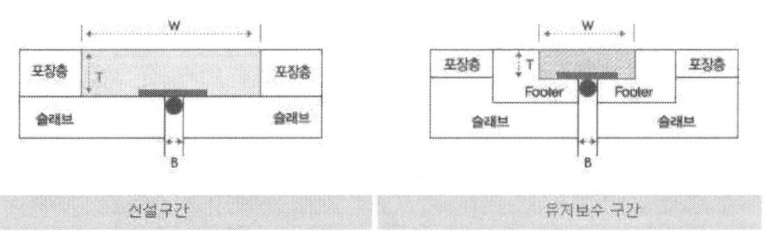

(아스팔트 충진 신축이음장치의 유형)

신축이음 : 파손 원인

신축이음장치의 파손 원인

풀 이

▶ 개요

신축이음장치는 온도에 의한 교량의 신축량과 콘크리트의 건조수축 및 크리프와 활하중 등에 의한 교량의 수평이동과 회전을 흡수해 차량의 주행을 원활하게 하는 역할을 한다. 그러나 신축이음장치는 불연속면에 위치하여 차량하중의 반복적인 충격력에 노출되어 있고 이 충격이 증폭되어 소음발생과 더불어 후타재 및 신축이음부의 손상이 많이 발생하게 된다. 또한 연결부의 복잡한 배근과 교대면과의 사이의 불연속면에 스티로폼 등으로 시공되어 교면의 우수가 직접 하부로 전달되어 교량의 내구성 또한 저하시키는 원인이다.

▶ 신축이음장치의 파손 원인

신축이음장치의 일반적인 파손의 유형은 후타 콘크리트의 균열 및 탈락, 신축이음장치의 누수, 신축량 과다로 인한 파손, 유간부족으로 인한 파손, 신축장치 정착부의 파손, 반복적인 충격하중에 의한 피로 파괴, 고무와 강재의 접속부 파손 등의 형태로 발생한다.

후타 콘크리트의 균열·탈락	신축이음장치의 누수	신축량 과다로 인한 파손	유간부족으로 파손
신축장치 정착부의 파손	반복 충격하중으로 피로파괴	고무와 강재 접속부 파손	본체 솟음 및 단차
교량일부 신축이음 미설치	신축이음 앵글 파손 및 탈락	무수축 몰탈 열화 및 파손	이음부 누수로 하부구조 열화

(신축이음장치의 파손 유형)

▶ 주요 파손 유형별 원인

한국도로공사(2013년) 조사결과에 따르면, 신축이음 장치의 주요 손상유형은 본체 손상과 후타재 손상이 많으며 본체손상의 경우 이물질 퇴적, 고무재 손상, 누수, 부식, 유간부족, 파손 및 변형의 순으로 발생했다. 후타재 손상의 경우 균열, 파손, 단차, 마모의 순으로 세부 원인을 구분한다.

【 강재형 신축이음장치의 파손 원인 : LH공사 2014, 신축이음장치 설계 및 개선방안 】

형식	파손유형	원인
레일형	주요부재의 피로파괴	• 설계하중 부적절, 하중지지 부재 단면이 작고 지지보 간격이 과다 • 시공 중 용접불량 및 고정 볼트 풀림
	연결부 및 정착부 파손	• 교통차량 통과 시 힌지, 핀 등에 진동 및 충격으로 풀림현상 발생
	유간부족으로 인한 파손	• 시공 중 구조물 유간 계산 잘못으로 발생하며 교량 받침까지 영향
	후타 콘크리트의 균열 및 파손	• 후타 콘크리트 시공 중 다짐 불충분과 양생 불량으로 발생
핑거형	방수장치 파손	• 방수쉬트의 노화 및 설치 불량으로 발생
	고정볼트 풀림 파손	• 인장력을 받는 고정볼트 시공 중 불량으로 발생
	핑거부분 파손	• 상부구조의 단차 또는 횡방향 거동에 의해 핑거부분에 파손 발생

▶ 신축이음장치의 개선

신축이음장치는 소음/진동 지감, 횡방향 변위의 수용, 피로파괴 방지, 누수발생 억제 등의 방향으로 개선이 필요하며, 무조인트 교량과 같이 신축이음장치를 최소화하는 것도 유지관리 측면에서 유리하다.

기존의 레일형 신축이음장치의 소음·진동이 큰 단점을 핑거형 특성을 반영한 소음저감형 레일형 신축이음장치로의 개선과 내구성과 소음면에서는 유리한 핑거형에 교량의 횡방향 변위를 수용할 수 있도록 하는 성능 개선, 기존의 고무시트나 고정볼트의 노화와 부식으로 인한 누수로 하부구조물이 손상되는 현상을 교체가 가능한 누수방지장치 등으로 개선, 접지면이 강재로 보강해 내구성을 향상시키는 등의 개선이 지속되고 있다.

  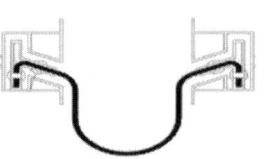 

저소음 레일형 신축이음　　전방향 가동 핑거형 신축이음　　교체 가능한 누수방지 장치　　접지면이 강재인 모노셀

교량받침 : 설계 시 고려사항

교량받침 설계 시 고려할 사항에 대하여 설명하시오.

풀 이

▶ 개요

교량의 받침은 상부구조에 작용하는 하중을 하부구조에 전달하는 기능을 갖는 기계장치로서 교량의 내구성, 안정성에 관련된 중요한 구조요소이다. 또한 고정하중, 활하중 등에 의해서 상부구조에 발생되는 변위뿐만 아니라 온도변화 및 크리프에 의해서도 교량의 변위, 변형이 발생하므로 이 변위를 흡수하는 구조로 하거나 변위에 의해 발생되는 하중에 저항할 수 있도록 하여야 한다.

▶ 받침 설계 일반 사항

교량받침을 일반적으로 받침, 굴림, 미끄러짐의 요구기능이 수행되어져야 하며, 도로교 설계기준 (2015)에서는 다음의 일반사항을 고려하도록 하고 있다.

(1) 받침은 상부구조에서 전달된 하중을 하부구조에 전달하고, 부반력에 대해 안전하게 설계되어야 하며, 상하부 구조에 유해한 구속력을 발생시키지 않아야 한다.

(2) 받침은 지진, 바람, 온도변화 등에 대해 안전해야 한다.

(3) 받침은 필요 시 점검, 유지관리 및 교체가 가능하도록 해야 한다.

(4) 받침은 최소의 반력을 발생시키면서 지정된 이동이 가능하도록 설계되어야 한다. 가능한 세팅을 피해야 한다.

(5) 받침은 상부구조의 형식, 지간길이, 지점반력, 내구성, 시공성 등에 의해 그 형식과 배치가 결정된다. 특히 곡선교나 사교에서는 지점반력의 작용기구, 신축과 회전방향을 충분히 검토하여야 한다.

▶ 받침 설계 시 주요 고려 사항

1) 받침 선정 시 유의사항 : 수직하중, 수평하중, 이동량과 방향, 회전량과 방향, 마찰계수, 상하부 구조 형식과 치수, 지점에서의 소요 받침수, 지반조건과 침하가능성, 교량의 총연장, 받침 상하부 구조의 접속부의 보강, 유지관리를 고려하여 선정한다.

2) 설계 시 수직·수평 하중과 이동량 산정 : 온도변화, 크리프와 건조수축, 프리스트레싱, 휨변형, 재료의 피로, 침하 및 지반이동, 차량의 가속 또는 제동하중, 원심력, 지진, 풍하중, 가설하중을 고려하여 하중과 이동량을 산정한다.

3) 이동량 산정

① $\triangle l = \triangle l_t + \triangle l_{sh} + \triangle l_{cr} + \triangle l_r + (\triangle l_p)$: 신축이음과 동일

② 가동받침의 상하부 위치 결정

$$l_m = l + \triangle l_d + \triangle l_t{'} + \triangle l_{sh} + \triangle l_{cr} + \triangle l_p$$

$$\delta = l_m - l = \triangle l_d + \triangle l_t{'} + \triangle l_{sh} + \triangle l_{cr} + \triangle l_p$$

$\triangle l_d$: 받침 설치완료 후 작용하는 고정하중에 의한 이동량

$\triangle l_t{'}$: 표준온도를 기준으로 한 온도변화에 의한 이동량

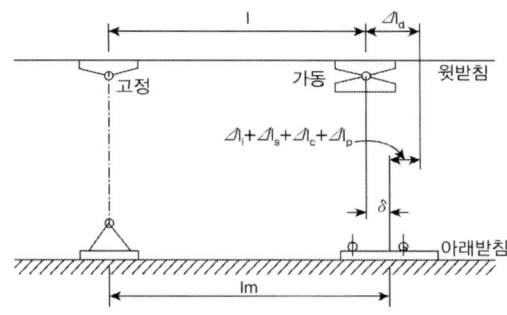

4) 받침 배치 시 주의사항

① 사교 : 사각이 매우 심한 경우에 부반력이 발생될 수 있다. 둔각부에 하중 집중되므로 단부보 강이 필요하며, 받침규격 선정 시 최대 받침반력 산정에 주의해야 한다. 전 방향 회전 가능한 받침(탄성받침)이나 받침의 이동방향은 교량의 중앙선에 평행하게 배치하고, 사각의 교대나 교각에 대해 직각방향이어서는 안 된다.

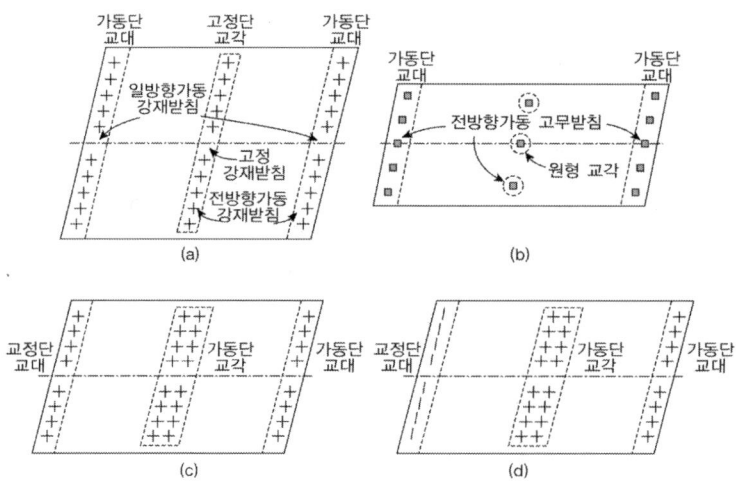

② 곡선교 : 가동받침의 이동방향은 고정받침의 방사상의 현 방향으로 설치하거나 곡선반경에 대해 접선방향으로 설치해야 한다. 일반적으로 현방향 배치는 가성 고정점을 중심으로 배치되어 곡률변화에 상관없이 적용되나, 곡률이 일정한 교량은 접선방향으로 배치할 수 있다.

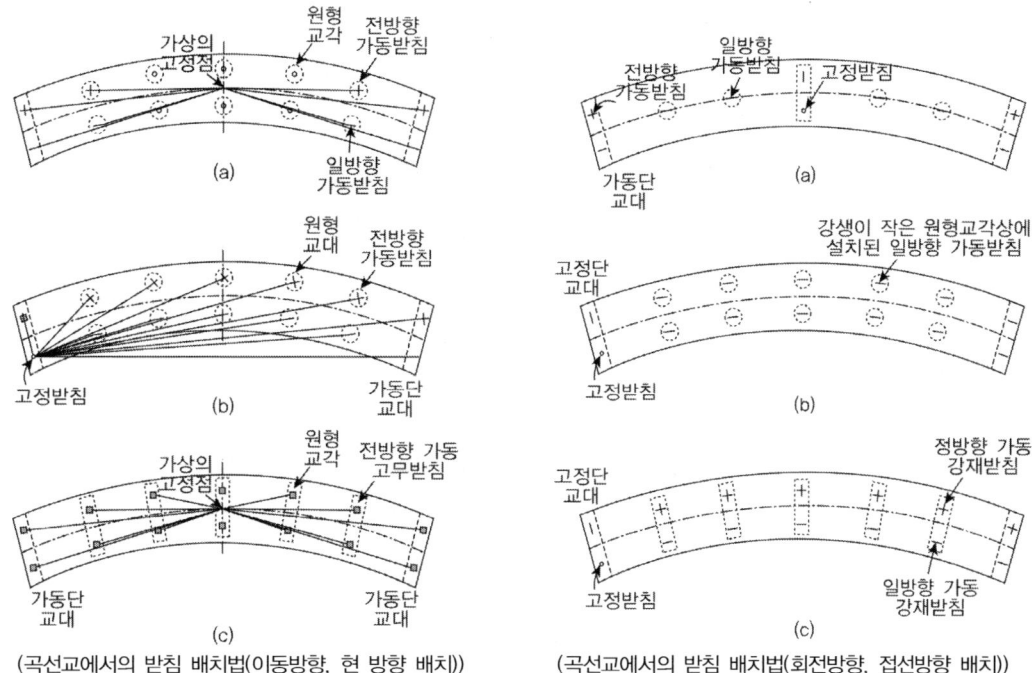

(곡선교에서의 받침 배치법(이동방향, 현 방향 배치))　(곡선교에서의 받침 배치법(회전방향, 접선방향 배치))

③ 폭이 넓은 교량은 교축직각방향의 신축을 고려하여 배치해야 한다.
④ 1개의 받침을 사용하거나, Out-Rigger, 지점위치 변경, Counter Weight 적용 등 고려하여 부반력이 발생하지 않도록 받침 배치를 하여야 한다.

교량받침 : 이동량 산정 기준

도로교설계기준(한계상태설계법, 2016)에서 가동받침의 이동량 산정에 대하여 설명하시오.

풀 이

▶개요

도로교설계기준(한계상태설계법, 2016)에서 가동받침의 이동량은 온도변화, 처짐, 콘크리트의 크리프 및 건조수축, 프리스트레싱 등으로 발생되는 상부구조의 이동량을 고려하도록 하고 있다.

▶ 가동받침의 이동량 산정

$$\triangle l = \triangle l_t + \triangle l_{sh} + \triangle l_{cr} + \triangle l_r + (\triangle l_p)$$

1) 온도변화 : 연중 최고온도차와 선팽창계수에 의해 계산하며, 이동량에 가장 큰 영향을 미치는 요인으로 전체 이동량의 50% 이상이다. 교량 내 온도차는 미미하므로 무시한다.

$$\triangle l_t = \alpha \triangle Tl = \alpha (T_{\max} - T_{\min})l$$

2) 건조수축과 크리프 : RC는 건조수축만 고려하나, PSC는 건조수축과 크리프 모두 고려한다.

$$\triangle l_{sh} = -\alpha \triangle Tl \times \beta, \quad \triangle T = -20°C$$

$$\triangle l_{cr} = -\epsilon_c \times l \times \phi \times \beta = -\frac{P_i}{A_c E_c}\beta\phi l \ (\phi = 2.0)$$

3) 교량 처짐에 의한 단부 회전 : 보가 높거나 변형이 쉬운 교량의 단부회전에 의한 변위

$$\triangle l_r = -h\theta_e, \quad \triangle v = a\theta_e \qquad (\theta_e : 강교(1/150), 콘크리트교(1/300))$$

h : 보의 높이의 2/3, $\quad a$: 받침의 중심에서 단부까지의 수평거리

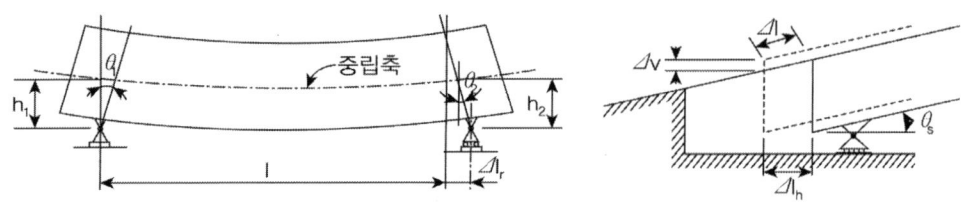

※ 지점의 회전변위는 최대처짐에 대한 지간의 비로 표시되는 강성(l/δ)으로부터 근사적으로 구할 수 있다.

l/δ	400	500	600	700	800	900	1000	1500	2000
θ_e	1/100	1/125	1/150	1/175	1/200	1/225	1/250	1/375	1/500

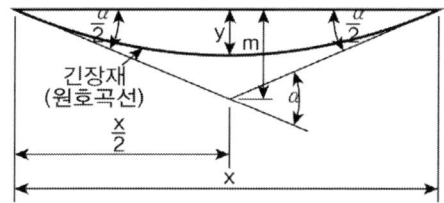

$$m \fallingdotseq 2y \fallingdotseq 2\delta, \ \frac{\alpha}{2} = \theta_e$$

$$\theta_e \times \frac{l}{2} = 2\delta \ \therefore \ \theta_e = 4 \times \frac{\delta}{l}$$

4) 여유 이동량 : 가동받침의 이동량은 계산 이동량 외에 설치할 때의 오차와 하부구조의 예상 밖의 변위 등에 대처할 수 있도록 여유량을 고려하여야 한다. 이 여유량은 교량의 규모에 따라서 달라지므로 ±50°C의 온도변화에 상당하는 이동량으로 하고, 최대 ±50mm 이내로 하도록 하고 있다.

교량 받침 : 이동량 계산

지간 29.25m인 포스트 텐션 방식의 단순 PSC 거더교를 현장에서 시공계획 중 가동받침의 상·하부 받침(Shoe) 위치가 일치되지 않아 가설에 곤란을 겪는 경우가 많은데 이를 사전에 방지하기 위해 상·하부 받침(Shoe) 중심에서 조정 설치되어야 하는 이동량을 계산하고 각각의 상황별 위치를 그리시오.

[설계조건]
- 온도변화의 범위는 보통지방(−5~+35℃)로 한다
- 거더에 프리스트레스를 도입하여 1개월 후에 가설하는 것으로 한다(건조수축 저감계수 0.6)
- 콘크리트의 선팽창계수($\alpha = 1.0 \times 10^{-5}$/℃)
- 콘크리트의 크리프 계수($\psi = 2.0$)
- 거더의 중립축에서 받침의 회전중심까지의 거리($h_i = 1.1\,\mathrm{m}$)
- 받침의 고정설치 완료 후에 작용하는 고정하중과 크리프에 의한 지간중앙의 처짐($f_i = 10.7\,\mathrm{mm}$)
- PSC 거더 : 탄성계수 $E_c = 2.9 \times 10^4 MPa$,   단면적 $A_c = 6250 cm^2$, 프리스트레스 힘 $P_t = 5000 kN$

풀 이

▶ 개요

가동받침은 설계이동량과 최대회전각에 대하여 설계되는 것이므로 설치 시 온도, 콘크리트 재령, 가설상황 등에 의하여 상·하부 받침의 위치를 결정하여야 한다. 즉, 일반적으로 설계에 나타낸 표준온도하의 활하중이 재하되지 않은 상태에서 콘크리트 건조수축, 크리프가 완료되었을 때 상·하부받침 중심이 일치하도록 설치한다. 또한, 현장타설 PSC교 등은 프리스트레싱에 의한 탄성변형도 고려하여야 하므로 가동받침 상·하부판의 중심간 간격은 설치 시의 상태에 따라 다음과 같이 수정된다.

$$l_m = l + \triangle l_d + \triangle l_t' + \triangle l_s + \triangle l_c + \triangle l_p$$
$$\delta = l_m - l = \triangle l_d + \triangle l_t' + \triangle l_s + \triangle l_c + \triangle l_p$$

l : 받침 설치완료 시의 신축 주형길이

l_m : 가동받침의 하부받침 중심과 고정받침의 하부받침 중심간 거리

δ : 가동받침에서 상·하부 받침 중심간 간격

$\triangle l_d$: 받침설치완료 후 작용하는 고정하중에 의한 이동량

$\triangle l_t'$: 표준온도를 기준으로 한 온도변화에 의한 이동량

$\triangle l_s$: 콘크리트의 건조수축 이동량($\triangle l_s = -20 \cdot \alpha \cdot l \cdot \beta$)

$\triangle l_c$: 콘크리트의 크리프 이동량 $[\triangle l_c = -\dfrac{P_i}{E_c A_c} \cdot \phi \cdot l \cdot \beta$, ϕ : 콘크리트 크리프 계수(=2.0)]

$\triangle l_p$: 프리스트레스에 의한 콘크리트의 탄성 변형량 [보가 신장되는 방향을 정(+)으로 함]

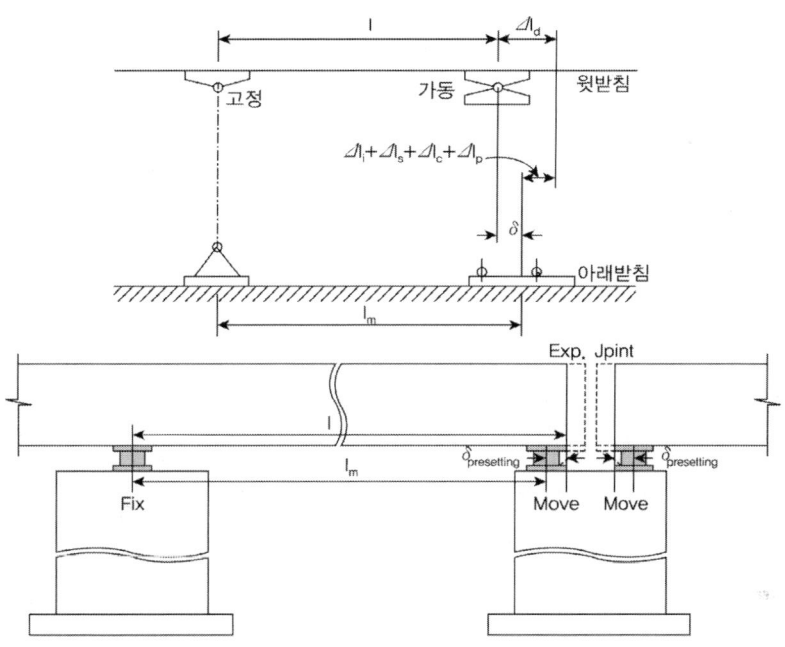

신축 전·후의 가동받침과 고정받침의 중심 거리 l_m과 l

l_m : 교각(교대) 위의 가동받침 하부본체와 고정받침 하부본체의 중심 거리

l : 신축된 거더에 대한 가동받침 상부본체와 고정받침 상부본체의 중심 거리

▶ 상하부 받침 조정량 산정

1) $\triangle l_d$ (고정하중에 의한 이동량)

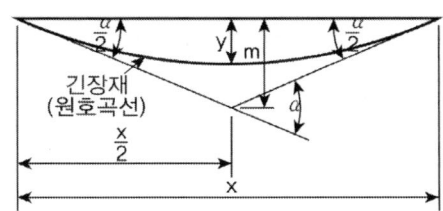

$$m \fallingdotseq 2y \fallingdotseq 2\delta, \quad \frac{\alpha}{2} = \theta_e$$

$$\theta_e \times \frac{l}{2} = 2\delta$$

$$\therefore \theta_e = 4 \times \frac{\delta}{l} = 4 \times \frac{10.7}{29.25 \times 10^3} = 0.00146 rad$$

$$\triangle l_d = -h'\theta_e, \quad \triangle l_d(\text{고정단}) = -h'\theta_e = -\frac{2}{3} \times 1.1 \times 10^3 \times 0.00146 = -1.073 mm$$

2) $\triangle l_t{'}$ (온도변화에 의한 이동량, $-5\sim+35℃$)

$$\triangle l_t = \triangle T \cdot \alpha \cdot l \cdot \beta = 40 \times 1.0 \times 10^{-5/℃} \times 29.25^m \times 0.6 = 7.02^{mm}$$

가설 시 온도를 20℃로 가정

$$\triangle l_t^+ = \alpha(T_{\max} - T_{set})l, \quad \triangle l_t^- \equiv \alpha(T_{\min} - T_{set})l, \quad \triangle l_t = \triangle l_t^+ - \triangle l_t^-$$

$$\triangle l_t^+ = \alpha(T_{\max} - T_{set})l = 1.0 \times 10^{-5} \times (35-20) \times 29.25 \times 10^3 = 4.3875mm$$

$$\triangle l_t^- = \alpha(T_{\min} - T_{set})l = 1.0 \times 10^{-5} \times (-5-20) \times 29.25 \times 10^3 = -7.3125mm$$

$$\triangle l_t = \triangle l_t^+ - \triangle l_t^- = 4.3875 - (-7.3125) = 11.7mm$$

3) $\triangle l_s$ (콘크리트의 건조수축 이동량)

$$\triangle l_s = -20 \cdot \alpha \cdot l \cdot \beta = -20 \times 1.0 \times 10^{-5/℃} \times 29.25^m \times 0.6 = -3.51^{mm}$$

4) $\triangle l_c$ (콘크리트의 크리프 이동량)

Assume $P_i = 0.9 P_t = 0.9 \times 5000 = 4500^{kN}$

$$\triangle l_c = -\frac{P_i}{E_c A_c} \cdot \phi \cdot l \cdot \beta = -\frac{4500 \times 10^3}{2.9 \times 10^4 \times 6250 \times 10^2} \times 2.0 \times 29.25 \times 10^3 \times 0.6 = -8.71^{mm}$$

5) $\triangle l_p$ (프리스트레스에 의한 콘크리트의 탄성 변형량)

$$\triangle l_p = -\frac{P_i l}{A_c E_c} = -\frac{4500 \times 10^{3N} \times 29.25 \times 10^{3^{mm}}}{2.9 \times 10^{4\ MPa} \times 6250 \times 10^{2\ mm^2}} = -7.262^{mm}$$

6) 총 조정량

$$\delta = l_m - l = \triangle l_d + \triangle l_t' + \triangle l_s + \triangle l_c + \triangle l_p = -1.073 + 11.7 - 3.51 - 8.71 - 7.26 = -8.853^{mm}$$

TIP |프리셋팅 δ의 근사식|

교량 종류	총 프리세팅 양 δ
강교 단순거더	$\delta = \dfrac{(20-t_s) \times 1.2 \times l_m}{100} + 6.4\,h\,\dfrac{f_i}{l_m}$ (mm)
PSC 프리캐스트거더	$\delta = -\left(0.3 + \dfrac{t_s}{100}\right) l_m$ (mm)
PSC 현장치기	$\delta = -\left\{\dfrac{1.07\,P_t}{A_c} + (t_s+5)\right\} \cdot \dfrac{l_m}{100}$ (mm)
RC 현장치기	$\delta = -\dfrac{(t_s+5)}{100} \cdot l_m$ (mm)

여기서, t_s : 받침설치 시 온도, l_m : 신축거더 길이

　　　h : 거더의 중립축에서 받침의 회전중심까지의 거리, 보통 거더높이 $\times 2/3$

　　　f_i : 받침 설치완료 후 작용하는 고정하중 및 크리프에 의한 지점중앙의 처짐

　　　P_t : 프리스트레스를 준 직후 PS강재에 작용하는 인장력, A_c : 콘크리트의 순단면적

교량받침 : 탄성 받침의 문제점과 개선책

상하부 플레이트와 고무패드가 분리된 탄성받침의 문제점 및 개선대책에 대하여 설명하시오.

풀 이

▶ 개요

탄성받침은 설치 시 온도보정을 할 수 없어 설치시기에 따라 여러 형태의 변형이 발생될 수 있으며, PC빔과 같은 좁은 단면에서 긴장력을 도입하는 경우 빔의 비틀림 현상, 캠버에 의한 불균일한 처짐, 콘크리트의 건조수축 및 크리프에 의한 수축변형, 교대의 측방유동 등 거동 중에 발생하는 미끄럼 및 들뜸, 롤오버 등으로 인해 탄성패드가 상·하부 플레이트에서 이탈되는 현상이 발생되는 문제가 있을 수 있다.

▶ 탄성받침의 문제점

1) 탄성받침의 일반적인 문제점

① 설치 시 온도보정이 불가능하여 시공시점과 다른 온도 변화 차이와 콘크리트 건조수축 등에 의한 받침의 전단변형 발생
② 전단 변형에 의하여 들뜸 현상이 발생하여 상·하부 플레이트와 고무 패드의 접착 면적 감소 (마찰저항 감소)
③ 상·하부 플레이트와 고무패드가 완전분리형으로 수직하중이 다소 작은 경우에는 받침에 작용하는 마찰력에 의해서 수평전단 강도가 결정되며, 온도에 의한 변형에 저항을 하지 못해 이러한 경우 기본적으로 미끄럼 현상 자주 발생함
④ 미끄럼 현상으로 교량의 내진 성능 확보 미약

2) 상·하부 플레이트와 고무패드가 분리된 탄성받침의 문제점

① 미끄럼 현상 : 탄성받침과 상하철판이 분리된 탄성받침이 성립되는 이유는 탄성받침에 아무리 변형이 발생하더라도 상하철판과 탄성받침의 마찰력이 전단변형 및 회전변형에 따른 수평분력이 마찰력보다는 반드시 적다는 논리가 성립되기 때문이다. 최근에 가동단, 일방향 및 고정단과 같이 교량받침의 형식을 구분하기 위하여 에폭시 도장을 선택한 이후로는 미끄럼 현상이 발생하는 경우가 증가하는 경향이 있다. 탄성받침과 철판과의 마찰력을 현저하게 저하시키는 요인으로 작용하기 때문이다. 탄성받침과 접촉하는 상하부철판에는 미끄럼 도장을 생략하거나 이동방지대책을 수립하여 초기단계에서 미끄럼이 발생하지 않도록 적절한 조치를 취할 필요가 있다. 특히 PC빔교와 같이 상부슬래브가 타설되기 전 단계에서 충분한 설계 고정하중이

상재하지 못한 경우에는 미끄럼 현상의 발생빈도가 높다.

② 들뜸 현상 : 탄성받침의 허용회전각이란 고무에서 인장력을 받지 않도록 수직하중에 의한 처짐량이 회전에 의해 회복되는 크기로 정의되어 있으며 일반적으로 0.02Rad 정도가 된다. 따라서 수직하중의 크기에 큰 경우에는 처짐량이 크게 발생하여 허용회전각이 크게 나타나는 경향이 있다. 교량받침과 접촉하는 면적이 넓은 PC박스 형태와 같은 교량구조물에 있어서는 교량받침에 요구되는 0.02Rad 정도의 회전각은 시공과정에서 만족하기 쉽지만, PC빔과 같이 교량받침과 접촉하는 면적이 좁은 교량형식에 있어서는 설치오차를 고려하면 만족하기 어려운 점이 있다. 그러나 분리형 탄성받침에 있어서 상부구조물의 편심에 의한 들뜸현상은 편심을 받는 콘크리트와 같이 구조물의 안전에 치명적인 영향을 받지는 않으며, 받침의 수직저항력 및 고무의 열화메커니즘을 고려하면 안전에 대한 영향보다는 단지 외관상의 문제일 뿐이다. 일반적으로 현장에 설치된 제품의 점검결과에 의하면 들뜸 현상에 대한 첫 번째 원인은 수평도를 정확히 유지하기 어려운 PC빔의 변형에 따른 편기현상으로서 이를 바로잡기 위해서는 PC빔에 매설된 철판과 탄성받침의 상판을 연결하기 전에 구배 처리된 솔 플레이트로 수평을 보정하는 작업이 선결되어야 하며, 두 번째 원인으로서는 상하철판의 평탄도에 의한 들뜸 현상도 있을 수 있으므로 제품검사를 철저히 수행할 필요가 있다.

③ 롤오버 현상 : 분리형 탄성받침은 수평하중을 작용하면 Rollover 현상이 발생하는 것은 극히 정상적인 현상이다. 그러나 설치된 탄성받침에 이러한 롤오버 현상이 발생하는 것이 바람직하지 않으며 실제로는 수직하중이 작용하고 있으므로 과도한 전단변형이 발생하지 않는 단계에서는 눈에 두드러지게 나타나지는 않는다. 우리나라의 탄성받침에 대한 KS기준을 보면, 최소 압축응력을 정의하고 있는 이유도 최소한의 수직하중이 작용해야 설계수평변위 70% 이내에서 Rollover 현상을 예방하기 위함이라고 할 수 있다. 최소한의 수직하중이 작용하고 있더라도 Rollover 현상이 발생하는 다른 이유로서는 회전변위를 들 수 있다. 교량상판의 회전에 의해 탄성받침에 회전변위가 발생하면 한 변에서는 압축응력이 증가하고, 반대편에서는 인장응력이 발생한다. 이러한 단부에서의 인장응력에 의해 탄성받침에는 들림현상이 발생하며, 탄성받침과 같이 상하철판과 고무받침이 분리되어 있는 경우에는 흔히 발생할 가능성을 갖고 있는 현상이며, 롤오버의 발생을 억제하기 위하여 최단부의 상하부에는 변형하기 어려운 두꺼운 철판을 사용하는 형태도 있다.

(탄성받침 들뜸 현상)

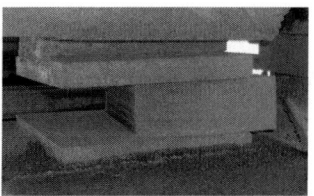
(탄성받침 미끄럼 현상)

(탄성받침 롤오버 현상)

▶ 개선대책

상하부 플레이트와 고무패드가 분리된 탄성받침의 문제점 해결을 위해서는 일체형을 사용하는 것이 유리하다.

① 볼트 체결식 일체형 탄성받침 : 볼트 체결을 위한 철판을 추가하여 일체형으로 설치하는 방식으로 받침 높이가 철판 높이만큼 증가되는 단점이 있다.

② 접착식 일체형 탄성받침 : 접착제를 이용하여 접착하는 방식으로 유지보수가 용이한 장점이 있다.

③ 미끄럼 방지 스토퍼 설치 : 스토퍼를 설치하여 받침의 전단변형으로 인한 미끄럼 방지, 유지보수 용이한 방식

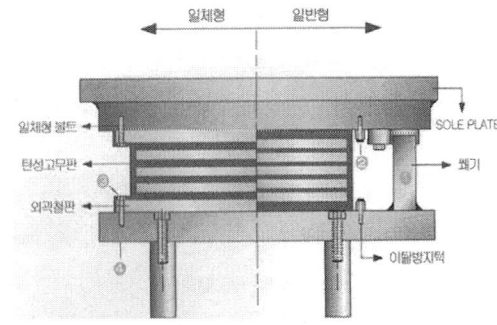

| (볼트식) | (접착식) | (스토퍼 방식) |

교량받침 : 탄성받침 쐐기 제거 장단점

중·소교량의 교량받침 설계 시 탄성받침 쐐기 제거에 따른 장단점을 기존 교량 탄성받침과 비교하여 설명하시오.

풀 이

▶ 개요

탄성받침은 고무 내부에 1개 이상의 강판을 삽입해 고무 측면의 팽출현상을 억제하여 내하력을 증진시킨 교량받침으로 거동의 제한이 없기 때문에 쐐기를 설치하여 상시에 고정단과 일방향 가동단으로 역할을 수행하도록 운영된다. 지진 시에는 쐐기가 파괴되면서 전체 교각이 일정 수평강성을 갖는 고정단이 되고 이를 통해 수평력을 분배하도록 활용된다.

▶ 탄성받침 쐐기의 역할 및 문제점

1) 탄성받침 쐐기의 역할

① 상시 : 고정단, 일방향 가동단, 양방향 가동단으로 구분하기 위하여 상·하부판에 쐐기를 두어 온도하중 및 풍하중에 의한 변위를 제어

② 지진 시 : 지진하중에 의해 쐐기가 탈락되는 구조로 지진 후 모든 받침으로 지진하중을 분담

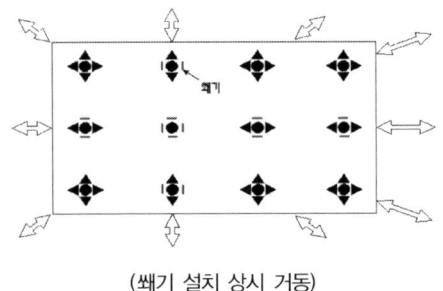

(쐐기 설치 상시 거동)

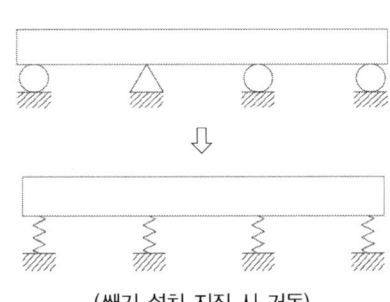

(쐐기 설치 지진 시 거동)

2) 탄성받침 쐐기의 문제점

(쐐기 파손)

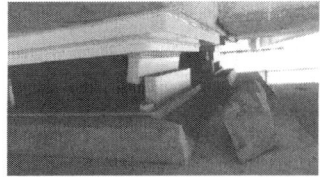

(무수축 몰탈 손상)

(앵커볼트 손상)

① 쐐기의 저항력이 무수축몰탈 및 앵커볼트의 저항력보다 클 경우 무수축 몰탈 및 앵커볼트 파손
② 쐐기 탈락시점을 정확히 산정하기 곤란하며 쐐기 탈락이 안 될 경우 과도한 하중이 하부로 전달

➤ 탄성받침 쐐기 제거에 따른 장단점

탄성받침에 쐐기를 제거할 경우 지진 시 하중분산과 거동에 효과적이나 상시에도 교량의 실제거
동과 동일하게 수축 팽창하므로 풍하중 등에 의한 횡방향 변위 제어를 위한 별도의 전단키를 설
치하거나 고정단 중심의 신축량 산정방식을 무게 중심을 기준으로 재산정해 적용해야 한다.

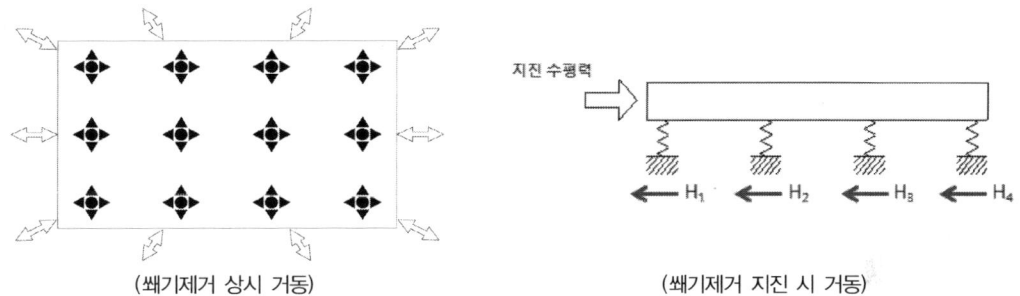

(쐐기제거 상시 거동)　　　　　　　　　　　(쐐기제거 지진 시 거동)

TIP |한국도로공사 설계실무자료집 2019|

① 신축량 산정 : 고정단 중심이 아닌 무게중심으로 산정해 신축이음 등 선정 시 적용 필요

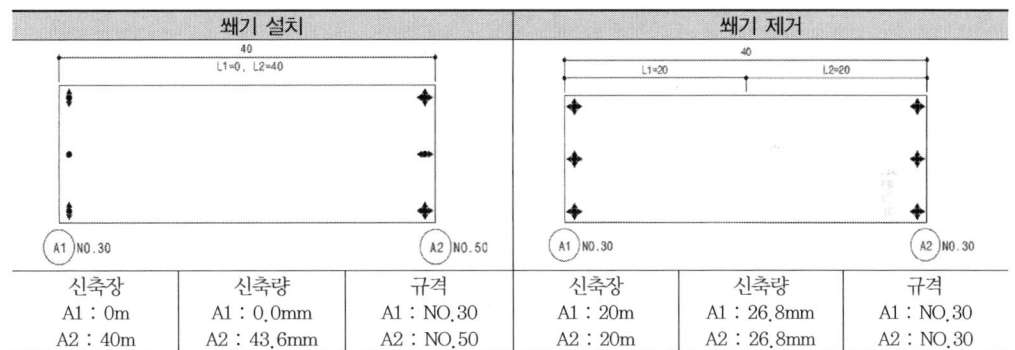

쐐기 설치			쐐기 제거		
신축장	신축량	규격	신축장	신축량	규격
A1 : 0m	A1 : 0.0mm	A1 : NO.30	A1 : 20m	A1 : 26.8mm	A1 : NO.30
A2 : 40m	A2 : 43.6mm	A2 : NO.50	A2 : 20m	A2 : 26.8mm	A2 : NO.30

② 풍하중에 의한 횡방향 변위 제어
받침과 신축이음장치의 횡방향 허용변위 초과여부 확인 후 필요시 전단키 설치, 특히 곡선교의 경우
설치 필요

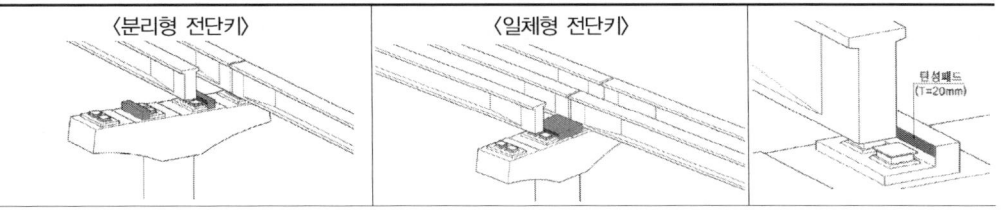

교량받침 : 받침간격 안전성 검토

그림과 같이 단 경간 40m인 강합성 박스 거더교의 콘크리트 방호벽 상단에 방음벽을 추가로 설치할 경우 다음 물음에 답하시오. 단, 그림에 표기된 치수는 mm 단위이며, 극한한계상태 하중계수는 아래와 같다.

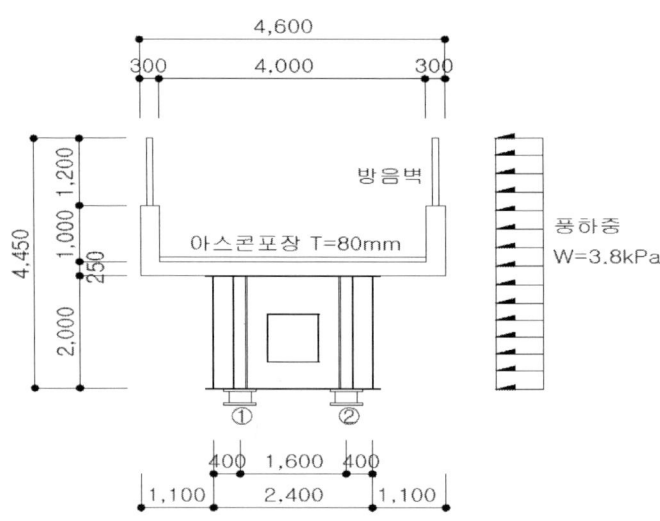

하중의 종류	극한한계상태 하중계수	
	최대	최소
DC : 구조부재와 비구조적 부착물	1.25	0.9
DW : 포장과 시설물	1.5	0.65
WS : 구조물에 작용하는 풍하중	1.4	1.5

1) 상부 고정하중과 풍하중에 의해 받침 ①, ②에 발생하는 연직반력을 도로교 설계기준(한계상태설계법, 2016)에 의해 구하시오. 단, 강재 거더 중량 15kN/m, 콘크리트 단위중량 24.5kN/m³, 방음벽 중량 1.5kN/m 및 아스콘 포장 단위중량 23kN/m³이다.

2) 받침 ①, ②의 연직반력 비대칭성을 줄이기 위해 받침을 강박스 복부재 하단으로 이동하여 받침 ①, ②의 간격을 당초 1.6m에서 2.4m로 넓혔을 때 연직반력 변화 및 강박스 보강방안에 대하여 설명하시오.

풀 이

➤ 하중의 산정

1) 하중 산정

구분		작용하중(kN/m)	하중계수		중심에서 거리(m)		모멘트(kNm)
DC	슬래브	$0.25 \times 4.6 \quad \times 24.5 = 28.175$	1.25	35.21875	–	= 0	–
DC	방호벽	$0.3 \times 1.0 \times 2 \quad \times 24.5 = 0.6$	1.25	0.75	$4.6/2-0.3/2 = 2.15$		1.29
DC	강재거더	$15.0 = 15.0$	1.25	18.75	–	= 0	–
DW	방음벽	$1.5 = 1.5$	1.50	2.25	$4.6/2-0.3/2 = 2.15$		3.225
DW	아스콘	$0.08 \times 4.0 \quad \times 23.0 = 7.36$	1.50	11.04	–	= 0	–
WS	풍하중	$4.45 \quad \times 3.8 = 16.91$	1.40	23.674	$4.45/2 = 2.225$		37.625

➤ 하중조합에 따른 연직반력 산정

도로교 설계기준(한계상태설계법, 2016) 극한한계상태 III에 따라 검토한다.

구분	DC	DW	LL	WS	CT	비고
극한한계상태 I	1.25	1.50	1.80	–	–	
극한한계상태 II	1.25	1.50	1.40	–	–	
극한한계상태 III	**1.25**	**1.50**	**–**	**1.40**	**–**	**✔**
극한한계상태 IV	1.50	1.50	–	–	–	
극한한계상태 V	1.25	1.50	1.40	0.40	–	
극단상황한계상태 I	1.25	1.50	0.00	–		
극단상황한계상태 II	1.25	1.50	0.50	–	1.00	
사용한계상태 I	1.00	1.00	1.00	0.30	–	
사용한계상태 II	1.00	1.00	1.30	–	–	
사용한계상태 III	1.00	1.00	0.80	–	–	
사용한계상태 IV	1.00	1.00	–	0.70	–	
피로한계상태	–		0.75	–	–	

반력합계

$$R_1 + R_2 = 1.25 \times (28.175 + 0.6 + 15.0) + 1.5 \times (1.5 + 7.36) = 68.0088 \text{ kN}$$

받침 ①에서 모멘트 합력

$$\sum M_1 = 0 \; ; \; R_2 \times 1.6 - 35.21875 \times (1.6/2) - 0.75 \times (3.1-0.15) + 0.75 \times (1.5-0.15) - 18.75 \times 1.6/2$$
$$-2.25 \times (3.1-0.15) + 2.25 \times (1.5-0.15) - 11.04 \times (1.6/2) + 23.674 \times 4.45/2 = 0$$

$$\therefore \; R_2 = 32.636 \text{ kN} (\downarrow), \; R_1 = 100.645 \text{ kN} (\uparrow)$$

▶ 받침이동에 따른 연직반력 산정

받침 ①에서 모멘트 합력

$$\sum M_1 = 0 \; ; \; R_2 \times 2.4 - 35.21875 \times (2.4/2) - 0.75 \times (3.5 - 0.15) + 0.75 \times (1.1 - 0.15) - 18.75 \times 2.4/2$$
$$- 2.25 \times (3.5 - 0.15) + 2.25 \times (1.1 - 0.15) - 11.04 \times (2.4/2) + 23.674 \times 4.45/2 = 0$$

$$\therefore R_2 = 28.3787 \text{ kN} \, (\downarrow), \; R_1 = 96.3875 \text{ kN} \, (\uparrow) \; \therefore \text{약 4kN 정도의 반력이 감소한다.}$$

▶ 강박스 보강방안

강박스 거더에 부반력이 발생할 경우에는 1개의 박스 거더에 1개의 받침을 설치하거나 Counter-weight, Out-rigger 등에 대한 검토나 하중의 적정한 분배를 위해 충분한 가로보와 격벽 설치하여 부반력 대책을 수립한다.

그러나 주어진 구조물 형식에서 1개의 받침의 사용은 1개의 박스 거더에 전도 문제로 인해 적용이 곤란하며, 자중을 증가시키는 Counter-weight나 받침의 거취를 박스단면 외에 적용하는 Out-rigger 방식이 적절할 것으로 생각된다. 이때, 교량 받침부에는 수직 보강재 등을 설치하여 하중이 적정하게 전달될 수 있도록 한다.

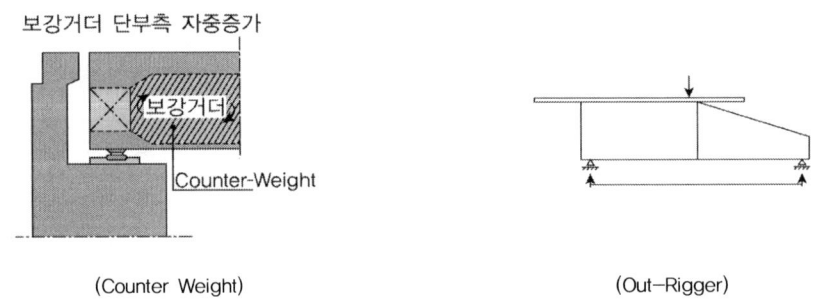

(Counter Weight)　　　　　　　　　(Out-Rigger)

교량받침 : 받침 저항 성능

교량 기타시설 설계기준(KDS 24 90 11)에서 받침 저항 성능에 대하여 설명하시오.

풀 이

▶ 개요

교량의 받침은 상부구조에 작용하는 하중을 하부구조에 전달하는 기능을 갖는 기계장치로서 교량의 내구성, 안정성에 관련된 중요한 구조요소이다. 또한 고정하중, 활하중 등에 의해서 상부구조에 발생되는 변위뿐만 아니라 온도변화 및 크리프에 의해서도 교량의 변위, 변형이 발생하므로 이 변위를 흡수하는 구조로 하거나 변위에 의해 발생되는 하중에 저항할 수 있도록 하여야 한다.

▶ 받침 저항 성능

교량 설계기준에서 요구하는 받침의 이동에 대한 저항 성능은 재료의 불확실성, 제작오차, 부정확한 설치 등을 고려하여 일정 이상의 저항성능을 확보하도록 규정하고 있다. 다만, ① 규정된 최소·최대 온도를 벗어난 경우, ② 규정된 제작오차를 초과한 경우, ③ 활하중에 의하여 평행이동속도나 회전속도가 규정된 값을 초과할 경우, ④ 받침의 이물질이 삽입된 경우, ⑤ 유지관리가 불충분한 경우 등 기준에 고려되지 않은 사항은 예외로 적용할 수 없다고 규정하고 있다. 받침설계에서 받침 저항 성능은 가장 불리한 경우를 고려하여 계산하여야 하며, 다수의 받침이 배치되었을 때 일부 받침에 발생될 수 있는 역반력은 다른 받침들의 반력으로 상쇄된다. 이때 마찰계수 산정 시 정밀한 조사 결과가 있는 경우에는 이를 따르고, 일반적인 경우에는 아래 식을 따른다.

$$\mu_a = 0.5\mu_{max}(1+\alpha)$$
$$\mu_r = 0.5\mu_{max}(1-\alpha)$$

여기서, μ_a : 역마찰계수(adverse coefficient of friction)
μ_r : 상쇄 마찰계수(relieving coefficient of friction)
μ_{max} : 최대 마찰계수
α : 받침 형식 및 수량에 따른 계수,
제시되지 않은 경우 4개 이하 1, 4개 초과 10개 미만 $(16-n)/12$, 10개 이상 0.5

▶ 기타 받침의 요구사항

미끄럼에 대한 안전성, 이동량에 대한 여유도, 받침의 유격 등에 대한 검토가 필요하다.

도로배수

도로교설계기준(한계상태설계법, 2016)에 제시된 도로배수에 대하여 설명하시오.

풀 이

▶ 개요

교량 노후의 주원인 중의 하나는 배수불량으로 인한 누수 및 체수이다. 교량 노면의 체수와 수막현상을 최소화하는 적절한 배수 시스템의 설계 및 유지관리 활동은 대형 교통사고의 발생을 방지하고, 교량의 내구성을 증진시키는 역할을 하기 때문에 매우 중요하다. 또한 교면포장과 슬래브 내구성 저하에 결정정인 영향을 미치고 있어서 배수시스템의 정비, 보수는 교량의 유지관리 활동에 있어서 기본적인 항목이다. 이 때문에 도로교 설계기준에서는 교량 노면의 체수와 수막현상을 최소화하는 적절한 배수 시스템의 설계 및 유지관리 활동을 통해 대형 교통사고의 발생을 방지하고, 교량의 내구성을 증진시키도록 하고 있다.

(배수시설 미관불량)

(막힘부 식물생육)

(배수구 오염)

▶ 도로교설계기준(한계상태설계법, 2016) 도로배수

통과차량의 안전을 최대화하고 교량의 파손을 최소화하기 위하여 교량바닥판과 진입로는 통행로로부터의 노면수를 효과적이고 안전하게 배수할 수 있도록 설계해야 한다. 차도, 자전거 이용도, 보도를 포함한 바닥판의 횡단배수는 충분히 자연배수가 되도록 횡단경사 또는 편경사를 제공하여야 한다. 각 방향 3차선 이상의 광폭교량은 바닥판배수의 특별설계 또는 특별한 거친 노면처리로 수막현상의 발생가능성을 감소시켜야 할 필요가 있는 경우도 있다. 측구로 배수되는 물은 교량 위로 흘러들지 않도록 차단해야 한다. 교량 양단에서의 배수는 모든 유출량을 충분히 감당할 수 있는 용량이 되어야 한다.

교량 아래의 수로로 배출할 수 없는 특수한 환경 민감조건의 경우, 교량 하부에 부착한 종방향 배수로를 사용하여 교량 단부의 지상에 위치한 적절한 시설로 배수하거나 불가피한 경우 환경을 저감시킬 수 있는 별도의 방안을 수립하여야 한다.

1) 설계강우강도 : 교량바닥판 배수에 적용하는 설계강우강도는 인접도로의 포장 배수설계에 적용하는 설계강우강도보다 작지 않아야 한다.

2) 배수시설의 형식, 규격 및 개수 : 바닥판배수시설의 개수는 수리조건을 만족시키는 범위에서 최소로 하며, 편경사가 변하는 곳에서는 배수흐름을 고려한 등고선을 작성하여 신속하게 교면수를 유도할 수 있도록 교면배수시설을 설치하여야 한다. 바닥판 배수시설의 집수구는 수리학적으로 효과적이고 청소를 위한 접근이 가능해야 한다.

3) 바닥판 배수시설로부터의 유출 : 바닥판 배수시설은 바닥판이나 노면의 지표수가 교량 상부구조부재와 하부구조로부터 원활히 제거될 수 있도록 설계하고 위치해야 하며, 다음의 사항을 고려하고 바닥판과 배수시설로부터의 유출은 환경 및 안전요구조건에 부합하도록 처리해야 한다.

- 인접한 상부구조요소의 최저부 아래로 최소 100mm의 돌출부
- 45° 경사의 원추형 분사가 구조요소에 접촉하지 않는 관로 유출구의 위치
- 실제적으로 허용되는 경우 난간의 개구부 또는 자유 낙하이용
- 45°를 초과하지 않는 굴곡부 사용
- 청소

4) 구조물의 배수 : 구조물에 물이 고일 수 있는 공간이 있는 경우는 가장 낮은 위치에서 배수시키도록 조치하여야 한다. 바닥판과 포장면 특히 바닥판 이음부는 물이 고이지 않도록 설계해야 한다. 포장면이 일체로 시공되지 않거나 현장거치 거푸집을 사용하는 교량바닥판의 경우 접합부에 고이는 물의 제거를 고려해야 한다.

02 하부구조

1. 하부구조에 작용하는 하중

1) 교대 및 교각에 작용하는 하중

KDS 24 14 00 설계기준에 따라 조합된 하중을 재하한다. 일반적으로 ① 고정하중+활하중, ② 고정하중+지진의 영향의 조합을 활용한다. 통상적으로 교각의 안정계산을 하는 경우 평상시에서의 교축방향 및 교축 직각방향의 안정에 대해서는 ① 고정하중+활하중, 지진 시에서의 양방향 안정에 대해서는 ② 고정하중+지진을 고려한다.

2) 교대에 작용하는 하중
교대에는 수평하중과 수직하중으로 구분해 산정한다.

① 수평하중 : 상부반력에서 받침면을 통해 전달되는 수평력, 상재하중에 의한 수평력, 구체와 뒷채움 흙의 관성력(자중×가속도계수), 토압

(1) 안정 검토 시 : Rankine 토압　　$K_A = \dfrac{\cos\alpha - \sqrt{\cos^2\alpha - \cos^2\phi}}{\cos\alpha + \sqrt{\cos^2\alpha - \cos^2\phi}}$

(2) 단면 검토 시 : Coulomb 토압

$$K_A = \frac{\cos^2(\phi - \delta)}{\cos^2\theta\cos(\theta + \delta)+\left[1 + \sqrt{\dfrac{\sin(\phi + \delta)\sin(\phi - \alpha)}{\cos(\phi + \delta)\cos(\theta - \delta)}}\,\right]^2}$$

(3) 지진 시 : Monono–Okabe 토압

$$K_A = \frac{\cos^2(\phi - \theta - \beta)}{\cos\theta\,\cos^2\beta\,\cos(\delta + \beta + \theta)\left[1 + \sqrt{\dfrac{\sin(\phi + \delta)\sin(\phi - \theta - i)}{\cos(\delta + \beta + \theta)\cos(i - \beta)}}\,\right]^2}$$

여기서, ϕ 흙의 내부마찰각, α 지표면과 수평면이 이루는 각, θ 벽배면과 연직면이 이루는 각, δ 벽 배면과 흙 사이의 벽면마찰각, i 뒷채움 흙의 경사각, β 교대배면의 수직에 대한 각

② 수직하중 : 상부반력에서 받침면을 통해 전달되는 수직력, 교대와 뒷채움 흙의 자중, 배면 활하중

③ 활하중의 재하방법 : 하부구조의 안정계산, 기초를 설계하는 경우 그림과 같이 활하중을 재하한 상태에서 설계를 실시한다. 왕복차도가 중앙분리대에 의해서 완전히 분리되어 있는 경우에는 왕복 차도에 각각 하중을 재하한 상태에서 기초의 안정을 검토하는 것으로 한다. 교각의 캔

틸레버부, 라멘식 교각의 보를 설계하는 경우, 고려하고 있는 단면에 가장 불리한 영향을 주도록 활하중을 재하한다. 이 경우 활하중에 의한 각각의 지점최대 반력을 하부구조 설계활하중으로 하면 과대하게 되는 경우가 있으므로 최대반력 하중조합 경우를 적용한다.

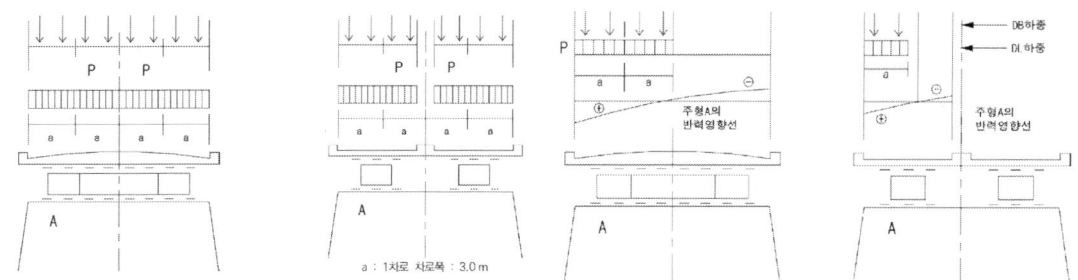

(a) 일반적 재하방법   (b) 왕복차도 분리, 하부구조 일체 시 (c) 캔틸레버부 : 상부 일체형 (d) 켄틸레버부 : 상부 분리형

2. 교대의 설계

가설지점의 상황에 따라 상부구조와의 균형이나 경제성 미관 등을 고려해 선정한다. 교대의 형식은 구조적으로 안정하고 경제적이며 성토상의 소교대는 말뚝기초를 설치하는 것을 원칙으로 한다.

구분	특징
중력식 교대	자중이 크므로 지반조건이 양호한 장소에 사용한다.
역 T형 교대	자중이 작고 흙의 중량으로 안정을 유지해 경제적, 뒷채움 시공이 용이하다.
라멘 교대	교대 위치에 교차도로가 있는 경우 교대를 교축방향으로 박스단면으로 하고 차도를 박스 내에 설치한 박스라멘 교대로 한다. 사각이 있는 경우 박스가 길고, 채광이나 보차도 분리를 위해 2연 박스라멘 교대를 적용할 수 있다.
박스형 교대	교대 높이가 높고 기초지반 조건이 불량하여 말뚝기초로 하는 경우 경제적 형식이 될 수 있다. 박스형 교대에 중공부를 두면 지진 시 관성력이 감소되어 말뚝기초 설계가 용이하다. 직접기초의 경우 활동에 안정하지 않을 수 있으므로 흙을 채우는 것이 좋다.
중간이음식 교대	역 T형 교대의 벽체를 적당한 크기의 중간이음부를 두어 배면 토압을 경감하는 구조형식이다. 선정 시 상하부 구체 사이나 앞면 성토의 토압을 고려하고 성토와 구체의 시공 순서에 주의해야 한다.
성토상의 소교대	연약지반 또는 성토높이가 높은 경우의 기초는 대규모가 되므로 상부공을 연장하여 성토상에 소교대를 설치하는 것이 경제적이다. 말뚝기초로 현 지반의 지지층에 확실하게 지지시키고 지형, 지반조건을 고려해 충분히 안정성을 검토해야 한다.

1) 작용토압

중력식 교대와 같이 뒷굽판의 내민길이가 200~300mm 이하로 짧은 경우의 토압은 구체 콘크리트 배면에 직접 작용하는 것으로 하고, 역 T형 교대와 부벽식 교대의 토압작용면은, 벽의 단면 계산에서는 구체 콘크리트의 배면, 안정계산에서는 뒷굽판 연단에서의 가상 연직면으로 한다.

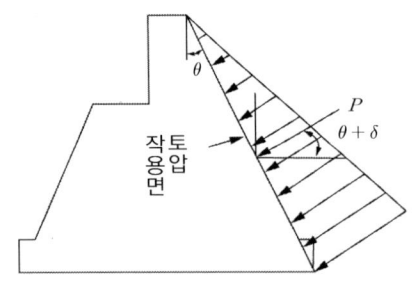

(중력식 교대의 토압 작용면)

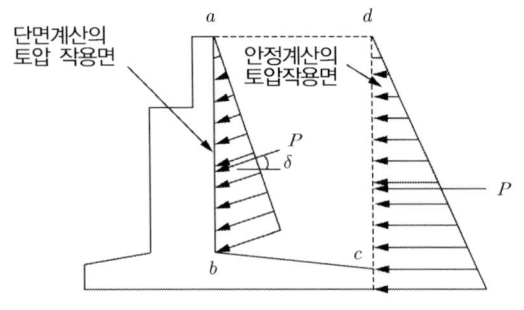

(역T형 교대, 부벽식 교대의 토압 작용면)

교대의 종류	계산의 구분	벽면마찰각, δ	
		평상시	지진 시
중력식 교대 반중력식 교대	안정 계산	$\phi/3$	0
	벽의 단면계산	$\phi/3$	0
역T형 교대 부벽식 교대	안정 계산	β	0
	벽의 단면계산	$\phi/3$	0

주) ϕ : 흙의 전단저항각(내부마찰각, °), β : 옹벽 배면 지표 경사각

2) 교대 저면에 작용하는 하중

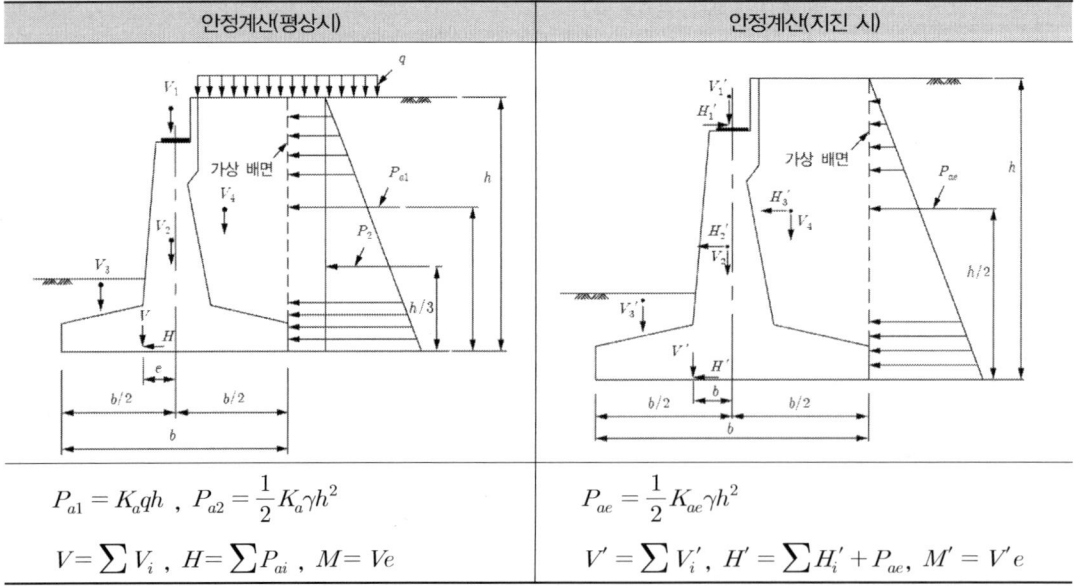

안정계산(평상시)	안정계산(지진 시)
$P_{a1} = K_a q h$, $P_{a2} = \dfrac{1}{2} K_a \gamma h^2$	$P_{ae} = \dfrac{1}{2} K_{ae} \gamma h^2$
$V = \sum V_i$, $H = \sum P_{ai}$, $M = Ve$	$V' = \sum V_i'$, $H' = \sum H_i' + P_{ae}$, $M' = V'e$

3) 경사교대

교량의 경사각 θ가 작으면 교대의 안정도와 응력이 교착방향보다 교대 배면 직각방향으로 위험하게 된다. 사각으로 계산하고자 하는 방향은 도로폭이나 교대의 높이 혹은 교대에 작용하는 상부구조의 반력 크기, 받침구조 등에 따라 달라질 수 있다. 교대 배면은 성토로서 메워지는 경우가 많으며 토압은 교대 배면에 직각방향으로 작용하므로 일반적으로 교대 배변 직각방향에 대해 검토한다.

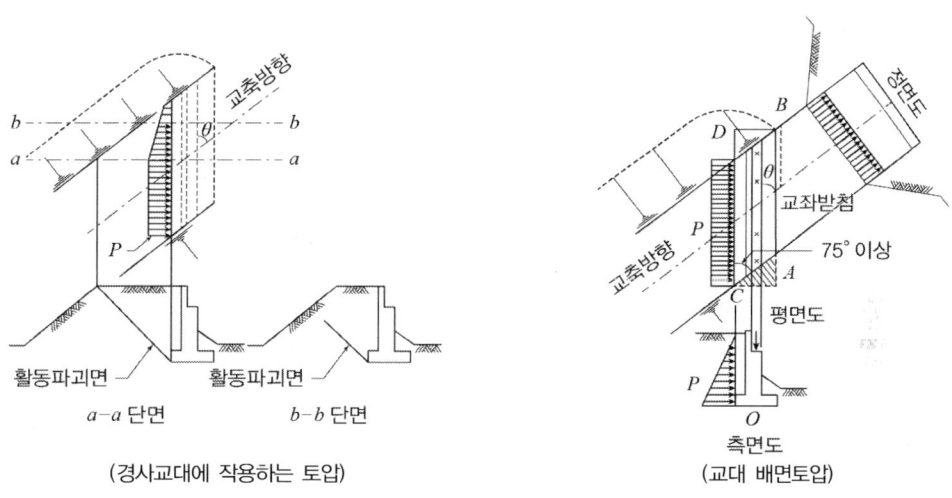

(경사교대에 작용하는 토압)   (교대 배면토압)

4) 부벽식 교대

부벽식 교대는 4변 또는 3변으로 지지된 보로 설계하는 것이 합리적이나 각각 서로 고정되어 있는 영향을 무시하고 부벽만으로 지지된 연속보로 보고 설계할 수도 있다. 이 경우 벽과 확대기초 접합부에는 상당량의 가외철근을 배면과 상면에 가까이 배근해야 한다. 이 철근량은 벽과 확대기초의 접합단면에 있어서 배력철근과 같은 정도의 양을 사용하면 좋으나 확대기초의 두께가 두꺼운 경우 확대기초 윗면의 가외철근을 생략하기도 한다.

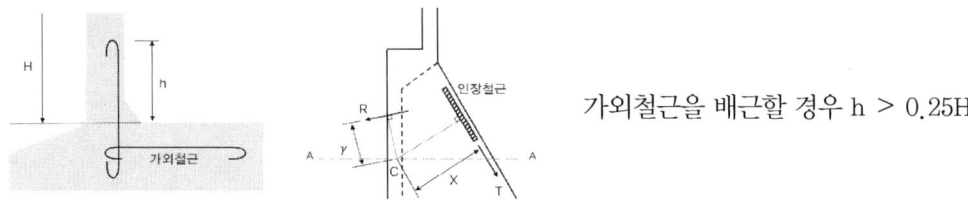

가외철근을 배근할 경우 h > 0.25H

벽의 두께는 시공이 되도록 300mm 이상 되도록 하고 부벽은 부벽 간의 중심간격에 작용하는 수평하중에 대해 휨모멘트와 전단력을 계산한다. 휨모멘트에 대한 인장철근은 부벽에 연해서 경사지게 배치한다. T형 단면에서 콘크리트의 전 압축응력이 연직벽 두께의 중심에 작용하는 것으로 가정하면 다음과 같이 계산할 수 있다.

$$T = \frac{R\gamma}{X}$$

여기서, R 고려되는 단면 상부에 작용하는 외력의 합력

X 고려되는 단면의 벽의 중심점(C)에서 인장철근 도심까지의 거리

γ C점에서 R까지의 거리

3. 흉벽설계

1) 교대흉벽의 설계방법

흉벽은 윤하중의 충격이나 교대배면에 작용하는 윤하중 및 토압에 대하여 안전하도록 설계하여야 한다. 또한 흉벽에는 교대의 활동, 지진 시의 경사, 상부구조의 이동 등 예측하지 않은 외력이 작용하는 경우가 있다. 이 때문에 배면의 하중에 대한 배근뿐만 아니라 상부구조에 접하는 쪽에도 충분히 배근해서 보강하는 것이 좋다. 또 배면 성토의 침하에 의하여 흉벽 정부가 윤하중의 충격으로 파손되기 쉬우므로 그 구조에 주의하여야 한다.

2) 흉벽의 설계

윤하중과 같이 재하면적이 작고 비교적 짧은 시간에 재하되는 것에 대해서는 깊이와 더불어 토압강도가 작아지므로 윤하중에 의한 응력증분은 다음 식에 의해 계산한다

$$p_x = K_A \frac{T}{(a+x)(b+2x)}$$

p_x : 깊이 x 에서의 윤하중 응력증분(kPa), K_A : Coulomb의 주동토압계수

T : DB 하중의 1후륜하중(T=94.08kPa),   a : 접지길이(m), b : 접지폭(m)

이 응력증분은 하나의 후륜하중에 의하는 것이므로 흉벽의 설계에는 이것이 차량 점유폭의 1/2(3.0/2=1.5m)에 등분포하는 것으로 취급한다.

흉벽 단위폭당의 응력증분, 휨모멘트, 전단력의 일반식은 다음의 식으로 나타낼 수 있다.

① 윤하중 응력증분

$$P_x = \frac{K_A \cdot T}{1.5} \cdot \frac{1}{(a+x)}$$

$$M_p = \frac{K_A \cdot T}{1.5} \cdot [-x + (x+a) \cdot \ln\left(\frac{a+x}{a}\right)], \quad S_p = \frac{K_A \cdot T}{1.5} \cdot \ln\left(\frac{a+x}{a}\right)$$

P_x : 깊이 x 에서 윤하중 응력증분(kPa), M_p : 윤하중에 의한 휨모멘트(kN-m/m)

S_p : 윤하중에 의한 전단력(kN/m),　　T : DB하중의 1후륜하중(T=94.08kPa)

a : 접지길이(=0.2m)

이 식으로 구해지는 윤하중 응력증분은 지표로부터 1m 이상 깊게 되면 대수함수 때문에 현저히 감소되어 보통 1m 이내의 작용하중을 외력으로 생각해 두면 충분하다. 이 경우의 윤하중 응력증분의 합력의 작용점은 지표에서 36cm의 위치로 되어 M_p, S_p는 다음과 같이 된다.

$$M_p = 112.3K_A \cdot (x - 0.36)$$
$$S_p = 112.3K_A$$

② 토압

$$P_h = \frac{1}{2}K_A \cdot \gamma \cdot h^2 \cdot \cos\delta, \quad M_e = \frac{1}{3}P_h \cdot h$$

P_h : 토압(kN/m),　　M_e : 토압에 의한 휨모멘트(kN-m/m)

γ : 흙의 단위질량(kN/m),

δ : 벽배면과 흙 사이의 벽면 마찰각($\delta = \phi/3$)

h : 흉벽의 높이(m)

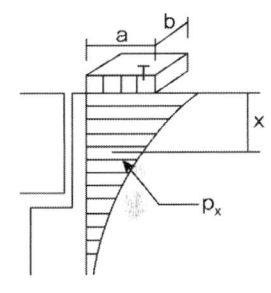

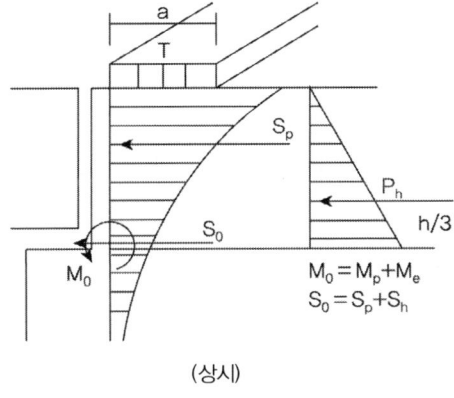

(상시)

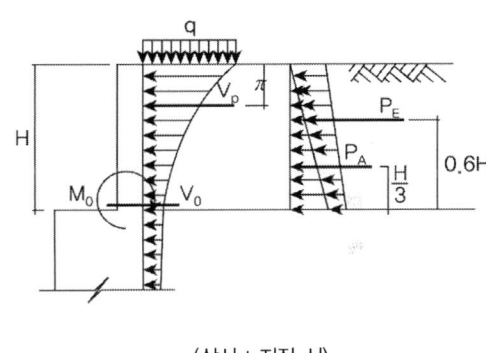

(상시 + 지진 시)

4. 접속판의 설계

접속판은 교대와 뒤채움부 간의 부등침하 효과를 감소시켜 교량과 교량접속 포장 사이의 단차를 방지하고, 이에 따른 포장체의 파손 및 주행성 저하 방지에 그 목적이 있다. 교량접속부 포장은 토공부가 아스팔트 콘크리트 포장일 때는 교면포장과 동일한 두께로 하고, 시멘트 콘크리트 포장일 경우는 슬래브 면을 노출로 할 수 있다. 접속판의 설치 폭은 차로 및 내외 양 측대를 포함한 폭을 원칙으로 하며, 접속판의 길이는 6~10m로 한다. 연약지반 상에 만들어진 교대 중 지반의 잔류침하가 커서 접속판의 설치효과가 충분히 나타나지 않는 곳에서는 접속판을 설치하지 않는다.

접속판(approach slab) 1판과 완충판(connection slab) 2판 설치를 원칙으로 한다. 단, 교대높이가 10m 이하인 경우 완충판의 설치 매수를 1판으로 줄여도 좋으며, 사각에 따라 조정할 수 있다.

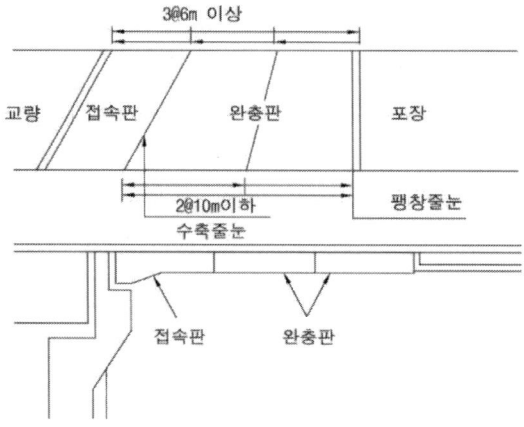

5. 교량받침부의 설계 : KDS 14 20 콘크리트구조 설계기준

교량받침부는 상부의 하중을 지지하면서 내구성과 유지관리성을 만족하여야 하며, 교량받침부와 신축이음 하부는 재킹, 청소, 보수 및 받침과 신축이음의 교체가 용이하도록 설계해야 한다. 교량받침부의 콘크리트의 저항강도를 우선적으로 평가하고, 부족한 경우에는 철근을 배치해야 한다.

1) 압축력에 대한 설계

받침부에 작용하는 압축력은 받침을 지지하는 콘크리트의 지압력에 의하여 지지한다. 지지표면이 재하면보다 큰 경우 보정계수 m($\sqrt{A_2/A_1} \leq 2.0$)을 적용하며, 이때 A_2는 재하면과 닮은꼴이고, 중심이 같은 지지표면 일부분의 최대 면적으로 그림과 같이 계산된다.

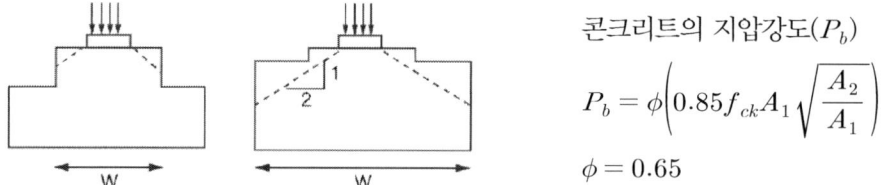

콘크리트의 지압강도(P_b)

$$P_b = \phi \left(0.85 f_{ck} A_1 \sqrt{\frac{A_2}{A_1}} \right)$$

$\phi = 0.65$

2) 부반력에 대한 설계

곡선반지름이 작은 곡선교량, 사교 또는 폭이 좁은 교량에서는 부분적으로 부반력이 발생하는 경우도 있다. 이러한 경우에는 받침 배치를 변경하거나 아웃트리거(Out trigger) 등을 적용하여 부반력을 근원적으로 방지하는 것이 바람직하다. 그러나 부반력 발생이 불가피한 경우에는 앵커시스템에 작용하는 인장력에 대한 안전을 검토해야 한다. 이때 교량 받침은 부반력에 저항할 수 있는 형식을 적용해야 하며, 인발력에 대한 저항력을 확보할 수 있도록 헤드가 있는 앵커볼트(또는 소켓)를 적용해야 한다

$$\phi N_n \geq N_{ua}, \quad N_n : \text{모든 파괴모드로부터 평가된 설계강도}, \quad N_{ua} : \text{계수 인장력}, \quad \phi = 0.75$$

① 앵커볼트 인장강도 $\quad N_{sa} = nA_s f_{uta}, \qquad f_{uta} = \min[1.9 f_{ya}, \ 860 MPa]$

② 콘크리트 파열강도

(1) 단일 앵커 $\quad N_{cb} = \dfrac{A_N}{A_{N0}} \Psi_2 \Psi_3 N_b$

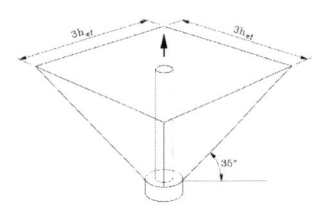

여기서, A_N 앵커 중심에서 $1.5 h_{ef}$ 투영한 면적

$$A_{N0} = 9 h_{ef}^2, \quad N_b = k \sqrt{f_{ck}} h_{ef}^{1.5}$$

$k = 10$ (선설치), 7(후설치)

(2) 그룹 앵커 $\quad N_{cbg} = \dfrac{A_N}{A_{N0}} \Psi_1 \Psi_2 \Psi_3 N_b$

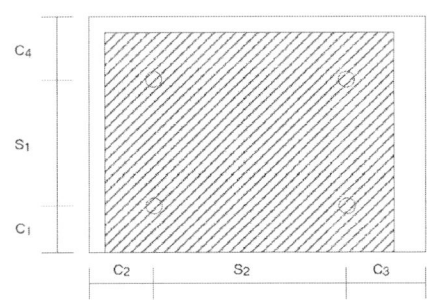

- c_1, c_2, c_3 and $c_4 > 1.5 h_{ef}$, s_1 and $s_2 > 3 h_{ef}$
  → $A_N = (4 \times 1.5 h_{ef})(4 \times 1.5 h_{ef})$
- c_1, c_2, c_3 and $c_4 > 1.5 h_{ef}$, s_1 and $s_2 \leq 3 h_{ef}$
  → $A_N = (1.5 h_{ef} + s_1 + 1.5 h_{ef})(1.5 h_{ef} + s_2 + 1.5 h_{ef})$
- c_1, c_4, c_2 and $c_3 \leq 1.5 h_{ef}$, s_1 and $s_2 > 3 h_{ef}$
  → $A_N = (c_1 + 2 \times 1.5 h_{ef} + c_4)(c_2 + 2 \times 1.5 h_{ef} + c_3)$
- c_1, c_4, c_2 and $c_3 \leq 1.5 h_{ef}$, s_1 and $s_2 \leq 3 h_{ef}$
  → $A_N = (c_1 + s_1 + c_4)(c_2 + s_2 + c_3)$

여기서, $\quad \Psi_1 = \dfrac{1}{\left(1 + \dfrac{2 e_N'}{3 h_{ef}}\right)} \leq 1$, $\quad e_N' \leq s/2$: 편심거리 수정계수

$$\Psi_2 = 1(c_{\min} \geq 1.5 h_{ef}), \quad 0.7 + 0.3 \dfrac{c_{\min}}{1.5 h_{ef}} \ (c_{\min} \leq 1.5 h_{ef}) : \text{연단거리 수정계수}$$

$\Psi_3 = 1.0$ (균열단면), 1.25(비균열 단면) ; 균열 수정계수

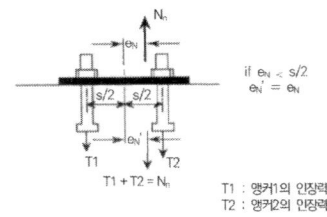

(a) 모든 그룹앵커가 인장하중받을 때

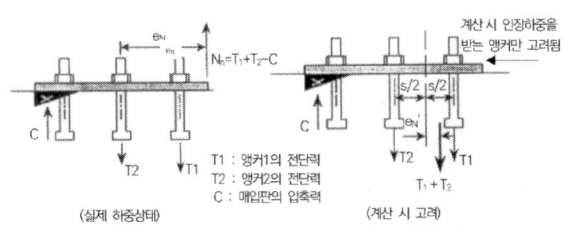

(b) 그룹앵커 중 일부만 인장하중 받을 때

3) 수평하중

받침에 작용하는 수평하중에 대해서는 앵커볼트의 전단강도와 앵커 전면의 콘크리트 파열강도 및 프라이아웃 강도를 검토해야 한다. 수평하중을 받는 단수 앵커의 파괴 양상은 앵커 강재의 전단 파괴, 수평하중에 의한 콘크리트 파열파괴, 프라이아웃 파괴 등의 형태로 나타나며, 앵커의 전단 강도, 콘크리트 강도, 연단거리와 인접앵커의 여부에 따라 다양한 파괴 형태를 나타낸다.

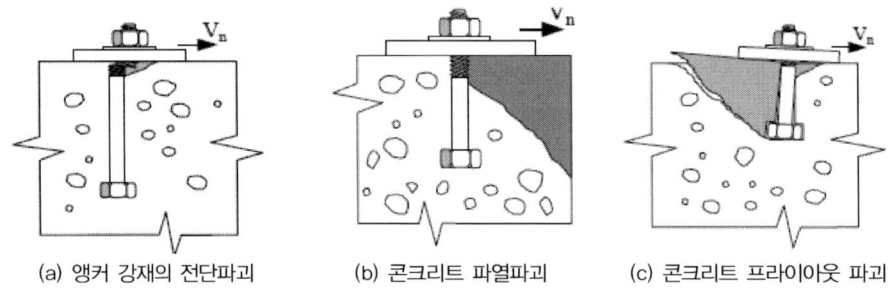

(a) 앵커 강재의 전단파괴 (b) 콘크리트 파열파괴 (c) 콘크리트 프라이아웃 파괴

$\phi V_n \geq V_{ua}$, N_n : 공칭전단강도, N_{ua} : 계수 수평력, $\phi = 0.65$(강재), 0.75(콘크리트)

① 앵커볼트 전단강도 $V_{sa} = nA_s f_{uta}$, $f_{uta} = \min[1.9 f_{ya},\ 860 MPa]$

② 콘크리트 전단파열강도

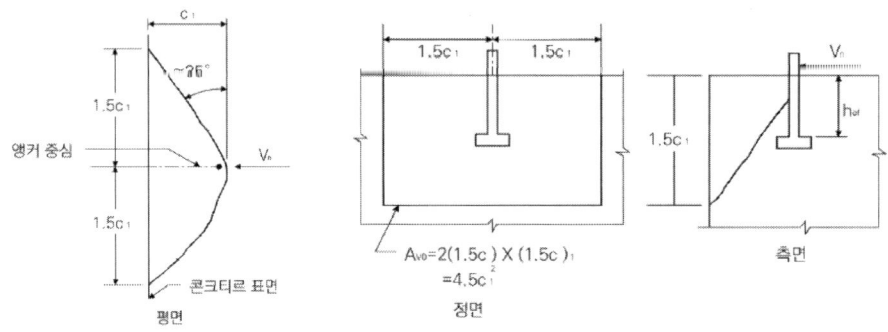

$$V_{cb} = \frac{A_v}{A_{v0}} \Psi_1 \Psi_2 V_b$$

여기서, $A_{v0} = 4.5(c_1)^2$, c_1 단부에서 앵커까지 거리, $V_b = 0.6\left(\dfrac{l}{d_0}\right)^{0.2} \sqrt{d_0} \sqrt{f_{ck}} c_1^{1.5} N$

③ 콘크리트 프라이아웃 전단강도

강성이 크고 길이가 짧은 앵커 ($h_{ef}/d < 4.5$)의 경우 프라이아웃 파괴가 자주 발생

$V_{cp} = k_{cp} N_{cb}$ 여기서, $k_{cp} = 1.0(h_{ef} < 65mm)$, $k_{cp} = 2.0(h_{ef} \geq 65mm)$

④ 철근의 전단강도 $V_s = nA_s f_{yt}$

4) 받침부 상세

① 상부 하중은 받침콘크리트를 통하여 하부구조로 전단되기 때문에 원활한 하중전달과 응력집중을 고려하여 구조 계산을 통하여 필요하지 않은 경우에도 받침 콘크리트에는 지압과 수평보강을 겸한 최소한의 가외철근(D13@100)을 배치해야 한다.

② 무수축모르타르의 높이는 최대 50mm로 엄격하게 제한해야 하며, 가능한 한 높이를 최소화하여 힘의 전달이 원활하도록 해야 한다.

③ 받침 콘크리트의 높이가 높아지면 수평하중에 의하여 받침콘크리트에 하중이 집중되므로, 받침의 점검이나 교체를 위한 공간만 확보된다면, 수평하중에 의한 콘크리트 파열강도를 증가시키기 위해 앵커의 단부로부터 받침콘크리트의 면적을 크게 하는 것이 좋다.

④ 유압잭 설치를 위한 위치는 하부구조 철근의 피복두께와 유압잭의 직경을 고려하여 결정해야 한다. 유압잭 설치는 하부구조 전면 피복두께와 상면 피복두께를 더한 것보다 내부에 위치해야 한다.

6. 교대 받침부의 설계 : 허용응력설계법

1) 받침 설계 : 받침의 수직력, 수평력과 변위를 고려하여 받침 선정하며 풍하중 등의 하중에 견딜 수 있도록 하여야 한다. 지진 시에는 응답수정계수 연결부 1.0(교각), 0.8(상부구조와 교대)을 고려하여 탄성지진력과 같거나 크게 받침설계를 한다.

2) 내진장치 설계 : 받침이 지진 시 수평력을 초과할 때 구조계 유지를 위해 별도의 내진장치(전단키, Damper 등)를 설치한다.

3) 받침하면 보강

① 연직하중에 대한 보강 : 받침하면 콘크리트에 연직하중에 의한 인장응력 발생하므로 교축 및 교축 직각방향으로 철근량을 배근한다.

$$A_{sn1} = \frac{1}{4}\left(1 - \frac{b_1}{b_c}\right)\frac{P}{f_{sa}}$$

A_{sn1} : 연직력에 대한 철근량(mm^2), P : 연직하중(kN)

b_1 : 연직하중의 작용폭(mm), b_2 : P의 작용점으로부터 받침외측까지 거리(mm)

b_c : 연직하중의 분포폭(mm, $b_c = 2 \times b_2 \leq 5 \times b_1$)

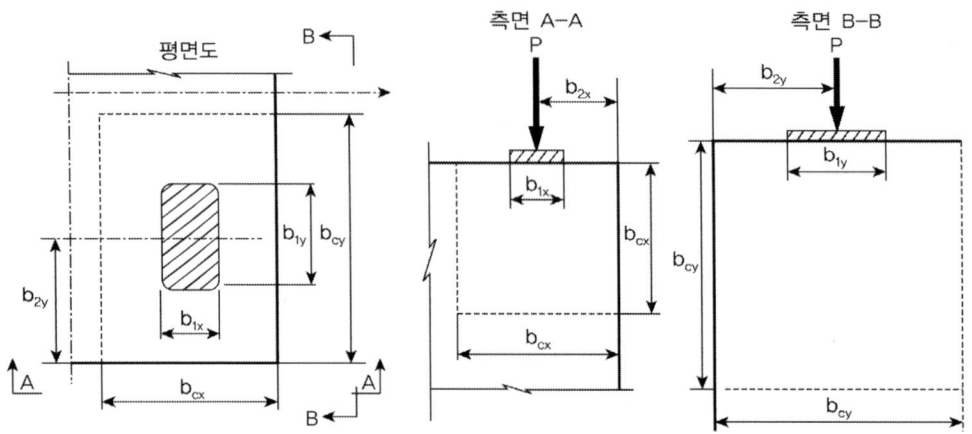

② 수평하중에 대한 보강 : 받침의 하면에는 수평하중에 대한 보강철근으로서 아래의 식에서 구한 철근량을 교축방향과 교축직각방향을 구분하여 연직하중에 의한 철근량에 더하여 배근한다.

$$A_{sn2} = H/f_{sa}$$

A_{sn2} : 수평하중에 대한 수평철근량(mm^2),　H : 받침에 작용하는 수평하중(kN)

f_{sa} : 철근의 허용인장응력(MPa)

4) 받침 콘크리트 보강

수평하중에 의해 받침과 하부구조 상면 사이 작용하는 전단응력에 대하여 수직철근의 전단마찰로 보강한다. 전단마찰 계산 시 마찰계수는 $\mu = 1.0$을 적용한다.

$$A_s = H/f_{sa}, \qquad A_s : \text{수평보강철근량}(\text{mm}^2)$$

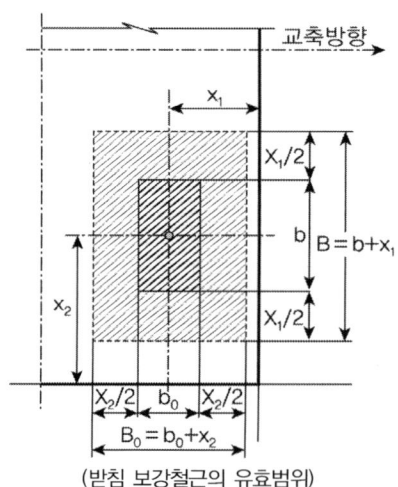

(받침 보강철근의 유효범위)

받침부 설계 (도로설계편람 509-19) ; 허용응력설계법

1) 포트받침으로 가정하고 연직하중 1600kN 용량의 포트받침은 320kN 내외의 수평저항력을 가진다
   (1600kN 포트받침의 지진 시 허용수평력 320kN, > 탄성지진력 209.16kN).

2) 받침에 작용하는 하중

   • 연직하중 : 799.56kN(고정하중) + 398.99kN(활하중) =1198.55kN
   • 수평하중 – 교축방향   : 799.56kN × 0.05 / 1.15 = 34.76kN (온도변화의 영향고려)
            – 교축직각방향 : 261.45 / 1.33 = 196.58kN (탄성지진력)

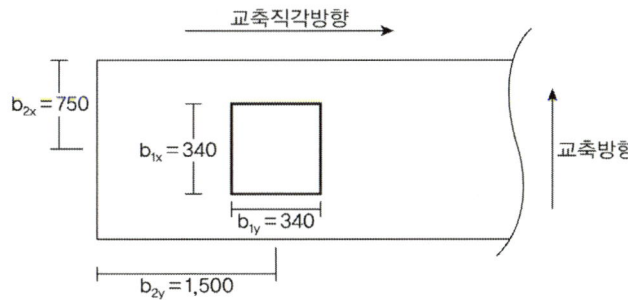

3) 연직하중에 대한 보강

$$b_{1x} = 340mm, \quad b_{1y} = 340mm, \quad b_{2x} = 750mm, \quad b_{2y} = 1500mm$$

$$b_{cx} = 2 \times b_{2x} = 2 \times 750 = 1500^{mm} < 5 \times b_{1x} = 1700^{mm}$$

$$b_{cy} = 2 \times b_{2y} = 2 \times 1500 = 3000^{mm} > 5 \times b_{1y} = 1700^{mm}$$

$$A_{sx1} = \frac{1}{4}\left(1 - \frac{b_{1x}}{b_{cx}}\right)\frac{P}{f_{sa}} = \frac{1}{4}\left(1 - \frac{340}{1500}\right) \times \frac{1198.55 \times 10^3}{150} = 1544mm^2$$

$$A_{sy1} = \frac{1}{4}\left(1 - \frac{b_{1y}}{b_{cy}}\right)\frac{P}{f_{sa}} = \frac{1}{4}\left(1 - \frac{340}{1700}\right) \times \frac{1198.55 \times 10^3}{150} = 1598mm^2$$

4) 수평하중에 대한 보강

$$A_{sx2} = \frac{H_x}{f_{sa}} = \frac{34.76 \times 10^3}{150} = 232mm^2, \quad A_{sy2} = \frac{H_y}{f_{sa}} = \frac{196.58 \times 10^3}{150} = 1311mm^2$$

5) 철근 보강 범위

   ① 교축직각방향 철근보강범위

$$B_{x0} = b_{1x} + b_{2y} = 340 + 1500 = 1840mm$$

여기서, 받침의 중심에서 연단까지 거리 750mm가 $B_{x0}/2 = 920mm$ 보다 작으므로 보정

$$B_{xo}' = b_{2x} + \frac{B_{x0}}{2} = 750 + 920 = 1670mm$$

② 교축방향 철근보강범위

$$B_{y0} = b_{1x} + b_{2x} = 340 + 750 = 1090mm$$

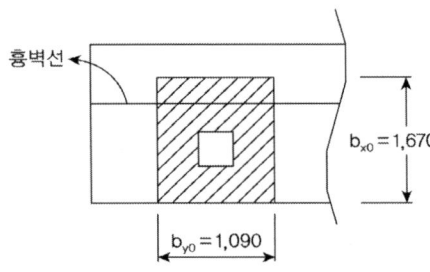

6) 철근량 산정

① 교축방향

$$A_{sx} = A_{sx1} + A_{sx2} = 1544 + 232 = 1776mm^2$$

$B_{y0} = 1090mm$ 범위 내에서 D16-11EA 적용 시 $A_s = 198.6 \times 11 = 2185mm^2$

② 교축직각방향

$$A_{sy} = A_{sy1} + A_{sy2} = 1598 + 1311 = 2909mm^2$$

$B_{x0} = 1670mm$ 범위 내에서 D16-15EA 적용 시 $A_s = 198.6 \times 15 = 2979mm^2$

7) 받침부 콘크리트 보강

① 교축방향

$$A_{s1} = \frac{H_{sx}}{f_{sa}} = 232mm^2 \quad 사용철근 \ D16-5EA \qquad A_s = 198.6 \times 5 = 993mm^2$$

② 교축직각방향

$$A_{s2} = \frac{H_{sy}}{f_{sa}} = 1311mm^2 \quad 사용철근 \ D16-7EA \qquad A_s = 198.6 \times 7 = 1390mm^2$$

7. 말뚝과 확대기초의 결합부

말뚝머리부 결합방식은 강결합과 힌지결합방식으로 검토되고 있으며 구조물의 형식과 기능, 확대기초의 형태와 치수, 말뚝의 종류, 시공조건, 시공난이도 등을 고려하여 결정한다. 다만 교량기초의 경우에는 강결합으로 설계하는 것을 원칙으로 하고 있으며 이는 수평변위량에 따라 설계가 지배되는 경우에 유리하고 부정정차수가 높기 때문에 내진상의 안정성이 유리하기 때문이다.

1) 강결합 방법

말뚝과 확대기초의 강결합 방법은 다음의 2가지가 있다.

① 방법 A : 확대기초 속에 말뚝을 일정한 길이만 매입시키고 매입된 부분이 말뚝머리에 작용하는 휨모멘트를 저항하는 방법으로 매입길이는 말뚝지름 이상으로 하고 강관말뚝, PSC 말뚝, PHC 말뚝, RC 말뚝에 적용할 수 있다.

② 방법 B : 확대기초 속으로 매입되는 말뚝의 길이를 최소한으로 하고 철근을 말뚝머리에 보강하여 말뚝머리에 작용하는 휨모멘트를 철근이 저항하는 방법으로 말뚝머리부 근입길이는 10cm로 하고 강관말뚝, PSC 말뚝, PHC 말뚝, RC 말뚝 이외에 현장타설말뚝에도 적용할 수 있다.

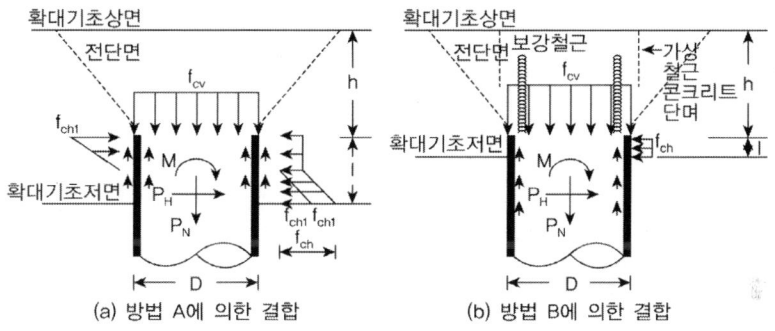

(a) 방법 A에 의한 결합   (b) 방법 B에 의한 결합

2) 말뚝머리 결합부에서 외력전달

① 압입력 또는 인발력은 말뚝주면과 확대기초 콘크리트의 전단저항 또는 말뚝머리부에 대한 확대기초 콘크리트의 지압저항에 의하여 지지시킨다.

② 수평력은 매입된 말뚝의 전면에서 확대기초 콘크리트의 지압저항에 의하여 지지시킨다.

③ 휨모멘트는 방법A의 경우 매입된 말뚝의 전후면에서 확대기초 콘크리트에 지압저항에 의하여 방법B의 경우 결합용 철근을 포함한 가상철근콘크리트 기둥의 휨저항에 의하여 지지시킨다.

3) 설계방법 A(강관말뚝, PHC말뚝은 도로교설계기준 해설편 참조)

① 압입력
- 확대기초 콘크리트의 수직지압응력, f_{cv}

$$f_{cv} = \frac{P_{N.\max}}{\frac{\pi}{4}D_B^2} \le f_{ca}$$

$P_{N.\max}$: 말뚝머리에 작용하는 가장 큰 수직력(N)

D_B : 말뚝의 외경(cm)

f_{ca} : 상시 콘크리트의 허용지압응력($=0.25f_{ck}$ MPa)

$f_{ca}{}'$: 지진 시 콘크리트의 허용지압응력($=1.33 \times 0.25f_{ck}$ MPa)

※ RC허용응력설계법에서 지진 시 허용응력은 상시 허용응력에 증가계수 1.33을 곱한다.

• 확대기초 콘크리트의 압발전단응력, τ_v

$$\tau_v = \frac{P_{N.\max}}{\pi(D_B + h)h} \le \tau_{a3}$$

τ_{a3} : 상시 콘크리트의 허용수직압발전단응력(MPa)

$\tau_{a3}{}'$: 지진 시 콘크리트의 허용수직압발전단응력(MPa)

h : 확대기초의 유효두께(cm)

콘크리트 설계기준강도, f_{ck}		21	24	27	30
허용인발 전단응력	상시 τ_{a3}	0.85	0.90	0.95	1.0
	지진 시 $\tau_{a3}{}'$	1.131	1.197	1.264	1.33

② 인발력

인발력에 의한 말뚝외부와 확대기초 콘크리트의 전단저항력은

$$\tau_{vt} = \frac{P_{U.\max}}{\pi(D_B + h_t)h_t} \le \tau_{a3}$$

$P_{U.\max}$: 말뚝머리에 작용하는 말뚝축방향 최대 인발력(N)

h_t : 인발전단력에 저항하는 확대기초의 유효두께(cm)

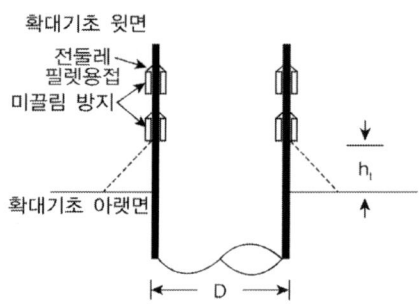

③ 수평력

    • 확대기초 콘크리트의 수평지압응력, f_{ch}

$$f_{ch} = \frac{P_{H.max}}{D_B\ l} + \frac{6M}{D_B\ l^2} \leq f_{ca}$$

      $P_{H.max}$: 말뚝머리에 작용하는 최대 말뚝축직각방향력(N)

      l : 말뚝의 매입길이

    • 확대기초 단부말뚝에 대한 수평방향의 압발전단응력, τ_h

$$\tau_h = \frac{P_{H.max}}{h'(2l + D_B + 2h')} \leq \tau_{a3}$$

      h' : 수평방향의 압발전단에 저항하는 확대기초의 유효두께(cm)

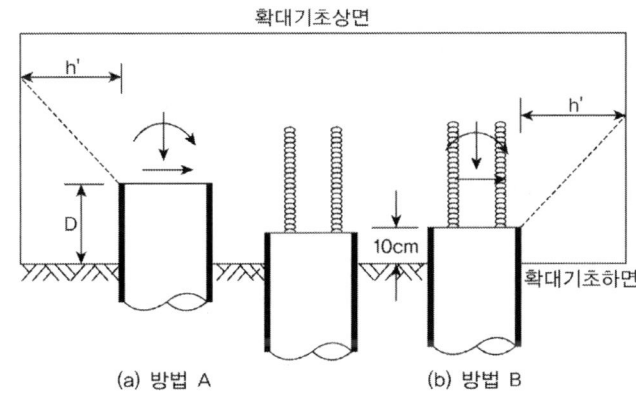

(a) 방법 A   (b) 방법 B

4) 설계방법 B (강관말뚝, PHC말뚝은 도로교설계기준 해설편 참조)

   ① 압입력 : 방법 A와 동일

   ② 인발력 : 원칙적으로 인발력에 대해 검토하지 않아도 된다.

   ③ 수평력

      • 확대기초 콘크리트의 수평지압응력, f_{ch}

$$f_{ch} = \frac{P_{H.max}}{D_B\ l} \leq f_{ca} \qquad l : \text{말뚝의 매입길이}(=10\text{cm})$$

      • 확대기초 단부말뚝에 대한 수평방향의 압발전단응력, τ_h : 방법A와 동일

   ④ 철근정착

      일반적으로 $L_o \geq L_{omin} = 35d_1$으로 하는 것이 좋다.

$$L_o = \frac{f_{sa1} A_{st}}{\tau_{oa} U}$$

f_{sa1} : 이형철근의 허용인장응력[SD30(150), SD35(175), SD40(180)]

A_{st} : 이형철근의 공칭단면적(cm^2)　　　　U : 이형철근의 공칭둘레 길이(cm)

τ_{oa} : 콘크리트의 허용부착응력(MPa)　　　d_1 : 이형철근의 공칭지름(cm)

콘크리트 설계기준강도, f_{ck}	21	24	27	30
허용부착응력, τ_{oa}	1.4	1.6	1.7	1.8

⑤ 확대기초 속의 말뚝머리부분의 매입길이는 최소한 10cm로 한다.

⑥ 가상철근콘크리트 단면의 응력

상부구조물의 하중(V_0, H_0, M_0)이 변위법에 의하여 각 열의 말뚝머리로 작용하는 하중형태는 2가지가 있다. 하나는 말뚝머리에 작용하는 축방향 최소압입력($P_{N.min}$)과 설계휨모멘트(M)이고 다른 하나는 말뚝머리에 작용하는 축방향 최대인발력($P_{U.max}$)과 설계휨모멘트(M)이다. 해당 구조물의 말뚝머리 하중조건에 따라 가상철근콘크리트 단면을 가정하여 콘크리트와 철근의 응력을 검토한다. 여기서 가상철근콘크리트 단면의 직경은 말뚝직경에 20cm를 더한 길이로 한다.

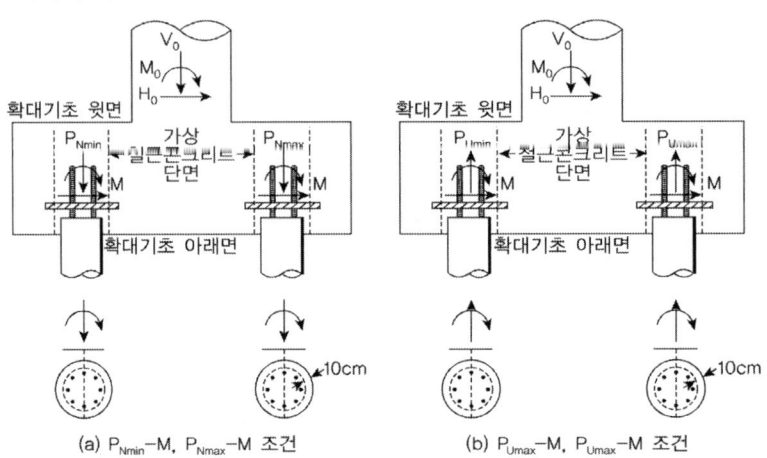

(a) P_{Nmin}−M, P_{Nmax}−M 조건　　　　(b) P_{Umax}−M, P_{Umax}−M 조건

• 콘크리트의 휨압축응력

$$f_c = \frac{M}{r^3} C \; < f_{ca}$$

f_{ca} : 상시 콘크리트의 허용휨압축응력($=0.4 f_{ck}$ MPa)

$f_{ca}{}'$: 지진 시 콘크리트의 허용휨압축응력($=1.33 f_{ca}$ MPa)

C : 콘크리트의 휨압축응력계수

M : 변위법으로 결정된 말뚝머리부의 휨모멘트(N−mm)

• 보강철근의 휨인장응력

$$f_s = \frac{M}{r^3} S\, n < f_{sa}$$

f_{sa} : 상시 보강철근의 허용인장응력

$f_{ca}{}'$: 지진 시 보강철근의 허용인장응력($=1.33 f_{sa}$)

S : 보강철근의 휨인장응력계수

8. 독립식 교대의 등가정적하중법 : Mononobe & Okabe 토압 [86회]

【 기출유형 ① 】 교대 내진설계 시 Mononobe-Okabe의 토압공식적용 위한 가정조건 3가지

지중구조물의 내진설계는 정역학적 방법과 동적해석법이 있다. 동적해석법은 해석과정이 복잡하여 특수한 경우만 사용되며, 정역학적 해석방법에는 유사정적해석과 응답변위법이 있으며 유사정적해석 해석법은 모델링 및 해석방법이 비교적 용이하며, 지표면 가까이에 건설되는 수처리 구조물의 구조해석에 적합하고 응답변위법은 유사정적해석법에 비하여 해석방법이 복잡한데, 지중 깊은 곳에 매설되는 지하철 BOX 구조물이나 독립식 교대의 해석에 적용된다. 수평변위를 허용하는 교대에 작용하는 지진토압은 Mononobe & Okabe에 의해 개발된 유사정적해석법을 사용한다.

1) 지진토압(Mononobe-Okabe 토압)

중력식 또는 캔틸레버식 교대에 작용하는 지진을 고려한 토압은 Mononobe & Okabe의 유사정적해석법을 사용한다. 지진의 영향을 고려하지 않을 때에는 그 합력이 H/3에 작용하게 되나 Wood(1973)는 실험과 이론을 통하여 지진의 영향이 커짐에 따라 지진의 영향을 고려한 토압[지진토압(정지토압+지진으로 추가된 토압)]의 합력이 대략 중간 높이에 작용함을 발견하였다. 따라서, 지진토압은 균등하게 분포(q_{ae})하고, 그 합력 P_{ae} 는 구조물 측벽의 $1/2 H_{wall}$ 높이에 작용하게 된다.

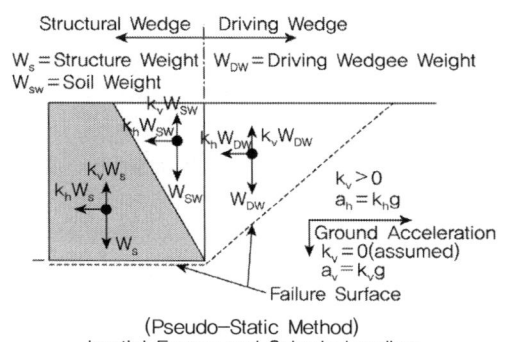

(Pseudo-Static Method)
Inertial Forces and Seismic Loading

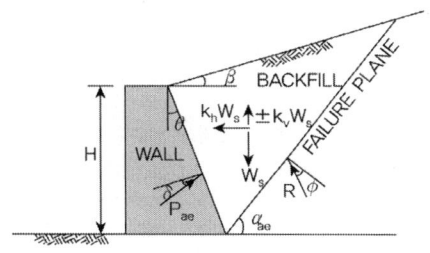

(Mononobe-Okabe Method)

Mononobe-Okabe의 지진토압공식은 깊이 z에 따라 다음 식으로 표시되며 선형적으로 커진다.

$$q_{ae}(z) = \gamma_s z (1 - K_v) K_{ae}$$

그러나 실제로는 등분포하중으로 작용하므로 이 등분포하중의 크기는 벽체 중간 지점의 지진토압과 같은데 다음과 같다.

$$q_{ae} = \gamma_s \frac{(z_{top} + z_{bottom})}{2}(1 - K_v)K_{ae}$$

∴ 벽체에 작용하는 등분포하중의 합력 P_{ae} 는

$$P_{ae} = \int_{z_t}^{z_b} q_{ae}dz = \gamma_s \frac{(z_{top} + z_{bottom})}{2}(z_{bottom} - z_{top})(1 - K_v)K_{ae}$$

교대에 가해지는 주동토압과 교대가 뒤채움 흙을 미는 수동토압은 다음과 같다. 이때 지진관성각 Θ 가 증가함에 따라 K_{ae} 와 K_{pe} 의 값은 서로 접근하여 연직의 뒤채움 흙의 경우 $\Theta = \phi$가 될 때 같게 된다.

$$P_{ae} = \frac{1}{2}\gamma_s H^2(1 - K_v)K_{ae}, \; P_{pe} = \frac{1}{2}\gamma_s H^2(1 - K_v)K_{pe}$$

$$K_{ae} = \frac{\cos^2(\phi - \theta - \beta)}{\cos\theta\cos^2\beta\cos(\delta + \beta + \theta) \times \left[1 + \sqrt{\dfrac{\sin(\phi + \delta)\sin(\phi - \theta - i)}{\cos(\delta + \beta + \theta)\cos(i - \beta)}}\right]^2} \quad : \text{지진 시 주동토압계수}$$

$$K_{pe} = \frac{\cos^2(\phi - \theta + \beta)}{\cos\theta\cos^2\beta\cos(\delta - \beta + \theta) \times \left[1 - \sqrt{\dfrac{\sin(\phi - \delta)\sin(\phi - \theta + i)}{\cos(\delta - \beta + \theta)\cos(i - \beta)}}\right]^2} \quad : \text{지진 시 수동토압계수}$$

여기서 γ_s : 흙의 단위체적중량

$\quad\quad K_h$: 수평지진계수(직접기초인 경우 1배, 파일 기초인 경우 횡방향 상대수평변위가 거의 구속되는 교대인 경우로 보아 1.5배하여 사용)

$\quad\quad H$: 지표면에서 지반면까지의 깊이

$\quad\quad K_v$: 연직지진계수

$\quad\quad \phi$: 흙의 내부마찰각

$\quad\quad i$: 뒤채움 흙의 경사각

$\quad\quad \theta = \tan^{-1}\left(\dfrac{K_h}{1 - K_v}\right)$

$\quad\quad \beta$: 벽체배면의 수직에 대한 각(0°)

$\quad\quad \delta$: 흙과 교대 사이의 마찰각

2) Mononobe–Okabe 공식의 가정

① 교대는 흙의 강도 또는 주동토압 상태가 발휘될 수 있는 정도로 충분한 변위가 발생

② 뒤채움 흙은 점착성이 없고 마찰각 ϕ를 갖는다.

③ 뒤채움 흙은 포화되어 있지 않아 액상화 문제가 없다.

교대가 단단히 고정되어 움직이지 않을 경우 토압이 더 커진다. 교대의 자체 자중이 교대의 안정에 좌우되는 것은 불합리한 가정이므로 교대 자체의 질량에 의한 관성력이 지진거동이나 내진설계에서 고려되지 않는다.

9. 수해방지를 위한 교량 설계

최근의 이상기후 현상으로 인한 집중호우, 돌발홍수 등이 급증하고 있어 이로 인한 교량의 파손 또는 유실의 피해가 매년 증가하고 있다. 홍수로 인한 주요 교량의 피해 중에서 대표적인 피해유형은 교각 및 교대부의 세굴, 설계 시 반영하지 못한 주변 수리환경의 변화, 홍수 시 유송잡물에 의한 통수능의 저하가 주요원인이다.

1) 홍수로 인한 교량의 피해 유형

① 세굴로 인한 교각의 침하 및 유실　　　② 유송잡물에 의한 통수능 저하
③ 교장이 하폭보다 부족하여 통수능 저하　　④ 경간장 부족으로 통수능 저하
⑤ 제방고보다 교량 교면이 낮은 경우　　　⑥ 만곡 수충부에서의 교대부 및 제방유실
⑦ 하천합류에 위치　　　　　　　　　　⑧ 상하류 수중보의 영향
⑨ 토석류에 의한 피해　　　　　　　　　⑩ 기타(접속도로 배수시설 미비 등)

2) 교량 홍수피해 발생원인

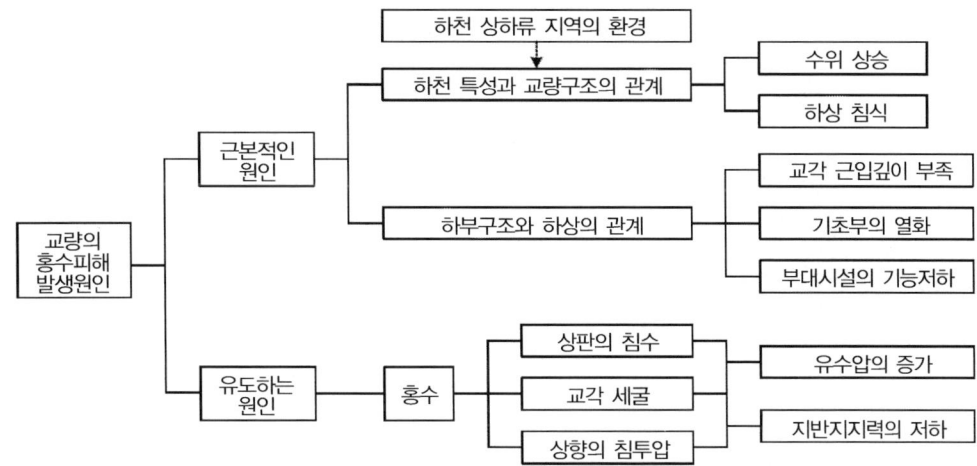

발생원인에 대하여는 근본적인 원인과 유도적인 원인으로 분류할 수 있으며 위치적인 조건, 주변환경의 변화, 교량 기능부족으로 다시 구체적으로 구분할 수 있다. 통상 한 가지 원인보다는 여러 가지 원인이 복합적으로 상호작용으로 인한 경우 피해가 가중된다.

3) 교량 홍수피해 방지를 위해 설계 시 고려사항

홍수피해 방지를 위해서는 교량기본계획 단계에서부터 위치적인 조건 및 주변환경 변화를 충분히 반영해야 하며 교량의 설계단계에서도 수리학적 측면을 고려하여 필요시 적극적인 방호책을 마련하는 것이 필요하다.

① 교량의 위치선정 시 고려사항
  (1) 하상이 안정되어 있는 곳을 선정하여야 하며 하천의 만곡부에 교각을 설치하는 것은 교량 안정성 좋지 않다.
  (2) 하폭이 좁은 장소를 택하면 공사비는 적게 소요되나 하천이 협소하여 치수상 영향이 없는지 검토해야 한다.
  (3) 사각이 큰 사교는 피하는 것이 좋다.
  (4) 하천의 합류지점은 유수의 와류현상으로 인해 세굴이 발생하기 쉽다.
  (5) 만곡부 수위 상승을 고려하여 홍수위를 산정하고 도로 지반고를 높게 한다.

② 교량 형식선정 시 고려사항
  (1) 교대 : 만곡부에 위치한 교대는 수충부에서 뒤채움 흙의 유실을 방지하기 위해 교대에 접속부 옹벽을 설치한다.
  (2) 교각 : 하천을 횡단하는 교량의 교각은 유수에 대한 저항성이 작은 단면형식(원형)을 선정하고 통수단면에 심각한 영향을 미치는 교각형식은 피한다.
  (3) 기초 : 교량 하부구조의 기초형식은 기초지반의 지질조건, 수심, 유속 및 세굴의 영향을 고려하여 선정하여야 한다.
  (4) 상부구조 : 하천횡단교량에서는 하부구조 형식이 매우 중요하므로 하천상황에 적절한 하부구조 및 경간설정을 충분히 고려하여 선정하는 것이 바람직하다. 교장을 결정할 때에는 홍수 시 유수의 지장이 없고 유수에 의해 교대가 피해를 받지 않도록 해야 하며 하천에 가설하는 교량의 교장은 하폭에 의해 정해지나 하천개수계획은 물론 장래 하천부지계획 등을 고려하여 교량길이를 결정한다.

③ 경간분할
  교량의 경간분할을 계획할 때에는 하천의 최대 수심부에 교각이 설치되지 않도록 하며 경간은 최소 3개 이상하여 하천중앙에 교각이 설치되지 않도록 하는 것이 바람직하다.

④ 사교
  (1) 하천상 사교를 계획하는 경우 중력식, 벽식 및 I형 교각과 같이 교축의 횡방향으로 길이가

긴 교각은 유수의 방향과 일치하는 것을 원칙으로 한다.

(2) 현장여건상 어려운 경우 유수의 유입각에 따라 교각에 미치는 유수압 및 세굴 증가에 대한 영향을 설계에 고려해야 한다.

(3) 만곡부에 설치되는 교량의 교각은 T형 교각을 선정하는 것이 바람직하다. 부득이 중력식, 벽식 및 I형과 같은 교각선정 시에는 사교와 같이 홍수 시 예상되는 유수의 유입각에 대한 영향을 고려하여야 하며, 만곡부 외측에 설치되는 교대 및 옹벽은 홍수 시 작용되는 수압 및 세굴의 영향을 고려해야 한다.

10. 하천 부지의 교량 하부시설과 세굴방지 ^{99회/109회}

【기출유형 ①】 하천 교량 횡단부에 발생하는 세굴현상

하천 부지에 설치하는 교량 하부시설은 고정하중, 활하중 및 충격, 토압, 부력, 유수압, 세굴, 충돌하중 및 파압에 대해서도 고려하여야 한다.

1) 유수압

하부구조물에 종방향으로 작용하는 유수의 압력 $p = 5.14 \times 10^{-4} \times C_D \times V^2$

세굴의 영향이 있는 경우의 유수압을 산출할 때 사용하는 수심은 평상시에는 하부구조에 의한 세굴의 영향이 없을 때의 수심에 평상시 하부구조의 영향에 의하여 발생하는 세굴의 깊이와 교량의 내용기간 중에 예상되는 전반적인 하상 저하량을 더한 깊이로 한다. 홍수 시에는 평상시의 설계수심에 홍수 시 수위의 증가와 홍수 시 세굴깊이를 더한 깊이로 한다.

교각단면	반원형 교각	사각형 교각	부유물질 부착 집적된 교각	쐐기형 선단교각 (선단각 90° 이하)
C_D(항력계수)	0.7	1.4	1.4	0.8

2) 파압

연직벽에 작용하는 쇄파의 파력은 다음과 같이 산출한다. 파압은 정수면상 $1.25H_0$ 에서 해저까지 균일하게 분포한다.

$P = 1.5\,W \times H_0$ 여기서, W 해수의 단위체적중량, H_0 외해파의 파고

3) 세굴

하천 부지 내에 구조물을 축조하는 경우 세굴의 영향을 고려하여야 하며 세굴의 영향은 홍수 시에도 구조물에 안정을 확보할 수 있도록 해야 한다.

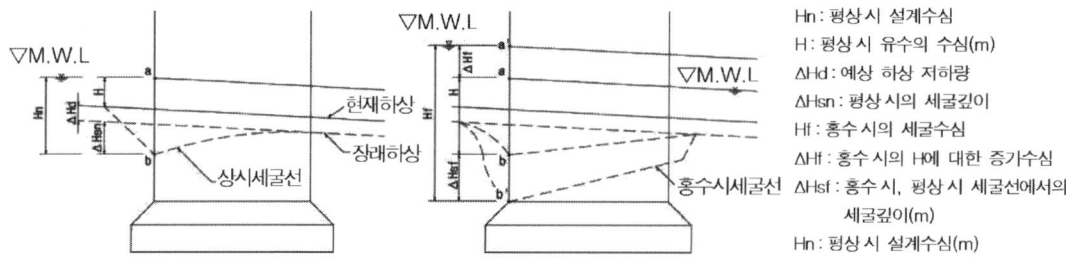

Hn : 평상시 설계수심
H : 평상시 유수의 수심(m)
ΔHd : 예상 하상 저하량
ΔHsn : 평상시의 세굴깊이
Hf : 홍수시의 세굴수심
ΔHf : 홍수시의 H에 대한 증가수심
ΔHsf : 홍수시, 평상시 세굴선에서의 세굴깊이(m)
Hn : 평상시 설계수심(m)

4) 교량의 세굴방호공

유체의 흐름에 의해 교량의 교각 및 교대 주변의 하상재료가 유실되는 현상을 교량세굴이라 하며, 이로 인해 낮아진 하상고와 자연 하상고와의 차이를 세굴심으로 정의한다. 유속과 그로 인해 하상에 작용하는 전단응력은 하천유역 내에 홍수가 발생하였을 때 급격히 증가하며 이로 인해 하천 경계면의 토사는 더 많이 침식되어 이동하게 된다. 특히 하천 내에 위치한 교각이나 교대와 같은 수리학적 구조물은 흐름을 가속시키거나 와류를 형성시켜 흐름 유형의 변화를 발생시켜 구조물 주변의 세굴을 발생시킨다.

① 세굴의 종류

교각 또는 교대 주변의 총 세굴은 다음의 3가지 세굴성분을 합하여 산정한다.
⑴ 장기하상변동 : 교량의 유무에 상관없이 장기간 또는 단기간에 발생하는 하상고의 변동
⑵ 단면축소세굴 : 교량 등의 인공구조물 또는 자연적인 요인에 의해 하천 내의 통수단면적이 축소하여 발생하는 세굴
⑶ 국부세굴 : 구조물에 의한 흐름의 방해와 가속된 흐름에 의해 야기된 와류의 발달에 의해 발생

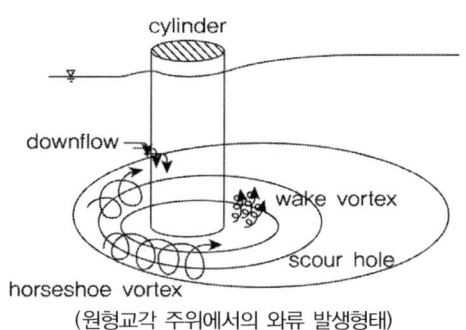

(원형교각 주위에서의 와류 발생형태)

② 세굴 세부 설계과정

세굴분석 수리변수 결정 → 장기하상변동 분석 → 세굴해석방법의 결정 → 단면축소세굴 계산 → 교각 국부세굴 계산 → 교대 국부세굴 계산 → 총세굴심 산정
⑴ 교량기초의 설계에서 기초 저면의 표고는 총세굴심보다 아래에 위치하는 것이 원칙
⑵ 장기하상변동의 세부요소들은 유역 전체에 걸쳐 자연적 또는 인위적으로 특별한 변화가 없는 경우에는 단면축소세굴이나 국부세굴에 비해 매우 적은 양의 세굴이 발생하므로 단면축소세굴과 국부세굴을 중심으로 교량 세굴을 평가하는 것이 일반적이다.

③ 세굴방지 설계(대책)

⑴ 충적하상에서 교량 교각주위의 국부세굴은 피할 수 없으며, 따라서 이러한 세굴로 인하여 교

량의 안전이 위협받지 않도록 설계과정에서 주의해야 한다. 세굴방지 대책의 접근방법은 다음의 2가지로 구분할 수 있다.

(a) 세굴에 대한 하상물질의 저항력을 증가시키는 대책

(b) 유속, 와류 등의 세굴유발인자의 능력을 감소시키는 대책

　가장 보편적인 방지대책으로는 사석보호공법이 적용된다.

(2) 교량세굴의 방지대책

  (a) 세굴발생 깊이를 측정하여 과다하면 교량사용을 제한　　(b) 교대 및 교각 기초 사석보호

  (c) 도류제 건설　　　　　　　　　　　　　　　　　　　(d) 하천개량

  (e) 교량기초를 세굴의 영향에 저항할 수 있도록 보강　　　(f) 낙차공

  (g) 안전교량 건설 또는 교량경간의 장대화

  (h) 케이블로 연결된 콘크리트 블록매트로 보호　　　　　(i) 테트라포트로 보호

  (j) 부유물에 대한 방호대책 수립

④ 세굴방호공 설계

(1) 교량 등 하천구조물의 세굴로 인한 손상과 붕괴로부터 구조물 보호를 위해 세굴방호공을 설치할 수 있다.

(2) 세굴방호공은 사석보호공, 콘크리트 블록 방호공, 지오백 세굴방호공 등 여러 가지가 있으며 구조적 안정성과 경제성을 고려하여 선정한다.

(3) 사석을 이용한 세굴방호공일 경우 2년의 정기적 주기 및 계획홍수량의 80%가 넘는 홍수 발생 시마다 사석의 이동여부를 확인하여 대책을 강구해야 한다.

(4) 세굴방호공의 적용범위는 교각의 한쪽면으로부터 교각폭의 2배의 거리까지 양쪽 모두 시공하고 세굴방호공의 최상부는 주변 하상선과 일치하거나 더 낮아야 한다.

(5) 사석보호공의 경우 방호공의 두께는 D_{50}의 3배 이상으로 시공하고 실제 설치 시 최소 300mm보다 커야 한다.

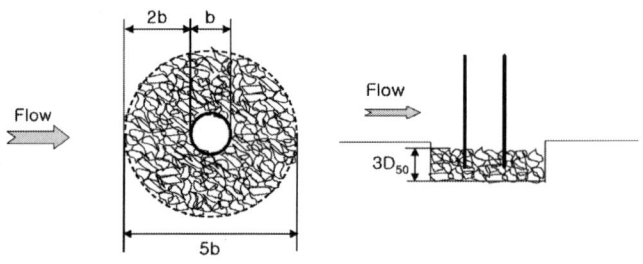

(세굴방호공의 적용범위 : 사석방호공)

① 장기하상변동 : 하천에서의 장기적인 하상변동, 즉 하천반응(river response)의 예측에는 컴퓨터 수치해석모형을 이용하여 예측하는 방법과 기왕의 하상변동 상황을 취합·분석하여 예측하는 방법 등이 있다. 통상 장기적인 하상변화는 향후 하천 전반에 걸쳐 하상변동조사를 통해 수행되어야 하므로 장기하상변동에 대한 영향을 감안하여 실험식을 이용하는 국부세굴심 산정에서 보다 보수적인 수치를 적용한다.

② 단면수축세굴 : 교량지점에서의 단면수축세굴은 교대 및 교각에 의하여 흐름단면이 축소되어 발생되며, 단면축소로 인하여 교량상류의 흐름이 하류방향으로 하상재료를 이송시키느냐에 따라 고정상 세굴(claer bed scour)과 이동상 세굴(live bed scour)로 구분된다. 여기서, 고정상 세굴과 이동상 세굴의 발생여부는 하상재료의 한계유속에 따라 결정될 수 있으나 통상 하도의 하상재료에 대한 분석 및 하상전반의 장기적인 변화에 대한 분석자료가 없는 실정이므로 단면 수축세굴은 고려하지 않는다.

③ 국부세굴 : 교각 설치 시 가장 중요한 문제는 교각 주변의 세굴에 대한 영향이다. 교각이나 수제 또는 돌출제 주변의 세굴현상은 세굴 초기를 제외하고는 한번 생긴 모습이 그대로 변치 않고 유지되는 경우가 대부분이고 이러한 국부세굴 현상은 수리구조물 설치 주변의 지형, 지질상태와 수리적 특성 등과 같은 제반조건에 따라 세굴현상이 대단히 복잡하게 나타나므로 흐름을 수리구조물 주변에 집중되지 않도록 교각 등의 수리구조물이 유수에 저항이 적은 형상을 갖도록 설계한 후 이를 여러 가지 축적으로 바꿔가면서 수리모형실험을 실시한 뒤 국부세굴 형상의 상사치에 대하여 국부세굴 방지공을 계획하는 것이 일반적이며, 기존에 개발되어 있는 국부세굴 깊이에 관한 실험식들을 이용하기도 한다.

④ 대표적 세굴방지 공법

구분	사석방호(보호)공	망태공(GABION)	콘크리트 블록 매트공	세굴 방호 섬유대공
단면				
공법 개요	물리적 풍화를 고려하여 연암이상의 비풍화암을 사석으로 사용하여 교각주위의 국부세굴 발생위치에 포설	정해진 규격의 아연도금된 철선의 망을 설치하고 인력으로 ϕ150m/m 정도 규격에 맞는 돌을 투입	콘크리트 블록 매트를 연결하여 교각 세굴위치에 시공	두 겹으로 제작된 토목섬유 거푸집(fabric) 사이에 콘크리트 또는 토석류를 투입하여 콘크리트 매트 또는 샌드매트 형성
시공성	수중 작업 시에도 비교적 시공이 용이하며 보수가 쉬움	돌망태 포설 시 수중작업 불량	육상 조립하여 매트화하여 시공, 수중작업 보통	수중작업 불량, 콘크리트 양생기간 필요
안전성 (효과)	임시 및 응급공사에 좋음 세굴의 범위가 넓을 때 하상변동에 따른 적용성 양호	하상변도에 대한 적용성 좋음 홍수 발생 시 세굴에 의한 변위로 유실 발생이 우려되며, 유실된 돌망태로 인한 2차 세굴 우려	저중심 평면형으로 홍수시 전도 유실될 우려 적음 블록매트 가장자리에 세굴가중 우려가 있음	전면이 일체이므로 견고 홍수 시 부력에 대한 우려 있음
내구성	일시적인 세굴방지효과는 있으나 홍수 시 유실 우려가 있어 반영구적 세굴방지공법으로 부적합	철선의 부식 등으로 내구성이 약함	연결고리의 부식, 시공 시 하자 등 내구성 우려 있음 반영구적	내부콘크리트의 내구성 약화 및 지면과의 접하부 취약
환경성	미관성 좋지 않음	아연도금에 따른 생물생태계에 독성 내포	매트 사이에 부유물이 걸려 미관상 좋지 않음	수중에 콘크리트 등 충전물로 인한 독성 내포

경사교대

경사교대에 작용하는 토압과 설계방법에 대하여 설명하시오.

풀 이

▶ 개요

일반적으로 교대·교각의 설계에서 주하중 외에 예상되는 하중의 조합에 의한 외력에 대해서 안정하며, 지반의 지지력·전도·활동에 대해서 안정하고, 또 구체의 각 부재·기초구조 각 부재의 응력·지반반력에 대해서도 정하여진 허용치 범위 내에 있어야 한다. 일반교대의 설계는 교축방향에 대한 검토만으로 좋지만, 경사교대의 경우에는 교대 배면 직각방향 및 교축방향에 대해서 검토하며, 특히 편토압에 의하여 교대가 회전하지 않는가 검토해야 한다.

▶ 경사교대에 작용하는 토압과 설계방법

경사교대에 작용하는 토압·상부구조에서의 반력·지진의 영향 등 불명확한 사항이 많으므로, 교대의 높이·사각·지지지반·기초구조를 감안하여 통상의 경우 교대배면 직각방향만 검토하여도 좋다. 경사교대에 작용하는 토압은 그림과 같이 교대 폭 방향으로 일정하지 않고, 그 작용 방향도 교축방향과 일치하지 않는 것이 일반적이다. 이와 같이 일정치 않는 토압(단면 a-a와 b-b 방향)을 어느 정도 저감할 것인가에 대한 측정 예도 없고 구체적 방법도 명확하지 않으므로 계산의 간략화와 안정성을 위해 교대 배면토압은 교대 폭 방향에 대해서 일정하게 작용한다고 생각하여도 좋다. 이와 같이 경사교대를 설계하는 경우 교대의 중심 0과 토압 합력의 작용선이 동일연직면 내에 있지 않기 때문에 기초 앞판의 둔각부(A)의 연직반력 및 단위면적당 활동력이 예각부(B)보다도 크게 된다고 생각되므로 둔각부의 기초를 적어도 75° 이상으로 확대하는 것이 바람직하다.

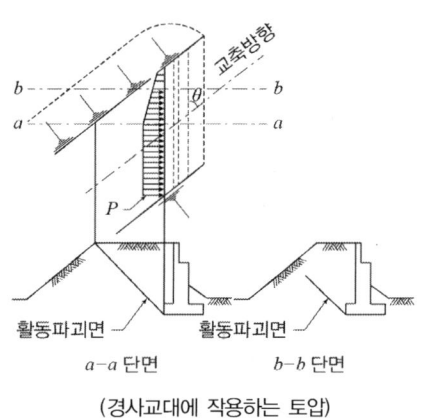

(경사교대에 작용하는 토압)

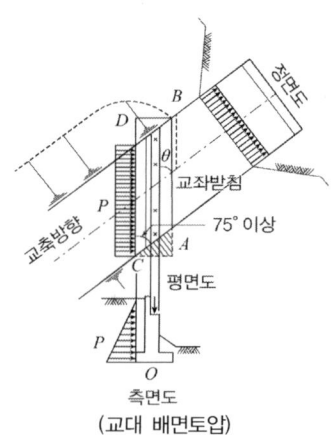

(교대 배면토압)

교대흉벽 설계

교대흉벽 설계방법 설명, 흉벽에 작용하는 단면력을 강도설계법으로 산정하시오.

- 뒤채움토사의 내부마찰각 Φ=35°
- 흙의 단위질량 γ =20kN/m^3
- 주동토압계수 K_a=0.25(상시)
- 활하중(L)에 대한 하중계수 : 2.15
- 토압(H)에 대한 하중계수 : 1.7
- 벽면마찰각 δ=Φ/3

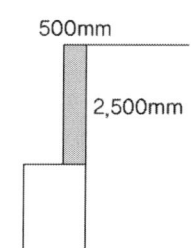

풀 이

➤ **Coulomb 주동토압계수(K_A, 상시)**

$$K_a = \frac{\cos^2(\phi-\beta)}{\cos^2\beta \times \cos(\beta+\delta) \times \left[1 + \sqrt{\dfrac{\sin(\phi+\delta)\sin(\phi-\alpha)}{\cos(\beta+\delta)\cos(\beta-\alpha)}}\right]^2}$$

φ(흙의 내부마찰각), α(지표면과 수평면이 이루는 각), β(벽배면과 연직면이 이루는 각)

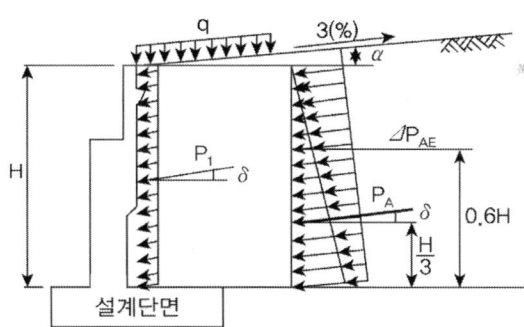

TIP	**| Mononobe─Okabe 주동토압계수 |** (K_{ae}, 지진 시)

$$K_{ae} = \frac{\cos^2(\phi-\theta-\beta)}{\cos\theta \times \cos^2\beta \times \cos(\delta+\theta+\beta) \times \left[1 + \sqrt{\dfrac{\sin(\phi+\delta)\sin(\phi-\alpha-\theta)}{\cos(\beta+\delta+\theta)\cos(\beta-\alpha)}}\right]^2}$$

$$\therefore \ K_A = \frac{\cos^2(35-0)}{\cos^2(0)\cos(0+35/3)[1+\sqrt{\dfrac{\sin(35+35/3)\sin(35-0)}{\cos(0+35/3)\cos(0-0)}}]^2} = 0.239$$

➤ 상시수평토압 P_h, M_e

$$P_h = \frac{1}{2}\cdot K_a\cdot\gamma\cdot h^2\cos\delta = \frac{1}{2}\times0.239\times20\times2.5^2\times\cos(35/3) = 14.63kN/m$$

$$M_e = \frac{1}{3}P_h\cdot h = \frac{1}{3}\times14.63\times2.5 = 12.19kN-m/m$$

➤ 윤하중 응력증분 P_x, M_p

$$M_p = 112.3K_A\cdot(x-0.36) = 112.3\times0.239\times(2.5-0.36) = 57.44kN-m/m$$

$$S_p = 112.3K_A = 112.3\times0.239 = 26.84kN/m$$

➤ 설계단면력 산정

$$V_u = 2.15S_p + 1.7P_h = 2.15\times26.84 + 1.7\times14.63 = 82.577kN$$

$$M_u = 2.15M_p + 1.7M_e = 2.15\times57.44 + 1.7\times12.19 = 144.219kNm/m$$

접속슬래브

교대 배면부에 설치하는 접속슬래브의 구조적 역할과 침하원인을 설명하시오.

풀 이

▶ 개요

접속슬래브는 교대와 배면부 뒷 채움부 간의 부등침하 효과를 감소시켜 교량과 접속 포장 간의 단차를 방지하고 포장체의 파손과 주행성 저하의 방지를 하는 데 그 목적이 있다.

▶ 접속슬래브의 구조적 역할과 침하원인

교량 접속슬래브 설치지점에서 발생되는 부등단차의 일차적으로 원지반과 교대 성토층의 침하로 인해 유발된다. 침하가 발생되는 원인은 성토층의 다짐불량, 불적절한 재료의 사용, 높이 10m 이상의 고성토 등으로 보고하고 있다. 이외에도 계절에 따른 온도 변화, 침식에 의한 성토재의 손실, 부적당한 시공방법(이음 불량, 배수 및 다짐 불량, 부적당한 성토재 사용), 기초지반의 침하 및 과다한 차량하중 등으로 인해 유발된다.

교량 접속부에서의 이러한 부등침하는 교량 접속부의 손상과 주행성 저하의 문제점을 유발한다. 교대는 기반암에서 산단 지지되는 말뚝으로 지지되므로 침하가 거의 발생되지 않지만 성토체는 크리프 침하가 발생된다. 따라서 시간이 경과될수록 교대와 배면 성토층의 단차량은 커지게 된다. 이러한 단차를 최소화하려는 목적으로 접속슬래브가 설치되며 설치되는 교량 접속부의 부등 침하 기준은 유지보수 단계에서 부등 침하량과 노면의 경사도를 기준으로 한다.

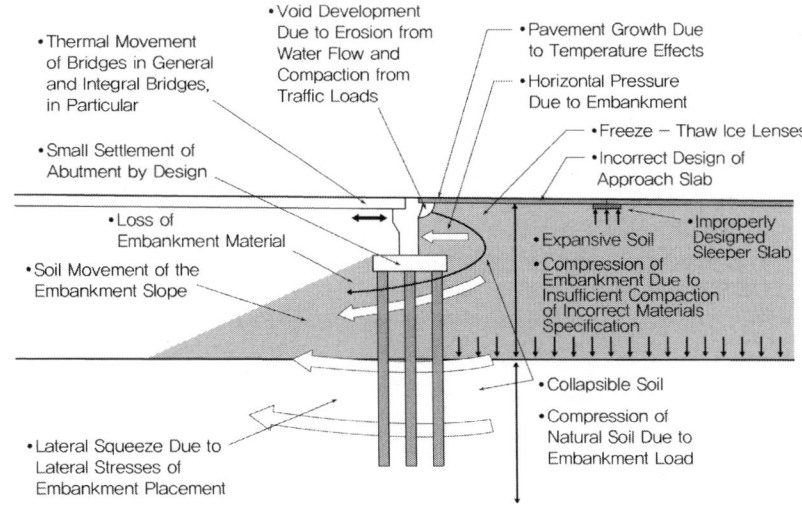

(교대 배면부 접속슬래브 구간의 침하 원인)

➤ 접속슬래브 구간의 설계

일반적으로 접속슬래브 구간은 단순보로 보고 설계하는 것이 일반적이나, 하부 뒷채움구간을 스프링으로 모델링하거나 지반침하로 인해 강제변위가 발생된 경우와 이와 함께 스프링으로 지지되는 경우 등으로 모델링하여 검토되어질 수 있다.

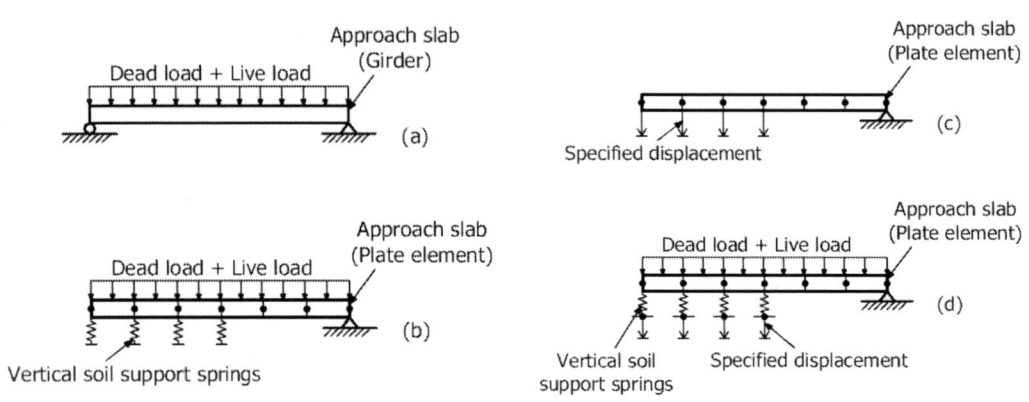

(교대 배면부 접속슬래브 해석 모델링)

말뚝기초의 허용압축하중

교량기초를 고려한 교량계획 시 설계단계별 조사내용과 말뚝기초 본체(강말뚝, 기성 콘크리트 말뚝, 현장타설 콘크리트말뚝)의 허용압축하중 산정 시 고려해야 할 사항에 대하여 설명하시오.

풀 이

▶ 개요

설계단계는 통상, 타당성 조사, 기본설계, 실시설계로 구분되며, 각 단계별로 조사내용에 다소 차이가 있다. 교량계획과 관련해서 타당성 조사 시에는 경제, 기술, 사회, 환경적으로 과업의 타당성에 대해 조사되며, 기본설계 시에는 교량의 규모, 배치, 형태, 공사방법 및 기간, 소요비용 등에 대한 검토와 함께 교량기초 형식에 대한 검토를 수반한다. 마지막으로 실시설계에서는 세부적인 설계를 통해 최적안을 선정하는 단계를 거친다.

▶ 교량계획 시 설계단계별 조사내용

1) 타당성 조사

① 지형, 지질, 매설물, 하천, 바다, 토질, 지진, 기상, 부식, 재료, 시공성 등에 대한 조사
② 경간구성과 적정 형하고 결정, 적용가능한 교량 대안 선정
③ 사업비 산정 및 분석
④ 타당성 분석

2) 기본설계

① 확인조사 및 여건변동조사
② 설계기준 작성, 교량 형식 및 주요 제원 결정
③ 교량 형식별 단면크기, 배치, 기초형식 등 개략 검토
④ 사용 재료 결정
⑤ 각 형식의 장단점 조사
⑥ 개략 공사비 및 유지관리비 비교
⑦ 기타 주요단면 크기 선정
⑧ 일반도 작성 : 종단면도, 횡단면도, 평면도, 토질주상도
⑨ 중요부재의 구조계산
⑩ 부대시설 등의 형식 비교 검토
⑪ 시공방법 결정

⑫ 교량 형식별 설계가정의 적정성, 시공성 등 검토

3) 실시설계

① 확인조사 및 여건변동조사
② 설계기준과 공법 검토
③ 하부구조를 포함한 교량 상세도면 작성
④ 상세 구조계산
⑤ 공사시방서 작성
⑥ 물량 및 공사비 산출

▶ 말뚝기초 본체의 허용압축하중 산정 시 고려사항

말뚝의 설계하중은 재료의 허용하중 이내로 결정되도록 하여야 하며, 이때에는 말뚝이음에 의한 지지하중 감소, 장경비에 따른 허용응력 감소에 대해 고려해 결정해야 한다.

1) 말뚝이음에 의한 지지하중 감소

말뚝을 이음시공하면 여러 가지 요인에 따라 말뚝 재료의 강도감소가 나타나며 이 감소율은 현장조건을 감안하여 정해야 한다. 일반적으로 이음 방식에 따른 허용하중 감소율(도로공사 도로설계요령)은 아래와 같다.

이음방법	용접이음	볼트식 이음	충전식 이음
감소율	5%/개소	10%/개소	최초 2개소 20%/개소 3개소부터 30%/개소

2) 장경비에 의한 지지하중 감소

장경비가 큰 말뚝은 다음의 식을 이용해 말뚝재료의 허용응력을 감소시켜 적용한다.

$$\mu = \left(\frac{L}{d} - n \right) \times 100$$

여기서 μ : 장경비에 의한 말뚝의 허용응력 감소율(%), L/d : 장경비

n : 허용응력을 감소하지 않아도 되는 L/d의 상한값

말뚝 종류	n	장경비의 상한
RC말뚝	70	90
PC말뚝	80	105
PHC말뚝	85	110
강관말뚝	100	130
현장타설 콘크리트 말뚝	60	80

단일현장타설말뚝

단일현장타설말뚝의 장단점과 설계 시 고려사항을 설명하시오.

풀 이

▶ 개요

단일현장타설말뚝 기초(Single Column Drilled Pier Foundation)공법은 푸팅을 시공하지 않고 직경 약 2.0~3.5m의 철근 콘크리트로 기초와 기둥을 연속 시공하는 공법으로 푸팅시공으로 인한 과다한 지반절취 없이 다양한 지반조건에 적용가능하고, 지진에 대해서는 유연한(flexible) 거동을 보이는 공법이다.

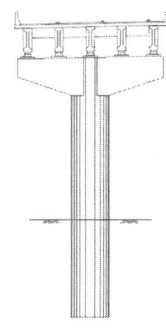 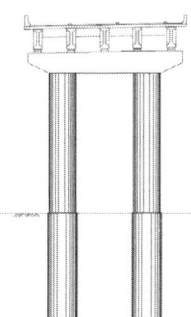

▶ 단일현장타설말뚝의 장단점

1) 단일현장타설말뚝 기초의 장점

　① 기초굴착 시 지지층을 확인할 수 있다.

　② 지반이 자갈층으로 말뚝을 항타하여 관입이 곤란한 지층에 적용이 가능하다.

　③ 주변지반 교란을 최소화한다.

　④ 시공 시 소음·진동이 최소화된다.

　⑤ 충분한 근입심도를 유지할 수 있어 세굴에 유리하다.

　⑥ 푸팅이 없어 시공 시 터파기량이 감소한다.

　⑦ 대구경이므로 1본당 횡방향 저항력이 크다.

2) 단일 현장타설말뚝 기초의 단점

　① 시공 난이도가 높다.

　② 상부하중을 1본으로 모두 부담하므로 철저한 시공이 필요하다.

③ 설계하중이 커서 정적 재하시험 수행이 어려운 단점이 있다.

3) 단일 현장타설말뚝의 적용범위

① 적정 깊이에 푸팅시공이 곤란한 경우
② 작용하중이 커서 소구경 말뚝이 비경제적이거나 항타 말뚝시공이 곤란한 경우
③ 세굴이 우려되는 경우

▶ 단일현장타설말뚝 설계 시 고려사항

1) 설계 개념의 비교

푸팅을 시공하는 경우	단일 현장타설말뚝을 시공하는 경우
(1) 교각과 기초를 분리하여 설계. (2) 내진해석 시에는 말뚝기초 및 직접기초 모두 푸팅의 강성이 크므로 푸팅을 고정단으로 가정하여 내진해석을 수행함.	(1) 교각과 기초의 경계가 불명확함. (2) 교각과 기초를 연속된 구조물로 고려하여 설계함. (3) 상시 및 내진 설계 시 지반의 조건에 따라 교각구조의 거동에 영향을 미치므로 구조해석 시 지반의 영향을 고려해야 함.

2) 설계 시 고려사항

① 교각과 기초를 연속된 부재로 고려하여 단면 검토 : 지상의 교각 기둥부에서 발생하는 부재력과 지중의 기초부에서 발생하는 부재력에 대하여 모두 검토하여야 한다.
② 말뚝의 지지력 검토 : 암반에 근입된 현장타설말뚝의 연직 및 횡방향 지지력에 대해 검토해야 한다.
③ 교각과 기초의 변위 검토 : 지표면에서 기초의 수평변위 및 회전각, 교각의 코핑부에서의 수평변위 및 회전각에 대해 검토하고, 교각 및 말뚝의 허용변위는 도로교 설계기준을 준용한다.
④ 기존 설계법에서는 내진설계 시 교각에 대하여 소성 또는 탄성설계를 적용하였으나, 단일 현장타설말뚝 기초를 적용한 경우 지반 근입된 부분의 변위가 발생되어 기둥이 연성거동을 한다고 볼 수 있으므로 탄성설계만으로 제한한다.

포켓기초

교량용 콘크리트의 포켓기초에 대하여 설명하시오.

풀 이

▶ 개요

포켓기초는 프리캐스트 기초와 기둥부재를 연결하기 위한 부재로 기둥부재를 삽입하기 위한 Pocket 속에 기초부재를 삽입한 후 기초와 기둥을 일체화시키는 구조를 말한다. 교량에서 포켓기초는 말뚝과 말뚝머리 연결, 말뚝머리와 기둥 연결에서 가끔 사용되며, 프리캐스트 요소의 이음재로 현장타설 콘크리트가 주로 사용된다.

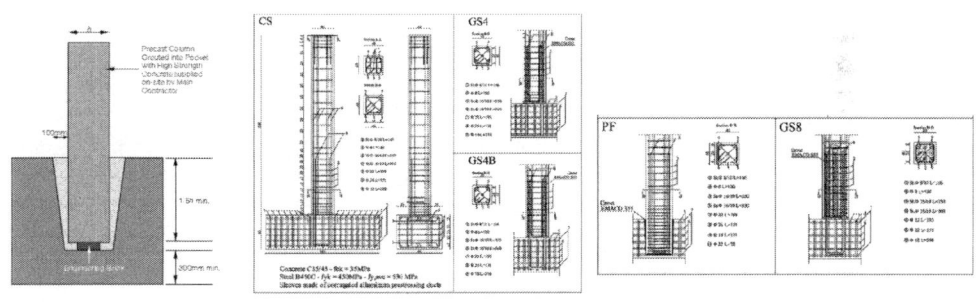

▶ 포켓기초의 특징

포켓기초는 Precast 부재를 활용함으로써 시공속도의 향상 및 공장제작으로 제품의 품질성능의 확보 등의 일반적인 Precast 부재의 시공적 특성을 가진다. 일반적으로 Precast 부재로 Pocket 기초에는 고강도의 콘크리트를 사용하며 포켓형상, 압축력 도입 여부에 따라 그 특성이 달라질 수 있다. 포켓형식은 프리캐스트 바닥판과 강거더의 합성 시에도 사용되고 있으며 이러한 포켓형식은 시공의 합리성 및 단순성, 시공성능 향상 등의 특성을 위해서 많이 사용하고 있는 추세이다.

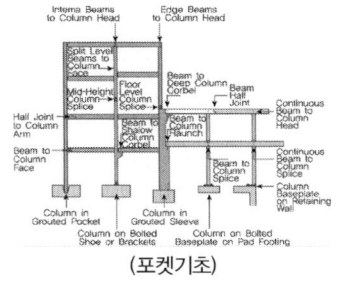

(포켓기초)

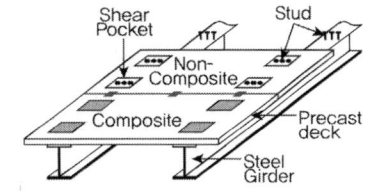

(프리캐스트 바닥판과 강거더의 합성 시 전단포켓)

▶ 도로교 설계기준(한계상태설계법, 2015) 포켓기초 요구사항

1) 콘크리트 포켓기초는 기둥의 수직력, 휨모멘트와 수평전단력을 지반에 전달할 수 있어야 한다. 포켓은 기둥 아래와 주위에 콘크리트를 제대로 채울 수 있게 충분히 커야 한다.

2) 표면에 요철을 갖는 포켓의 경우 : 요철 또는 전단키가 있는 포켓은 기둥과 일체로 작용하는 것으로 간주할 수 있으나 전단연결에 대한 검토가 있어야 한다. 특히 휨과 축력에 대해 충분한 계면전단 저항이 있을 때 뚫림전단에 대해서 일체로 된 기둥/기초로 가정하고 검토할 수 있다.

 ① 휨모멘트 전달에 의해 수직 인장력이 발생하는 곳에서는 겹침이음된 철근의 분리를 고려한다면 기둥과 기초의 겹침철근에 대해 세심한 상세가 필요하다. 겹침이음의 길이는 설계 겹침이음 길이 $l = \alpha_1 \alpha_2 \alpha_3 \alpha_5 l_b A_{s,req} / A_{s,prv} \geq l_{0,min}$ 는 적어도 기둥과 기초의 철근 사이의 수평간격만큼 증가시켜야 하며, 적절한 수평철근을 배치해야 한다.

 ② 기둥과 기초 사이의 전단력의 전달이 충분하다면 뚫림전단 설계는 일체로 된 기둥/기초와 같이 하여야 하며, 그러지 않으면 뚫림전단은 요철면이 없는 포켓에서와 같이 검토한다.

3) 표면에 요철면이 없는 포켓의 경우 : 요철면이 없을 때 힘과 모멘트는 포켓 측면의 반력과 이에 따른 마찰력에 의해 전달된다. 이러한 거동은 장부 작용과 같다. 기둥과 포켓이 필요한 철근은 이들 각각에 작용하는 힘에 따라 따로따로 상세가 정해져야 하며, 특히 포켓요소에서는 고정단 모멘트가 유발되어 높은 전단력이 작용하므로 이에 대한 검토가 요구된다.

 ① 기둥에서 기초로 힘과 모멘트의 전달은 채움 콘크리트와 이에 따른 마찰력을 통한 압축력 F_1, F_2, F_3로 이루어진다고 가정해도 좋다. 이때 $l \geq 1.2h$이어야 한다.

 ② 마찰계수 μ는 0.3보다 크게 취해서는 안 된다.

 ③ 다음의 대해서는 특별히 고려하여야 한다.

  – 포켓 벽 상부에서 F_1에 대한 배근 상세

  – 측벽을 따라 기초에 F_1의 전달

  – 기둥과 포켓 벽에서의 주철근의 장착

  – 포켓 내에서의 기둥의 전단 저항력

  – 기둥에 작용하는 힘에 의한 기초 슬래브의 뚫림 강도, 그 계산은 프리캐스트 요소 아래에 현장타설 콘크리트가 있는 경우를 고려한다.

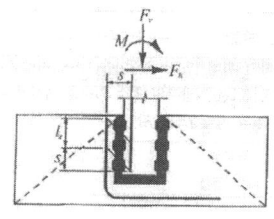

(요철면이 있는 경우)

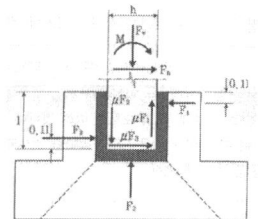

(요철면이 없는 경우)

말뚝 결합방법

강관말뚝과 확대기초의 A Type, B type 결합방법에 대하여 비교 설명하고, B type을 응용한 공법들을 열거하시오.

풀 이

확대기초와 강관말뚝 간의 결합부 보강방법(박종면, 한국강구조학회지, 2003)

➤ **개요**

상부 구조물에서 작용하는 하중이 말뚝본체를 경유하여 지반에 전달되는 역할을 수행하는 강관말뚝과 확대기초의 결합부는 서로 다른 재료가 만나는 부분으로 말뚝 기초 중 가장 취약한 부분이 될 수 있다. 말뚝 머리부 결합방식은 강결합과 힌지결합 방식으로 구분되며 구조물의 형식과 기능, 확대기초의 형태와 치수, 말뚝의 종류, 시공조건, 시공난이도 등을 고려하여 결정한다. 다만 교량 기초의 경우에는 강 결합으로 설계하는 것을 원칙으로 하고 있으며 이는 수평 변위량에 따라 설계가 지배되는 경우에 유리하고 부정정 차수가 높기 때문에 내진상의 안정성이 유리하기 때문이다.

【 말뚝머리 결합조건의 특징 】

구분	강결합	힌지결합
수평하중에 의한 말뚝 지표면 수평변위량	• 수평 변위량은 일반적으로 작고, 확대기초가 회전하지 않는 경우에는 힌지결합의 약 50% 정도이다.	• 수평 변위량은 일반적으로 강결합의 경우보다 약 2배가 크다.
수평하중에 의한 말뚝 본체에 발생하는 휨모멘트	• 말뚝 본체의 최대휨모멘트가 크고. 말뚝 머리부에서 발생한다. • 지중에 매입된 말뚝에서 확대기초가 회전하지 않는 경우에는 힌지결합의 1.55배이다.	• 말뚝본체의 최대 휨모멘트는 강결합의 경우보다 작고, 비교적 얕은 지중부에서 발생한다.
말뚝기초의 구조 특성	• 힌지결합에 비하여 부정정 차수가 높다. • 결합부의 소성거동으로 안정성이 확보된다.	• 강결합에 비하여 부정정 차수가 낮다. • 힌지결합으로 소성거동 확보가 불가능하다.

➤ **결합방법에 대한 비교**

강관말뚝과 확대기초의 강결합하는 방법은 시공방식에 따라 A Type, B type의 2가지로 구분된다.
1) 방법 A : 확대기초 속에 말뚝을 일정한 길이만 매입시키고 매입된 부분이 말뚝머리에 작용하는 휨모멘트를 저항하는 방법으로 매입길이는 말뚝지름 이상으로 하고 강관말뚝, PSC 말뚝, PHC 말뚝, RC 말뚝에 적용할 수 있다.
2) 방법 B : 확대기초 속으로 매입되는 말뚝의 길이를 최소한으로 하고 철근을 말뚝머리에 보강하

여 말뚝머리에 작용하는 휨모멘트를 철근이 저항하는 방법으로 말뚝 머리부 근입 길이는 10cm로 하고 강관말뚝, PSC 말뚝, PHC 말뚝, RC 말뚝 이외에 현장타설말뚝에도 적용할 수 있다.

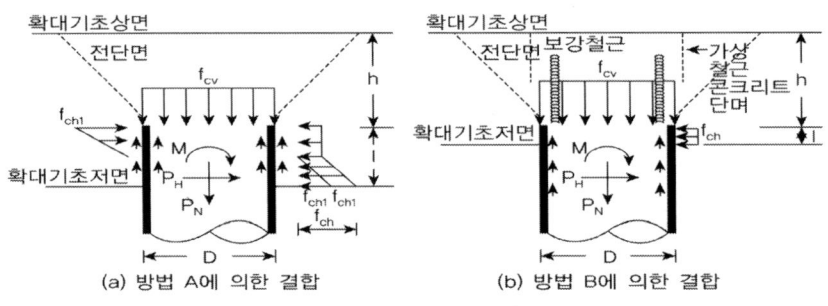

(말뚝 머리 강결합 TYPE)

A Type, B type은 각각 장단점이 있다. 역학적으로는 A Type은 말뚝머리부의 펀칭전단에 대한 위험은 크나 근입깊이가 커서 압축력, 인발력, 수평력에 대한 강결도가 크고, 국부파괴에 대한 안전도가 높다. 그러나 근입된 강관말뚝으로 인해 확대기초 하부 주철근 배근이 복잡하게 되어 시공에 어려움이 있다. 반대로 B Type은 강결도는 A Type에 비해 낮으나 하부 주철근이 간섭되지 않아 배근이 단순해진다. 또한 확대기초의 두께가 A Type에 비해 작게 되는 특징이 있다.

【 말뚝 머리 강결합 TYPE 비교 】

구분	A Type		B Type	
강결도	강결도가 B보다 높다 인발력능력 = 압입력능력		강결도가 B보다 높다 인발력능력 < 압입력능력	
확대기초 철근배근	하부 주철근 간섭(보강철근 필요), 배근 복잡		하부 주철근 미 간섭 배근 단순	
확대기초 두께	펀칭전단에 대응하는 두께 필요 두께가 B보다 크다		펀칭전단에 대응하는 두께 필요 보강철근의 정착 고려 두께가 A보다 작다	
구조상세	덮개판 방법	속채움 방법	덮개판 방법	속채움 방법

말뚝머리 결합부에서 외력전달은 압입력 또는 인발력은 말뚝주면과 확대기초 콘크리트의 전단저항 또는 말뚝머리부에 대한 확대기초 콘크리트의 지압저항에 의하여 지지시킨다. 수평력은 매입된 말뚝의 전면에서 확대기초 콘크리트의 지압저항에 의하여 지지시킨다. 휨모멘트의 경우 A Type의 경우 매입된 말뚝의 전·후면에서 확대기초 콘크리트에 지압저항에 의하여 B type의 경우 결합용 철근을 포함한 가상철근콘크리트 기둥의 휨 저항에 의하여 지지시킨다.

▶ B type 응용 공법

1) 볼트식 덮개판 머리보강 방법 : 1983년 도로교 표준시방서의 현장 용접식 덮개판 머리보강 방식에서 용접 시 문제점을 해소하기 위해 고장력 볼트를 이용해 연결하는 방법

현장 용접식 +자 보강 덮개판 방법	볼트식 덮개판 머리보강 방법
• 원형덮개판(확대기초 콘크리트 지압응력을 고르게 분포)과 십자보강판(국부변형 방지)을 용접으로 강관말뚝에 설치하고 보강수직철근을 말뚝의 외경에 용접하여 강관말뚝 머리를 보강하는 방법	• 현장용접부 문제점 해결을 위해 고장력 볼트로 연결하는 방법 • 공장제작으로 품질 및 시공성 개선, 공기단축

2) 볼트식 속채움 머리보강 방법 : 1983년 도로교 표준시방서의 현장 용접식 콘크리트 속채움 보강 방식에서 고장력 볼트를 이용해 미끄럼 방지턱 모살용접의 문제점을 해소한 방식

현장 용접식 콘크리트 속채움 보강방법	볼트식 속채움 머리보강 방법
• 강관 내부에 2단 강재 미끄럼 방지턱을 현장용접해 보강철근망 삽입 후 내부 콘크리트 타설로 속채움	• 현장용접부 문제점 해결을 위해 고장력 볼트로 연결하는 방법

말뚝과 확대기초의 결합부

강관말뚝으로 지지된 교대를 설계하고자 한다. 말뚝머리에 다음 그림 및 조건과 같은 힘이 작용하는 경우 말뚝과 기초판 결합부에 대한 안정성을 검토하시오(단, 말뚝머리는 고정으로 가정한다).

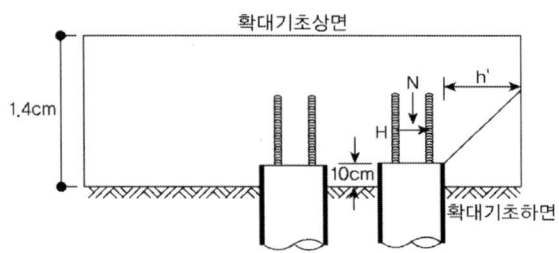

[조건]

말뚝의 직경 $\phi = 508mm$, (단, 부식은 고려하지 않음)

콘크리트 강도 : $f_{ck} = 27MPa$, 기초높이 : 1.4m

말뚝의 매입길이=100mm, 말뚝최외곽과 기초부 외곽길이 h'=0.7m

f_{ca}(상시 콘크리트의 허용지압응력)=$0.25f_{ck}$

f_{ca}'(지진 시 콘크리트의 허용지압응력)=$1.33(0.25f_{ck})$

τ_{ca}(상시 콘크리트의 허용수직압발전단응력)=$0.95MPa$

τ_{ca}'(지진 시 콘크리트의 허용수집압발전단응력)=$1.264MPa$

－ 말뚝머리 작용하중, 상시 : 수직력=1,000kN, 수평력=200kN

　　　　　　　　　　　지진 시 : 수직력=1,200kN, 수평력=300kN

풀 이

도로교설계기준 방법B에 의한 검토

➤ 압입력 검토

① 확대기초 콘크리트의 수직지압응력, f_{cv}

$$f_{cv} = \frac{P_{N.max}}{\frac{\pi}{4}D_B^2} = \frac{1200 \times 10^3}{\frac{\pi}{4} \times 508^2} = 5.92^{MPa} \,(\text{지진 시}) \, < f_{ca}' \qquad\qquad \text{O.K}$$

$$f_{ca} = 0.25 \times 27 = 6.75^{MPa}, \qquad f_{ca}' = 1.33 \times f_{ca} = 8.98^{MPa}$$

② 확대기초 콘크리트의 압발전단응력, τ_v

$$\tau_v = \frac{P_{N.max}}{\pi(D_B + h)h} = \frac{1200 \times 10^3}{\pi(508 + 1300) \times 1300} = 0.163^{MPa} \,(\text{지진 시}) \, < \tau_{a3}' \,(=1.264^{MPa}) \, \text{O.K}$$

τ_{a3} : 상시 콘크리트의 허용수직압발전단응력(MPa)

$\tau_{a3}{}'$: 지진 시 콘크리트의 허용수직압발전단응력(MPa)

h : 확대기초의 유효두께(=1.4-0.1=1.3m)

▶ **인발력** : 원칙적으로 인발력에 대해 검토하지 않아도 된다.

▶ **수평력**

① 확대기초 콘크리트의 수평지압응력, f_{ch}

$$f_{ch} = \frac{P_{H.max}}{D_B\ l} = \frac{300 \times 10^3}{508 \times 100} = 5.91^{MPa} \ (\text{지진 시}) < f_{ca}{}' \qquad \text{O.K}$$

$$f_{ca} = 0.25 \times 27 = 6.75^{MPa}, \quad f_{ca}{}' = 1.33 \times f_{ca} = 8.98^{MPa}$$

l : 말뚝의 매입길이(=100mm)

② 확대기초 단부말뚝에 대한 수평방향의 압발전단응력, τ_h : 방법 A와 동일

$$\tau_h = \frac{P_{H.max}}{h'(2l + D_B + 2h')} = \frac{300 \times 10^3}{700 \times (2 \times 100 + 508 + 2 \times 700)} = 0.203^{MPa} (\text{지진 시}) < \tau_{a3}{}'$$

h' : 수평방향의 압발전단에 저항하는 확대기초의 유효두께(=700mm)

▶ **철근정착** : 주어진 문제에서 주어진 조건이 없으므로 생략한다.

$$L_o = \frac{f_{sa1} A_{st}}{\tau_{oa} U} \geq L_{omin} = 35 d_1$$

f_{sa1} : 이형철근의 허용인장응력[SD30(150), SD35(175), SD40(180)]

A_{st} : 이형철근의 공칭단면적(cm²)　　　　　U : 이형철근의 공칭둘레길이(cm)

τ_{oa} : 콘크리트의 허용부착응력(MPa)　　　　d_1 : 이형철근의 공칭지름(cm)

콘크리트 설계기준강도, f_{ck}	21	24	27	30
허용부착응력, τ_{oa}	1.4	1.6	1.7	1.8

▶ **가상철근콘크리트 단면의 응력**

① 콘크리트의 휨압축응력　　　　　　　$f_c = \dfrac{M}{r^3} C < f_{ca} (=0.4 f_{ck}\ \text{MPa})$

② 보강철근의 휨인장응력　　　　　　　$f_s = \dfrac{M}{r^3} S\ n < f_{sa}$

확대기초

다음과 같은 말뚝으로 지지된 확대기초에 대해 설계하고자 한다.

[조건]
- 기둥에 작용하는 하중

  상시 : P = 6,500kN

  H = 1,300kN

  $M_y = 2,550kNm$

  $M_x = 2,200kNm$

  지진 시 : P = 5,500kN

  H = 2,600kN

  $M_y = 3,550kNm$

  $M_x = 2,500kNm$

- 상시 허용연직지지력 :

  $Q_a = 1,000kN$

- 상시 허용수평지지력 :

  $H_a = 150kN$

- 상시 허용주변마찰력 :

  $Q_f = 40kN$

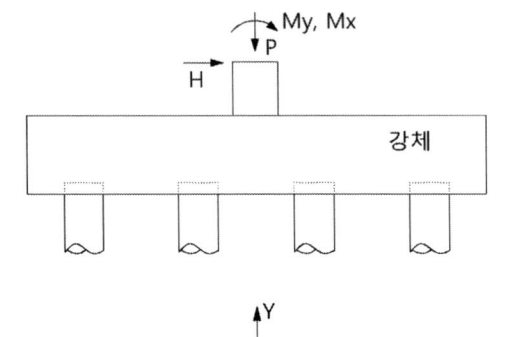

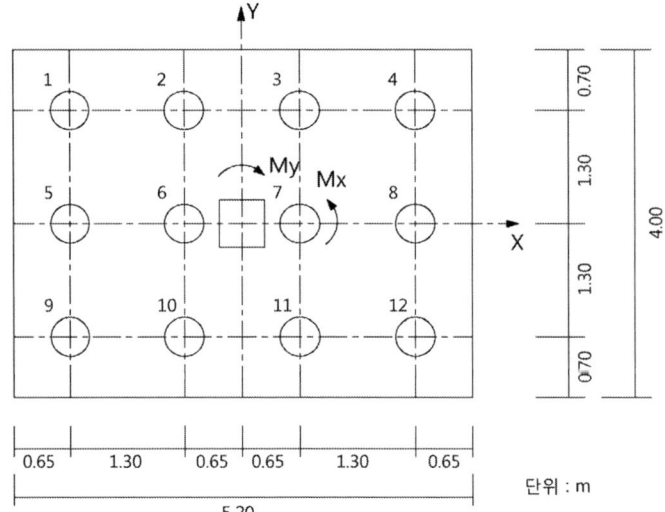

1) 하중작용 시기별 말뚝에 작용하는 최대, 최소 반력과 파일위치를 관용법에 의해 구하고 안전여부를 검토하시오.

2) 상기 결과 말뚝에 작용하는 반력별로 말뚝 머리부에서 저항하는 메커니즘에 대하여 설명하시오(단, 말뚝과 확대기초는 강결조건임).

풀 이

▶ **파일의 작용위치별 작용하중 산정**

(연직하중) $Q_i = \dfrac{P}{n} + \dfrac{x_i}{\sum x_i^2} M_y + \dfrac{y_i}{\sum y_i^2} M_x$

(수평하중) 경사파일이 없으므로 수평하중은 전체 파일의 개수로 나눈 값 $\quad H_i = \dfrac{H}{n}$

1) 상시하중 작용 시 연직하중

$$P = 6500kN, \quad H = 1300kN, \quad M_y = 2550kNm, \quad M_x = 2200kNm$$

$$\frac{P}{n} = \frac{6500}{12} = 541.66kN$$

번호	x_i	y_i	x^2	y^2	$\dfrac{P}{n}$	$\dfrac{x_i}{\sum x_i^2}M_y$	$\dfrac{y_i}{\sum y_i^2}M_x$	Q_i
1	−1.95	1.30	3.8025	1.69	541.66	−196.154	211.5385	557.0446
2	−0.65	1.30	0.4225	1.69	541.66	−65.3846	211.5385	687.8138
3	0.65	1.30	0.4225	1.69	541.66	65.38462	211.5385	818.5831
4	1.95	1.30	3.8025	1.69	541.66	196.1538	211.5385	949.3523
5	−1.95	0	3.8025	0	541.66	−196.154	0	345.5062
6	−0.65	0	0.4225	0	541.66	−65.3846	0	476.2754
7	0.65	0	0.4225	0	541.66	65.38462	0	607.0446
8	1.95	0	3.8025	0	541.66	196.1538	0	737.8138
9	−1.95	−1.30	3.8025	1.69	541.66	−196.154	−211.538	133.9677
10	−0.65	−1.30	0.4225	1.69	541.66	−65.3846	−211.538	264.7369
11	0.65	−1.30	0.4225	1.69	541.66	65.38462	−211.538	395.5062
12	1.95	−1.30	3.8025	1.69	541.66	196.1538	−211.538	526.2754
합계			25.35	13.52				

$\therefore$ 최대반력 : 4번 Pile, $Q = 949.35kNm < Q_a(= 1000kNm)$　　　　　　　O.K

　　최소반력 : 9번 Pile, $Q = 133.9677kNm < Q_a$　　　　　　　　　　　　O.K

2) 상시하중 작용 시 수평하중

$$H_i = \frac{H}{n} = 108.33kN < H_a \qquad\qquad\qquad\qquad\qquad O.K$$

3) 지진하중 작용 시 연직하중

$$P = 5500kN, \qquad H = 2600kN, \qquad M_y = 3550kNm, \quad M_x = 2500kNm$$

$$\frac{P}{n} = \frac{5500}{12} = 458.33kN$$

번호	x_i	y_i	x^2	y^2	$\dfrac{P}{n}$	$\dfrac{x_i}{\sum x_i^2}M_y$	$\dfrac{y_i}{\sum y_i^2}M_x$	Q_i
1	−1.95	1.30	3.8025	1.69	458.333	−273.077	240.3846	508.968
2	−0.65	1.30	0.4225	1.69	458.333	−91.026	240.3846	691.019
3	0.65	1.30	0.4225	1.69	458.333	91.026	240.3846	873.070
4	**1.95**	**1.30**	**3.8025**	**1.69**	**458.333**	**273.077**	**240.3846**	**1055.122**
5	−1.95	0	3.8025	0	458.333	−273.077	0	268.583
6	−0.65	0	0.4225	0	458.333	−91.026	0	450.634
7	0.65	0	0.4225	0	458.333	91.026	0	632.686
8	1.95	0	3.8025	0	458.333	273.077	0	814.737
9	**−1.95**	**−1.30**	**3.8025**	**1.69**	**458.333**	**−273.077**	**−240.385**	**28.198**
10	−0.65	−1.30	0.4225	1.69	458.333	−91.026	−240.385	210.250
11	0.65	−1.30	0.4225	1.69	458.333	91.026	−240.385	392.301
12	1.95	−1.30	3.8025	1.69	458.333	273.077	−240.385	574.352
합계			25.35	13.52				

∴ 최대반력 : 4번 Pile, $Q = 1055.122 kNm > Q_a (= 1000 kNm)$ N.G

    최소반력 : 9번 Pile, $Q = 28.198 kNm < Q_a$ O.K

주어진 조건에서 지진 시 허용연직지지력이 없으므로 상시 허용연직지지력과 비교할 경우 지진 시 말뚝의 하중이 더 커서 안정성에 문제가 있다.

▶ **말뚝 머리부에서 저항하는 메커니즘(말뚝과 확대기초는 강결조건)**

1) 강결합 방법

말뚝과 확대기초의 강결합 방법은 다음의 2가지가 있다.

① 방법 A : 확대기초 속에 말뚝을 일정한 길이만 매입시키고 매입된 부분이 말뚝머리에 작용하는 휨모멘트를 저항하는 방법으로 매입길이는 말뚝지름 이상으로 하고 강관말뚝, PSC 말뚝, PHC 말뚝, RC 말뚝에 적용할 수 있다.

② 방법 B : 확대기초 속으로 매입되는 말뚝의 길이를 최소한으로 하고 철근을 말뚝머리에 보강하여 말뚝머리에 작용하는 휨모멘트를 철근이 저항하는 방법으로 말뚝머리부 근입길이는 10cm로 하고 강관말뚝, PSC 말뚝, PHC 말뚝, RC 말뚝 이외에 현장타설말뚝에도 적용할 수 있다.

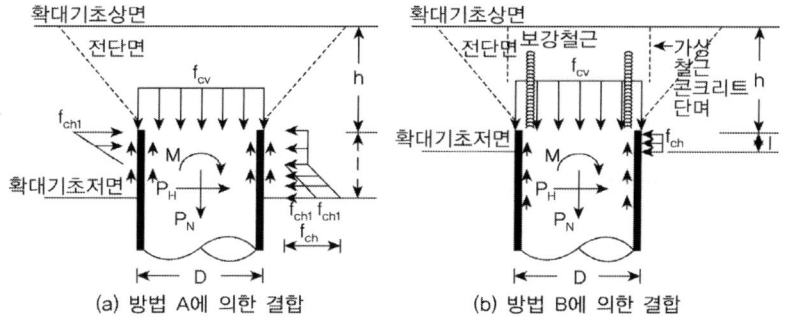

(a) 방법 A에 의한 결합   (b) 방법 B에 의한 결합

2) 말뚝머리 결합부에서 외력전달 메커니즘

  ① 압입력 또는 인발력은 말뚝주면과 확대기초 콘크리트의 전단저항 또는 말뚝머리부에 대한 확대기초 콘크리트의 지압저항에 의하여 지지시킨다.

  ② 수평력은 매입된 말뚝의 전면에서 확대기초 콘크리트의 지압저항에 의하여 지지시킨다.

  ③ 휨모멘트는 방법 A의 경우 매입된 말뚝의 전후면에서 확대기초 콘크리트에 지압저항에 의하여 방법 B의 경우 결합용 철근을 포함한 가상철근콘크리트 기둥의 휨저항에 의하여 지지시킨다.

지반-구조물 상호작용

말뚝기초와 라멘구조가 결합된 구조물을 기초와 구조물을 분리하여 설계할 때 지반-구조물 상호작용(Soil-Structure Interaction) 개념을 적용한 설계방법에 대하여 설명하시오.

풀 이

참고 : Midas IT 지반 구조물 상호작용(Soil Structure Interaction, SSI)

▶ 개요

지반-구조물 상호작용(Soil Structure Interaction, SSI)은 구조물에 외부의 하중이 가해지면 구조물이 독립적으로 거동하지 못하고 지반과 연계되어 거동하는 물리적 현상을 말한다. 지반과 구조물은 지진의 영향을 많이 받기 때문에 SSI는 내진설계에 필수적인 고려사항으로 요구된다.

▶ 지반-구조물 상호작용(Soil-Structure Interaction) 개념

지반구조물의 상호작용의 효과는 크게 두 가지로 구분될 수 있으며, 먼저 SSI는 구조물의 동적특성을 변화시킨다. 일반적으로 지반의 강성은 구조물의 강성보다 작기 때문에 구조물의 강성과 고유진동수는 작아진다. 또한, 복사 감쇠 추가로 인한 구조물의 감쇠시스템이 증가한다. 이러한 효과는 토양층의 구성, 재료 특성, 지정된 지진 데이터 및 구조물의 진동수에 따라 달라진다. 따라서 지반구조물 상호작용 해석에 의한 응답은 지반 고정을 가정한 일반적인 내진 해석 결과보다 클 수도 있고 작을 수도 있다.

① 강체기초 : 강성이 매우 크기 때문에 구조물에 추가적인 변형이 발생하지 않는다. 따라서 내진하중에 의해 구조물에 유발된 전단과 모멘트는 전단벽의 강성만으로 저항하게 되고, 그 결과 전단벽에는 균열 등의 파손이 발생하지만 프레임에는 미소변위 외의 파손은 발생하지 않는다.

② 연성기초 : 내진하중에 의한 구조물의 변형에 저항하지 못하기 때문에 전단벽에 회전이 발생하게 되며 프레임에 변형을 유도하게 되고 결과적으로 프레임 구조물에 큰 변형과 균열을 일으킨다. 다만 벽체의 요구 부재력은 강체기초에 비해 감소한다.

만약 지반조건이 적절하게 고려되지 않고 강체기초로 해석되면 전단벽은 과다 설계되고 프레임도 제대로 설계되지 않게 된다. 또한 연성기초의 경우 구조물 응답은 구조물 없는 지반 움직임과 기초의 강성으로 인한 구조물의 움직임의 차이로 평가될 수 있고, 구조물의 운동으로 인한 힘에 의해 발생하는 지반의 추가변위로도 볼 수 있다. 이러한 역학적 현상을 각각 운동 상호작용(Kinematic Interaction)과 관성 상호작용(Inertial Interaction)이라고 한다. SSI 해석에서는 구조물과 지반의 선형 및 비선형 거동, 구조물과 지반 간의 접촉면에서의 비선형 거동(미끄럼, 흔들림 등)을 고려해야 한다. 이러한 분석을 수행하기 위한 해석방법은 수치 모델링 방법이나 지진 입력방법에 따라 직접법(Direct Method)과 하위 구조법(Substructure Method)으로 구분될 수 있다. 문제에서 요구되는 구조물을 기초와 구조물을 분리하여 설계할 때 지반-구조물 상호작용(Soil-Structure Interaction) 개념을 적용한 설계방법은 하위 구조법에 해당된다.

▶ 하위 구조법(Substructure Method)

SSI 해석 결과의 정확성은 지반영역의 무한성으로 인한 방사조건의 고려방법과 지반재료의 모형화 방법, 지반과 구조물 사이의 비선형성 모형화 방법에 의해 좌우된다. SSI 해석방법은 크게 지반을 구조물과 같이 연속체로 고려해서 유한요소나 유한 차분 방법으로 구조물과 같이 모델링하는 직접법과 지반의 역학적 거동을 독립적인 강성과 감쇠를 가지는 단일계로 다루는 하위 구조법으로 구분된다.

지반과 구조물을 분리해서 각각의 구조계로 해석하는 하위구조법은 부구조법 또는 간접법(Indirect Method)이라도 한다. 이 방법에서 설계자에게 주어지는 설계지진입력은 자유장에서의 지반운동이다. 하위 구조법에서 구조물과 지반의 비상관성을 고려하는 방법은 시간영역(Time history method) 또는 진동수 영역(Response spectrum method)을 통해 계산될 수 있으며, 계산된 결과는 SSI해석의 운동 상호작용계(Kinemetic Interaction System)의 기초입력운동(Foundation Input Mehod)에 적용해 관성 상호작용(inertial Interaction)이 고려되는 구조물의 응답을 얻는다. 동적 임피던스 매트릭스의 주파수 의존성으로 인해 분석을 반복적으로 수행해야 한다.

① 자유장에서 제어된 운동으로부터 지반의 성질과 지반의 영향을 고려하여 지반-구조물 경계면에서의 입력운동을 결정한다.

② 지반 구조물 경계면에서 반무한 지반의 동적강성을 정의한다.

③ 앞단계에서 산출된 동적 지반강성을 구조물과 결합하여 지반-구조물 시스템을 모델링한다. 1단계에서 구한 입력운동의 가진을 적용하여 구조응답을 산출한다.

TIP |용어 정의|

1. 운동 상호작용(Kinemetic Interaction)

지진력이 작용할 때 구조물이 없는 상태의 자유지반운동과 상부 구조물의 질량이 없는 상태의 기초입력운동(Foundation Input Motion) 간에 차이가 발생하는데 이와 같은 현상을 운동학적 상호작용이라고 한다. 이는 구조물의 기하구조, 기초와 지반의 강성 차이, 지반에 묻힘으로 인한 묻힘효과, 바닥슬래브 평균효과가 복합적으로 작용하기 때문이다. 높은 주파수 성분을 가진 입사파는 짧은 파장을 유지하기 때문에 기초의 강성이 파동을 흡수하고 반사하는데 저주파 성분을 가진 입사파는 장파장을 유지하여 구조를 통과해 구조에 운동을 발생시킨다. 수직으로 입사하는 전단파의 경우 구조물에 요동을 일으키는데 운동학적 상호 작용에 의해 생성된 지면운동을 산란운동이라고 한다. 운동학적 상호 작용은 일반적으로 입사파의 유형과 기초의 모양에 영향을 받는다. 표면파를 고려하지 않으면 운동학적 상호작용의 영향이 크지 않기 때문에 지진해석 시 무시할 수 있다.

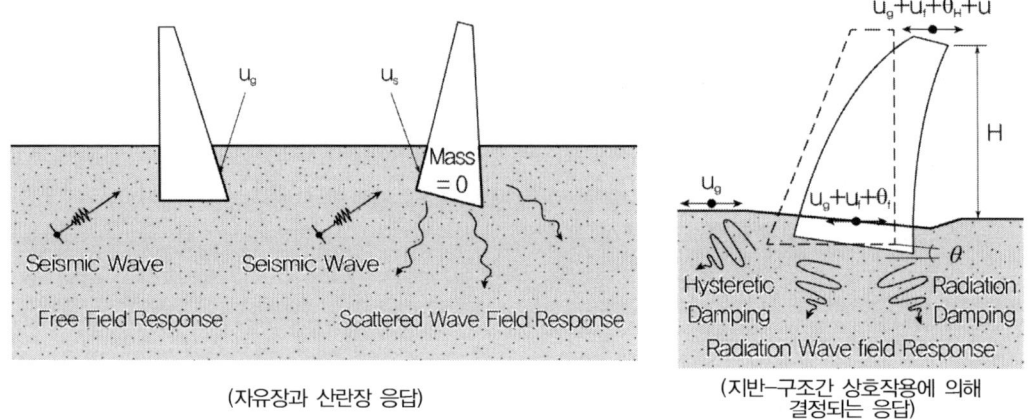

(자유장과 산란장 응답)　　　　(지반-구조간 상호작용에 의해 결정되는 응답)

2. 관성 상호작용(Inertia Interaction)

관성 상호작용은 지진하중에 의해 발생된 구조물의 관성력이 지반-구조물 간 상대변위를 유발하여 지반재료감쇠(Hysteretic Soil Samping)와 방사감쇠(Radiation Damping)를 일으키는 현상을 의미한다. 기초에 수평방향 지진력이 가해지면, 구조물에 발생하는 최종변위에는 수평방향 이동에 의한 변위(Sliding)과 회전에 의한 변위(rocking)가 포함된다. 이 변위는 지진력에 의해 기초 밑면에 생긴 전단력과 모멘트로부터 발생하며 이렇게 발생된 변위들이 지반에 추가적인 변형을 일으키는 작용을 관성 상호작용이라 하고 임피던스 함수(Impedance Function)에 의해 정량화된다. 지진파에 의해 구조물은 질량에 의해 관성력이 발생되며 관성력은 차례로 운동 에너지를 생성한 다음 원거리 토양으로 방사되어 지면의 방사운동을 초래한다. 구조물과 주변 지반의 강성차이가 클수록 관성 상호작용이 커지며 따라서 매우 단단한 구조물이 연약한 지반에 위치할 때 관성 상호작용의 영향이 훨씬 더 크다.

(1) 이력감쇠(Hysteretic Damping) : 재료적 특성에 의하여 운동에너지와 변형에너지가 흙 입자 간의 마찰로 인하여 열로 전환되면서 에너지가 손실되는 현상

(2) 복사감쇠(Radiation Damping) : 파동에너지를 지반의 무한영역으로 방출시킴으로써 구조물의 운동에너지가 감쇠되는 현상

말뚝기초 내진설계

교량용 말뚝기초의 내진설계를 위한 구조해석 방법에 대하여 설명하시오.

풀 이

▶ 개요

기초 구조물의 내진해석은 등가정적 해석방법과 동적 해석방법 등을 사용한다. 다만 일반적으로 지반-말뚝의 상호작용을 고려하지 않는 경우가 더 보수적인 결과를 주기 때문에 동적 해석방법은 특수한 상황에서만 주로 사용된다.

① 등가정적 해석방법 : 등가정적 해석방법은 지진하중을 등가의 정적하중으로 고려한 후 정적 설계법과 동일한 방법을 적용하여 구조물의 내진 안정성을 평가하는 방법이다. 지진하중은 주로 수평방향이 재배적이므로 상부구조체 도심에 수평하중을 발생시킨다. 이 수평 시진하중에 의해 기초 바닥면에는 전단력과 모멘트가 발생하고 연직하중은 정적하중보다 증가하거나 감소하게 된다. 등가정적 해석을 수행할 경우 지지력 등에 대한 안전율은 정적설계보다 작은 값을 적용한다.

② 동적 해석방법 : 동적 해석방법은 일반적으로 응답스펙트럼법, 시간이력해석법 등이 적용되나 재료의 특성, 구조물의 모델링, 입력지진동의 산정 등에 따라 매우 다양하므로 실제 현상을 적절히 재현할 수 있는 방법을 선택해야 한다.

▶ 말뚝기초 내진설계 방법

1) 등가정적 해석방법 : 말뚝기초의 등가정적 해석법은 기초지반과 상부구조물의 특성을 고려하여 지진하중을 말뚝머리에 작용하는 등가의 정적 하중으로 치환한 후 정적해석을 수행한다. 구조물의 평형조건을 만족하도록 지진 시 기초의 지진하중, 즉 연직반력, 수평반력 및 모멘트를 결정한다.

① 구조물의 내진등급, 지진구역, 지반의 분류를 결정하고 지표면에서의 최대 가속도 크기 또는 표준응답스펙트럼을 구한다. 지반조사 및 입력지진파 자료가 있는 경우 등가선형해석 등의 지반응답해석을 수행하여 지진하중을 보다 엄밀하게 산정할 수 있다.

② 기초에 작용하는 하중은 기초가 지지하는 상부구조물을 고려하여 등가정적해석(구조물 자중 × 지진계수) 또는 응답스펙트럼 해석을 수행하여 산정한다.

③ 기초 지반에 대한 액상화 평가를 수행하고 액상화에 대해 안전하면 등가정적 해석을 수행한다.

④ 무리말뚝 해석 및 단일말뚝 해석을 수행하기 위하여 말뚝의 강성, 말뚝단면 및 무리말뚝의 배열에 대한 정보와 지층구성, 지반강도 변형 특성과 같은 지반정보가 필요하다. 다만 단일말뚝의 경우 등가정적 해석단계를 바로 고려한다.

⑤ 기초에 작용하는 하중을 말뚝 두부에 작용시키고 무리말뚝 해석을 수행하여 각 단일말뚝에 작용하는 하중을 산정한다.

⑥ 무리말뚝 해석에서 가장 큰 하중을 받는 단일말뚝을 내진성능평가를 위한 말뚝으로 선정한다.

⑦ 선정된 단일말뚝에 대해 등가정적 해석을 수행한다. 깊은 기초에 대한 등가정적 해석 시 말뚝
－지반 상호작용을 해석하는 방법은 지반의 비선형 거동을 고려할 수 있는 p-y곡선법과 탄성
해석법인 chang의 방법이 주로 이용된다. 이외에도 Brinch Hansen법, Broms법 등이 수평저
항력을 구하는 데 이용될 수 있다.

⑧ 깊은 기초의 경우에는 내진성능수준에 따라 내진설계 요구사항이 달라진다. 기능수행수준일
경우에는 말뚝의 변위량을 검토하여야 하며 붕괴방지수준일 경우에는 말뚝의 모멘트와 변위
량을 검토하여야 한다. 그러나 말뚝 자체의 응력과 말뚝 두부의 응력은 두 기능수행수준에서
모두 검토하여야 한다. 기초가 내진설계 요구사항을 만족시키면 내진성능 보강이 불필요하므
로 평가를 종료시키고 만족시키지 못할 경우 상세내진성능평가를 수행하여 내진성능 보강여
부를 결정한다.

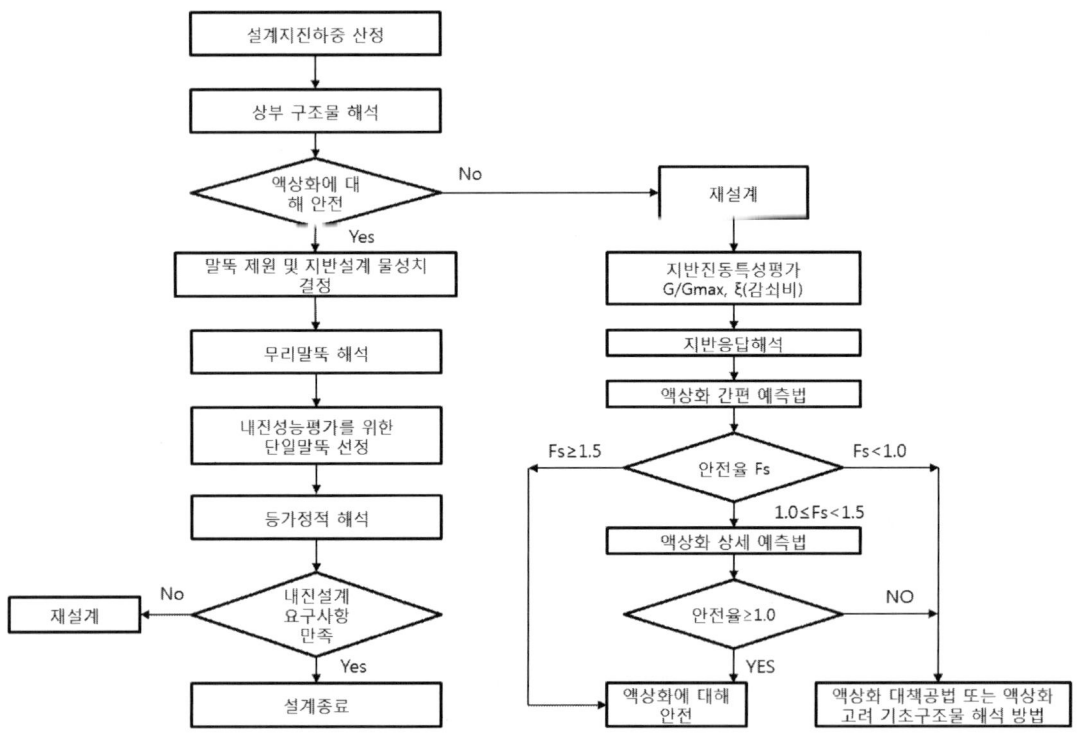

(말뚝기초 지진해석 절차)

2) 동적 해석방법 : 기초구조물은 상부구조와 상호관계를 고려하여 설계하므로 교량, 건축구조물 등 구조물 형식별 각 설계기준의 내진설계편과 상호 부합하도록 해석을 수행한다. 기초구조물에서 독자적인 동적해석이 필요한 경우는 말뚝기초에서 지반-구조물 상호작용을 동시에 고려하는 경우이며 이때는 동적해석 방법 중에서 지반가속도-시간이력 관계 해석법을 이용한다. 지진 시 구조물의 동적거동을 보다 정확하게 반영하기 위하여 기초를 고정단이 아닌 스프링으로 치환하여 기초와 지반의 상호작용을 고려하여 해석할 수 있다. 기초 구조물에 대한 동적해석에서는 현장시험과 실내시험에서 얻은 지반의 특성치를 적용한다.

말뚝기초

말뚝기초의 등가정적 해석 시 만족하여야 하는 기본사항

풀 이

▶ 개요

기초 구조물의 내진해석은 등가정적 해석방법과 동적 해석방법 등을 사용한다. 보수적인 결과를 위해 주로 등가정적 해석방법을 사용한다. 등가정적 해석방법은 지진하중을 등가의 정적하중으로 고려한 후 정적 설계법과 동일한 방법을 적용하여 구조물의 내진 안정성을 평가하는 방법이다. 지진하중은 주로 수평방향이 재배적이므로 상부 구조체 도심에 수평하중을 발생시킨다. 이 수평 지진하중에 의해 기초 바닥면에는 전단력과 모멘트가 발생하고 연직하중은 정적하중보다 증가하거나 감소하게 된다. 등가정적 해석을 수행할 경우 지지력 등에 대한 안전율은 정적설계보다 작은 값을 적용한다.

▶ 등가정적 해석 시 만족하여야 하는 기본사항

1) 말뚝기초의 등가정적 해석에서는 기초지반과 상부구조물의 특성을 고려하여 지진하중을 말뚝머리에 작용하는 등가정적하중으로 환산한 후 정적해석을 수행하여야 한다. 이때 구조물의 평형조건을 만족하도록 지진 시 기초의 지진하중, 즉 연직반력, 수평반력 및 모멘트를 결정한다.

2) 등가정적하중을 말뚝머리에 작용시키고 군말뚝 해석을 수행하여 각 말뚝에 작용하는 하중을 산정한다. 이때 가장 큰 하중을 받는 말뚝을 내진성능평가를 위한 말뚝으로 선정하고 등가정적해석을 수행한다. 무리말뚝 해석 및 단일말뚝 해석을 수행하기 위하여 말뚝의 강성, 말뚝단면 및 무리말뚝의 배열에 대한 정보와 지층구성, 지반강도 변형 특성과 같은 지반정보가 필요하다. 다만 단일말뚝의 경우 등가정적해석단계를 바로 고려한다.

3) 내진성능평가 대상말뚝에 대해서는 말뚝 본체 및 두부의 응력 또는 단면력, 말뚝의 변위량 및 모멘트를 검토한다. 말뚝에 축직각방향 하중과 휨모멘트가 작용할 때 말뚝에 발생하는 최대 모멘트는 말뚝 머리가 자유인 경우에는 말뚝 중간에서 최대 모멘트가 발생하고 고정인 경우에는 말뚝 중간에서 발생한 최대모멘트보다 큰 말뚝머리 모멘트가 발생할 수 있다. 말뚝에 발생한 최대모멘트가 계산되면 말뚝의 응력은 다음과 같다.

$$\sigma = \frac{M_{\max}}{I} r$$

내진설계

기초 구조물의 내진설계 거동한계(기능수행수준/붕괴방지수준)

풀 이

▶ **개요**

KDS 11 50 25(2016, 기초내진 설계기준)에서는 기초 구조물의 내진성능수준을 기능수행수준과 붕괴방지수준으로 구분하며 구조물의 내진성능수준에 따라 결정하도록 하고 있다. 기능수행수준은 지진 시 또는 지진 경과 후에도 구조물의 정상적인 기능을 유지할 수 있도록 심각한 구조적 손상이 발생하지 않게 설계하는 것을 성능목표로 하며, 붕괴방지수준은 구조물에 제한적인 구조적 피해는 발생할 수 있으나 긴급보수를 통해 구조물의 기본기능을 발휘하도록 설계하는 것을 성능목표로 한다.

【 성능목표에 따른 지반운동 수준 】

성능목표	특등급	1등급	2등급
기능수행	평균재현주기 200년	평균재현주기 100년	평균재현주기 50년
붕괴방지	평균재현주기 2400년	평균재현주기 1000년	평균재현주기 500년

▶ **기초 구조물의 내진설계 거동한계**

1) 기능수행수준에 따른 설계거동한계

  ① 비탈면이나 옹벽과 같은 흙막이 구조물은 부분적인 항복과 소성변형을 허용할 수 있으나, 주변 구조물 및 부속 시설들은 탄성 또는 탄성에 준하는 거동을 허용한다.
  ② 얕은 기초 및 깊은 기초는 지진 시 그 주변 지반의 소성거동은 허용할 수 있으나, 기초 구조물 자체와 모든 상부 구조물 및 부속 시설이 탄성 또는 탄성에 준하는 거동을 허용한다.

2) 붕괴방지수준에 따른 설계거동한계

  ① 비탈면이나 옹벽과 같은 흙막이 구조물의 구조적 손상은 경미한 수준으로 허용하며 이로 인한 주변 구조물 및 부속 시설들의 소성거동은 허용하지만, 취성파괴 또는 좌굴이 발생하지 않아야 한다.
  ② 얕은기초 및 깊은기초는 지진하중 작용 시 소성거동을 허용할 수 있으나, 이로 인하여 기초구조물 자체와 상부 구조물에는 취성파괴 또는 좌굴이 발생하지 않아야 한다.
  ③ 기초 구조물과 그 주변의 지반에는 과다한 변형이 발생하지 않아야 하며, 지반의 액상화로 인하여 상부 구조물에 중대한 결함이 발생하지 않아야 한다.

액상화 평가

교량에서 액상화 평가를 위한 평가기준 및 방법을 설명하고 평가 흐름도를 작성하시오.

풀 이

▶ 개요

지진에 의한 동적전단변형이 발생하면 간극수압이 상승하게 되고 이로 인해서 유효응력이 감소되고 그 결과 포화 사질토가 외력에 대한 전단저항을 잃게 되는 현상을 말한다. 일반적으로 액상화는 포화된 모래가 단일하중 또는 진동하중으로 인해 전단저항이 감소하게 되어 전단응력과 같은 크기로 줄어들어 액체처럼 유동하는 현상을 말한다. 교량에서는 액상화로 인해 상부 낙교 등의 피해가 발생할 수 있으며 교량이 액상화 피해가 예상되는 경우에는 지반의 액상화 발생 가능성에 대해 검토하도록 하고 있다.

▶ 액상화 평가를 위한 평가기준 및 방법

1) 액상화 평가기준 : 도로교설계기준(2016)에서는 액상화 평가 시 지진가속도는 구조물에 내진등급에 따라 결정하며, 설계지진 규모는 지진구역 I, II 모두 리히터 규모 6.5를 적용하도록 하고 있다. 지반의 액상화 평가는 교량의 내진등급과 관계없이 예비평가, 간편 예측법, 상세예측법의 3단계로 구분하여 수행하고, 예비평가는 수집한 관련 자료에 근거하여 지반의 액상화 가능성에 대해 개괄적으로 판단하고 액상화 가능성이 없을 경우 생략하도록 하고 있다. 액상화 평가가 필요한 지역의 경우 대상 지반에 대해 지진응답해석을 수행한다. 지진응답해석은 변형률 수준별 전단탄성계수(G/G_{max}) 및 감쇠비(D)를 이용하여 장주기 및 단주기를 포함한 실지진 및 인공지진 가속도 시간이력에 대해 수행하여야 한다. 상세평가가 필요할 경우 실내 변형특성 평가시험 결과를 이용해 지진응답해석을 수행하고 액상화 전단저항응력비는 진동삼축 시험결과를 이용한다. 기초지반 위의 성토구조물인 경우 성토부에 대해서는 액상화 평가가 반드시 실시되어야 한다.

2) 액상화 평가방법 : 액상화 평가가 필요할 경우 표준관입시험의 N값, 콘관입시험의 qc값과 전단파속도 Vs값 등과 같은 현장시험결과를 이용한 간편예측법 또는 실내 반복시험을 이용한 상세 예측법 등을 적용한다. 이때 액상화 발생 가능성은 현장에서 액상화를 유발시키는 전단저항응력비(CBR)를 지진에 의해 발생되는 진동전단응력비(CSR)로 나눈 값으로 정의되는 안전율로 평가한다. 간편예측법을 통해 획득한 안전율이 1.5 이상인 지반은 액상화에 대해 안전하다고 판단하며, 1.0 미만의 경우에는 액상화가 발생된다. 액상화 발생 시 액상화를 고려한 설계와 필요시 대책공법을 적용한다. 안전율이 1.0~1.5인 경우에는 상세평가를 수행한다.

① 입도에 의한 예측·판정 : 입도에 의한 흙의 분류를 통해 균등계수의 대소를 구분하고, 이에 따른 액상화 가능성을 예측·판정한다. 균등계수의 대소는 3.5가 기준이 된다.

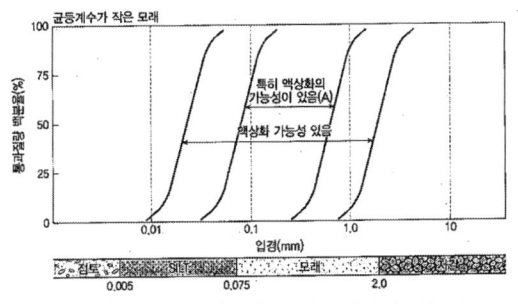
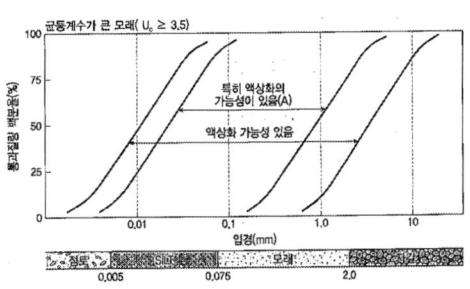

균등계수가 3.5보다 작은 사질토 액상화 가능성   균등계수가 3.5보다 큰 사질토 액상화 가능성

② SPT–N값 이용 : 액상화 지역의 지반거동을 해석적이나 물리적으로 모형화하기 어려우므로 Seed와 Idriss의 간편법에 기초해 액상화에 대한 안전율을 산정한다. 액상화에 대한 안전율은 지진 시 발생하는 지반 내 한 점의 진동전단응력비($\tau_d/\sigma_v{}'$)와 액상화 전단저항응력비($\tau_l/\sigma_v{}'$)를 비교하여 산정한다. 지진 시 예상되는 지진 전단응력(τ_d)과 지반의 액상화 저항 전단응력(τ_l)을 깊이에 따라 산정하고 v_d가 v_l보다 커지는 깊이에서 액상화가 발생한다.

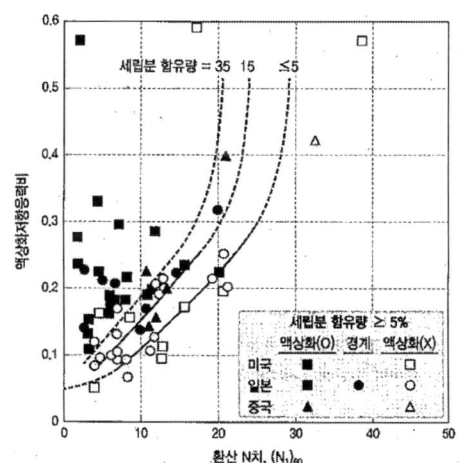

환산 SPT–N치에 기초한 액상화 전단저항응력비 산정 곡선(규모 7.5)

③ CPT–qc값 이용 : 액상화 평가 이전에 시료채취가 이루어져 평가하고자 하는 흙에 대한 입도 분포 및 세립분 함량에 대한 자료를 이미 가지고 있는 경우에 사용하는 방법이다. 액상화 저항 전단응력비(CBR)로 판정한다.

④ 전단파속도 이용 : 지반의 전단파 속도를 이용해 액상화 전단저항응력비(CBR)를 산정한다.

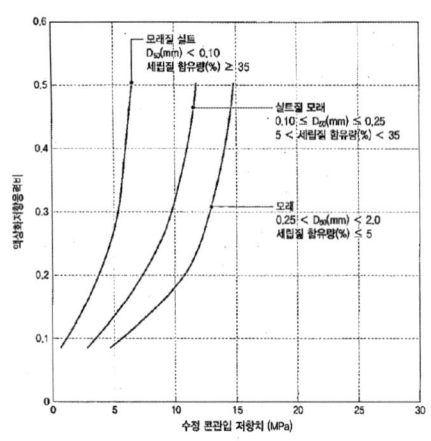

수정콘관입저항치 이용 전단저항응력비 산정(M=7.5)

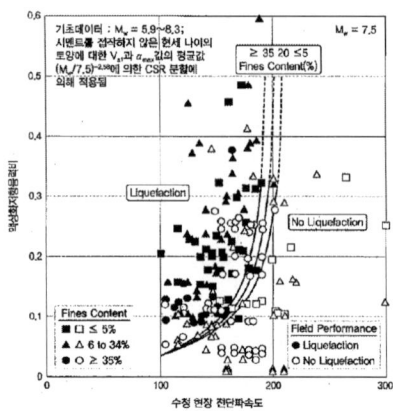

수정현장전단파속도 이용 전단저항응력비 산정(M=7.5)

3) 액상화 평가흐름도

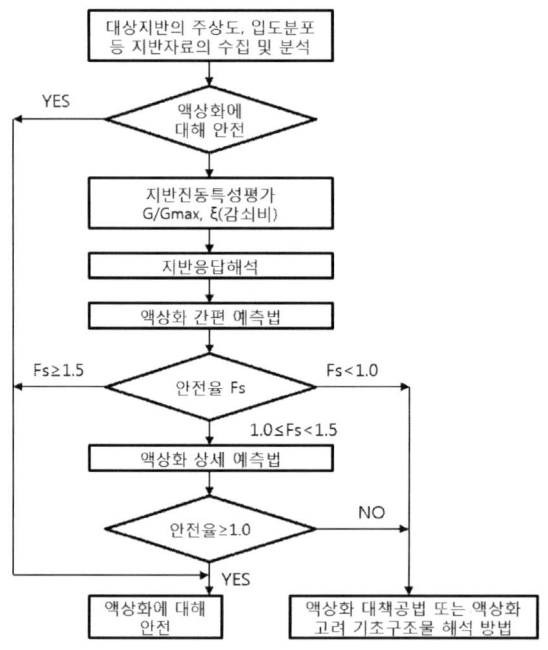

➤ 액상화 방지대책

밀도의 증가	점착력 증대	전단변형 억제
Vibro Floatation, SCP, 폭파다짐, 동다짐	생석회 말뚝	Slurry Wall, Sheet Pile

옹벽의 내진설계

옹벽설계 시 내진설계를 수행해야 하는 경우와 내진해석 방법에 대하여 설명하시오.

풀 이

▶ 내진설계 대상 옹벽구조물

시설물의 안전관리에 관한 특별법에 따라 저면에서 노출된 높이가 5m 이상으로 연장이 100m 이상인 옹벽은 2종 시설물로 분류되고 있으며, 1,2종 시설물로 분류된 시설물에 경우에는 내진설계를 수행하도록 규정하고 있다. 2종 시설물로 분류된 옹벽 이외에도 옹벽의 파괴범위 내에 주 구조물이 위치하고 있는 경우이거나 옹벽의 중요도와 복구 난이도에 따라 필요한 경우에는 내진설계를 수행하여야 한다.

▶ 옹벽구조물의 내진해석 방법

옹벽의 내진해석은 ① 유사정적해석(pseudo static analysis), ② 강성블럭해석(rigid block analysis), ③ 수치해석 등이 있으며, 옹벽구조물의 중요성에 따라 설계자의 판단에 의하여 해석방법을 선택할 수 있다. 주로 유사정적해석방법이 사용되며, 해석방법은 다음과 같다.

1) 지진 시 토압

① 지진 시 토압을 고려하는 경우, 흙쌓기부 옹벽 설계에 쓰는 토압은 mononobe-okabe 공식을 쓰는 것이 좋다. 벽의 단위 폭 주위에 작용하는 지진 시 주동토압 PAE는 다음 식에 의하여 기초된다. 이 공식은 옹벽 배면의 경사가 완만한 경우에 주로 쓰인다.

$$P_{AE} = \frac{1}{2} K_{AE} \gamma H^2$$

$$K_{AE} = \frac{\cos^2(\phi - \theta - \alpha)}{\cos\theta\cos^2\alpha\cos(\beta + \alpha + \theta)\left[1 + \dfrac{\sqrt{\sin(\phi + \alpha)\sin(\phi - \theta - \delta)}}{\cos(\beta + \alpha + \theta)\cos(\delta t - \alpha)}\right]^2}$$

K_{AE} : 지진 시 주동타압계수

θ : 지진 합성각 $\theta = \tan^{-2} K_h/(1 - K_v)$

α : 옹벽 배면과 연직면이 이루는 각

K_h : 설계 수평 가속도 계수

② 옹벽 배면의 지표면 경사가 급한 경우 등, 뒤채움재 중의 활동면이 계산상 커질 것으로 생각되

는 경우에는 실제적인 유한범위의 활동면을 설정하는 등의 검토를 해도 좋다. 이 경우 편의상 그림에 나타낸 방법도 생각할 수 있다.

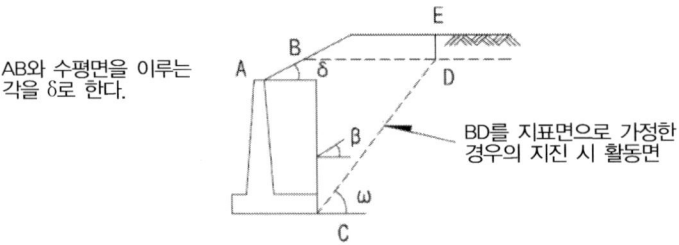

AB와 수평면을 이루는 각을 δ로 한다.

BD를 지표면으로 가정한 경우의 지진 시 활동면

2) 지진 시 관성력

설계 수평진도를 K_h, 옹벽의 자중(저판 상의 흙의 중량 포함)을 W라 하면, 옹벽의 지진 시 관성력은 옹벽의 중심 G를 통해서 수평방향으로 $K_h \cdot W$가 작용하는 것으로 한다. 또, 안정계산에 쓰는 옹벽의 자중은 그림처럼 사선 부분을 취한다.

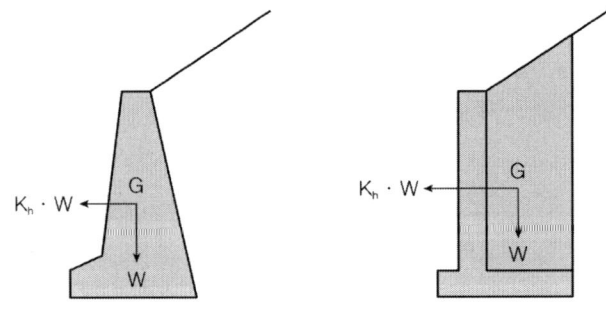

세굴

하천교량의 세굴현상과 세굴형태 및 세굴에 대한 설계과정에 대하여 설명하시오.

풀 이

▶ 개요

유체의 흐름에 의해 교량의 교각 및 교대 주변의 하상재료가 유실되는 현상을 교량세굴이라 하며, 이로 인해 낮아진 하상고와 자연 하상고와의 차이를 세굴심으로 정의한다. 유속과 그로 인해 하상에 작용하는 전단응력은 하천유역 내에 홍수가 발생하였을 때 급격히 증가하며 이로 인해 하천 경계면의 토사는 더 많이 침식되어 이동하게 된다. 특히 하천 내에 위치한 교각이나 교대와 같은 수리학적 구조물은 흐름을 가속시키거나 와류를 형성시키고 흐름 유형의 변화를 발생시켜 구조물 주변의 세굴을 발생시킨다.

▶ 세굴의 설계

1) 세굴의 종류

교각 또는 교대 주변의 총 세굴은 다음의 3가지 세굴성분을 합하여 산정한다.
① 장기하상변동 : 교량의 유무에 상관없이 장기간 또는 단기간에 발생하는 하상고의 변동
② 단면축소세굴 : 교량 등의 인공구조물 또는 자연적인 요인에 의해 하천 내의 통수단면적이 축소하여 발생하는 세굴
③ 국부세굴 : 구조물에 의한 흐름의 방해와 가속된 흐름에 의해 야기된 와류의 발달에 의해 발생

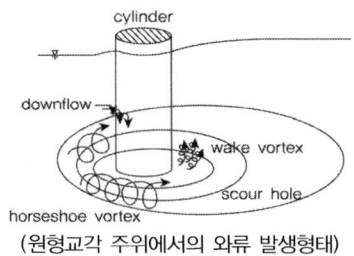
(원형교각 주위에서의 와류 발생형태)

2) 세굴 세부 설계과정

세굴분석 수리변수 결정 → 장기하상변동 분석 → 세굴해석방법의 결정 → 단면축소세굴 계산 → 교각 국부세굴 계산 → 교대 국부세굴 계산 → 총세굴심 산정
① 교량기초의 설계에서 기초 저면의 표고는 총세굴심보다 아래에 위치하는 것이 원칙이다.

② 장기하상변동의 세부요소들은 유역 전체에 걸쳐 자연적 또는 인위적으로 특별한 변화가 없는 경우에는 단면축소세굴이나 국부세굴에 비해 매우 적은 양의 세굴이 발생하므로 단면축소세굴과 국부세굴을 중심으로 교량 세굴을 평가하는 것이 일반적이다.

3) 세굴방지 설계대책

① 충적하상에서 교량 교각주위의 국부세굴은 피할 수 없으며 따라서 이러한 세굴로 인하여 교량의 안전이 위협받지 않도록 설계과정에서 주의해야 한다. 세굴방지 대책의 접근방법은 다음의 2가지로 구분할 수 있다. 가장 보편적인 방지대책으로는 사석보호공법이 적용된다.
  (1) 세굴에 대한 하상물질의 저항력을 증가시키는 대책
  (2) 유속, 와류 등의 세굴유발인자의 능력을 감소시키는 대책

② 교량세굴의 방지대책
  (1) 세굴발생 깊이를 측정하여 과다하면 교량사용을 제한   (2) 교대 및 교각 기초 사석보호
  (3) 도류제 건설   (4) 하천개량
  (5) 교량기초를 세굴의 영향에 저항할 수 있도록 보강   (6) 낙차공
  (7) 안전교량 건설 또는 교량경간의 장대화   (8) 테트라포트로 보호
  (9) 케이블로 연결된 콘크리트 블록매트로 보호   (10) 부유물에 대한 방호대책 수립

4) 세굴방호공 설계

① 하천구조물의 세굴로 인한 손상과 붕괴 등 구조물 보호를 위해 세굴방호공을 설치할 수 있다
② 세굴방호공은 사석보호공, 콘크리트 블록 방호공, 지오백 세굴방호공 등 있으며 구조적 안정성과 경제성을 고려하여 선정한다.
③ 사석을 이용한 세굴방호공일 경우 2년의 정기적 주기 및 계획홍수량의 80%가 넘는 홍수 발생 시마다 사석의 이동여부를 확인한다.
④ 세굴방호공의 적용범위는 교각의 한쪽 면으로부터 교각 폭의 2배의 거리까지 양쪽 모두 시공하고 세굴방호공의 최상부는 주변 하상선과 일치하거나 더 낮아야 한다.
⑤ 사석보호공의 두께는 D_{50}의 3배 이상으로 시공하고 실제 설치 시 최소 300mm보다 커야 한다.

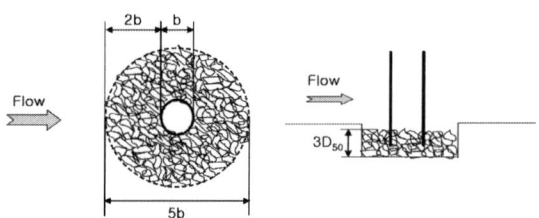

(세굴방호공의 적용범위 : 사석방호공)

1. 용어의 정의

① 초과홍수 : 유량이 100년 빈도 홍수보다 많고 500년 빈도 홍수보다 적은 홍수 또는 조석흐름

② 교량세굴 검측홍수 : 세굴설계홍수를 초과하는 유량을 야기하는 폭우, 폭풍 해일 또는 조석에 의하여 발생하는 홍수로 어느 정도에도 재현주기 500년을 넘지는 않는다. 교량세굴 검측홍수는 교량기초가 이러한 흐름과 이에 의하여 발생하는 세굴에 대하여 안전하며 안정을 유지할 수 있는가의 조사·평가에 사용한다.

③ 교량세굴 설계홍수 : 교량기초에 최대의 세굴을 야기할 수 있는 재현주기 100년 이하의 홍수흐름, 도로나 교량은 교량세굴 설계홍수 시 침수될 수 있다. 최악의 세굴조건은 압력차에 의한 흐름의 결과인 월류홍수 시 형성될 수 있다.

④ 국부세굴 : 교각, 교대 또는 흐름에 대한 장애물 주의에 국부적으로 발생하는 수로 또는 범람원의 세굴

⑤ 100년 빈도 홍수 : 연 발생확률이 1% 또는 이를 초과하는 폭우 또는 조석에 의한 홍수

⑥ 500년 빈도 홍수 : 연 발생확률이 0.2% 또는 이를 초과하는 폭우 또는 조석에 의한 홍수

⑦ 일반 또는 축소단면 세굴 : 흐름에 대한 장애물 또는 교각 주위에 국한되지 않는 수로 또는 범람원의 세굴, 수로의 경우 일반/축소단면세굴은 수로의 전폭 또는 대부분에 영향을 주며 일반적으로 흐름의 수축에 의해 발생한다.

2. 교량세굴 검토 : 교량파괴는 대부분 세굴에 의하여 발생한다. 권장되는 세굴설계과정은 규정된 홍수흐름에 의한 세굴을 평가하고 최대심도의 전세굴을 야기할 것으로 예상되는 경우에 대비하여 기초설계를 수행하도록 하고 있다. 다음은 교량기초의 전세굴심도를 산정하는 과정이다.

   - 교량 사용수명보다 장기간의 하상상승 또는 저하에 대한 평가
   - 교량 사용수명보다 장기간의 수로평면 형상변경에 대한 평가
   - 설계검토로서 예상되는 수로 종단과 평면 형상변경을 반영할 필요가 있는 경우 교량 상·하류의 기존수로와 범람원 단면의 조정
   - 기존조건이나 예상되는 미래의 조건과 최대의 세굴을 야기할 것으로 예상되는 홍수 사건들의 조합을 설계조건으로 결정
   - 고려할 수 있는 조건과 홍수의 다양한 조합으로 야기되는 교량부지 상·하류 수위의 결정
   - 축소단면 세굴과 교각 및 교대에서 발생하는 국부세굴의 크기 결정
   - 해석방법의 변수, 수로거동에 대한 입수가능자료 및 과거 홍수 시 기존 구조물의 성능을 참조한 세굴분석결과의 평가, 또한 수로와 그 범람원에서의 현재 또는 미래의 흐름양상 고려, 교량이 이러한 흐름양상에 미치는 영향과 흐름이 교량에 미치는 영향의 시각화, 세굴분석과 수로평면형상의 평가에 의해 제기된 물제점들을 해결하기 위하여 필요하다면 교량설계의 수정
   전세굴심도에 의거하여 기초설계에 대한 검토를 수행하며, 필요시 다음의 사항을 조정할 수 있다.

- 깊이 세굴되는 면적 또는 인접한 기초에서 중복하여 발생하는 세굴을 방지하기 위해 교각 또는 교대의 재설계 또는 위치 변경
- 완만한 흐름 변화의 제공 또는 수로의 횡방향 이동을 제어하기 위한 도류제방, 제방 또는 기타 도류제의 추가
- 수로면적의 확대
- 부적절한 위치로부터 교량의 위치 변경

3. 설계기준에 따른 교량세굴 검토 기준

① 세굴설계홍수 : 전 세굴깊이에 걸쳐 있는 하상퇴적물은 제거된 것으로 가정하는 것을 설계조건으로 해야 한다. 폭풍해일 설계홍수, 조석 또는 복합홍수는 100년 빈도 홍수 또는 그보다는 재현기간이 작은 월류홍수보다 큰 강도로 정해야 한다. 교량의 극한한계상태 및 사용한계상태 검토 시 고려한다.

② 세굴검측홍수 : 초과홍수에 의해 야기되는 세굴조건에 대해 교량기초의 안정성을 검토해야 한다. 이러한 조건에 대한 안정성 검토에 요구되는 것보다 과도한 여유는 불필요하며 극단상황한계상태를 적용해야 한다.

③ 토사 또는 침식암 위의 확대기초는 세굴 검측홍수로 결정되는 세굴깊이의 아래에 기초하부가 위치해야 한다.

④ 깊은 기초는 홍수흐름의 방해와 이에 의한 국부세굴을 가능한 한 최소화하기 위하여 기초의 상부가 산정된 축소단면세굴깊이의 아래에 위치하도록 설계해야 한다.

Chapter 10

유지관리 및 기타

01 안전관리

1. 안전점검과 안전진단 ^{111회/117회/121회/122회/125회/127회/130회/132회/134회}

> **【기출유형 ①】** 정밀점검 및 정밀안전진단의 내용을 비교 설명
> **【기출유형 ②】** 안전진단 또는 안전점검의 수행 절차와 시험항목, 실시주기

안전점검을 실시할 때는 시설물의 기능유지와 붕괴방지 등의 구조물의 목적에 부합하도록 주요부재의 안전성에 대한 검증을 하여야 하며, 이를 목적으로 「시설물의 안전 및 유지관리에 관한 특별법 시행령」(제8조 제3항)에 주요 시설물별 반드시 점검을 해야 하는 부분을 구체적으로 교량, 터널, 항만, 댐, 건축물 등 구조물별로 지정해 점검하도록 규정하고 있다.

시설물	주요 부분
교량	• 최대 경간장이 50미터 이상, 연장이 500미터 이상인 교량의 철근콘크리트 또는 철골구조부 • 연장이 500미터 미만인 교량의 철근콘크리트 또는 철골구조부
터널	• 터널(철도터널을 포함한다)의 철근콘크리트 또는 철골구조부
항만	• 철근콘크리트·철골구조부
댐	• 본체 및 여수로(여분 수량 배수로) 부분
건축물	• 대형 공공성 건축물(공동주택·종합병원·관광숙박시설·관람집회시설·대규모 소매점과 그 밖의 용도의 16층 이상의 건축물)의 기둥 및 내력벽
상·하수도	• 철근콘크리트·철골구조부

1) 시설물의 안전등급

시설물의 안전점검과 유지관리를 통해 사고를 예방하기 위한 목적으로 제정된 시설물안전법(시설물 안전 및 유지관리에 관한 특별법)에 따라 시설물의 등급(제1종~제3종)별로 안전점검을 하도록

규정하고 있고, 안전등급에 따라 점검 주기를 달리하도록 하고 있다.

안전점검 등을 실시한 책임기술자가 해당 시설물에 대하여 종합적으로 평가한 결과로부터 안전등급을 지정한다. 시설물의 종합평가는 구조물 부재의 결함 및 손상에 대하여 평가 기준 및 상태평가 기법에 따라 수행한 상태평가 결과와 시설물의 안전성 평가 결과를 고려하여 개별 시설물의 종합평가 결과를 결정한다. 교량 등 각 시설물에 대한 종합평가는 상태 평가만 실시하거나 또는 상태평가와 안전성 평가를 각각 실시한 후 이들 결과를 기초로 종합하여 이루어진다.

관련법상에 시설물의 안전등급은 5등급(A~E)으로 구분하고 있으며, D, E등급의 경우 주요부재의 결함이 있어 사용을 제한하고 즉각적인 보수·보강이 필요한 상태를 의미한다.

안전등급	시설물의 상태
A (우수)	문제점이 없는 최상의 상태
B (양호)	보조부재에 경미한 결함이 발생하였으나 기능 발휘에는 지장이 없으며, 내구성 증진을 위하여 일부의 보수가 필요한 상태
C (보통)	주요부재에 경미한 결함 또는 보조부재에 광범위한 결함이 발생하였으나 전체적인 시설물의 안전에는 지장이 없으며, 주요부재에 내구성, 기능성 저하 방지를 위한 보수가 필요하거나 보조부재에 간단한 보강이 필요한 상태
D (미흡)	주요부재에 결함이 발생하여 긴급한 보수·보강이 필요하며 사용제한 여부를 결정하여야 하는 상태
E (불량)	주요부재에 발생한 심각한 결함으로 인하여 시설물의 안전에 위험이 있어 즉각 사용을 금지하고 보강 또는 개축을 하여야 하는 상태

2) 안전점검과 안전진단

정밀(안전)점검은 정기안전점검과 함께 시설물안전법에 따라 안전점검의 종류로 시설물에 따라 주기를 가지고 전문가가 시설물에 내재되어 있는 위험요인을 조사하는 행위를 말하며, 정밀안전진단은 제1종시설물을 대상으로 정기적으로 실시하거나, 안전점검 또는 긴급안전점검 결과 재난 및 재해예방을 위해 필요한 경우에 실시하는 것으로 시설물의 물리적·기능적 결함을 발견하고 그에 대한 신속하고 적절한 조치를 하기 위하여 구조적 안전성과 결함의 원인 등을 조사·측정·평가하여 보수·보강 등의 방법을 제시하는 행위를 말한다.

① 정기안전점검 : 시설물의 상태를 판단하고 시설물이 점검 당시의 사용요건을 만족시키고 있는지 확인할 수 있는 수준의 외관조사를 실시하는 안전점검

② 정밀안전점검 : 시설물의 상태를 판단하고 시설물이 점검 당시의 사용요건을 만족시키고 있는지 확인하며 시설물 주요부재의 상태를 확인할 수 있는 수준의 외관조사 및 측정·시험장비를 이용한 조사를 실시하는 안전점검

③ 긴급안전점검 : 시설물의 붕괴·전도 등으로 인한 재난 또는 재해가 발생할 우려가 있는 경우

에 시설물의 물리적·기능적 결함을 신속하게 발견하기 위하여 실시하는 점검

④ 정밀안전진단 : 설물의 물리적·기능적 결함을 발견하고 그에 대한 신속하고 적절한 조치를 하기 위하여 구조적 안전성과 결함의 원인 등을 조사·측정·평가하여 보수·보강 등의 방법을 제시하는 행위

안전등급	정기안전점검	정밀안전점검		정밀안전진단	성능평가
		건축물	건축물 외 시설물		
A등급	반기에 1회 이상	4년에 1회 이상	3년에 1회 이상	6년에 1회 이상	5년에 1회 이상
B·C 등급		3년에 1회 이상	2년에 1회 이상	5년에 1회 이상	
D·E 등급	1년에 3회 이상	2년에 1회 이상	1년에 1회 이상	4년에 1회 이상	

【 안전진단별 결과보고서에 포함되어야 할 내용 】

구분	포함되어야 할 사항
정기안전검사	• 시설물의 개요 및 이력사항, 점검의 범위 및 과업내용 등 정기안전점검의 개요 • 설계도면 및 보수·보강 이력 등 자료 수집 및 분석 • 외관조사 결과분석 등 현장조사 • 종합결론 • 그 밖에 정기안전점검에 관한 것으로서 국토교통부장관이 정하는 사항
정밀안전점검 및 긴급안전점검	• 시설물의 개요 및 이력사항, 점검의 범위 및 과업내용 등 정밀 및 긴급안전점검의 개요 • 설계도면, 구조계산서 및 보수·보강 이력 등 자료 수집 및 분석 • 외관조사 결과분석, 재료시험 및 측정 결과분석 등 현장조사 및 시험 • 콘크리트 또는 강재 등 시설물의 상태평가 • 종합결론 및 건의사항 • 그 밖에 정밀안전점검 및 긴급안전점검에 관한 것으로서 국토교통부장관이 정하는 사항
정밀안전진단	• 시설물의 개요 및 이력사항, 진단의 범위 및 과업내용 등 정밀안전진단의 개요 • 설계도면, 구조계산서 및 보수·보강 이력 등 자료 수립 및 분석 • 외관조사 결과분석, 재료시험 및 측정 결과분석 등 현장조사 및 시험 • 콘크리트 또는 강재 등 시설물의 상태평가 • 시설물의 구조해석 등 안전성 평가 • 시설물의 종합평가 • 보수·보강 방법 • 종합결론 및 건의사항 • 그 밖에 정밀안전진단에 관한 것으로서 국토교통부장관이 정하는 사항

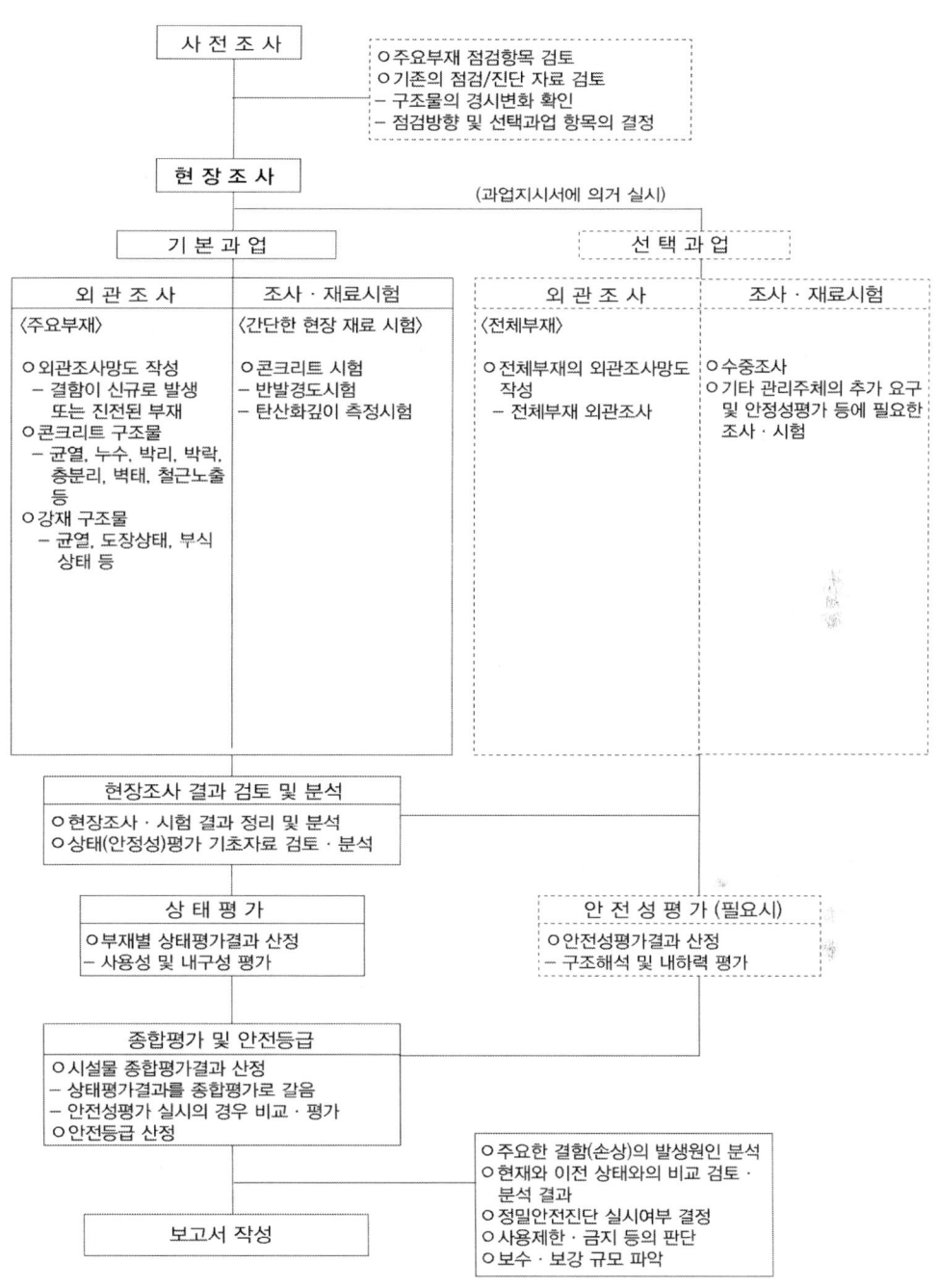

```
┌─────────────┐
│ 사 전 조 사 │    ○주요부재 점검항목 검토
└─────────────┘    ○기존의 점검/진단 자료 검토
        │          – 구조물의 경시변화 확인
                   – 점검방향 및 선택과업 항목의 결정
┌─────────────┐
│ 현 장 조 사 │            (과업지시서에 의거 실시)
└─────────────┘
```

기 본 과 업		선 택 과 업	
외 관 조 사	조사·재료시험	외 관 조 사	조사·재료시험
〈주요부재〉	〈간단한 현장 재료 시험〉	〈전체부재〉	
○외관조사망도 작성 – 결함이 신규로 발생 또는 진전된 부재 ○콘크리트 구조물 – 균열, 누수, 박리, 박락, 층분리, 벽태, 철근노출 등 ○강재 구조물 – 균열, 도장상태, 부식 상태 등	○콘크리트 시험 – 반발경도시험 – 탄산화깊이 측정시험	○전체부재의 외관조사망도 작성 – 전체부재 외관조사	○수중조사 ○기타 관리주체의 추가 요구 및 안정성평가 등에 필요한 조사·시험

현장조사 결과 검토 및 분석
○현장조사·시험 결과 정리 및 분석
○상태(안정성)평가 기초자료 검토·분석

상 태 평 가
○부재별 상태평가결과 산정
– 사용성 및 내구성 평가

안 전 성 평 가 (필요시)
○안전성평가결과 산정
– 구조해석 및 내하력 평가

종합평가 및 안전등급
○시설물 종합평가결과 산정
– 상태평가결과를 종합평가로 갈음
– 안전성평가 실시의 경우 비교·평가
○안전등급 산정

○주요한 결함(손상)의 발생원인 분석
○현재와 이전 상태와의 비교 검토·
 분석 결과
○정밀안전진단 실시여부 결정
○사용제한·금지 등의 판단
○보수·보강 규모 파악

보고서 작성

(정밀안전점검 흐름도)

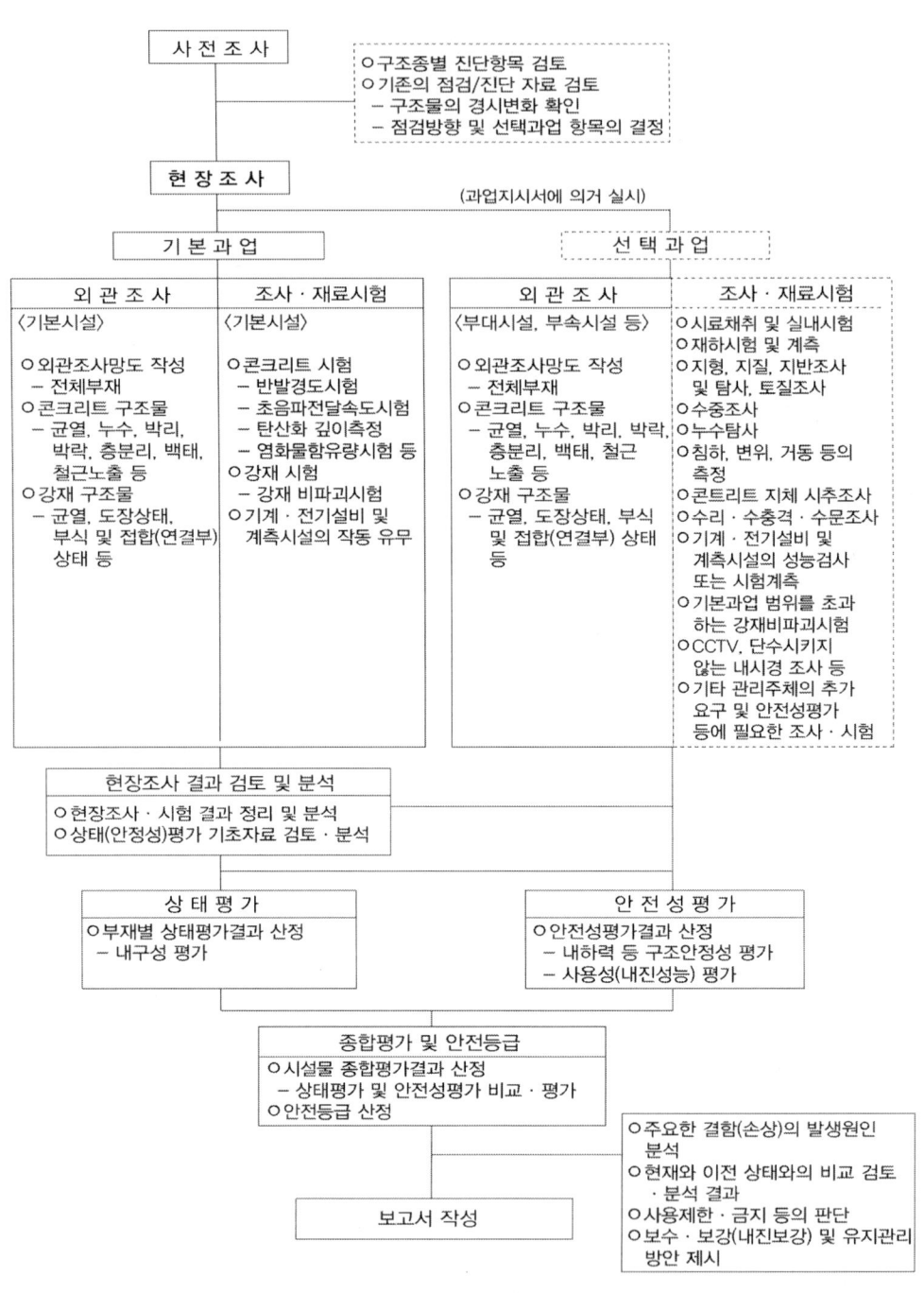

```
┌─────────────┐
│  사 전 조 사 │
└─────────────┘
         ┌ ─ ─ ─ ─ ─ ─ ─ ─ ─ ─ ─ ─ ─ ─ ─ ─ ─ ─ ─ ─ ─ ─ ─ ─ ┐
         │ ○ 구조종별 진단항목 검토                          │
         │ ○ 기존의 점검/진단 자료 검토                       │
         │   – 구조물의 경시변화 확인                         │
         │   – 점검방향 및 선택과업 항목의 결정                │
         └ ─ ─ ─ ─ ─ ─ ─ ─ ─ ─ ─ ─ ─ ─ ─ ─ ─ ─ ─ ─ ─ ─ ─ ─ ┘

┌─────────────┐
│  현 장 조 사 │              (과업지시서에 의거 실시)
└─────────────┘
```

기 본 과 업   **선 택 과 업**

외 관 조 사	조사 · 재료시험	외 관 조 사	조사 · 재료시험
〈기본시설〉	〈기본시설〉	〈부대시설, 부속시설 등〉	○시료채취 및 실내시험
○ 외관조사망도 작성 – 전체부재 ○ 콘크리트 구조물 – 균열, 누수, 박리, 박락, 층분리, 백태, 철근노출 등 ○ 강재 구조물 – 균열, 도장상태, 부식 및 접합(연결부) 상태 등	○ 콘크리트 시험 – 반발경도시험 – 초음파전달속도시험 – 탄산화 깊이측정 – 염화물함유량시험 등 ○ 강재 시험 – 강재 비파괴시험 ○ 기계 · 전기설비 및 계측시설의 작동 유무	○ 외관조사망도 작성 – 전체부재 ○ 콘크리트 구조물 – 균열, 누수, 박리, 박락, 층분리, 백태, 철근 노출 등 ○ 강재 구조물 – 균열, 도장상태, 부식 및 접합(연결부) 상태 등	○재하시험 및 계측 ○지형, 지질, 지반조사 및 탐사, 토질조사 ○수중조사 ○누수탐사 ○침하, 변위, 거동 등의 측정 ○콘트리트 지체 시추조사 ○수리 · 수충격 · 수문조사 ○기계 · 전기설비 및 계측시설의 성능검사 또는 시험계측 ○기본과업 범위를 초과 하는 강재비파괴시험 ○CCTV, 단수시키지 않는 내시경 조사 등 ○기타 관리주체의 추가 요구 및 안전성평가 등에 필요한 조사 · 시험

현장조사 결과 검토 및 분석
○ 현장조사 · 시험 결과 정리 및 분석
○ 상태(안정성)평가 기초자료 검토 · 분석

상 태 평 가	안 전 성 평 가
○부재별 상태평가결과 산정 – 내구성 평가	○안전성평가결과 산정 – 내하력 등 구조안정성 평가 – 사용성(내진성능) 평가

종합평가 및 안전등급
○ 시설물 종합평가결과 산정
 – 상태평가 및 안전성평가 비교 · 평가
○ 안전등급 산정

```
┌ ─ ─ ─ ─ ─ ─ ─ ─ ─ ─ ─ ─ ─ ─ ─ ─ ─ ─ ─ ┐
│ ○주요한 결함(손상)의 발생원인       │
│   분석                              │
│ ○현재와 이전 상태와의 비교 검토      │
│   · 분석 결과                       │
│ ○사용제한 · 금지 등의 판단           │
│ ○보수 · 보강(내진보강) 및 유지관리    │
│   방안 제시                         │
└ ─ ─ ─ ─ ─ ─ ─ ─ ─ ─ ─ ─ ─ ─ ─ ─ ─ ─ ─ ┘
```

보고서 작성

(정밀안전진단 흐름도)

02 구조물의 안전성 평가

1. 교량의 내하력 조사 107회/114회/124회/135회

【 기출유형 ① 】 교량의 내하력 평가방법
【 기출유형 ② 】 교량 내하력 평가 시 재하시험
【 기출유형 ③ 】 사교로 된 거더교의 교대설계 시 유의사항

내하력 조사란 이미 열화손상이 현저히 진행된 교량에서는 열화손상의 정도 및 원인을 조사하여 보수여부를 판정하고, 열화손상이 아직 현저히 진행되지 않은 교량에서는 장래의 열화손상정도를 예측하고 이를 예방하기 위한 자료를 획득하기 위한 것으로서, 주로 통행 시 안정성을 확보할 수 있는 자동차 하중의 한계를 설정하는 것을 의미한다. 내하력 조사방법과 이를 토대로 한 내하력 평가방법에 대해 설명하면 다음과 같다.

1) 조사방법

교량의 내하력 조사는 필요에 따라 단순조사에서 상세조사에 이르기까지 체계적으로 수행되어야 하는데 이를 간략히 정리하면 다음과 같다.

① 1차 조사 : 특별한 계측기기를 사용하지 않는 육안에 의한 외관조사로서 교량구조의 현황조사 (도면 검토 등)와 각종 열화손상 상태에 대한 조사를 실시하여 2차 조사의 필요성, 방법, 중점 조사 내용을 파악하는 안전진단의 최초단계

② 2차 조사 : 1차 조사결과를 토대로 각종 검사기구 및 시험장비 등을 사용하여 중점조사 부위에 대한 비파괴시험과 가속도 측정 등을 실시함으로써 교량의 손상현황을 파악하고 그 정도를 개 략적으로 추정하기 위한 안전진단의 중간단계

③ 3차 조사 : 1, 2차 조사를 토대로 전문기술자가 현장이나 실험실에서 비파괴실험, 파괴시험, 정적 동적 재하시험을 실시하여 해당교량의 내하력 및 잔존내구연한 평가를 위한 상세자료를 획득하는 안전진단의 최종단계

2) 내하력 평가

기존 교량의 내하력은 상기 조사결과를 토대로 열화손상 상태를 그대로 반영하여 실보유 내하력 을 추정할 수 있는 합리성과 신뢰성 있는 기법에 의해 평가하여야 한다.

① 내하력 평가 시의 주안점

(1) 기존 교량에 어떤 구조적 결함이 있거나, 설계 당시의 자료가 없는 경우에는 평가의 목적을 안전성에 두어야 한다.

(2) 경제적인 관점에서 현존교량의 이용과 유지 보수 교체시공에 필요한 교량의 등급, 우선 순 위를 설정할 수 있는 자료를 제공한다.

② 내하력 평가의 특성인자

모든 교량은 건설시기, 교량형식, 유지관리 조건 등 다양한 특성을 가지고 있는데, 내하력 평가 시 고려해야 할 주요 특성인자는 다음과 같다.

(1) 하중의 증가, 교통량의 변동, 차량규격의 변천

(2) 설계시방서의 변화

(3) 설계 및 구조해석 개념의 변천

(4) 유지관리 개념의 변천

③ 내하력 평가방법

현재 사용되고 있는 내하력 평가 기법에는 공용하중에 대한 내하율을 구하기 위한 허용응력 개념과 강도 또는 하중 계수개념에 의한 방법 및 신뢰성 이론에 입각한 방법 등이 있다.

(1) 허용응력 개념에 의한 내하력 평가방법 : 허용응력 개념에 의해 공용하중의 내하율을 산정하는 방법은 주로 강도로교에 적용되고 있으며, 먼저 주형, 횡형, 바닥판 등 각 구조요소에 대한 기본 내하력를 산정하고 허용응력, 노면성상 교통상황 및 기타조건에 따른 계수를 곱하여 산출된 최소치를 공용하중으로 결정하는 방법

(2) 강도개념에 의한 내하력 평가방법 : 강도개념에 의한 내하력 평가방법은 그 기본개념은 허용응력 개념에 의한 공용하중 결정방법과 같지만, 파괴에 대한 안전을 조사하는 데 특징이 있으며 주로 콘크리트 교량에 적용된다.

(3) 신뢰성 이론에 의한 내하력 평가방법 : 신뢰성 이론에 입각한 내하력 평가방법은 해당 교량이 갖는 고유한 조건 등에 대하여 인진성을 확보하려는 목적에서 교량의 산손상용기간이나 교통조건 등을 감안하여 내하력을 평가하고자 하는 개념이다. 신뢰성 이론을 수행하려면 먼저 구조물의 안전과 파괴를 판단할 수 있는 기준이 필요하며 이 기준을 한계상태함수(g)라 한다. 한계상태함수(limit state function)는 구조물에 가해지는 하중(S)과 그에 대한 저항(R)으로 나타낸다.

$$g(R,\ S) = R - S$$

여기서 한계상태는 안전상태($g > 0$)와 파괴상태(불안전 상태, $g < 0$)의 경계에 상응하는 $g = 0$을 의미한다.

파괴확률(P_f, Probability of failure)은 한계상태함수가 영(0)보다 작을 확률을 나타낸다. 이때 R과 S가 모두 연속확률변수라면 파괴확률은 다음과 같다.

$$P_f = P(R - S < 0) = P(g < 0)$$

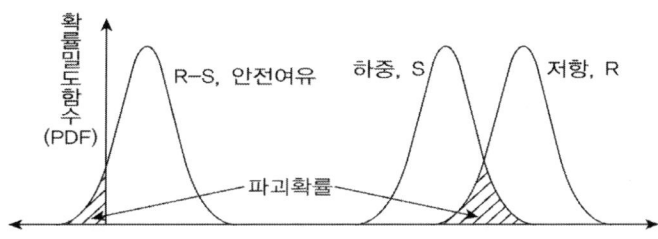

3) 내하력 평가방법

① 허용응력 이론에 의한 내하력 평가

재료의 허용응력에서 고정하중의 응력을 제외한 응력이 활하중에 저항할 수 있는 응력이다. 강교의 내하력을 산정할 때 합리적이다.

(1) 기본 내하력

　가. 교량을 현행 시방서에 따라 해석했을 때 교량이 저항할 수 있는 활하중의 크기를 설계하중(DB-18, DB-24 등)을 기준으로 하여 비례적으로 나타낸 값

　나. 교량이 안전하게 부담할 수 있는 활하중에 의한 응력의 최댓값은 부재 재료의 허용응력에서 고정하중에 의한 응력을 뺀 값으로서 다음과 같은 비례식이 성립

$$P = \frac{f_a - f_d}{f_{DB}} \times P_{DB} = \text{응력의 여유분/활하중 응력} \times \text{PDB}$$

여기서, P : 기본 내하력 (tonf)

　　　　PDB : 설계하중, 즉 설계하중이 DB-24인 경우 24tonf

　　　　f_a : 재료의 허용응력

　　　　f_d : 고정하중에 의한 응력

　　　　f_{DB} : 설계하중(DB하중)에 의한 응력

(2) 공용 내하력

$$P' = P \times K_s \times K_r \times K_t \times K_0$$

여기서, P : 기본 내하력

　　　　K_s : 응력 보정계수,　K_r : 노면상태 보정계수,

　　　　K_t : 교통상태 보정계수,　K_0 : 기타 보정계수

(3) 보정계수

(a) 응력보정계수(K_s)

일반적으로 관용이론으로 구한 교량의 부재응력은 실제의 현장재하 시험에서 얻은 값보다 크다. 따라서 이 비율만큼 공용하중을 증가시켜 줌으로써 계산치와 실측치의 차이로

인한 오차를 보정할 수 있다. 이 2가지 응력의 비를 Ks라 한다.

$$K_s = \frac{\epsilon(계산치)}{\epsilon(실측치)} \times \frac{1+i(계산치)}{1+i(실측치)}$$

(b) 노면상태 보정계수(K_r)

노면상태	K_r
약간 요철이 있는 노면	1.00
포장에 다소 박리가 있고 차량통과 시 약간의 진동이 있는 경우	0.95
포장에 박리가 심하고 그 부분에서 차량통과 시 차체에 진동이 많은 경우	0.90
포장파손이 심하여 차량통과 시 차제의 진동이 심한 경우	0.85

(c) 교통상태 보정계수($K_t = (\alpha_1 \times \alpha_2) \geq 0.8\alpha_2$)

교통상태		α
차량통행상황 (α_1)	도로전면에 걸쳐 교통체증이 없는 경우	1.0
	도로전면의 빈도가 1일 10회 이상인 경우	0.9
	도로전면의 빈도가 빈번한 경우	0.8
대형차 혼입률 (α_2)	대형차 혼입률이 10% 미만인 경우	1.0
	대형차 혼입률이 10~40%인 경우	0.9
	대형차 혼입률이 40% 이상인 경우	0.8

(d) 기타 보정계수($K_0 = (\alpha_3 \times \alpha_4)$)

노면상태		K_r
장래의 공용 기대연수(α_3)	5년 미만인 경우	1.0
	5년 이상인 경우	0.9
교량등급(α_4)	2, 3 등급교	1.0
	1등급교	0.9

② 강도 개념에 의한 내하력 평가

설계강도에서 계수 고정하중 모멘트를 제외한 모멘트가 활하중에 저항하는 모멘트이다. 주로 콘크리트 교량에 적용한다.

(1) 내하율의 평가

$$내하율(RF) = \frac{\phi M_n - \gamma_d M_d}{\gamma_l M_l (1+i)} = 허용가능한 모멘트 여유량 / 활하중 모멘트$$

ϕM_n : 극한저항 모멘트(강구조물은 ϕ=1.0, RC, PSC 구조물의 횡부재 ϕ=0.85)

M_d : 고정하중 모멘트

M_l : 설계 활하중에 의한 모멘트(도로교 DB, DL하중, 철도교 LS하중)

γ_l : 활하중 계수,　γ_d : 고정하중 계수,　i : 충격계수

(2) 공용내하력의 산정

공용내하력(P) = $K_s \times RF \times P_r$

여기서, $K_s = \dfrac{\varepsilon(\text{계산치})}{\varepsilon(\text{실측치})} \times \dfrac{1 + i\,(\text{계산치})}{1 + i\,(\text{실측치})}$

P_r : 설계 활하중(도로교 DB, DL하중, 철도교 LS하중)

(3) 환산 실험 하중에 의한 내하력 평가 방법

$$P' = 24 \times \frac{\text{실측최대동적응력범위}}{DB24\text{에 의한 계산 응력}} \times \frac{1}{1 - CAF}$$

여기서, CAF = 정적응력 및 처짐에 대한 합성작용계수 (1–실측치/계산치)

이 방법은 교량의 실제 상태를 고려했으나 연속교와 같은 경우는 과대평가되는 경우가 있다.

③ (참고) 신뢰성 이론에 의한 내하력 평가 방법(MIDAS 전문가 컬럼, 김두기)

파괴확률은 저항과 하중에 관한 파괴영역의 결합밀도함수를 적분하여 계산할 수 있으나 적분을 하기 위해 복잡한 수치해석기법이 필요하며 정확도 또한 만족스럽지 않을 수도 있으므로 구조물의 신뢰성을 정량화하기 위해 신뢰성 지수의 개념을 많이 사용한다. '신뢰성 지수(reliability index, β)'는 변동계수(coefficient of variation, $\delta = \sigma/\mu$)의 역수이며, 표준화 변수 공간에서 원점에서부터 한계상태 $g(R,\,S) = 0$가 나타내는 직선까지의 가장 짧은 직선거리이다.

$$\beta = \frac{\mu_R - \mu_S}{\sqrt{\sigma_R^2 + \sigma_S^2}}, \quad \text{여기서 } \mu \text{와 } \sigma \text{는 각 확률변수의 평균과 표준편차}$$

여기서 표준화변수(Reduced variable)는 무차원의 표준화된 형식으로 변환시킨 확률변수를 말하며 예를 들어 하중(S)과 저항(R)을 표준화변수 Z_S와 Z_R로 변환하면,

$$Z_R = \frac{R - \mu_R}{\sigma_R}, \quad Z_S = \frac{R - \mu_S}{\sigma_S}$$

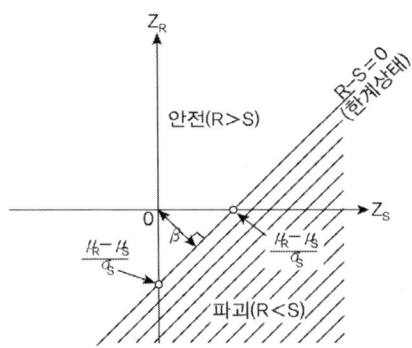

(2차원 표준화변수 공간에서의 신뢰성 지수)

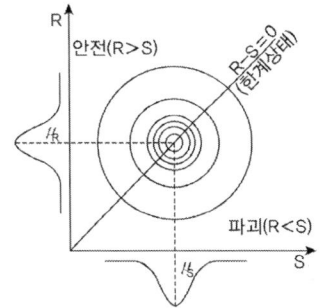

(2차원 변수공간에서의 안전영역과 파괴영역)

한계상태 $g(R, S) = R - S$를 표준화변수를 사용하여 나타내면

$$g(R, S) = R - S = (\mu_R + Z_R \sigma_R) - (\mu_S + Z_S \sigma_S) = (\mu_R - \mu_S) + Z_R \sigma_R - Z_S \sigma_S$$

2차원 변수공간에서 직선으로 나타내는 한계상태 $g(R, S) = 0$을 표준화 공간에서 나타내면 안전 영역과 파괴 영역을 구분하는 직선형태가 된다.

(1) LEVEL I : LRFD(하중저항계수설계법)

목표신뢰성지수로 표현된 구조물의 안전성을 보장하기 위해 각 확률변수에 대해 부분안전 계수를 적용하여 설계단계에서 이 계수를 이용하는 방법으로 목표한 안전성을 확보하기 위한 하중성분과 저항성분의 각각의 부분 안전계수를 적용하는 방법이다.

$$\beta = \frac{\mu_R - \mu_S}{\sqrt{\sigma_R^2 + \sigma_S^2}}$$

신뢰성 지수 β는 하중의 평균과 표준편차, 저항의 표준편차를 알고 있을 경우 목표신뢰성 지수 β_T를 보장하기 위한 저항의 평균을 다음과 같이 표현한다.

$$\mu_R = \mu_S + \beta_T \sqrt{\sigma_R^2 + \sigma_S^2}$$

한계상태함수를 정의하는 변수의 이산성이 클수록 저항의 평균이 증가하므로 결정론적 입장에서 일반적으로 이용되는 중심안전계수(central safety factor, $\theta = \mu_R / \mu_S$)도 증가한다. 한계상태함수에 대하여 확률론적으로 목표신뢰성지수 이상의 안전성을 보장하기 위해서는 한계상태함수의 평균과 표준편차는 다음을 만족해야 한다.

$$\mu_g \geq \beta_T \sigma_g, \qquad \text{여기서 } \mu_g = \mu_R - \mu_S, \quad \sigma_g = \sqrt{\sigma_R^2 + \sigma_S^2} \approx \alpha(\sigma_R + \sigma_S)$$

$$\therefore \mu_R - \mu_S \geq \beta_T \alpha(\sigma_R + \sigma_S) \quad \mu_R(1 - \beta_T \alpha \delta_R) \geq \mu_S(1 + \beta_T \alpha \delta_S) \quad \text{여기서 } \delta = \sigma/\mu$$

설계에서는 각 변수의 평균값보다는 평균값으로부터 적절하게 편차를 준 공칭값(Nominal value)을 일반적으로 사용하며 저항과 하중의 공칭값을 N_R, N_S라 하면 평균과의 비는

$$n_R = N_R / \mu_R, \quad n_S = N_S / \mu_S$$

변동계수로 정리한 식을 공칭값을 사용하여 다시 정리하면,

$$\left(\frac{1 - \beta_T \alpha \delta_R}{n_R} \right) N_R \geq \left(\frac{1 + \beta_T \alpha \delta_S}{n_S} \right) N_S \qquad \text{하중과 저항에 관한 계수를 각각 } \phi \text{와 } \gamma \text{라면,}$$

$$\therefore \phi N_R \geq \gamma N_S$$

    ϕ : 저항감소계수(Resistance reduction factor), 1 이하

    γ : 하중증가계수(Load amplification factor), 1 이상

(2) LEVEL Ⅱ : FOSM법(First Order Second Moment), AFOSM(Advanced First Order Second Moment)

각 확률변수의 평균과 분산, 그리고 분포형태만을 이용하여 구조물의 파괴확률을 나타내는 지표인 신뢰성 지수를 근사적으로 산정하는 방법으로 모멘트법(moment method)이라고도 한다. 모든 확률변수가 서로 독립적인 분포를 갖는다는 가정을 전제로 확률변수 각각의 정규분포의 평균과 분산 또는 표준편차를 이용하여 한계상태 함수를 수립하고 파괴확률을 계산하는 방법이다. 파괴점(failure point)을 정의하는 방법에 따라 각각 FOSM과 AFOSM으로 구분한다.

• FOSM법(First Order Second Moment)

$$g(R,\ S) = R - S$$

$$P_f = P(g \le 0) = \Phi\left(\frac{0 - (\mu_R - \mu_S)}{\sqrt{\sigma_R^2 + \sigma_S^2}}\right) = \Phi(-\beta)$$

$$\text{또는 } P_f = 1 - \Phi\left(\frac{\mu_R - \mu_S}{\sqrt{\sigma_R^2 + \sigma_S^2}}\right) = 1 - \Phi(\beta)$$

여기서 Φ는 표준 정규 분포의 누적 확률 분포 함수이다. 신뢰성 지수가 클수록 파괴 확률은 감소하므로 구조물은 안전하다.

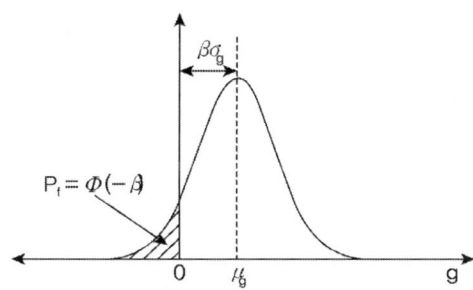

FOSM 방법은 기본개념이 간단하여 사용하기 쉽고 평균과 표준편차만으로 파괴확률을 계산하기 때문에 확률변수의 분포형태를 확인하지 않아도 사용할 수 있는 장점이 있다. 그러나 단순한 선형 한계상태함수가 아닌 구조물의 신뢰성 해석에서 일반적으로 사용되는 비선형 한계상태함수를 각 확률변수의 평균점에서 Taylor 급수 선개를 하는 경우 한계상태함수의 표현방법에 따라 다른 파괴확률이 계산된다는 문제가 있다.

• AFOSM(Advanced First Order Second Moment)

$$g(R,\ S) = R - S$$

확률변수를 표준화 변수로 나타내면 $Z_R = \dfrac{R - \mu_R}{\sigma_R}, \quad Z_S = \dfrac{R - \mu_S}{\sigma_S}$

신뢰성 지수(β)는 표준화 변수 공간의 원점에서부터 파괴면($g = 0$)까지의 가장 짧은 거리로 정의되며, 이 공간에서 파괴면은

$$g(R,\ S) = R - S = (\mu_R + Z_R \sigma_R) - (\mu_S + Z_S \sigma_S) = (\mu_R - \mu_S) + Z_R \sigma_R - Z_S \sigma_S$$

원점에서 한계상태함수까지의 최단 거리(d)는

$$d = \frac{|(\mu_R - \mu_S) + Z_R \sigma_R - Z_S \sigma_S|}{\sqrt{\sigma_R^2 + \sigma_S^2}}$$

원점을 대입하면 신뢰성 지수(β)는

$$d = \frac{|(\mu_R - \mu_S) + 0 - 0|}{\sqrt{\sigma_R^2 + \sigma_S^2}} = \frac{|\mu_R - \mu_S|}{\sqrt{\sigma_R^2 + \sigma_S^2}} = \frac{\mu_g}{\sigma_g} = \beta$$

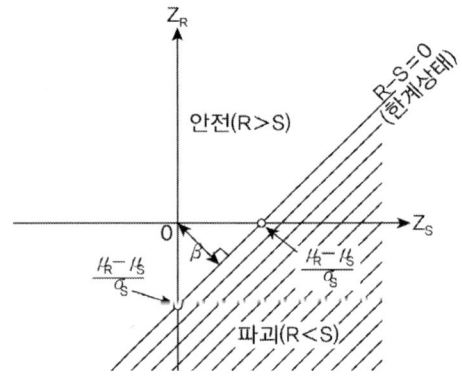

(3) LEVEL Ⅲ : MCS(Monte Carlo simulation)

구조물의 파괴에 관련된 모든 확률변수들의 평균, 분산 및 결합 확률밀도함수를 직접 적분하거나 시뮬레이션한 결과를 이용하여 한계상태함수가 0보다 작을 확률인 파괴확률을 상대적으로 정확하게 산정하는 방법으로 구조물의 파괴확률을 직접 계산할 수 있는 가장 기본적인 방법으로 충분한 회수의 시뮬레이션을 반복하여 파괴확률을 근사적으로 산정하므로 시뮬레이션 방법(Simulation method, 추출법)이라고도 한다.

$$g(R,\ S) = R - S$$

$$P_f = P(g \le 0) = F_g(0) = \int_{-\infty}^{0} \frac{1}{\sigma_g \sqrt{2\pi}} \exp\left\{-\frac{1}{2}\left(\frac{g - \mu_g}{\sigma_g}\right)^2\right\} dg$$

여기서 변수를 표준 정규 변수(Z_g)로 변환하면 $Z_g = \dfrac{g - \mu_g}{\sigma_g}$

파괴확률 $\quad P_f = \displaystyle\int_{-\infty}^{0} \frac{1}{\sqrt{2\pi}} \exp\left\{-\frac{Z_g^2}{2}\right\} dZ_g = \Phi(-\beta)$

여기서 $\beta = \dfrac{\mu_g}{\sigma_g} = \dfrac{\mu_R - \mu_S}{\sqrt{\sigma_R^2 + \sigma_S^2}}$

한계상태함수를 구성하는 모든 확률변수의 결합 확률 밀도 함수가 주어지면 해석적인 적분을 이용하여 파괴확률을 계산할 수 있다. 대부분 적분형태로 정의되는 파괴확률을 해석적으로 계산하기가 어려우며 특히 확률변수가 많을 경우 더욱 어렵다. 따라서 대부분 시뮬레이션 방법에 의해 근사적으로 파괴확률을 추정한다. 대표적인 시뮬레이션 방법으로는 Monte Carlo 시뮬레이션 방법이 있으며 대부분의 구조물은 10^{-4} 이하의 매우 작은 파괴확률을 갖도록 설계되므로 Monte Carlo 시뮬레이션 방법을 이용하여 구조물의 파괴확률을 구하기 위해서는 매우 많은 시뮬레이션이 필요하다. 따라서 Importance sampling method 등과 같이 적은 횟수의 시뮬레이션으로도 비교적 높은 정확도의 파괴확률을 추정할 수 있는 방법들이 개발되었다.

(4) 구조 신뢰성 이론을 이용한 교량의 내하력 평가

계산된 β는 목표신뢰성 지수 β_0 와의 비교를 통해 볼 때 다음과 같은 판정이 가능하다.

$\beta > \beta_0$ (=3.0) : 설계 공용하중에 대한 충분한 내하력이 보유된 건전한 교량으로 판단

$\beta < \beta_0$: 내하력에 문제가 있는 것으로 판단

$\beta < 2.0$: 통행제한, 보수·복구 대책

$\beta < 1.0$ 내외 : 폐쇄, 대피계획 수립

이 신뢰성 이론을 이용하여 교량의 내하력을 산정하는 데 각종 불확정량의 정확한 평가, 실제 노후도의 명확한 반영 등이 중요한 인자로 작용하는 것이 문제점이다.

④ 교량 내하력 평가는 많은 어려운 문제들이 포함되어 있어 이론에 의한 평가보다는 오히려 공학적 판단에 의존하는 경우가 많다. 교량 내하력 조사를 위해 건의사항을 제안하면

(1) 교량 이력, 거동 등을 장기적으로 기초자료 수집

(2) 교량 철거 시 내하력 측정 시험 실시

(3) 신설 교량은 제작부터 건설 후의 거동을 장기적 계측

2. 교량 파손 원인과 대책

콘크리트 상판에 발생하는 손상은 여러 가지 손상원인이 중복적으로 상호 영향에 의해 발생하므로 다각적인 검토를 통해 원인을 추정할 수 있다. 일반적으로 교량상판에 발생하는 손상의 원인은 다음과 같다.

1) 교량 파손의 원인

① 과대한 교통하중 : 차량의 대형화는 차량하중이 설계기준의 개정과 함께 증가하였음에도 오래된 교량에서의 내하력 저하의 원인이 된다. 교량의 단일 차량하중 또는 윤하중은 현재의 1등급 설계하중을 상회하고 있으며 이로 인하여 손상발생이 쉽다.

② 충격의 영향 : 큰 윤하중에 의한 충격하중으로 노면의 함몰부나 신축이음부에 단차가 있는 경우 구조체의 심각한 손상을 초래할 수 있다. 개정된 도로교설계기준(2012)에서는 신축이음부의 충격의 영향을 강화하였다.

③ 시공불량 : 콘크리트 배합이나 시공불량으로 인해 소정의 강도가 확보되지 못하거나 표면 마감처리가 불량할 경우 콘크리트 표면의 손상을 유발하며 피복두께가 부족한 경우에도 철근노출로 인한 구조물 파손의 원인이 된다.

④ 배력철근량 부족 : 차량하중에 의한 휨모멘트에 대해서 배력철근량이 부족하면 손상의 원인이 될 수 있다. 일반적으로 배력철근 방향의 휨모멘트는 주철근 방향에 대해 65~85% 정도가 된다.

⑤ 상판의 강성부족 : 사하중 경감을 위한 철근량의 증가나 고강도 철근의 사용으로 상판두께를 줄인 경우 강성이 작아 큰 변형으로 인한 많은 균열이 수반될 수 있다.

⑥ 주형의 영향 : 연속보 교량, 아치교량 등의 상판에서는 재하상태에 따라 부 모멘트나 인장력이 작용할 수 있어 큰 균열이 발생할 수 있다. 합성교의 경우에도 상판 콘크리트의 건조수축이 구속으로 인해 균열을 유발할 수 있다.

⑦ 지지주형이 부등침하 영향 : 주형의 활하중에 의한 부등침하 발생 시 주형 직각방향의 휨모멘트가 상판에 추가될 수 있다.

⑧ 자유단에서의 과다 모멘트 : 상판 단부에서는 휨모멘트가 크게 발생하기 때문에 일반적으로 철근량을 늘려서 배치한다. 그러나 이에 대한 고려가 없거나 시공이음부에서 상판의 연속성이 저하되어 자유단에 가까운 상태가 되는 경우에는 작용 모멘트가 커지기 때문에 손상의 원인이 된다.

2) 교량상판 보수보강 공법

공법	개요
주입공법	비교적 손상이 가벼운 경우 채용되는 공법으로 균열 내에 에폭시계의 수지를 주입하는 것이 일반적이다. 시공이 용이하고 공기가 짧으며 철근의 방청이 가능하다.
FRP접착공법	교량상판 하면에 FRP를 접착시켜 기존 상판과 일체화시키는 공법

공법	개요
Mortar 뿜어 붙이기	교량 하면에 철근 혹은 철근망을 배치하고 모르타르를 뿜어 붙여 기존 교량과 일체화시키는 공법으로 내하력의 향상을 기대할 수 있으나 시공불량 등이 많다.
강판 접착공법	교량하면에 강판을 접착하고 기존 상판과 일체화시키는 공법으로 접착강판은 일반적으로 4.5~6mm 정도의 것이 쓰이고 접착법에 따라 압착법과 주입법이 있다.
증형공법	상판을 지지하는 기존의 주형 또는 종형 사이에 새로운 종형을 증설해서 상판을 지지하고 상판의 지간을 단축시켜 상판에 작용하는 휨모멘트를 감소시키는 공법
압축측 단면보강	상판의 상면에 차단막을 설치하고 필요에 따라 철근망을 배치하고 콘크리트를 5~8cm 타설하는 공법으로 상판두께의 증가에 의해 내하력의 증가가 기대되지만 새로운 균열이 생기기 쉬우므로 주의해야 한다.
치환 및 교체	기존의 상판을 철거하고 새로운 상판을 설치하는 공법으로 부분적으로 손상이 나타나는 경우는 그 장소에 부분적으로 치환하는 경우가 많다. 교체하는 경우에 사용되는 상판의 종류에 있어서는 강상판, I형 강격자 상판, 프리캐스트 콘크리트 상판 등이 있다.

에폭시계 주입공법

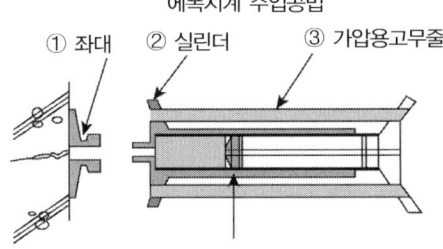

FRP 접착공법

강판접착공법

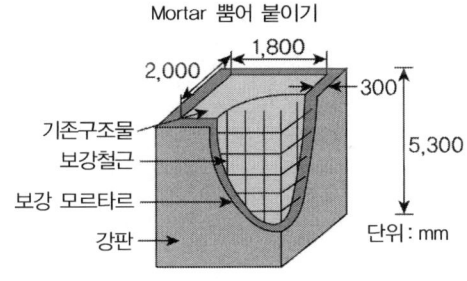

Mortar 뿜어 붙이기

시설물의 자산관리

기존 시설물에 대한 유지관리 차원의 자산관리 개념에 대하여 설명하시오.

풀 이

2009. 대한토목학회 정기학술대회 "자산관리 기법의 교량 적용에 관한 연구"

▶ 개요

구조물의 내용연수(일반적으로 50~100년)의 제한으로 인하여 기존 구조물에 대한 보수 보강 및 교체의 필요성 등이 증가함에 따라 제한된 예산의 효율적 분배 및 적정예산의 수립을 위한 합리적인 의사결정이 필요로 하게 되었다. 이를 위해 합리적 의사결정의 방법으로 사회기반시설을 자산으로 보고 자산관리를 위해 구조물에 발생된 또는 발생될 유지관리조치가 조기에 예산 투입되도록 하며, 재건설 등으로 인한 막대한 비용을 절감하도록 하는 효율적이고 합리적인 의사결정방법을 말한다.

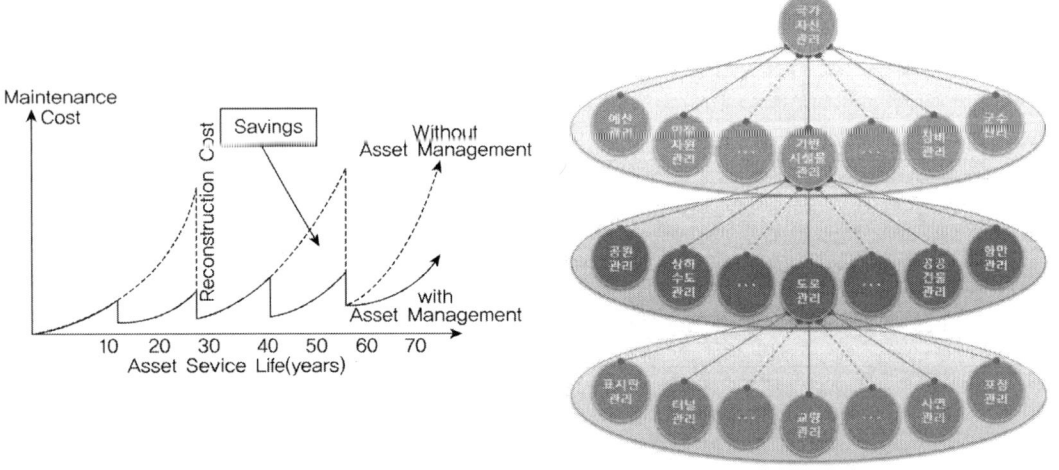

(자산관리에 따른 유지관리비용 절감 예)

▶ 기존 구조물의 자산관리기법

기존 구조물의 자산관리란 사회기반 시설물을 일종의 자산으로 간주하고 유지관리 계획 및 수행에 따른 의사결정에 자산의 가치(Value) 및 서비스 수준(LOS : Level of Service)을 평가할 수 있는 다양한 성능기준을 적용하여 관리주체가 추구하고자 하는 정책 및 목표를 효과적으로 달성할 수 있도록 하는 관리방법이다.

▶ BMS(교량관리시스템)와 자산관리

국내외에서는 교량의 효율적인 유지관리를 위해서 일찍부터 교량관리시스템(BMS : Bridge Management System)을 개발하여 사용하고 있으며 BMS와 같은 개별관리시스템은 서로 다른 자산에 대하여 예산분배에 관한 의사결정에 관계된 정보를 상위시스템에 제공한다. 이러한 정보는 네트워크 전반에 걸친 기반시설물의 자산관리수준을 정하고 효과적인 LOS 관리를 위한 재원의 마련과 예산의 분배를 가능하게 하는 방식으로 새로운 자산관리와 상호 연관되어 적용할 수 있다.

구분	교량관리시스템(Bridge Management System)	기반시설물 자산관리(Infrastructure Asset Management)
정의	관리 주체가 전체 교량의 모든 정보를 종합적으로 관리할 수 있는 정보화 시스템	시설물의 최적화된 관리를 위한 경영전략
목적	• 효율적인 교량정보관리 및 활용 • 교량 상태평가를 통한 최적의 교량상태 유지 • 유지관리 예산의 합리적인 분배 및 투자	• 시설물 상태에 대한 공학적, 해석적 분석을 넘어 대상물을 자산으로 인식 평가하여 가치의 유지 및 향상 • 사용자의 최대 만족
주요 기능	• 교량자료(도면, 점검결과, 보수이력) 관리 • 교량사업 투자 우선순위 결정 • 교량유지관리 수요 및 예산예측	• 자산가치 향상을 위한 관리 최적화 절차 • 서비스수준 향상을 통한 고객만족
고려 요소	• 교량 인벤토리 정보 • 생애주기 교량 성능변화 • 생애주기 유지관리비용 • 최적 유지관리 공법/시기 의사결정 • 예산 수립 및 배분의 적절성	• 자산의 가치 • 서비스 수준(안전, 고객만족, 서비스 질과 양, 용량, 신뢰도, 반응도, 환경적 적응성, 비용, 가용성) • 요구분석(교통증가, 사용자 경향) • 상태 및 성능 측정 • 파괴모드 및 위험도 분석 • 최적 의사결정(운영 및 유지관리계획, 요구관리기술, 자본투자 및 처분전략) • 재무흐름분석(재무계획, 업무계획) • 자산관리계획 수립 • 자산에 대한 인식제고

구조물 내용연수

토목구조물의 내용연수에 대한 일반사항, 경제적 내용연수, 기능적 내용연수 및 물리적 내용연수

풀 이

▶ 개요

내용연수는 일반적으로 성능저하로 인하여 해당 목적물을 사용할 수 없게 되기까지의 연도를 의미한다. 토목구조물에서의 내용연수는 중요한 시설인 교량같은 경우 통상 100년을 목표로 내구성 설계나 내진 등을 검토하고 있다. 내용연수는 목적물의 보수·교체 등 유지관리에 필요한 비용을 평가하는 분석기간으로 사용되며 성능이 저하된 목적물을 철거하는 데 판단되는 기준으로도 사용된다. 일반적으로 내용연수는 물리적, 기능적, 사회적, 경제적 내용연수로 구분될 수 있다.

▶ 내용연수의 구분

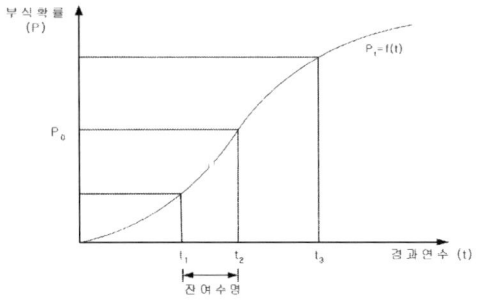

(부식확률에 따른 물리적 잔여수명 추정)

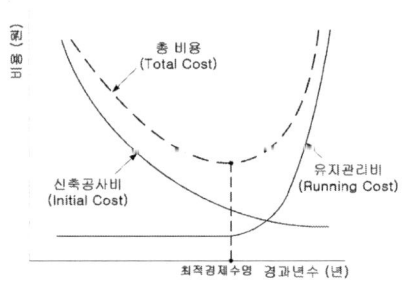

(비용에 따른 최적 경제수명 추정)

1) 물리적 내용연수 : 구조물 전반에 걸쳐 물리적 노후가 상당히 진행되었고, 수선도 불가능해 사용할 수 없을 때까지 경과한 시간을 말한다. 물리적 노후에 영향을 미치는 요인에는 오랜 기간의 사용에 따른 자연적 마모, 파손과 자연적인 풍화, 화학적 부식, 풍수해 등에 의한 손상, 설계 및 시공 불량에 의한 노후화 촉진 등이 있다. 물리적 내용연수는 보수나 보강에 의해 어느 정도 수명을 연장할 수 있으나 RC구조는 대개의 경우 구조체 주철근 부식으로 내하력이 저하될 때에는 보수가 어려운 것으로 보는 경우가 많다. 콘크리트의 중성화와 철근부식 이론에 의한 구조체의 물리적 내용연수를 추정하는 방법 등이 많이 사용된다.

2) 기능적 내용연수 : 초기의 설계조건에서 얻을 수 있는 기능이 새로운 변화에 대응할 수 없을 정도로 그 효용이 저하된 경우의 내용연수를 말한다.

3) 사회적 내용연수 : 외부환경에 적응이 불가능하여 생기는 효용의 저하로 발생한 사회적 측면의 노후

화로 볼 수 있다. 예를 들어 도로 건설로 인해 편입되는 시설물 등의 철거 등이 이에 속한다. 사회적 내용연수는 주로 외부의 조건 및 환경에 의해 좌우된다.

4) 경제적 내용연수 : 건설비 또는 그 자금에 대한 상환과 수익과의 관계로 산정되는 상환연수와 감가상각적인 입장에서 산정된 상각연수와의 균형에서 결정된 내용연수이다. 유지관리나 보수에 관한 비용증대와 경제효과의 감소도 포함된다. VE 등에서 LCC평가나 타당성 검토 시에서의 가치 평가 등에서 많이 이용된다.

시설물 구분

'시설물의 안전 및 유지관리에 관한 특별법' 및 시행령에서는 1종 시설물 및 2종 시설물에 대하여 규정하고 있다. 다음 도로 교량은 몇 종 시설물에 해당되는지 설명하시오.

1) 지간 L=2@50=100m인 강합성형 교량

2) 지간 L=2@45+3@40+2@45=300m인 개량형 PSC 교량

풀 이

➤ 개요

시특법상에서 1종 시설물과 2종 시설물은 다음과 같이 규정하고 있다.

구분	1종 시설물	2종 시설물
도로 교량	• 교량의 상부구조형식이 현수교·사장교·아치교·트러스교인 교량 • 최대 경간장 50m 이상의 교량(한 경간 교량 제외) • 연장 500m 이상의 교량 • 폭 12m 이상으로서 연장 500m 이상인 복개구조물	• 최대 경간장 50m 이상인 한 경간 교량 • 연장 100m 이상의 교량 • 폭 6m 이상이고 연장 100m 이상인 복개구조물
철도 교량	• 고속철도 교량 • 도시철도의 교량 및 고가교 • 트러스교, 아치교, 연장 500m 이상의 교량	• 연장 100m 이상의 교량

➤ 시설물 구분

1) 지간 L=2@50=100m인 강합성형 도로 교량 : 최대 경간장 50m 이상의 교량(한 경간 교량 제외)으로 1종 시설물에 해당된다.

2) 지간 L=2@45+3@40+2@45=300m인 개량형 PSC 도로 교량 : 연장 100m 이상의 교량으로 2종 시설물에 해당된다.

시설물의 안전등급

"시설물의 안전 및 유지관리에 관한 특별법"에 제시된 시설물의 안전등급 결정 시 유의사항 및 각 등급에 따른 시설물의 상태에 대하여 설명하시오.

풀 이

> **개요**

시설물의 안전점검과 유지관리를 통해 사고를 예방하기 위한 목적으로 제정된 시설물안전법(시설물 안전 및 유지관리에 관한 특별법)에 따라 시설물의 등급(제1종~제3종)별로 안전점검을 하도록 규정하고 있고, 안전등급에 따라 점검 주기를 달리하도록 하고 있다.

> **시설물 안전등급 결정 시 유의사항**

1) 시설물 안전등급 결정 시 객관적 정량적 종합평가 수행

안전점검 등을 실시한 책임기술자는 해당 시설물에 대하여 종합적으로 평가한 결과로부터 안전등급을 지정한다. 시설물의 종합평가는 구조물 부재의 결함 및 손상에 대하여 평가 기준 및 상태평가 기법에 따라 수행한 상태평가 결과와 시설물의 안전성 평가 결과를 고려하여 개별 시설물의 종합평가 결과를 결정한다. 교량 등 각 시설물에 대한 종합평가는 상태평가만 실시하거나 또는 상태평가와 안전성 평가를 각각 실시한 후 이들 결과를 기초로 종합하여 이루어진다. 즉, 상태평가만 실시하는 경우에는 상태평가 결과를 종합평가 결과로 갈음하여 상태평가 결과가 종합평가 결과로 결정되지만 상태평가와 안전성평가를 동시에 실시한 경우에는 상태평가 결과와 안전성평가 결과를 비교 검토하여 최종적인 종합평가 결과를 부여하게 된다. 따라서 상태평가와 안전성평가가 동시에 실시되는 경우에 대하여 상태평가 결과와 안전성평가 결과를 객관적이고 정량적이며 통일성 있는 종합평가가 이루어지고 합리적인 종합평가 결과가 결정될 수 있도록 시설물의 안전 및 유지관리 실시 세부지침 「시설물편」의 종합평가 기준에 따라 시설물의 종합평가 결과를 결정한다.

2) 객관적 사유에 따른 시설물 안전등급 상향

안전점검 등의 실시결과 기존의 안전등급보다 상향하여 조정할 경우에는 해당 시설물에 대한 보수·보강 조치 등 그 사유가 분명하여야 한다.

➤ 시설물 안전등급에 따른 시설물의 상태

관련법상에 시설물의 안전등급은 5등급(A~E)으로 구분하고 있으며, D, E등급의 경우 주요부재의 결함이 있어 사용을 제한하고 즉각적인 보수·보강이 필요한 상태를 의미한다.

안전등급	시설물의 상태
A (우수)	문제점이 없는 최상의 상태
B (양호)	보조부재에 경미한 결함이 발생하였으나 기능 발휘에는 지장이 없으며, 내구성 증진을 위하여 일부의 보수가 필요한 상태
C (보통)	주요부재에 경미한 결함 또는 보조부재에 광범위한 결함이 발생하였으나 전체적인 시설물의 안전에는 지장이 없으며, 주요부재에 내구성, 기능성 저하 방지를 위한 보수가 필요하거나 보조부재에 간단한 보강이 필요한 상태
D (미흡)	주요부재에 결함이 발생하여 긴급한 보수·보강이 필요하며 사용제한 여부를 결정하여야 하는 상태
E (불량)	주요부재에 발생한 심각한 결함으로 인하여 시설물의 안전에 위험이 있어 즉각 사용을 금지하고 보강 또는 개축을 하여야 하는 상태

안전점검과 안전진단의 실시주기

시설물의 안전등급 기준과 안전점검 및 정밀안전진단의 실시주기에 대하여 설명하시오.

풀 이

▶ 개요

시설물의 안전점검과 유지관리를 통해 사고를 예방하기 위한 목적으로 제정된 시설물안전법(시설물 안전 및 유지관리에 관한 특별법)에 따라 시설물의 등급(제1종~제3종)별로 안전점검을 하도록 규정하고 있고, 안전등급에 따라 점검 주기를 달리하도록 하고 있다.

▶ 시설물의 안전등급

관련법상에 시설물의 안전등급은 5등급(A~E)으로 구분하고 있으며, D, E등급의 경우 주요부재의 결함이 있어 사용을 제한하고 즉각적인 보수·보강이 필요한 상태를 의미한다.

안전등급	시설물의 상태
A (우수)	문제점이 없는 최상의 상태
B (양호)	보조부재에 경미한 결함이 발생하였으나 기능 발휘에는 지장이 없으며, 내구성 증진을 위하여 일부의 보수가 필요한 상태
C (보통)	주요부재에 경미한 결함 또는 보조부재에 광범위한 결함이 발생하였으나 전체적인 시설물의 안전에는 지장이 없으며, 주요부재에 내구성, 기능성 저하 방지를 위한 보수가 필요하거나 보조부재에 간단한 보강이 필요한 상태
D (미흡)	주요부재에 결함이 발생하여 긴급한 보수·보강이 필요하며 사용제한 여부를 결정하여야 하는 상태
E (불량)	주요부재에 발생한 심각한 결함으로 인하여 시설물의 안전에 위험이 있어 즉각 사용을 금지하고 보강 또는 개축을 하여야 하는 상태

▶ 안전점검과 정밀안전진단의 실시주기

안전점검은 정기안전점검과 정밀안전점검, 긴급안전점검으로 구분되며, 정기적으로 실시되는 정기와 정밀안전점검과 달리 긴급안전점검은 관리주체가 위험이 있다고 판단된 경우에 실시된다. 통상 반기별 외관조사를 통해 실시되는 정기안전점검과 달리 정밀안전점검은 장비를 이용한 점검을 실시하며, 정밀안전진단의 경우에는 중요시설인 제1종시설물을 대상으로 정기적으로 실시하거나 안전점검결과 필요하다고 인정되는 시설물의 경우에 수행하도록 하고 있다.

1) 안전점검 : 경험과 기술을 갖춘 자가 육안이나 점검기구 등으로 검사하여 시설물에 내재(內在)되어 있는 위험요인을 조사하는 행위를 말하며, 점검목적 및 점검수준을 고려하여 정기안전점검 및 정밀 안전점검 등으로 구분한다.

① 정기안전점검 : 시설물의 상태를 판단하고 시설물이 점검 당시의 사용요건을 만족시키고 있는 지 확인할 수 있는 수준의 외관조사를 실시하는 안전점검

② 정밀안전점검 : 시설물의 상태를 판단하고 시설물이 점검 당시의 사용요건을 만족시키고 있는 지 확인하며 시설물 주요 부재의 상태를 확인할 수 있는 수준의 외관조사 및 측정·시험장비를 이용한 조사를 실시하는 안전점검

③ 긴급안전점검 : 관리 주체가 시설물의 붕괴·전도 등이 발생할 위험이 있다고 판단하는 경우 긴급으로 실시하는 안전점검

2) 정밀안전진단 : 시설물의 물리적·기능적 결함을 발견하고 그에 대한 신속하고 적절한 조치를 하기 위하여 구조적 안전성과 결함의 원인 등을 조사·측정·평가하여 보수·보강 등의 방법을 제시하는 행위를 말하며, 제1종시설물이거나 안전점검 또는 긴급안전점검 결과 재해 및 재난을 예방하기 위해 필요하다고 인정된 경우에 시행된다.

3) 실시주기

안전등급	정기안전점검	정밀안전점검		정밀안전진단	성능평가
		건축물	건축물 외 시설물		
A등급	반기에 1회 이상	4년에 1회 이상	3년에 1회 이상	6년에 1회 이상	5년에 1회 이상
D·C 등급		3년에 1회 이상	2년에 1회 이상	5년에 1회 이상	
D·E 등급	1년에 3회 이상	2년에 1회 이상	1년에 1회 이상	4년에 1회 이상	

안전점검과 진단의 주요내용

'시설물의 안전 및 유지관리에 관한 특별법 시행령(2024.7.)'에 규정된 다음의 사항들에 대하여 설명하시오.

1) 안전점검의 실시 등에서 "대통령령으로 정하는 주요 부분"인 시설물별 주요부분
2) 정기안전점검, 정밀안전점검 및 긴급안전점검, 정밀안전진단 결과보고서에 포함될 사항
3) 구조물의 구조안전에 중대한 영향을 미치는 것으로 인정되는 "시설물 기초의 세굴, 부등침하 등 대통령령으로 정하는 중대한 결함"

풀 이

▶ 안전점검 시설물별 주요부분

안전점검을 실시할 때는 시설물의 기능유지와 붕괴방지 등의 구조물의 목적에 부합하도록 주요부재의 안전성에 대한 검증을 하여야 하며, 이를 목적으로 「시설물의 안전 및 유지관리에 관한 특별법 시행령」(제8조 제3항)에 주요 시설물별 반드시 점검을 해야 하는 부분을 구체적으로 교량, 터널, 항만, 댐, 건축물 등 구조물별로 지정해 점검하도록 규정하고 있다.

시설물	주요 부분
교량	• 최대 경간장이 50미터 이상이거나 연장이 500미터 이상인 교량의 철근콘크리트 또는 철골구조부 • 연장이 500미터 미만인 교량의 철근콘크리트 또는 철골구조부
터널	• 터널(철도터널을 포함한다)의 철근콘크리트 또는 철골구조부
항만	• 철근콘크리트 · 철골구조부
댐	• 본체 및 여수로(여분 수량 배수로) 부분
건축물	• 대형 공공성 건축물(공동주택 · 종합병원 · 관광숙박시설 · 관람집회시설 · 대규모 소매점과 그 밖의 용도의 16층 이상의 건축물)의 기둥 및 내력벽
상 · 하수도	• 철근콘크리트 · 철골구조부

▶ 안전점검별 결과보고서 포함할 사항

주로 육안이나 간단한 점검기구 등을 통해 실시하는 안전점검과 달리, 결함 발견 후 신속하고 적절한 조치를 하기 위해 실시하는 정밀안전진단은 구조적 안전성과 결함의 원인 등을 조사 · 평가해 적절한 보수 · 보강의 방법을 제시하여야 하며, 긴급안전점검의 경우 붕괴 · 전도 등 급작스러운 재해가 우려될 때 실시하는 점검으로 각각 점검과 검사는 그 목적에 맞게 결과보고서를 작성하도록 구분해 규정하고 있다.

① 정기안전점검 : 시설물의 상태를 판단하고 시설물이 점검 당시의 사용요건을 만족시키고 있는지 확인할 수 있는 수준의 외관조사를 실시하는 안전점검

② 정밀안전점검 : 시설물의 상태를 판단하고 시설물이 점검 당시의 사용요건을 만족시키고 있는 지 확인하며 시설물 주요부재의 상태를 확인할 수 있는 수준의 외관조사 및 측정·시험장비를 이용한 조사를 실시하는 안전점검

③ 긴급안전점검 : 시설물의 붕괴·전도 등으로 인한 재난 또는 재해가 발생할 우려가 있는 경우에 시설물의 물리적·기능적 결함을 신속하게 발견하기 위하여 실시하는 점검

④ 정밀안전진단 : 시설물의 물리적·기능적 결함을 발견하고 그에 대한 신속하고 적절한 조치를 하기 위하여 구조적 안전성과 결함의 원인 등을 조사·측정·평가하여 보수·보강 등의 방법을 제시하는 행위

【 안전진단별 결과보고서에 포함되어야 할 내용 】

구분	포함되어야 할 사항
정기안전검사	• 시설물의 개요 및 이력사항, 점검의 범위 및 과업내용 등 정기안전점검의 개요 • 설계도면 및 보수·보강 이력 등 자료 수집 및 분석 • 외관조사 결과분석 등 현장조사 • 종합결론 • 그 밖에 정기안전점검에 관한 것으로서 국토교통부장관이 정하는 사항
정밀안전점검 및 긴급안전점검	• 시설물의 개요 및 이력사항, 점검의 범위 및 과업내용 등 정밀 및 긴급안전점검의 개요 • 설계도면, 구조계산서 및 보수·보강 이력 등 자료 수집 및 분석 • 외관조사 결과분석, 재료시험 및 측정 결과분석 등 현장조사 및 시험 • 콘크리트 또는 강재 등 시설물의 상태평가 • 종합결론 및 건의사항 • 그 밖에 정밀안전점검 및 긴급안전점검에 관한 것으로서 국토교통부장관이 정하는 사항
정밀안전진단	• 시설물의 개요 및 이력사항, 진단의 범위 및 과업내용 등 정밀안전진단의 개요 • 설계도면, 구조계산서 및 보수·보강 이력 등 자료 수립 및 분석 • 외관조사 결과분석, 재료시험 및 측정 결과분석 등 현장조사 및 시험 • 콘크리트 또는 강재 등 시설물의 상태평가 • 시설물의 구조해석 등 안전성 평가 • 시설물의 종합평가 • 보수·보강 방법 • 종합결론 및 건의사항 • 그 밖에 정밀안전진단에 관한 것으로서 국토교통부장관이 정하는 사항

▶ 구조안전에 영향을 미치는 중대한 결함

구조물의 구조안전에 중대한 영향을 미치는 중대한 결함은 구조물이 파손, 붕괴되어 기능 수행 불가 등의 문제가 발생할 수 있는 주요부재에 대한 결함을 말하며, 교량의 경우 주형(Girder)이나 케이블 부재나 긴장재 등을 말하며, 터널, 댐 등 구조물별로 주요 부재에 대한 결함사항을 시행규칙을 통해 규정하고 있다.

【 시설물의 구조안전상 주요 부위의 중대한 결함 】

구분	포함되어야 할 사항
교량	• 주요 구조부위의 철근량 부족 • 주형(교량보, 거더; girder)의 균열 심화 • 철근콘크리트 부재의 심한 재료 분리 • 부재 연결판의 균열 및 심한 변형 • 철강재 용접부의 용접불량 • 케이블 부재 또는 긴장재(콘크리트 속의 강재나 강철로 만든 줄)의 손상 • 교대·교각의 균열 발생
터널	• 벽체균열의 심화 및 탈락 • 복공부위의 심한 누수 및 변형
하천	• 수문의 작동 불량
댐	• 댐체, 여수로, 기초 및 양쪽 기슭부(양안부)의 누수, 균열 및 변형 • 수문의 작동불량
상수도	• 관로의 파손, 변형 및 부식 • 관로이음부의 불량접합
건축물	• 주요 구조부재의 과다한 변형 및 균열 심화 • 지반침하 및 이로 인한 활동적인 균열 • 누수·부식 등에 의한 구조물의 기능 상실 • 조립식 구조체의 연결부실로 인한 내력 상실
항만	• 갑문시설 중 문짝작동시설 부식 노후화 • 갑문의 물을 채우거나 빼는 송배수로 시설의 부식 노후화 • 잔교(선박을 매어두거나 부두에 닿도록 구름다리 형태로 만든 구조물)·시설 파손 및 결함 • 케이슨(Caisson: 철근 콘크리트로 만든 상자나 원통 모양 등의 구조물) 구조물의 파손 • 안벽(부두벽)의 법선(法線: 계류시설에서 선박이 접안하는 면의 상부 끝단을 연장한 선) 변위 및 침하

정밀점검과 정밀안전진단의 비교

정밀점검 및 정밀안전진단의 내용을 비교하여 설명하시오.

풀 이

▶ 개요

정밀(안전)점검은 정기안전점검과 함께 시설물안전법에 따라 안전점검의 종류로 시설물에 따라 주기를 가지고 전문가가 시설물에 내재되어 있는 위험요인을 조사하는 행위를 말하며, 정밀안전 진단은 제1종시설물을 대상으로 정기적으로 실시하거나, 안전점검 또는 긴급안전점검 결과 재난 및 재해예방을 위해 필요한 경우에 실시하는 것으로 시설물의 물리적·기능적 결함을 발견하고 그에 대한 신속하고 적절한 조치를 하기 위하여 구조적 안전성과 결함의 원인 등을 조사·측정· 평가하여 보수·보강 등의 방법을 제시하는 행위를 말한다.

▶ 정밀안전점검 및 정밀안전진단의 비교

1) 정밀안전점검

정기안전점검 결과에 따른 안전등급에 따라 점검시기를 1~3년에 1회 이상 실시하며, 시설물의 현 상태를 정확히 판단하고 최초 또는 이전에 기록된 상태로부터의 변화를 확인하며 구조물이 현재 의 사용요건을 계속 만족시키고 있는지 확인하기 위하여 면밀한 외관조사와 간단한 측정·시험상 비로 필요한 측정 및 시험을 실시한다. 외관조사 및 측정·시험 결과와 이전의 안전점검등 실시결 과에서 발견된 결함의 진전 및 신규발생을 파악하여 시설물의 주요 부재별 상태를 평가하고 이전 의 안전점검 등 실시결과의 상태평가 결과와 비교·검토하여 시설물 전체에 대한 상태평가 결과 를 결정하여야 하며, 결함부위 등 주요 부위에 대한 외관조사망도 작성 등 조사결과를 도면으로 기록하여야 한다. 정밀안전점검 실시결과 결함이 광범위하게 발생하는 등 정밀안전진단이 필요하 다고 판단될 경우에는 점검자는 관리주체에게 즉시 보고하고 정밀안전진단을 실시하여야 한다.

2) 정밀안전진단

정밀안전진단은 안전점검 또는 긴급안전점검을 실시한 결과 시설물의 재해 및 재난 예방과 안전 성 확보 등을 위하여 필요하다고 인정하는 경우에 실시하며, 제1종시설물의 경우에는 정기적으로 실시한다. 정밀안전진단은 안전점검으로 쉽게 발견할 수 없는 결함부위를 발견하기 위하여 정밀 한 외관조사와 각종 측정·시험장비에 의한 측정·시험을 실시하여 시설물의 상태평가 및 안전성 평가에 필요한 데이터를 확보한다. 현장조사 시 필요한 경우 교통통제 및 안전조치를 취하여야 하며 시설물 근접조사를 위한 접근장비와 필요시 수중카메라 등 특수장비와 잠수부 등 특수기술자도 투입하여야 한다. 결함의 유무 및 범위에 대한 확인이 필요한 때에는 현장 재료시험과 기타 필요한 재료시험을 병행하여야 한다. 전체 구조물의 표면에 대한 외관조사 결과는 도면으로 기록하여야 하며, 구조물 전체 부재별 상태를 평가하고 시설물 전체에 대한 상태평가 결과를 결정하여야 한다. 정밀안전진단에서는 시설물의 결함 정도에 따라 필요한 조사·측정·시험, 구조계산, 수치해석 등을 실시하고 분석·검토하여 안전성평가 결과를 결정하여야 한다. 또한, 필요한 경우 구조물의 사용성 평가 및 내진성능평가 등을 실시하여야 한다. 정밀안전진단 결과 보수·보강이 필요한 경우에는 보수·보강방법을 제시하여야 한다. 이 경우 보수·보강 시 예상되는 임시 고정하중(공사용 장비 및 자재 등)이 현저하게 작용하는 상황에 대한 구조 안전성평가를 포함하여야 한다.

안전등급	정기안전점검	정밀안전점검		정밀안전진단	성능평가
		건축물	건축물 외 시설물		
A등급	반기에 1회 이상	4년에 1회 이상	3년에 1회 이상	6년에 1회 이상	5년에 1회 이상
B·C 등급		3년에 1회 이상	2년에 1회 이상	5년에 1회 이상	
D·E 등급	1년에 3회 이상	2년에 1회 이상	1년에 1회 이상	4년에 1회 이상	

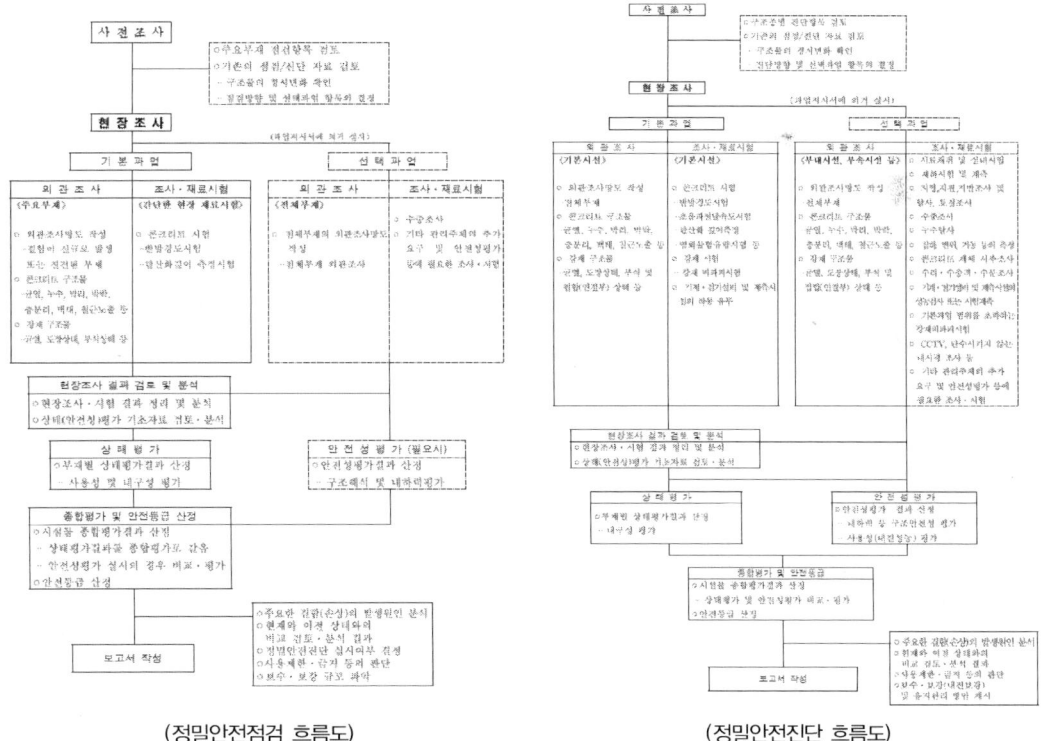

(정밀안전점검 흐름도)   (정밀안전진단 흐름도)

교량의 정밀안전진단

기존 교량의 정밀안전진단을 위한 기본과업에 대하여 설명하시오.

풀 이

▶ 개요

정밀안전진단은 시설물의 물리적·기능적 결함을 발견하고, 그에 대한 신속하고 적절한 조치를 하기 위하여 구조적 안전성과 결함의 원인 등을 조사·측정·평가하여 보수·보강 등의 방법을 제시하는 행위를 말한다.

▶ 정밀안전진단을 위한 기본과업

정밀안전진단은 기본과업과 선택과업으로 구성되어 있으며, 기본과업은 시설물의 구분 없이 기본적으로 실시하여야 하는 과업을 말한다. 기본과업의 현장조사 및 시험 항목은 최소필요 조건으로 특별한 사유가 있는 경우에는 추가 또는 축소할 수 있다.

① 자료수집 및 분석 : 준공도면, 구조계산서, 특별시방서, 수리·수문계산서, 시공·보수도면, 제작 및 작업도면, 재료증명서, 품질시험기록, 재하시험 자료, 계측자료, 시설물관리대장, 기존 안전점검·정밀안전진단 실시결과, 보수·보강이력

② 현장조사 및 시험 : 전체부재의 외관조사 및 외관조사망도 작성, 콘크리트 구조물의 균열, 누수, 박리, 박락, 층분리, 백태, 철근노출 등 조사, 강재 구조물의 균열, 도장상태, 부식 및 접합(연결부) 상태 등 조사, 현장 재료시험, 콘크리트의 비파괴강도(반발경도시험, 초음파전달속도시험 등) 시험, 탄산화 깊이 측정, 염화물함유량시험, 강재의 비파괴시험, 기계·전기설비 및 계측시설의 작동 유무

③ 상태평가 : 외관조사 결과분석, 현장시험 및 재료시험 결과 분석, 콘크리트 및 강재 등의 내구성 평가, 부재별 상태평가 및 시설물 전체의 상태평가결과에 대한 소견

④ 안전성평가 : 조사, 시험, 측정 결과의 분석, 기존의 구조·지반·수리·수문 계산서 또는 안전성평가 자료 분석, 내하력 및 구조 안전성평가 검토, 시설물의 안전성평가결과에 대한 소견

⑤ 종합평가 : 시설물의 안전상태 종합평가결과에 대한 소견, 안전등급 지정

⑥ 보수·보강 방법의 제시

⑦ 보고서 작성 : 외관조사망도 작성 등 보고서 작성

성능평가와 안전점검 및 진단

성능평가와 안전점검·진단의 차별성과 연계성에 대하여 설명하시오.

풀 이

▶ 개요

주요 사회기반시설은 구조물의 중요도에 따라 정기점검 및 정밀점검 등 안전점검을 받도록 관련 법에서 규정하고 있으며, 안전점검 및 진단 결과에 따라 정밀한 안전진단을 하는 경우 점검결과에 따라 안전등급을 부여하여 보수·보강을 하도록 하고 있다. 성능평가는 안전등급을 부여하는 과정에서 구조물의 성능이 원래 고유의 목적을 유지하기 위해 적절한지 여부를 평가하는 것으로 성능이 부족할 경우 보수·보강을 통해 구조물의 원래 취지에 부합되는 구조물이 되도록 하여야 한다.

▶ 성능평가와 안전점검·진단

1) **안전점검 및 진단** : 구조물은 시간이 경과함에 따라 여러 원인에 의해 성능저하가 발생되어 구조물 원래의 기능을 발휘하지 못하는 경우가 있다. 이런 성능이 저하된 구조물의 현재 상태를 점검하고 평가하여 구조물의 잔존수명을 예측하는 등의 작업을 안전진단이라고 한다. 구조물의 안전진단은 기존 구조물의 기능을 보전, 향상시키고 부분적인 기능을 갱신하기 위한 조치를 위하여 필요하다.

시설	교량	터널	하천
중대 결함	– 주요 구조부위 철근량 부족 – 주형(거더)의 균열 심화 – 철근콘크리트 부재의 심한 재료 분리 – 철강재 용접부의 불량용접 – 교대·교각의 균열 발생	– 벽체균열 심화 및 탈락 – 복공부위 심한 누수 및 변형	– 수문의 작동불량

시설	댐	건축물	항만
중대 결함	– 물이 흘러 넘치는 부분의 콘크리트 파손 및 누수 – 기초지반의 누수, 파이핑 및 세굴 – 수문의 작동 불량	– 조립식 구조체의 연결부실로 인한 내력 상실 – 주요구조부재의 과다한 변형 및 균열심화 – 지반침하 및 이로 인한 활동적인 균열 – 누수·부식 등에 의한 구조물의 기능 상실	– 갑문시설 중 문비작동시설 부식 노후화 – 갑문 충·배수 아키덕트 시설의 부식 노후화 – 잔교·시설 파손 및 결함 – 케이슨구조물의 파손 – 안벽의 법선변위 및 침하

2) **성능평가** : 구조물의 공용 중에 필요한 성능을 만족하는지 여부에 대한 평가로 교량의 경우 내하력 평가나 내진성능평가 등을 예로 들 수 있으며, 요구 성능을 만족하지 못할 경우에는 보수·보강을 실시한다. 내하력 평가의 경우 외관조사와 설계도서의 검토에서부터 시작하여 재하시험, 비파괴시험 등을 통해 합리적 모델링을 하고 구조해석을 통해 공용 내하력을 결정하게 된다. 산정된 공용 내하력을 통해 구조물의 성능에 대해 평가한다.

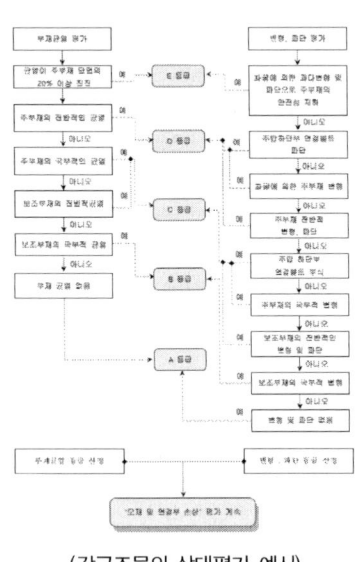

(강구조물의 상태평가 예시)

(전체시설물에 대한 상태평가 예시)

▶ 성능평가결과에 따른 보수·보강

성능평가결과 보수·보강이 필요한 구조물에 대해 즉각적인 보수보강이 어렵거나 한정된 예산으로 활용되어야 하는 경우에는 보수·보강 구조물에 대해 우선순위를 결정하여 실시한다. 내진성능평가의 경우에는 지진도, 취약도, 영향도를 산정하여 기존 교량을 '내진보강 핵심교량', '내진보강 중요교량', '내진보강 관찰교량', '내진보강 유보교량'의 내진등급으로 그룹화하고, 성능평가결과에 따라 우선순위를 정해 추진하였다.

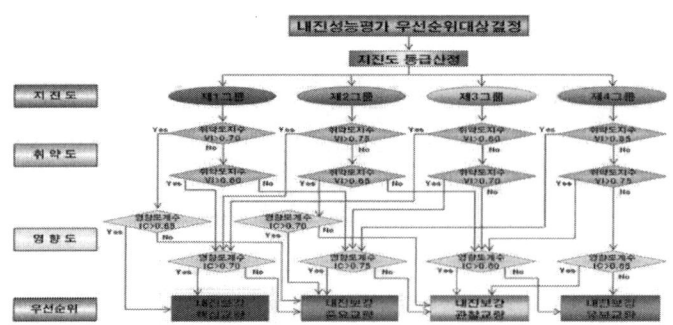

강교의 안전진단

강박스 교량에서 안전진단 및 점검의 전 과정에 대하여 설명하시오.

풀 이

▶ 개요

안전점검은 정기안전점검과 정밀안전점검, 긴급안전점검으로 구분되며, 정기적으로 실시되는 정기와 정밀안전점검과 달리 긴급안전점검은 관리주체가 위험이 있다고 판단된 경우에 실시된다. 통상 반기별 외관조사를 통해 실시되는 정기안전점검과 달리 정밀안전점검은 장비를 이용한 점검을 실시하며, 정밀안전진단의 경우에는 중요시설인 제1종시설물을 대상으로 정기적으로 실시하거나 안전점검결과 필요하다고 인정되는 시설물의 경우에 수행하도록 하고 있다. 강박스 교량의 경우 통상적으로 경간장이 50m 이상에 적용되기 때문에 1종 시설물로 분류되는 것이 다수이다. 때문에 본 문제에서는 정밀안전진단을 기준으로 설명한다.

▶ 강박스 교량의 안전진단과 점검 과정

정밀안전진단을 할 때에는 기본과업과 선택과업으로 구분되어 있다. 기본과업은 시설물의 구분 없이 기본적으로 실시하여야 하는 과업을 말한다. 기본과업의 현장조사 및 시험 항목은 최소필요 조건으로 특별한 사유가 있는 경우에는 추가 또는 축소할 수 있다. 선택과업은 과업지시서에 따라 부재시설, 부속시설에 대한 외관조사와 추가적인 재하시험이나 시험계측, 재료시험 등을 포함할 수 있다.

1) 사전조사

안전진단이나 점검을 수행하기 전에는 준공도면, 구조계산서, 기존 안전점검이나 진단 결과 등의 자료수집과 분석을 선행한다. 이를 통해 구조물별 진단항목 점검 방향 등을 결정한다.

2) 현장조사

현장조사에서는 외관조사와 비파괴시험 등을 실시한다. 외관조사를 통해 콘크리트 슬라브의 균열, 누수, 박리, 백태, 철근노출 등을 조사하고 강재의 균열, 도상상태, 부식 및 접합부의 상태 등에 대한 외관조사를 실시한다. 강재 비파괴 시험을 통해 용접부의 상태조사도 함께 수행한다. 각 부재별 현장조사 내용은 아래와 같다.

【 외관조사 】
① 콘크리트 바닥판 : 받침부 부스러짐, 사인장 균열, 중앙부 휨균열

② 강교의 공통 점검부위 : (1) 도장 손상 및 부식, (2) 현장이음부 볼트 손상 및 누수, (3) 신축이음 하면, 배수구 주변, 난간하면 누수, 부식, (4) 이상음

③ 피로강도등급 낮은 용접상세부의 피로균열

④ 받침부 : (1) 복부판 부식 및 국부좌굴, (2) 거더와 받침 연결부 부식, (3) 게르버교의 경우 핀연결부 부식, (4) 지점보강재 하단 용접부 균열, (5) 박스내부 출입구 방치, (6) 박스 내부 물고임 및 부식

⑤ 중앙부 : (1) 부식, (2) 플랜지 변형 및 처짐, (3) 맞대기 용접부, 덮개판 덧댐부 끝부분 균열

⑥ 보수부위 : 용접부 및 용접부 주변 균열

⑦ 교대 및 교각부 : 균열, 박리, 박락, 층분리, 철근노출, 백태, 물고임, 받침부 균열 및 파손, 벽체와 날개벽 균열 및 침하, 배수구 막힘, 이동, 전도 등

⑧ 교량받침부 : 신축유간 부족 여부, 가동장애요소, 받침과 거더 간 밀착상태, 물고임 및 부식, 앵커볼트 파손, 손상 등

⑨ 신축이음 : 충격음, 본체 유동 및 파손, 누수, 유각부족이나 과다, 오물 퇴적, 고무판 마모, 강판노출 및 부식, 연결부 이완 및 파손, 단차, 균열 및 파손 등

⑩ 교면포장, 배수시설, 난간 및 연석, 추락방지시설 등 공중 이용시설 등에 대한 외관조사

【 재료시험 】

① 슬래브 등 콘크리트 구조물의 강도시험, 철근탐사, 탄산화 깊이, 염화물 함유량, 균열깊이 등

② 자분탐상 및 초음파 탐상, 방사선투과시험 등을 이용한 강재용접부 결함조사

3) 현장조사 결과 검토 및 분석, 상태평가

현장조사시험 결과를 정리 분석해 부재별 상태평가를 실시한다. 콘크리트의 경우 탄산화와 염화물에 대한 평가항목을 포함하고 부재의 중요도를 감안해 차등화해 a~e등급으로 평가한다. 교량의 안전에 직접적인 영향을 미치는 바닥판, 거더, 하부구조 및 받침은 평가기준을 a~e로 범위를 적용하고, 내구성에 영향을 미치는 신축이음, 배수시설, 교면포장과 2차부재인 가로보와 세로보는 a~d로 범위로 평가한다. 강재의 경우 모재 및 연결부 손상과 표면 열화 정도에 따라 평가하며 모재 및 연결부 손상은 부재균열, 변형 및 파단, 연결볼트 이완 및 탈락, 용접연결부 결함으로 구분해 평가한다.

| 기준 | 모재 및 연결부 손상 | | | | 표면열화 |
	부재 균열	변형, 파단	연결 볼트 이완, 탈락	용접연결부 결함	
a	○ 없음	○ 없음	○ 없음	○ 없음	○ 없음
b	○ 보조부재의 국부적 균열	○ 보조부재의 국부적 변형	○ 보조부재 2% 미만	○ 부분적 용접불량 (기공, 슬래그, 언더컷)	○ 도장탈락 면적 10% 미만 ○ 부식발생 면적 2% 미만

| 기준 | 모재 및 연결부 손상 | | | | 표면열화 |
	부재 균열	변형, 파단	연결 볼트 이완, 탈락	용접연결부 결함	
c	○ 보조부재의 전반적 균열 ○ 주부재의 국부적 균열	○ 보조부재의 전반적 변형 및 파단 ○ 주부재의 국부적 변형 ○ 주탑하단부 연결볼트 부식	○ 보조부재 2% 이상 ~10% 미만 ○ 주부재 2% 미만	○ 주부재의 심한 용접 불량(기공, 슬래그, 언더컷) ○ 부분적 용입부족, 용접누락	○ 도장탈락 면적 10% 이상 ○ 부식발생 면적 2% 이상 ~10% 미만
d	○ 주부재의 전반적 균열	○ 주부재의 전반적 변형 및 파단 ○ 좌굴에 의한 주부재 변형 ○ 주탑하단부 연결볼트 파단	○ 보조부재 10% 이상 ○ 주부재 2% 이상~ 10% 미만	○ 인장플랜지 용접 연결부 용입부족 및 용접누락으로 인한 안전성저하	○ 부식발생 면적 10% 이상 ○ 부식에 의한 단면손상 면적 2% 이상~ 10% 미만
e	○ 균열이 주부재 단면의 20% 이상 진전	○ 좌굴에 의한 과대 변형 및 파단으로 주부재의 안전성 저하	○ 주부재 10% 이상	○ 인장플랜지 용접 연결부 균열진전으로 인해 연결기능 상실	○ 부식에 의한 단면손상 면적 10% 이상

4) 안전성 평가

구조물의 안전성평가는 주요 구조부재의 정밀외관조사, 비파괴 현장시험 및 재료시험의 결과를 토대로 내하력 등 구조안전성 평가와 내진성능 등 사용성 평가를 수행한다. 안전성 평가를 할 때에는 대상 교량의 설계개념에 따라 일관성을 유지하며 평가하여야 한다.

기준	안전성평가기준	비 고
A	SF > 1.0	○ 허용응력설계법
B	0.9 ≤ SF < 1 이나, 공용 내하력이 설계하중보다 크게 평가된 경우	$SF(안전율) = \dfrac{허용응력}{발생응력} = \dfrac{f_a}{f_{d+l}}$
C	0.9 ≤ SF < 1	
D	0.75 ≤ SF < 0.9	○ 강도설계법
E	SF < 0.75	$SF(안전율) = \dfrac{설계강도}{소요강도} = \dfrac{\phi M n}{M}$

① 허용응력법에 의한 공용 내하력 평가

(1) 내하율(RF) $= \dfrac{f_a - f_d}{f_l\,(1+i)}$

(2) 공용내하력(P) $= K_s \times RF \times P_r$

② 강도설계법에 의한 공용 내하력 평가

(1) 내하율(RF) $= \dfrac{\varphi M_n - \gamma_d M_d}{\gamma_l M_l\,(1+i)}$

(2) 공용내하력(P) $= K_s \times RF \times P_r$

5) 종합평가 및 안전등급 산정

시설물의 상태평가와 안전성평가를 비교해 종합평가결과를 산정하고 안전등급을 산정한다. 주요 결함이나 손상이 발생한 경우에는 이전 상태와 비교 검토 및 분석을 통해 발생원인에 대한 분석과 사용제한이나 금지 등의 조치, 보수보강 및 유지관리 방안 등에 대해 제시한다.

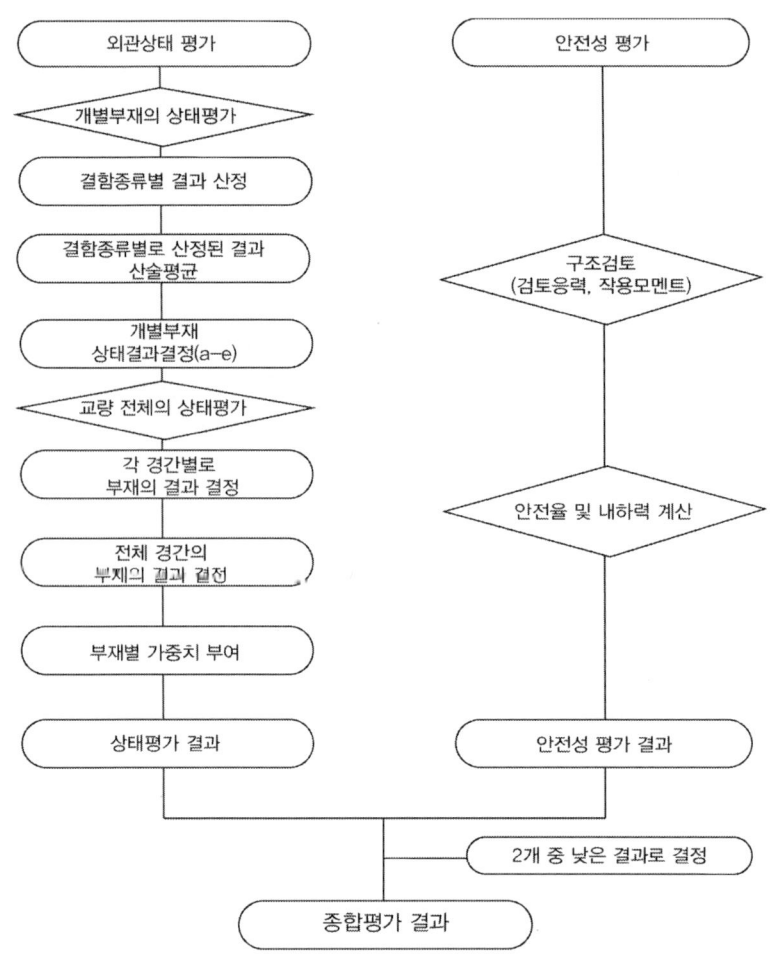

교량 정밀안전진단

'시설물의 안전 및 유지관리 실시 세부지침' 교량편 정밀안전진단의 재료시험 항목을 설명하시오.

풀 이

▶ **개요**

시설물안전법에 따라 제1종시설물은 정기적으로 정밀안전진단을 실시하도록 규정하고 있으며, 현수교, 사장교 등 장경간 교량이 이에 해당된다. 정밀안전진단 시에는 현장 재료시험과 실내시험을 통해 안전성을 확인하도록 규정하고 있으며, 현장 재료시험 시에는 시설물이 위치하는 현장에서 시설물에 손상을 입히지 않고 강도 및 결함을 측정하도록 하고 있다.

▶ **교량 정밀안전진단의 재료시험**

1) 콘크리트 구조물 : 콘크리트의 강도, 탄산화 깊이, 철근탐사, 균열 깊이 조사에 대한 재료시험을 중심으로 하며, 철근부식도 조사, 수중조사, 비파괴재하시험 등이 선택적으로 시행된다.

2) 강재구조물 : 초음파 탐사, 방사선투과시험, 자분탐상시험 등의 방법을 이용해 용접부의 결함에 대한 재료 시험을 실시한다.

【 정밀안전진단 재료시험 항목 및 평가방법 】

구 분		재료시험 항목	평가방법
기본	콘크리트 구조물	콘크리트강도(비파괴시험법) : 반발경도, 초음파전달속도	외관상 건전부위와 불량부위에 대한 비교평가 필요
		철근탐사시험 : 철근배근상태, 피복두께	구조검토를 위한 철근조사 / 콘크리트의 강도 및 물성시험 등을 위한 철근 위치 탐사
		콘크리트 탄산화 깊이 측정	현장측정 / 탄산화속도계수 산정
		콘크리트 염화물함유량 시험	주철근까지 깊이별(10~20mm) 시료채취 및 평가
		균열깊이 조사	발생균열의 철근깊이 이상 발전 또는 관통 여부 등 평가 / 허용균열폭과의 비교·검토
	강재 구조물	강재 용접부 비파괴시험 – 맞대기용접부 : 초음파탐상시험	필요시 방사선투과시험
선택	콘크리트 구조물	콘크리트강도(국부파괴법) : 코어 채취	콘크리트강도 평가의 기준 / 필요시 물성시험 등
		콘크리트 물성 및 미세구조	강도, 수분함량 등
		철근부식도 시험	주요부재의 철근 대상 / 철근부식확률 평가
		수중조사	하상에 위치한 교량의 기초조사
		비파괴 재하시험	구조물 실 거동(변형, 처짐) 평가
	강재 구조물	강재용접부 비파괴시험 : 맞대기용접부(방사선투과시험), 균열의심부(자분탐상시험)	균열의심부 필요시 염료침투탐상시험 실시

철근콘크리트교의 안전진단

철근콘크리트 교량의 안전진단 과업수행 절차와 필요한 시험항목에 대하여 설명하시오.

풀 이

안전점검 및 정밀안전진단 세부지침해설서(한국시설안전공단, 2011)

➤ 개요

안전진단은 진단의 규모나 정도, 진단의 빈도 및 진단할 요소나 부위 등에 따라 구분된다. 일반적으로 안전진단은 안전점검과 정밀안전진단으로 구분된다. 안전점검 및 정밀안전진단의 목적은 현장조사 및 각종시험에 의해 시설물의 물리적·기능적 결함과 내재되어 있는 위험요인을 발견하고, 이에 대한 신속하고 적절한 보수·보강 방법 및 조치방안 등을 제시하여 시설물의 안전을 확보하기 위해 실시한다.

➤ 정밀 안전진단의 수행 절차

1종 및 그 외 필요한 교량을 대상으로 정기검사, 정밀검사, 긴급점검 등을 통해 정밀안전진단이 필요하다고 판단될 경우에 정밀안전진단을 실시한다. 정밀안전진단은 상태평가와 안전성 평가로 구분되며, 안전성 평가는 내구성과 내하력에 대해 평가한다. 다음은 일반적인 정밀안전진단의 수행절차이다.

▶ 안전진단 수행 절차별 시험항목

1) 외관상태 조사 : 콘크리트의 균열, 박리, 층분리/박락, 철근노출, 백태, 누수, 파손, 처짐, 변형 등의 외관 조사를 실시한다. 이때 필요시 내구성 조사에 필요한 파괴시험 강도와 중성화깊이 시험을 실시한다. 기초의 경우 기초의 노출, 세굴, 침하 등을 조사한다.

2) 내구성 조사 : 콘크리트 구조물의 노후 및 손상정도를 보다 엄밀하게 평가하기 위해서 외관상태 조사 이외의 각종 실험을 실시한다. 비파괴 시험강도와 중성화 깊이 시험과 함께 필요시 파괴시험 강도와 염화물 함량에 대한 조사도 실시한다.

① 비파괴 검사 : 콘크리트 강도는 타설된 콘크리트와 동일한 시료로부터 채취한 시험체를 이용해 판정하지만 그 강도는 타설 조건이나 양생조건에 따라 다르기 때문에 구조물의 실제 강도를 구하기 위해 실시한다. 비파괴검사는 국부파괴검사와 병행되며 구조물을 손상시키지 않고 광범위하게 조사할 수 있는 장점이 있다. 검사 방법에 따라 슈미트 헤머를 이용한 반발경도법, 초음파 속도를 이용한 초음파 측정법과 두 가지를 조합한 조합법이 있다.

(반발경도 측정)

(초음파속도측정기)

(콘크리트 코아 채취)

② 철근배근 탐사 : 구조체 콘크리트를 깨어내고 철근을 노출시켜 직접조사하거나 구조체를 파괴하지 않고 비파괴로 검사하는 방법이 있다. 일반적으로 전자 레이더법이 가장 많이 쓰이며, 전자 유도법, 자기 유도법, 방사선법에 의한 철근 탐사 방법이 있다.

③ 철근 부식도 시험 : 외부환경이나 구조물 자체의 원인으로 인해 발생되는 콘크리트의 내부 철근 부식 유무를 평가하기 위해서 실시되며 가장 널리 이용되는 방법은 자연전위측정법이다. 콘크리트 구조물 내에 강재가 부식되면 부식전지가 형성되어 양극반응을 나타내는 부식부와 음극반응을 나타내는 비부식부로 구분되며 이때 자연전위도 변회한다. 이 전위를 계측하여 부식 유무를 판정한다.

④ 탄산화 시험 : 경화된 콘크리트는 시멘트 수화생성물인 수산화칼슘($Ca(OH)_2$) 등에 의해 강한 알칼리성을 나타내며 이는 콘크리트 내부에 있는 철근 표면에 수화산화물 피막을 형성해 철근의 부식을 방지한다. 그러나 수산화칼슘이 공기중 이산화 탄소와 반응하면 탄산칼슘($CaCO_3$)으로 변화되며 표면으로부터 점차 탄산화가 진행된다. 탄산칼슘으로 변화되면 알칼리성을 상실하게 되는 탄산화로 인해 중성화가 된다. 탄산화가 철근 표면까지 도달하면 부동태 피막이

파괴되며 부식 반응이 발생된다. 탄산화 시험은 탄산화된 위치의 환경조건, 마감재의 종류와 두께, 탄산화 깊이, 철근의 피복 두께와 종류, 직경, 방향, 콘크리트 내부의 철근 부식 상황에 대해 조사하게 되며, 페놀프탈레인법에 따라 코아 채취된 시료의 변색으로 중성화 깊이를 측정한다.

⑤ 염화물 함유량 시험 : 구조물에 해풍, 해수 및 제설제 등 염화물을 함유한 외부 환경조건에 의하거나 바다모래, 경화촉진제 등으로 염화칼슘 등을 사용한 경우 영향을 받을 수 있다. 염화물은 염화나트륨, 염화칼슘, 염화칼륨 등 물에 쉽게 용해되어 이온상태로 강재에 영향을 미치는 종류와 $3CaO-Al_2O_3-10-12H_2O$와 같이 시멘트 성분에 결합해서 관여하기 어려운 것들로 다양하다. 따라서 염화물은 주위 조건에 영향을 받아 쉽게 변화하고 단독적으로 분리해서 정량화해 조사하기 어려우며 모든 염분 및 가용성 염분에 대한 처리 규정에 따라 실시한다.

3) 내하력 조사 : 내하력 평가는 구조물에 작용하는 공용하중의 조사와 비파괴시험에 의한 부재강도의 조사, 정·동적 재하시험에 의한 변형률과 변위, 진동특성을 조사하며 이를 기초해 구조물이 작용외력에 대한 저항능력을 평가한다. 내하력 평가방법은 일반적으로 허용응력법, 강도판정법, 하중저항계수판정법, 신뢰성방법에 의한 방법으로 구분된다.

① 재하시험 : 이론적인 방법으로 평가된 교량의 내하력을 보완하는 데 적용된다. 일반적으로 교량의 내하력은 교량의 거동에 영향을 줄 수 있는 심각한 손상이나 결함, 재료적 열화현상이 없다면 이론적 방법보다 더 높게 평가된다. 재하시험을 평가하는 주요 목적은 교량의 실제 정적, 동적 거동을 평가하고, 처짐 및 진동 등의 사용성과 교량의 결함원인의 분석 및 규명, 해석에 의한 방법보다 내하력이 작은 경우 실제 거동을 반영해 내하력 결정을 위해 시행된다.

② 정적 재하시험 : 먼저 설계하중을 고려하여 시험 트럭하중을 산정한다. 일반적으로 트럭의 축중량 규제로 인해 1등급교에 재하되는 재하차량의 최대중량은 250kN으로 설계하중 총 중량의 60% 정도 수준이다. 교통통제 후 무 재하 상태에서 변위 등을 측정하며 정적하중을 재하한 후 3회 연속 측정하여 계측 값을 확인한다. 차량 제거 후에 초기 값과 비교하여 탄성 복원과 잔류 변형의 유무 등을 확인한다.

③ 동적 재하시험 : 동적 재하시험은 시험차량의 주행속도에 따른 동적응답으로부터 실제 교량의 충격계수와 진동평가를 위한 시험과 동적특성을 구하는 시험으로 구분된다. 시험차량은 주요 위치의 동적 처짐과 변형률을 기록할 수 있도록 주행하며, 주행속도는 10km/h를 기준으로 10km/h씩 증가하면서 가능한 최고 속도까지 속도별로 주행시켜 가속도 측정을 통해 시험차량의 주행 시 진동에 의한 동적특성을 분석한다.

콘크리트의 강도 추정

안전진단 시 콘크리트의 강도 추정 방법

풀 이

▶ 개요

기존 구조물의 콘크리트의 강도를 추정하기 위해서는 직접 코어 채취를 통해 강도를 추정하거나 반발경도시험, 초음파전달속도 측정 등을 통해 간접적으로 확인하는 방법으로 구분할 수 있다.

▶ 콘크리트의 강도 추정 방법

1) 콘크리트 코어 시험

채취한 코어의 시험은 콘크리트 상태평가에 대한 가장 신뢰할 수 있는 시험 방법이나, 콘크리트 구조물에서 코어를 광범위하게 채취하지 못하는 현장 여건의 어려움으로 대표적인 부분에 대해서 코어를 채취하고 광범위하게 실시한 비파괴시험 결과의 모체로서 콘크리트 강도 및 내구성 평가에 이용되고 있다. 현장에서 채취한 코어로부터 압축강도를 추정하는 방법은 국부파괴시험으로 비파괴시험과는 구별되지만, 구조물의 실제 강도를 추정한다는 관점에서 비파괴적인 방법과 함께 실시한다. 그러나 내하 콘크리트 구조물에 있어 휨 부재에 대한 적용은 제한적이며, 구조물에 한정적으로만 적용이 가능하다는 단점이 있다.

2) 반발 경도 시험

반발 경도 시험은 콘크리트의 압축강도를 비파괴로 추정하는 방법의 하나로 경화된 콘크리트 표면을 타격할 때, 측정 반발도(R)와 콘크리트의 압축강도(F_c)와의 사이에 특정 상관관계가 있다는 실험적 경험을 기초로 한다. 반발 경도 시험 결과로 분석된 콘크리트 비파괴강도는 콘크리트 표면 상태에 국한되고 콘크리트 내부의 강도를 추정할 수 없다는 단점을 가지고 있기 때문에 콘크리트 비파괴강도 추정 시의 유일한 지표로 사용하기에는 문제점을 내포하고 있다.

$$F_c = k_1 R_o + C \text{ (MPa)} \qquad R_o : \text{반발도 R의 평균값, } k_1, \text{ C 상수}$$

3) 초음파 전달속도 시험

콘크리트에서의 초음파 전달속도 시험은 음향적 측정방법인 음속법의 하나로 초음파의 투과속도가 콘크리트의 밀도 및 탄성계수에 따라서 변화하는 것을 이용하며, 초음파가 콘크리트를 통과하는 시간(Pulse Velocity)을 측정하여 이로부터 콘크리트의 비파괴강도, 결함의 유무, 균열 및 콘크리트의 내부 분리, 공동현상 등을 추정하는 비파괴적인 방법에 이용한다. 일반적으로 점검과 진단에서 사용하는 콘크리트 초음파측정기는 측정대상 콘크리트에 동일한 사용목적을 가지며, 초음파전달속도는 콘크리트의 구성 성분, 다짐 정도, 숙성도, 콘크리트 제품과 구조물 내에 본래부터 존재하는 자유수의 함유량에 따라 결정된다.

$$F_c = k_1 V_d + C \,(\text{MPa})$$ 　　　　　V_d : 초음파 전달속도, k_1, C 상수

콘크리트 균열깊이 측정방법

초음파 탐상기를 이용한 콘크리트 균열깊이 측정방법 중 T법, Tc-To법, BS법의 측정방법 및 적용 가능한 조건에 대하여 설명하시오.

풀 이

안전점검 및 정밀안전진단 세부지침 해설서(한국시설안전공단, 2011)

▶ 초음파 측정 개요

초음파를 이용한 콘크리트 균열깊이 측정방법은 경화된 콘크리트의 건전부와 균열부에서 측정되는 초음파의 전달시간의 차이가 있어 전달속도가 다른 점을 이용하여 균열의 깊이를 평가하는 방식이다. 전달시간을 기초로 균열깊이를 추정하는 방법은 일반적으로는 T법, Tc-To법, BS법이 주로 이용된다 이들 방법은 송신 탐촉자로부터 발신된 초음파가 균열선단을 향해 직진하여 균열선단에서 회절한 후 수신 탐촉자를 향해 직진하는 경로를 밟는 것으로 가정하고, 그 기하학적 조건(직각 삼각형의 피타고라스 정리)으로부터 균열깊이를 역산해 구하는 것이다. 따라서 초음파 측정이 적용되기 위해서는 다음 조건을 만족해야 한다.

(1) 전파시간이 정확하게 측정 가능할 것
(2) 균열깊이를 추정할 때 가정한 전파경로를 따라 초음파를 포착하는 것이 만족되어야 한다.

▶ 균열깊이 측정 평가방법

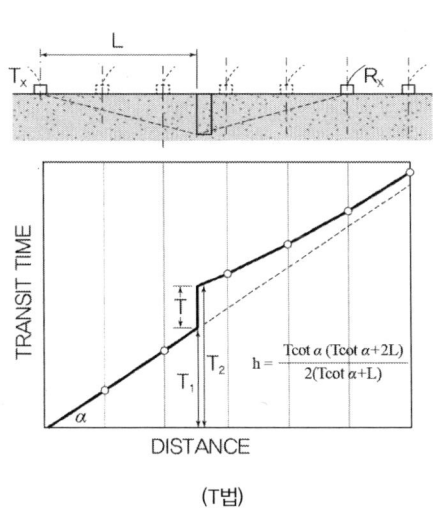

$$h = \frac{T\cot\alpha\,(T\cot\alpha + 2L)}{2(T\cot\alpha + L)}$$

(T법)

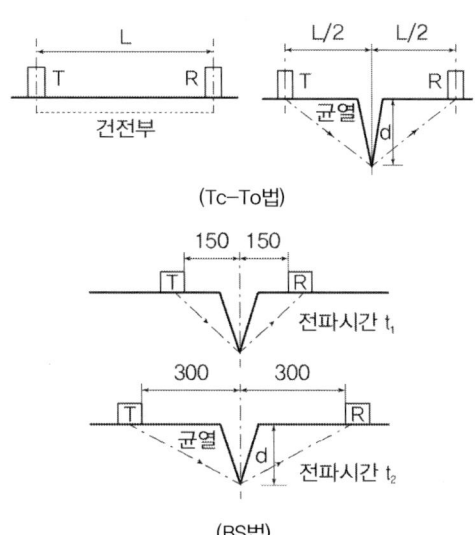

(Tc-To법)

(BS법)

1) T법 : T법은 발진자(Tx)를 고정하고, 수신자(Rx)를 10~15cm 간격으로 이동시켜 전파거리와 전달시간의 관계(주시곡선)로부터 균열 위치의 불연속 시간 T를 도면상에서 다음 식을 이용하여 균열 깊이를 구한다.

$$h = \frac{t\cos\alpha\,(t\cot\alpha + 2L)}{2\,(t\cot\alpha + L)} \quad \text{또는} \quad h = \frac{L}{2}\left(\frac{T_2}{T_1} - \frac{T_1}{T_2}\right)$$

2) Tc−To법 : 수신자와 발신자를 균열의 중심으로 등간격 x로 배치한 경우의 전파시간 Tc와 균열이 없는 부근 $2x$에서의 전파시간 Ts로부터 균열 깊이 h를 추정하는 방법으로 균열면이 콘크리트의 표면과 직각으로 발생되어 있으며, 균열 주의의 콘크리트는 어느 정도 균질한 것이라고 가정하여 유도한 것이다. 이 방법의 균열깊이 탐사 결과는 15% 정도의 오차를 가지고 있으며, 균열에서 발·수신자까지의 거리 x는 탐촉자까지의 거리이다.

$$h = x\sqrt{\left(\frac{T_c^2}{T_s^2} - 1\right)}$$

3) BS법 : BSI 1881 Part No. 203에 규정된 방법으로 발·수신자를 균열 개구부에서 a1=15cm인 경우의 전파시간 T1, a2=30cm로 배치했을 때 전파시간 T2를 이용하여 균열깊이 d를 추정하는 방법으로 콘크리트 내부에 존재하는 철근의 영향으로 측정 결과의 오류를 나타낼 수 있으므로 주의가 요구된다.

$$d = 150\sqrt{\left(\frac{4T_1^2 - T_2^2}{T_2^2 - T_1^2}\right)}$$

▶ 균열깊이 측정의 제약조건

1) 균열깊이가 1,000mm 이상이 되면 수신하는 초음파전달속도가 현저하게 쇠퇴하기 때문에 일반적인 초음파측정기로는 측정이 곤란하다.

2) 표층부 철근의 배근깊이가 100mm 이하가 되면 철근 배근깊이 이상인 표면균열의 깊이를 측정하는 것이 곤란하다.

3) 콘크리트의 품질불량 및 콘크리트 내부에 곰보나 공동(구멍) 등 다짐불량의 가능성이 있으면 정확한 측정이 곤란하다.

4) 균열 내부에 물, 이물질이 있는 대상이나, 미세균열이 밀집되어 있는 경우 측정이 곤란하다.

5) 발생된 균열이 개폐되는 경향을 나타내고 있으면 측정이 곤란하다.

6) 측정 대상과 측정 정밀도
   - 평탄한 측정면에 직각한 균열깊이 : 200mm 이하의 경우 ±5%
   - 평탄한 측정면에 직각한 균열깊이 : 1,000mm 이하의 경우 ±3%
   - 경사균열의 균열깊이 길이 : ±15%

Crack Ratio

철근 콘크리트 슬래브의 균열률(Crack Ratio)

풀 이

▶ 개요

균열률은 콘크리트 슬래브나 바닥판의 상태평가를 위한 기준으로 균열폭과 함께 많이 사용된다. 상태평가 시에 손상항목은 정량적 평가(균열폭, 균열률, 손상면적비)와 정성적인 평가(손상정도)로 구분되며, 균열률의 경우 균열이 발생한 길이당 0.25m의 폭을 차지하는 것으로 하여 조사단위 면적으로 나눈 값으로 정의한다.

▶ RC 균열률 산정방법

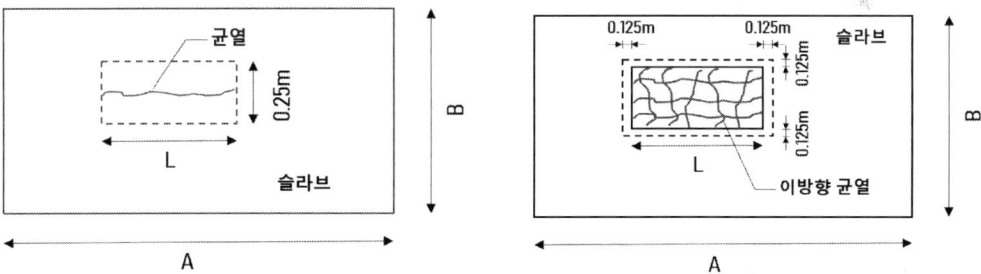

1) 1방향 균열의 경우

균열 발생 면적은 길이당 0.25m의 폭을 차지하는 것으로 하며, 균열의 개수가 2개 이상일 경우는 각 균열길이에 0.25m의 폭을 곱해서 합산하여 구한다.

$$균열(면적)률 = \frac{균열발생면적}{조사단위면적} \times 100 = \frac{L \times 0.25}{A \times B} \times 100$$

2) 2방향 균열의 경우

균열 발생 면적은 균열 발생 부위를 가로, 세로의 최외측 균열을 경계로 하여 사각형 형태로 구획한 후, 점선 내면 면적인 (가로길이+0.25m)×(세로길이+0.25m)로 구한다.

$$균열(면적)률 = \frac{균열발생면적}{조사단위면적} \times 100 = \frac{균열발생면적}{A \times B} \times 100$$

철근의 위치와 부식상태 조사

철근콘크리트 교량의 유지관리에서 철근 위치와 부식상태 조사 방법과 특징을 설명하시오.

풀 이

▶ 개요

철근콘크리트 구조물에서 철근의 위치와 배근상태, 부식상태의 조사는 구조물의 안전성 평가에 영향을 크게 미치는 중요한 요소이다. 철근 위치를 조사하는 방법은 주로 구조체를 깨어내고 철근을 노출시켜 직접조사하거나 비파괴검사를 실시하는 방법으로 구분된다. 철근의 부식은 콘크리트 구조물의 외부환경 또는 구조물 자체의 원인으로 인해 발생되는 콘크리트 내의 철근 부식의 유무를 평가하기 위해 실시되며 자연전위측정법이 가장 널리 사용된다.

▶ 철근 위치 조사 방법

철근탐사 방법에는 전자기 유도, 전자파레이더, 자기 유도, 방사선을 이용한 탐사방식이 있으며 현재 사용되고 있는 철근 탐사방식은 보편적으로 전자기유도(자기감응) 방식과 전자파레이더 방식이 있다. 전자기유도 및 전자파레이더 방식에 의한 철근탐사 장비를 사용하여 철근 콘크리트 구조물에 배근된 철근의 위치, 지름, 콘크리트 피복 두께의 탐사하는 데 사용된다. 철근의 위치, 지름, 콘크리트 피복 두께는 철근 콘크리트 구조물이 내력을 평가하는 데 이용될 수 있으며, 콘크리트 강도, 품질 및 내구성 조사에 앞서 철근의 위치를 탐사하는 예비시험 방법으로 사용될 수 있다. 탐사한 철근 위치, 지름, 그리고 콘크리트 피복 두께는 콘크리트 타설 후의 각 부재 배근의 적절성 여부를 판단하는 근거로 활용할 수 있다.

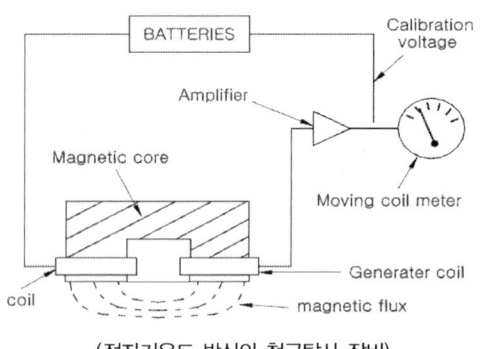

(전자기유도 방식의 철근탐사 장비)

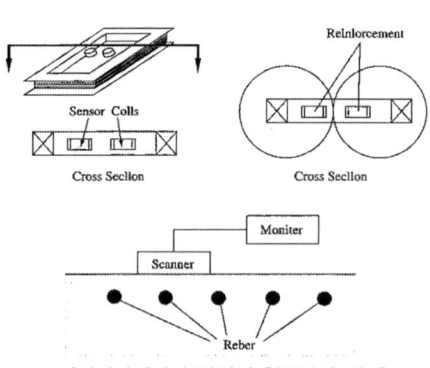

(전자파레이더 방식의 철근탐사 장비)

1) 전자기유도 방식 : 전자기유도 방식을 이용한 장비는 기본적으로 평행 공진(共振)회로의 전압진폭 감소에 기초를 두고 있으며, Probe나 Scanner에서 만들어진 코일에 전류를 흘려 교류자장을 만들어 내고, 코일 전압의 변화는 자장 내 자성체의 특성 및 거리에 의해 변하기 때문에 콘크리트 내부에 철근의 위치 및 직경 등을 구하는 방법으로 이용되고 있다.

2) 전자파레이더 방식 : 해당 물체 내의 송신된 전자파가 전기적 특성(유전율 및 전도율)이 다른 물질 (철근, 매설물, 공동 등)의 경계에서 반사파를 일으키는 성질을 이용해 콘크리트 표면으로부터 내부를 향해 전자파를 안테나로부터 방사하여 목표물에서 반사해 온 신호를 안테나로 수신한 후 콘크리트 내부의 상태를 수직 단면도로 본체 표시기에 나타내어 준다. 이 방식은 철근 배근 간격 및 피복두께는 비교적 정확하게 구할 수 있으나 철근의 직경은 정확하게 측정하기 곤란한 특성을 가진다.

▶ 철근 부식상태 조사

철근콘크리트에 매입되어 있는 철근부식은 전기화학적 반응에 의거하여 진행하므로 철근부식시험은 전기화학적 방법을 적용한다. 정상적인 콘크리트는 강알칼리성이며 철근은 부동태로 전위는 $-100\sim-200mV$(CSE)를 나타내지만, 염화물의 침투와 탄산화(중성화)로 철근이 활성상태로 되어 부식이 진행하면 전위는 부(−)방향으로 진행한다. 철근의 전위는 철근부식 장소의 검출과 상태를 파악하는 데 효과적이나, 현장 구조물에서 철근부식은 위치와 진행 속도 등 불균일하게 발생하기 쉬워 현장시험상의 제약으로 시험방법과 결과의 분석에서 여러 가지의 곤란한 문제가 따른다는 것을 유의해야 한다. 철근의 부식진단을 위한 전기화학적 비파괴시험 방법은 자연전위법, 표면전위차법, 분극저항법이 있으며 주로 자연전위법이 사용된다.

조사방법	측정내용	적용성		부식의 유무
		실험실	현장	
자연전위법	자연전위 측정으로 철근 부식상태 판정	높음	높음	정성적
표면전위차법	전위 기울기의 측정으로 철근 부식상태 판정	높음	높음	정성적
분극저항법	미소 직류의 인가로 분극저항 측정으로 철근부식 속도 측정	높음	보통	정량적

1) 자연전위측정법 : 가장 널리 이용되는 콘크리트 속의 철근부식진단법의 하나로 콘크리트 구조물 내에 강재가 부식하는 경우에는 부식전지가 형성되어 양극반응을 나타내는 부분(부식부)과 음극반응을 나타내는 부분(비부식부)으로 구분되지만, 이때 자연전위도 변화하므로 이 전위를 계측함으로써 콘크리트 내에 함유된 강재의 부식 유무를 판정하는 원리다. 자연전위법은 조사지점에서 부식 가능성을 진단하는 것으로 구조물 내에서 철근부식 가능성이 높은 장소를 찾아내며, 공용 중에 내부 철근이 부식되고 이로 인해 콘크리트에 균열이 발생할 때까지 철근이 부식하는 초기 단계를 파악하는 것에 유효하다. 보다 정확한 철근부식의 진단을 위해서는 철근의 피복두께, 콘크리트 중의 염화물 함유량, 콘크리트의 탄산화(중성화) 깊이, 콘크리트의 저항률 측정, 콘크리트 구조물의 균열상황 등

의 관찰 등을 종합하여 철근의 부식정도를 판정하는 것이 바람직하다.

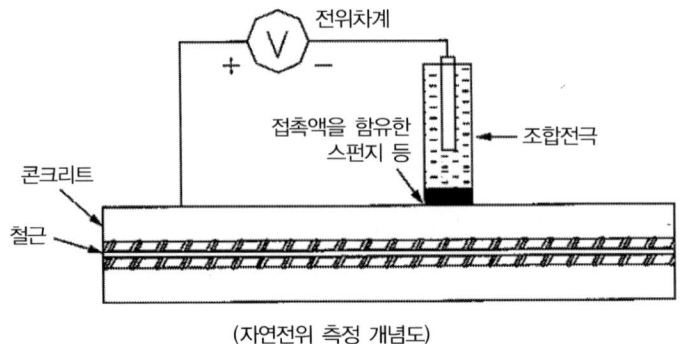

(자연전위 측정 개념도)

RC 바닥판의 손상 종류와 억제 방안

철근콘크리트 바닥판의 손상 종류와 손상 억제 방안에 대하여 설명하시오.

풀 이

▶ 개요

철근콘크리트 바닥판에서 발생할 수 있는 손상의 종류로는 균열, 박리, 박락, 층분리, 철근노출, 재료의 분리(공동, 공극), 누수 및 백태(유리석회) 등이 발생될 수 있으며 받침부(단부)에서의 부스러짐이나 사인장균열이 발생될 수 있고, 중앙부에서는 휨균열이 발생될 수 있다.

부위		손상의 종류
공통		• 균열, 박리, 박락, 층분리, 철근노출 • 재료의 분리(공동, 공극) • 누수 및 백태(유리석회)
거더교		• 균열, 망상균열
바닥판 라멘상부	받침부(단부)	• 부스러짐 • 사인장균열
	중앙부	• 휨균열

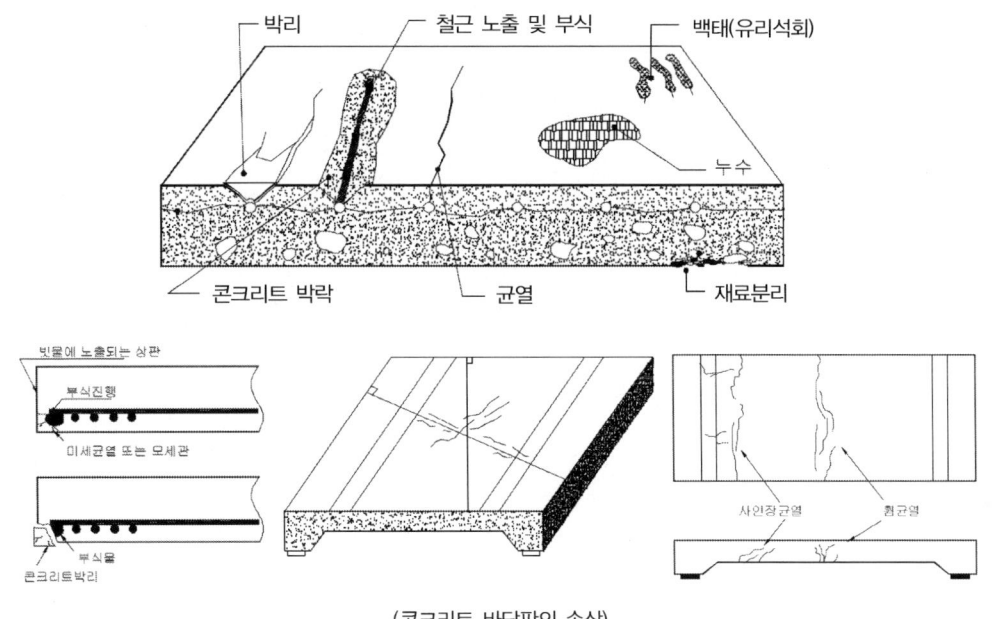

(콘크리트 바닥판의 손상)

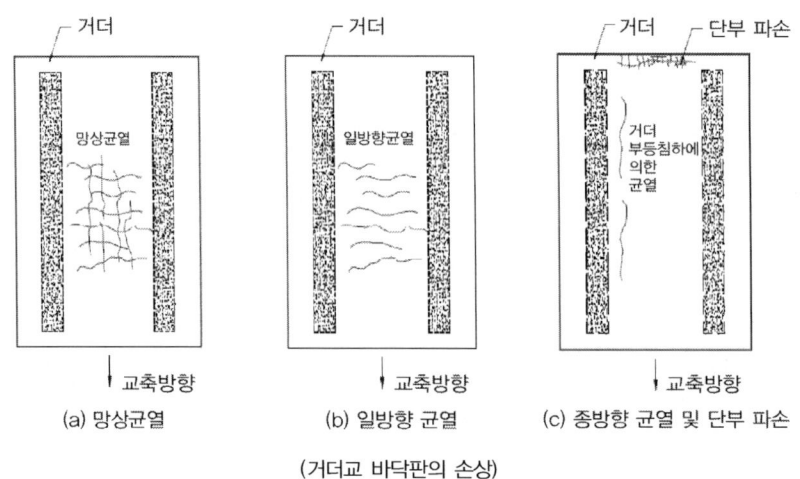

| (a) 망상균열 | (b) 일방향 균열 | (c) 종방향 균열 및 단부 파손 |

(거더교 바닥판의 손상)

▶ 콘크리트 바닥판의 손상억제 또는 보수·보강 공법

1) 강판 접착공법 : 콘크리트 바닥판(Slab)면, 보 또는 기둥면에 강판을 접착하여 기존 콘크리트 구조물과 일체화시켜 콘크리트 열화와 철근의 부식을 방지함은 물론 하중에 대한 내하력을 증가시키는 공법으로 주입공법과 압착공법 등 두 가지 종류가 있다.

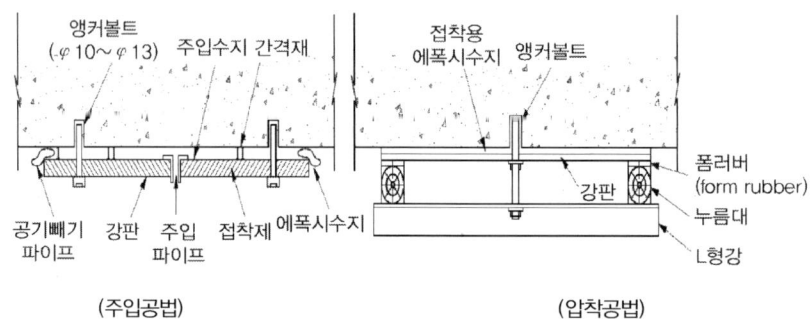

(주입공법)　　　　　　　　　　(압착공법)

2) 보강섬유 접착공법 : 열화된 콘크리트 표면 전체를 제거한 후 보강섬유를 에폭시 수지로 함침하면서 접착시켜 강인한 보강섬유층을 형성케 하여 콘크리트 표면을 보강하는 공법이다.

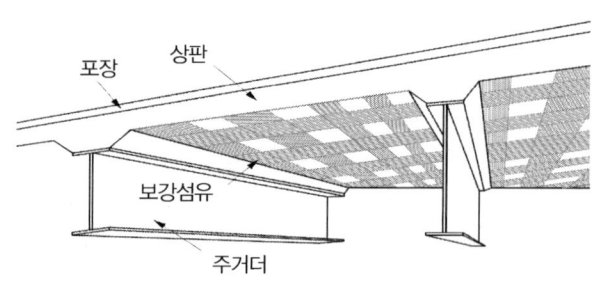

(보강 섬유접착공법 개요도)

3) 프리스트레싱 공법 : 프리스트레스 도입에 의한 보강은 콘크리트에 프리스트레스력을 부여함으로써 부재에 발생하고 있는 인장응력을 감소시켜 균열을 복귀시킬 뿐만 아니라 압축응력을 부여하는 것을 목적으로 하는 공법이며 구조물의 내력 및 강성의 증강, 균열폭의 감소 등의 효과가 있다.

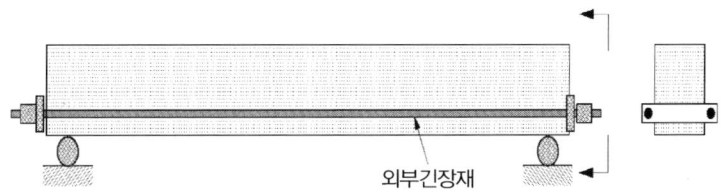

(프리스트레싱공법 개요도)

4) 교체공법 : 교체공법은 손상된 부분만을 제거하여 새롭게 콘크리트를 타설해서 손상을 받지 않은 부분과 같은 정도의 기능으로 회복하는 공법으로 부분교체 공법과 부재를 전면적으로 회복시키는 전면공법이 있다.

5) 앵커공법 : 균열이 구조내력에 지장을 주는 경우 균열부분을 강봉으로 봉합시켜 내하력을 회복시키는 공법이며 보강해야 할 부위가 넓지 않은 경우에 적용한다.

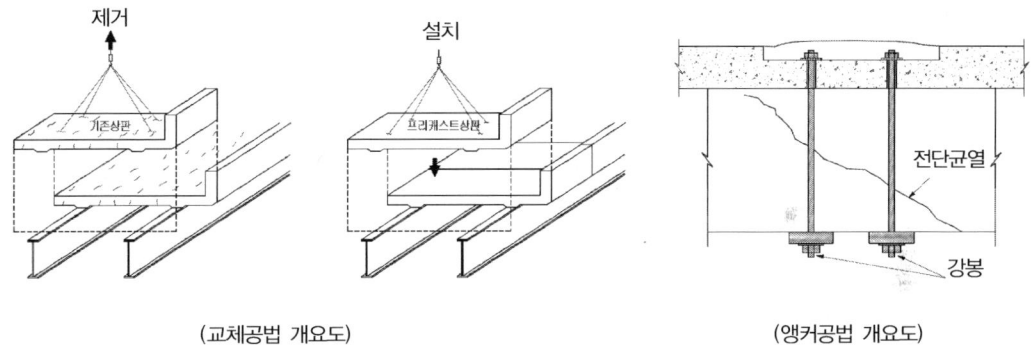

(교체공법 개요도)   (앵커공법 개요도)

6) 보강형 증설공법 : 기존 바닥판 하면의 거더 사이에 1~2개의 세로보를 증설하여 바닥판의 지간을 줄여줌으로써 윤하중에 의한 모멘트를 경감시키거나 가로보를 보강해줌으로써 교량 전체의 보강효과를 꾀하는 보강 공법이다.

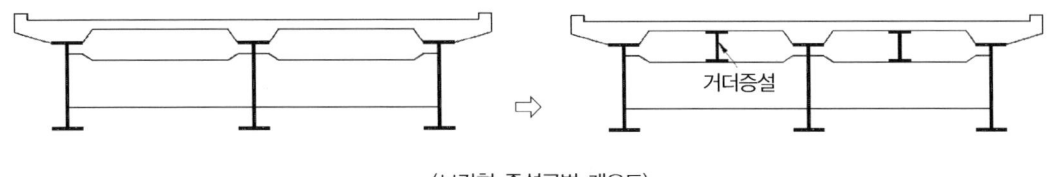

(보강형 증설공법 개요도)

바닥판 피로손상

판형교 위에 설치된 철근콘크리트 도로교 바닥판의 피로손상 과정 및 대책에 대하여 설명하시오.

풀 이

도로교 RC바닥판의 피로파괴에 관한 연구(권혁문, 콘크리트 학회지, 1993)

➤ 개요

판형교 위에 설치된 철근콘크리트 도로교 바닥판은 차량하중이 직접 전달되고 제설재 등 부식성 환경에 직접 노출되는 교량의 주요 부재로 상대적으로 손상이 많이 발생하는 부위이다. 일반적으로 보수, 보강 등 교량의 성능개선과 유지를 위한 조치를 취하기까지의 수명이 가장 짧은 것으로 보고되고 있다.

➤ 피로손상 과정

판형교는 주 거더 사이를 바닥판이 지지하는 형식으로 차량이 점차 대형화되고 통행량이 증가함에 따라 피로손상과 재료 열화 등이 복합적으로 작용하여 파손이 발생되는 현상이 잦아지고 있다. 이 때문에 바닥판은 피로에 대한 성능 검증이 매우 중요하며 국부하중을 받아 펀칭 전단형으로 파괴되는 특성을 갖는다. 피로 강도는 정적 강도를 저하시키며 이로 인해 균열 내로 우수가 침투해 정적내력을 더 저하시키는 역할을 하게 된다. 일방향 RC 슬래브의 경우 200만 회 피로강도는 정적강도의 약 1/2로 저하하고 균열 내 우수가 침투한 경우는 정적내력의 약 1/5로 저하한다는 보고가 있다. 바닥판을 관통한 균열에 우수가 스며들었을 때는 피로수명이 약 50~250배로 감소한다고 보고되고 있다.

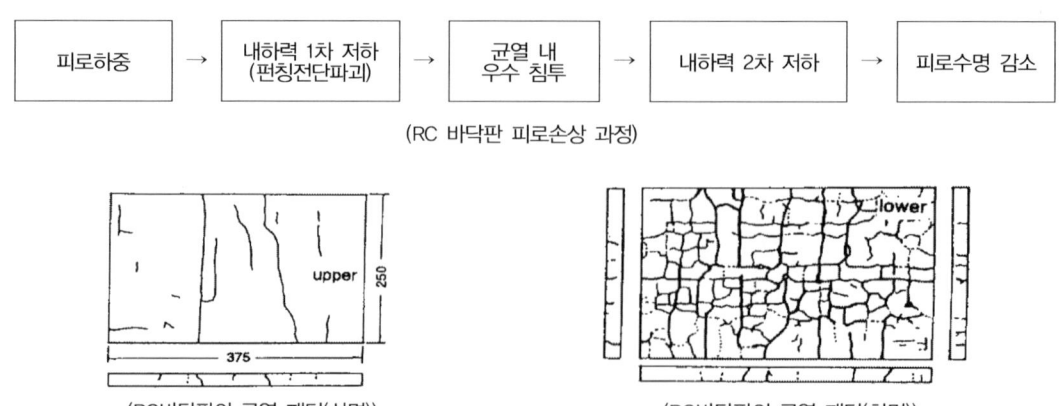

(RC 바닥판 피로손상 과정)

(RC바닥판의 균열 패턴(상면))   (RC바닥판의 균열 패턴(하면))

▶ 피로손상 대책

1) 철근량 증가 : 실제 대형화되고 통행량이 증가되는 추세에 맞게 활하중을 증가시켜서 이에 대한 철근량을 증가시키는 방법이 있다. 2015 도로교 설계기준에서는 이전에 설계기준에 비해 차량활하중을 실제 국내 현실에 맞게 KL-510 하중으로 개정하였고, 충격하중계수를 조정하였다. 또한 피로하중에 대한 빈도를 일평균트럭하중($ADTT_{SL}$)의 빈도를 고려하도록 하고 있다.

2) 고강도 콘크리트 사용 : 피로성능 향상을 위해 고강도 콘크리트 사용을 고려할 수 있다. 고강도 콘크리트는 피로하중 누적에 따른 바닥판의 잔류하중에 충분히 견딜 수 있도록 할 수 있다. 80MPa급 고강도 콘크리트 바닥판의 경우 바닥판의 최소두께를 약 10% 감소시키고 피로하중이 누적되어도 전단에 대해서 충분히 안전하다는 실험결과가 있다(80MPa급 고강도 콘크리트를 적용한 RC바닥판의 피로성능 평가, 배재현, 한국안전학회지 2017년).

3) 바닥판 최소두께의 증가 : 현행 도로교설계기준(2015)의 최소 바닥판 두께는 220mm로 규정되어 있다. 대형 차량이나 통행량이 많은 교량의 경우 강도의 증가 대신 바닥판의 두께를 증가시켜서 펀칭전단파괴가 방지되도록 할 수 있다.

탄소섬유 보강 바닥판 설계

아래 그림과 같은 플레이트거더 합성형교의 연속 바닥판 하면에 다음 설계조건과 같이 교축직각방향으로 두께 0.143mm의 탄소섬유 시트를 보강한 경우 보강 전과 보강 후의 휨응력을 검토하시오.

(단, 휨모멘트 산정은 고정하중에 대해서는 $\dfrac{w_d \times L^2}{10}$ 적용, 활하중에 대해서는

$\dfrac{(L+0.6) \times P_{24} \times (1+I)}{9.6}$ 식에 연속보 효과를 적용하고, 압축철근 효과는 무시한다.)

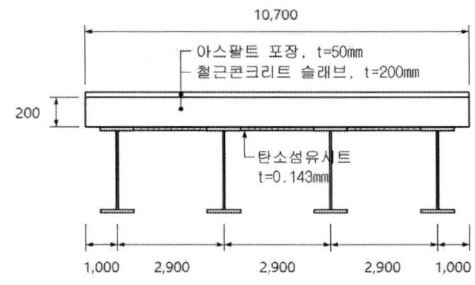

[조건]

1) 작용하중
    ① 자중 : 포장 단위중량 23 kN/m³, 철근콘크리트 슬래브 단위중량 25 kN/m³
    ② 휠하중 : DD24 후륜하중, 충격계수 I=0.3
2) 재료상수 및 허용응력
    ① 콘크리트
        - 설계기준 압축강도 f_{ck} = 24MPa
        - 허용휨축응력 f_{ca} = 9.8MPa
        - 탄성계수 E_c = 20,000MPa
    ② 철근(SD30)
        - 주철근 직경 및 간격 : D16(A_s=198mm²) @ 100mm
        - 허용인장응력 f_{sa} = 150MPa
        - 탄성계수 E_s = 200,000MPa
        - 사용피복 40mm (주철근 도심부터 콘크리트 최외측까지 거리)
    ③ 탄소섬유
        - 인장강도 f_{pu} = 1,900MPa
        - 탄성계수 E_p = 640,000MPa
        - 허용인장응력 f_{pa} = 633MPa
    ④ 탄성계수비 : 재료별 탄성계수 적용

➤ 하중산정

1) 고정하중

    ① 포장 하중 : 23 kN/m^3 × 0.05 =1.15 kN/m^2

    ② 철근콘크리트 하중 : 25 kN/m^3 × 0.2 = 5 kN/m^2 ∴ 단위 길이당 $w_d = 6.15$ kN/m

$$\therefore M_d = \frac{w_d \times L^2}{10} = \frac{6.15 \times 2.9^2}{10} = 5.17 \text{ kNm}$$

2) 활하중

하중등급	중량 W (kN)	총하중 1.8W (kN)	전륜하중 0.1W (kN)	후륜하중 0.4 W (kN)
DB24	240	432	24	96

W_c=10.7m이므로 차선수는 3차선으로 본다.

$$W = \frac{W_c}{N} = \frac{10.7}{3} = 3.56 \le 3.6$$

바닥판이 3개 이상의 지점을 가진 연속 슬래브의 정·부의 휨모멘트의 크기는 주어진 식의 값의

0.8배를 취하므로, $M_l = \dfrac{(L+0.6) \times P_{24} \times (1+I)}{9.6} \times 0.8 = 36.4$ kNm

3) 설계 휨모멘트

허용응력설계법이므로 발생 휨모멘트를 설계휨모멘트로 보고 풀이한다. $M = 41.57$ kNm

➤ 보강 전 응력

1) 중립축 산정

주어진 조건에 따라 허용응력설계법으로 검토한다.

$n_s = \dfrac{E_s}{E_c} = \dfrac{2.0 \times 10^5}{2.0 \times 10^4} = 10$,   주철근 D16@100mm : $A_s = 198 \times 10 = 1980$mm^2

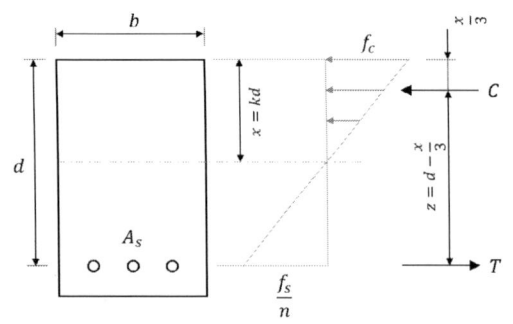

$$C = \frac{1}{2}f_c bx, \quad T = f_s A_s$$

$$C = T \ ; \ \frac{1}{2}f_c bx - f_s A_s = 0$$

응력도에서의 삼각형 닮음비로부터,

$$f_s = n f_c \frac{d-x}{x}$$

$$\therefore \ \frac{1}{2}bx^2 - nA_s(d-x) = 0$$

$\therefore$ 중립축 $x = 62.22$mm

2) 응력산정

단면이 평형을 유지하기 위해서는 내력에 의한 우력 모멘트 Cz 또는 Tz가 외력에 의한 휨모멘트 M과 같아야 하므로,

$$Cz = \frac{1}{2}f_c bx\left(d - \frac{x}{3}\right) = M$$

$\therefore$ 콘크리트 압축응력 $f_c = \dfrac{2M}{bx\left(d - \dfrac{x}{3}\right)} = \dfrac{2 \times 41.57 \times 10^6}{1000 \times 62.22 \times (160 - 62.22/3)} = 9.6\text{MPa} < f_{ca}$

$$Tz = f_s A_s\left(d - \frac{x}{3}\right) = M$$

$\therefore$ 철근의 인장응력 $f_s = \dfrac{M}{A_s\left(d - \dfrac{x}{3}\right)} = \dfrac{41.57 \times 10^6}{1980 \times (160 - 62.22/3)} = 150.76 \ \text{MPa} > f_{sa}$

$\therefore$ 철근의 허용응력을 초과하므로 보강이 필요하다.

▶ 보강 후 응력

1) 중립축 산정

$$n_p = \frac{E_p}{E_c} = \frac{6.4 \times 10^5}{2.0 \times 10^4} = 32, \quad \text{주철근 D16@100mm} : A_s = 198 \times 10 = 1980\text{mm}^2$$

탄소섬유시트 두께 0.143mm $\quad A_p = 0.143 \times 1000 = 143\text{mm}^2$

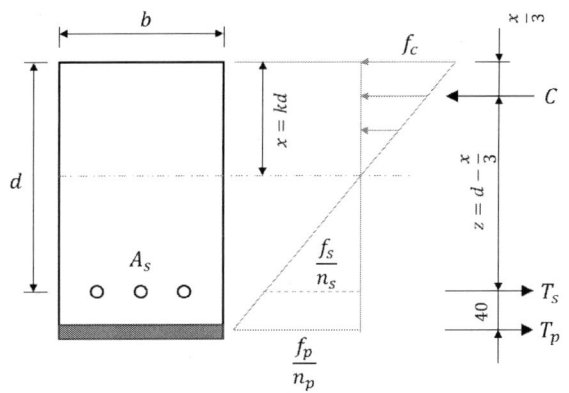

$$C = \frac{1}{2} f_c b x, \qquad T = f_s A_s$$

$$C = T \; ;$$

$$\frac{1}{2} f_c b x - f_s A_s - f_p A_p = 0$$

응력도에서의 삼각형 닮음비로부터,

$$f_s = n_s f_c \frac{d-x}{x}, \quad f_p = n_p f_c \frac{h-x}{x}$$

$$\therefore \frac{1}{2} b x^2 - n_s A_s (d-x) - n_p A_p (h-x) = 0 \qquad \therefore \text{중립축 } x = 69.22 \text{mm}$$

2) 응력산정

단면이 평형을 유지하가 위해서는 내력에 의한 우력 모멘트 Cz 또는 Tz가 외력에 의한 휨모멘트 M과 같아야 하므로,

$$Cz = \frac{1}{2} f_c b x \left(d - \frac{x}{3} \right) = M$$

$$f_c = \frac{2M}{b x \left(d - \dfrac{x}{3} \right)} = \frac{2 \times 41.57 \times 10^6}{1000 \times 69.22 \times (160 - 69.22/3)} = 8.8 \text{MPa}$$

$\therefore$ 콘크리트 압축응력 $f_c = 8.8$ MPa $< f_{ca}$ O.K

$$f_s = n_s f_c \frac{d-x}{x} = 10 \times 8.8 \times \frac{160 - 69.22}{69.22} = 115.04 \text{ MPa}$$

$\therefore$ 철근의 인장응력 $f_s = 115.04$ MPa $< f_{sa}$ O.K

$$f_p = n_p f_c \frac{h-x}{x} = 32 \times 8.8 \times \frac{200 - 69.22}{69.22} = 532.04 \text{ MPa}$$

$\therefore$ 탄소섬유시트의 인장응력 $f_p = 532.04$ MPa $< f_{pa}$ O.K

PSC 그라우팅 충전조사

내부부착 긴장재를 갖는 포스트텐션 PSC 교량의 그라우트 미충전이 의심되는 경우 조사방법을 설명하시오.

풀 이

기존 PSC 교량의 텐던 상태평가 기술개발(한국건설기술연구원, 2014)

▶ 개요

그라우트는 외부의 유해물질(염소이온, 물 등)로부터 강연선의 노출을 막는 보호막으로, 일반적인 RC구조물의 부식이 철근의 산화(Oxidation)를 통한 녹물 발생, 박리현상 등 사용성 위주의 문제를 발생시키는 것에 비하여, PC구조물의 부식은 수소취화현상(Hydrogen Embrittlement)을 통한 직접적인 강연선의 취성파괴로 교량의 안전성과 직결된다. 이러한 안정성 문제 해결방안으로 그라우트는 강연선의 부식을 방지하는 가장 효과적인 수단으로 인식되고 있다.

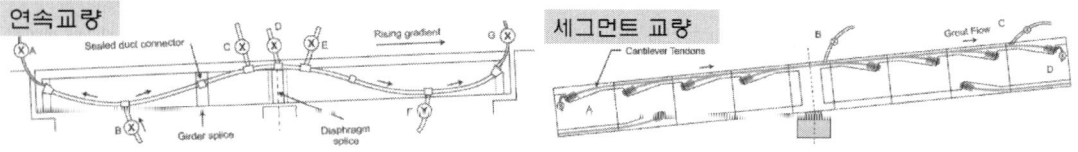

그러나 그라우트의 블리딩, 팽창률, 점도(유동성) 등에 의해 잔류공기가 배출되지 않아 크라우트 미 충전으로 공극이 발생되는 구간에 강연선의 파단 등의 피해사례가 발생할 수 있다.

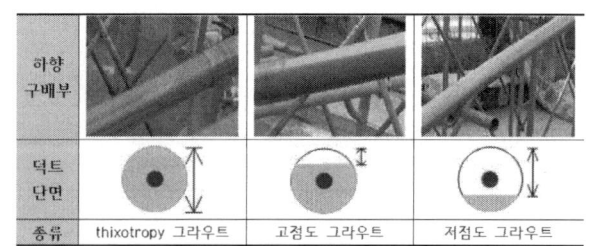

(점도에 따른 그라우트 충전)

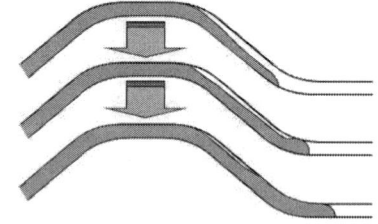

(저점도 그라우트 잔류공기 발생 메커니즘)

▶ 그라우팅 조사방법

공용 중인 교량의 그라우팅 공극의 조사는 구조물의 파손을 최소화하기 위해서 주로 비파괴적인 방법이 사용된다. 탄성파를 이용한 동적 비파괴 기술이나 전자기파를 이용한 방법이 주로 사용된다.

1) 초음파법(Ultrasonic Method) : 초음파법의 기본원리는 탄성파를 구조체의 한쪽 면에서 가진하고 손상 또는 공극에서의 반사파의 도달시간을 가지고 손상 또는 공극위치를 파악하는 것이다. 초음파법은 주로 2가지 측정법이 있다. ① 초음파 속도의 감쇠를 이용한 방법과 ② 반사파를 이용한 방법이다. 두 방법은 공극의 존재 및 위치파악은 가능하지만 측정되는 범위 내에 기타 철근 및 덕트관 등의 영향을 받을 수 있기 때문에 PSC 구조물에서의 텐던 그라우팅 공극을 찾기에는 많은 어려움이 있다. 그러나 콘크리트의 동탄성계수를 찾는 방법으로는 적절한 것으로 판단되고 콘크리트의 정탄성계수와 동탄성계수의 관계, 정탄성계수와 강도와의 상관관계 등이 합리적인 범위 내에 있다고 가정한다면 초음파법은 콘크리트의 품질 검토를 위해서는 효율성이 높다.

① 충격반향기법(Impact-Echo, IE) : 콘크리트 구조체 표면에 응력파(탄성파)를 생성하여 가진된 표면과 내부의 공극 또는 바닥에서의 반사파의 연속적인 왕복신호를 가지고 내부 공극의 위치와 바닥의 위치를 파악할 수 있다.

② 전단파법(Ultrasonic Shear Wave, USW) : 기존의 압축파를 이용한 초음파 조사방법과 유사하게 20kHz 이상의 주파수 영역 대를 사용하여 시험체에 전단파를 보내고 내부 결함이나 기하학적 경계면에서의 반사파를 측정하는 단일면에서의 송·수신을 통한 전통적인 초음파 펄스-에코법(Pulse-Echo)이다.

③ 유도 초음파법(Guided Ultrasonic Wave, GUW) : 유도초음파를 이용하는 시험은 매개체에 일정한 각도로 초음파를 입사시켜 초음파의 반사, 굴절 및 중첩 등을 통하여 일정한 거리를 지나면서 매개체를 따라 진행하는 파가 만들어지는 것을 이용한다. 즉 초음파가 진행하는 동안 구조체(매개체)의 용접부, 부식, 균열, 두께 감소 등 결함에서 반사되어 돌아오는 파의 크기, 형태, 특성을 분석하여 구조물 건전성을 진단하는 데 이용하는 방법이다.

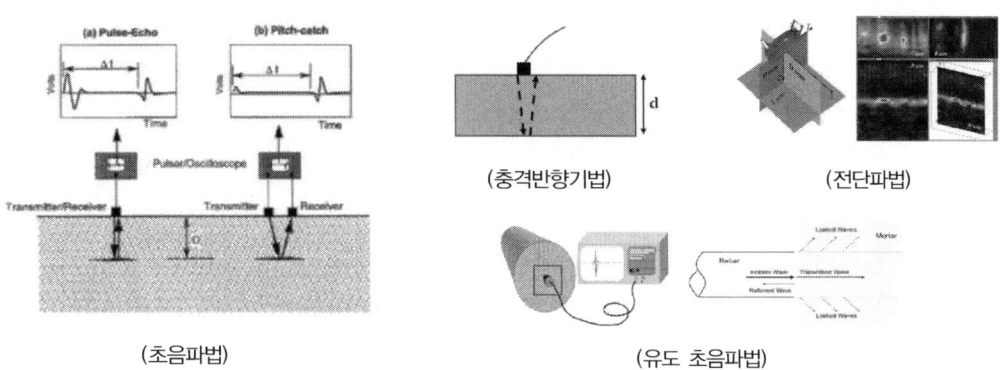

(초음파법)
펄스에코(pulse-echo), 피치캐치(pitch-catch)

(충격반향기법)

(전단파법)

(유도 초음파법)

2) 기타

① 표면파법(Surface Wave) : 본래 SASW(Spectrum Analysis of Surface Wave) 및 MASW(Multi Analysis of Surface Wave)는 다양한 층상 구조로 이루어진 대상물에 대하여 충격에 의해 가진된 표면파가 다양한 파장에 따라 침투되는 깊이가 다르다는 원리에 의해 만들어진 지반 물리 탐사법이다. 층상 구조체에 있어서 표면파의 다양한 주파수(파장)의 성분들은 다른 속도로 침투하기 때문에 표면파는 진행되는 각 층의 물리적 성분의 함수로 나타낼 수 있다. 현재까지 SASW와 MASW는 지층의 분포, 아스팔트 혹은 콘크리트 포장층을 확인하는 데 성공적으로 적용되어 왔으며 최근에는 콘크리트 구조물의 건전성에 대한 비파괴 검사로도 확대되고 있다. 표면파법을 이용하면 초음파법에 의한 P파 및 표면파 속도보다 정확한 탄성파의 속도를 분석할 수 있으며 위상속도분산곡선을 통하여 Impact-Echo 모드에 해당되는 주파수 영역까지 한 번에 알아낼 수 있는 장점을 가지고 있다. SASW보다는 다중 센서를 적용하는 MASW를 사용한다면 PSC 구조물의 공극의 존재유무 및 위치파악과 보다 정확한 탄성파 속도 측정으로 탄성계수의 정확성이 보다 개선될 수 있다.

② 충격파 응답법(Impulse Response, IR) : 충격파 응답법은 주로 P파의 반사에 기인한 표면 반사기법이다. 이 시험법은 2kHz까지의 과도 진동(Transient Vibration)을 유도할 수 있는 충격 해머에 의하여 작동된다. 충격 에너지(input)와 그에 따른 반응(output)이 표면에서 측정되고 푸리에 변환에 의한 힘과 시간에 따른 함수로(input) 푸리에변환에 의한 응답-시간에 함수를(output) 나눠주면 충격 응답이 계산된다. 충격 응답 함수는 구조물의 특성을 나타내며 기하학적, 지지조건 그리고 손상의 유무에 따라서 변화한다. 충격파 응답법은 모빌리티의 함수로 면적이 넓은 콘크리트 구조물의 강성 및 주기적 거동을 측정하여 손상 영역을 파악할 수 있으며 탄성계수와의 상관관계를 도출해 낼 수 있는 장점을 가지는 비파괴검사 방법이다. 아직 적용 사례가 많지 않으나 다른 탄성파 시험에 비해 일관성 있는 데이터 얻어진다는 장점을 가지고 있으므로 PSC 구조물의 그라우팅 공극, 탄성계수 등과 모빌리티 함수와의 상관관계를 도출해 낼 수 있다면 앞으로 좋은 검사방법으로 활용될 수 있다.

③ 지표면레이다투과법(GPR) : 유전 성질과 감쇠(dielectric properties & attenuation)에서의 변화를 통해 구조물의 열화를 평가하는 펄스-에코(pulse-echo)법이다. GPR은 교량에서 철근의 위치, 철근과 콘크리트 사이의 부착상태, 포장층의 두께 등을 평가하는 데 적용되어 왔다. 움직이는 안테나를 통해 파 에너지를 포장층에 투과하는 전자기파를 이용한다. 이런 전자기파는 포장 구조체를 통과하고 유전 성질이 다른 물질과의 경계면에서의 반사되는 반향(echo)을 생성하고 이런 반향들의 도달 시간과 진폭들이 구조물의 두께와 함수율(수분) 등의 성질을 파악하는 데 이용되는 것이다. GPR 방법은 유전 성질의 차이로 인한 매질 경계에서의 전자기파의 반사를 탐지하는 기법으로서 이를 바탕으로 매질이 달라지는 콘크리트와 철근 혹은 콘크리트와 텐던 경계를 구분하여 철근과 텐던의 위치 파악 및 주변 공극의 존재 여부를 알아낼 수 있다. 이는 이미 상용화된 GPR 장비를 바탕으로 적용 사례가 많이 존재한다. 하지만 GPR 기술

의 물리적 특성상 텐던의 부식 및 탄성계수의 측정은 더 많은 연구가 필요하다.

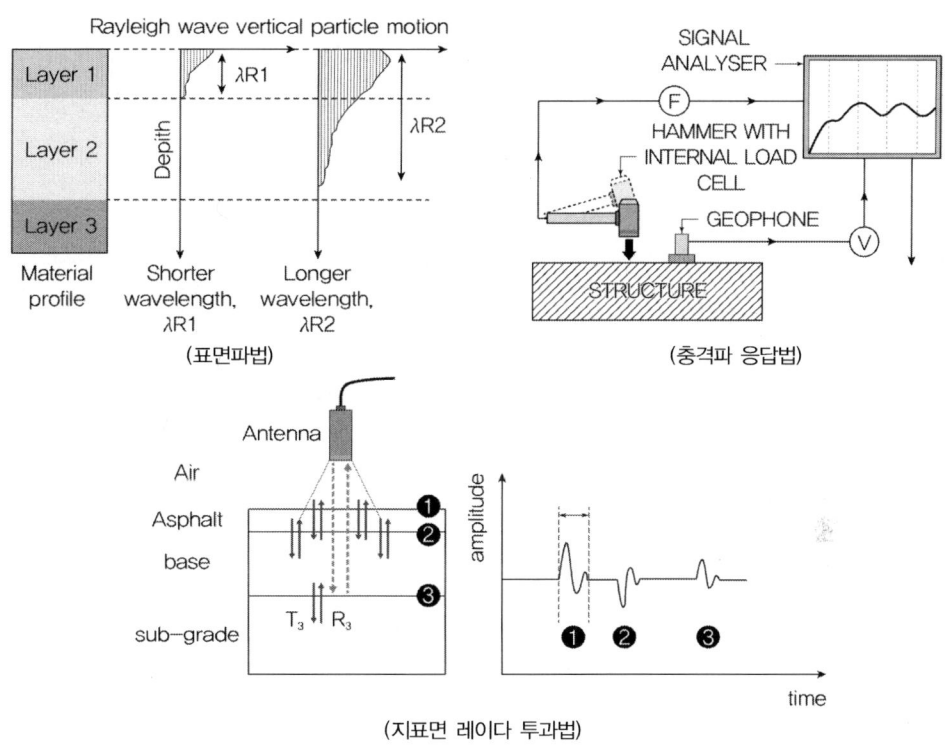

(표면파법)

(충격파 응답법)

(지표면 레이다 투과법)

강교량의 안전점검

주행차량이 적재높이 위반으로 가설된 강박스 거더(Steel Box Girder)에 충돌하여 복부 강판에 아래 그림과 같은 찢어짐과 변형이 발생하였다. 구조물의 주요 안전점검 부위별 점검범위 및 보수보강 방안을 설명하시오.

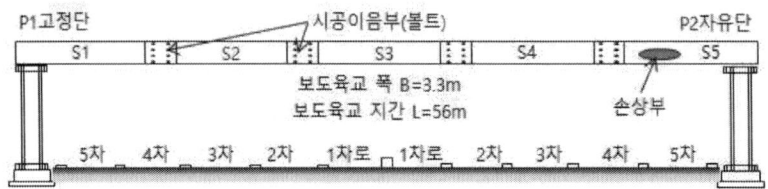

풀 이

▶ 개요

강박스 거취 후 충돌로 인해 사고가 발생되어 상부 바닥판은 설치되지 않은 것으로 가정한다.

▶ 주요 안전점검 부위별 점검범위

1) 사전 안전조치 : 하부 차로에 대한 통제와 안전조치를 선행해 비산이나 낙하로 인한 2차 피해를 먼저 예방한다. 가설벤트 등을 설치해 가설된 강박스 거더의 전도나 낙하 등에 대비한다.

2) 상부 주변의 점검 : 손상된 복부판 주변의 찢어짐과 변형의 영향 범위를 조사하고, 변형으로 인해 플랜지의 좌굴, 볼트 연결부의 손상, 브레이싱 변형, 연결 용접부, 가로보 연결부 들뜸 등 연결된 주변에 2차적인 변형이나 손상이 함께 발생되었는지 여부를 조사한다.

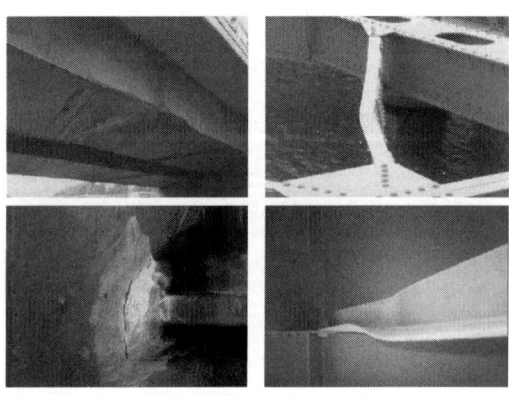

(충돌로 변형된 강박스 사례)

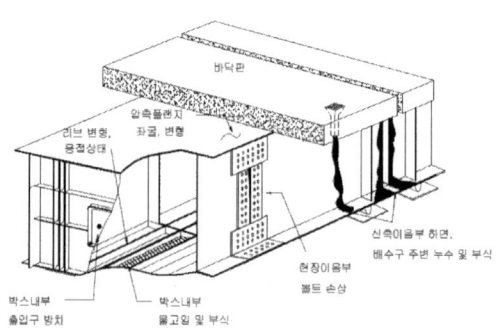

(강박스 거더 주요점검 부위)

3) 받침부 및 교각(교대) 손상 점검 : 충돌하중으로 인해 받침부에 손상으로 균열이나 들뜸, 밀림 등이 발생되었는지 확인하고, 이로 인해 교각이나 교대에 균열, 기울어짐 등이 발생되었는지 여부를 검토한다. 충격이 크게 발생되었을 경우에는 기초부에 영향이 있는지 여부도 검토한다.

 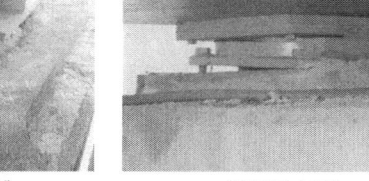 

(받침 연단부 균열) (받침부 들뜸) (교각 측면 균열)

➤ 주요 보수 보강 방법

주요 부재에 대해 하중이 전달되는 방향에 따라 조사하고 조사결과에 따라 보수보강방법을 선정하여야 한다. 주어진 조건에 따라서 주 거더부 웨브에 변형과 찢어짐이 발생된 부분에 대해서만 보수보강을 할 경우에 한하여 보수보강방법을 제시한다.

1) 교체공법

교체공법은 손상된 부분만 제거하고 새로운 부재와 연결해 손상 받지 않은 부분과 같은 정도의 기능으로 회복하는 공법으로 부분교체 공법과 부재를 전면적으로 회복시키는 전면공법이 있다.
① 고력볼트 절단 : 볼트 절단 시나 기존 부재 철거 시 다른 부재에 영향을 미치지 않도록 주의
② 가설부재 철거 : 교체와 관련되어 있는 가설부재는 조심하여 철거
③ 신구부재 접합면 처리 : 철거부재와 새로운 부재가 연결되는 접합부에 이물질 등 정리
④ 가볼트 조립 : 볼트를 이용하여 부재를 가조립
⑤ 신설 부재위치 확정 : 가 조립 후 이상이 없으면 신설 부재의 위치를 확정
⑥ 볼트 조임 : 기존 부재와 신설 부재를 볼트를 이용하여 체결
⑦ 도장 : 강재 부식방지를 위해 도장을 실시하고 마감

2) 보수공법

보수공법은 균열이 발생된 부분에 용접 보수를 실시하거나 Stop-Hole을 설치해 국부적인 응력집중을 해소와 균열의 전진을 방지하고 변형된 부분에 가열교정공법을 통해 원래의 형태로 복원하는 방식이다. 부식 등에 대비해 도장보수 등도 같이 실시한다.
① Stop-Hole 보수공법 : 구멍을 설치해 국부적인 응력집중 해소, 균열 진전을 일시적으로 방지
② 용접보수공법 : 균열이 발생된 부위를 가우징으로 제거한 후 재 용접하여 보수하는 공법, 손상부에 첨접판을 대고 용접하는 방법 등이 있으며 현장조건에 결함에 따라 적용한다.
③ 보강판 고력볼트 체결공법 : 작업조건이 나빠 용접할 수 없는 구간에서 단면 결손이 발생될 경

우 단면의 보강효과를 기대하는 목적으로 적용되는 공법이다.

④ 교정공법 : 변형된 부재를 상온에서 교정하면 상당한 소성변형이 발생되므로 교정 후(소성변형 후) 인성저하를 고려해서 가열교정공법을 적용하는 것이 일반적이다.

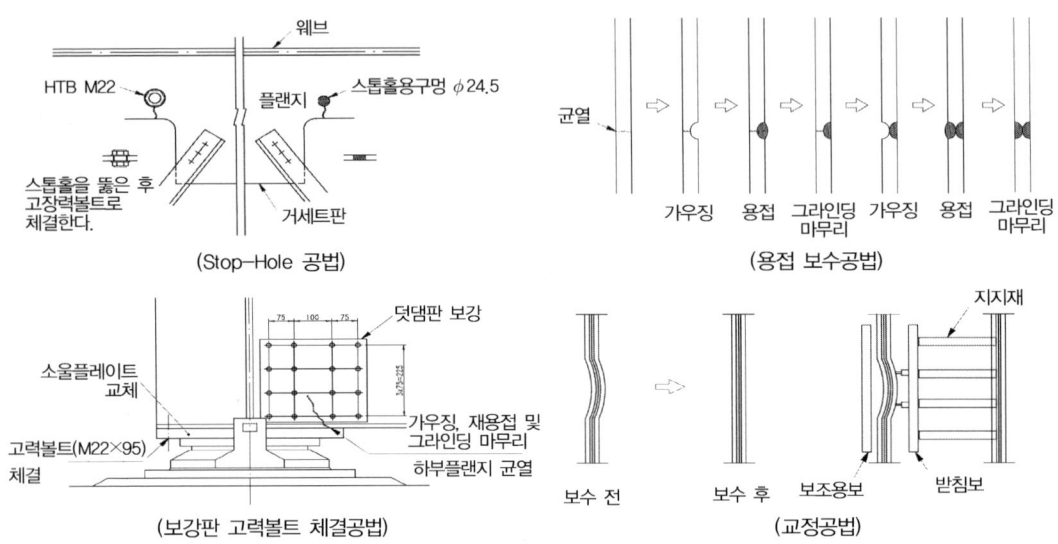

3) 부재증설 공법

증설공법은 응력부족에 대해 부재를 증설해 보강하는 방식으로 부재 증설 시의 응력상태를 충분히 검토한 후 시행하여야 한다. 부재의 증설은 사하중이 증가되므로 증설되는 부재가 구조물의 상부에 위치할 때는 그 부재를 지지하는 하부구조의 증설 또는 교환 등의 보강방법을 고려해야한다. 구조물 전체의 힘의 방향도 바뀌므로 그에 따른 구조물의 거동과 응력 상태를 검토하는 것도 중요하다. 부재 증설 시 신설 부재가 접합되어 기존 부재에 미치는 영향을 고려해야 하며, 증설되는 부재의 중심축이 기존의 부재 중심축과 일치하는지 또는 신구 접합부재의 접합부에서 용접에 의한 응력 집중, 열 영향 등과 볼트 구멍에 의한 단면결손이 기존 부재에 어떤 영향을 미치는지를 고려해 부재 증설 후의 보강효과를 확실히 해야 한다. 부재 증설 시 작업공간의 확보, 기존 시설과의 간섭문제 등도 충분히 고려해야 한다.

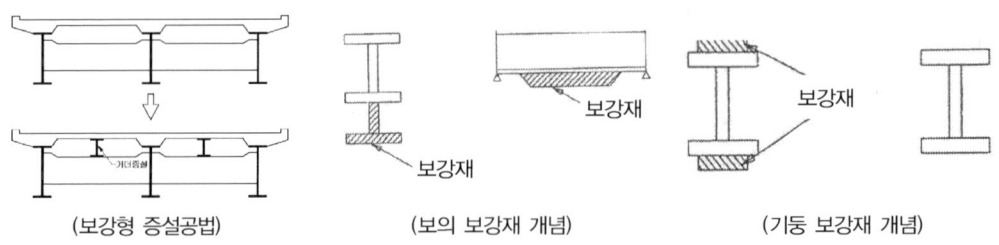

강교의 비파괴검사

강교 비파괴검사의 종류와 특징에 대하여 설명하시오.

풀 이

안전점검 및 정밀안전진단 세부지침 해설서 공통편(한국시설안전공단, 2011)

➤ 개요

강재의 비파괴검사는 구조물 용접부의 이음부 결함상태를 조사하고 결함에 대한 등급분류를 통해 그 영향을 평가하는 데 목적을 둔다. 기본적으로 외관조사(Visual Test, VT)를 통해 적절한 비파괴검사 방법을 선정하여 조사한다.

➤ 파괴검사의 종류와 특징

1) 육안검사(Visual Test, VT) : 육안으로 표면부에 결함을 조사하는 방법이다. 수시로 검사가 가능하며 소요시간이 짧은 특성을 갖는다. 표면만을 제한적으로 검사할 수 있기 때문에 정밀한 조사를 위해서는 다른 비파괴검사와 병행이 필요하다. 일반적으로 육안검사를 먼저 실시하고 결함이 발견된 부위에 대해서는 정밀조사를 실시한다.

2) 초음파탐상시험(Ultrasonic Test, UT) : 초음파의 파동특성을 이용하여 강재 용접부의 내부결함, 면상결함, 균열, 용입불량 등을 조사한다. 일반적으로 펄스파를 이용해 짧은 시간 내의 진동을 시험체로 보내고 수신하는 순간까지의 경과시간을 측정하여 결함이나 후면 등의 반사원까지의 거리, 즉 결함의 위치를 알 수 있다. 일반적으로 사용되는 초음파시험은 결함의 면적이 크면 그에 비례해 커지는 에코 높이로 결함의 크기를 추정한다.

(용접부 표면 처리)　　(매질(글리세린) 도포)　　(두께 측정)　　(용접부 검사(UT))

3) 자분탐상시험(Magnetic Test, MT) : 자성체의 표면에 있는 불연속부를 검출하기 위해 자성체를 자화시키고 자분을 적용시켜 누설자장에 의해 자분이 모이거나 붙어서 불연속부의 윤곽을 형성해 위치, 크기, 형태 등을 검사하는 비파괴 검사이다. 자속은 자기의 흐름으로 나타나며, 자성체 중에서

자속은 쉽게 흐르지만 비자성체 중에서 자속은 흐르기 어렵다. 자속이 흐르는 길에 결함이 있으면 결함은 일반적으로 자성체의 불연속으로서 기체, 비금속 게재물 등 비자성체가 들어 있기 때문에 자속이 흐르기 어려워진다. 그러므로 자속은 결함이 가로막게 되면 결함이 있는 곳에서 결함을 피해가려는 모양으로 넓게 흐른다. 이로 인하여 얇은 표층부의 자속은 자성체의 표면 위의 공간으로 새어나간다. 이 결함부의 공간으로 새어나가는 자속을 누설자속이라 하고, 자성체 중에서 결함이 있는 곳으로 흐르는 자속이 많을수록, 자속을 가로막는 결함의 면적이 클수록, 또 결함의 위치가 자성체의 표면에 가까울수록 결함 누설 자속은 많아진다. 자성체중의 자속이 공기 중으로 새어나오는 곳에 N극이, 들어가는 곳에 S극이 형성되며, 이 자극의 강도는 결함 누설 자속이 많을수록 강해진다. 자화된 자성체의 표면에 색깔이 있는 자성체 미립자, 즉 자분을 살포할 경우 자성체의 표면에 자속을 가로지르는 결함이 있으면 결함 누설 자속 내에 들어간 자분은 자화되어 자극을 가지는 작은 자석이 되며, 자분 서로가 얽혀 결함부의 자극에 응집 흡착한다. 이 결함부에 응집 흡착하여 생긴 자분의 모양을 결함 자분 모양이라 하며, 그 것의 폭은 결함의 폭에 비해 크게 확대되고 또 자성체 표면의 색과 콘트라스트가 높은 색의 자분을 사용함으로써 식별이 아주 쉬워진다. 이상과 같이 자성체인 어떤 시험체를 자화하여 자속을 흐르게 하고 자분을 탐상면에 뿌려서 결함부에 자분이 모여들어 형성된 결함 자분 모양을 찾아내 그것을 평가함으로써 시험체 표층부에 존재하는 결함을 검출하는 과정을 자분탐상기를 이용하게 된다.

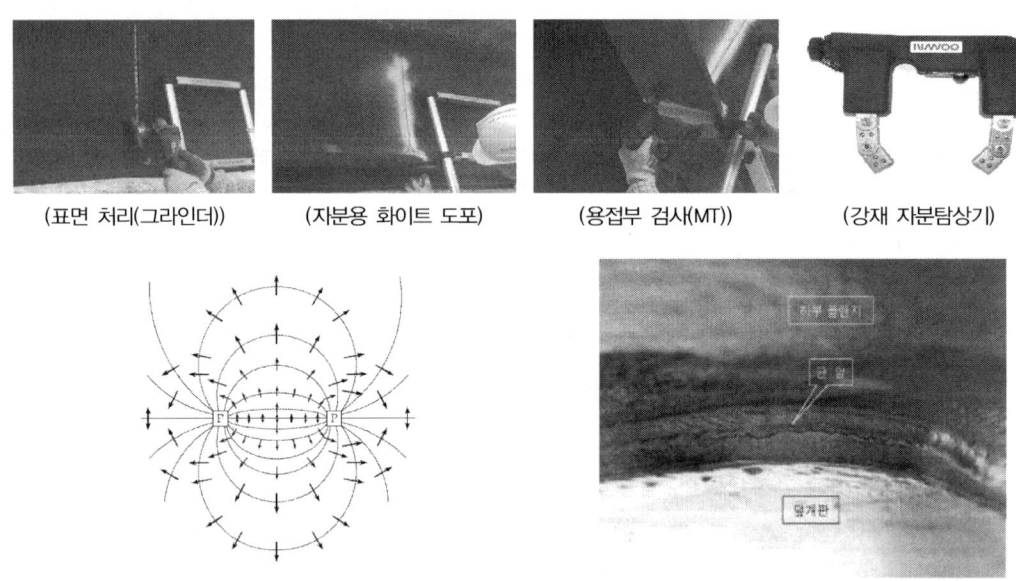

(표면 처리(그라인더))　(자분용 화이트 도포)　(용접부 검사(MT))　(강재 자분탐상기)

(자극 간 및 자극 주변의 검출하기 쉬운 결함의 방향)　(자분탐상 결과 균열부 촬영)

4) 방사선 투과시험(Radiographic test, RT) : 한 방향 측에 방사선 발생장치를 배치하여 그 반대측에 X선 필름(방사선투과촬영에 사용하는 필름의 총칭)이 장전된 카세트를 구체면에 밀착하여 촬영한다. X선은 물체를 투과하는 과정에서 지수 함수적으로 그 세기의 강함을 잃어 가므로 투과사진을 촬

영할 때는 시험체의 두께에 따라 X선 에너지의 세기 및 조사(노출)시간을 제어해야 한다. 에너지는 전압(관전압)에 의해, 세기는 전류(관전류)에 의해서, 또한 노출시간은 타이머에 의해 각각 제어할 수 있으며, 일반적인 휴대형의 공업용 X선 장치로는 관전류가 고정되어 있기 때문에 관전압 및 타이머에 의해 촬영조건을 제어하고 있다. 일반적으로 스틸사진이 피사체의 반사상을 찍는 데 반하여 투과사진은 피사체의 투영상이다. 단, X선을 광원(선원)으로 한 경우, X선은 피사체도 투과하기 때문에 그 투과사진은 반투명한 피사체에 뒤에서 빛을 비추었을 때 반투명한 스크린 상에 얻어지는 투영상과 같다. 또한, 태양광과 같이 평행광선이면 피사체의 실태의 투영상 및 피사체 사이의 정확한 상대위치가 얻어지지만, X선을 광원으로 한 경우는 X선은 점광원으로부터 발생하는 반사광이기 때문에 얻어지는 투과사진은 기하학적으로 확대된 투영상이 된다. 따라서, 투과사진으로부터 얻어지는 정보는 피사체의 윤곽과 상대적인 밀도 및 피사체사이의 확대된 상대적인 위치관계이며, 피사체 표면의 정보는 얻어지지 않는다.

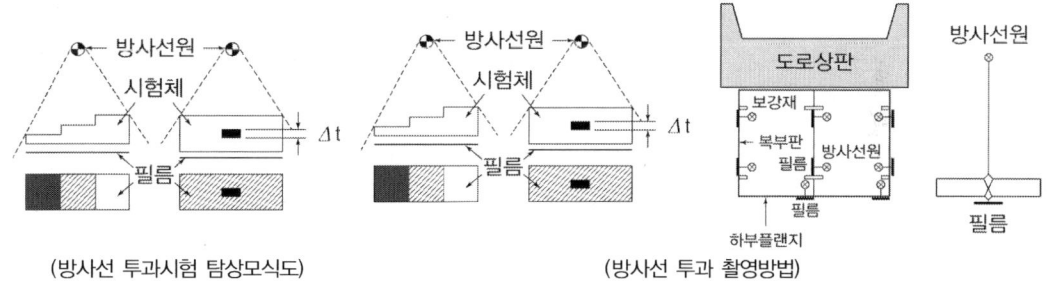

(방사선 투과시험 탐상모식도)   (방사선 투과 촬영방법)

구분	VT(Visual Test)	PT(Penetration Test)	UT(Ultrasonic Test)	MT(Magnetic Test)	RT(Radiographic test)
검사	육안검사, 표면부 결함조사	침투탐상, 표면부 결함조사	초음파를 이용 표면/내부결함 조사	자분탐상, 표면부 결함조사	방사선투과, 내부 결함조사
장점	수시검사 가능, 경제적, 소요시간이 적음	장비가 간편, 이동성 편리, 장비가격이 저렴	3차원적 검사 수행, 한쪽 접촉면을 통해 내부검사 가능, 현장휴대검사 적합	검사속도가 빠름, 검사비용이 저렴, 장비가 간편, 이동성 편리, 검출능력 높음	내부결함 검사 가능, 현상된 필름 영구 보존
단점	표면에만 제한적 적용	표면결함만 적용, 검사시간 장시간 소요	검사표면 가공 필요, 검사자 경험 필요, 최소 두께 필요	강자성체만 적용, 자성 제거 필요, 검사자 경험 필요	방사선으로 환경문제, 시험장비 고가, 별도 판독자 필요
예시					

잔존피로수명

강 교량에서 공용 중 차량하중에 의한 변동응력으로 잔존피로수명을 평가하는 방법을 설명하시오.

풀 이

등가손상지수와 WIM데이터를 이용한 잔존피로수명 예측(한국방재학회, 최진웅, 2017)
도시철도 장기 사용레일 잔존피로수명 평가(한국철도학회, 성덕룡, 2012)

▶ 개요

강 교량은 외부의 환경적 요인으로 인해 부식 등의 열화가 발생될 수 있으며, 하중 작용으로 인한 파손, 좌굴, 피로 등의 손상이 발생한다. 그러나 다양한 열화와 손상 가운데 강 교량의 공용수명은 반복적인 하중작용으로 인한 피로의 영향이 지배적으로 나타난다. 따라서 국내외 설계기준에서는 설계단계부터 피로한계에 대한 검토를 통하여 피로에 대한 영향을 고려하고 있다. 특히, 화물차량 교통량 증가 및 과적재 차량으로 인하여 현저하게 부재의 피로수명이 단축될 수 있어 공용 중인 교량에 대한 잔존피로수명 평가는 교량의 보수·보강 등의 결정을 위해서 매우 중요하다.

▶ 잔존피로수명 평가방법

잔존피로수명에 대한 평가방법은 전통적으로 누적손상기법(Cumulative Damage Method; CDM), 응력확률밀도함수를 이용한 방법이 주로 사용한다. 다만, 누적손상기법은 실제 교통 데이터를 활용하는 방법으로 계산이 다소 복잡해 현장 적용에 다소 어려운 부분이 있다. 따라서 최근에는 Eurocode(2006)에서 사용하는 등가손상기법(Equivalent Damage Method; EDM)에 대한 연구도 활발히 진행되고 있다.

1) 누적손상기법(Cumulative Damage Method; CDM) : 교통량 및 차량하중 등 실제 교통데이터를 활용해 피로수명을 평가하는 방법 대표적인 방법이다. 누적손상기법은 S-N 곡선의 일정응력진폭 범위와 파괴까지 적용된 반복재하 횟수의 관계를 바탕으로 대상교량의 부재의 피로손상을 평가하는 기법이다. 즉, S-N 곡선을 이용하여 응력범위에서 파괴에 이르기까지의 반복재하 횟수 N_i 사이의 관계를 얻을 수 있으며, 실제 적용된 응력 횟수 n_i가 전체 피로용량 가운데 어느 정도 차지하는지를 알기 위하여 손상 비율(samage fraction) D_{tot}로 나타낸다.

$$D_{tot} = \sum D_i = \sum \frac{n_i}{N_i}$$

이때 시간이력에 따른 응력진폭을 반복 횟수와 대표응력진폭으로 변환하고, 변환된 반복 횟수와 응력진폭별 피로 손상도를 계산한다.

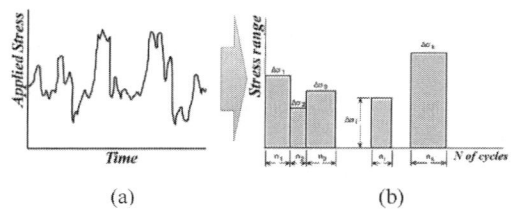
(시간에 따른 진폭을 반복 횟수와 대표응력진폭으로 변환)

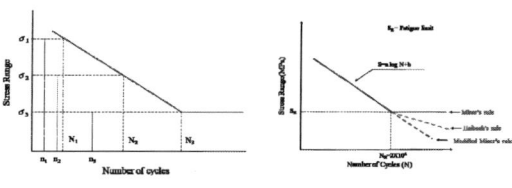
(피로한도 이하 응력범위에 대한 피로해석)

① 피로 검증을 위한 교량 특정 데이터 설정
② 관련 하중 효과에 대한 영향선 계산
③ 피로하중모델을 영향선에 적용 후 시간이력 응답 산출
④ Cycle-counting method를 이용한 응력 히스토그램 작성
⑤ 적정 피로 카테고리 및 S-N 곡선 선정
⑥ 피로손상도 계산 및 200만 회 반복 횟수에 대한 등가응력 계산

2) 응력확률밀도함수를 이용한 피로수명 산정방법 : 정규 분포도를 고려하는 방법으로 누적손상기법과 같이 선형누적피해법칙에 따라 수명을 산정한다.

$$\int_{-\infty}^{+\infty} N$$

여기서, N은 총 피로수명(cycles), $N = 10^{\frac{s-b}{a}}$ 응력 s의 반복수로 a는 계수, b는 정수

$f(s) = \dfrac{1}{\sqrt{2\pi}\sigma} e^{-\frac{1}{2}\left(\frac{s-m}{\sigma}\right)^2}$ 응력 s의 확률밀도함수, σ : 표준편차, m : 평균

a : S-N선도의 기울기, b : S-N선도의 Y축 절편

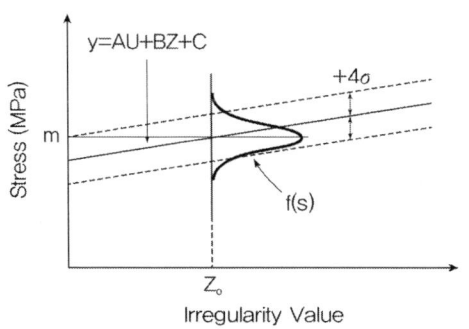
(레일표면요철지수와 레일 휨응력 상관관계(철도의 예시))

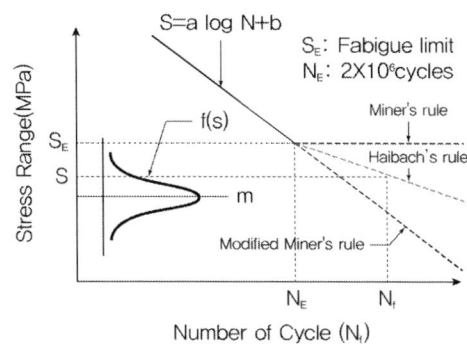
(응력확률밀도함수를 이용한 피로해석방법)

3) 등가손상기법(Equivalent Damage Method; EDM) : 교통 시뮬레이션을 통해 평가되는 등가손상 기법은 등가손상지수와 응력범위, 실제 교통량 및 하중정보의 입력만으로 피로수명을 평가할 수 있는 방법이다. 실제 하중에 의해서 발생되는 응력변동범위와 피로하중에 의해서 발생되는 응력 변동범위의 비율을 나타내는 등가손상지수를 이용한다. 피로차량에 의한 응력변동범위 ΔF_{fat} 를 산정하고 실제 교통 환경이 반영된 등가손상지수 λ 를 획득하여 최종적으로 실제하중에 의해서 발생되는 응력변동범위 ΔF_{E2} 을 산정하는 방법이다.

등가손상기법은 먼저 피로저항에 대한 계수 γ_{Mf} 와 설계에 사용된 200만 회 반복 횟수에 대한 피로강도 $\Delta\sigma_c$ 를 계산한다. 이후 피로하중모델에 따른 일정진폭을 갖는 등가응력범위에 대한 부분 안전계수 γ_{Ff} 를 계산하고 영향선을 이용하여 피로하중모델로 인해 발생하는 응력범위 $\Delta\sigma_{E,2}$ 를 계산한다. 이후 등가손상지수 λ 를 계산하고 최종적으로 피로검토 및 잔존 피로수명을 계산한다.

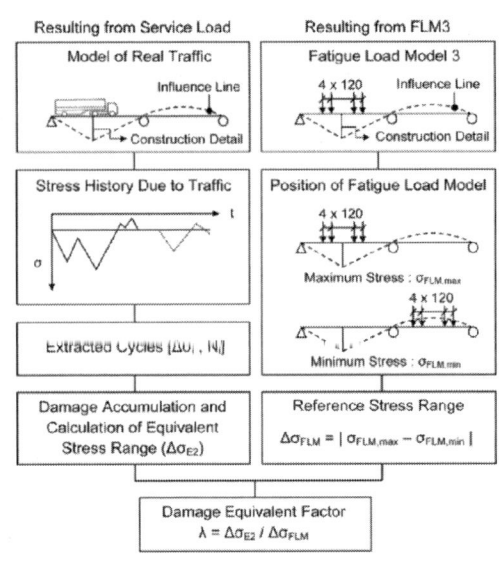

(등가손상기법, 등가손상지수의 개념(Maddah, 2013))

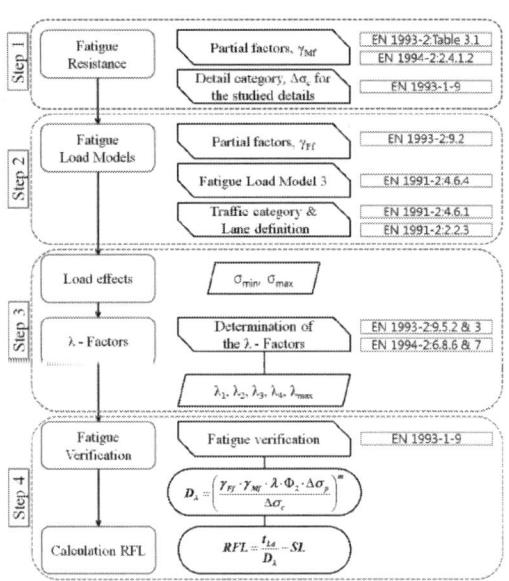

(등가손상기법 평가절차 예시)

케이블의 비파괴 검사

특수교 케이블 점검을 위한 비파괴검사(non-destructive test) 방법 중 음향방출기법(Acoustic Emission, AE)에 대하여 설명하시오.

풀 이

▶ 개요

비파괴 검사는 구조물 용접부나 이음부의 결함상태를 조사하고 결함에 대한 등급분류를 통해 그 영향을 평가하는 데 목적을 둔다. 기본적으로 외관조사(Visual Test, VT)를 통해 적절한 비파괴 검사 방법을 선정하여 조사한다.

▶ 음향방출기법(Acoustic Emission, AE)

1) AE현상 : 일반적으로 물체가 파괴될 때 큰 파괴 음을 내는 경우가 있는데, 이는 내부에 축적된 변형에너지가 파괴 시에 순간적으로 해방되면서 큰 탄성파를 외부로 방출하기 때문이다. 그러나 실제에서는 최종적인 파괴에 도달하기 이전에도 물체 내부에서는 미소한 레벨의 파괴가 진행되고 있기 때문에, 미소 파괴에 의해 변형에너지가 해방되면서 미약한 탄성파가 방출된다.
AE(Acoustic Emission)란 이 같은 일련의 물체 파괴 시 발생하는 변형에너지의 일부가 탄성파(AE파)로 되어 방출되는 현상을 말한다. AE현상에 의해 발생하는 파동은 기본적으로 P파와 S파이지만, 실제로는 표면파인 레일리파 혹은 다른 회절파, 반사파 등이 포함된다. 이 같은 주파수 특성은 그 물체의 재료특성 및 변형규모 등에 의존하기 때문에 수 KHz로부터 수 MHz로 나타낼 수 있다. AE의 발생원도 대상 재료에 따라 약간씩 달라지는데, 암석재료의 경우 새로운 균열의 발생과 더불어 생기는 균열 표면에서의 마찰 등이 주된 AE의 발생원이 된다.

2) 음향방출기법(AE법) : AE현상에 의해 발생한 AE파가 물체의 내부를 전파한 것을 물체의 표면에 부착된 AE 변환자에 의해 수신하여 그 특성을 분석하여 재료의 내부 상태(균열의 위치, 방향, 파괴의 진행)를 추정하기도 하고, 재료나 구조물의 노화도 진단 등을 비파괴적인 방법으로 시행하는 것이 AE법이다. 비파괴검사 중 초음파법과 혼동되기 쉬운데 초음파법은 기지의 초음파를 한쪽에서 발신하고 물체 내를 통과한 초음파를 다른 한편에서 수신하여 도달시간이나 초음파의 변화 등을 조사하여, 그 사이의 거리나 품질의 변화를 조사하는 방법이다. 이 때문에 일정한 시료 샘플 등의 검사에 적합하다. 한편, AE법은 물체에 어떤 하중이 작용할 때 물체 내부에서 생기는 AE를 이용해서 그 재료의 전반적인 상태를 평가하는 방법이다.

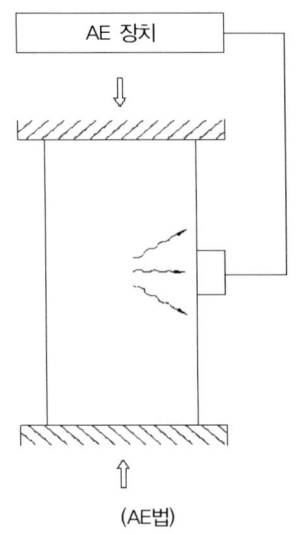

(AE법)

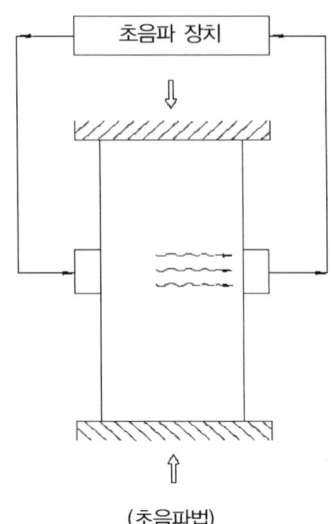

(초음파법)

3) AE법의 계측 : AE법에서는 통상적으로 재료의 파괴가 진행되는 과정에서 발생하는 AE파를 대상으로 하고 있지만, 이 단계에서 발생하는 AE파는 대단히 미약하기 때문에 계측 자료로 활용하기 위해서는 신호를 상당히 증폭할 필요가 있다. 계측방법은 계측대상이나 목적에 따라 다르지만 그 기본적인 흐름을 요약하면 다음과 같다. 먼저, 계측대상 재료에 부착된 AE 변환자에 의해 발생원으로부터 탄성파로 전파되어 오는 AE파를 검출해서 전기신호인 AE신호로 변환한다. 그 다음 AE신호는 신호 증폭부에서 증폭됨과 동시에 잡음제거 등 약간의 저처리과정을 거쳐 데이터 기록부에 입력된 후 신호 처리부로 옮겨진다. 끝으로, AE신호로부터 정보를 인출해 내기 위한 여러 가지 해석을 실시하게 된다.

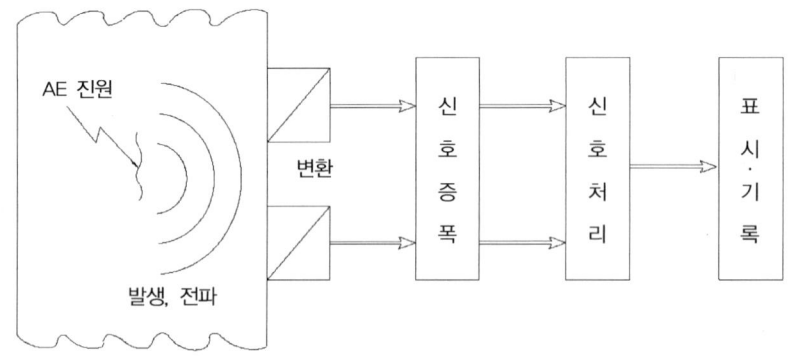

(AE 계측의 기본 흐름)

탄소섬유케이블

탄소섬유케이블에 대하여 설명하시오.

풀 이

탄소섬유케이블을 이용한 철근콘크리트 건물의내진보강 공법(한국구조물진단유지관리공학회, 하지명, 2013)

▶ 개요

탄소섬유케이블(Carbon Fiber Composite Cable, CFCC)은 탄소섬유와 열경화성 수지를 복합화하여 성형한 케이블을 말한다.

▶ 탄소섬유케이블

탄소섬유의 우수한 소재성능을 최대한 보유하도록 하였기 때문에 기존 케이블의 성능과 함께 선형에 가깝기 때문에 코일감기가 가능하여 긴 케이블 제작이 가능한 것이 특징이다. 탄소섬유의 우수한 소재성능을 최대한 발휘하게 하였기 때문에 고강도(PC강에 의한 선재보다 동등 이상의 강도를 가짐), 고탄성(PC강에 의한 선재와 거의 동일한 탄성률을 가짐), 경량(비중은 1.5이며, 강재의 약 1/5배), 고내식성(산 및 알칼리에 우수한 내식성을 가지고 있음), 비자기성, 저선팽창성(선팽창계수는 강재의 약 1/20배), 유연성(선재에 가깝기 때문에 용이하게 코일감기가 가능함), 고인장 피로성능(PC강에 의한 선재를 상회하는 피로성능을 가지고 있음) 등의 특징을 가지고 있다. 국내에서는 건축물의 내진성능 향상을 위한 X-브레이싱 내진보강공법에 사용이 활발하게 진행되고 있다.

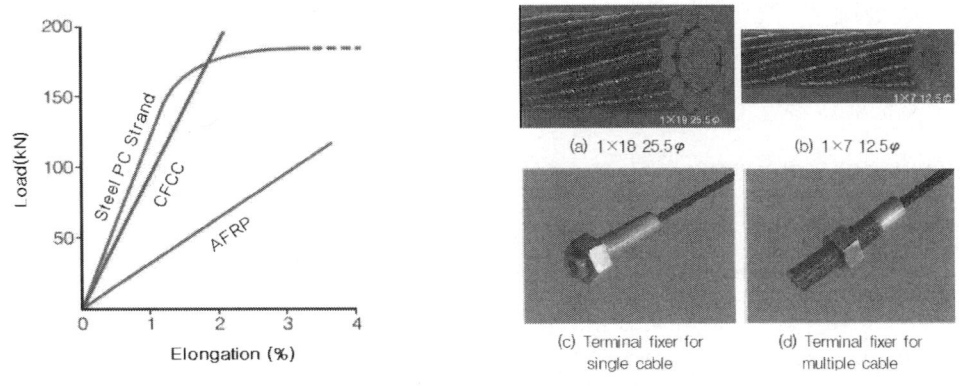

(a) 1×18 25.5φ (b) 1×7 12.5φ

(c) Terminal fixer for single cable (d) Terminal fixer for multiple cable

(탄소섬유케이블(Carbon Fiber Composite Cable, CFCC))

PSC 박스

PSC 박스거더의 손상유형과 원인 및 대책에 대하여 설명하시오.

풀 이

PSC 박스거더의 손상(한국시설안전공단)

➤ 개요

PSC 박스거더는 공정이 표준화되어 있어 시공성과 품질이 우수한 특징을 갖는 형식으로 가설공법에 따라 FCM, ILM, MSS, FSM 등의 공법으로 가설되고 있다. PSC 박스거더교는 시공단계별로 검토하여야 할 사항이 많아 해석이 복잡하고 처짐 관리 등 시공 중에 정밀하게 검토되어야 할 사항이 많다. 국내의 경우 중앙부가 힌지부로 연결된 캔틸레버공법인 원효대교, 상진대교, 청풍교에서 힌지부에 과도한 처짐이 발생하여 보강이 이루어진 바 있으나 현재는 이러한 가설공법은 국내에서 시공되고 있지 않다. 일반적으로 PSC 박스거더교는 비틀림 및 횡방향 강성의 역학적 장점이기 때문에 구조적인 큰 문제점은 도출되고 있지 않으나 문헌에 등장하는 통상적인 비구조적 균열과 상부구조의 신축에 관련된 손상 등은 다수 발견되고 있다.

➤ PSC 박스거더의 손상유형의 원인

PSC 박스거더의 손상유형으로는 콘크리트 손상으로서 균열과 박락, 백태, 재료분리 등의 손상이 발생되며, 균열에는 사용 하중하에서 박스하부 플랜지의 휨 균열(횡방향), 하부 플랜지의 곡률에 의한 종 방향 균열과, 변단면 웨브에서의 전단 균열 및 지점부 근처의 전단균열 등과 같은 구조적인 관점에서의 균열이 있으며, 격벽의 개구부에 발생한 수직 및 경사 균열, 정착부 균열, 쉬스를 따라 발생되는 종방향 균열, 온도 및 건조수축 등에 의한 단면 변화부의 균열 등이 있다. 또한 이러한 균열 이외에 임의의 경간에 있어서의 처짐, 교축방향의 신축에 의한 받침중심과의 어긋남 등이 종종 발견된다.

1) PSC 박스거더 균열의 원인

① 설계상의 원인
  (1) 모멘트재분배로부터 발생되는 응력의 과소평가 및 부적절한 고려
  (2) 온도응력(수축, 팽창)의 과소평가 및 온도경사의 미 고려
  (3) 프리스트레스의 손실고려에 있어서 파상 및 마찰계수, 릴렉세이션의 실제와의 차이
  (4) 작업하중, 비구조 하중의 과소평가

(5) 다련 박스의 경우 횡 방향 설계에 있어서 실제 횡 방향 강성의 유연성의 미 고려

(6) 변단면에서의 텐던의 경사효과 미고려

② 시공상의 원인

(1) 텐던 덕트의 위치의 이동, 어긋남 및 파손 또는 강선의 끊어짐

(2) PS강선의 긴장관리의 부적절 및 불충분한 긴장

(3) 콘크리트 양생 중 거푸집의 이동 및 작업하중의 이동

(4) 정착부 주변의 배근 및 콘크리트 타설 및 다짐의 미흡

③ 기타 원인

(1) 기초의 부등침하

(2) 중차량 통과 및 충격

(3) 받침이 복부로부터 떨어져 있는 경우 웨브에 균열 발생

(4) 직경이 큰 PS강재가 배치된 경우 압축응력분포 교란에 의한 인장응력 발생에 의하여 강재를 따라 균열 발생

(5) 구조계산상 모멘트가 영점인 부근의 수직균열

(6) 세그먼트를 이어서 타설할 경우 기존의 콘크리트에 구속되어 발생하거나 쉬스관에 구속되어 발생하는 상하부 플랜지의 종 방향 건조수축균열

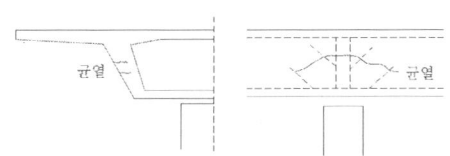

(받침이 복부에서 떨어진 경우의 웨브 균열)

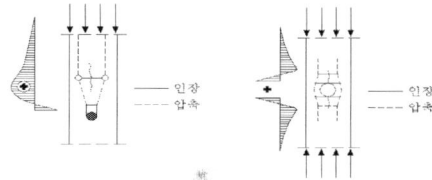

(직경이 큰 PS강재를 따라 발생하는 균열)

2) PSC 박스거더 공용 중 내구성 저하원인

① 포장부와 방호울타리 하단부 접촉면의 방수 미흡

② 방호울타리 시공불량으로 하단부 틈새로 우수가 유입

③ 차륜하중으로 인한 포장의 소성변형, 망상균열로 교면방수층이 손상되어 노면수 침투

④ 교면포장 하면의 콘크리트 상면에 동결융해 및 제설제 영향으로 철근이 부식되어 철근노출, 박락

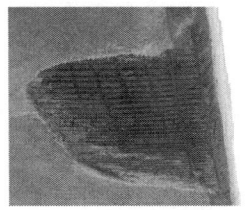

(단면 감소)

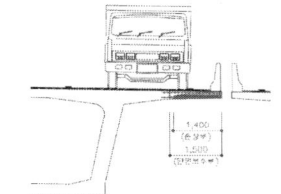

(차량통행으로 캔틸레버부 하부 바닥판 파손)

➤ 손상 대책

1) 주형의 처짐에 대한 시공 시의 정밀한 캠버관리 필요

2) 크리프, 건조수축, 온도변화에 대한 해석 시 기 설계 및 시공사례를 토대로 설계조건 검토 및 정밀해석 강구

3) 공용 중 주형 처짐 시 무작정 포장을 덧씌우기하여 고정하중을 증가시키는 방안 지양

4) 형고가 변하는 변단면 교량에 있어서는 텐던의 경사를 고려하여 설계하도록 하고, 캔틸레버 텐던의 배치는 정착부와 박스 하면과의 거리와 텐던과 세그먼트의 이음부가 교차하는 위치를 일정하게 유지시키도록 하여 텐던의 경사를 매 세그먼트마다 변하게 함으로써 지점부의 전단력이 가장 큰 부분의 전단응력을 감소시킬 수 있도록 함.

5) 일반적으로 PSC 상자형교는 활하중에 비해 고정하중의 비율이 크고, 압출시공 중에는 고정하중뿐만 아니라 상부의 작업하중, 압출을 위한 Lift하중, 지점침하, 온도하중 및 건조수축, 크리프 영향 등이 작용하기 때문에 균열은 보통 시공 중에 발생하는 것이 대부분이며, 특히 사인장균열은 압출과정에서 지점부를 가장 많이 거쳐 옴으로써 지점반력을 크게 받는 압출선단지간부에서 많이 발생된다. 따라서 가교각 설치 및 압출 노즈의 강성 확보에 주의를 기울여야 하고 받침중심선과 복부중심선을 일치시켜야 한다. 이것이 불가능한 경우에는 헌치를 크게 하는 등 헌치의 크기, 형상 등을 검토할 필요가 있다.

6) 격벽은 상자형 박스 완성 후 박스 내에 massive하게 시공하기 때문에 콘크리트 수화열의 온도하강에 따른 표면부의 수축변형에 대한 내부구속, 콘크리드 자체의 건조수축 변형에 대한 내부 철근의 구속, 복부, 플랜지의 변형구속 등에 따라 인장균열이 발생하기 쉽다. 격벽의 균열은 온도변형 및 건조수축변형이 큰 반면 인장강도가 약한 상태인 시공초기에 주로 발생되는 경우가 많다. 따라서 콘크리트의 시공 시 수화열 저감 대책이 필요하고, 설계 시에도 필요 철근량에 대하여 직경이 작은 철근을 적용토록 하는 것을 권장한다.

7) 크리프, 건조수축, 온도변화에 대한 해석 시 기 설계 및 시공사례를 토대로 설계조건 검토 및 정밀해석 강구

8) 철저한 긴장관리 필요

교량 내하력 평가

교량의 내하력 평가방법에 대하여 설명하시오.

풀 이

▶ 개요

교량의 내하력 평가는 작용하중에 대한 교량 전체 또는 교량부재의 하중저항능력을 정량적으로 평가하는 행위로 평가과정에는 현장조사, 재료시험, 구조계산, 재하시험 등이 포함된다.

▶ 교량의 내하력 평가방법

현재 사용되고 있는 내하력 평가 기법에는 공용하중에 대한 내하율을 구하기 위한 허용응력 개념과 강도 또는 하중 계수개념에 의한 방법 및 신뢰성 이론에 입각한 방법 등이 있다.

① 허용응력 개념에 의한 내하력 평가방법 : 허용응력 개념에 의해 공용하중의 내하율을 산정하는 방법은 주로 강도로교에 적용되고 있으며, 먼저 주형, 횡형, 바닥판 등 각 구조요소에 대한 기본 내하력를 산정하고 허용응력, 노면성상 교통상황 및 기타조건에 따른 계수를 곱하여 산출된 최소치를 공용하중으로 결정하는 방법

② 강도개념에 의한 내하력 평가방법 : 강도개념에 의한 내하력 평가방법은 그 기본개념은 허용응력 개념에 의한 공용하중 결정방법과 같지만, 파괴에 대한 안전을 조사하는 데 특징이 있으며 주로 콘크리트 교량에 적용된다.

③ 신뢰성 이론에 의한 내하력 평가방법 : 신뢰성 이론에 입각한 내하력 평가방법은 해당 교량이 갖는 고유한 조건 등에 대하여 안전성을 확보하려는 목적에서 교량의 잔존공용기간이나 교통조건 등을 감안하여 내하력을 평가하고자 하는 개념이다. 신뢰성 이론을 수행하려면 먼저 구조물의 안전과 파괴를 판단할 수 있는 기준이 필요하며 이 기준을 한계상태함수(g)라 한다. 한계상태함수는 구조물에 가해지는 하중(S)과 그에 대한 저항(R)으로 나타낸다.

$$g(R, S) = R - S$$

여기서 한계상태는 안전상태($g > 0$)와 파괴상태(불안전 상태, $g < 0$)의 경계에 상응하는 $g = 0$을 의미한다.

파괴확률(P_f, Probability of failure)은 한계상태함수가 영(0)보다 작을 확률을 나타낸다. 이때 R과 S가 모두 연속확률변수라면 파괴확률은 다음과 같다.

$$P_f = P(R - S < 0) = P(g < 0)$$

정밀안전진단 재하시험

교량의 정밀안전진단을 위한 재하시험의 목적과 방법에 대하여 설명하시오.

풀 이

▶ 개요

시설물 안전법 및 시설물의 안전 및 유지관리 실시 등에 관한 지침에 따라 제1종 시설물에 대해서 정밀안전진단을 실시하도록 규정하고 있다. 정밀안전진단 시에는 일부 부재에 대해 재하시험 및 구조해석 또는 기존 안전성 평가 자료 등을 통해 선택적으로 안전성 평가를 실시할 수 있다. 재하 시험은 실험적인 방법으로 교량의 거동을 해석하는 방법으로서. 정해진 규정에 따라 교량의 탄성 거동에 영향을 주지 않는 크기로 결정된 기지의 하중을 교량의 특정부위에 직접 재하하여 교량을 구성하는 주요 부재들의 실제거동을 관찰 및 계측하는 시험이다.

▶ 재하시험의 목적

재하시험은 실험적인 방법으로 교량의 거동을 해석하는 방법으로서, 정해진 규정에 따라 교량의 탄성거동에 영향을 주지 않는 크기로 결정된 기지의 하중을 교량의 특정부위에 직접 재하하여 교량을 구성하는 주요 부재들의 실제거동을 관찰 및 계측하는 시험이다. 재하시험의 목적은 교량의 실제 내하력을 정량화시키기 위함이며, 재하시험의 결과는 이론적인 방법으로 평가된 교량의 내하력을 보완하는데 적용된다. 내하력 평가에서 실시되는 재하시험의 세부목적은 다음과 같다.
① 교량의 실제 정적 및 동적거동 평가
② 처짐, 진동 등에 대한 사용성 검토
③ 새로운 해석방법 및 설계기법의 검증
④ 교량의 결함원인의 분석 및 규명
⑤ 해석에 의한 내하력이 작은 경우 실제거동을 반영한 내하력을 결정하여 교량 유지관리의 경제성 향상
⑥ 보수·보강 효과 확인
⑦ 교량의 동특성(진동수, 진동모드 및 감쇠비 및 충격계수) 평가
⑧ 설계도서 및 보수·보강 이력자료가 미비한 교량의 내하력 평가

➤ 재해시험의 종류별 목적과 방법

1) 정적재하시험

정적재하시험은 다음과 같은 목적에 따라 정적처짐 또는 정적변형률을 측정한다.
① 중립축 위치 판단
② 하중의 횡분배
③ 주형과 바닥판과의 합성 작용
④ 부재의 강성
⑤ 응력 및 처짐의 영향선
⑥ 계산응력과 측정응력의 비교

2) 동적재하시험

교량의 동적재하시험은 크게 두 가지로 분류되며, 시험차의 주행에 따른 동적응답으로부터 실제 교량의 충격계수 및 진동평가를 위한 시험과 교량의 동적 특성을 구하기 위한 시험으로 구분된다.
① 차량 주행시험 : 측정결과를 이용하여 교량의 충격계수, 동적변형률, 가속도, 진동주기, 고유 진동수에 따라 사용성 측면에서의 교량진동 특성을 분석하는 데 활용된다.
② 동적특성 시험 : 교량의 동적특성, 즉 고유진동수, 감쇠율, 모드형상을 구하는 시험으로써 상시 미진동, 주행차량에 의한 진동, 가진기에 의한 진동 등을 가속도계 및 변위계로 측정하는 시험이다. 장대교의 경우 내진안전도, 내풍안전도를 평가함에 있어 대상교량의 동특성이 기본 자료로 활용되며 공용중인 교량에서 기간 경과에 따른 동특성의 차이는 교량의 손상정도를 평가하는 데 사용될 수 있다.

3) 의사정적재하시험

의사정적재하시험은 동적재하시험과 마찬가지로 차량주행시험을 실시하여 계측된 응답파형으로부터 정적응답을 간접적으로 유추하는 재하시험 방법으로서 동적 측정장비를 이용할 수 있고 정적재하시험에 비하여 차량통제가 용이하기 때문에 재하시험 시간을 단축할 수 있는 장점이 있다. 따라서 의사정적재하시험은 평가대상 교량의 현장여건, 교통량 등을 감안하여 차량의 전면 교통통제를 실시하는 것이 바람직하지 않다고 판단될 때 실시한다.

동적재하시험

교량안전진단 시 동적재하시험 수행 방법과 이를 통해 얻어진 데이터를 활용하여 안전성과 사용성을 평가하는 방법에 대하여 설명하시오.

풀 이

➤ 개요

재하시험은 이론적인 방법으로 평가된 교량의 내하력을 보완하는 데 적용된다. 일반적으로 교량의 내하력은 교량의 거동에 영향을 줄 수 있는 심각한 손상이나 결함, 재료적 열화현상이 없다면 이론적 방법보다 더 높게 평가된다. 재하시험을 평가하는 주요 목적은 교량의 실제 정적, 동적 거동을 평가하고, 처짐 및 진동 등의 사용성과 교량의 결함원인의 분석 및 규명, 해석에 의한 방법보다 내하력이 작은 경우 실제 거동을 반영해 내하력 결정을 위해 시행된다.

➤ 동적재하시험 수행방법

교량의 동적재하시험은 크게 두 가지로 분류되며, 시험차의 주행에 따른 동적응답으로부터 실제 교량의 충격계수 및 진동평가를 위한 시험과 교량의 동적 특성을 구하기 위한 시험으로 구분된다.

① 차량 주행시험 : 측정결과를 이용하여 교량의 충격계수, 동적변형률, 가속도, 진동주기, 고유 신동수에 따라 사용성 측면에서의 교량진동 특성을 분석하는 데 활용된다.

② 동적특성 시험 : 교량의 동적특성, 즉 고유진동수, 감쇠율, 모드형상을 구하는 시험으로써 상시 미진동, 주행차량에 의한 진동, 가진기에 의한 진동 등을 가속도계 및 변위계로 측정하는 시험이다. 장대교의 경우 내진안전도, 내풍안전도를 평가함에 있어 대상교량의 동특성이 기본자료로 활용되며 공용중인 교량에서 기간 경과에 따른 동특성의 차이는 교량의 손상정도를 평가하는 데 사용될 수 있다.

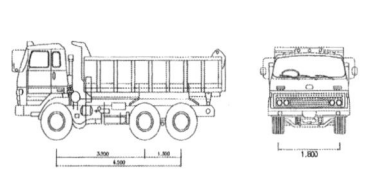

(시험용 차량 선정)

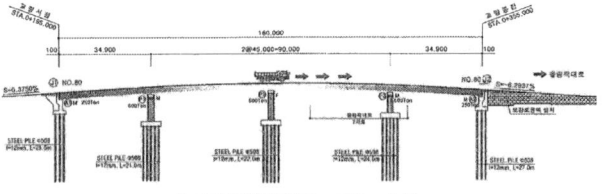

(동적재하시험(10~50km/h))

동적재하시험은 시험차량의 주행속도에 따른 동적응답으로부터 실제 교량의 충격계수와 진동평가를 위한 시험과 동적특성을 구하는 시험으로 구분된다. 시험차량은 주요 위치의 동적 처짐과 변형률을 기록할 수 있도록 주행하며, 주행속도는 10km/h를 기준으로 10km/h씩 증가하면서 가능한 최고 속도까지 속도별로 주행시켜 가속도 측정을 통해 시험차량의 주행 시 진동에 의한 동적특성을 분석한다.

▶ 동적재하시험 데이터를 통한 안전성과 사용성 평가방법

동적재하시험은 교량의 사용성 및 동적 거동특성을 평가하기 위하여 실시하며, 일반적으로 처짐계(LVDT) 및 변형률 게이지를 이용하는 방법과 가속도계(Accelerometer)를 이용하는 방법 등이 있다. 동적재하시험을 통해서 충격계수에 대한 실측과 합리적 해석모델의 검증을 위해 고유진동수를 검증하는 데 주로 많이 활용된다.

1) 충격계수

동적재하시험을 통한 실측 충격계수와 시방서에 의한 계산 충격계수를 비교하기 위한 실측 충격계수 산정은 속도별로 재하 시 얻은 의사정적 최대 처짐으로 속도별 최대 처짐을 각각 나누면 속도별 동적 증폭률(1+i)이 계산된다. 이 방법은 교량의 노면 상태, 차량의 주행속도, 지간장, 사하중과 활하중의 비, 구조적 특성 등의 다양한 인자들로 인하여 의사정적으로 보기 어려운 점이 있어 측정결과에 영향을 미치는 현장 특성 요인을 감안하여 속도별 동적 파형을 Low Pass Filtering하여 각각의 정적 파형을 구한 후 속도별로 동적파형의 최대치를 정적 파형의 최대치로 나누어 동적 증폭계수를 산정하는 방법을 많이 사용한다. 동적 주행시험의 각 속도별 동적 응답곡선에서 Low Pass Filtering을 통한 최대정적응답곡선을 기준으로 하여 최대 동적 응답치와 비교하여 실측 충격계수를 산정한다.

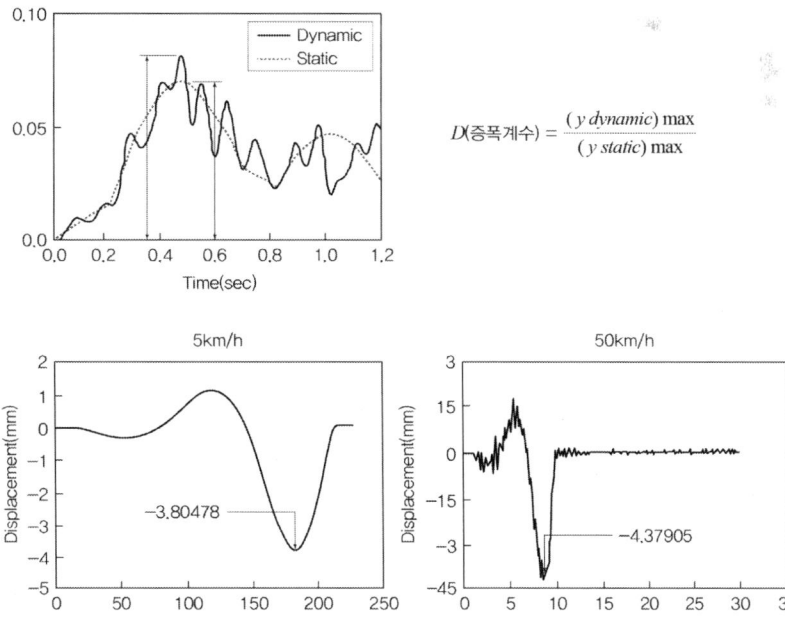

$$D(증폭계수) = \frac{(y\ dynamic)\ \max}{(y\ static)\ \max}$$

2) 고유진동수 실측

고유진동수를 평가하기 위하여 가속도계를 설치하고 동적 주행시험 및 주행 충격시험에서 측정된 주행 속도별 가속도 신호를 FFT분석하여 power spectrum을 얻고 이로부터 교량의 고유진동수를 측정한다. 동적재하시험을 통해 분석된 고유진동수는 구조해석 휨 모드상의 계산 고유진동수와 비교하여 대상교량의 해석모델이 합리적으로 표현된 것인지 여부를 판단하는 데 사용된다.

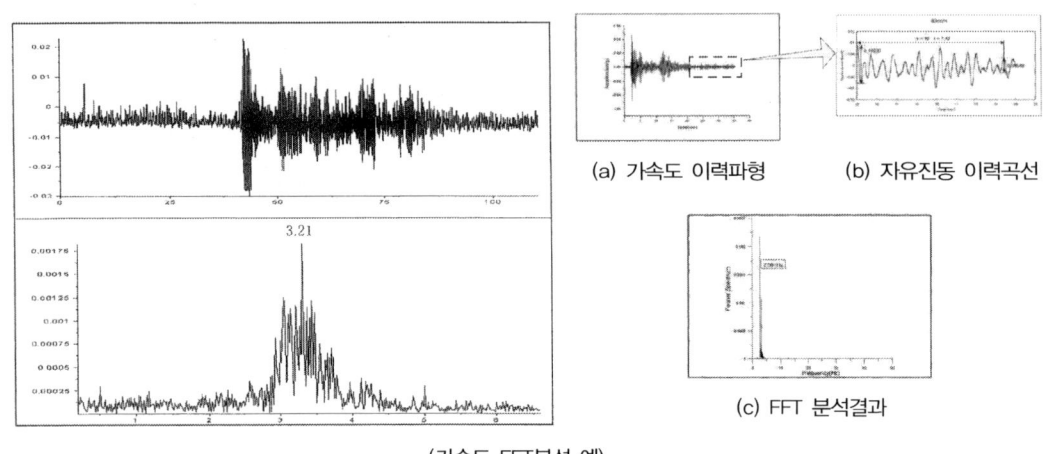

(a) 가속도 이력파형 (b) 자유진동 이력곡선

(c) FFT 분석결과

(가속도 FFT분석 예)

교량 재하시험

교량 재하시험의 주요 목적, 재하시험 계획에 포함되어야 하는 내용 및 동적재하시험에 대하여 설명하시오.

풀 이

➤ 단면 검토

재하시험은 교량의 내하력 평가를 목적으로 한 실험적인 방법으로 교량의 거동을 해석하는 데 사용되는 방법이다. 정해진 규정에 따라 교량의 탄성거동에 영향을 주지 않는 크기로 결정된 기지의 하중을 교량의 특정부위에 직접 재하하여 교량을 구성하는 주요 부재들의 실제거동을 관찰 및 계측할 수 있다.

➤ 재해시험의 종류

재하시험은 정적 및 동적재하시험으로 구분하여 실시되며, 의사정적재하시험을 실시하는 경우에는 정적재하시험을 생략할 수 있다. 재하시험의 목적은 교량의 실제 내하력을 정량화시키기 위함이며, 재하시험의 결과는 이론적인 방법으로 평가된 교량의 내하력을 보완하는 데 적용된다. 재하시험을 시행할 때에는 시험방법, 시험하중, 계측기기의 운영, 시험원의 자격요건 및 안전조치 계획 등을 포함한 신중한 계획이 이루어져야 하며, 내하력평가에서 재하시험의 세부목적은 다음과 같다.

① 교량의 실제 정적 및 동적거동 평가
② 처짐, 진동 등에 대한 사용성 검토
③ 새로운 해석방법 및 설계기법의 검증
④ 교량의 결함원인의 분석 및 규명
⑤ 해석에 의한 내하력이 작은 경우 실제 거동을 반영한 내하력을 결정하여 교량 유지관리의 경제성 향상
⑥ 보수·보강 효과 확인
⑦ 교량의 동특성(진동수, 진동모드 및 감쇠비 및 충격계수) 평가
⑧ 설계도서 및 보수·보강 이력자료가 미비한 교량의 내하력 평가

▶ 재하시험의 종류별 목적 및 포함해야 할 내용

1) 정적재하시험

정적재하시험은 다음과 같은 목적에 따라 정적처짐 또는 정적변형률을 측정한다.
① 중립축 위치 판단
② 하중의 횡분배
③ 주형과 바닥판과의 합성 작용
④ 부재의 강성
⑤ 응력 및 처짐의 영향선
⑥ 계산응력과 측정응력의 비교

2) 동적재하시험

교량의 동적재하시험은 크게 두 가지로 분류되며, 시험차의 주행에 따른 동적응답으로부터 실제 교량의 충격계수 및 진동평가를 위한 시험과 교량의 동적 특성을 구하기 위한 시험으로 구분된다.
① 차량 주행시험 : 측정결과를 이용하여 교량의 충격계수, 동적변형률, 가속도, 진동주기, 고유 진동수에 따라 사용성 측면에서의 교량진동 특성을 분석하는 데 활용된다.
② 동적특성 시험 : 교량의 동적특성, 즉 고유진동수, 감쇠율, 모드형상을 구하는 시험으로써 상시 미진동, 주행차량에 의한 진동, 가진기에 의한 진동 등을 가속도계 및 변위계로 측정하는 시험이다. 장대교의 경우 내진안전도, 내풍안전도를 평가함에 있어 대상교량의 동특성이 기본 자료로 활용되며 공용중인 교량에서 기간 경과에 따른 동특성의 차이는 교량의 손상정도를 평가하는 데 사용될 수 있다.

3) 의사정적재하시험

의사정적재하시험은 동적재하시험과 마찬가지로 차량주행시험을 실시하여 계측된 응답파형으로부터 정적응답을 간접적으로 유추하는 재하시험 방법으로서 동적 측정장비를 이용할 수 있고 정적재하시험에 비하여 차량통제가 용이하기 때문에 재하시험 시간을 단축할 수 있는 장점이 있다. 따라서 의사정적재하시험은 평가대상 교량의 현장여건, 교통량 등을 감안하여 차량의 전면교통통제를 실시하는 것이 바람직하지 않다고 판단될 때 실시한다.

공용교량 안전성 평가

공용 중인 교량의 안전성 평가 시 고려해야 할 사항을 상부구조와 하부구조로 구분하여 설명하시오.

풀 이

▶ **개요**

시설물의 안전성 평가는 정밀안전진단 시에 실시한다. 재하시험(계측) 및 구조해석 또는 기존의 안전성평가 자료와 함께 부재별 상태평가, 재료시험 결과 및 각종 계측, 측정, 조사 및 시험 등을 통하여 얻은 결과를 분석하고 이를 바탕으로 구조물의 안전과 부재의 내하력 등을 종합적으로 평가하여 공용 중인 시설물의 안전성 평가 결과를 결정한다.

▶ **교량 안전성 평가 시 고려해야 할 사항**

구조물의 안전성 평가는 주요 구조부재의 정밀 외관조사, 비파괴 현장시험 및 재료시험의 결과를 토대로 종합적으로 이루어져야 한다. 안전성 검토는 대상 교량의 설계개념을 따라 일관성이 유지되도록 평가하는 것을 원칙으로 하고, 최근 도입되고 있는 신뢰성이론에 의한 평가방법은 충분한 통계자료가 뒷받침되어야 하므로 참고자료로 활용한다. 또한 교량의 안전성 평가는 내하력 평가 개념으로 규정되어 왔으나 내하력은 활하중 여유도로서 하중비에 따라 내하력의 변동폭이 크게 변하므로 교량의 안전성을 일관되게 평가하는 기준으로 적절하지 못하다. 따라서 안전성 평가는 교량의 안전율 개념을 도입하여 평가하였다. 그러나 안전율이 0.9에서 1.0 사이에 있어 재하시험에 의한 공용내하력 평가를 실시한 경우 공용내하력 산정결과에 따라 안전성과를 산정한다.

기준	안전성 평가 기준	비 고
A	SF > 1.0	
B	0.9 ≤ SF < 1이나, 공용내하력이 설계하중보다 크게 평가된 경우	◦ 허용응력설계법 $SF(안전율) = \dfrac{허용응력}{발생응력} = \dfrac{f_a}{f_{d+l}}$
C	0.9 ≤SF < 1	
D	0.75 ≤ SF < 0.9	◦ 강도설계법 $SF(안전율) = \dfrac{설계강도}{소요강도} = \dfrac{\phi Mn}{M}$
E	SF < 0.75	

1) 상부구조의 고려사항

상부구조의 안전성 평가 시 다음 사항을 충분히 고려하여 엄밀한 판정이 되도록 한다.

① 콘크리트 및 강재 등 재료의 실제 강도

② 균열, 박리, 박락, 층분리

③ 강재, 철근, 프리스트레싱 긴장재의 부식

④ 구조부재의 실제 단면적과 철근의 위치

⑤ 처짐

⑥ 볼트, 리벳, 용접 등 연결부위의 상태

⑦ 신축 이음부와 받침부의 구속력

강교의 경우, 교량에 발생하는 결함 및 손상의 대부분이 용접부 및 절취부 등의 불연속면에 작용하는 응력집중에 의한 국부적인 추가손상 및 피로파손에 기인하므로 피로응력에 대한 평가를 필요로 하는 경우가 있다. 특히 철도교는 도로교와 달리 설계하중에 가까운 큰 하중이 통과하는 횟수가 많은 것이 특징으로 실동응력 범위가 커짐으로 인해 피로에 대한 고려가 필수요건이 된다.

2) 하부구조의 고려사항

교량의 안전성에 영향을 주는 모든 하부구조 부재의 불안정한 흔적에 대하여 특별히 관리를 하여야 하며, 하부구조의 평가는 정확한 공학적 판단하에 실시한다. 하부 구조물의 적정성 여부는 준공도면, 시공도면, 구조 계산, 점검 결과 및 기타 적절한 자료를 토대로 한다. 교각 및 교대를 포함한 하부구조는 상부구조를 지지할 수 있는 최소한의 안전성 확보 유무가 점검되어야 하며, 우물통과 교각기초 사이의 거동, 기초가 암반에 근입된 상태, 교대의 부등침하, 전방이동 등을 고려한다.

3) 여유도가 없는 구조물(Nonredundant Structure)

구조물에는 부분적인 부재의 파괴가 교량 전체의 붕괴를 일으킬 것으로 예상되는 주요 구조부재가 존재한다. 이러한 구조물의 안전성평가 시에는 이들 여유도가 없는 부재에 특별히 유의한다.

교량의 진동

교량의 진동특성에 대하여 설명하시오.

풀 이

▶ 개요

교량은 지간의 길이에 따라 다소 차이는 있으나, 일반적으로 차량 등의 활하중이나 풍하중, 지진 하중 등으로 인해 진동하는 특성이 있다. 이러한 진동은 피로하중을 유발하게 되며, 또한 각각의 구조물의 고유진동수와 공진하게 되면 동적응답의 증폭으로 인해 구조물에 피해가 발생할 수도 있다.

▶ 교량의 진동특성

1) 교량의 진동특성

일반적으로 교량의 감쇠비는 콘크리트교가 크고, 감쇠 종료시간은 강교가 길어 강교가 콘크리트 교보다 진동피해를 많이 받는다. 콘크리트교는 동탄성계수, 강교는 합성단면을 사용하면 실측치에 가까운 진동수를 계산할 수 있으며, 변위에 의한 충격계수와 변형에 의한 충격계수 값은 다르다. 일반적인 교량의 고유진동수는 다음과 같다.
① 노면 상태가 양호한 교량 : 2.3~4.5Hz
② 노면 상태가 불량한 교량 : 2~3Hz, 6.5Hz 이상

2) 차량 하중으로 인한 진동

일반적으로 차량의 주행으로 인한 진동은 도로교에서보다 활하중의 크기가 큰 철도교에서의 영향이 더 크다. 정적해석 과정에서 차량의 주행으로 인한 동적거동의 영향은 일반적으로 충격계수를 이용하여 고려되며, 장대교량과 같은 주요한 구조물에 대해서는 활하중의 이동하중 해석이나 시간이력 해석을 통해서 구조물의 동적인 거동특성에 대하여 고려한다.

【 충격계수(도로교설계기준, 2015) 】

구 분		IM
바닥판, 신축이음장치 모든 한계상태		70%
모든 다른 부재	피로한계상태 제외한 모든 한계상태	25%
	피로한계상태	15%

3) 풍하중으로 인한 진동

바람으로 인해 교량의 진동이 발생할 수 있으며, 단경간에 비해 장경간의 교량이 그 영향이 더 크다. 일반적으로 교량에 발생되는 진동의 형태는 와류진동과 버펫팅과 같은 강제진동과 갤로핑, 플러터와 같은 자발진동 등으로 구분된다. 진동에 대한 대책으로는 주로 교량 구체의 질량과 강성을 증가시키거나 감쇠를 증가할 수 있는 시설을 설치하는 등의 방법이 사용되며, 장대교량의 경우 단면형상 변경과 같은 공기역학적 대책을 이용하기도 한다.

정적 내풍대책	동적 내풍대책		기타
	구조역학적 대책	공기역학적 대책	
① 풍하중에 대한 저항의 증가	① 질량 증가(m) 부가질량, 등가질량 증가	① 단면형상의 변경	air gap 설치 풍환경 개선
② 풍하중의 저감 – 수풍면적의 저감 – 공기력 계수의 저감	② 강성증가(k) 진동수 조절 ($f \propto \sqrt{\dfrac{k}{m}}$) ③ 감쇠증가(c) 구조물 자체 감쇠증가, TMD, TLD 등 설치, 기계적 댐퍼 설치	② 공기역학적 댐퍼 기류의 박리억제(fairing, spoiler) 박리된 기류의 교란(fluffer, shround) 박리와류형성의 공간적 상관의 저하	

4) 지진하중으로 인한 진동

지진하중에 의해서도 질량의 동조에 따라서 그 크기가 커지기 때문에 장경간 교량의 영향이 더 크다. 교량은 지진하중으로부터의 교량의 진동을 최소화하거나 하중을 견디도록 설계하는 것이 일반적이며, 내진설계, 면진설계, 제진설계의 방법이 있다. 단경간 교량의 경우 정적하중으로 치환하는 내진설계를 주로 하는 반면, 장경간 교량의 경우 지진하중에 대한 교량의 진동 특성을 분석하는 다중모드스펙트럼 해석을 수행하기도 한다. 이 때 지진력의 모사는 주요 발생가능한 지진하중이나 표준 스펙트럼을 이용하며 교량의 동적 거동모드를 다수 예측하여 공진으로 인한 피해가 발생되지 않도록 설계한다.

구조결함의 주요 요인

보수·보강이 요구되는 구조물에서 일어나는 구조결함의 주요 요인을 내적 및 외적 조건으로 구분하여 설명하시오.

풀 이

▶ 개요

통상 보수는 구조물에 작용한 위해요인에 의해 발생된 구조물의 손상을 치유하는 것으로 시설물의 내구성능을 회복 또는 향상시키는 것을 목적으로 하며, 보강이란 설계하중 이상의 하중 등 위해요인에 구조물이 안전하도록 하기 위해서 구조물의 내하력을 확보하는 것으로 부재나 구조물의 내하력과 강성 등의 역학적인 성능을 회복, 혹은 향상시키는 것을 목적으로 한 대책을 말한다.

▶ 구조결함의 주요 요인

구조적 결함은 열화와 같은 노후화로 인해 내구성능이 떨어지는 내적요인에 의해 발생될 수 있으며, 과대하중 재하, 충격의 영향과 같은 외부적 요건에 의해서도 발생될 수 있다.

1) 내적요인

① 콘크리트의 열화 : 중성화(탄산화), 화학적 부식, 동결융해(백화), 알칼리 골재반응 등이 발생될 수 있으며, 이러한 열화는 재료품질의 이상, 제조상의 이상, 시공상의 이상, 환경작용으로 인한 품질이상, 건조수축 및 온도변화 등에 의해서 발생될 수 있다. 콘크리트의 열화는 구조물의 균열, 박리, 백태 등을 유발하고 강성을 저하시켜 구조적 결함을 발생시킬 수 있다.

② 시공불량 : 콘크리트 배합이나 시공불량으로 인해 소정의 강도가 확보되지 못하거나 표면 마감처리가 불량할 경우 콘크리트 표면의 손상을 유발하며 피복두께가 부족한 경우에도 철근노출로 인한 구조물 파손의 원인이 된다.

2) 외적요인

① 과대 하중 : 교량의 경우 차량의 대형화는 차량 하중이 설계기준의 개정과 함께 증가하였음에도 오래된 교량에서의 내하력 저하의 원인이 된다. 설계 하중보다 큰 하중의 재하가 지속될 경우 구조물 파손을 유발하는 원인이 된다.

② 충격의 영향 : 충격하중이 구조물의 함몰부나 신축이음부 등 단차가 있거나 응력이 집중된 것에 가해지면 구조체에 심각한 손상을 초래할 수 있다.

③ 부등침하 : 구조물의 부등침하는 추가적인 휨모멘트 등 증가시키고 이는 구조물의 손상을 초래할 수 있다.

영구 계측기기

특수교량에서 주로 사용되는 영구 계측기기의 설치목적과 종류별 설치위치에 대하여 설명하시오.

풀 이

➤ 개요

교량에 사용되는 계측관리는 통상적으로 점검 및 유지관리를 위한 영구계측과 건설 중 계측기기로 구분할 수 있으며, 영구계측기는 교량의 점검 및 유지관리가 육안조사만에 의존할 수 없고 장기간에 연속적인 점검이 필요하기 때문에 특수 구조물과 같은 중요구조물에 적용되고 있다. 최근에는 지능형 계측 통합관리시스템과 연동하거나 자치단체의 도시통합정보센터 등과 연동하는 등 자동화 계측이 많이 적용되는 추세이다.

➤ 계측기기별 주요 특성과 설치 목적

장대교량과 같은 특수교량에서 계측관리를 실시하는 목적은 ① 교량의 거동과 상태를 계측하며 계측관리, 안전성과 사용성 관리, 열화관계 설정하고, ② 교량의 거동, 강도, 내구성의 종합 평가 방법의 개선, ③ 잠재 손상부위의 설정 시 구조해석과 설계상의 제모형, 기본가정, 설계과정의 검증을 실시하며, ④ 사장교에 같은 특수교량의 진동제어기법과 인공지능기법의 적용 등이다.

계측기기는 바람, 온도, 교통하중 등의 구소환경계측(Environmental monitoring)과 동적특성, 변형률, 변위, 거동의 변화 탐지 등을 주목적으로 하는 교량응답계측(bridge response monitoring)으로 구분될 수 있다.

1) 풍향풍속계

풍향풍속계는 특수교량 인근에 작용하는 실제 풍향풍속을 측정하기 위해서 설치된다. 설치위치는 풍향풍속은 고도에 따라 달라질 수 있기 때문에 주탑 상부와 보강형 위치에서 설치하고 이를 상호보완적으로 사용할 수 있도록 하는 것이 바람직하다. 보강형에 설치할 때에는 상판 최대경간의 중앙단면에 설치하고 차량의 주행으로 인한 풍속의 영향을 최소화하기 위해서 차량높이의 1.5배인 6m에 설치하는 것이 적절하다.

2) 구조물가속도계 / 지진가속도계

현수교와 사장교의 경우 구조물의 지진가속도 계측을 위해 지진재해대책법에 따라 지진가속도계를 의무적으로 설치해야 한다. 설치 위치는 동적해석을 통해 구조물 가속도계의 위치를 결정할 수 있도록 규정하고 있다. 구조해석을 통해 상판 경간의 중앙이나 주경간의 1/4위치에 2개소 3성분을 설치하여야 하며, 주경간의 모드형상은 유사하나 측경간의 형상에 따라 완전히 다른 모드가 될 수 있으므로 측경간에 구조물가속도계를 선택적으로 설치할 수 있다.

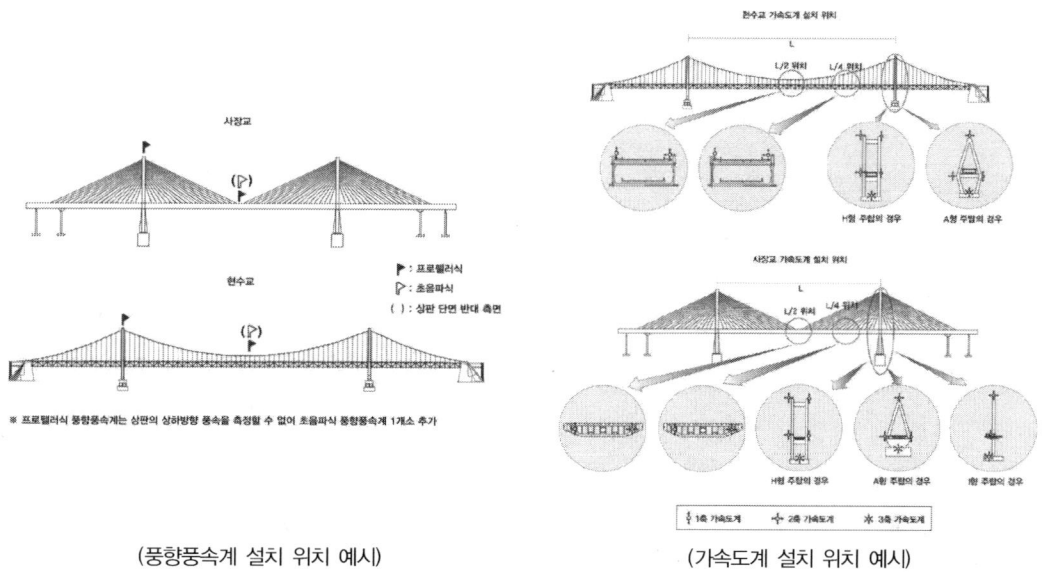

(풍향풍속계 설치 위치 예시)   (가속도계 설치 위치 예시)

3) 처짐계

처짐계는 특수교의 장기적으로 형상관리의 목적으로 설치되고 단기적으로는 도로교 표준시방서에 의해 명시된 최대처짐의 초과 여부의 설계검증을 위해 사용된다. 따라서 처짐계는 구조해석을 통해 최대처짐이 발생되는 구간에 설치되어야 한다. 대칭일 경우 주경간 중앙에 설치할 수 있고 3주탑 이상인 경우 각 주경간마다 선택적으로 설치하고 측경간의 경우 필요에 따라 설치할 수 있다. 현수교의 경우에는 주케이블의 처짐 측정에 의해 장력을 추정할 수 있고 형상관리를 위해 중요정보를 제공하기 때문에 케이블의 중앙에 처짐계를 설치하도록 규정하고 있다.

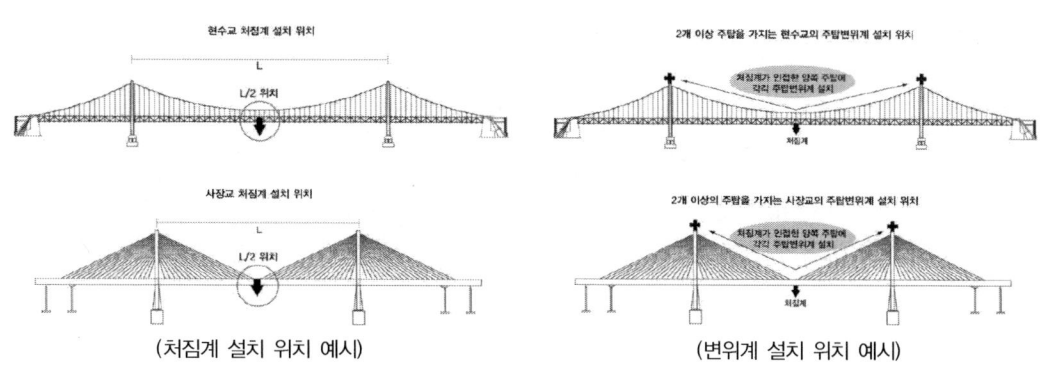

(처짐계 설치 위치 예시)   (변위계 설치 위치 예시)

4) 변위계

주탑의 변위를 측정하기 위해 가장 많이 사용되는 방식은 주탑의 경사를 측정하여 변위로 환산하는 방식이다. 그러나 경사계 자체의 출력값이 온도에 따라 변동될 수 있어 큰 오차가 발생될 수 있다. 이러한 문제로 인해 주탑의 변위는 경사각을 측정하기보다 주탑 상부의 변위를 적접적으로 측정할 수 있는 광학식 변위계나 GNSS를 활용하는 것이 좋다. 1주탑 특수교는 1개, 2주탑 이상의 특수교는 2개 이상 설치하되, 처짐계와 인접한 2개의 주탑에 설치하고 추가적인 센서는 선택적으로 설치할 수 있다.

5) 신축변위계

신축변위계는 상판이 지점에서 이탈되는 것을 사전에 방지하고 장기거동 평가를 통해 구조물의 특성을 분석하는 데 사용된다. 신축이음부에 1개씩 설치되며 복층구조의 경우 상·하층에 설치하여야 한다.

6) 케이블 장력계

케이블은 교량에 재하되는 하중을 주탑에 전달하는 중요한 역할을 하는 만큼 장력측정을 위해 설치된다. 케이블 진동이 발생하거나 구조해석을 통해 허용장력 대비 최대장력 비가 큰 케이블, 케이블 파단 시 구조물에 큰 영향을 미치는 케이블 등은 반드시 설치를 고려해야 한다. 통상 사장교의 경우 케이블 수의 15%, 현수교는 10% 이상 설치하는 것이 좋으며 좌우 대칭성을 고려해 설치하는 것이 바람직하다.

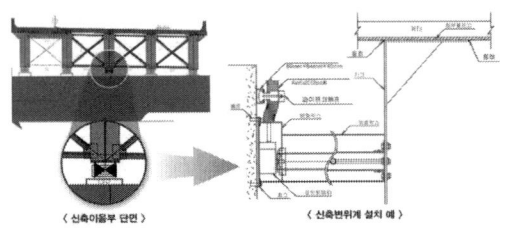

(신축변위계 설치 위치 예시)

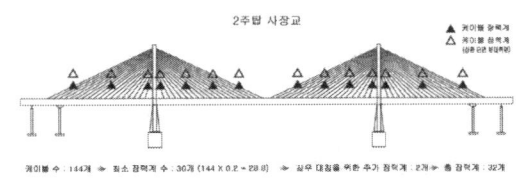

(케이블 장력계 설치위치 예시)

7) 온도계

온도는 구조물의 모드 특성에 민감한 영향을 미친다. 온도가 높아지면 고유진동수가 낮아지고 온도가 낮으면 증가하는 경향을 보인다. 통상 온도로 인한 고유진동수의 변화는 고속도로의 경우 5~10% 변화가 발생되며 이는 구조적 손상 또는 열화로 인한 구조물 진동수의 변화범위를 넘기 때문에 중요하다. 온도계는 보강형과 주탑, 케이블에 설치한다.

8) 변형률계

변형률계는 설계 시 ① 구조해석 결과와 비교, ② 활하중의 충격효과, ③ 부재의 피로상태 평가,

④ 현수교 주 케이블 장력의 상태로 추정정하기 위해 주케이블 정착부의 Strand의 응력을 알고자 하는 경우에 설치한다. ①의 경우에는 허용응력 대비 최대 응력비가 가장 큰 위치에 설치하며, ③의 경우 활하중에 의한 응력범위가 넓은 부재 및 그 위치에 설치한다.

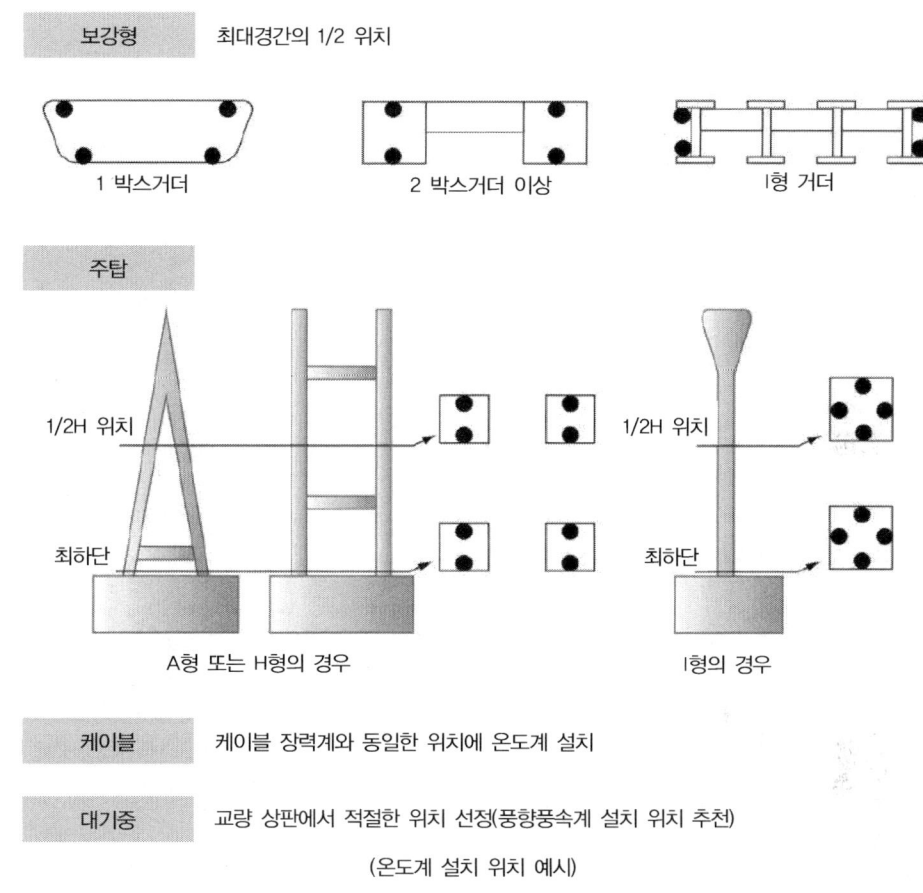

보강형   최대경간의 1/2 위치

1 박스거더   2 박스거더 이상   I형 거더

주탑

1/2H 위치   최하단

A형 또는 H형의 경우   1/2H 위치   최하단   I형의 경우

케이블   케이블 장력계와 동일한 위치에 온도계 설치

대기중   교량 상판에서 적절한 위치 선정(풍향풍속계 설치 위치 추천)

(온도계 설치 위치 예시)

9) 기타 : 축중계, 습도계, 부식계, 볼트풀림 측정계, 시정계, 강우·강설량계, 노면센서 등

REFERENCE

1	도로교 설계기준 해설	대한토목학회 2008
2	도로교 설계기준 한계상태설계법	대한토목학회 2012, 2015, 2016
3	KDS 24 00 교량설계기준	국토교통부
4	KDS 14 31 강구조 설계기준(하중저항계수설계법)	국토교통부
5	KDS 14 20 콘크리트구조 설계기준	국토교통부
6	철도교설계기준	국토해양부 2011
7	도로설계편람	국토해양부 2008
8	도로설계요령	한국도로공사 2020
9	도로매뉴얼	한국토지주택공사 2009
10	대한토목학회지	대한토목학회
11	한국강구조학회지	한국강구조학회
12	한국콘크리트학회지	한국콘크리트학회
13	도로교통학회지	도로교통학회
14	한국구조물진단유지관리공학회 논문집	한국구조물진단유지관리공학회
15	국내 턴키자료	
16	유신 기술회보	유신코퍼레이션
17	현장실무자를 위한 교량실무	한국토지주택공사 2011
18	콘크리트 구조부재의 스트럿-타이 모델 설계예제집	한국콘크리트학회 2007
19	Structural stability : theory and implementation	Wai-Fah Chen
20	Principles of structural stability theory	Alexander Chajes
21	Cable supported bridge : Concept and Design	Niels J. Gimsing
22	실무자를 위한 Extradosed교 설계편람	유신코퍼레이션
23	2경간 연속 프리스트레스트 콘크리트 사교의 윤하중 분배에 관한 연구	강동현, 석사논문
24	직교이방성 강바닥판 피로와 구조부재의 관계에 대한 연구	홍성남
25	강교량의 피로파괴에 관한 연구	한국도로공사 1994
26	교량기초 장수명화 기술개발 최종보고서	한국건설기술연구원 2006
27	교량공학 한계상태설계	권영봉 외, 2018
28	교량공학	조효남 외, 2017

저자 소개

안시준

• 학력 및 경력

고려대학교 토목환경공학과 학사
고려대학교 구조공학 공학석사
The University of Sheffield 도시공학 공학석사
토목구조기술사(99회, 2013년)

• 활동 조직 및 단체

행정안전부 재난안전관리본부 과학기술서기관
한국토지주택공사 과장
국토교통부 중앙건설기술심의위원
해양수산부 설계심의분과위원
충청남도·대전광역시·경상북도·인천광역시 지방건설기술심의위원
국가철도공단 설계심의분과위원·기술자문위원
한국수자원공사·경기주택도시공사 기술심의위원 등

최성진

• 학력 및 경력

고려대학교 토목공학과 학사
한양대학교 공학대학원 첨단건설구조 공학석사
토목구조기술사(57회, 1999년)

• 활동 조직 및 단체

한국토지주택공사 신도시계획처장
국토교통부 중앙건설기술심의위원
한국토지주택공사 기술심사평가위원
대한토목학회 편집위원·평위원
부산지방국토관리청 기술자문위원
서울시설공단·한국수자원공사·한국철도공사 기술자문위원
국토안전원 국토안전자문위원
국토교통과학기술진흥원 건설신기술 심사위원 등

토목구조기술사 합격 바이블 5권 제3판

교량계획 및 설계

1판 발행 2014년 9월 5일
2판 발행 2017년 2월 1일
3판 발행 2026년 3월 30일

지 은 이 안시준, 최성진
펴 낸 이 김성배
펴 낸 곳 (주)에이퍼브프레스

책임편집 신은미
디 자 인 윤지환 이미애
제　　작 김문갑

출판등록 제25100-2021-000115호(2021년 9월 3일)
주　　소 (04626) 서울특별시 중구 필동로8길 43(예장동 1-151)
전　　화 02-2274-3666(대표) | **팩스** 02-2274-4666
홈페이지 www.apub.kr

I S B N 979-11-94599-22-7 (94530)
　　　　　 979-11-94599-14-2 (세트)